Ludger Bode • Christian Kemper • Paul Müller

Christiani - advanced
Elektrotechnik

2. Auflage 2020

Dr.-Ing. Paul Christiani GmbH & Co. KG

Umschlaggestaltung: Dr.-Ing. Paul Christiani GmbH & Co. KG, Konstanz
Umschlagfoto: fotolia, Bild Nr.: 57102474

Best.-Nr. **94821**

ISBN 978-3-95863-293-6

Christiani

---

2. Auflage 2020

Dieses Buch ist anders!

Das primäre Ziel der Ausbildung, den erfolgreichen Abschluss der Prüfung, steht im Vordergrund. Dies gilt für Theorie und Praxis, sofern diese beiden Teile bei den aktuellen Prüfungen überhaupt noch voneinander zu trennen sind.

Erkennbar ist dies vor allem an der Vielzahl von prüfungsrelevanten Aufgabenstellungen, deren Lösungen unter www.christiani-berufskolleg.de zu finden sind.

Kein technisches Verständnis ohne Quantifizierung. Ausführliche Beispiele vermitteln ein Gefühl für Größenordnungen, ein häufig erkennbares Defizit, vor allem in den situativen Gesprächsphasen.

Konsequente Einbindung des Tabellenbuches von Anfang an. Besonders wichtig, weil das Tabellenbuch in Prüfungen als Informationsquelle uneingeschränkt zur Verfügung steht. Die Erarbeitung technischer Inhalte ohne Tabellenbuch ist daher ineffektiv.
Vorbereitung auf die situativen Gesprächsphasen der Prüfung. Die eindeutige Verknüpfung von Theorie und Praxis. Hier kann der Prüfungsbewerber den Prüfern Fachkompetenz vermitteln, wodurch das Prüfungsergebnis sicherlich ganz wesentlich beeinflusst wird.

Die am Ende des Buches aufgenommenen prüfungsrelevanten Aufgabenstellungen ermöglichen eine optimale Wiederholung, festigen die erarbeiteten Inhalte und sind somit relevant für die Prüfungsvorbereitung in Theorie und Praxis.

Bedeutung der Piktogramme

	Projekt: Konkreter Arbeitsauftrag, für den die Informationen relevant sind.
	Information: Kurze zumeist strukturierte Übersicht.
	Praxis: Praxisrelevante Inhalte.
TB	**Tabellenbuch:** An dieser Stelle sollte bzw. muss unbedingt auf das Tabellenbuch zurückgegriffen werden.
z.B.	**Beispiel:** Dient im Wesentlichen der Quantifizierung und Vertiefung.
	Englisch: Wichtige Fachbegriffe werden übersetzt.

Unser besonderer Dank gilt den folgenden Firmen für die Bereitstellung von Informationen, technischen Daten sowie Bildmaterial.

Aaronia AG, Strickscheid

ABB Stotz-Kontakt GmbH, Heidelberg

Albright Deutschland GmbH, Bremen

Balluff GmbH, Neuhausen

BARTEC Top Holding GmbH, Bad Mergentheim

Baumer Holding AG, Frauenfeld

Blecher Motoren GmbH, Maintal/Dörnigheim

Bosch Rexroth AG, Lohr

Bürklin OHG, Oberhaching

Busch-Jaeger Elektro-GmbH, Lüdenscheid

Eaton Industries GmbH, Bonn

Festo AG & Co. KG, Esslingen

Fluke Deutschland GmbH, Clottertal

Hager group, Blieskastel

Hans Turck GmbH & Co. KG, Mülheim

HBM - Hottinger Baldwin´Messtechnik GmbH, Darmstadt

Heinrich Kopp GmbH, Kahl

Helukabel GmbH, Hemmingen

HPM-Capacitor GmbH (Enerlux), Essenbach

IHK Ostwestfalen zu Bielefeld, Bielefeld

Leuze electronic GmbH & Co. KG, Owen

ME-Messsysteme GmbH, Henningsdorf

NARVA Lichtquellen GmbH & Co. KG, Brand Erbisdorf

Nexans Deutschland GmbH, Hannover

K. A. Schmelsal Holding GmbH & Co. KG, Wuppertal

Osram GmbH, München

Phoenix Contact GmbH & Co. KG, Blomberg

PLANAM Arbeitsschutz Vertriebs GmbH, Herzebrock-Clarholz

Radium Lampenwerke GmbH, Wipperfürth

Rapp instruments, München

RWE Service GmbH, Essen

RAFI GmbH & Co. KG, Berg

Robert Bosch GmbH, Gerlingen

SEW-EURODRIVE GmbH & Co. KG, Bruchsal

Siemens AG, München

TELENOT ELECTRONIC GMBH, Aalen

TDK KABEL GmbH, Nettetal

WAGO Kontakttechnik GmbH & Co. KG, Minden

Walther-Werke Ferdinand Walther, Eisenberg

XBK-Kabel Xaver Bechthold GmbH, Rottweil

1 Das Projekt

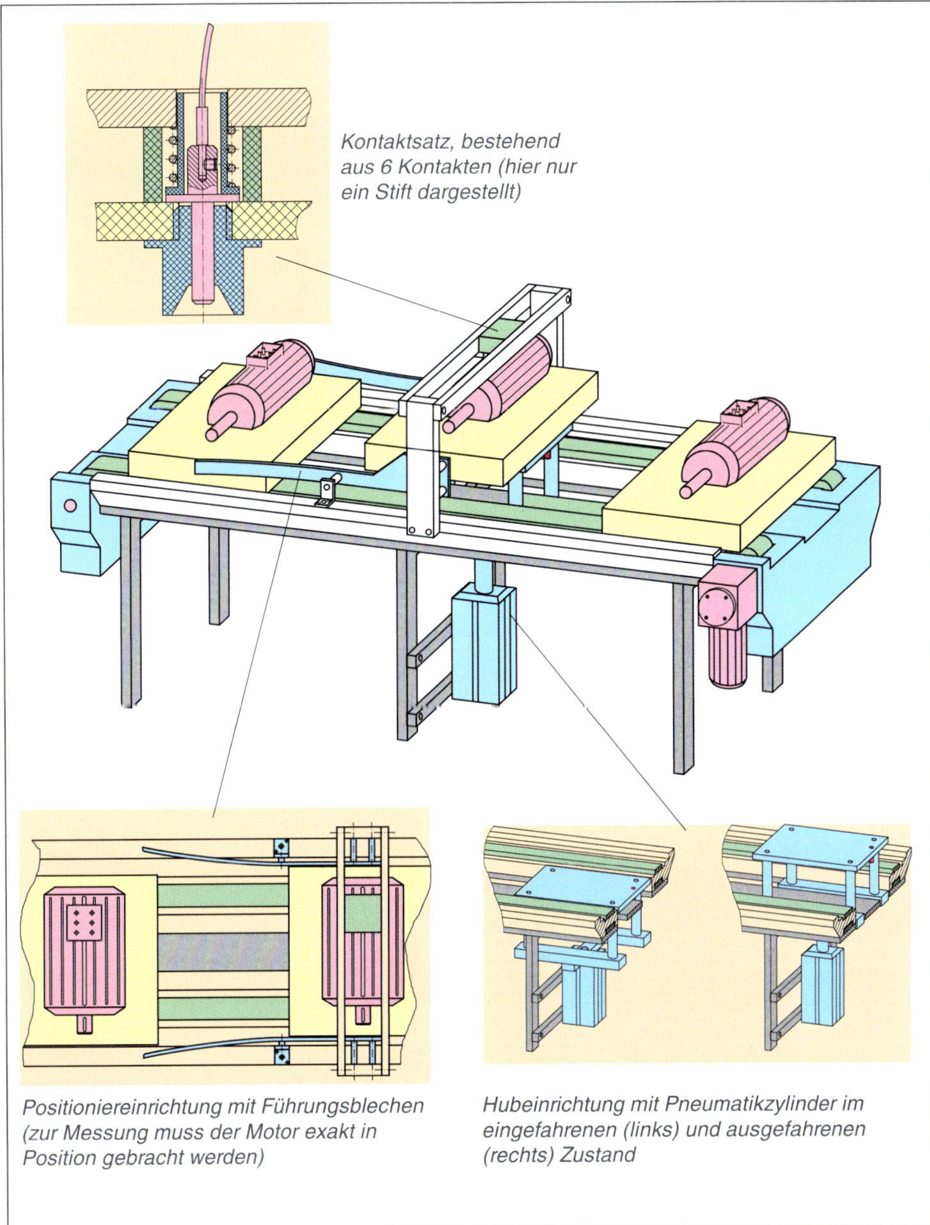

1 Transportband mit Hubeinrichtung (siehe Basics Elektrotechnik)

Erweiterungsauftrag

Das Projekt „Prüfung von Elektromotoren" (siehe Elektrotechnik basics) soll erweitert werden.

- **Ausgangssituation**
  Elektromotoren werden über Transportbänder transportiert und automatisiert *geprüft*. Dabei wird der zu prüfende Motor *pneumatisch angehoben* und gegen einen *Kontaktsatz* gedrückt.

  Die diesbezüglichen *Schaltpläne* wurden bereits erarbeitet (siehe Elektrotechnik basics).

- **Erweiterungen**
  1. Das Transportsystem soll um ein weiteres Band erweitert werden.

  2. Zwischen Band 3 und Band 4 soll eine *Wendestation* (angetriebenes Band und *pneumatischer Drehantrieb*) installiert werden.

  Die Elektromotoren von Band 4 und Wendestation sind in die Steuerung einzubinden. Dies gilt auch für den pneumatischen Drehantrieb.

■ **Projektdarstellung**
→ basics Elektrotechnik

■ **Kontaktsatz**
Der Kontaktsatz kontaktiert beim Anheben des Motors die 6 Klemmen der Motorwicklungen.

Dies ist notwendig, um die Widerstandswerte der Wicklungen zu erfassen.

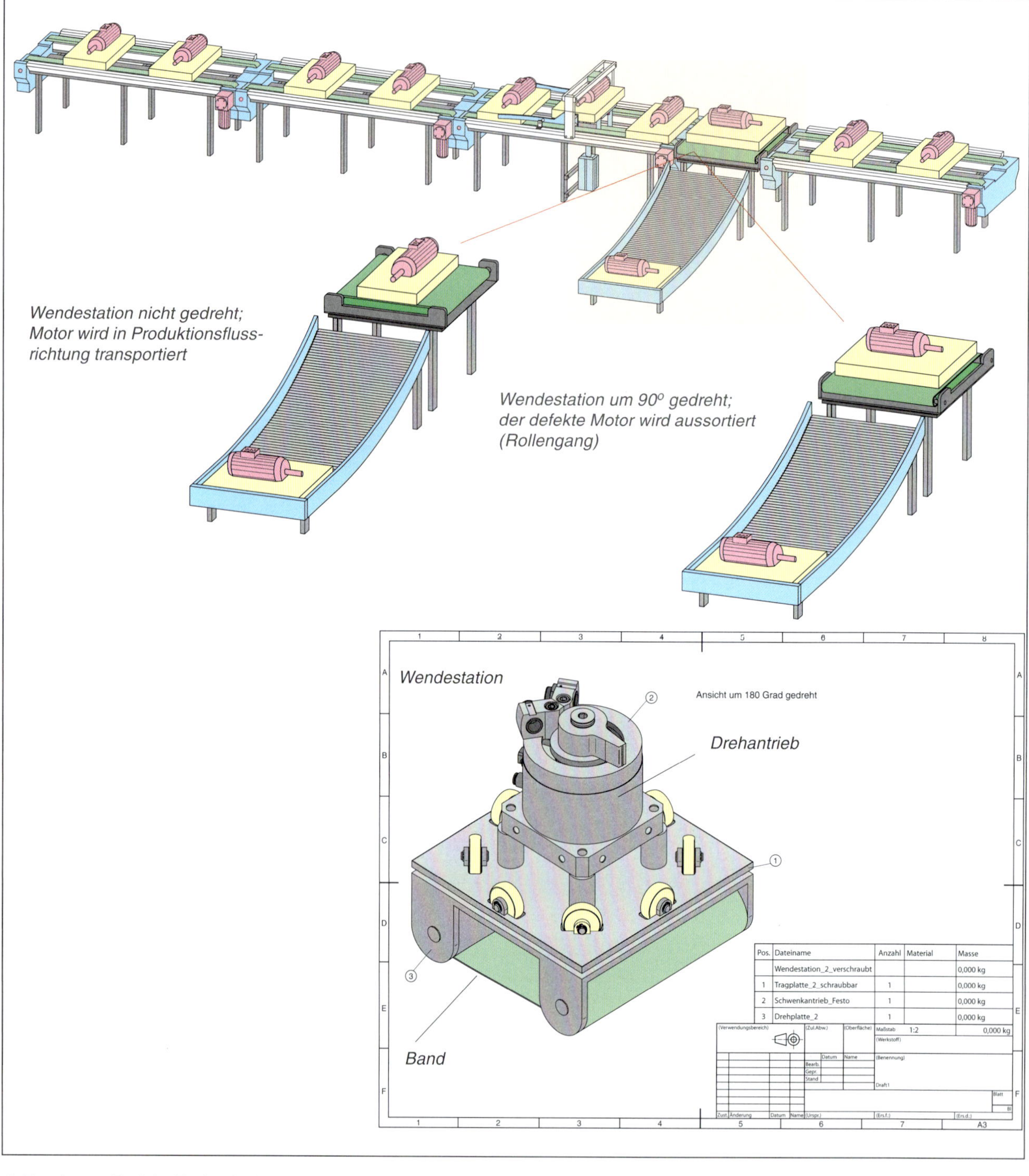

Pos.	Dateiname	Anzahl	Material	Masse
	Wendestation_2_verschraubt			0,000 kg
1	Tragplatte_2_schraubbar	1		0,000 kg
2	Schwenkantrieb_Festo	1		0,000 kg
3	Drehplatte_2	1		0,000 kg

2 Erweitertes Projekt, Technologieschema

Forderung:
Wenn ein Motor bei der Prüfung als *Ausschuss* erkannt wird, wird er von der Wendestation auf den antriebslosen Rollengang geschoben.

3. Die Auswertung der *Widerstandsmessergebnisse* wird von der SPS durchgeführt.

Der gemessene Widerstandswert wird Analogeingängen der SPS zugeführt und ausgewertet.

Wenn *Toleranzgrenzen* über- oder unterschritten werden, soll der Motor als *Ausschuss* ausgesondert werden.

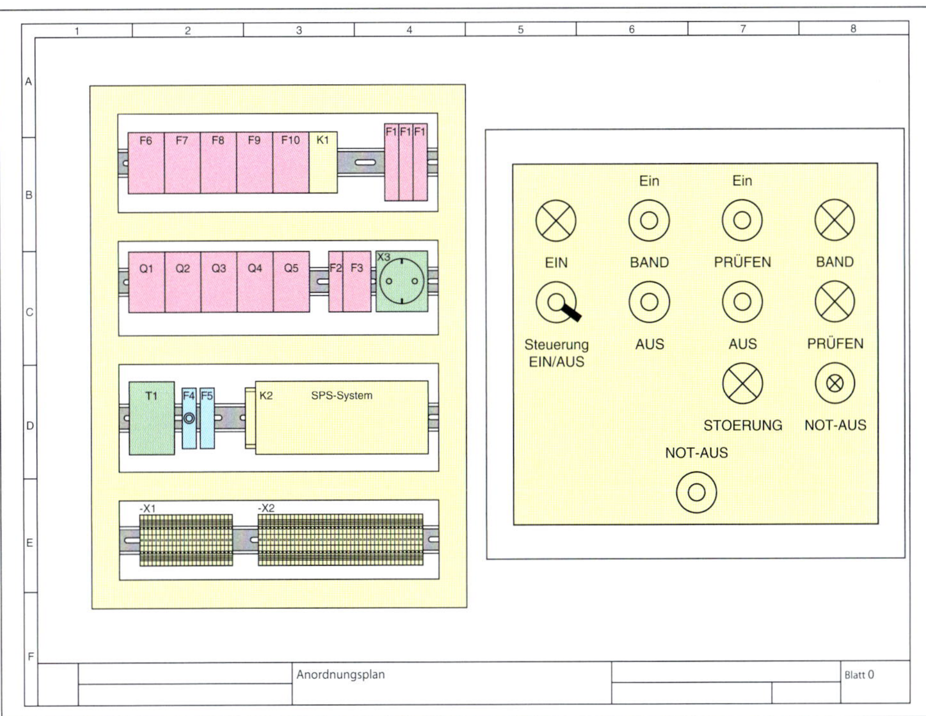

3 *Bestückungsplan und Bedienteil der erweiterten Anlage*

Stückliste Bedienteil

Anzahl	Bezeichnung	Daten
1	Schalter (Einbau)	1 NO, schwarz
2	Taster	1 NO, grün
2	Taster	1 NC, rot
1	Leuchtmelder	LED, 24 V, weiß
2	Leuchtmelder	LED, 24 V, grün
1	Leuchtmelder	LED, 24 V, rot
1	Leuchtdrucktaster	2 NO, LED 24 V, blau
1	Not-Aus	2 NC

Stückliste Pneumatik

Anzahl	Bezeichnung	Daten
1	Pneumatikzylinder	doppelt-wirkend
1	Drehantrieb	
4	Drosselrückschlagventil	
2	5/2-Wegeventil	elektromagnetisch betätigt
1	3/2-Wegeventil	Handbetätigung
1	Wartungseinheit	
5	Schalldämpfer	
4	Positionsschalter	Reed-Kontakt, NO

■ **Anordnungsplan**

Der Anordnungsplan ist nur als Beispiel anzusehen.

Stückliste Montageplatte

Anzahl	Bezeichnung	Daten
1	Schaltkasten	B/HIT 500/700/250
1	Not-Aus-Schaltgerät	PSR-ES M4
1	Hauptschalter	400 V, 4-polig, rot-gelb
3	NH-Sicherung mit Sicherungsunterteil	25 A, NH 00
5	Hauptschütz	24 V DC, Kennzahl 11, 16 kW
4	Motorschutzschalter	25 A, 2,5 bis 4 A, 1 NO
1	Motorschutzschalter	25 A, 1,0 bis 1,6 A, 1 NO
1	Leitungsschutzschalter	B10A
1	Leitungsschutzschalter	C4A
1	Schmelzsicherungssystem	Neozed, 6 A
1	RCD	25 A/30 mA, 2-polig
1	Netzgerät	230 V AC/24 V DC/5 A
1	Steckdose	230 V/16 A, Hutschienenmontage
1	SPS	S7-300, CPU 313 C
	Leitungskanal	geschlitzt, H = 45 mm, B = 30 mm

■ **CPU**

Bei Auswahl der CPU ist darauf zu achten, dass 3 Analogeingänge benötigt werden.

Prüfung

1. Beschreiben Sie die Wirkungsweise der Hubeinrichtung.

2. Welchen Zweck hat die Positioniereinrichtung?

3. Erläutern Sie die Aufgabe der Wendestation.
Warum wird hier ein pneumatischer Drehantrieb verwendet?

4. Worauf ist bei der Montage der Wendestation zu achten?

5. Welche Bestimmung gilt für die Farbwahl von Drucktastern und Meldelampen?

6. Drucktaster sind doppelt-unterbrechend.
Welchen Sinn hat das?

7. Eingesetzt werden Gleichstromschütze DC 24 V.
Worauf ist bei Verwendung von DC-Schützen zu achten?

8. Ein Hauptschütz hat die Kennzahl 22. Was bedeutet das?

9. Ist der Leitungsschutzschalter C4A zwingend notwendig?

10. Erläutern Sie die Wirkungsweise einer Fehlerstrom-Schutzeinrichtung.

11. Die Steckdose im Schaltschrank wird durch eine Fehlerstromschutzeinrichtung 25 A/30 mA geschützt.
Ist das zwingend notwendig?

12. Worin besteht bezüglich der Anwendung der Unterschied zwischen einem Schmelzsicherungssystem und einem Leitungsschutzschalter?

@ Interessante Links

- christiani-berufskolleg.de

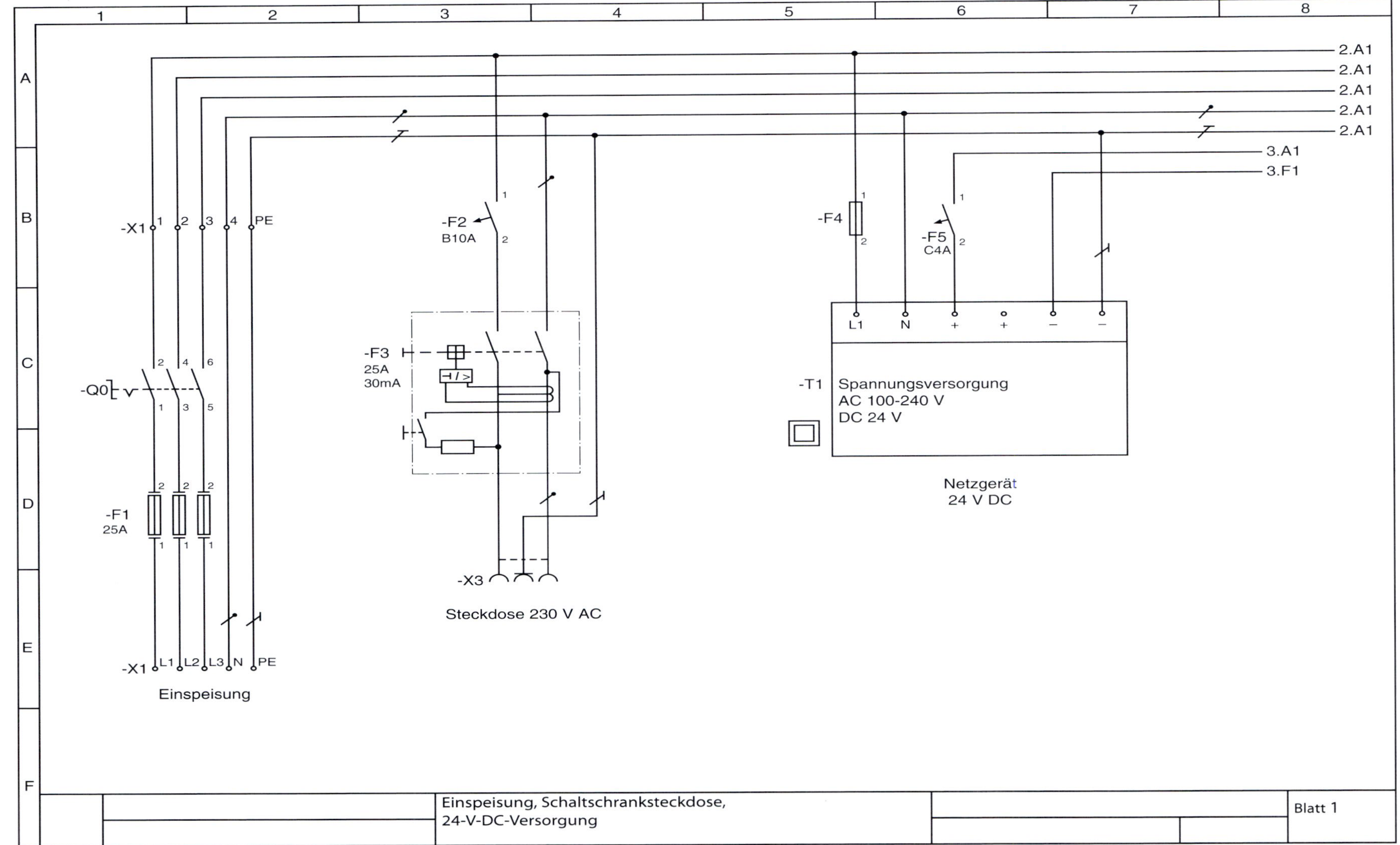
2.A1
2.A1
2.A1
2.A1
2.A1
3.A1
3.F1
-X1
-Q0
-F1
25A
-X1
L1
L2
L3
N
PE
Einspeisung
-F2
B10A
-F3
25A
30mA
-X3
Steckdose 230 V AC
-F4
-F5
C4A
L1
N
-T1
Spannungsversorgung
AC 100-240 V
DC 24 V
Netzgerät
24 V DC
Einspeisung, Schaltschranksteckdose,
24-V-DC-Versorgung
Blatt 1

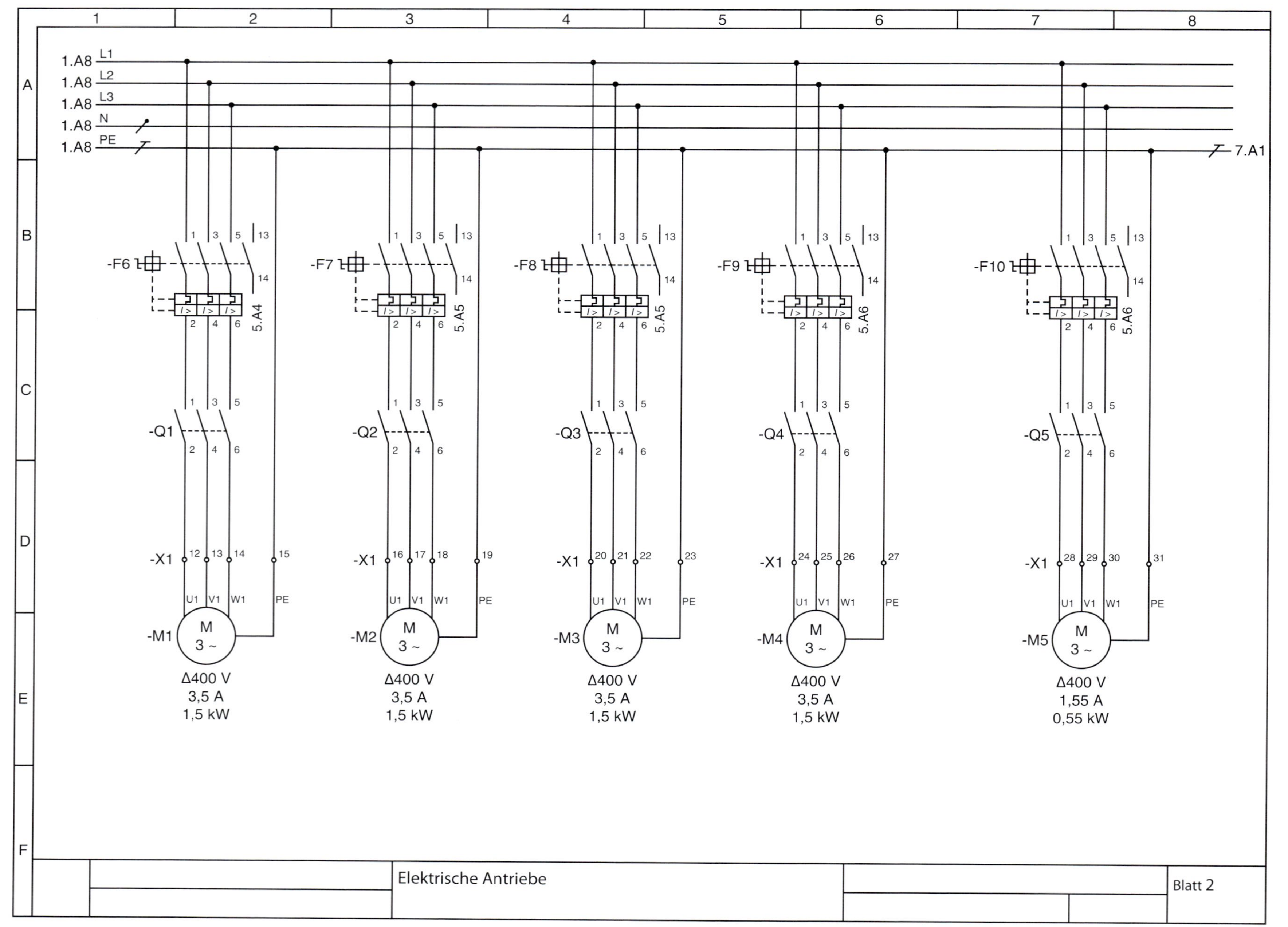

1.A8 L1
1.A8 L2
1.A8 L3
1.A8 N
1.A8 PE
7.A1
-F6
-F7
-F8
-F9
-F10
5.A4
5.A5
5.A5
5.A6
5.A6
-Q1
-Q2
-Q3
-Q4
-Q5
-X1
-M1
M 3 ~
Δ400 V 3,5 A 1,5 kW
-M2
M 3 ~
Δ400 V 3,5 A 1,5 kW
-M3
M 3 ~
Δ400 V 3,5 A 1,5 kW
-M4
M 3 ~
Δ400 V 3,5 A 1,5 kW
-M5
M 3 ~
Δ400 V 1,55 A 0,55 kW
U1 V1 W1 PE
Elektrische Antriebe
Blatt 2

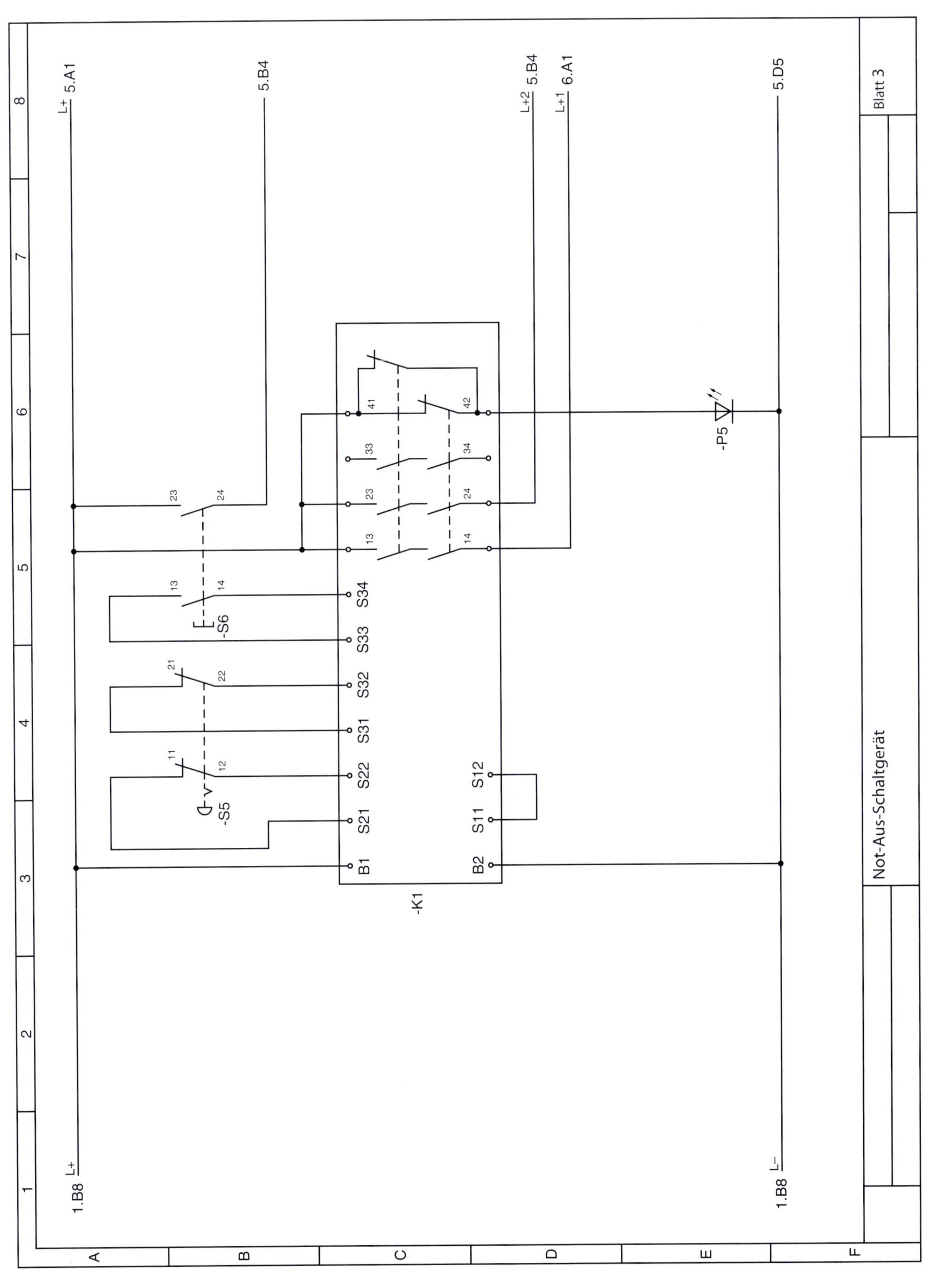

Not-Aus-Schaltgerät
Blatt 3
-K1
-S5
-S6
-P5
L+ 5.A1
5.B4
L+2 5.B4
L+1 6.A1
5.D5
1.B8 L+
1.B8 L–
B1
B2
S11
S12
S21
S22
S31
S32
S33
S34
A
B
C
D
E
F
1
2
3
4
5
6
7
8

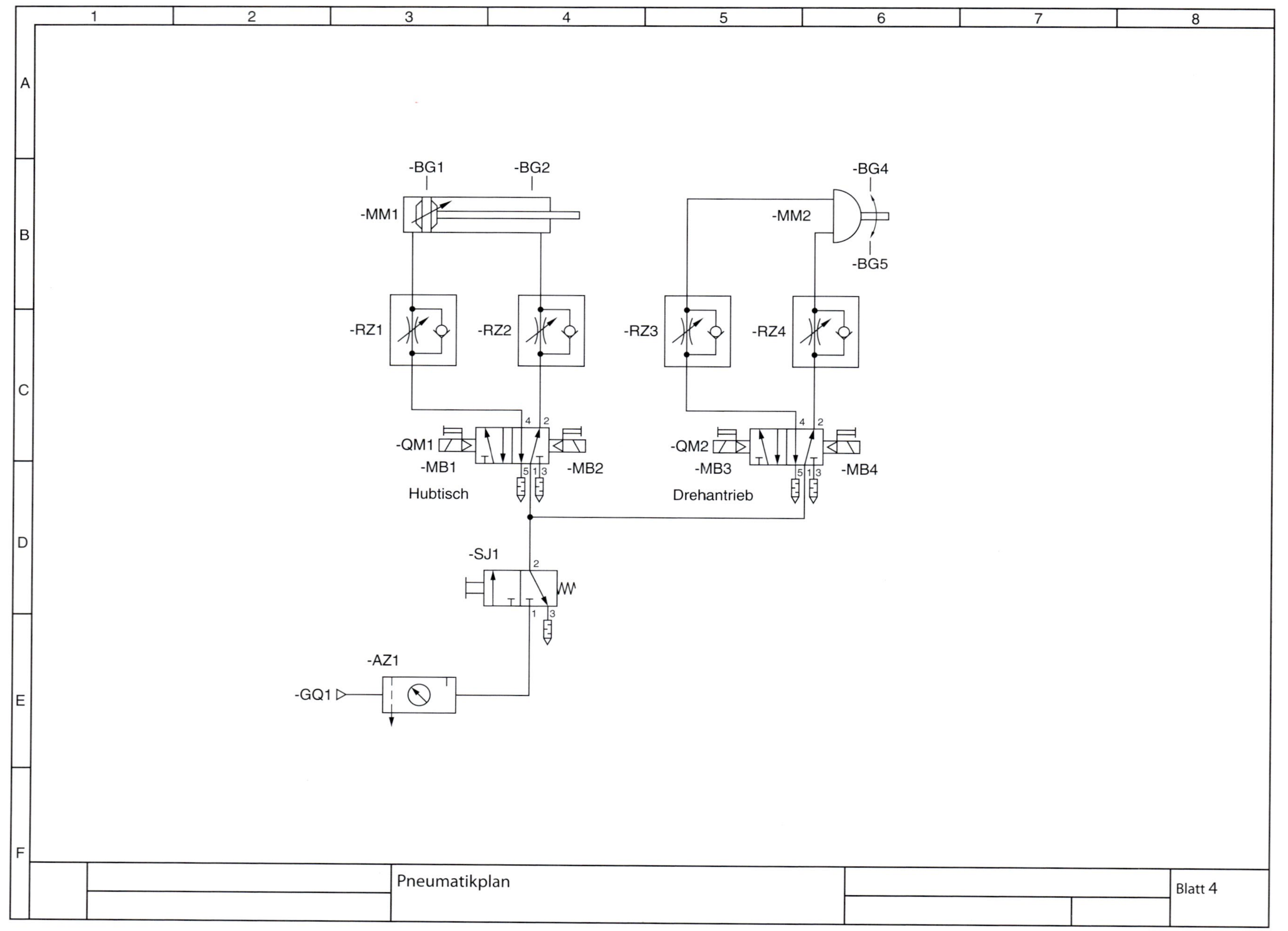

-BG1
-BG2
-MM1
-BG4
-MM2
-BG5
-RZ1
-RZ2
-RZ3
-RZ4
-QM1
-MB1
-MB2
Hubtisch
-QM2
-MB3
-MB4
Drehantrieb
-SJ1
-AZ1
-GQ1
Pneumatikplan
Blatt 4

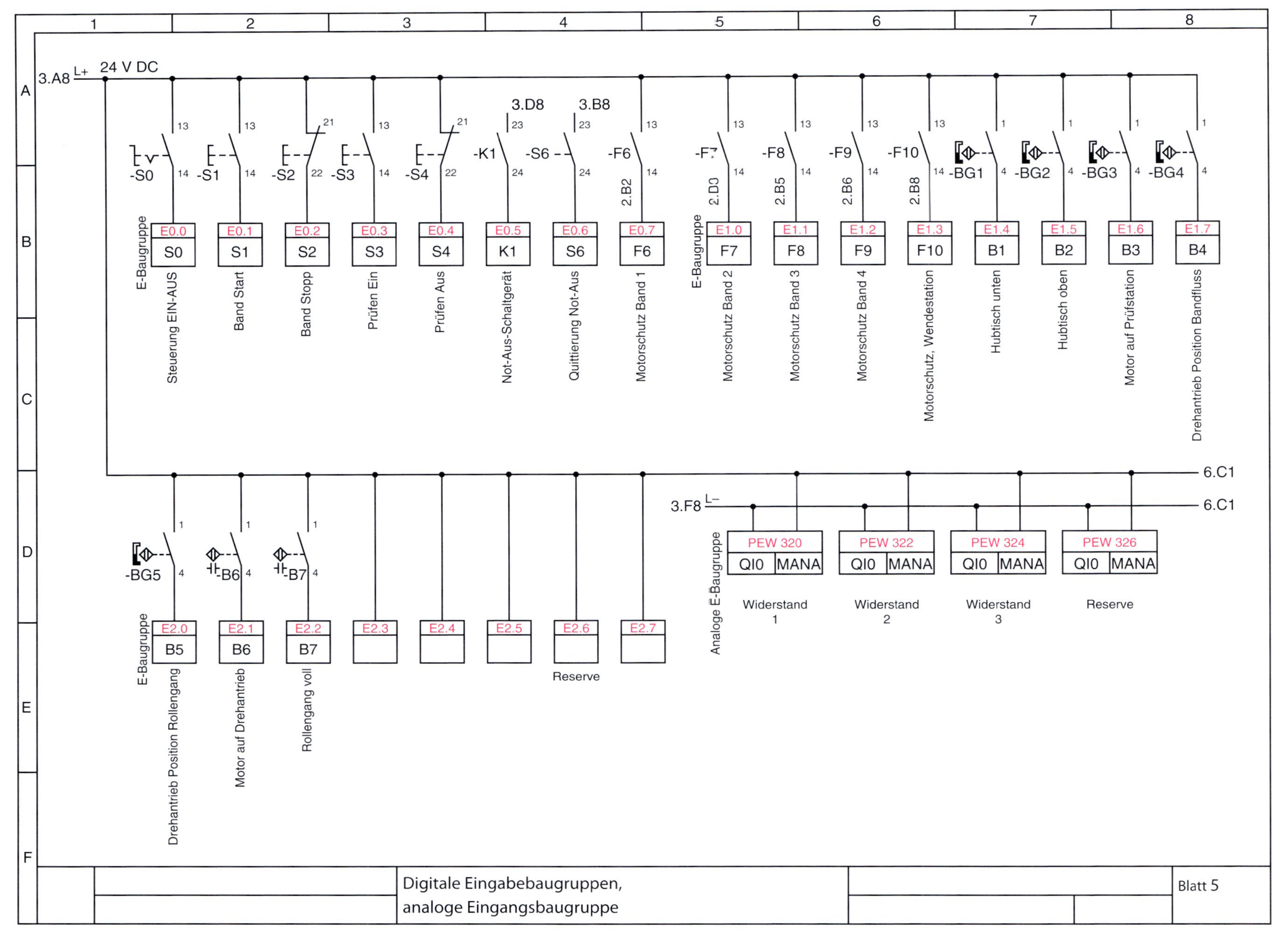
1 2 3 4 5 6 7 8
A B C D E F
3.A8
L+
24 V DC
3.D8
3.B8
-S0
-S1
-S2
-S3
-S4
-K1
-S6
-F6
-F7
-F8
-F9
-F10
-BG1
-BG2
-BG3
-BG4
2.B2
2.D3
2.B5
2.B6
2.B8
E-Baugruppe
E0.0 S0 Steuerung EIN-AUS
E0.1 S1 Band Start
E0.2 S2 Band Stopp
E0.3 S3 Prüfen Ein
E0.4 S4 Prüfen Aus
E0.5 K1 Not-Aus-Schaltgerät
E0.6 S6 Quittierung Not-Aus
E0.7 F6 Motorschutz Band 1
E-Baugruppe
E1.0 F7 Motorschutz Band 2
E1.1 F8 Motorschutz Band 3
E1.2 F9 Motorschutz Band 4
E1.3 F10 Motorschutz, Wendestation
E1.4 B1 Hubtisch unten
E1.5 B2 Hubtisch oben
E1.6 B3 Motor auf Prüfstation
E1.7 B4 Drehantrieb Position Bandfluss
6.C1
6.C1
3.F8
L–
-BG5
-B6
-B7
E-Baugruppe
E2.0 B5 Drehantrieb Position Rollengang
E2.1 B6 Motor auf Drehantrieb
E2.2 B7 Rollengang voll
E2.3
E2.4
E2.5
E2.6
E2.7
Reserve
Analoge E-Baugruppe
PEW 320 QI0 MANA Widerstand 1
PEW 322 QI0 MANA Widerstand 2
PEW 324 QI0 MANA Widerstand 3
PEW 326 QI0 MANA Reserve
Digitale Eingabebaugruppen,
analoge Eingangsbaugruppe
Blatt 5

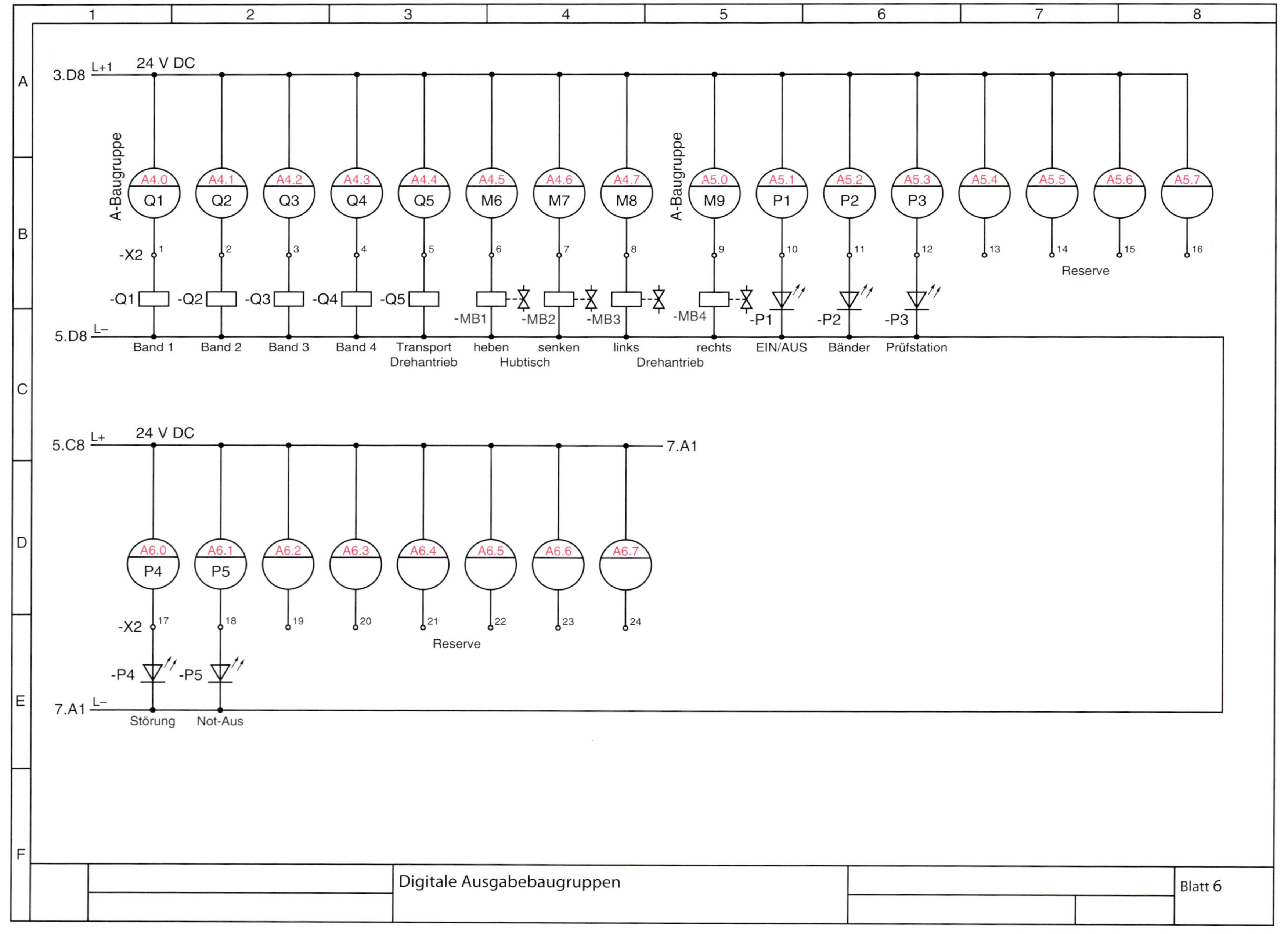

1 2 3 4 5 6 7 8
A B C D E F
3.D8
L+1
24 V DC
A-Baugruppe
A4.0 Q1
A4.1 Q2
A4.2 Q3
A4.3 Q4
A4.4 Q5
A4.5 M6
A4.6 M7
A4.7 M8
A-Baugruppe
A5.0 M9
A5.1 P1
A5.2 P2
A5.3 P3
A5.4
A5.5
A5.6
A5.7
-X2
Reserve
-Q1
-Q2
-Q3
-Q4
-Q5
-MB1
-MB2
-MB3
-MB4
-P1
-P2
-P3
5.D8
L–
Band 1
Band 2
Band 3
Band 4
Transport
Drehantrieb
heben
senken
Hubtisch
links
rechts
Drehantrieb
EIN/AUS
Bänder
Prüfstation
5.C8
L+
24 V DC
7.A1
A6.0 P4
A6.1 P5
A6.2
A6.3
A6.4
A6.5
A6.6
A6.7
-X2
Reserve
-P4
-P5
7.A1
L–
Störung
Not-Aus
Digitale Ausgabebaugruppen
Blatt 6

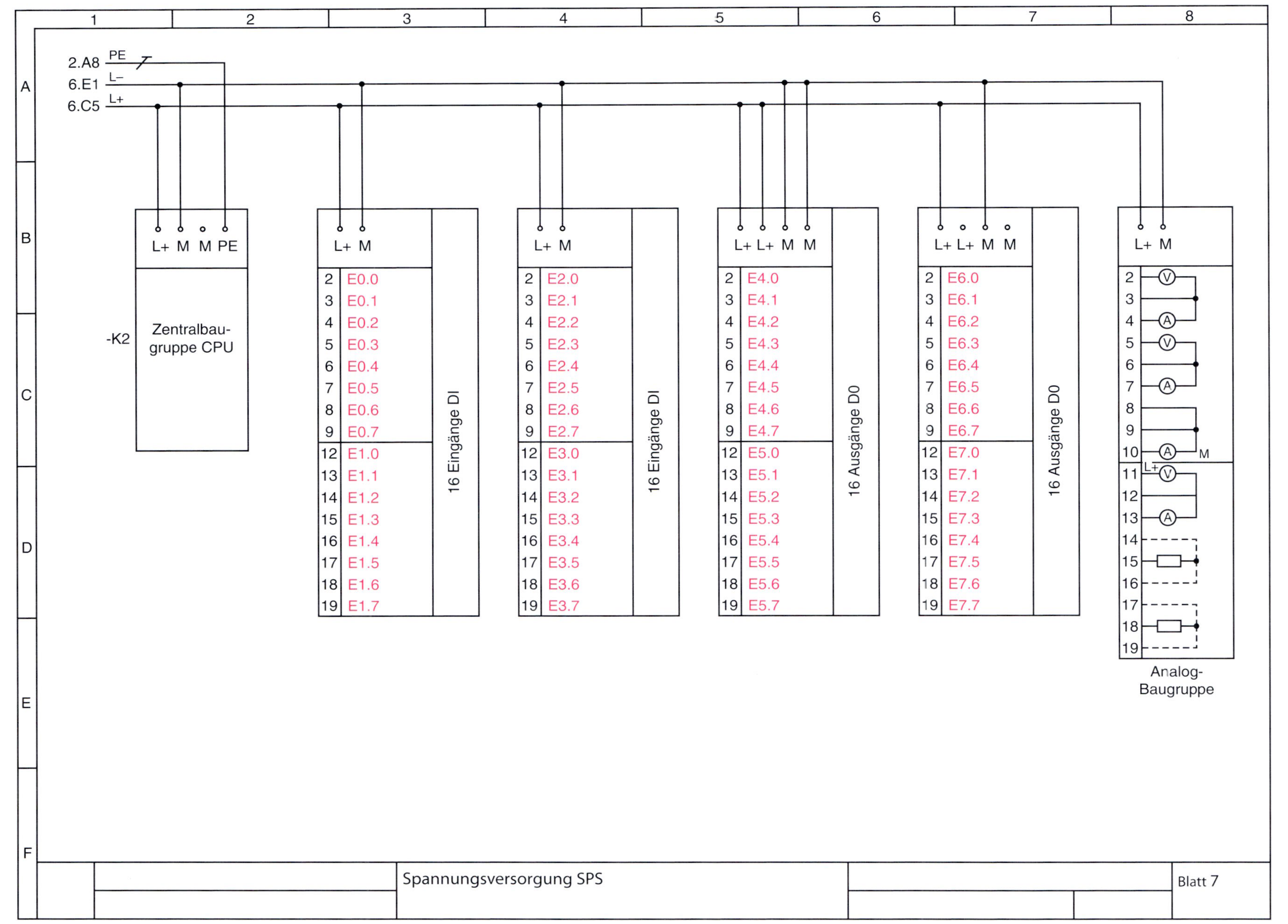
1 2 3 4 5 6 7 8
A B C D E F
2.A8
6.E1
6.C5
PE
L–
L+
-K2
L+ M M PE
Zentralbaugruppe CPU
L+ M
2 E0.0
3 E0.1
4 E0.2
5 E0.3
6 E0.4
7 E0.5
8 E0.6
9 E0.7
12 E1.0
13 E1.1
14 E1.2
15 E1.3
16 E1.4
17 E1.5
18 E1.6
19 E1.7
16 Eingänge DI
L+ M
2 E2.0
3 E2.1
4 E2.2
5 E2.3
6 E2.4
7 E2.5
8 E2.6
9 E2.7
12 E3.0
13 E3.1
14 E3.2
15 E3.3
16 E3.4
17 E3.5
18 E3.6
19 E3.7
16 Eingänge DI
L+ L+ M M
2 E4.0
3 E4.1
4 E4.2
5 E4.3
6 E4.4
7 E4.5
8 E4.6
9 E4.7
12 E5.0
13 E5.1
14 E5.2
15 E5.3
16 E5.4
17 E5.5
18 E5.6
19 E5.7
16 Ausgänge DO
L+ L+ M M
2 E6.0
3 E6.1
4 E6.2
5 E6.3
6 E6.4
7 E6.5
8 E6.6
9 E6.7
12 E7.0
13 E7.1
14 E7.2
15 E7.3
16 E7.4
17 E7.5
18 E7.6
19 E7.7
16 Ausgänge DO
L+ M
2 3 4 5 6 7 8 9 10 11 12 13 14 15 16 17 18 19
V A V A A V A
M
L+
Analog-Baugruppe
Spannungsversorgung SPS
Blatt 7

Symbol	Adresse	Datentyp	Kommentar
steuerung_ein_aus	E0.0	BOOL	Steuerung Ein/Aus, Schalter, NO
band_start	E0.1	BOOL	Start der Bandantriebe, Taster, NO
band_stop	E0.2	BOOL	Stopp der Bandantriebe, Taster, NC
pruefen_ein	E0.3	BOOL	Prüfstation einschalten, Taster, NO
pruefen_aus	E0.4	BOOL	Prüfstation ausschalten, Taster NC
not_halt_schaltgerät	E0.5	BOOL	Signal vom Not-Halt-Schaltgerät, NO
not_halt_quittierung	E0.6	BOOL	Quittierung Not-Halt-Fall, NO
mot_schutz_band_1	E0.7	BOOL	Motorschutzschalter, Band 1, NO
mot_schutz_band_2	E1.0	BOOL	Motorschutzschalter, Band 2, NO
mot_schutz_band_3	E1.1	BOOL	Motorschutzschalter, Band 3, NO
mot_schutz_band_4	E1.2	BOOL	Motorschutzschalter, Band 4, NO
mot_schutz_drehtisch	E1.3	BOOL	Motorschutzschalter, Antrieb Drehtisch, NO
hubtisch_unten	E1.4	BOOL	Hubtisch eingefahren, NO
hubtisch_oben	E1.5	BOOL	Hubtisch ausgefahren, NO
motor_pruef_station	E1.6	BOOL	Motor hat Prüfstation erreicht, NO
drehantri_pos_bandfluss	E1.7	BOOL	Drehantrieb in Position Bandfluss, NO
drehantri_pos_rollengang	E2.0	BOOL	Drehantrieb in Position Rollengang, NO
motor_auf_drehantrieb	E2.1	BOOL	Motor hat Drehantrieb erreicht, NO
rollengang_voll	E2.2	BOOL	Rollengang vollständig gefüllt, NO
widerstand_wicklung_U	PEW320	INT	Messung Wicklung U1 – U2
widerstand_wicklung_V	PEW322	INT	Messung Wicklung V1 – V2
widerstand_wicklung_W	PEW324	INT	Messung Wicklung W1 – W2
BAND_1	A4.0	BOOL	Bandantrieb 1
BAND_2	A4.1	BOOL	Bandantrieb 2
BAND_3	A4.2	BOOL	Bandantrieb 3
BAND_4	A4.3	BOOL	Bandantrieb 4
BAND_DREHANTRIEB	A4.4	BOOL	Bandantrieb Drehantrieb
HUBTISCH_HEBEN	A4.5	BOOL	Hubtisch nach oben fahren, Messung
HUBTISCH_SENKEN	A4.6	BOOL	Hubtisch nach unten fahren
DREHANTRIEB_LINKS	A4.7	BOOL	Drehantrieb in Richtung Bandfluss
DREHANTRIEB_RECHTS	A5.0	BOOL	Drehantrieb in Richtung Rollengang
MELD_EIN_AUS	A5.1	BOOL	Meldelampe „Steuerung Ein/Aus“
MELD_BAENDER	A5.2	BOOL	Meldelampe „Bänder eingeschaltet“
MELD_PRUEFSTATION	A5.3	BOOL	Meldelampe „Prüfstation eingeschaltet“
MELD_STOERUNG	A6.0	BOOL	Störungsmeldung
MELD_NOT_HALT	A6.1	BOOL	Meldung Not-Halt betätigt

Bausteine

OB1		AWL	Organisationsbaustein
FC1	Sicherheitsbaustein	FUP	Funktion
FC2	Bandsteuerung	FUP	Funktion
FC3	Hubtisch heben/senken	FUP	Funktion
FC4	Analogwerte einlesen	FUP	Funktion
FC5	Drehantrieb rechts/links	FUP	Funktion
FC6	Meldungen	FUP	Funktion
FC7	Befehlsausgabe	FUP	Funktion
FC105	Scalierbaustein, Wicklung U	AWL	Funktion
FC115	Scalierbaustein, Wicklung V	AWL	Funktion
FC125	Scalierbaustein, Wicklung W	AWL	Funktion

Steuerungsprogramm

Organisationsbaustein OB1

Netzwerk 1: Aufruf der Funktionen

```
call FC1  //Sicherheitsbaustein
call FC2  //Bandsteuerung
call FC3  //Hubtisch heben/senken
call FC4  //Analogwerte einlesen
call FC5  //Drehantrieb rechts/links
call FC6  //Meldungen
call FC7  //Befehlsausgabe
```

4 SPS-System

■ **Strukturierte Programmierung**
Das Programm wird in einzelne Bausteine (hier Funktionen FC) unterteilt, die vom Organisationsbaustein OB1 aufgerufen werden.

■ **OB1**
→ 281

■ **Funktion FC**
→ 281

■ **Hinweis**
Die zum Verständnis des Programms notwendigen Inhalte werden im Kapitel Automatisierungstechnik schrittweise erarbeitet.

Hier ist das Programm zur besseren Übersicht zusammengefasst dargestellt.

Binäre Verknüpfungssteuerungen
→ 262

Flankenbildung
→ basics Elektrotechnik

FC1: Sicherheitsbaustein

Netzwerk 1: Not-Halt / Motorschutzschalter / Startmerker

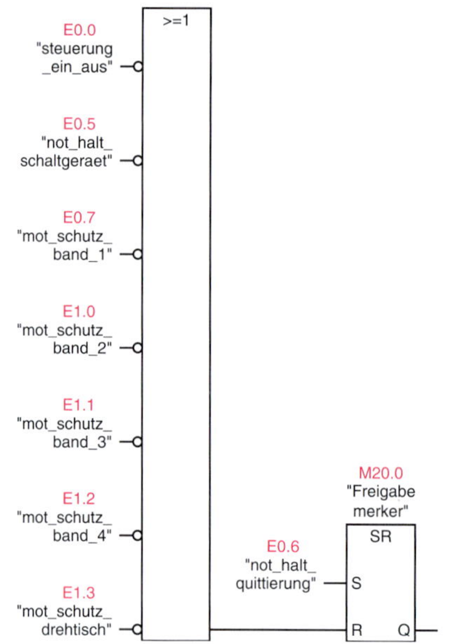

FC2: Bandsteuerung

Netzwerk 1: Band 1

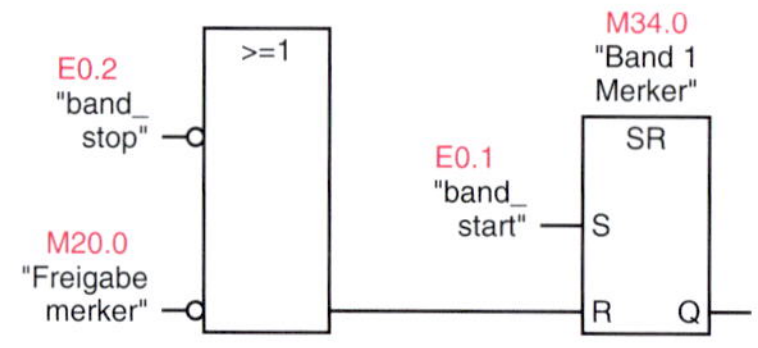

Netzwerk 2: Band 2

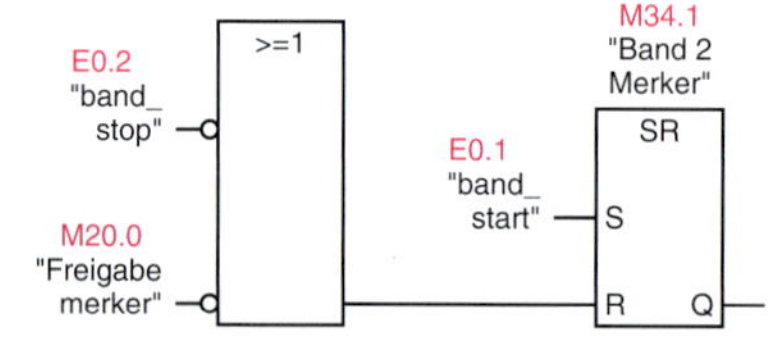

Netzwerk 3: Band 3

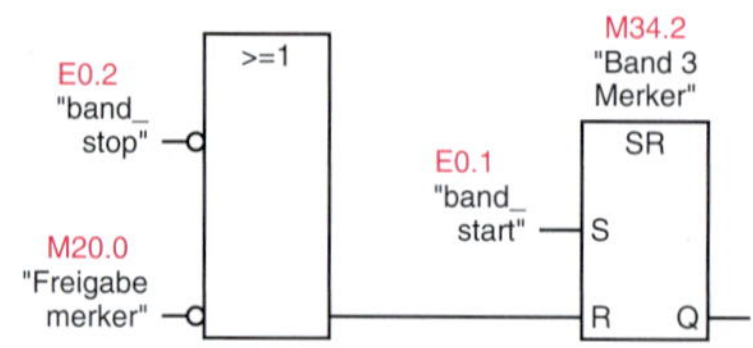

Netzwerk 4: Band 4

Netzwerk 5: Band Drehantrieb

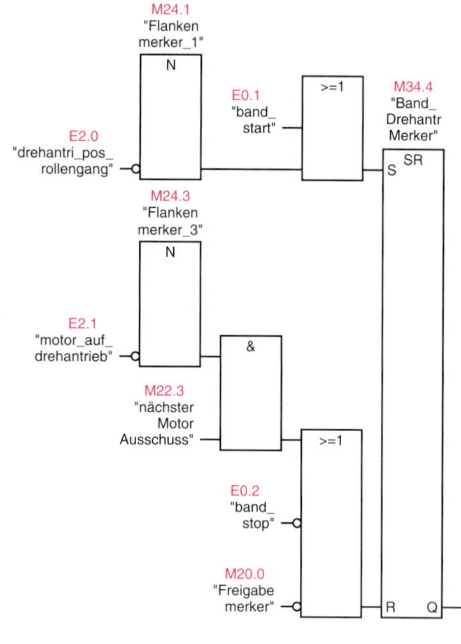

FC3: Hubtisch heben/senken

Netzwerk 1: Prüfen Ein / Aus

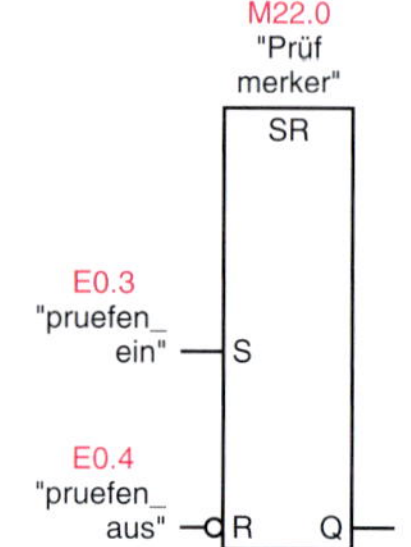

Netzwerk 2: Hubtisch heben

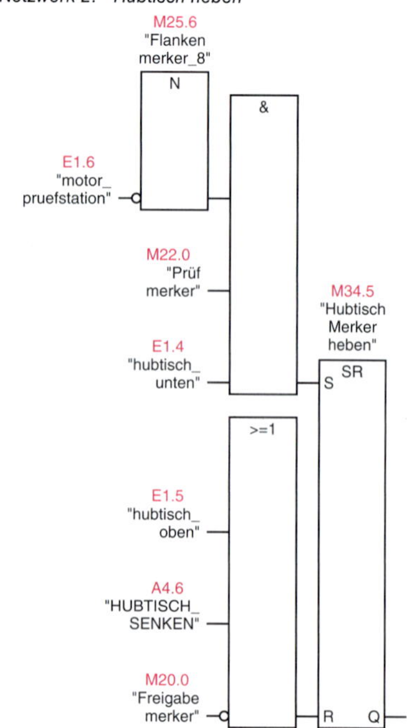

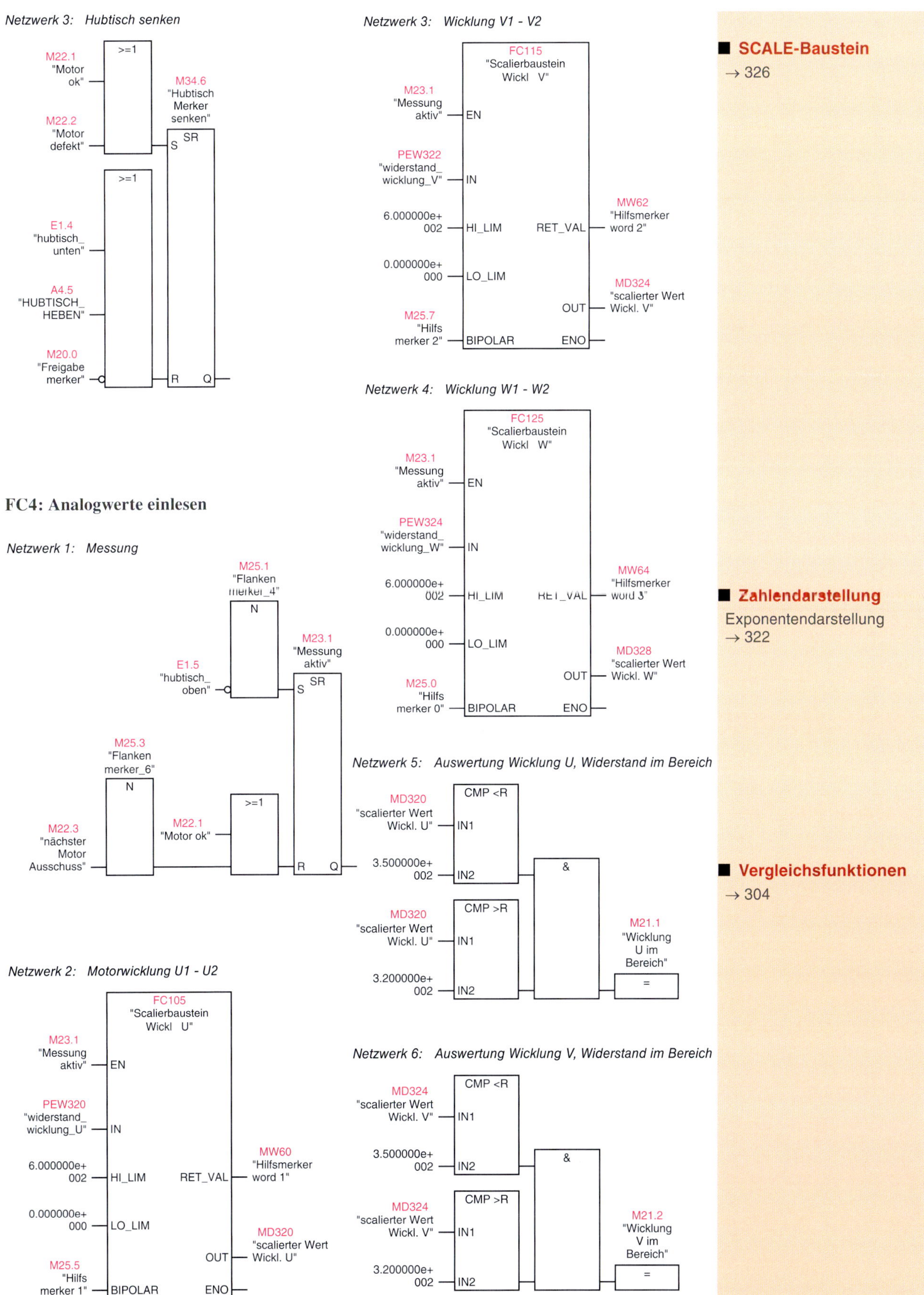
Netzwerk 3: Hubtisch senken
M22.1
"Motor ok"
M22.2
"Motor defekt"
>=1
M34.6
"Hubtisch Merker senken"
S SR
E1.4
"hubtisch_ unten"
A4.5
"HUBTISCH_ HEBEN"
M20.0
"Freigabe merker"
>=1
R Q
FC4: Analogwerte einlesen
Netzwerk 1: Messung
M25.1
"Flanken merker_4"
N
M23.1
"Messung aktiv"
E1.5
"hubtisch_ oben"
S SR
M25.3
"Flanken merker_6"
N
M22.3
"nächster Motor Ausschuss"
M22.1
"Motor ok"
>=1
R Q
Netzwerk 2: Motorwicklung U1 - U2
FC105
"Scalierbaustein Wickl U"
M23.1
"Messung aktiv"
EN
PEW320
"widerstand_ wicklung_U"
IN
6.000000e+ 002
HI_LIM
RET_VAL
MW60
"Hilfsmerker word 1"
0.000000e+ 000
LO_LIM
MD320
"scalierter Wert Wickl. U"
OUT
M25.5
"Hilfs merker 1"
BIPOLAR
ENO
Netzwerk 3: Wicklung V1 - V2
FC115
"Scalierbaustein Wickl V"
M23.1
"Messung aktiv"
EN
PEW322
"widerstand_ wicklung_V"
IN
6.000000e+ 002
HI_LIM
RET_VAL
MW62
"Hilfsmerker word 2"
0.000000e+ 000
LO_LIM
MD324
"scalierter Wert Wickl. V"
OUT
M25.7
"Hilfs merker 2"
BIPOLAR
ENO
Netzwerk 4: Wicklung W1 - W2
FC125
"Scalierbaustein Wickl W"
M23.1
"Messung aktiv"
EN
PEW324
"widerstand_ wicklung_W"
IN
6.000000e+ 002
HI_LIM
RET_VAL
MW64
"Hilfsmerker word 3"
0.000000e+ 000
LO_LIM
MD328
"scalierter Wert Wickl. W"
OUT
M25.0
"Hilfs merker 0"
BIPOLAR
ENO
Netzwerk 5: Auswertung Wicklung U, Widerstand im Bereich
MD320
"scalierter Wert Wickl. U"
CMP <R
IN1
3.500000e+ 002
IN2
MD320
"scalierter Wert Wickl. U"
CMP >R
IN1
3.200000e+ 002
IN2
&
M21.1
"Wicklung U im Bereich"
=
Netzwerk 6: Auswertung Wicklung V, Widerstand im Bereich
MD324
"scalierter Wert Wickl. V"
CMP <R
IN1
3.500000e+ 002
IN2
MD324
"scalierter Wert Wickl. V"
CMP >R
IN1
3.200000e+ 002
IN2
&
M21.2
"Wicklung V im Bereich"
=
SCALE-Baustein
→ 326
Zahlendarstellung
Exponentendarstellung
→ 322
Vergleichsfunktionen
→ 304

Netzwerk 7: Auswertung Wicklung W, Widerstand im Bereich

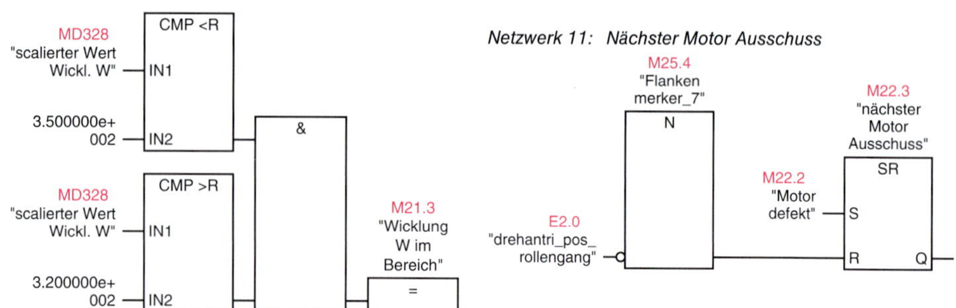

Netzwerk 8: Wicklung ok

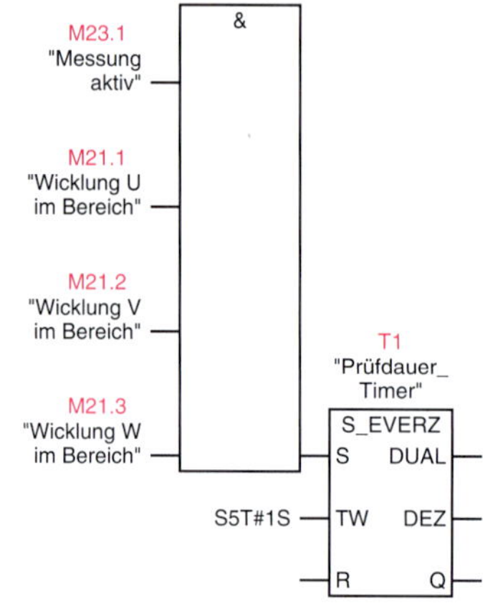

Netzwerk 9: Motor kein Ausschuss

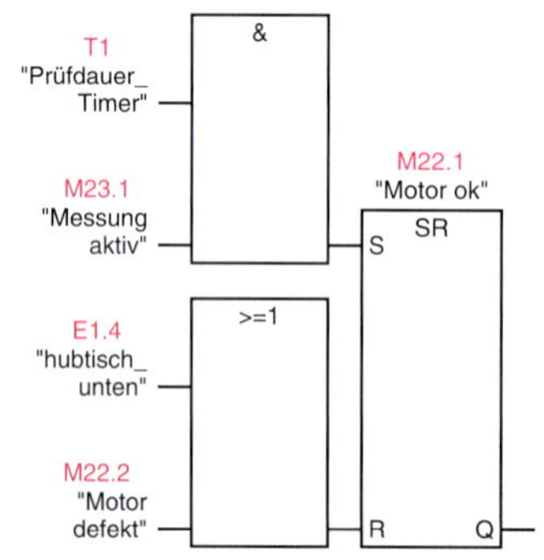

Netzwerk 10: Messung / defekte Wicklung

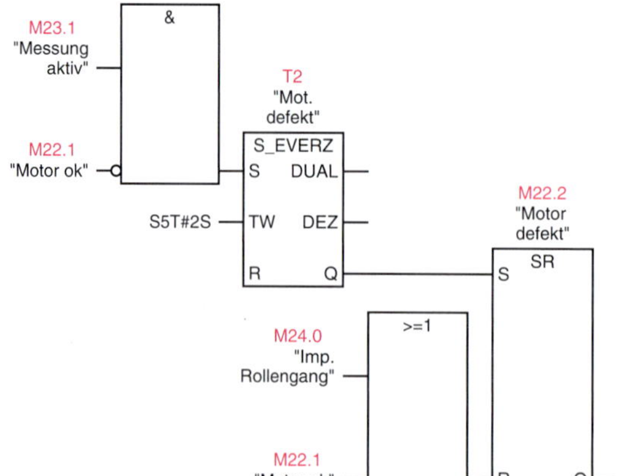

FC5: Drehantrieb rechts/links

Netzwerk 1: Drehantrieb rechts

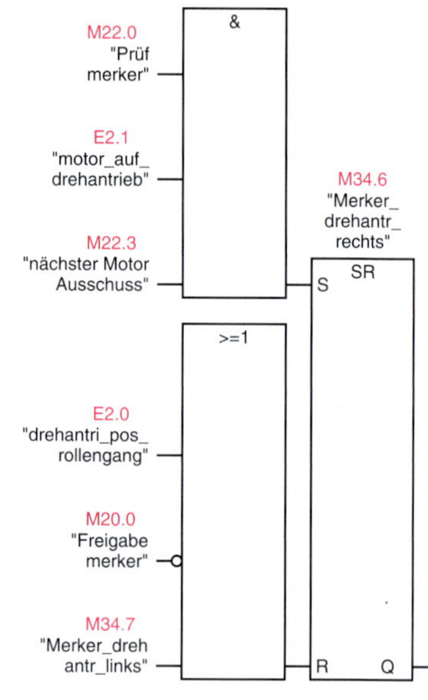

Netzwerk 2: Drehantrieb links

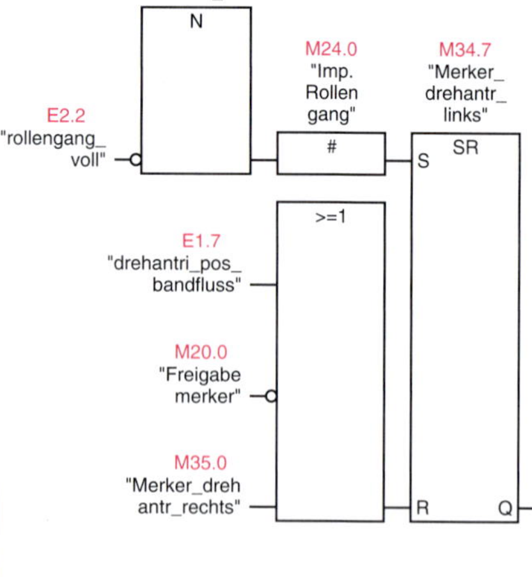

■ **Zeitfunktionen**
→ 266

■ **Konnektor**
→ 317

FC6: Meldungen

Netzwerk 1: Ein / Aus

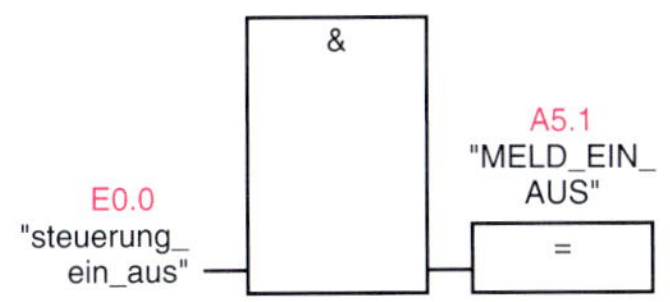

Netzwerk 2: Bänder

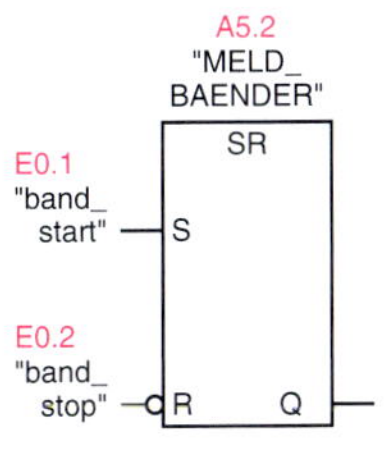

Netzwerk 3: Prüfstation Ein / Aus

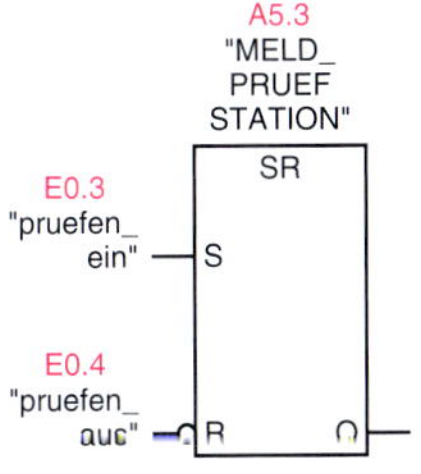

Netzwerk 4: Störungsmeldung

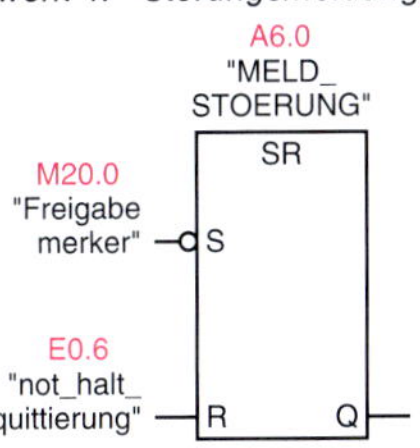

Netzwerk 5: Not-Halt-Meldung

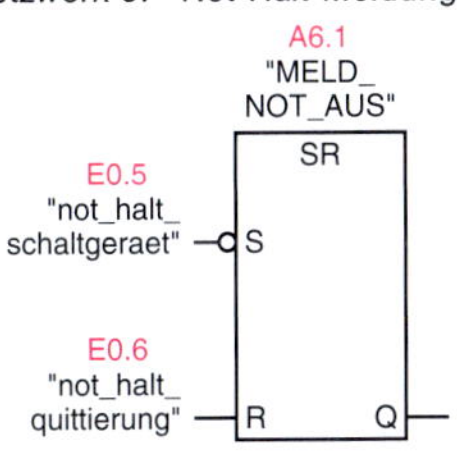

FC7: Befehlsausgabe

Netzwerk 1: Band 1

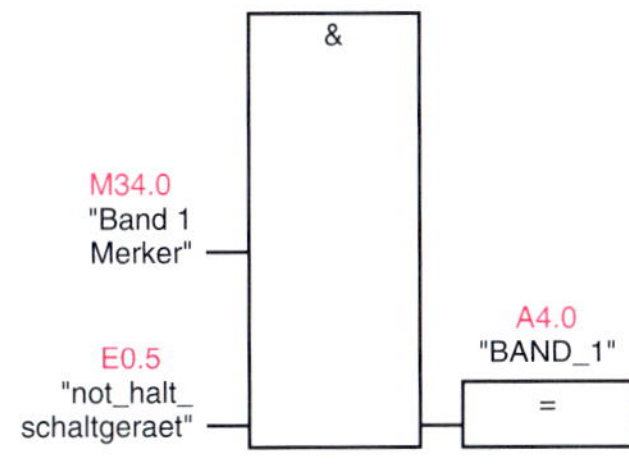

Netzwerk 2: Band 2

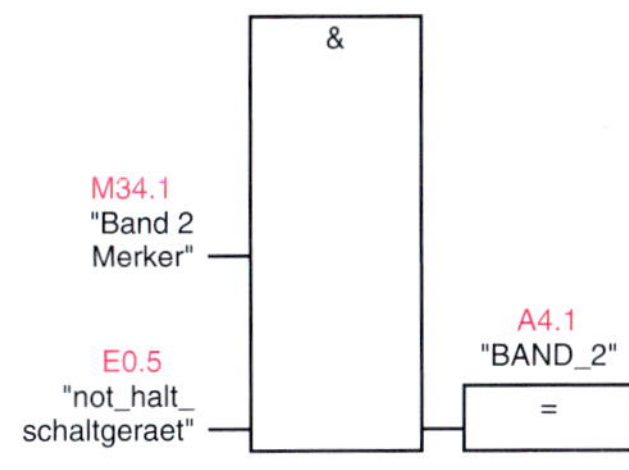

Netzwerk 3: Band 3

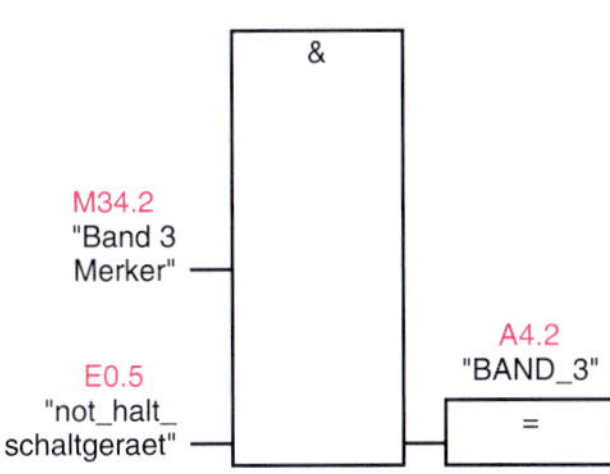

Netzwerk 4: Band 4

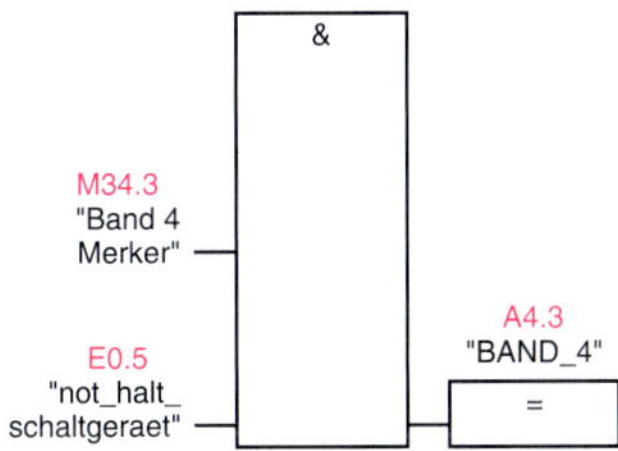

Netzwerk 5: Transport Drehantrieb

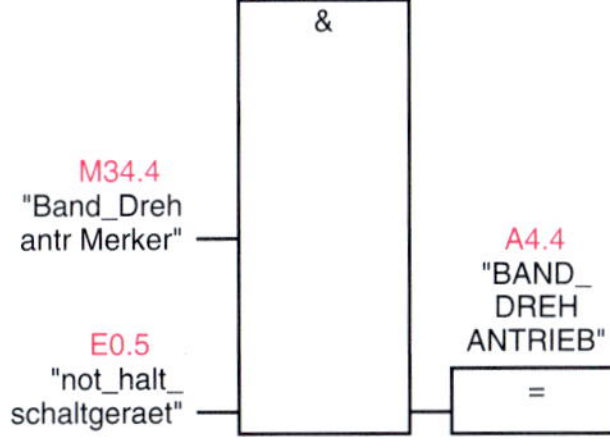

Netzwerk 6: Hubtisch heben

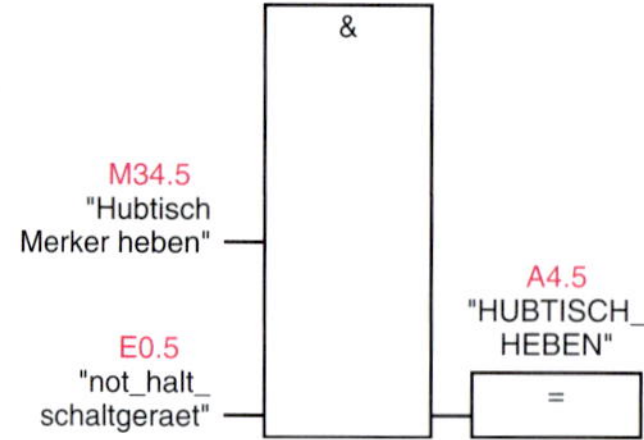

Netzwerk 7: Hubtisch senken

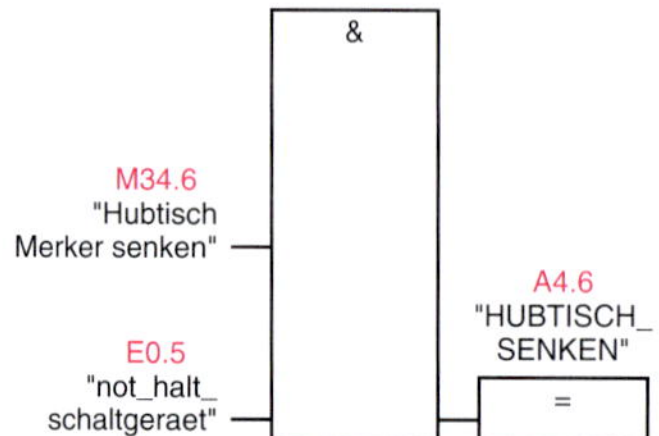

Netzwerk 8: Drehantrieb rechts in Richtung Ausschuss

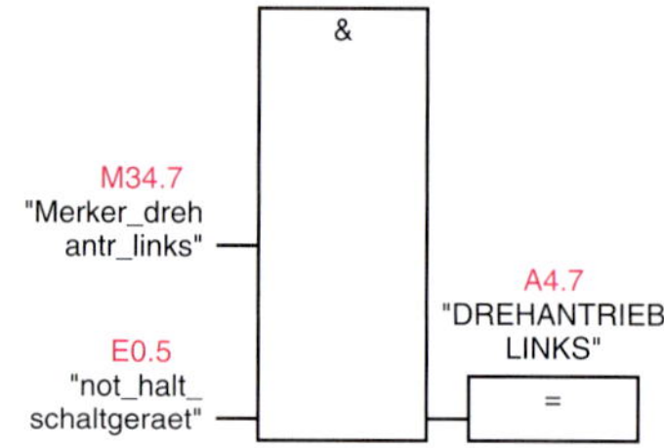

Netzwerk 9: Drehantrieb links

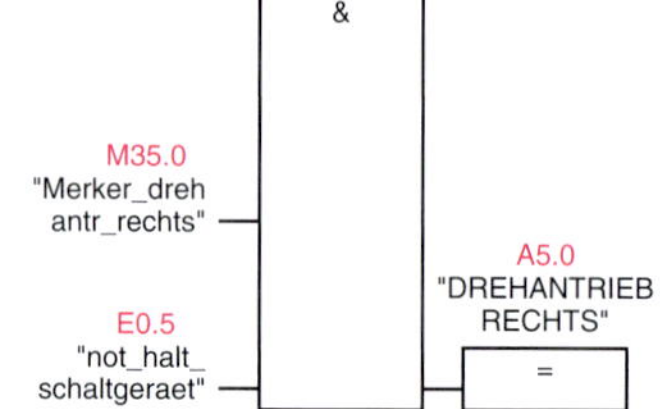

2 Sichere Energieversorgung

2.1 TN-System

Der Schaltschrank (Seite 21) benötigt eine Spannungsversorgung. Er wird mit einem TN-S-System eingespeist.

Die Einspeisung erfolgt über Klemmen im Schaltschrank und wird dort mit NH-Sicherungen (Größe 00) abgesichert.

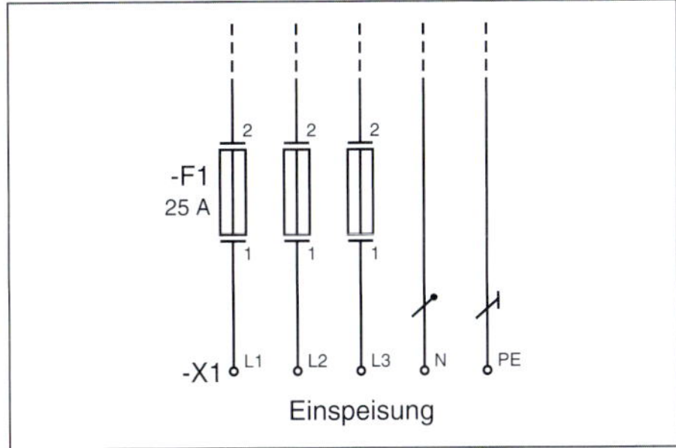

1 Einspeisung des Schaltschranks

Merkmal des *TN-Systems* ist die Übernahme von

- ***Personenschutz im Fehlerfall***
- ***Überlastschutz***
- ***Kurzschlussschutz***

durch **Überstromschutzorgane** (Schmelzsicherung, Leitungsschutzschalter usw.).

Dies ist eine sehr *preiswerte* Lösung. Sie setzt allerdings voraus, dass im *Fehlerfall* ein so hoher Strom fließt, dass die **Abschaltbedingung**

$Z_S \cdot I_a \leq U_0$

eingehalten werden kann.

Z_S Schleifenimpedanz in Ω

I_a Abschaltstrom des Überstromschutzorgans in A

U_0 Spannung gegen Erde in V

Da im Körperschlussfall der *Fehlerstrom* ausschließlich über *Kupfer* fließen kann, können geringe **Schleifenimpedanzen** erreicht werden.

Die von $U_0 = 230$ V getriebenen **Fehlerströme** müssen zur *Abschaltung* des Überstromschutzorgans in festgelegten *Zeiten* führen. Höchstzulässige **Abschaltzeiten** im TN-System siehe Seite 36.

Der *Nachweis der Wirksamkeit* der Schutzmaßname (Schutz durch automatisches Abschalten der Stromversorgung) kann durch die **Schleifenimpedanzmessung** erbracht werden.

Eventuell wird die *niederohmige Durchgängigkeit des Schutzleiters* gemessen.

NH-Sicherungen

Sicherungen schützen Leitungen vor Überlastung und Kurzschluss → *basics*.

Niederspannungs-Hochleistungssicherungen (NH-Sicherungen) bestehen aus dem Unterteil und dem Schmelzeinsatz.

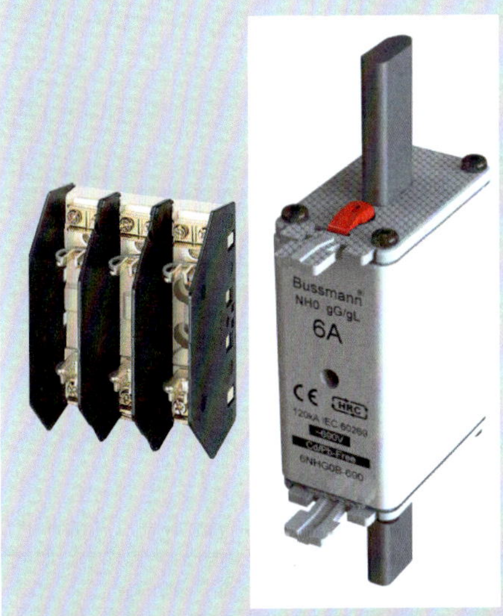

Bei belasteten Stromkreisen kann ein gefährlicher Lichtbogen gezogen werden.

NH-Sicherungsgrößen (GG)

Größe	Bemessungsstrom in A
00	2 – 100
0	2 – 160
1	80 – 250
2	125 – 400
3	315 – 630
4	500 – 1250

Schaltvermögen: ca. 100 kA
Bemessungsspannung: 400 V

NH-Sicherungssysteme dürfen nicht von elektrotechnischen Laien bedient werden.

Möglichst nur in *unbelasteten* Stromkreisen die Sicherungen *einsetzen* oder *herausnehmen*.

Aufsteckgriff mit Armschutz benutzen und Helm mit Gesichtsschutz tragen.

■ **NH-Sicherungen**

haben keinen Schutz gegen direktes Berühren. Die Grifflaschen der Sicherung stehen unter Spannung.

■ **Hochleistung**

durch größeres Volumen und größeren Kontaktabstand (Lichtbogenbeherrschung) als bei Schraubsicherungen.

NH-Sicherung
low voltage high breaking capacity fuse

Netzsysteme
network types

Einspeisung
feeding, fuse cut-out

Überstromschutz
over-current protection

Schaltschrank
switchgear cabinet

■ **NH-Sicherungen**

■ **Messung der Schleifenimpedanz**

→ 85

■ **Messung der niederohmigen Durchgängigkeit**

→ 83, basics Elektrotechnik

Trenner
air-break disconnector

Lasttrenner
air-break switch disconnector

Lasttrennschalter
switch disconnector, load-break switch

Abschaltstrom
turn-off current density

Abschalteinrichtung
switching device

Strombelastbarkeit
current carrying capacity

@ Interessante Links

Schaltgeräte

- www.eaton.de
- www.siemens.de
- www.driescher.de

■ **Strombelastbarkeit von Leitungen**

TB

■ **Höchstzulässige Abschaltzeiten der Netzsysteme (auch DC-Kreise)**

Sicherungstrenner

Zum Schalten im stromlosen Zustand geeignet, Kombination von Trennschalter und NH-Sicherung.

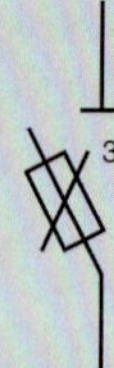

Sicherungslasttrenner

Zum Schalten unter Last geeignet, da mit Funkenlöscheinrichtungen ausgerüstet.

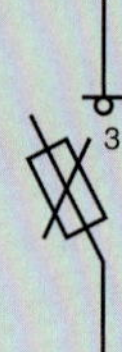

Lasttrennschalter

Lasttrennschalter können Bemessungsströme schalten.

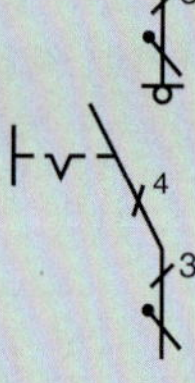

Hinweis

Trennschalter müssen *alle* nachgeschalteten Strompfade vom Netz trennen. Dabei muss die Trennung *angezeigt* werden. Außerdem muss ein vorgeschriebener *Kontaktabstand* eingehalten werden.

Höchstzulässige Abschaltzeiten im TN-System (DIN VDE 0100-410)

Steckdosenstromkreise, ortsveränderliche Betriebsmittel	$U_0 \leq 230$ V $U_0 > 120$ V	$t_a \leq 0{,}4$ s
	$U_0 \leq 400$ V $U_0 > 230$ V	$t_a \leq 0{,}2$ s
Endstromkreise mit festem Anschluss von Handgeräten, ortsveränderliche Geräte der Schutzklasse I	$U_0 > 500$ V	$t_a \leq 0{,}1$ s
Endstromkreise mit ortsfesten Verbrauchsmitteln, Verteilungsstromkreise in Gebäuden	$U_0 \leq 400$ V	$t_a \leq 5$ s

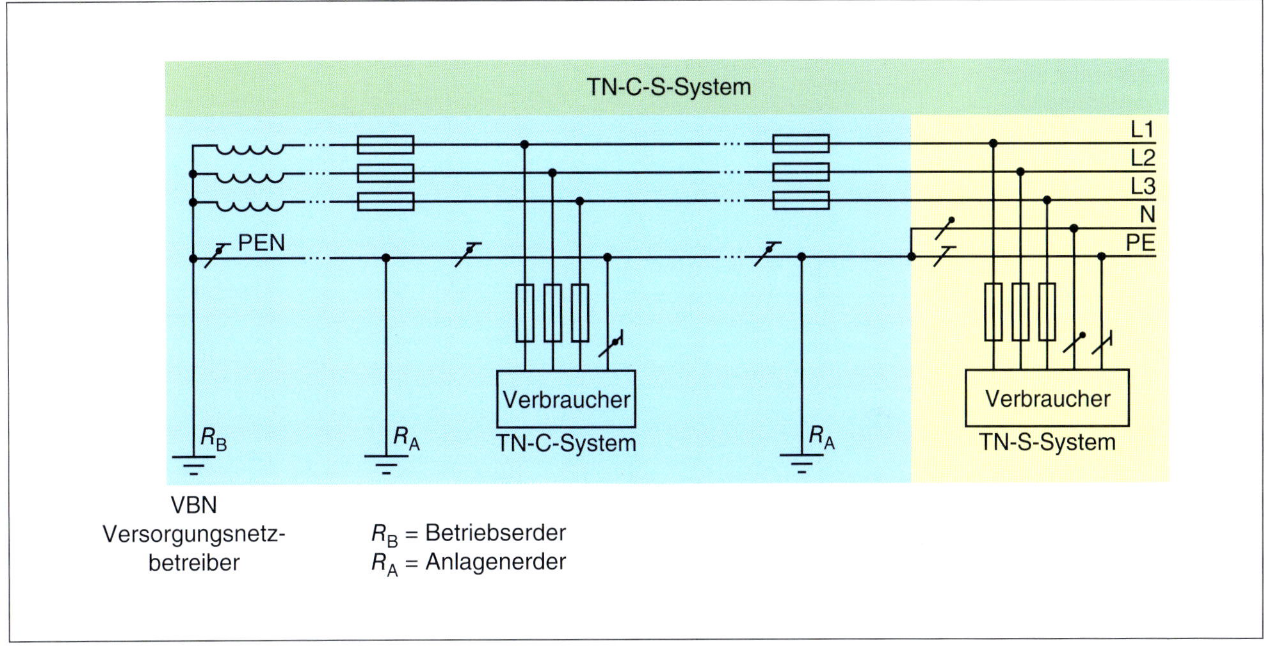

2 *TN-C-S-System, heute in der Industrie noch weit verbreitet*

Zwischen Unterverteilung und Schaltschrank ist eine 27 m lange Leitung in Rohr verlegt.

In der Unterverteilung ist die Leitung mit NH-Sicherungen 63 A abgesichert. Verwendung findet ein Sicherungslasttrennschalter, Netzsystem TN-S.

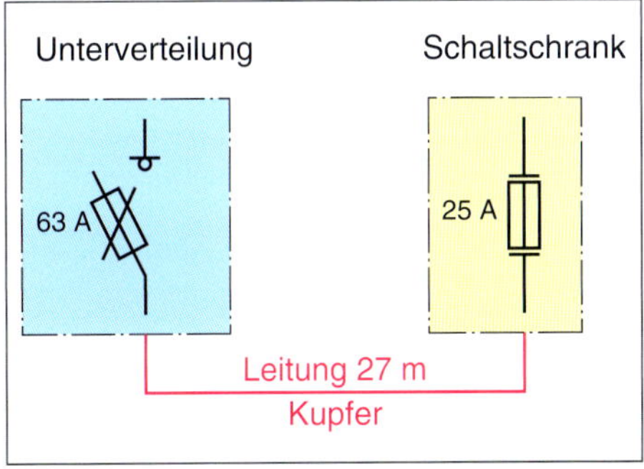

3 *Energieversorgung des Schaltschranks*

Der Querschnitt der Leitung ist unter Berücksichtigung der Bedingungen zu ermitteln. Dann ist die Entscheidung zu treffen, mit welcher Bemessungsstromstärke die Leitung maximal abgesichert werden darf.

Umgebungstemperatur 25 °C, eine Leitung im Installationsrohr, Verlegeart B2, 3 belastete Adern. Wenn 16-mm²-Cu-Leitung verlegt wird, beträgt die Strombelastbarkeit 66 A.

Die Leitung darf also mit 63 A abgesichert werden.

z.B.

Welche Leistung kann bei einem Strom von 63 A maximal übertragen werden?

Drehstromleitung: 400 V, 50 Hz. Maximale Leistung bei Leistungsfaktor $\cos\varphi = 1$.

$$P = \sqrt{3} \cdot U \cdot I \cdot \cos\varphi$$
$$P_m = \sqrt{3} \cdot U \cdot I$$
$$P_m = \sqrt{3} \cdot 400\ \text{V} \cdot 63\ \text{A} = 43{,}6\ \text{kW}$$

Die Drehstromleitung ist 27 m lang. Sie wird bei einem Leistungsfaktor von $\cos\varphi = 0{,}85$ mit $I = 63$ A belastet. Welcher Spannungsfall tritt auf der Leitung auf?

Drehstromleitung: 400 V, 50 Hz

Spannungsfall auf Drehstromleitungen: $q = 16\ \text{mm}^2$

$$\Delta U = \frac{\sqrt{3} \cdot I \cdot l \cdot \cos\varphi}{\gamma \cdot q}$$
$$\Delta U = \frac{\sqrt{3} \cdot 63\ \text{A} \cdot 27\ \text{m} \cdot 0{,}85}{56\ \frac{\text{m}}{\Omega \cdot \text{mm}^2} \cdot 16\ \text{mm}^2}$$
$$\Delta U = 2{,}8\ \text{V}$$

Prozentualer Spannungsfall in Bezug auf $U = 400$ V:

$$p_u = \frac{\Delta U}{U} \cdot 100\ \%$$
$$= \frac{2{,}8\ \text{V}}{400\ \text{V}} \cdot 100\ \% = 0{,}7\ \%$$

Maximal zulässig: $p_u = 3\ \%$

Spannungs- und Leistungsverlust auf Drehstromleitungen

z. B.

Welcher Leistungsverlust tritt auf der Leitung (siehe Seite 37) auf?

Leistungsverlust auf Drehstromleitungen:

$$P_V = \frac{3 \cdot I^2 \cdot l}{\gamma \cdot q}$$

$$P_V = \frac{3 \cdot (63\ \text{A})^2 \cdot 27\ \text{m}}{56\ \frac{\text{m}}{\Omega \cdot \text{mm}^2} \cdot 16\ \text{mm}^2} = 358{,}8\ \text{W}$$

Prozentualer Leistungsverlust

$$p_P = \frac{P_V}{P} \cdot 100\ \% = \frac{358{,}8\ \text{W}}{43600\ \text{W}} \cdot 100\ \%$$

$$p_P = 0{,}823\ \%$$

Schleifenimpedanz

Summe aller Impedanzen (Scheinwiderstände) im geschlossenen Stromkreis, der bei einem Isolationsfehler in einem elektrischen Verbrauchsmittel und bei Körperschluss vom Fehlerstrom durchflossen wird.

Eine Schleifenimpedanzmessung in der Unterverteilung ergibt $Z_S = 0{,}8\ \Omega$.
Die Messung der niederohmigen Durchgängigkeit des Schutzleiters zwischen Verteilung und Schaltschrank ergibt 72 mΩ.
Mit welchem Fehlerstrom ist dann zu rechnen?

Spannung gegen Erde: $U_0 = 230$ V.

Die gemessene Schleifenimpedanz erhöht sich um den Widerstandswert 72 mΩ = 0,072 Ω.

$$I_F = \frac{U_0}{0{,}872\ \Omega} = \frac{230\ \text{V}}{0{,}872\ \Omega}$$

$$I_F = 263{,}8\ \text{A}$$

Prüfung

1. Warum werden NH-Sicherungen statt Schraubsicherungen eingesetzt? Beschreiben Sie das Auswechseln einer NH-Sicherung.

2. Sicherungen haben Funktionsklassen und Betriebsklassen. Was wird hierdurch ausgesagt?

3. Was sind Ganzbereichssicherungen?

4. Beschreiben Sie den Aufbau eines TN-Systems.

5. Warum ist es wichtig, dass die Schleifenimpedanz des TN-Systems möglichst gering ist? Aus welchen Größen setzt sich die Schleifenimpedanz zusammen? Skizzieren Sie das Ersatzschaltbild.

6. Welche maximalen Abschaltzeiten gelten für das TN-System?

7. Ein Steckdosenstromkreis 230 V wird mit einem B16-Leitungsschutzschalter abgesichert. Die Schleifenimpedanz beträg 1,72 Ω. Wie beurteilen Sie dies?

8. Ist die Abschaltbedingung des Motorstromkreises (siehe rechts) erfüllt? Begründen Sie Ihre Antwort. Was ist zu tun, wenn die Abschaltbedingung nicht erfüllt ist.

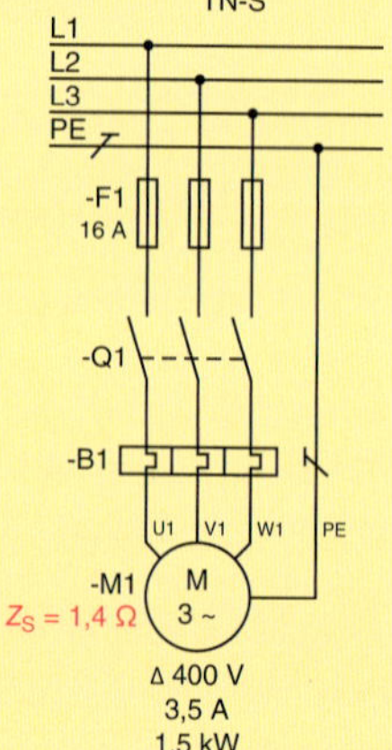

9. Skizzieren Sie den grundsätzlichen Aufbau eines TN-C-Systems, TN-C-S-Systems und TN-S-Systems. Ab welchem Leitungsquerschnitt ist das TN-C-System nur möglich?

10. Der Leistungsverlust auf einer Leitung ist sehr hoch. Welche Auswirkungen hat das? Welcher Zusammenhang besteht zwischen dem Spannungsfall auf der Leitung und dem Leistungsverlust?

@ Interessante Links

- christiani-berufskolleg.de

Spannungsfall
voltage drop

Leistungsverlust
lost of power

Leistungsfaktor
power factor

Schleifenimpedanz
loop resistance

Schutzgerät
protective device

Schmelzsicherung
fuse

Schmelzstrom
fusing current

Fehlerstrom
fault-current

Körperschluss
body contact

Belastung des N-Leiters

Vor dem Einsatz von Betriebsmitteln der Leistungselektronik (z. B. Frequenzumrichter, Softstarter) konnte davon ausgegangen werden, dass im N-Leiter bei *symmetrischer Belastung kein Strom fließt*.

Heute kann der Strom im N-Leiter hingegen Werte annehmen, die der *Summe der drei Außenleiterströme* entsprechen.

Es ist also besonders auf die *Belastung* des N-Leiters zu achten.

Gerade in Verbindung mit *Systemen der Informationstechnik* sind die *Netzsysteme* **TN-C** und **TN-C-S** problematisch.

Der *PEN* ist eine Kombination von *Schutzleiter* PE und *Neutralleiter* N. Er ist mit *Erdungssystemen* und mit dem *Potenzialausgleich* verbunden.

Der im *Neutralleiter fließende Strom* kann sich deshalb über sämtliche *Erdungssysteme* und *Potenzialausgleichsleitungen* und *Abschirmungen* von Leitungen ausbreiten. Man spricht von **vagabundierenden Strömen**.

Vagabundierende Ströme haben unangenehme Folgen:

- PEN bzw. N führen nicht mehr den gesamten Rückstrom. Dadurch heben sich die zugehörigen Magnetfelder nicht mehr auf. Ein resultierendes *magnetisches Feld* ist die Folge.
- Die vagabundierenden Ströme bewirken Magnetfelder, die *Störungen* verursachen können.
- Eine starke Überlastung des N-Leiters ist möglich, wodurch Brandgefahr hervorgerufen wird.
- In Rohrleitungssystemen mit stehendem Wasser kann es zur Korrosion kommen.
- Schnittstellen der informationstechnischen Systeme können zerstört werden.

Beim **TN-S-System** ist der Neutralleiter (N) nur an einer *zentralen Stelle* mit dem *PE/PA-System* verbunden. Zum Beispiel in der Niederspannungs-Hauptverteilung. Somit können im PE *keine* Betriebsströme mehr fließen.

Das TN-S-System ist also zu bevorzugen.

EMV und TN-System

EMV: Elektromagnetische Verträglichkeit
Hierunter versteht man die Fähigkeit eines Geräts oder einer elektrischen Anlage, in einer *elektromagnetischen Umgebung* einwandfrei zu funktionieren, ohne andere Geräte oder Anlagen zu stören.

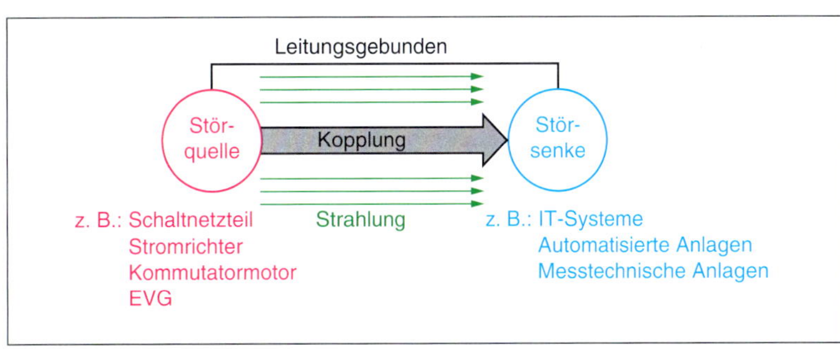

4 Ursachen und Ausbreitung von Störungen

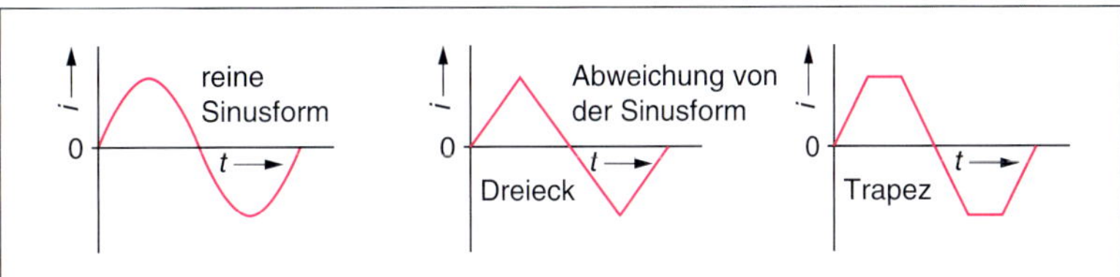

5 Kurvenform von Wechselgrößen

Störungen können sich *leitungsgebunden* oder durch *elektromagnetische Strahlungen* ausbreiten.

Elektromagnetische Störungen werden am erfolgreichsten an der **Störquelle** bekämpft.

Oberschwingungen

Wenn der Verlauf von Spannung und Strom *rein sinusförmig* ist, kommt es *nicht* zur Bildung von Oberschwingungen.

Weicht hingegen die periodische Kurvenform von der Sinusform ab, kommt es zu Oberschwingungen (Bild 5).

In der Natur kommen nur *harmonische Sinusschwingungen* vor, zum Beispiel bei Pendelvorgängen. Alle davon abweichenden Schwingungsformen sind *künstlich* erzeugt, technisch *erzwungen*.

Sämtliche Kurvenformen von Schwingungen bestehen aus einer *Vielzahl von Sinusschwingungen*, die *gemeinsam* die jeweilige Kurvenform der Schwingung ergeben.

Die erste sich hieraus ergebende Schwingung ist die **Grundschwingung**. Sie hat die gleiche Frequenz wie die nicht sinusförmige Schwingung.
Alle weiteren Schwingungen, die die nichtsinusförmige Größe bilden, haben höhere Frequenzen. Jede Frequenz ist ein *ganzzahliges Vielfaches* der Grundschwingung.

Zur Verdeutlichung: Werden die *Augenblickswerte* der *Grundschwingung* und der *Oberschwingungen* addiert, ergibt sich hieraus der Kurvenverlauf der nicht sinusförmigen Schwingung (Bild 7, Seite 40).

Oberschwingung
harmonic

Harmonische
harmonic

Phasenverschiebung
phase displacement

Frequenzspektrum
frequency spectrum

Ordnungszahlen
ordinal number

EMV (EMC)
electromagnetic compatibility

■ **Oberschwingungen**

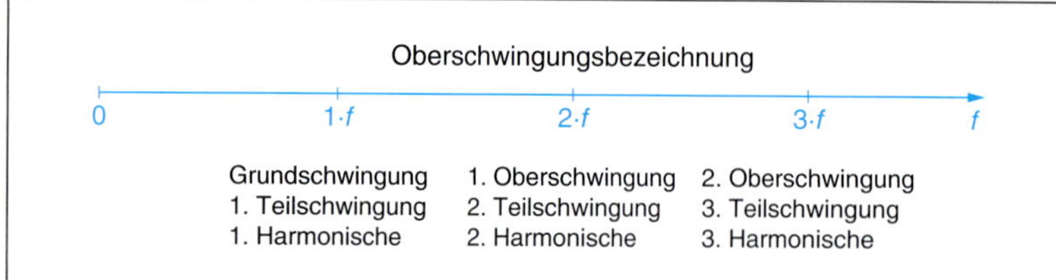

6 Bezeichnung der Oberschwingungen

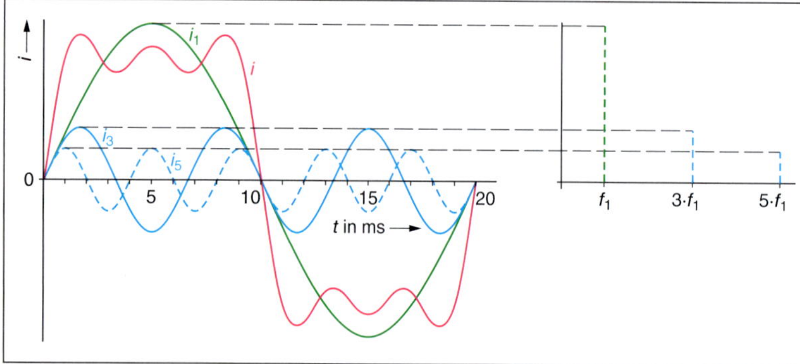

7 Bildung einer Rechteckschwingung aus Sinusschwingungen

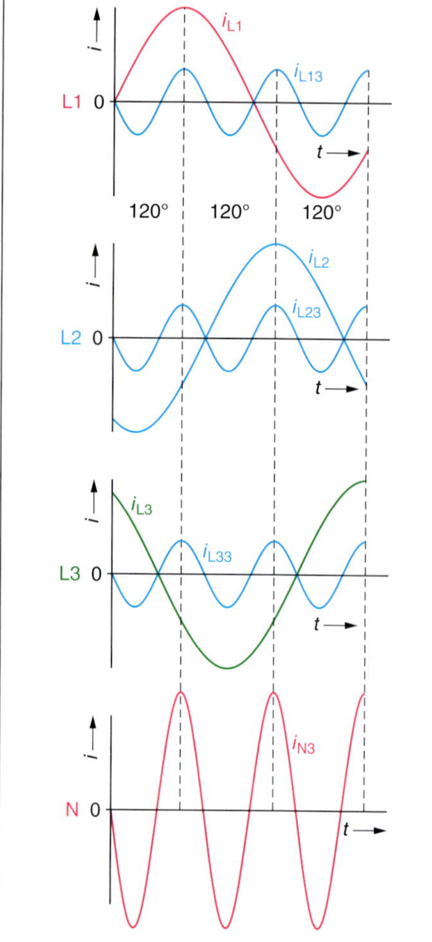

8 Stromaddition im N-Leiter

Zu Bild 7:

i_1 Grundschwingung 50 Hz
i_2 3. Oberschwingung 150 Hz
i_3 5. Oberschwingung 250 Hz

Obgleich nur die *Grundschwingung* sowie die *3. und 5. Oberschwingung* addiert wurden, deutet sich schon der *rechteckförmige* Verlauf von *i* an (Bild 7). Würden alle Oberschwingungen addiert, ergäbe sich der exakte Verlauf der Rechteckschwingung.

Erzeugung von Oberschwingungen

- Elektronische Vorschaltgeräte
- Haushaltsgeräte
- Computer, Drucker, Kopierer
- Elektronische Netzteile
- Stromrichter Frequenzumrichter, Gleichstromsteller

Besonders die *3. Harmonische* verursacht erhebliche *Störungen* und kann sogar *Brände* hervorrufen. In Summe kann sie den N-Leiter überlasten.

Sie wird vor allem durch Verbrauchsmittel mit *elektronischen Netzteilen* hervorgerufen, die i. Allg. im Eingang über ein Netzgerät mit *kapazitiver Glättung* betrieben werden.

■ Strombelastbarbeit von Leitungen bei Oberschwingungen

Die Ströme der *Grundschwingung* sind um 120° phasenverschoben. Sie heben sich daher im N-Leiter auf.

Die Ströme *der 3. Harmonischen* (i_{L13}, i_{L23}, i_{L33}) sind *nicht* phasenverschoben. Sie *addieren* sich im N-Leiter (Bild 8).

Der Strom i_{N3} im N-Leiter ist daher *größer* als der Stromstärkewert der Grundschwingung in den Außenleitern.

> Oberschwingungsströme können sich im N-Leiter addieren und zu einer Überlastung des N-Leiters führen. Dies gilt ganz besonders für die 3. Harmonische.

In diesem Fall muss bei Kabeln und Leitungen von *4 belasteten Adern* ausgegangen werden.

Hierfür gibt DIN VDE 0298-4 einen *Umrechnungsfaktor* an, der allerdings die Kenntnis der Oberschwingungsstromstärke voraussetzt.

Mögliche Auswirkungen

- Qualität der Netzspannung wird gemindert (Abflachung der Sinuskurve).
- Zunehmende Verluste durch Schein- und Blindleistung.

- Zunahme der Wirbelstromverluste im Eisen.
- Datenverlust.
- Funktionsausfälle.
- Unzulässige Erwärmung von Leitungen und Kondensatoren.
- Reduzierte Lebensdauer von Geräten (z. B. Personalcomputern, Schnittstellen).

Messung von Oberschwingungen

Verwendung finden i. Allg. *Oberschwingungsmessgeräte*. Aber auch mithilfe einer Stromzange ist eine große Abschätzung möglich, Echteffektivwertanzeige notwendig.

Die Messungen müssen unter *Betriebsbedingungen* erfolgen. Daher sind die Vorschriften für das Arbeiten an unter Spannung stehenden Teilen zu beachten.

Wenn die Messung nachweist, dass der Strom im N-Leiter größer als der größte Unterschied zwischen den Außenleiterströmen ist, kann man von Oberschwingungen ausgehen.

Zum Beispiel

$I_{L1} = 58$ A, $I_{L2} = 64$ A, $I_{L3} = 78$ A, $I_N = 59$ A

Größter Unterschied zwischen den Außenleiterströmen: 78 A – 58 A = 20 A.

Der Strom im N-Leiter (59 A) ist nicht durch eine unsymmetrische Last erklärbar. Es muss von *Oberschwingungen* ausgegangen werden (150-Hz-Problem).

Oberschwingungsmessgeräte verfügen über genormte Schnittstellen zum Personalcomputer. Die Messergebnisse lassen sich somit verarbeiten und dokumentieren.

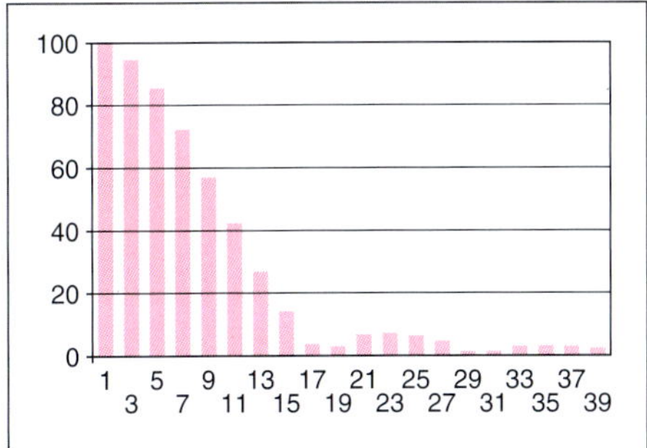

9 Frequenzspektrum eines Stromes

2.2 Fehlerstrom-Schutzeinrichtung

- Schutz gegen das Bestehenbleiben zu hoher Fehlerströme (10 bis 500 mA).
- Schutz gegen Entstehung elektrisch gezündeter Brände (max. 300 mA).
- Schutz bei direktem Berühren (max. 30 mA).

Arbeitsweise der Fehlerstrom-Schutzeinrichtung siehe basics Elektrotechnik.

Voraussetzung für den *Einsatz* einer Fehlerstrom-Schutzeinrichtung ist die *Erdung* des Sternpunkts des speisenden Netzes.

RCDs sollen keine Überströme abschalten. Daher müssen sie mit geeigneten Überstrom-Schutzeinrichtungen geschützt werden. Sie müssen sicher auslösen, wenn ein pulsierender Gleichfehlerstrom zur Erde abfließt.

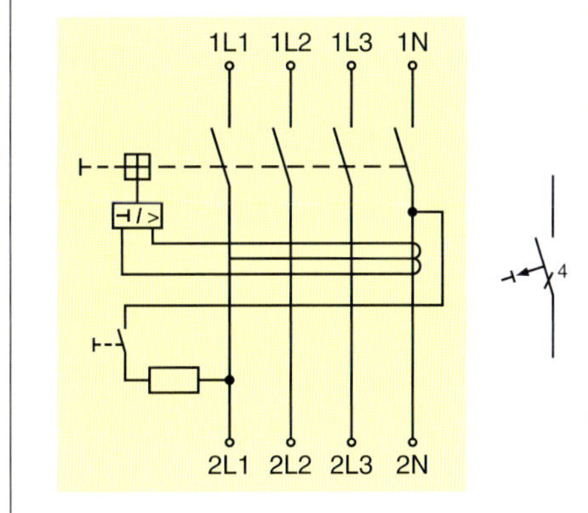

10 Vierpoliger RCD

Fehlerstrom-Schutzeinrichtungen dürfen nicht unerwünscht abschalten.

Unter Umständen ist eine *Aufteilung* der Stromkreise auf mehrere Fehlerstrom-Schutzeinrichtungen notwendig, damit in jedem Fall der Strom $\leq 0{,}4 \cdot I_{\Delta n}$ ist.

Aus *Brandschutzgründen* wird ein **selektiver zeitverzögerter** RCD mit $I_{\Delta n} \leq 300$ mA vorgeschaltet. Solche RCDs haben eine Abschaltzeit von $t_a \leq 1$ s.

RCD-Typen

RCDs werden nach der *Art der Fehlerströme* ausgewählt, die zu schützende Verbrauchsmittel im Fehlerfall bewirken können.

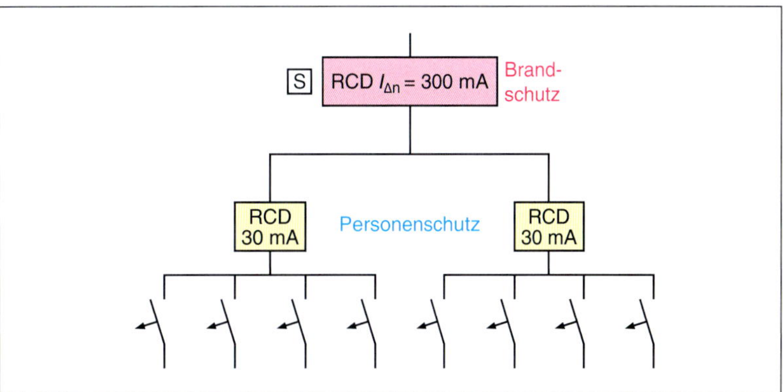

11 Anlage mit Fehlerstrom-Schutzeinrichtungen

Oberschwingung
harmonic

Oberschwingungsanteil
harmonic content

Oberschwingungsspannung
harmonic voltage

Oberschwingungsunterdrückung
harmonic supression

RCD
residual current protective device

■ **RCD**
→ basics Elektrotechnik

Typ	Zeichen	Bezeichnung	Eigenschaft
AC	[~]	wechselstromsensitiv	Nur anwendbar bei sinusförmigen Wechselströmen. In Deutschland nicht zugelassen.
A		pulsstromsensitiv	Nur anwendbar bei Wechselströmen und pulsierenden Gleichströmen. Wenn im Fehlerfall keine glatten Gleichströme auftreten.
B		allstromsensitiv	Bei sinusförmigen Wechselströmen und pulsierenden Gleichströmen der Bemessungsfrequenz und Wechselströmen bis mind. 1 kHz und bei glatten Gleichfehlerströmen.
B+	kHz	Wie B, jedoch bei Wechselströmen bis 20 kHz mit maximalem Auslösewert von 420 mA.	
F		Bei sinusförmigen Wechselströmen und pulsierenden Gleichströmen der Bemessungsfrequenz und einem Gemisch von Wechselströmen unterschiedlicher Frequenzen. RCDs vom Typ F erfassen keine glatten Gleichströme und dürfen B und B+ nicht ersetzen.	

■ **Schutz durch RCD**
ist nicht als alleinige Maßnahme zum Schutz gegen elektrischen Schlag erlaubt. Ist nur eine zusätzliche Maßnahme und kein Ersatz für Schutzmaßnahmen.

Sinnbilder

Bild	Bedeutung
V D E	VDE-Prüfzeichen
6000	Überstrom-Schutzeinrichtung ist vorzuschalten, kurzschlussfest bis z. B. 6000 A.
-25	Geeignet für Betrieb bei tiefen Temperaturen, z. B. – 25 °C.
S	Bauart S, selektiver RCD, Auslösung zeitverzögert.
K	Kurzverzögerte Abschaltung, minimale Auslöseverzögerung von 10 ms.

■ **RCD-Einsatz**
Vorgeschrieben z. B. in Baderäumen, Steckdosenstromkreisen, Baustellenverteilern, landwirtschaftlichen und gartenbaulichen Betriebsstätten.

RCD vom Typ B, B+

Allstromsensitive RCDs haben *zwei* **Summenstromwandler**, durch die alle aktiven Leiter geführt werden.
Der erste Summenstromwandler erfasst die *sinusförmigen Wechselströme* und die *pulsartigen Gleichströme.*

Im zweiten Summenstromwandler ist die Sekundärwicklung mit einem *Frequenzgenerator* gekoppelt. Dabei wird ein wechselmagnetischer Zustand hervorgerufen. Eine Änderung des Gleichstroms hat Einfluss auf den wechselmagnetischen Zustand und bewirkt über die Elektronikeinheit die allpolige Abschaltung.

■ **Abschaltbedingungen**

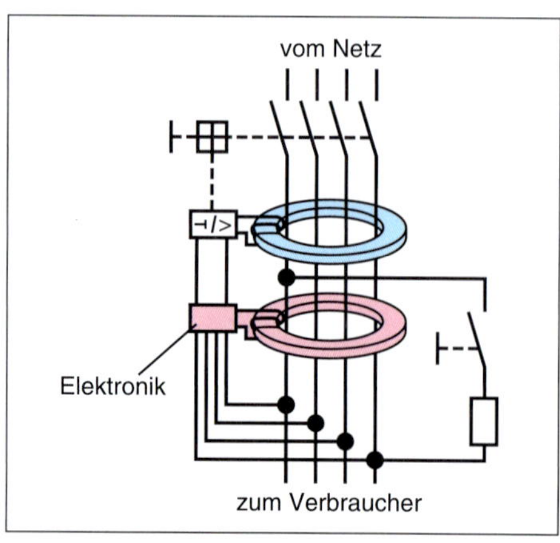

12 Allstromsensitiver RCD

Abschaltung

Zwischen 0,5 und 1 · $I_{\Delta n}$.

Wechselfehlerstrom	Gleichfehlerstrom, pulsierend	Auslösezeit
$I_{\Delta n}$	1,4 · $I_{\Delta n}$	≤ 300 ms
5 · $I_{\Delta n}$	5 · 1,4 · $I_{\Delta n}$	≤ 40 ms

Selektive RCDs

Wechselfehlerstrom	Gleichfehlerstrom, pulsierend	Auslösezeit
$I_{\Delta n}$	1,4 · $I_{\Delta n}$	130 – 500 ms
2 · $I_{\Delta n}$	2 · 1,4 · $I_{\Delta n}$	60 – 200 ms
5 · $I_{\Delta n}$	5 · 1,4 · $I_{\Delta n}$	50 – 150 ms

Minimalverzögerung bei der Auslösung:

Bei $I_{\Delta n}$ müssen sie innerhalb von 0,5 s abgeschaltet haben. Die Auslösezeit von 0,2 s wird erst bei 2 · $I_{\Delta n}$ erreicht.

Bezeichnungen

RCCB

Residual **C**urrent **C**ircuit-**B**reaker
Fehlerstrom-Schutzschalter ohne integrierten Überstromschutz.

RCU

Residual **C**urrent **U**nit
Fehlerstromeinheit zum Anbau an LS-Schalter.

RCBO

Residual **C**urrent operated Circuit-**B**reaker with integral **O**vercurrent Protection.
Fehlerstrom-Schutzschalter mit integriertem Überstromschutz (LS-Schalter).

CBR

Circuit **B**reaker incorporating **R**esidual Device
Leistungsschalter mit Fehlerstromschutz.
Einsatz im Industriebereich, wenn wegen des hohen Bemessungsstroms ein RCCB nicht verwendet werden kann.

SRCD

fixed **S**ocket-outlet with **R**esidual **C**urrent **D**evice
Ortsfeste Fehlerstrom-Schutzeinrichtung in Steckdosenausführung zur Schutzpegelerhöhung.
Nicht verwendbar zur automatischen Abschaltung der Stromversorgung, da der Verbraucher nicht vom speisenden Netz getrennt wird.

PRCD

Portable **R**esidual **C**urrent **D**evice
Ortsveränderliche Fehlerstrom-Schutzeinrichtung ohne integrierten Überstromschutz.

Dienen nur der Schutzpegelerhöhung bei Anwendung ortsveränderlicher Verbrauchsmittel an einer fest installierten Steckdose.

Schutzpegelerhöhung ist ein ergänzender Schutz, der eine eventuell erforderliche Schutzmaßnahme (z. B. automatische Abschaltung der Stromversorgung) *nicht ersetzt.*

RCM

Residual **C**urrent **M**onitor
Differenzstrom-Überwachungseinrichtung; überwacht auftretende Differenzströme in Anlagen, zeigt den augenblicklichen Wert an und *meldet* Grenzwertüberschreitung.

Eine Abschaltung muss dabei nicht zwingend stattfinden. Sie ist als *Ergänzung* zu herkömmlichen Schutzeinrichtungen anzusehen.

Anwendung bei USV-Anlagen, EDV-Anlagen, medizinischen Einrichtungen sowie frequenzgesteuerten Betriebsmitteln.

Trennereigenschaft
RCDs dürfen zum *Freischalten* von Stromkreisen eingesetzt werden, *keinesfalls* aber zum betriebsmäßigen Schalten.

■ **RCD**

TB

■ **RCDs**
werden nach der Art der Fehlerströme, die durch fehlerhafte elektrische Betriebsmittel hervorgerufen werden, bestimmt.
Hier muss sehr sorgfältig vorgegangen werden.

Freischalten
disconnection, clearing, clear-down

Trenner
air-break disconnector

Schalten
switch connect (bei Herstellung einer Verbindung)

***Schalter** (große Leistungen)*
circuit breaker

Gekapselter Schalter
enclosed switch

RCD und Leistungselektronik

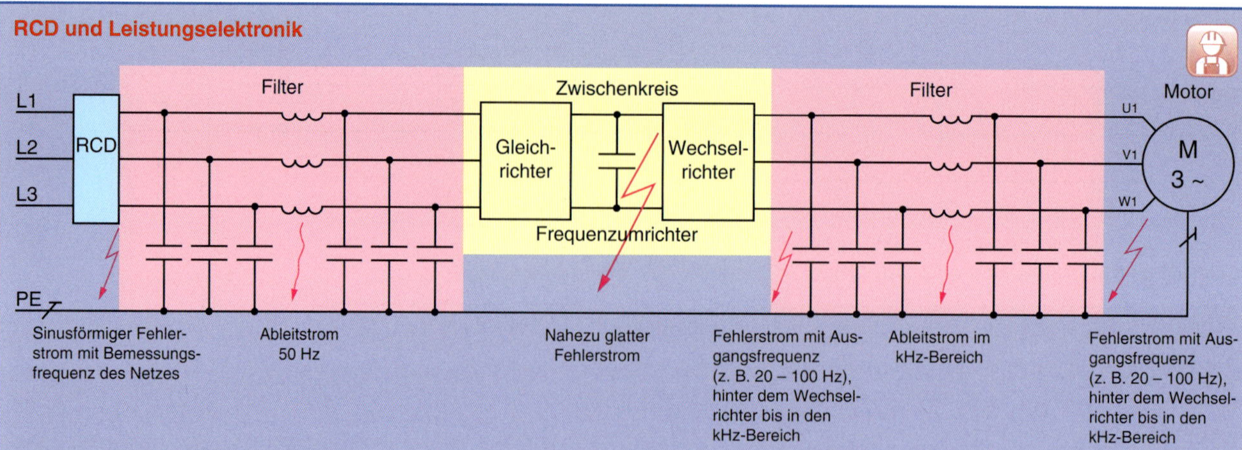

Fehlerstrom über geerdetes Gehäuse. Fehlerströme können unterschiedliche Frequenzen haben.

- *Pulsstromsensitive RCDs (Typ A)*
  Geeignet für Wechselströme und pulsierende Gleichströme. Bei reinen Gleichströmen kommt es zu einer magnetischen Sättigung des Stromwandlers. Auch 50-Hz-Fehlerströme werden nicht mehr zum Abschalten führen.
- *Allstromsensitive RCDs (Typ B)*
  Schalten auch bei Gleichfehlerströmen und Fehlerströmen hoher Frequenz zuverlässig ab. Oberhalb von 100 Hz steigt der Auslösestrom auf bis zu 300 mA. Dadurch ergibt sich eine Unempfindlichkeit gegen hochfrequente Ableitströme.

Ableitströme

In den Filtern sind *Kondensatoren* zwischen Außenleitern und Schutzleiter geschaltet.
Die hierüber fließenden *Ableitströme* nehmen mit der Frequenz zu.

Ableitströme fließen über den *Schutzleiter* zurück. Vom RCD werden sie als *Fehlerstrom* angesehen.
Summieren sich die Ableitströme, kann ungewollt abgeschaltet werden.

Abhilfe:

- *Mehrere RCDs einsetzen, sodass sich die Ableitströme aufteilen.*
- *Spezielle RCDs vom Typ B einsetzen, die mit steigender Frequenz unempfindlicher werden (über 1 kHz ist der Auslösestrom 300 mA).*

Prüfung

1. Unter der Annahme rein sinusförmiger Ströme fließt im N-Leiter bei symmetrischer Belastung kein Strom. Der N-Leiter ist stromlos. Warum ist da so?

2. Erläutern Sie den Begriff „vagabundierende Ströme“.

3. Unter welchen Voraussetzungen muss mit vagabundierenden Strömen gerechnet werden? Welche Folgen haben diese Ströme?

4. Warum ist das TN-S-System zu bevorzugen?

5. Auf welche Weise können sich Störungen ausbreiten?

6. Wie werden elektromagnetische Störungen erfolgreich bekämpft?

7. Wie kommt es zur Bildung von Oberschwingungen?

8. Warum macht die 3. Harmonische besonders Probleme hinsichtlich von Störungen und Verursachung von Bränden?

9. Was versteht man unter einem selektiven RCD? Wie ist er gekennzeichnet? Welchen technischen Zweck hat er?

10. Erläutern Sie Aufbau und Einsatzmöglichkeiten von allstromsensitiven RCDs.

@ Interessante Links

- christiani-berufskolleg.de

2.3 TT-System

Einsatz im Wohnungsbau, auf Baustellen und Teilbereichen der Industrieanlagen. *Schutzeinrichtungen* sind *RCDs* und *Überstrom-Schutzeinrichtungen.*

Der *Transformator* ist wie beim TN-System *geerdet.* Körper der Verbrauchsmittel und Schutzkontakte der Steckdosen werden über einen Schutzleiter an einen *gemeinsamen Erder* angeschlossen.

Dabei müssen *gleichzeitig* berührbare Körper an *denselben* Erder angeschlossen werden, damit keine gefährliche Potenzialdifferenz am Erdreich überbrückt werden kann.

Bei **Körperschluss** fließt ein Fehlerstrom I_F über den Schutzleiter und Anlagenerder R_A ab. Da kein RCD installiert ist, muss das vorgeschaltete Überstrom-Schutzorgan das defekte Verbrauchsmittel vom Netz trennen (Bild 13).

Da der Fehlerstrom über das *Erdreich* zwischen R_A und R_B zum Sternpunkt des Transformators zurückfließen muss, ist wegen dieses hohen *Erdungswiderstands* von einem Ansprechen der vorgeschalteten Überstrom-Schutzeinrichtung nicht auszugehen.

Erdungswiderstand

$$R_A \leq \frac{U_L}{I_a}$$

R_A Erdungswiderstand in Ω
U_L höchstzulässige Berührungsspannung in V
I_a Auslösestrom der Schutzeinrichtung in A

Im Allgemeinen sind ausreichend niedrige Erdungswiderstände nicht zu erreichen. Daher ist der Einsatz von Fehlerstrom-Schutzeinrichtungen zwingend.

$$R_A \leq \frac{U_L}{I_{\Delta n}}$$

$I_{\Delta n}$ Bemessungs-Differenzstrom (RCD) in A

Zulässige Erdungswiderstände R_A bei Einsatz von RCDs

Bemessungs-Differenzstrom $I_{\Delta n}$	Erdungswiderstand R_A
10 mA	5000 Ω
30 mA	1666 Ω
100 mA	500 Ω
300 mA	166 Ω
500 mA	100 Ω

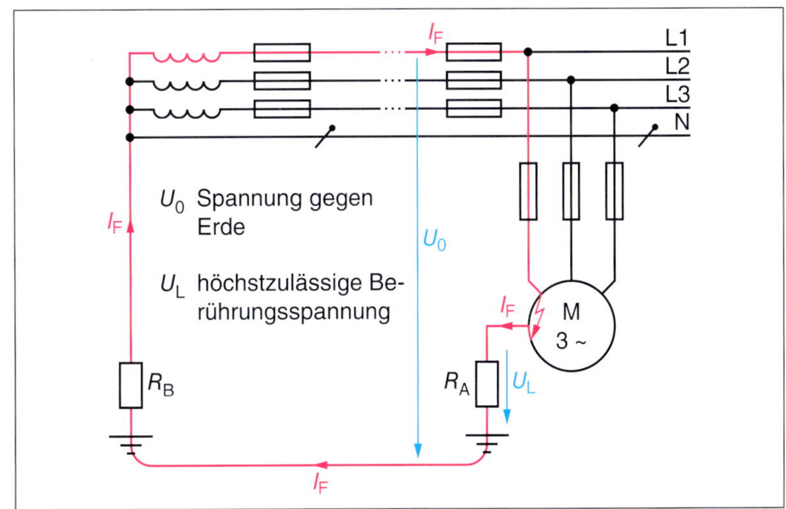

13 Fehlerstromkreis im TT-System

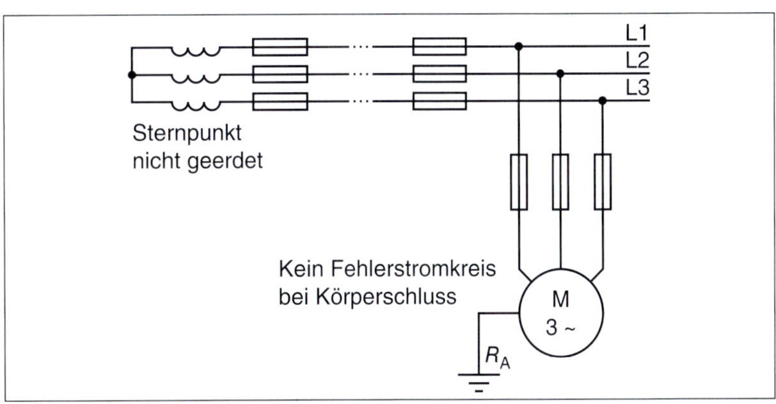

14 Aufbau des IT-Systems

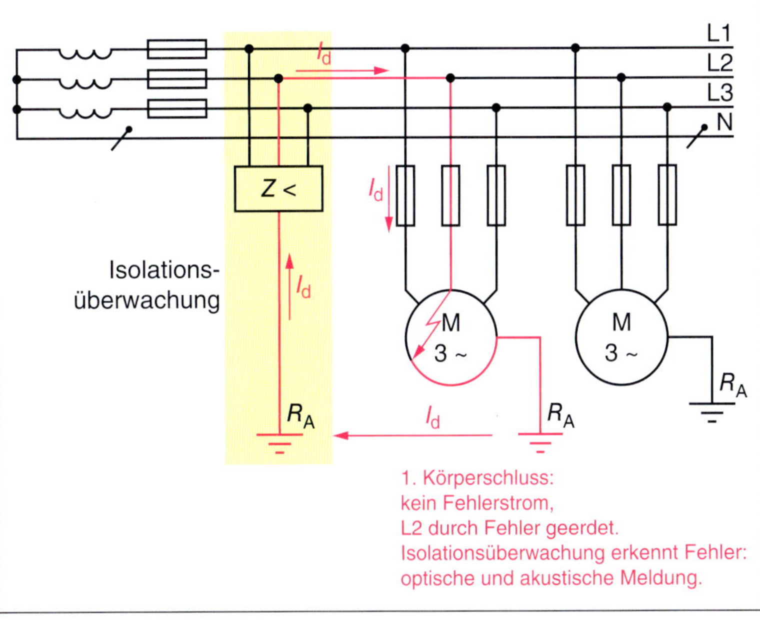

15 IT-System, ein Körperschluss

■ **IT-Trenntransformator**

Zwischen Primär- und Sekundärwicklung ist eine Schirmwicklung angebracht. Dadurch werden Spannungsüberschläge verhindert.

■ **Netzsysteme und Abschaltbedingungen**

2.4 IT-System

Grundforderungen: Beim *ersten* Fehler (Körperschluss) muss das fehlerhafte Verbrauchsmittel in Betrieb bleiben.

Bei *einem* Fehler darf keine Gefahr für Personen und Sachmittel hervorgerufen werden.

Damit der *erste* Fehler *nicht* zur Abschaltung führt, darf kein Fehlerstromkreis aufgebaut werden.

Der Sternpunkt des speisenden Transformators wird nicht geerdet (Bild 14, Seite 45).

Die Betriebsmittel sind über einen Schutzleiter geerdet.

Anwendung findet das IT-System, wenn die **Versorgungssicherheit** im Vordergrund steht: Chemische Industrie, Ersatzstromversorgung, Intensivstationen.

Wenn der *erste* Fehler auftritt, muss er durch ein *optisches* und *akustisches Signal* gemeldet werden. Er ist dann schnellstens zu beheben.

Zur Erde hin existiert ein Isolationswiderstand. Der kann durch ein Isolations-Überwachungsgerät kontrolliert werden (Bild 15, Seite 45).

Es fließt ein geringer Fehlerstrom I_d, der allerdings ungefährlich ist und die Überstrom-Schutzorgane auch nicht zum Ansprechen bringt.

Die Bedingung

$R_A \cdot I_d \leq 50$ V

wird sicher eingehalten.

16 IT-System, zwei Fehler

Der Schutzleiter nimmt das Potenzial des fehlerhaften Leiters an. In Bild 15 (Seite 45) ist dies der Außenleiter L2.

Da alle Körper dann über den Schutzleiter das *gleiche Potenzial* annehmen, besteht keine Gefahr.

Wenn nun ein *zweiter* Fehler auftritt, kann zwischen den Gehäusen (Körpern) der fehlerhaften Verbrauchsmittel eine gefährlich hohe Spannung auftreten (Bild 16). Es entsteht ein *Fehlerstromkreis.*

Das IT-System arbeitet jetzt wie ein TT-System. Ist der Fehlerstrom I_a hinreichend groß, schaltet das Überstrom-Schutzorgan ab.

Die Abschaltung kann auch durch Fehlerstrom-Schutzeinrichtungen oder Isolationsüberwachungseinrichtungen erfolgen.

Eine gefährlich hohe Berührungsspannung kann nicht bestehen bleiben.

Erdungsbedingungen IT-System

$R_A \cdot I_d \leq 50$ V

R_A Widerstand des Schutzpotenzialausgleichleiters, des Schutzleiters und des Anlagenerders

I_d Fehlerstrom nach Auftreten des ersten Fehlers

Erdungswiderstand

$$R_A \leq \frac{U_L}{I_a}$$

U_L höchstzulässige Berührungsspannung

I_a Fehlerstrom nach Auftreten des zweiten Fehlers

Schutzeinrichtungen IT-System

- Isolationsüberwachungseinrichtungen
- Überstrom-Schutzeinrichtungen
- Differenzstrom-Überwachungseinrichtungen
- Fehlerstrom-Schutzeinrichtungen

Einzelerdungen

Die Bilder 15 (Seite 45) und 16 zeigen *Einzelerdungen* der Verbrauchsmittel (Motoren).

Dies ist zulässig, wenn der Abstand der Verbrauchsmittel ≥ 2,5 m ist.

Gemeinsame Erdung

Fremde leitfähige Teile (z. B. Rohrleitungen, Trägersysteme) werden einbezogen.

Anforderungen an das Isolationsüberwachungsgerät

- Messspannung $U \leq 25$ V
- Messstrom im Fehlerfall $I_d \leq 1$ mA
- Anzeige, wenn $R_{iso} < 50$ kΩ
- $R_i \geq 100$ kΩ

Zulässige Schleifenimpedanz

- *IT-System ohne N-Leiter*

$$Z_S \leq \frac{U}{2 \cdot I_a}$$

- *IT-System mit N-Leiter*

$$Z_S \leq \frac{U_0}{2 \cdot I_a}$$

Z_S Schleifenimpedanz in Ω
U Außenleiterspannung in V
U_0 Spannung zwischen Außenleiter und N-Leiter in V
I_a Abschaltstrom (Abschaltung innerhalb der vorgeschriebenen Zeit)

Abschaltzeiten IT-System

Bemessungsspannung U_0/U	max. Abschaltzeit ohne N	mit N
230/400 V	0,4 s	0,8 s
400/690 V	0,2 s	0,4 s
580/1000 V	0,1 s	0,2 s

Bei Verwendung von RCDs: 0,3 s

Selektive RCDs: 1 s

Sind die angegebenen Abschaltzeiten *nicht* erreichbar, ist ein zusätzlicher **Schutzpotenzialausgleich** durchzuführen. Hierzu sind alle gleichzeitig berührbaren *fremde leitfähigen Teile* einzubeziehen.

2.5 Schaltanlagen

In Schaltanlagen wird zwischen *Trennschaltern*, *Lastschaltern* und *Leistungsschaltern* unterschieden.

Trennschalter

Sie sollen Anlagenteile *spannungsfrei* schalten. Die *Unterbrechungsstelle* soll *sichtbar* sein oder zuverlässig durch *Schaltstellungsanzeige* erkennbar sein.

Sie sind *nicht* mit einer Lichtbogenlöschung ausgestattet, müssen aber kleine Ströme löschen können.

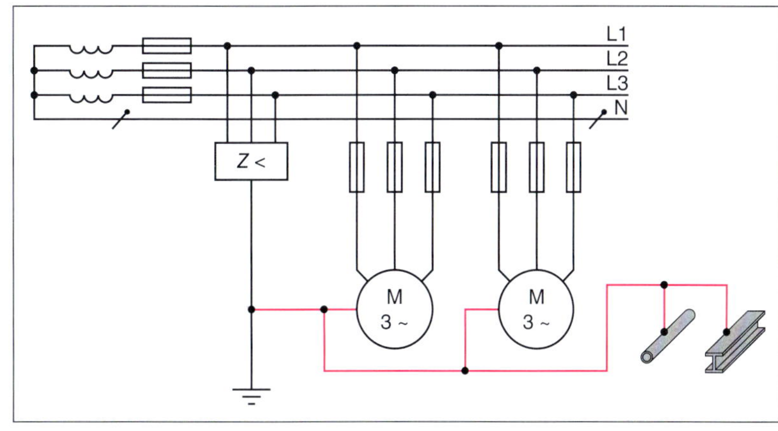

17 Gemeinsame Erdung

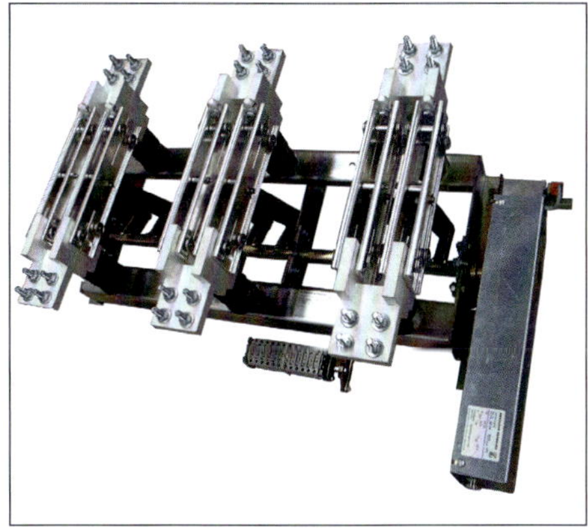

18 Trennschalter

Das Schalten von kleinen Strömen ist problemlos, wenn dabei kein *nennenswerter Spannungsunterschied* auftritt: Umschalten auf verschiedene belastete parallel geschaltete Sammelschienen.

Das Problem der Trennschalter besteht in der *Erwärmung* der Kontaktstellen und dem *Abheben* der Schaltstücke bei stoßartigen Kurzschlussbeanspruchungen.

Handantrieb und *Motorantrieb* möglich.

Erdungsschalter

Geeignet zum nahezu stromlosen Schalten zecks *Erden* und *Kurzschließen* ausgeschalteter Anlagenteile.

Häufig sind *Trennschalter* und *Erdungsschalter* zu *einem* Gerät zusammengefasst. Oftmals sind Erdungsschalter und Trennschalter verriegelt.

Vor dem Erden ist die *Spannungsfreiheit* zu prüfen.

Lasttrennschalter

Lasttrennschalter stellen nach dem Ausschalten eine *sichtbare Trennstrecke* her.

■ **Abschaltzeiten in den Netzsystemen**

■ **Trennschalter**

■ **Lasttrennschalter**

■ **Leistungsschalter**

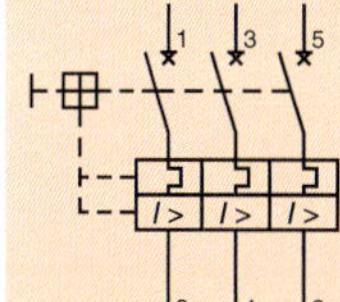

■ **Selektivität**
→ 49

■ **Sprungantrieb**
Um einer Lichtbogenbildung entgegenzuwirken, ist eine sehr schnelle Trennung der Kontaktstücke notwendig.

■ **SF6**
Schwefelhexafluorid, nicht brennbares, farbloses und ungiftiges Isoliergas.

■ **Schaltspiel**
Ein- und Ausschaltvorgang.

@ **Interessante Links**

- www.siemens.de

Sie werden zum Schalten von Umspannern, Freileitungen und Kabeln verwendet. Sie sind mit einem *Federspeicherantrieb* (Sprungantrieb) ausgestattet.

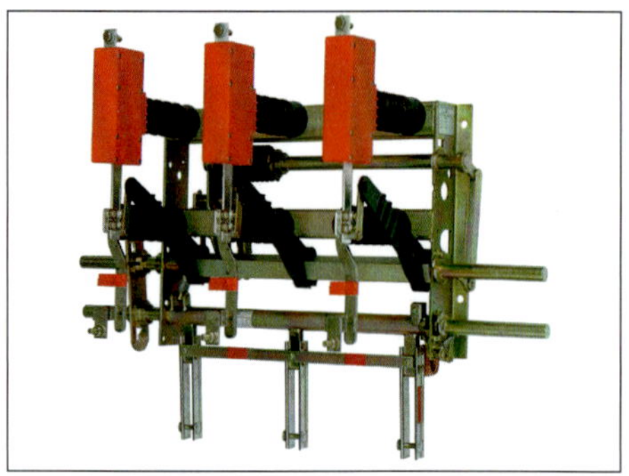

19 Lasttrennschalter

Sicherungslasttrennschalter

Lasttrennschalter, die zusätzlich mit Kontakten und Auslösevorrichtungen für HH-Sicherungen ausgestattet sind.
Wenn eine HH-Sicherung anspricht, wird der Schalter durch die Freiauslösung des Federspeicherantriebs abgeschaltet.

Leistungsschalter

Leistungsschalter können Anlagenteile im *ungestörten* und *gestörten* Zustand (z. B. Kurzschluss) sicher schalten.

Leistungsschalter können *schützen* und *schalten* und lösen stets *dreipolig* aus.

Die *Schaltgeschwindigkeit* beträgt 2 bis 10 m/s. Die *Schaltkräfte* werden von Federspeicher-, Druckluft- oder Hydraulikantrieben aufgebracht.

- *Ein eingeschalteter Schalter muss stets ausschaltbereit sein.*
- *Ein begonnener Einschaltvorgang muss bis zum Ende durchgeführt werden.*

20 Leistungsschalter

Das *Ausschaltvermögen* bemisst sich nach dem Effektivwert des Kurzschlussstroms am Einbauort. Bemessungsströme bis 2500 A, Schaltvermögen bis 160 kA.

Der thermische und elektromagnetische Auslöser ist *getrennt* einstellbar. Dadurch kann *Selektivität* zu anderen Schutzeinrichtungen erreicht werden.
Unerwünschte Hand- oder Fernbedienung lässt sich durch *Bügelschlösser* unterbinden.

Bezüglich der *Lichtbogenlöschung* werden Leistungsschalter mit *Nullpunktlöschung* und mit *Kurzschlussstrombegrenzung* unterschieden.

- *Nullpunktlöschung*
  Löschung des Lichtbogens im Stromnulldurchgang.
- *Kurzschlussstrombegrenzung*
  Begrenzung des Kurzschlussstroms auf einen kleinen Durchlassstrom.

Unterscheidung nach Lichtbogenlöschmittel

- **Druckluft- oder Druckgasschalter**
  Unabhängig von der Stromstärke strömt Löschmittel in den Lichtbogenraum. Nach der Löschung baut das kalte Gas unter hohem Druck eine spannungsfeste Schaltstrecke auf. Eingesetzt wird das ungiftige, geruchlose, nicht brennbare Gas SF_6, das eine gute Wärmeleitung hat.
  Es werden kompakte Schalterabmessungen ermöglicht, die mit hoher Schalthäufigkeit betrieben werden können.

- **Vakuumschalter**
  Eingesetzt in Niederspannungs- und Mittelspannungsanlagen. *Wartungsarm* und hohe Anzahl an *Schaltspielen*.
  Da kein Löschmittel verwendet wird, kommt es zu Kontaktverschleiß und Abbrand. Die Auswirkungen werden durch schräge Schlitzung der Kontakte minimiert.
  Kupfer-Chrom-Legierungen erzeugen Metalldampfmengen und halten den Abrissstrom gering.

Technische Eigenschaften

- kein offener Lichtbogen
- sehr zuverlässig
- hohe Lebensdauer
- sofort wieder einschaltbereit
- hohes Kurzschluss-Ausschaltvermögen
- wartungsarm

HH-Sicherungen

Hochspannungs-Hochleistungs-Sicherungen schützen Anlagenteile vor den Auswirkungen von Kurzschlussströmen, die bereits im *Entstehen* ausgeschaltet werden.

HH-Sicherungen werden in Mittelspannungsnetzen verwendet.

21 HH-Sicherung

HH-Sicherungen werden z. B. vor Transformatoren, Kabelabzweigen und Kondensatoren eingebaut.

In einem röhrenförmigen Porzellangehäuse sind mehrere parallel angeordnete *Schmelzleiter* aus Silber (in Quarzsand eingebettet) untergebracht. Der Quarzsand dient der *Lichtbogenlöschung*.

Beim Ansprechen schmelzen die *Schmelzleiter* und der *Haltedraht*. Der Haltedraht gibt einen *Schlagbolzen* frei, der eine Meldeeinrichtung oder den Sicherungslasttrennschalter auslöst.

Hohe Kurzschlussströme steigen *nicht* bis zum Scheitelwert an. Sie werden bereits beim Anstieg in der ersten Halbwelle in der Höhe begrenzt.

Bei vorgeschalteten HH-Sicherungen können Schaltgeräte mit *kleinerem Schaltvermögen* auch in Netzen *höherer Kurzschlussleistung* eingesetzt werden.

Schmelzzeitkennlinien von Hochspannungs-Hochleistungssicherungen

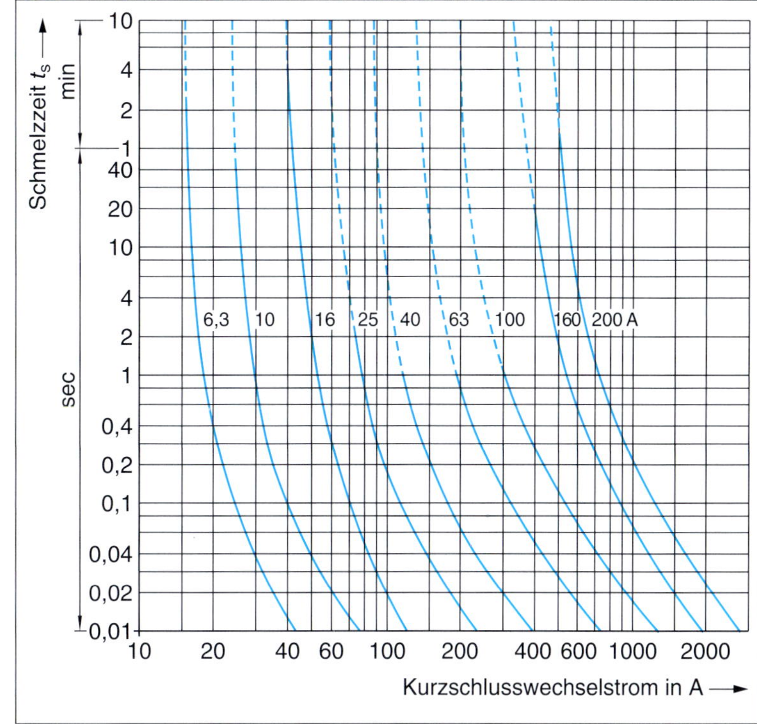

22 Schmelzzeitkennlinien, HH-Sicherungen

Zu Bild 22

Die ausgezogene Kennlinie zeigt den Bereich der Ausschaltströme.

Die Grenze zwischen voller und gestrichelter Linie gibt den jeweils kleinsten Ausschaltstrom I_{min} an.

Die gestrichelte Linie kennzeichnet den Bereich ohne verlässlichen Schutz.

HH-Sicherung
h.v.h.b.c fuse (high-voltage high breaking-capacity-fuse)

Lastschalter
load interrupter switch

Lasttrennschalter
switch disconnector

Leerschalter
off-load-switch

Leertrennschalter
off-load disconnector

Leistungsschalter
circuit breaker

Ölarme Leistungsschalter
circuit-breaker, small-oil-volume

Leistungsselbstschalter
automatic circuit breaker

Schaltvermögen
switching capacity

Selektivität

Man spricht von **Selektivität**, wenn nur das der Fehlerstelle *direkt vorgeschaltete* Überstrom-Schutzorgan anspricht. Dabei wird unterschieden zwischen

- **Stromselektivität**
  Kann durch unterschiedlich hohe Auslöseströme der Schutzorgane erreicht werden.
- **Zeitselektivität**
  Das Ansprechen der vorgeschalteten Schutzorgane wird zeitlich verzögert.
- **Zonenselektivität**
  Ist zwischen zwei in Reihe geschalteten Leistungsschaltern möglich. Kommunikation durch Verbindung der Leistungsschalter.

Selektivität von Schmelzsicherungen

- Die vorgeschaltete Schmelzsicherung muss mindestens den 1,6-fachen Bemessungsstrom der nachgeschalteten Sicherung haben.
- Abweichungen der Streubänder variieren um ± 7 %.

Selektivität von Leistungsschaltern

- Ausschaltzeit des nachgeordneten Leistungsschalters muss geringer als die Befehlsmindestdauer der vorgeschalteten Leistungsschalter sein.
- Abschaltstrom ist 1,2-mal so groß wie der Einstellstrom.

■ **Leistungsselbstschalter**

werden kurz als Leistungsschalter bezeichnet.

■ **Leertrennschalter**

werden kurz Trennschalter genannt.

■ **Beachten Sie:**

Leerschalter schalten unbelastete Leistungen.

Lastschalter schalten Bemessungsströme.

Leistungsschalter schalten Kurzschlussströme.

@ Interessante Links

- christiani-berufskolleg.de

■ **Schaltgeräte**

Schaltgeräte

in Stromlaufplänen	in Übersichts- und Installationsplänen	Beschreibung
		Trennschalter
		Lastschalter
		Lasttrennschalter
		Sicherungs-Lasttrennschalter
		Lasttrennschalter mit selbsttätiger Auslösung durch den Schaltbolzen jeder einzelnen Sicherung
		Leistungsschalter ohne Auslöseeinrichtung
		Leistungstrennschalter mit thermischer und magnetischer Auslösung
		Überspannungsableiter mit Anschluss an die Schutzerde

- Kurzschlussstrom ist 12-mal so groß wie der Bemessungsstrom.
- Am Einbauort muss der maximale Kurzschlussstrom beherrschbar sein.
- Strom- oder Zeitstaffelung möglich.
- Die Staffelzeit zwischen einem Leistungsschalter und einer Schmelzsicherung muss mindestens 100 ms betragen.
- Selektivität ist im Überlastbereich nur möglich, wenn die Sicherungskennlinie die Kennlinie des Leistungsschalters nicht berührt.
- Stromselektivität lässt sich durch Staffelung der Ansprechströme der unverzögerten Kurzschlussauslöser erreichen.

Prüfung

1. Beschreiben Sie den Aufbau eines TT-Systems.

2. Warum ist praktisch der Einsatz einer Fehlerstrom-Schutzeinrichtung im TT-System zwingend?

3. Wie groß darf der Erdungswiderstand bei Verwendung eines 300-mA-RCD maximal sein?

4. Wozu werden Erdungsschalter eingesetzt?

Lichtbogen

Beim Öffnen eines stromführenden Schaltkontakts entsteht durch die starke *Erwärmung* der Fußpunkte des Stroms bei hohem Übergangswiderstand ein *Lichtbogen*.

Er wird anschließend von der Spannung zwischen den Kontakten aufrecht erhalten.

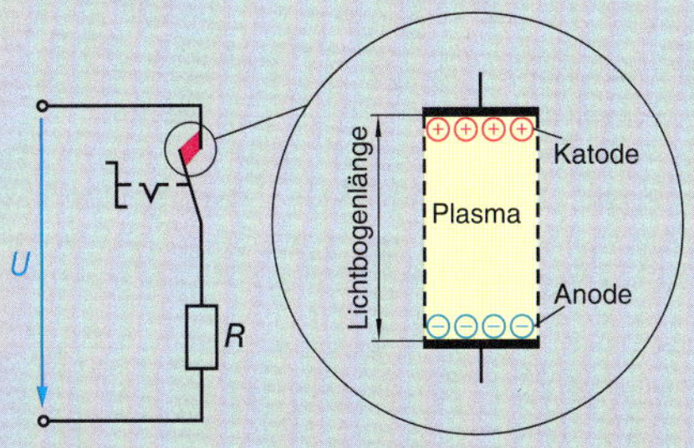

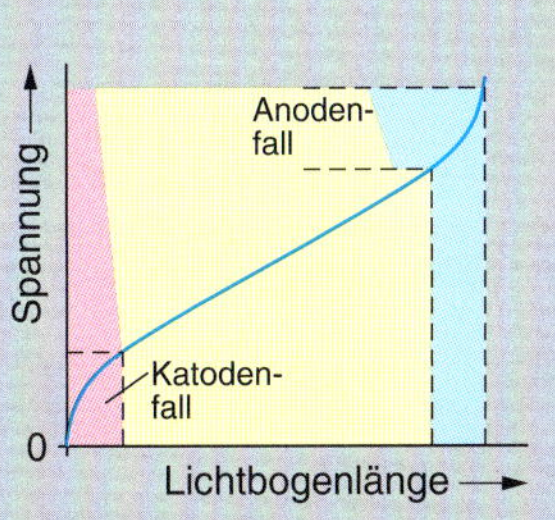

Aus der heißen *Katode* treten *Elektronen* aus.

Sie werden durch das elektrische Feld beschleunigt und zur Anode transportiert.

Dabei kommt es zu Zusammenstößen zwischen den Elektronen und Atomen (der Luft).

Die Atome werden dadurch *ionisiert*. Die Ionen wandern langsam zur Katode, die Elektronen schnell zu Anode.

Vor der *Katode* bildet sich eine *Ionenwolke*, vor der *Anode* eine *Elektronenwolke*. Die *Lichtbogensäule* dazwischen besteht aus neutralem Plasma.

Positive Ionen und die negative Katode bilden den *Katodenfall*. Die hohen Feldstärken ziehen weitere Elektronen aus der Katode und beschleunigen sie. Der Lichtbogen brennt.

Bei *Niederspannungs-Schaltgeräten* ist der Katodenfall relevant. *Mittel- und Hochspannungsgeräte* arbeiten z. B. mit gekühltem Lichtbogen.

Wird der Lichtbogen in *Teillichtbögen* aufgeteilt (durch Doppelunterbrechung der Kontakte oder Löschkammer), vervielfacht sich der Katodenfall.

Die Lichtbogenlöschung wird dadurch begünstigt.

Lichtbogenlöscheinrichtung bei einem LS-Schalter

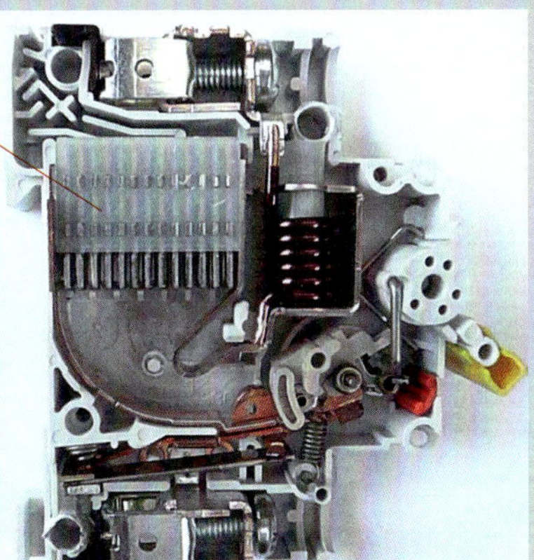

Kühlung des Lichtbogens kann durch *Verlängerung* (thermisch oder magnetisch), *Beblasung* mit Luft oder Gas sowie *Wärmeentzug* durch Öl erfolgen.

Prüfung

1. Wie ist ein IT-System aufgebaut? Worin besteht der wesentliche Vorteil des IT-Systems?

2. Welche Aufgabe hat die Isolationsüberwachung beim IT-System?

3. Unter welcher Voraussetzung ist im IT-System ein zusätzlicher Schutzpotenzialausgleich durchzuführen?

Lichtbogen
arc

Lichtbogenabbrand
arc erosion

Lichtbogenentladung
arc discharge

Lichtbogenkammer
arc chamber

Lichtbogenlöscheinrichtung
arc quenching device,
arc control device

Ionisierung
ionization

Katodenfall
cathode drop (fall)

Lichtbogenlöschung
arc extinction

Kühlung
cooling

■ Plasma

ist ein Teilchengemisch auf atomar-molekularer Basis, dessen Bestandteile zum Teil geladene Teilchen, Ionen und Elektronen sind.

Das Plasma enthält freie Ladungsträger, ist somit elektrisch leitfähig.

@ Interessante Links

• christiani-berufskolleg.de

Abbrand
burn-up

Kontaktverschweißen
contact welding

Niederspannung
low voltage, l. v.

Niedersspannungsanlage
low-voltage system

Mittelspannung
medium voltage, medium-high voltage

Hochspannung
high voltage, h. v.

Schalterantrieb

Der brennende Lichtbogen führt zu Kontaktabbrand und bei geschlossenen Systemen zu einem Druckanstieg im Gehäuse.
Es kommt also darauf an, den Ausschaltvorgang *schnellstmöglich* auszuführen.
Verwendet werden *Schaltantriebe* mit pneumatischen, hydraulischen und mechanischen Komponenten. Der Einsatzbereich richtet sich nach der Spannungshöhe.

Antrieb und Einsatz

	Federkraft	Druckluft	Stickstoff	Magnet [1]
Mechanik	NS MS HS			MS
Pneumatik		MS, HS		
Hydraulik	MS HS		HS	

NS: Niederspannung
MS: Mittelspannung
HS: Hochspannung

[1] Magnetantrieb

Zwei Dauermagnete arretieren den Schalter in Ein- oder Ausstellung. Zum Schalten wird von einer Spule ein Magnetfeld erzeugt, das dem Feld des Dauermagneten entgegenwirkt.

Ist die Haltekraft des Dauermagneten unterschritten, bewegt sich der Magnet zum anderen Pol des Dauermagneten. Dieser Antrieb ist sehr wartungsarm.

Schaltvorgang

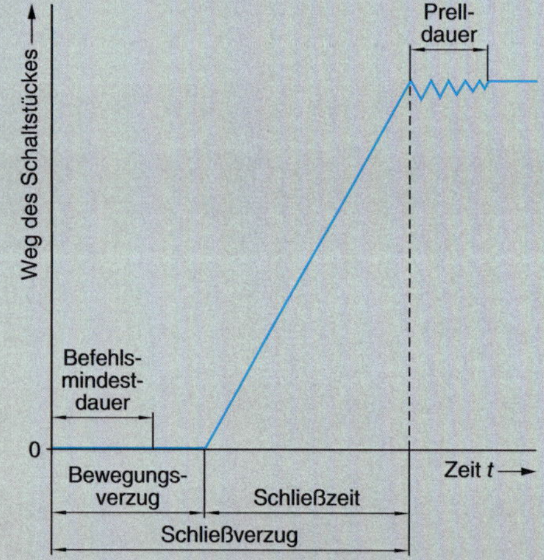

Bewegungsverzug
Zeit zwischen Befehlsgabe (z. B. Spannung an Schutzspule) und Bewegungsbeginn des Schaltstücks.

Schließzeit
Das Schaltstück schließt erstmalig.

Schließverzug
Bewegungsverzug und Schließzeit.

Prellen (Prelldauer)

Kontaktwerkstoffe sind elastisch: *schließen, öffnen, schließen* bei der Kontaktgabe.

Dabei entstehen *Lichtbögen*, die Kontaktabbrand bewirken.

Ein möglichst hoher *Kontaktdruck* verringert die Prelldauer.

Allerdings wird der Kontaktdruck durch den Werkstoff der Kontaktstücke begrenzt.

Die Schaltstücke sollen nicht verformt werden, was durch *geringe Massen* und *kleine Geschwindigkeiten* erreicht werden kann.

Aber die Geschwindigkeit kann nicht beliebig verringert werden. Ist sie zu gering, kann *vor* dem Schließen der Kontakte ein *Lichtbogen* entstehen.

Das kann zu *Abbrand* und Kontaktverschweißen führen.

2.6 Erdungsanlagen

Erdungsanlagen verhindern gefährlich hohe Berührungsspannungen zwischen dem geerdeten Anlagenteil und dem Erdreich. Sie bestehen aus dem **Erder** und der **Erdungsleitung**.

Erder sind *blanke* Leiter, die in das Erdreich eingebettet sind und mit dem Erdreich in leitender Verbindung stehen.

Erdungsleitungen verbinden die zu erdenden Anlagenteile mit dem Erder.

Auswahl und *Anordnung* der Erder sind abhängig von den *örtlichen Verhältnissen*, der *Bodenbeschaffenheit* und dem zulässigen *Ausbreitungswiderstand*.

Der **Erdungswiderstand** besteht aus *Widerstand der Erdungsleitung* und dem *Erdausbreitungswiderstand*.

Erder, Mindestquerschnitte und Werkstoff

Bandstahl, feuerverzinkt, 90 mm², 3 mm Mindestdicke

Kupferband, 50 mm², 2 mm Mindestdicke

Rundkupfer, 25 mm²

Durchschnittswerte von Erdern

Erdreich	spezifischer Erdwiderstand Ω · m	Ausbreitungswiderstand R_A, Banderder 20 m Ω
Moorboden	30	3
Lehm-, Ton-, Ackerboden	100	10
Sand, feucht	200	20
Sand, trocken	1000	100

Mindestquerschnitte von Erdungsleitern in Erde

Erdungsleiter	Mindestquerschnitt in mm²			
	mechanisch geschützt		mechanisch ungeschützt	
	Cu	Stahl	Cu	Stahl
mit Korrosionsschutz	2,5	10	16	16
ohne Korrosionsschutz	25	50	25	50

Zuordnung Schutzleiter und Erdungsleiter zum Außenleiter

Querschnitt des Außenleiters Cu q in mm²	Mindestquerschnitt der Schutz- und Erdungsleiter Cu q_{min} in mm²
kleiner 16	wie Außenleiterquerschnitt
16 bis 35	16
über 35	0,5 · Außenleiterquerschnitt

Oberflächenerder

Werden in geringer Tiefe (< 1 m) im Erdreich eingebracht.

Möglich sind *Strahlenerder, Ringerder, Maschenerder.*

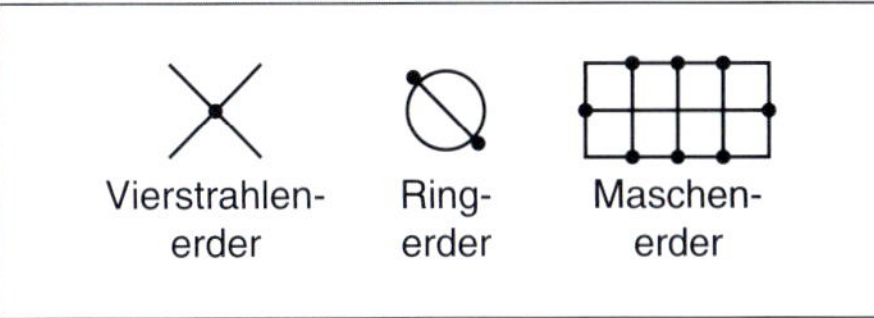

23 Oberflächenerder

Tiefenerder

Werden senkrecht in größere Tiefen eingebracht. Einzelstablänge ca. 1,5 m. Beim Eintreiben verbinden sich die Einzelstäbe selbsttätig. Material: Stahl oder Kupfer, Durchmesser 16 mm, 20 mm, 30 mm.

Banderder

Band, Rundmaterial oder Seil. Lassen sich auch im Beton des Gebäudefundaments einbetten (Fundamenterder).

Staberder

Rohr oder Profilstahl. Werden senkrecht in das Erdreich eingetrieben. Bei mehreren Erdern Mindestabstand doppelte Erderlänge.

Prüfung

1. Beschreiben Sie den Aufbau von Erdungsanlagen.
2. Warum ist es wichtig, den Mindestquerschnitt von Erdungsleitungen einzuhalten?
3. Aus welchen Werkstoffen bestehen Erder?

■ **Erdungsanlagen**

Aufgabe von Erdungsanlagen ist es, zwischen der geerdeten Anlage und dem Erdreich eine unzulässig hohe Berührungsspannung zu verhindern.

Erder
earth electrode

Erdschluss
earth fault

Erdung
earthing

Erdungsanlage
grounding system

Erdungsleitung
earthing conductor

Erdungswiderstand
earthing resistance

@ Interessante Links

- christiani-berufskolleg.de

Betriebserder
signal ground

Anlagenerder
system earthing device

Erder-Schleifenwiderstand
earth loop resistance

Sonde
(sensing) probe, measuring probe

Betriebserder R_B, Anlagenerder R_A

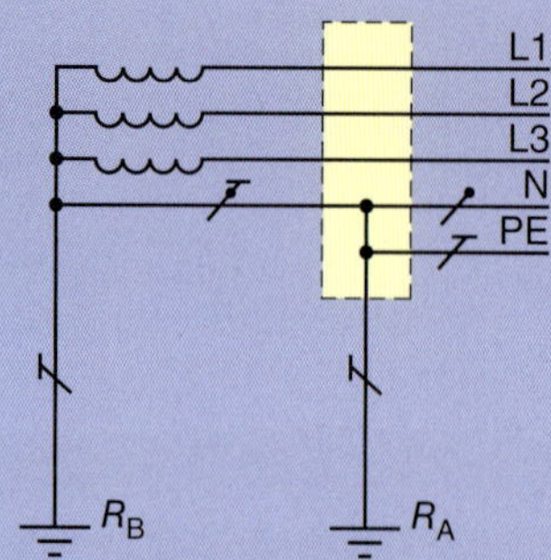

Betriebserder R_B

Erdung eines Punktes (Sternpunkt Trafo) im Energieverteilungsnetz.

Erdung des PEN-Leiters an verschiedenen Stellen im Netz verringert den Erdungswiderstand des Betriebserders (Parallelschaltung).

Wirkung: Im Fehlerfall soll die Fehlerspannung am PEN-Leiter möglichst gering sein.

$$\frac{R_B}{R_E} \leq \frac{U_L}{U_0 - U_L}$$

R_B Gesamtwiderstand aller Betriebserder in Ω

R_E kleinster Erdungswiderstand von leitfähigen, nicht mit dem Schutzleiter verbundenen Teilen, über die ein Erdschluss entstehen kann in Ω

$R_E \geq 3{,}6 \cdot R_B$

U_L höchstzulässige Berührungsspannung in V

U_0 Spannung gegen Erde in V

Anlagenerder R_A

Je geringer der Widerstand des Anlagenerders, umso höher ist der Erdschlussstrom.

Dadurch wird die Abschaltung der Schutzeinrichtung erleichtert.

Schwankungen des Widerstandswerts je nach Bodenbeschaffenheit und Jahreszeit: ± 30 %.

■ **Messung des Erdungswiderstands**

Messung des Erdwiderstands

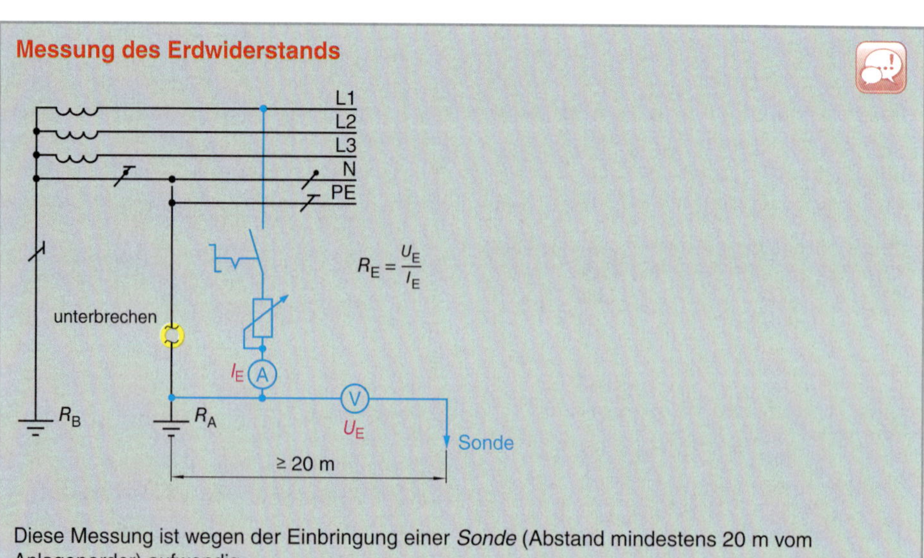

Diese Messung ist wegen der Einbringung einer *Sonde* (Abstand mindestens 20 m vom Anlagenerder) aufwendig.

Messung des Erdungswiderstands

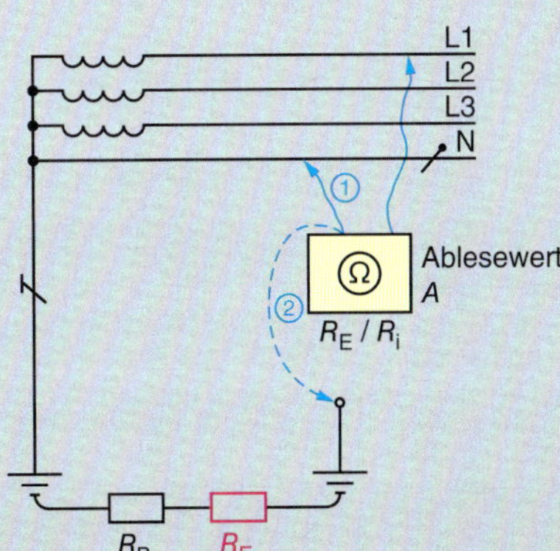

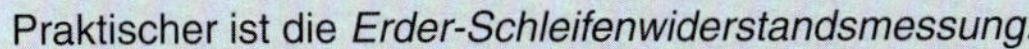

Praktischer ist die *Erder-Schleifenwiderstandsmessung*.
Sie kann mit einem herkömmlichen *Schleifenimpedanzmessgerät* durchgeführt werden.

Der gemessene *Erder-Schleifenwiderstand* setzt sich zusammen aus dem:

- *zu bestimmenden Erdungswiderstand*
- *Betriebserdungswiderstand*
- *Widerstand der Trafowicklung*
- *Widerstand des Außenleiters*

Vom Messwert A wird der Widerstand des Betriebserders und der Trafowicklung abgezogen.

$$R_E \approx A - \frac{R_i}{2}$$

2.7 Blindleistungskompensation

Für die Niederspannung ist eine **Blindleistungskompensation** durchzuführen.

Der Transformator wird mit einer Wirkleistung von 960 kW bei einem Leistungsfaktor von $\cos \varphi_1 = 0{,}8$ belastet.

Der Leistungsfaktor soll auf $\cos \varphi_2 = 0{,}86$ verbessert werden.

Blindleistungskompensation bedeutet eine Verbesserung des Leistungsfaktors.
Je größer der Leistungsfaktor, umso besser wird die Scheinleistung ausgenutzt.

$$\cos \varphi = \frac{P}{S}$$

$\cos \varphi = 1$ bedeutet: $P = S$, die Scheinleistung wird zu 100 % ausgenutzt.

Die Kompensation induktiver Blindleistung erfolgt durch Zuschalten von *Kondensatoren*.

Dabei werden folgende Kondensatoren verwendet:

- **MPP (MKV)-Kondensatoren**
  Elektroden: Beidseitig metallisiertes Papier.
  Dielektrikum: Polypropylenfolie.
- **MKP (MKK, MKF)-Kondensatoren**
  Die Polypropylenfolie wird direkt bedampft (metallisiert). Dadurch ergeben sich geringere Abmessungen und eine höhere Spannungsfestigkeit.

24 Kondensatoren

Die Kondensatoren sind *selbstheilend*.

Kommt es zu einem Durchschlag, dann verdampft die dünne Metallschicht und die Isolation baut sich wieder auf.

Messung des Erdungswiderstands

Blindleistung
reactive power

Blindleistungskompensation
power-factor compensation, reactive power

Leistungsfaktor
power factor

Blindstrom
reactive current, reactive amperage

Wirkstrom
acitve current, in-phase current

Kondensator
capacitor, condenser

Kondensatorbatterie
capacitor bank

Kondensatoren
→ basics Elektrotechnik

@ Interessante Links

Kondensatoren
- www.hmp-capacitor.com

Spannungsfestigkeit bei 230 V (Sternschaltung)

$\sqrt{2} \cdot 230\ \text{V} = 325{,}22\ \text{V}$

Kompensationskondensatoren werden i. Allg. in *Dreieck* geschaltet.

Dann kommt man mit *einem Drittel* des Kapazitätswerts aus, der bei Sternschaltung erforderlich wäre. Die höhere *Spannungsfestigkeit* von $\sqrt{2} \cdot 400\ \text{V} = 566\ \text{V}$ stellt praktisch kein Problem dar.

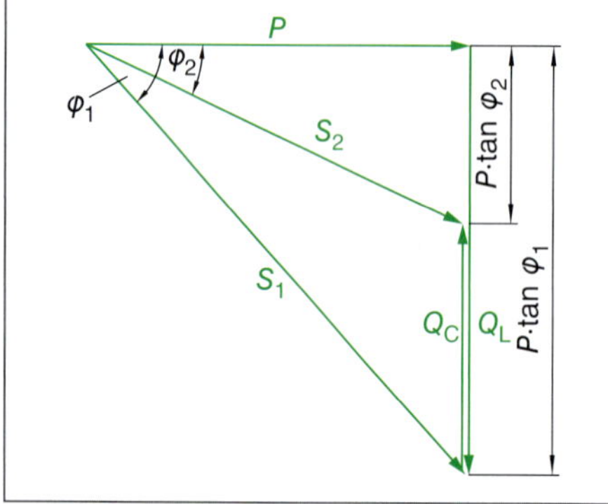

25 Zeigerbild bei Kompensation

$$Q_C = P \cdot \tan\varphi_1 - P \cdot \tan\varphi_2$$
$$Q_C = P \cdot (\tan\varphi_1 - \tan\varphi_2)$$

Diese kapazitive Blindleistung Q_C muss zur Kompensation aufgewendet werden.

$$Q_C = \frac{U^2}{X_C} = U^2 \cdot \omega \cdot C$$

$$C = \frac{Q_C}{\omega \cdot U^2}$$

Pro Strang ist also ein Drittel dieses Kapazitätswerts notwendig.

$$C_\Delta = \frac{Q_C}{3 \cdot \omega \cdot U^2} = \frac{P \cdot (\tan\varphi_1 - \tan\varphi_2)}{3 \cdot \omega \cdot U^2}$$

■ **Kompensation einer induktiven Blindleistung von 1 kvar**

Benötigte Kondensatorkapazität:
- 230 V/50 Hz: 60 µF
- 400 V/50 Hz: 20 µF

■ **Leistungsfaktor**

Die Versorgungsnetzbetreiber fordern einen $\cos\varphi$ von mindestens 0,9.

Beachtet werden müssen die Technischen Anschlussbedingungen (TAB).

Eine Kompensation bis $\cos\varphi = 1$ ist nicht ratsam, da dann Resonanzerscheinungen auftreten können.

■ **Resonanz**

→ basics Elektrotechnik

Kondensatoren sind Energiespeicher.

Auch nach dem Abschalten vom Netz können an den Kondensatoren *Restspannungen* auftreten. Bei Berührung sind kräftige, kurzzeitige Körperströme möglich.

Wenn die Kondensatorspannung innerhalb von 5 Sekunden nicht auf einen Wert von maximal 60 V abgesunken ist, sind *Warnhinweise* notwendig.

Zum Beispiel:
„Entladezeit länger als 20 Sekunden".

Im Allgemeinen sind die Kondensatoren mit *Entladewiderständen* ausgerüstet.

Blindleistungsregler

Die Kondensatorkapazität muss den *wechselnden Belastungsfällen* der Anlage angepasst werden. Sonst besteht die Gefahr der *Überkompensation*.

Dann wäre Q_C größer als Q_L und der Leistungsfaktor ist *kapazitiv*. Dadurch kann eine Erhöhung der Netzspannung hervorgerufen werden.

Die **Blindleistungs-Kompensationsanlage** (Bild 27, Seite 57) besteht somit aus mehr *Komponenten* als den Kondensatoren.

- Kondensatoren
- Blindleistungsregler
- Überstrom-Schutzeinrichtungen
- Schaltgeräte
- Einrichtung zum Entladen der Kondensatoren

Aufgabe des Blindleistungsreglers ist das *automatische Zu- und Abschalten* der Kondensatoren. Ziel: Bedarfsgerechte Anpassung der Kondensatorkapazität.

$P = 960\ \text{kW}$; $\cos\varphi_1 = 0{,}8$; $\cos\varphi_2 = 0{,}96$; $U = 400\ \text{V}$; $f = 50\ \text{Hz}$
Zu ermitteln ist die Kapazität der in Dreieck geschalteten Kompensationskondensatoren.

Einzusetzen ist die *elektrische* Leistung *P*. Die ist hier aber bereits gegeben.

$$C_\Delta = \frac{P \cdot (\tan\varphi_1 - \tan\varphi_2)}{3 \cdot \omega \cdot U^2}$$

Ermittlung der Tangenswerte:

$\cos\varphi_1 = 0{,}8 \rightarrow \varphi_1 = 36{,}9^\circ \rightarrow \tan\varphi_1 = 0{,}75$

$\cos\varphi_2 = 0{,}96 \rightarrow \varphi_2 = 16{,}3^\circ \rightarrow \tan\varphi_2 = 0{,}29$

Kreisfrequenz $\omega = 2\pi \cdot f$;
bei 50 Hz ist $\omega = 314\ \frac{1}{\text{s}}$.

$$C_\Delta = \frac{960000\ \text{W} \cdot (0{,}75 - 0{,}29)}{3 \cdot 314\ \frac{1}{\text{s}} \cdot (400\ \text{V})^2}$$

$$C_\Delta = 2{,}9 \cdot 10^{-3}\ \text{F} = 2{,}9\ \text{mF}$$

Es werden also drei Kondensatoren von je 2,9 mF benötigt, die in Dreieck geschaltet sind.

Annähernd symmetrische Belastung:
Blindleistung wird in einem Außenleiter gemessen.

Unsymmetrische Belastung:
Blindleistung wird in allen drei Außenleitern gemessen.

Regleranschluss

Bei falschem Anschluss werden schon bei geringer induktiver Belastung alle Kondensatoren zugeschaltet. Die Kompensation wird für den Wandler nämlich nicht wirksam.

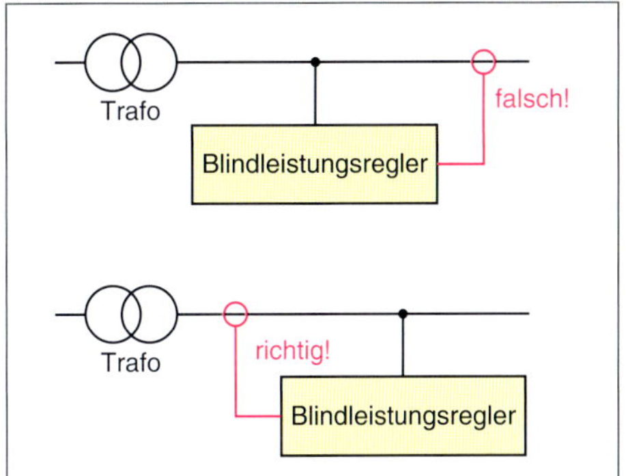

28 Anschluss des Blindleistungsreglers

Kompensationsarten

Dargestellt ist eine *Zentralkompensation*.

Daneben gibt es noch die *Einzelkompensation* und die *Gruppenkompensation*.

- **Einzelkompensation**
  Kompensation erfolgt direkt an den induktiven Verbrauchsmitteln durch Einzelkondensatoren.
  Vorteil:
  Das Betriebsnetz wird von Blindstrom entlastet.
  Nachteil:
  Hoher Installationsaufwand, teuer.

- **Gruppenkompensation**
  Induktive Verbrauchsmittel werden in Gruppen zusammengefasst und gemeinsam kompensiert.
  Vorteil:
  Wirtschaftlicher als Einzelkompensation.
  Nachteil:
  Die zu Gruppen zusammengeschalteten Verbrauchsmittel müssen gemeinsam betrieben werden. Sonst besteht die Gefahr von Überkompensation.

- **Zentralkompensation**
  Gemeinsame Kompensation aller induktiven Verbrauchsmittel an einer zentralen Stelle (z. B. Niederspannungs-Hauptverteilung).

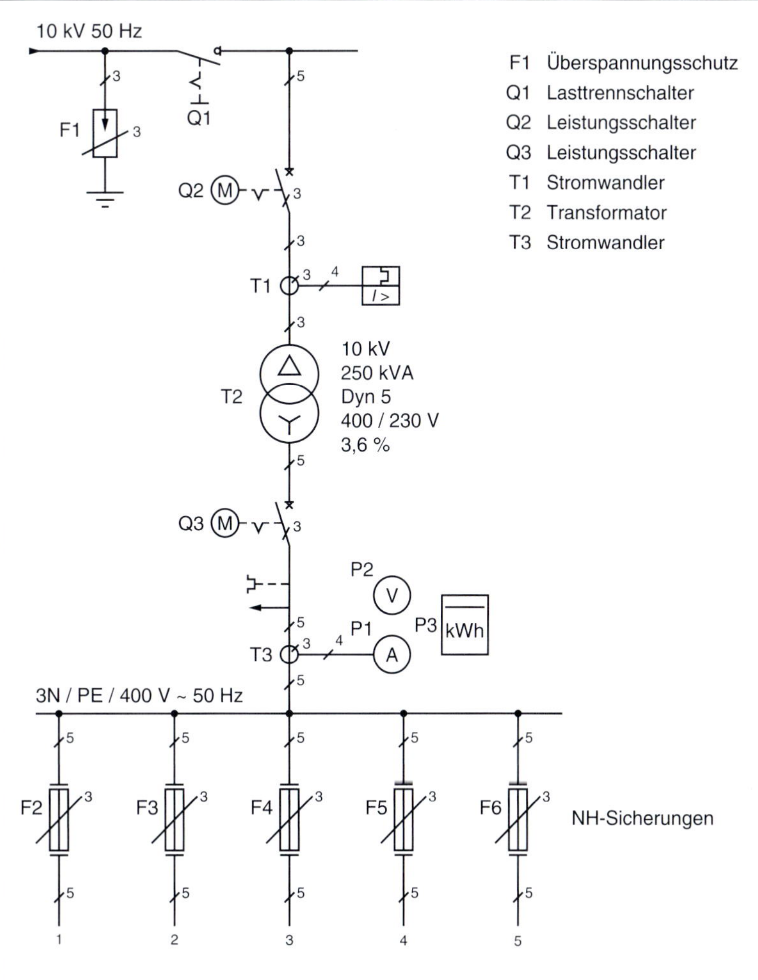

26 Transformatoranlage

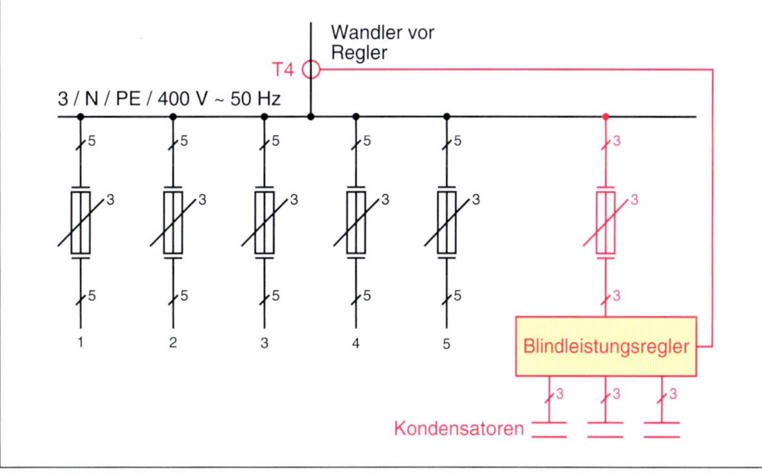

27 Blindleistungskompensationsanlage

- *Vorteil:*
  Wirtschaftlichkeit.
  Nachteil:
  Betriebsnetz nicht von Blindleistung entlastet.

Um induktive Blindleistung von $Q_L = 1$ kvar zu kompensieren, benötigt man näherungsweise eine Kapazität von 60 µF.

$$\frac{C}{Q_C} = 60 \frac{\mu F}{kvar}$$

■ **Verdrosselte Kondensatoren**
Bei verdrosselten Kompensationsanlagen wird zu jedem Kondensator eine Drossel in Reihe geschaltet.

■ **Resonanzfrequenz**
→ basics Elektrotechnik

■ **Verdrosselungsfaktor**
Verhältnis von X_L zu X_C in Prozent.

Drosseln
chokes

Verdrosselung
choking

Verdrosselungsfaktor
choking factor

Verdrosselte Kondensatoren

Zur Kompensation in Netzen mit *Oberschwingungen* müssen die Kondensatoren *verdrosselt* werden.

Die Ströme der Oberschwingungen belasten das Netz zusätzlich und können die Kondensatoren überlasten. Von besonderer Gefahr ist dabei der *Resonanzfall.*

Für die *Resonanzfrequenz* gilt:

$$f_0 = \frac{1}{2\pi \cdot \sqrt{L \cdot C}}$$

Kondensator-Blindleistung: $Q_C = 150$ kvar (installiert)

Netzinduktivität (gemessen): $L = 45{,}1$ µH

Resonanzfrequenz

$$Q_C = 150 \text{ kvar} \rightarrow C = \frac{60 \mu F}{kvar} \cdot 150 \text{ kvar} = 9000 \mu F$$

$$f_0 = \frac{1}{2\pi \cdot \sqrt{L \cdot C}} = \frac{1}{2\pi \cdot \sqrt{45{,}1 \cdot 10^{-6} \text{ H} \cdot 9000 \cdot 10^{-6} \text{ F}}}$$

$$f_0 = 250 \text{ Hz}$$

250 Hz ist die Frequenz der *5. Oberschwingung.* Bei dieser Frequenz sind *induktive* und *kapazitive* Blindwiderstände *gleich groß.* Sie heben sich wegen der Phasenverschiebung von 180° völlig auf.

Dann ist nur der ohmsche Widerstand (Annahme 120 mΩ) wirksam.

Die Spannung bei Resonanzfrequenz darf 3 % von 230 V betragen.

U_0 ist 3 % von 230 V → $U_0 = 6{,}9$ V.

Die Stromstärke beträgt dann

$$I_0 = \frac{U_0}{R} = \frac{6{,}9 \text{ V}}{0{,}12 \Omega} = 57{,}5 \text{ A}$$

Mit diesem Strom werden die Kondensatoren zusätzlich belastet.

Kondensatorblindleistung und Netzresonanzfrequenz

Q_C in kvar	f_0 in Hz
50	724
100	512
150	418
200	362
250	324
300	295

Es kommt nun darauf an, die Resonanzfrequenz des Netzes *zu niedrigeren Frequenzen* hin zu verschieben.

Hierzu werden **Drosseln** in Reihe mit den Kompensationskondensatoren geschaltet, um **Resonanzfrequenzen** zwischen 134 Hz und 214 Hz zu erreichen.

Verdrosselungsfaktor

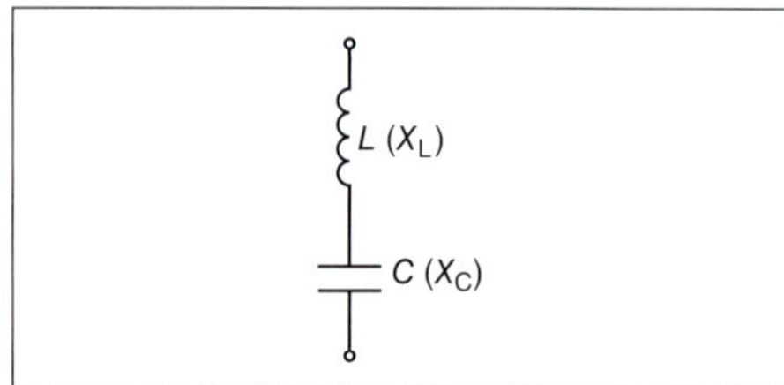

29 Verdrosselter Kondensator

$$p = \frac{X_L}{X_C} \cdot 100 \%$$

p Verdrosselungsfaktor in %
X_L induktiver Widerstand in Ω
X_C kapazitiver Widerstand in Ω

Resonanzfrequenz

$$f_0 = f_{Netz} \cdot \sqrt{\frac{1}{p}}$$

f_0 Resonanzfrequenz in Hz
f_{Netz} Netzfrequenz in Hz
p Verdrosselungsfaktor

Zu jedem Kondensator wird eine Drossel *in Reihe* geschaltet. Der **Verdrosselungsfaktor** ist das prozentuale Verhältnis von X_L und X_C.

Für die **Verdrosselung** werden Standardwerte verwendet.

Verdrosselungsfaktoren (Standardwerte)

Verdrosselungsfaktor p in %	Resonanzfrequenz f_0 in Hz
5,5	214
7,0	189
8,0	176
12,5	141
14,0	134

Verdrosselungsfaktor p

$$p = \frac{X_L}{X_C} \qquad X_L = \omega \cdot L \qquad X_C = \frac{1}{\omega \cdot C}$$

$$p = \omega \cdot L \cdot \omega \cdot C = \omega^2 \cdot L \cdot C$$

$$f_0 = \frac{1}{2\pi \cdot \sqrt{L \cdot C}} \rightarrow L \cdot C = \frac{1}{\omega_0^2}$$

$$p = \frac{\omega^2}{\omega_0^2} = \frac{f^2}{f_0^2} \rightarrow f_0 = f \cdot \sqrt{\frac{1}{p}}$$

f_0 Resonanzfrequenz
f Netzfrequenz

Unterschied unverdrosselter, verdrosselter Kondensator

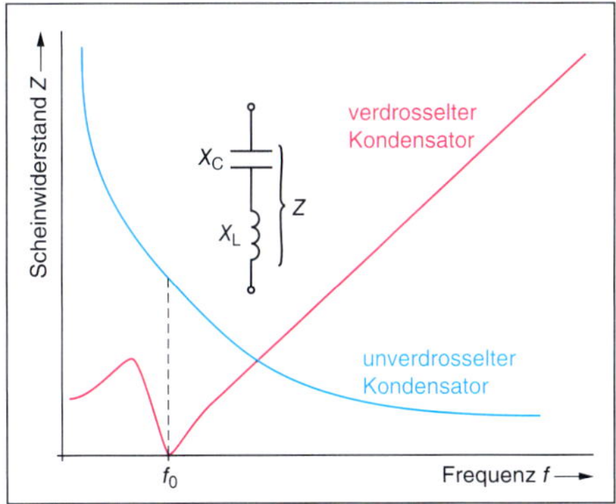

30 Scheinwiderstand und Frequenz

Ab der Resonanzfrequenz f_0 nimmt der Scheinwiderstand Z mit steigender Frequenz zu.

Bei f_0 hat der Scheinwiderstand sein Minimum. Oberschwingungen in diesem Bereich werden stark **bedämpft**, was zu einer Steigerung der Netzqualität führt.

2.8 Überspannungsschutz

Überspannungen, die aus *Schalthandlungen* in elektrischen Anlagen oder aus *Blitzentladungen* entstehen, zerstören oder beschädigen elektrische und elektronische Einrichtungen.

Aufstellung von Kompensationskondensatoren

Die Aufstellung muss sicherstellen, dass eine *maximale Gehäusetemperatur* von 70 °C nicht überschritten wird.

Mindestabstand gegenseitig und zur Wand mindestens 100 mm.

Schalten von Kompensationskondensatoren

Beim *Einschalten* muss mit einem *Vielfachen des Bemessungsstroms* gerechnet werden.

Überstrom-Schutzorgane müssen mindestens dem 1,5 – 2 Fachen des Kondensatorstroms entsprechen. LS-Schalter und träge Schmelzsicherungen sind geeignet.

Schaltgeräte müssen den hohen Einschaltstrom sicher beherrschen. Zum Einsatz kommen spezielle Schaltgeräte für Kondensatoren oder herkömmliche Schaltgeräte der nächstgrößeren Baureihe.

Entladezeit der Kondensatoren

Übersteigt die Entladezeit 1 Minute, ist ein Warnschild anzubringen:

„Entladezeit länger als 1 Minute“.

Vor Berühren der Kondensatorklemmen sind diese zu erden und kurzzuschließen.

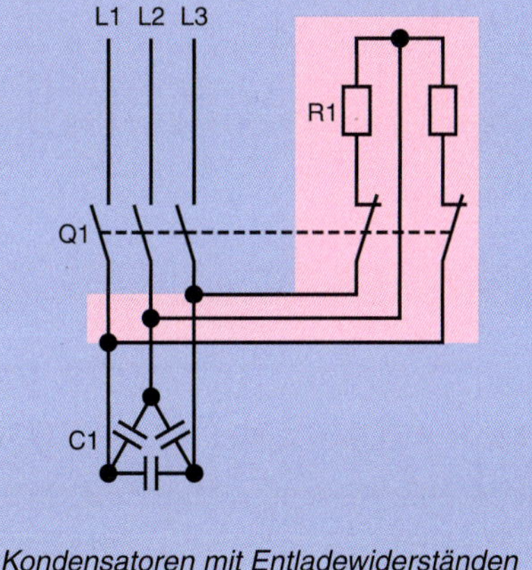

Kondensatoren mit Entladewiderständen

Schädliche Überspannungen sind Spannungserhöhungen, die zur Überschreitung der oberen Toleranzgrenze der Bemessungsspannungen führen.

Überspannungsschäden können verhindert werden, indem die Leiter, an denen solch hohe Spannungen auftreten, in sehr kurzer Zeit *kurzgeschlossen* werden. Aber nur für den Augenblick, in dem die Überspannung ansteht.

Hierzu können Bauelemente wie *Luftfunkenstrecken*, *gasgefüllte Überspannungsableiter*, *Varistoren* oder *Suppressordioden* eingesetzt werden.

- **Schalten von Kondensatoren**

→ basics Elektrotechnik

Verdrosselte Kondensatoren verschieben die Netzresonanzfrequenz und führen zu einer Qualitätsverbesserung der Netzspannung.
Man spricht von einer Netzreinigung.

Überspannungsschutz
overvoltage protection

Blitzentladung
lightning discharge

Blitzschutz
lightning protection

Blitzschutzanlage
lightning arrester

Mehrstufige Kompensationsanlage

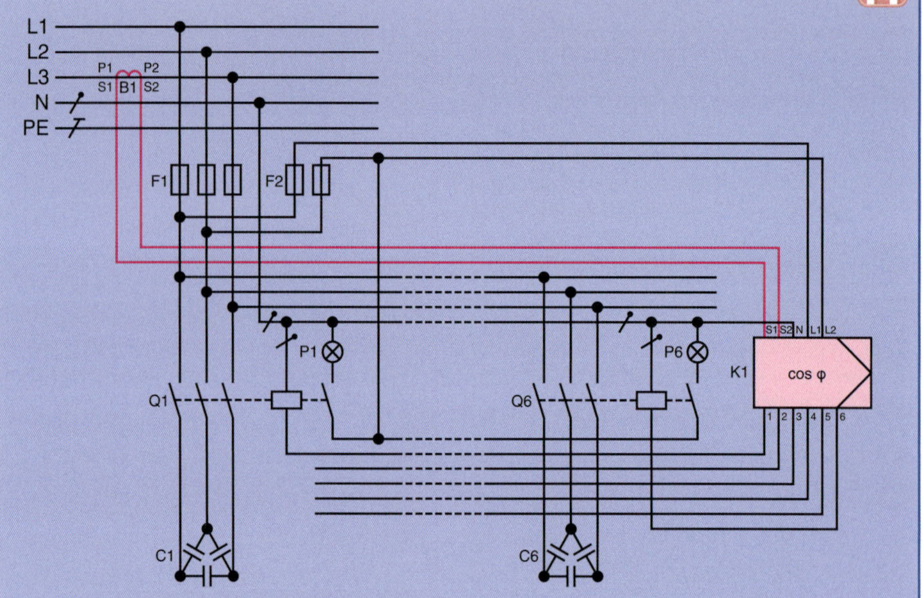

Kondensatorstufe kvar	Schaltstufe 0	1	2	3	4	5	6	7
10		X	X	X	X	X	X	X
10			X	X	X	X	X	X
10				X	X	X	X	X
10					X	X	X	X
10						X	X	X
10							X	X
10								X
Stufenleistung kvar	0	10	20	30	40	50	60	70

Kondensatorstufe kvar	Schaltstufe 0	1	2	3	4	5	6	7
10		X		X		X		X
20			X	X			X	X
40					X	X	X	X
Stufenleistung kvar	0	10	20	30	40	50	60	70

Kopplung
coupling, interconnection

galvanisch
galvanic

induktiv
inductive

kapazitiv
capacitive

Impedanz
impedance, apparent resistance

Auch *Kombinationen* dieser Bauelemente sind sinnvoll, da jedes Bauelement *spezifische Eigenschaften* hat, die sich nach folgenden Punkten unterscheiden.

- *Ableitvermögen*
- *Ansprechverhalten*
- *Löschverhalten*
- *Spannungsbegrenzung*

Gründe für Überspannungen

Galvanische Einkopplung

Wegen gemeinsamer Impedanzen kopppeln Überspannungen galvanisch von der Störquelle in die Störsenke ein.

Die hohe Stromsteilheit ruft eine Überspannung hervor, die zum überwiegenden Teil auf die induktive Komponente

$$u = L \cdot \frac{\Delta i}{\Delta t}$$

zurückzuführen ist.

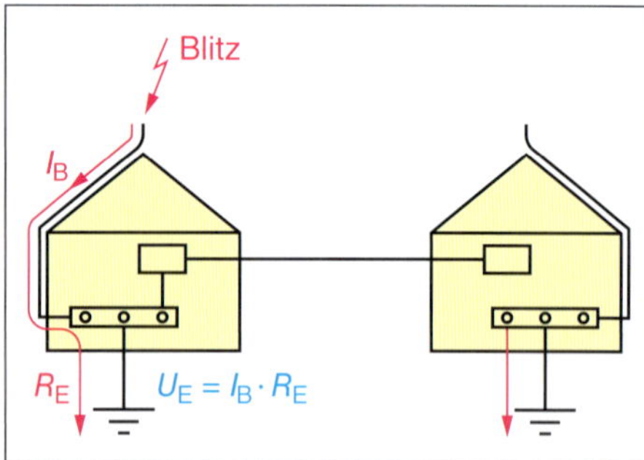

31 Galvanische Einkopplung

Über den *Potenzialausgleich* kann die Überspannung in die angeschlossenen Leitungen *eingekoppelt* werden.

Induktive Einkopplung

Der hohe Strom ruft ein starkes Magnetfeld hervor. Dadurch werden in elektrischen Stromkreisen Spannungsspitzen induziert.

■ **Überspannungsschutz**

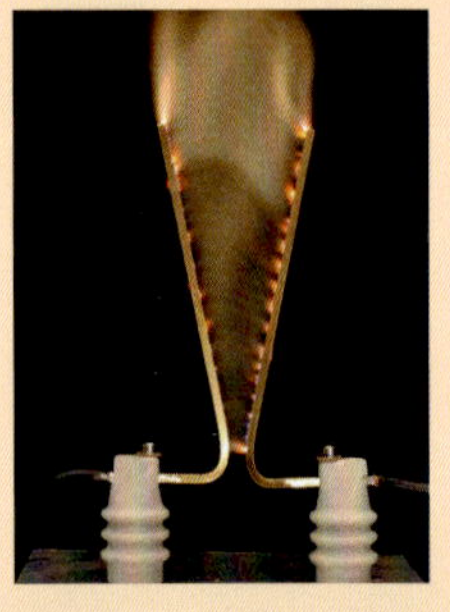

@ Interessante Links

Überspannungsschutz
- www.phoenixcontact.com
- www.rapp-instruments.de

Bauelemente des Überspannungsschutzes

Bauelement	Beschreibung	Kennlinie
Überspannungsableiter, gasgefüllt	Grobschutzelement, kann Ströme bis 10 kA (8/20) µs ableiten. Nachteilig sind das zeitabhängige Zündverhalten und der eventuell auftretende Netzfolgestrom.	
Funkenstrecke	Zwei sich gegenüberstehende Funkenhörner werden von einem Isoliersteg auf Abstand gehalten. Unterhalb des Isolierstegs erfolgt die Entladung im Überspannungsfall. Vorteilhaft ist die deutliche Erhöhung des Netzfolgestrom-Löschvermögens.	
Varistor	Zum Herunterpegeln der verbleibenden Restspannung, nachdem die größten Ströme abgeleitet sind. Varistoren reagieren deutlich schneller als Ableiter und haben keinen Netzfolgestrom. In Schutzschaltungen werden Varistoren mit Ableitströmen von 2,5 bis 5 kA (8/20) µs eingesetzt. Nachteilig sind die Alterung und die relativ hohe Kapazität.	
Suppressordiode	Einsatz als Feinschutzelement, sehr kurze Reaktionszeit von ps. Spannungsbegrenzung liegt beim 1,8 Fachen der Bemessungsspannung. Nachteilig sind die geringe Strombelastbarkeit und die relativ hohe Kapazität.	

Ableiter
arrester

Funkenstrecke
sparc arrester

Varistor
varistor, voltage-dependent resistor

µs
Mikrosekunde 10^{-6} s

ns
Nanosekunde 10^{-9} s

ps
Pikosekunde 10^{-12} s

Überspannungs-Schutzgeräte müssen *vor* den elektrischen Verbrauchsmitteln installiert werden.

Überspannungs-Schutzgeräte können in Verteilern, Steckdosen oder als Steckereinsatz angeschlossen werden.

Bauelemente des Überspannungsschutzes

Bauelement	Schaltung und Beschreibung
Kombinierte Schutzbeschaltung	Um die Vorteile der einzelnen Bauelemente ausnutzen zu können, arbeitet man mit indirekten Parallelschaltungen der Bauelemente unter Verwendung von Entkopplungsimpedanzen. Beim Auftreten einer Überspannung spricht die Suppressordiode als schnellstes Bauelement zuerst an. Bevor die Suppressordiode zerstört wird, kommutiert der Ableitstrom auf den Gasableiter. $u_s + \Delta u \geq u_G$ u_s Spannung Suppressordiode Δu Differenzspannung über Entkopplungsinduktivität u_G Ansprechspannung des Gasableiters *Vorteil der Schaltung:* Schnelles Ansprechen des Ableiters bei niedriger Spannungsbegrenzung und hohem Ableitvermögen.

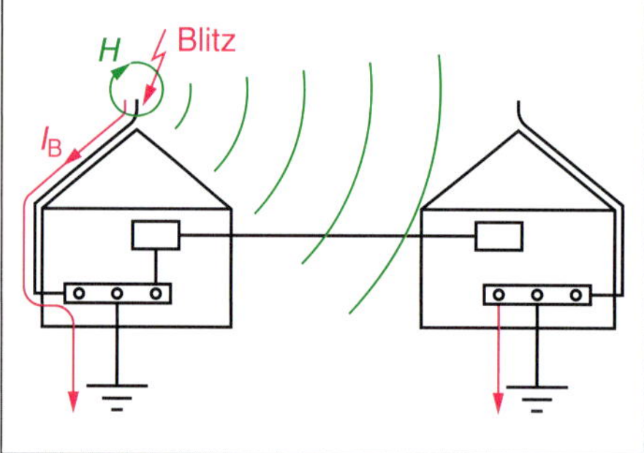

32 *Induktive Einkopplung*

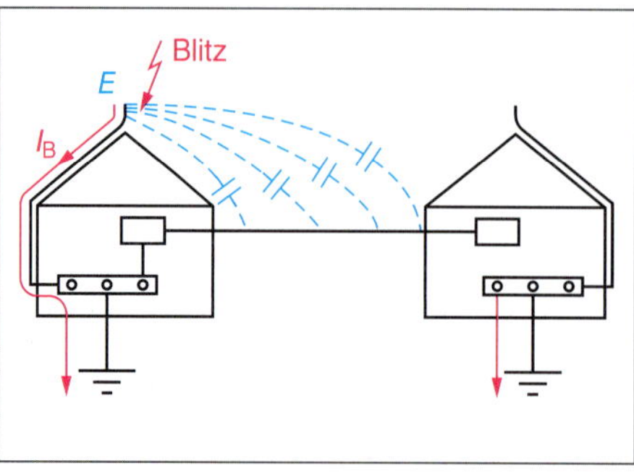

33 *Kapazitive Einkopplung*

Kapazitive Einkopplung
Durch Entladung einer Spannung von einem Leiter auf einen anderen Leiter werden hohe Potenzialunterschiede hervorgerufen.

■ **Innerer Blitzschutz**
Blitzstromableiter und Überspannungsschutzgeräte

Innerer Blitzschutz

Zum Schutz der elektrischen Anlage müssen besondere Maßnahmen ergriffen werden, die als *innerer Blitzschutz* bezeichnet werden.

Ihren Anforderungen an den Installationsorten werden die Schutzgeräte in die **Typenklassen** 1, 2 und 3 unterteilt.

Typ 1

Blitzstromableiter: Höchste Anforderung hinsichtlich Ableitvermögen, Einsatz hinter der Eintrittsstelle der Energieleitung des Versorgungsnetzbetreibers.

Das Eindringen der Blitzströme in die elektrische Gebäudeanlage wird begrenzt.

Typ 2

Überspannungsschutzgerät: Schutz vor Überspannungen in der elektrischen Anlage. Notwendiges Ableitvermögen von mehr als 10 kA in (8/20) μs.

Typ 3

Überspannungsschutzgerät: Ableitungen von Überspannungen, die zwischen Außenleiter und N-Leiter auftreten. Solche Überspannungen werden in der Regel durch Schalthandlungen hervorgerufen.

Installationsort so nah wie möglich am zu schützenden Objekt.

Prüfung

1. Wie kann der Erdwiderstand gemessen werden?

Beschreiben Sie das in der Praxis einfachste Verfahren.

2. Unterscheiden Sie zwischen Betriebserder und Anlagenerder.

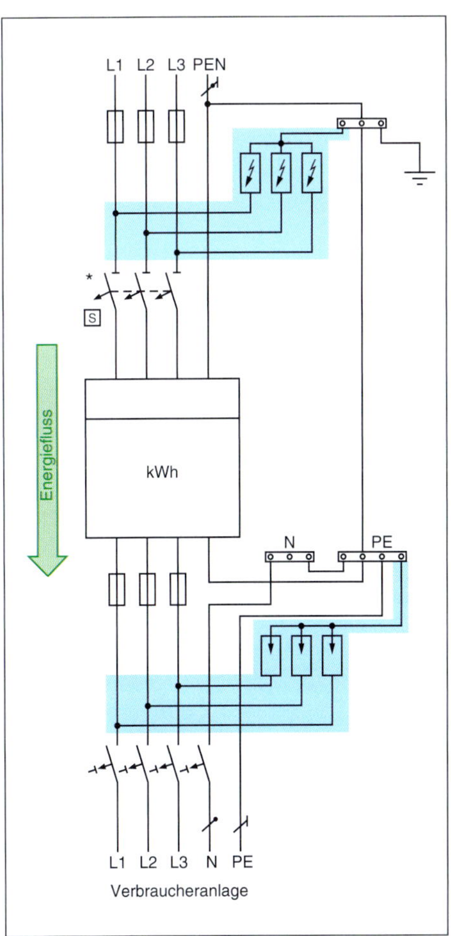

34 Überspannungsschutz im TN-System

Blitzschutzzonen

Äußere Zonen

LPZ[1] 0_A

Gefährdung durch direkte Blitzeinschläge (Blitzstrom, elektromagnetisches Feld) des Blitzes.

LPZ 0_B

Geschützt gegen Blitzeinschlag. Gefährdung durch anteiligen Blitzstrom und durch das volle elektromagnetische Feld des Blitzes.

Innere Zonen (Gegen Blitzeinschlag geschützt)

LPZ 1

Begrenzung der Blitzströme durch Stromaufteilung und durch Überspannungs-Schutzgeräte an den Zonengrenzen.

LPZ 2

Weitere Begrenzung durch Stromaufteilung und Überspannungsschutzgeräte an den Zonengrenzen.

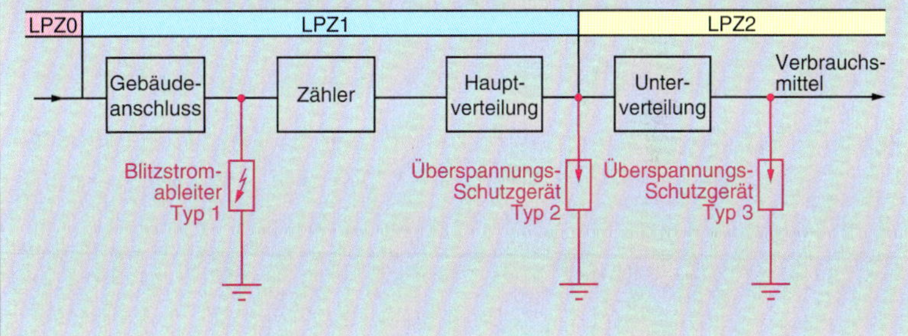

Prüfung

3. Welche Aufgabe hat die Blindleistungskompensation?

4. Warum soll man nicht bis $\cos\varphi = 1$ kompensieren?

5. Welche Kompensationskondensatoren finden Anwendung?

6. Was bedeutet es, wenn Kondensatoren selbstheilend sind?

7. Warum ist die Schaltung von Kompensationskondensatoren in Dreieckschaltung sinnvoll?

8. Wie verändert sich die Stromstärke durch Kompensation?

9. Warum verwendet man häufig die Zentralkompensation?

Welchen Nachteil hat die Zentralkompensation?

10. Warum werden Kompensationskondensatoren mit Entladewiderständen ausgerüstet?

@ Interessante Links

- christiani-berufskolleg.de

@ Interessante Links

- christiani-berufskolleg.de

35 Überspannungsschutz im TT-System

Prüfung

11. Wozu dient der Blindleistungsregler bei Kompensationsanlagen?

12. Erklären Sie den Begriff „verdrosselte Kondensatoren".

Welchen Zweck verfolgt man mit der Verwendung solcher Kondensatoren?

13. Der Verdrosselungsfaktor beträgt 8,0 %.

Erläutern Sie die Angabe.

14. Elektrische Anlage $P = 100$ kW, $\cos \varphi_1 = 0{,}78$ (400 V/50 Hz). Der Leistungsfaktor soll auf $\cos \varphi_2 = 0{,}96$ verbessert werden. Die Kompensationskondensatoren sind in Dreieck zu schalten.

Bestimmen Sie die Kapazität der Kondensatoren.

15. Worauf ist bei der Auswahl von Schaltgeräten für Kondensatoren besonders zu achten?

16. Welchem Zweck dient der Überspannungsschutz?

Nennen Sie Gründe für Überspannungen.

17. Welche Bauelemente können für den Überspannungsschutz verwendet werden?

18. Beschreiben Sie die Angabe LPZ1.

Überspannungsschutz

TB

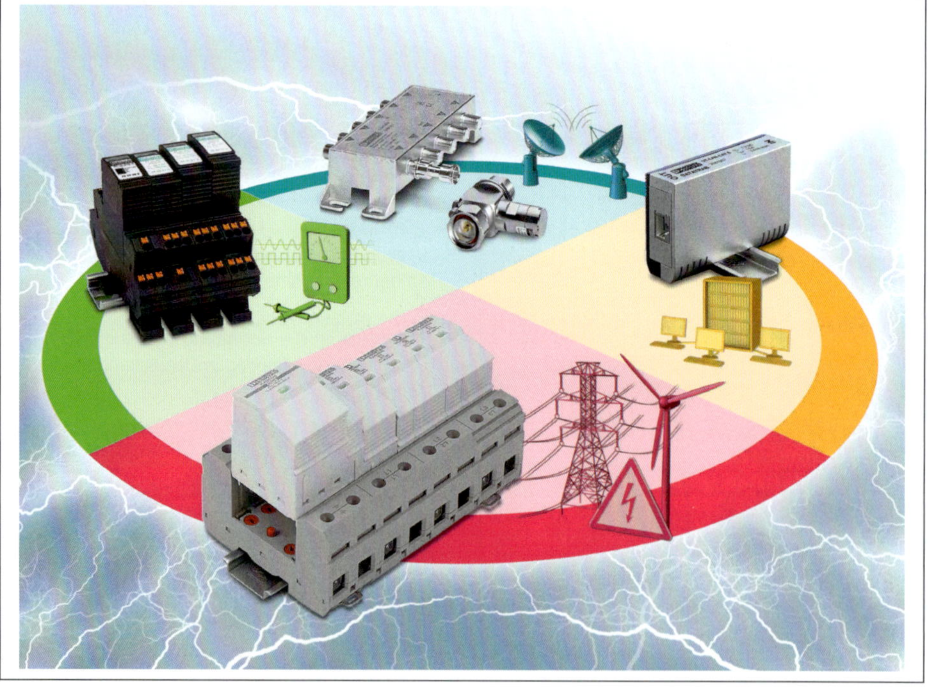

36 Überspannungsschutz

Schutzpotenzialausgleich

Durch den *Schutzpotenzialausgleich* sollen *Potenzialunterschiede* zwischen leitfähigen Anlageteilen verhindert werden.

So können keine gefährlichen hohen Berührungsspannungen zwischen diesen Teilen auftreten.

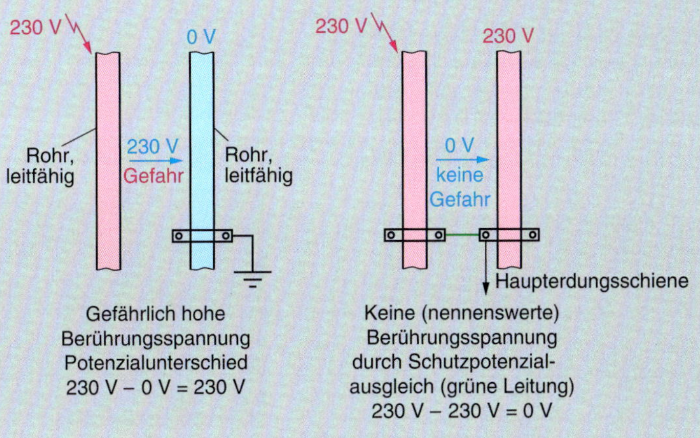

Gefährlich hohe Berührungsspannung Potenzialunterschied 230 V – 0 V = 230 V

Keine (nennenswerte) Berührungsspannung durch Schutzpotenzialausgleich (grüne Leitung) 230 V – 230 V = 0 V

Der Leitungswiderstand des *Schutzpotenzialausgleichsleiters* darf natürlich nicht so groß sein, dass ein nennenswerter Spannungsfall an ihm auftritt.

Dieser Spannungsfall könnte dann nämlich vom Menschen überbrückt werden. Deshalb sind *Mindestquerschnitte* des Schutzpotenzialausgleichsleiters vorgeschrieben.

- 6 mm² Kupfer
- 16 mm² Aluminium
- 50 mm² Stahl

Gültig für die Verbindung mit der Haupterdungsschiene.

Beispiel für Schutzpotenzialausgleich

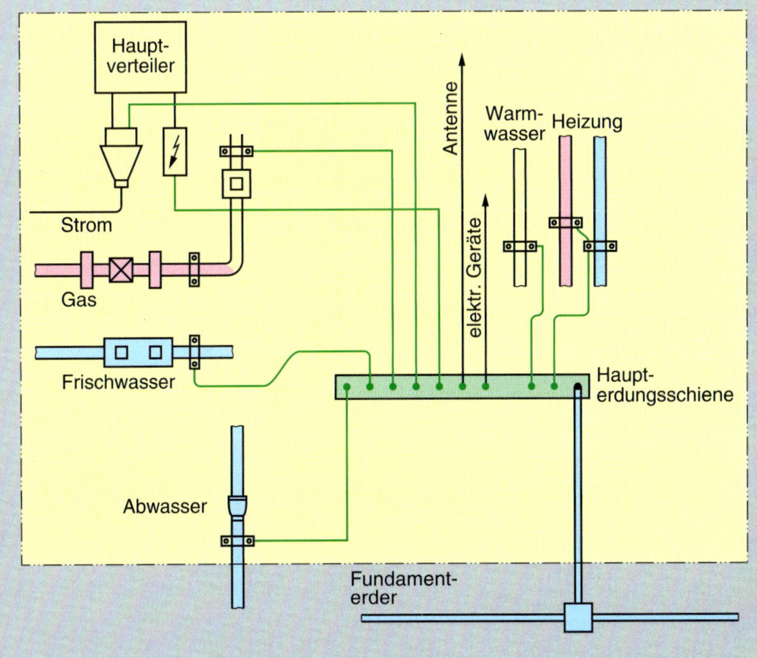

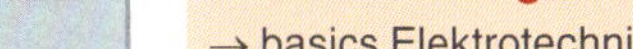

■ **Potenzialausgleich**
→ basics Elektrotechnik

Schutzsystem
protection system

Potenzialausgleichsleiter
equipotential bonding conductor

Schutzleiter
protective conductor

Erder
earth(ing) electrode

Schutzpotenzialausgleich
safety potential equalization

Zusätzlicher Schutzpotenzialausgleich
additional safety potential equalization

Erdfreier, örtlicher Schutzpotenzialausgleich
safety potential equalization, floating, local

Bei unbewölktem Himmel und senkrechter Sonneneinstrahlung beträgt die Energieeinstrahlung in Deutschland ca. 1000 Watt/m^2.

■ **Wafer**
Ausgangsmaterial für Chips.

Solarzelle
soral cell

Solarmodul
solar module

Solargenerator
solar generator

Sonnenenergie
solar energy

@ Interessante Links

Erneuerbare Energien
- www.rwe.com

2.9 Erneuerbare Energiequellen

Fossile Energieträger (Kohle, Öl, Gas) sind erschöpflich. Sie setzen zudem hohe Mengen an Schadstoffen bei der Energieumwandlung frei und begünstigen die globale Erderwärmung mit ihren katastrophalen Folgen.

Für **erneuerbare Energiequellen** trifft dies nicht zu. Die *Energiequellen* sind praktisch unerschöpflich, da sie ihren Energieinhalt im Wesentlichen aus der Sonnenenergie, der Rotationsenergie der Erde oder aus der geothermischen Energie (Erdwärme) beziehen.

Man spricht von **regenerativen Energien** (regenerieren: sich erneuern).

Fotovoltaik

Hier wird Sonnenenergie *direkt* in elektrische Energie umgewandelt.

Grundelement ist die **Solarzelle**. Grundstoff ist *Silizium*.

Gereinigtes Silizium wird eingeschmolzen und erstarrt je nach Verfahren als **Einkristall** (monokristallin) oder mit Bereichen unterschiedlicher Kristallorientierung (polykristallin).

Danach wird das Produkt in quadratische Scheiben (Dicke ca. 0,2 mm) geschnitten, den sogenannten **Wafers**.

In der **Dünnschichttechnologie** werden Siliziumschichten aufgedampft (Dicke nur wenige µm). Ein Laser strukturiert und kontaktiert sie nach dem Aufdampfen.

37 Solarmodule installieren

Erzeugung elektrischer Energie aus regenerativen Energiequellen

- **Windenergie**
  Mehr als 40 % der erneuerbaren Energien wird aus *Windenergie* erzeugt. Dies gelingt bei *Windgeschwindigkeiten* ab etwa 2 m/s. Die Rotorblätter treiben über ein mehrstufiges Getriebe einen Generator an. Eine *Windrichtungsführung* optimiert die Energieausbeute, schaltet auch bei zu hohen Windgeschwindigkeiten die Energieerzeugung ab (dreht das Windrad aus dem Wind).
  Der *Wirkungsgrad* liegt bei etwa 60 %, die *Anlagenleistung* bei 5 MW.

- **Fotovoltaik**
  Direkte Umwandlung der Energie des Sonnenlichts in elektrische Energie. Verwendet werden *Solarzellen*, die zu *Solarmodulen* zusammengeschaltet werden. Mehrere Solarmodule bilden einen *Solargenerator*.
  Die Solarenergie kann in *Akkumulatoren gespeichert* oder über einen *Wechselrichter* in das Energieverteilungsnetz *eingespeist* werden. Der *Wirkungsgrad* liegt bei etwa 25 %, ein Modul hat eine *Leistung* von etwa 300 W.

- **Bioenergie**
  Biomasse ist gespeicherte Sonnenenergie. Allerdings unterliegt sie nicht dem stark schwankenden Energieaufkommen.
  Unterschieden wird zwischen *primärer Biomasse* (schnell wachsenden Pflanzen) und *sekundärer Biomasse* (Gülle, Klärschlamm, Stallmist).
  Biomasse wird *verbrannt*, *vergärt* oder *vergast*. Dabei entsteht *Wärme*, die eine Dampfturbine zur Stromerzeugung antreibt.
  Der *Wirkungsgrad* liegt bei etwa 85 %, die *Anlagenleistung* etwa bei 5 MW.

- **Geothermie**
  Auch *Erdwärmevorkommen* lassen sich zu den regenerativen Energiequellen zählen.
  - *Thermalwasserfelder*
    Warmes Wasser mit Temperaturen unter 100 °C.
  - *Nassdampffelder*
    Wasser-Dampf-Gemisch, Temperaturen von deutlich über 100 °C möglich.
  - *Heißdampffelder*
    Dampf mit Temperaturen von 120 °C bis ca. 250 °C.
  - *Geokomprimierte Heißwasserfelder*
    Unterirdische Wasservorkommen, die unter sehr hohem Druck stehen. Temperaturen zwischen 150 °C und 200 °C. Besonders gut zur Energiegewinnung geeignet.
    Wirkungsgrad etwa 40 %, *Leistung pro Anlage* ca. 5 MW.

Monokristalline Solarzelle
- Hat den höchsten Wirkungsgrad (ca. 20 %).
- Herstellungsverfahren ist materialintensiv und teuer.

Multikristalline Solarzelle
- Hat das beste Preis-Leistungs-Verhältnis.
- Wirkungsgrad etwa 15 %.
- Hoher Materialverlust bei der Wafer-Herstellung.

Dünnschichtsolarzelle
- Sehr dünne Siliziumschicht (das 0,01- bis 0,02-Fache der monokristallinen oder polykristallinen Zelle).
- Relativ geringer Aufwand bei der Fertigung.
- Wirkungsgrad bei etwa 10 %.

Strom-Spannungs-Kennlinie (Bild 38)

Bei *konstanter Sonneneinstrahlung* kann die Solarzelle im **Arbeitspunkt MPP** (**M**aximum **P**ower **P**oint) die *maximale Leistung* abgeben.

Der *Kurzschlussstrom* I_K der Zelle ist nur unwesentlich höher als der *Bemessungsstrom* I_{MPP} im Arbeitspunkt.

Wirkungsgrad

Gibt die nutzbare elektrische Leistung in Bezug auf das Produkt der Solarzellenfläche A und der einfallenden Sonnenenergie E pro m² an.

$$\eta = \frac{P_{MPP}}{A \cdot E}$$

$$P_{MPP} = U_{MPP} \cdot I_{MPP}$$

Füllfaktor

Die nutzbare Leistung P_{MPP} wird ins Verhältnis zur Leistung aus Leerlaufspannung U_0 und Kurzschlussstrom I_K gesetzt.

$$f = \frac{P_{MPP}}{U_0 \cdot I_K}$$

Der *Füllfaktor f* liegt im Bereich 0,7 bis 0,85.

Solarzelle, Solarmodul

Die *Spannung* einer Solarzelle ist abhängig von der *Beleuchtungsstärke* und der *Zellentemperatur*. Bei Silizium gilt ein Höchstwert von ca. 0,5 V.

Solarzellen werden zu **Solarmodulen** zusammengeschaltet.

Ein Solarmodul besteht i. Allg. aus 36 bis 40 *in Reihe* geschalteten Zellen. Die Spannungen der einzelnen Zellen addieren sich dann zur Gesamtspannung (Bild 39).

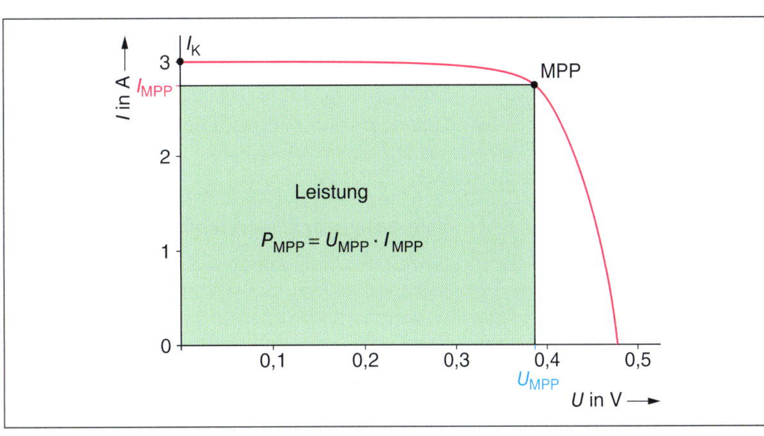

38 Strom-Spannungs-Kennlinie einer Solarzelle

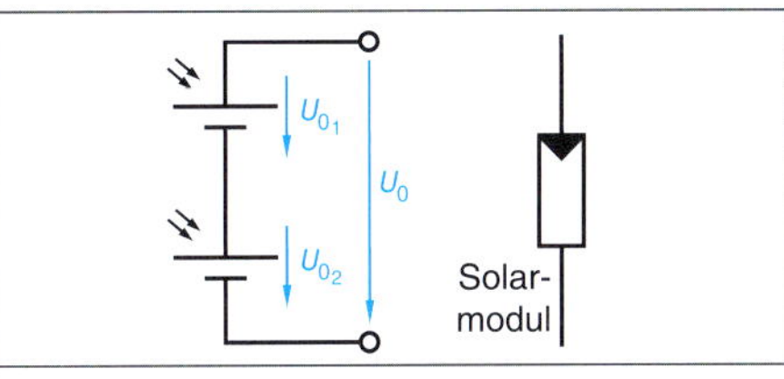

39 Solarzellen, Solarmodul

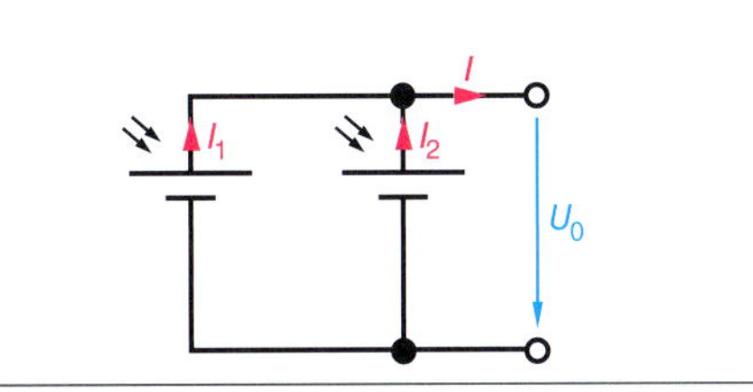

40 Parallelschaltung von Solarzellen

Solarzellen können auch *parallel geschaltet* werden.

Dabei addieren sich die Ströme der einzelnen Zellen (Bild 40). Einer Zelle kann ein Strom von maximal 3 A entnommen werden.

41 Solardach

Schon geringfügige Beschattung von Solarmodulen bewirken einen erheblichen Leistungsverlust.

Parallelschaltung von Reihensträngen (Strings)

Dadurch wird die Erzeugung *höherer Systemleistungen* von einigen Kilowatt bis in den Gigawattbereich ermöglicht.

Schaltung von Solarmodulen

Reihenschaltung zur *Spannungserhöhung*, Parallelschaltung zur *Stromerhöhung*.

- *Spitzenleistung eines Solarmoduls*

$$P_M = G_N' \cdot \eta_M$$

- *Spitzenleistung eines Solargenerators*

$$P_G = G_N' \cdot A_G \cdot \eta_G$$

- *Anzahl der Solarmodule*

$$n = \frac{P_G}{P_M}$$

P_M	Spitzenleistung eines Solarmoduls
P_G	Spitzenleistung eines Solargenerators
G_N'	globale Bestrahlungsstärke $\left(1\ \frac{\text{kW}}{\text{m}^2}\right)$
A_G	Gesamtfläche des Solargenerators
η_M	Wirkungsgrad Solarmodul
η_G	Wirkungsgrad Solargenerator
n	Anzahl der Solarmodule

Hinweis: Bei Reihenschaltung von Solarmodulen bestimmt die *am wenigsten bestrahlte* Solarzelle die **Gesamleistung** der Anlage.

Durch abnehmende Sonneneinstrahlung nimmt insbesondere die Stromstärke ab. Dabei wirken *beschattete Solarzellen* als *Verbraucher* und würden sich durch den Strom unzulässig erwärmen.

Daher werden **Bypassdioden** parallel zu den Solarzellen geschaltet.

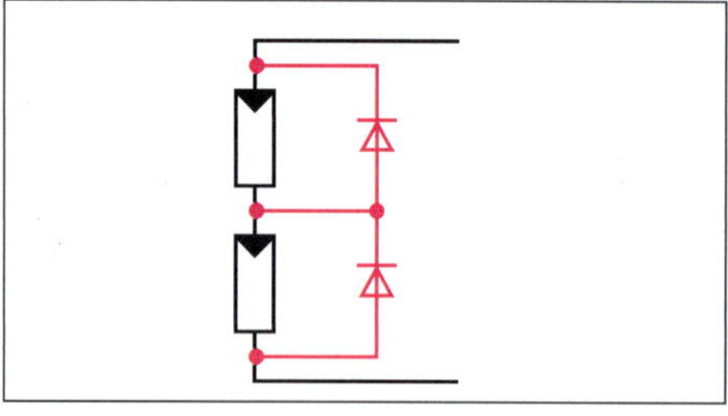

42 Bypassdiode

Wechselrichter

Wechselrichter wandeln den erzeugten Gleichstrom der Solaranlage in Wechselstrom um.

Die Ausgangsspannung ist i. Allg. 230 V oder 400 V.

Modulwechselrichter

Jedes Solarmodell hat einen eigenen integrierten Wechselrichter. Dann entfallen die Gleichstrom-Hauptleitungen.

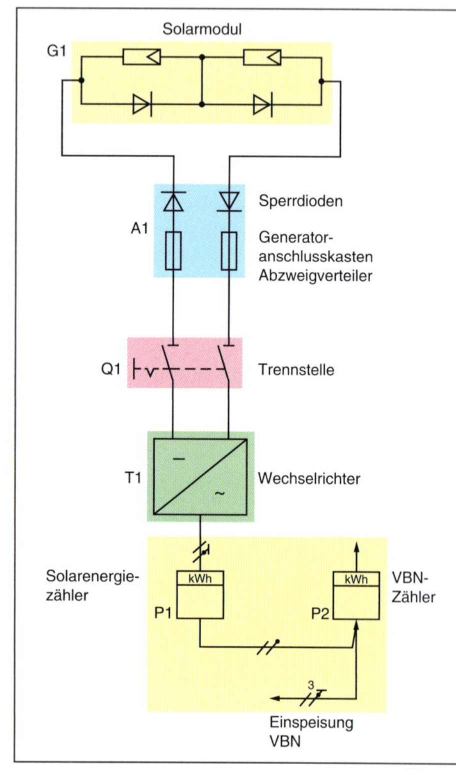

43 Aufbau einer Solaranlage

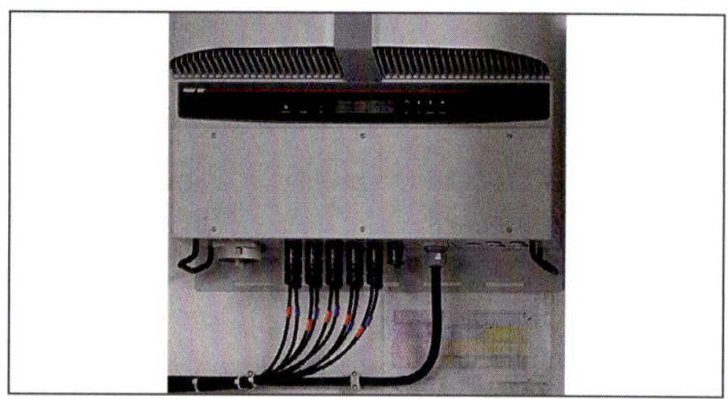

44 Wechselrichter

Bei *Inselbetrieb* werden **selbstgeführte** *Wechselrichter* und bei *Einspeisung* ins Versorgungsnetz **netzgeführte** *Wechselrichter* eingesetzt.

Aufgaben des Wechselrichters

- Der *Eingangsgleichstrom* kann entweder *direkt gleichstromseitig* oder durch einen Transformator *wechselstromseitig* an die Netzspannung angepasst werden.
- Die *Wechselrichterbrücke* wandelt den Gleichstrom in einen netzsynchronen Wechselstrom um (einphasig oder dreiphasig).
- Abhängig von der Sonneneinstrahlung wird der optimale Arbeitspunkt (MMP) ermittelt und nachgeführt.
- Frequenz, Spannung und Impedanz des Netzes werden überwacht. Im Fehlerfall wird der Wechselrichter allpolig von Netz getrennt.

Leitungen

Der *Leiterquerschnitt* bestimmt sich durch den *Bemessungsstrom* des Fotovoltaik-Generators und dem *höchstzulässigen Spannungsfall* von 1 %.

Da der Kurzschlussstrom I_K nur wenig größer als der Bemessungsstrom ist, kann auf einen *Überlastschutz* der Gleichstromhauptleitung verzichtet werden, wenn die Dauerbelastbarkeit der Leitung den 1,25-fachen Wert des Kurzschlussstroms hat.

Anforderungen an die Leitungen

- *Flammwidrig und halogenfrei*
- *UV- und witterungsbeständig*
- *Temperaturbereich –40 °C bis 120 °C*
- *Spannungsfestigkeit bis 2 kV*
- *Kurz- und erdschlusssicher*

Schutzmaßnahmen

Schutz gegen direktes Berühren und bei indirektem Berühren (Basisschutz und Fehlerschutz) durch *SELV*, *PELV* und *Schutz durch verstärkte oder doppelte Isolierung*.

Wenn die Leerlaufspannung eines Moduls oder Strangs 120 V DC überschreitet, sollen Module der *Schutzklasse II* verwendet werden.

Bei Anlagen ohne einfache Trennung zwischen Gleich- und Wechselstromseite ist auf der Wechselstromseite eine *Fehlerstrom-Schutzeinrichtung* vom Typ B zu installieren.

Auf der Gleich- und Wechselstromseite sind *Trenneinrichtungen* zu installieren.

In Anlagen mit *Schutzpotenzialausgleich* sollen die Schutzpotenzialleitungen *parallel mit geringem Abstand* zu den Gleich- oder Wechselspannungsleitungen verlegt werden.

Unterbrechungsfreie Stromversorgung (USV)

Aufgabe der *USV* ist ein ungestörter Betrieb von elektrischen Anlagen bei *Netzspannungsausfall*. Dies ist z. B. bei Computeranlagen von großer Bedeutung. Die *Systemverfügbarkeit* steht im Vordergrund.

Aufgaben der USV:

- *Unterbrechungsfreie Versorgung bei Ausfall der Netzspannung.*
- *Verbesserung der Spannungsqualität.*

Beeinträchtigt wird die *Spannungsqualität* durch Störungen, die von *außen* über das *Energieverteilungsnetz* eingeschleppt oder durch *Verbrauchsmittel selbst* verursacht werden.

Der *Ausgangs-Spannungsqualität* entsprechend, wird die USV in verschiedene *Klassen* eingeteilt.

- *Stufe 1*
  Abhängigkeit der Ausgangsspannung der USV von der Eingangsspannung.
- *Stufe 2*
  Kurvenform der Ausgangsspannung.
- *Stufe 3*
  Dynamisches Ausgangs-Toleranzverhalten.

Codierung der Kurvenform (Stufe 2)

S	Sinusform, Verzerrungsfaktor kleiner 8 % bei linearer und nicht linearer Belastung
X	keine Sinusform, Verzerrungsfaktor größer 8 % bei nicht linearer Belastung
Y	keine Sinusform, Überschreitung der Grenzwerte

Codierung des Toleranzverhaltens (Stufe 3)

1	maximal ± 30 %, nach maximal 0,1 s ±10 %
2	nach 1 ms maximal +100 % nach 10 ms maximal +20 % bis – 100 % nach 100 ms maximal ±10 %
3	nach 1 ms maximal +100 % nach 10 ms maximal +20 % bis –100 % nach 100 ms maximal +10 % bis –20 %
4	Hersteller legt Eigenschaften fest

Prüfung

1. Welche wesentlichen Kriterien sind bei der Planung einer Solaranlage zu berücksichtigen?
2. Wie kann die Leistungsfähigkeit einer Solarzelle bestimmt werden?
3. Wie wird der Wirkungsgrad einer Solarzelle ermittelt?
4. Was versteht man unter dem Füllfaktor *f* einer Solarzelle?
5. Erklären Sie den Begriff Inselbetrieb.
6. Wie ist ein Solarmodul aufgebaut?
7. Welche Aufgaben haben Wechselrichter bei Fotovoltaikanlagen?

Leitungen für Fotovoltaikanlagen

- *Modulanschlüsse Solarflex -X-PV1-F*
- Gleichstromhauptleitung
  NYM-0
  NYY-0

@ Interessante Links

- christiani-berufskolleg.de

■ **Ausfallstatistik**

- Totalausfall des Energieversorgungsnetztes: 3 %.
- Leitungsgebundene Störungen: 97 %.

USV
uninterruptiable power suply

Systemverfügbarkeit
system availability

Bezeichnung der USV-Klasssen

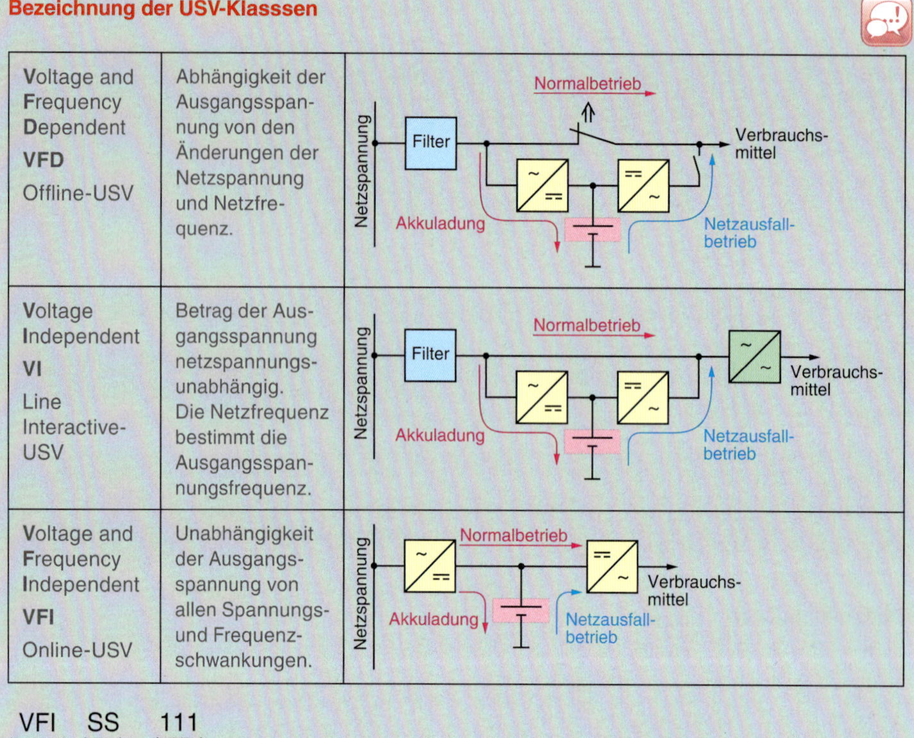

Voltage and **F**requency **D**ependent **VFD** Offline-USV	Abhängigkeit der Ausgangsspannung von den Änderungen der Netzspannung und Netzfrequenz.	
Voltage **I**ndependent **VI** Line Interactive-USV	Betrag der Ausgangsspannung netzspannungsunabhängig. Die Netzfrequenz bestimmt die Ausgangsspannungsfrequenz.	
Voltage and **F**requency **I**ndependent **VFI** Online-USV	Unabhängigkeit der Ausgangsspannung von allen Spannungs- und Frequenzschwankungen.	

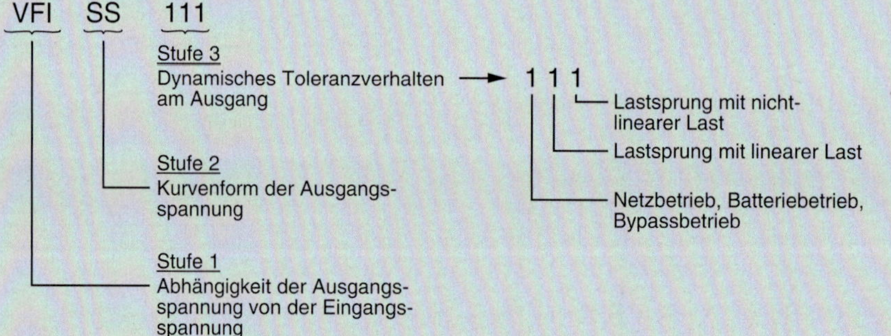

Technischer Einsatz der USV

Störung	VFD	VI	VFI
Netzspannungsausfall	•	•	•
Schwankung der Spannung	•	•	•
Spannungsspitzen	•	•	•
Überspannung		•	•
Unterspannung		•	•

Für eine elektrische Anlage mit der Wirkleistung $P = 10$ kW soll eine USV geplant werden.
Welche Leistung muss die USV-Anlage haben?

Die Leistung einer USV wird i. Allg. in kVA angegeben (Scheinleistung). Umrechnungsfaktor (Praxis): 1,4.	$S = 1{,}4 \cdot P$ $S = 1{,}4 \cdot 10\ \text{kW}$ $S = 14\ \text{kVA}$
In der Regel wird die ermittelte Scheinleistung um 40 % erhöht (Reserve).	$S' = 1{,}4 \cdot 14\ \text{kVA}$ $S' = 19{,}6\ \text{kVA} \approx 20\ \text{kVA}$

Leistungsmessung

Mithilfe eines Leistungsmessers kann die *Wirkleistung* direkt gemessen werden.
Gemessen werden Stromstärke und Spannung.

Die Produktbildung ergibt die Wirkleistung: $P = U \cdot I$.

Messvorgang

- *Messobjekt freischalten.*
- *Messwerte mit Strombereichs- und Spannungsbereichsschalter einstellen.*
- *Messartschalter auf AC oder DC einstellen.*
- *Messobjekt einschalten.*
- *Messung durchführen.*
- *Messobjekt freischalten.*
- *Messgerät abklemmen und abschalten.*

Hinweis:
Stromstärke und Spannung müssen vor der Messung bekannt sein.
Eventuell durch Kontrollmessung (Spannung, Stromstärke) zuvor ermitteln.
Strom- und *Spannungspfad* des Leistungsmessers dürfen *nicht überlastet* werden.

Beispiel:
Einstellung am Leistungsmesser: 3 A, 100 V
Messbereich 3 A · 100 V = 300 W
Anzeigewert 250 W

Der Messbereichsendwert 300 W wird nicht erreicht (250 W).
Trotzdem ist der Strompfad überlastet (5 A).

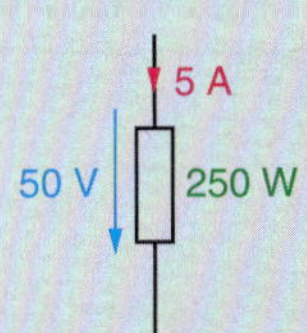

Leistungsmessung im Drehstromnetz

- *Symmetrisch belastetes Vierleiternetz*
  Ein Leistungsmesser reicht zur Messung aus: $P_{ges} = 3 \cdot P$.

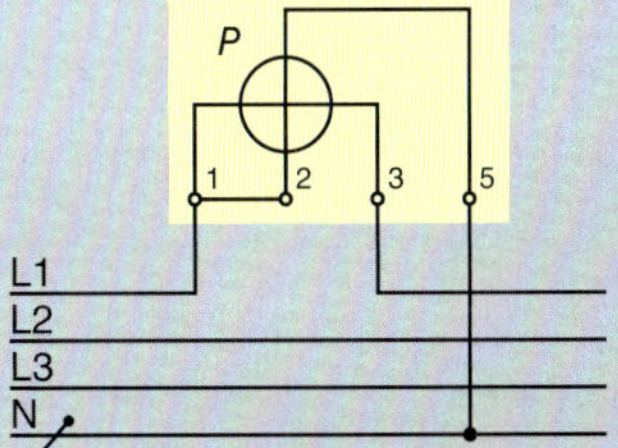

- *Symmetrisch belastetes Dreileiternetz*
  Künstlicher Sternpunkt mit Widerständen. Widerstand des Spannungspfades und der in Reihe geschaltete Widerstand R_1 müssen zusammen so groß wie jeder der beiden anderen Widerstände R_2 und R_3 sein. $P_{ges} = 3 \cdot P_1$.

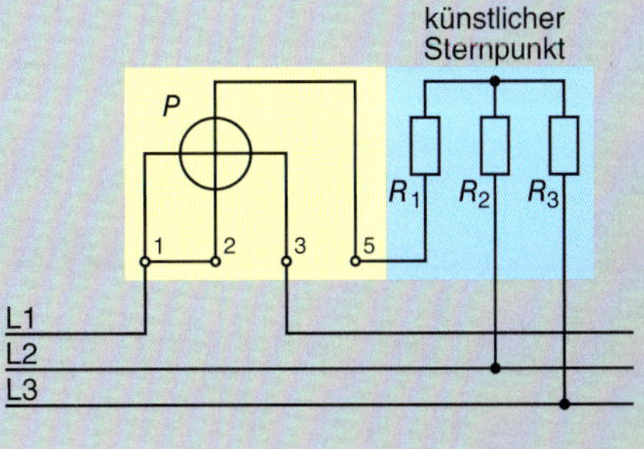

■ **Leistung**
→ basics Elektrotechnik

■ **Wirkleistung**

- Gleichstrom
  $P = U \cdot I$
- Einphasen-Wechselstrom
  $P = U \cdot I \cdot \cos\varphi$
- Drehstrom
  $P = \sqrt{3} \cdot U \cdot I \cdot \cos\varphi$

Leistung
power, wattage

Leistungsmessung
power measurement

Drehstromnetz
three-phase system

Dreileitersystem
three-wire-system

Vierleitersystem
four-wire system

■ **Wandler**
→ 146

- *Unsymmetrisch belastetes Vierleiternetz*
  Es werden drei Leistungsmesser benötigt. Die Messwerke sind miteinander gekoppelt. Es wird die Summe der drei Außenleiterleistungen angezeigt.

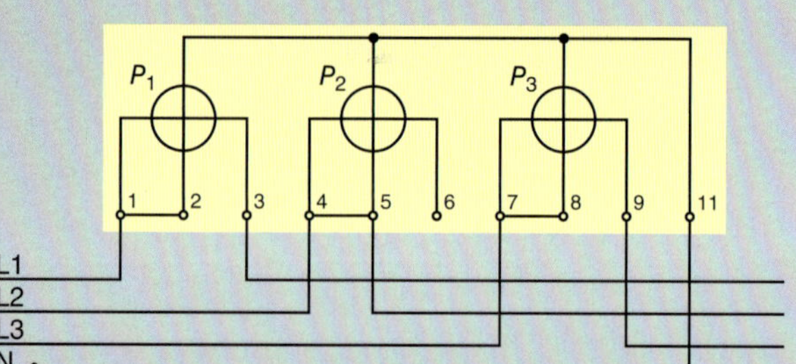

- *Unsymmetrisch belastetes Dreileiternetz*
  Bildung eines künstlichen Sternpunkts durch drei Widerstände.

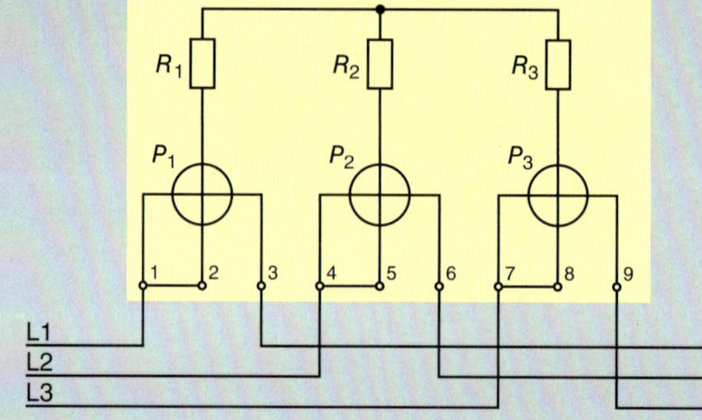

Vorsicht!

In Netzen über 650 V darf die Leistungsmessung nur über Strom- und Spannungswandler erfolgen.

Prüfung

1. Welche Aufgaben hat eine USV?

2. Erklären Sie den Begriff „Spannungsqualität".

3. Wie kann die Qualität einer USV beschrieben werden?

4. Worauf ist bei der Leistungsmessung besonders zu achten?

5. In einem symmetrisch belasteten Drehstromsystem soll die Leistung gemessen werden. Entscheiden Sie sich für eine wirtschaftliche Lösung.

6. Wie kann die Leistung in einem unsymmetrisch belasteten Dreileiternetz gemessen werden?

@ Interessante Links

- christiani-berufskolleg.de

2.10 Elektromagnetische Verträglichkeit (EMV)

Elektromagnetische Verträglichkeit (EMV) ist die Fähigkeit eines Systems, in einer elektromagnetischen Umgebung *einwandfrei* zu arbeiten, ohne selbst elektromagnetische Störungen hervorzurufen, die *definierte Grenzwerte* überschreiten.

In diesem Sinne ist **EMV** ein *Qualitätsmerkmal* eines Systems. Um dieses Qualitätsmerkmal zu erfüllen, ist es wichtig, dass

- die *Störfestigkeit* des Systems den Anforderungen genügt.
- die *Störaussendung* anderer Systeme nicht festgelegte Grenzwerte überschreiten.
- konstruktive Merkmale der Systeme die *Ausbreitung* bzw. *Kopplung* der *Störgrößen* nicht unzulässig begünstigen.

Elektromagnetische Störgröße

Kann in der *elektromagnetischen Umgebung* den bestimmungsgemäßen Betrieb eines Systems beeinträchtigen.

Elektromagnetische Störung

Beeinträchtigung der Funktion eines *Systems* oder eines *Übertragungswegs*, die durch eine elektromagnetische Störgröße hervorgerufen wird.

Die **Störenergie** kann auf unterschiedliche Weise *übertragen* werden. Man spricht dabei von **Kopplungspfaden** (Bild 45).

- Leitungsgebundene galvanische Kopplung. Vorherrschend bei Störgrößen im Frequenzbereich von 9 kHz bis 30 MHz.
- Kapazitive Kopplung (elektrisches Feld).
- Induktive Kopplung (magnetisches Feld).
- Elektromagnetische Kopplung (elektromagnetisches Feld).

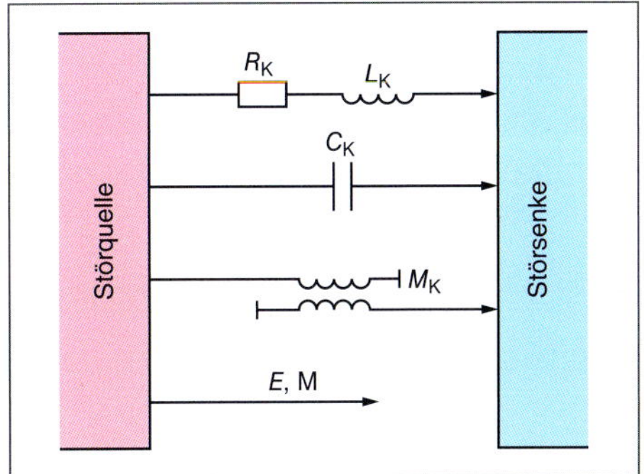

46 *Kopplungsarten*

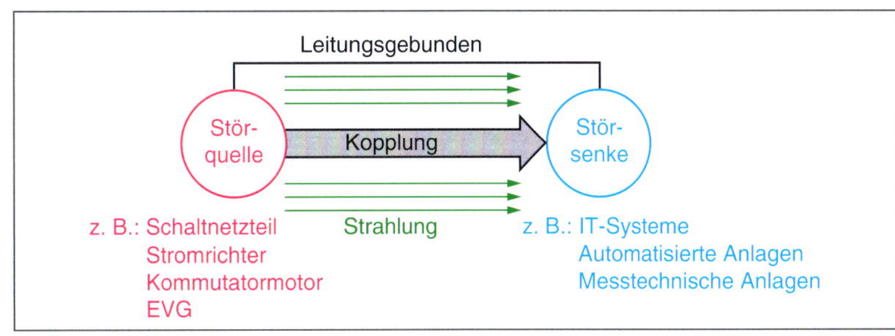

45 *Ausbreitung von Störungen*

Galvanische Kopplung

Wirksam im Bereich *niedriger* und *hoher* Frequenzen.

Tritt auf, wenn mehrere Stromkreise eine *gemeinsame Spannungsquelle* haben oder einen Leiter als *gemeinsamen Stromweg* verwenden.

Einflussfaktoren sind die *Stromänderungsgeschwindigkeit* ($\Delta i/\Delta t$), Länge und Querschnitt der gemeinsam genutzten Anschlussleitungen.

Die beeinflussende **Störgröße** ist der Strom.

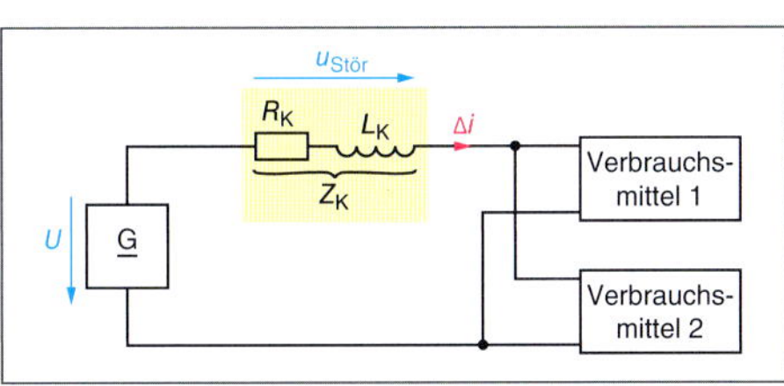

47 *Galvanische Kopplung, Beispiel*

Eingekoppelte **Störspannung** $u_{Stör}$:

$$u_{Stör} = \sqrt{(U_{R\,Stör})^2 + (U_{L\,Stör})^2}$$

$$U_{R\,Stör} = \Delta i \cdot R_K \qquad U_{L\,Stör} = L_K \cdot \frac{\Delta i}{\Delta t}$$

Bei Verdrahtungsleitungen beträgt die *Induktivität* etwa 1 µH pro *Meter* Leitungslänge.

$$\left(L \approx 1\,\frac{\mu H}{m}\right)$$

EMV
electro-magnetic compatibility

EMV-Maßnahmen
EMC measure

Störfestigkeit
interference resistance

Störaussendung
transient emission

Elektromagnetische Störung
electromagnetic interference (EMI)

Störungsunterdrückung
interference suppression

Annahme: Leitungslänge 2,6 m; $R_K = 0{,}8\ \Omega$; $\Delta i = 1{,}5$ A; $\Delta t = 50$ ns

Spannungsfall am ohmschen Kopplungswiderstand (siehe Bild 47).

$$u_{R_{Stör}} = \Delta i \cdot R_K$$
$$u_{R_{Stör}} = 1{,}5\ \text{A} \cdot 0{,}8\ \Omega = 1{,}2\ \text{V}$$

Spannungsfall am induktiven Kopplungswiderstand (siehe Bild 47).

$$u_{L_{Stör}} = L_K \cdot \frac{\Delta i}{\Delta t}$$
$$U_{L_{Stör}} = 2{,}6 \cdot 10^{-6}\ \text{H} \cdot \frac{1{,}5\ \text{A}}{50 \cdot 10^{-9}\ \text{s}}$$
$$u_{L_{Stör}} = 78\ \text{V}$$

$$L_K = 2{,}6\ \text{m} \cdot 1\,\frac{\mu A}{m} = 2{,}6\ \mu\text{H} = 2{,}6 \cdot 10^{-6}\ \text{H}$$

$$50\ \text{ns} = 50 \cdot 10^{-9}\ \text{s}$$

EMV-Gesetz

Vom 20.04.2012 schreibt vor, dass die Funktion von Geräten nicht durch elektromagnetische Störungen beeinträchtigt werden darf.

Auch vom Gerät selbst dürfen keine funktionsbeeinflussenden Störungen ausgehen.

Skin-Effekt

→ 154

Der ohmsche und induktive Anteil der Störspannung müssen *geometrisch* addiert werden.

Im Beispiel ist aber erkennbar, dass der ohmsche Anteil gegenüber dem induktiven Anteil *vernachlässigbar* ist.

Eine weitere Schlussfolgerung kann aus dem Beispiel gezogen werden: Die *galvanisch* eingekoppelte Störspannung *sinkt* mit geringer werdenden Werten von R_K und L_K.

Folgerung: *Möglichst kurze Leitungslängen* bei *möglichst großem Leiterquerschnitt*.

Allerdings gilt das nur bei Gleichstrom und bei Wechselstrom bis in den Kilohertz-Bereich.

Bei höheren Frequenzen macht sich der Einfluss des **Skineffekts** auf den *ohmschen Leiterwiderstand* bemerkbar.

Kopplungsimpedanz

$$Z_K = \sqrt{R_K^2 + X_{L_K}^2} \qquad X_{L_K} = 2\pi \cdot f \cdot L_K$$

Bei *niedrigen Frequenzen* (und die überwiegen in herkömmlichen elektrischen Anlagen) kann der *ohmsche* Kopplungswiderstand R_K nicht vernachlässigt werden.

Denken Sie an die *galvanische Kopplung* beim **PEN-Leiter**, der den betriebsbedingten Strom führt und zusätzlich als Massepunkt der übrigen Anlage benutzt wird.

Hier überwiegt eindeutig der *ohmsche Kopplungswiderstand*. Ströme auf Abschirmungen von Leitungen sind z. B. die Folge.

Maßnahmen zur Verringerung bzw. Vermeidung galvanischer Kopplung

- Vermeidung unnötiger galvanischer Verbindungen zwischen voneinander unabhängigen Stromkreisen und Systemen.
- Minimierung des Koppelwiderstands durch getrennte Betriebsspannungsversorgung zu einzelnen Verbrauchsmitteln.
- Impedanzarme (vor allem induktivitätsarme) Ausführung von Leitungen (Bezugspotenzialleiter, Erdungsleitungen, Stromversorgungsleitungen, die zu mehreren Stromkreisen gehören).
- Potenzialtrennung durch Trenntransformatoren, Lichtwellenleitern und Optokopplern.
- Verzicht auf gemeinsame Rückleiter (z. B. PEN).
- Vermeidung von Koppelimpedanzen zwischen Leistungs- und Signalstromkreisen.
- Sternförmige Zusammenführung der Bezugspotenziale mehrerer Verbrauchsmittel sowie des Schutzleitersystems und Erdungssystems.
- Sternförmige Verdrahtung der Stromversorgung.

Kapazitive Kopplung

Parallel verlaufende Leiter oder *Leiterbahnen* bilden faktisch einen *Kondensator*.

Da dies technisch nicht beabsichtigt ist, spricht man von **parasitären Kapazitäten**.

Bei kapazitiver Kopplung ist der Kopplungspfad nicht an diskrete Bauteile gebunden. Es kommt zur Kopplung, wenn sich die *Spannung* und damit das *elektrische Feld ändert*. *Wechselspannungen* oder *Spannungsimpulse* werden dann auf andere Stromkreise übertragen.

Einflussfaktoren auf den Störstrom

- *Leitungsabstand*
  Mit zunehmendem Leitungsabstand nimmt die Kapazität ab und der Störstrom wird geringer.
- *Länge der parallel geführten Leitungen*
  Mit zunehmender Länge nimmt die Kapazität zu.
- *Dielektrikum*
  Üblicherweise Luft oder die Isolation der Leiter.
- *Frequenz, Änderungsgeschwindigkeit*
  Mit steigender Frequenz wird die Änderungsgeschwindigkeit $\Delta u_{C_K}/\Delta t$ größer. Der Störstrom nimmt dann zu.

$$i_{Stör} = C_K \cdot \frac{\Delta u_{C_K}}{\Delta t}$$

- *Spannungshöhe*
  Mit zunehmender Spannung nimmt das elektrische Feld und damit der Störstrom zu.

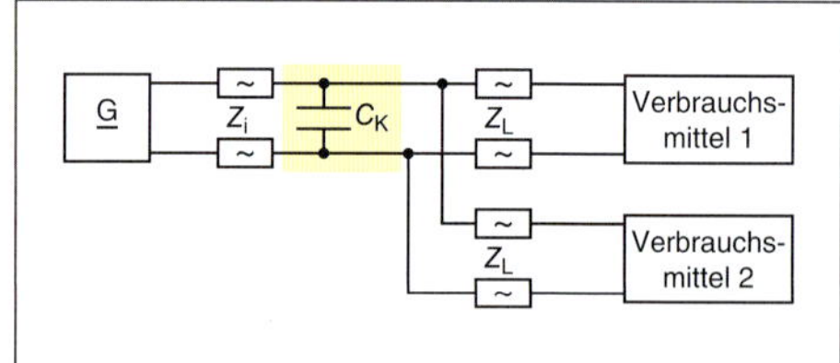

48 Kapazitive Kopplung, Beispiel

Maßnahmen zur Verringerung der kapazitiven Kopplung.

- Möglichst kurze Leitungslängen.
- Möglichst große Abstände zwischen den Leitungen.
- Schirmung:
- Leitungen nach Möglichkeit nicht parallel führen.

Induktive Kopplung

Der elektrische Strom ruft ein Magnetfeld hervor. Wenn sich dieses Magnetfeld zeitlich ändert ($\Delta\Phi/\Delta t$), induziert es in leitfähigen Teilen eine Spannung (Induktion).

Ursache der Magnetfeldänderung ist eine *zeitliche Stromänderung* $\Delta i/\Delta t$.

Einflussfaktoren auf die Störspannung

- *Magnetfeldstärke*
  Ist abhängig von der Stromstärke, die das magnetische Störfeld hervorruft. Mit zunehmendem Strom nimmt die Magnetfeldstärke ebenfalls zu.
- *Abstand zwischen Störquelle und Störsenke*
  Mit zunehmendem Abstand nimmt die Störspannung ab.
- *Leiterschleifenfläche*
  Mit zunehmender Fläche nimmt der umfasste Magnetfluss zu; die Störspannung wird größer.
- *Frequenz, Änderungsgeschwindigkeit*
  Eine Zunahme der Stromänderungsgeschwindigkeit ($\Delta i/\Delta t$) vergrößert die induzierte Spannung.

Die Magnetfeldstärke kann durch **Schirmung** verringert werden.

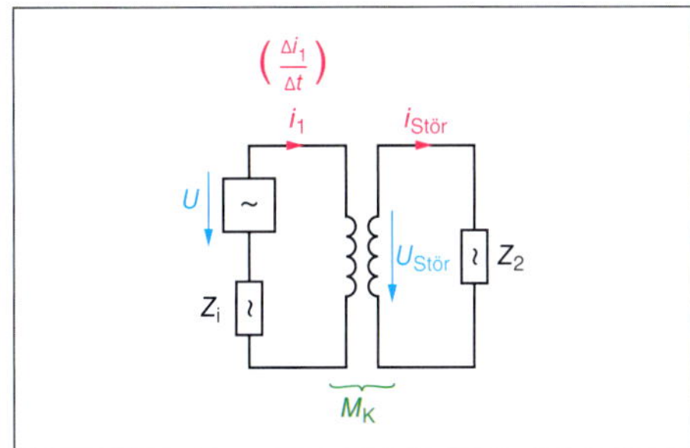

49 Induktive Kopplung

$$u_{\text{Stör}} = M_K \cdot \frac{\Delta i}{\Delta t} = \frac{\Delta\Phi}{\Delta t}$$

M_K ist die **Gegeninduktivität**, deren Größe von der Geometrie der Leiteranordnung abhängig ist.

Maßnahmen zur Verringerung der magnetischen Kopplung

- Höhe und Steilheit der Stromänderung so gering wie möglich halten.
- Die Leitungen verdrillen.
- Abschirmung:
- Größtmögliche Abstände einhalten.
- Systeme möglichst konzentriert und räumlich voneinander getrennt aufbauen.

Strahlungskopplung

Mit *zunehmender Frequenz* der Störsignale nimmt die Gefahr zu, dass sich die Störgröße nicht nur *leitungsgebunden*, sondern auch durch **Abstrahlung** im Raum ausbreitet.

Dann kann die **Störsenke** die elektromagnetische Störstrahlung wie eine **Antenne** aufnehmen.

Die *Driftgeschwindigkeit* der Elektronen im *Gleichstromkreis* ist sehr gering (mm/s). Der *Bewegungsimpuls* pflanzt sich aber nahezu mit *Lichtgeschwindigkeit* fort.

Lichtgeschwindigkeit

$$c_0 = 300\,000\ \frac{\text{km}}{\text{s}}$$

Bei *Wechselstrom* bewegen sich die *Augenblickswerte* der Wechselgrößen fast mit Lichtgeschwindigkeit durch den Leiter.

Trotzdem tritt z. B. zwischen dem positiven Scheitelwert *am Anfang* und *am Ende* der Leitung eine *Zeitdifferenz* (Verzögerung) auf.

> Die Länge, bei der die gleichen Augenblickswerte der Wechselgröße wieder gleich verlaufen, ist die *Wellenlänge* λ.
>
> Sie ist abhängig von der Geschwindigkeit (Frequenz), mit der sich die Augenblickswerte der Wechselgröße auf dem Leitungsweg ändern.

Zurückgelegter Weg = Geschwindigkeit · Zeit

$s = v \cdot t$

$v \to c_0$ (Lichtgeschwindigkeit)

$s \to \lambda$ (Wellenlänge)

$t \to T$ (Periodendauer)

$$\lambda = c_0 \cdot T = \frac{c_0}{f}$$

λ Wellenlänge in m
c_0 Lichtgeschwindigkeit in $\frac{\text{m}}{\text{s}}$
T Periodendauer in s
f Frequenz in Hz

Die *50-Hz-Energieversorgungsleitungen* erreichen kaum eine Länge von 6000 km (siehe Beispiel Seite 76).

Dann kann an jeder Stelle der Leitung die Wechselgröße gleiche Augenblickswerte annehmen. Alle Elektronen entlang des Leitungsverlaufs verhalten sich gleich.

Bei einer *1-GHz-Wechselgröße* beträgt die *Wellenlänge*

$$\lambda = \frac{c_0}{f} = \frac{3 \cdot 10^8\ \frac{\text{m}}{\text{s}}}{1 \cdot 10^9\ \frac{1}{\text{s}}} = 0{,}3\ \text{m} = 30\ \text{cm}$$

■ **Oberschwingungen**
→ 39

In Bild 49 sind die beiden Stromkreise über den magnetischen Fluss Φ miteinander gekoppelt.

Bei Änderung von i_1 ändert sicht auch der magnetische Fluss.

Im zweiten Stromkreis wird dann eine Störspannung induziert, die einen Störstrom hervorruft.

Die Störspannung ist abhängig von der Stromänderungsgeschwindigkeit und der Gegeninduktivität (Kopplungsinduktivität).

Entstörmaßnahmen halten Störungen vom Gerät fern und unterbinden die Aussendung unzulässiger Störungen.

Ultrakurzwelle (UKW): Frequenz 100 MHz
Wechselspannung: Frequenz 50 Hz
Zu ermitteln sind die Wellenlängen.

Lichtgeschwindigkeit
$300\,000\,\frac{\text{km}}{\text{s}} = 3 \cdot 10^5\,\frac{\text{km}}{\text{s}} = 3 \cdot 10^8\,\frac{\text{m}}{\text{s}}$
$100\text{ MHz} = 100 \cdot 10^6\text{ Hz}$

$$\lambda = \frac{c_0}{f}$$

$f = 100\text{ MHz}$

$$\lambda = \frac{3 \cdot 10^8\,\frac{\text{m}}{\text{s}}}{100 \cdot 10^6\,\frac{1}{\text{s}}} = 3\text{ m}$$

$f = 50\text{ Hz}$

$$\lambda = \frac{3 \cdot 10^8\,\frac{\text{m}}{\text{s}}}{50\,\frac{1}{\text{s}}} = 6 \cdot 10^6\text{ m} = 6000\text{ km}$$

Eine hohe Frequenz bedeutet eine geringe Wellenlänge und umgekehrt.

Leitungsschirmung

Störströme werden über den mit dem Gehäuse leitend verbundenen Schirm zur Erde abgeleitet.

Dabei muss die Schirmung *impedanzarm* ausgeführt werden.
Technisch sinnvoll ist der Einsatz von *Schirmgeflecht* (Deckungsdichte ≥ 80 %).

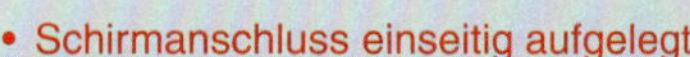

• Schirmanschluss einseitig aufgelegt

Ausreichend gegen *elektrische* Felder.
Verhindert, dass unterschiedliche Potenziale miteinander verbunden werden können (Netzsystem beachten).

Die Übertragung empfindlicher *Analogsignale* (mV, µA) erfordert einen *einseitig aufgelegten* Schirmanschluss.

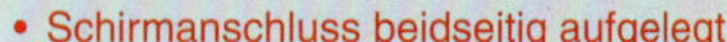

• Schirmanschluss beidseitig aufgelegt

Wirksam bei elektrischen und magnetischen Feldern.
Es dürfen aber keine unterschiedlichen Potenziale durch den Leitungsschirm überbrückt werden. Störungen und unzulässige Erwärmung könnten die Folge sein.

Man könnte jedoch einen der beiden Schirmanschlüsse mit einem Kondensator beschalten.

Bei entsprechender Wahl der Kondensatorkapazität ist der Schirm nur für hochfrequente magnetische Störgrößen beidseitig wirksam.

Möglich ist auch die Verwendung eines Doppelschirms. Der innere Schirm wird einseitig, der äußere beidseitig aufgelegt. Der Schirmstrom muss aber gefahrlos geführt werden können.

Der Schirm sollte möglichst nah am Potenzialausgleichssystem verlegt werden. Dadurch wird die Schleifenbildung zwischen Schirm und Potenzialausgleichssystem minimiert. Abgeschirmte Leitung auf Metalltrassen oder Kanälen verlegen.

Auf häufige Verbindung mit dem Potenzialausgleichssystem achten.

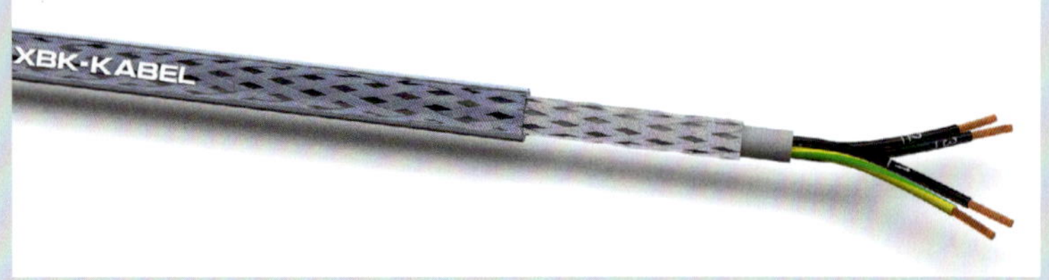

Leitungslängen können dann der Wellenlänge λ entsprechen. Dann wirken die Leitungen als *Antennen*. Elektromagnetische Energie wird *abgestrahlt*.

Maßnahmen zur Verringerung der Abstrahlung

- Kurze Leitungslängen:
- Verdrillen:
- Schirmung:
- Vom Stromkreis umschlossene Fläche minimieren.

Prüfung

1. Störungen sollen möglichst an der Störquelle bekämpft werden.

Begründen Sie diese Forderung.

2. Ein Gerät trägt das CE-Kennzeichen.

Was bedeutet das hinsichtlich der EMV?

3. Auf welche Weise kann Störenergie übertragen werden?

4. Beschreiben Sie die Maßnahme Abschirmung.

5. Worauf achten Sie beim Anschluss geschirmter Leitungen besonders?

6. Unterscheiden Sie zwischen leitungsgebundenen und abgestrahlten Störungen.

Filter

Ein *Filter* wirkt stets in *beide* Richtungen. Dadurch wird die *Störfestigkeit* erhöht und die *Störaussendung* auf der gefilterten Leitung vermindert.

- *Filter können direkt an der Durchführung der gefilterten Leitung in das Metallgehäuse eingebaut werden.*
- *Filter können direkt am zugehörigen Gerät eingebaut werden.*
- *Filter verwenden Ableitkondensatoren gegen Erde. Deshalb ist eine einwandfreie Erdung wichtig für die Filterwirkung. Eine gemeinsame metallische Montageplatte oder eine geschirmte Leitung zwischen Filter und Störquelle sind sehr wirkungsvoll.*
- *Gefilterte und ungefilterte Leitungen sind in größtmöglicher Entfernung zueinander zu verlegen.*
- *Filter müssen einen ausreichenden Abstand zwischen den Frequenzspektren der Nutz- und Störsignale haben. Die Störungsdämpfung soll nämlich ohne Beeinträchtigung des Nutzsignals erfolgen.*
- *Filterschaltungen sind Vierpole, die mit den Impedanzen von Störquelle und Störsenke einen frequenzabhängigen Spannungsteiler bilden.*

Filterschaltungen

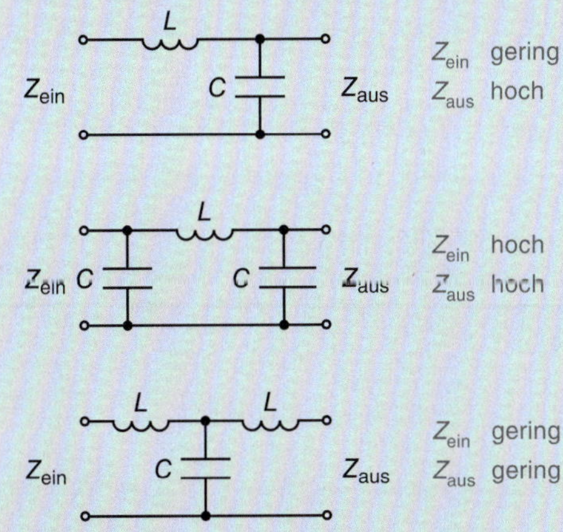

Z_{ein} gering
Z_{aus} hoch

Z_{ein} hoch
Z_{aus} hoch

Z_{ein} gering
Z_{aus} gering

Filterauswahl

Eine genaue Filterauswahl ist nur durch Messung möglich. Die Filterhersteller gehen bei ihren Angaben von einer Impedanz 50 Ω (Ein- und Ausgang) aus. In der Praxis treten aber auch andere Impedanzen auf.

Netzfilter

Die vom Frequenzumrichter erzeugten Störspannungen werden von *Netzfiltern* bedämpft. Netzfilter sind so nah wie möglich am Umrichter zu installieren. Die Gehäuse von Filter und Umrichter müssen HF-gerecht geerdet und über eine Montageplatte miteinander verbunden sein.

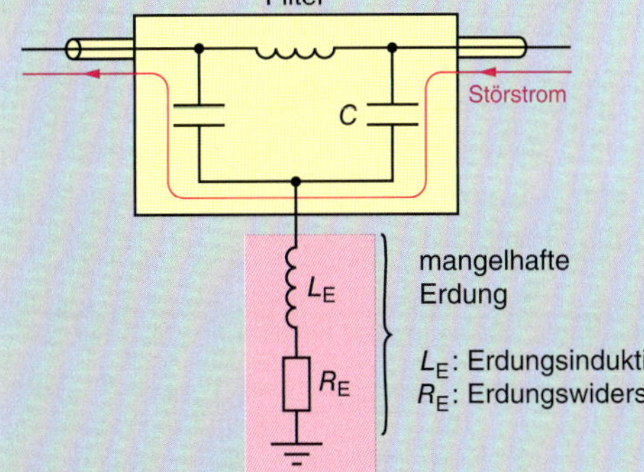

Sind L_E und R_E zu groß, kann die Störspannung durch die Ableitkondensatoren nicht mehr kurzgeschlossen werden. Dadurch kann der Störstrom ungefiltert „am Filter vorbei" fließen.

■ **Passive Filter**
bestehen aus Spulen und Kondensatoren.

■ **Filter**
können Ströme bestimmter Frequenzen sperren oder ableiten. Man spricht dann von Sperrkreis oder Saugkreis.

Aktive Filter
bereinigen das mit Oberschwingungen behaftete Versorgungsnetz.

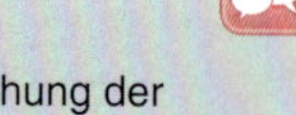

Ableitstromarme Netzfilter

Haben einen besonders *geringen Ableitstrom* (nicht mehr als 3,5 mA).

Dies wird durch besonders kleine Kapazitäten gegen Erde bei gleichzeitiger Erhöhung der Induktivitäten erreicht. Die Leitungslänge zum Motor sollte 10 bis 20 m (je nach Hersteller) nicht überschreiten.

150-Hz-Kompensationsfilter

Die *150-Hz-Oberschwingungskomponente* stellt einen großen Anteil des Ableitstroms dar. Netzfilter wirken erst oberhalb von 1000 Hz, bei 150 Hz haben sie keinen dämpfenden Einfluss. Notwendig ist eine *150-Hz-Kompensation.*

- Passive 150-Hz-Kompensation
  Sinnvoll, wenn die Kompensation direkt im Zwischenkreis des Umrichters erfolgt. Die frequenzabhängigen Widerstände sperren Oberschwingungsstrom einer bestimmten Frequenz (180 Hz). Der N-Leiter wird dadurch entlastet.

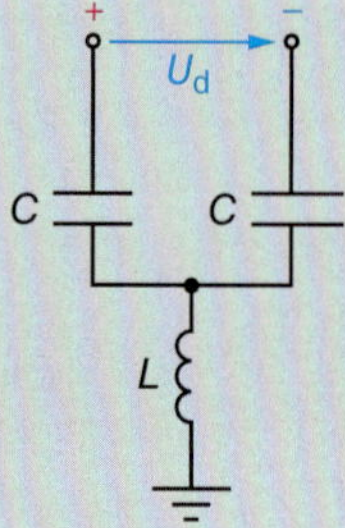

- Aktive 150-Hz-Kompensation
  Der Oberschwingungsstrom wird ständig analysiert und ein entsprechender Kompensationsstrom hervorgerufen. Beide Ströme heben sich gegenseitig auf. Es verbleibt dann praktisch nur noch der 50-Hz-Strom. Vorteilhaft ist, dass auf unterschiedliche Betriebszustände des Umrichters reagiert werden kann.

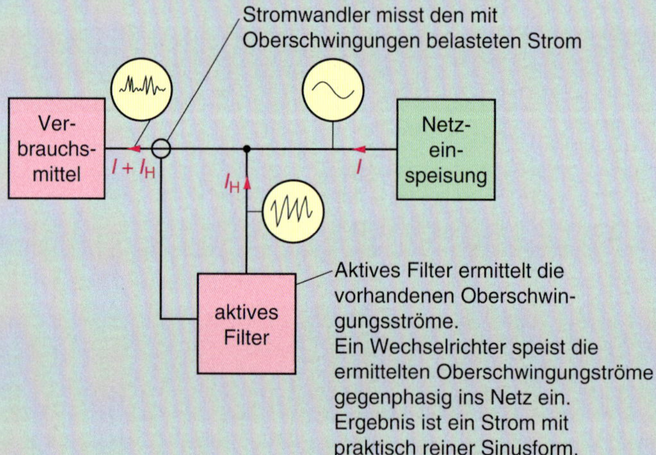

Sinusfilter

Die geschirmte Leitung zwischen Umrichter und Motor ist eine ganz wesentliche Ursache für Ableitströme.

Die Kapazität zwischen Schirm und aktiven Leitern ist beträchtlich. Schon aus diesem Grund sollte die Motorzuleitung so kurz wie möglich sein.

Bei Verwendung von *Sinusfiltern* kann die Störabstrahlung der Motorleitung wesentlich verringert werden, sodass auf eine Abschirmung verzichtet wird.

Die Leitung zwischen dem Sinusfilter und dem Motor ist nicht mehr stark oberschwingungsbelastet, sondern weitgehend der Sinusform angenähert. Auch dadurch lassen sich Ableitströme reduzieren.

Sinusfilter

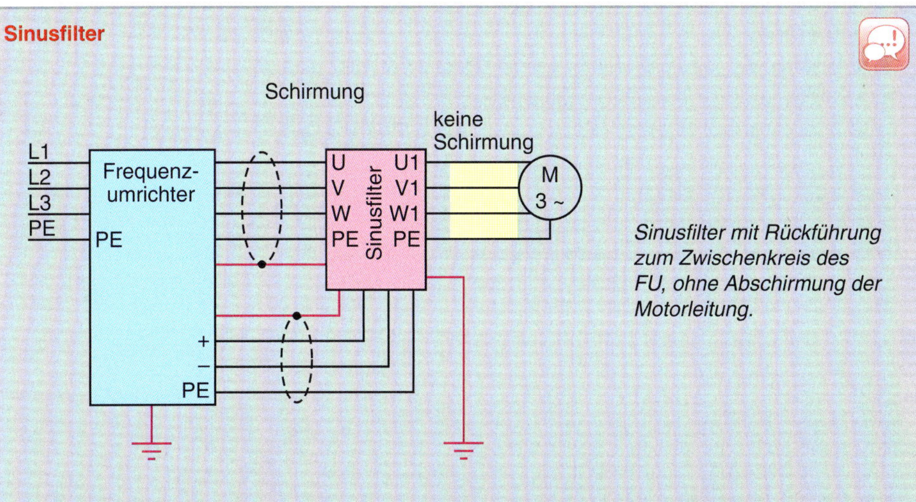

Sinusfilter mit Rückführung zum Zwischenkreis des FU, ohne Abschirmung der Motorleitung.

■ **FU**
Frequenzumrichter
→ 189, 201

Sinusfilter sind für den *Bemessungsstrom* und die *Bemessungsspannung* auszuwählen.

Werden mehrere Motoren *parallel* betrieben, muss die Summe der einzelnen Motorströme berücksichtigt werden.

- *Am Filter tritt ein Spannungsfall auf.*
- *Ein Teil des Ausgangsstroms geht im Filter verloren.*

Ausgangsdrossel

Gemeinsam mit den Kapazitäten von Leitungen, Motorwicklungen und Schirmung bilden Ausgangsdrosseln ein Tiefpassfilter.

Dadurch werden die Rechteckimpulse abgerundet.

Ausgangsdrosseln werden z. B. dann eingesetzt, wenn weder Spannungsfall noch Stromverlust (Sinusfilter) zulässig sind.

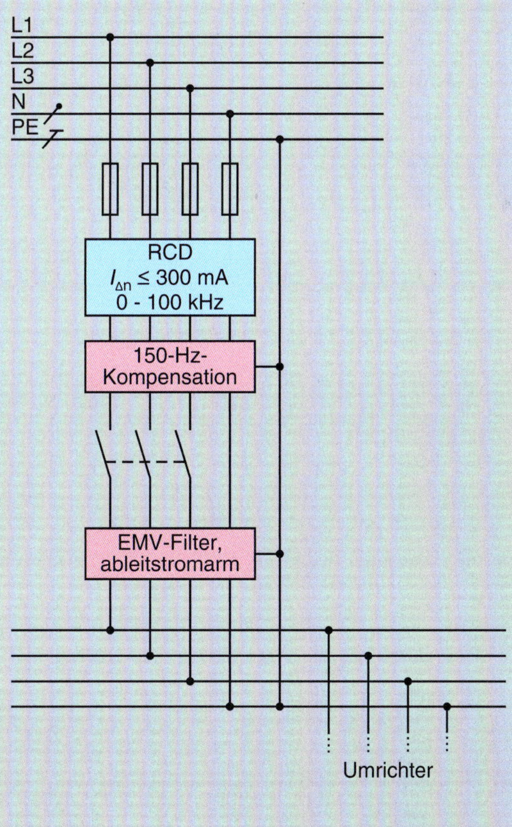

Filtereinsatz bei Umrichterantrieben

Statt eines Netzfilters für jeden Umrichter kann auch ein gemeinsames Filter für den gesamten Schaltschrank eingesetzt werden.

Dann muss es auf den Summenstrom der Umrichter ausgelegt werden.

Wichtig ist ein eng vermaschter Schutzpotenzialausgleich zwischen allen metallenen Elementen, Gehäusen und Anlageteilen.

Große Leiterschleifen sind zu vermeiden, stromführende Leitungen sind so nah wie möglich am Bezugspotenzial zu verlegen.

Metallteile im Schaltschrank sind großflächig und leitend miteinander zu verbinden.

Schaltschrank

- *Verwendung von metallischen Schaltschränken.*
- *Verwendung von verzinkten Montageplatten.*
- *Lackierte Metalloberflächen vermeiden oder Lackschicht großflächig entfernen.*
- *Zur Korrosionsmeidung an Verbindungsstellen elektrisch leitendes Fett verwenden.*
- *Schirm von abgeschirmten Leitungen mit geeignetem Befestigungsmaterial niederohmig mit der Bezugspotenzialfläche verbinden.*
- *Bei Kunststoffgehäusen eine verzinkte Montageplatte verwenden und mit dem Massebezugspotenzial (Erdpotenzial) verbinden.*

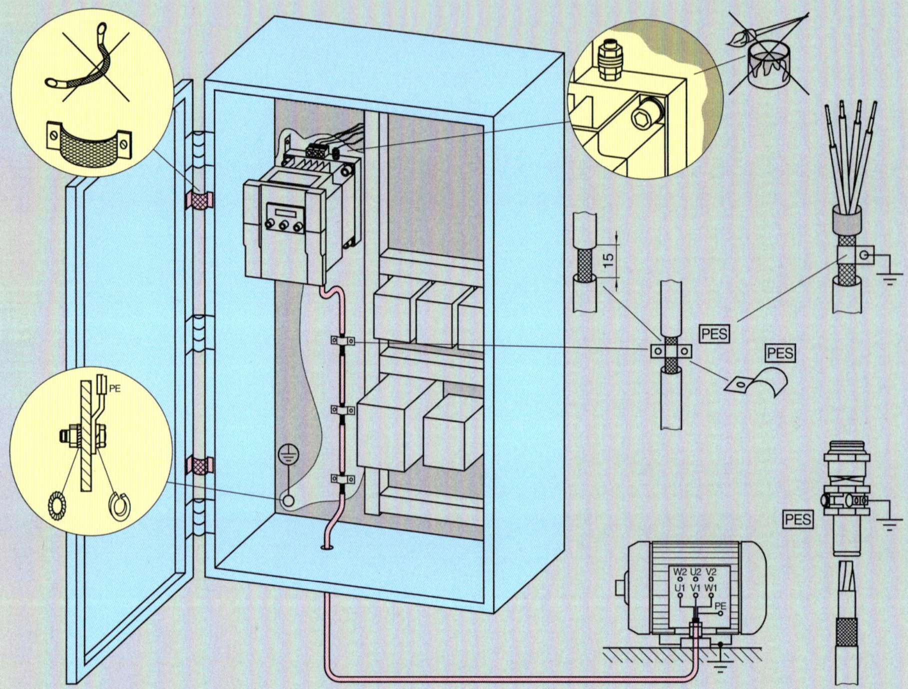

- *Gleich- und Wechselstromleitungen getrennt verlegen.*
- *Abstand zwischen Starkstromleitungen und digitalen Signalleitungen mindestens 10 cm.*
- *Abstand zwischen Starkstromleitungen und analogen Signalleitungen mindestens 30 cm.*
- *Keine Leitungen mit unterschiedlichen Potenzialen und Funktionen parallel führen. Leitungskreuzungen solcher Leitungen möglichst rechtwinklig ausführen.*
- *Verwendung abgeschirmter Leitungen.*
- *Hin- und Rückleitungen eventuell verdrillen.*
- *Leitungsschirm auf Masse legen. Schirme getrennt bis zum zentralen Massepunkt verlegen.*
- *Leitungsschirm unmittelbar an die Geräteklemme heranführen.*
- *Geschirmte Leitungen nicht über Klemme führen.*
- *Unbenutzte Adern einer abgeschirmten Leitung beidseitig auf Masse legen.*
- *Schirm von Busleitungen beidseitig auf Masse legen.*
- *Schirm vom Analogleitungen einseitig auf Masse legen, wenn kein ausreichender Potenzialausgleich zwischen Anfang und Ende der Leitung vorhanden ist. Ansonsten beidseitig auf Masse legen.*
- *Leitungsschirm nicht als Potenzialausgleich zwischen zwei Erdungsstellen verwenden. Haben zwei Erdungsstellen unterschiedliches Potenzial, ist eine zusätzliche Potenzialausgleichsleitung mit einem Mindestquerschnitt von 10 mm² zu verlegen.*
- *Bei Schützen, Motorschutzeinrichtungen und Klemmen in der Motorleitung müssen die Schirme der Betriebsmittel durchverbunden und großflächig mit der Montageplatte verbunden werden.*

Schaltschrank

- *Ist die Leitung zwischen Umrichter und Netzfilter länger als 300 mm, dann muss sie beidseitig abgeschirmt und großflächig mit der Montageplatte verbunden werden.*
- *Geschirmte Leitungen sind so nah wie möglich an leitfähigen und mit dem Potenzialausgleich verbundenen Teilen zu führen. In Schaltschränken der Schutzklasse I am Gehäuse.*
- *Auf geringe Abstände zwischen zusammengehörenden aktiven Leitern ist zu achten. Eine Verdrillung sämtlicher ungeschirmter Leitungen ist sinnvoll.*
- *Schutzleiterschienen müssen großflächig mit den Tragholmen verbunden sein. Störströme und Fehlerströme werden über eine externe Leitung (≥ 10 mm²), die an das Schutzleitersystem angeschlossen sind, abgeleitet.*
- *Schirmschienen sind großflächig mit den Tragholmen zu verbinden. Die Tragholme sind großflächig mit dem Schaltschrankgehäuse zu verbinden. Die Verbindungen sind gegen Korrosion zu schützen (z. B. mit Fett).*
- *Ist eine PEN-Schiene im Schaltschrank installiert, muss sie gegen das Schaltschrankgehäuse isoliert werden. Sie darf nur einmal mit der PE-Schiene verbunden werden.*

Mit zunehmender Frequenz des elektromagnetischen Störfeldes wirken sich Gehäuseöffnungen nachteilig aus.

Ungenutzte Leiter sollten mit dem Gehäuse verbunden werden.

Anordnung im Schaltschrank (Zonenkonzept)

Schon in der Planungsphase ist auf die *räumliche Trennung* von *Störquellen* und *Störsenken* zu achten.

Störquellen
Umrichter, Schütze

Störsenken
Automatisierungsgeräte, Sensoren

Die Anlage wird in *EMV-Zonen* eingeteilt und die einzelnen Betriebsmittel werden diesen Zonen zugeordnet.

Jede Zone ist durch bestimmte Anforderungen bezüglich *Störaussendung* und *Störfestigkeit* gekennzeichnet.

Eine räumliche Trennung der Zonen durch *Metallgehäuse* oder *geerdete Trennbleche* ist sinnvoll.

An den Schnittstellen zwischen den Zonen können *Filter* eingesetzt werden

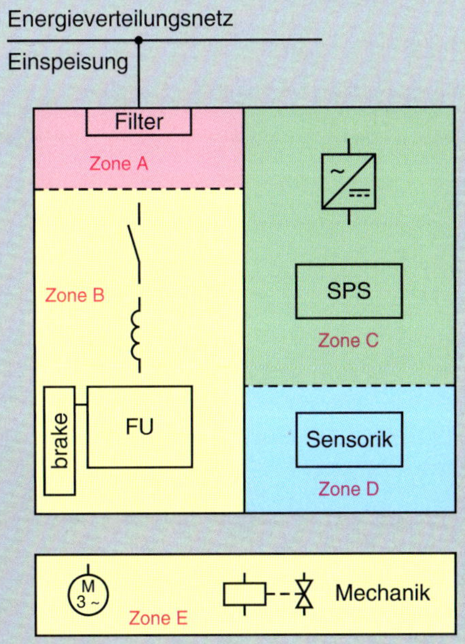

Zone A
Einspeisung und Filter

Zone B
Netzdrosseln, Frequenzumrichter, Bremsmodul, Schütze

Zone C
Steuerspannung, SPS

Zone D
Übergangsbereich der Signal- und Steuerleitungen.

Zone E
Drehstrommotor, Pneumatik, Mechanik

Mindestabstand der Zonen: 20 cm.

Optimal ist die Entkopplung über geerdete Trennbleche.

Leitungen, die verschiedenen Zonen zugeordnet sind, dürfen nicht in gemeinsamen Kabelkanälen verlegt werden.

An den Zonen-Verbindungsstellen eventuell Filter einbauen. Innerhalb eine Zone sind ungeschirmte Signalleitungen möglich.

Die in DIN VDE 0100-600 sind Mindestanforderungen, sie müssen vom Errichter der Niederspannungsanlage erfüllt werden.

Prüfungen nach DIN VDE 0100-600 umfassen alle Maßnahmen, die nachweisen, dass die gesamte Anlage den Normanforderungen der Reihe VDE 0100 entspricht.

2.11 Schutzmaßnahmenprüfung

Es liegt in der Verantwortung des *Arbeitgebers* oder *Anlagenbetreibers*, dass sich die *elektrischen Anlagen* und *Betriebsmittel* in einem technisch *einwandfreien* Zustand befinden.

Dies ist in regelmäßigen Abständen zu überprüfen. Dadurch wird gewährleistet, dass von elektrischen Anlagen und Geräten *keine Gefahr für Personen, Nutztiere ausgeht* und elektrisch gezündete *Brände* verhindert werden.

Energiewirtschaftsgesetz, Betriebssicherheitsverordnung

Elektrische Anlagen und Betriebsmittel dürfen nur im *ordnungsgemäßen* Zustand *in Betrieb genommen* werden und müssen danach in diesem Zustand *erhalten* bleiben.

Hersteller und Betreiber elektrischer Anlagen sind verpflichtet, vor Inbetriebnahme, nach Änderung, Erweiterung und Instandsetzung Prüfungen durch eine Elektrofachkraft durchführen zu lassen.

Erstprüfungen DIN VDE 0100-600

Vor dem Betrieb einer elektrischen Anlage muss die *Erstprüfung* deren Sicherheit gewährleisten. Die *Prüfungen nach DIN VDE 0100-600* sind von einer *Elektrofachkraft* durchzuführen.

Die **Erstprüfung** besteht aus der **Besichtigung** und anschließender **Erprobung** und **Messung**.

Es dürfen nur **zugelassene Messgeräte** nach DIN EN 61557-3 (DIN VDE 0413) und den Messkategorien CAT III und CAT IV verwendet werden. Die Messungen sind i. Allg. mit *einem* Messgerät durchführbar.

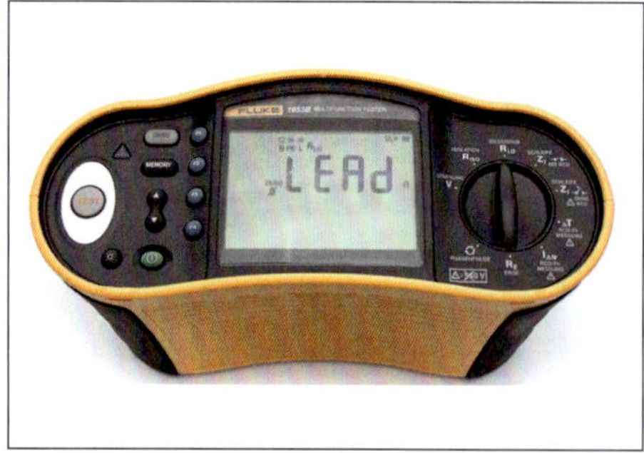

50 Messgerät nach DIN VDE 0413

Prüfungen

Ortsfeste elektrische Betriebsmittel und Anlagen sind mit ihrer Umgebung fest verbunden.
Es gelten folgende Normen:

- DIN VDE 0100-600
  Errichtung von Niederspannungsanlagen, Erstprüfungen nach Änderung, Erweiterung, Instandsetzung.
- DIN VDE 0105-100
  Betrieb elektrischer Anlagen, Wiederkehrende Prüfungen.

Ortsfeste und ortsveränderliche elektrische Betriebsmittel können im Betriebszustand leicht bewegt werden. Es gilt folgende Norm:

- DIN VDE 0701-702

Elektrische Maschinen
Sicherheit von Maschinen, elektrische Ausrüstung von Maschinen. Es gilt folgende Norm:

- DIN EN 60204-1 (DIN VDE 0113)

Der *Arbeitgeber* muss für die elektrische Anlage und die elektrischen Betriebsmittel eine *Gefährdungsbeurteilung* erstellen und die hieraus resultierenden Maßnahmen durchführen lassen (Betriebssicherheitsverordnung, Arbeitsschutzgesetz).

Gefährdungen

Mechanische Gefährdung, elektrische Gefährdung, thermische Gefährdung, Brand- und Explosionsgefährdungen.

Vorgehensweise:

- Gefährdungen bewerten
- Entsprechende Maßnahmen ergreifen
- Wirkung der Maßnahmen überprüfen

Prüfung
test(ing), inspection, audit

Prüfverfahren
test(ing), method

Prüfvorschrift
test specification

Prüfzeichen
test mark

Messung
measurement, metering

Messwert
measurement value

Besichtigung

Besichtigt wird *vor* dem Erproben und Messen. Vielfach schon während der Installationsarbeiten.

Es ist der Nachweis zu erbringen, dass die elektrischen Betriebsmittel *richtig ausgewählt* wurden, *keine Schäden* aufweisen und *fachgerecht installiert* sind.

Maßgeblich hierfür sind die *Normen*, die für die Errichtung der Anlage gelten.

Erproben und Messen

Niederohmmessung

Schutzleiter, Schutzpotenzialausgleichsleiter und Erdungsleiter sind auf *niederohmigen Durchgang* zu prüfen.

Sinn der Prüfung ist es z. B., die Einhaltung der **Abschaltbedingung** der verwendeten Überstrom-Schutzorgane zu gewährleisten.

Voraussetzungen

- Messspannung 4 – 24 V
- Messstrom ≥ 200 mA
- Bei Messung mit Gleichstrom Polarität wechseln (Diodeneffekt durch elektrochemische Korrosion).
- Verwendet wird ein Messgerät nach DIN VDE 0413.

Vorbereitung der Messung

- Gerät einschalten
- Niederohmmessung wählen
- Messspitzen zusammenhalten
- Kalibrieren (Messleitungswiderstand berücksichtigen)

Durchführung der Messung (Beispiel)

- Messleitung mit Schutzleiterschiene im Verteiler verbinden.
- Mit der anderen Messleitung die Schutzkontakte der zu prüfenden Anlage kontaktieren.
- Messleitung von Schutzleiterschiene entfernen und mit dem bereits geprüften Schutzkontakt verbinden.
- Mit der anderen Messleitung den nächst erreichbaren Schutzkontakt kontaktieren, usw.

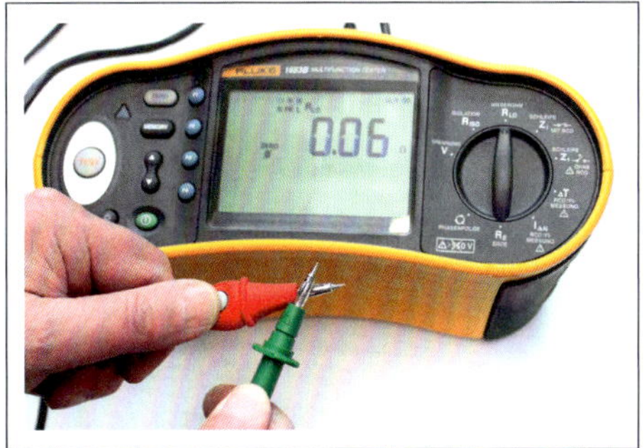

51 Messgerät kalibrieren (Niederohmmessung)

Der **plausible Wert** muss von der Elektrofachkraft vor der Messung ermittelt werden.

Bedenken Sie, dass in der betrieblichen Praxis sehr unterschiedliche *Leitungsquerschnitte* und *Leitungslängen* zum Einsatz kommen.

> Die Messung wird im spannungsfreien Zustand der Anlage durchgeführt.

Entspricht der gemessene Widerstandswert annähernd dem plausiblen Wert, dann wird er als *durchgängig* bezeichnet.

Isolationswiderstandsmessung

Wenn zwischen zwei Leitern einer Leitung aufgrund mangelhafter Isolation ein Strom fließt, kann es zu einer Erwärmung und damit zu **Brandgefahr** kommen.

Zu beachten ist, dass der Strom keinesfalls so groß sein muss, dass er vom Überstrom-Schutzorgan abgeschaltet wird.

Der **Isolationswiderstand** von Leitungen ist also zu messen.

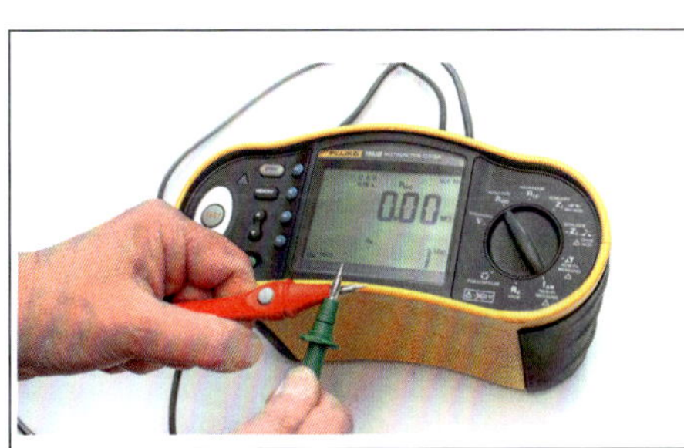

52 Prüfung des Messgerätes

z. B.

Gemessener Schutzleiter: Länge 10 m, Querschnitt 4 mm²
Leiterwiderstand:

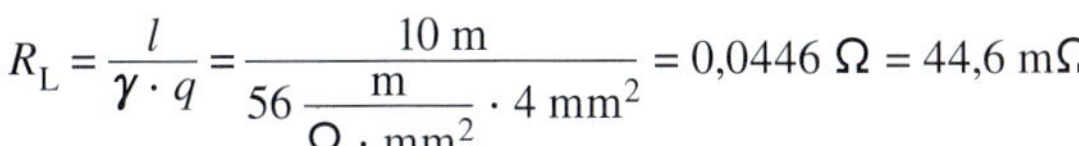

$$R_L = \frac{l}{\gamma \cdot q} = \frac{10\ \text{m}}{56\ \frac{\text{m}}{\Omega \cdot \text{mm}^2} \cdot 4\ \text{mm}^2} = 0{,}0446\ \Omega = 44{,}6\ \text{m}\Omega$$

Werden dazu noch die unvermeidlichen Übergangswiderstände berücksichtigt, ergibt sich der *plausible Wert*.

Im Rahmen der europäischen Harmonisierung wurde die Dreiteilung Besichtigung, Erprobung, Messung nicht mehr verwendet.
Die aktuelle Normfassung kennt nur die beide Begriffe Besichtigung, Erprobung und Messung.

Erprobung und Messung ist im englischen testing enthalten.
Die bewährte Dreiteilung ist in der Praxis aber noch immer üblich.

■ **Wichtiger Hinweis**

Vor den Messungen ist die Funktion des Messgeräts zu überprüfen.

■ **Niederohmmessung**

Kalibrieren, um den Leitungswiderstand herauszurechnen.

■ **Besichtigung, Messungen**

→ basics Elektrotechnik

■ **Durchführung von Messungen**

– **Warum wird gemessen (Zweck)?**

– **Wie wird das Messobjekt vorbereitet?**

– **Wie wird das Messgerät vorbereitet?**

– **Welches Messergebnis wird erwartet?**

■ **Isolationswiderstandsmessung**

Alle aktiven Leiter gegeneinander und gegen Schutzleiter.
→ basics Elektro

■ **Wichtiger Hinweis**

Funktion des Messgeräts vor Messung unbedingt prüfen.

@ Interessante Links

- christiani-berufskolleg.de

Ein gewisser „Leckstrom" wird als zulässig angesehen.

Er ist so gering, dass keine Gefahr für Mensch, Nutztier oder Sache hervorgerufen werden kann.

Voraussetzungen

- *SELV, PELV*
  Messgleichspannung 250 V
  Isolationswiderstand ≥ 0,5 MΩ
- *Anlagen in trockenen und feuchten Räumen* $U_0 \leq 500$ *V*
  Messgleichspannung 500 V
  Isolationswiderstand ≥ 1 MΩ
- Messung im spannungsfreien Zustand.
- Gemessen werden alle aktiven Leiter gegen den Schutzleiter.
- Vorhandene Schalter müssen geschlossen sein. Sonst müssten Teilabschnitte gemessen werden.
- Bei Stromkreisen mit elektronischen Einrichtungen sollen Außenleiter und N-Leiter während der Messung verbunden sein. Dadurch können Zerstörungen vermieden werden.
- Mögliche Betriebsmessabweichung des Messgeräts ± 30 %.

53 Messung des Isolationswiderstandes

Vorbereitung der Messung

Vor Durchführung der Messung ist das Messgerät zu prüfen.

- Messspitzen zusammen halten und Messung einleiten → Anzeigewert 0 Ω.
- Messspitzen auseinander halten und Messung einleiten → Anzeigewert z. B. 500 MΩ.

Damit ist nachgewiesen, dass das Messgerät *kleine* und *große* Widerstände messen kann.

Bei der Isolationsmessung im **PELV-Stromkreis** muss zunächst die **Erdungstrennklemme** *unterbrochen* werden, damit die Verbindung zwischen L- und PE aufgehoben wird.

- Messungen zwischen L+ und PE sowie L– und PE
- Messspannung 250 V
- Mindestwert 500 kΩ

Wenn der Messkreis *elektronische Bauelemente* enthält, ist darauf zu achten, dass die hohe Messspannung keine Beschädigung der Bauelemente hervorruft.

Überspannungsschutzgeräte sind vor der Messung auszubauen, da sie das Messergebnis beeinträchtigen können.

Gegebenenfalls ist eine *vereinfachte Messung des Isolationswiderstands* sinnvoll.

Mithilfe eines *Messadapters* werden mehrere Leiter miteinander verbunden und gleichzeitig gemessen.

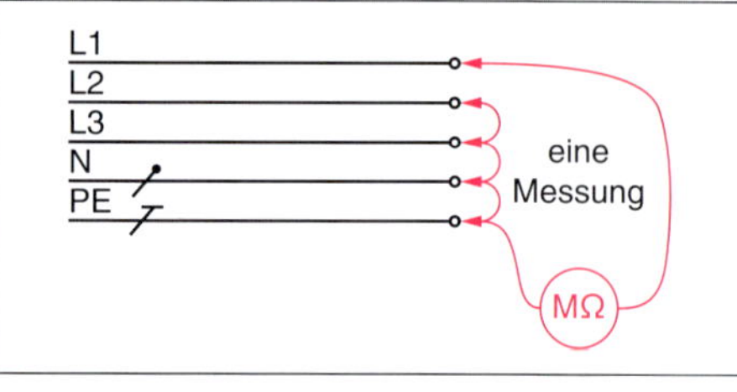

54 Vereinfachte Messung

Eine elektrische Gefährdung durch die Isolationswiderstandsmessung ist ausgeschlossen, da der Messstrom auf 12 mA begrenzt ist.

Prüfung

1. Welche Vorbereitungen sind zu Beginn der Isolationswiderstandsmessung zu treffen?

2. Was gilt bei der Isolationswiderstandsmessung in Kleinspannungsstromkreisen?

3. Welchen Zweck hat die Isolationswiderstandsmessung von Leitungen?

z.B.

Gemessen wird ein Isolationswiderstand von 250 MΩ.
Die Messspannung beträgt 500 V.
Wie groß ist der Ableitstrom zwischen den gemessenen Leitungsadern?

$1\ \text{M}\Omega = 10^6\ \Omega = 1\,000\,000\ \Omega$

$250\ \text{M}\Omega = 250 \cdot 10^6\ \Omega$

$1\ \mu\text{A} = 10^{-6}\ \text{A}$

$I = \frac{U}{R_{\text{iso}}}$

$I = \frac{500\ \text{V}}{250\ \text{M}\Omega} = 2 \cdot 10^{-6}\ \text{A} = 2\ \mu\text{A}$

Schleifenimpedanzmessung

Schleifenimpedanz Z_S ist der Widerstand des *Fehlerstromkreises* im TN-System (Bild 55).

Elemente der Schleifenimpedanz

- Widerstand des Schutzleiters zwischen Verbrauchsmittel und Verteilung (nur dieser Widerstandswert wird bei der Niederohmmessung ermittelt).
- Widerstand des Schutzleiters zwischen Verteilung und Trafosternpunkt.
- Widerstand der Trafowicklung.
- Widerstand des Außenleiters zwischen Trafo und Verteilung.
- Widerstand des Außenleiters zwischen Verteilung und Verbrauchsmittel.

Fazit: Der Fehlerstrom kann ausschließlich über *Kupfer* fließen. Es ist also mit einer *niedrigen Schleifenimpedanz* und damit mit einem *hohen Fehlerstrom* zu rechnen.

Dieser **Fehlerstrom** muss das vorgeschaltete **Überstrom-Schutzorgan** innerhalb der vorgeschriebenen **maximalen Abschaltzeit** zum Ansprechen bringen. Dann ist die **Abschaltbedingung** des TN-Systems erfüllt.

Ziel der Schleifenimpedanzmessung ist der Nachweis, dass das vorgeschaltete Überstrom-Schutzorgan das fehlerhafte Verbrauchsmittel innerhalb der vorgeschriebenen Abschaltzeit abschaltet.

Dann kann der Körperschluss keine Gefährdung hervorrufen. Schutz durch automatische Abschaltung.

Schleifenimpedanz

$$Z_S \leq \frac{U_0}{I_a}$$

Z_S Schleifenimpedanz in Ω
U_0 Spannung gegen Erde (230 V)
I_a Abschaltstromstärke in A

Überstromschutzorgane, Abschaltstrom

Überstrom-Schutzorgan	Abschaltstromstärke
Schmelzsicherung, gL	10 bis 12 · I_n
LS-Schalter, Z	2 · I_n
LS-Schalter, B	5 · I_n
LS-Schalter, C	10 · I_n
LS-Schalter, D	20 · I_n
LS-Schalter, K	12 · I_n

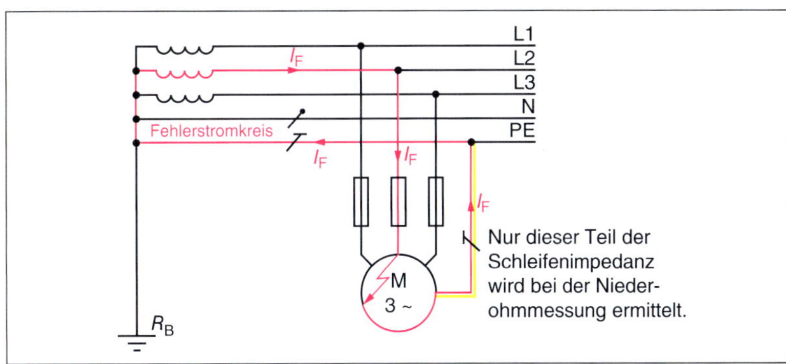

55 Schleifenimpedanz des Fehlerstromkreises im TN-System

Es wird die Schleifenimpedanz Z_S = 0,8 Ω gemessen. Mit welchem Fehlerstrom ist zu rechnen?

Der Fehlerstrom wird von der Spannung gegen Erde U_0 = 230 V durch den Fehlerstromkreis getrieben.

$$I_F = \frac{U_0}{Z_S}$$

Der Widerstand des Fehlerstromkreises beträgt 0,8 Ω.

$$I_F = \frac{230\ \text{V}}{0{,}8\ \Omega} = 287{,}5\ \text{A}$$

z.B.

Schmelzsicherung, gL, 16 A (Kennfarbe grau)
Abschaltstromstärke $I_a = 10 \cdot I_n = 10 \cdot 16\ \text{A} = 160\ \text{A}$

Die Schleifenimpedanz Z_S muss also so gering sein, dass ein Fehlerstrom von mindestens I_a = 128 A zum Fließen kommt. Der Maximalwert der Schleifenimpedanz ist dann

$$Z_S = \frac{U_0}{I_a} = \frac{230\ \text{V}}{160\ \text{A}} = 1{,}44\ \Omega$$

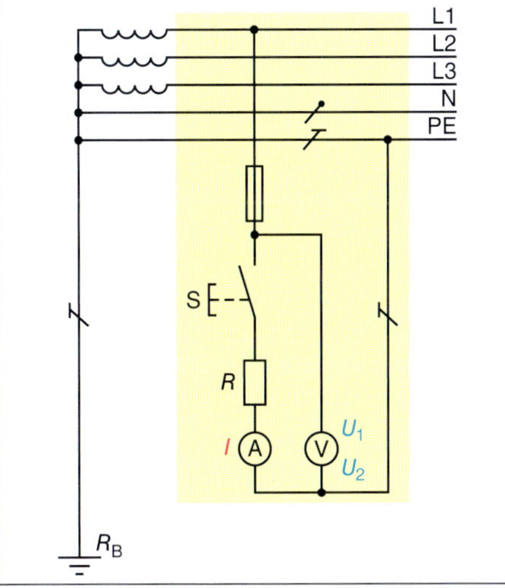

56 Schleifenimpedanzmessung, Prinzip

Zu Bild 56:

S *offen:* U_1 messen, S *geschlossen:* U_2 messen

■ Schleifenimpedanz

Schleifenimpedanzmessung umfasst sämtliche Widerstände der Fehlerstromschleife.

Diese Widerstände bestimmen den Fehlerstrom der von der Spannung gegen Erde U_0 = 230 V durch den Fehlerstromkreis getrieben wird.

■ Spannung gegen Erde

Im 400/230-V-Drehstromsystem U_0 = 230 V.

z.B.

Die Schleifenimpedanz wird mit der Schaltung nach Bild 56 gemessen. Dabei ergeben sich die Messwerte: $U_1 = 236$ V, $U_2 = 218$ V, $I = 8$ A. Wie groß ist die Schleifenimpedanz?

Die Spannung 236 V – 218 V = 18 V liegt an der Schleifenimpedanz. Sie wird vom Strom 8 A hervorgerufen.

$$Z_S = \frac{U_1 - U_2}{I}$$

$$Z_S = \frac{236\text{ V} - 218\text{ V}}{8\text{ A}}$$

$$Z_S = 2{,}25\ \Omega$$

■ **Abschaltbedingung im TN-System**

→ 36

■ **Schleifenimpedanzmessung**

Im Unterschied zur Niederohmmesseung ist die Schleifenimpedanzmessung bei eingeschalteter Netzspannung durchzuführen.

Vorbereitung der Messung

- Vor Messung der Schleifenimpedanz ist die *Durchgängigkeit* zwischen dem Schutzleiter des speisenden Netzes und den Körpern zu prüfen.
- Bei der Schleifenimpedanzmessung kann die *Betriebsmessabweichung* ± 30 % betragen. Dies ist bei der Beurteilung des Messergebnisses zu berücksichtigen.
- Wenn die Messung bei einer Umgebungstemperatur von 20 °C erfolgt, ist das Messergebnis auf 80 °C umzurechnen. Der *Korrekturfaktor* ist dabei 1,24.
  Zu bedenken ist, dass sich der Leitungswiderstand und damit die Schleifenimpedanz mit der Temperatur erhöht.

Eingesetzte Messgeräte müssen die Norm DIN EN 61557-3 (VDE 0413-3) erfüllen.

Von der Messung darf keine Gefahr für Personen, Nutztiere und Sachen ausgehen.

Das Messgerät muss sicherstellen, dass der Schutzleiter keine Spannung ≥ 50 V annimmt (Abschaltautomatik).

- Die Schleifenimpedanz wird nur einmal an der entferntesten Stelle im Stromkreis gemessen. An allen weiteren Stellen ist die Durchgängigkeit des Schutzleiters nachzuweisen.
- Damit Messfehler durch Netzspannungsschwankungen vermieden werden, sind unter Umständen mehrere Messungen durchzuführen, aus denen der Mittelwert gebildet wird.

Prüfung

1. An der Netzeinspeisung des Prüfstücks sollen Sie eine Schleifenimpedanzmessung durchführen.
Beschreiben Sie genau Ihre Vorgehensweise.

@ **Interessante Links**

- christiani-berufskolleg.de

Erdungswiderstandsmessung

Die Wirksamkeit vieler Schutzmaßnahmen setzt die Erreichung bestimmter Werte des **Erdungswiderstands** voraus.

Bei einem Fehler in einer geerdeten Anlage fließt der Strom über den Erder in das Erdreich ab. Hier breitet sich der Strom in alle Richtungen aus.

In *Erdernähe* ist die *Stromdichte* maximal, um mit zunehmender Entfernung vom Erder abzunehmen. Die *Spannungsfälle* je Meter Abstand vom Erder nehmen ebenfalls mit zunehmendem Abstand vom Erder ab. **Schrittspannung** ist die Spannung, die von einem Menschen mit seiner Schrittweite überbrückt werden kann.

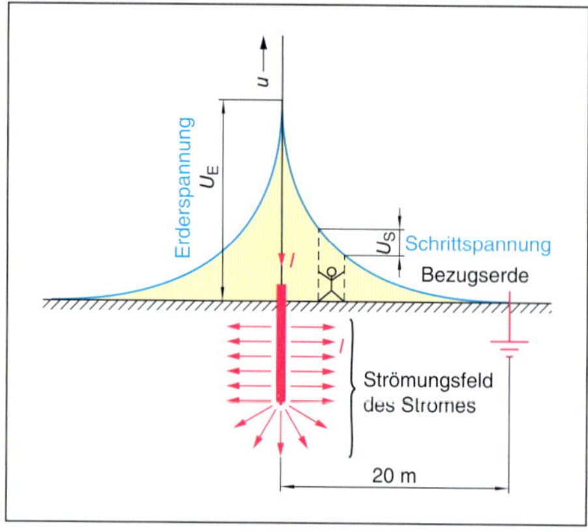

57 Spannungsverlauf in Erdernähe

Wenn der **Ausbreitungswiderstand** bestimmt werden soll, ist ein Stromfluss über den Erder notwendig. Dieser Strom wird gemessen, ebenso der *Spannungsfall*, den dieser Strom hervorruft. Spannungsquelle für die Messung ist die Netzspannung. In etwa 20 m Entfernung vom Erder wird eine **Sonde** eingebracht.

Erdungswiderstand

$$R_E = \frac{U}{I}$$

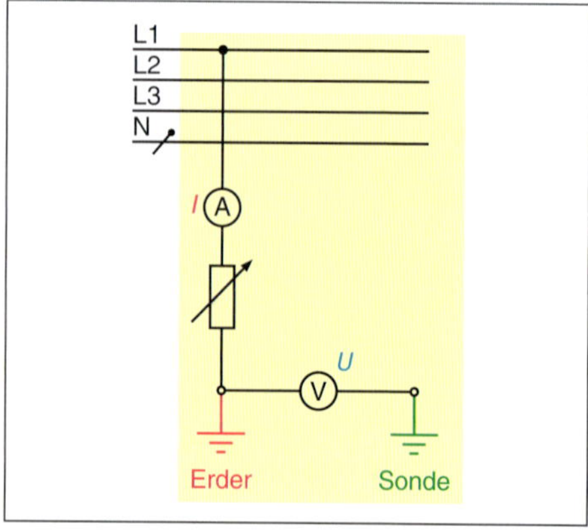

58 Messung des Erdungswiderstands

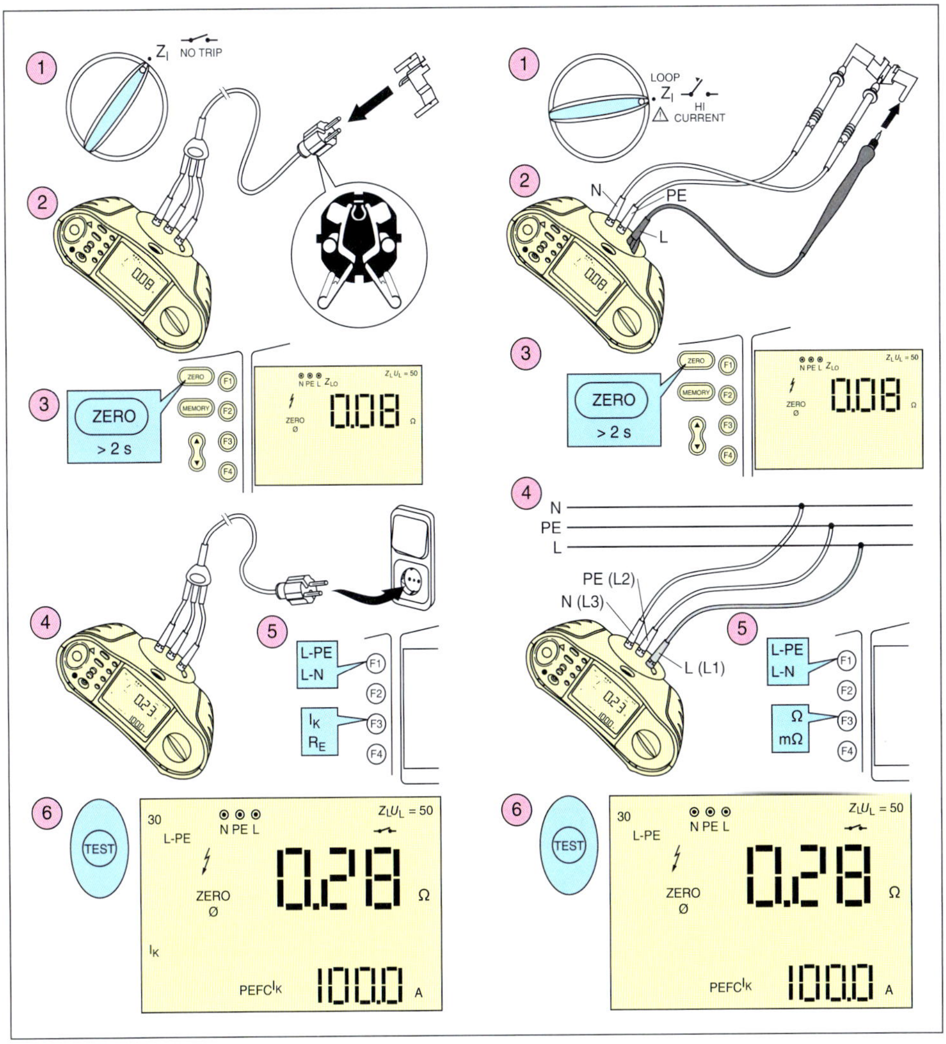

59 Schleifenimpedanzmessung

> Der Messstrom I ist so zu begrenzen, dass die Spannung 50 V nicht überschreitet.

- Zu prüfenden Erder vom Schutzleiter oder PEN-Leiter abklemmen.
- Zwischen dem Erder und einer anderen niederohmigen Erdungsanlage (z. B. PEN-Leiter) wird der Widerstand gemessen.

Dreileitermessung (Bild 61, Seite 88)

Verwendet werden hier *zwei Erdspieße* (Hilfssonde H und Sonde S) im Abstand von mindestens 20 m.

Der Messstrom wird zwischen Hilfserder und Erder eingespeist.

Der Spannungspfad wird zwischen Erder und Sonde gemessen. Der Messleitungswiderstand wird einbezogen.

Messung ohne Sonde

Wenn die Verwendung einer Sonde nicht möglich ist, kann der PEN-Leiter als „Sonde" verwendet werden.

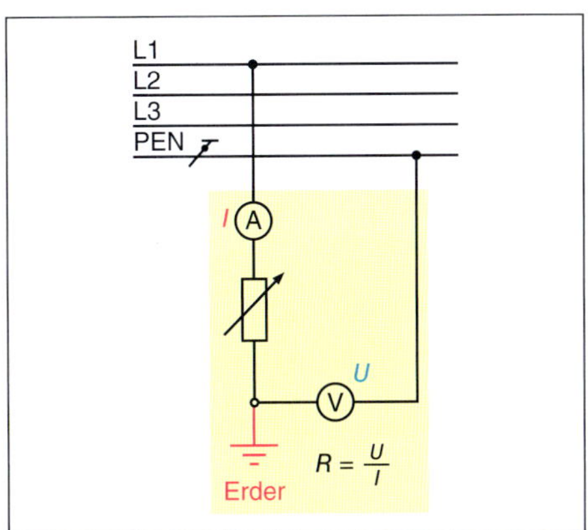

60 Messung ohne Sonde

Wichtiger Hinweis

Machen Sie sich unbedingt mit dem von Ihnen verwendeten Messgerät vertraut.

Schleifenimpedanz, Schleifenwiderstand

Handelsübliche Messgeräte messen nur den ohmschen Anteil der Fehlstromschleife.

Wichtiger Hinweis

Machen Sie sich unbedingt mit dem von Ihnen verwendeten Messgerät vertraut.

Erdungswiderstandsmessung mittels Schleifenmethode (Bild 62)

Gemessen wird der Erdungswiderstand der Gesamtschleifenimpedanz.

Zur Durchführung der Messung können drei Messleitungen oder die Netz-Messleitung verwendet werden.

- Messleitung kompensieren.
- Messablauf wie bei der Schleifenimpedanzmessung

@ Interessante Links

Messgerät

- www.fluke.de

Digital anzeigende Schleifenimpedanz-Messgeräte haben i. Allg. nur einen eingeschränkten Anzeigebereich (z. B. 19,99 Ω).

Dann können auch nur Erdungswiderstände in diesem Bereich gemessen werden. Im TT-System sind die Erdungswiderstände wesentlich größer.

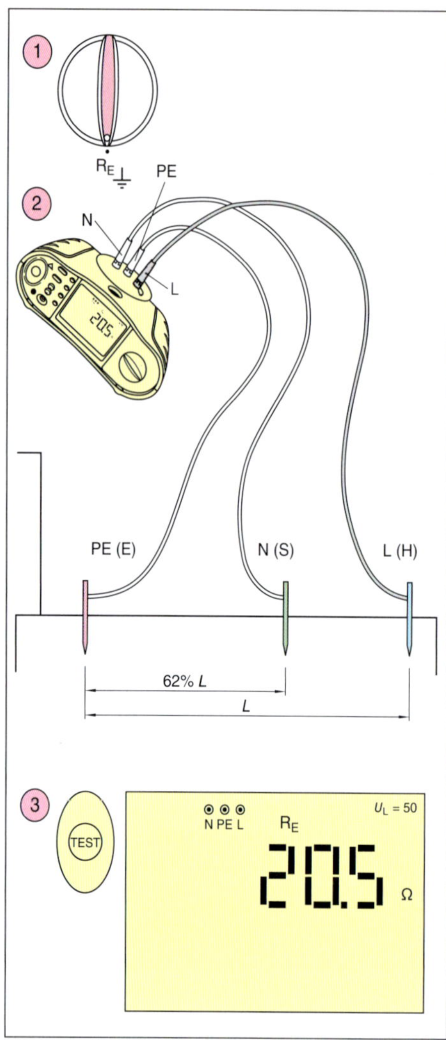

61 Messung des Erdungswiderstands

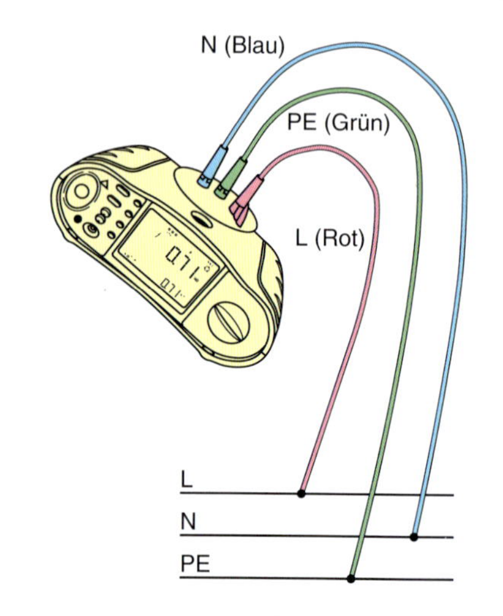

Messung des Erdungswiderstands mit der Schleifenmethode in Stromkreisen mit RCD:

1. Drehschalter in die Position Z_I NO TRIP bringen.
2. Auf (F1) drücken, um L-PE auszuwählen.
3. (F3) drücken, um R_F (Edungswiderstand) auszuwählen.
4. Auf (TEST) drücken und loslassen. Warten, bis die Messung endet.

Obere Anzeige: Schleifenimpedanz

Untere Anzeige: Erdungswiderstand

62 Erdungswiderstandsmessung ohne Sonde

Näherungsverfahren zur Ermittlung des Erdungswiderstands

Gemessen wird die *Schleifenimpedanz* Z_S über einen Außenleiter und den zu prüfenden Erder. Darin ist der zu messende **Erdungswiderstand** eingeschlossen.

Da der Widerstand der **Betriebserdung** R_B und der Widerstand des Außenleiters Z_L nur geringe Werte haben, wird der Messfehler nicht zu groß.

Die gemessene Spannung am Prüfwiderstand R_P sollte 180 V nicht überschreiten, damit das Neutralleiterpotenzial nicht auf unzulässige Werte angehoben wird (Bild 63).

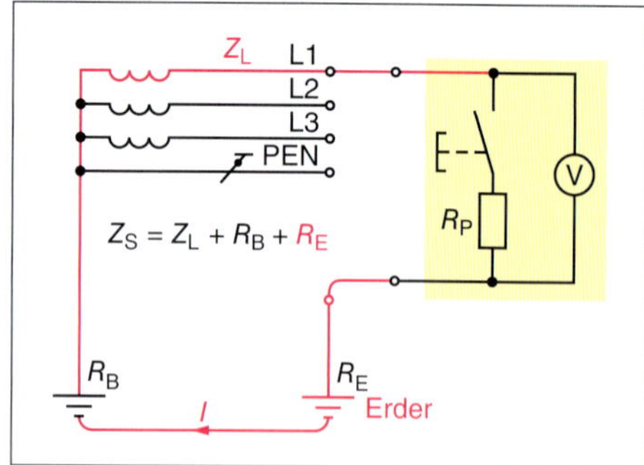

63 Näherungsverfahren, Erdungswiderstand

Netzinnenwiderstandsmessung

Nicht *zwingend* vorgeschrieben zur Prüfung der Wirksamkeit der Schutzmaßnahmen. Hilfreich bei der Fehlersuche als Vergleichswert.

Die R_i-Messung kann mit der *Schleifenimpedanzmessung* verglichen werden.

Gemessen zwischen Außenleiter und Neutralleiter (Bild 64, Seite 89).

Bedeutung der R_i-Messung

- *Schleifenimpedanz*: Ist Z_S zu groß, kann die Innenwiderstandsmessung an gleicher Stelle Anhaltspunkte zur Fehlersuche liefern.

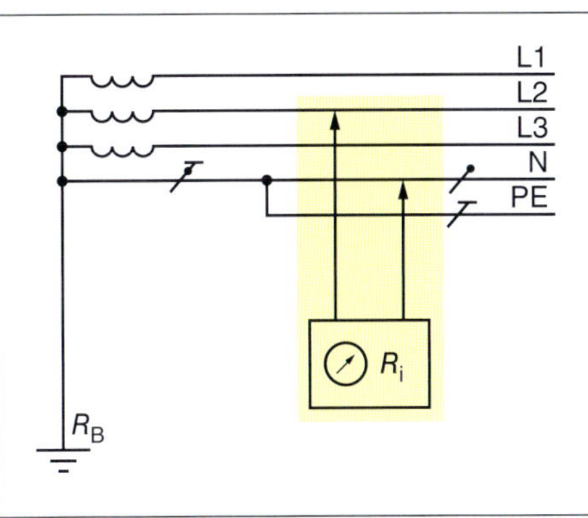

64 *Netzinnenwiderstand, Messung*

Zum Beispiel
- R_i groß: Zu hoher Übergangswiderstand im Außenleiter.
- R_i klein: Zu hoher Widerstand des Schutzleiters.

- *Fehlerstrom-Schutzeinrichtung*: Bei Vertauschung von Neutral- und Schutzleiter bewirkt die R_i-Messung das Auslösen des RCD, da dann ein Strom über den Schutzleiter fließt.

- *Zulässiger Spannungsfall*: Maximaler Spannungsfall zwischen Hausanschluss und Verbrauchsmittel 4 % (DIN VDE 0100-520). Wenn R_i ermittelt wurde, kann die Einhaltung des Spannungsfalls leicht überprüft werden.

Prüfung

1. Nennen Sie einige Punkte, die bei der Besichtigung wichtig sind.

2. Zu welchem Zeitpunkt führen Sie die Besichtigung i. Allg. durch.

3. Machen Sie sich mit dem Besichtigungsprotokoll der Facharbeiterprüfung vertraut.

Prüfung der Fehlerstrom-Schutzeinrichtung

Die Wirksamkeit der Schutzmaßnahme ist nachzuweisen. Dabei sind *drei Messgrößen* von Bedeutung.

- Maximal zulässige Berührungsspannung.
- Fehlerstrom, bei dem der RCD anspricht, und Zeit, in der der RCD anspricht.

Voraussetzungen

- RCDs müssen bei Erreichen des Bemessungs-Differenzstroms $I_{\Delta n}$ innerhalb von 0,3 s ansprechen.
- RCDs müssen bei einem Fehlerstrom von $5 \cdot I_{\Delta n}$ innerhalb von 40 ms ansprechen.
- RCDs dürfen bereits ab einem Fehlerstrom von $0{,}5 \cdot I_{\Delta n}$ ansprechen.
- Durch Erzeugung eines Fehlerstroms hinter dem RCD wird nachgewiesen, dass der RCD spätestens bei Erreichen des Bemessungs-Differenzstroms $I_{\Delta n}$ anspricht und die zulässige Berührungsspannung U_L dabei nicht überschritten wird.

Prüfung mit ansteigendem Prüfstrom

Der *Prüfstrom* wird langsam gesteigert. Erst nach einigen Sekunden erreicht er seinen Bemessungswert. Beim Auslösen des RCD werden *Fehlerstrom* und *Berührungsspannung* gemessen und gespeichert.

Vorteilhaft ist die Anzeige der tatsächlichen Auslösewerte. Nachteilig ist, dass die Prüfung immer zu einer Auslösung führt.

Prüfung mit Impulsmessung

Die auftretende Berührungsspannung wird mit einem fest eingestellten Prüfstrom während des Impulses gemessen.

Wenn die Höhe des Stromimpulses unterhalb der Auslöseschwelle des RCD liegt, so führt diese Methode nicht zum Ansprechen des RCD. Übliche Prüfströme sind 0,3 bis $0{,}5 \cdot I_{\Delta n}$.

Ein 30-mA-RCD darf im Bereich 15 – 30 mA ansprechen. Bei 30 mA muss er spätestens ansprechen.

Im TN-System ist die gemessene Berührungsspannung sehr gering. An einer geringen Schleifenimpedanz (typisch für TN-System) kann nur eine kleine Spannung anliegen.

@ Interessante Links
- christiani-berufskolleg.de

In einem Stromkreis 230 V, der mit 16 A abgesichert ist, wird der Netzinnenwiderstand $R_i = 0{,}34\ \Omega$ gemessen.

Maximal zulässiger Spannungsfall bei 4 %:

$$\Delta U = U \cdot \frac{4\ \%}{100\ \%}$$

$$\Delta U = 230\ \text{V} \cdot \frac{4\ \%}{100\ \%} = 9{,}2\ \text{V}$$

Spannungsfall bei Netzinnenwiderstand 0,34 Ω:

$$\Delta U = I_n \cdot R_i$$

$$\Delta U = 16\ \text{A} \cdot 0{,}34\ \Omega = 5{,}44\ \text{V}$$

Der Spannungsfall liegt unter dem höchstzulässigen Wert.

In den Prüfungen wird erprobt, wenn Spannung auf die Anlage (das Prüfstück) gegeben wurde.

Daher die Abweichung von der in VDE festgelegten Reihenfolge.

- Besichtigen
- Erproben
- Messen

Hinweis

Wenn die drei Außenleiterspannungen gemessen wurden, kann der N-Leiter durch *eine* Messung nachgewiesen werden.

@ Interessante Links

- christiani-berufskolleg.de

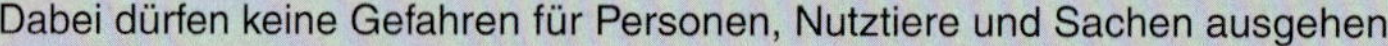

Erprobung

Die *Erprobung* weist die Wirksamkeit von Schutz- und Meldeeinrichtungen nach.

Dabei dürfen keine Gefahren für Personen, Nutztiere und Sachen ausgehen.

Neben der Betätigung der Prüftaste des RCD umfasst das Erproben auch den Funktionsnachweis von Not-Aus-Einrichtungen sowie von Anzeige- und Meldeeinrichtungen.

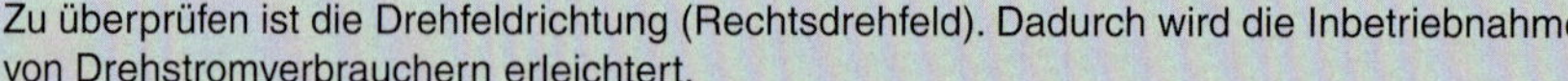

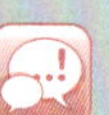

Drehfeldprüfung

Zu überprüfen ist die Drehfeldrichtung (Rechtsdrehfeld). Dadurch wird die Inbetriebnahme von Drehstromverbrauchern erleichtert.

Spannungsmessung

Gemessen werden die *Außenleiterspannungen*

- L1 – L2
- L1 – L3
- L2 – L3

und die *Strangspannungen*

- L1 – N
- L2 – N
- L3 – N

Diese Spannungen werden zweckmäßigerweise mit dem *zweipoligen Spannungsprüfer* nachgewiesen, der das Messobjekt bei der Messung belastet.

Das *Multimeter* wird für die Spannungsmessung N – PE und die 24-V-Gleichspannung verwendet.

Prüfung

1. Ihr Prüfstück hat eine Anschlussleitung mit Stecker.

Beschreiben Sie genau die Vorbereitung und Durchführung der Messung des niederohmigen Durchgangs des Schutzleiters. Wie ermitteln Sie den plausiblen Wert?

2. Sie können die Niederohmmessung mit Gleichspannung durchführen.

Worauf ist zu achten?

3. Wie bereiten Sie Schaltung und Messgerät für die Isolationswiderstandsmessung vor?

4. Gemessen werden soll zwischen allen aktiven Leitern und PE.

Welche Messungen sind das?

5. Warum muss die Isolationsswiderstandsmessung z. B. mit 500 V DC durchgeführt werden?

6. Bei der Messung der Wirksamkeit der Schutzmaßnahme mit RCD (30 mA) ergeben sich folgende Messwerte:

U_B = 1 V
I_a = 22 mA
t_a = 19 ms

Bitte beurteilen Sie die Messwerte.

7. Zur Erprobung wird die Prüftaste des RCD betätigt. Er löst aus.

Welche Vorgänge führen zur Auslösung?

8. Warum ist es sinnvoll, die Spannungen im Bereich 400 V/230 V mit dem zweipoligen Spannungsprüfer und die 24-V-DC-Spannungen mit dem Multimeter zu messen?

Dokumentation, Prüfbericht

Prüfergebnisse sind zu *dokumentieren*. Der Prüfer muss einen *Prüfbericht* erstellen (Seite 94)

Der **Prüfbericht** muss Angaben zum *geprüften Anlagenumfang* und die Ergebnisse der *Besichtigung*, *Erprobung* und *Messung* enthalten.

- Ergebnisse der Besichtigung.
- Benennung der geprüften Stromkreise (zugehörige Schutzeinrichtung angeben).
- Aufzeichnung der einzelnen Prüfergebnisse.

Wenn während der Inbetriebnahme *Fehler* erkannt werden, müssen diese unverzüglich behoben werden, bevor die Prüfung fortgesetzt wird.
Der Prüfbericht muss von einer *erfahrenen Person* unterschrieben oder in anderer Form bestätigt werden.
Er ist dem *Anlagenbetreiber* zu übergeben, der den Bericht aufzubewahren hat.

Der *Auftraggeber* bestätigt durch seine Unterschrift, dass ihm die Anlage funktionsfähig übergeben wurde.

2.12 Wiederkehrende Prüfungen

Grundlage der *Wiederkehrenden Prüfungen* von *elektrischen Anlagen* und *ortsfesten Betriebsmitteln* ist die Norm DIN EN 501-10-1 (DIN VDE 0105-1).

Es ist der Nachweis zu erbringen, dass die Anlage oder das ortsfeste Betriebsmittel den *Anforderungen der Sicherheitsvorschriften* und den zum Zeitpunkt der Anlagenerrichtung gültigen *Errichtungsnormen noch* entspricht (DIN VDE 0105-100).

Das *Prüfungsergebnis* ist zu *dokumentieren*. Eventuelle *Mängel* müssen *beseitigt* werden.

„*Wiederkehrende Prüfungen sollen Mängel aufdecken, die nach der Inbetriebnahme aufgetreten sind und den Betrieb behindern oder Gefährdungen hervorrufen können.*“
DIN VDE 0105-100

Der **Prüfer** muss nach Abschluss der Prüfung fachlich fundiert die Aussage treffen können, dass *das Prüfobjekt zum Zeitpunkt der Prüfung einen sicheren Betrieb gestattet und erfahrungsgemäß die Gewähr bietet, dass dies bei bestimmungsgemäßer Anwendung bis zum nächsten Prüftermin gewährleistet ist.*

Die Prüfung muss von einer **Elektrofachkraft** durchgeführt werden. Sie trifft die Entscheidung:

- was ein Mangel ist,
- ob der Mangel eine Gefährdung bewirken kann,
- ob der Mangel sofort, unverzüglich oder demnächst behoben werden soll.

Der *Umfang* der Wiederkehrenden Prüfung orientiert sich an der *Erstprüfung*. Die einzuhaltenden Anforderungen sind aber etwas anders.

Durch **Messung** ist auch hier nachzuweisen, dass

- die niederohmige Durchgängigkeit des Schutzleiters,
- die Schleifenimpedanz,
- der zulässige Auslösestrom der Fehlerstrom-Schutzeinrichtung,
- die Abschaltzeiten bei Stromkreisen mit RCD

den normativen Anforderung entsprechen.

Ablauf der Wiederholungsprüfung

Besichtigung

Der *Besichtigung* kommt hier noch größere Bedeutung als bei der Erstprüfung zu, da sich die Anlage im gebrauchten Zustand befindet.

Zunächst einmal gelten alle Kriterien der *Erstprüfung*. Außerdem ist zu prüfen:

Schutzmaßnahmen gegen direktes Berühren

- Schutz noch gewährleistet?
- Schutz entspricht den aktuellen Anforderungen der Norm?

Schutzmaßnahmen bei indirektem Berühren

- Anforderungen der Einrichtungsnormen noch erfüllt?

Schutzmaßnahmen der Schutzklasse I

- Alle Leiter haben den geforderten Querschnitt?
- Alle Leiter richtig verlegt, angeschlossen und gekennzeichnet?
- Schutzkontakte der Steckvorrichtungen noch einwandfrei wirksam?
- Keine Schutzeinrichtungen im Schutz- oder PEN-Leiter?
- Schutz- oder PEN-Leiter nicht schaltbar? Schutzeinrichtungen vorhanden und einwandfrei?

Schutzmaßnahmen ohne Schutzleiter

- Sämtliche Schutzmaßnahmen den Errichtungsnormen entsprechend ausgeführt?

Basisschutz

Schutzmaßnahmen gegen direktes Berühren

Fehlerschutz

Schutzmaßnahmen bei indirektem Berühren

Wiederkehrende Prüfung

Die Wiederkehrende Prüfung ist ein wesentlicher Bestandteil der Wartung.

Man verschafft sich Informationen über den Zustand der elektrischen Anlage und ermöglicht ihren problemlosen weiteren Betrieb.

@ Interessante Links

Prüfprotokoll

- www.ostwestfalen.ihk.de

Erst- und Wiederholungsprüfung elektrischer Anlagen

Prüf- und Messprotokoll

Nur für Ausbildungs- und Prüfungszwecke zu verwenden!

Nr.	Blatt von	Kunden-Nr.:
Auftraggeber:	Auftrags-Nr.:	Auftragnehmer:
Anlage:		Prüfer/-in:

Prüfung nach: DIN VDE 0100-600 ☐ DIN VDE 0105 ☐ BGV A3 ☐ ☐

Neuanlage ☐ Erweiterung ☐ Änderung ☐ Instandsetzung ☐ Wiederholungsprüfung ☐

Netz: ______ / ______ V ______ Hz Netzsystem: TN-C ☐ TN-S ☐ TN-C-S ☐ TT ☐ IT ☐

Verteilungsnetzbetreiber:

Besichtigen	i.O.	n.i.O.		i.O.	n.i.O.		i.O.	n.i.O.
Auswahl der Betriebsmittel	☐	☐	Kennzeichnung der Stromkreise und Betriebsmittel	☐	☐	Zugänglichkeit der Betriebsmittel	☐	☐
Trenn- und Schaltgeräte	☐	☐	Kennzeichnung N- und PE-Leiter	☐	☐	Hauptpotenzialausgleich	☐	☐
Brandabschottungen	☐	☐	Leiterverbindungen	☐	☐	Zus. örtl. Potenzialausgleich	☐	☐
Gebäudesystemtechnik	☐	☐	Schutz- und Überwachungsgeräte	☐	☐	Dokumentation/Warnhinweise	☐	☐
Kabel, Leitungen und Stromschienen	☐	☐	Schutz gegen direktes Berühren	☐	☐		☐	☐

Erproben	i.O.	n.i.O.		i.O.	n.i.O.		i.O.	n.i.O.
Funktion der Anlage	☐	☐	Rechtsdrehfeld der Drehstromsteckdosen	☐	☐	Gebäudesystemtechnik	☐	☐
Funktion der Schutz-, Sicherheits- und Überwachungseinrichtungen	☐	☐	Drehrichtung der Motoren	☐	☐		☐	☐

Messen Stromkreisverteiler-Nr.:

Sicherung/Stromkreis Nr.	Sicherung/Stromkreis Zielbezeichnung	Leitung/Kabel Typ	Leitung/Kabel Leiter Anzahl x Querschnitt (mm^2)	Überstrom-Schutzeinrichtung Art/Typ Charakteristik	Überstrom-Schutzeinrichtung I_n (A)	Schleifenwiderstand, Kurzschlussstrom Z_s (Ω)	Schleifenwiderstand, Kurzschlussstrom I_k (A)	Isolationswiderstand R_{iso} (MΩ) ohne 1 mit 2 Verbraucher		Fehlerstrom-Schutzeinrichtung (RCD) I_n / Art (A)	$I_{\Delta n}$ (mA)	I_{mess} (mA)	Auslösezeit t_A (ms)	Berührungsspannung $U_L \leq$ ___ V AC ☐ DC ☐ U_{mess} (V)	Schutzleiterwiderstand $R_{PE\ low}$ (Ω)
			x						1 2						
			x						1 2						
			x						1 2						
			x						1 2						
			x						1 2						
			x						1 2						
			x						1 2						
			x						1 2						
			x						1 2						

Durchgängigkeit des Potenzialausgleichs Erdungswiderstand: $R_E =$ Ω

Fundamenterder	☐	Hauptwasserleitung	☐	Heizungsanlage	☐	EDV-Anlage	☐	Antennenanlage/BK	☐
Potenzialausgleichsschiene	☐	Hauptschutzleiter	☐	Klimaanlage	☐	Telefonanlage	☐	Gebäudekonstruktion	☐
Wasserzwischenzähler	☐	Gasinnenleitung	☐	Aufzugsanlage	☐	Blitzschutzanlage	☐		☐

Verwendete Messgeräte	Fabrikat: Typ:	Fabrikat: Typ:	Fabrikat: Typ:

Prüfergebnis:	keine Mängel festgestellt ☐ Mängel festgestellt ☐	Prüfplakette erteilt: ja ☐ nein ☐	Nächster Prüftermin: Monat: Jahr:

Mängel/Bemerkungen:

Die elektrische Anlage entspricht den anerkannten Regeln der Elektrotechnik. Ein sicherer Gebrauch bei bestimmungsgemäßer Anwendung ist gewährleistet. ja ☐ nein ☐

Auftraggeber:	**Prüfer/-in:**
Ort Datum Unterschrift	Ort Datum Unterschrift

PAL-Stuttgart 2010

Prüffristen für elektrischen Anlagen

Anlage Betriebsmittel	Prüffrist	Art der Prüfung	Prüfer
Elektrische Anlagen, ortsfeste Betriebsmittel	4 Jahre	Ordnungsgemäßer Zustand	Elektrofachkraft
Elektrische Anlagen, Betriebsmittel in Betriebsstätten, Räumen und Anlagen besonderer Art	1 Jahr	Ordnungsgemäßer Zustand	Elektrofachkraft
Schutzmaßnahmen mit RCD in nichtstationären Anlagen	1 Monat	Wirksamkeit	Elektrofachkraft oder unterwiesene Person
RCD in stationären Anlagen nichtstationären Anlagen	6 Monate arbeitstäglich	Ordnungsgemäßer Zustand, Betätigung der Prüfeinrichtung	Benutzer

Prüffristen für elektrische Betriebsmittel

Arbeitsmittel	Prüffrist	Art der Prüfung	Prüfer
Ortsfeste elektrische Arbeitsmittel	4 Jahre	Nach geltenden Regeln	Befähigte Person
Ortsveränderliche Arbeitsmittel in Gebäuden, in Verteilungen, auf Baustellen Verlängerungs-, Geräteanschlussleitungen mit Steckvorrichtungen	 1 Jahr 2 Jahre 3 Monate 6 Monate	Sichtprüfung, Funktionsprüfung, Messung	Befähigte Person
Fehlerstrom-Schutzeinrichtungen	1 Monat, Baustellen arbeitstäglich	Prüftaste betätigen	Benutzer

- Steckvorrichtungen nicht für andere Spannungen verwendbar?
- Aktive Teile von SELV nicht mit Erde, Schutzleiter oder anderen Stromkreisen verbunden?
- Bei Schutzklasse II keine leitfähigen berührbaren Teile an den Schutzleiter angeschlossen?
- Bei Schutztrennung keine Verbindung des Sekundärstromkreises mit Erde oder anderen Stromkreisen?
- Wenn Schutztrennung zwingend vorgeschrieben ist, nur ein Verbrauchsmittel angeschlossen oder anschließbar?
- Bei Schutztrennung und mehreren Verbrauchsmitteln Verbindung der Körper über einen isolierten, ungeerdeten Potenzialausgleich?
- Schutzpotenzialausgleich fachgerecht ausgeführt?
- Zusätzlicher Schutzpotenzialausgleich fachgerecht ausgeführt?
- Trennvorrichtungen in den Erdungsleitern noch zugänglich?
- Erdungsanlagen in einwandfreiem Zustand?
- Alle notwendigen Dokumentationen vorhanden?

Erproben

Nachweis der Funktionsfähigkeit aller *sicherheitsrelevanten* Stromkreise und Betriebsmittel. Hierzu zählen Fehlerstrom-Schutzeinrichtungen, Not-Aus-Einrichtungen, Verriegelungen, Anzeige- und Meldeeinrichtungen.

Messen

Ermittelt werden sämtliche Werte, die zur Beurteilung des *Schutzes unter Fehlerbedingungen* von Bedeutung sind:
Niederohmiger Durchgang des Schutzleiters, Isolationswiderstand, Schleifenimpedanz, Fehlerstrom für die Auslösung.

Es gelten die gleichen Voraussetzungen wie bei der Erstprüfung. Bei der *Isolationswiderstandsmessung* sind hier folgende *Grenzwerte* einzuhalten (DIN VDE 0105-100).

■ **Ordnungsgemäßer Zustand**

Sicherheit, Zuverlässigkeit, zweckmäßige und optische Gestaltung.

■ **Schutztrennung**

→ basics Elektrotechnik

■ **Erstprüfung**

→ 82

Messungen, Grenzwerte

Messung	Grenzwert
Isolationswiderstandsmessung mit angeschlossenen und eingeschalteten Verbrauchern	$> 300\ \frac{\Omega}{V}$
Isolationswiderstandsmessung ohne Verbraucher	$> 1000\ \frac{\Omega}{V}$
Isolationswiderstandsmessung im Freien oder in feuchten Betriebsstätten • mit Verbraucher • ohne Verbraucher	$> 150\ \frac{\Omega}{V}$ $> 500\ \frac{\Omega}{V}$
Isolationswiderstandsmessung SELV/PELV (Messspannung 250 V)	> 250 kΩ

■ $1000\ \frac{\Omega}{V}$

Für den Menschen gerade noch ungefährlich, da ein maximaler Berührungsstrom von

$$\frac{230\ V}{230\ k\Omega} = 1\ mA$$

fließen kann.

Doch Vorsicht!
Eine solche Anlage kann nicht als „einwandfrei“ angesehen werden.

Der Messwert ist mit vergleichbaren Anlagen zu vergleichen. Wenn er geringer ist, dann muss Ursachenforschung betrieben werden.

Bei *Fehlerstrom-Schutzeinrichtungen* ist die *Abschaltzeit* nachzuweisen. Dabei sollte mindestens mit einem Prüfstrom von $5 \cdot I_{\Delta n}$ gemessen werden.

Dokumentation, Prüfbericht

Umfang und *Ergebnis* der Wiederkehrenden Prüfung ist zu dokumentieren.

Der Inhalt des Prüfberichts ist genormt.

- Anlagenteile
- Eventuelle Einschränkungen der Prüfung.
- Dokumentation zur Besichtigung, Erprobung und Messung.
- Ermittelte Gefahrenquellen sowie Verschlechterungen in Bezug auf den Anfangszustand.
- Fehler und Mängel, die bei der Prüfung erkannt werden.
- Empfehlungen für notwendige Instandsetzungsmaßnahmen.
- Zeitraum bis zur nächsten Prüfung.
- Benennung der für die Prüfung verantwortlichen Person.

Der Prüfbericht ist dem Auftraggeber auszuhändigen. Er muss von einer fachkundigen Person autorisiert sein.

2.13 Prüfung elektrischer Geräte

Nach Instandsetzung oder Änderung eines Geräts muss der *gleiche Sicherheitsstandard* wie im neuen Zustand erreicht werden.

Der Nachweis der *elektrischen Sicherheit* ist zu erbringen.

Die normative Grundlage ist bei dieser Prüfung DIN VDE 0701-0702.

Prüfung

1. Warum ist die Prüfung der Schutzmaßnahmen wichtig?

2. Wer ist für die Durchführung der Prüfungen vor Inbetriebnahme, nach Änderung, Erweiterung und Instandsetzung verantwortlich?

3. Mit welchem Messgerät werden die Messungen durchgeführt?

4. Nennen Sie Beispiele für die Besichtigung Ihres Prüfstücks.

5. Welche Fragen stellen Sie sich vor der Durchführung einer Messung?

6. Die Anschlussleitung des Prüfstücks hat eine Länge von 2,5 m. Der Querschnitt beträgt 2,5 mm^2.

Bestimmen Sie den plausiblen Wert für die Niederohmmessung.

7. Worin bestehen die Unterschiede zwischen Niederohmmessung und Schleifenimpedanzmessung?

8. An einer 230-V-Steckdose wird eine Schleifenimpedanz von 0,76 Ω gemessen.

Sie dient zur Speisung einer 75 m langen Verlängerungsleitung mit dem Querschnitt 1,5 mm^2.

Abgesichert ist die Steckvorrichtung mit einem B16-Leitungsschutzschalter.

Beurteilen Sie die Situation.

9. Sie sollen beurteilen, ob eine gemessene Schleifenimpedanz in Ordnung ist.

Welche fachlichen Überlegungen sind dabei anzustellen?

@ Interessante Links

- christiani-berufskolleg.de

Die verwendeten **Messgeräte** müssen für diese Messungen geeignet sein und folgende **Messungen** ermöglichen:

- *Messung des Schutzleiterstroms oder Berührungsstroms*
- *Messung des Schutzleiterwiderstands*
- *Messung des Isolationswiderstands*

Geräte mit Schutzleiter (Schutzklasse I), Prüfablauf

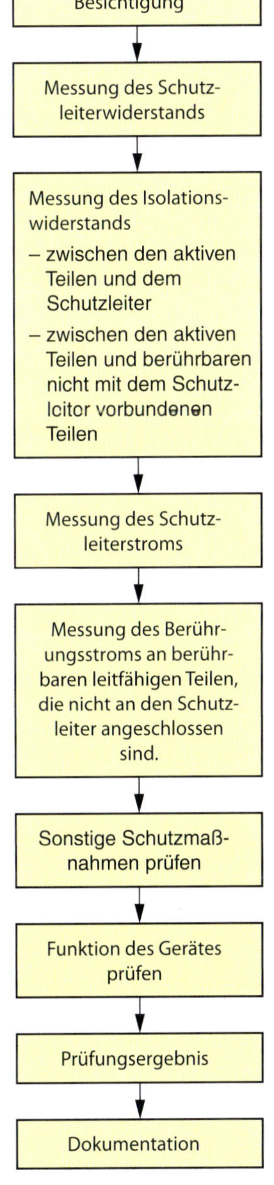

Geräte ohne Schutzleiter, Prüfablauf

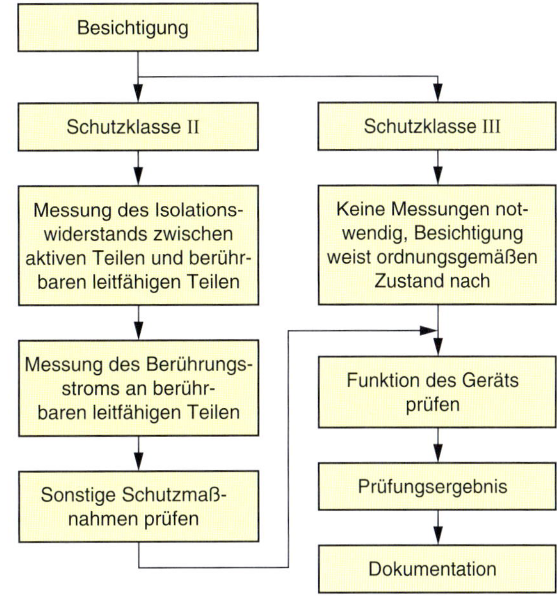

Hinweise

- Durch Besichtigung, Messung und Erprobung der Schutzmaßnahmen werden der *einwandfreie Allgemeinzustand* und das *Isoliervermögen* (Schutz gegen elektrischen Schlag, Brandschutz) nachgewiesen.
- Die Messungen des Isolationswiderstands, des Schutzleiter- und Berührungsstroms müssen bei *allen Schalterstellungen* durchgeführt werden.

Besichtigung

Die **Besichtigung** ist der wichtigste Prüfvorgang. Sie beinhaltet zunächst die Feststellung, ob Geräteteile defekt oder verschlissen sind bzw. unsachgemäße Veränderungen vorgenommen wurden.

Danach folgt die Beurteilung, ob alle sicherheitsrelevanten Teile in Ordnung sind und wirksam werden können.

Prüfpunkte

- CE-Kennzeichnung vorhanden (erst ab 1997 Pflicht)
- GS-Zeichen vorhanden
- Vorgenommene Veränderungen
- Lüfteröffnungen
- Beschädigung des Gehäuses
- Schmutz, eingedrungene Nässe
- Zustand der Leitungen sowie Zugentlastungen und Steckvorrichtungen
- Einhaltung der Schutzart
- Beschriftungen vorhanden und lesbar

usw.

■ **Prüfung elektrischer Geräte**

DIN VDE 0701/702

■ **Prüfung**

umfasst nach DIN VDE 0701-0702 alle Maßnahmen, die elektrische Sicherheit eines Geräts zu ermitteln.

Die Reihenfolge der einzelnen Prüfschritte ist unbedingt einzuhalten.

Das Öffnen eines zu prüfenden Geräts ist zur Prüfungsdurchführung nicht vorgesehen.

Zu Bild 65 (oben)
Wenn das Prüfgerät eine Verbindung zwischen dem Schutzkontakt und dem netzseitigen Schutzleiter herstellt, ist das zu prüfende Gerät isoliert aufzustellen.

Zu Bild 65 (unten)
Es kann notwendig sein, den Schutzleiter an den Netzanschlussstellen abzutrennen.

Es ist auf die Eignung des Geräts für den vorgesehenen Verwendungszweck am vorgesehen Einsatzort zu achten.

Die verwendeten Messverfahren sind einfache Widerstands- und Strommessungen.

■ Anschlussleitung, Absicherung bis 16 A

Bis 5 m Leitungslänge 0,3 Ω.

Pro 7,5 m zusätzliche Leitungslänge +0,1 Ω, aber nicht mehr als 1 Ω.

Absicherung über 16 A oder Querschnitt über 1,5 mm²: plausibler Wert durch Rechnung.

Manchmal liegen die Messwerte noch im zulässigen Bereich, können aber bereits auf entstehende Mängel hinweisen.

Erfahrungen und Vergleichsmöglichkeiten sind dann wichtig.

Bei der Prüfung ist auch auf den Verwendungszweck des Geräts zu achten, sowie die Einsatzumgebung.
Auch bei allen weiteren Prüfvorgängen sollte das Gerät weiter „mit allen Sinnen bewusst betrachtet“ werden, um das Verhalten beim Messen und Erproben zu erkennen.

Messung

Ziel der Messung ist es, äußerlich *nicht* erkennbare Schäden und Mängel festzustellen und die einwandfreie Funktion der Schutzmaßnahmen zu überprüfen.

Dabei sind die *normativen Grenzwerte* unbedingt zu beachten.

Schutzleiterwiderstand messen
(Schutzklasse I)

Normative Vorgabe:

- Schutzleiterwiderstand bei Geräten mit Anschlussleitungen bis 5 m Länge: 0,3 Ω.
- Zusätzlich 0,1 Ω für jede weitere 7,5 m Leitungslänge, höchstens jedoch 1 Ω.

Beim *Bewegen der Anschlussleitung* (bei Prüfung zwingend notwendig) darf sich der Schutzleiterwiderstand nicht ändern. Die Messung sollte an *allen leitfähigen berührbaren Teilen* des Geräts erfolgen. Wenn an mehreren Stellen gemessen wird, dann ist der *höchste* Messwert maßgeblich. Lackschichten sind mit der Prüfspritze zu durchstoßen.

Bei *einwandfreien Schutzleiterverbindungen* liegt der Widerstand zwischen 0,1 und 0,2 Ω.

Im Einzelfall errechnet sich der Widerstand mit

$$R_L = \frac{l}{\gamma \cdot q} + 0{,}1\ \Omega$$

(Grenzwert, 0,1 Ω = Kontaktübergangswiderstand).

Die Leerlaufspannung des Messgeräts darf nicht kleiner als 4 V und nicht größer als 24 V AC oder DC sein.

Im Messbereich 0,2 Ω bis 1,99 Ω muss der Messstrom mindestens 0,2 A betragen.

Wenn das Prüfgerät eine Verbindung zwischen dem Schutzkontakt und dem netzseitigen Schutzleiter herstellt, dann muss das zu prüfende Gerät isoliert aufgestellt werden.

Es kann notwendig sein, den Schutzleiter an den Netzanschlussstellen abzutrennen.

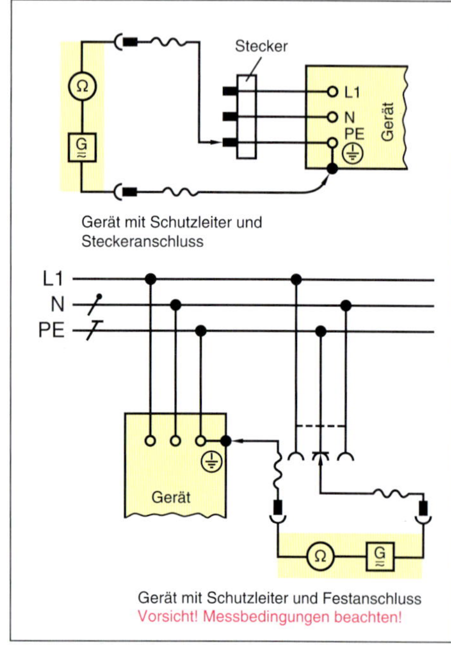

65 Messung des Schutzleiterwiderstands

Hinweise

- Bei der Bewertung des Widerstandswerts sind auch die *Übergangswiderstände* an den Steckkontakten zu berücksichtigen.
- Parallele *Erdverbindungen* (z. B. über den Aufstellungsort) können das Messergebnis beeinflussen oder einen Schutzleiter vortäuschen.
- Zur Minimierung von *Übergangswiderständen* sollte die Messstelle gesäubert werden. Vor allem bei kleinen Messströmen.
- Wird der Grenzwert überschritten, ist zu prüfen, ob durch *Herstellerangaben* oder Produktnormen andere Grenzwerte gelten.
- Zur Prüfung des Schutzleiters wird *keine* Schutzleiterverbindung gelöst und keine Abdeckung entfernt.
- Bei der Messung ist die Leitung über die gesamte Länge zu bewegen.
- Um stromrichtungsabhängige Übergangswiderstände zu erfassen, sollte in zwei Stromrichtungen gemessen werden.
- Zur Messung an Geräten mit *Drehstromanschluss* ist entweder ein entsprechendes Prüfgerät oder ein Prüfadapter zu benutzen.
- Bei *informationstechnischen Gründen* kann über die Abschirmung eine Schutzleiterverbindung vorgetäuscht werden. Daher sollten geschirmte Datenleitungen während der Prüfung abgeklemmt sein.
- Bei *Funktionserdungen* (z. B. zum Ableiten von Ableitströmen) muss der Grenzwert des Schutzleiterwiderstands *nicht* eingehalten werden.

Isolationswiderstandsmessung

Die Messung muss den Nachweis erbringen, dass kein *berührbares leitfähiges Teil* durch einen *Isolationsfehler* direkt oder indirekt mit *aktiven Teilen* in Verbindung steht.

Diese Messung ist bei Geräten *sämtlicher Schutzklassen* möglich. Bei Schutzklasse II ist sie die *erste* durchzuführende Messung. Diese Geräte haben nämlich keinen Schutzleiter.

Zur Prüfung muss das Gerät vom Netz getrennt werden.

Verschmutzte Geräte sollen vor der Messung gereinigt werden.

Gemessen wird mit einer Gleichspannung von mindestens 500 V, bei Geräten der Schutzklasse III mit 250 V.

Folgende **Grenzwerte** dürfen nicht unterschritten werden.

Schutzklasse des Geräts	Grenzwert Isolationswiderstand	Höhe der Prüfspannung
I	1 MΩ	500 V DC
II	2 MΩ	500 V DC
III	0,25 MΩ	250 V DC

Sonderfall: Geräte mit Heizelementen

- *Allgemein*: Grenzwert 0,3 MΩ
- *Gesamtleistung > 3,5 kW*: Schutzleiterstrom nicht größer als 1 mA pro Kilowatt Heizleistung.

Hinweise

- Bei informationstechnischen Geräten darf die Isolationswiderstandsmessung entfallen (Schutzleiter- oder Berührungsstrom messen).
- Die Messung darf entfallen, wenn das Gerät dadurch beschädigt werden könnte oder bei elektronischen Schaltern nur bis zum Schalter durchgeführt werden kann.
- Bei Drehstromgeräten dürfen alle Versorgungsleitungen parallel geschaltet werden.
- Geräte mit Schutzimpedanzen zwischen den aktiven Teilen und dem Schutzleiter haben den Widerstandswert dieser Impedanzen als Grenzwert.

Schutzleiterstrommessung

Notwendig bei allen *Geräten mit Schutzleiter*. Es ist der Nachweis zu erbringen, dass keine Gefahr bringenden Ströme *über den Schutzleiter* oder *berührbare leitfähige Teile* abfließen.

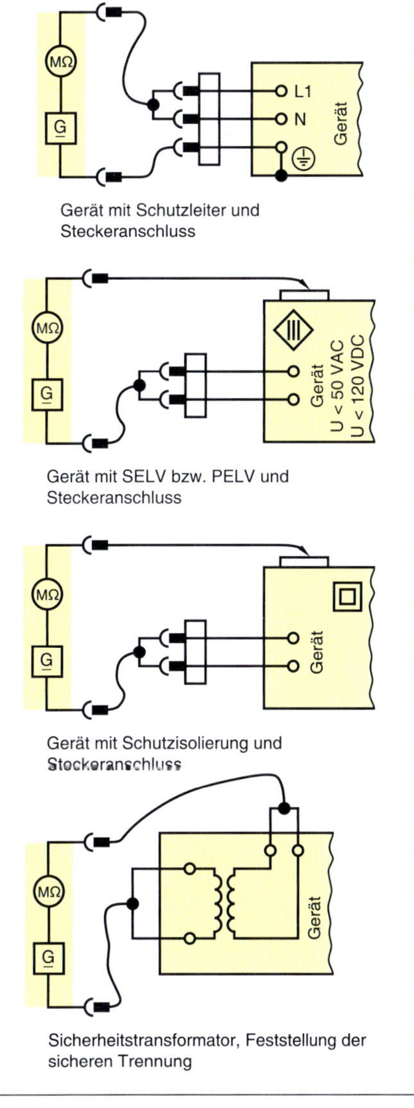

66 *Isolationswiderstandsmessung*

Prüfung

1. Warum ist die Sichtprüfung hier von so großer Bedeutung?

2. Worauf ist bei der Sichtprüfung besonders zu achten?

3. Nach der Reparatur sollen Sie den Schutzleiterwiderstand einer 25 m langen Verlängerungsleitung messen.
Wie groß ist der Grenzwert nach DIN VDE 0701-0702? Beschreiben Sie die Vorgehensweise bei der Messung.

4. Sie sollen den Isolationswiderstand einer Handbohrmaschine messen.
Wie gehen Sie dabei vor? Welcher Grenzwert darf nicht unterschritten werden?

■ Isolationswiderstandsmessung

Gemessen wird von den kurzgeschlossenen Außenleitern gegen die berührbaren leitfähigen Teile.
Um innere Fehler zu ermitteln, muss der Netzschalter eingeschaltet werden.

Bei Wärmegeräten diese vor der Messung kurzzeitig in Betrieb nehmen, um Einflüsse wie Luftfeuchtigkeit zu minimieren.

■ Geräte mit Überspannungsableitern

Die Spannung von 500 V kann die Ableiter gegen Erde durchschalten.
Dann würde ein zu geringer Wert des Isolationswiderstands angezeigt werden.

Reduzierte Prüfspannung 250 V.

@ Interessante Links

- christiani-berufskolleg.de

■ **Schutzleiterstrom**

Ein unzulässig hoher Schutzleiterstrom kann gefährliche Körperströme oder Brandgefahr hervorrufen.

Folgende *Messverfahren* sind möglich.

- *Direkte Messung*
- *Differenzstrom-Messverfahren*
- *Ersatz-Ableitstrom-Messverfahren*, wenn zuvor eine Isolationswiderstandsmessung durchgeführt wurde und das Gerät keine netzspannungsabhängigen Schalteinrichtungen hat.

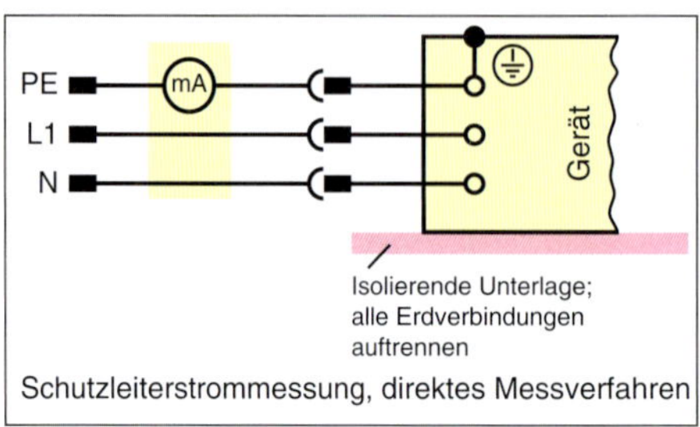

67 Messung des Schutzleiterstroms

Geräte, die einen betriebsbedingt höheren Ableitstrom führen, müssen entsprechend gekennzeichnet werden.

- Bei der Messung muss der Netzstecker umgepolt werden.
- Alle Stromkreise müssen eingeschaltet sein. Eventuell sind mehrere Messungen in mehreren Schalterstellungen durchzuführen.
- Der höchste Messwert ist als Messergebnis anzunehmen.
- Bei Verlängerungsleitungen, mobilen Mehrfachsteckdosen ohne elektronische Bauelemente zwischen aktiven Leitern und Schutzleiter sowie abnehmbaren Geräteanschlussleitungen darf die Messung entfallen.
- Bei ungepolten Anschlusssteckern sowie Anschlussleitungen ohne Stecker ist die Messung in allen Positionen des Steckers bzw. der Anschlussleitungen durchzuführen.
- Sämtliche Schalter und Regler müssen geschlossen sein, damit alle aktiven Teile erfasst werden.

Nicht notwendig ist die Schutzleiterstrommessung bei

- *Verlängerungsleitungen*
- *abnehmbaren Geräteanschlussleitungen*
- *Mehrfachsteckdosenleisten*

Höchstwerte des Schutzleiterstroms

- *Gerät, allgemein*: 3,5 mA
- *Geräte mit Heizelementen* (*P* > 3,5 kW): 1 mA/kW bis max. 10 mA

Strom	Isolationswiderstand
0,5 mA	460 kΩ
3,5 mA	66 kΩ
10 mA	23 kΩ

Wenn die angegebenen Grenzwerte *überschritten* werden, ist zu prüfen, ob durch *Herstellerangaben* oder *Produktnormen andere* Grenzwerte gelten.
Geräte sind in *allen Funktionen*, die den *Schutzleiterstrom* beeinflussen, zu prüfen.

Der *höchste Wert* ist zu dokumentieren und die Bedingungen sind anzugeben.

Wenn der Schutzleiterstrom durch **direkte Messung** ermittelt wird, darf das leitende Gehäuse des Geräts während der Messung *keinen* Kontakt zu einem mit **Erdpotenzial** verbundenen Teil haben.

Messung des Schutzleiterstroms mit einer Leckstromzange

Messung nach dem **Differenzstromverfahren**. Ein Auftrennen des Schutzleiters ist hier nicht notwendig.

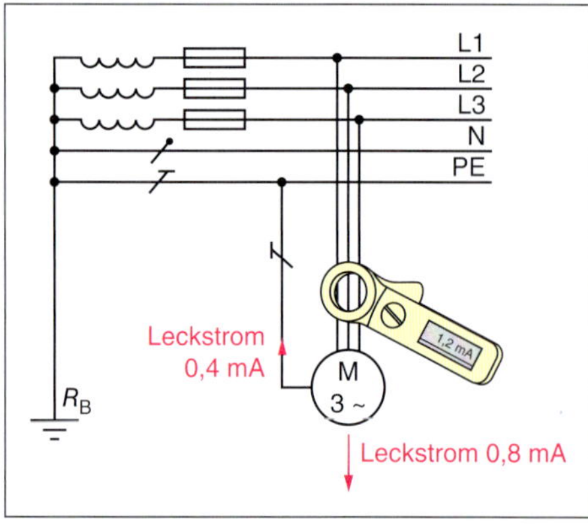

68 Messung mit Leckstromzange

Hinweis:
Der **Ersatz-Ableitstrom** ist kein charakteristischer Kennwert, sondern die Benennung des mit einer *Ersatzschaltung* ermittelten Ableitstroms.

Berührungsstrom messen

Wird bei Geräten der *Schutzklasse II und III* gemessen. Dieser Strom kann im Augenblick des Berührens fließen.

Zu prüfen ist die Einhaltung des *Grenzwerts* ≤ 0,5 mA.

Messverfahren (Bild 69)

- *Direkte Messung*
- *Differenzstrom-Messverfahren*
- *Ersatz-Ableitstrom-Messverfahren*, wenn zuvor eine Isolationswiderstandsmessung durchgeführt wurde und das Gerät über keine netzspannungsabhängigen Schalteinrichtungen verfügt.

Hinweise:

- Bei der *direkten Messung* ist das Gerät von Erdpotenzial zu trennen.
- Der *höchste* Messwert ist als Messergebnis anzusehen.

- Bei Messung mit dem *Differenzstromverfahren* ist bei einem Gerät mit Schutzleiter im Messergebnis ein *anteiliger Schutzleiterstrom* enthalten.

  Wird dann der Grenzwert überschritten, kann das *direkte* Messverfahren angewendet werden, wenn keine Erdverbindungen vorhanden sind.

  Oder das Ersatz-Ableitstrom-Messverfahren, wenn keine spannungsabhängigen Beschaltungen existieren und vorher eine Isolationswiderstandsmessung durchgeführt wurde.

- Bei *ungepolten Anschlusssteckern* sowie *Anschlussleitungen ohne Stecker* ist die Messung des Berührungsstroms in allen Positionen des Steckers bzw. der Anschlussleitung durchzuführen.

- Sämtliche Schalter und Regler müssen *geschlossen* sein, damit alle aktiven Teile erfasst werden.

- Wenn berührbare leitfähige Teile unterschiedlichen Potenzials gemeinsam mit einer Hand berührt werden können, dann ist der *Messwert* die *Summe* ihrer Berührungsströme.

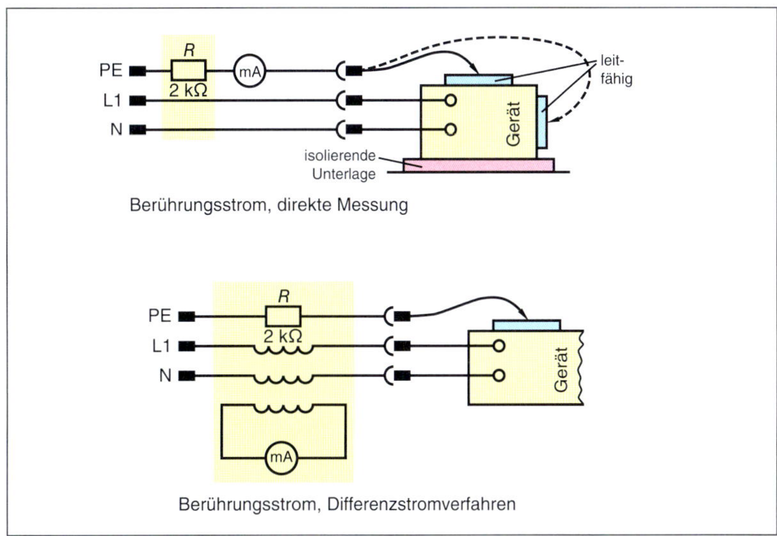

69 Berührungsstrommessung

Ebenso ist zu beachten, dass bei Geräten mit **Heizelementen** das Verfahren nicht angewendet werden darf, wenn der Grenzwert des Isolationswiderstands *nicht* erreicht werden konnte.

Eine *isolierte* Aufstellung des Prüflings ist *nicht* notwendig (galvanische Trennungen der Prüfspannung).

Hinweise:

- Das Gerät wird im spannungsfreien Zustand geprüft.
- Geräte mit netzspannungsabhängigen Schaltern können nicht vollständig geprüft werden.

Nachweis der sicheren Trennung vom Versorgungsstromkreis bei SELV/PELV

Notwendig bei Geräten, die durch einen *Sicherheitstransformator* oder ein *Schaltnetzteil* eine SELV/PELV-Spannung erzeugen.

Prüfung durch:

- Nachweis der Übereinstimmung der Bemessungsspannungen mit den Vorgaben für SELV bzw. PELV.
- Messung des Isolationswiderstands zwischen Primär- und Sekundärseite der Spannungsquelle.
- Messung des Isolationswiderstands zwischen aktiven Teilen des SELV- bzw. PELV-Ausgangsstromkreises und berührbaren leitfähigen Teilen.

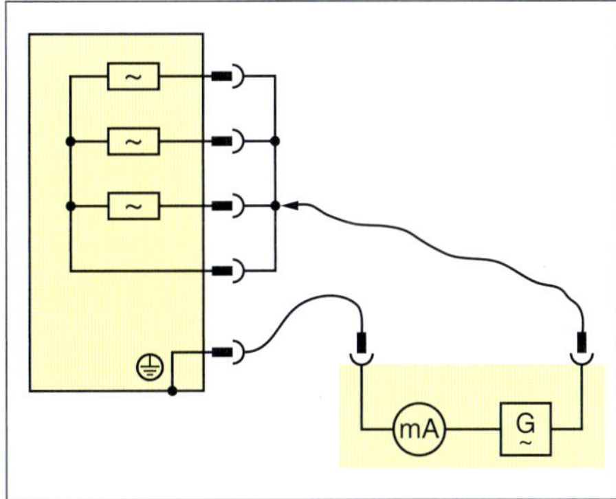

70 Ersatz-Ableitstrommessung

Ersatz-Ableitstrom-Messung

Das zu prüfende Gerät wird mit einer Prüfspannung von mindestens 25 V AC bis höchstens 250 V AC gespeist. Auch batteriebetriebene Prüfgeräte sind erhältlich.

Dieses Verfahren ist nur zulässig, wenn zuvor eine umfassende Isolationswiderstandsmessung durchgeführt wurde.

Ersatz-Ableitstrommessung

Der Prüfling kann nicht im Betriebszustand geprüft werden.
Geräte mit netzspannungsabhängigen Schaltern werden nur unvollständig geprüft.

Vorsicht bei Geräten mit Filtern

Der Ableitstrom, gemessen mit Ersatzableitstrommessung, kann doppelt so groß sein wie z. B. bei der direkten Messung.

Prüfung

1. Worauf beruht die Sonderstellung der Geräte mit Heizelementen bezüglich Ableitstrom und Isolationswiderstand?

@ Interessante Links

- christiani-berufskolleg.de

■ **Hinweis**

Für viele Geräte gelten spezielle Grenzwerte, die von den Prüfgeräten nicht berücksichtigt werden.

Funktionsprüfung

Es gibt Fehler, die messtechnisch *nicht* oder zumindest *nicht vollständig* ermittelt werden können.
Allerdings können die *menschlichen Sinne* eine Vielzahl von Fehlern erkennen. Zum Beispiel:

- **Hören**
  Klappern, Schleifen
- **Fühlen**
  Erwärmen, Vibrieren
- **Riechen**
  Schmoren
- **Sehen**
  Beschädigungen, Rauch, Bürstenfeuer

Zielsetzung

- Die *elektrische Sicherheit* ist auch im bestimmungsgemäßen Betriebszustand gegeben.
- Die *mechanische Sicherheit* ist gegeben.
- Das Gerät arbeitet nach der Prüfung einwandfrei. Gefahren für den Anwender sind nicht zu erwarten.

Bewertung und Dokumentation

Nach Abschluss der Prüfung muss der Prüfer entscheiden, ob das Gerät weiter benutzt werden darf oder nicht. Diese Entscheidung muss *dokumentiert* werden.

- *Prüfung nicht bestanden*
  Das Gerät darf nicht mehr benutzt werden.
- *Prüfung bestanden*
  Das Gerät wird bis zu dem angegebenen Zeitpunkt als sicher angesehen, wenn es bestimmungsgemäß verwendet wird. Dabei muss der Prüfer einen Termin nennen, zu dem das Gerät erneut zu prüfen ist.

Die Form der Dokumentation schreibt die Norm nicht vor. Es werden aber Prüfprotokolle zur Verwendung angeboten.

■ **Schutzklassen**

→ basics Elektrotechnik

Der Prüfer legt einen Termin fest, an dem das Gerät erneut geprüft werden muss. Der Termin ist so wählen, dass bei bestimmungsgemäßem Betrieb bis zu diesem Zeitpunkt wahrscheinlich kein Fehler auftritt.

Prüfung eines Geräts der Schutzklasse I

- *Besichtigung*
- *Messung des Schutzleiterwiderstands*
- *Messung des Isolationswiderstands*
- *Messung des Schutzleiterstroms*
- *Funktionsprüfung*
- *Dokumentation*

Prüfung eines Geräts der Schutzklasse **II oder III**

- *Nachweis der Schutzleiterverbindung nur in Sonderfällen*
- *Messung des Isoliervermögens durch*
  - *Isolationswiderstandsmessung*
  - *Messung des Berührungsstroms*
- *Funktionsprüfung*
- *Dokumentation*

Grenzwerte DIN VDE 0701-0702

Messgröße	**Schutzklasse I**	**Schutzklasse II**	**Schutzklasse III**
Isolationswiderstand; aktive Teile gegen berührbare leitfähige Teile	≥ 2 MΩ	≥ 2 MΩ	Aktive Teile des Nicht-SELV- bzw. -PELV-Kreises gegen berührbare leitfähige Teile des SELV-, PELV-Kreises ≥ 2 MΩ
Nachweis der sicheren Trennung	Wenn SELV- oder PELV-Kreis vorhanden ≥ 2 MΩ	Wenn SELV- oder PELV-Kreis vorhanden ≥ 2 MΩ	> 2 MΩ
Schutzleiterstrom	≤ 3,5 mA	–	–
Berührungsstrom	≤ 0,5 mA	≤ 0,5 mA	–

3 Baugruppen

3.1 Feldeffekttransistoren

Bei **Feldeffekttransistoren** (kurz FETs) erfolgt die *Steuerung des Stromflusses* durch ein senkrecht zur Strombahn wirkendes *elektrisches Feld*. Je nach Ausführung wandern die Ladungsträger entweder durch *N-dotiertes* oder *P-dotiertes* Halbleitermaterial. Man spricht von einem **unipolaren Transistor**.

Durch eine Steuerspannung werden Feldeffekttransistoren leistungslos gesteuert. Ihr Eingangswiderstand ist daher sehr hoch.

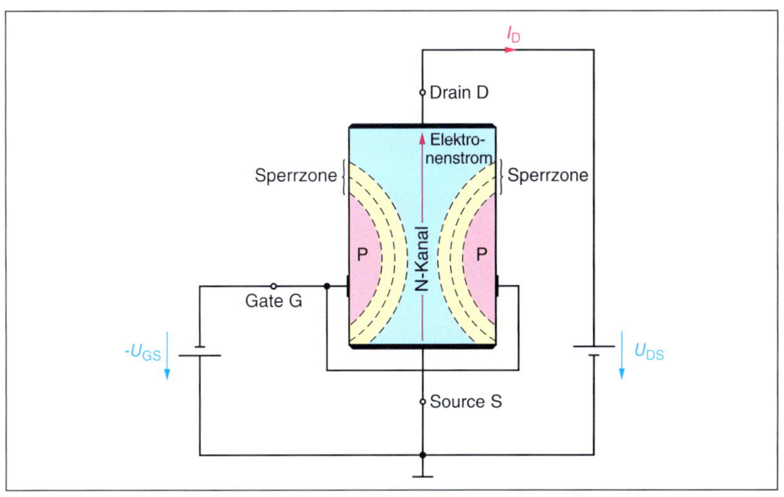

1 N-Kanal-Sperrschicht-FET

Aufbau und Wirkungsweise

Sperrschicht-Feldeffekttransistoren bestehen aus einem *stabförmig* ausgebildeten Halbleitermaterial.

Dies ist entweder *N-dotiertes* oder *P-dotiertes* Silizium. An den *Stirnseiten* des Stabes sind *sperrschichtfreie* Kontaktflächen angebracht.

Spannung an Anschlüsse D und S: → Durch den N-Kanal fließt ein Elektronenstrom I_D. Bei Schaltung nach Bild 1 von S nach D.

Spannung an den Anschlüssen G und S ($-U_{GS}$): → PN-Übergänge in *Sperrrichtung* betrieben. Kein Stromfluss über die Sperrzonen möglich.

Sperrzone breitet sich im N-Kanal aus: → Querschnitt des N-Kanals wird verringert.

Die Breite der Sperrzone ist abhängig von der Spannung $-U_{GS}$. Wenn $-U_{GS}$ so groß ist, dass die beiden Sperrzonen aneinander stoßen, kann kein *Drainstrom* I_D mehr fließen.

Der Drainstrom I_D wird durch die Spannung $-U_{GS}$ praktisch leistungslos gesteuert. Bei einem in Sperrrichtung betriebenen PN-Übergang fließt nur ein sehr geringer Reststrom.

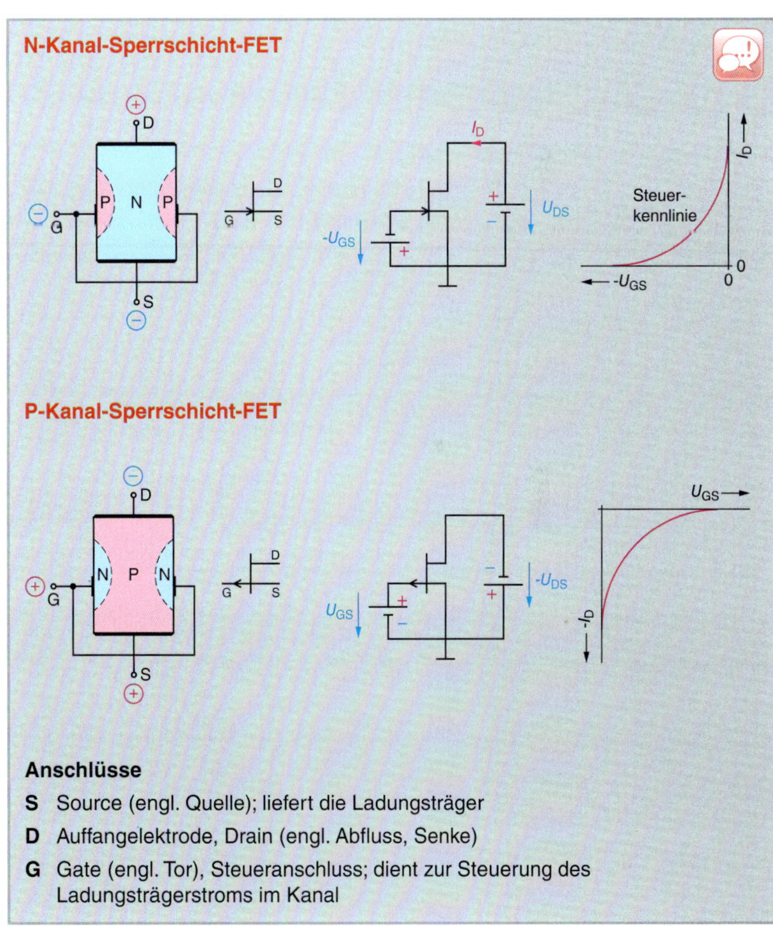

Anschlüsse

- **S** Source (engl. Quelle); liefert die Ladungsträger
- **D** Auffangelektrode, Drain (engl. Abfluss, Senke)
- **G** Gate (engl. Tor), Steueranschluss; dient zur Steuerung des Ladungsträgerstroms im Kanal

Beim **Sperrschicht-FET** werden die PN-Übergänge immer in *Sperrrichtung* betrieben.

Den Elektronen des Stroms I_D steht nur der **Kanal** als *Strömungsweg* zur Verfügung.

Durch die Steuerspannung des FET lassen sich **Kanalquerschnitt** und damit **Kanalwiderstand** beeinflussen.

Kennlinien

Der Strom I_D nimmt bei niedrigen Betriebsspannungen (U_{DS}) proportional mit der Spannung zu. Wenn die **Abschnürspannung** U_P erreicht wird, ist der **Kanalquerschnitt** nur noch sehr gering.

Daher nimmt der Strom I_D bei weiter steigender Spannung praktisch nicht mehr zu.

Wenn die Abschnürspannung erreicht ist, bleibt der Strom praktisch konstant.
Der zugehörige Strom wird Sättigungsstrom genannt.

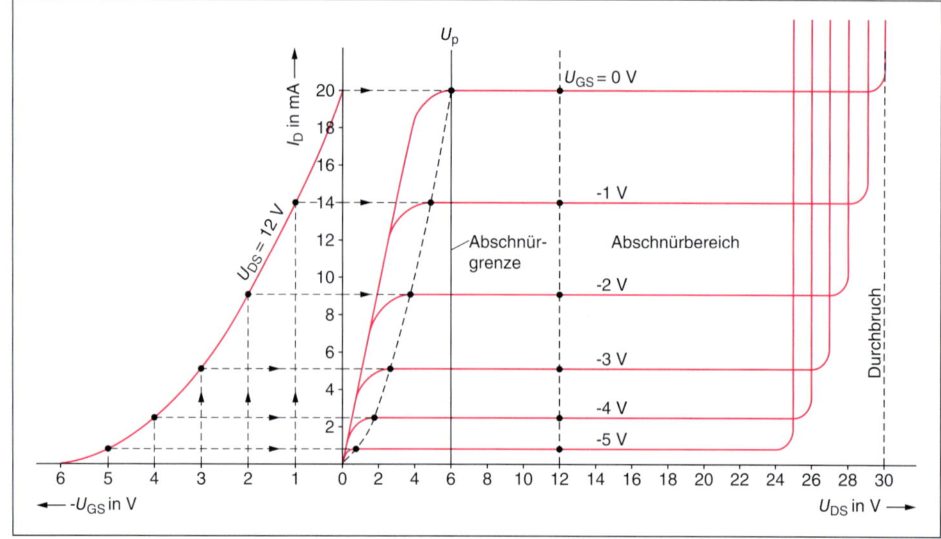

2 Kennlinien eines Sperrschicht-FETs

■ **Feldeffekttransitoren**
sind unipolare Transistoren, da im Transistor nur eine Trägerart (N oder P) auftritt.

Spannung zu hoch → Sperrzone des Transistors wird durchbrochen → steiler Stromanstieg.

Gesperrter PN-Übergang:
Gate-Restströme sind temperatur- und spannungsabhängig.

Gate-Reststrom bestimmt den **Eingangswiderstand** (im Gigaohmbereich bei 20 °C).

Steilheit

$$\text{Steilheit } S = \frac{\text{Änderung des Drainstroms } \Delta I_D}{\text{Gatespannungsänderung } \Delta U_{GS}}$$

bei *konstanter* Spannung U_{DS}.

■ **Selbstleitender N-Kanal-MOS-FET**

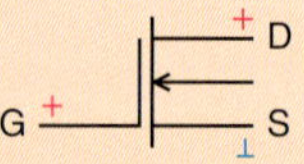

■ **Selbstleitender P-Kanal-MOS-FET**

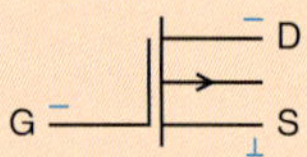

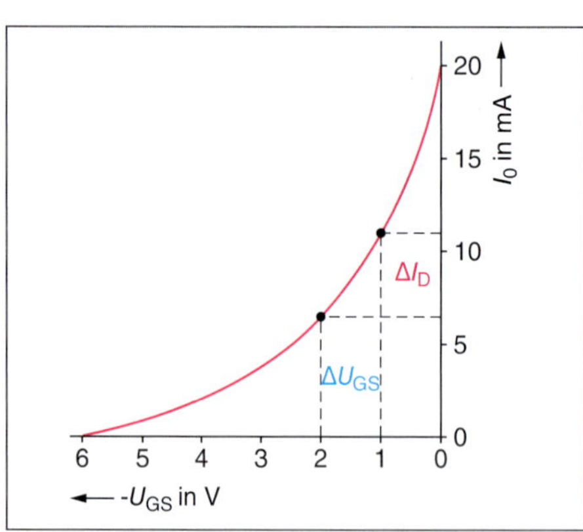

3 Steilheit beim FET

Isolierschicht-FET

Zwischen Gatezone und dem Stromkanal liegt eine *Isolierschicht*, z. B. eine Metalloxidschicht. Im *Stromkanal* kann eine weitere Dotierung eingebaut werden, die den Transistor sperrt, wenn keine Spannung am *Gate* anliegt. Man spricht von *selbstsperrenden* Transistoren.

MOS-FET: **M**etall-**O**xide-**S**emiconductor

Verwendet wird auch die Bezeichnung IFET und IGFET für isoliertes Gate.

Selbstleitende MOS-FETs

In ein *P-dotiertes Siliziumplättchen* werden zwei *hochdotierte N-Zonen* eindiffundiert und mit *sperrschichtfreien* Drain- und Sourceanschlüssen ausgestattet. Zwischen den beiden Zonen befindet sich ein dünner, schwach *N-dotierter Kanal* als leitende Verbindung zwischen Source und Drain (Bild 4).

Der Kanal ist durch eine Isolierschicht aus Siliziumdioxid abgedeckt, auf die eine Elektrode als Gateanschluss aufgebracht ist.

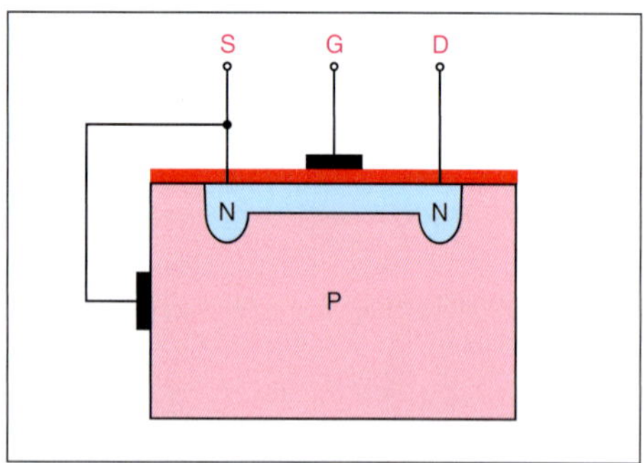

4 Selbstleitender P-Kanal-MOS-FET

Wenn keine Spannung am Gate anliegt, fließt der Drainstrom I_D.

Die Anschlüsse des MOS-FET tragen die gleichen *Bezeichnungen* wie beim Sperrschicht-FET: **SOURCE** (S), **DRAIN** (D) und **GATE** (G).

■ **MOS**
engl.: Metal-Oxide-Semiconductor, Metalloxid-Halbleiter

Beim selbstleitenden MOS-FET wird der Drainstrom I_D durch eine positive oder negative Gatespannung gesteuert.

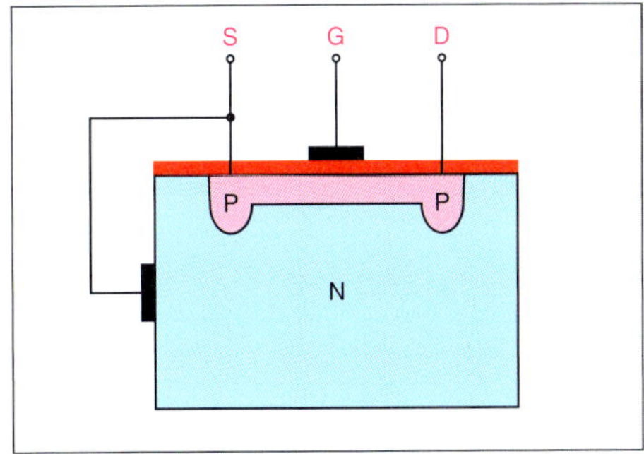

5 Selbstleitender P-Kanal-MOS-FET

Darüber hinaus hat der MOS-FET noch eine weitere Elektrode, die **Bulk-** oder **Substratanschluss** genannt wird.

Dieses Substrat oder Bulk (Masse) bildet mit dem Kanal-Halbleitermaterial einen PN-Übergang.

Dieser kann als *zweite Steuerelektrode* verwendet werden, wenn er aus dem Gehäuse herausgeführt ist.

Manchmal ist der Substratanschluss aber im Gehäuse mit dem Sourceanschluss verbunden, dann entfällt die zusätzliche Steuerungsmöglichkeit.

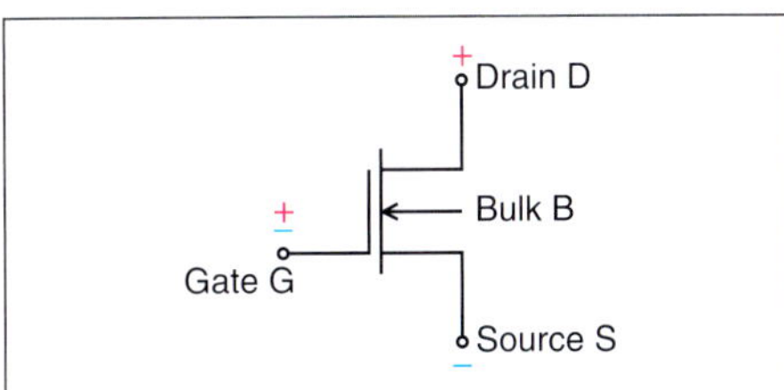

6 N-Kanal-MOS-FET

N-Kanal-MOS-FETs sind von großer praktischer Bedeutung. Betrieben werden sie mit einer positiven *Drain-Source-Spannung*.

Die Steuerung des Drainstroms I_D erfolgt durch eine positive oder negative *Gatespannung*.

- **Negative Gatespannung gegen Source S**
  Aus der Brücke werden Elektronen abgestoßen. Der Brückenwiderstand nimmt zu.
- **Positive Gatespannung gegen Source S**
  In der Brücke nimmt die Elektronendichte zu. Der Brückenwiderstand verringert sich.

Der Eingangswiderstand des MOS-FET ist noch erheblich größer als der des Sperrschicht-FETs. Werte um $10^{12}\ \Omega$ sind möglich.

Wegen des hohen Eingangswiderstands ist das MOS-FET sehr empfindlich gegen *statische Aufladungen*.

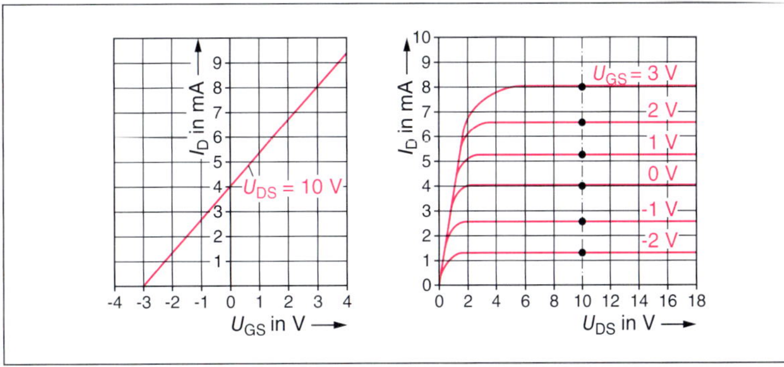

7 Selbstleitender MOS-FET, Kennlinien

Dadurch kann die Isolierschicht durchschlagen werden, was den Transistor zerstört. Deshalb:

- MOS-FETs in antistatischem Material lagern und transportieren.
- Bauelemente durch Schutzbeschaltung schützen.
- Personen mit einer ableitfähigen Verbindung zum Erdpotenzial ausrüsten.

Selbstsperrende MOS-FETs

Der Aufbau ähnelt dem selbstleitenden Typ.

Ohne äußere Feldeinwirkung existiert aber kein leitfähiger Kanal. Bei $U_{GS} = 0$ fließt kein Drainstrom (Bild 8).

Um den Drain- und Sourceanschluss befinden sich zwei *N-dotierte Inseln* in einem schwach *P-dotierten Substrat*. Dadurch bilden sich zwei PN-Übergänge.

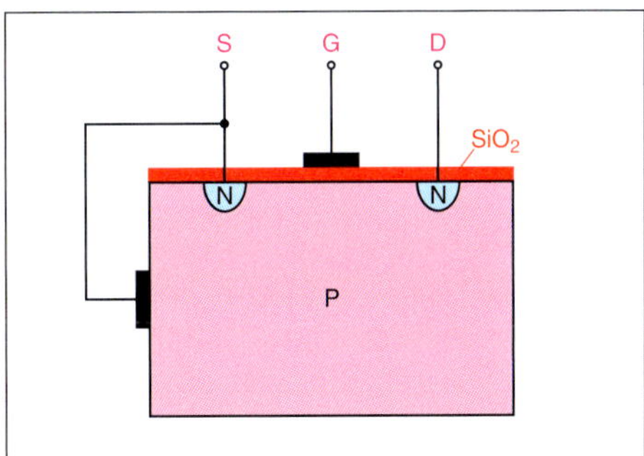

8 Selbstsperrender-MOS-FET

Bei $U_{GS} = 0$ wird eine *positive* Drain-Source-Spannung (U_{DS}) angelegt:
Die Sperrschicht um die Draininsel wird in Sperrrichtung betrieben.
Es ist kein Stromfluss zwischen Drain und Source möglich. Der Transistor bleibt *gesperrt*.

Zwischen Gate und Source wird eine *positive* U_{GS} angelegt:
Elektronen aus dem P-dotierten Substrat werden in Richtung Gate transportiert.

Anreicherungstyp

Den selbstsperrenden MOS-FET nennt man auch Anreicherungstyp.

Erst wenn sich die Zone unterhalb der Isolierschicht mit Ladungsträgern angereichert hat, kann ein Drainstrom fließen.

Feldeffekttransistor
field-effect transistor, unipolar transistor

Anreicherungstyp
enhancement-mode MOS transistor

Verarmungstyp
depletion type MOS transistor

■ **Spannungen beim MOS-FET**

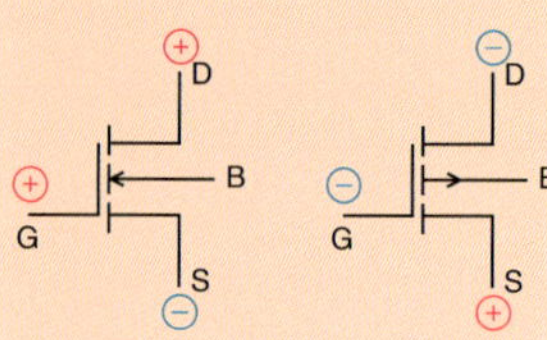

■ **Dual-Gate-MOS-FET N-Kanal-Typ, selbstsperrend**

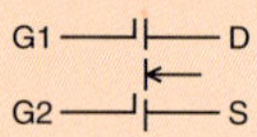

■ **N-Kanal-Typ, selbstleitend**

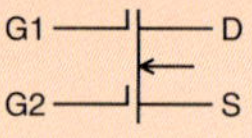

■ **P-Kanal-Typ, selbstleitend**

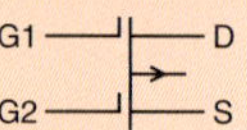

■ **P-Kanal-Typ, selbstsperrend**

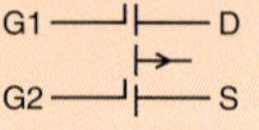

Operationsverstärker
operational amplifier, op-amp

Beschaltung
wiring

Es bildet sich ein leitfähiger Kanal zwischen Drain und Source aus. Es kann ein *Drainstrom* I_D fließen.

Der Drainstrom ist abhängig von der positiven Gate-Source-Spannung + U_{GS}.

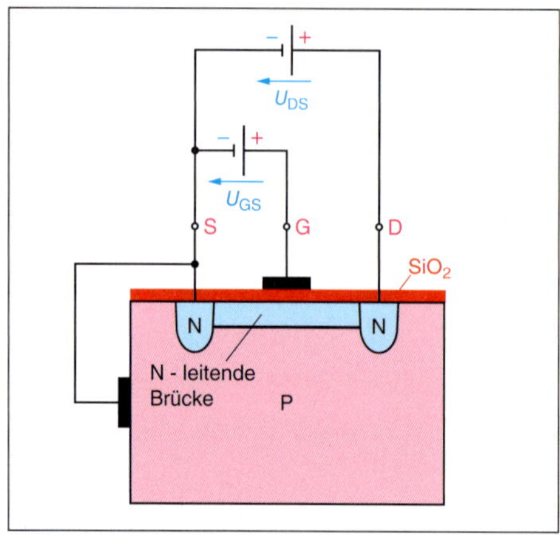

9 Selbstsperrender P-Kanal-MOS-FET

Dual-Gate-MOS-FET

Ein solcher Transistor hat *zwei* Gates. Jedes Gate steuert einen *Brückenbereich*. Dies erfolgt *unabhängig* voneinander.

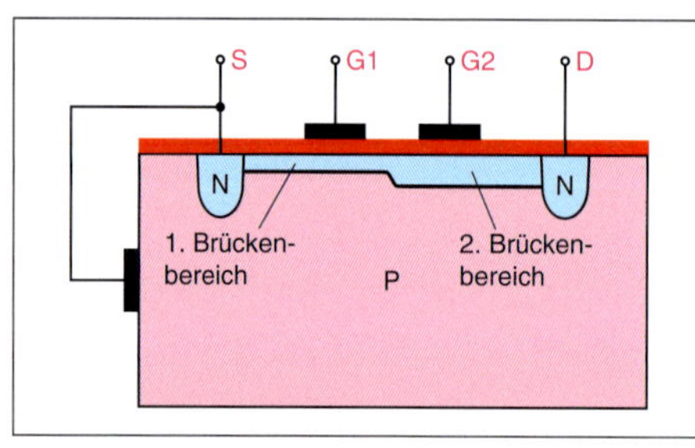

10 Dual-Gate-MOS-FET

Geeignet für Verstärker, deren *Verstärkungsfaktor veränderbar* sind.

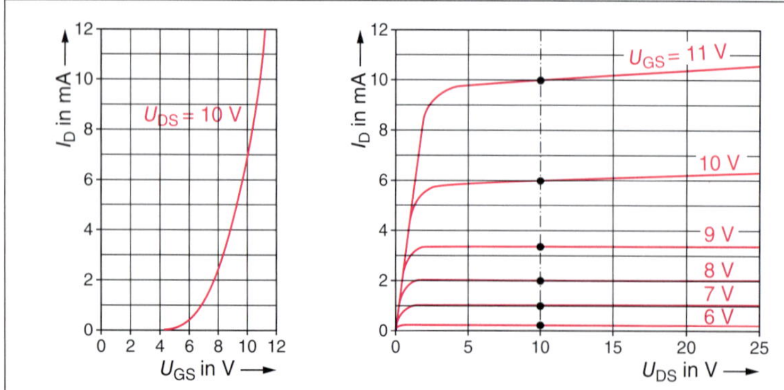

11 Selbstsperrender MOS-FET, Kennlinien

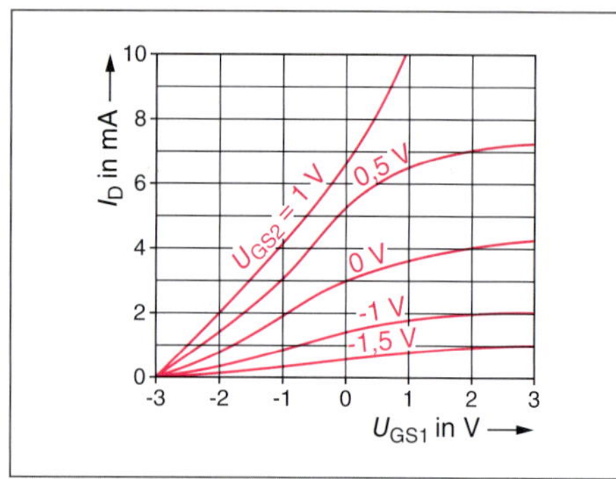

12 Dual-MOS-FET, Kennlinien

3.2 Operationsverstärker

Die Bezeichnung „Operationsverstärker" begründet sich auf den ersten Anwendungsbereichen dieser integrierten Verstärkerbausteine.

In der *Regelungstechnik* und in der *Rechentechnik* wurden mit ihnen *Rechenoperationen* ausgeführt.

Ihr Anwendungsspektrum ist jedoch vielseitiger: Sie können als *Gleich-* und *Wechselspannungsverstärker*, als *Schwellwertschalter* usw. eingesetzt werden.

Bei der *integrierten Schaltungstechnik* sind auf einem einzigen Chip eine Vielzahl von Bauelementen untergebracht.

Das Verhalten und damit die Einsatzmöglichkeit wird wesentlich durch die *externe Beschaltung* bestimmt.

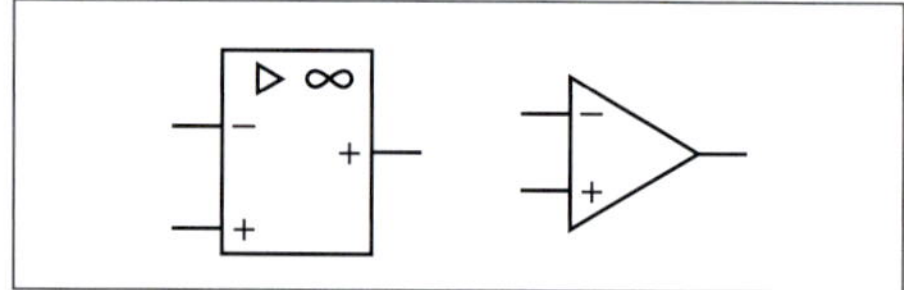

13 Schaltzeichen eines Operationsverstärkers

Operationsverstärker werden i. Allg. mit *zwei symmetrischen Betriebsspannungen* ± U_b betrieben. Diese Betriebsspannungsanschlüsse sind in den Schaltungen aber oftmals nicht eingezeichnet.

Wenn der **nicht invertierende Eingang** E2 angesteuert wird, wird am Ausgang ein *gleichphasiges verstärktes* Ausgangssignal hervorgerufen (Bild 14).

Wenn der Eingang E2 angesteuert wird, hat das verstärkte Ausgangssignal eine *Phasenverschiebung* von 180 °C.

Die Eingangsspannung wird *invertiert*.

Der Eingang E2 wird **invertierender Eingang** genannt.

Technische Daten von Operationsverstärkern

- Spannungsverstärkung 10^3 bis 10^8
- Eingangswiderstand 10^5 bis 10^{15} Ω
- Ausgangswiderstand 15 Ω bis 3 kΩ
- Frequenzbereich 0 Hz bis 1 MHz
- Betriebsspannung ± 4 V bis ± 30 V

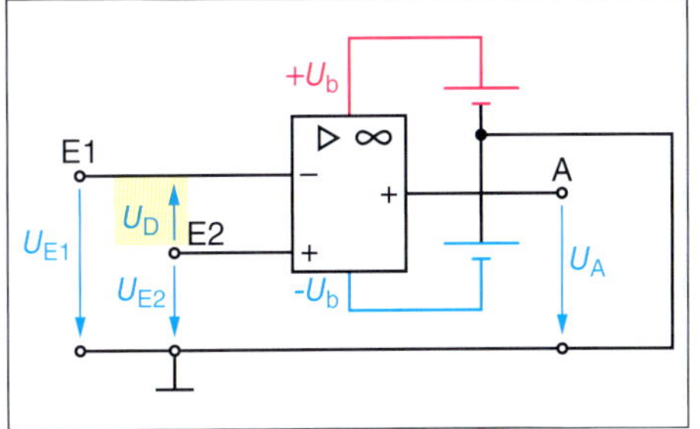

14 Spannungen beim Operationsverstärker

Zur **Spannungsversorgung** benötigt der Operationsverstärker *zwei* gleich große Betriebsspannungen + U_b und – U_b.

+ **Nicht invertierender Eingang**
  Wenn an diesem Eingang ein Signal angelegt wird, erscheint es am Ausgang mit der gleichen Phasenlage.

– **Invertierender Eingang**
  Das Signal an diesem Eingang erscheint am Ausgang invertiert, d. h. um 180° phasenverschoben.

Die Spannungen des OPs werden *auf Masse bezogen*. Die *Differenz* zwischen den beiden Eingangsspannungen U_{E1} und U_{E2} (bezogen auf Masse) ist die **Differenz-Eingangsspannung** U_D.

> Nur diese Differenz-Eingangsspannung U_D wird vom OP verstärkt. Der OP ist ein Differenzverstärker.

Differenz-Eingangsspannung

$$U_D = U_{E1} - U_{E2}$$

Leerlauf-Ausgangsspannung

$$U_A = V_0 \cdot U_D$$

V_0: Leerlaufverstärkung des OP

Die **Differenzspannung** U_D kann positiv und negativ sein. Somit kann auch die *Ausgangsspannung* positiv oder negativ sein.

Der *unbeschaltete* OP hat eine *sehr hohe* **Leerlaufverstärkung**. Somit können bereits sehr kleine Eingangssignale zu einer **Übersteuerung** führen.

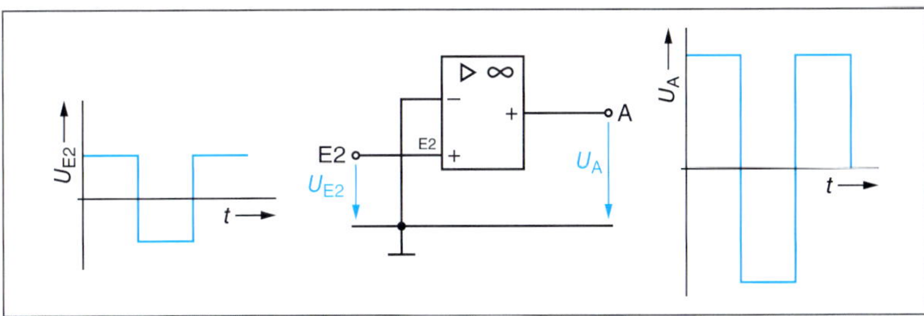

15 Operationsverstärker, nicht invertierend

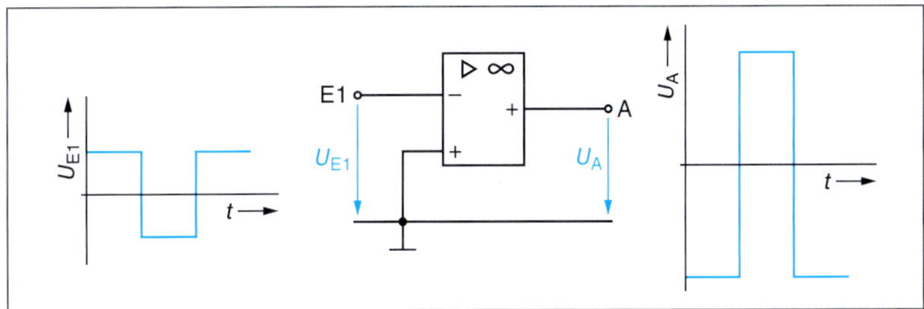

16 Operationsverstärker, invertierend

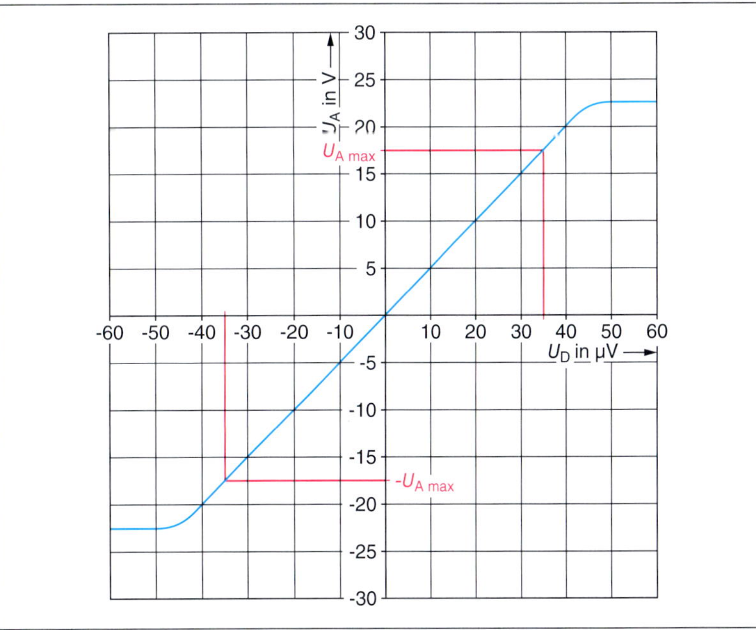

17 Übertragungskennlinie eines Operationsverstärkers

Die **Phasenlage** *des Ausgangssignals* hängt vom *größeren* der beiden Eingangssignale ab.

Wenn das größere Signal am nicht invertierenden Eingang (+) anliegt, ist die Phasenverschiebung 0°.

Wenn das Signal am invertierenden Eingang (–) größer ist, beträgt die Phasenverschiebung von U_A 180°.

In einem bestimmten Bereich von U_D arbeitet der OP nahezu *linear*. In diesem Bereich ist die **Leerlaufverstärkung** V_0 konstant.

■ **Operationsverstärker** sind Differenzverstärker, da die Differenzspannung $U_D = U_{E1} - U_{E2}$ verstärkt wird.

Für den Einsatz des **Analogverstärkers** ist nur der *lineare Bereich* der Übertragungskennlinie nutzbar.

Die Grenzen $+U_{A_{max}}$ und $-U_{A_{max}}$ geben die **Ansteuerbarkeit** eines OPs an.

■ **Offsetspannung**

Die Offsetspannung wird durch Toleranz der Transistordaten innerhalb der Integrierten Schaltung bewirkt.

Liegen beide Eingänge an Masse und sind die Basis-Emitter-Spannungen der beiden Eingangstransistoren unterschiedlich, dann wirkt die dadurch bewirkte Spannungsdifferenz wie eine Steuerspannung.

Offsetspannung

Die Übertragungskennlinie Bild 17 zeigt, dass bei $U_D = 0$ auch die Ausgangsspannung $U_A = 0$.

Diese Annahme gilt allerdings nur für den **idealen Operationsverstärker**.

Real tritt allerdings bei $U_D = 0$ eine Ausgangsspannung von einigen Millivolt auf.

Diese Abweichung von $U_D = 0$ muss i. Allg. *kompensiert* werden. Dazu wird an einem OP-Eingang eine zusätzliche Spannung angelegt. Man nennt diese Spannung **Offsetspannung** U_0.

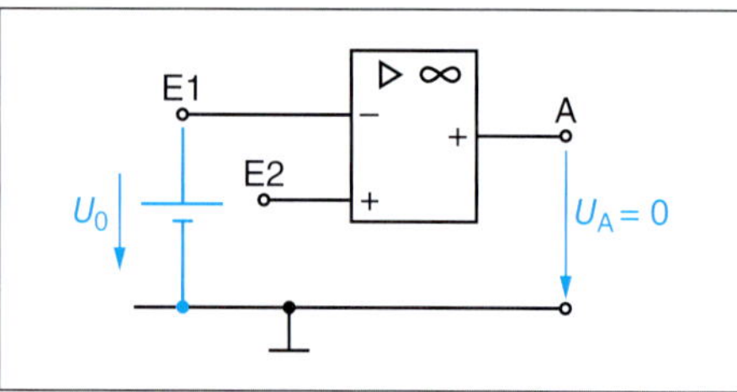

18 Offsetspannungskompensation

Oftmals kann durch *externe Beschaltung* des OPs die Offsetspannung über die *interne Schaltung* kompensiert werden.

Durch das **Potenziometer** R wird der Wert $U_A = 0$ eingestellt.

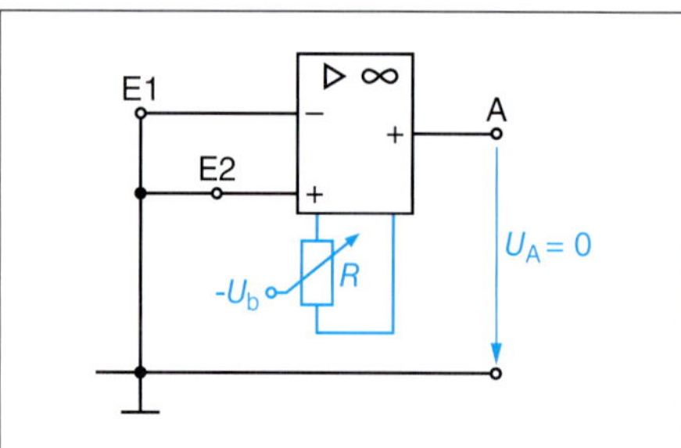

19 Externe Offsetspannungskompensation

Gleichtaktverstärkung V_{GL}

Als technisch unerwünschte Größe soll die **Gleichtaktverstärkung** beim OP möglichst gering sein.

$$V_{GL} = \frac{\Delta U_A}{\Delta U_{GL}}$$

Sie wird durch Unterschiede in den Kennlinien der internen Transistoren bewirkt.

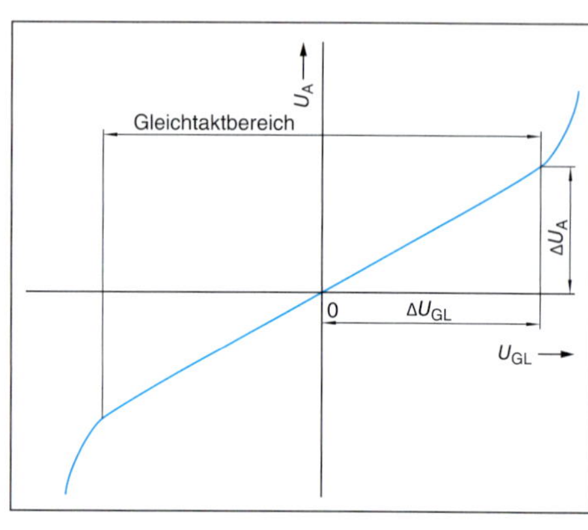

20 Gleichtaktbereich eines OPs

Datenblätter der Hersteller geben die **Gleichtaktunterdrückung** G an.

$$G = \frac{V_0}{V_{GL}}$$

G Gleichtaktunterdrückung
V_0 Leerlaufverstärkung
V_{GL} Gleichtaktverstärkung

Beim *idealen OP* ist G unendlich groß ($G = \infty$).

Eingangsströme

Es fließen die **Eingangsruheströme** I_{E1} und I_{E2}.

Eingangsruhestrom I_E

$$I_E = \frac{I_{E1} + I_{E2}}{2}$$

Der Eingangsstrom ist vom **Eingangswiderstand** abhängig. Der Eingangswiderstand ist von der Technologie des OP abhängig.

- **Bipolare Eingangstransistoren**
  Eingangswiderstand bis $10^6\ \Omega$,
  Eingangsruhestrom im nA-Bereich.
- **MOS-Eingangstransistoren**
  Eingangswiderstand bis $10^{15}\ \Omega$,
  Eingangsruhestrom im pA-Bereich.

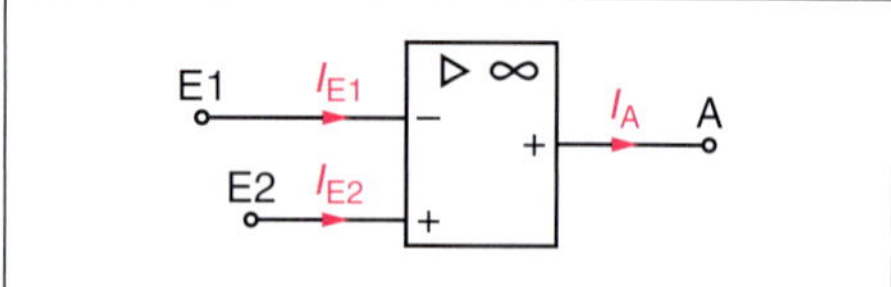

21 Ströme beim Operationsverstärker

Wegen der *Unsymmetrien* im OP-Aufbau tritt ein **Eingangs-Offsetstrom** I_0 auf.

$$I_0 = I_{E2} - I_{E1}$$

Der Eingangs-Offsetstrom I_0 kann als **Störgröße** betrachtet werden. Im Allgemeinen sind die OPs noch mit externen Widerständen an den Eingängen E1 und E2 beschaltet.

Differenzspannung
difference voltage

Leerlauf
no-load running

Übersteuerung
overload

Gleichtaktunterdrückung
common-mode rejection

Offsetspannung
offset voltage

Eingangs-Offsetstrom
input-offset current

Störgröße
disturbing quantity

Frequenzgang
frequency response

Grenzfrequenz
limiting frequency

Bandbreite
bandwith

Wegen I_0 treten an den Widerständen unterschiedliche Spannungsfälle auf, die wie eine *Offsetspannung* wirken.

Ausgangsstrom

OPs haben im Ausgang häufig Leistungsendstufen, die **Ausgangsströme** bis etwa 25 mA liefern können.

Die **Ausgangswiderstände** liegen dabei zwischen 30 Ω und 1000 Ω.

Bei OPs für höhere Ausgangsströme ist der Kollektor des Ausgangstransistors *direkt herausgeführt*. Man spricht dann von einem **offenen Kollektor**.

Der Lastwiderstand ist dann extern anzuschließen. So sind **Ausgangsströme** bis über 100 mA erreichbar.

Frequenzgang

Operationsverstärker sind **Gleichspannungsverstärker**.

B
B
B: Brandbreite
Verstärkung V
10000
1000
100
10
1
V_0
ohne Gegenkopplung
mit Gegenkopplung
0
1
10
100
1000
10000
f in kHz

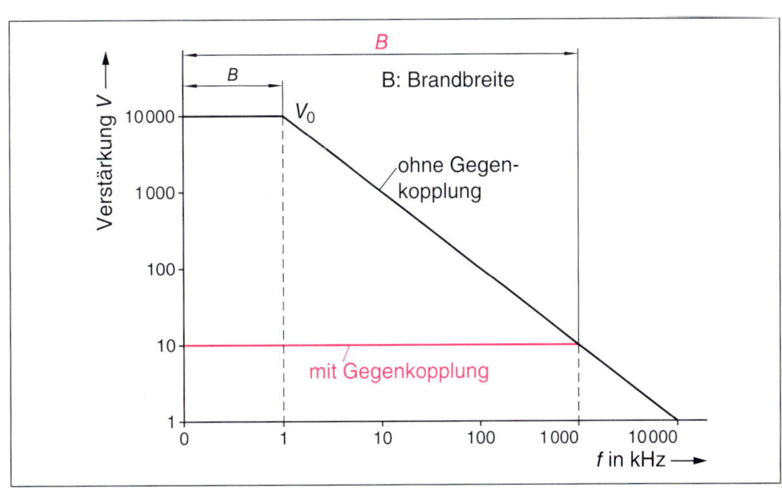

22 Frequenzgang eines Operationsverstärkers

Daher liegt ihre **untere Grenzfrequenz** bei $f_{gu} = 0$ Hz.

Die **obere Grenzfrequenz** f_{g0} liegt im Bereich von ca. 1 kHz, was relativ gering ist.

Durch **Gegenkopplung** wird die Verstärkung stark herabgesetzt. Die Grenzfrequenz f_{g0} nimmt aber zu. Der Verstärker hat dann eine höhere Bandbreite *B*.

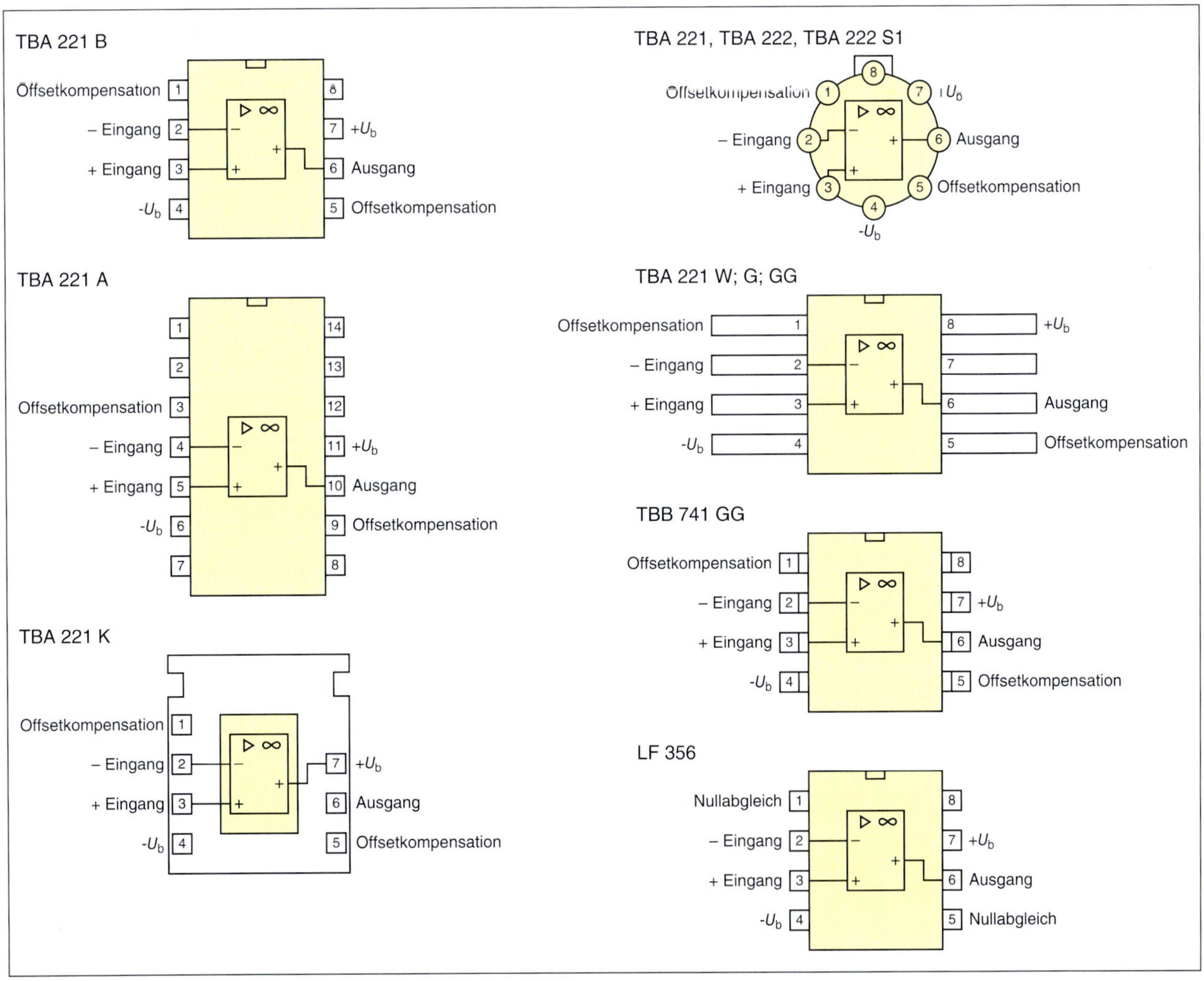

TBA 221 B
Offsetkompensation 1
– Eingang 2
+ Eingang 3
-U_b 4
8
7 +U_b
6 Ausgang
5 Offsetkompensation
TBA 221, TBA 222, TBA 222 S1
Offsetkompensation 1
– Eingang 2
+ Eingang 3
4 -U_b
8
7 U_b
6 Ausgang
5 Offsetkompensation
TBA 221 A
1
2
Offsetkompensation 3
– Eingang 4
+ Eingang 5
-U_b 6
7
14
13
12
11 +U_b
10 Ausgang
9 Offsetkompensation
8
TBA 221 W; G; GG
Offsetkompensation 1
– Eingang 2
+ Eingang 3
-U_b 4
8 +U_b
7
6 Ausgang
5 Offsetkompensation
TBB 741 GG
Offsetkompensation 1
– Eingang 2
+ Eingang 3
-U_b 4
8
7 +U_b
6 Ausgang
5 Offsetkompensation
TBA 221 K
Offsetkompensation 1
– Eingang 2
+ Eingang 3
-U_b 4
7 +U_b
6 Ausgang
5 Offsetkompensation
LF 356
Nullabgleich 1
– Eingang 2
+ Eingang 3
-U_b 4
8
7 +U_b
6 Ausgang
5 Nullabgleich

23 Gehäuseformen und Anschlüsse bei Operationsverstärkern

Äußere Beschaltung
beeinflusst Eingangswiderstand und Frequenzgang.

Anwendungen des Operationsverstärkers

Invertierender Verstärker

Durch *äußere Beschaltung* des Operationsverstärkers werden

- Spannungsverstärkung
- Eingangswiderstand
- Frequenzgang

beeinflusst.

Die **Leerlaufverstärkung** V_0 muss wesentlich herabgesetzt werden, wenn der OP des linearen Verstärkers betrieben werden soll.

Dies geschieht durch **Rückführung** einer Teilspannung vom Ausgang auf den invertierenden Eingang (Bild 24).

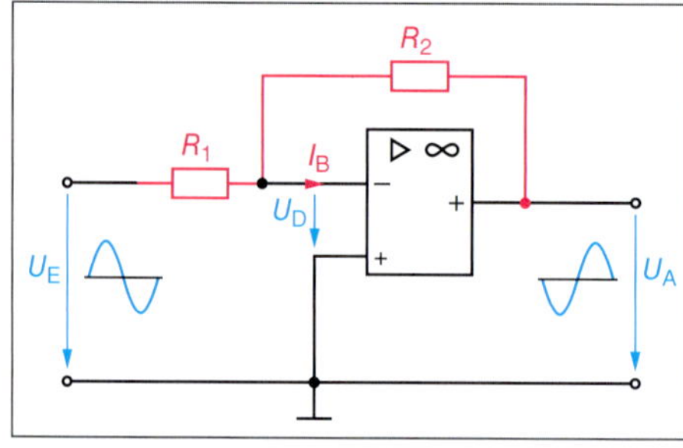

24 Invertierender Operationsverstärker

Bei **Kleinsignalverstärkern** liegt R_1 im Bereich 10 kΩ bis 100 kΩ.

Der Wert für R_2 ergibt sich aus der gewünschten **Spannungsverstärkung**.

Die **Eingangsspannung** U_E wird um 180° *phasengedreht* und je nach den Widerstandswerten von R_1 und R_2 erhöht oder verringert.

$$U_D \approx 0 \qquad I_B \approx 0$$

$$I_{R1} = -I_{R2}$$

$$V_U = \frac{U_A}{U_E} = -\frac{R_2}{R_1}$$

Ein *positives Eingangssignal* führt zu einem *negativen Ausgangssignal*, ein *negatives Eingangssignal* führt zu einem *positiven Ausgangssignal*. Man spricht von einem **Invertierer**.

Nicht invertierender Verstärker

Der Verstärker wird über den *nicht invertierenden* Eingang angesteuert (Bild 25).

Ein Teil der Ausgangsspannung wird auf den Eingang zurückgeführt. Diese Schaltung hat einen *sehr hohen Eingangswiderstand.*

Abhängig vom *Widerstandsverhältnis* R_2/R_1 wird ein Teil der Ausgangsspannung auf den invertierenden Eingang *rückgekoppelt.*

Bei Kleinsignalverstärkern liegt R_1 im Bereich 10 kΩ bis 100 kΩ. Ein- und Ausgangsspannung sind *gleichphasig.*

$$U_D \approx 0$$

$$U_A = U_{R1} + U_{R2}$$

$$U_E \approx U_{R1}$$

$$V_U = \frac{U_A}{U_E} = \frac{U_{R1} + U_{R2}}{U_{R1}} = \frac{R_1 + R_2}{R_1}$$

$$V_U = 1 + \frac{R_2}{R_1}$$

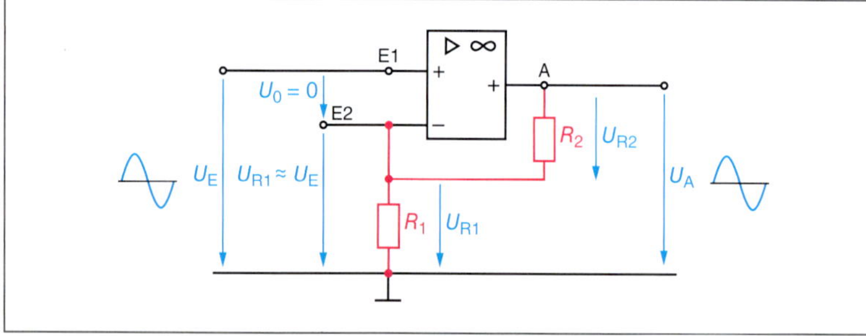

25 Nicht invertierender Operationsverstärker

z.B.

Der invertierende Verstärker nach Bild 24 soll ein Eingangssignal von $U_E = 250$ mV so verstärken, dass am Ausgang $U_A = -2{,}8$ V auftritt.
$R_1 = 15$ kΩ.
Bestimmen Sie die Verstärkung V_U und den Widerstand R_2.

Bestimmung der Spannungsverstärkung:
250 mV = 0,25 V

$$V_U = \frac{U_A}{U_E}$$

$$V_U = \frac{2{,}8\ \text{V}}{0{,}25\ \text{V}} = 11{,}2$$

Aus der Spannungsverstärkung kann der Widerstand R_2 ermittelt werden.
Es reicht, mit dem Betrag zu arbeiten.

$$V_U = \frac{R_2}{R_1}$$

$$R_2 = V_U \cdot R_1 = 11{,}2 \cdot 15\ \text{k}\Omega = 168\ \text{k}\Omega$$

Impedanzwandler

Der Operationsverstärker hat einen *hohen Eingangswiderstand* und einen *niedrigen Ausgangswiderstand*. Er kann als **Impedanzwandler** verwendet werden.

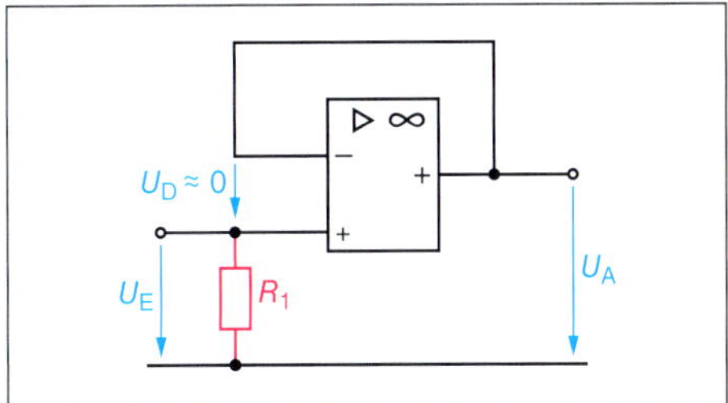

26 Impedanzwandler

R_1 hat je nach OP Werte zwischen 10 kΩ und 10 MΩ.
Die *Spannungsverstärkung* ist 1 ($V_U = 1$).

Integrierer

Im *Rückkopplungszweig* des Operationsverstärkers wird ein Kondensator eingebaut (Bild 28). Damit wird die Verstärkung *frequenzabhängig*.

Ohne OP eilt die Ausgangsspannung der Eingangsspannung um 90° nach.

Wird ein OP beim Integrierer verwendet, erfolgt eine Phasendrehung zwischen U_A und U_E um 180°.

$$\frac{u_{Ass}}{u_{Ess}} = -\frac{X_C}{R} = -\frac{1}{2\pi \cdot f \cdot C \cdot R}$$

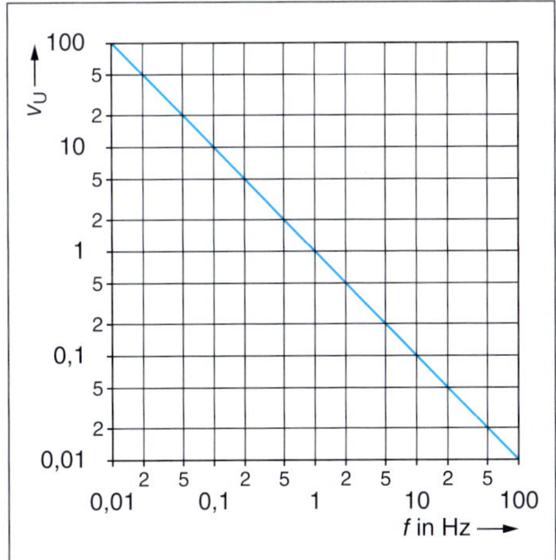

27 Frequenzgang des Integrierers

Wenn die Eingangsspannung *konstant* ist, ändert sich die Ausgangsspannung *linear* mit der Zeit
Ist die Eingangsspannung *nicht konstant*, wird der *Mittelwert durch* **Integration** *gebildet.*

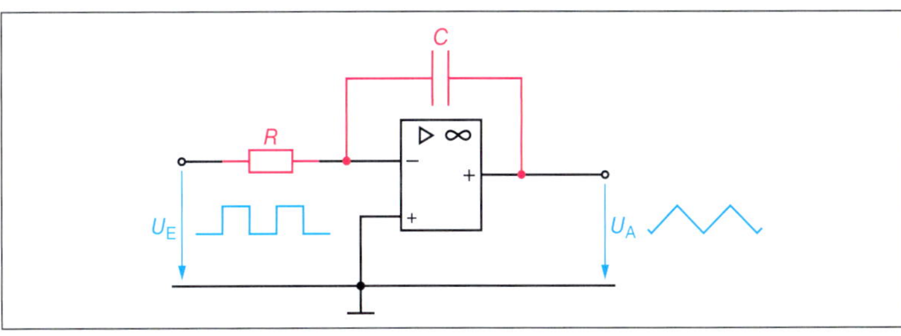

28 Integrierer

Eine *sinusförmige* Eingangsspannung ruft eine *sinusförmige* Ausgangsspannung hervor. Die *Verstärkung* nimmt mit zunehmender Frequenz ab.

Differenzierer

Eine Ausgangsspannung tritt nur auf, wenn sich die Spannung am Eingang *ändert*.

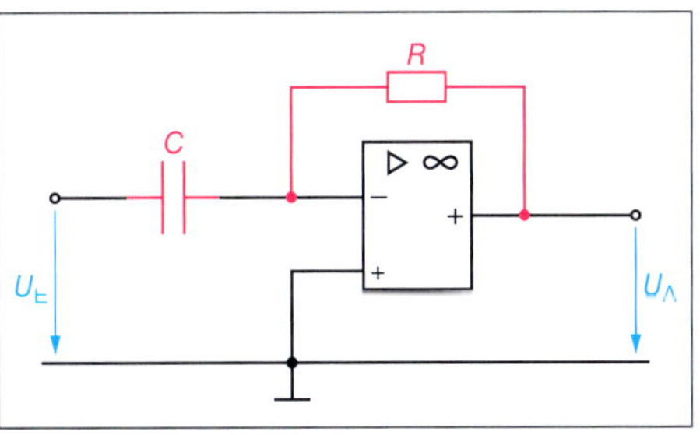

29 Differenzierer

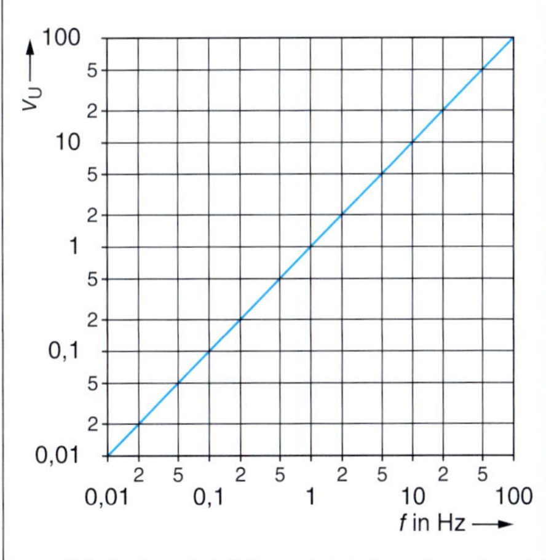

30 Frequenzgang des Differenzierers

Wenn die Eingangsspannung *linear steigt* oder fällt, ist die Ausgangsspannung *konstant*.
Die Ausgangsspannung hängt von der **Anstiegsgeschwindigkeit** $\Delta u_E/\Delta t$ der Eingangsspannung ab.

- Verringerung der Eingangsspannung → Ausgangsspannung ist positiv.
- Vergrößert sich die Eingangsspannung → Ausgangsspannung ist negativ.

Impedanzwandler
impedance transformer

Integrierer
integrator

Differenzierer
differentiator

■ **Integrierer**

Wenn U_E *konstant* ist, ändert sich die Ausgangsspannung linear mit der Zeit.

■ **Differenzierer**

Wenn sich die Eingangsspannung U_E *ändert*, wird am Ausgang eine Spannung hervorgerufen.

Thyristor
thyristor, silicon controlled rectifier, SCR

Thyristorzündung
thyristor firing

Vierschichtdiode
four-layer diode, p-n-p-n-diode

Thyristordioden
haben zwei Anschlüsse. Beim Einrichtungsbetrieb kann der Strom nur in einer Richtung durch das Bauelement fließen.

@ Interessante Links
- christiani-berufskolleg.de

Schaltspannung
Der Wert der Schaltspannung ist dotierungsabhängig (üblich: 20 bis 200 V).

Liegen *rechteckige* Spannungen am Eingang an, werden am Ausgang **Nadelimpulse** hervorgerufen.
Wenn die Eingangsspannung *sinusförmig* ist, dann ist die Ausgangsspannung auch sinusförmig.

Mit zunehmender Frequenz steigt die Verstärkung an, da der Blindwiderstand des Kondensators niederohmiger wird.

$$\frac{u_{\text{Ass}}}{u_{\text{Ess}}} = -\frac{R}{X_C} = -R \cdot 2\pi \cdot f \cdot C$$

Prüfung

1. Erläutern Sie Aufbau und Wirkungsweise von Sperrschicht-Feldeffekttransistoren.

2. Worin besteht der wesentliche Unterschied zwischen Feldeffekttransistoren und bipolaren Transistoren.

3. Wie kann der Drainstrom beim selbstleitenden MOS-FET gesteuert werden?

4. Der Operationsverstärker ist ein Differenzverstärker.
Was bedeutet das?

5. Wovon ist beim Operationsverstärker die Phasenlage des Ausgangssignals abhängig?

6. Was versteht man unter Offsetspannung beim Operationsverstärker?
Wie kommt diese Spannung zustande?

7. Für welche Zwecke können Operationsverstärker eingesetzt werden?

8. Ein Operationsverstärker soll als Impedanzwandler verwendet werden.
Wie ist er zu beschalten?

3.3 Thyristoren

Thyristoren sind **Mehrschichthalbleiter** (mit mehr als drei Schichten). Sie haben drei oder mehr *PN-Übergänge* und ein ausgeprägtes **Schaltverhalten**.

Thyristoren sind **elektronische Schalter** mit den Schaltzuständen EIN und AUS.

- **Zünden**
  Übergang vom gesperrten in den leitenden Zustand.
- **Löschen**
  Übergang vom leitenden in den gesperrten Zustand.

Einrichtungs-Thyristordiode (Vierschichtdiode)

Das Siliziumkristall besteht aus *vier Schichten* unterschiedlicher Dotierung. Daher die Bezeichnung **Vierschichtdiode**.

Die *Zonenfolge* ist PNPN. An den äußeren Zonen sind die Anschlüsse **Anode** (A) und **Katode** (K) angebracht (Bild 31).

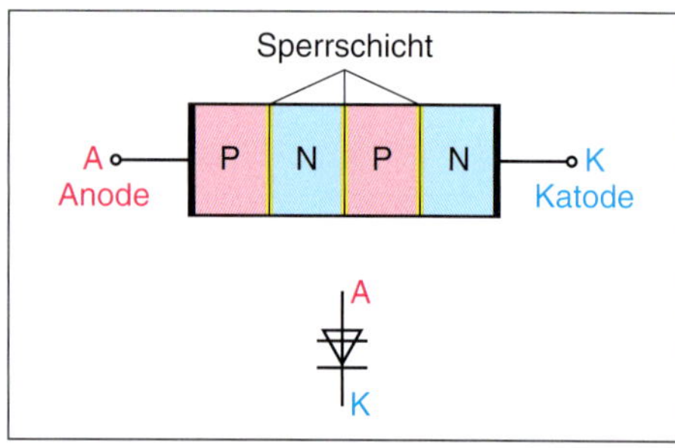

31 Vierschichtdiode

Funktion
Wenn Spannung angelegt wird (Bild 32), bilden sich *zwei Sperrschichten (a, c)* aus. Die Vierschichtdiode *sperrt* dann. Es fließt nur ein sehr kleiner **Sperrstrom**.

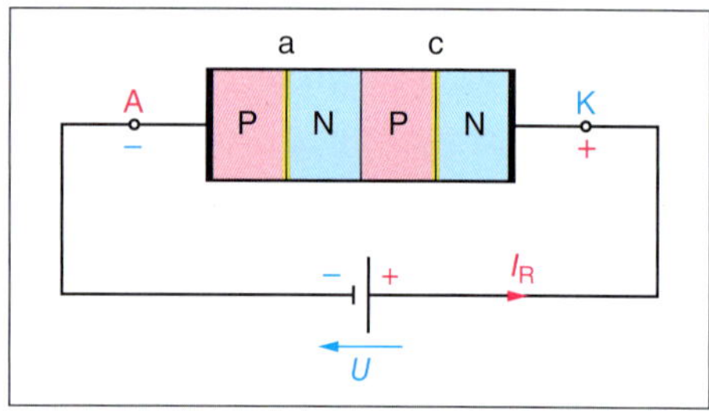

32 PN-Übergang a und c in Sperrrichtung

Wird die Spannungsversorgung umgepolt, ist nur noch der PN-Übergang *b* in *Sperrrichtung* betrieben (Bild 33).

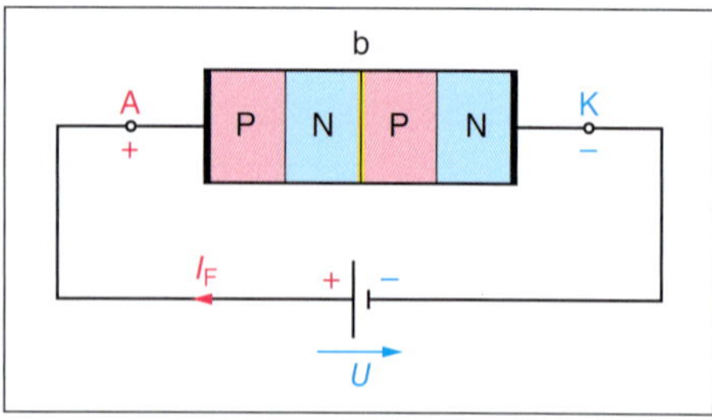

33 PN-Übergang b in Sperrrichtung

Wird die Spannung zwischen Anode und Katode erhöht, schaltet die Vierschichtdiode bei einem bestimmten Spannungswert in den *niederohmigen* Zustand.

Diese Spannung heißt **Kippspannung** oder **Schaltspannung**.

Bei *Sperrschichtdurchbruch* fließt ein sehr stark ansteigender Strom. Daher werden Vierschichtdioden mit **Vorwiderstand** betrieben.

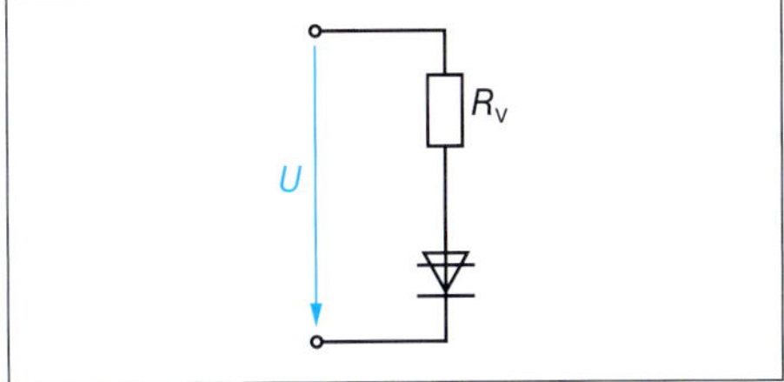

34 *Vierschichtdiode mit Vorwiderstand*

Kennlinie (Bild 35)
Wenn der **Haltestrom** I_H unterschritten wird, kippt die Diode wieder in den **Sperrzustand** zurück. Dazu ist aber eine geeignete schaltungstechnische Maßnahme erforderlich.

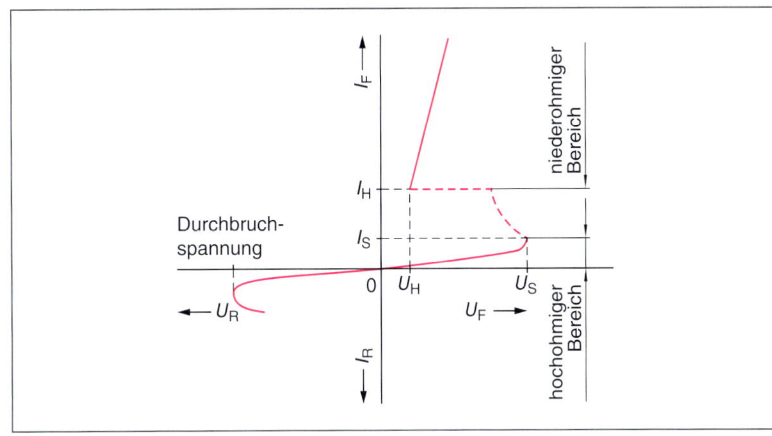

35 *Kennlinie einer Vierschichtdiode*

Zweirichtungs-Thyristordiode (Diac)

Vierschichtdioden haben den Nachteil, dass sie nur gezündet werden können, wenn die Anode *positiver* als die Katode ist. Sie können nur in **Vorwärtsrichtung** gezündet werden.

Diesen Nachteil haben **Diacs** nicht. Sie können auch in **Rückwärtsrichtung** gezündet werden. Dann ist die Anode *negativ* gegenüber der Katode.

Der Diac ist faktisch eine *Antiparallelschaltung* von zwei Vierschichtdioden. Die notwendigen Kristallstrecken sind in *einem* einzigen Kristall aufgebaut (Bild 36).

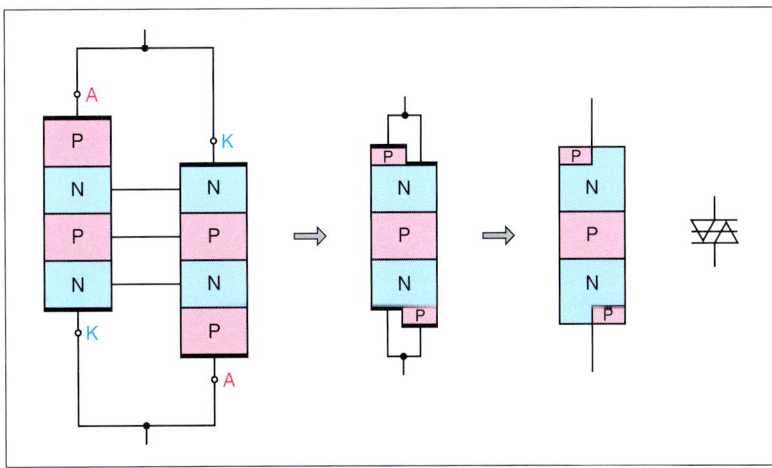

36 *Aufbau eines Diacs*

Der Kennlinienverlauf (Bild 37) entspricht im *Vorwärtsbereich* einer Vierschichtdiode.

Wenn die **Schaltspannung** U_S überschritten wird, fließt ein Strom, der durch einen Vorwiderstand begrenzt werden muss.

Im *Rückwärtsbereich* hat die Kennlinie wegen der Antiparallelschaltung einen spiegelbildlichen Verlauf.

Wenn $-U_S$ überschritten wird, fließt ein Strom, der ebenfalls durch einen Vorwiderstand zu begrenzen ist.

Bei Unterschreitung des **Haltestroms** (I_H, $-I_H$) sperrt der Diac wieder.

Praktisch sind die Werte von negativer und positiver Schaltspannung nicht genau gleich groß. Die Differenz von ca. ± 4 V wird **Symmetrieabweichung** genannt.

Anwendung findet der Diac z. B. zur Ansteuerung von Triacs.

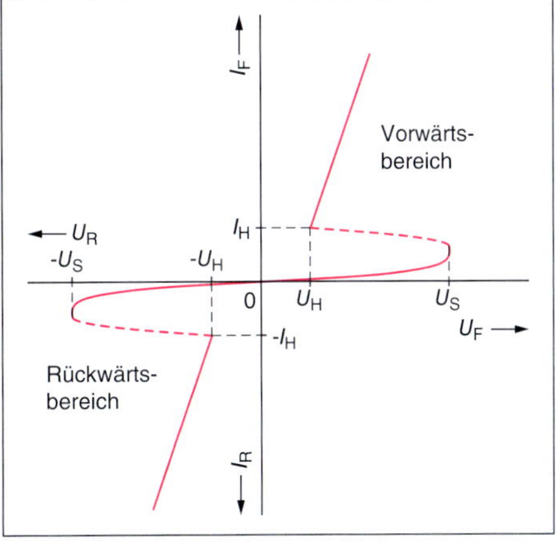

37 *Kennlinie eines Diacs*

Zweirichtungsdiode

Ein PN-Übergang ist immer in *Sperrrichtung* geschaltet. Bei Erreichen der Schalt- oder Durchbruchspannung bricht der gesperrte PN-Übergang durch. Die Zweirichtungsdiode wird niederohmig.

■ **Diac**
Diode
alternating current switch
Dioden-Wechselstrom-schalter.

Der Diac arbeitet im Vorwärts- und Rückwärtsbereich.

Das Bauelement hat eine positive und eine negative Schaltspannung.

■ **Diac, Symbol**

Weitere Symbole

Sperrschicht
barrier layer

löschen
quenching

zünden
ignite, fire

Sperrwiderstand
clocking resistance

Durchlasswiderstand
on-state resistance

Zündimpuls
ignition pulse, starting pulse

■ **Thyristortrioden**

haben drei Anschlüsse. Der Steueranschluss wird mit Gate (G) bezeichnet.

Wegen der höheren Stromverstärkung des NPN-Transistors, überwiegt der Einsatz des katodenseitig gesteuerten Thyristors. Er benötigt einen geringeren Steuerstrom.

@ **Interessante Links**

- christiani-berufskolleg.de

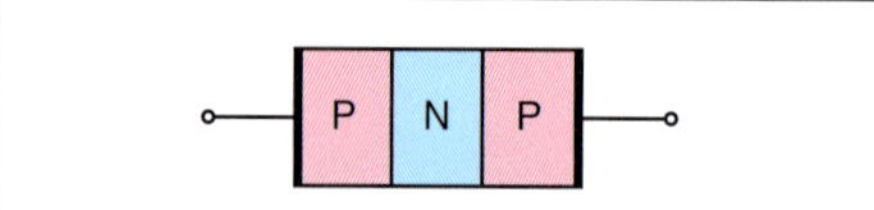

38 Zweirichtungsdiode

Der Wert der **Schalt-** oder **Durchbruchspannung** hängt von der *Dotierung* der Halbleiterzonen ab.

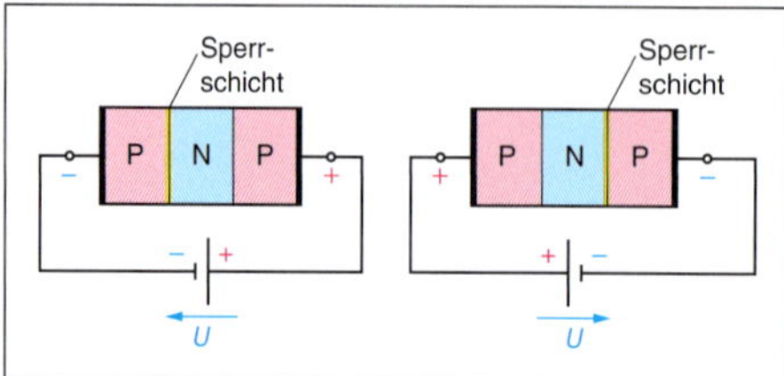

39 Spannung an der Zweirichtungsdiode

Wenn nach dem *Durchbruch* die **Haltespannung** U_H *unterschritten* wird, baut sich die Sperrschicht erneut auf und die Zweirichtungsdiode wird *hochohmig* (Bild 40).

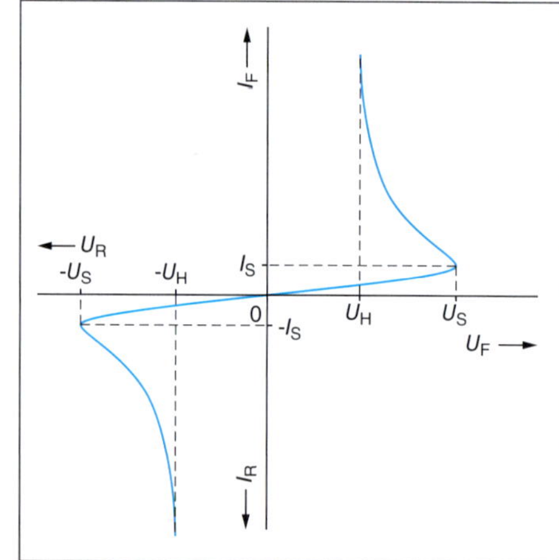

40 Kennline einer Zweirichtungsdiode

Einrichtungs-Thyristortriode (Thyristor)

Thyristoren (engl. Kurzbezeichnung **SCR**;- **S**ilicon **C**ontrolled **R**ectifier) sind *steuerbare elektronische Schalter*. Sie können einen *hochohmigen* und einen *niederohmigen* Zustand annehmen.

Aufbau

Siliziumkristall mit 4 Zonen (wie Vierschichtdiode), Anschlüsse **Anode** A und **Katode** K.

Über diese Anschlüsse fließt der Betriebsstrom.

Zusätzlich ist noch ein **Steueranschluss** (Gate G genannt) vorhanden.

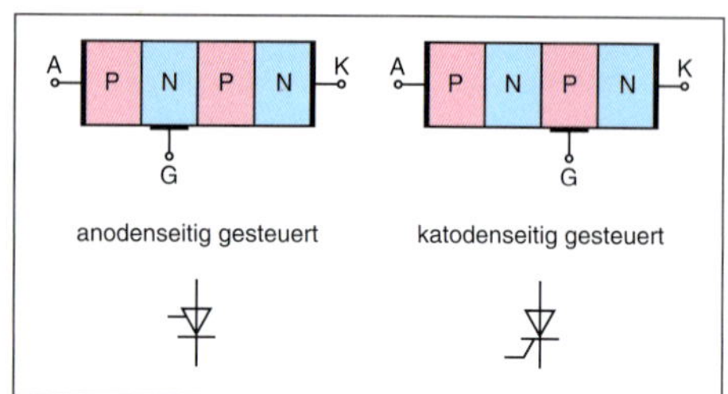

41 Unterschiedlicher Steueranschluss

Nach Anbringung des Steueranschlusses (Bild 41) spricht man von einem

- **anodenseitig** gesteuerten Thyristor (N-Steuerung).
- **katodenseitig** gesteuerten Thyristor (P-Steuerung).

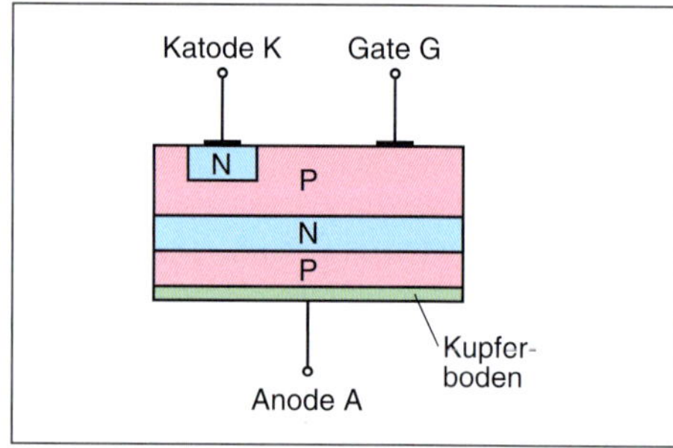

42 Aufbau eines Thyristors

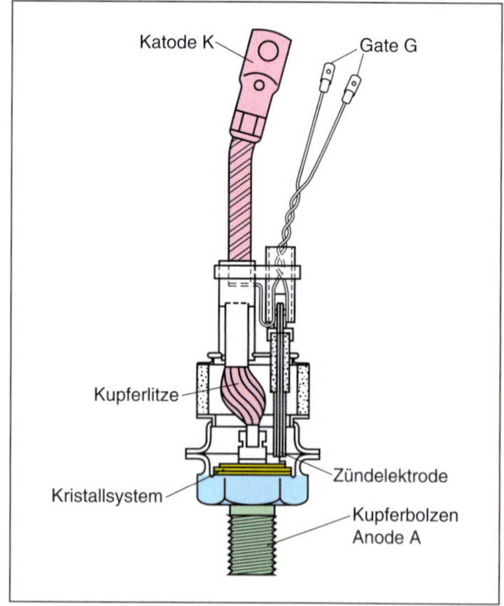

43 Thyristor

Prüfung

1. Erläutern Sie die Arbeitsweise eines Triacs.

2. Erläutern Sie die Arbeitsweise eines Diacs.

Thyristor in Sperrrichtung betreiben
Es bilden sich *zwei* Sperrschichten aus, sodass nur ein sehr kleiner Sperrstrom I_R über den Thyristor fließen kann (Bild 45).

Thyristor in Durchlassrichtung betrieben
Es bildet sich nur noch *eine* Sperrschicht aus.

Wenn über den Gateanschluss Ladungsträger zugeführt werden, wird die Sperrschicht abgebaut.

Es kommt zu einem Durchbruch und ein Strom I_F fließt über den gesamten Kristall (Bild 46).

Der Thyristor kann über den **Gateanschluss** in den *leitenden* Zustand gebracht werden.

Zurück in den *hochohmigen* Zustand lässt sich der Thyristor durch *Abschalten* oder *Umpolen* der *Betriebsspannung* oder durch *Unterschreiten* des Mindestwerts des Betriebsstroms (*Haltestrom* I_H) versetzen.

Wenn ein Thyristor mit *sinusförmiger Wechselspannung* betrieben wird, dann erfolgt die *Löschung* bei jedem *Nulldurchgang* der Spannung, weil dann der *Haltestrom* unterschritten wird.

In **Rückwärtsrichtung** verhält sich der Thyristor ähnlich wie eine Diode (Bild 47).

Wenn die *zulässige maximale Sperrspannung* $U_{BR,R}$ nicht überschritten wird, fließt nur der geringe Sperrstrom I_R. Eine Erhöhung der Spannung darüber hinaus führt zur *Zerstörung* des Thyristors.

Betrieb in Vorwärtsrichtung
Von $U_F = 0$ ausgehend, sperrt der Thyristor zunächst noch (Vorwärts-Sperrbereich).

Ein PN-Übergang ist nämlich noch in Sperrrichtung gepolt. Die Stromstärke I_F ist gering.

Wird U_F weiter erhöht, kommt es bei der **Nullkippspannung** $U_{B0,0}$ zu einem Durchbruch des bislang gesperrten PN-Übergangs.

Der Thyristor zündet und wird leitend. Der Strom I_F steigt stark an. Eine Strombegrenzung ist notwendig (Bild 47).

Der Verlauf der Kennlinie im *Übergangsbereich* hängt von verschiedenen, nicht genau erfassbaren Einflüssen beim Zündvorgang ab. Dieser Kennlinienteil ist gestrichelt gezeichnet.

In der Praxis wird der Thyristor nicht durch sogenannte **Überkopfzündung** in den leitenden Zustand gebracht, sondern durch *Ansteuerung des Gates*.

Eine Sicherheit gegen *unerwünschtes* **Überkopfzünden** ist gegeben, wenn $U_F < 0{,}66 \cdot U_{B0,0}$.

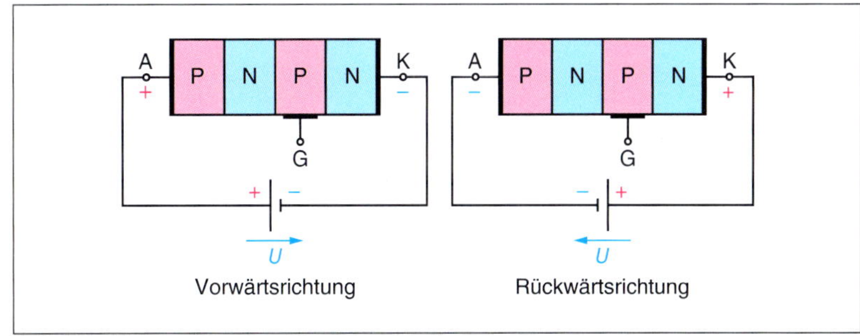

44 Polung von Thyristoren

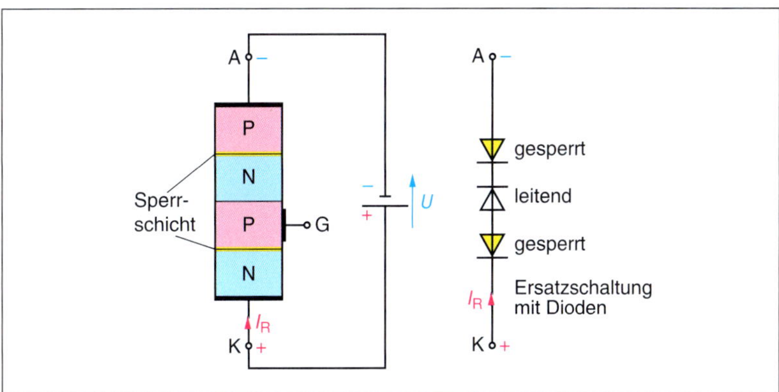

45 Thyristor in Sperrrichtung

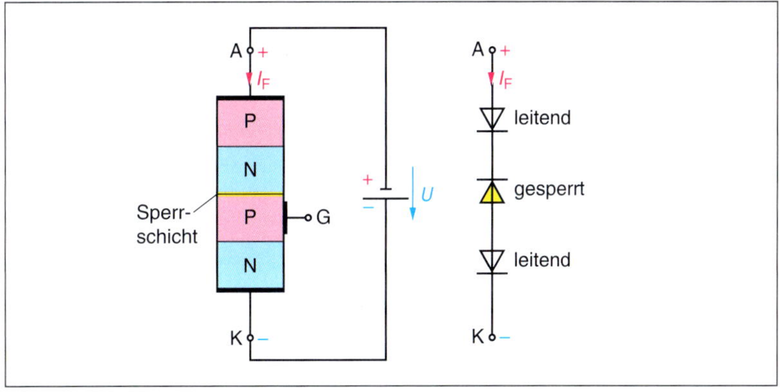

46 Thyristor in Durchlassrichtung

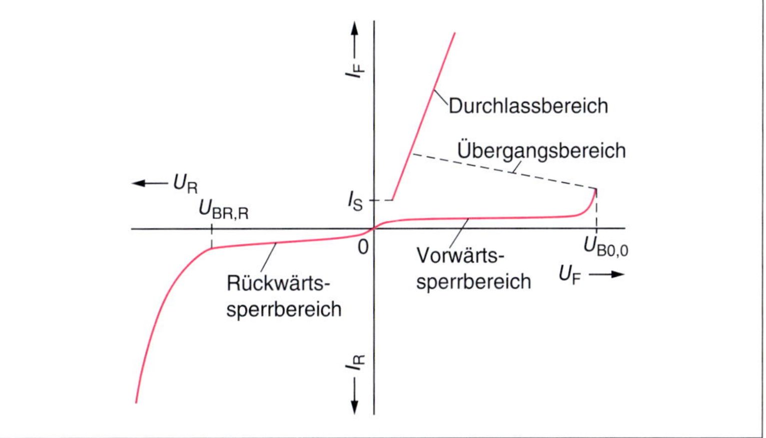

47 Kennline eines Thyristors bei offenem Gate

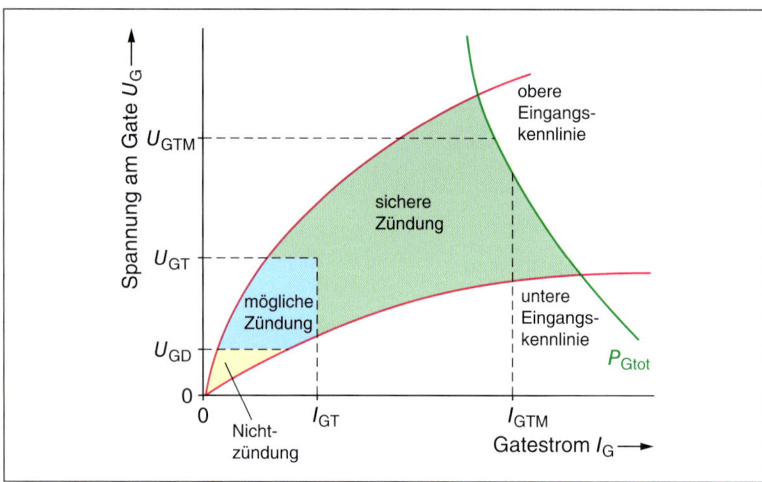

48 *Zünddiagramm für Thyristoren*

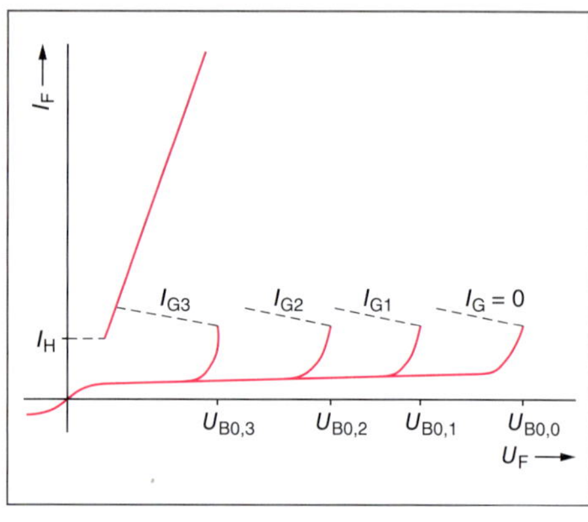

50 *Ansteuerung über das Gate*

In **Rückwärtsrichtung** können Thyristoren nicht gezündet werden.

In **Vorwärtsrichtung** können sie durch einen Gate-Impuls gezündet werden.

Zünddiagramm für Thyristoren

Unterhalb der Spannung U_{GD} ist der Thyristor gesperrt, Eine Zündung ist nicht möglich.

Oberhalb von U_{GD} ist eine Zündung möglich, aber nicht sicher.

Erst wenn die Gatespannung größer als U_{GT} und der Zündstrom größer als I_{GT} sind, ist eine sichere Zündung des Thyristors möglich.

Die Werte U_{GTM}, I_{GTM} und die maximale Gate-Verlustleistung P_{Gtot} dürfen nicht überschritten werden.

Zündung von Thyristoren

Die Zündung erfolgt durch Ansteuerung des Gates G. Bei *katodenseitig* gesteuerten Thyristoren ist eine *positive* Zündspannung U_G notwendig. Der Gatestrom fließt dann in den Thyristor hinein.

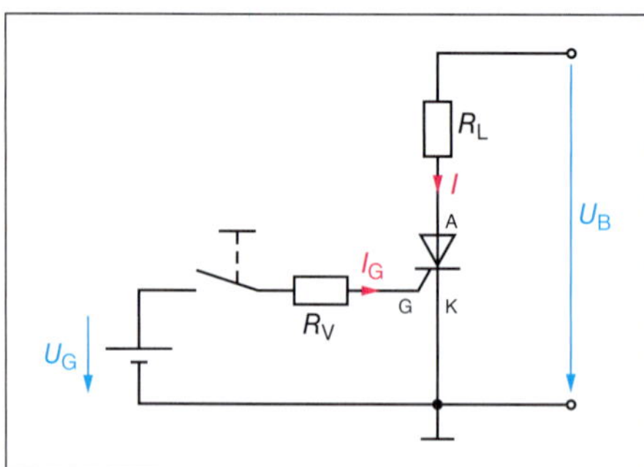

49 *Zündung von Thyristoren*

Schalter offen → Thyristor gesperrt

Schalter geschlossen → Ein Gatestrom I_G fließt durch den Thyristor.

Der Thyristor wird *gezündet*. Die Höhe des Gatestroms bestimmt den Zündvorgang.

Je höher der Gatestrom, umso kleiner ist die Spannung, bei der die Zündung erfolgt.

Der Thyristor wird durch die Zündung schlagartig niederohmig und kann dann einen hohen Arbeitsstrom führen, der sich selbst aufrecht erhält.

Am Thyristor fällt dabei nur eine geringe Schleusenspannung ab. Bei Unterschreitung des Haltestroms wird der Thyristor wieder hochohmig.

Charakteristische Werte für Zündstrom und Zündspannung

I_G = 20 bis 40 mA

U_G = 1,5 bis 3 V

I_H = 10 bis 40 mA

Thyristor an Wechselspannung

Nur in *Vorwärtsrichtung* (Anode positiver als Katode) kann ein Thyristor *gezündet* werden.

Dazu muss die *positive Halbwelle* der Wechselspannung an der Thyristorschaltung anliegen.

Die Zündung ist mit der anliegenden Wechselspannung zu *synchronisieren*, sodass nach jedem *Nulldurchgang* erneut gezündet werden kann.

In der Darstellung nach Bild 52 beträgt der **Zündverzögerungswinkel** $\varphi_Z = 90°$.

Zweirichtungsthyristor (Triac)

Damit *beide* Halbwellen dem Lastwiderstand zugeführt werden, können *zwei* Thyristortrioden in *Antiparallelschaltung* verwendet werden.

Beim **Triac** ist diese Antiparallelschaltung in *einem Kristall* vorgenommen. Ein Thyristor wird *katodenseitig*, der andere *anodenseitig* angesteuert.

Es können *Zündimpulse* beliebiger Polarität verwendet werden.

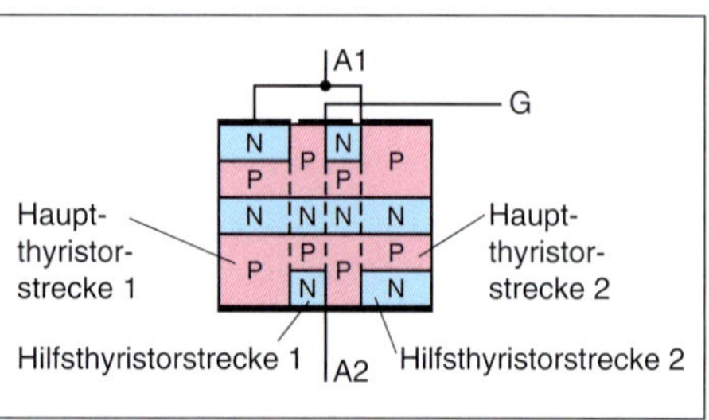

51 *Triac, Aufbau*

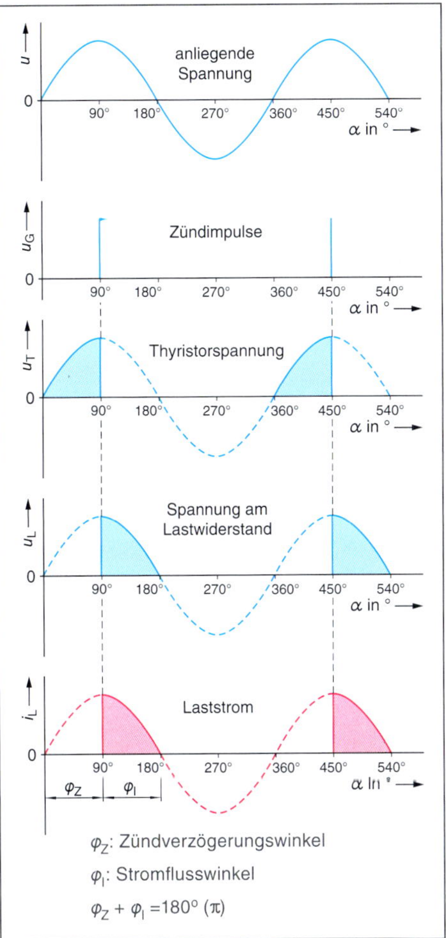

52 *Impulszündung, Halbwellenbetrieb*

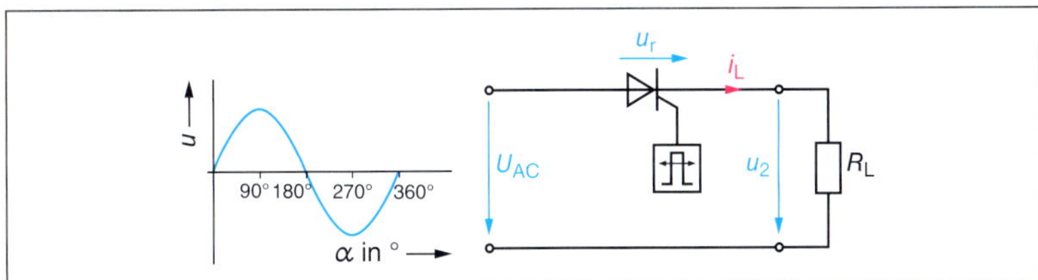

53 *Thyristor an Wechselspannung*

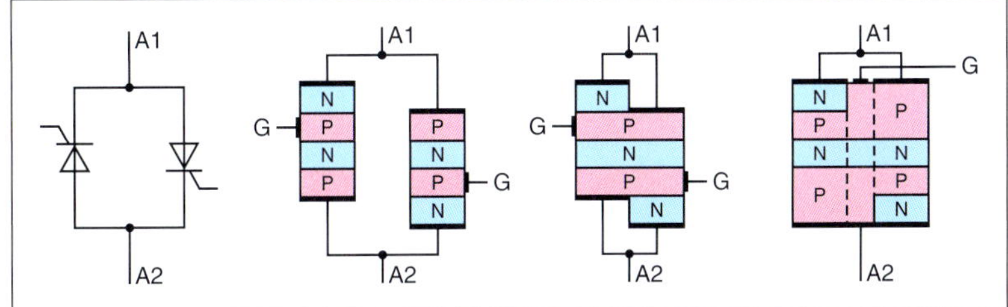

54 *Zweirichtungsthyristor, prinzipieller Aufbau*

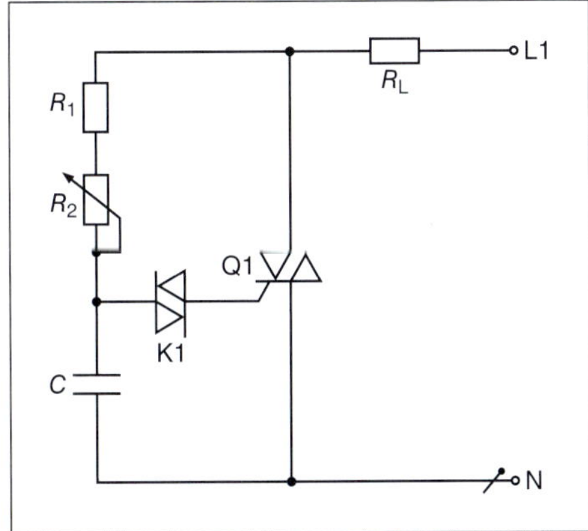

55 *Phasenanschnittsteuerung*

Phasenanschnittsteuerung

Die *Triggerdiode* K1 ist stromrichtungsunabhängig.

Sie liefert einen *pulsartigen* Steuerstrom, da sie ihren Widerstand sehr schnell verringert, wenn die **Nullkippspannung** überschritten wird.

Eine Teilladung des Kondensators C fließt in den *Steueranschluss* des Triacs Q1. Der schaltet durch und bleibt bis zum nächsten Nulldurchgang des Stroms im durchgeschalteten Zustand.

Die *Triggerdiode* K1 wird wieder hochohmig, da der Spannungsfall am Triac nach dem Durchschalten sehr klein ist.

Der Kondensator C wird über die Widerstände R_1 und R_2 entladen.

Wenn der Laststrom seinen Nulldurchgang hat, wird der Triac Q1 hochohmig. Der Kondensator lädt sich mit entgegengesetzter Polariät auf.

K1 und Q1 zünden erneut, wenn die *Nullkippschaltung* überschritten wird.

Es kann wieder ein Laststrom fließen.

Wenn $R_1 + R_2$ einen hohen Widerstandswert hat, wird die Nullkippspannung an C später erreicht, als wenn der Widerstandswert geringer ist.

Mit R_2 kann also der **Zündverzögerungswinkel** beeinflusst werden (Bild 55).

Die **Leistung** des Lastwiderstands wird bei der Phasenanschnittsteuerung durch den **Stromflusswinkel** φ_Z gesteuert (Bild 57).

Prüfung

1. Wie kann ein Thyristor im Gleichspannungsbetrieb gelöscht werden?

2. Wie wird ein Thyristor gezündet?

3. Beschreiben Sie die Wirkungsweise der Phasenanschnittsteuerung

Thyristoren sind kontaktlose Schalter. Bei Gleichstrombetrieb muss das Problem des Ausschaltens beachtet werden.

Bei Wechselstrombetrieb erfolgt die Löschung im Stromnulldurchgang.

@ Interessante Links

- christiani-berufskolleg.de

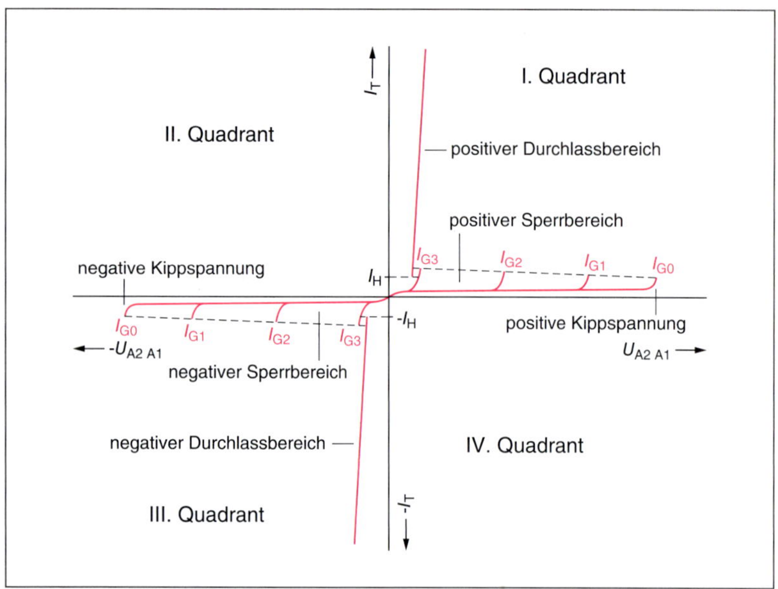

56 *Kennline eines Triacs*

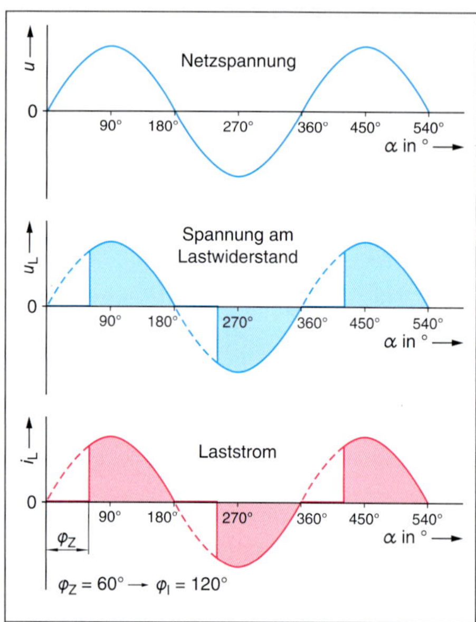

57 *Phasenanschnittsteuerung*

Phasenanschnittsteuerung
phase fired control

Zündstrom
ignition current

Zündspannung
trigger voltage

Steuerleistung
control power

■ **Triac**
ist zum Schalten von Wechselströmen geeignet.

Steuerungsarten des Triac

Schaltung	Steuerung	Schaltung	Steuerung
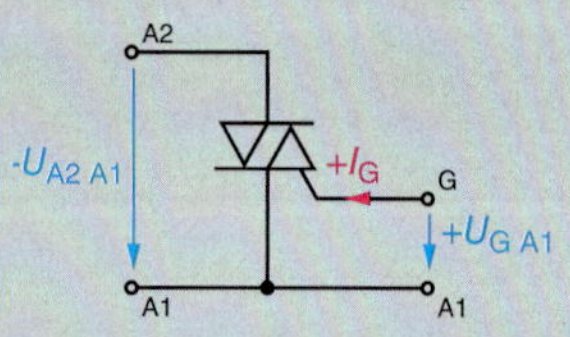 A2, $-U_{A2\,A1}$, $+I_G$, G, $+U_{G\,A1}$, A1, A1	III^+-Steuerung II. Quadrant	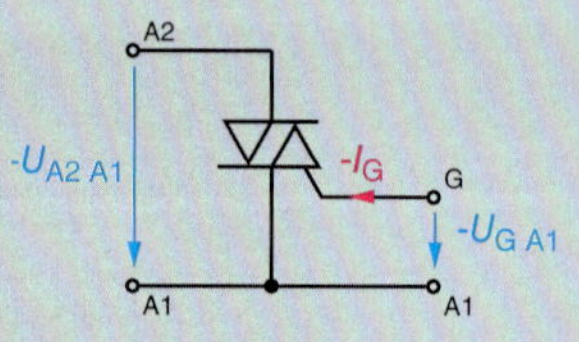 A2, $-U_{A2\,A1}$, $-I_G$, G, $-U_{G\,A1}$, A1, A1	III^--Steuerung III. Quadrant
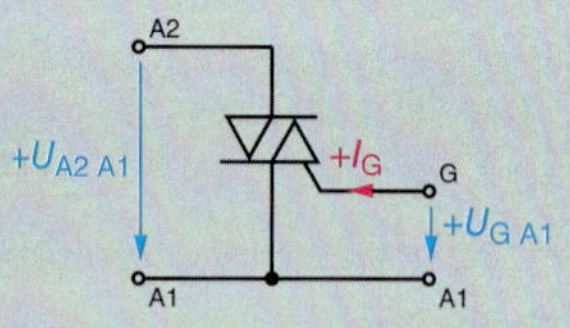 A2, $+U_{A2\,A1}$, $+I_G$, G, $+U_{G\,A1}$, A1, A1	I^+-Steuerung I. Quadrant	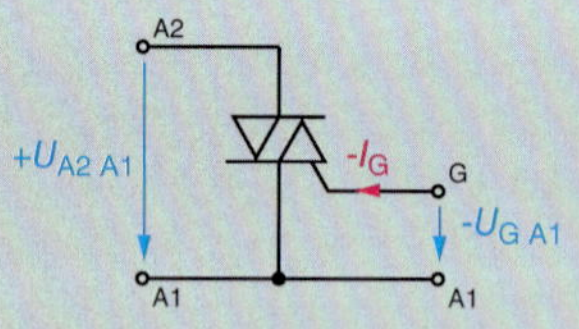 A2, $+U_{A2\,A1}$, $-I_G$, G, $-U_{G\,A1}$, A1, A1	I^--Steuerung IV. Quadrant

I. Quadrant	A2 ist positiv gegenüber A1. Triac kann mit positiver Gatespannung gezündet werden. Ein Strom fließt in das Gate hinein.
II. Quadrant	A2 ist negativ gegenüber A1. Triac kann mit positiver Gatespannung gezündet werden. Ein Strom fließt über das Gate hinein.
III. Quadrant	A2 ist negativ gegenüber A1. Triac kann mit negativer Gatespannung gezündet werden. Ein Strom fließt aus dem Gate heraus.
IV. Quadrant	A2 ist positiv gegenüber A1. Triac kann mit negativer Gatespannung gezündet werden. Ein Strom fließt aus dem Gate heraus.

Im Allgemeinen werden Triacs mit der I^+-Steuerung und der III^--Steuerung betrieben, da dann eine geringe Steuerleistung benötigt wird.

Antiparallelschaltung von Thyristoren

Mit dieser Schaltung ist ein **Phasenanschnitt** der positiven und der negativen Halbwelle möglich. Ein solcher **Wechselstromsteller** ermöglicht eine *verstellbare* Wechselspannung.

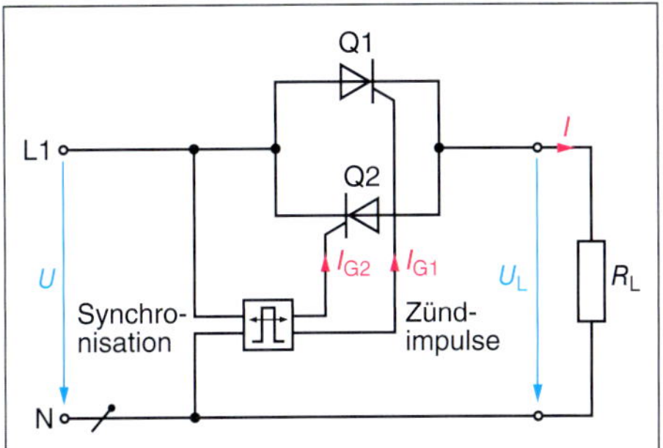

58 *Wechselwegschaltung, ohmsche Belastung*

Die *netzsynchronen Zündimpulse* sind um 180° versetzt.

Bei *ohmscher Belastung* hat der Strom den gleichen zeitlichen Verlauf wie die Spannung.

Bei *Veränderung* des **Zündwinkels** φ_Z kann der **Effektivwert** am Lastwiderstand R_L eingestellt werden.

Zündwinkel φ_Z = 90°, ohmsche Last

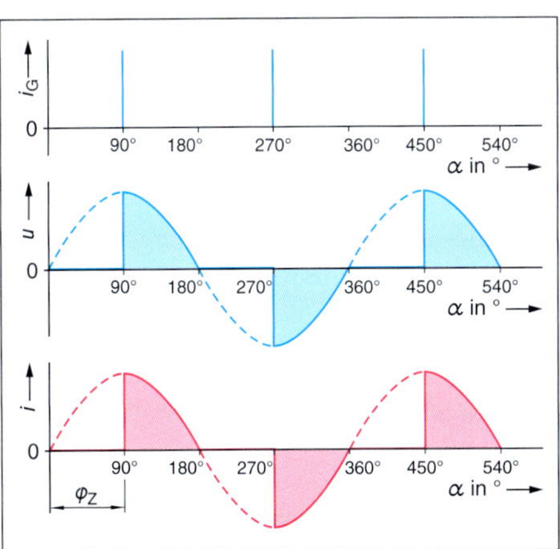

59 *Ohmsche Last, Zündwinkel 90°*

Rein induktive Last

Phasenverschiebung zwischen Spannung und Strom 90°.

Jeder Thyristor kann erst 90° nach dem *Nulldurchgang* der Spannung gezündet werden. Der Strom fließt nämlich zuvor in Gegenrichtung.

Von φ_Z = 90° bis 180° lassen sich Spannung und Strom von ihren *Höchstwerten* bis auf *null* stellen.

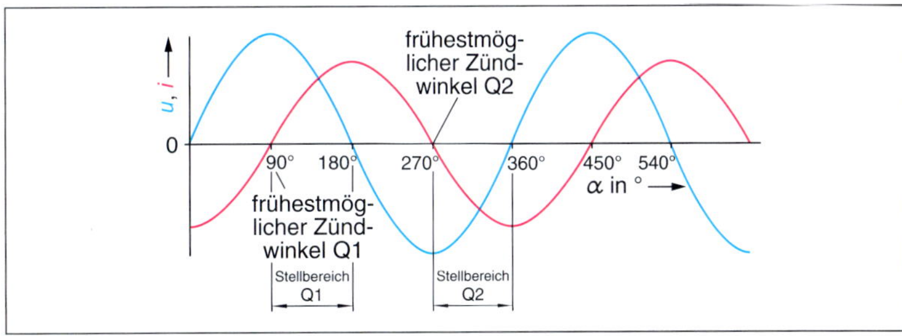

60 *Zündwinkel bei induktiver Last*

Der *Bereich der Zündung* ist eingeschränkt auf

φ_Z = 180° – φ

φ_Z Zündverzögerungswinkel
φ Phasenwinkel zwischen Spannung und Strom

Ohmsch-induktive Last

Die Phasenverschiebung zwischen Spannung und Strom ist *kleiner* als 90°.

Ohmsch-induktive Belastung ist die Regel in der Technik. Ein Beispiel hierfür ist der Elektromotor.

Der *mögliche Zündbereich* ist *größer* als bei rein induktiver Belastung. Der Strom wird nämlich früher zu Null.

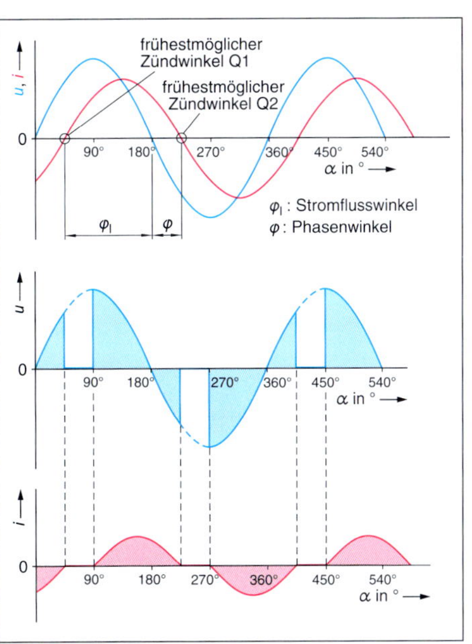

61 *Ohmsche Last, Zündwinkel 90°*

Phasenwinkel 45°

Frühester Zündzeitpunkt bei 45° nach Spannungs-Nulldurchgang.

Stellbereich:

φ_I = 180° – φ = 180° – 45° = 135°.

z.B.

■ **Wechselstromsteller**

Phasenanschnitt der positiven und negativen Halbwelle möglich.
Am Verbraucher liegt dann eine verstellbare Wechselspannung.

Solche Wechselstromsteller werden z. B. in Sanftanlaufgeräten (Softstarter) eingesetzt (Seite 118).

Wechselstromsteller im Sanftanlaufgerät

Drei *Wechselstromsteller* bilden einen *Drehstromsteller*.

Phasenanschnitt ermöglicht die Herabsetzung der Spannung beim Anlauf des Motors.

Der Motor kann zum Beispiel mit 20 % der Netzspannung (0,2 · U_N) angelassen werden und in einer parametrierbaren *Rampenzeit* an Netzspannung U_N gelegt werden.

Startrampe
U/U_N
1,0
0,8
0,6
0,4
0,2
0
1 2 3 4 5
t in s
Drehstromnetz
L1
L2
L3
M
3 ~
Motor

Nullspannungsschalter
zero voltage switch

Elektronisches Relais
solid state relay

Elektronisches Schalten
electronic switching

kontaktlos
contactless, non-contacting

Schaltspiel
switching cycle

Lebensdauer
lifetime

Kühlkörper
cooling attachment

Nullspannungsschalter

Wenn Verbrauchsmittel durch Schaltgeräte *direkt eingeschaltet* werden, so geschieht dies zufallsbedingt bei *beliebigen Phasenwinkeln* der Netzspannung.

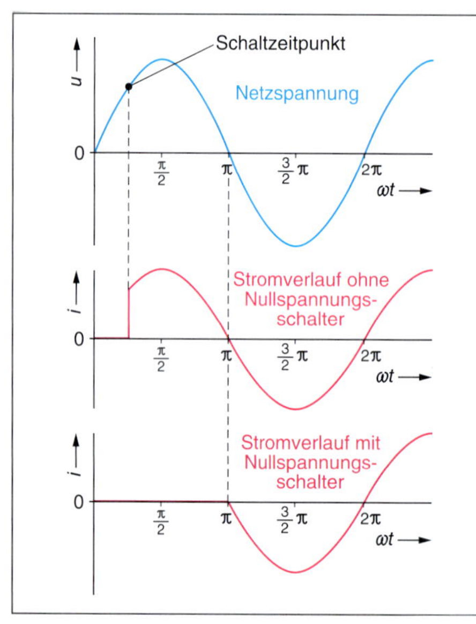

62 Einschaltvorgang eines Verbrauchsmittels

Dabei können *hohe Einschaltströme* auftreten, die nachteilige Auswirkungen auf Verbrauchsmittel und Netz haben.

Hinzu kann noch die Verursachung von *Hochfrequenzstörungen* kommen.

Daher ist es sinnvoll, Verbrauchsmittel erst beim *nächsten Nulldurchgang* an Spannung zu legen. Und dies unabhängig davon, zu welchem Zeitpunkt geschaltet wurde.

Solche elektronischen Schalter werden **Nullspannungsschalter** genannt.

Nullspannungsschalter mit Gleichstromzündung

Nur wenn der Transistor K1 *gesperrt* ist, kann die Steuerspannung U_{St} am Gate wirksam werden (Bild 63).

Wenn K1 *durchschaltet*, wird die Gatespannung kurzgeschlossen. Der Thyristor Q1 kann dann nicht gezündet werden, obgleich der Taster S1 betätigt wird.

Die Basisspannung des Transistors wird durch den Basisspannungsteiler R_1, R_2 gewonnen.

Die Spannung des Basisspannungsteilers liegt am Thyristor Q1. Der Transistor ist hochohmig, wenn $U_{BE} < 0{,}7$ V. Dies trifft aber nur kurz und nach dem Nulldurchgang der Netzspannung zu.

Nach Betätigung des Taster S1 kann die Steuerspannung immer erst im Bereich des nächsten Nulldurchgangs als Gatespannung wirken. Erst dann wird der Thyristor Q1 gezündet.

Wenn S1 betätigt ist, wird in jeder Halbwelle zum gleichen Zeitpunkt gezündet.

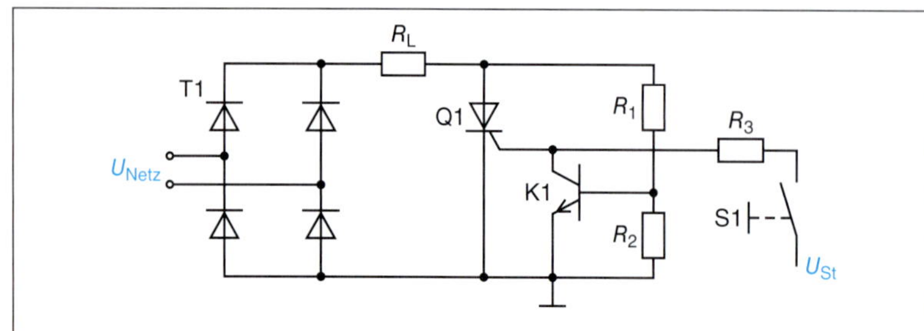

63 Nullspannungsschalter mit Gleichstromzündung

Nachteilig ist, dass die Steuerspannungsquelle bei Betätigung von S1 ständig belastet wird.

Entweder mit dem Gatestrom oder mit dem Kollektorstrom des Transistors.

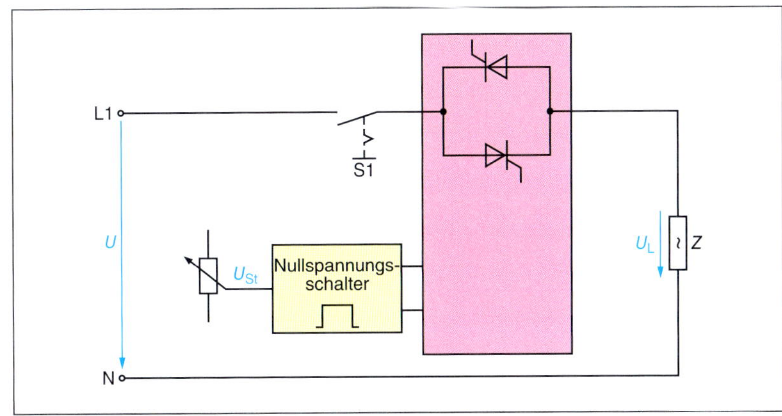

65 *Nullspannungsschalter mit Impulszündung*

Nullspannungsschalter mit Impulszündung

Eingesetzt werden i. Allg. *integrierte Ansteuerschaltungen* (Bild 65).

Die Potenziometereinstellung muss bewirken, dass die Zündverzögerung stets 0° beträgt.

Der Zündimpuls muss so lange anstehen, bis der Haltestrom unterschritten ist.

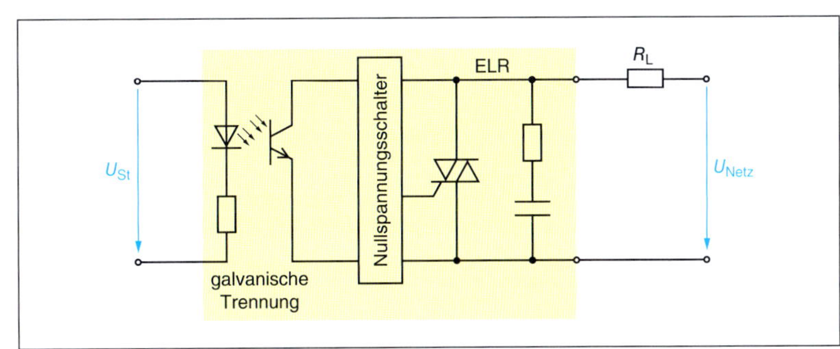

66 *Elektronisches Lastrelais*

Elektronisches Lastrelais

Komplett verschaltete elektronische *Nullspannungsschalter* werden unter der Bezeichnung **elektronisches Lastrelais** (ELR) angeboten.

Elektronisches Lastrelais mit Selbsthaltung

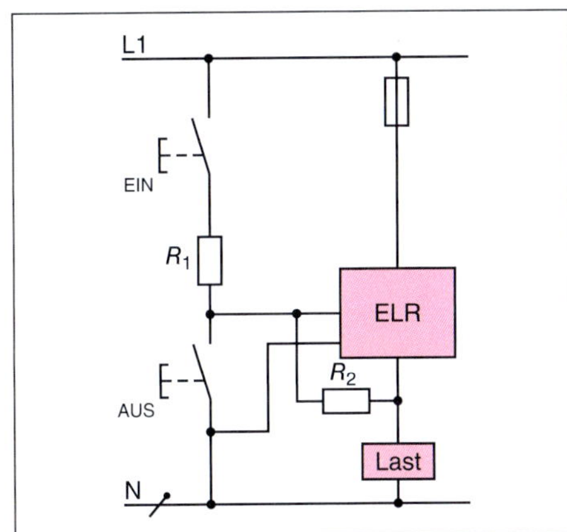

64 *Schaltung eines ELR*

Es können nur ELR verwendet werden, die im Steuereingang einen *Energiespeicher* haben. Dieser Speicher übernimmt die Funktion der *Selbsthaltung*.

Wenn der *Austaster* betätigt wird, baut sich die im Energiespeicher gespeicherte Steuerenergie ab (Bild 64).

Das ELR bleibt dann ausgeschaltet, bis der *Eintaster* erneut betätigt wird.

Anwendungen und Merkmale

- Kontaktloses Schalten von ohmschen und induktiven Lasten.
- Hohe Anzahl von Schaltspielen bei langer Lebensdauer.
- Keine Schaltgeräusche.
- Hohe Wiederholgenauigkeit.
- Geringe Ansprechzeit ($t < 10$ ms).
- Keine sichere Trennung wie beim doppeltunterbrechenden kontaktbehafteten Schütz. Daher zusätzlich trennende Schalter notwendig.
- Steuerspannung 10 – 240 V (AC, DC).
- Direkte Ansteuerung von einer SPS möglich.
- Bei kleiner Leistung ist kein Kühlkörper notwendig.
- Wegen Überstromempfindlichkeit sind Überstromschutzorgane vom Typ Z und i. Allg. getrennte Bimetallrelais notwendig.

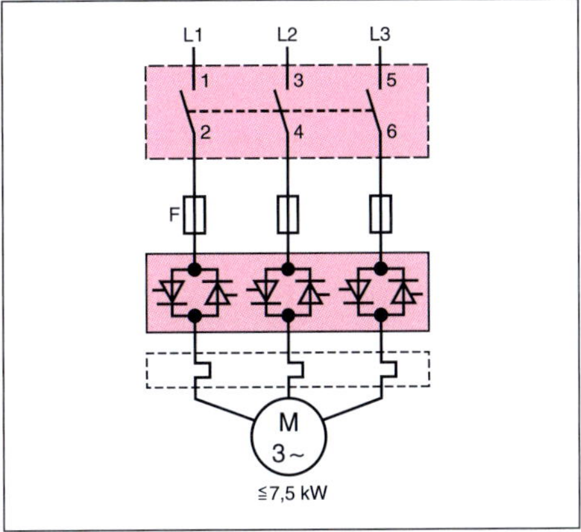

67 *Halbleiterschütz*

■ **Elektronische Relais**

haben nur eine Schließerfunktion (NO).

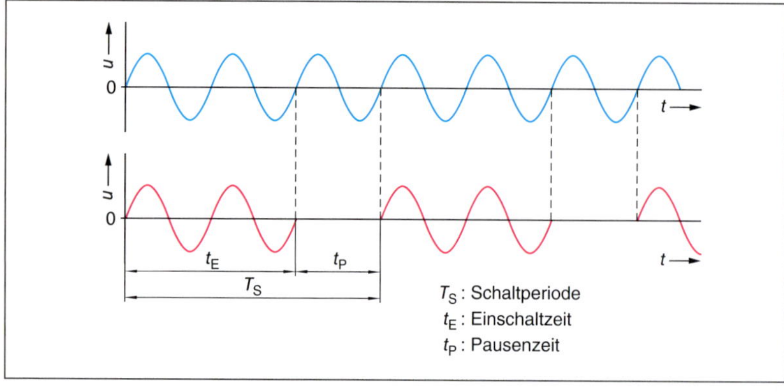

68 Schwingungspaketsteuerung

Die Schwingungspaketsteuerung verändert dabei den durch den Lastwiderstand fließenden **Effektivwert** des Stroms.

Die Steuerung arbeitet *nahezu verlustlos*.

z.B.

$P_{max} = 1$ kW, $T_S = 50$ ms,
$t_E = 30$ ms, $t_P = 20$ ms

Leistung:

$$P = P_{max} \cdot \frac{t_E}{T_S} = 1\ \text{kW} \cdot \frac{30\ \text{ms}}{50\ \text{ms}}$$

$$= 0{,}6\ \text{kW}$$

Schwingungspaketsteuerung
multicycle control

Rechteckgenerator
square-wave generator

Periode
period, cycle (of oscillation)

@ Interessante Links

- christiani-berufskolleg.de

Schwingungspaketsteuerung

Bei der *Schwingungspaketsteuerung* wird ein Verbrauchsmittel im Wechsel für eine *bestimmte Anzahl von Perioden* ein- und ausgeschaltet (Bild 68).

Das Schalten erfolgt jeweils im Nulldurchgang der Netzspannung.

Prinzipiell besteht eine **Schwingungspaketsteuerung** aus einem **Nullspannungsschalter** und einem **Rechteckgenerator** konstanter Periodendauer. Dabei ist das **Impuls-Pausen-Verhältnis** in weiten Grenzen variabel.

Das Verhältnis t_E/T_S bestimmt, um welchen Faktor die *Leistung* durch die Schwingungspaketsteuerung *kleiner* als die *maximal mögliche* Leistung ist.

$$P = P_{max} \cdot \frac{t_E}{T_S}$$

P Leistung durch Schwingungspaketsteuerung
P_{max} maximale mögliche Leistung
t_E Einschaltzeit
T_S Schaltperiode

Sehr gut geeignet ist die Schwingungspaketsteuerung für die Steuerung (Regelung) der **Heizleistung** elektrischer Heizgeräte.

Hinweis

Die *thermische Zeitkonstante* der Heizung bestimmt die Dauer der *Schaltperiode* T_S.

Die Schaltperiode sollte mehrere Sekunden betragen.

Auch bei *minimaler* Einschaltzeit (geringste Leistung) soll die Last immer noch für *mehrere* Perioden eingeschaltet bleiben.

Andererseits sollte auch bei *Ausschaltdauer* t_P (maximale Leistung) die Last für *mehrere* Perioden ausgeschaltet bleiben.

Zu Bild 70, Seite 121

Oben (a)

Geringe Pausendauer, Last wird über längere Zeit Leistung zugeführt.

Unten (b)

Große Pausendauer, Last wird nur kurz eingeschaltet.

Die *Regelspannung* ist eine veränderliche Gleichspannung. Ihr ist die Sägezahnspannung des Taktgenerators überlagert.

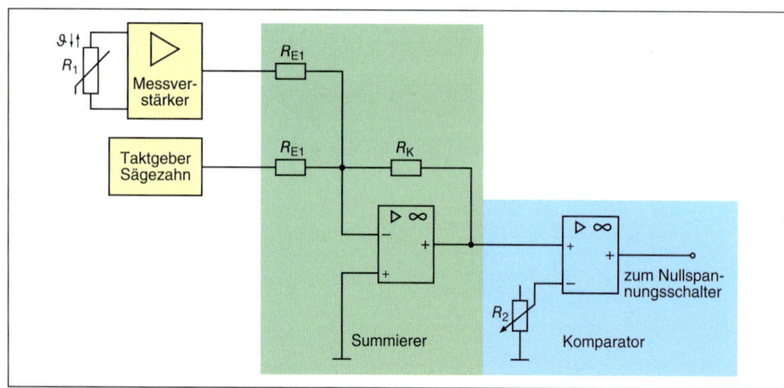

69 Schaltung einer Schwingungspaketsteuerung

Prüfung

1. Beschreiben Sie die Arbeitsweise einer Phasenanschnittsteuerung.

2. Was versteht man unter einer Wechselwegsteuerung?

3. Wozu kann ein Nullspannungsschalter verwendet werden?

4. Wie arbeitet eine Schwingungspaketsteuerung?

5. Welche Vorteile und welche Nachteile hat ein Elektronisches Lastrelais?

3.4 Stromrichter

Stromrichter steuern oder *formen* elektrische Energie um. Dazu werden Dioden, Transistoren und Thyristoren eingesetzt.

- **Gleichrichter**
  Wechselgrößen werden in Gleichgrößen umgeformt.

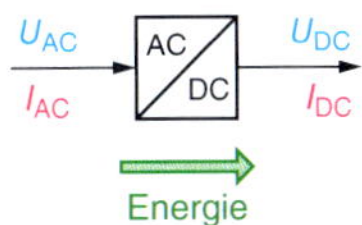

- **Wechselrichter**
  Gleichgrößen werden in Wechselgrößen umgeformt.

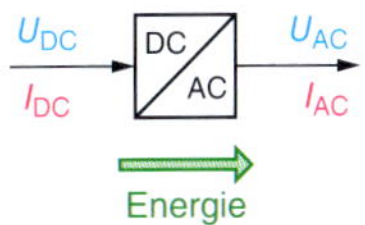

- **Wechselstromumrichter**
  Wechselstromsystem mit gegebener Spannung, Frequenz und Phasenzahl wird in ein Wechselstromsystem mit abweichender Spannung, Frequenz und Phasenzahl umgewandelt.

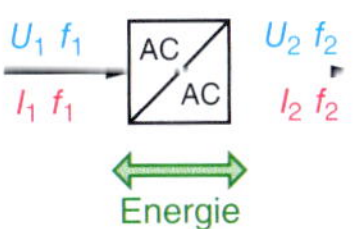

- **Gleichstromrichter**
  Ein Gleichstromsystem mit vorgegebener Spannung wird in ein Gleichstromsystem mit abweichender Spannung umgewandelt.

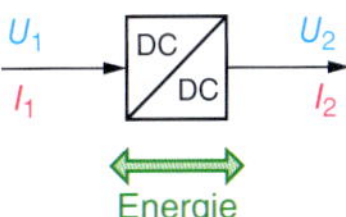

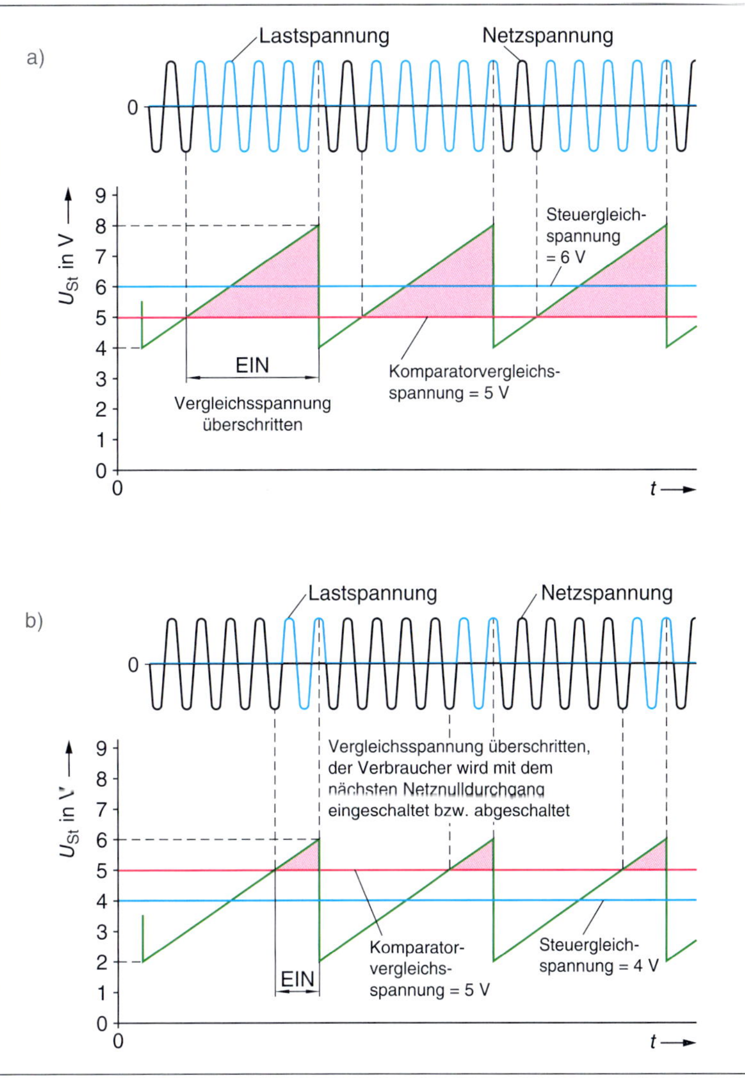

70 Schwingungspaketsteuerung

Ungesteuerte Stromrichter

Verhältnis von Eingangsspannung und Ausgangsspannung ist *konstant*. **Gleichrichter** sind *ungesteuerte* Stromrichter.

Gesteuerte Stromrichter

Die Ausgangsspannung ist *einstellbar*.

4-Quadranten-System

Elektrische Maschinen können als *Motor* oder als *Generator* betrieben werden.

- **Motorbetrieb**: Stromfluss vom Netz zur elektrischen Maschine. Dabei sind *Rechtslauf* und *Linkslauf* möglich.
- **Generatorbetrieb**: Die elektrische Maschine wird von der Arbeitsmaschine angetrieben. Man spricht von *Nutzbremsung*. Stromfluss von der Maschine zum Netz. Allerdings muss der Stromrichter für *Rückspeisung* geeignet sein.

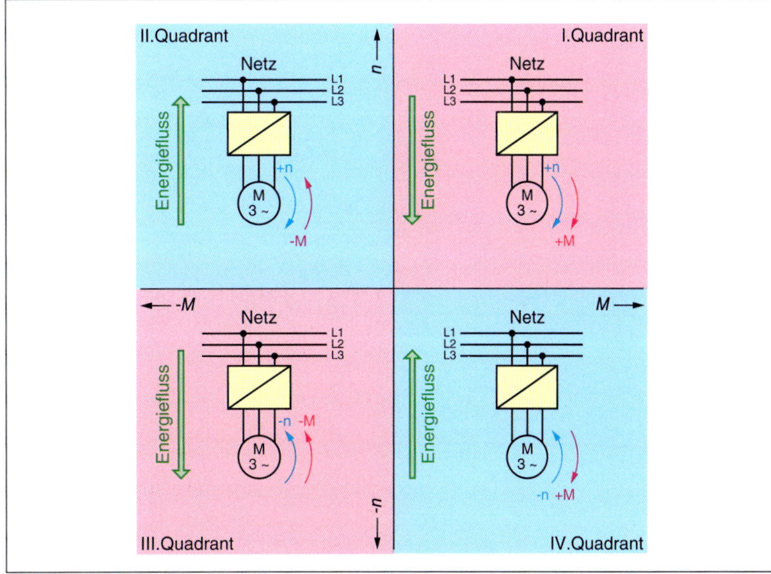

71 4-Quadranten-System

Beim Abschalten induktiver Lasten entstehen Spannungsspitzen, die der Netzspannung überlagert sind.

Der Thyristor kann dann unkontrolliert einschalten.

RC-Kombinationen unterdrücken diese Spannungsspitzen.

Schutzmaßnahmen

Thyristoren müssen gegen *Überspannung*, *Überströme* sowie gegen hohe *Anstiegs*geschwindigkeiten von Strom und Spannung geschützt werden.

- *Niemals Thyristoren ohne Last betreiben.*
- *Superflinke Sicherungen zum Kurzschlussschutz einsetzen.*
- *Zur Unterdrückung von Spannungsspitzen werden RC-Kombinationen verwendet.*
- *Auch Varistoren (VDR) können zum Überspannungsschutz verwendet werden.*

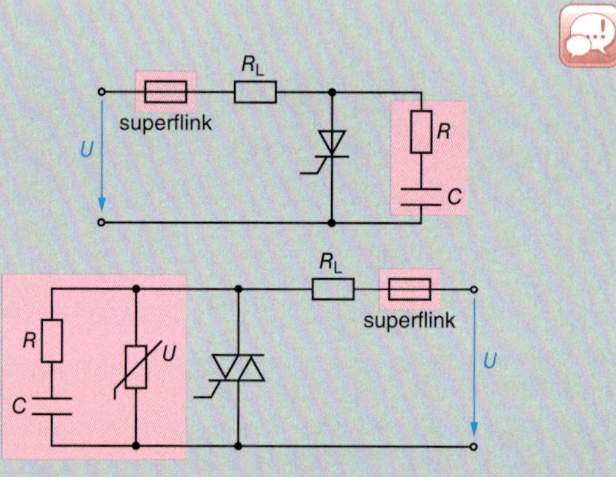

TSE-Beschaltungen

Durch den *Träger-Speichereffekt* schaltet der Thyristor verspätet ab. Dies wird durch die Ladungsträger in der mittleren Sperrschicht bewirkt.

Nulldurchgang des Stroms, Polaritätswechsel des Stroms, der Thyristor ist noch nicht gelöscht, weil Sperrschicht noch Ladungsträger enthält. Wenn dann der Strom doch unterbrochen wird, erzeugen die Induktivitäten hohe Spannungsspitzen, die der Netzspannung überlagert sind.

Im **4-Quadranten-System** werden die unterschiedlichen *Betriebsarten* dargestellt.

- Wenn *Drehmoment* und *Drehrichtung gleiche Vorzeichen* haben, wird Energie aus dem Netz *entnommen*. (Motorbetrieb).
- Wenn *Drehmoment* und *Drehrichtung unterschiedliche Vorzeichen* haben, wird dem Netz Energie *zugeführt* (Generatorbetrieb).

Gesteuerte Stromrichter

Werden die Dioden von ungesteuerten Stromrichtern (Gleichrichterschaltungen) ganz oder teilweise durch *Thyristoren* ersetzt, kann durch Wahl des *Zündzeitpunkts* die Ausgangsspannung verändert werden.

Gesteuerte Einpuls-Mittelpunktschaltung

Der Thyristor kann nur in der *positiven Halbwelle* gezündet werden. Das ergibt einen **Zündwinkel** von 0 – 180°.

- **Zündwinkel $\alpha = 0$:** Ausgangsspannung erreicht Maximalwert $0{,}45 \cdot U$.
- **Zündwinkel $\alpha = 180°$**: Ausgangsspannung ist null.

Zündwinkel

auch Steuerwinkel und Zündverzögerungswinkel genannt.

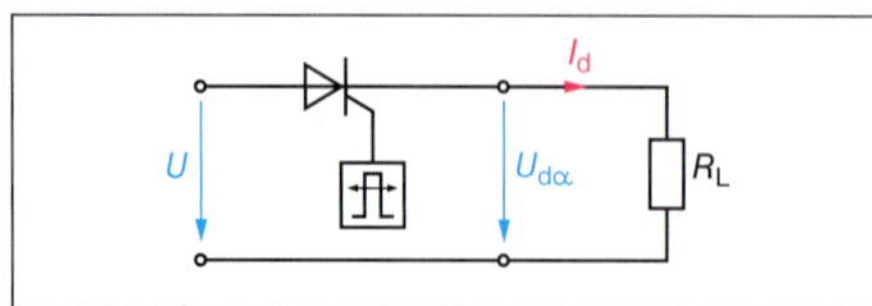

72 Einpuls-Mittelpunktschaltung, gesteuert

Es wird eine *wellige Gleichspannung* erzeugt, was diese Schaltung in der Praxis wenig brauchbar macht.

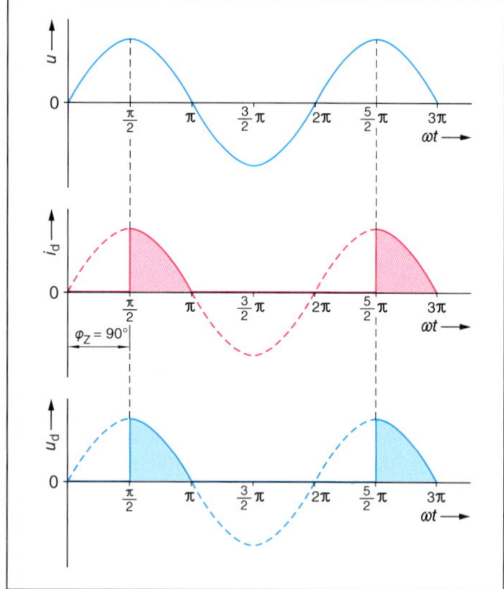

73 Ohmsche Belastung

Der Thyristor wird während der *positiven* Spannungshalbwelle *gezündet*. Der Strom nimmt zu. Spannung und Strom haben die gleiche Richtung. Die Induktivität bezieht Energie aus dem Netz.

Ändert sich die *Polarität* der Netzspannung, bleibt die Stromrichtung gleich. Der Thyristor bleibt weiter im *leitenden* Zustand.

Unter der Annahme einer *idealen Induktivität* (verlustlos) sind *Energieaufnahme* und *Energieabgabe* der Induktivität gleich groß.

Die *Spannungszeitflächen* im positiven und negativen Bereich sind dann gleich groß.

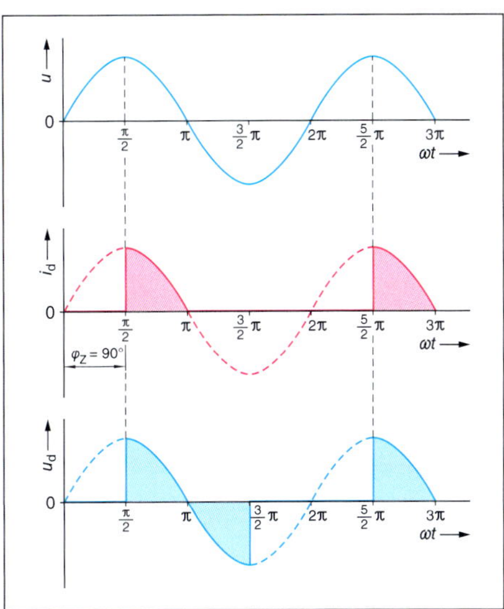

74 Belastung mit idealer Induktivität

Ideale Induktivitäten sind eine rein *theoretische* Annahme. Induktivitäten sind stets *verlustbehaftet*.

Sie geben weniger Energie ans Netz zurück als sie dem Netz entnehmen. Die *negative Spannungszeitfläche* ist demnach *kleiner* als die *positive Spannungszeitfläche* (Bild 75).

Die Spannung hängt vom *Zündwinkel* ab.

$$U_d = U_{d_0} \cdot \left(\frac{1 + \cos\varphi_Z}{2}\right)$$

$$U_{d_0} = 0{,}45 \cdot U$$

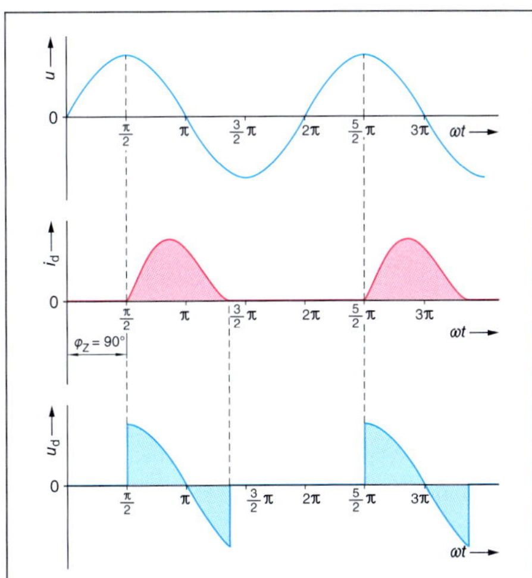

75 Belastung mit realer Induktivität

Gesteuerte Zweipuls-Brückenschaltung

Die Schaltung besteht aus 4 Thyristoren, von denen 2 *gleichzeitig leitend* geschaltet werden müssen.

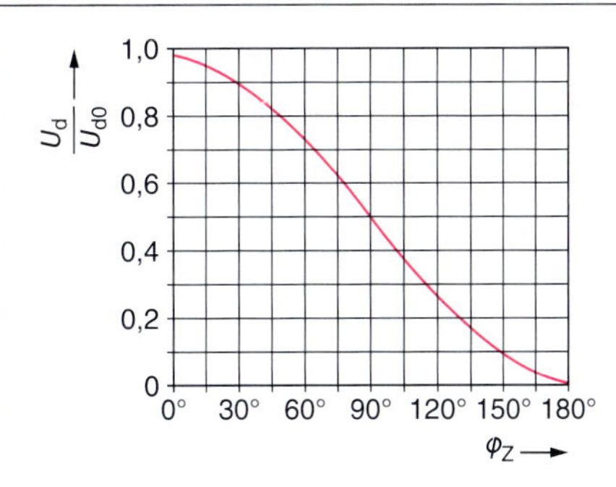

76 Steuerkennlinie

■ **Gesteuerte Einpuls-Mittelpunktschaltung**

M1C

Gesteuerte Einpuls-Mittelpunktschaltung: $U = 230$ V, $\varphi_Z = 60°$.
Wie groß ist die Spannung U_d bei $\varphi_Z = 60°$?

Bestimmung von U_{d_0}:	$U_{d_0} = 0{,}45 \cdot U = 0{,}45 \cdot 230\ \text{V} = 103{,}5\ \text{V}$
Spannung bei $\varphi_Z = 60°$:	$U_d = U_{d_0} \cdot \left(\frac{1 + \cos\varphi_Z}{2}\right)$
$\cos 60° = 0{,}5$	$U_d = 103{,}5\ \text{V} \cdot \left(\frac{1 + \cos 60°}{2}\right)$
Bei $\varphi_Z = 60°$ beträgt die Spannung 77,63 V.	$U_d = 77{,}63\ \text{V}$

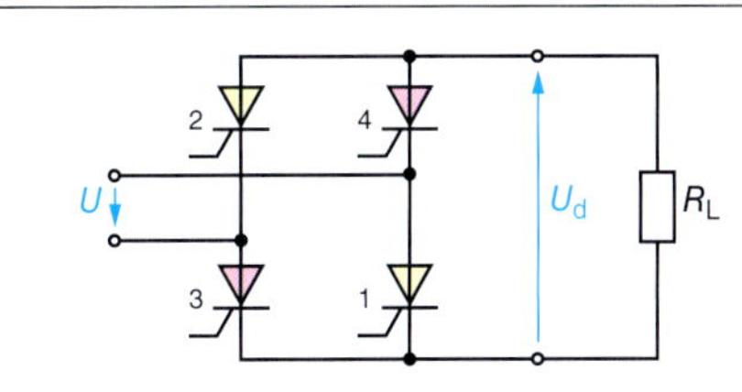

77 Gesteuerte Zweipuls-Brückenschaltung

■ **Zweipuls-Brückenschaltung**

ist für den direkten Netzanschluss (ohne Transformator) geeignet.

Positive Halbwelle der Wechselspannung: Thyristoren 1 und 2 leitend.

Negative Halbwelle der Wechselspannung: Thyristoren 3 und 4 leitend.

Jeweils zwei Thyristoren müssen *gleichzeitig gezündet* werden. Der Impulsgeber muss deshalb zwei um 180° phasenverschobene Zündimpulspaare erzeugen.

Ohmsche Belastung

Bei 180° (π) wird die Gleichspannung null.

$$U_d = 0{,}5 \cdot U_{d_0} \cdot (1 + \cos\varphi_Z)$$

$$U_{d_0} = 0{,}9 \cdot U$$

Schon bei Steuerwinkeln von $\varphi_Z > 0°$ tritt *Lückbetrieb* von Gleichspannung und Gleichstrom auf. Lückbetrieb bedeutet, dass Gleichspannung bzw. Gleichstrom zwischenzeitlich zu null werden (Bild 78).

■ **Gesteuerte Zweipuls-Brückenschaltung**

B2C

■ **Steuerkennlinie**

Mithilfe der Steuerkennlinie kann die Spannung an der Last in Abhängigkeit vom Zündwinkel bestimmt werden.

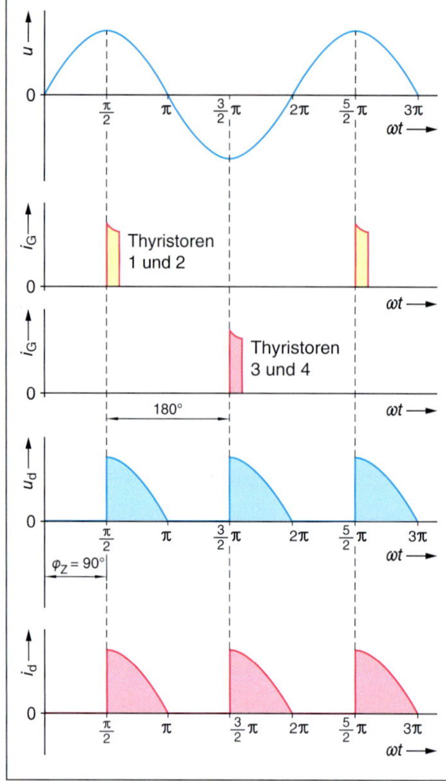

78 Ohmsche Belastung

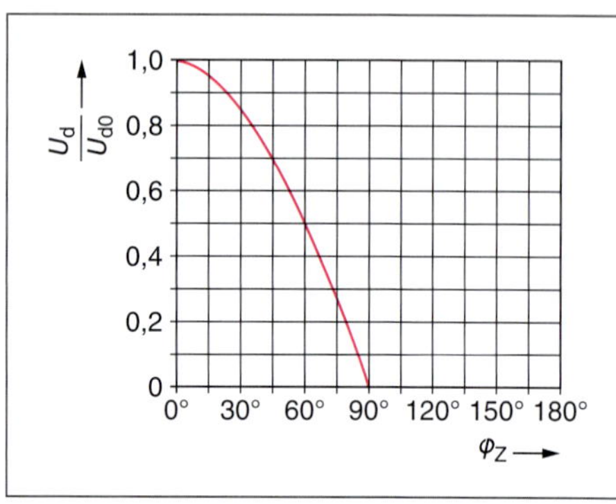

80 Steuerkennlinie für induktive Last

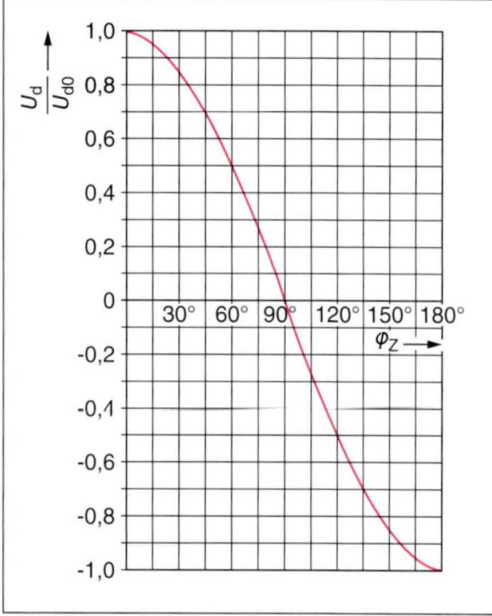

81 Steuerkennline für aktive Last

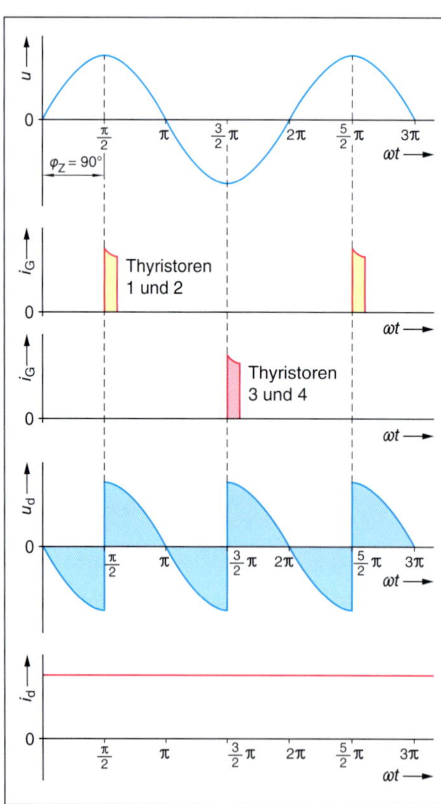

79 Induktive Belastung

Induktive Belastung

Ab einem *Zündwinkel* von 90° wird die Gleichspannung *null.*

$U_d = U_{d_0} \cdot \cos \varphi_Z$

$U_{d_0} = 0{,}9 \cdot U$

Bei $\varphi_Z = 0$ sind *positive* und *negative* Spannungszeitflächen gleich groß (Bild 79).

Bei *aktiver Last* kann die Gleichspannung bei Zündverzögerungswinkeln $\varphi_Z > 90°$ negativ werden.

■ **Gesteuerte Dreipuls-Mittelpunktschaltung**

M3C

Gesteuerte Dreipuls-Mittelpunktschaltung

Der *Impulsgeber* erzeugt drei um 120° versetzte Impulse je Periode. Die Impulse können dem gewünschten *Steuerbereich* entsprechend *verschoben* werden.

Zu beachten ist, dass der Thyristor nur im *Steuerbereich* gezündet werden kann. Die Spannung u_1 ist hier vom natürlichen *Kommutierungszeitpunkt* ausgehend bis zum Schnittpunkt mit u_3 *positiver* als u_3.

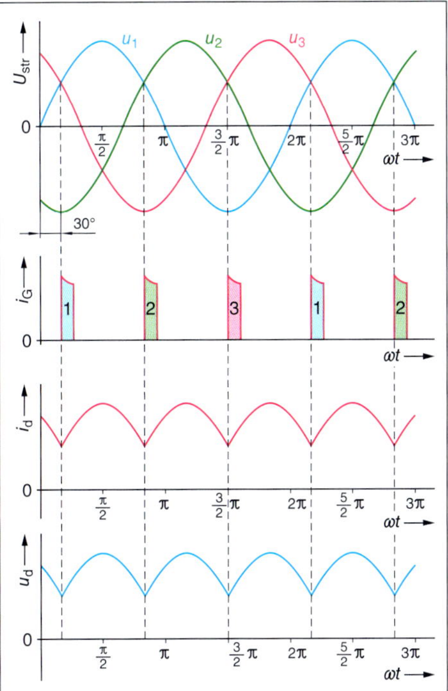

82 Ohmsche Belastung, $\varphi_Z = 0^o$

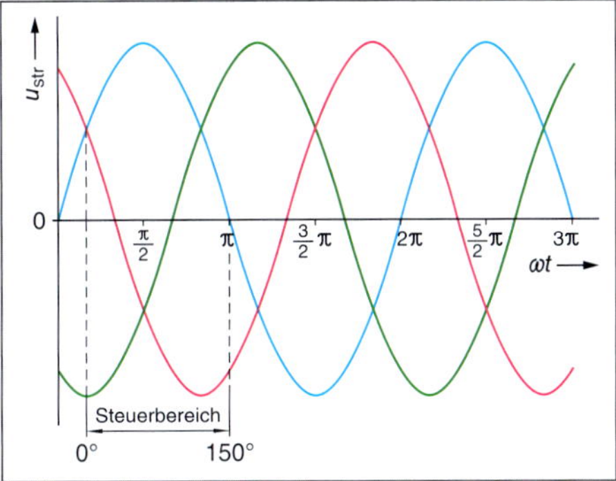

83 Steuerbereich

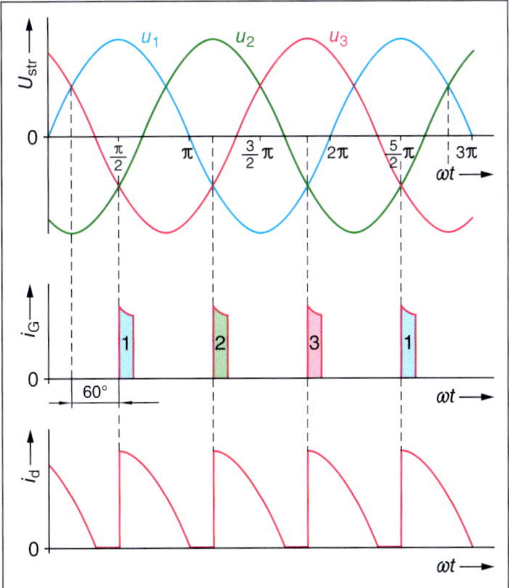

84 Ohmsche Belastung, $\varphi_Z = 60^o$

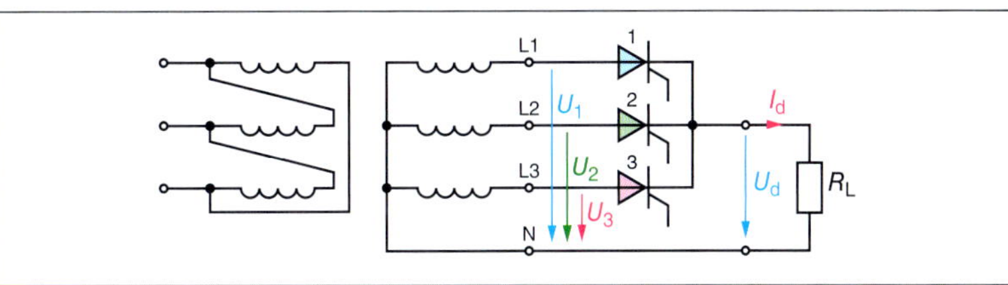

85 Gesteuerte Dreipuls-Mittelpunktschaltung

Induktive Belastung

Der Thyristor 3 bleibt nur bis zur Zündung von Thyristor 1 durchgeschaltet. Der Steuerbereich beträgt 0° bis 150°.

Bei Winkeln über 30° beginnt der Strom zu *lücken*.

Mit zunehmendem Winkel nehmen Gleichspannung und Gleichstrom ab. Bei 150° sind Strom und Spannung null.

Bei *rein induktiver* Belastung fließt ein ideal geglätteter Gleichstrom. Die *Induktivität* hat eine *Speicherwirkung*, sodass auch dann noch ein Strom fließt, wenn die Spannung bereits negativ geworden ist.

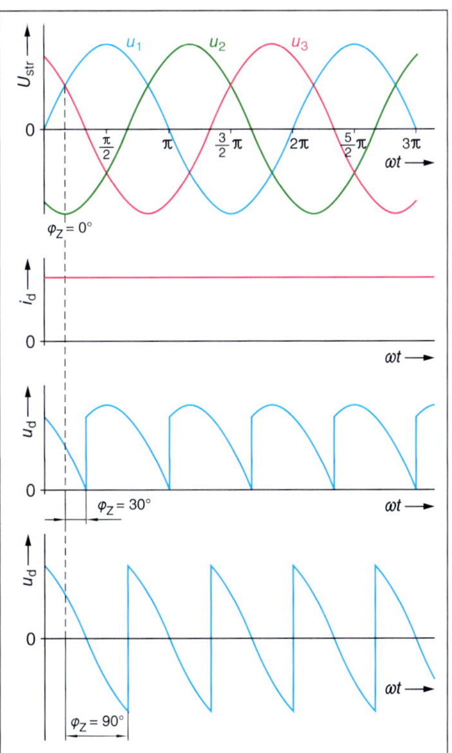

86 Induktive Belastung, Steuerwinkel 90°

Überschreitet der Steuerwinkel bei induktiver Last 30°, entsteht eine *negative* Spannungszeitfläche. Die Spannungswerte sind bei induktiver Last und Winkeln über 30° geringer als bei ohmscher Last. Bei 90° ist die Spannung null.

Vollgesteuerte Stromrichter
fully-controlled power converters

Halbgesteuerte Stromrichter
half-conrolled power converters

Zweipuls-Brückenschaltung
twopulse bridge circuit

Dreipuls-Mittelpunkt-schaltung
three-pulse center-zap connection

Sechspuls-Brücken-schaltung
six-pulse bridge connection

Wechselrichter
inverter

Wechselwegschaltung
antiparallel arms circuit

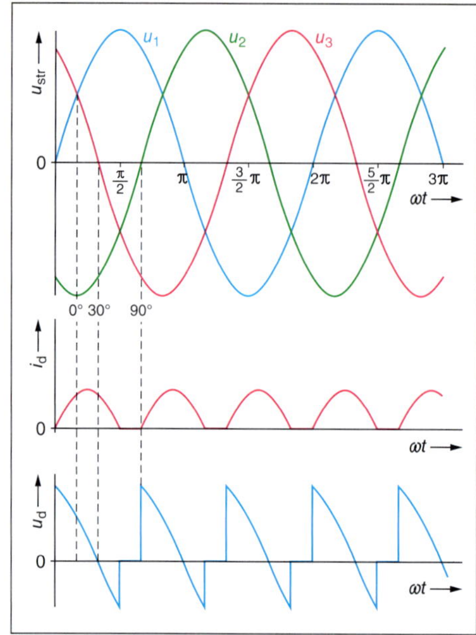

87 Ohmsch-induktive Belastung

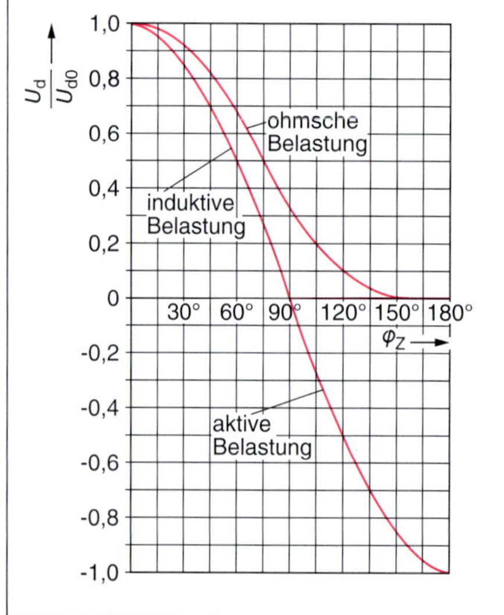

88 Steuerkennline

Die *Gleichspannung* ist im Bereich 0° bis 30° *unabhängig* von der *Lastart*. Das heißt, dass auch bei reiner Widerstandslast frühestens bei 30° der *Lückbetrieb* beginnt.

Der natürliche Zündzeitpunkt der M3-Schaltung liegt bei 30° $\left(\frac{\pi}{6}\right)$.

Somit stimmt der Zündwinkel $\varphi_Z = 30°$ mit $\omega t = \frac{\pi}{3}$ (60°) der Wechselspannung überein.

Man nennt diesen *Steuerwinkel* auch den **kritischen Steuerwinkel** (φ_{Krit}).

Bis zu $\varphi_{Krit} = 30°$ gilt für die Gleichspannung

$U_d = U_{d_0} \cdot \cos \varphi_Z$

$U_{d0} = 0{,}676 \cdot U$

Bei *induktiver Last* gilt die Gleichung auch für den Steuerbereich 0° bis 90°. Von 90° bis 180° ist die Gleichspannung bei induktiver Last stets null.

Nur bei *aktiver Last* kann die Gleichspannung auch *negative* Werte annehmen.

Von $\varphi_{Krit} = 30°$ an liegt bei Widerstandslast *Lückbetrieb* vor. Dann gilt für die Gleichspannung

$U_d = 0{,}577 \cdot U_{d_0} \cdot [1 + \cos(\varphi_Z + 30°)]$

$U_{d0} = 0{,}676 \cdot U$

$\varphi_Z = 30°$ bis 150°

M3C-Stromrichter im Wechselrichterbetrieb

Der Stromrichter wird mit einer *aktiven Last* betrieben; z. B. mit einem Gleichstrommotor.

Wird der Motor *abgebremst,* soll über den Stromrichter *Energie* an das speisende Netz *zurückgeliefert* werden (Nutzbremsung).

Im **Wechselrichterbetrieb** arbeitet der Gleichstrommotor als *Generator.*

Dann ist $U_d < U_0$, wenn U_0 die Leerlaufspannung des Motors ist. Dabei kehrt sich die Stromrichtung von I_d um.

Ein Stromrichter kann aber *nur in einer Richtung* Strom führen. Also müsste der Ankerkreis des Motors *manuell* umgeschaltet werden (Schütze). Nach der Umpolung fließt dann I_d in Durchlassrichtung durch die Thyristoren des Stromrichters (Bild 90, Seite 128).

Lücken

Der Stromfluss bleibt so lange aufrecht erhalten, bis die in der Induktivität gespeicherte Energie an das Netz abgegeben wurde. Danach beginnt der Strom zu „lücken".

@ Interessante Links

- christiani-berufskolleg.de

Prüfung

1. Skizzieren Sie eine B2C-Schaltung und erklären Sie die Arbeitsweise.
Skizzieren Sie die Steuerkennlinie für induktive Last.

2. Begründen Sie, dass der Steuerbereich bei der M3C-Schaltung und induktiver Belastung 0° – 150° beträgt.

3. Beschreiben Sie die Begriffe Kommutierung und Freiwerdezeit.

4. Ein M3C-Stromrichter wird am Drehstromnetz 400/230 V/50 Hz betrieben.
Bestimmen Sie die Gleichspannung bei 90°, 120° und 135°.

5. Beschreiben Sie den Kommutierungsvorgang beim M3C-Stromrichter.

Kommutierung

Kommutierung bedeutet *Stromübergabe*, hier von einem Thyristor auf den nächsten Thyristor. Hier wird die Kommutierung von 1 auf 2 beispielhaft betrachtet.

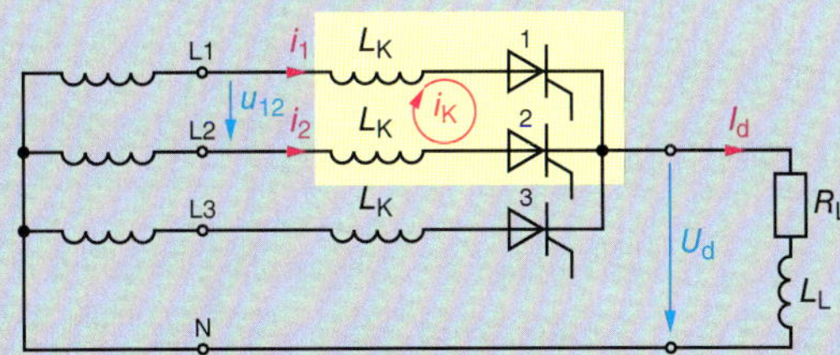

Thyristor 1 ist gezündet.

Thyristor 2 wird gezündet.

Zwei Stränge werden kurzgeschlossen.

Es fließt der *Kommutierungsstrom* i_K, dessen Wert vom Augenblickswert der Außenleiterspannung u_{12} abhängt.

Strombegrenzend wirken nur die *Kommutierungsdrosseln* L_K und die *Trafowicklungen*.

$i_2 = I_d - i_1$ (Knotenpunkt)

i_K hat einen sinusförmigen Verlauf und eilt u_{12} um 90° nach.
Wenn $i_2 = I_d$ und $i_1 = 0$, ist der Kommutierungsvorgang beendet.

Solange beide Thyristoren durchgeschaltet sind, liegt an jedem der beiden Zweige die Spannung

$\frac{u_1 + u_2}{2}$ (Strangspannungen)

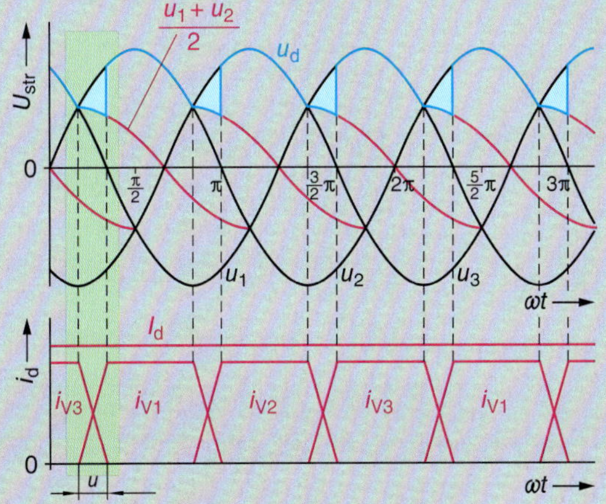

u: Überlappungswinkel (hier sehr groß dargestellt)

Überlappungswinkel

Der Überlappungswinkel gibt an, in welchem Bereich *beide* Thyristoren leitend sind.

Durch die Kommutierung wird ein Gleichspannungsverlust bewirkt.

Man spricht von einem *induktiven Gleichspannungsfall.*

Prüfung

1. Skizzieren Sie die Ausgangsspannung einer M1C-Schaltung bei ohmscher Belastung und $\varphi_z = 60°$. Wie groß ist die Spannung U_2, wenn $U = 230$ V?
Skizzieren Sie die Steuerkennlinie.

2. Was versteht man unter dem Begriff Lückbetrieb?

@ Interessante Links

- christiani-berufskolleg.de

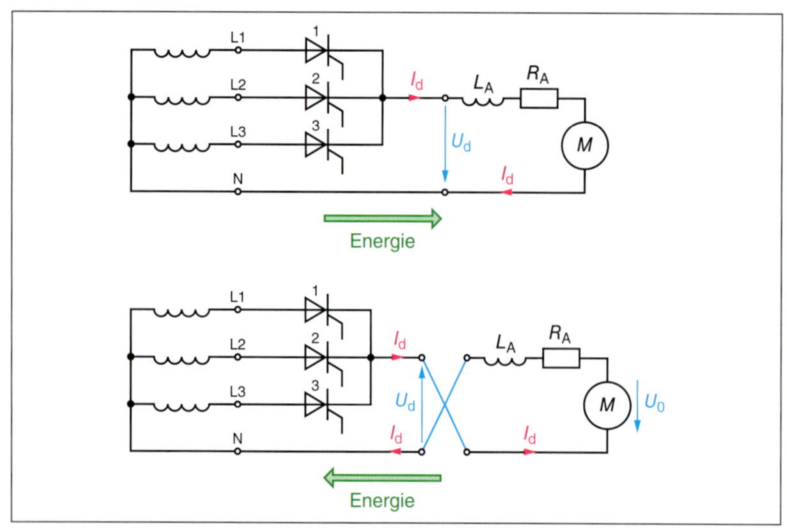

89 Wechselrichterbetrieb, Prinzip

■ **Nutzbremsung**

Wenn ein Motor als Generator arbeitet, spricht man von einer Nutzbremsung.

Wechselrichterbetrieb ist nur möglich, solange die Last Energie abgeben kann. Die von der Last erzwungene Spannung muss größer als die Netzspannung sein, wenn der Strom in der ursprünglichen Richtung weiterfließen soll.

■ **Gesteuerte Drehstrom-Brückenschaltung**

B6C

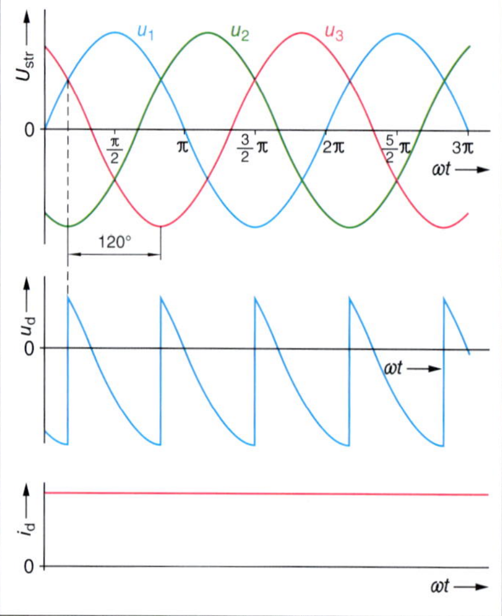

90 Wechselrichterbetrieb

Wechselrichterbetrieb ist nur möglich, solange die Last *Energie abgeben* kann. Der *Steuerwinkel* muss größer als 90° sein. Dann ist U_d negativ. Der Motor arbeitet als Generator.

Es handelt sich hier um einen **netzgeführten Wechselrichter**. Gewählt wird ein *Steuerwinkel* zwischen 90° und 150°.

180° soll vermieden werden, da ein **Wechselrichterkippen** hervorgerufen werden kann, dass wie ein Kurzschluss wirkt. Dies liegt an der **Kommutierungszeit** und **Freiwerdezeit** des Thyristors. Es gilt nämlich:

- Die *Kommutierungszeit* des übernehmenden Thyristors muss beendet sein,
- Die *Freiwerdezeit* des abgebenden Thyristors muss verstrichen sein, bevor die stromtreibende Spannung wieder positive Werte erreicht.

Ansonsten bleibt der abgebende Thyristor im *durchgeschalteten* Zustand.

Wenn der Stromrichter bisher eine *negative* Spannung lieferte, liefert er dann eine *positive* Spannung. Die Stromstärke nimmt dann erheblich zu.

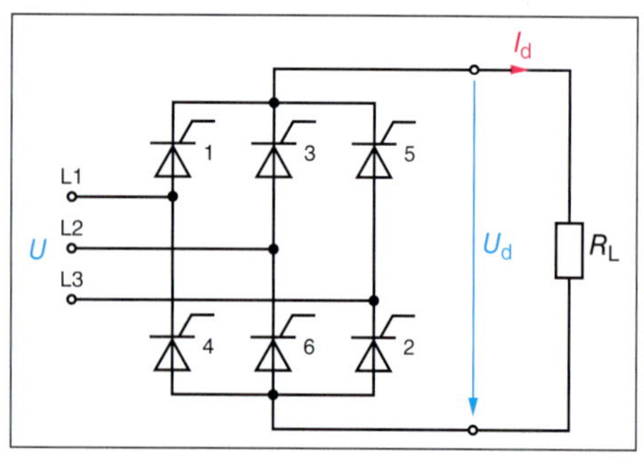

91 Drehstrom-Brückenschaltung

Drehstrom-Brückenschaltung

Dies ist die am häufigsten in der Praxis angewendete Stromrichterschaltung (Bild 91).

Im Unterschied zur M3C-Schaltung fließt *Wechselstrom* in den *Netzzuleitungen*, wodurch eine bessere *Ausnutzung* des *Transformators* ermöglicht wird.

Die Drehstrom-Brückenschaltung kann als *Reihenschaltung* von zwei *Mittelpunktschaltungen* angesehen werden.
Jede der beiden Mittelpunktschaltungen hat einen *natürlichen Zündwinkel* von 30°.

Die phasenverschobenen Teilspannungen ergeben eine *sechspulsige* Ausgangsspannung (Bild 92).

Dies liegt daran, dass die Scheitelwerte der beiden dreipulsigen Spannungen um 60° bzw. $\frac{\pi}{6}$ gegeneinander versetzt sind.

$u_d = u_I - u_{II}$ (Bild 92)

Für U_d findet alle 60° eine **Kommutierung** statt. Der **natürliche Zündzeitpunkt** liegt bei 60°, bezogen auf den positiven Nulldurchgang der Strangspannung.

Auch bei *ohmscher Belastung* tritt bis 60° *kein Lückbetrieb* auf. Bis zu diesem Zündwinkel gilt also ganz allgemein für *alle Lastarten*:

$U_d = U_{d_0} \cdot \cos\alpha$

$U_{d_0} = 1{,}35 \cdot U$

Bei *induktiver Last* wird U_d bis 90° ebenfalls nach obigen Gleichungen bestimmt. Von 90° bis 180° ist U_d bei induktiver Last null.

Bei *aktiver Last* sind auch negative Werte für u_d mö

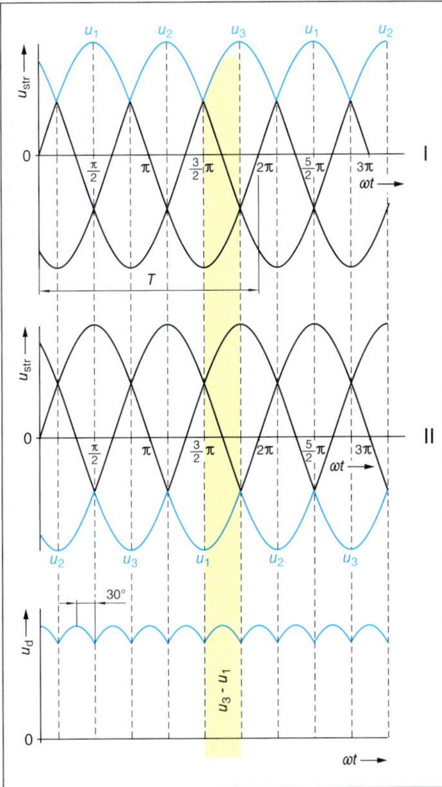

92 Sechspulsige Gleichspannung

Im Bereich 60° bis 120° tritt **Lückbetrieb** bei *Widerstandslast* auf. Es gilt dann:

$U_d = 0{,}5 \cdot U_{d_0}\,[1 + 1{,}54 \cdot \cos(\varphi_Z + 30°)]$

Zwischen 120° und 180° ist bei *Widerstandslast* $U_d = 0$.

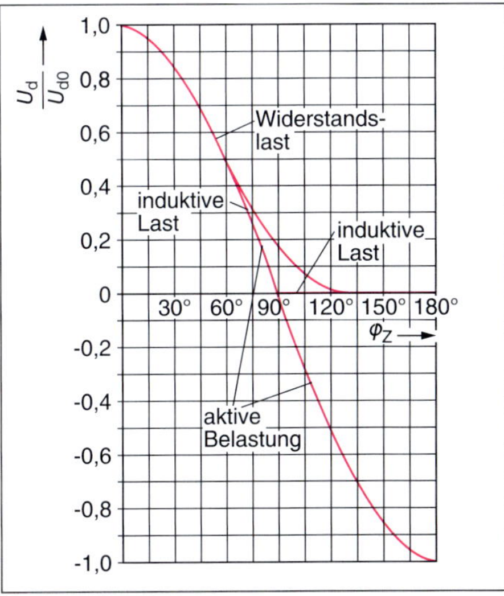

93 Lastabhängige Steuerkennlinie

Zündimpulse der B6C-Schaltung

Jede der beiden M3C-Schaltungen benötigt *drei* um 120° versetzte *Zündimpulse*.

Wegen der in 60°-Abständen aufeinanderfolgenden Nulldurchgänge der drei Leiterspannungen ist dann auch alle 60° ein *Zündimpuls* notwendig.

Bei der Brückenschaltung müssen aber immer *zwei* Thyristoren *gleichzeitig* durchgeschaltet sein.

Daher sind *sechs Langzeitimpulse* mit der Impulsdauer T/6 notwendig (Impulswinkel 60°).

$T \mathrel{\hat{=}} 360°$

$\frac{T}{6} \mathrel{\hat{=}} 60°$

Dadurch ist auch eine hinreichende **Impulsüberdeckung** für das Einschalten der Brückenschaltung gewährleistet.

Das oben beschriebene Verfahren ist allerdings recht *verlustbehaftet*.

Günstiger ist die Verwendung von **Doppelimpulsen** für jeden Thyristor, die in 60°-Abständen aufeinander folgen. Man spricht dann von **Hauptimpulsen** und **Folgeimpulsen** (Bild 94).

ωt_1: Thyristoren 1 und 6 werden gezündet.
60° danach muss der Strom von Thyristor 6 auf Thyristor 2 übergehen. Thyristor 2 erhält dann seinen Hauptimpuls, Thyristor 1 seinen *Folgeimpuls*.

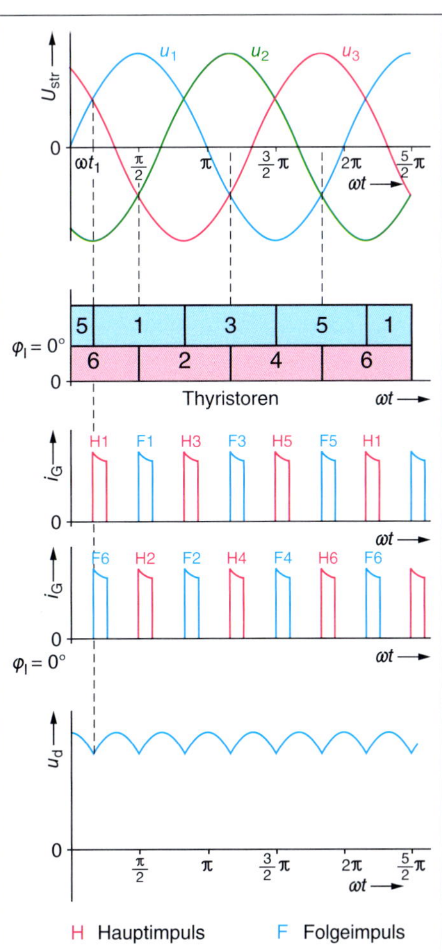

94 B6C-Schaltung, $\varphi_Z = 0°$, Durchschalten

Immer in Abständen von 60° erfolgt eine neue *Kommutierung*. Jeder Thyristor verbleibt über 120° im *durchgeschalteten* Zustand.

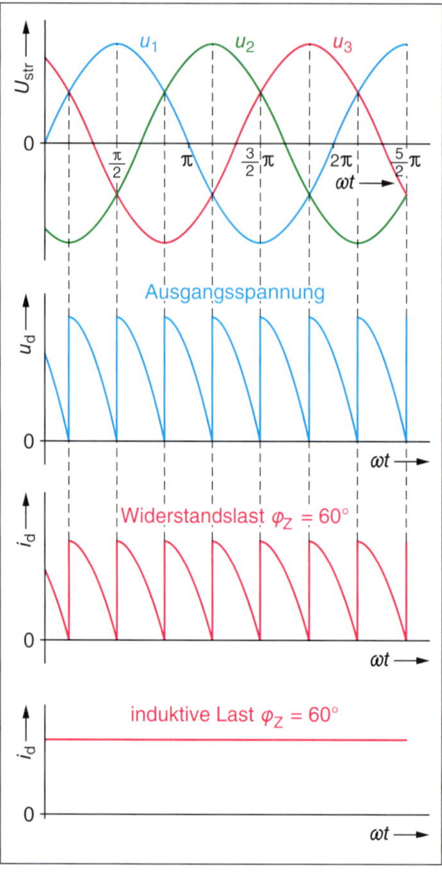

95 Drehstrom-Brückenschaltung

Bei *ohmscher Belastung* ermöglicht die Drehstrom-Brückenschaltung *nur Gleichrichterbetrieb. Negative* Spannungszeitfäden sind *nicht* möglich. Ab 60° beginnt der **Lückbetrieb**.

Bei 90° kommt es zu großen Stromlücken. Über 120° wird der Strom null, da die Spannung null wurde.

Bei *induktiver Belastung* und 90° sind die *positiven* und *negativen* Spannungszeitflächen gleich groß. Die Gleichspannung ist dann *null*.

Bei Winkeln über 90° wird eine *negative* Gleichspannung erzeugt.

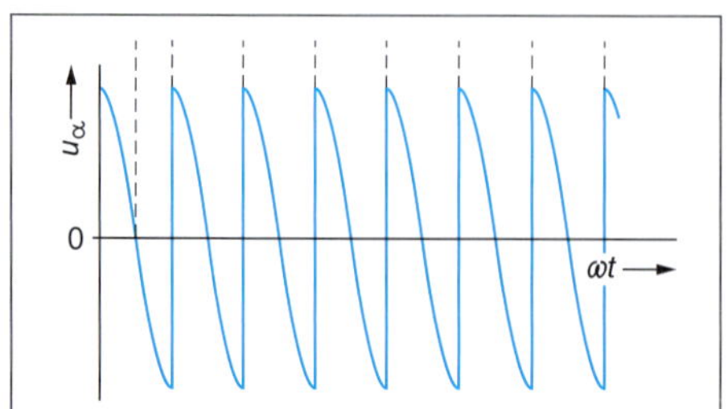

96 90° und induktive Last

■ **Halbgesteuerte Schaltungen**

sind nicht für Wechselrichterbetrieb geeignet, da negative Spannungs-Zeitflächen nicht möglich sind.

@ Interessante Links

- christiani-berufskolleg.de

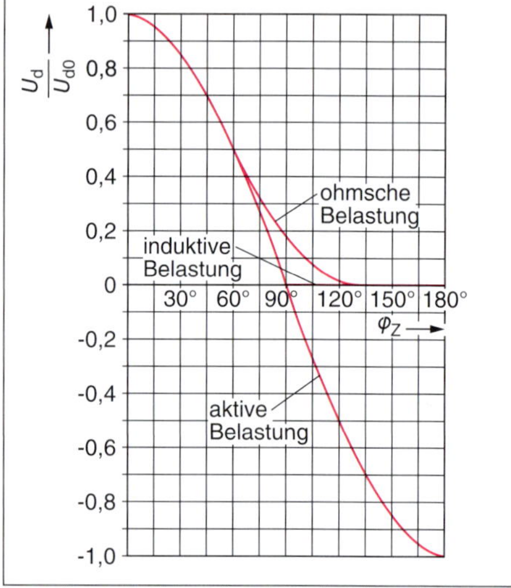

97 Steuerkennlinie

Halbgesteuerte Stromrichter

Bei diesen Stromrichtern besteht eine Hälfte aus *Thyristoren* und die andere Hälfte aus *Dioden*. Dadurch lässt sich der *Blindleistungsbedarf* des Stromrichters halbieren.

Halbgesteuerte Zweipuls-Brückenschaltung

Zwei Bauformen werden unterschieden.

B2HZ: Beide Thyristoren in einem Stromrichterzweig angeordnet.

B2HK: Beide Thyristoren sind *katodenseitig* zusammengeschaltet.

Prüfung

1. Welche Vorteile hat eine vollgesteuerte Drehstrom-Brückenschaltung?

2. Skizzieren Sie den Verlauf der Ausgangsspannung einer Drehstrom-Brückenschaltung bei $\varphi_Z = 0°$ und $\varphi_Z = 70°$.

3. Welche Bedeutung hat der Begriff „Wechselrichtertrittgrenze“?

4. Beschreiben Sie das Verhalten der B6C-Schaltung bei induktiver Last.

5. Erläutern Sie die Steuerkennlinie der B6C-Schaltung.

Ungesteuerter Teil des Stromrichters:

$$U_{d_1} = U_{d_{01}} = 0{,}5 \cdot U_{d_0}$$

Gesteuerter Teil des Stromrichters:

$$U_{d_2} = U_{d_{02}} \cdot \cos \varphi_I = 0{,}5 \cdot U_{d_0} \cdot \cos \varphi_I$$

$$U_d = U_{d_1} + U_{d_2}$$

$$U_d = U_{d_{01}} + U_{d_{02}} \cdot \cos \varphi_I$$

$$U_{d_{01}} = U_{d_{02}} = 0{,}5 \cdot U_{d_0}$$

$$U_d = 0{,}5 \cdot U_{d_0} \cdot (1 + \cos \varphi_I)$$

$$\frac{U_d}{U_{d_0}} = \frac{1 + \cos \varphi_I}{2}$$

Beim *gesteuerten* Stromrichterteil ist die **Wechselrichtertrittgrenze** einzuhalten.

Der *maximale Steuerwinkel* ist damit also 150°.

Die Ausgangsspannung kann nicht mehr null werden. Eine *Freilaufdiode* im Lastkreis kann dies aber vermeiden.

Bei einem Winkel von 60° treten im Unterschied zur vollgesteuerten Schaltung keine negativen Spannungszeitflächen auf. Die liegt am *Freilaufkreis* mit den Dioden 1 und 4 der B2HZ-Schaltung.

Bei 60° kommt es zur Zündung des Thyristors 2. Der Strom fließt über diesen Thyristor, die Last und die Diode 1.

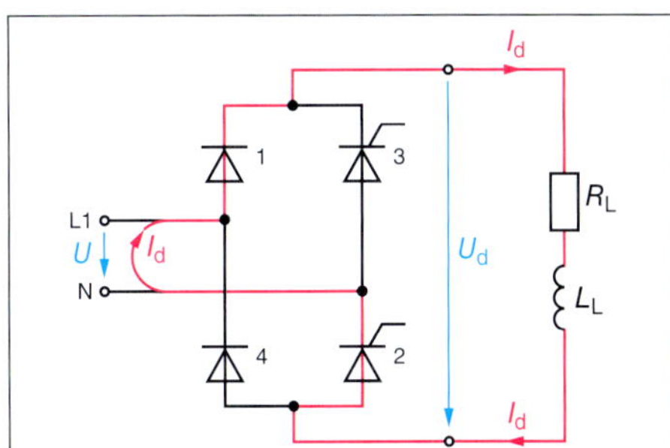

98 Freilaufkreis

Wenn die Spannung *U* ihren *negativen Nulldurchgang* hat, liegt am Thyristor 2 zwischen Anode und Katode eine *negative* Spannung an. Der Thyristor 2 sperrt.

Wegen der *Induktivität* L_L fließt weiter Strom durch den *Freilaufkreis*, der von den beiden Dioden 1 und 4 aufgebaut wird.

Der Thyristor 3 wird *gezündet*. Der Strom fließt über Thyristor 3, Last und Diode 4.

Nach dem *positiven Nulldurchgang* der Spannung *U* geht Thyristor 3 in den *Sperrzustand*.

Der Strom wird dann erneut vom *Freilaufkreis* übernommen.

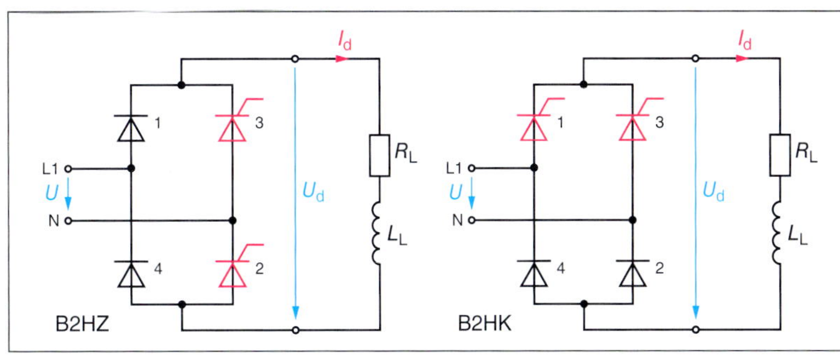

99 Halbgesteuerte Zweipuls-Brückenschaltungen

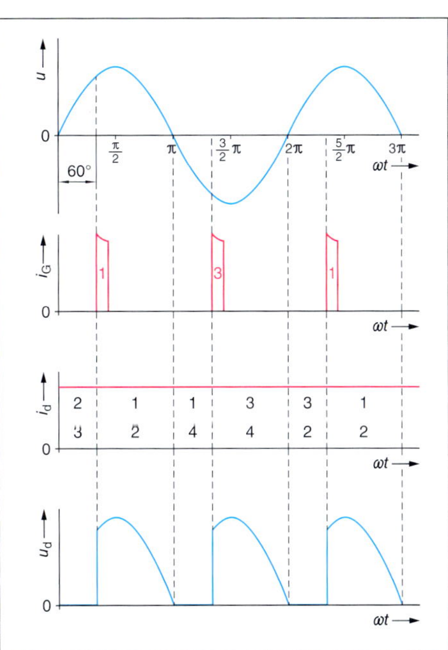

100 B2HK-Schaltung

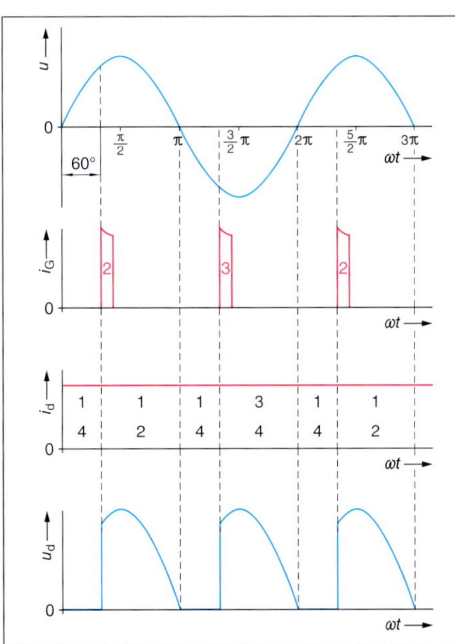

101 B2HZ-Schaltung

■ **Wechselrichtertrittgrenze**

Vom theoretisch möglichen Zündwinkel wird ein „Sicherheitsabstand" eingehalten.

Dieser Abstand wird Wechselrichtertrittgrenze genannt und beträgt etwa 20° bis 30°.

Theoretisch möglicher Zündwinkel 180°, praktischer Zündwinkel ca. 150°.

■ **Freilaufdiode**
verhindert das Wechselrichterkippen, die Diode übernimmt den Strom im Nulldurchgang der Spannung.

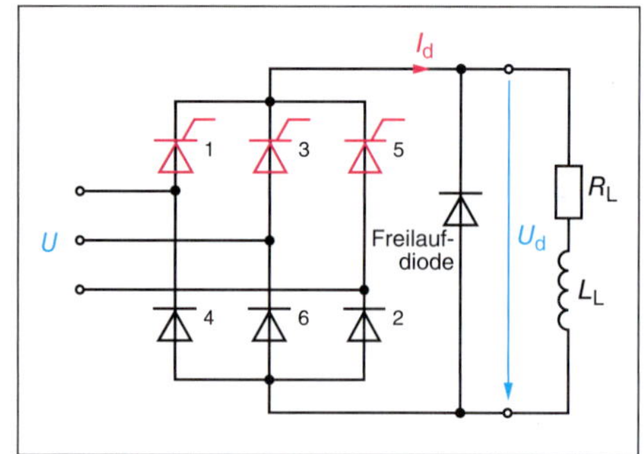

102 Drehstr.-Brückenschaltung, halbgesteuert

Auch bei dieser Schaltung ist *kein Wechselrichterbetrieb* möglich.

Ausgangsspannung:

$$U_d = \frac{1 + \cos\varphi_I}{2} \cdot U_{d_0}$$

$$U_{d_0} = 1{,}35 \cdot U$$

Wesentlich ist, dass diese Schaltung nur für *Steuerwinkel* unter 60° sechspulsiges Verhalten zeigt.

103 Halbgesteuerte Drehstrom-Brückenschaltung

Bei Ansteuerung mit größeren Steuerwinkeln als 60° ist die Gleichspannung U_d dreipulsig.

Im Steuerbereich 180° kann **Wechselrichterkippen** auftreten, obwohl ein halbgesteuerter Stromrichter *nicht* als Wechselrichter arbeiten kann.

Die *Freilaufdiode* übernimmt den Strom im Nulldurchgang der Spannung und verhindert das Wechselrichterkippen.

Die Gleichspannung des Stromrichters wird durch *Überlagerung* der Ausgangsspannungen der beiden Stromrichterteile gebildet.

Bei Steuerwinkeln über 60° beginnt die Ausgangsspannung zu **lücken**.

Um einen **natürlichen Freilaufkreis** zu erreichen, ist eine *induktive* Last notwendig.

Wenn die Thyristoren 3 und 5 während des Spannungsnulldurchgangs wegen der Zündverzögerung noch nicht gezündet werden, muss Thyristor 1 im leitenden Zustand bleiben.

Bei ansteigender Spannung sperrt Diode 6 und Diode 4 übernimmt I_d.

Bis zur Zündung des nächsten Thyristors fließt der Strom I_d über 4, 1 und die Last (Bild 104).

Jedes *Zweigpaar* bildet einen *Freilaufkreis* der bei Steuerwinkeln über 60° wirksam ist.

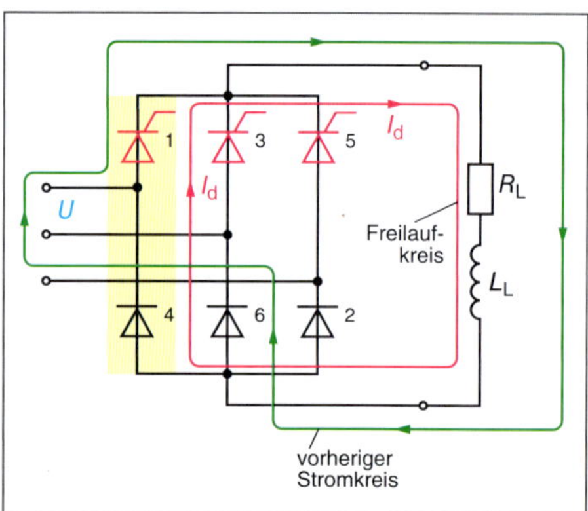

104 Natürlicher Freilaufkreis

Prüfung

1. Worin besteht der Vorteil halbgesteuerter Stromrichterschaltungen?

2. Welche Aufgabe hat der Freilaufkreis?

3. Beschreiben Sie den Begriff „natürlicher Freilaufkreis“.

Ungesteuerte Stromrichter

Ungesteuerte Stromrichter sind **Gleichrichter**. Bei hohen Leistungen werden **Drehstrom-Gleichrichter** eingesetzt.

Dreipuls-Mittelpunktschaltung

Der *Transformator* muss sekundärseitig in Stern geschaltet sein (Bild 105).

Die Katoden der drei Gleichrichter liegen auf gleichem Potenzial. Sie dürfen demnach miteinander verbunden werden.

Die Last wird zwischen diesem Verbindungspunkt und dem Trafo-Sternpunkt angeschlossen (Bild 105).

Eine Diode wird in *Durchlassrichtung* betrieben, wenn ihre Anode *positiver* als die Katode ist.

Im gelb hervorgehobenen Zeitbereich ωt_1 bis ωt_2 hat die Strangspannung u_1 das positivste Potenzial.

Am Ende dieses Zeitbereichs wird u_2 positiver als u_1 und Diode 2 übernimmt von Diode 1 den Strom. Man spricht von **Kommutierung**.

Kommutierung ist der Stromübergang von einem Ventilzweig auf einen anderen.

In Abständen von 120° übernimmt jeweils eine andere Diode die Stromführung. Der **Stromflusswinkel** ist dann 120°.

Da die **Kommutierung** durch die *Netzspannung* eingeleitet wird, spricht man von einem **netzgeführten Stromrichter**.

Die Stromübernahme des nächsten Zweigs erfolgt jeweils 30° nach dem Nulldurchgang der zugehörigen Spannung.

In jedem Zweig des Gleichrichters fließt der Strom

$$I_Z = \frac{I_d}{3}$$

Der Transformator wird *schlecht ausgenutzt*, da er nur mit Stromblöcken in *einer* Richtung belastet wird.

$$\frac{\text{Bauleistung Trafo}}{\text{Gleichstromleistung}} = 1{,}5$$

$$\frac{U_d}{U_{Str}} = 1{,}17 \quad \frac{U}{U_d} = 1{,}48$$

U_d arithmetischer Mittelwert der Gleichspannung
U_{Str} Strangspannung
U Außenleiterspannung

Welligkeit der Schaltung

$w = 18{,}7\ \%$

Periodische Spitzensperrspannung Dioden

$U_{RMM} = 1{,}63 \cdot U$

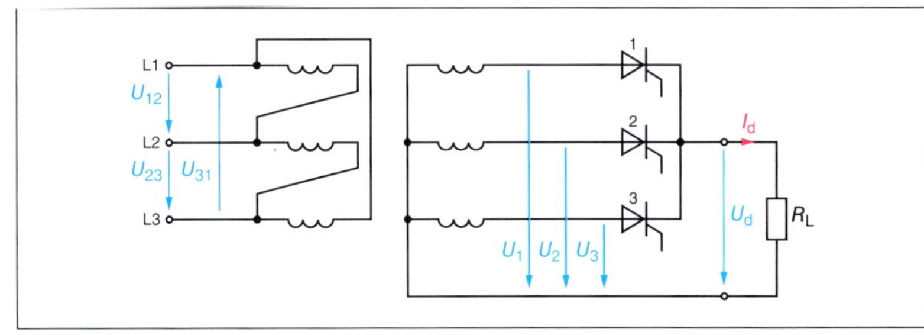

105 Dreipuls-Mittelpunktschaltung, ungesteuert

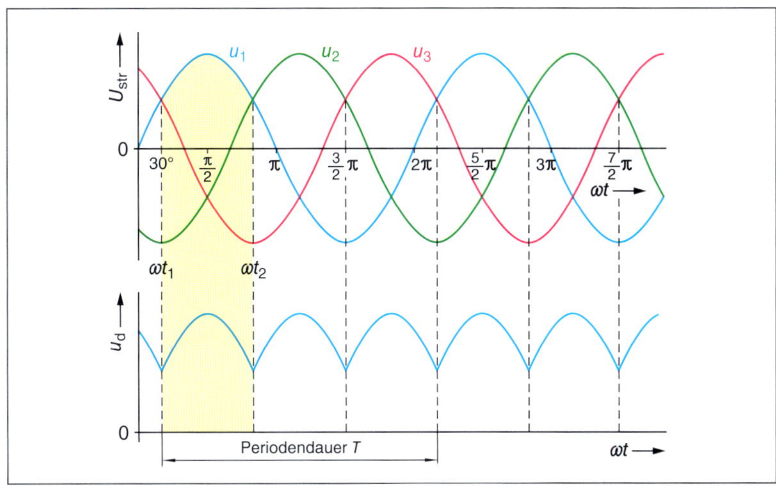

106 Ausgangs-Gleichspannung, dreipulsig

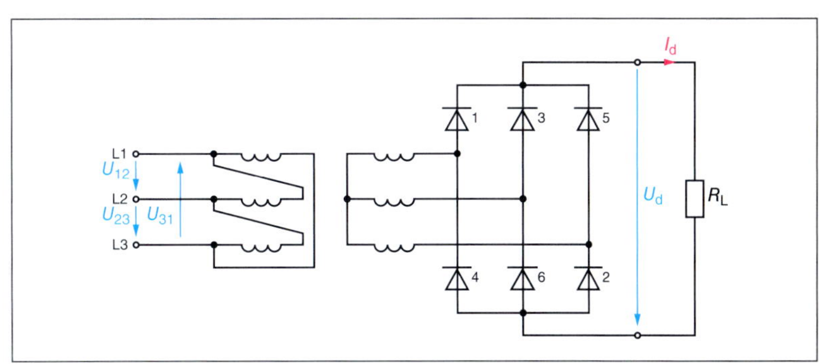

107 Drehstrom-Brückenschaltung, ungesteuert

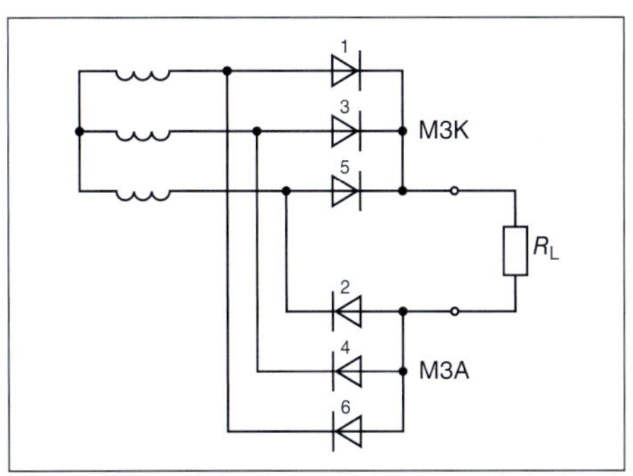

108 Reihenschaltung, zwei M3-Schaltungen

- **Gleichrichtung, Gleichrichter**
  → basics Elektrotechnik
- **Technische Daten ungesteuerter Stromrichter**

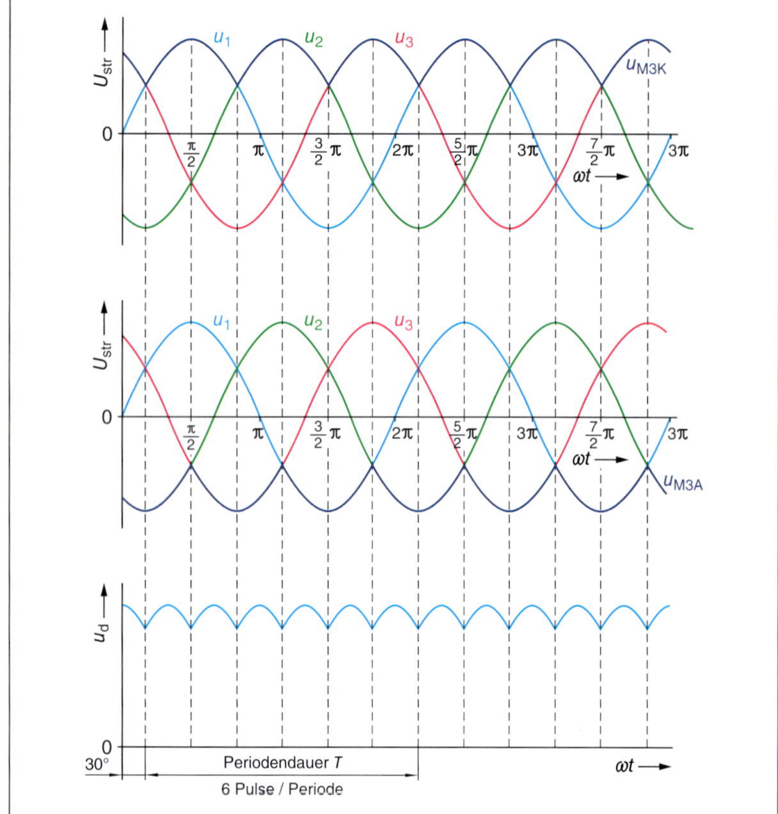

109 *Drehstrom-Brückenschaltung, Ausgangsspannung*

Welligkeit

$w = 4{,}2°$

Spitzensperrspannung

$U_{RRM} = u_S$

$\frac{U_{RRM}}{U_d} = 1{,}05$

■ **Stromrichter**

für große Leistungen werden für den Anschluss an das Drehstromnetz gebaut. Hierbei hat sich die Brückenschaltung als besonders vorteilhaft erwiesen.

@ Interessante Links

- christiani-berufskolleg.de

Die Scheitelwerte der beiden dreipulsigen Spannungen der M3-Schaltungen sind um 60° gegeneinander versetzt.

Beide Spannungen gemeinsam ergeben eine **sechspulsige** Gleichspannung.

Die Spannungskuppen der Gleichspannung sind gegenüber den Scheitelwerten der M3-Spannungen um 30° phasenverschoben.

So erfolgt die Stromübernahme der Diode 1 30° nach dem Nulldurchgang der Strangspannung u_1. Über Diode 6 fließt der Strom zurück, da u_3 ein positiveres Potenzial als u_2 hat.

Danach erfolgt die **Kommutierung** von Diode 1 auf Diode 3. Der **Stromflusswinkel** beträgt 120°.

$\frac{U_d}{U_{Str}} = 2{,}34 \qquad \frac{U}{U_d} = 0{,}74$

U_d arithmetischer Mittelwert der Gleichspannung
U_{Str} Strangspannung
U Außenleiterspannung

Stromstärke *im Zweig*

$I_Z = \frac{I_d}{3}$

$\frac{\text{Bauleistung Transformator}}{\text{Gleichstromleistung}} = 1{,}05$

Prüfung

1. Ein Gleichstrommotor hat eine Bemessungsleistung von 2200 W an 220 V.
Er wird über eine B2C-Stromrichterschaltung an das 230 V/50 Hz-Netz angeschlossen.

a) Stromflusswinkel 180°.
Wie groß ist der Steuerwinkel?

b) Wie groß ist der Effektivwert der Stromaufnahme des Gleichrichters?

c) Welcher Strom fließt in jedem Brückenzweig?

2. Ein Gleichstrommotor gibt bei $n = 1440 \frac{1}{\text{min}}$ das Drehmoment $M = 80$ Nm ab.
Der Wirkungsgrad beträgt $\eta = 91$ %.

Der Motor wird über eine vollgesteuerte 6-pulsige Brückenschaltung gespeist.

a) Welche Leistung gibt der Motor ab?
Welche Leistung wird dem Stromrichter entnommen?

b) Stromflusswinkel 180°, Motorstrom 30 A.
Wie groß ist die abgegebene Gleichspannung?

c) Welcher Strom fließt in jedem Thyristorzweig?

4 Elektrische Maschinen und Antriebe

4.1 Transformator

Magnetischer Hauptfluss

Der Sekundärstrom I_2 bewirkt einen magnetischen Fluss, der dem Fluss der Primärwicklung entgegengerichtet ist.

Dadurch wird der magnetische Gesamtfluss geschwächt, wodurch der Primärstrom zunimmt. Und zwar so lange, bis der ursprüngliche Magnetfluss wieder erreicht ist.

Magnetischer Streufluss

Teil des Magnetflusses, der (auch) außerhalb des Eisenkerns verläuft.

Unbelasteter Transformator

Primärwicklung an Wechselspannung → Leerlaufstrom I_{10} → Leerlaufdurchflutung $\Theta_{10} = I_{10} \cdot N_1$.

Im Eisenkern wird der magnetische Wechselfluss Φ_1 hervorgerufen.

In der Primärwicklung wird die Spannung U_{10} induziert, die der angelegten Spannung entgegengerichtet ist.

Auch die Sekundärwicklung wird vom Wechselfluss durchsetzt. In ihr wird die Spannung U_{20} induziert. Beim unbelasteten Transformator ist $U_2 = U_{20}$.

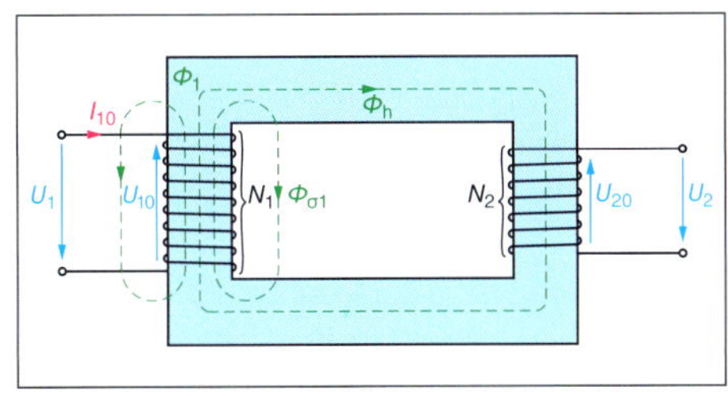

1 Unbelasteter Transformator

Φ_1 ist der gesamte, von der Primärwicklung hervorgerufene Magnetfluss.

Ein Teil dieses Flusses schließt sich über Luft (Streufluss $\Phi_{\sigma 1}$).

Der **magnetische Hauptfluss** Φ_n ist um den Streufluss $\Phi_{\sigma 1}$ kleiner als Φ_1.

Hauptfluss: $\Phi_h = \Phi_1 - \Phi_{\sigma 1}$.

Induktionsspannungen

$U_{10} = 4{,}44 \cdot f \cdot N_1 \cdot B_{1S} \cdot A$

$U_{20} = 4{,}44 \cdot f \cdot N_2 \cdot B_{2S} \cdot A$

U Spannung in V
f Frequenz in Hz
N Windungszahl
B Flussdichte (Scheitelwert) in T
A Eisenquerschnitt in m²

■ **Grundlagen des Transformators**
→ basics Elektrotechnik

■ **Frequenz**
von Primär- und Sekundärspannung stimmen überein.

■ **Primärwicklung**
Eingangswicklung

■ **Sekundärwicklung**
Ausgangswicklung

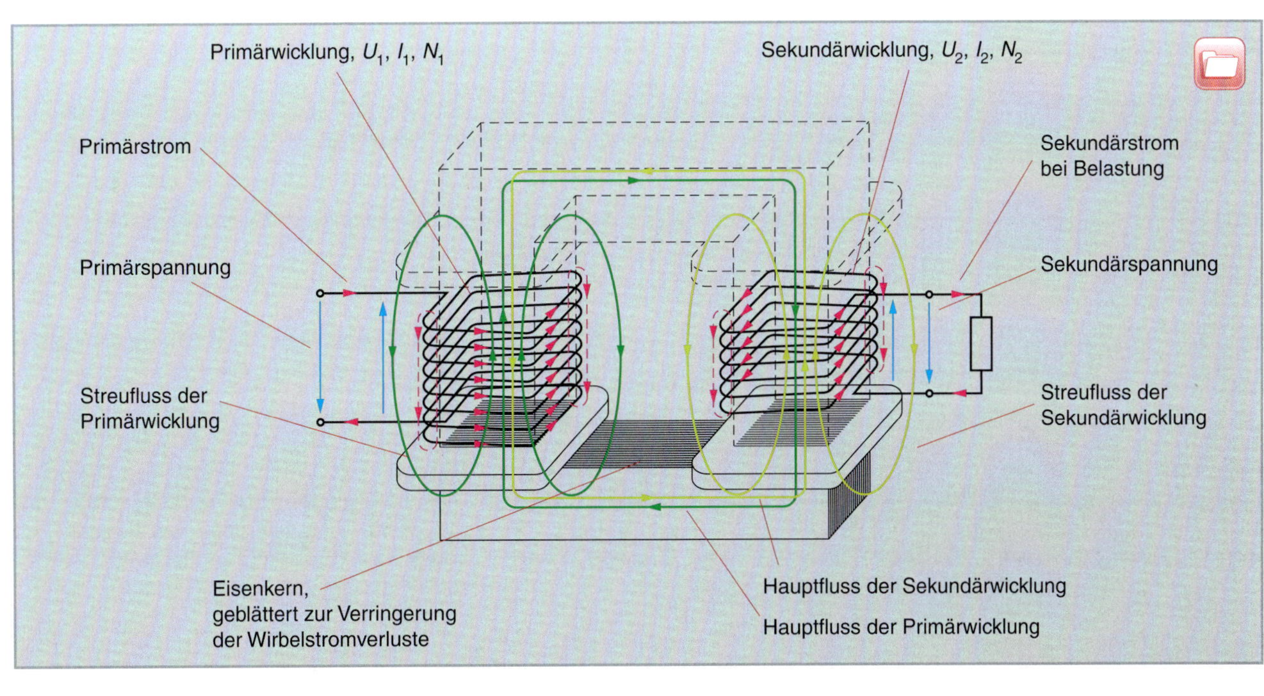

z.B.

Ein Transformatorkern hat den Eisenquerschnitt $A = 15\ \text{cm}^2$.
Die maximale magnetische Flussdichte im Kern beträgt 0,8 T.
Wie groß ist die Spannung pro Spulenwindung bei der Frequenz $f = 50$ Hz?

Ermittelt werden soll die Induktionsspannung pro Windung (U_0/N).

$$U_0 = 4{,}44 \cdot f \cdot N \cdot B_S \cdot A$$

$$\frac{U_0}{N} = 4{,}44 \cdot f \cdot B_S \cdot A$$

1 T (Tesla) = $1\ \frac{\text{Vs}}{\text{m}^2}$

$$\frac{U_0}{N} = 4{,}44 \cdot 50\ \text{Hz} \cdot 0{,}8\ \frac{\text{Vs}}{\text{m}^2} \cdot 15 \cdot 10^{-4}\ \text{m}^2$$

$1\ \text{cm}^2 = 10^{-4}\ \text{m}^2$

$$\frac{U_0}{N} = 0{,}266\ \text{V/Windung}$$

■ **Leerlauf**
Ausgangswicklung (Sekundärwicklung) ist stromlos.
Im Leerlauf ist der Leistungsfaktor sehr gering ($\cos\varphi \approx 0{,}2$).

■ **Idealer Transformator**
Der ideale Transformator wird als verlustlos angenommen.
Dann verhalten sich die Spannungen proportional zu den Windungszahlen.
Die Ströme verhalten sich umgekehrt proportional zu den Windungszahlen.

■ **Realer Transformator**
ist verlustbehaftet, die Ströme verhalten sich nur annähernd umgekehrt proportional.

■ **Sättigung**
→ basics Elektrotechnik

Belasteter Transformator

In der Sekundärwicklung fließt Strom (I_2).

Auch dieser Strom bewirkt ein Magnetfeld, dessen magnetischer Fluss Φ_{2h} dem Fluss Φ_{1h} entgegenwirkt. Φ_{1h} wird *geschwächt*, die induzierte Spannung in der Primärwicklung nimmt ab.

Die Differenz zwischen Netzspannung U_1 und Induktionsspannung U_{10} wird größer. Somit steigt der Primärstrom an.

Dies führt zu einer Zunahme von Φ_{1h}. Die Schwächung wird dadurch weitgehend ausgeglichen. Damit bleibt dann auch die Sekundärspannung weitgehend konstant.

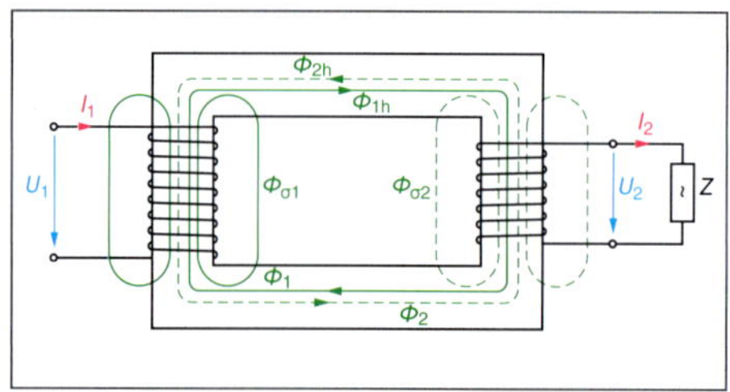

2 Belasteter Transformator

Wenn der Belastungsstrom I_2 zunimmt, steigt auch der Primärstrom I_1 an.

Die *primäre* Scheinleistung S_1 und *sekundäre* Scheinleistung S_2 stimmen annähernd überein.

$$S_1 \approx S_2$$

$$U_1 \cdot I_1 \approx U_2 \cdot I_2 \rightarrow \frac{U_1}{U_2} \approx \frac{I_2}{I_1}$$

Übersetzungsverhältnis

$$ü = \frac{U_1}{U_2} = \frac{N_2}{N_1} = \frac{I_2}{I_1}$$

Widerstandsübersetzung

Auch Widerstandswerte werden durch einen Transformator übersetzt.

$$S_1 = S_2$$

$$\frac{U_1^2}{Z_1} = \frac{U_2^2}{Z_2} \rightarrow \frac{U_1^2}{U_2^2} = \frac{Z_1}{Z_2}$$

$$\frac{U_1}{U_2} = ü, \quad \frac{U_1^2}{U_2^2} = ü^2$$

$$ü^2 = \frac{Z_1}{Z_2} \rightarrow ü = \sqrt{\frac{Z_1}{Z_2}}$$

Transformator im Leerlauf

Leerlauf: Der Sekundärwicklung wird kein Strom entnommen. Der Trafo ist unbelastet.

Die Primärwicklung nimmt den Leerlaufstrom I_0 auf. Dessen überwiegender Teil ist ein Magnetisierungsstrom I_μ zum Magnetfeldaufbau.

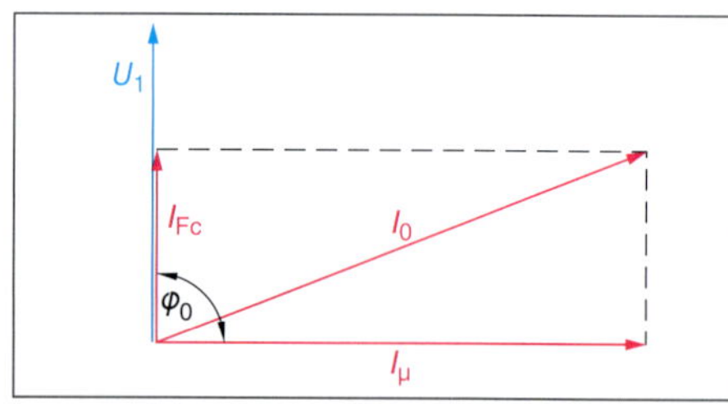

3 Transformator im Leerlauf, Zeigerbild

Auch bei *unbelastetem* Transformator wird elektrische Energie in Wärmeenergie umgewandelt.

Die *Wicklungsverluste* sind in Bezug auf die *Eisenverluste* aber vernachlässigbar klein.

Eisenverluste sind unabhängig von der Belastung des Trafos. Eisenverluste setzen sich aus **Wirbelstromverlusten** und **Ummagnetisierungsverlusten** zusammen. Beide Verluste nehmen mit der magnetischen Flussdichte zu.

Oberhalb der Sättigung wird sich der Eisenkern sehr stark erwärmen.

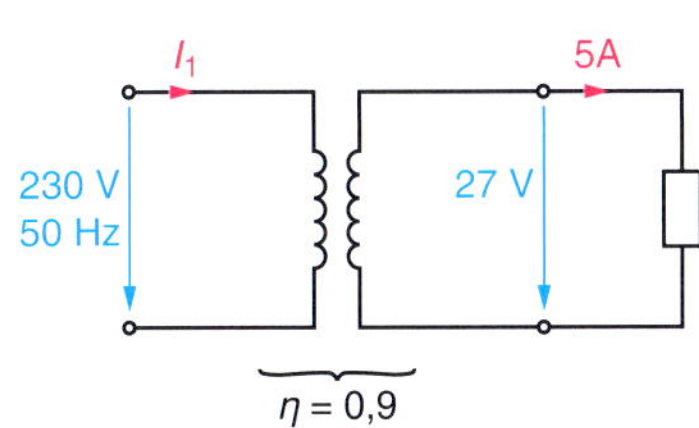

Wie groß ist der Primärstrom I_1?

Wirkungsgrad η:	$\eta = \frac{S_2}{S_1} \rightarrow S_1 \cdot \eta = S_2$
Primäre Scheinleistung S_1:	$S_1 = U_1 \cdot I_1$
Sekundäre Scheinleistung S_2:	$S_2 = U_2 \cdot I_2$
Formeln einsetzen:	$U_1 \cdot I_1 \cdot \eta = U_2 \cdot I_2$
Gleichung nach I_1 umstellen:	$I_1 = \frac{U_2 \cdot I_2}{\eta \cdot U_1} = \frac{27\ \text{V} \cdot 5\ \text{A}}{0{,}9 \cdot 230\ \text{V}}$
	$I_1 = 653\ \text{mA}$

Transformator:
Übersetzungsverhältnis $ü = 6$, sekundärseitig mit $Z_2 = 20\ \Omega$ belastet. Welcher Widerstand ist auf der Primärseite wirksam?

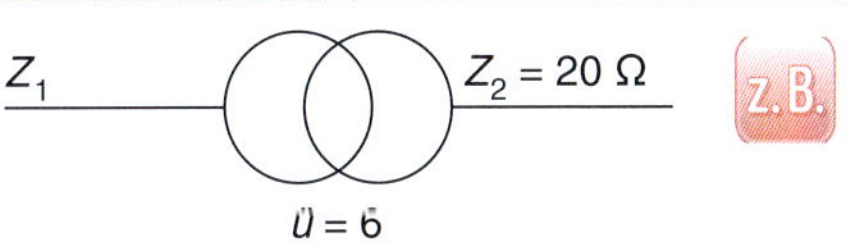

Die Gleichung wird nach Z_1 umgestellt. Sie wird dazu beidseitig quadriert, um die Quadratwurzel zu eliminieren.

$$ü = \sqrt{\frac{Z_1}{Z_2}}$$

$$ü^2 = \frac{Z_1}{Z_2} \rightarrow Z_1 = ü^2 \cdot Z_2$$

$$Z_1 = 6^2 \cdot 20\ \Omega = 720\ \Omega$$

■ **Verluste**

Eisenverluste:
- Ummagnetisierungsverluste
- Wirbelstromverluste

treten schon im Leerlauf auf.

Kupferverluste:
Stromwärmeverluste sind belastungsabhängig.

■ **Hinweis**

$\eta = \frac{S_2}{S_1} \rightarrow S_2 = \eta \cdot S_1$

Belasteter Transformator

Die Sekundärwicklung wird belastet.

Es fließt ein Strom I_2. An den ohmschen Wicklungswiderständen beider Spulen fallen Spannungen ab, die *Wicklungsverluste* verursachen. Man nennt sie **Kupferverluste** (V_{Cu}).

$V_{Cu} = I_1^2 \cdot R_1 + I_2^2 \cdot R_2$

Kurzschlussspannung

Ein Maß für die bei Belastung auftretende *Spannungsänderung* der Sekundärspannung gegenüber dem Leerlauffall ist die Kurzschlussspannung U_K.

Man kann auch sagen, dass U_K ein *Maß für den Innenwiderstand* des Transformators ist.

- U_K groß → Innenwiderstand groß
- U_K klein → Innenwiderstand klein

Je größer U_K (Innenwiderstand), umso größer der *Spannungseinbruch* bei Belastung. U_K ist von der *Bauart* des Transformators (Streuung) abhängig.

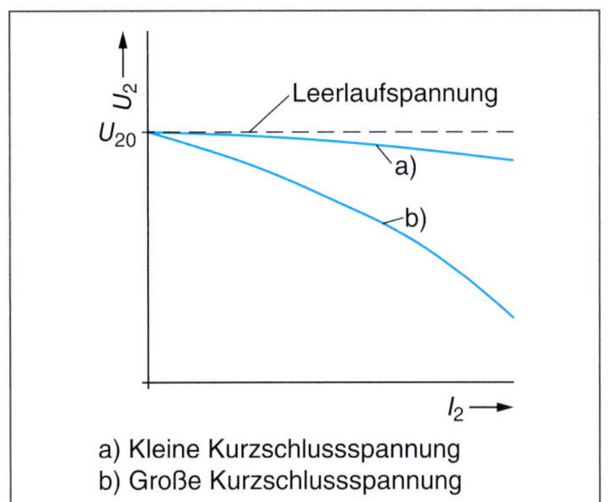

4 Transformator im Leerlauf, Zeigerbild

Mit zunehmender Kurzschlussspannung sinkt die Ausgangsspannung bei Belastung des Transformators.

■ **Kurzschlussspannung**

→ basics Elektrotechnik

Transformatoren mit niedriger Kurzschlussspannung sind *spannungssteif*.

Transformatoren mit hoher Kurzschlussspannung sind *spannungsweich*.

Transformator *transformer*

Primärwicklung *primary winding*

Sekundärwicklung *secondary winding, transformer secondary*

Scheinleistung *apparent power*

Bemessungsleistung *rated power, nominal power*

Kurzschluss *short circuit*

Kurzschlussspannung *short-circuit voltage*

Kurzschlussstrom *short-circuit current*

Spannungsänderung zwischen Leerlauf und Belastung mit Bemessungsstrom:

$$\Delta U = \frac{U_{2N} \cdot u_K}{100\ \%}$$

ΔU Spannungsänderung in V
U_{2N} sekundäre Bemessungsspannung in V
u_K relative Kurzschlussspannung in %

Spannungsänderung in Abhängigkeit von der Belastungsart

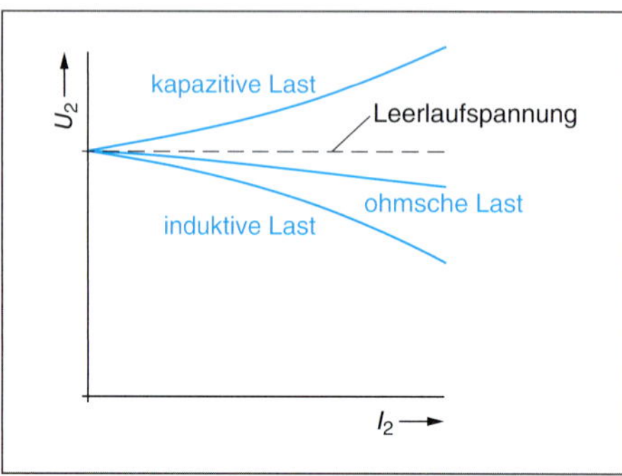

5 Belastungsart eines Transformators

> Die Sekundärspannung des Transformators ist abhängig von
> - der Höhe der Belastung
> - der Art der Belastung
> - der relativen Kurzschlussspannung

Kurzschlussstrom beim Transformator

Wenn die Sekundärwicklung eines Transformators bei Bemessungsspannung *kurzgeschlossen* wird, können die Wicklungen mit sehr hohen **Kurzschlussströmen** belastet werden.

Dauerkurzschlussstrom

Der einige Perioden nach Eintritt des Kurzschlusses fließende Strom wird **Dauerkurzschlussstrom** genannt. Begrenzt wird er nur durch den *Innenwiderstand* des Trafos.

$$I_{KD} = \frac{I_N}{u_K} \cdot 100\ \%$$

I_{KD} Dauerkurzschlussstrom in A
I_N Bemessungsstrom in A
u_K relative Kurzschlussspannung in %

Stoßkurzschlussstrom

Unmittelbar nach Eintritt des Kurzschlusses fließt der **Stoßkurzschlussstrom**. Er kann größer als der Dauerkurzschlussstrom sein.
Bei **Leistungstransformatoren** gilt:

$$I_S \approx 1{,}8 \cdot I_{KD}$$

Durch diesen Strom wird der Transformator mechanisch stark belastet.

Die größte mechanische Belastung tritt im *Scheitelwert* des Stoßkurzschlussstroms auf.

$$I_{SS} = \sqrt{2} \cdot 1{,}8 \cdot I_{KD} = 2{,}54 \cdot I_{KD}$$

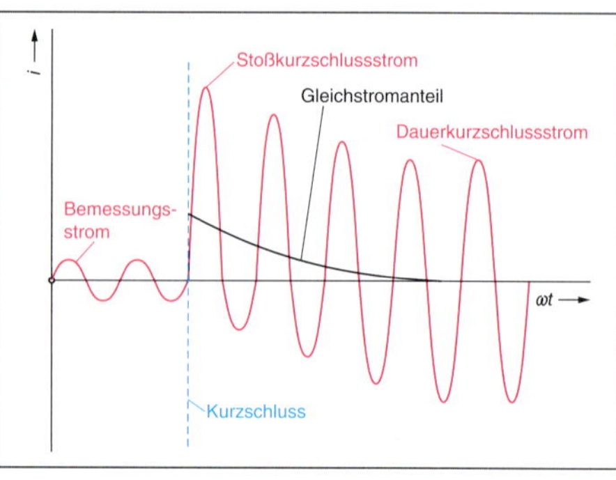

6 Kurzschlussstrom beim Transformator

Einschaltstrom

Selbst beim unbelasteten Transformator können beim Einschalten *große Ströme* fließen. Mehr als das *10-Fache* des Bemessungsstroms.

Besonders ungünstig sind die Verhältnisse, wenn im Einschaltaugenblick die Netzspannung den *Nulldurchgang* hat und im Eisenkern ein *Restmagnetismus* verbleibt.

Um eine Gegenspannung hervorzurufen, muss sich der magnetische Fluss bei ansteigender Spannung ändern.

Wenn dieser Fluss die gleiche Richtung wie der *Remanenzfluss* hat, wird das Eisen sehr schnell *gesättigt*. Dann kann die erforderliche Gegenspannung nur von *sehr großen Magnetisierungsströmen* erzeugt werden.

> Der Bemessungsstrom von Überstrom-Schutzorganen auf der Primärseite eines Transformators muss ca. doppelt so groß wie der Bemessungsstrom des Trafos sein.

Wirkungsgrad

Die dem Transformator *zugeführte Leistung* ist die Summe der *abgegebenen Leistung* und der *Eisen- und Kupferverlustleistung*.

$$P_1 = P_2 + V_{Fe} + V_{Cu}$$

Damit gilt für den *Wirkungsgrad* η:

$$\eta = \frac{P_2}{P_2 + V_{Fe} + V_{Cu}}$$

Ein 50-kVA-Transformator hat eine Eisenverlustleistung von 1 kW und eine Wicklungsverlustleistung von 5 kW. Er ist 4000 Stunden im Jahr in Betrieb. Er wird dabei mit einem Leistungsfaktor von $\cos \varphi = 0{,}8$ voll belastet. Die verbleibende Zeit arbeitet er im Leerlauf. Bestimmen Sie den Jahreswirkungsgrad.

Jährliche Arbeitsabgabe berechnen:

$t_J = 365 \cdot 24\ \text{h} = 8760\ \text{h}$

1 Jahr hat 8760 Stunden.

$P_2 = S_2 \cdot \cos \varphi = 50\ \text{kVA} \cdot 0{,}8 = 40\ \text{kW}$

$W_2 = P_2 \cdot t = 40\ \text{kW} \cdot 4000\ \text{h} = 160\ \text{MWh}$

$W_{Fe} = V_{Fe} \cdot t_J = 1\ \text{kW} \cdot 8760\ \text{h} = 8{,}76\ \text{MWh}$

$W_{Cu} = V_{Cu} \cdot t_J = 5\ \text{kW} \cdot 8760\ \text{h} = 43{,}8\ \text{MWh}$

Jahreswirkungsgrad berechnen:

$$\eta_J = \frac{W_2}{W_2 + W_{Fe} + W_{Cu}}$$

$$\eta_J = \frac{160\ \text{MWh}}{160\ \text{MWh} + 8{,}76\ \text{MWh} + 43{,}8\ \text{MWh}}$$

$$\eta_J = 0{,}587 = 58{,}7\ \%$$

Ist die Belastung des Transformators *nicht rein ohmsch*, so kann aus der Bemessungs-Scheinleistung S_N die vom Trafo *abgegebene Wirkleistung* $P_2 = S_N \cdot \cos \varphi$ bestimmt werden.

Jahreswirkungsgrad

Transformatoren bleiben häufig im *belastungslosen* Zustand eingeschaltet. Dies wird durch den *Jahreswirkungsgrad* berücksichtigt.

$$\eta_J = \frac{W_2}{W_2 + W_{Fe} + W_{Cu}}$$

$$W_1 = W_2 + W_{Fe} + W_{Cu}$$

Dauerkurzschlussstrom
sustained short-circuit current

Stoßkurzschlussstrom
peak short-circuit current

Wirkungsgrad
efficiency (faktor)

Eisenverlust
iron loss, core loss

Kupferverlust
copper loss

Drehstromtransformator
three-phase transformer

Oberspannung
high-side voltage, upper voltage

Oberspannungsseite
high-voltage side

Unterspannung
undervoltage

■ **Fe**
Eisen

■ **Cu**
Kupfer

Prüfung

1. Beschreiben Sie den grundsätzlichen Aufbau eines Transformators.

2. Warum ist der Eisenkern von Transformatoren geblättert? Was versteht man unter Blätterung?

3. Unterscheiden Sie zwischen Hauptfluss und Streufluss.

4. Dargestellt sind unterschiedliche Wicklungsanordnungen auf dem Eisenkern. Beschreiben Sie die elektrischen Unterschiede dieser Transformatoren.

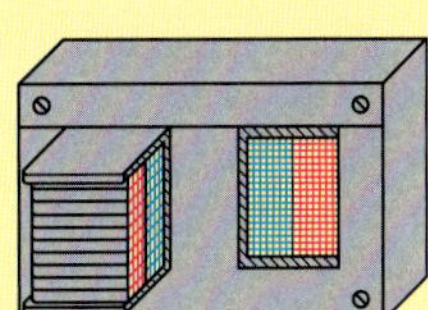

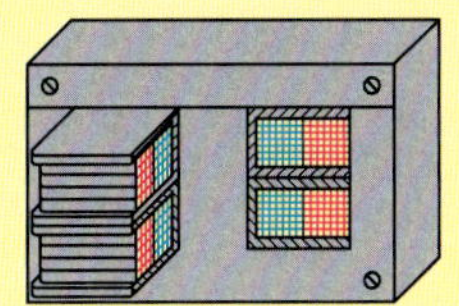

5. $N_1 = 1000$, $N_2 = 250$, $U_1 = 230\ \text{V}$

a) Wie groß ist U_2?

b) Primärstrom 1 A. Wie groß ist der Strom in der Sekundärwicklung?

c) Der Transformator wird mit 35 Ω belastet. Welcher Widerstand ist auf der Primärseite wirksam?

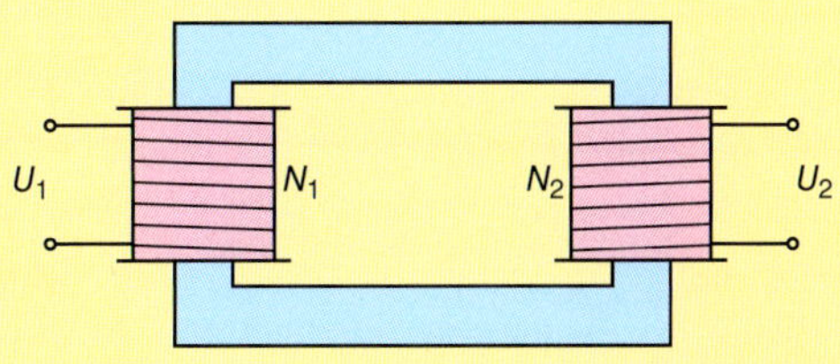

@ Interessante Links

- christiani-berufskolleg.de

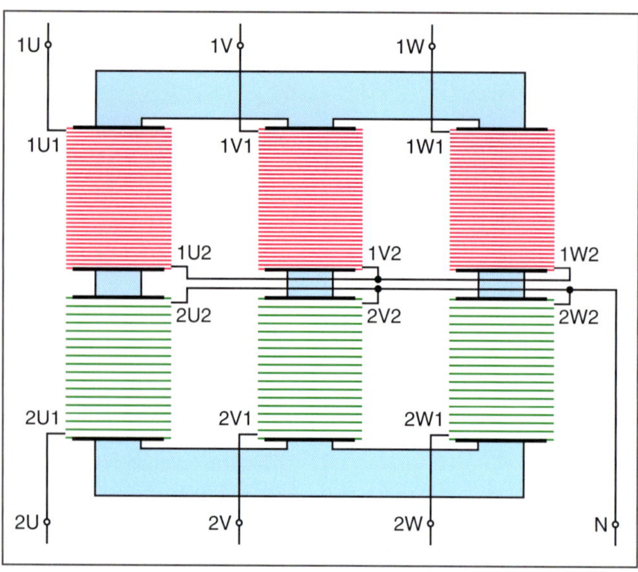

7 *Drehstromtransformator, grundsätzlicher Aufbau*

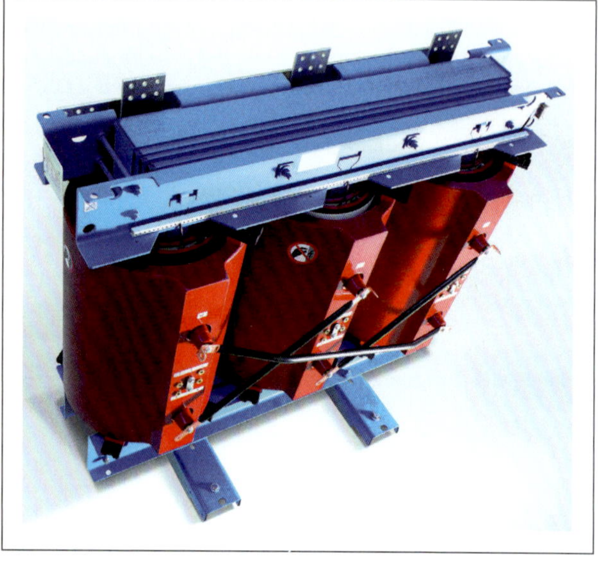

8 *Drehstromtransformator, praktische Ausführung*

■ **Drehstromtransformatoren** in der Energieverteilung haben eine geringe Kurzschlussspannung (z. B. $u_K = 4\,\%$).

Drehstromtransformator

Ein großes Anwendungsgebiet von Transformatoren ist die elektrische *Energieversorgung*. Hier sind *Dreiphasen-Wechselspannungen* zu transformieren. Es kommen **Drehstromtransformatoren** zum Einsatz.

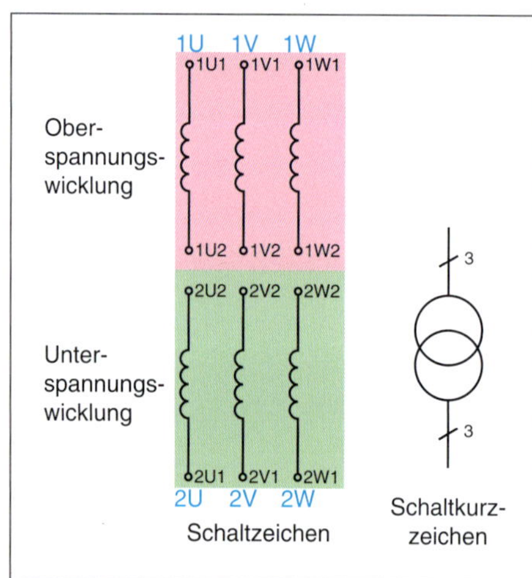

9 *Schaltzeichen und Schaltkurzzeichen*

Der Drehstromtransformator hat *sechs Wicklungen*. Jeweils zwei Wicklungen für einen Außenleiter.

Auf einem Schenkel des Eisenkerns sind jeweils eine **Oberspannungs**- und eine **Unterspannungswicklung** aufgebracht.

In Bezug auf die *Spannungs*- und *Stromtransformation* gelten die gleichen Beziehungen wie beim Einphasentransformator, wenn *zwei Wicklungen* eines Strangs betrachtet werden.

■ **Einphasentransformator**
→ basics Elektrotechnik

Das **Übersetzungsverhältnis** entspricht dem *Verhältnis der Außenleiterspannungen*.

Schaltung von Drehstromtransformatorwicklungen

Oberspannungswicklung: Kann in *Stern* oder *Dreieck* geschaltet werden.

Unterspannungswicklung: *Stern*-, *Dreieck*- und *Zickzackschaltung* sind möglich.

Dreieck-Stern-Schaltung

Oberspannungswicklung in *Dreieck* (D), Unterspannungswicklung in *Stern* (Y) geschaltet. N-Leiter herausgeführt. Einsetzbar im *Vierleiter-Drehstromnetz*.

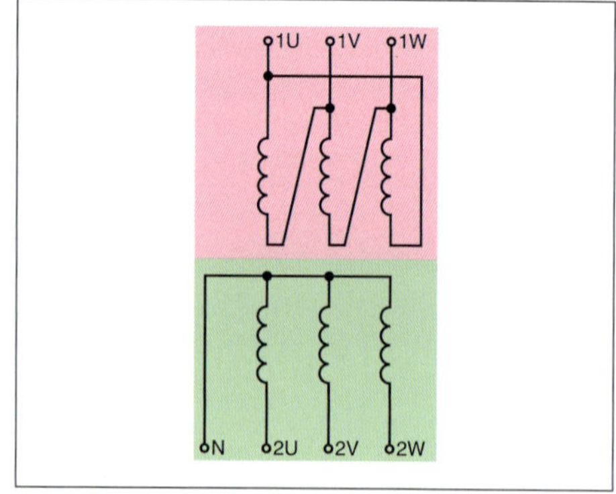

10 *Dreieck-Stern-Schaltung*

Schieflastgeeignet; mit **Schieflast** wird eine *unsymmetrische Belastung* des Transformators bezeichnet.

Auf der Oberspannungsseite wird ein Belastungsausgleich erreicht.

Dadurch ergibt sich eine *gleichmäßige Verteilung des magnetischen Flusses* auf die Transformatorschenkel.

Dann wird in allen Strängen der Unterspannungswicklung eine *gleich große Spannung* induziert.

Die Stränge der *Oberspannungswicklung* werden *im gleichen Verhältnis* wie die Stränge der *Unterspannungsseite* belastet.

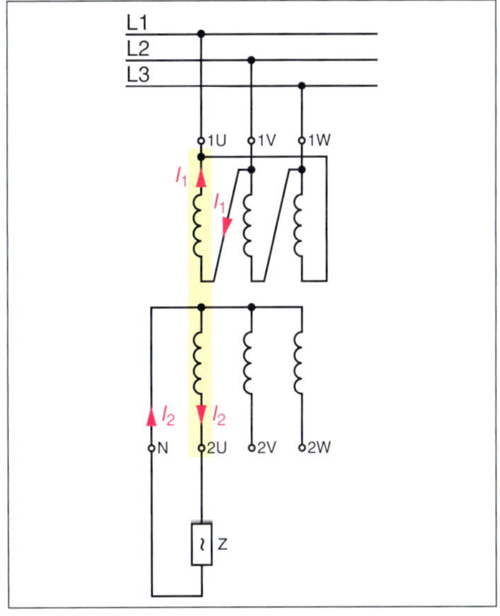

11 Unsymmetrische Belastung der Trafos

Stern-Stern-Schaltung ohne N-Leiter

Ungeeignet für die Speisung von Drehstrom-Vierleiternetzen, da der N-Leiter *nicht* herausgeführt ist.

Bevorzugt für die *Leistungstransformatoren* in *Energieverteilungsanlagen* eingesetzt.

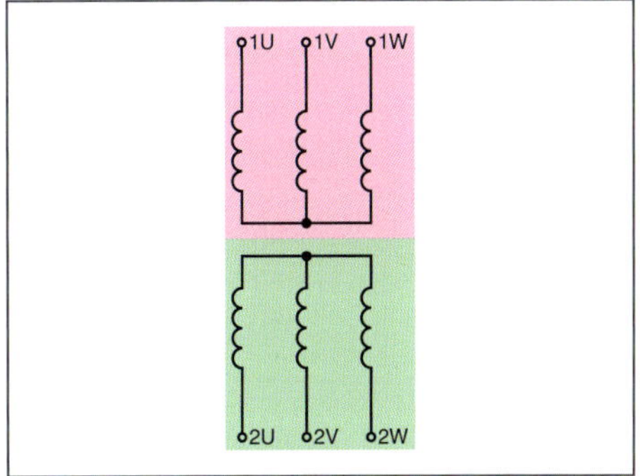

12 Stern-Stern-Schaltung ohne N-Leiter

Die Stern-Stern-Schaltung ohne angeschlossenen N-Leiter ist *schieflastgeeignet*, da die Wicklungsstränge der Oberspannungsseite im gleichen Verhältnis wie die Wicklungsstränge der Unterspannungsseite belastet werden.

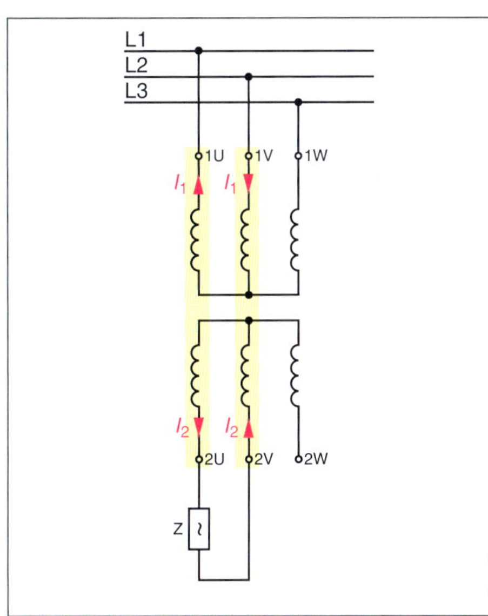

13 Unsymmetrische Belastung des Trafos

Stern-Stern-Schaltung mit N-Leiter

Nicht für *Schieflast* geeignet.

Die Oberspannungswicklungen sind *ungleichmäßig* belastet.

Zwei Stränge der Unterspannungswicklung sind *überhaupt nicht* belastet.

Das magnetische Gleichgewicht ist gestört.

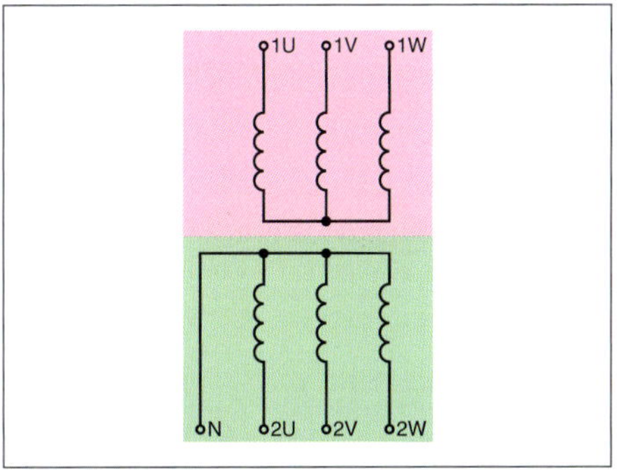

14 Stern-Stern-Schaltung mit N-Leiter

Prüfung

1. Ein Transformator hat die Kurzschlussspannung $u_K = 8$ %.

Welche Schlussfolgerung können Sie daraus ziehen?
Ist der Transformator kurzschlussfest?
Begründen Sie Ihre Antwort.

2. Ein Transformator hat einen Nennstrom von 46 A. Seine Kurzschlussspannung beträgt 12 %.

Bestimmen Sie den Dauerkurzschlussstrom I_{KD}.

■ **Oberspannungswicklung**

OS; Wicklung für die eingangsseitige Bemessungsspannung.

■ **Unterspannungswicklung**

US; Wicklung für die ausgangsseitige Bemessungsspannung.

■ **Symmetrische Belastung**

Die Ströme in den drei Außenleitern sind annähernd gleich groß.

@ Interessante Links

- christiani-berufskolleg.de

Schaltgruppe
vector group

Sternschaltung
star connection

Dreieckschaltung
delta connection

Zickzackschaltung
zigzag connection

Phasenverschiebung
phase shift

Schieflast
asymmetric load

Kennziffer
index, characteristic

@ Interessante Links

- christiani-berufskolleg.de

In den Schenkeln des Eisenkerns, die die *unbelasteten* Unterspannungswicklungen tragen, nimmt der magnetische Fluss zu.

Dadurch wird in diesen Wicklungen eine höhere Spannung induziert, die Spannung an der belasteten Wicklung nimmt ab.

Praktisch darf der N-Leiter-Strom maximal 10 % des Bemessungsstroms des Transformators betragen.

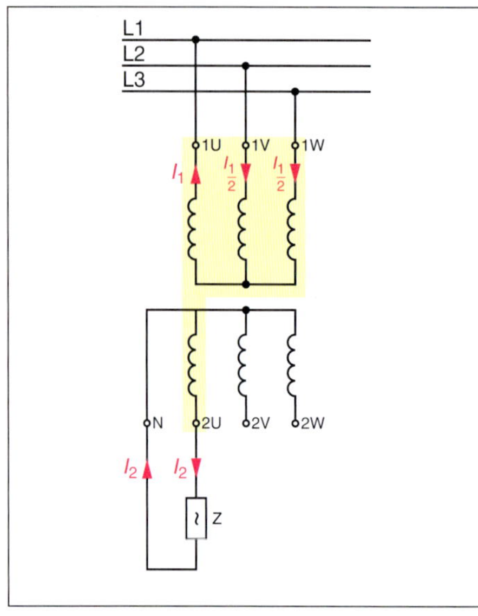

15 Unsymmetrische Belastung des Trafos

Zickzackschaltung

Ausschließlich für die *Ausgangswicklung* des Transformators anwendbar. Jeder Strang der Sekundärwicklung wird *gleichmäßig* auf *zwei Transformatorenschenkel* verteilt.

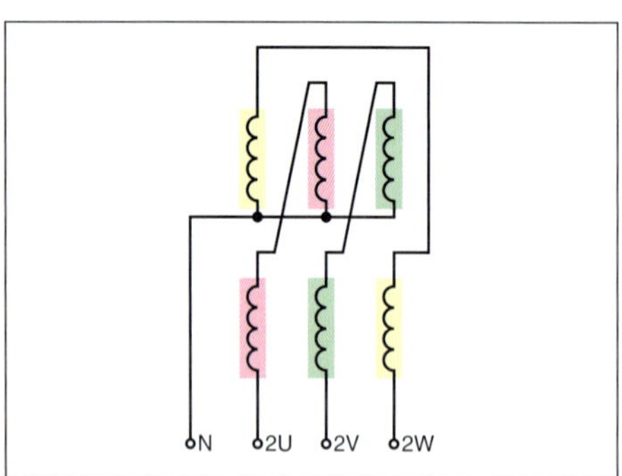

16 Zickzackschaltung

Die geometrische Summe von *zwei phasenverschobenen Teilspannungen* ergibt die Ausgangsspannung.

Gegenüber der Sternschaltung sinkt die Spannung bei **Zickzackschaltung** auf den 0,866-fachen Wert ab.

Für die gleiche Ausgangsspannung muss die Windungszahl um etwa 15 % in Bezug auf die Sternschaltung erhöht werden.

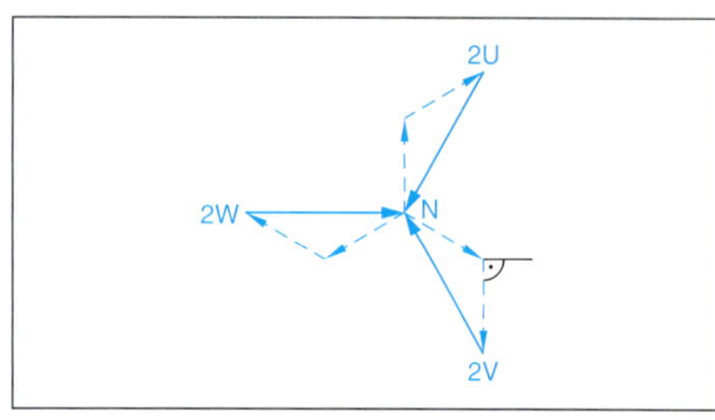

17 Zickzackschaltung, Spannungsdreieck

Bei *unsymmetrischer Belastung* durchfließt der Strangstrom I_2 der Unterspannungswicklung zwei Strangteile, die auf *zwei unterschiedlichen* Eisenkernschenkeln aufgebracht sind.

In diesen Schenkeln wird der magnetische Fluss geschwächt. Da aber gleichzeitig in den entsprechenden Strängen der Oberspannungswicklung ein höherer Strom fließt, wird das *magnetische Gleichgewicht* sofort wieder hergestellt.

Anwendung: Verteilungstransformatoren, bei denen mit einer **Schieflast** oder sogar **unsymmetrischer Belastung** gerechnet werden muss.

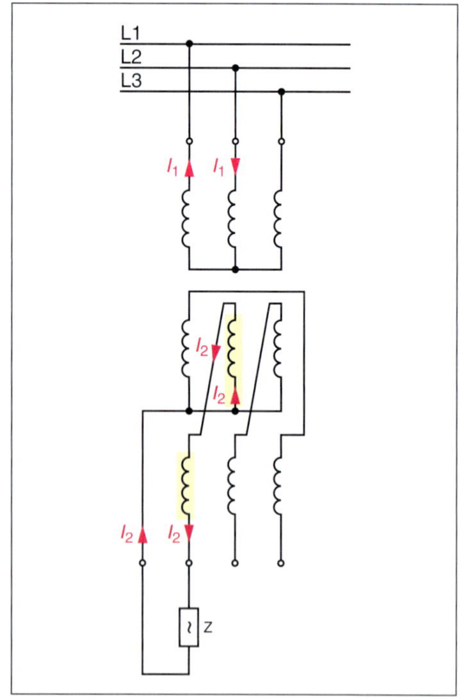

18 Unsymmetrische Belastung des Trafos

Prüfung

1. Beim Einschalten eines Transformators spricht das Überstrom-Schutzorgan an. Woran liegt das?

Schaltgruppen von Transformatoren

Wicklungen auf der *Oberspannungsseite* und *Unterspannungsseite* des Transformators können unterschiedlich geschaltet sein.

Dadurch werden *unterschiedliche Phasenlagen* der Unterspannung in Bezug auf die Oberspannung bewirkt.

Dies ist bei **Parallelschaltung** von Transformatoren von Bedeutung.

Die *Schaltungsmöglichkeiten* der Wicklungen von Drehstromtransformatoren sind in **Schaltgruppen** geordnet.

Die Schaltung der *Oberspannungswicklung* wird durch *Großbuchstaben* gekennzeichnet:

D: Dreieckschaltung, **Y**: Sternschaltung.

Die Schaltung der *Unterspannungswicklung* wird durch *Kleinbuchstaben* gekennzeichnet:

d: Dreieckschaltung, **y**: Sternschaltung, **z**: Zickzackschaltung.

Die *Kombination* beider Buchstaben beschreibt die *Schaltungsart* des Drehstromtransformators.

- **Yy** Oberspannungswicklung Dreieck, Unterspannungswicklung Stern
- **Dy** Oberspannungswicklung Dreieck, Unterspannungswicklung Stern
- **Yz** Oberspannungswicklung Stern, Unterspannungswicklung Zickzack

Die Sternspannungen des Drehstromsystems sind gegenüber den Dreieckspannungen um 30° phasenverschoben.
Den Buchstaben wird eine *Zahl* angehängt. Diese Zahl wird mit 30° multipliziert.

Dadurch wird der *Winkel* angegeben, um den die Unterspannung gegenüber der Oberspannung *nacheilt*. Möglich sind die Ziffern 0, 5, 6 und 11.

- **Yd5** Stern, Dreieck, Phasenverschiebung $5 \cdot 30° = 150°$
- **Dyn11** Dreieck, Stern (N-Leiter herausgeführt), Phasenverschiebung $11 \cdot 30° = 330°$

Ermittlung der Kennziffer

Das Zeigerbild der Spannungen der Oberspannungswicklung wird mit dem *Ziffernblatt einer Uhr* derart zur Deckung gebracht, dass der Zeiger der Klemme 1V1 auf die Ziffer 12 zeigt.

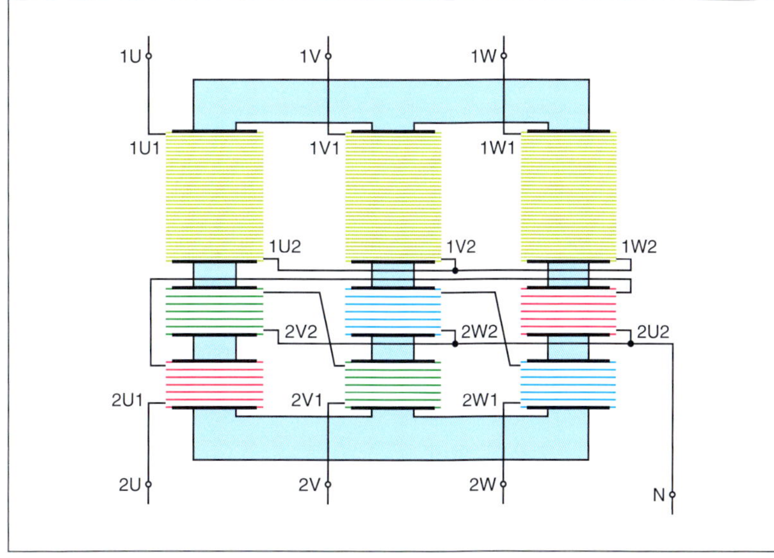

19 Wicklungen eines Transformators in Zickzackschaltung

Mit dem Spannungszeiger der Klemme 2V1 der Unterspannungswicklung kann dann die *Phasenverschiebungsziffer* ermittelt werden.

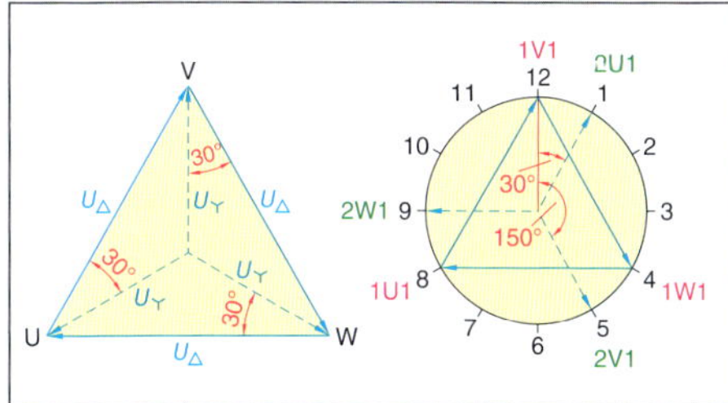

20 Schaltgruppen von Transformatoren

Schaltgruppe:
Dy5: **5** $\cdot$ 30° = 150° Phasenverschiebung

Prüfung

1. Beschreiben Sie kurz den Aufbau eines Drehstromtransformators.

2. Was bedeutet die Angabe Yd5?

3. Sie sollen einen Drehstromtransformator auswählen, der für stark unsymmetrische Belastung (Schieflast) geeignet ist.
Worauf achten Sie dabei?

4. Um welchen Transformator handelt es sich: Yzn5?

5. Sie sollen zwei Einphasen-Transformatoren parallel schalten.
Beschreiben Sie, worauf Sie dabei besonders achten.

■ **Schaltgruppe**
ist auf dem Leistungsschild des Transformators angegeben.

@ Interessante Links
- christiani-berufskolleg.de

Das Übersetzungsverhältnis

$$ü = \frac{N_1}{N_2}$$

gilt bei Drehstromtransformatoren nur bei gleicher Schaltung von Ober- und Unterspannungsseite.

Gebräuchliche Schaltgruppen

Yy0

Dyn5

Yd5

Yzn5

Bezeichnung	Zeigerbild		Schaltungsbild		Übersetzung
Schaltgruppe	OS	US	OS	US	$U_1 : U_2$
Yy0	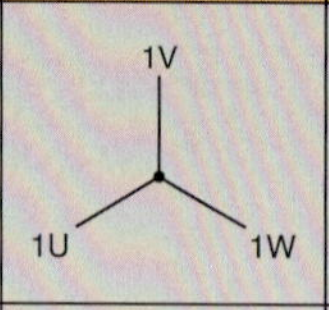 1V, 1U, 1W	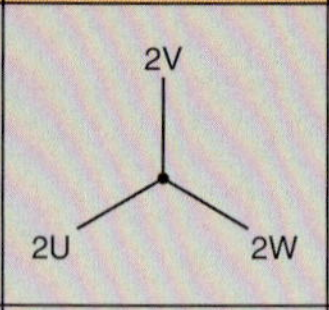 2V, 2U, 2W	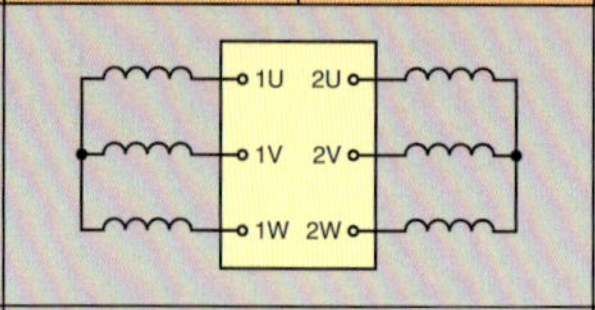 1U, 1V, 1W	2U, 2V, 2W	$\frac{N_1}{N_2}$
Dy5	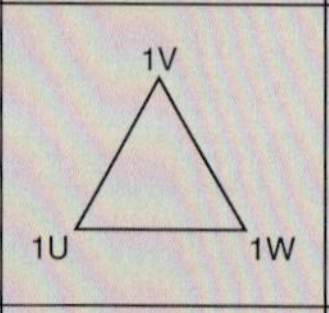 1V, 1U, 1W	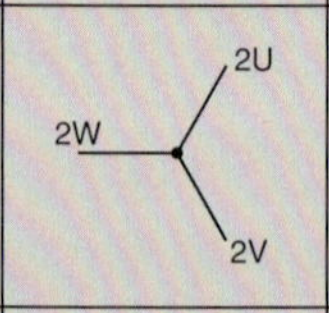 2U, 2W, 2V	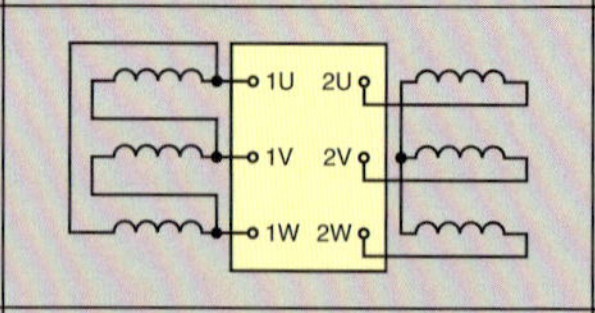 1U, 1V, 1W	2U, 2V, 2W	$\frac{N_1}{\sqrt{3}\,N_2}$
Yd5	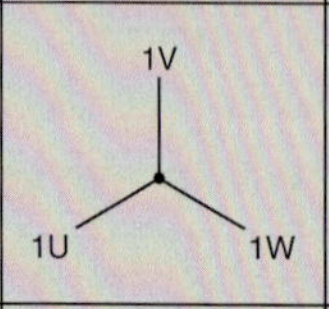 1V, 1U, 1W	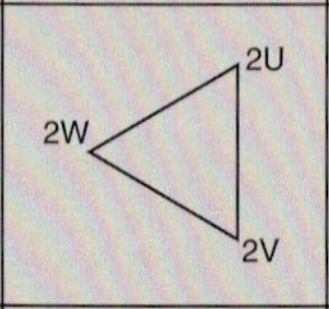 2U, 2W, 2V	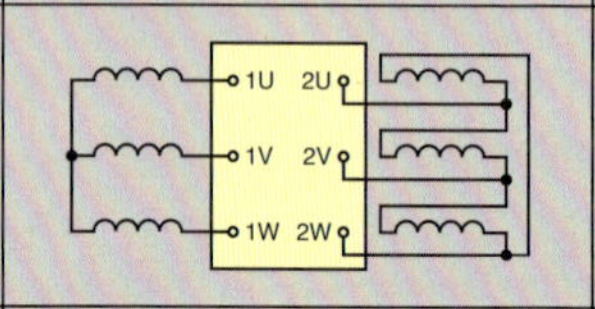 1U, 1V, 1W	2U, 2V, 2W	$\frac{\sqrt{3}\,N_1}{N_2}$
Yz5	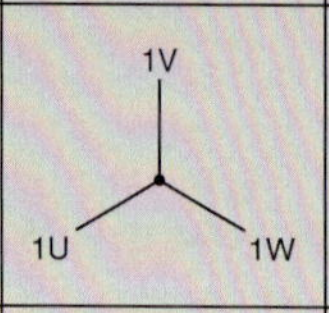 1V, 1U, 1W	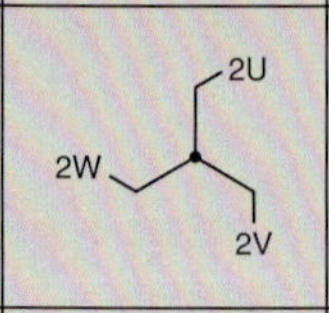 2U, 2W, 2V	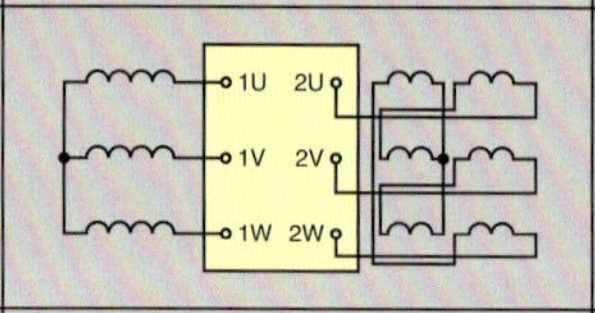 1U, 1V, 1W	2U, 2V, 2W	$\frac{2N_1}{\sqrt{3}\,N_2}$
Yy6	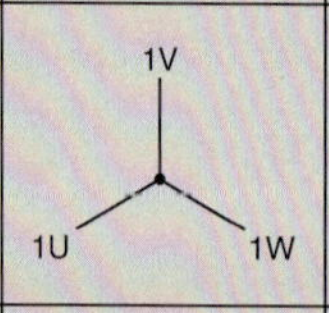 1V, 1U, 1W	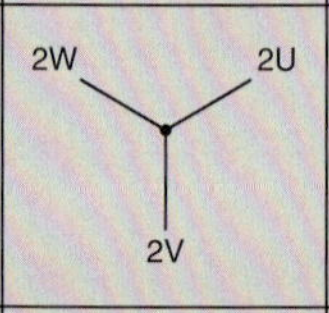 2W, 2U, 2V	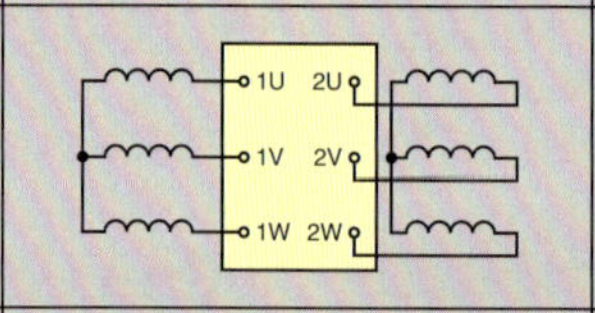 1U, 1V, 1W	2U, 2V, 2W	$\frac{N_1}{N_2}$
Dy11	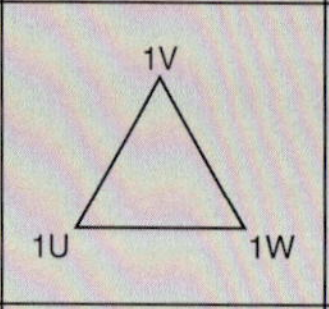 1V, 1U, 1W	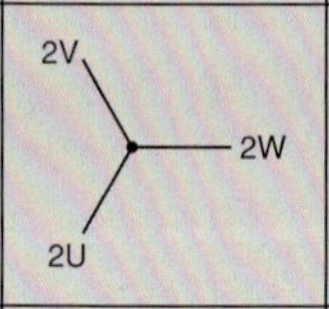 2V, 2W, 2U	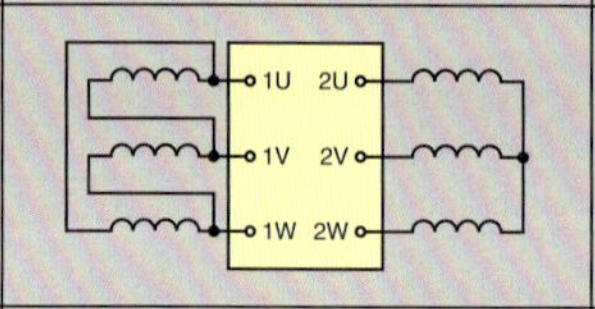 1U, 1V, 1W	2U, 2V, 2W	$\frac{N_1}{\sqrt{3}\,N_2}$
Yd11	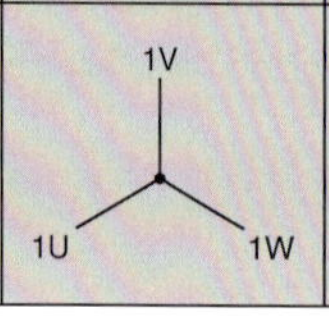 1V, 1U, 1W	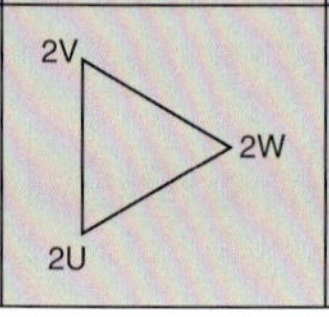 2V, 2W, 2U	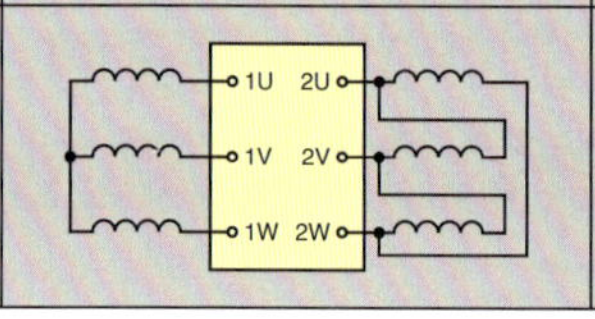 1U, 1V, 1W	2U, 2V, 2W	$\frac{\sqrt{3}\,N_1}{N_2}$

Wenn die parallel geschalteten Transformatoren die gleichen Kurzschlussspannungen haben, so verteilt sich die Gesamtbelastung im Verhältnis der Bemessungsleistung der parallel geschalteten Transformatoren.

Parallelschaltung von Transformatoren

Die *Parallelschaltung* von Transformatoren dient der *Leistungserhöhung*. Dabei ist darauf zu achten, dass

- *Ausgleichsströme zwischen den Transformatoren vermieden werden.*
- *Ungleiche Lastverteilungen der Transformatoren verhindert wird.*

Diese Forderungen führen zu *Bedingungen* für den Parallelbetrieb:

- Die *Kennziffern* der Schaltgruppen müssen gleich sein.
- Die *Übersetzungsverhältnisse* müssen übereinstimmen.
- Die *Bemessungsspannungen* auf der Ober- und Unterspannungsseite müssen gleich sein.
- Die *Kurzschlussspannungen* (Innenwiderstände) müssen annähernd übereinstimmen.
- *Nennleistungen* sollten möglichst im Bereich 3 : 1 stehen, um annähernd gleiche Spannungsänderung zu erreichen.

@ Interessante Links

- christiani-berufskolleg.de

Prüfung

1. Unter welchen Voraussetzungen dürfen Drehstromtransformatoren parallel geschaltet werden?

2. Warum sollen die parallel geschalteten Transformatoren annähernd die gleiche Kurzschlussspannung haben?

Leistungsschild

Bemessungsleistung (Scheinleistung S), Produkt von Bemessungsspannung und Bemessungsstrom, bei Drehstromtransformatoren *Verkettungsfaktor* $\sqrt{3}$ berücksichtigen.

Auf dem Leistungsschild ist die *abgegebene Bemessungsleistung* angegeben.

Bemessungsspannung wird für Ober- und Unterspannungsseite getrennt angegeben.

Die angegebene Bemessungsspannung für die Unterspannungsseite ist die *Leerlaufspannung* des Transformators.

Art des Transformators:

LT: Leistungstransformator

ZT: Zusatztransformator

Betriebsart

S1: Dauerbetrieb
S2: Kurzzeitbetrieb

Einteilung von Transformatoren

- Einteilung nach *Phasenzahl*: Einphasentransformatoren, Dreiphasentransformatoren (Drehstromtransformatoren)
- Einteilung nach *Spannung*: Niederspannungstransformatoren, Hochspannungstransformatoren
- Einteilung nach *Leistung*: Kleintransformatoren (bis 16 kVA), Großtransformatoren (bis 1000 MVA)
- Einteilung nach *Kühlung*: Trockentransformatoren (Luftkühlung), flüssigkeitsgekühlte Transformatoren

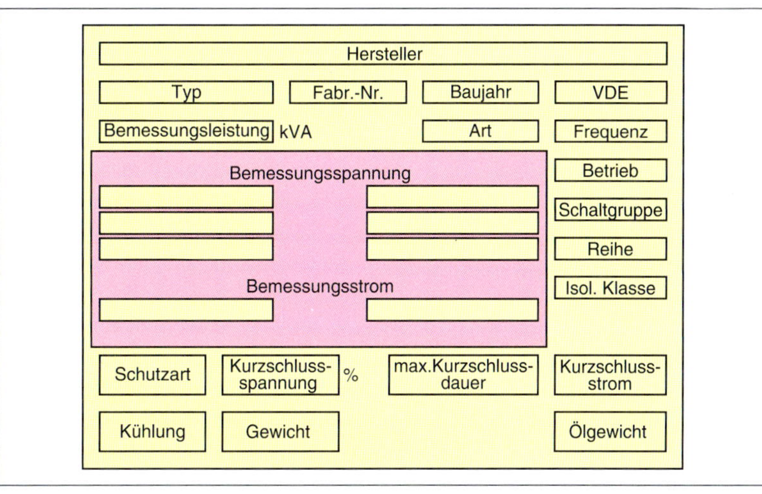

21 Leistungsschild eines Drehstromtransformators

Kühlung von Transformatoren

Beim Betrieb von Transformatoren entstehen **Verluste**, die in Form von **Wärme** an die Umgebung abgegeben werden.

Die eingesetzten **Kühlmittel** haben bei *Leistungstransformatoren* im Wesentlichen zwei Aufgaben:

1. Kühlung

Bei den verwendeten Bauteilen und Materialien des Trafos sind **Temperaturobergrenzen** einzuhalten. Das **Kühlmittel** leitet die Wärme an die Kesseloberfläche. Die dabei entstehende Strömung der Kühlflüssigkeit ermöglicht einen kontinuierlichen Temperaturausgleich zwischen Wärmequellen und Kesseloberfläche.

2. Isolation

Das Kühlmittel isoliert die unter Spannung stehenden Teile des Transformators.

Wesentliche Kriterien sind: Durchschlagsfestigkeit, spezifischer Widerstand, Wärmeleitfähigkeit, Entflammbarkeit, Umweltverträglichkeit.

Kühlmittel	Eigenschaften
Isolieröl	relativ hohe Umweltverträglichkeit
	große Durchschlagsfestigkeit
	leicht entflammbar
Silikonöl	eingeschränkte Umweltverträglichkeit
	große Durchschlagsfestigkeit
	schwer entflammbar
Askarel/ Clophen (synthetische Isolierflüssigkeit)	Umweltbelastend (PCB-haltig) [1]
	alterungsbeständig
	große Durchschlagsfestigkeit
	schwer entflammbar

[1] PCB-haltige Kühlmittel sind nicht mehr erlaubt.

■ Schutz von Leistungstransformatoren

Kurzschlussschutz:
Oberspannungsseite HH-Sicherungen.

Überlastschutz:
Niederspannungsseite NH-Sicherungen, thermische Überstromauslöser.

Temperaturüberwachung durch Thermoelemente in den Wicklungen.

Spartransformator

Beim Spartransformator sind Eingangs- und Ausgangswicklung *nicht galvanisch getrennt*.

Eingangs- und Ausgangswicklung werden durch eine *gemeinsame* Wicklung gebildet. Es wird eine Wicklung mit *Anzapfung* verwendet.

Es gelten die Gesetzmäßigkeiten des *Einphasentransformators* mit galvanischer Trennung.

Übersetzungsverhältnis

$$\frac{U_1}{U_2} = \frac{N_1}{N_2} = \frac{I_2}{I_1}$$

■ Spartransformatoren

haben keine galvanische Trennung, eine niedrige Kurzschlussspannung und einen hohen Wirkungsgrad. Sie sind nicht zur Erzeugung von Kleinspannung geeignet.

Spartransformatoren
auto-transformer

Durchgangsleistung
throughput power

Bauleistung
rated perfomance

Beim Spartransformator werden Eisenmaterial und Wicklungsdraht eingespart. Dieser Spareffekt gibt dem Transformator seinen Namen.

■ **Messwandler**

sind Transformatoren geringer Leistung zum Anschluss einer Messlast (Bürde).

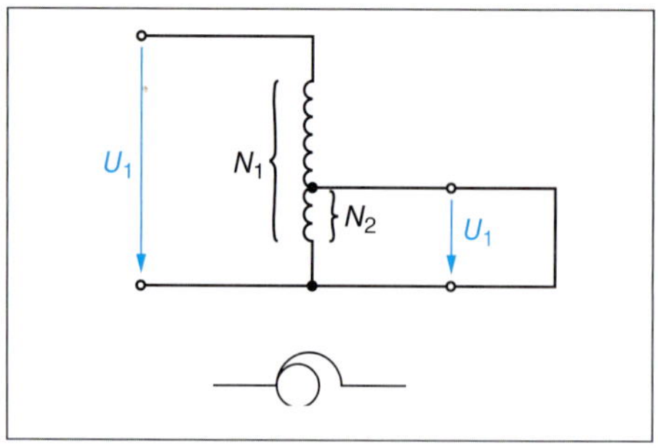

22 Spartransformator

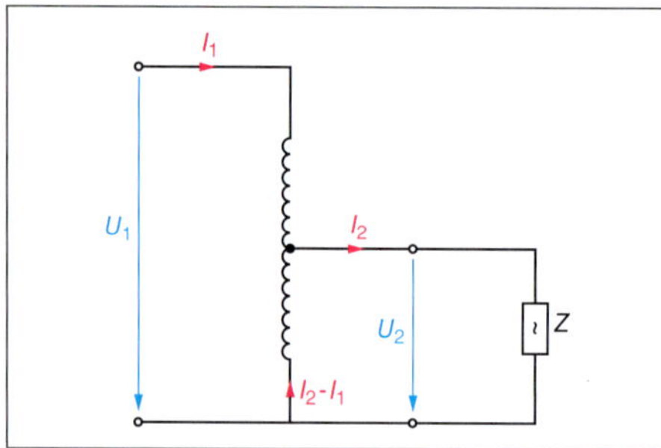

23 Belasteter Spartransformator

Bei *Belastung* des Spartransformators fließt im gemeinsamen Wicklungsteil nur die *Differenz* von Primär- und Sekundärstrom ($I_2 - I_1$).

Für diesen Wicklungsteil kann also ein erheblich geringerer Querschnitt verwendet werden.

Zweifacher Spareffekt: Einsparung von Werkstoff und geringere Verluste.

Der Strom im gemeinsamen Wicklungsteil wird umso geringer, je näher das Übersetzungsverhältnis am Wert $ü = 1$ liegt.

Bauleistung, Durchgangsleistung

Die Unterscheidung zwischen *Bauleistung* und *Durchgangsleistung* ist notwendig, weil beim Spartransformator ein Teil des Ausgangsstroms I_2 *galvanisch* vom Wicklungsdraht der Eingangsspule abgenommen werden kann.

Nur noch ein Teil der Leistung wird mithilfe des magnetischen Flusses über den Eisenkern übertragen. Es gilt: $S_B < S_D$.

$$S_B = S_D \cdot \left(1 - \frac{U_2}{U_1}\right)_{U_1 > U_2}$$

$$S_B = S_D \cdot \left(1 - \frac{U_1}{U_2}\right)_{U_2 > U_1}$$

S_B Bauleistung in VA
S_D Durchgangsleistung in VA
U_1 Primärspannung in V
U_2 Sekundärspannung in V

Der **Wirkungsgrad** ist gut, die *Kurzschlussspannung* relativ gering.

Somit ist die *Ausgangsspannung* bei Belastung relativ *konstant*.

Messwandler

Hohe Spannungen und Stromstärken werden *nicht* direkt gemessen. Hier kommen **Messwandler** zum Einsatz. Unterschieden wird zwischen Strom- und Spannungswandlern.

Spannungswandler

Spannungsmesser haben einen hohen Innenwiderstand. Der Spannungswandler wird daher nahezu im *Leerlauf* betrieben.

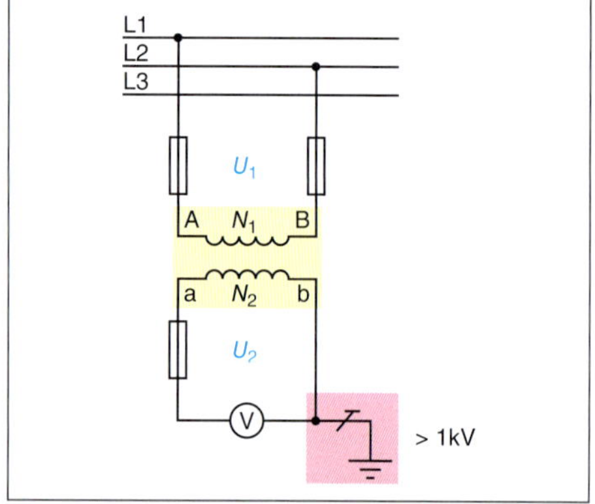

24 Schaltung eines Spannungswandlers

Übersetzungsverhältnis

$$\frac{U_1}{U_2} = \frac{N_1}{N_2}$$

Spannungswandler sind nur für eine *sehr geringe Belastung* gebaut. Der Messkreis wird durch ein Überstrom-Schutzorgan geschützt.

Niemals die Ausgangsklemmen des Spannungswandlers kurzschließen.

Nach ihrer **Genauigkeit** werden Messwandler in **Klassen** eingeteilt; bei Spannungswandlern 0,1 bis 3.

Wichtige Angaben

- Bemessungsspannungen
- Maximale, dauernd zulässige Betriebsspannung der Primärseite
- Prüfspannungen
- Bemessungsleistungen
- Klassen
- Thermischer Grenzstrom (max. Strom in Sekundärwicklung)

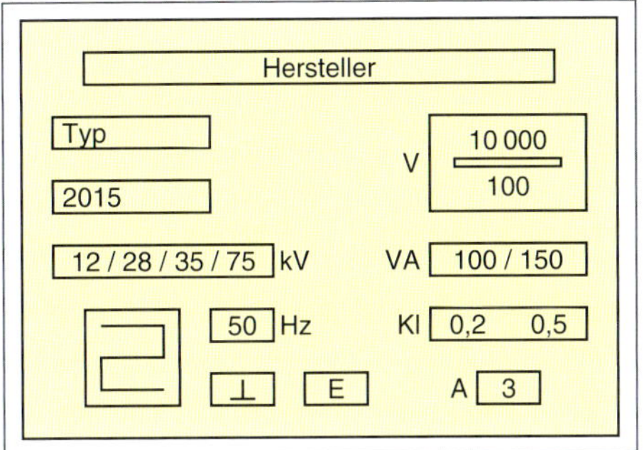

25 Leistungsschild eines Spannungswandlers

Bei Anschluss von Messgeräten zu *Verrechnungszwecken*:

- Maximaler Spannungsfall zwischen Wandler und Messgerät: 0,05 %.
- Keine sekundärseitige Absicherung.

Stromwandler

Eingesetzt bei Messströmen ab ca. 50 A. **Stromwandler** sind Transformatoren, die nahezu im *Kurzschluss* betrieben werden, da der Innenwiderstand von Strommessern sehr gering ist.

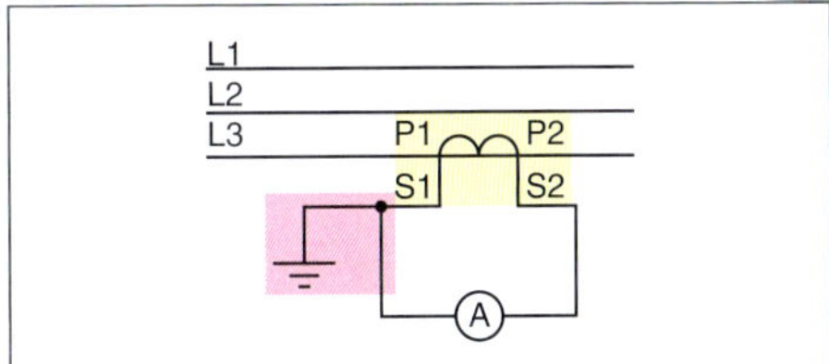

26 Schaltung eines Stromwandlers

Eine Sekundärwicklungsklemme ist *geerdet*, damit der Messkreis gegen Durchschläge im Messwandler geschützt ist.

Einen Stromwandler niemals im Leerlauf betreiben. Somit auch den Messkreis niemals absichern.

Vor Ausbau des Messgeräts sind die Klemmen der Sekundärwicklung kurzzuschließen.

Würde der von der Sekundärwicklung hervorgerufene magnetische Fluss null, steigt der Magnetfluss im Wandlerkern stark an, da der Gegenfluss der Ständerwicklung entfällt. Zerstörung des Wandlers wäre die Folge.

Wichtige Angaben

- Stromübersetzungsverhältnis (300 A/6 A = 50).
- Sekundäre Scheinleistung.

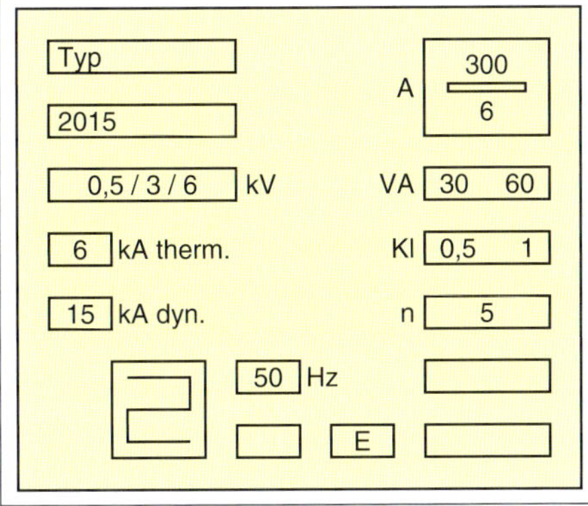

27 Leistungsschild eines Stromwandlers

- Klassengenauigkeit.
- Thermischer Bemessungs-Kurzzeitstrom (muss Wandler 1 s aushalten, ohne sich zu überhitzen).
- Dynamischer Bemessungsstrom.
- Überstromfaktor *n* gibt an, bis zum vielfachen Bemessungsstrom der Messwandler für Schutzzwecke (Auslösung eines Schutzrelais) verwendet werden kann.

Prüfung

1. Wozu sind Messwandler erforderlich?

2. Worauf ist bei Spannungswandlern und Stromwandlern besonders zu achten?

3. Der Jahreswirkungsgrad eines Transformators beträgt 50 %.
Was bedeutet das?

4. Was versteht man unter Streufeldtransformatoren.
Nennen Sie Anwendungsbeispiele.

5. Zeigen Sie den Zusammenhang zwischen magnetischer Streuung und Innenwiderstand von Transformatoren auf.

6. Ein Transformator hat die Kurzschlussspannung u_K = 8 %.
Welche Schlussfolgerung können Sie daraus ziehen?
Ist der Transformator kurzschlussfest?
Begründen Sie Ihre Antwort.

7. Ein Transformator hat einen Nennstrom von 46 A. Seine Kurzschlussspannung beträgt 12 %.
Bestimmen Sie den Dauerkurzschlussstrom I_{KD}.

Spannungswandler nur mit geringer Belastung oder im Leerlauf betreiben.

Stromwandler nur mit kurzgeschlossener oder niederohmig belasteter Ausgangswicklung betreiben.

Messwandler
measuring transformer

Spannungswandler
voltage transformer

Stromwandler
current transformer

Bürde
apparent ohmic resistance

@ Interessante Links

- christiani-berufskolleg.de

4.2 Elektromotoren

■ **Magnetisches Feld**
→ basics Elektrotechnik

■ **Magnetischer Fluss Φ**
→ basics Elektrotechnik

Elektromotoren beruhen auf der technischen Anwendung des **Elektromagnetismus**. Zwei Magnetfelder wirken aufeinander ein.

Zur Erzeugung der Magnetfelder dienen i. Allg. **Spulen** in Verbindung mit Eisen.

Eisen verstärkt die magnetische Wirkung ganz wesentlich.

Die Spulen werden entweder mit **Gleichstrom** oder mit **Wechselstrom** gespeist und erzeugen entsprechende Magnetfelder.

Speisung mit **Gleichstrom** → **magnetisches Gleichfeld** (wie beim Dauermagneten).

Die **magnetische Polarität** ändert sich *nicht*. Ein magnetisches *Gleichfeld* bleibt *zeitlich konstant*.

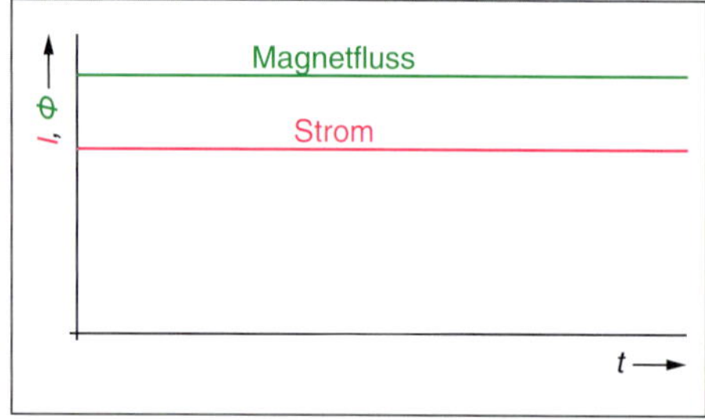

28 Gleichstrom und magnetisches Gleichfeld

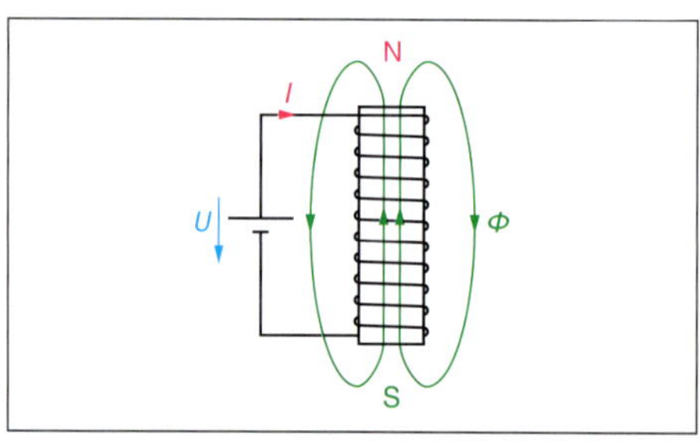

29 Magnetisches Gleichfeld (siehe Bild 28)

Speisung mit **Wechselstrom** → **magnetisches Wechselfeld**

Ändert *periodisch* **Betrag** und **Richtung**, wichtig zur technischen Anwendung der **Induktion**.

Ein **magnetisches Wechselfeld** entsteht, wenn eine *ruhende* Spule von *Wechselstrom* durchflossen wird.

Das Magnetfeld ändert sich in gleicher Weise wie der Wechselstrom.

Strom und Magnetfluss sind in Phase. Auch der Magnetfluss hat einen sinusförmigen Verlauf.

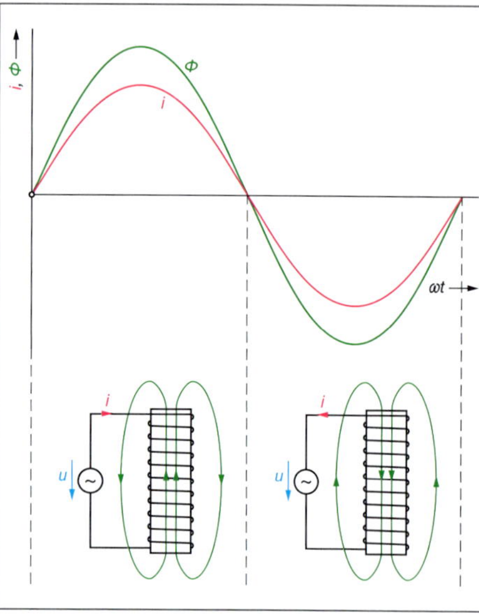

30 Magnetisches Wechselfeld

Man spricht von einem **magnetischen Wechselfeld**. Die magnetische **Polarität** ändert sich *periodisch*.

Magnetisches Drehfeld

Drei Spulen mit Eisenkern werden *um 120° versetzt* angeordnet und in *Sternschaltung* an ein Drehstromnetz angeschlossen. In Spulenmitte wird eine *Magnetnadel* eingebracht.

Wird die Magnetnadel in angegebener Richtung angestoßen, dreht sie sich mit hoher Drehzahl.

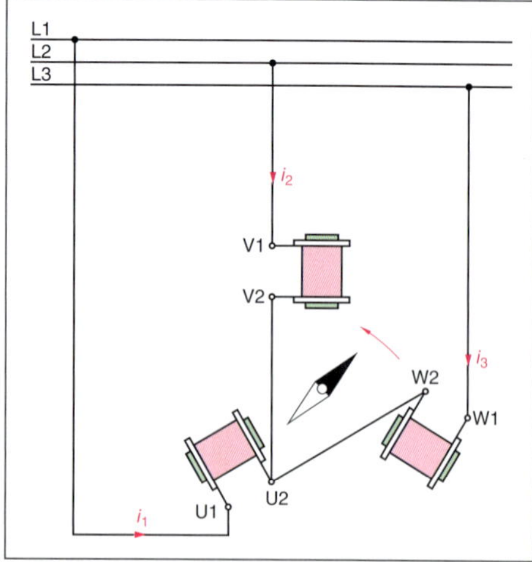

31 Magnetisches Drehfeld

In jedem Strang ruft der Strom ein magnetisches Wechselfeld hervor. Die Strangflüsse haben den gleichen zeitlichen Verlauf wie die erzeugenden Strangströme.

Gleichfeld
constant field

Wechselfeld
alternating field

Drehfeld
rotating field

Strang
phase winding

Polarität
polarity

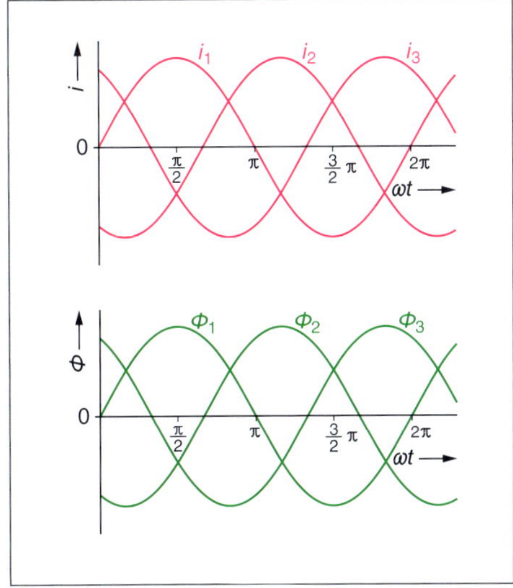

32 Strom und Magnetfluss beim Drehfeld

Die Strangströme sind jeweils um 120° phasenverschoben (Bild 32).

Die drei magnetischen Wechselfelder rufen ein **magnetisches Drehfeld** hervor (Bilder 32, 33).

Der *Betrag* (die Zeigerlänge) des magnetischen Flusses bleibt gleich. Dargestellt ist ein **Rechtsdrehfeld** (Uhrzeigersinn).

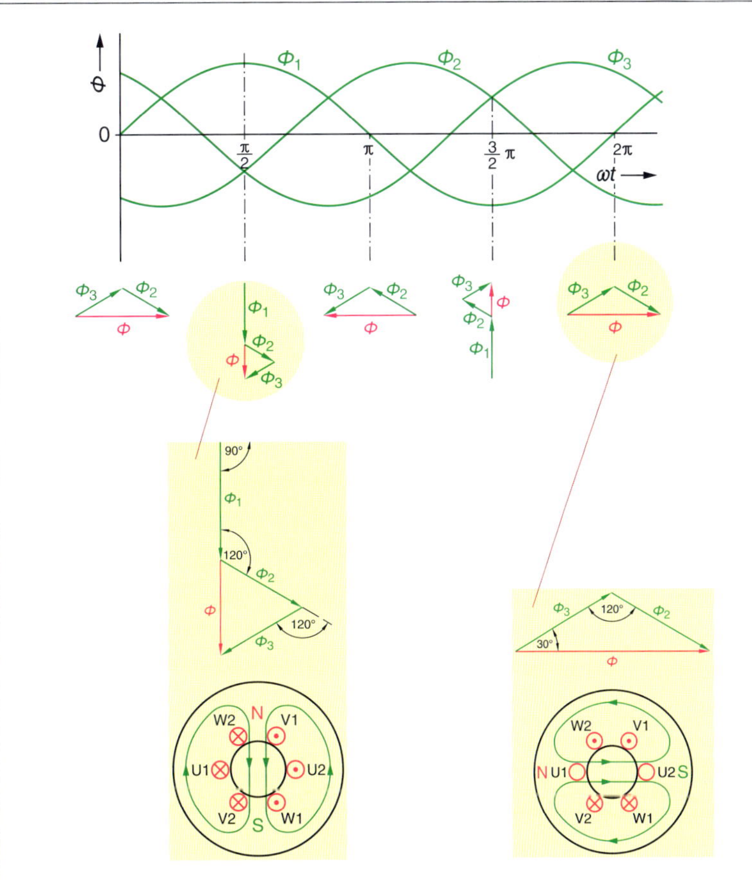

33 Magnetisches Drehfeld, Entstehung

Drehfelddrehzahl

Die Drehfelddrehzahl hängt von der **Frequenz** und der **Polpaarzahl** ab.

$$n = \frac{f}{p}$$

n Drehfelddrehzahl in $\frac{1}{s}$
f Frequenz in Hz
p Polpaarzahl

Alle Strangwicklungen haben die Polpaarzahl $p = 1$. Die Frequenz der Dreiphasen-Wechselspannung beträgt $f = 50$ Hz.
Wie groß ist die Drehfelddrehzahl n?

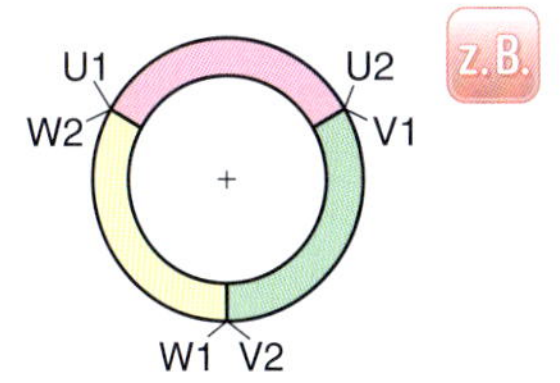

Die Drehzahl ergibt sich in der Einheit $\frac{1}{s}$. Wenn die Einheit $\frac{1}{\text{min}}$ gewünscht wird, muss mit dem Faktor 60 multipliziert werden.

1 min = 60 s

$$n = \frac{f}{p}$$

$$n = \frac{50\ \text{Hz}}{1} = 50\ \frac{1}{\text{s}}$$

$$n = \frac{f \cdot 60}{p} = \frac{50\ \text{Hz} \cdot 60}{1}$$

$$n = 3000\ \frac{1}{\text{min}}$$

Prüfung

1. Wie kann ein magnetisches Gleichfeld erzeugt werden?

2. Wie kann ein magnetisches Wechselfeld erzeugt werden?

3. Wie kann ein magnetisches Drehfeld erzeugt werden?

4. Wicklung $p = 4$, Frequenz $f = 50$ Hz. Berechnen Sie die Drehfelddrehzahl.

5. Von welchen Größen ist die Drehfelddrehzahl abhängig?

6. Welchen Einfluss hat es auf die Drehfelddrehzahl, wenn die Frequenz um 25 % abnimmt?

7. Wieso hat der Magnetfluss den gleichen zeitlicher Verlauf wie der Strom?

■ Polpaarzahl *p*

Ein magnetisches Feld hat immer 2 Pole (= 1 Polpaar).

Ständer eines Drehstrommotors

Käfigläufer

34 Kurzschlussläufermotor; Ausführungsbeispiel und Aufbau

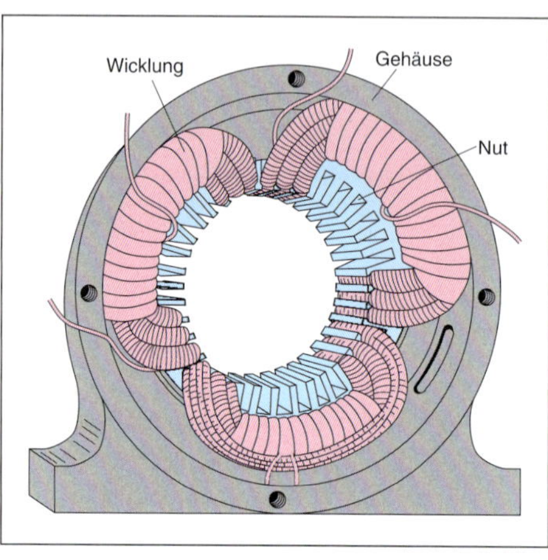

35 Ständer eines Kurzschlussläufermotors

Polzahl
pole pait

Polpaarzahl
pair of poles

Kurzschlussläufermotor
squirrel cage rotor motor

Läufer
rotor

Ständer
stator

Drehmoment
torque, moment of couple

Kurzschlussläufermotor

Ständer

Feststehendes Teil des Motors. In den **Nuten** des **Ständerblechpakets** ist die **Drehstromwicklung** untergebracht.

Das **Eisen** ist *geblättert*, um die **Wirbelstromverluste** möglichst gering zu halten.

Unterschiedliche **Polpaarzahlen** der Ständerwicklung sind möglich. Sie bestimmen die Drehzahl des Motors.

Läufer

In den Nuten des **Läuferblechpakets** (geblättert) befinden sich **Leiterstäbe**, die an den Stirnseiten durch **Kurzschlussringe** verbunden sind.

Da die Leiterstäbe mit den Kurzschlussringen einem **Käfig** ähneln, spricht man von einem **Kurzschlussläufer** oder auch **Käfigläufer**.

Der Motor hat einen einfachen Aufbau und ist entsprechend robust.

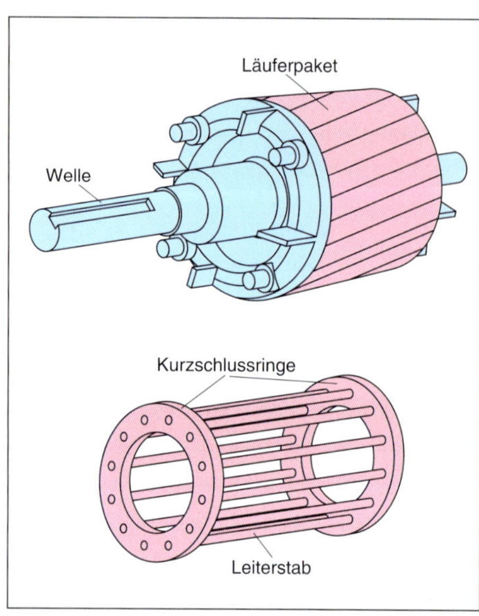

36 Läufer eines Kurzschlussläufermotors

Drehmomentbildung

Zur Drehmomentbildung sind immer zwei Magnetfelder notwendig, die in geeigneter Weise aufeinander einwirken.

Wirkungsweise

In der *Ständerwicklung* erzeugt der Drehstrom ein **magnetisches Drehfeld**. Die Feldlinien dieses Drehfelds schneiden die Leiterstäbe des Läufers.

In den Leiterstäben wird eine Spannung induziert. Die induzierte Spannung ruft einen **Läuferstrom** hervor. Der Läuferstrom bewirkt ein **Magnetfeld** (Läuferfeld).

Drehfeld und Läuferfeld verursachen ein **Drehmoment**. Der Läufer bewegt sich im *gleichen Drehsinn* wie das **Drehfeld** des Ständers (Bild 37).

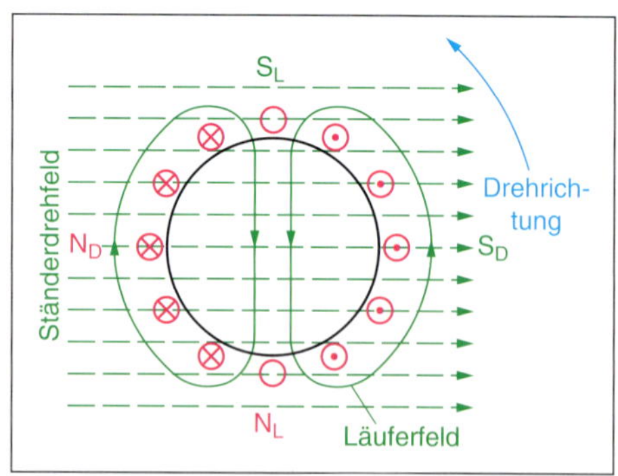

37 Drehmomentbildung, zwei Magnetfelder

@ Interessante Links
- christiani-berufskolleg.de

Prüfung

1. Beschreiben Sie den Aufbau eines Kurzschlussläufermotors.

- **Motor eingeschaltet, Drehzahl noch null**
  Die Leiterstäbe werden von den meisten Feldlinien geschnitten (Bild 38).

  $n_1 = 3000\ \frac{1}{\text{min}},\ n_2 = 0$

  → Wirksam für die Induktionsspannung im Läufer: $n_1 - n_2 = 3000\ \frac{1}{\text{min}}$.

  Flussänderungsgeschwindigkeit $\Delta\Phi/\Delta t$ und Induktionsspannung sind maximal.

  Die hohe Induktionsspannung bewirkt einen hohen Läuferstrom. Dadurch wird der Ständerstrom steigen → hoher Einschaltstrom. Der hohe Läuferstrom bewirkt ein starkes Läuferfeld. Daher entwickelt der Motor ein kräftiges Anzugsmoment.

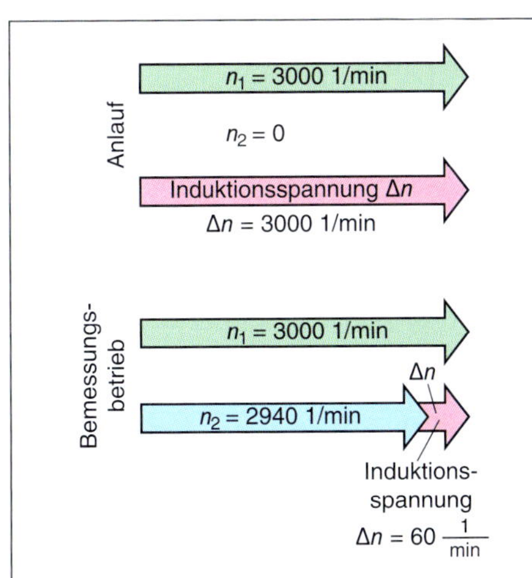

38 *Hochlaufen des Motors*

- **Motor hat Bemessungsdrehzahl erreicht**
  Die Leiterstäbe werden nur noch von relativ wenigen Feldlinien geschnitten (Bild 38).

  $n_1 = 3000\ \frac{1}{\text{min}},\ n_2 = 2940\ \frac{1}{\text{min}}$

  → Wirksam für die Induktionsspannung im Läufer: $n_1 - n_2 = 60\ \frac{1}{\text{min}}$.

  Flussänderungsgeschwindigkeit $\Delta\Phi/\Delta t$ und Induktionsspannung sind relativ gering.

  Zu beachten ist, dass hierbei die Bemessungsdaten des Leistungsschilds erreicht werden.

Die **Läuferdrehzahl** n_2 kann niemals die Drehfelddrehzahl n_1 erreichen:
Keine Feldlinien schneiden die Läuferstäbe → keine Induktionsspannung im Läufer → kein Läuferstrom → kein Magnetfeld → kein Drehmoment.

Der Läufer kann aus eigener Kraft niemals die Drehfelddrehzahl erreichen. Der Läufer läuft **asynchron**.

Die Differenz zwischen Drehfelddrehzahl n_1 und Läuferdrehzahl n_2 nennt man **Schlupfdrehzahl** n_s.

Schlupfdrehzahl

$n_s = n_1 - n_2$

Sinnvoll wird die Schlupfdrehzahl n_s auf die Drehfelddrehzahl n_1 bezogen und in Prozent angegeben. Dies nennt man den **Schlupf** s des *Asynchronmotors*.

$$s = \frac{n_s}{n_1} \cdot 100\ \% = \frac{n_1 - n_2}{n_1} \cdot 100\ \%$$

s Schlupf in %
n_s Schlupfdrehzahl in $\frac{1}{\text{min}}$
n_1 Drehfelddrehzahl in $\frac{1}{\text{min}}$
n_2 Läuferdrehzahl in $\frac{1}{\text{min}}$

Im *Leerlauf* ist der Schlupf gering. Er wird mit zunehmender Motorbelastung größer.

Frequenz der Läuferspannung
(Netzfrequenz f_1 = 50 Hz)

Motor eingeschaltet (Läufer steht noch):
Frequenz f_2 = 50 Hz.
Der Motor verhält sich praktisch wie ein Transformator. Läuferspannung und *Läuferfrequenz* sind jetzt am größten.

Schlupf
slip, slippage

Schlupfdrehzahl
asynchronous speed

Leistungsschild
rating plate

Anzugsmoment
initial torque, starting torque, locked-rotor torque

Sattelmoment
cogging torque

Kippmoment
break-down torque, pall-out torque

■ Asynchronmotoren

sind Induktionsmotoren. Der Strom im Läufer wird durch Induktion bewirkt. Zum Betrieb benötigen diese Motoren einen Schlupf.

---

z.B.

Ein 1,5-kW Drehstrommotor hat eine Drehzahl von 1390 $\frac{1}{\text{min}}$. Wie groß sind Schlupfdrehzahl und Schlupf?

Leistungsschildangabe: 1390 $\frac{1}{\text{min}}$.

Es handelt sich um einen Motor mit 2 Polpaaren/Strang (p = 2).

Die Drehfelddrehzahl an 50 Hz ist also 1500 $\frac{1}{\text{min}}$.

$n_s = n_1 - n_2$

$n_s = 1500\ \frac{1}{\text{min}} - 1390\ \frac{1}{\text{min}} = 110\ \frac{1}{\text{min}}$

$$s = \frac{n_s}{n_1} \cdot 100\ \% = \frac{110\ \frac{1}{\text{min}}}{1500\ \frac{1}{\text{min}}} \cdot 100\ \%$$

$s = 7{,}33\ \%$

Zunehmende Läuferdrehzahl

Läuferspannung und Läuferfrequenz nehmen ab, da die *Drehzahldifferenz* zwischen n_1 und n_2 geringer wird. Die Läuferstäbe werden dann weniger oft vom Ständerdrehfeld überholt und geschnitten.

$f_2 = s \cdot f_1$

f_2 Läuferfrequenz in Hz
f_1 Ständerfrequenz in Hz
s Schlupf

Mit zunehmender Läuferdrehzahl nehmen *Betrag* und *Frequenz* der *induzierten Läuferspannung* stark ab.

Bei *Bemessungsdrehzahl* liegt die **Läuferfrequenz** je nach Motor zwischen 2 und 5 Hz.

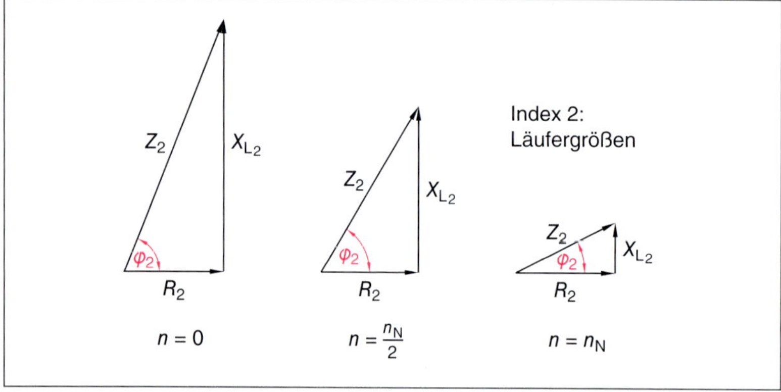

39 Hochlauf des Kurzschlussläufermotors

Betriebsverhalten Rundstabläufer

Rundstabläufer: Läuferkäfig aus nahezu runden Stäben (Kreisquerschnitt) aufgebaut.

- Ohmscher Widerstand sehr gering.
- Beim Einschalten ist der induktive Widerstand ($X_L = 2\pi \cdot f \cdot L$) relativ groß (Frequenz mit 50 Hz maximal).
- Somit ist der Anlaufstrom überwiegend ein Blindstrom, der nicht drehmomentbildend wirkt.
- Rundstabläufer entwickeln bei hohem Anzugsstrom nur ein geringes Anzugsmoment.

Drehmomentkennlinie

Unterschieden wird zwischen folgenden Drehmomenten (Bild 41, Seite 153):

M_A Anlaufmoment
M_S Sattelmoment
M_N Bemessungsmoment
M_K Kippmoment
M_0 Leerlaufmoment

Sattelmoment

Kleinstes Drehmoment nach dem Anlauf.

Durch schräg oder gestaffelt angeordnete Läuferstäbe, unterschiedliche *Nutzahlen* in Ständer und Läufer, optimierte Wicklungsausführung kann es praktisch vermieden werden.

Kippmoment

Maximales Drehmoment, das der Motor an der Welle abgeben kann.

Mit zunehmender Drehzahl nimmt die Frequenz der induzierten Läuferspannung ab.

z.B.

Motor nach Beispiel auf Seite 151.
Wie groß ist die Frequenz der Läuferspannung bei Bemessungsdrehzahl?

Schlupf $s = 7{,}33\ \%$

$s = \frac{7{,}33\ \%}{100\ \%} = 0{,}0733$

$f_2 = s \cdot f_1$

$f_2 = 0{,}0733 \cdot 50\ \text{Hz}$

$f_2 = 3{,}67\ \text{Hz}$

■ **Drehstromberechnung**

Beachten Sie:
n in $\frac{1}{s}$
P in W
einsetzen.
1 Nm = 1 Ws

Welches Drehmoment (Bemessungsmoment M_N) entwickelt der 1,5-kW-Motor an der Welle? $n_N = 1390\ \frac{1}{\text{min}}$

Bemessungsleistung in Watt (W) und Drehzahl in $\frac{1}{s}$ einsetzen.

$P_N = 1500\ \text{W}$ (Wellenleistung)

$n_N = \frac{1390\ \frac{1}{\text{min}}}{60\ \frac{\text{s}}{\text{min}}} = 23{,}16\ \frac{1}{\text{s}}$

$M_N = \frac{P_N}{2\pi \cdot n_N}$

$M_N = \frac{1500\ \text{W}}{2\pi \cdot 23{,}16\ \frac{1}{\text{s}}}$

$M_N = 10{,}3\ \text{Nm}$

Somit wird X_{L_2} geringer, während R_2 unverändert bleibt. Der Leistungsfaktor $\cos\varphi_2$ nimmt zu, die Wirkleistung steigt (Bild 39, Seite 152).

Danach wirkt sich das Absinken des Läuferstroms deutlich aus und verringert das Drehmoment des Motors.

Bemessungsmoment
Bei seinen *Bemessungsdaten* (Leistungsschildangaben) gibt der Motor sein Bemessungsmoment ab. Er läuft dann mit der **Bemessungsdrehzahl**.

Nebenschlussverhalten
Eine erhebliche Änderung der Belastung ΔM bewirkt nur eine relativ geringe Änderung der Drehzahl Δn. Man spricht von einem *harten Betriebsverhalten* des Motors.

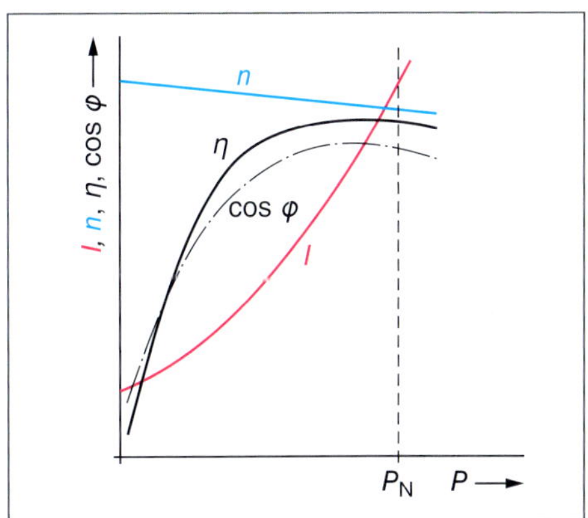

40 Betriebskennlinien

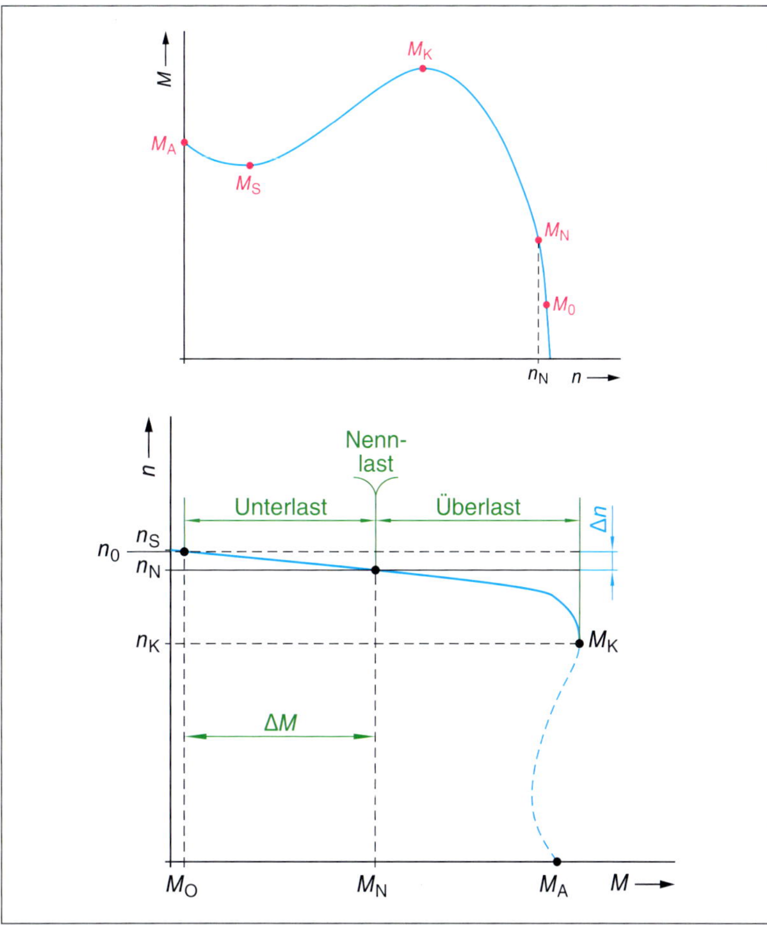

41 Drehmomentkennlinie des Kurzschlussläufermotors

Stromverdrängungsläufer
Technische Daten eines Motors.
$n_1 = 1500$ 1/min, $U_N = 400$ V, $f_N = 50$ Hz

P_N kW	n_N 1/min	I_N A	$\frac{I_A}{I_N}$	M_N Nm	$\frac{M_A}{M_N}$	$\frac{M_K}{M_N}$	$\cos\varphi$	η %
4	1410	8,7	5,8	27,1	2,3	2,5	0,81	82

P_N: Abgegebene Wellenleistung (*mechanische* Leistung). Die aufgenommene *elektrische Leistung* P_{el} ist größer.

• Aufgenommene Leistung ermitteln
1. Möglichkeit (Leistungsschildangaben)
$U_N = 400$ V, $I_N = 8{,}7$ A, $\cos\varphi = 0{,}81$
$P_{el} = \sqrt{3} \cdot U \cdot I \cdot \cos\varphi$
$P_{el} = \sqrt{3} \cdot 400\ \text{V} \cdot 8{,}7\ \text{A} \cdot 0{,}81 \approx 4{,}9\ \text{kW}$

2. Möglichkeit (Wirkungsgrad)
$P = 4$ kW, $\eta = 0{,}82$
$$\eta = \frac{P}{P_{el}} \rightarrow P_{el} = \frac{P}{\eta} = \frac{4\ \text{kW}}{0{,}82} = 4{,}9\ \text{kW}$$

Anzugsstrom des Motors
$$\frac{I_A}{I_N} = 5{,}8 \rightarrow I_A = 5{,}8 \cdot I_N = 5{,}8 \cdot 8{,}7\ \text{A} = 50{,}5\ \text{A}$$

• Anzugsmoment des Motors
$$\frac{M_A}{M_N} = 2{,}3 \rightarrow M_A = 2{,}3 \cdot M_N$$
$$= 2{,}3 \cdot 27{,}1\ \text{Nm} = 62{,}3\ \text{Nm}$$

Beim *Anlauf* kann der Motor ein *kräftiges Anzugsmoment* entwickeln.
Die Angabe $M_A/M_N = 2{,}3$ besagt, dass der Motor (kurzzeitig) um 230 % *über Bemessungsmoment* belastbar ist.
Wie ist dieses kräftige Anzugsmoment zu erklären?

Der Läufer des Motors müsste *zwei getrennte Wicklungen* haben:

1. Für den *Einschaltmoment* eine Kurzschlusswicklung mit *möglichst hohem ohmschen Widerstand*. Wegen der *geringen Phasenverschiebung* (dem guten Leistungsfaktor) könnte der Motor ein *kräftiges Anzugsmoment* entwickeln.

■ **Motor, technische Daten**

■ **Idealfall beim Anlauf**

Läuferwicklung hat einen
- hohen ohmschen Widerstand.
- einen geringen induktiven Widerstand.

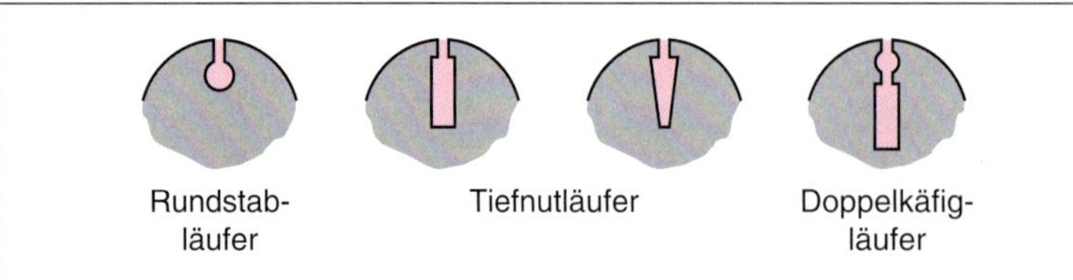

42 *Stromverdrängungsläufer, Beispiele für Läuferformen*

Stromverdrängungsläufer

Ziel: Hohes Anzeigemoment bei geringem Anzugsstrom.

2. Im *Betriebszustand* eine Kurzschlusswicklung mit *geringem ohmschen Widerstand* (geringe Verluste).

Das Ergebnis dieser Überlegungen sind **Stromverdrängungsläufer**. Dabei werden verschiedene *Läuferformen* verwendet (Bild 42).

Um den Läuferstab herum ruft der Läuferstrom ein *magnetisches Streufeld* hervor. Zum *Leitermittelpunkt* hin nimmt die Streufeldstärke zu.

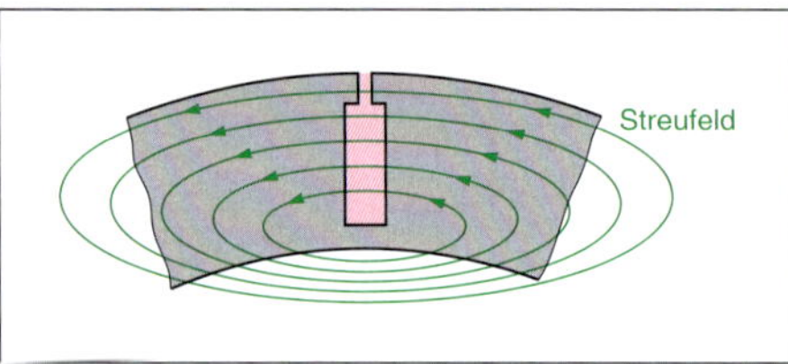

43 *Magnetisches Streufeld*

Wenn die Nut in die Tiefe verlängert wird, nutzt der Läuferstrom wegen des **Skineffekts** den Teil des Stabquerschnitts, der zur Nutöffnung hinliegt.

Durch den *geringen genutzten Leiterquerschnitt* wird der *Leiterwiderstand* größer.

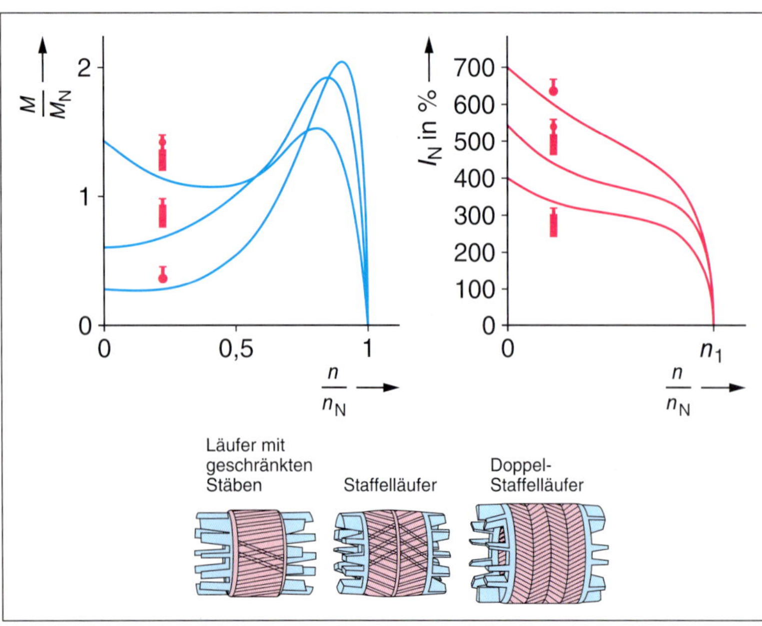

44 *Stromverdrängungsläufer, Drehmoment und Stromaufnahme*

Skineffekt

Ursache jedes Magnetfelds ist der bewegte Ladungsträger.

Somit ruft ein bewegter Ladungsträger (durch Induktion hervorgerufen) ebenfalls ein Magnetfeld hervor.

Beide Magnetfelder wirken auf den Ladungsträger ein und drängen ihn an die Leiteroberfläche (Skineffekt).

Dadurch nimmt der wirksame Leiterquerschnitt ab und der Widerstand des Leiters wird größer.

Dieser *Skineffekt* nimmt mit steigender Frequenz zu.

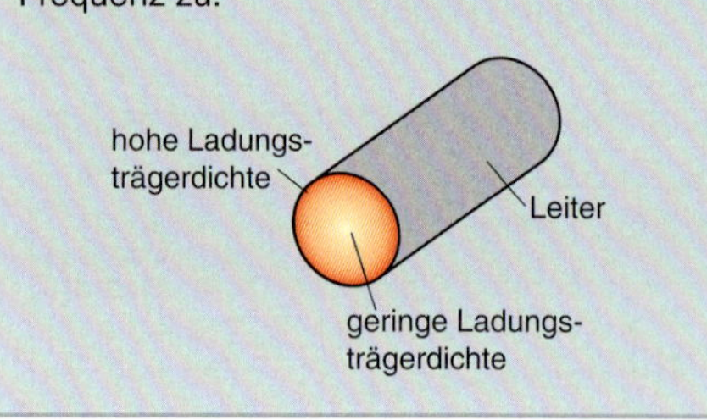

Beim *Hochlaufen* des Motors nimmt das Magnetfeld des Läufers ab, somit wird auch das *Streufeld* geringer. Der *genutzte Leiterquerschnitt* nimmt zu und der *Leiterwiderstand* sinkt.

Genutzt wird dabei die Tatsache, dass die Frequenz der Läuferspannung beim Hochlaufen von 50 Hz auf etwa 2 – 5 Hz sinkt.

Die *Ausführung der Läuferstäbe* hat Einfluss auf die **Hochlaufkennlinien** des Motors. Dies gilt für den Verlauf von *Drehmoment* und *Stromaufnahme* (Bild 44).

Die *Optimierung* des *Käfigläufers* hat die Betriebseigenschaften des Motors im Laufe der Zeit wesentlich verbessert.

Betriebskennlinie

Die Drehzahl n fällt bei Belastung nur geringfügig ab. Der Motor hat **Nebenschlussverhalten**.

Wirkungsgrad η und **Leistungsfaktor** $\cos\varphi$ sind stark belastungsabhängig.

Der Motor ist so ausgelegt, dass bei **Bemessungsbetrieb** das Produkt von η und $\cos\varphi$ möglichst groß wird.

Folgerung: Die Bemessungsleistung des Antriebsmotors sollte dem Leistungsbedarf der Arbeitsmaschine möglichst genau angepasst werden.

Beispiel für Idealfall

- Leistungsbedarf Arbeitsmaschine: $M_L = 11$ kW
- Bemessungsleistung Antriebsmotor: $M_N = 11$ kW

Der Drehstrommotor sollte mit *Volllast* betrieben werden. Dann arbeitet er mit *optimalem Leistungsfaktor* und *Wirkungsgrad*. Er hat dann die *geringsten* Verluste.

Außerdem nimmt der **Leistungsfaktor** mit Motorleistung und Motordrehzahl zu.

Schnelllaufende Motoren haben einen *besseren* Leistungsfaktor als langsam laufende.

Leistungsschild

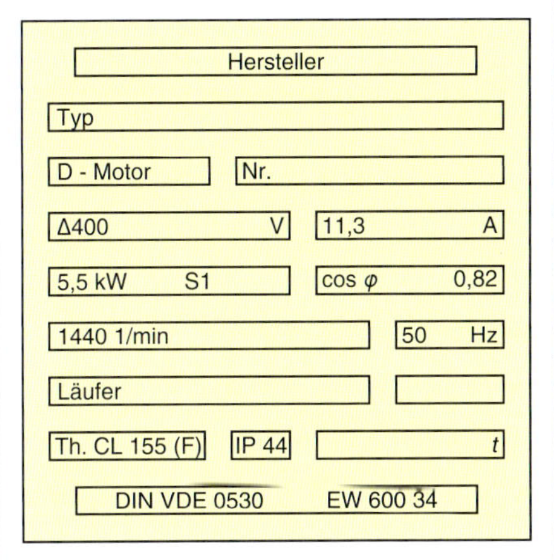

45 Drehstrom-Käfigläufermotor

Hinweis

Die Angabe **Δ 400 V** besagt, dass die zulässige Spannung an einem *Wicklungsstrang* der Ständerwicklung 400 V betragen darf. Dies wäre bei *Dreieckschaltung* der Fall.

Bei *Sternschaltung* würde sich die *Strangspannung* auf 230 V verringern. Der Motor könnte also in *Stern-Dreieck-Anlassschaltung* betrieben werden.

Spannungsangabe **YΔ 400/230 V**:

Die *maximal zulässige* Strangspannung beträgt 230 V (bei Δ).

Am *400-V-Netz* muss dieser Motor in *Stern* angeschlossen werden, damit die zulässige Strangsspannung nicht überschritten wird.

Bei *zwei* Spannungsangaben ist die *kleinere* Spannungsangabe die *zulässige* Strangspannung der Ständerwicklung.

Prüfung

1. Beschreiben Sie den Aufbau eines Käfigläufermotors.

Welche Vorteile hat dieser Motor?

2. Erläutern Sie die Begriffe Asynchronmotor und Induktionsmotor.

3. Betriebsbedingt haben Asynchronmotoren einen Schlupf.

Was bedeutet das?

4. Drehfelddrehzahl 1500 $\frac{1}{\text{min}}$, Läufordrehzahl 1440 $\frac{1}{\text{min}}$.

Wie groß sind Schlupf und Läuferfrequenz?

5. Beschreiben Sie die Wirkungsweise von Stromverdrängungsläufern.

Welche Vorteile haben Sie?

6. Bei welcher Leistungsabgabe werden Drehstrommotoren mit Käfigläufer mit den geringsten Verlusten betrieben?

Welche Folgerung ziehen Sie daraus für die Praxis?

Energiesparmotoren

benötigen bei gleicher Bemessungsleistung weniger elektrische Energie als herkömmliche Motoren.
Verwendung von Elektroblechen mit geringeren Verlusten.

Kupfergussläufer statt Aluminumgussläufer.

Wirkungsgradverbesserungen schon im Teillastbereich.

Klassen IE1 bis IE4

Geltungsbereich:
Bemessungsspannung bis 1000 V, Leistung 0,75 kW bis 375 kW, Polzahl 2, 4, 6, Betriebsarten S1, S3 mit ED mindestens 80 %.

Neu auf den europäischen Markt gebrachte Motoren mit einer Ausgangsleistung von 0,75 kW bis 375 kW müssen

– entweder der Klasse IE3 entsprechen

– oder IE2 entsprechen, wenn sie in Verbindung mit Umrichtern betrieben werden.

@ Interessante Links

- christiani-berufskolleg.de

Stern-Dreieck-Anlassschaltung

→ basics Elektrotechnik

z. B.

- Motor 1: $P_N = 11$ kW; $n_N = 2930\,\frac{1}{\text{min}}$; $\cos\varphi = 0{,}87$; $\eta = 0{,}89$
- Motor 2: $P_N = 11$ kW; $n_N = 750\,\frac{1}{\text{min}}$; $\cos\varphi = 0{,}72$; $\eta = 0{,}87$

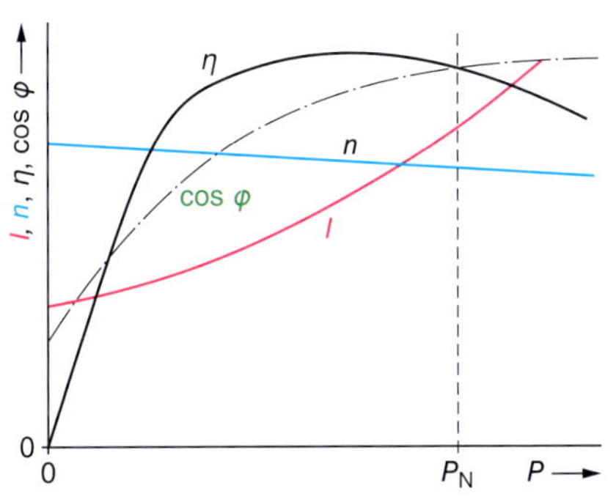

Leistungsschild des Motors (Seite 155).
a) Bestimmen Sie den Wirkungsgrad des Motors.
b) Wie groß ist das Bemessungsmoment?
c) Wie groß ist die Stromaufnahme bei Sternschaltung?

z.B.

a) Die aufgenommene elektrische Leistung P_{el} wird berechnet.

$$P_{el} = \sqrt{3} \cdot U \cdot I \cdot \cos\varphi$$

$$P_{el} = \sqrt{3} \cdot 400\ \text{V} \cdot 11{,}3\ \text{A} \cdot 0{,}82$$

$$P_{el} = 6{,}4\ \text{kW}$$

Berechnung des Wirkungsgrads (abgegebene/aufgenommene Leistung):

$$\eta = \frac{P}{P_{el}} = \frac{5{,}5\ \text{kW}}{6{,}4\ \text{kW}} = 0{,}86$$

b) Maßgeblich ist die (abgegebene) Wellenleistung.

5,5 kW = 5500 W

$$1440\ \frac{1}{\text{min}} = 24\ \frac{1}{\text{s}}$$

$$M_N = \frac{P_N}{2\pi \cdot n_N}$$

$$M_N = \frac{5500\ \text{W}}{2\pi \cdot \frac{1440}{60}\ \frac{1}{\text{s}}}$$

$$M_N = 36{,}5\ \text{Nm}$$

c) Die Stromaufnahme ist bei Sternschaltung erheblich geringer. Dies kann zum Anlassen des Motors genutzt werden. Allerdings nehmen auch Bemessungsleistung und Bemessungsmoment dabei ab.

$$I_Y = \frac{I_\Delta}{3} = \frac{I_N}{3}$$

$$I_Y = \frac{11{,}3\ \text{A}}{3} = 3{,}8\ \text{A}$$

$$P_Y = \frac{P_\Delta}{3} = \frac{P_N}{3}$$

$$M_Y = \frac{M_\Delta}{3} = \frac{M_N}{3}$$

■ **Sternschaltung**

Bei Sternschaltung gibt der Motor nur ein Drittel seiner Bemessungsleistung ab.

Der Außenleiterstrom ist bei Sternschaltung nur ein Drittel seines Wertes bei Dreieckschaltung.

Leistungsschild des Motors (Seite 155).
Bestimmen Sie die Blindleistung und Scheinleistung des Motors.

$\cos\varphi = 0{,}82 \rightarrow \varphi = 34{,}9° \rightarrow \sin\varphi = 0{,}572$

Die Blindleistung dient zum Auf- und Abbau der Magnetfelder.

Allgemein gilt:

$$S = \sqrt{3} \cdot U \cdot I = \sqrt{P^2 + Q_L^2}$$

$$P = S \cdot \cos\varphi$$

$$Q_L = S \cdot \sin\varphi$$

$$Q = \sqrt{3} \cdot U \cdot I \cdot \sin\varphi$$

$$Q = \sqrt{3} \cdot 400\ \text{V} \cdot 11{,}3\ \text{A} \cdot 0{,}572 = 4{,}5\ \text{kvar}$$

$$S = \sqrt{3} \cdot U \cdot I$$

$$S = \sqrt{3} \cdot 400\ \text{V} \cdot 11{,}3\ \text{A} = 7{,}8\ \text{kVA}$$

Prüfung

1. Erläutern Sie die Leistungsschildangaben eines Käfigläufermotors.

2. Auf dem Leistungsschild steht u. a. die Spannungsangabe 400/690 V.
Ist der Motor für Stern-Dreieck-Anlauf geeignet?

3. Drehstrommotor mit Käfigläufer 132S, P_N = 5,5 kW.
Gesucht: Bemessungsstrom, Bemessungsmoment, Kippmoment, Anzugsmoment, Anzugsstrom.

4. Ein Käfigläufermotor wird während des Betriebs kurzzeitig stark belastet ($M = 1{,}9 \cdot M_N$).
Beschreiben Sie die Vorgänge.

@ Interessante Links
- christiani-berufskolleg.de

Gleichstrommotoren

Zum Betrieb des **Gleichstrommotors** werden *zwei Magnetfelder* benötigt.

Erregerfeld
Magnetfeld kann von einem *Permanentmagneten* oder häufiger durch einen Erregerstrom, der durch eine **Erregerwicklung** (Feldwicklung) fließt, hervorgerufen werden.

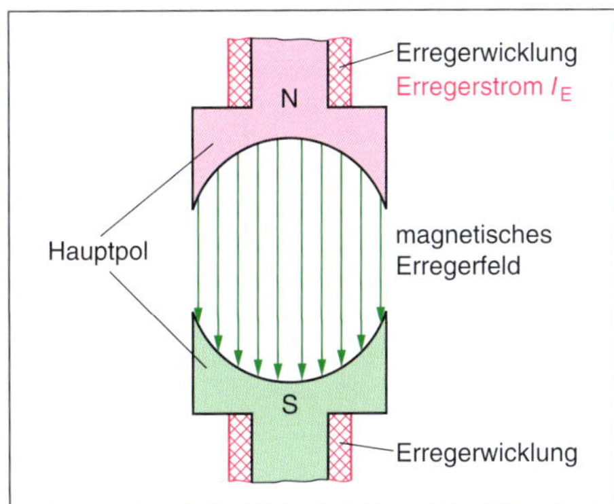

46 *Erregerwicklung (Feldwicklung)*

Ankerfeld
In den Ankerblechnuten wird die **Ankerwicklung** untergebracht. Die Leiterenden der Ankerwicklung werden in die Segmente des **Stromwenders** eingelötet. Auf dem Stromwender gleiten **Bürsten** und ermöglichen die Stromversorgung des Ankers.

Der **Ankerstrom** ruft ebenfalls ein *Magnetfeld* (Ankerfeld) hervor (Bild 47).

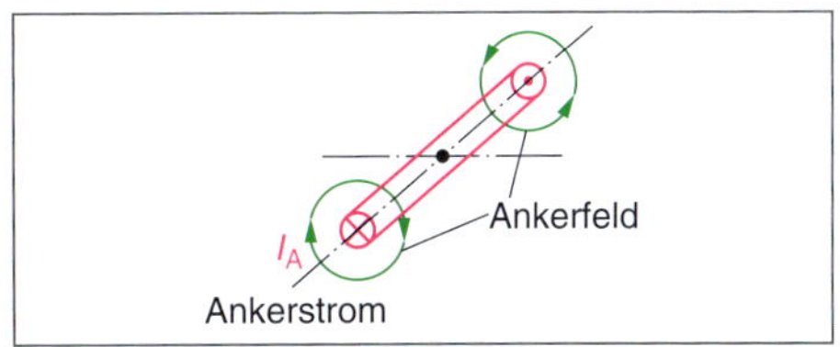

47 *Ankerstrom und Ankerfeld*

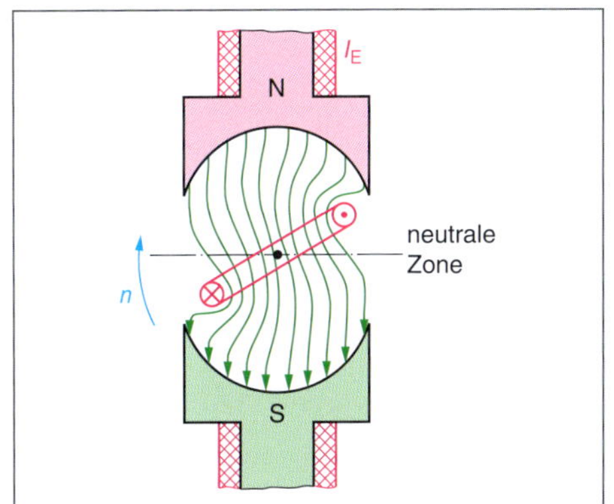

48 *Erregerfeld und Ankerfeld, Drehmoment*

49 *Gleichstrommotor, Ausführungsbeispiel*

Beide Magnetfelder rufen *gemeinsam* ein *Drehmoment* hervor. Erregerfeld und Ankerfeld bewirken ein *resultierendes Magnetfeld*.

Der Anker dreht sich im Uhrzeigersinn (Bild 48).

Die Drehbewegung endet in der **neutralen Zone**. Dort haben Anker- und Erregerfeld die *gleiche Richtung*. Das Drehmoment wir null (Bild 50).

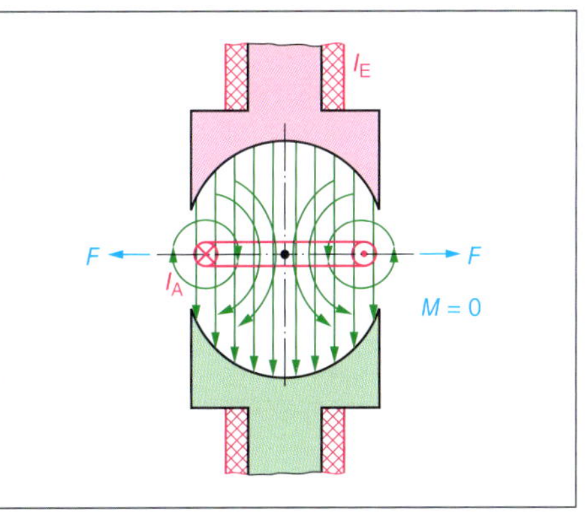

50 *Drehmoment ist null (neutrale Zone)*

Damit eine *kontinuierliche Drehbewegung* erreicht werden kann, muss die *Stromrichtung* in der *Ankerwicklung umgepolt* werden, damit das Ankerfeld seine *Polarität* ändert. Für die Umpolung wird ein **Stromwender** (Kommutator) verwendet.

Stromwendung beim Gleichstrommotor

Die *Spulenseiten* der Ankerwicklung *unter demselben Magnetpol* haben stets die *gleiche Stromrichtung*.

■ **Gleichstrommotoren**
zählen zu den Stromwendermaschinen.

■ **Permanentmagnet**
Dauermagnet

Gleichstrommotor
d. c. motor

Anker
armature

Ankerwicklung
armature winding

Ankerspannung
armature voltage

Feldwicklung
field winding

Erregerwicklung
exciting winding

Erregerspule
excisting field, excisting coil

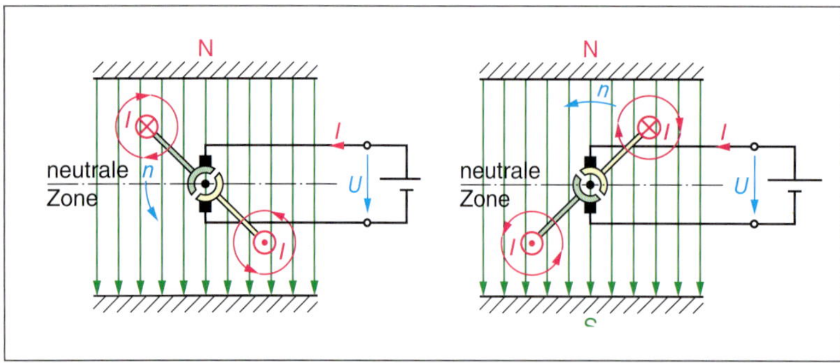

51 Prinzip der Stromwendung

Stromwender
commutator, collector

Stromwendung
commutation

Dies wird durch den **Stromwender** erreicht. Er kehrt die Stromrichtung im Anker um.

Die Drehbewegung des Ankers kann dadurch fortgesetzt werden. Wegen der Stromwendung fließt in der Ankerwicklung ein *Wechselstrom.*

Damit ein *gleichmäßiges Drehmoment* erreicht werden kann, werden *mehrere Wicklungen* gleichmäßig auf den Ankerumfang verteilt.

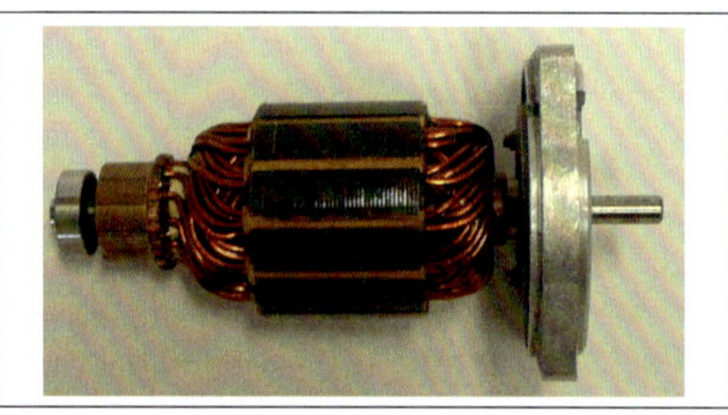

52 Anker eines Gleichstrommotors

Bei Betrieb entwickelt der Gleichstrommotor ein *vom Strom abhängiges Drehmoment.*

Außerdem bewegt sich der Anker im Magnetfeld der Erregerwicklung. In den Ankerspulen wird daher eine *Spannung induziert*. Die induzierte Spannung ist der am Motor angelegten Spannung *entgegengerichtet.*

Elektromagnetische Induktion

→ basics Elektrotechnik

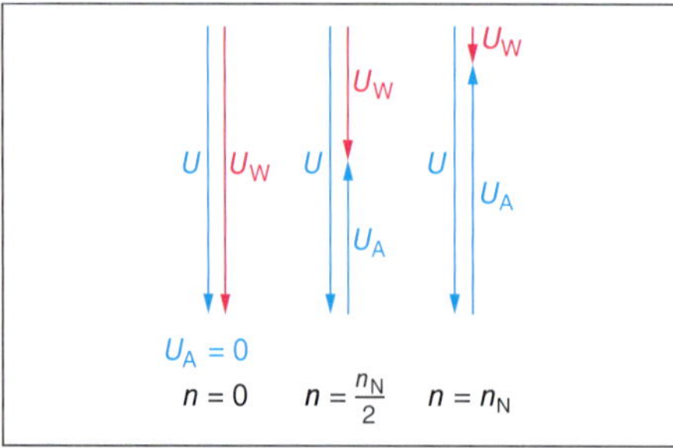

53 Spannungen beim Gleichstrommotor

- **Motor eingeschaltet, Drehzahl noch null ($n = 0$)**
  Da die Ankerwicklungen noch keine Feldlinien schneiden, wird im Anker keine Spannung induziert (Ankerspannung $U_A = 0$).
  Die stromtreibende (wirksame) Spannung U_W ist so groß wie die angelegte Spannung U.
  Die Folge wird ein *sehr hoher Anlaufstrom* sein.

- **Motor hat die halbe Bemessungsdrehzahl erreicht ($n = n_N/2$)**
  Im Anker wird eine der Drehzahl entsprechende Ankerspannung induziert.
  Die wirksame Spannung wird geringer, der Motorstrom sinkt.

- **Motor hat die Bemessungsdrehzahl erreicht ($n = n_N$)**
  Die induzierte Ankerspannung steigt noch mal an, wodurch sich die wirksame Spannung weiter verringert. Der Motor nimmt nun den *Bemessungsstrom* auf.

Die induzierte Ankerspannung U_A kann niemals den gleichen Betrag wie die angelegte Spannung U annehmen.

In dem Falle wäre nämlich $U_W = 0$.

Es würde dann kein Strom mehr fließen
→ kein Magnetfeld → kein Drehmoment.

Die *induzierte Ankerspannung* U_A ist um den Spannungsfall im Anker kleiner als die angelegte Spannung U.

$$U_A = U - I_A \cdot R_A$$

Ankerstrom:

$$I = \frac{U - U_A}{R_A}$$

- **Motor läuft mit Bemessungsdrehzahl ($n = n_N$), Belastung steigt**
  Höheres Drehmoment → Drehzahl sinkt → Ankerspannung U_A sinkt (da weniger Feldlinien geschnitten werden) → wirksame Spannung U_W steigt → Strom steigt → Anpassung an veränderte Belastung.

- **Motor läuft mit Bemessungsdrehzahl ($n = n_N$), Belastung sinkt**
  Geringes Drehmoment → Drehzahl steigt → Ankerspannung U_A steigt (da mehr Feldlinien geschnitten werden) → U_W nimmt ab → Strom sinkt → Anpassung an veränderte Belastung.

z.B.

Gleichstrommotor: $U = 220$ V, Ankerwiderstand $R_A = 0{,}12\ \Omega$,
Stromaufnahme: $I = 40$ A.
Wie groß ist die induzierte Ankerspannung?

Die wirksame (stromtreibende) Spannung beträgt dann $U_W = 4{,}8$ V.

$$U_0 = U - I \cdot R_A$$

$$U_0 = 220\ \text{V} - 40\ \text{A} \cdot 0{,}12\ \Omega$$

$$U_0 = 215{,}2\ \text{V}$$

Wirksame Spannung ist vergleichsweise gering. Dies gilt aber nur, wenn sie eine Ankerinduktionsspannung aufbauen konnte.

Bei Anlauf des Motors ist die wirksame Spannung groß, was einen hohen Einschaltstrom zur Folge hat.

Der Ankerwiderstand ist sehr gering.

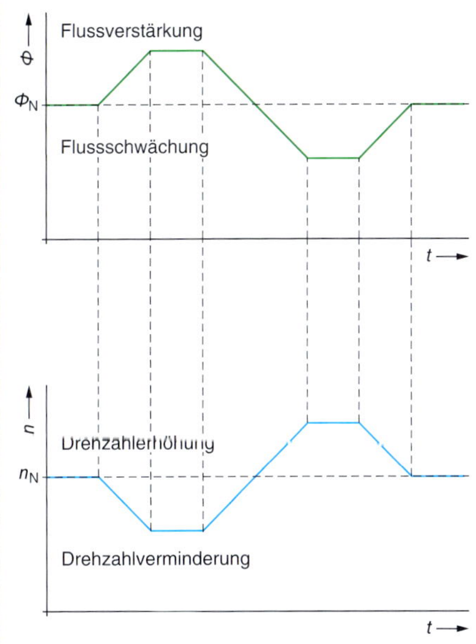

54 *Drehzahlsteuerung durch Erregerfeld*

Drehzahlsteuerung durch Erregerfeld

Verstärkung des Erregerfelds → bereits bei niedrigen Drehzahlen kann eine hohe Ankerspannung U_A induziert werden.

Schwächung des Erregerfelds

Zur Induktion der Ankerspannung ist eine höhere Drehzahl erforderlich.

Die Drehzahlerhöhung wird i. Allg. durch eine Schwächung des Erregerfelds (Feldschwächung) erreicht.

Drehzahlsteuerung durch Spannung *U*

Erhöhung der Spannung → Induktionsspannung U_A im Anker nimmt zu → Drehzahl steigt an.

Verringerung der Spannung

Induktionsspannung U_A im Anker kann bereits bei niedrigen Drehzahlen erreicht werden → Drehzahl sinkt.

Die Drehzahlverringerung erfolgt i. Allg. durch Verringerung der Spannung.

■ **Feldschwächung**
Drehzahlzunahme

■ **Ankerspannungsverringerung**
Drehzahlabnahme

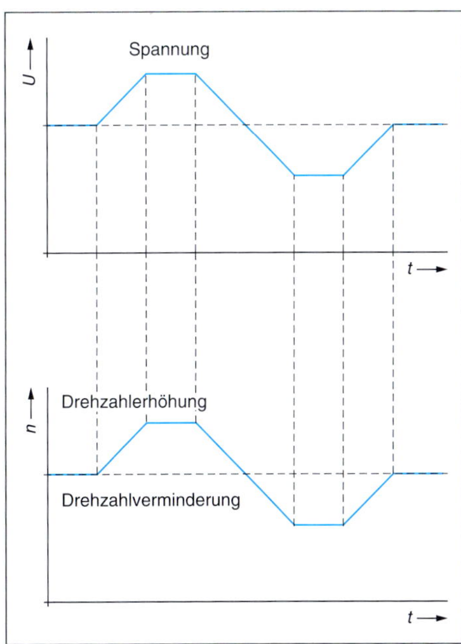

55 *Drehzahlsteuerung durch Ankerfeld*

Einschaltstrom

Gleichstrommotoren haben einen *sehr hohen Einschaltstrom*. Nur leistungsschwache Motoren bis etwa 500 W dürfen direkt am Versorgungsnetz eingeschaltet werden. Sonst ist stets ein **Anlasser** zur Begrenzung des Einschaltstroms notwendig.

Ankerquerfeld, Ankerrückwirkung

Im Gleichstrommotor werden zwei Magnetfelder aufgebaut: das **Erregerfeld** Φ_E und das **Ankerfeld** Φ_A.

Werden diese Felder *getrennt* voneinander betrachtet, haben sie den in Bild 56 gezeigten Verlauf.

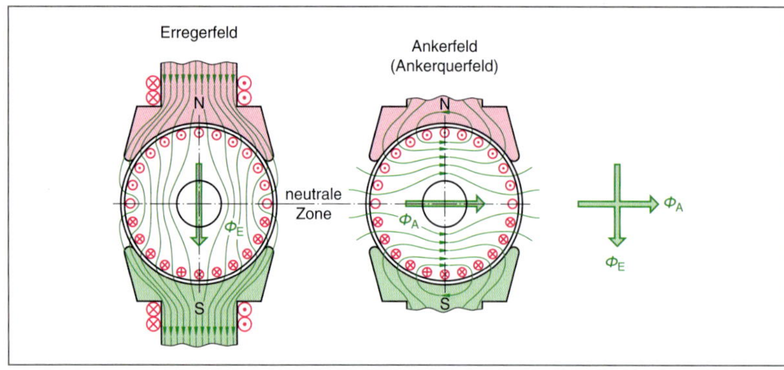

56 *Erregerfeld und Ankerfeld*

■ Ankerrückwirkung

Das Ankerfeld bewirkt eine Verschiebung der neutralen Zone und eine Schwächung des Erregerfelds. Das sich ergebende resultierende Feld ist verzerrt.

Erregerfeld und Ankerfeld stehen *senkrecht* aufeinander (Ankerquerfeld).

Nun können aber an einem Ort nicht zwei Magnetfelder unabhängig voneinander existieren.

Sie *überlagern* sich zu einem *resultierenden* (gemeinsamen) Magnetfeld (Bild 57).

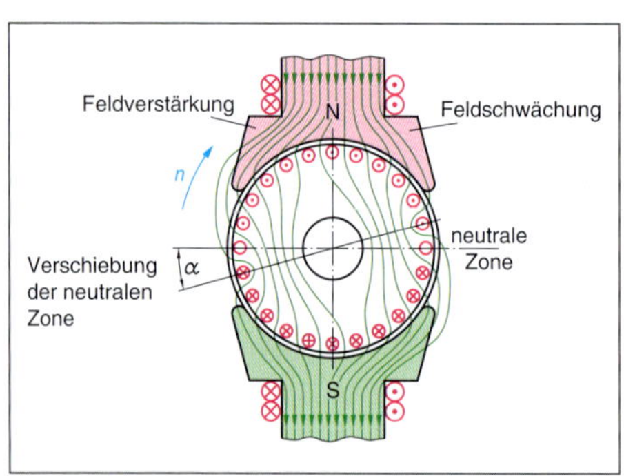

57 *Resultierendes Magnetfeld*

Dadurch wird das Feld an der *anlaufenden* Polkante *verstärkt* und an der *ablaufenden* Polkante *geschwächt*. Dies wird **Ankerrückwirkung** genannt.

Das Ankerfeld wirkt auf das Erregerfeld zurück (verzerrt es).

Neutrale Zone

Im *unbelasteten* Zustand des Motors liegt die *neutrale Zone* waagerecht auf der Mitte zwischen den beiden Polen.

Bedingt durch die **Ankerrückwirkung** hat das resultierende Magnetfeld einen *verzerrten* Verlauf.

Die neutrale Zone *verschiebt* sich um den Winkel α *gegen* die Drehrichtung.

Die neutrale Zone steht stets *senkrecht* auf der magnetischen Hauptachse. Also senkrecht (90°) auf den magnetischen Feldlinien.

Problem Stromwendung

Die Kohlebürsten sind *breiter* als eine Lamelle des Stromwenders.

Bei der Stromwendung werden die betroffenen Ankerspulen also kurzzeitig *kurzgeschlossen*.

Die auftretende Induktionsspannung bewirkt einen hohen Strom durch die Ankerspule. Es tritt starkes **Bürstenfeuer** auf.

In der *neutralen Zone* ist die Wirkung der Induktionsspannung zu vernachlässigen. Daher soll die *Stromwendung* in der *neutralen Zone* erfolgen.

Da sich aber die Lage der neutralen Zone mit der Motorbelastung ändert, müssten die Bürsten entsprechend um den Winkel α verschoben werden. Das ist aber praktisch keine gute Lösung.

Wendepole

Besser ist der Einsatz von **Wendepolen**. Sie unterstützen die Stromwendung.

Zwischen den Hauptpolen wird eine zusätzliche Wicklung eingebaut. Man nennt sie **Wendepolwicklung**. Diese Wicklung wird vom Ankerstrom durchflossen. Ihre magnetische Wirkung wirkt dem *Ankerquerfeld* entgegen.

Bei zunehmender Belastung ändert sich das Wendepolfeld in gleicher Weise wie das Ankerquerfeld.

Im Bereich der Stromwendung ist der Raum dann nahezu *feldfrei*. Und das unabhängig von der Motorbelastung. Die Stromwendung erfolgt problemlos.

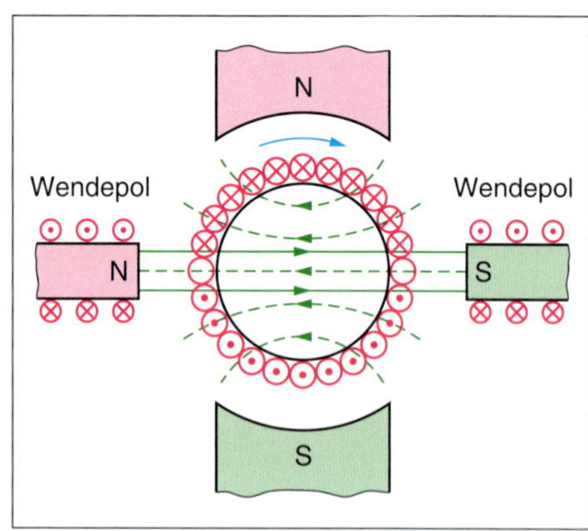

58 *Wendepole*

Kompensationswicklung

Auch *direkt unter den Polschuhen* tritt eine *Verzerrung* des Magnetfelds auf.

Zusätzlich zur Erregerwicklung kann in den Polschuhen eine **Kompensationswicklung** eingelegt werden.

Sie ist *in Reihe* mit der *Ankerwicklung* geschaltet. Hat somit auch eine belastungsabhängige Wirkung.

Aufgabe der Kompensationswicklung ist es, die *Feldverzerrung unter den Polschuhen* aufzuheben.

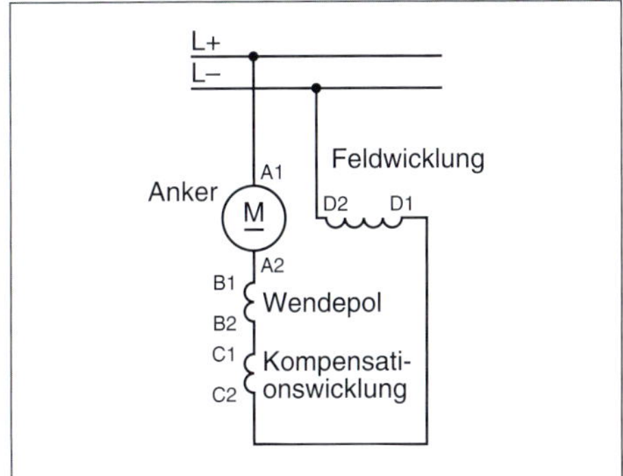
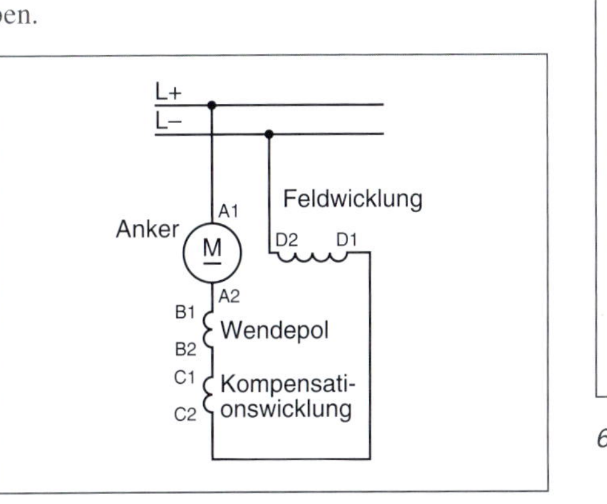

59 *Schaltung eines Gleichstrommotors*

Prüfung

1. Beschreiben Sie den Aufbau eines Gleichstrommotors.

2. Wie kommt es beim Gleichstrommotor zu einer Drehmomentbildung?

3. Welche Aufgabe hat der Stromwender (Kommutator)?

4. Wie kann die Drehzahl eines Gleichstrommotors über Bemessungsdrehzahl und unter Bemessungsdrehzahl gesteuert werden?

5. Warum hat der Gleichstrommotor einen sehr hohen Einschaltstrom?

6. Ein Gleichstrommotor arbeitet mit Bemessungsdrehzahl n_N. Er wird plötzlich stark belastet.
Welche Vorgänge laufen dann ab?

7. Beschreiben Sie die Wirkungsweise der Wendepole und der Kompensationswicklung.

8. Handwerkzeuge (z. B. Bohrmaschinen) werden faktisch durch Gleichstrommotoren angetrieben; Stromwendermotoren für Wechselstrombetrieb, Wechselspannung 230 V/50 Hz.
Was passiert, wenn dieser Motor an eine Gleichspannung von 220 V angeschlossen wird?

60 *Kompensationswicklung und Wendepole*

Schaltung von Gleichstrommotoren

Zwei Grundschaltungen: **Reihenschlussmotor** und **Nebenschlussmotor**.

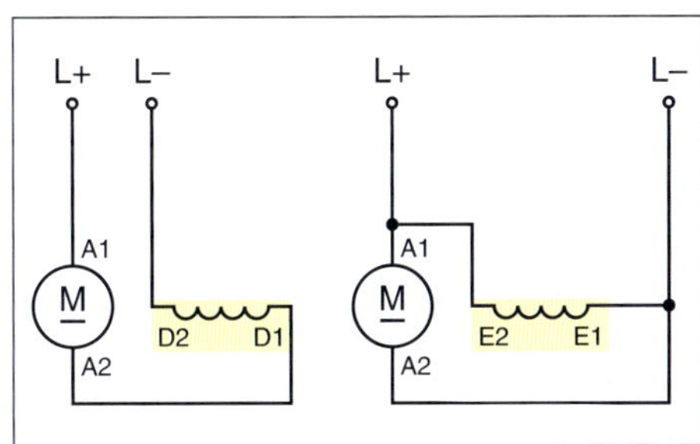

61 *Reihenschlussmotor, Nebenschlussmotor*

Der Unterschied besteht in der Schaltung der *Erregerwicklung* (Feldwicklung).

Reihenschluss: Erregerwicklung D1 – D2 *in Reihe* mit Ankerwicklung A1 – A2.

Nebenschluss: Erregerwicklung E1 – E2 *parallel* (neben) zur Ankerwicklung A1 – A2.

Das **Betriebsverhalten** beider Schaltungen ist sehr unterschiedlich.

Problem Nebenschlussmotor

Die *Nebenschlusswicklung* liegt an der *vollen Netzspannung* (220 V, 440 V).

Wenn zum Beispiel ein *Erregerstrom* von 2 A erreicht werden soll, dann muss der *ohmsche Widerstand* der Erregerwicklung

$$R = \frac{220\ \text{V}}{2\ \text{A}} = 110\ \Omega$$

$$R = \frac{440\ \text{V}}{2\ \text{A}} = 220\ \Omega$$

betragen.

Anlasswiderstand
starting resistor

Wendepolwicklung
commutating winding

Kompensationswicklung
compensating winding

Feldverzerrung
field distortion

Polschuh
pole shoe

Reihenschlussmotor
serial wound motor, series motor

Nebenschlussmotor
shunt-wound motor, self-excited motor

Fremderregter Motor
separately excited DC motor

■ **Klemmenbezeichnung von Gleichstrommotoren**

@ Interessante Links

- christiani-berufskolleg.de

■ **Reihenschlussverhalten**
Das Betriebsverhalten des Gleichstrom-Reihenschlussmotors.

Reihenschlussmotor

L+ L− 2A 2A M
L+ L− 20A 20A M
n M

Beide Wicklungen werden von 2 A durchflossen und rufen entsprechende Magnetfelder hervor.

Durch Belastung steigt der Strom in beiden Wicklungen auf 20 A an.
Beide Magnetfelder werden entsprechend stärker.
Das Drehmoment nimmt erheblich zu, da *zwei* Feldverstärkungen Einfluss nehmen.

Φ_A Φ_E Φ_A Φ_E

■ **Nebenschlussverhalten**
Das Betriebsverhalten des Gleichstrom-Nebenschlussmotors.

Nebenschlussmotor

L+ L− 4A 2A 2A M
L+ L− 22A 20A 2A M
n M M_K Kipp-moment

Da die Erregerwicklung an Netzspannung liegt, ist der Erregerstrom *belastungsunabhängig.*
Das Erregerfeld bleibt *konstant* (wie bei einem Dauermagneten).
Bei Belastungszunahme steigt *nur* der Ankerstrom an. Nur das Ankerfeld wird dadurch verstärkt. Das hat Einfluss auf das Drehmomentverhalten.

Φ_A Φ_E Φ_A Φ_E

Bei Anschluss an *Gleichspannung* begrenzt nur der ohmsche *Widerstand* den Spulenstrom.
Um die notwendigen *Widerstandswerte* zu erreichen, ist eine sehr große *Drahtlänge* erforderlich. Die Erregerwicklung hat dann eine sehr *hohe Windungszahl* und damit eine *sehr hohe Induktivität.*

■ **Fremderregte Motoren**
haben Nebenschlussverhalten.

Fremderregter Motor

Wenn die Erregerwicklung nicht von der Netzspannung, sondern von einer *separaten Gleichspannungsquelle* gespeist wird, kann die Windungszahl herabgesetzt werden. Die Erzeugung dieser *separaten Gleichspannung* ist durch *Leistungselektronik* möglich.

Der *fremderregte Motor* hat das gleiche Drehzahlverhalten wie der Nebenschlussmotor.

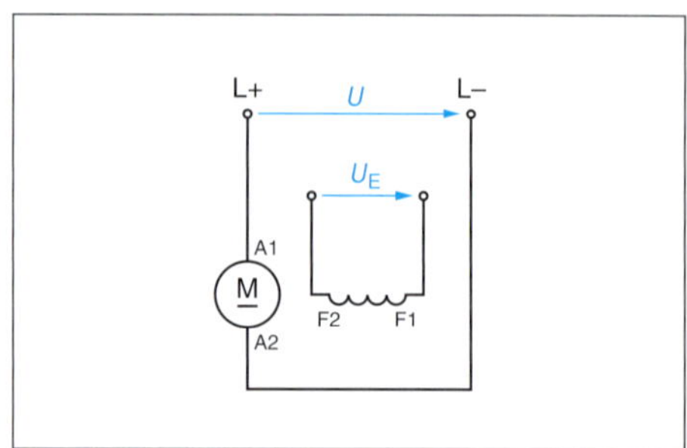

62 Fremderregter Motor

Drehzahlsteuerung von Gleichstrommotoren

Die *Motordrehzahl* ist in *weiten Bereichen* veränderlich.

Drehzahländerung durch

- Änderung der Klemmenspannung
- Schwächung des Erregerfeldes
- Schwächung des Ankerfeldes

Klemmenspannungsänderung

Die Drehzahl *steigt* mit der Klemmenspannung und *sinkt* mit der Klemmenspannung. Hierzu werden **Gleichstromsteller** eingesetzt.

Erregerfeldschwächung

Bei *Schwächung* des Erregerfelds nimmt die Leerlaufdrehzahl zu. Aber das Anzugsmoment wird kleiner. Zur Drehzahlsteuerung kann ein Widerstand im Erregerstromkreis geschaltet werden (Feldsteller).

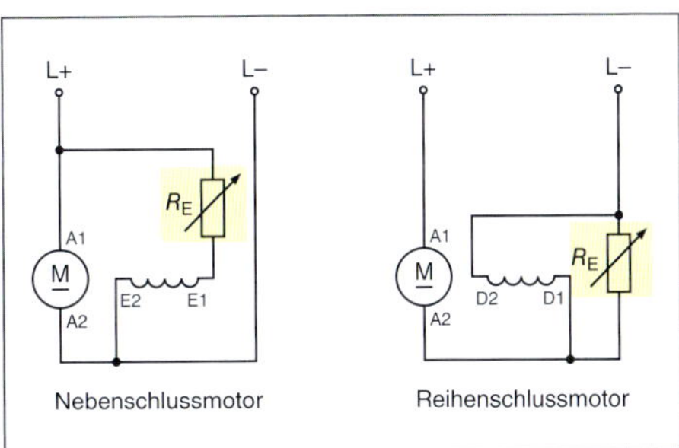

63 Erregerfeldschwächung

Ankerfeldschwächung

Im Ankerkreis wird ein Widerstand eingeschaltet. Die Leerlaufdrehzahl bleibt konstant, das Anzugsmoment wird verringert.

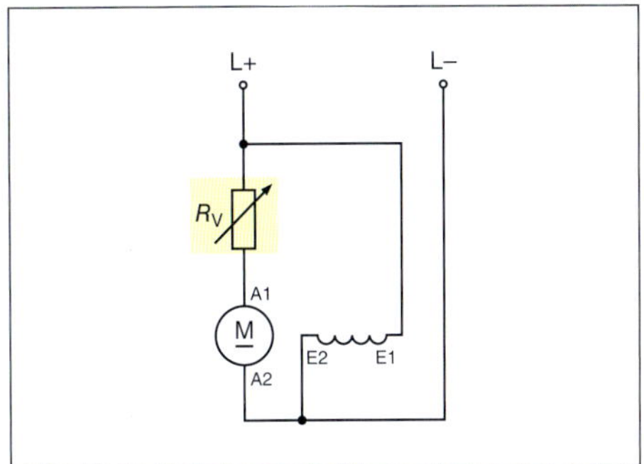

64 Ankerfeldschwächung

Gleichstrommotoren haben einen *großen Drehzahlsteuerbereich* und können mithilfe von *Stromrichtern* verlustarm gesteuert werden. Bei *niedrigen* Drehzahlen haben sie sehr gute *Rundlaufeigenschaften*.

Fremderregte Gleichstrommotoren haben ein gutes *Regelverhalten*, da das Drehmoment dem Ankerstrom proportional ist.

Drehrichtung

Rechtslauf, wenn der Strom in *gleicher* Ziffernfolge (1 → 2, 2 → 1) durch die Wicklungen fließt.

Linkslauf, wenn die Stromrichtung in *einer* Wicklung geändert wird.

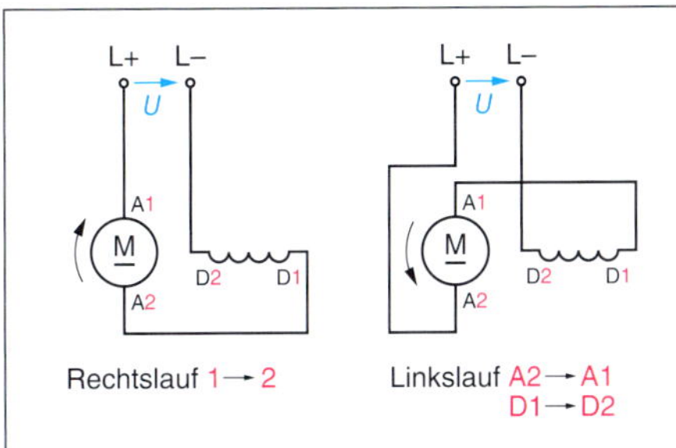

65 Drehrichtung bei Gleichstrommotoren

Leistungsschild (Beispiel Nebenschlussmotor)

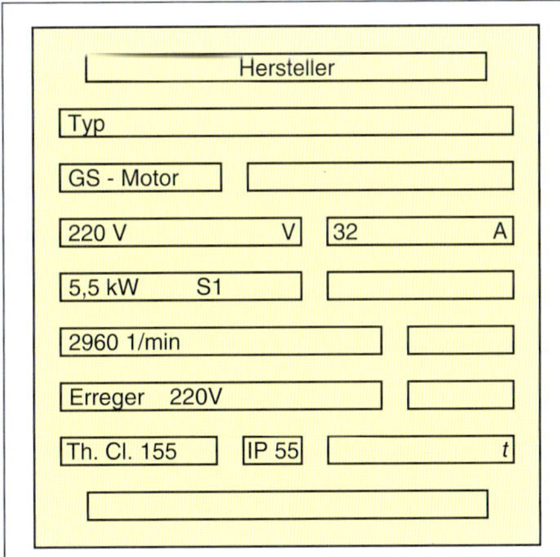

66 Leistungsschild Nebenschlussmotor

Prüfung

1. Bei einem Gleichstrommotor kommt es zu starkem Bürstenfeuer.
Woran kann das liegen?

2. Erläutern Sie die Wirkungsweise der Schaltungen nach Bild 63.

3. Das Läufereisen von Gleichstrommotoren ist geblättert.

a) Wozu dient die Blätterung des Eisenmaterials bei elektrischen Maschinen?

b) Warum ist die Blätterung bei Gleichstrommotoren erforderlich?

■ **Drehrichtungsänderung**

Vorzugsweise wird der Strom im Ankerkreis umgepolt. Dadurch werden Unterbrechungen des Erregerfelds vermieden. Beachten Sie, dass die Nebenschlusswicklung wegen der hohen Windungszahl eine hohe Induktivität hat.

■ **Bemessungsspannungen**

220 V, 440 V

■ **Anlassen von Gleichstrommotoren**

@ Interessante Links

- christiani-berufskolleg.de

Prüfung

1. Warum darf ein Reihenschlussmotor nicht über Zahnriemen, Keilriemen oder Flachriemen mit der Arbeitsmaschine gekuppelt werden?

2. Was bedeutet es, wenn ein Motor Nebenschlussverhalten bzw. Reihenschlussverhalten hat?

3. Erläutern Sie, warum der Reihenschlussmotor ein sehr kräftiges Drehmoment entwickeln kann.

4. Nennen Sie Anwendungsbeispiele für den Reihenschluss- und den Nebenschlussmotor.

5. Wie kann die Drehzahl von Gleichstrommaschinen gesteuert werden?

6. Erklären Sie den Begriff Feldschwächung. Welche Auswirkung hat Feldschwächung auf die Drehzahl des Motors?

7. Ein Gleichstrom-Reihenschlussmotor soll im Linkslauf betrieben werden. Wie schließen Sie den Motor an?

8. Durch Messung der Wicklungswiderstände eines Gleichstrommotors sollen Sie feststellen, ob es sich um einen Reihenschluss- oder Nebenschlussmotor handelt. Wie gehen Sie dabei vor?

@ Interessante Links
- christiani-berufskolleg.de

Synchronmotor

Auch **Synchronmotoren** sind Drehfeldmaschinen. Im **Stator** ist eine *Dreiphasenwicklung* untergebracht. Sie wird mit *Drehstrom* gespeist, wodurch sich ein *magnetisches Drehfeld* ausbildet.

■ Magnetisches Drehfeld
→ 148

Der **Läufer** (Polrad) trägt eine Gleichstrom-Erregerwicklung. Man unterscheidet **Vollpolläufer** oder **Schenkelpolläufer**. Bei geringen Leistungen (etwa bis 100 W) ist auch eine Dauermagneterregung möglich.

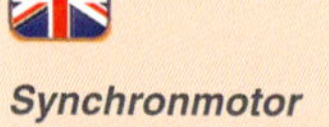

Synchronmotor
synchronous motor

Vollpolläufer
solid pole rotor

Schenkelpolläufer
salient pole rotor

- **Schenkelpolläufer:** Langsam laufende Maschinen.
- **Vollpolläufer:** Schnell laufende Maschinen.

Der zur Magnetfelderzeugung notwendige *Erregerstrom* wird den Läuferwicklungen über **Schleifringe** und **Bürsten** zugeführt.

Wirkungsweise
Die **Ständerwicklung** erzeugt ein **Drehfeld**. Der **Erregerstrom** ruft im *Läufer* ein Magnetfeld hervor. Beide Magnetfelder wirken aufeinander ein.

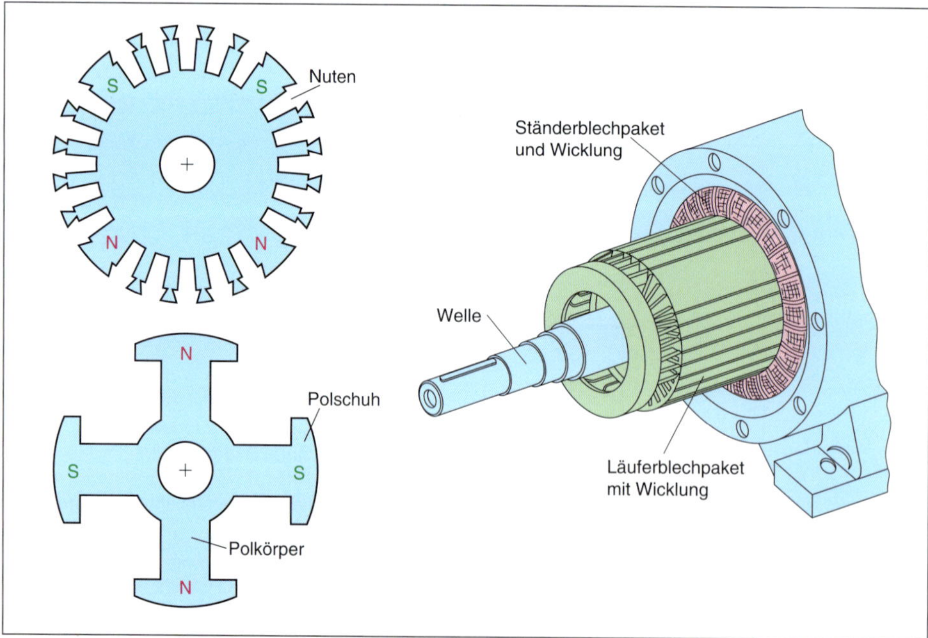

67 Synchronmotor, Aufbau

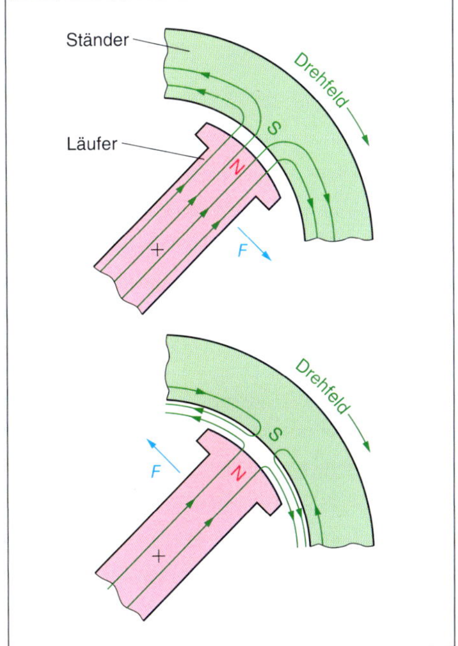

68 *Kraftwirkung auf einen ruhenden Läufer*

Das **Ständerdrehfeld** läuft mit hoher Geschwindigkeit an den Polen des Läufers vorbei. Je nach *Polarität* des Drehfelds ist die auf den Läufer ausgeübte *Kraftrichtung* verschieden.

Der Läufer kann diesem Kraftrichtungswechsel nicht folgen; er bleibt stehen.

Synchronmotoren können nicht aus eigener Kraft anlaufen. Notwendig sind Anlasshilfen. Solche Anlasshilfen sind asynchrone Anlaufverfahren, Hilfsmotoren oder Frequenzumrichter.

Der *Läufer* wird durch die **Anlasshilfe** in Bewegung gesetzt, bis er sich etwa so schnell wie das Ständerdrehfeld bewegt.

Dann wird er vom *Drehfeld mitgenommen*, da die Polarität von Ständerfeld und Ankerfeld in Bezug auf die jeweilige Läuferstellung gleich bleibt.

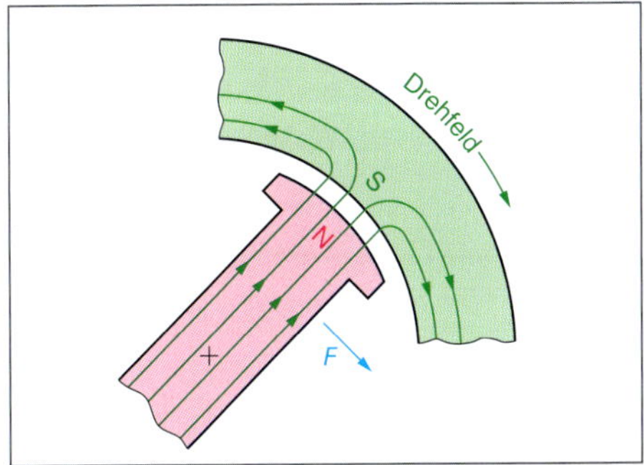

69 *Synchroner Lauf*

Die auf den Läufer ausgeübte Kraft wirkt dann ständig in *eine* Richtung.

Der Läufernordpol folgt dem Südpol des Drehfeldes. Der Läufer dreht sich *synchron* mit dem Ständerdrehfeld (Bild 69).

Läuferdrehzahl

$$n = \frac{f}{p}$$

n Drehzahl des Motors in 1/s
f Frequenz in Hz
p Polpaarzahl

Drehrichtungsänderung

Vertauschung von zwei Außenleitern zur Änderung der Drehfeldrichtung.

Der **Leerlaufstrom** I_0 des Synchronmotors hängt vom Erregerstrom I_E ab. Man spricht von einer **V-Kurve**. Im *Arbeitspunkt A* ist der Leerlaufstrom minimal. Der Motor nimmt nur Wirkstrom auf. Der Erregerstrom beträgt I_E^*.

- **Untererregung**
  U größer U_0, der aufgenommene Strom eilt der Spannung nach. Der Motor zeigt induktives Verhalten.
- **Übererregung**
  U_0 größer U, der aufgenommene Strom eilt der Spannung voraus. Der Motor zeigt kapazitives Verhalten.

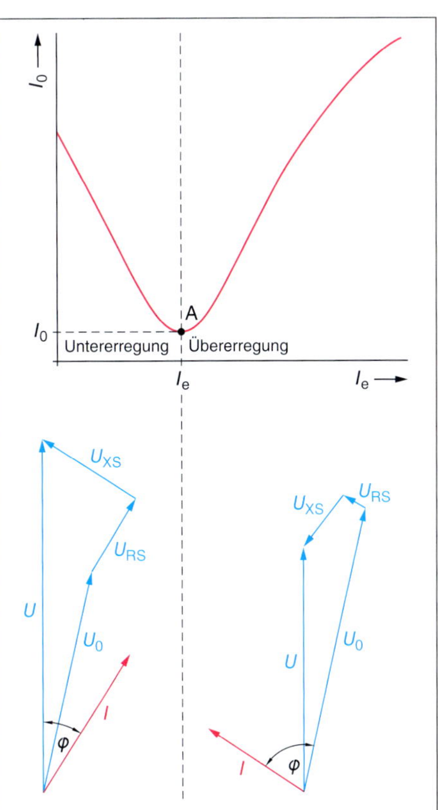

70 *Betriebsverhalten des Synchronmotors*

■ **Polrad**
Dauermagnet oder Gleichstrom-Erregerwicklung.

Übererregung
over excitation

Untererregung
underexcitation

Anlasshilfe
starting device

Betriebsverhalten
(operational) behaviour

Der Synchronmotor kann kapazitive Blindleistung abgeben. Er wirkt dann wie ein Kondensator. Man spricht dann von Phasenschieberbetrieb bei Einsatz zur Blindstromkompensation.

@ Interessante Links

- christiani-berufskolleg.de

Phasenschieber

Mithilfe eines Synchronmotors kann der *Leistungsfaktor verbessert* werden. Dazu wird er in **Übererregung** betrieben (Bild 71).

Er kann dann wie Kompensationskondensatoren zur Verbesserung des Leistungsfaktors einer elektrischen Anlage eingesetzt werden.

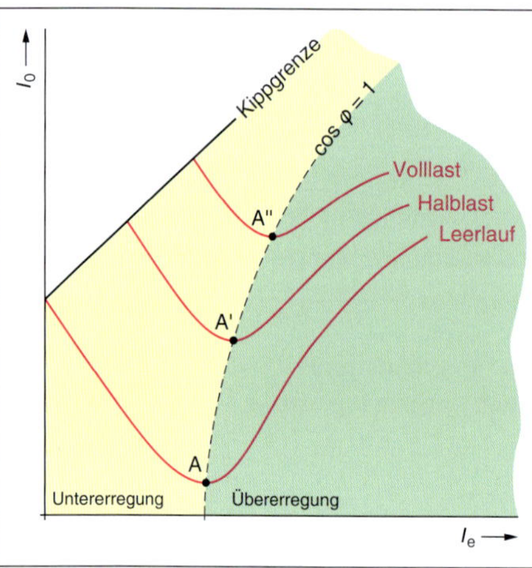

71 *Phasenschieberbetrieb*

Betriebsverhalten

Leerlauf: Der Läufer rotiert mit Drehfelddrehzahl.

Belastung: Der Polabstand von Läufer und Ständerdrehfeld nimmt um den **Lastwinkel** (Polradwinkel) ϑ zu. Der Läufer dreht aber weiterhin mit Drehfelddrehzahl (Bild 72).

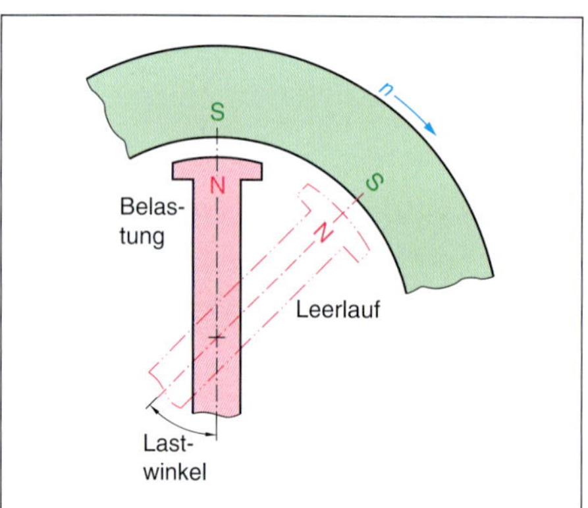

72 *Synchronmotor bei Belastung, Lastwinkel*

Bei zunehmendem *Lastwinkel* nimmt die Kraftwirkung zwischen den Magnetpolen stark ab.

Das **Kippmoment** (im Allgemeinen $2 \cdot M_N$) liegt zwischen zwei Polen der Ständerwicklung.

Das *Kippmoment* tritt bei einem **Lastwinkel** von 90° auf.

Bei *Lastwinkeln* über 90° fällt der Motor *außer Tritt* und bleibt stehen (Bild 73).

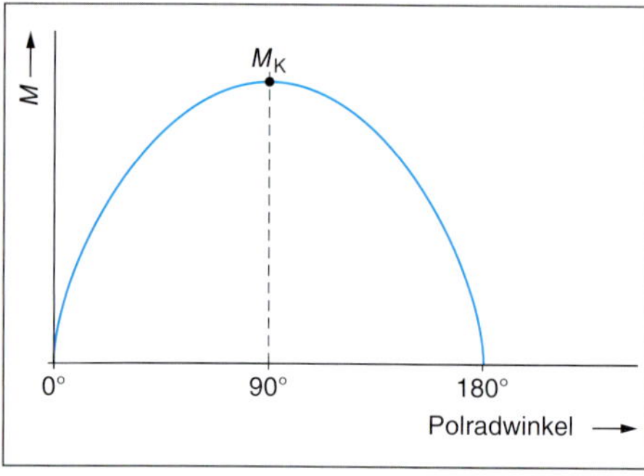

73 *Drehmomentverlauf, Synchronmotor*

Synchronmotoren höherer Leistung werden durch **Anwurfmotoren** hochgefahren.

Motoren kleinerer Leistung tragen i. Allg. eine **Anlasswicklung**, einen **Dämpferkäfig**.

Der Anlauf erfolgt dann wie beim Käfigläufermotor. Allerdings ohne Gleichstromerregung und bei verbundenen Erregungswicklungsanschlüssen.

Anwendung findet der Synchronmotor im höheren Leistungsbereich (10 bis 1000 kW), zum Beispiel bei Pumpen und Kompressoren.

Synchronkleinmotoren

Diese Motoren haben **Permanentmagnetläufer** und werden als *Kleinantriebe mit konstanter Drehzahl* (Uhren, Programmschaltwerke) eingesetzt.

Prüfung

1. Erklären Sie den Aufbau eines Synchronmotors.

2. Wozu wird der Vollpolläufer bevorzugt eingesetzt?

3. Beschreiben Sie die Wirkungsweise des Synchronmotors.

4. Bei welchem Lastwinkel erreicht der Synchronmotor sein Kippmoment?

5. Der Synchronmotor kann als Phasenschieber eingesetzt werden.
Was bedeutet das?

Spaltpolmotor

Die **Ständerpole** sind durch *Spalte* in zwei unterschiedlich breite Teile **gespalten**. Die schmaleren Polteile werden von **Kurzschlussringen** umschlossen.

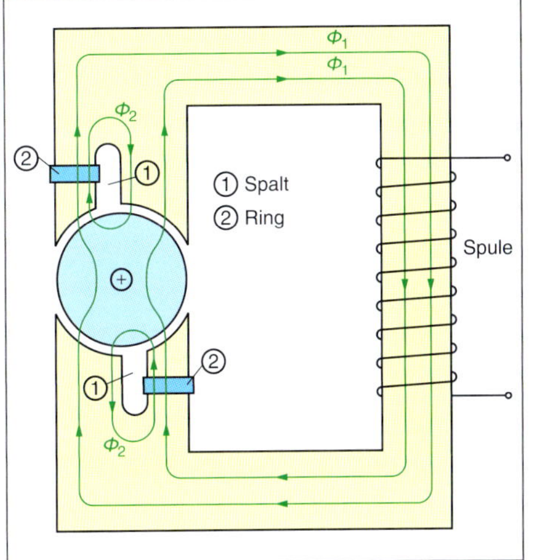

74 *Aufbau eines Spaltpolmotors*

Die Spule ruft den magnetischen Fluss Φ_1 hervor. Auch die *Kurzschlussringe* werden von diesem Fluss durchsetzt.

In den *Ringen* wird somit eine Spannung induziert, die einen *Strom im Kurzschlussring* hervorruft.

Der Strom im Ring bewirkt einen magnetischen Fluss Φ_2 der gegenüber Φ_1 *phasenverschoben* ist.

Dadurch wirken die *Kurzschlussringe* wie eine *Hilfswicklung* (Kondensatormotor, basics). Das resultierende Gesamtfeld bildet ein *elliptisches Drehfeld*.

Der Motor kann *selbsttätig* anlaufen.

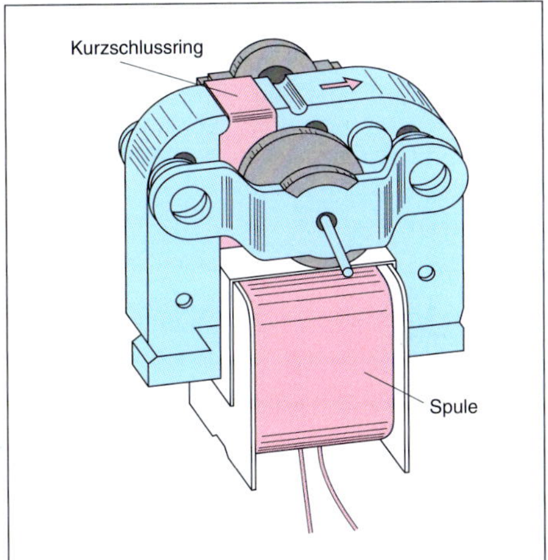

75 *Spaltpolmotor*

Eigenschaften

- Sehr *geringer Wirkungsgrad* (ca. 30 %) wegen Verluste in der kurzgeschlossenen Hilfswicklung (Kurzschlussring).
- Keine elektrische Drehrichtungsänderung möglich. Hierzu muss der Läufer ausgebaut und in Gegenrichtung wieder eingebaut werden.

Anwendung

- Antriebe kleiner Leistung (ca. 5 bis 300 W).
- Heizlüfter, Schaltschranklüfter, Laugenpumpen

Langsamlaufende Spaltpolmotoren

Solche Motoren verfügen z. B. über 10 oder 16 Pole und haben dementsprechend eine *sehr geringe Drehzahl*.

Sie arbeiten als *Synchronmotoren* mit Leistungen von 1 bis 3 W und finden bei Programmsteuerungen, Uhren und schreibenden Messgeräten Anwendung.

Universalmotor

Wenn bei einem *Gleichstrom-Reihenschlussmotor* die *Polarität* der Anschlussleitung geändert wird, bleibt die *Drehrichtung* gleich.

Grundsätzlich kann der Reihenschlussmotor mit *Gleich- und Wechselspannung* betrieben werden. Einen solchen Motor nennt man **Universalmotor**.

Zu beachten ist jedoch, dass bei Betrieb an Wechselspannung der *induktive Spulenwiderstand* X_L zusätzlich wirkt. Die *Stromaufnahme* des Motors wird dadurch geringer. Das *Drehmoment* nimmt ab.

Wenn dies nicht akzeptiert werden kann, muss durch *Umschaltung* die *Windungszahl* der Erregerwicklung bei *AC-Betrieb verringert* werden.

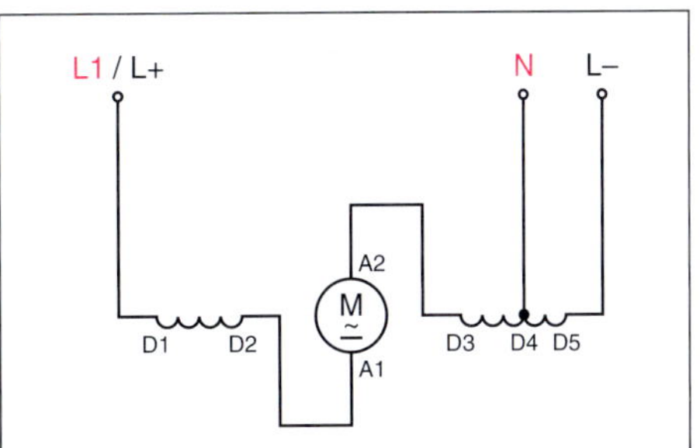

76 *Universalmotor*

■ **Spaltpolmotor**

Der magnetische Fluss in der Spule nimmt zu.
Das Magnetfeld im Spaltpol hebt sich durch den Induktionsstrom auf.

Der von der Spule erzeugte magnetische Fluss ist null.
Im Spaltpol ist nur noch das durch den Induktionsstrom hervorgerufene Magnetfeld wirksam.

Der Strom in den Kurzschlussringen ist stets so gerichtet, dass sein Magnetfeld der magnetischen Flussänderung entgegenwirkt.

■ **Kondensatormotor**

→ basics Elektrotechnik

■ **Universalmotor**
Wechselstrom-Reihenschlussmotor geringerer Leistung. Er hat Reihenschlussverhalten.

Betriebsverhalten

Entspricht dem *Gleichstrom-Reihenschlussmotor.*

Motordrehzahl ist *unabhängig* von der Frequenz. Verbindung mit Getriebe/Lüfter verhindern ein *Durchgehen* im Leerlauf.

Drehzahl stark *lastabhängig*, großes *Anzugsmoment.*

Einsatz

- Leistungsbereich 50 bis 2000 W.
- Elektrowerkzeuge, Haushalts- und Gartengeräte.

- **Drehzahlsteuerung**
  Durch Verringerung der Betriebsspannung (Phasenanschnittsteuerung).

  Die *Stromwendung* ruft *elektromagnetische Störungen* hervor. Aus Gründen der Funkenstörung wird die Erregerwicklung geteilt und symmetrisch zum Anker angeschlossen. Die Drosselwirkung der Erregerwicklung für die Störfrequenzen kann durch eine *Kondensatorbeschaltung* verbessert werden.

■ **Phasenanschnittsteuerung**
→ 115

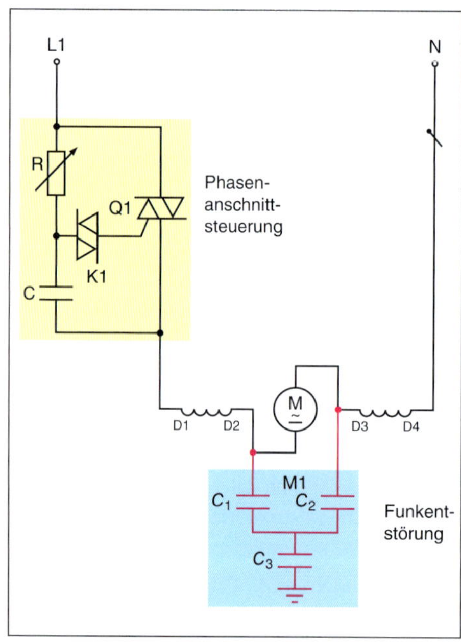

77 Drehzahlsteuerung durch Ankerfeld

■ **Schrittmotor**
Die Erregerspulen müssen nach einem Programm angesteuert werden.

Prüfung

1. Warum sind die Anwendungsmöglichkeiten eines Spaltpolmotors eingeschränkt?

2. Wie kann erreichet werden, dass der Universalmotor für Gleich- und Wechselspannung geeignet ist?

@ **Interessante Links**
- christiani-berufskolleg.de

Schrittmotor

Schrittmotoren ermöglichen eine *mikrometergenaue Positionierung.* Dabei bewegt sich der **Rotor** in kleinen Schritten. Wie viele Schritte eine komplette *Rotorumdrehung* ergeben, hängt vom Aufbau des Motors ab.

Die **Schrittweite** kann in *Winkelgraden* angegeben werden. Zum Beispiel 1,8°/Schritt.

$$\frac{360°}{1{,}8°/\text{Schritt}} = 200 \text{ Schritte/Umdrehung}$$

Durch entsprechende Ansteuerung kann ein Schrittmotor auch eine *kontinuierliche* Drehbewegung ausführen.

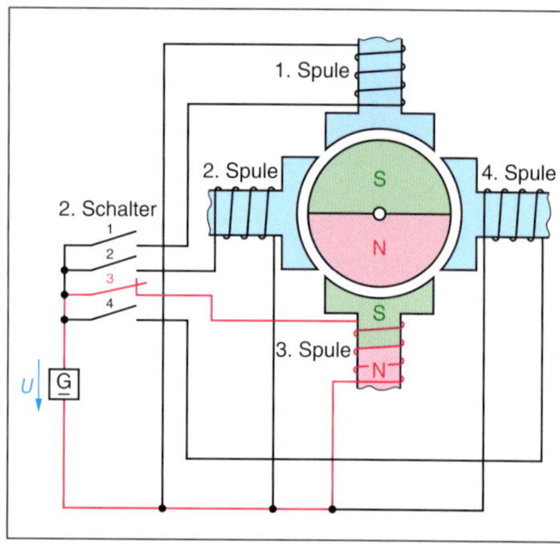

78 Schrittmotor, Prinzipielle Wirkungsweise

79 Schrittmotoren

Durch Schalten der einzelnen Spulen können *Drehzahl* und *Drehrichtung* des Motors gesteuert werden.

Funktion (Bild 78)
Schalter 3 geschlossen: Der Nordpol des Läufers dreht sich zum Südpol der 3. Spule usw.

Schrittwinkel

$$\alpha = \frac{360°}{2 \cdot p \cdot m}$$

α Schrittwinkel
p Polpaarzahl des Läufers
m Phasenzahl des Stators

Zur *Verringerung des Schrittwinkels* wird i. Allg. die *Polpaarzahl* des Läufers erhöht.

Läufer besteht aus zwei versetzten Einzelzahnrädern (Nordpol- und Südpolrad), die um eine halbe Polteilung zueinander verschoben sind.

Bei Änderung des Statorspulenfelds wird das Polrad jeweils um den Schrittwinkel α weitergedreht.

Angesteuert werden Schrittmotoren durch elektronische Schaltungen.

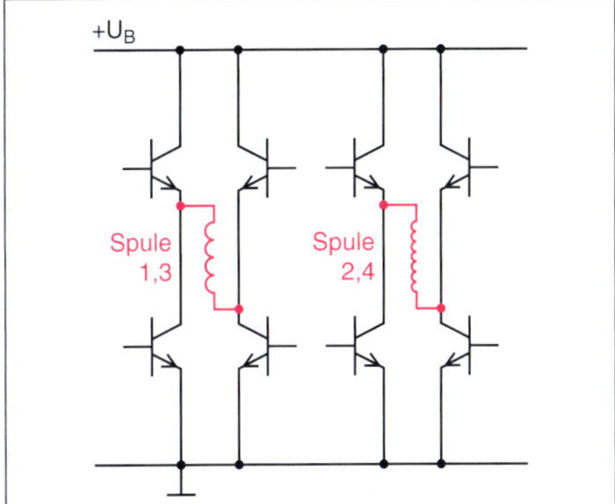

80 Steuerschaltung für Schrittmotor

- Impulsanzahl Ständerwicklung → Schrittfolge im Läufer.
- Wegstrecke oder Drehwinkel durch Zählen der Schritte.
- Hohe Stellgenauigkeit bei Verzicht auf Sensorik.

Servomotor

Servomotoren haben im Wesentlichen *Positionierungsaufgaben.* Ihr bevorzugtes Einsatzgebiet sind *Werkzeugmaschinen* und *Industrieroboter.*

Anforderungen

- Sehr hohe Positioniergenauigkeit
- Hohe Drehzahlgenauigkeit
- Großer Drehzahlstellbereich (0,01 bis 10000 1/min)
- Hohes Drehmoment
- Stillstandsmoment
- Hohe Überlastbarkeit
- Hohe Dynamik (Beschleunigungsmomente)

Servomotoren benötigen zum Betrieb eine *spezielle Stromversorgung* und *elektronische Regelsysteme.* Sie werden als *Wechselstrom-* oder *Gleichstrommotoren* mit *Bemessungsleistungen* bis ca. 50 kW angeboten.

Servosystem: Steuerung, Servoumrichter, Servomotor.

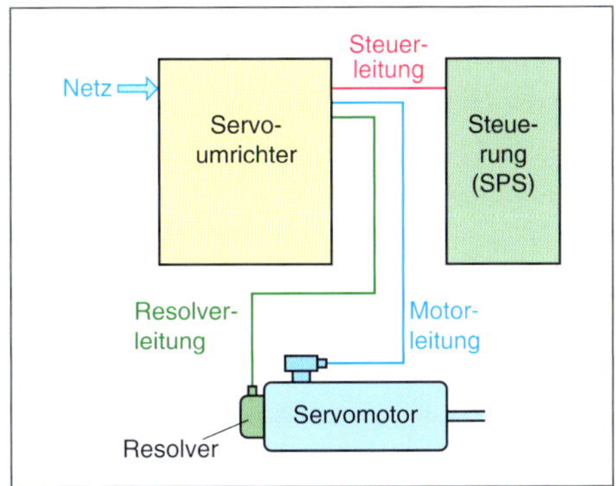

81 Servosystem

82 Servomotor

Servoumrichter

- Leistungselektronik sowie Regelung für Position, Drehzahl und Drehmoment.
- Überwachung von Kurzschluss, Überlastung und Grenztemperaturen.
- Motorbremse für Stillstand.

DC-Servomotor

Erregung durch **Dauermagnete** im Stator. Der Ankerstrom wird über Kohlebürsten zugeführt.

Drehmoment ist dem *Ankerstrom* proportional.

Drehzahl ist der *Ankerspannung* proportional.

Bei niedrigen Drehzahlen im *Kurzzeitbetrieb* kann ein Drehmoment von bis zu $4 \cdot M_N$ abgegeben werden.

Schlankläufer: Geringer Läuferdurchmesser, geringes **Trägheitsmoment**.

Scheibenläufer: Eisenlose Läufer, geringe Masse, sehr hohe Dynamik.

Scheibenläufermotoren verfügen über Läuferscheiben ohne Eisenkern. Wegen der *geringen Läufermasse* können sie sehr schnell ihre *Drehzahl ändern.*

Erregung durch Dauermagnete auf Weicheisen-Jochringen.
Auf der *Läuferscheibe* sind beidseitig Leiterbahnen aus *Kupferfolie* aufgebracht.

Schrittmotor
stepping motor

Spaltpolmotor
shaded-pole motor

Universalmotor
commutator motor, universal motor

Servomotor
servomotor, servo

Resolver
resolver

Trägheitsmoment
moment of inertia

Umrichter
converter

■ **Servo**
lat. servus, Diener, Helfer

■ **Servomotoren**
benötigen spezielle Stromversorgungen und elektronische Regelsysteme.

■ **Drehstrom-Servosystem**
besteht aus Motor mit Gebersystem und Servoumrichter.

Stromzuführungen über Kohlebürsten i. Allg. direkt auf die Leiterbahnen, die zugleich als **Stromwender** arbeiten.

- Leistungen: ca. 20 W bis 10000 W
- Hohe Beschleunigungs- und Bremsfähigkeit
- Kurzzeitig stark überlastbar
- Hohe Positioniergenauigkeit

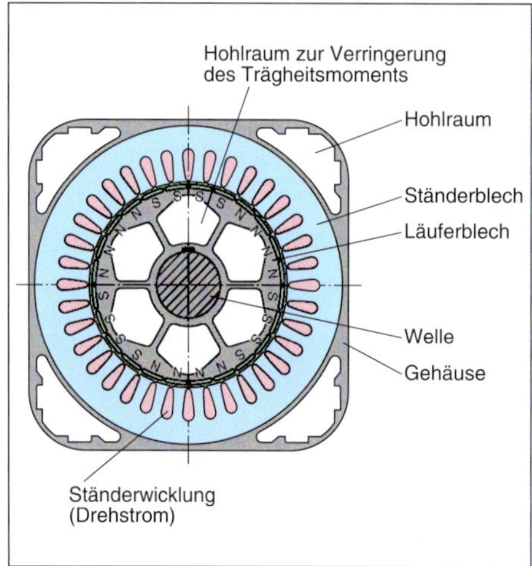

83 Schnitt durch einen AC-Servomotor

Drehstrom-Servomotoren

Im Allgemeinen *permanenterregte* Synchronmotoren. Im **Ständer** ist eine dreiphasige Drehstromwicklung untergebracht.

Die auf dem **Läuferblechpaket** aufgebrachten **Permanentmagneten** (i. Allg. Seltenerdmetalle-Magnete, SE-Magnete) haben hohe Magnetkräfte. Dadurch *geringe Rotorabmessungen* und ein *kleines Trägheitsmoment des* Läufers.

Das **Statordrehfeld** wird durch einen Wechselrichter erzeugt. Dem Spulensystem werden drei um 120° phasenverschobene Ströme zugeführt.

Die Drehzahl des Statordrehfelds bestimmt die Läuferdrehzahl.

Der **Servoumrichter** ermöglicht es, die Drehzahl stufenlos von $n = 0$ auf beliebige Werte zu bringen. Wenn die Frequenz des Statordrehfelds auf 0 Hz gebracht wird, bremst der Motor schnell ab.

Um *Positionen* anfahren zu können, muss der Motor in einer bestimmten *Lage* halten. Dazu wird eine *Gleichspannung* an die Drehstromwicklung angelegt (bremsen).

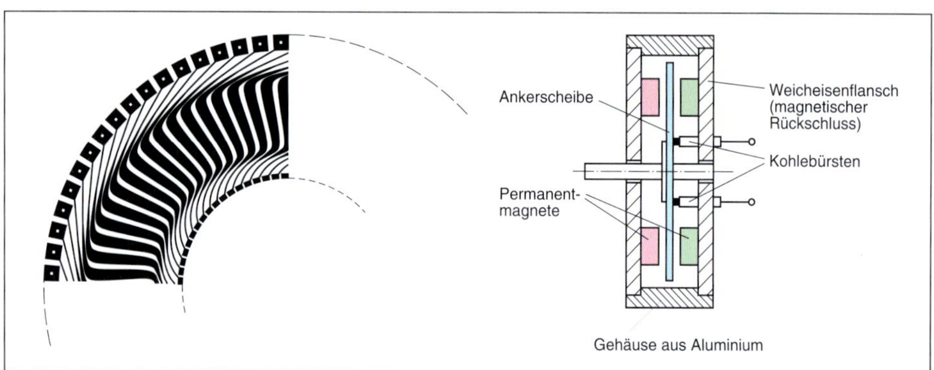

84 Anker und Aufbau eines Scheibenläufermotors

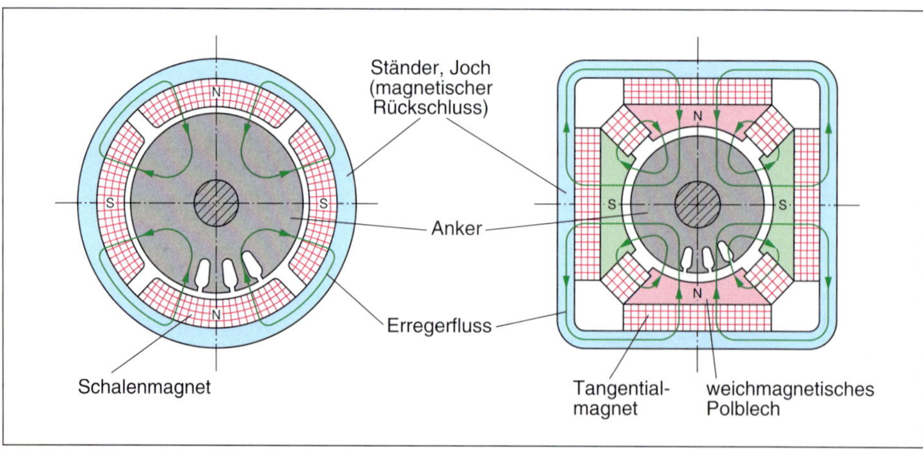

85 Permanenterregter Servomotor

DC-Servomotor

Typ	Motor mit Seltenerdmagneten
Polzahl	4
Schutzart	IP 54
Drehmoment bei niedriger Drehzahl	0,05 – 13 Nm
Dauerstrom bei niedriger Drehzahl	1,5 – 28 A
Bemessungsspannung	20,7 – 105 V
Bemessungsdrehzahl	2000 – 3000 1/min
Rotorträgheitsmoment	2,4 – 8300 kg mm^2

Wesentliche Eigenschaften

- kompakt
- langlebig
- sehr gute Funktion bei niedrigen Drehzahlen
- Hochleistungseigenschaften

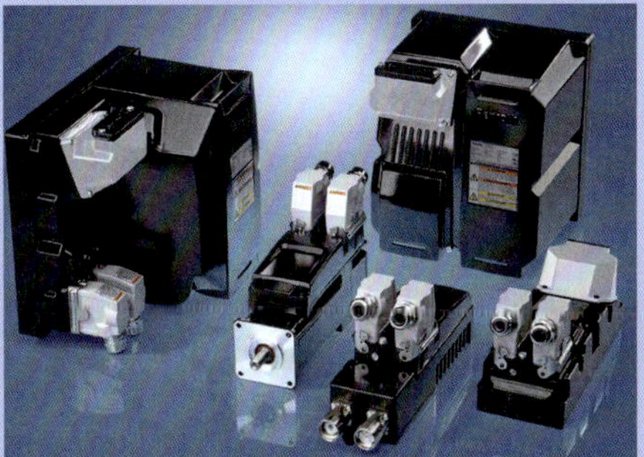

DC-Scheibenläufer-Servomotor

Bemessungsmoment	0,14 – 19,2 Nm
Bemessungsstrom	6,4 – 44 A
Sollspannung	14 – 178 V
Bemessungsdrehzahl	3000, 4800 1/min
Trägheit	29 – 7400 kg mm^2

Wesentliche Eigenschaften

- sehr gute Regelung bei niedrigen Geschwindigkeiten
- geringes Rotor-Trägheitsmoment
- wartungsfrei
- hohe Dynamik

■ **Positioniervorgang mit Servosystem**

Positionierungsdifferenz wird durch Lageregler erkannt. Drehzahlregler ermittelt die notwendige Drehzahl.

Stromregler bewirkt das notwendige Drehmoment.

Servoantrieb

Neben dem Servomotor besteht der Servoantrieb aus weiteren Komponenten.

- **Filter** (Netzfilter)
  Filtert mithilfe von Drosseln und Kondensatoren die *Oberschwingungen* heraus. Entlastet das Erregerversorgungsnetz von Störungen.
- **Servoumrichter**
  Gleichstromsteller, dreiphasiger Wechselrichter mit Bremschopper oder Zwischenkreisgleichrichter (rückspeisungsfähig). Fahren, Stoppen und Halten des Servomotors wird über die Steuerung/Regelung gesteuert.

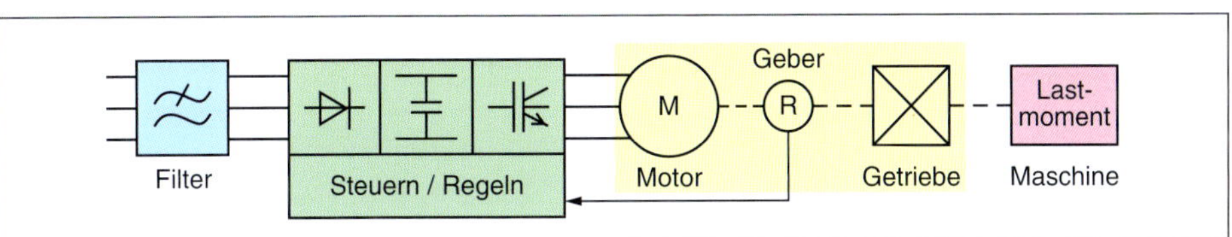

86 Komponenten eines Servoantriebs

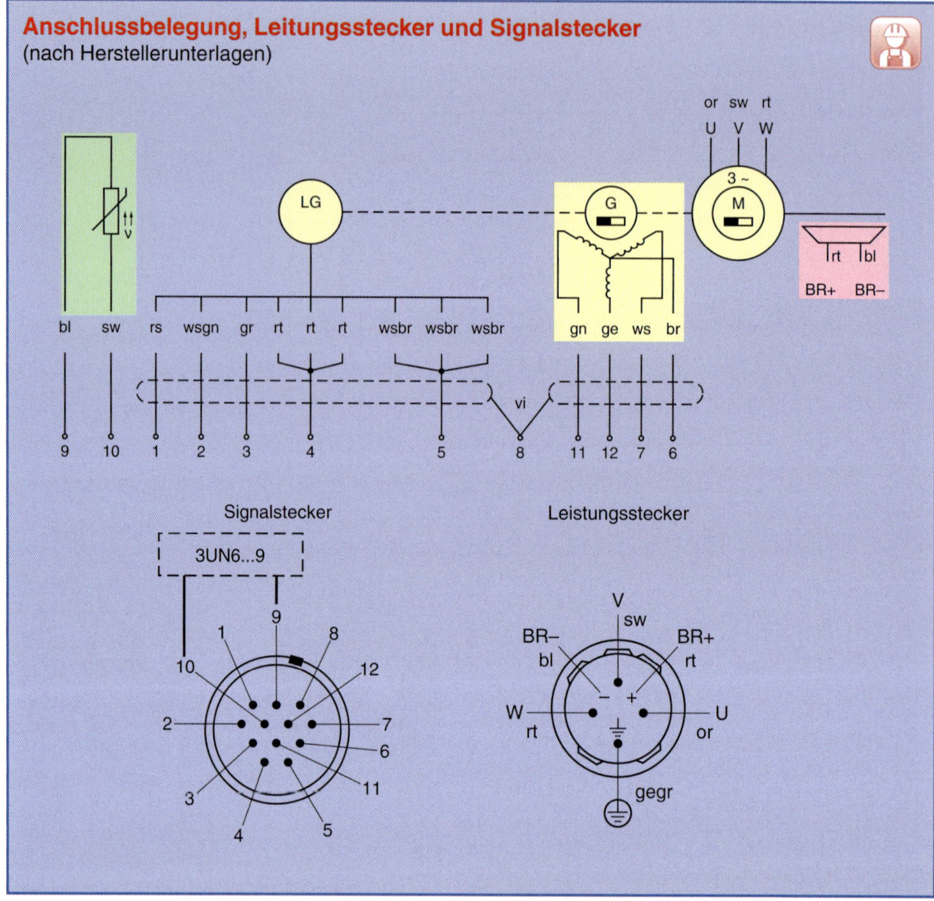

■ **Resolver**
→ 175

■ **Gebersystem**
erfasst Drehzahl, Drehsinn und Winkelpositionen. Meldet die Position des Läufers an den Servoregler im Servoumrichter zurück.

Parametrierung

- *Motordaten*
- *Geberdaten*
- *Drehzahlen*
- *Rampen*
- *Grenzwerte für Ströme und Drehzahlen*
- *Bremswerte*

Geber

Tachosystem

- *Bürstenloses analoges Gebersystem*
- *Tacho für die Drehzahlerfassung*
- *Trapezförmiges Signal vom Trafo*
- *Absolutsignal für die Rotorlage*

Inkrementalgeber

Dienen zur Erfassung von *rotierenden* oder *linearen Lageänderungen*, von *Wegstrecken* und *Wegrichtungen*. Häufig werden *optische* Geber verwendet. Die Anzahl der *Hell-Dunkel-Impulse* wird gezählt und ausgewertet.

Resolver

Der *Resolver* (engl. Koordinatenwandler) wandelt die *Winkellage* eines Rotors in ein elektrisches Signal um (Bild 87, Seite 175).

Der *Stator* des Resolvers enthält zwei um 90° versetzte Spulen. Die *Rotorwicklung* wird über Schleifringe und Bürsten nach außen geführt.

Häufiger werden heute *bürstenlose Resolver* eingesetzt. Die Rotorinformation wird dann *induktiv* übertragen.

Geliefert wird ein *absolutes Winkelsignal*, sodass im Unterschied zum Inkrementalgeber *kein Referenzpunkt* notwendig ist.

Der *Rotorwicklung* wird eine *sinusförmige Wechselspannung* zugeführt.

Dadurch werden in den beiden Spulen Spannungen induziert, deren Höhe von der *Lage des Rotors* zur Spule 1 und Spule 2 abhängig ist.

Die *Amplituden* der in den Spulen induzierten Spannungen entsprechen dem Sinus bzw. Cosinus der *Winkellage* des Rotors.

$$\alpha = \arctan \frac{\alpha_1}{\alpha_2}$$

Technische Daten (Herstellerunterlagen)

Technische Daten	Kurzzeichen	Einheit	Wert
Projektierungsdaten			
Bemessungsdrehzahl	n_N	1/min	6000
Bemessungsdrehmoment (100 K)	$M_{N\,(100\,K)}$	Nm	0,76
Bemessungsstrom	I_N	A	1,5
Stillstandsdrehmoment (60 K)	$M_{0\,(60\,K)}$	Nm	0,7
Stillstandsdrehmoment (100 K)	$M_{0\,(100\,K)}$	Nm	0,9
Stillstandsstrom (60 K)	$I_{0\,(60\,K)}$	A	1,2
Stillstandsstrom (100 K)	$I_{0\,(100\,K)}$	A	1,6
Trägheitsmoment (mit Bremse)	J_{mot}	10^{-4} kgm^2	0,74
Trägheitsmoment (ohne Bremse)	J_{mot}	10^{-4} kgm^2	0,67
Grenzdaten			
Maximale Drehzahl	n_{max}	1/min	9000
Maximaldrehmoment	M_{max}	Nm	3,6
Maximalstrom	I_{max}	A	6,5
Grenzdrehmoment	M_{grenz}	Nm	1,4
Physikalische Konstanten			
Drehmomentkonstante	k_T	Nm/A	0,58
Spannungskonstante	k_E	V/1000 $^{1/min}$	70
Wicklungswiderstand	R_{str}	Ohm	16,3
Drehfeldinduktivität	L_D	mH	21,8
Elektrische Zeitkonstante	T_{el}	ms	1,3
Mechanische Zeitkonstante	T_{mech}	ms	6,5
Thermische Zeitkonstante	T_{th}	min	40
Gewicht mit Bremse	m	kg	2,6
Gewicht ohne Bremse	m	kg	2,4

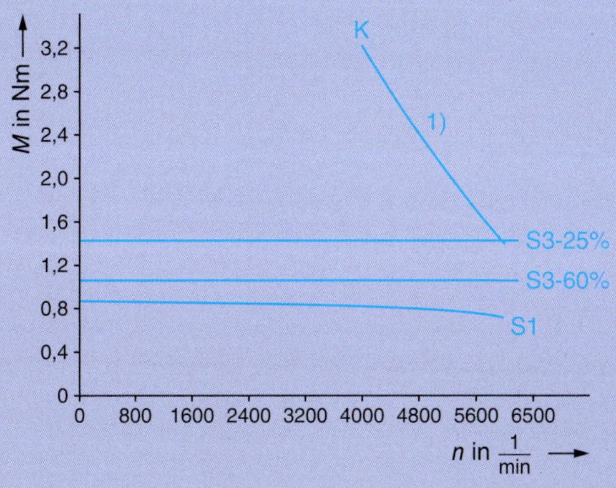

Inkrementalgeber

Drehzahl wird in eine diskrete Impulsanzahl umgewandelt.

Inkrementalgeber, technische Daten

Mechanische Drehzahl Elektrische Drehzahl Betriebsspannung Stromaufnahme Frequenzbereich	max. 8500 1/min abhängig von Strichzahl DC 5 V ± 5 % ≤ 150 mA (ohne Last) 0 bis 300 kHz
Flankenabstand Verzögerung U_{a0} zu U_{a1} und U_{a2} Ausgangsbelastbarkeit	$a \geq 420$ ns $t_d \leq 50$ ns $I_{high} \leq$ DC 20 mA $I_{low} \leq$ DC 20 mA, $C_{Last} \leq 1000$ pF
Kurzschlussfestigkeit	kurzzeitig alle Ausgänge gegen 0 V, 1 Ausgang dauernd bei 25 °C
Lichtquelle	Schwingungsfeste LED
Arbeitstemperatur	–30 °C bis +100 °C
Eigenträgheitsmoment	$0{,}035 \cdot 10^{-4}$ kgm²
Masse	0,25 kg

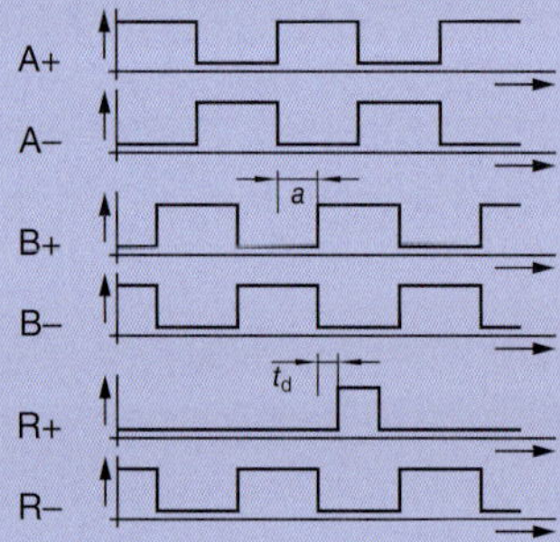

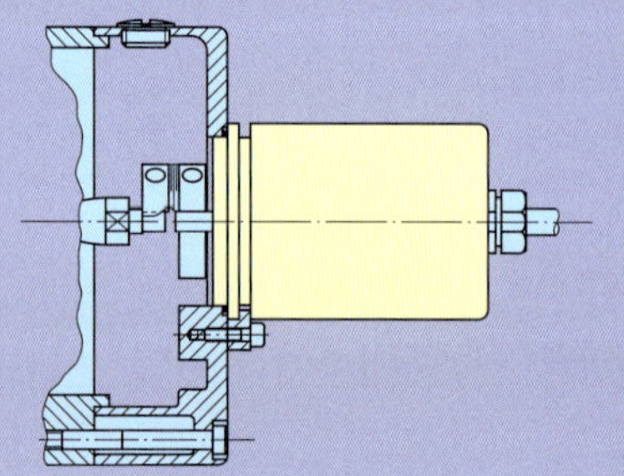

Servomotor mit Drehgeber

Bremse

Die *Arbeitsbremse* arbeitet nach dem *Ruhestromprinzip*. Im stromlosen Zustand ist die Bremse geschlossen.

Technische Daten

- Anschluss: 24 V DC über Klemmkasten
- Schutzart IP54

Bremsmoment M bei Drehzahl n [Nm]	[1/min]	max. Drehzahl [1/min]	Höchstschaltleistung [kJ/h]	Bemessungsleistung [W]	Verknüpfungszeit [ms]	Trägheitsmoment [10^{-4} kgm²]	Höchstschaltarbeit (Richtwert) [MJ]
32	250	4000	460	38	40	5	175
60	250	3500	570	60	85	14	345
130	125	3000	640	75	100	38	440

Bremse

Haltebremse

Über eine Einstellung kann das Bremsmoment um bis zu 50 % reduziert werden.

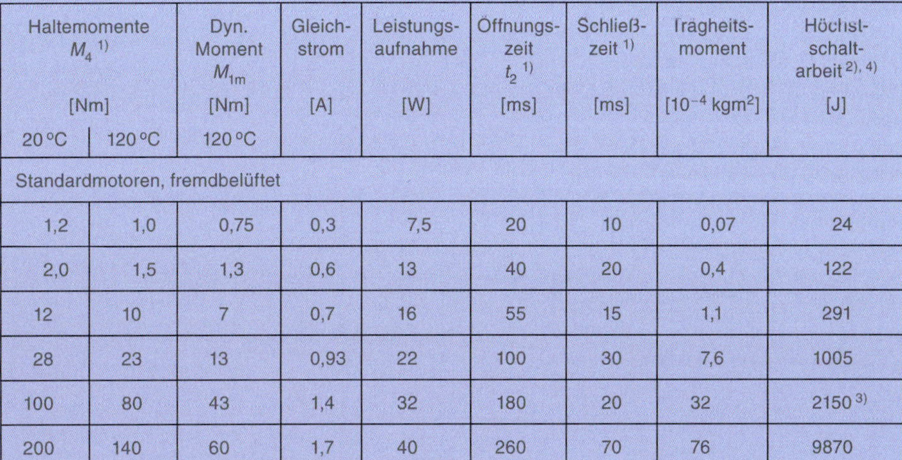

Haltemomente M_4 [1] [Nm] 20 °C	Haltemomente M_4 [1] [Nm] 120 °C	Dyn. Moment M_{1m} [Nm] 120 °C	Gleichstrom [A]	Leistungsaufnahme [W]	Öffnungszeit t_2 [1] [ms]	Schließzeit [1] [ms]	Trägheitsmoment [10^{-4} kgm^2]	Höchstschaltarbeit [2), 4)] [J]
Standardmotoren, fremdbelüftet								
1,2	1,0	0,75	0,3	7,5	20	10	0,07	24
2,0	1,5	1,3	0,6	13	40	20	0,4	122
12	10	7	0,7	16	55	15	1,1	291
28	23	13	0,93	22	100	30	7,6	1005
100	80	43	1,4	32	180	20	32	2150 [3]
200	140	60	1,7	40	260	70	76	9870

1) Standardisiert nach VDE 0580 mit Widerstand und Diode
2) Je Notstopp mit $n = 3000$ 1/min
3) Je Notstopp mit $n = 2000$ 1/min
4) $W = 1/2 \cdot J_{ges} \cdot \omega^2$, J_{ges} in [kgm²], ω in [1/s], W in [J]

Servomotor

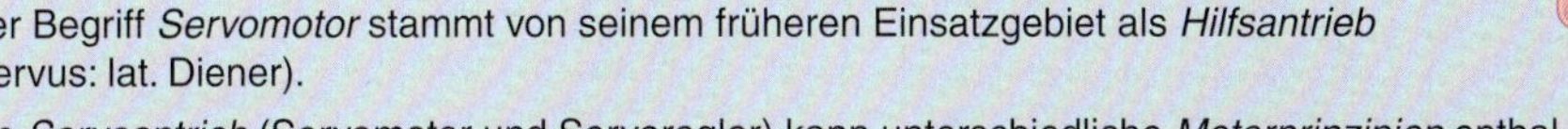

Der Begriff *Servomotor* stammt von seinem früheren Einsatzgebiet als *Hilfsantrieb* (servus: lat. Diener).

Ein *Servoantrieb* (Servomotor und Servoregler) kann unterschiedliche *Motorprinzipien* enthalten (DC-Motor, Asynchronmotor, Synchronmotor). *Unterscheidungsmerkmal* ist nicht der Motor selbst, nur die *Ansteuerung*, die in einem *Regelkreis* betrieben wird.

Jeder Servomotor verfügt über eine *Messeinrichtung*, wodurch die *augenblickliche Position* des Motors bestimmt wird.

Dieses Positionssignal wird mit einem vorgegebenen Sollwert verglichen. Abweichungen werden ausgeglichen. Auch Geschwindigkeiten oder Drehmomente können geregelt werden.

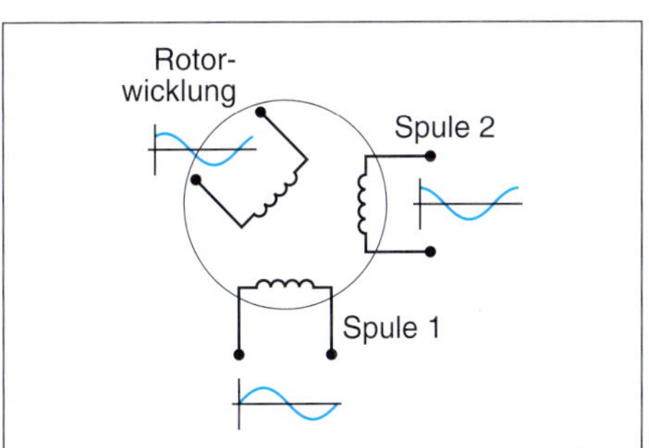

87 Resolver

88 Resolver, technische Ausführung

Prüfung

1. Für welche Anwendungszwecke eignen sich Servomotoren besonders?

2. Nennen Sie die wesentlichen Eigenschaften von Servomotoren.

3. Worin liegt der besondere Vorteil von Scheibenläufermotoren?

■ **Resolver**

→ 172

Die Resolversignale werden in einem Resolver-Digitalwandler in digitale Zählwerte umgewandelt.

@ Interessante Links

- christiani-berufskolleg.de

■ **Parametersatz Servoantriebe**

- Prozesswerte während des Betriebs
  - Strom
  - Drehzahl
  - Temperatur
  - Position
- Sollwerte
  - Drehzahlregelung Momentregelung Positionsregelung
  - Sollwertquelle Feldbus Analogeingang PC-Schnittstelle
  - Strombegrenzung
  - Rampenzeiten
- Regelparameter
  - Verstärkung P-Regler
  - Integrationszeit I-Regler
  - Verstärkungsfaktor des D-Reglers
- Begrenzungen Drehzahl Maximalstrom Stillstandsmoment
- Bremsen

@ Interessante Links

- christiani-berufskolleg.de

Gebersysteme

Absolute Messwerterfassung

Feste Zuordnung zwischen Messwert und Messgröße durch Codierung jeder Größe auf der Messscheibe.

- *Jeder Messwert ist direkt ablesbar*
- *nullspannungssicher*
- *hoher Codierungsaufwand*
- *aufwendige mechanische und optische Komponenten*
- *hohe Kosten*

Inkrementale Messwerterfassung

Messsignale werden gezählt und von einem Bezugspunkt vorzeichenrichtig addiert.

- *preiswert*
- *einfach und robust*
- *nicht nullspannungssicher (Referenzpunkt anfahren)*
- *Fehlimpulse verfälschen den Istwert*

Absolute Messwerterfassung (Beispiel)

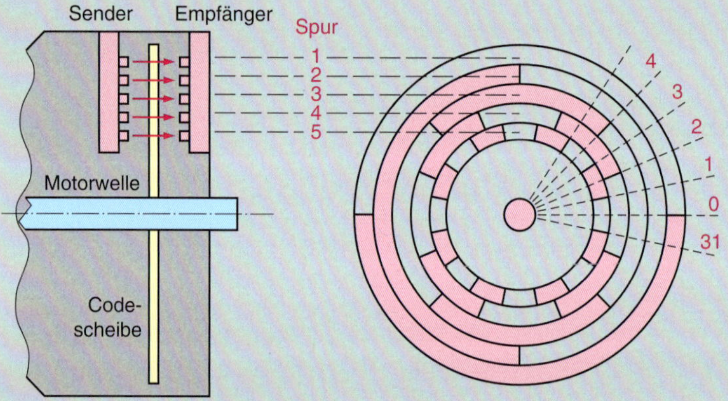

Codierung im *Gray-Code*. Dieser *einschrittige* Code reduziert Messfehler.

Inkrementale Messwerterfassung (Beispiel)

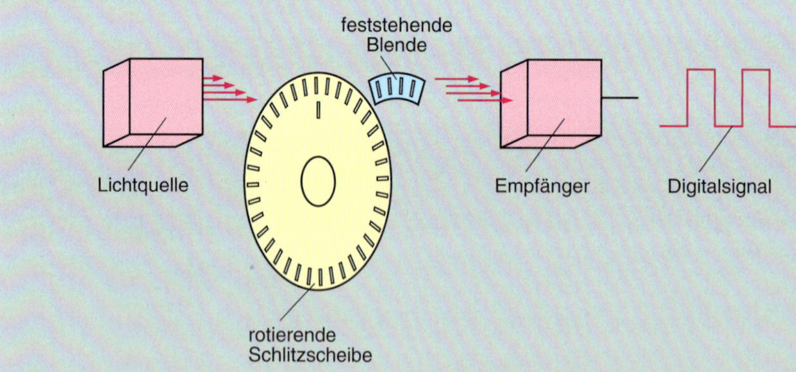

Prüfung

1. Aus welchen Komponenten besteht ein komplettes Servosystem?

2. Wie erfolgt der Positioniervorgang beim Servoantrieb?

3. Welche Gebersysteme finden bei Servoantrieben Anwendung?

4. Was versteht man unter einem Resolver?

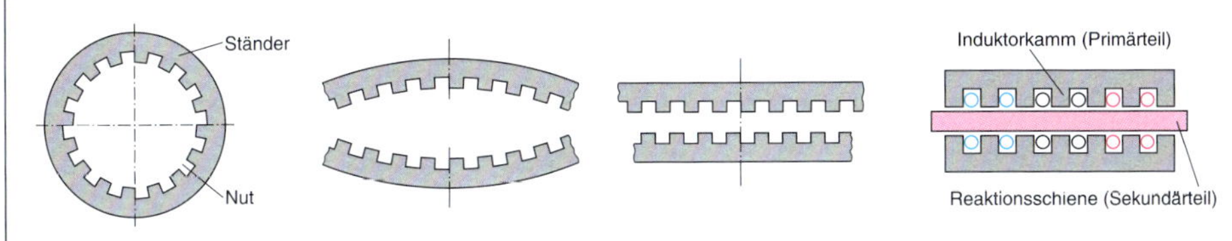

89 *Linearmotor, „Entstehung"*

Linearmotor

Linearmotoren rufen *geradlinige* Bewegungen hervor.

- *Primärteil:* Stator-Induktorkamm
- *Sekundärteil:* Läuferschiene (Reaktionsschiene)

Wenn man sich einen rotierenden Motor *aufgeschnitten* und in die *Länge gezogen* vorstellt, ergibt sich der *grundsätzliche Aufbau* des Linearmotors (Bild 89).

Es entsteht ein *doppelseitiges flaches Eisenpaket*. Die Nuten der *Ständerpakethälften* (Doppel-Induktorkamm) tragen die **Ständerwicklung**. Es handelt sich um eine Drehstromwicklung.

Das **Sekundärteil** kann unterschiedlich aufgebaut sein:

- Besteht ausschließlich aus Magneteisen.
- Besteht aus Magneteisen und leitendem Material.
- Besteht ausschließlich aus leitendem Material.
- Besteht aus Magneteisen mit eingelegter Käfigwicklung.

Gebaut werden auch Linearmotoren mit **Einfach-Induktorkamm**. Die elektrischen und mechanischen Bedingungen sind hierbei allerdings ungünstiger.

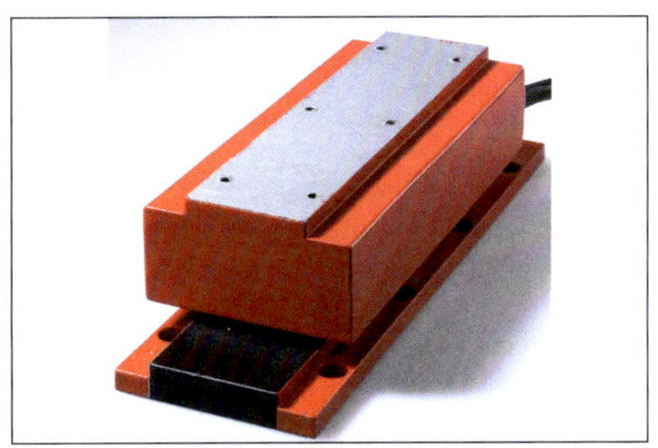

90 *Linearantrieb*

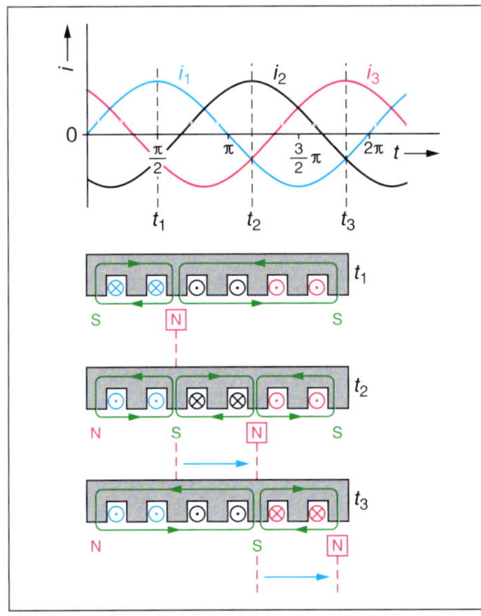

91 *Entstehung eines Wanderfelds*

Wirkungsweise

Das **Primärteil** wird an *Drehstrom* angeschlossen. Es entsteht ein **Wanderfeld**, das sich in linearer Richtung fortbewegt.

Im **Sekundärteil** induziert das Wanderfeld eine Spannung. Es wird ein **Wirbelstrom** hervorgerufen, der seinerseits ein Magnetfeld bewirkt.

Auf die **Reaktionsschiene** wird eine Kraft in Richtung des Wanderfelds ausgeübt.

- **Induktorkamm befestigt:** Bewegliche Reaktionsschiene bewegt sich in *gleicher Richtung* wie das Wanderfeld.
- **Reaktionsschiene befestigt:** Induktorkamm bewegt sich in *entgegengesetzter Richtung* wie das Wanderfeld.

Synchrone translatorische Geschwindigkeit

$$v = 2 \cdot \tau_P \cdot f$$

v synchrone translatorische Geschwindigkeit in $\frac{1}{s}$
τ_P Polteilung
f Frequenz in Hz = $\frac{1}{s}$

Auch beim Linearmotor tritt ein **Schlupf** auf. Die Motorgeschwindigkeit ist geringer als die synchrone translatorische Geschwindigkeit. Der Schlupf kann Werte von bis zu 50 % erreichen.

Linearmotor

Beim Linearmotor kann der Induktor oder der Anker bewegt werden. Wirksam ist ein magnetisches Wanderfeld.

Schubkraft

Die größte Schubkraft entwickelt der Linearmotor beim Anfahren. Sie nimmt danach mit wachsender Geschwindigkeit ab.

Drehrichtungsänderung durch Umpolung des Wanderfelds. **Frequenzänderung** beeinflusst die *Geschwindigkeit.*

Betriebsverhalten

Beim *Anfahren* wird eine hohe **Schubkraft** entwickelt, die mit zunehmender Geschwindigkeit stark abnimmt.

Dies wird durch den größeren Luftspalt und höheren Ankerwiderstand des Linearmotors (im Vergleich zum herkömmlichen Asynchronmotor) hervorgerufen.

- **Vorteile**
  - Keine Getriebe notwendig
  - Keine Kühlprobleme
- **Nachteile**
  - Relativ hohe Verluste
  - Hoher Materialaufwand
  - Anpassung an Aufgabenstellung notwendig
- **Anwendungsbeispiele**
  - Transportsysteme
  - Türantriebe
  - Vorschubantriebe
  - Kranfahrwerke
  - Versetzeinrichtungen
  - Schneideanlagen

@ Interessante Links

- christiani-berufskolleg.de

Prüfung

1. Erläutern Sie das grundsätzliche Arbeitsprinzip eines Elektromotors.

2. Ein Drehstrommotor mit Käfigläufermotor hat Nebenschlussverhalten.
Was bedeutet das?

3. Erklären Sie die Begriffe Asynchronmotor und Induktionsmotor.

4. Der Schlupf eines 4-poligen Asynchronmotors beträgt 6 %.
Was bedeutet diese Angabe?

5. Warum haben Gleichstrommotoren einen sehr hohen Anzugsstrom?

6. Ein Gleichstrom-Reihenschlussmotor wird stark belastet.
Welche Auswirkungen hat das?

7. Vergleichen Sie Spaltpolmotor und Kondensatormotor miteinander:
Aufbau, Betriebsverhalten, technische Daten, Anwendung.

4.3 Elektrische Antriebstechnik

Der **Antriebsmotor** muss den *Leistungsbedarf* der angetriebenen **Arbeitsmaschine** *in jedem Drehzahlbereich* decken.

Er soll aber auch *nicht zu groß* gewählt werden, da dann *Leistungsfaktor* cos φ und *Wirkungsgrad* η sich verschlechtern.

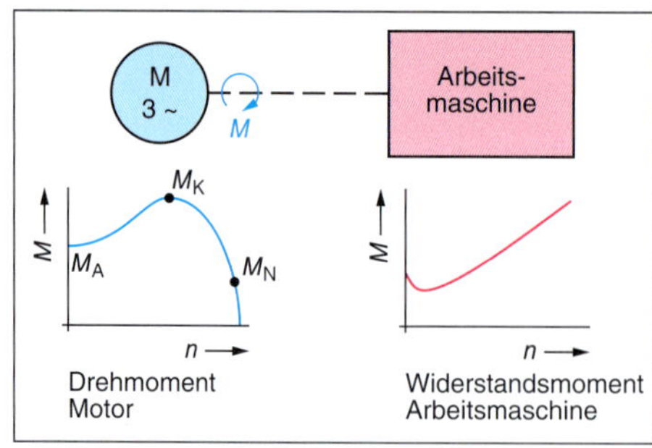

92 Elektrischer Antrieb

Der Motor gibt ein Drehmoment ab (Motormoment), die Arbeitsmaschine nimmt ein Drehmoment auf (Widerstandsmoment).

Die *Differenz* zwischen **Motormoment** und **Widerstandsmoment** ist das **Beschleunigungsmoment** M_b (Abb 93).

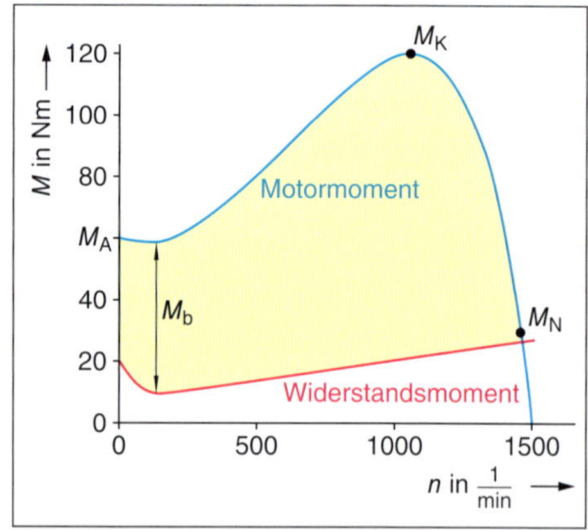

93 Beschleunigungsmoment

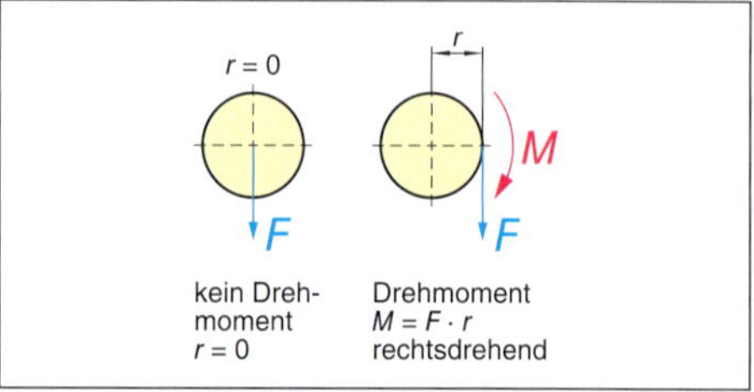

94 Drehmoment

Drehmoment

Wenn die Wirkungslinie einer Kraft F außerhalb des Mittelpunkts liegt, entwickelt die Kraft ein *Drehbestreben*. Dieses Drehbestreben nennt man **Drehmoment** M.

$M = F \cdot r$

M Drehmoment in Nm
F Kraft in N
r Radius in m

Mechanische Leistung

$P = \frac{W}{t} = \frac{F \cdot s}{t}$

Geschwindigkeit

$v = \frac{s}{t} \rightarrow P = F \cdot v$

Drehgeschwindigkeit

$v = 2\pi \cdot r \cdot n \rightarrow P = F \cdot 2\pi \cdot r \cdot n$

Drehmoment

$M = F \cdot r \rightarrow P = 2\pi \cdot M \cdot n$

$$M = \frac{P}{2\pi \cdot n}$$

M Drehmoment in Nm
P Leistung in W
n Drehzahl (Drehfrequenz) in $\frac{1}{s}$

Hinweis

$$\text{Nm} = \frac{\text{W}}{\frac{1}{\text{s}}} = \text{Ws}$$

Beachten Sie: 1 Nm = 1 Ws

Ein sicheres **Hochlaufen** des Motors ist nur möglich, wenn das *Drehmoment* des Motors ständig *größer* ist als das *Widerstandsmoment* der Last.

Zum sicheren Motoranlauf ist ein **Beschleunigungsmoment** M_b notwendig.

Wenn das Beschleunigungsmoment *zu gering* ist, *verlängert* sich die *Anlaufzeit* und die *Stromaufnahme* des Motors. Dabei kann sich der Motor *überhitzen*.

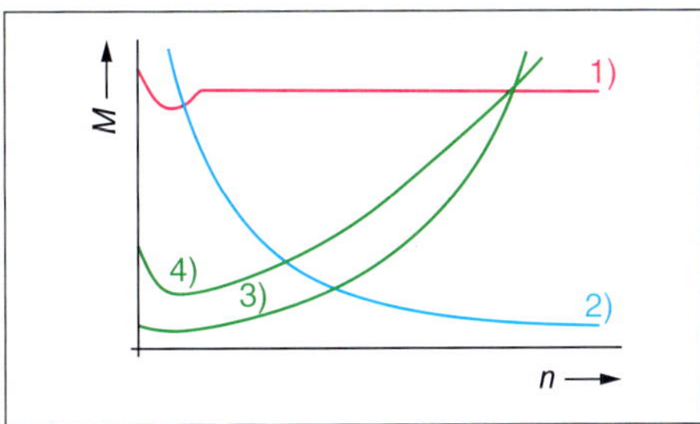

95 Widerstandsmoment von Arbeitsmaschinen

Zu Bild 95:

1) Kolbenpumpen, Hebezeuge, Werkzeugmaschinen
2) Wickelantriebe
3) Kreiselpumpen, Fahrantriebe
4) Kalender, Motorgeneratoren

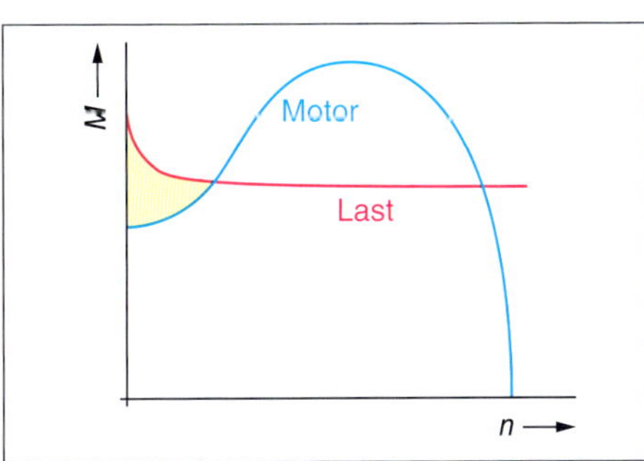

96 Hochlaufkennlinie

Zu Bild 96:

Der Motor kann *nicht hochlaufen*, da das Motormoment das Widerstandsmoment nicht im gesamten Drehzahlbereich decken kann.

■ **Widerstandsmoment** (Lastmoment)

Bei Dauerbetrieb (S1) ist der aus dem Lastmoment der Arbeitsmaschine ermittelte Leistungsbedarf gleich der Bemessungsleistung des Antriebsmotors.

Bei S3- und S4-Betrieb ist die Zahl der Anläufe des Motors ausschlaggebend und nicht der Leistungsbedarf. Bei häufigen Anläufen erwärmt sich der Motor stark. Kann die Wärme nicht abgeführt werden, dann erwärmen sich die Wicklungen unzulässig.

■ **Betriebsarten**

■ **Wärmeklassen**

Ein Elektromotor P = 22 kW (Wellenleistung) hat die Drehzahl $n = 975 \frac{1}{\text{min}}$.
Bestimmen Sie das Drehmoment.

z.B.

Die Leistung wird in Kilowatt kW eingesetzt:
22 kW = 22000 W.

Die Drehzahl wird in $\frac{1}{s}$ eingesetzt:

$975 \frac{1}{\text{min}} = \frac{975}{60} \frac{1}{\text{s}} = 16{,}25 \frac{1}{\text{s}}$

$M = \frac{P}{2\pi \cdot n}$

$M = \frac{22000 \text{ W}}{2\pi \cdot 16{,}25 \frac{1}{\text{s}}}$

$M = 215{,}6$ Nm

Betriebsarten TB

Bauform TB

Schutzart TB

Auswahl des Antriebsmotors

Arbeitsmaschine, Erfordernisse	– Betriebsart – Drehmoment – Drehzahl – Anlaufverhalten
Aufstellung	– Bauform – Schutzart – Kopplung mit Arbeitsmaschine
Netz	– Spannung – Frequenz
Motordaten	Drehmoment Drehzahl Bemessungsspannung

Bremsen von Drehstrommotoren

Da in einem rotierenden Läufer *mechanische Energie* gespeichert ist, kommt ein Motor nicht direkt nach dem Abschalten zum Stillstand.

Wenn ein rascher Stillstand erreicht werden soll, muss die mechanische Energie in eine andere Energieform *umgewandelt* werden.

1. Umformung in Wärmeenergie

- *Mechanische Bremsverfahren* (Bremslüfter, Bremsmotor)
- *Elektrische Bremsverfahren* (Gegenstrombremsung, Gleichstrombremsung)

2. Umformung in elektrische Energie

- *Generatorisches Bremsverfahren*
  Die mechanische Energie wird in elektrische Energie umgewandelt und in das speisende Netz zurückgespeist.

nullspannungssicher
Auch bei ausgefallener Spannung kann der Bremsvorgang ausgeführt werden.

Mechanische Bremsverfahren

- *Bremsmotor*
  Ständer und Läufer sind *konisch* aufgebaut. Beim Einschalten zieht sich der Läufer aus der Bremsstellung.
  Beim Ausschalten verschiebt die Bremsfeder den Läufer und drückt ihn dabei gegen die Bremsfläche des Motors.

- *Bremslüfter*
  Im *spannungslosen Zustand* drücken *Bremsfedern* die Bremsbeläge gegen die Ankerscheibe (nullspannungssicher).
  Bei Erregung des Bremslüftmagneten wird die Ankerscheibe gegen die Federkraft magnetisch angezogen.
  Solche Bremsen arbeiten nach dem *Ruhestromprinzip*. Sie sind *nullspannungssicher*. Bei *Abschalten* oder *Ausfall* der Spannung erfolgt der Bremseingriff.

Bremsmotoren
werden auch unter Sicherheitsgesichtspunkten eingesetzt, z. B. Haltebremsen bei Hubantrieben.

@ Interessante Links
- christiani-berufskolleg.de

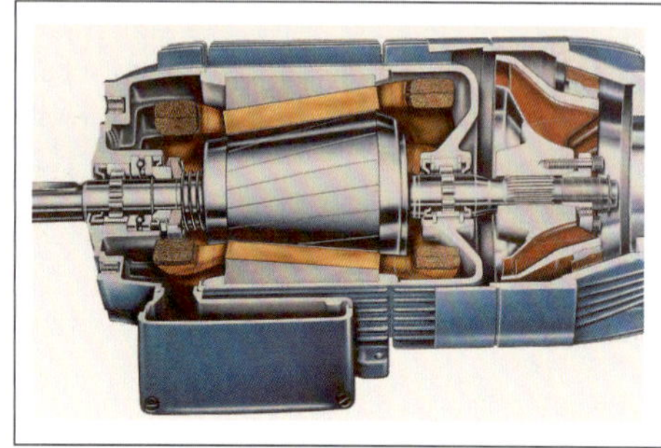

97 *Bremsmotor*

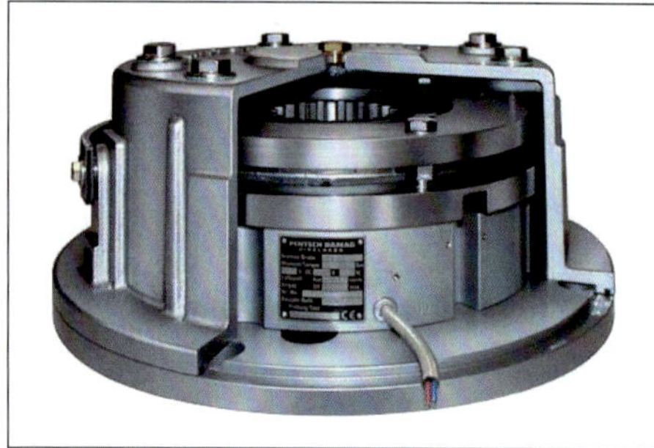

98 *Federdruckbremse*

Nachteilig bei mechanischen Bremsverfahren ist der hohe Verschleiß.

Vorteilhaft ist die Nullspannungssicherheit.

Prüfung

1. Wie wird ein Antriebsmotor fachgerecht ausgewählt?

2. Erklären Sie den Begriff Beschleunigungsmoment.

3. Was ist ein Drehmoment?
Von welchen Größen ist das Drehmoment abhängig?

4. Unter welcher Voraussetzung läuft ein Antrieb problemlos hoch?

5. Welchen Vorteil und welchen Nachteil haben mechanische Bremsverfahren?

6. Wie funktionieren Gegenstrombremsung und Gleichstrombremsung?

7. Die Spannung am Drehstromotor mit Käfigläufer sinkt um 12 %.
Welchen Einfluss hat das auf das Drehmoment, das an der Welle des Motors abgegeben wird?

Elektromagnet-Scheibenbremse

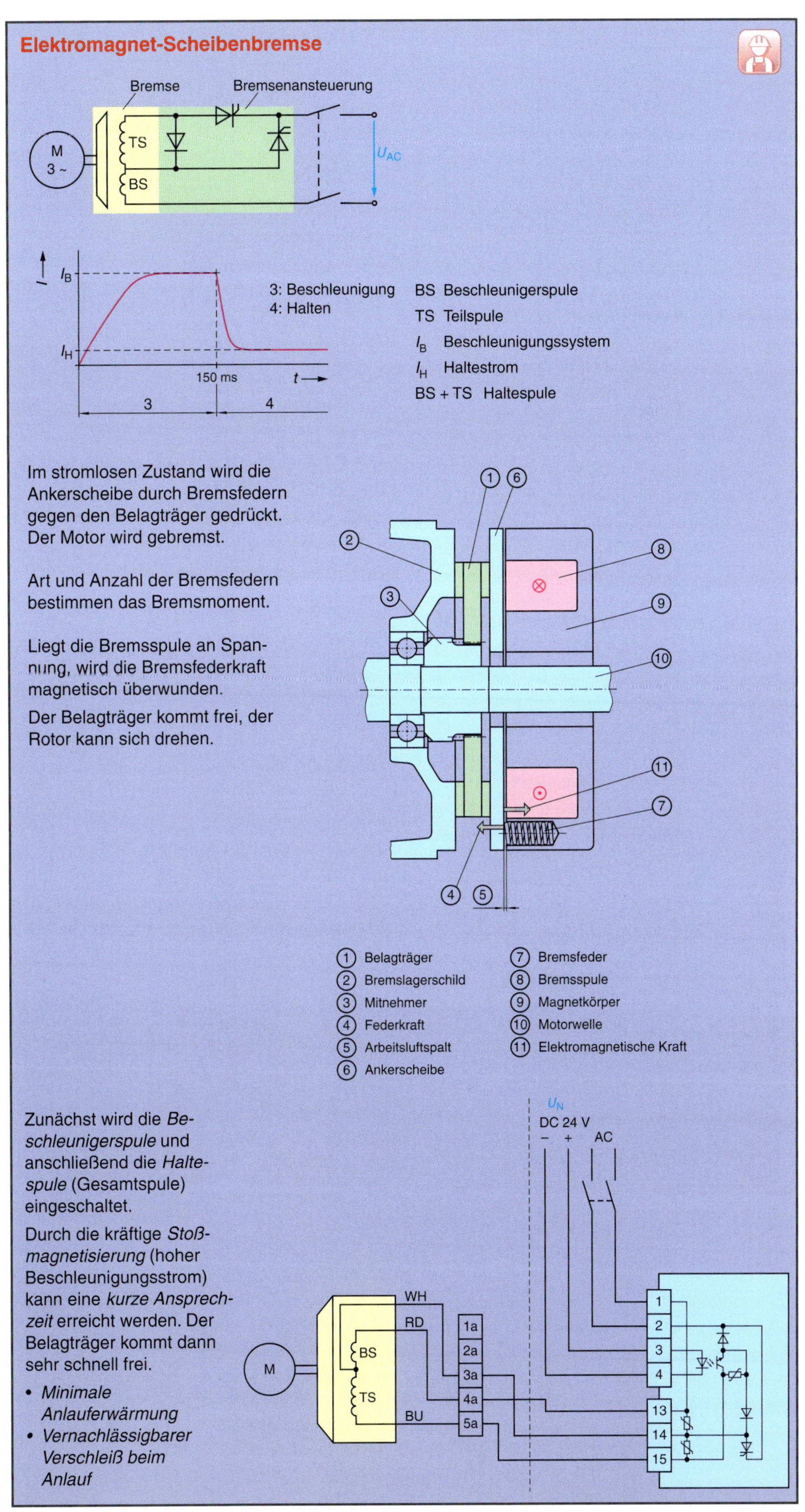

Im stromlosen Zustand wird die Ankerscheibe durch Bremsfedern gegen den Belagträger gedrückt. Der Motor wird gebremst.

Art und Anzahl der Bremsfedern bestimmen das Bremsmoment.

Liegt die Bremsspule an Spannung, wird die Bremsfederkraft magnetisch überwunden.

Der Belagträger kommt frei, der Rotor kann sich drehen.

Zunächst wird die *Beschleunigerspule* und anschließend die *Haltespule* (Gesamtspule) eingeschaltet.

Durch die kräftige *Stoßmagnetisierung* (hoher Beschleunigungsstrom) kann eine *kurze Ansprechzeit* erreicht werden. Der Belagträger kommt dann sehr schnell frei.

- *Minimale Anlauferwärmung*
- *Vernachlässigbarer Verschleiß beim Anlauf*

Bremsansteuerung

ist entweder im Motoranschlussraum oder im Schaltschrank untergebracht.

Die Versorgungsspannung für Bremsen mit AC-Betrieb wird entweder von außen zugeführt oder im Anschlussraum von der Motorspannung abgenommen.

Bremsschütze

Zu schaltende Gleichspannung und hohe Stromstoßbelastung bei induktiver Belastung sind entweder spezielle Gleichstromschütze oder Wechselstromschütze der Gebrauchskategorie AC3.

Bei 24 V DC ist das Schütz für DC3-Betrieb auszulegen.

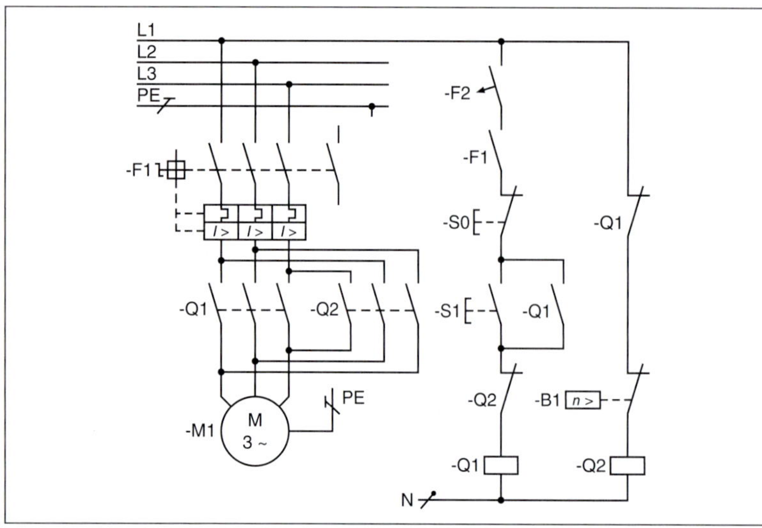

99 Gegenstrombremsung

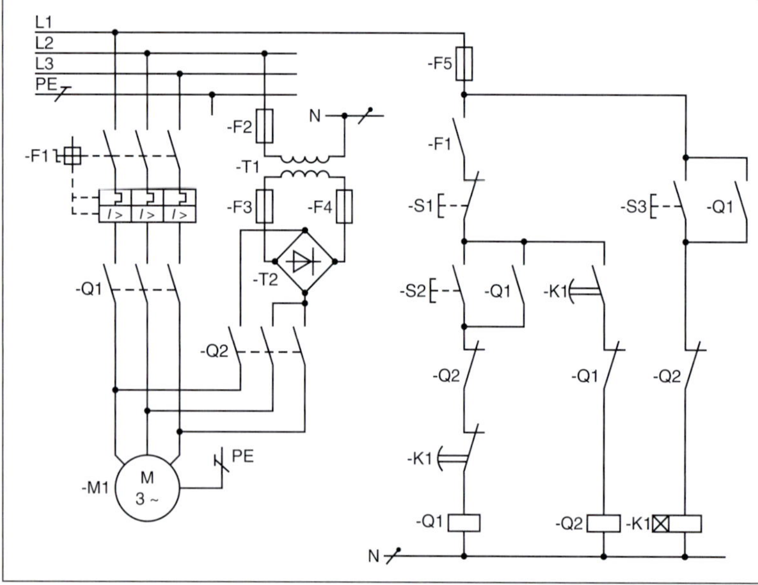

100 Gleichstrombremsung

■ **Wendeschaltung**
→ basics Elektrotechnik

Elektrische Bremsverfahren

Gegenstrombremsung (Bild 99)

Unmittelbar nach dem Abschalten wird der Drehstrommotor mit *zwei vertauschten Außenleitern* wieder eingeschaltet. Dabei wird der Läufer stark abgebremst.

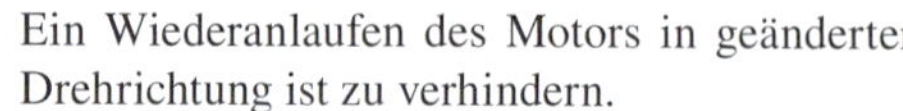

Ein Wiederanlaufen des Motors in geänderter Drehrichtung ist zu verhindern.

Bei dieser Bremsung wird der Motor *thermisch stark belastet*, da der Anlaufstrom des Motors größer als der Bemessungsstrom ist.

Die Bremse ist *nicht nullspannungssicher.*

Gleichstrombremsung (Bild 100)

Nach Abschalten des Motors wird die *Ständerwicklung* an *Gleichspannung* angeschlossen.

Dadurch wird ein magnetisches *Gleichfeld* erzeugt, das im rotierenden Läufer *Wirbelströme* hervorruft.

Die Wirbelströme bewirken ebenfalls ein Magnetfeld. Der Motor wird abgebremst.

Das *Bremsmoment* ist vom Bremsstrom abhängig.

Nach Ablauf der eingestellten *Bremszeit* wird die Gleichspannung wieder abgeschaltet.

Bild 102 zeigt den *Motoranschluss* bei Gleichstrombremsung.

Widerstandsbremsung (Bild 101)

Elektromotoren können auch als *Generatoren* arbeiten. Wenn sich der Anker des Motors *nach dem Abschalten* weiter dreht (ausläuft) und im Ständer ein Magnetfeld erzeugt wird, dann wird im Anker eine Spannung induziert.

Die Spannung ruft im geschlossenen Stromkreis mit **Bremswiderstand** einen Strom hervor, der elektrische Energie in Wärme umwandelt.

Der Anker des Motors wird *abgebremst.* Das **Bremsmoment** ist abhängig vom *Bremswiderstand.*

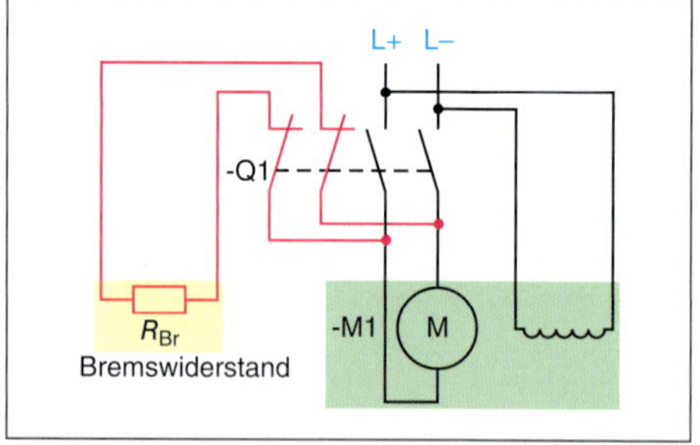

101 Widerstandsbremsung

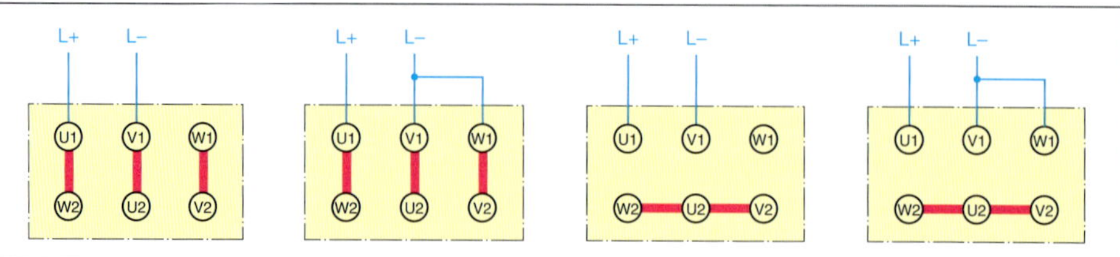

102 Anschluss bei Gleichstrombremsung

Prüfung

1. Nennen Sie Punkte, die Sie bei der Auswahl eines Antriebsmotors berücksichtigen.

2. Unter welchen Bedingungen ist ein Motor optimal an die Arbeitsmaschine angepasst?

3. Wie ist der Drehsinn eines Antriebsmotors definiert?

4. Erläutern Sie folgende Leistungsschildangaben: Δ 400 V; S2; IP 54.

5. Welchen Vor- und Nachteil haben mechanische Bremsverfahren von Elektromotoren?

6. Erläutern Sie den Begriff Bremslüfter.

7. Beschreiben Sie die Wirkungsweise einer Gegenstrombremsung.
Worin besteht der wesentliche Nachteil?

8. Wie arbeitet die Gleichstrombremsung?
Worin besteht der Vorteil gegenüber der Gegenstrombremsung?
Beschreiben Sie die Funktion der Steuerung auf Seite 182, Bild 100.

9. Was versteht man unter einer Widerstandsbremsung?

@ Interessante Links

- christiani-berufskolleg.de

Anlassen von Elektromotoren

Das *Anlassen* von Elektromotoren kann folgende *Probleme* verursachen:

- **Netzrückwirkung**
  Ein *hoher Anzugsstrom* kann zu *Netzspannungseinbrüchen* führen.
- **Stoßbelastung**
  Ein *hohes Anlaufmoment* kann die Arbeitsmaschine *mechanisch stark belasten*.

Anlassen von Motoren

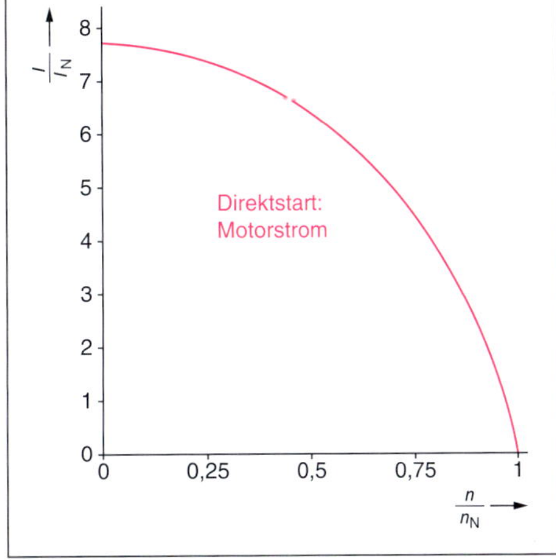

103 *Motorstrom bei Direktstart*

Anlassen von Drehstrom-Asynchronmotoren

- Hoher Anzugsstrom
- Hohes Anzugsmoment

z.B.

Drehstrom-Asynchronmotor:

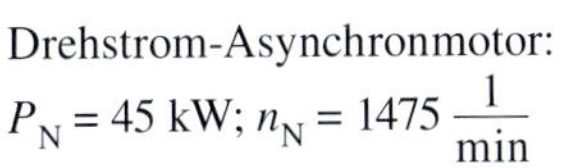

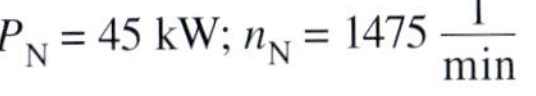

$P_N = 45\text{ kW};\ n_N = 1475\ \frac{1}{\text{min}}$

- Bemessungsstrom $I_N = 80{,}5\text{ A}$
- Bemessungsmoment $M_N = 291\text{ Nm}$
- Anzugsstrom
  $\frac{I_A}{I_N} = 7{,}7 \rightarrow I_A = 7{,}7 \cdot 80{,}5\text{ A} = \mathbf{620\ A}$ (!)
- Anzugsmoment
  $\frac{M_A}{M_N} = 2{,}3 \rightarrow M_A = 2{,}3 \cdot 291\text{ Nm}$
  $= \mathbf{670\ Nm}$ (!)

Der Motor darf *nicht direkt angelassen* werden!

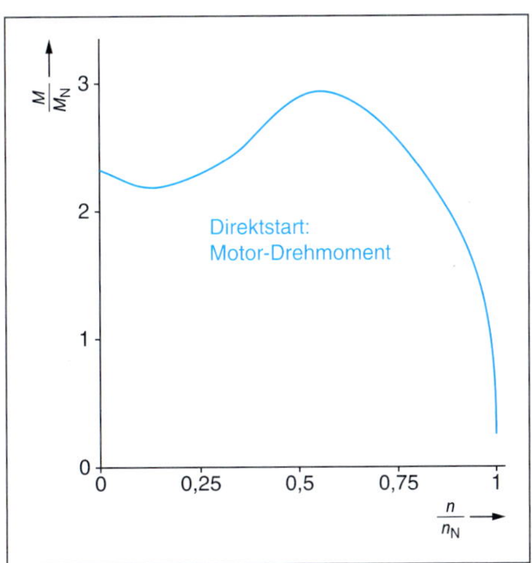

104 *Drehmoment bei Direktstart*

Bei Drehstrommotoren mit Anlassströmen über 60 A sind Anlassverfahren notwendig. Dies entspricht einer Scheinleistung von 5,2 kVA.

Drehstrommotoren über 5,2 kVA dürfen nicht direkt angelassen werden.

Anlassen von Motoren

Anlassen *starting (operation)*
Anlasser *starter, motor starter*
Anlassvorrichtung *starting device*
Anlaufstrom *starting current*
Stern-Dreieck *star-delta, wye-delta*
Stelltransformator *adjustable transformer, adjusting transformer*
Direktstart *auto cue*
Sanftanlauf *soft start*
Sanftanlaufgerät *soft starter*
Bremsbetrieb *brake operation*
Bremslüfter *centrifuger brake operator*
Bremsmagnet *brake magnet*
Bremsmotor *brake motor*

Wenn beim *Anlassen* des Motors die *Spannung verringert wird*, nimmt das **Anzugsmoment** erheblich ab. Außerdem *sinkt* der **Anzugsstrom**.

$M \sim U^2$

Wenn die Spannung *U halbiert* wird, sinkt das Drehmoment *M* auf $\frac{1}{4}$ ab.

Technische Möglichkeiten

- **Stern-Dreieck-Anlassschaltung** *Festgelegte Einschaltspannung* (230 V). Wenn von Stern auf Dreieck umgeschaltet wird, kommt es zu hohen Umschaltströmen und *Drehmomentstößen*.
- **Anlassen mit Stelltransformatoren** Sehr teure Lösung, hohe Umschaltströme und Umschaltdrehmomente.
- **Sanftanlaufgeräte** (Softstarter) Die Spannung beim Anlassen des Motors wird mithilfe der Leistungselektronik verringert. Dadurch kann Einfluss auf Anzugsstrom und Anzugsmoment genommen werden. Start- und Bremsvorgänge können den Erfordernissen angepasst werden.

Mithilfe von *Sanftanlaufgeräten* (Softstarter) kann die Ständerspannung von Drehstrommotoren stufenlos geändert werden.

Die verwendeten *Drehstromsteller* arbeiten nach dem *Phasenanschnittsverfahren*.

Sanftanlaufgerät

Die wesentliche Komponente eines **Sanftanlaufgeräts** (Softstarters) ist ein **vollgesteuerter Drehstromsteller**, der aus drei **Wechselwegschaltungen** aufgebaut ist.

Für den *Sanftanlauf* wird durch Phasenanschnitt die *Motorspannung verringert*.

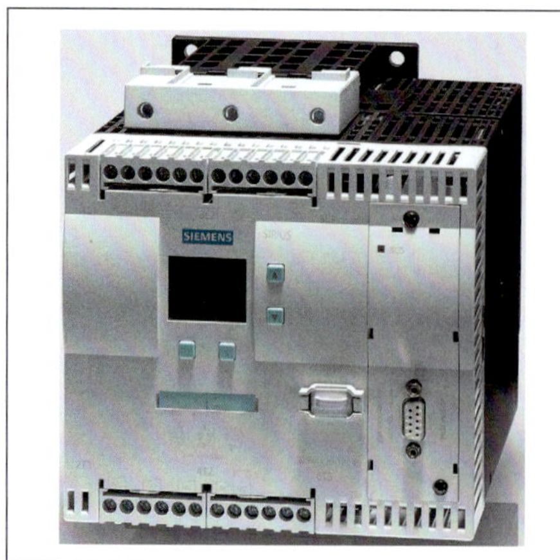

105 Sanftanlaufgerät (Softstarter)

Ausgehend von einer *parametrierbaren* **Startspannung** (z. B. $0{,}2 \cdot U_N$) wird durch Veränderung des **Phasenanschnittswinkels** innerhalb einer ebenfalls *parametrierbaren* **Rampenzeit** (z. B. 4 s) die *Motorspannung* von $0{,}2 \cdot U_N$ auf U_N gesteigert.

Bei der Wahl der *Startspannung* ist darauf zu achten, dass der Motor das *Anzugsmoment* aufbringen kann.

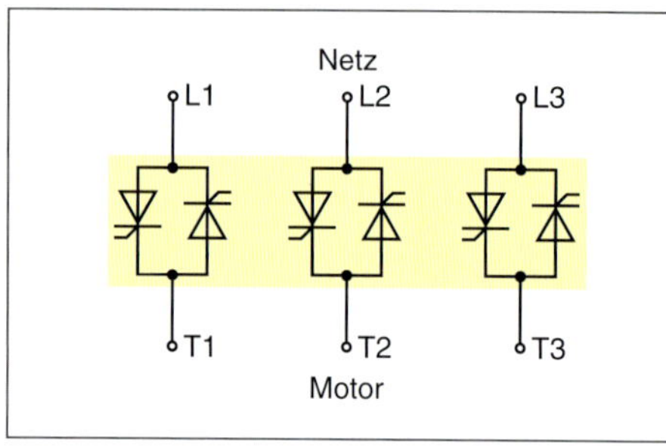

106 Wechselwegschaltung (Drehstromsteller)

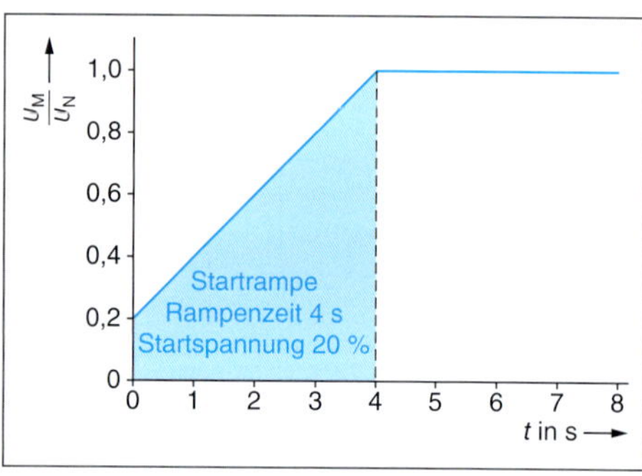

107 Startrampe des Softstarters

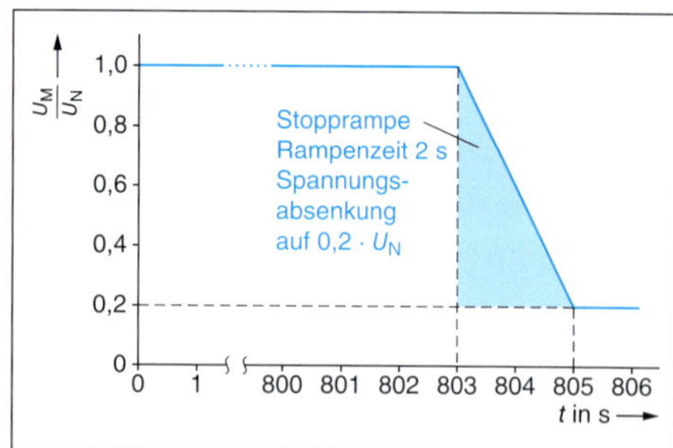

108 Bremsrampe des Softstarters

Nicht nur die **Startrampe** (Bild 107) ist *parametrierbar*, sondern auch eine **Stopprampe** (Bild 108).

Beim **Stopp** des Motors wird die *Motorspannung* U_N auf einen parametrierbaren Wert *abgesenkt*.

Drehstromsteller

→ 118

Wechselwegschaltung

→ 118

Sanftanlaufgerät (Softstarter)

Wirtschaftliche Lösung zur Verringerung von *elektrischen* und *mechanischen Anlassproblemen* von Elektromotoren.

- *Stoßfreler und gleichbleibender Drehmomentanstieg*
- *Einstellbares Anzugsmoment*
- *Einfacher Einbau in die elektrische Steuerungstechnik*
- *Preisgünstige Problemlösung*

Symbol

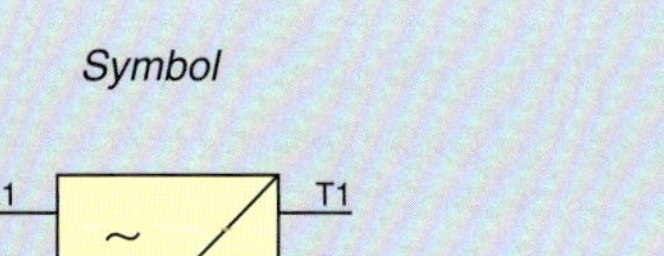

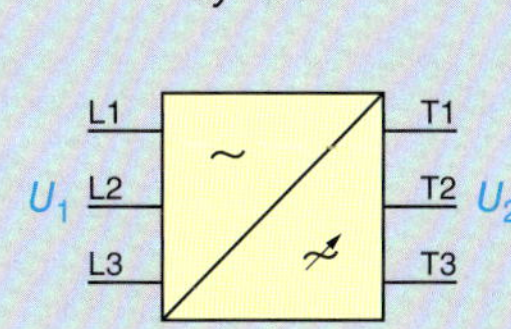

Grundlegende Wirkungsweise

Drehmoment eines Drehstrommotors hängt *quadratisch* von der Spannung ab.

$M \sim U^2$

Das bedeutet:
Eine Verringerung der Spannung bedeutet eine sehr viel größere Verringerung des Drehmomentes.

$\frac{U_N}{2} \rightarrow \frac{M_N}{4} \quad \frac{U_N}{4} \rightarrow \frac{M_N}{16}$

Wenn nun die Motorspannung langsam ansteigt (Rampe), ist eine Drehzahlzunahme im gleichen Verhältnis wie die Spannungszunahme möglich.

Somit wird der *Motorstrom* während des gesamten Anlassvorgangs begrenzt.

Dies gilt allerdings auch für das *Drehmoment*.

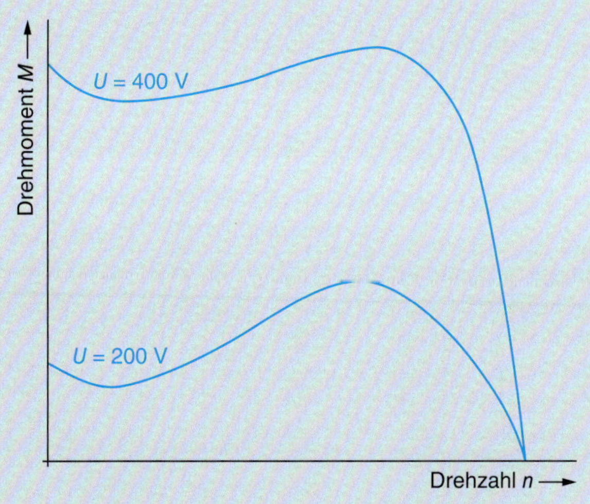

Spannungsabhängiger Drehmomentverlauf

Wenn der Softstarter mit einer Regelung ausgerüstet ist, kann die Motorspannung so gesteigert werden, dass die Stromstärke einen Sollwert nicht überschreitet.

Dadurch ändert sich die Stromaufnahme des Motors nur langsam.

Wegen der Auswirkung auf das Drehmoment können sich aber hohe Anlaufzeiten ergeben.

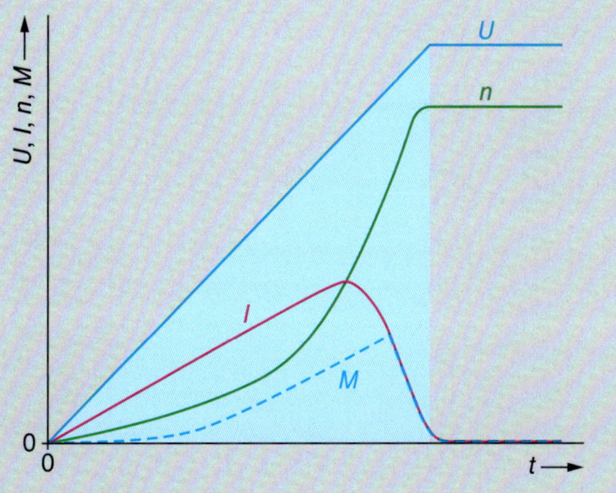

Motoranlauf mit Spannungsrampe

Hinweis!

Sanftanlaufgeräte (Softstarter) sind nicht für Schweranlauf geeignet, da sie das Drehmoment während des Anlaufs verringern.

Schaltungen des Softstarters

Standardschaltung

Häufig wird der Softstarter in die *Motoranschlussleitungen* eingeschaltet. Dabei ist der Verdrahtungsaufwand minimal.

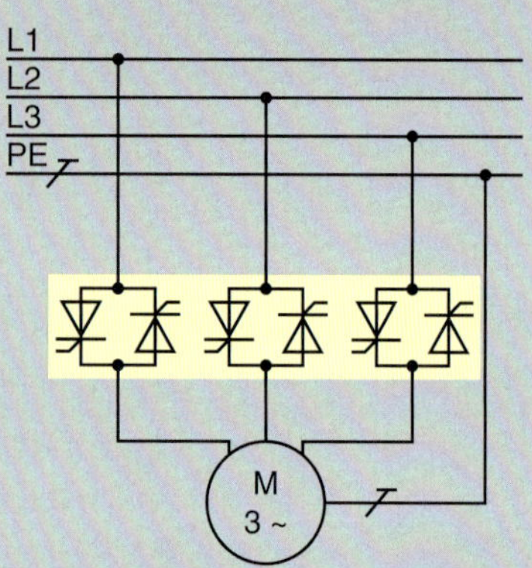

√3-Schaltung

In den Motorsträngen fließt nur 58 % des Bemessungsstroms.

$$I_{Str} = \frac{I_{Leiter}}{\sqrt{3}} = 0{,}58 \cdot I_{Leiter}$$

Dadurch können die *Kosten* des Softstarters verringert werden. Allerdings ist die *doppelte Leiteranzahl* zu verlegen.

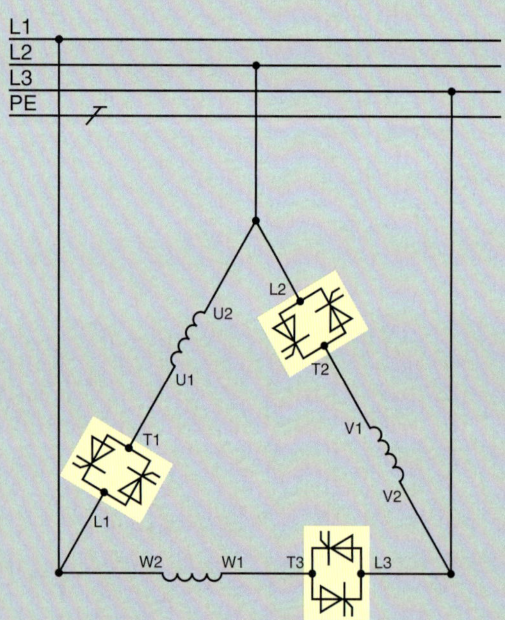

Praktischer Anschluss √3-Schaltung

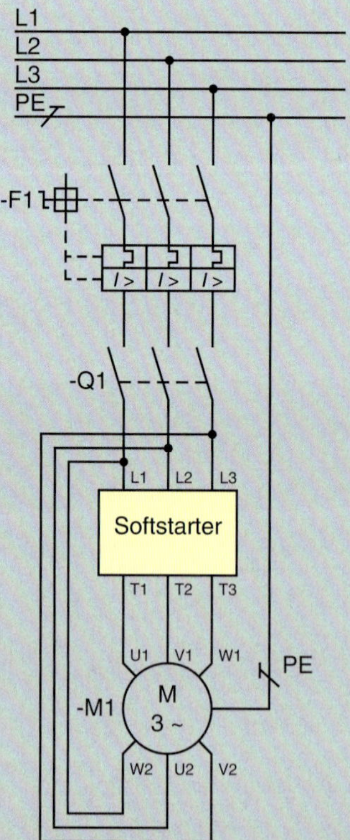

Bypassschaltung

Ein *Bypassschütz* schaltet *nach dem Anlassen* des Motors den Motor *direkt* ans Netz.

Die Leistungshalbleiter des Softstarters sind dann überbrückt und so entstehen keine weiteren *Verluste* im Softstarter.

Das Bypassschütz kann entweder extern installiert werden oder es ist im Softstarter integriert.

Das *Bypassschütz* wird vom Softstarter gesteuert.
Damit ist sichergestellt, dass seine Kontakte im *stromlosen* Zustand geschaltet werden.

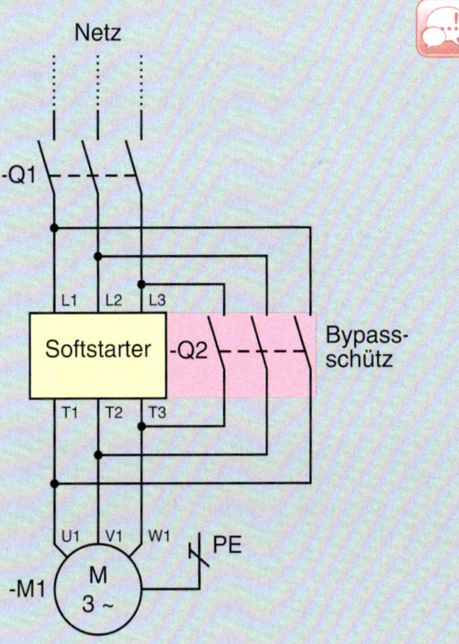

Kaskadenschaltung

Ein Softstarter kann *mehrere* Elektromotoren *nacheinander* anlassen. Während der Rampenzeit entsteht eine hohe *Verlustleistung*. Rampen- und Pausenzeiten sind demnach entsprechend zu parametrieren.

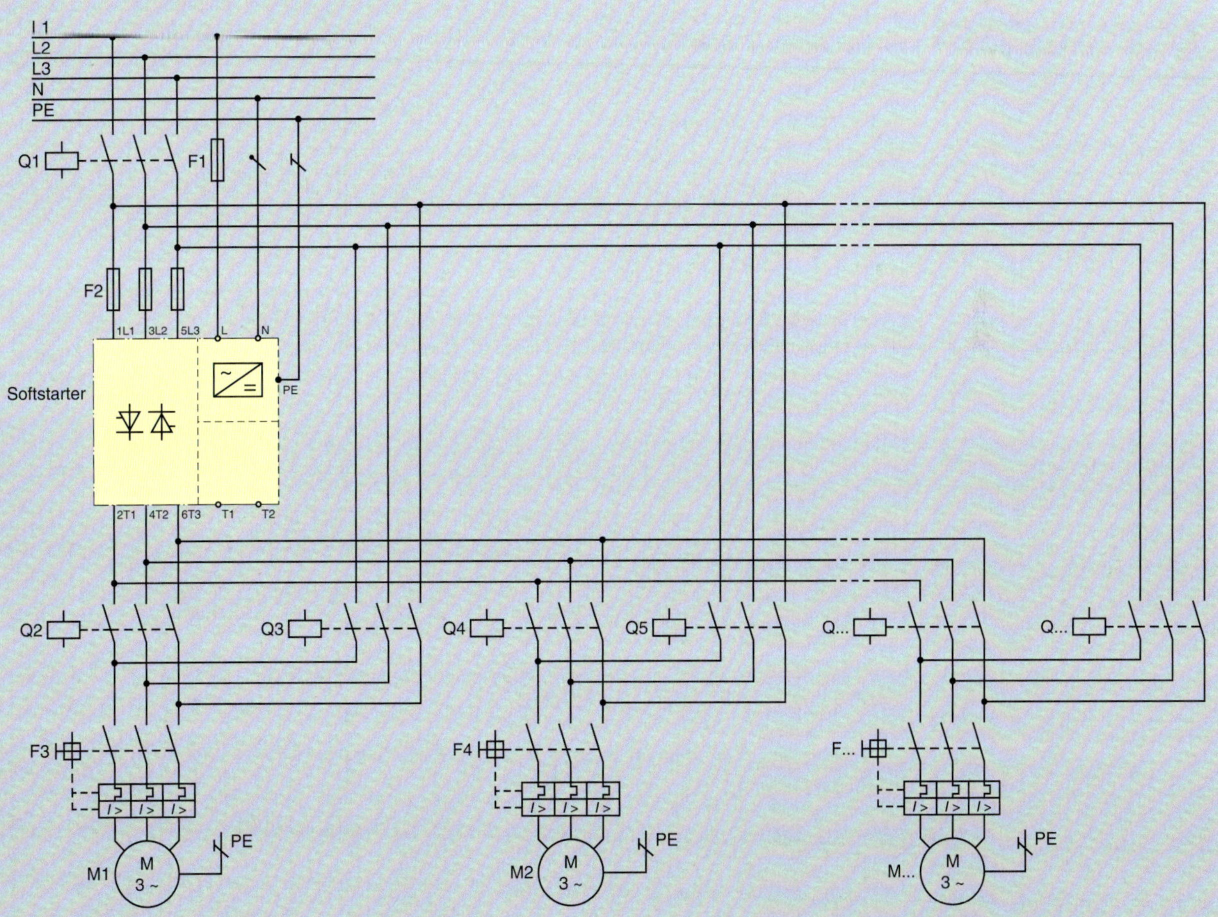

Kaskadenschaltung mit Bypassschütz (nach Herstellerunterlagen)

Wenn der Softstarter mit einer Strommessung und einer internen Regelung ausgerüstet ist, kann die Spannung so erhöht werden, dass ein gewählter Strom fließt.

Die Stromstärke wird dann auf einen Sollwert geregelt, der gemäß einer parametrierten Rampe langsam zunimmt.

Dadurch lassen sich Beeinträchtigungen der Spannungsqualität vermeiden.

@ Interessante Links

- christiani-berufskolleg.de
- www.eaton.de
- www.sew-eurodrive.de
- www. siemens.de

Parametrierung des Softstarters

Zur Anpassung an die jeweilige Antriebsaufgabe ermöglicht der Softstarter unterschiedliche Einstellungen durch den Anwender. Man nennt dies Parametrierung.

Wichtige Einstellungen

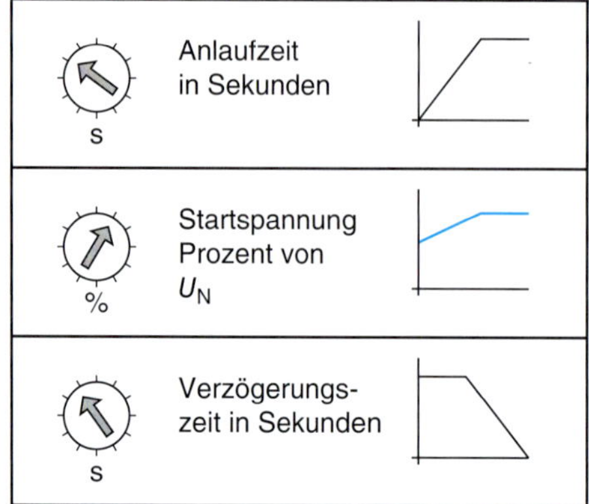

Bei der Auslieferung sind wichtige **Parameter** bereits mit einer **Werkseinstellung** versehen.

Über ein **Bedienmodul** oder ein **Schnittstellenmodul** können diese *Voreinstellungen* vom Anwender geändert werden.

Schutzfunktion des Softstarters

Werden die einstellbaren **Grenzwerte** erreicht, schaltet der Softstarter ab bzw. kann nicht gestartet werden.

Zum Beispiel:
- *Temperatur des Motors*
- *Temperatur des Softstarters (Kühlkörper)*
- *Zweiphasenlauf*
- *Zu geringer Strom (z. B. Riemenriss)*
- *Zu hoher Strom (z. B. Blockade)*
- *Überlastung*

In jedem Fall ist es notwendig, sich mit den *technischen Hinweisen* des jeweiligen Herstellers vertraut zu machen.

Prüfung

1. Welche Probleme können beim Anlassen von Elektromotoren auftreten?

2. Unter welchen Voraussetzungen darf ein Drehstrommotor direkt angelassen werden?

3. Was geschieht, wenn beim Anlassen die Spannung an den Strängen der Ständerwicklung verringert wird?

4. Was versteht man unter einem Sanftanlaufgerät (Softstarter)? Welche Aufgaben hat dieses Gerät?

5. Was ist die wesentliche Komponente eines Softstarters? Beschreiben Sie deren Wirkungsweise.

6. Erläutern Sie die Begriffe Startrampe und Stopprampe.

Das Lastmoment einer Arbeitsmaschine beträgt beim Anlauf 57,6 Nm.
Ein Drehstrom-Asynchronmotor hat folgende Leistungsschildangaben:
5,5 kW; 1440 $\frac{1}{\text{min}}$; 11,3 A; cos φ = 0,82; Δ 400 V.
Der Motor soll über einen Softstarter angelassen werden.
Welche Startspannung parametrieren Sie mindestens?

Dem Tabellenbuch kann entnommen werden:

$$\frac{M_A}{M_N} = 2{,}7 \rightarrow M_A = 2{,}7 \cdot M_N$$

$$M_A = 2{,}7 \cdot 36{,}5\ \text{Nm} = 98{,}5\ \text{Nm}$$

Das Bemessungsmoment M_N kann ebenfalls dem Tabellenbuch entnommen werden.

Anlassstrom I_{Anl} berechnen:
Tabellenbuch:

$$\frac{I_A}{I_N} = 7{,}2 \rightarrow I_A = 7{,}2 \cdot I_N$$

$$I_A = 7{,}2 \cdot 11{,}3\ \text{A} = 81{,}4\ \text{A}$$

TAB-Anlaufbedingungen $I_{Anl} < 60$ A werden nicht ganz eingehalten!

$$U_{Start} = U_N \cdot \sqrt{\frac{M_{AStart}}{M_A}}$$

$$U_{Start} = 400\ \text{V} \cdot \sqrt{\frac{57{,}6\ \text{Nm}}{98{,}5\ \text{Nm}}}$$

$$U_{Start} = 306\ \text{V}$$

$$I_{Anl} = I_A \cdot \frac{U_{Start}}{U_N}$$

$$I_{Anl} = 81{,}4\ \text{A} \cdot \frac{306\ \text{V}}{400\ \text{V}}$$

$$I_{Anl} = 62{,}3\ \text{A}$$

Prüfung

7. Welche Vorteile hat der Einsatz eines Softstarters?

8. Welchen Vorteil hat der Einsatz der $\sqrt{3}$-Schaltung?

9. Wozu wird ein Bypassschütz eingesetzt?

10. Ein Softstarter kann in Kaskadenschaltung betrieben werden. Erläutern Sie dies.

11. Erklären Sie die nebenstehende Parametrierung.

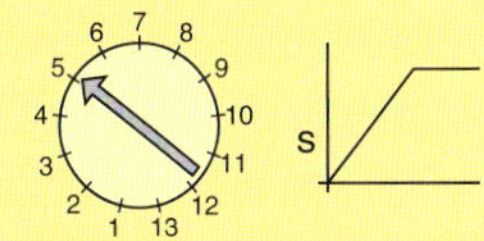

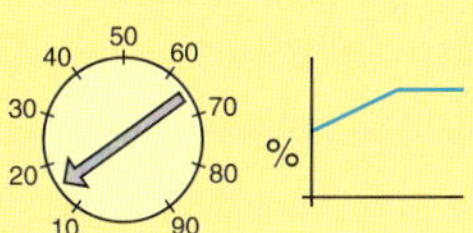

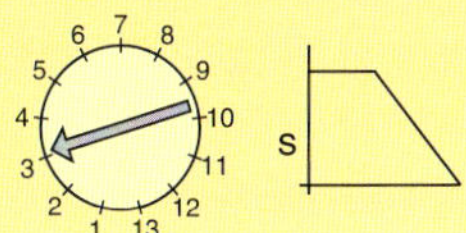

12. Drehstrom-Asynchronmotor:

$P_N = 30$ kW; $n_N = 1465 \frac{1}{\text{min}}$; $I_N = 56{,}6$ A; $I_A/I_N = 7$;

$M_A/M_N = 2{,}4$; $M_N = 195$ Nm.

Angetrieben werden soll eine Arbeitsmaschine mit einem Anlaufmoment von 275 Nm.

a) Bestimmen Sie die Startspannung.

b) Wird die TAB-Anlaufbedingung eingehalten?

c) Beurteilen Sie den Antrieb.

@ Interessante Links

- christiani-berufskolleg.de

Frequenzumrichter

Frequenzumrichter (FU) erzeugen aus einem Wechselstrom- oder Drehstromsystem *fester Spannung* und *fester Frequenz* ein Wechsel- oder Drehstromsystem mit *variabler Spannung* und *variabler Frequenz*.

Frequenzumrichter ermöglichen eine *stufenlose Drehzahlsteuerung* bzw. *Drehzahlregelung*.

Weitere Merkmale sind:

- *Gleichbleibendes Drehmoment bis zur Bemessungsdrehzahl.*
- *Drehmoment und Drehzahl können geregelt werden.*
- *Hohe Dynamik.*
- *Einfache und rasche Inbetriebnahme.*
- *Kommunikation mit Automatisierungssystemen; z. B. Bussystemen.*

109 Frequenzumrichter, Ausführungsbeispiel

■ **Drehzahl**

$n = \frac{f}{p}$

Neben der Polpaarzahl kann die Drehzahl durch die Frequenz beeinflusst werden.

Drehstromnetz Spannung und Frequenz veränderlich

Drehstromnetz U und f konstant L1 L2 L3

Gleichrichter | Zwischenkreis | Wechselrichter | M 3 ~

Steuerkreis: Anzeige, Bedienung

Bussystem
Programmiergerät (PC)
Normiertes Signal (z.B. 4-20 mA)

110 Aufbau eines Frequenzumrichters (Blockschaltbild)

■ **Ungesteuerte Gleichrichter**

→ 133, basics Elektrotechnik

■ **Induktiver Widerstand**

→ basics Elektrotechnik

Frequenzumrichter
frequency converter

Gleichrichter
rectifier

Wechselrichter
inverter,
inverted rectifier

Steuerkreis
control circuit

Steuerung
control, open-loop control

Freilaufdiode
free-wheeling diode

Aufbau des Frequenzumrichters

Ein *Frequenzumrichter* kann in vier *Hauptkomponenten* unterteilt werden (Bild 110).

- **Gleichrichter**

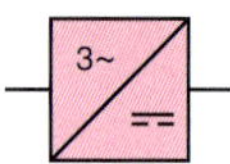

Formt die Speisespannung (230 V, 400 V AC) in eine feste Gleichspannung um. Im Allgemeinen werden ungesteuerte Gleichrichter verwendet.

- **Zwischenkreis**

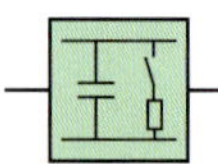

Drei Ausführungsformen des Zwischenkreises:

- Die Spannung des Gleichrichters wird in einen Gleichstrom umgeformt.
- Die pulsierende Gleichspannung wird stabilisiert und geglättet.
- Die konstante Gleichspannung wird variabel gemacht.

- **Wechselrichter**

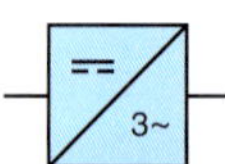

Der Wechselrichter steuert die Frequenz der Motorspannung bzw. formt die konstante Gleichspannung in eine veränderliche Wechselspannung um.

- **Steuerkreis**

Signale an Gleichrichter, Zwischenkreis und Wechselrichter können abgegeben bzw. empfangen werden. Die Halbleiter des Wechselrichters werden geöffnet und geschlossen.

U_1 konstant L1 ~ T1 U_2 = 0 bis U_{max}
L2 T2
f_1 konstant L3 U, f T3 f_2 = 0 bis f_{max}

Drehzahl eines Drehstrommotors

Synchrone Drehzahl

$$n_1 = \frac{f \cdot 60}{p}$$

Wenn bei einem Drehstrommotor mit vorgegebener Polpaarzahl p die Frequenz f verändert wird, dann ändert sich die Drehzahl des Ständerfelds.

- f = Bemessungsfrequenz → Bemessungsdrehzahl n_N
- f < Bemessungsfrequenz → Drehzahl < n_N
- f > Bemessungsfrequenz → Drehzahl > n_N

Frequenzänderungen haben aber auch Auswirkungen auf die **Betriebsdaten** des Motors. Ein Motor ist ein *induktives Betriebsmittel.*

Der *induktive Widerstand*

$$X_L = \omega \cdot L = 2\pi \cdot f \cdot L$$

ist frequenzabhängig. Und damit ist es auch der *Scheinwiderstand* (Z) der Strangwicklungen.

$$Z = \sqrt{R^2 + X_L^2} = \frac{U}{I}$$

- **Frequenz der Motorspannung wird verringert** ($f < f_N$)

Der *induktive Widerstand* X_L nimmt proportional mit der Frequenz ab. Der *Scheinwiderstand* der Strangwicklungen wird kleiner.

Bei gleichbleibender Spannung würde die *Stromaufnahme* des Motors zunehmen.

Der Motor ist aber für die *Bemessungsstromstärke* I_N ausgelegt. I_N darf nicht überschritten werden.
Daher muss mit *sinkender Frequenz* die *Motorspannung abgesenkt* werden. Diese Aufgabe übernimmt der Frequenzumrichter.

Es gilt:

$$\frac{\text{Spannung}}{\text{Frequenz}} = \frac{U}{f} = \text{konstant}$$

Bremsmodul

Der Frequenzumrichter kann Drehstrommotoren *abbremsen*. Im Betriebszustand des Motors fließt die elektrische Energie vom Netz über Gleichrichter, Zwischenkreis und Wechselrichter zum Motor.

Beim **Bremsen** des Motors kehrt sich der Energiefluss um. Der Motor arbeitet *generatorisch* und gibt elektrische Energie ab.

Wenn der Wechselrichter im Gleichrichterbetrieb arbeitet, kann die **Bremsenergie** in den *Zwischenkreis* übertragen werden. Dies wird durch die parallel zu den Schalttransistoren geschalteten *Freilaufdioden* ermöglicht.

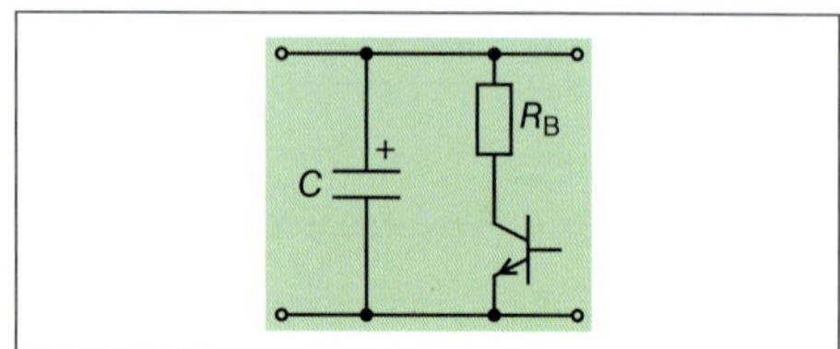

111 Bremsmodul

Drehstrommotor: $P_N = 15$ kW; $n_N = 970\ \frac{1}{min}$; $I_N = 28{,}5$ A; $\cos\varphi = 0{,}85$; $\eta = 0{,}89$

Polpaarzahl des Motors: $p = 3$, Drehfelddrehzahl $1000\ \frac{1}{min}$.

Angegebene Daten gelten für Dreieckschaltung: :Δ 400 V.

Strangstrom = Außenleiterstrom/√3

Elektrische Leistungsaufnahme:

$$P_{el} = \frac{P_N}{\eta} = \frac{15\text{ kW}}{0{,}89} = 16{,}85\text{ kW}$$

Strangleistung bei symmetrischem Verbraucher:

$$P_{Str} = \frac{P_{el}}{3} = \frac{16{,}85\text{ kW}}{3} = 5{,}62\text{ kW}$$

Wirkleistung wird nur im Wirkwiderstand umgesetzt:

$$P_{Str} = I^2 \cdot R \rightarrow R = \frac{P_{Str}}{I^2}$$

$$R = \frac{5620\text{ W}}{(16{,}5\text{ A})^2} = 20{,}6\ \Omega \text{ (Strangwiderstand)}$$

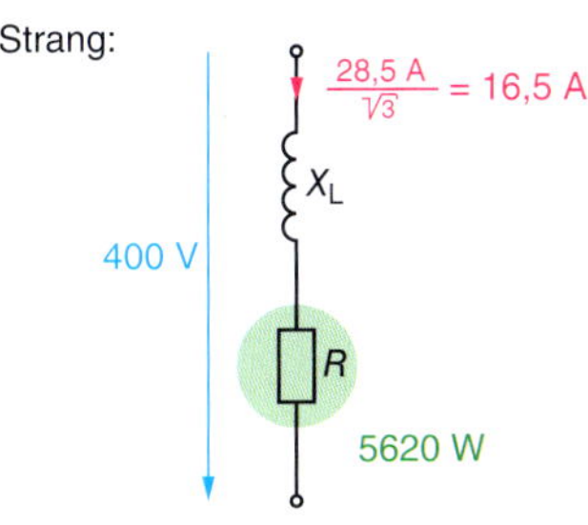

Scheinwiderstand Z des Strangs:

$$Z = \frac{U}{I} = \frac{400\text{ V}}{16{,}5\text{ A}} = 24{,}24\ \Omega$$

Induktiver Widerstand des Strangs:

$$Z = \sqrt{R^2 + X_L^2} \rightarrow X_L = \sqrt{Z^2 - R^2}$$

Die ermittelten Werte gelten bei 50 Hz.

$$X_L = \sqrt{(24{,}24\ \Omega)^2 - (20{,}6\ \Omega)^2} = 12{,}8\ \Omega$$

Nun wird die Frequenz auf 25 Hz eingestellt. Der ohmsche Widerstand R ändert sich dadurch nicht. Der induktive Widerstand halbiert sich bei Halbierung der Frequenz.

$f = 25$ Hz:

$$X_{L25} = \frac{X_L}{2} = \frac{12{,}8\ \Omega}{2} = 6{,}4\ \Omega$$

Scheinwiderstand bei 25 Hz:

$$Z' = \sqrt{R^2 + X_{L25}^2} = \sqrt{(20{,}6\ \Omega)^2 + (6{,}4\ \Omega)^2}$$

$$Z' = 21{,}6\ \Omega$$

Strangstrom bei 25 Hz:
Die Stromstärke hat sich bei Frequenzverringerung erhöht.

$$I' = \frac{U}{Z'} = \frac{400\text{ V}}{21{,}6\ \Omega} = 18{,}5\text{ A}$$

50 Hz: $I = 16{,}5$ A
25 Hz: $I' = 18{,}5$ A

Wenn die Frequenz von 50 Hz auf 25 Hz verringert (also halbiert) wird, halbiert sich auch die Leerlaufdrehzahl des Motors.

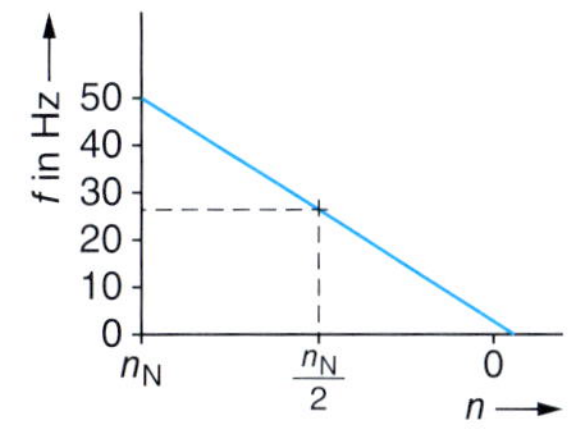

Die Frequenz wird auf 80 Hz eingestellt.

$$\frac{X_{L80}}{X_{L50}} = \frac{80\text{ Hz}}{50\text{ Hz}} \rightarrow X_{L80} = X_{L50} \cdot \frac{80\text{ Hz}}{50\text{ Hz}}$$

Der ohmsche Widerstand R ändert sich nicht. Der induktive Widerstand X_L nimmt zu.

$$X_{L80} = 12{,}8\ \Omega \cdot \frac{80\text{ Hz}}{50\text{ Hz}} = 20{,}5\ \Omega$$

Bremswiderstand

Im Bremswiderstand wird die gesamte Bremsenergie in Wärme umgewandelt. Belastungsdauer und Bemessungsleistung sind daher wichtige Kenngrößen. Dennoch erwärmt sich der Bremswiderstand im Betriebszustand erheblich!

@ Interessante Links

- www.eaton.de
- www.sew-eurodrive.de
- www. siemens.de

Strangstrom bei 80 Hz:
Die Stromstärke hat sich bei Frequenzerhöhung verringert.
Die Motordrehzahl nimmt zu.
Die Leerlaufdrehzahl verhält sich proportional zur Frequenz der Spannung.

Scheinwiderstand bei 80 Hz:

$$Z'' = \sqrt{R^2 + X_{L80}^2} = \sqrt{(20{,}6\ \Omega)^2 + (20{,}5\ \Omega)^2}$$

$$Z'' = 29{,}1\ \Omega$$

$$I'' = \frac{U}{Z''} = \frac{400\ \text{V}}{29{,}1\ \Omega} = 13{,}75\ \text{A}$$

B2- oder B6-Gleichrichter, je nach speisender Netzspannung (230 V, 400 V).
Ungesteuerter Gleichrichter (Dioden) oder gesteuerter Gleichrichter (Thyristoren).
Bei gesteuerten Gleichrichtern kann die Zwischenkreisspannung durch Phasenanschnitt verändert werden.

Zwischenkreis kann als Speicher angesehen werden, aus dem der Motor seine Energie bezieht.
Er liefert entweder
- einen variablen Gleichstrom,
- eine variable Gleichspannung,
- eine konstante Gleichspannung.

Wechselrichter besteht aus gesteuerten Halbleitern, die paarweise in drei Zweigen angeordnet sind.
Sie erzeugen eine Wechselgröße bei der Amplitude und Frequenz veränderlich sind.

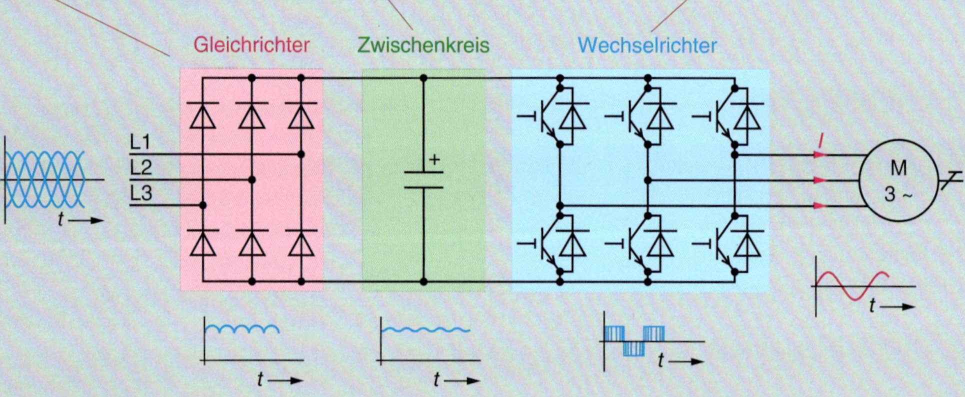

Dreiphasige Wechselspannung wird in eine pulsierende Gleichspannung umgewandelt.

Pulsierende Gleichspannung wird geglättet und stabilisiert.

Konstante Gleichspannung wird in dreiphasige Wechselspannung umgewandelt; Spannung und Frequenz sind veränderlich.

Kühlkörper
cooling attachment

Sinusform
sinusoidal
wave shape

Bei hohen Motorleistungen und sehr kurzen Bremszeiten steigt die Spannung im Zwischenkreis stark an. Ein **Bremsmodul** (Bremschopper) im *Zwischenkreis* kann dies verhindern.

Beim Anstieg der Spannung wird der Transistor angesteuert und die *Bremsenergie* kann im **Bremswiderstand** R_B in Wärme umgewandelt werden.

Bei höheren Motorleistungen kann ein **externer Bremswiderstand** an den Frequenzumrichter angeschlossen werden.

Bei der Auswahl von Bremswiderständen ist auf die Bemessungsleistung und die Belastungsdauer zu achten.

Der Bremswiderstand kann sehr hohe Temperaturen annehmen. **Kühlkörpermontage** ist daher die Regel.

Beim *gesteuerten* Frequenzumrichter kann die *Bremsenergie* in das *Versorgungsnetz* zurückgeliefert werden.

Transistoren Q1 und Q4 leitend (Bild 113)
An der Belastung liegt die Spannung $U_B = +U_Z$. Es fließt der Strom *I*.

Transistoren Q1 und Q4 sperren (Bild 114)
Die Dioden R2 und R3 ermöglichen weiterhin einen Stromfluss. Da nun $U_B = -U_Z$, nimmt die Stromstärke ab.

I-Umrichter

Der Zwischenkreis besteht aus einer Spule. Die Induktivität der Spule formt durch ihre Speicherwirkung bei Belastung die pulsierende Gleichspannung in einen geglätteten Strom um. Je größer der Strom, umso stärker die Glättungswirkung. Vorzugsweise bei Frequenzumrichtern großer Leistungen eingesetzt.

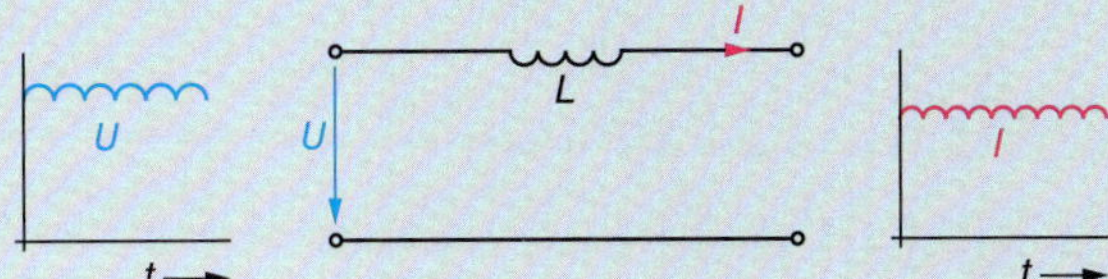

Der Zwischenkreis kann aus einer Kombination von Spule und Kondensator bestehen.

- Hohe Last → Spule übernimmt Glättung.
- Geringe Last→ Kondensator übernimmt Glättung.

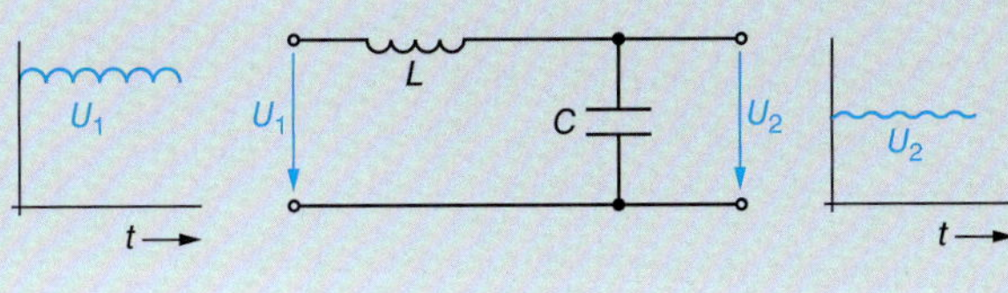

Wenn *I* negativ wird, übernehmen die Transistoren Q2 und Q3 den Strom.

Die Transistoren *wechseln* ihren *Schaltzustand* sehr schnell (z. B. 12 kHz).

Dabei wird die Zeit, in der $+U_Z$ bzw. $-U_Z$ an der Belastung anliegt, verändert.

Ein *Filter* am Ausgang des Frequenzumrichters bildet aus der rechteckförmigen Spannung einen *Mittelwert* (Bild 115, Seite 194).

Die *Spannung*, *Frequenz* und *Kurvenform* am Ausgang kann durch *Veränderung des Mittelwertes* beeinflusst werden.

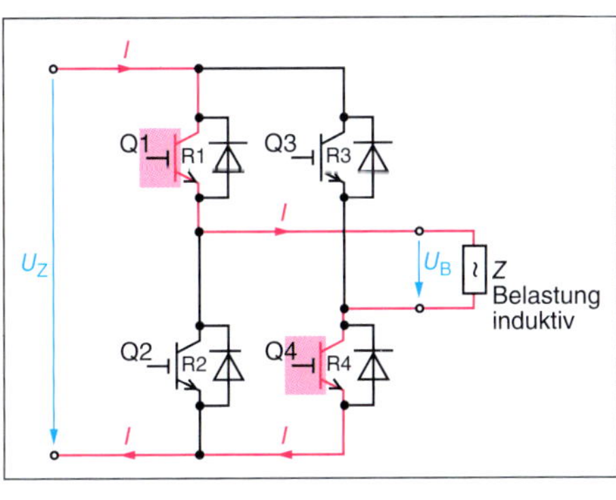

113 Q1 und Q4 leiten

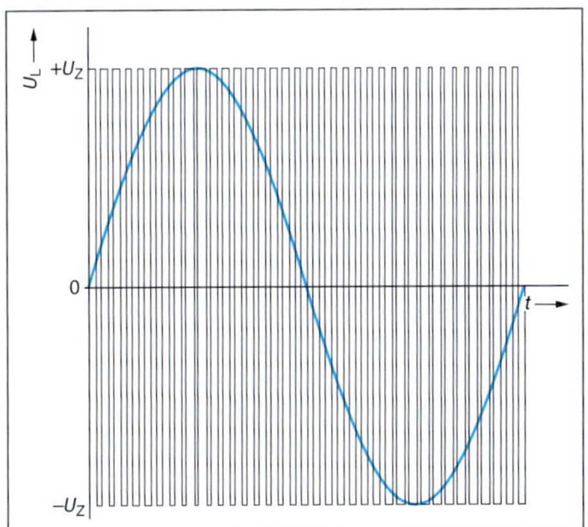

112 Sinusförmige Kurvenform

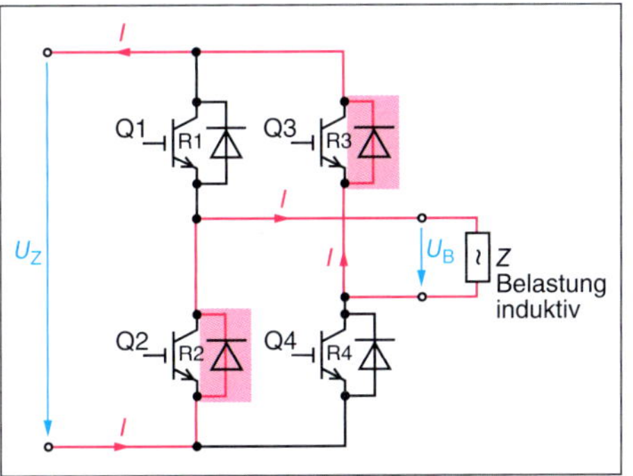

114 Q1 und Q4 sperren

Im Allgemeinen wird eine *sinusförmige* Kurvenform gewünscht (Bild 112).

Wenn eine *dreiphasige* Wechselspannung erzeugt werden soll, muss der *Wechselrichter drei* Pfade haben.

Die *drei Wechselspannungen* sind dann um 120° phasenverschoben.

■ **Leistungselektronik**

→ 101

■ **Frequenzumrichter**

verändern Frequenz und Spannung am Ausgang. Wenn die Frequenz abnimmt, muss die Spannung verringert werden.

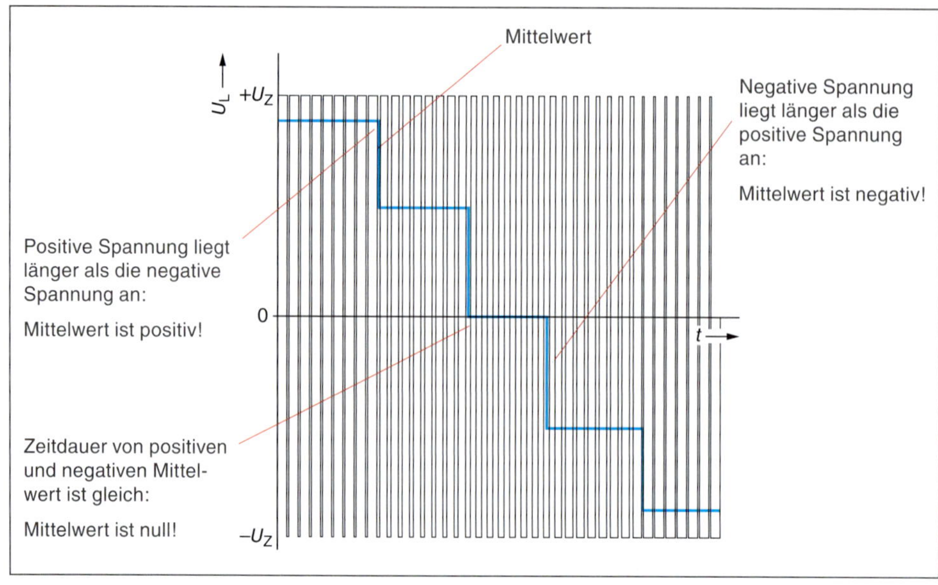

115 Beeinflussung des Mittelwertes von U_Z

■ **PWM**

Puls-Weiten-Modulation

Sinusförmiger Strom durch PWM

Wechselrichter bestehen aus Transistoren, die hohe **Schaltfrequenzen** ermöglichen.

Pulsung der Spannungsblöcke ermöglicht es, die Ausgangsspannung in eine *Folge schmalerer Einzelimpulse* mit dazwischen liegenden *Pausen* zu zerlegen.

Durch **Puls-Weiten-Modulation** (PWM) kann ein *annähernd sinusförmiger* Motorstrom erreicht werden (Bild 116).

Wegen der *Induktivität* des Motors *verzögern* sich Stromanstieg und Stromabfall.

Mit zunehmender **Schaltfrequenz** nähert sich der Stromverlauf immer mehr der **Sinusform** an (Bild 117).

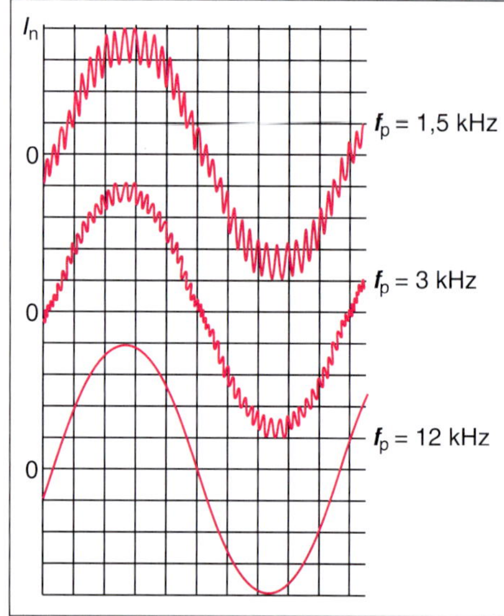

117 Einfluss der Schaltfrequenz auf Motorstrom

Einfluss der Schaltfrequenz auf den Motorstrom

- **Niedrige Schaltfrequenz**
  Relativ hohe Verluste im Motor, Motorgeräusche; relativ geringe Verluste im Frequenzumrichter.

- **Hohe Schaltfrequenz**
  Relativ geringe Verluste im Motor, geringe Motorgeräusche, höhere Verluste im Frequenzumrichter.

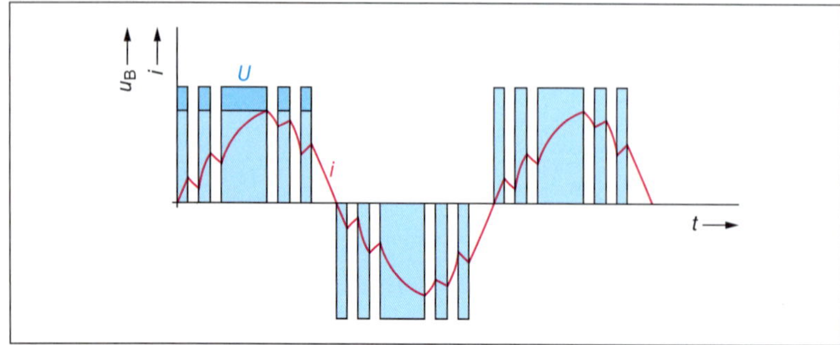

116 Wirkung der PWM auf den Motorstrom

Drehzahländerung des Drehstrommotors

Läuferdrehzahl

$$n_2 = \frac{f_1 \cdot 60}{p} \cdot (1 - s)$$

n_2 Läuferdrehzahl in $\frac{1}{\text{min}}$
f_1 Netzfrequenz in Hz
p Polpaarzahl
s Schlupf

- **Frequenzverringerung unter Bemessungsfrequenz**
  Induktiver Widerstand sinkt → Stromstärke steigt unzulässig an.
  Mit der Frequenz muss die Spannung verändert werden.

Wenn die Frequenz unterhalb des Bemessungswerts liegt, muss die Motorspannung proportional abgesenkt werden. Das Drehmoment bleibt dann konstant.

Im sehr niedrigen Frequenzbereich ($f < 15$ Hz) macht sich (vor allem bei leistungsschwächeren Motoren) der Spannungsfall am ohmschen Strangwiderstand bemerkbar, da der induktive Widerstand bei sehr geringer Frequenz sehr klein ist.

Um den magnetischen Fluss konstant zu halten, muss die Spannung in diesem Bereich angehoben werden. Man nennt dies *IR-Kompensation*, *Momentanhebung* oder *Boost*.

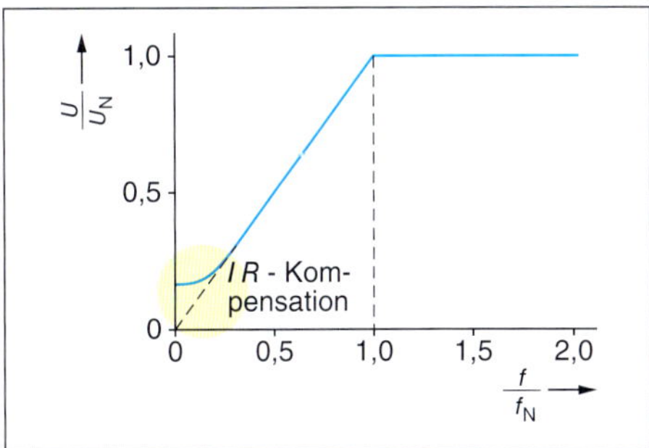

118 IR-Kompensation (Boost)

- **Frequenzerhöhung über Bemessungsfrequenz**
  Bei Bemessungsfrequenz wird der Motor mit Bemessungsspannung betrieben. Bei höheren Frequenzen kann die Spannung dann nicht mehr angehoben werden. Deshalb wird das Drehmoment des Motors wegen des zunehmenden induktiven Widerstandes der Strangwicklungen abnehmen (Bild 120).

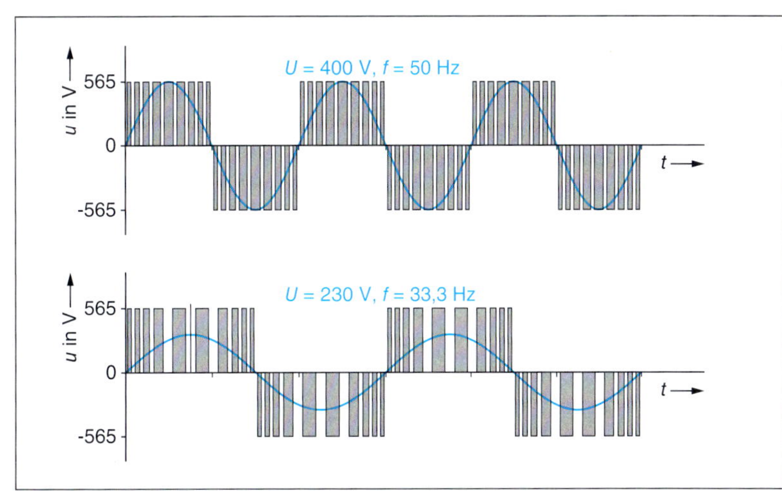

119 Frequenz- und Spannungsänderung

Wenn ein Motor über Bemessungsdrehzahl (Bemessungsfrequenz) betrieben werden soll, muss er bezüglich der Bemessungsleistung überdimensioniert werden.

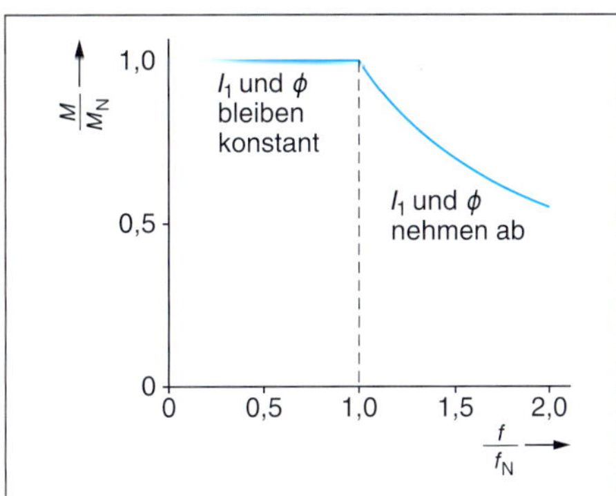

120 Drehmomentabnahme des Motors

Wenn der Motor bei niedrigen Frequenzen mit dem Bemessungsmoment belastet wird, ist eine Fremdbelüftung notwendig.

Die Eigenlüftung des Motors ist auf Bemessungsdrehzahl ausgelegt.

Wenn der Motor mit hohen Frequenzen betrieben wird, kann er nur mit verringerter Last arbeiten.

z.B.

Ein 4-poliger Drehstrom-Asynchronmotor wird am 50-Hz-Drehstromnetz betrieben. Sein Schlupf beträgt 7 %.
Mit welcher Drehzahl dreht sich der Läufer bei Netzfrequenz?

Schlupfdrehzahl:
$n_s = n_1 - n_2$

Schlupf:
$s = \frac{n_s}{n_1} \cdot 100\,\%$

Schlupf 7 % → 0,07
4-poliger Motor: Polpaarzahl $p = 2$.

$n_2 = \frac{f_1 \cdot 60}{p} \cdot (1 - s)$

$n_2 = \frac{50\text{ Hz} \cdot 60}{2} \cdot (1 - 0{,}07)$

$n_2 = 1395\,\frac{1}{\text{s}}$

Die Läuferdrehzahl n_2 ist der Frequenz f_1 verhältnisgleich.

■ **Lastmoment, Widerstandsmoment**

→ 195

■ **Schlupf**

→ 151

Frequenzumrichter und Motor

Startkompensierung und Startspannung

Optimale *Magnetisierung* und maximales *Drehmoment* bei *Motorstart* mit niedrigen Drehzahlen.

Die Ausgangsspannung des FU erhält einen **Spannungszuschuss**, der den Einfluss des ohmschen Wicklungswiderstands bei niedrigen Frequenzen ausgleicht.

Die *Startkompensierung* ist ein *belastungsabhängiger* Spannungszuschuss. Die *Startspannung* ist ein *belastungsunabhängiger* Spannungszuschuss. Bei Parallelbetrieb von Motoren sollte die Startkompensierung nicht verwendet werden.

Schlupfkompensierung

Der **Schlupf** des Asynchronmotors ist belastungsabhängig. Er beträgt ca. 5 %.

Bei einem 2-poligen Motor ($p = 1$) sind dies $150 \frac{1}{\text{min}}$.

Wenn der Motor mit einem FU auf $300 \frac{1}{\text{min}}$ gesteuert werden soll, beträgt der Schlupf ca. 50 %.

Wenn der FU den Motor mit 5 % der Bemessungsdrehzahl steuern soll, bleibt der Motor bei Belastung stehen.

Dies wird durch die **Schlupfkompensierung** vermieden. Der FU misst den Strom in den Ausgangsleitungen und kompensiert den Schlupf durch einen **Frequenzzuschuss**, der dem gemessenen Strom entspricht.

Belastungsabhängige Ausgangsspannung

Die **Startspannung** optimiert den Frequenzumrichter für den *Anlauf unter Belastung*.

Wenn nach dem Start die Motorbelastung abnimmt, führt der Spannungszuschuss zu einer *Überkompensation* des Motors. Die Blindstromaufnahme des Motors nimmt zu. Er wird überhitzt.

Der FU regelt die Ausgangsspannung abhängig von der Belastung.

Motorkennlinie

Unterhalb der Bemessungsfrequenz wird sich bei Frequenzänderung die *Drehzahl-Drehmoment-Kennlinie* des Motors *parallel verschieben*.

Oberhalb der Bemessungsfrequenz nimmt das *Kippmoment* des Motors stark *ab* (Bild 121).

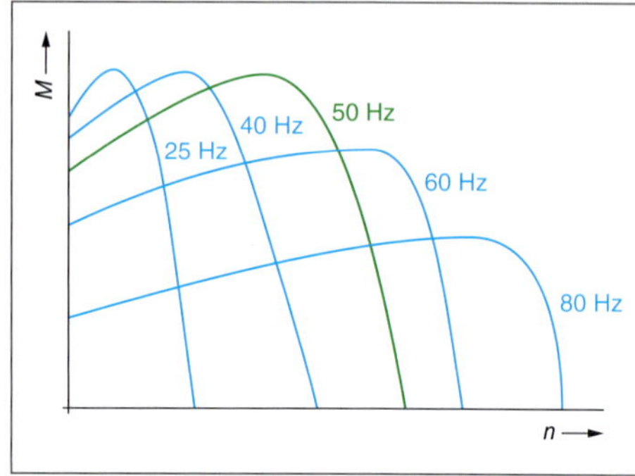

121 Frequenzabhängigkeit des Drehmoments

Auswahl des Frequenzumrichters

Zunächst muss die **Lastmomentkennlinie** bekannt sein (Bild 124). Dann kann ermittelt werden, welcher *Frequenzumrichter* für die notwendige **Ausgangsleistung** erforderlich ist.

Begründung

- Wenn die Drehzahl von Pumpen und Lüftern steigt, nimmt der Leistungsbedarf mit der 3. Potenz (n^3) der Drehzahl zu.
  Die Drehzahl von Pumpen und Lüftern sollte deshalb die Bemessungsdrehzahl nicht übersteigen.
- Der normale Arbeitsbereich von Pumpen und Ventilatoren liegt im Drehzahlbereich 50 – 90 %. Der Belastungsgrad steigt in der 2. Potenz zur Drehzahl (n^2), also etwa 30 – 80 %.

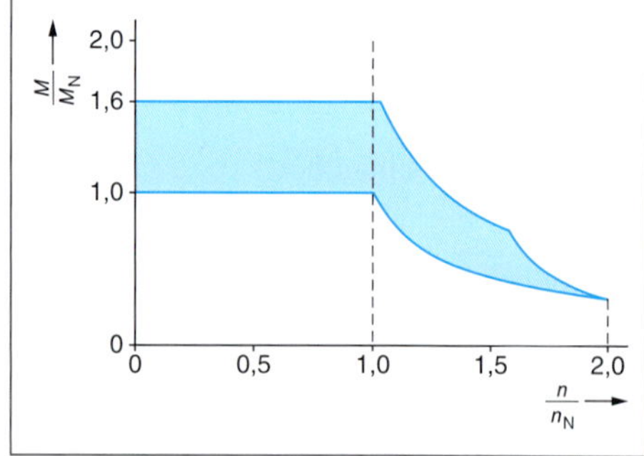

122 Moment und Übermoment

Es ist vorteilhaft, wenn der Frequenzumrichter z. B. ein Drehmoment von 160 % des Bemessungsmoments zulässt.

Das Übermoment von 60 % reicht für die Beschleunigung und hohe Startmomente. Außerdem können dadurch Belastungsstöße aufgefangen werden.

Ein FU, der *kein Übermoment* zulässt, muss so groß gewählt werden, dass das *Beschleunigungsmoment* innerhalb des Bemessungsmoments liegt.

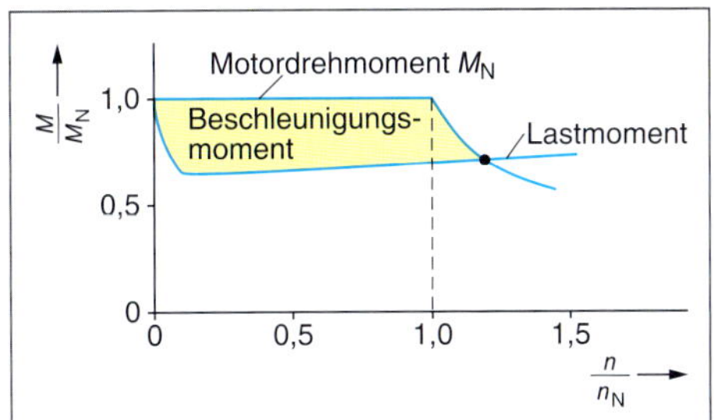

123 Beschleunigungsmoment

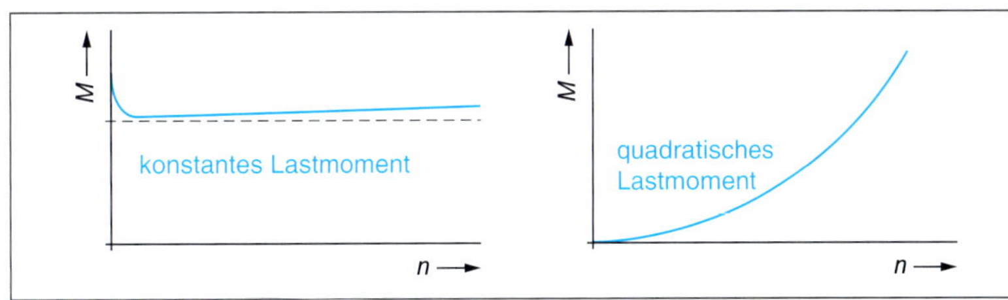

124 Lastmomentkennlinien

Motorstrom

Der Frequenzumrichter muss den *Motorstrom* liefern können. Bei *nicht voll* belastetem Motor kann die Stromstärke an einer entsprechenden Anlage gemessen werden, die in Betrieb ist.

15-kW-Motor; $n_N = 1460 \frac{1}{\text{min}}$

Der Bemessungsstrom beträgt $I_N = 29$ A.

Gewählt wird ein FU, dessen Strom größer oder gleich 29 A ist; bei konstanter oder quadratischer Lastkennlinie.

Scheinleistung

Der FU kann nach der vom Motor *aufgenommenen Scheinleistung S* ausgewählt werden. Diese Scheinleistung muss der FU mindestens decken können.

$S = \sqrt{3} \cdot U \cdot I$

$S = \sqrt{3} \cdot 400 \text{ V} \cdot 29 \text{ A} = 20 \text{ kVA}$

z. B.

Gewählt wird ein FU, der *mindestens* 20-kVA-Ausgangsleistung liefern kann; bei *konstanter* und *quadratischer Lastkennlinie*.

Hinweis

Die Leistungsgrößen der Frequenzumrichter entsprechen der *Normreihe der Drehstrom-Asynchronmotoren*.

Häufig wird der FU danach bestimmt. Besonders wenn der Motor in *Teillast* betrieben wird, kann dies zu einer ungenauen Auslegung führen.

Bei Auswahl des FU nach *Leistung* ist es notwendig, dass die *Leistungen* von Motor und FU bei *gleicher Spannung* verglichen werden.

Leistungsfaktor cos φ des Motors

Der *Magnetisierungsstrom* des Motors wird vom Kondensator im Zwischenkreis des FU geliefert. Dieser Blindstrom fließt vom Kondensator zum Motor und wieder zurück.

Die Hersteller geben den cos φ i. Allg. bei **Volllast** an.

Bei einem niedrigeren Wert ist das maximale Drehmoment des Motors zu verringern.

Parametrierung des Frequenzumrichters

Frequenzumrichter werden mit *voreingestellten* **Parametern** (Werkseinstellung) geliefert.

Vor der ersten Inbetriebnahme des Antriebs müssen die **Motor-Bemessungsdaten** *parametriert* werden. Sonst könnte der Antriebsmotor beschädigt werden.

Dies kann über *aufsteckbare Bediengeräte* oder auch mithilfe eines *Personalcomputers* (Datenschnittstelle) erfolgen.

Beispiele für Parameter

- *Motor-Bemessungsdaten*
- *Motordrehzahl (min. und max.)*
- *Hochlaufzeit und Rücklaufzeit*
- *Ausgangsstrom*
- *Ausgangsspannung*
- *Ausgangsfrequenz*
- *Fehlermeldungen*
- *Alarmmeldungen*

■ Überwachungs- und Sicherheitsfunktionen

Der Frequenzumrichter (FU)

- erkennt den Ausfall eines Außenleiters
- erkennt Über- und Unterspannungen im Zwischenkreis und verhindert den Motorstart
- erkennt Kurzschluss, Überlastung und Erdschluss in der Motorzuleitung
- überwacht die Erwärmung des Motors
- überwacht die Kühlkörpertemperatur

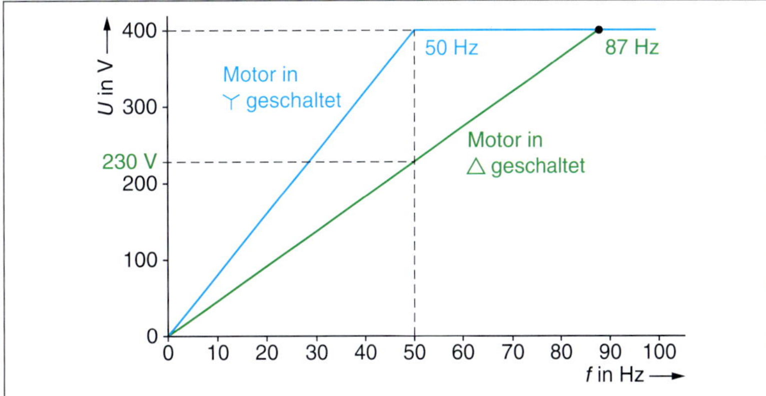

125 Typenpunkt

Typenpunkt

Bis zum *Typenpunkt* kann der Motor mit dem *Bemessungsmoment* M_N belastet werden.

Zu beachten sind:

- Eingangsspannung des FU (230 V einphasig, 400 V dreiphasig).
- Einstellung des Typenpunkts.

Motor in **Dreieckschaltung** verwendbar, wenn am Frequenzumrichter die Werte $U_N = 230$ V, $f_N = 50$ Hz parametriert werden.

Bei $f = 50$ Hz liegen an der Motorwicklung 230 V an.

Die maximale Ausgangsspannung

$U_N = \sqrt{3} \cdot 230\text{ V} = 400\text{ V}$

wird bei

$f = \sqrt{3} \cdot 50\text{ Hz} = 87\text{ Hz}$

erreicht.

Diese Frequenz heißt **Eckfrequenz** (Typenpunkt), Bild 125, Seite 197.

Aufgrund der höheren Frequenz fließt bei 400-V-Strangspannung nur der *Bemessungsstrom*, sodass der Motor nicht überlastet wird.

Wenn der Motor in **Stern** geschaltet wird, muss der *Typenpunkt* auf 50 Hz eingestellt werden.

■ **Typenpunkt**

Bis zum Typenpunkt kann der Motor mit dem Bemessungsmoment belastet werden.

Rampen

Für ruhige Betriebsbedingungen sind Frequenzumrichter mit **Rampenfunktion** ausgestattet.

Die **Rampen** sind *justierbar* und ermöglichen, dass die Drehzahl nur mit der eingestellten Geschwindigkeit steigen oder fallen kann (Bild 126).

Wenn die **Rampenzeiten** so *klein* gewählt werden, dass die *Drehzahl des Motors nicht folgen kann*, steigt der *Motorstrom* bis zur Erreichung der Stromgrenze an.

Die *Spannung* im **Zwischenkreis** kann dabei erheblich ansteigen. Eine Schutzelektronik schaltet den FU ab.

■ **Wirkungsgrad**

Der Wirkungsgrad von Frequenzumrichtern ist meist größer als 95 %.

@ Interessante Links

- christiani-berufskolleg.de

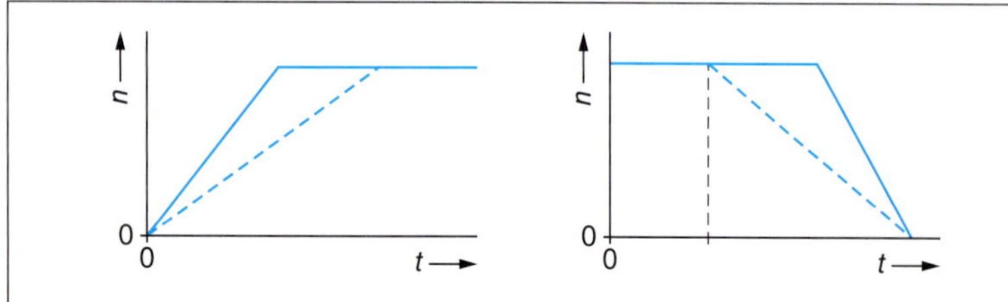

126 Rampeneinstellung

Prüfung

1. Welche Aufgabe haben Frequenzumrichter?

2. Aus welchen Hauptkomponenten besteht ein Frequenzumrichter?

3. Welche Auswirkungen hat es auf einen Elektromotor, wenn die Frequenz gegenüber der Bemessungsfrequenz

a) erhöht

b) verringert

wird?

4. Welche Aufgabe hat der Zwischenkreis eines Frequenzumrichters?

5. Wie arbeitet ein Wechselrichter?

6. Erläutern Sie die Aufgabe der dargestellten Schaltung.

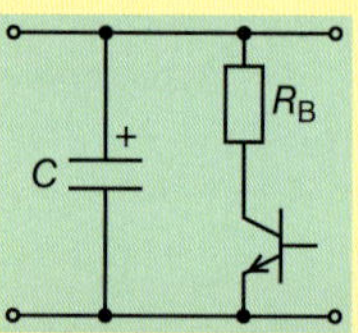

7. Wie muss der Frequenzumrichter reagieren, wenn die Frequenz unter Bemessungsfrequenz abgesenkt wird?

8. Beschreiben Sie den Sinn der IR-Kompensation (Boost).

9. Welchen Einfluss hat es auf das Drehmoment, wenn die Frequenz über Bemessungsfrequenz gesteigert wird?

10. Welche Aufgabe hat die Startkompensierung?

11. Ein Asynchronmotor (Bemessungsfrequenz 50 Hz) wird mit 25 Hz betrieben.

Dabei hat er ein bestimmtes Kippmoment. Nun wird der gleiche Motor mit 80 Hz betrieben.

Hat dies Einfluss auf das Kippmoment?

12. Erläutern Sie den Begriff Übermoment. Welchen Sinn hat ein Übermoment?

14. Was wird unter Parametrierung eines Frequenzumrichters verstanden?

15. Nennen Sie wichtige Parametrierungsparameter für den Frequenzumrichter.

Technische Daten eines Frequenzumrichters

Eingang		
Netzspannung	U_{Netz}	3 × AC 380 – 500 V
Netzfrequenz	f_N	50/60 Hz ± 5 %
Netz-Bemessungsstrom bei 3 × AC 400 V	I_N	AC 1,8 A
	I_{N125}	AC 2,3 A
Ausgang		
Ausgangsspannung	U_A	3 × 0 – U_{Netz}
Motorleistung 100 % Motorleistung 125 %	P_M P_{M125}	0,55 kW 0,75 kW
Ausgangsstrom 100 % Ausgangsstrom 125 %	I_N I_{N125}	AC 2,0 A AC 2,5 A
Ausgangs-Scheinleistung 100 % Ausgangs-Scheinleistung 125 %	S_N S_{N125}	1,4 kVA 1,7 kVA
Max. zul. Bremswiderstand	R_{BW}	68 Ω
Allgemein		
Verlustleistung 100 % Verlustleistung 125 %	P_V P_{V125}	40 W 45 W
Kühlungsart		Konvektion
Strombegrenzung		1,5 · I_N für mindestens 60 s
Klemmen		4 mm²

@ Interessante Links

- www.eaton.de
- www.sew-eurodrive.de
- www. siemens.de

Sicherheitshinweise

- Nur qualifiziertes Personal darf an diesem Gerät arbeiten.
  Dieses Personal muss gründlich mit allen Sicherheitshinweisen, Installations-Betriebs- und Instandhaltungsmaßnahmen vertraut sein.
  Der einwandfreie und sichere Betrieb setzt sachgemäßen Transport, ordnungsgemäße Installation, Bedienung und Instandhaltung voraus.

- Gefährdung durch elektrischen Schlag.
  Die Kondensatoren des Gleichstromzwischenkreises bleiben nach Abschalten der Versorgungsspannung 5 Minuten lang geladen. Das Gerät darf daher erst 5 Minuten nach dem Abschalten geöffnet werden.

Elektrische Installation

- Der Umrichter muss immer geerdet sein!
- An Leitungen, die an den Umrichter angeschlossen sind, darf niemals eine Isolationsprüfung mit hoher Spannung vorgenommen werden.
- Die Steuer-, Netz und Motorleitungen müssen getrennt verlegt werden.

Betrieb mit Fehlerstrom-Schutzeinrichtungen

Unter folgenden *Voraussetzungen* arbeitet der FU ohne unerwünschte Abschaltung:

- Verwendung eines RCD vom Typ B.
- Abschaltgrenze des RCD 300 mA.
- N-Leiter des Netzes geerdet.
- Jeder RCD versorgt nur einen Umrichter.
- Die Ausgangsleitungen sind kürzer als 50 m (geschirmt) bzw. 100 m (ungeschirmt).

Vermeidung elektromagnetischer Störung

Frequenzumrichter sind für den *Betrieb in industrieller Umgebung* ausgelegt. Hier sind hohe Werte an *elektromagnetischen* **Störungen** zu erwarten.

Im Allgemeinen gewährleistet eine fachgerechte Installation einen sicheren und störungsfreien Betrieb.

Bei auftretenden Schwierigkeiten sind die folgende Hinweise zu beachten.

■ **EMV**

→ 73, 80, 39

■ **Hinweis**

Frequenzumrichter werden vom Hersteller mit einem Parametersatz (Werkseinstellung) geliefert.

Damit der Motor keinen Schaden nimmt, müssen vor Inbetriebnahme des Motors seine Bemessungsdaten parametriert werden.

Die Parametrierung kann durch aufsteckbare Bediengeräte oder über eine Datenschnittstelle mit dem PC erfolgen.

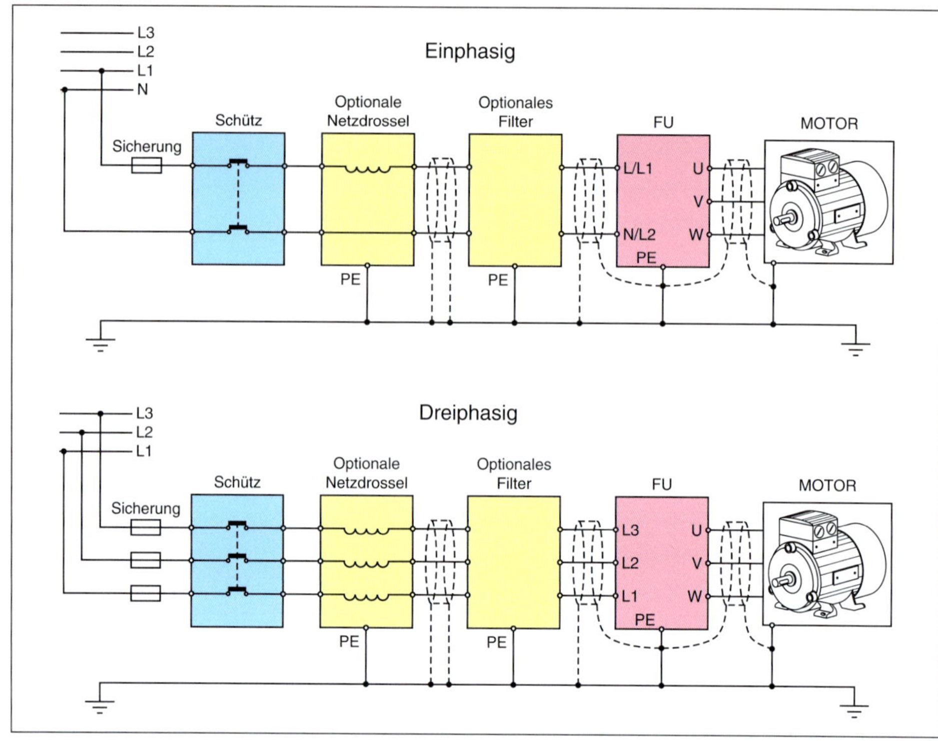

127 *Motor- und Netzanschluss*

- Vergewissern Sie sich, dass alle Geräte im Schrank über kurze Erdungsleitungen mit großem Querschnitt, die an einen gemeinsamen Erdungspunkt oder eine Erdungsschiene angeschlossen sind, gut geerdet sind.
- Vergewissern Sie sich, dass jedes am Umrichter angeschlossene Steuergerät (z. B. eine SPS) über eine kurze Leitung mit großem Querschnitt an dieselbe Erde oder denselben Erdungspunkt wie der Umrichter angeschlossen ist.
- Schließen Sie den Mittelpunktleiter der von den Umrichtern gesteuerten Motoren direkt am Erdungsanschluss (PE) des zugehörigen Umrichters an.
- Flache Leitungen werden bevorzugt, da sie bei höheren Frequenzen eine geringere Impedanz aufweisen.
- Die Leitungsenden sind sauber abzuschließen, wobei darauf zu achten ist, dass ungeschirmte Leitungen möglichst kurz sind.
- Die Steuerleitungen sind getrennt von den Leistungskabeln zu verlegen. Kreuzungen von Leistungs- und Steuerkabeln sollten im 90°-Winkel erfolgen.
- Verwenden Sie nach Möglichkeit geschirmte Leitungen für die Verbindungen zur Steuerschaltung.
- Vergewissern Sie sich, dass die Schütze im Schrank entstört sind, entweder mit RC-Beschaltung bei Wechselstromschützen oder mit „Freilauf"-Dioden bei Gleichstromschützen, wobei die Entstörmittel an den Spulen anzubringen sind. Varistor-Überspannungsableiter sind ebenfalls wirksam. Dies ist wichtig, wenn die Schütze vom Umrichterrelais gesteuert werden.
- Verwenden Sie für die Motoranschlüsse geschirmte oder bewehrte Leitungen und erden Sie die Abschirmung an beiden Enden mit Kabelschellen.

128 *Frequenzumrichter*

Blockschaltbild eines Frequenzumrichters

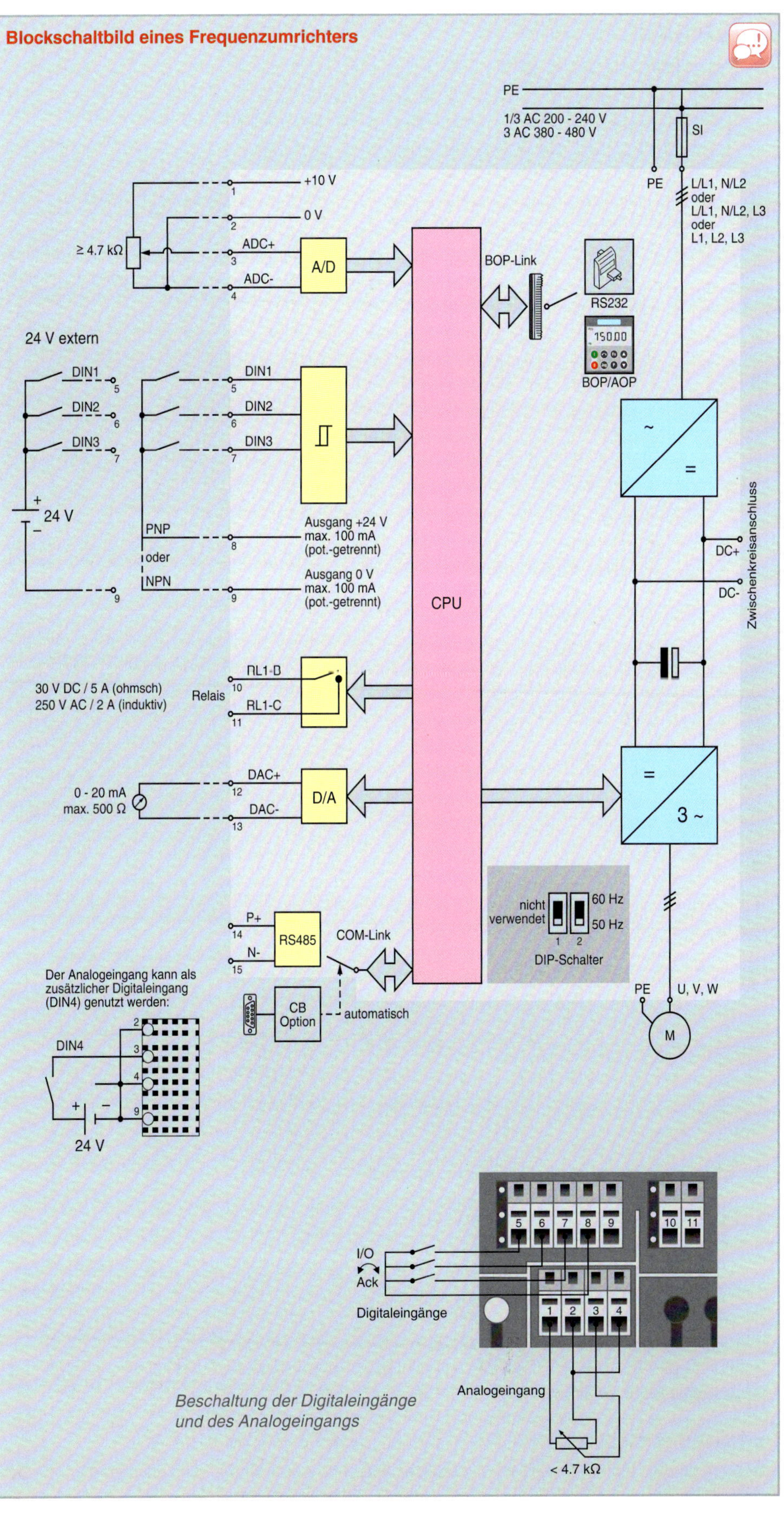

Beschaltung der Digitaleingänge und des Analogeingangs

Steuerklemmen

Klemme	Bezeichnung	Funktion
1	–	Ausgang +10 V
2	–	Ausgang 0 V
3	ADC+	Analogeingang (+)
4	ADC–	Analogeingang (–)
5	DIN1	Digitaleingang 1
6	DIN2	Digitaleingang 2
7	DIN3	Digitaleingang 3
8	–	Isolierter Ausgang +24 V/max. 100 mA
9	–	Isolierter Ausgang 0 V/max. 100 mA
10	RL1-B	Digitalausgang/ Schließer
11	RL1-C	Digitalausgang/ Wechsler
12	DAC+	Analogausgang (+)
13	DAC–	Analogausgang (–)
14	P+	RS485-Anschluss
15	N–	RS485-Anschluss

Schnellinbetriebnahme

Name
Europa/Nordamerika
Motortyp wählen
Motornennspannung
Motornennstrom
Motornennleistung
Nenn-Motorleistungsfaktor
Motornennwirkungsgrad
Motornennfrequenz
Motornenndrehzahl
Motormagnetisierungsstrom
Motorkühlung
Motorüberlastungsfaktor [%]
Wahl der Befehlsquelle
Wahl des Frequenzsollwerts
Minimale Drehzahl
Maximale Drehzahl
Rampenhochlaufzeit
Rampenauslaufzeit
OFF3 Rampenauslaufzeit
Regelungsart
Motordaten-Identifizierung wählen
Ende der Schnellinbetriebnahme

Prüfung

1. Erläutern Sie die Aussage der nebenstehenden Kennlinie.

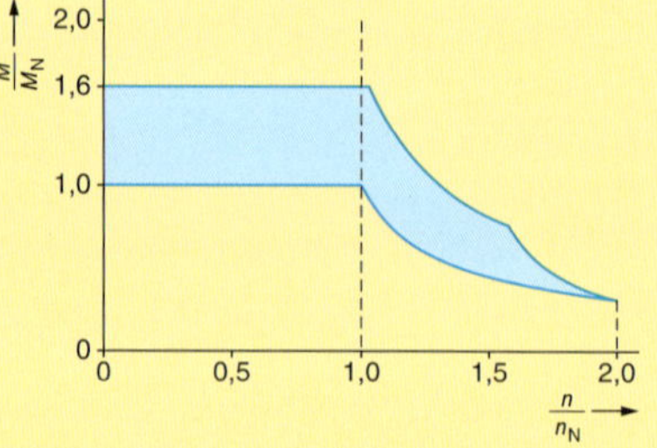

2. Welche Bedeutung hat der Typenpunkt eines FU?

3. Worauf ist bei der Einstellung des Typenpunkts zu achten?

4. Warum sollten bei der Parametrierung eines FU die Rampenzeiten nicht zu klein gewählt werden?

5. Bei Betrieb eines Frequenzumrichters spricht der vorgeschaltete RCD häufig an. Beschreiben Sie Ihre Maßnahmen.

6. Wie wird der Netzanschluss eines Frequenzumrichters fachgerecht durchgeführt? Beschreiben Sie die Aufgaben von Netzdrossel, Filter und Abschirmung der Leitungen.

@ **Interessante Links**

- christiani-berufskolleg.de

5 Elektrische Anlagen

5.1 Beleuchtungstechnik

An eine **Beleuchtungsanlage** werden vorrangig folgende *Forderungen* gestellt:

- Ausreichende Beleuchtungsstärke
- Gleichmäßigkeit der Beleuchtung
- Keine Blendung
- Farbwiedergabe
- Wirtschaftlichkeit (Wartungskosten, Lampenersatzkosten, Energiekosten)

Größen der Lichttechnik

Lichtstrom Φ

Elektrische Lichtquellen wandeln elektrische Energie in **Strahlungsleistung** um.

Die im *sichtbaren* Bereich liegende Strahlungsleistung wird **Lichtstrom** genannt.

Lichtstrom ist die von der Lichtquelle abgestrahlte Lichtleistung.

Formelzeichen Φ,
Einheit lm (Lumen).

Beispiele für Lichtstrom

- *Leuchtstofflampe* 58 W: Lichtstrom 5200 lm
- *Niedervolt-Halogenlampe* 50 W: 1000 lm
- *LED-Lampe:* 2 W: 117 lm

1 Lichtstrom

Lichtstärke I

Lampen verteilen den Lichtstrom *nicht gleichmäßig*: Denken Sie beispielsweise an *Reflektorlampen*.

Die Lichtstärke gibt an, wie viel Licht von einer Lampe *in einer bestimmten Richtung* abgestrahlt wird. Die Lichtstärke wird in Candela (cd) angegeben.

Hersteller geben die **Lichtstärkeverteilung** für einen Lichtstrom von $\Phi = 1$ klm an.

Für verschiedene **Bezugsebenen** in Abhängigkeit vom **Abstrahlungswinkel**.

Lichtmenge Q

Die **Lichtmenge** ist eine wichtige Größe, wenn die **Beleuchtungskosten** ermittelt werden sollen.

Sie gibt an, wie viel Licht innerhalb eines bestimmten Zeitraums (z. B. Lebensdauer der Lampe) abgestrahlt wird.

$Q = I \cdot t$

Einheit der Lichtmenge: lms (Lumensekunde).

Beleuchtungsstärke E

Die **Beleuchtungsstärke** ist der *Lichtstrom*, bezogen auf die beleuchtete Fläche.

$E = \frac{\Phi}{A}$ Einheit: $\frac{\text{lm}}{\text{m}^2} = \text{lx}$ (Lux)

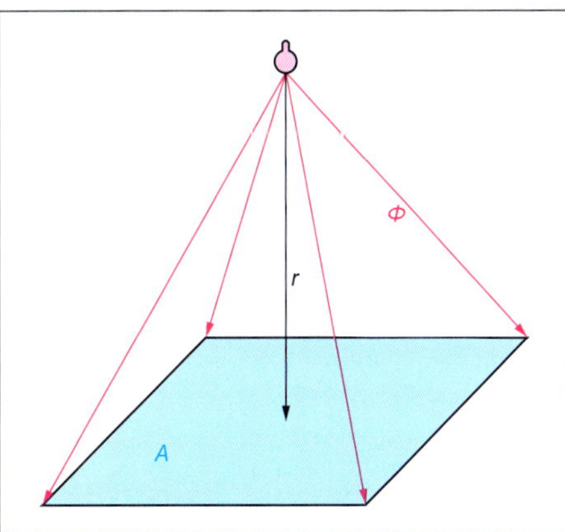

2 Beleuchtungsstärke

$\Phi = 1\ \text{lm},\ A = 1\ \text{m}^2 \rightarrow E = 1\ \frac{\text{lm}}{\text{m}^2} = 1\ \text{lx}$ (Lux)

Wenn eine *ebene Fläche* beleuchtet wird, hat der Lichtstrahl *unterschiedlich weite Wege* von der Lichtquelle auf diese Fläche. Deshalb wird eine **mittlere Beleuchtungsstärke** $\overline{E}$ angegeben.

Die **Bemessungs-Beleuchtungsstärke** ist auf einen *mittleren Alterungs-* und *Verschmutzungszustand* bezogen.

Neuanlagen werden somit um den **Planungsfaktor** überdimensioniert.

Unter normalen Bedingungen wird der *Planungsfaktor* mit 1,25 (25 % Überdimensionierung) angenommen.

Leuchtdichte

Die *Leuchtdichte* ist ein Maß für den *Helligkeitseindruck*, den eine leuchtende oder beleuchtete Fläche hervorruft.

Elektrische Lichtquellen nehmen eine elektrische Leistung auf und geben den Lichtstrom Φ ab.

■ Beleuchtungsstärke

sollte unabhängig vom Alter einen bestimmten Wert nicht unterschreiten.

■ DIN 12464-1

schreibt mittlere Beleuchtungsstärken für bestimmte Arbeitsplätze vor.

■ Leuchtdichte

Eine 58-W-LSL hat eine geringe Leuchtdichte, da die abstrahlende Fläche relativ groß ist.

Eine 60-W-Halogenlampe hat eine hohe Leuchtdichte. Hier ist die abstrahlende Fläche nur gering.

■ **Farbwiedergabewert**
Für feine Montagearbeiten ist mindestens ein Wert von $R_a = 80$ vorgeschreiben

Sie wird in cd/m^2 angegeben. Große **Leuchtdichteunterschiede** wirken störend und ermüdend. Sie können auch **Blendung** hervorrufen.

Leuchtdichten: 

- Glühfaden einer Lampe: 7000000 cd/m^2
- Leuchtstofflampe: 8000 cd/m^2

Beleuchtete Oberflächen

Die **Leuchtdichte** ist hier abhängig von der Beleuchtungsstärke und dem **Reflexionsgrad** der Oberfläche.

- *Weiße Oberfläche*: Hoher Reflexionsgrad; hoher Anteil des auftreffenden Lichts wird reflektiert.
- *Dunkle Oberfläche*: Geringer Reflexionsgrad, die Leuchtdichte ist bei gleicher Beleuchtungsstärke erheblich geringer.

■ **Lichtausbeute**
Je höher die Lichtausbeute, umso wirtschaftlicher kann die Beleuchtungsanlage betrieben werden.

Lichtausbeute

Größe zur Beurteilung der **Wirtschaftlichkeit** von Lampen. Der von der Lampe hervorgerufene **Lichtstrom** Φ wird auf den elektrischen **Anschlusswert** P bezogen.

$$\eta = \frac{\Phi}{P} \qquad \text{Einheit: } \frac{\text{Lumen}}{\text{Watt}} \left(\frac{\text{lm}}{\text{W}}\right)$$

η Lichtausbeute in lm/W
Φ Lichtstrom in lm
P elektrische Leistung in W

25-W-Glühlampe:	Lichtstrom 230 lm	→ Lichtausbeute 9,2 lm/W
30-W-Leuchtstofflampe:	Lichtstrom 2400 lm	→ Lichtausbeute 80 lm/W
LED-Lampe 8 W:	Lichtstrom 760 lm	→ Lichtausbeute 95 lm/W

Gütemerkmale einer Beleuchtung

Die Norm DIN EN 12464-1 schreibt für die *Beleuchtungsanlagen von Arbeitsstätten* bestimmte **Gütemerkmale** vor. Dabei haben folgende Größen einen wesentlichen Einfluss:

- Farbwiedergabewert R_a
- Reflexionsgrad ρ
- Lichtstrom Φ
- Beleuchtungsstärke E
- Leuchtdichte L

3 *Spektrum von weißem Licht*

Farbwiedergabewert R_a

Der Idealfall ist das **Tageslicht**. Es hat das ausgeprägteste **Lichtspektrum** (Bild 3).

Licht hat die Eigenschaften *elektromagnetischer Wellen*, deren Kenngrößen **Wellenlänge** und **Frequenz** sind. Darin unterscheiden sich die einzelnen **Lichtfarben.**

Weißes Licht setzt sich aus *mehreren* **Lichtfarben** zusammen.

Trifft dieses Licht auf die Oberfläche eines Körpers, dann wird *nur* die Farbe des weißen Lichts *zurückgeworfen*, die der **Körperfarbe** entspricht.

Ein grüner Körper erscheint dann grün. Alle anderen Farbanteile des weißen Lichts werden nicht zurückgeworfen, sondern *absorbiert*. Der Mensch erkennt dann nur den reflektierten *grünen* Anteil des Lichts.

Bei **künstlichem Licht** ist die Erkennung aller *Körperfarben* nur dann möglich, wenn dieses Licht *alle* **Lichtfarben** *des weißen Lichts* enthält. Dies gilt für künstliche Lichtquellen aber nur bedingt.

Ein Maß hierfür ist der **Farbwiedergabewert**.

Farbwiedergabewert verschiedener Lampen

Lampe	R_a
Glühlampen, Kompakt-Leuchtstofflampen, Halogen-Metalldampflampen, spezielle Leuchtstofflampen	≥ 90
Kompakt-Leuchtstofflampen, Dreibanden-Leuchtstofflampen, Halogen-Metalldampflampen	80 – 90
Standard-Leuchtstofflampen (universalweiß)	70 – 80
Standard-Leuchtstofflampen (hellweiß), Halogen-Metalldampflampen	60 – 70
Standard-Leuchtstofflampen (warmweiß)	40 – 60
Natriumhochdrucklampen	20 – 40
Natriumniederdrucklampen	< 20

Reflexionsgrad ρ

Die Beleuchtungsstärke ist abhängig von den **Reflexionsgraden** der Umgebung.

Die **Farbgestaltung** der Umgebung sollte dies berücksichtigen.

Reflexionsgrad ist das Verhältnis von reflektiertem Lichtstrom zu einfallendem Lichtstrom, der auf die beleuchtete Fläche auftrifft.

Wartungsfaktor

Die *mittlere Beleuchtungsstärke* $\overline{E}$, die für Arbeitsstätten in DIN EN 12464-1 festgelegt ist, darf zu keinem Zeitpunkt den **Wartungswert** unterschreiten. Dies ist bei Festlegung der **Wartungszyklen** zu beachten.

Der *Nennwert* (Projektierungswert) der Beleuchtungsstärke wird durch den **Wartungswert** und den **Wartungsfaktor** bestimmt.

Der *Wartungsfaktor* hängt ab von

- *Lampenalterung*
- *Verschmutzung*
- *Wartungszyklen*

Referenzwerte für den Wartungsfaktor WF (Wartungszyklus 3 Jahre)

- Sehr saubere Räume, geringe Nutzungszeit: *WF* = 0,8
- Saubere Räume: *WF* = 0,67
- Normale Verschmutzung: *WF* = 0,57
- Starke Verschmutzung: *WF* = 0,5

Lampen

Lampen wandeln elektrische Energie in Licht um. Dabei kommen unterschiedliche *Lampenarten* zum Einsatz, die unterschiedliche *Anforderungen* an die Beleuchtung erfüllen. Z. B. *Lichtfarbe*, *Wirtschaftlichkeit* und *Lebensdauer*.

- **Glühlampen**
  Glühlampen sind *Temperaturstrahler* (Wolframdraht erreicht eine Temperatur bis 2700 °C): Etwa 80 % der elektrischen Energie wird in Wärme umgewandelt, was eine sehr geringe Lichtausbeute bedeutet.

  Glühlampen sind daher nur noch für Sonderanwendungen erlaubt (z. B. Kühlschrank, Backofen). Ihre *Betriebsstundenzahl* liegt bei ca. 1000 Stunden. *Lichtausbeute* ca. 12 lm/W.

- **Halogenlampen**
  Temperaturstrahler relativ geringer Bauabmessungen. Sie liefern einen nahezu konstanten Lichtstrom während ihrer gesamten Lebensdauer. Sie haben eine *höhere Lichtausbeute* (24 lm/W) und eine *längere Lebensdauer* (2000 h) als herkömmliche Glühlampen.

  IRC-Niedervoltlampen (**I**nfra-**R**ed-**C**oating) haben eine wärmereflektierende Kolbenbeschichtung. Solche Lampen erreichen *Lichtausbeuten* bis 26 lm/W und eine *Lebensdauer* von 4000 h. Ihr Energiebedarf ist also geringer.

  Nur noch *Energieeffizienzklasse B* zulässig. Angeboten werden Hochvolt- (230 V) und Niedervolt-Halogenlampen (6 V, 12 V, 24 V).

Wesentliche Eigenschaften

- Lichtfarbe warmweiß (ww)
- sehr gute Farbwiedergabe
- dimmbar
- Überspannungsempfindlichkeit: 5 % Überspannung verringern die Lebensdauer um 50 %.
- Hohe Oberflächentemperatur (bis 450 °C), Brand- und Verletzungsgefahr.

Leuchtstofflampen

Leuchtstofflampen haben eine *lange Lebensdauer* (ca. 15000 Betriebsstunden) und eine *hohe* **Lichtausbeute** (30 – 100 lm/W).

Sie werden in unterschiedlichen **Lichtfarben** (warmweiß **ww**, tageslichtweiß **tw**, neutralweiß **nw**) angeboten.

Danach richtet sich auch ihre **Farbwiedergabeeigenschaft**, die als gut bezeichnet werden kann.

Leuchtstofflampen zählen zu den **Gasentladungslampen**, sind also keine Temperaturstrahler. Das **Entladungsrohr** mit eingeschlämmten *Leuchtschichten* ist mit *Quecksilberdampf* sowie eine geringe Menge *Edelgas* gefüllt. An den Rohrenden sind *Wolframwendel* als *Elektroden* eingebaut.

4 Lampen

Beleuchtung
illumination, lighting

Beleuchtungsanlage
lighting installation

Mittlere Beleuchtungsstärke
mean illuminance

Beleuchtungsniveau
illumination level

Lichtfarbe
luminous colours

Lichtquelle
light source

Lichtstärke
luminous intensity

Lichtausbeute
luminous effency

Lebensdauer
life-time

@ Interessante Links

- www.osram.de
- www.narva-bel.de

Leuchtstofflampe
flourescent lamp

Kennziffer
code number

Zündung
triggering

Gasentladungslampe
gas-discharge lamp

Vorschaltgerät
series reator

verlustarm
low-loss

Leuchtstofflampen werden sehr häufig für Beleuchtungszwecke eingesetzt, da sie vergleichsweise wirtschaftlich sind.

Wegen des Quecksilbergehalts sind Leuchtstofflampen *Sondermüll*. Sie müssen entsprechend entsorgt werden.

An den Elektroden wird eine *elektrische Spannung* angelegt.

Zwischen den Elektroden im Entladungsrohr entsteht ein *elektrisches Feld*.

Freie Ladungsträger im Entladungsrohr werden dadurch beschleunigt und kollidieren mit den Gasatomen.

Durch den Zusammenstoß wird das Atom angeregt, in einem *Zustand höherer Energie* versetzt.

Folge ist eine kurzzeitige **Strahlungsemission**.

Danach fällt das angeregte Atom wieder in seinen energetischen Ausgangszustand zurück.

Neben dem *sichtbaren Licht* entsteht vor allen *UV*-**Strahlung**, die vom menschlichen Auge aber nicht wahrgenommen werden kann.

Die **Lichtfarbe** wird durch die *Leuchtschicht* bestimmt.

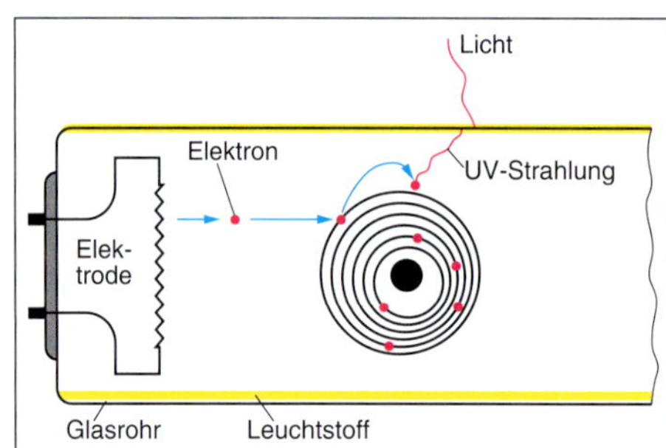

5 Wirkungsprinzip der Leuchtstofflampe

Wenn die Ladungsträgergeschwindigkeit sehr groß ist, werden Elektronen aus der Atomhülle des angeregten Atoms abgespalten.

Dadurch entstehen weitere Ladungsträger. Es kann zu einer **Kettenreaktion** kommen und die Lampe wird zerstört.

Für den Betrieb von Gasentladungslampen ist ein **Vorschaltgerät** notwendig.

Aufgaben des Vorschaltgeräts:

- Erzeugung der notwendigen *Zündspannung*.
- *Strombegrenzung* nach dem Zündvorgang.

Vorheizung der Lampenelektroden

Beim Einschalten der Lampe fließt ein *geringer Strom* über Vorschaltgerät, Lampenelektroden und Starter.

Die *Bimetallkontakte* des *Starters* werden durch *Glimmentladung* erwärmt.

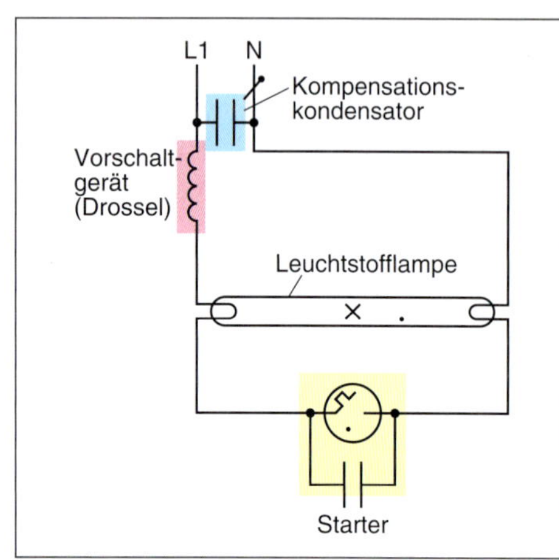

6 Schaltung einer Leuchtstofflampe

Durch Biegung der Kontakte wird der Stromkreis geschlossen.

Der dadurch fließende höhere Strom erhitzt die *Lampenelektroden*. Es kommt zur Zunahme der Elektronenemission.

Zündspannung erzeugen

Die Glimmentladung an den Bimetallkontakten des Starters erlischt.

Durch Abkühlung öffnen sie den Starterstromkreis.

Dadurch erzeugt die Drossel eine hohe *Selbstinduktionsspannung*, durch die die Lampe *gezündet* wird.

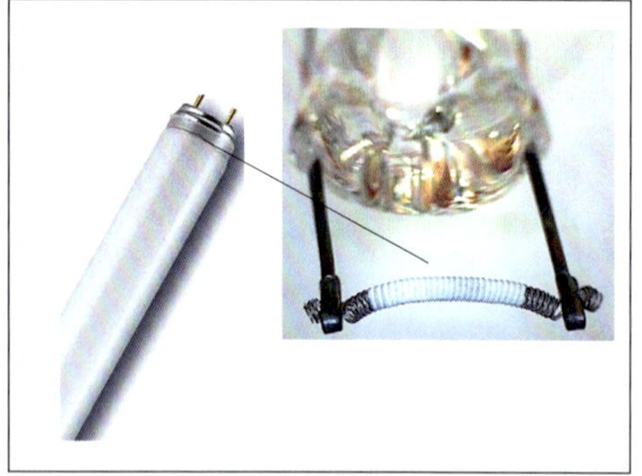

7 Leuchtstofflampe, Glühwendel

Lampenstrom begrenzen

Der *Blindwiderstand* der Drossel *begrenzt* die *Lampenspannung* auf ca. 80 V.

Dadurch wird der *Lampenstrom* auf den *Bemessungswert* begrenzt.

In der Schaltung (Bild 6) wurde ein **verlustarmes Vorschaltgerät** (VVG) verwendet. Es entstehen dennoch nennenswerte **Wärmeverluste**.

Der **Leistungsfaktor** der unkompensierten Lampe liegt bei $\cos\varphi = 0{,}5$.

Die Verwendung von **Kompensationskondensatoren** ist also zwingend erforderlich.

Gasentladungslampen müssen ab einer Gesamtleistung von 250 W je Außenleiter kompensiert werden (TAB).

Stroboskopischer Effekt

Am Wechselstromnetz werden Leuchtstofflampen mit jedem *Stromrichtungswechsel* erneut gezündet. Sie schalten im Takte der Netzfrequenz ein und aus.

Wenn *rotierende* Teile so beleuchtet werden, können sie als ruhend oder nur langsam drehend erscheinen.

Es liegt eine unfallträchtige Situation vor, die man **Stroboskopeffekt** nennt.

Abhilfe: **Duo-Schaltung** oder *Aufteilung* der Leuchtstofflampen auf das Drehstromnetz (120°-Phasenverschiebung).

Duo-Schaltung

Wegen der *Phasenverschiebung* zwischen induktivem und kapazitivem Zweig erreichen beide Lampen *nicht zum gleichen Zeitpunkt* ihre Hellphase und ihre Dunkelphase.

Der **Stroboskopeffekt** tritt also nicht auf. Außerdem wird der **Leistungsfaktor** der Schaltung durch den Kondensator verbessert.

Tandemschaltung

Es wird nur *ein* Vorschaltgerät benötigt, Verlustleistung geringer.

Elektronisches Vorschaltgerät (EVG)

EVGs arbeiten mit einer hohen Betriebsfrequenz (z. B. 45 kHz).

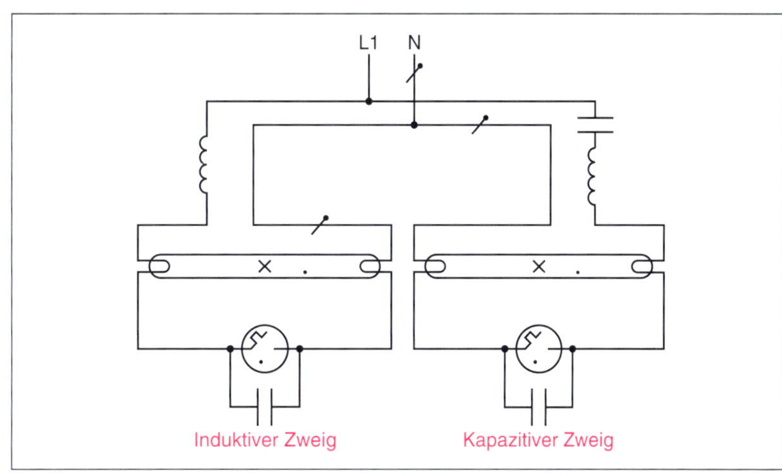

8 Duoschaltung

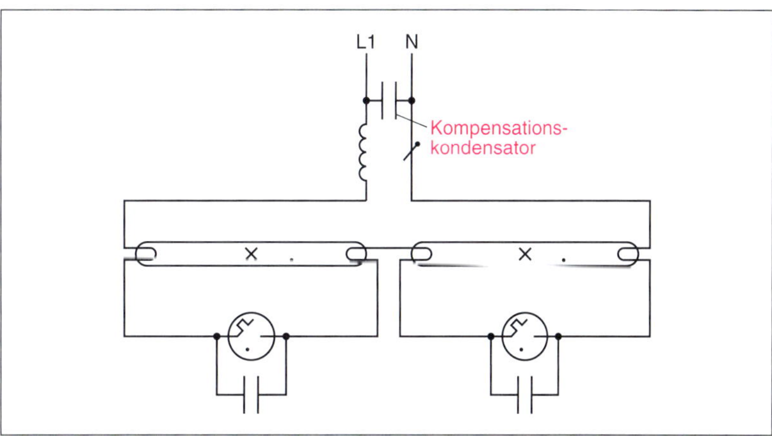

9 Tandemschaltung

Die Elektrode der Leuchtstofflampen wird auf Betriebstemperatur vorgeheizt.

Dann wird das Gas in der Lampe gezündet.

Wegen der hohen Frequenz ist die Periodendauer der Wechselspannung so gering, dass das Gas in der Lampe ionisiert bleibt.

■ Aufteilung der Lampen auf die drei Außenleiter

Neben einer symmetrischen Belastung wird auch der stroboskopische Effekt vermieden.

■ Energiesparlampen

Sonderbauform von Leuchtstofflampen mit geringeren Abmessungen. Vorschaltgerät in Lampe integriert. Lampen erreichen nicht sofort die volle Lichtstärke.

Energieeffizienz bei Vorschaltgeräten (EEI)

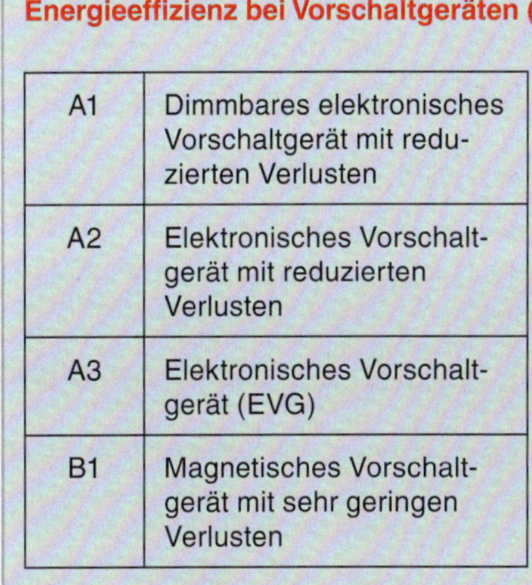

A1	Dimmbares elektronisches Vorschaltgerät mit reduzierten Verlusten
A2	Elektronisches Vorschaltgerät mit reduzierten Verlusten
A3	Elektronisches Vorschaltgerät (EVG)
B1	Magnetisches Vorschaltgerät mit sehr geringen Verlusten

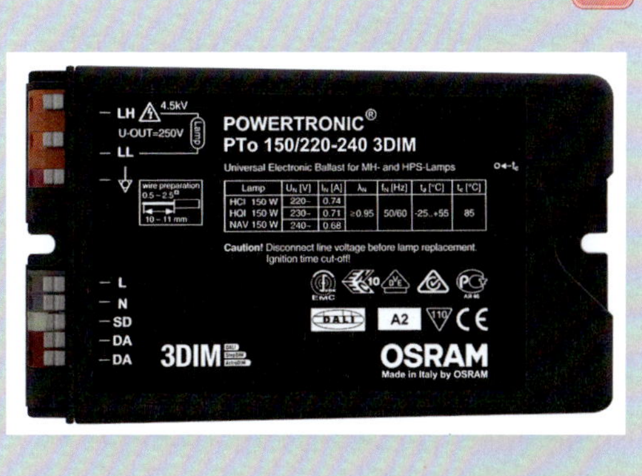

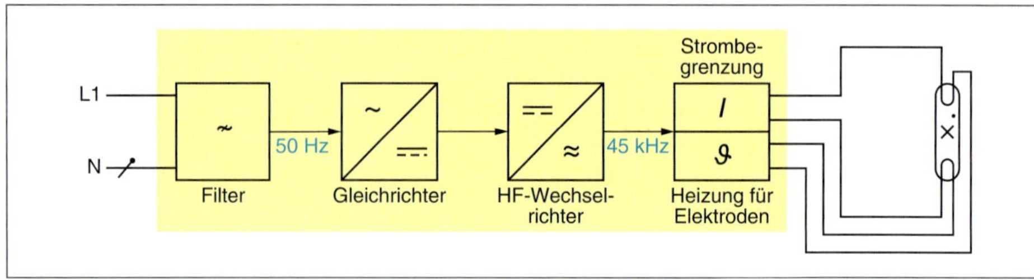

10 Elektronisches Vorschaltgerät

- Lampenschonende Zündvorgänge
- Geringe Verlustleistung
- Flackerfreier Sofortstart
- Kein Stroboskopeffekt
- Höhere Lichtausbeute durch höhere Frequenz
- Keine Kompensation notwendig
- Stufenlos dimmbar

Hochdrucklampen
high-pressure lamps

Zündgeräte
starting devices

Halogen-Metalldampflampe
halogen metal vapour lamp

Natriumdampf-Hochdrucklampe
High pressure sodium vapour lamp

Einschaltzeit
turn-on time

Hochdrucklampen

Durch *erhöhten Gasinnendruck* im Vergleich zu Leuchtstofflampen kann eine *höhere* **Lichtausbeute** erreicht werden.

Solche Lampen können zur Beleuchtung von **Außenanlagen** und **Produktionsstätten** eingesetzt werden. Zumal sie sich auch durch eine *lange Lebensdauer* auszeichnen.

Wichtige Hochdrucklampen sind

- *Halogen-Metalldampflampen*
- *Natrium-Hochdrucklampen*

Halogen-Metalldampflampen

Halogene erhöhen die **Lichtausbeute**. Bei hohem Innendruck der Lampe wird keine UV-Strahlung, sondern nur sichtbares Licht erzeugt.

Zur *Zündung* werden spezielle **Zündgeräte** benötigt. Die **Einschaltzeit** beträgt mehrere Minuten. Der **Einschaltstrom** ist um ca. 40 % höher als der Bemessungsstrom.

Technische Eigenschaften

Leistung	70 – 2000 W
Lichtstrom [1]	4900 – 95000 lm
Lichtausbeute	bis 150 lm/W
Einbrennzeit	ca. 3 Minuten

[1] Lichtstrom nimmt mit Betriebsdauer deutlich ab. Nach ca. 6000 Stunden noch 75 % des Neuwerts.

Zu beachten ist beim Einsatz dieser Lampen die *geringe Schalthäufigkeit*. Außerdem sind die Lampen *nicht dimmbar*.

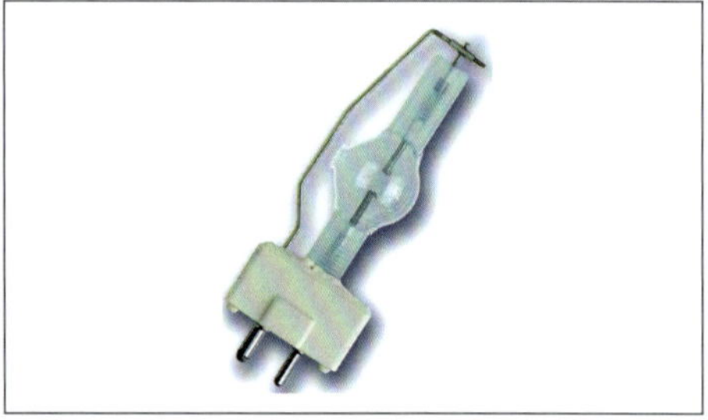

11 Halogen-Metalldampflampe

Natriumdampf-Hochdrucklampen

Bei hoher Temperatur und hohem Druck entsteht Natriumdampf, der ein gelb-weißes Licht erzeugt. Betriebstemperatur der Lampe ca. 1200 °C.

Der volle Lichtstrom wird i. Allg. erst nach einigen Minuten erreicht. Wegen des blendungsfreien und kontrastreichen Sehens ist diese Lampe besonders für die Beleuchtung von *Werkhallen*, *Tunneln* und *Straßen* geeignet.

Für den Betrieb wird i. Allg. ein Hochspannungszündgerät benötigt. Die Lebensdauer der Lampe ist sehr hoch. Sie ist nicht dimmbar.

12 Natrium-Hochdrucklampe

Technische Eigenschaften

Leistung	50 – 1000 W
Lichtstrom [1]	3500 – 120000 lm
Lichtausbeute	bis 150 lm/W
Einbrennzeit	3 – 5 Minuten

[1] Lichtstrom nimmt mit Betriebsdauer deutlich ab. Nach ca. 6000 Stunden noch 75 % des Neuwerts.

Kennziffern bei Leuchtstofflampen

Kennziffer	Bedeutung	Verwendung
11, 12	tageslichtweiß (tw)	Innenbeleuchtung
21, 22	neutralweiß (nw)	Arbeitsstättenbeleuchtung
31, 32	warmweiß (ww)	Wohnbereichsbeleuchtung
72	ähnlich Sonnenlicht (Biolux)	Bürobeleuchtung

Lichtfarben	
ww	30
nw	40
tw	60

Stabförmige Leuchtstofflampen T8 $\left(8 \times \frac{1}{8} \text{ Zoll}\right)$ Rohrdurchmesser 26 mm

P in W	Länge in mm	Lichtstrom Φ in lm
18	590	1000 – 1450
36	1200	2500 – 3450
58	1500	4000 – 5400

T5-Leuchtstofflampen

Solche Leuchtstofflampen erreichen eine Lichtausbeute von bis zu 104 lm/W. Werden sie mit EVG eingesetzt, sind sie um etwa 20 % wirtschaftlicher als T8-Leuchtstofflampen.

Energieeffizienz von Lampen

Die *Ökodesign-Richtlinie* (2009/125/EG u. a.) schreibt für Leuchtmittel eine Steigerung der *Energieeffizienzklasse* vor.

A	60 lm/w
B	25 lm/w
C	17 lm/w
D	14 lm/w
E	12 lm/w
F	10 lm/w
G	< 10 lm/w

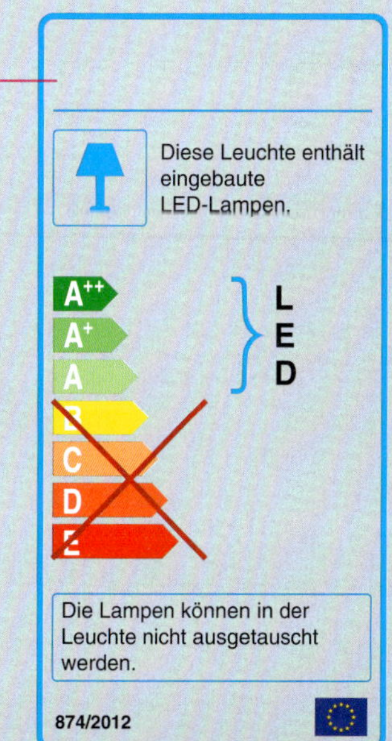

Als alternative Leuchtmittel kommen zunehmend *Leuchtdioden* (LED) und *organische Leuchtdioden* (OLED) zum Einsatz.

Energiesparlampen

Lichterzeugung nach dem Prinzip der Leuchtstofflampe. Die Lampen haben allerdings *kleinere Abmessungen* und *niedrigere Leistungen. Lichtausbeute* und *Lebensdauer* sind höher als bei Temperaturstrahlern.

Das *Vorschaltgerät* ist Bestandteil der Lampe. Es betreibt die Lampe mit Wechselstrom höherer Frequenz (25 – 70 kHz), was zu folgenden Betriebseigenschaften führt:

- *Flackerfreier Sofortstart*
- *Flimmerfreier Betrieb*
- *Lebensdauer 6000 – 15000 Stunden*
- *Lichtfarbe ähnlich Glühlampen*
- *hohe Schaltfestigkeit* (häufiges Schalten beeinträchtigt Lebensdauer unwesentlich)

Allerdings benötigen diese Lampen Zeit, um nach dem Einschalten die volle Lichtstärke zu erreichen.

T5-Form

d = 16 mm, als Dreibanden-Leuchtstofflampe (drei ausgewählte Spektralbereiche im blauen, grünen und roten Bandbereich).

Verkürzte Lampenlänge und höhere Lichtausbeute. Nach 10000 Betriebsstunden geht der Lichtstrom nur um ca. 8 % zurück. Bei Betrieb mit EVG nach 20000 Stunden nur um ca. 12 %.

Energieeffizienzklassen

Im Zuge der Reformation durch die EU entfallen zukünftig die „+-Klassen".

Es verbleiben die Energieeffizienzklassen A bis G.

Besonders energieeffiziente Produkte erhalten die Klasse B, sodass ein Spielraum für weitere technische Fortschritte bestehen bleibt.

Vereinbart ist allerdings eine Übergangszeit.

@ Interessante Links

- www.osram.de
- www.narva-bel.de

LED
light-emitting diode

LED-Lampen

LED-Lampen werden in vielen Bauformen angeboten, die den klassischen Leuchtmitteln entsprechen. Somit ist ein problemloser Austausch möglich.

Wesentliche Vorteile der LED-Lampen

- Sehr hohe Betriebsstundenanzahl
- Hohe Lichtausbeute
- Unbegrenzte Schaltarbeit
- Geringe Wärmeentwicklung
- Keine UV- und IR-Strahlung
- Hohe Stoßfestigkeit
- Sofortige Betriebsbereitschaft

LED-Lampen sind empfindlich gegen Übertemperatur. Für eine korrekte Montage und Kühlung ist zu sorgen.

Ersatz für Standardglühlampe

Ø 55 mm, l = 113 mm, Fassung E27

- 110 – 230 V
- 8 W
- 345 lm (ww), 450 lm (tw)
- 25000 Betriebsstunden

Reflektorlampe

Ø 50 mm, l = 50 mm, Fassung E27

- 230 V
- 3,5 W
- 180 lm (tw)
- 30000 Betriebsstunden

Einbau-Reflektorlampe

Ø 50 mm, l = 4,8 cm, Fassung GUS 5,3

- 12 V
- 1,5 W
- 120 lm (tw)
- 25000 Betriebsstunden

SMD-LED-Röhre

l = 120 cm, 240 LED

- 230 V
- 14 W
- 1800 lm
- 50000 Betriebsstunden

■ **Weitere Lampendaten**

13 LED-Lampen

Berechnung einer Beleuchtungsanlage

Bei der **Innenraumbeleuchtung** kommt es darauf an, in der Arbeitsebene eine der Tätigkeit entsprechende **mittlere Beleuchtungsstärke** zu erreichen. Diese ist bei feinmechanischen Tätigkeiten sicher höher als etwa bei Lagerarbeiten.
Aufgabe ist es, die **Anzahl der Lampen** zu ermitteln, die diese Beleuchtungsaufgabe erfüllen.

Dabei kann das sogenannte **Wirkungsgradverfahren** angewendet werden.

Das Beispiel auf Seite 211 zeigt die Vorgehensweise.

Zur Lösung der Beleuchtungsaufgabe sind also 38 **Leuchten** notwendig, die jeweils mit 2 *Leuchtstofflampen* bestückt werden.

Sinnvoll ist es aber, die Leuchtstofflampen auf die drei Außenleiter des Drehstromsystems aufzuteilen (symmetrische Belastung, Stroboskopeffekt), sodass die Entscheidung auf 13 Leuchten pro Außenleiter, also insgesamt 39 Leuchten fällt.

Bildzeichen für Leuchten

Zeichen	Bedeutung
F	Leuchte kann auf entflammbaren Unterlagen montiert werden.
F F	Leuchte für Betriebsstätten, die durch Staub feuergefährdet sind.
M	Leuchte zum Einbau in Möbeln aus entflammbaren Materialien.
H H	Leuchte darf auch bei Stoffen mit unbekanntem Entflammverhalten verwendet werden.
	Leuchte für raue Betriebsstätten.
T	Leuchte für erhöhte Umgebungstemperatur.
EEx	Leuchte für explosionsgefährdete Betriebsstätten.
GS	Zeichen für „Geprüfte Sicherheit“; das Gerät entspricht den sicherheitstechnischen Anforderungen des Gesetzes für Technische Arbeitsmittel.
N	Überprüfung Begrenzung der Störstrahlung, Störspannung auf dem Netz.
IP	Schutzarten gegen Eindringen von Fremdkörper und Feuchte.

Raummaße: Länge a = 24 m, Breite b = 12 m, Höhe der Lampen über Arbeitsfläche h = 2,6 m.
Raumeigenschaften: Wände und Decke weiß, Fußboden mittelgrau, im Raum sollen feinmechanische Arbeiten durchgeführt werden.
Leuchten: 2-flammige Spiegelrasterleuchten, 58 W, Leuchtstofflampen
Wie viele Leuchten sind zu montieren?

Ermittlung des erforderlichen Wartungswerts.  — Feinmontage: 500 lx

Spiegelrasterleuchte, 2-flammig, breitstrahlend.  — Leuchten-Betriebswirkungsgrad: η_{LB} = 60 % = 0,6

■ **Lampen, Leuchten**

Auszug aus Tabellenbuch (Raumwirkungsgrad)

Reflexionsgrade ρ, Raumindex k und Raumwirkungsgrad η_R

Decke ρ_1	**0,8**				**0,5**				**0,3**
Wände ρ_2	**0,5**		**0,3**		**0,5**		**0,3**		**0,3**
Boden ρ_3	**0,3**	**0,1**	**0,3**	**0,1**	**0,3**	**0,1**	**0,3**	**0,1**	**0,1**
Raumindex k	Raumwirkungsgrad η_R in %								
0,6	52	49	43	42	49	48	42	41	41
1,0	73	67	64	60	69	65	61	59	58
1,5	89	81	81	75	83	78	77	73	72
2,0	97	86	89	81	90	83	84	79	78
3,0	107	94	101	90	99	91	94	88	86
5,0	116	100	111	97	106	96	102	94	93

Raumindex k für direkte Beleuchtung:
a: Raumlänge
b: Raumbreite
h: Höhe Leuchten über Arbeitsfläche

$$k = \frac{a \cdot b}{h \cdot (a + b)}$$

$$k = \frac{24\text{ m} \cdot 12\text{ m}}{2{,}6\text{ m} \cdot (24\text{ m} + 12\text{ m})}$$

$k = 3$ (gerundet)

Interessant ist nun nur noch die Tabellenzeile für k = 3,0.

Die Reflexionsfaktoren des Raums werden ebenfalls dem Tabellenbuch entnommen.

Decke: weiß → ρ = 70 – 80 %
gewählt: 80 % = 0,8

Wände: weiß → ρ = 70 – 80 %
gewählt: 70 % = 0,7

Fußboden: mittelgrau → ρ = 20 – 25 %
gewählt: 20 % = 0,2

Reflexionsfaktoren 

Farbe	ρ	Farbe	ρ
weiß	70 – 80	silber	80 – 90
hellgelb	55 – 65	Lack, weiß	80 – 85
hellgrün/rose	45 – 50	Emaille, weiß	70 – 85
hellgrau	40 – 55	Aluminium	65 – 75
beige, oliv	25 – 35	Zeichenkarton	70 – 75
mittelgrau	20 – 25	Marmor, weiß	60 – 70
dunkelgrau	10 – 15	Chrom	60 – 70
schwarz	4	Klarglas	6 – 10

■ **Wartungswert der Beleuchtungsstärke**

Wesentlich für die Bestimmung des Wartungswerts sind die Sehaufgaben, die in einem beleuchteten Raum anfallen. Hierbei handelt es sich um örtliche Mittelwerte, die niemals unterschritten werden dürfen.

■ **Wartungsfaktor**

Alterung und Verschmutzung von Lampen, Leuchten und Raum bewirken im Laufe der Zeit ein Absinken der Beleuchtungsstärke. Dies ist bei der Planung der Anlage zu beachten.

Wartungswert = Neuwert · Wartungsfaktor

Reflexionsfaktor Decke

Decke ρ_1	0,8			
$k = 3{,}0$	107	94	101	90

Angenommen wird $\rho_1 = 0{,}8$. Damit reduzieren sich die möglichen Raumwirkungsgrade bei $k = 3{,}0$ auf 4 mögliche Werte.

Reflexionsfaktor Wände

Wände ρ_2	0,5	
$k = 3{,}0$	107	94

Wände $\rho_2 = 0{,}7$; gewählt wird der nächstliegende Tabellenwert $\rho_2 = 0{,}5$.
Damit reduzieren sich die möglichen Raumwirkungsgrade bei $k = 3{,}0$ auf 2 mögliche Werte.

Reflexionsfaktor Boden

Boden ρ_3	0,3
$k = 3{,}0$	107

Fußboden $\rho_3 = 0{,}2$, Tabellenwert 0,3.
Damit ergibt sich ein Raumwirkungsgrad von 107 %.

$\eta_R = 1{,}07$

Leuchtmittel
Gewählt: LSL 58 W
Der Lichtstrom wird dem Tabellenbuch entnommen.

Lichtstrom einer Lampe:
$\Phi_L = 5200\ \text{lm}$

Wartungsfaktor WF

Raum normaler Verschmutzung:
$WF = 0{,}57$

Ermittlung der Lampenanzahl
- n Lampenanzahl
- $\overline{E}$ Wartungswert (auch E_{neu})
- A Raumfläche
- Φ_L Lichtstrom *einer* Lampe
- η_{LB} Leuchten-Betriebswirkungsgrad
- η_R Raumwirkungsgrad

$$n = \frac{\overline{E} \cdot A}{\eta_{LB} \cdot \eta_R \cdot \Phi_L \cdot WF}$$

$$n = \frac{500\ \text{lx} \cdot 288\ \text{m}^2}{0{,}6 \cdot 1{,}07 \cdot 5200\ \text{lm} \cdot 0{,}57}$$

$n = 76$ Lampen

38 Leuchten (2-flammig)

Einschließlich Vorschaltgerät hat jede Lampe eine Leistungsaufnahme von 71 W.
Die Lampen des vorhergehenden Beispiels sind 47 Wochen an 5 Tagen jeweils 12 Stunden eingeschaltet.
Welche jährlichen Energiekosten entstehen, wenn eine Kilowattstunde 0,23 Euro kostet?

39 Leuchten zu je 2 Lampen sind 78 Lampen.

Gesamtleistung
$P = 78 \cdot 71\ \text{W} = 5538\ \text{W}$

Betriebsstunden pro Jahr:
12 Stunden/Tag, 5 Tage/Woche,
47 Wochen/Jahr.

$t = 12 \cdot 5 \cdot 47\ \text{h} = 2820\ \text{h}$

Benötigte elektrische Energie pro Jahr.:

$W = P \cdot t$
$W = 5{,}538\ \text{kW} \cdot 2820\ \text{h}$
$W = 15617{,}16\ \text{kWh}$

Jährliche Energiekosten:

$K = W \cdot Tar$
$K = 15617{,}16\ \text{kWh} \cdot 0{,}23\ \frac{\text{Euro}}{\text{kWh}}$
$K = 3591{,}95\ \text{Euro}$

Leuchten

Zur Aufnahme der *Lampen* sowie *weiterer Betriebsmittel* (z. B. Vorschalt-, Zündgeräte, Kondensatoren). Zu ihrem *elektrischen* und *mechanischen Schutz* werden **Leuchten** verwendet.

Leuchten dürfen nur auf Baustoffen montiert werden, die eine höhere **Entzündungstemperatur** als 200 °C haben.

Aufhängung von Leuchten

Aufhängevorrichtungen müssen das **5-fache Leuchtengewicht**, mindestens aber **10 kg** ohne Formänderung tragen können.

Wartungsplan

- *Intervalle für den Lampenwechsel*
- *Reinigung von Lampen und Leuchten*
- *Reinigung des beleuchteten Raums*

Überprüfung der Beleuchtungsstärke

Tageslicht „ausschalten", Messung mit Luxmetern (Klasse B), Fehlergrenzen ± 10 %.

Vor der Messung sollen

- *Gasentladungslampen* mind. 100 Stunden
- *Temperaturstrahler* mind. 10 Stunden

gealtert sein.

Grundfläche des Raums in *quadratische Felder* einteilen. Beleuchtungsstärke im *Mittelpunkt* der Felder messen.

Rasterabstand der Felder:

- Normalhöhe Räume: 1 bis 2 m
- Räume über 5 m Höhe: bis zu 5 m

Aus den Einzelmessungen wird der **Mittelwert** gebildet.

Farbwiedergabestufen

Der **theoretische Maximalwert** beträgt 100. Bei diesem Wert erscheinen alle Umgebungsfarben *natürlich*. Die Farbwiedergabeeigenschaft von Lampen wird durch den **Farbwiedergabeindex** R_a angegeben.

Sicherheitszustand von Leuchten

Die Hersteller der Leuchten kennzeichnen den **Sicherheitszustand** der Leuchten u. a. durch folgende Angaben:

- *Verwendete Schutzklasse*
- *Brandschutzmaßnahmen*
- *Schutzart*
- *Mindestabstand zu brennenden Materialien*

Farbwiedergabestufen

Farbwiedergabe R_a	Stufe	Lampe
> 90	1A	Temperaturstrahler, „Deluxe"-LSL
80 – 89	1B	Dreibanden-LSL
70 – 79	2A	LSL (25)
60 – 69	2B	LSL (33), Metalldampflampe
40 – 59	3	LSL (29), HD-Quecksilberdampflampe
20 – 29	4	HD-Natriumdampflampe, Niederdruck-Natriumdampflampe

Hinweis: Stufe 4 für Innenräume unzulässig

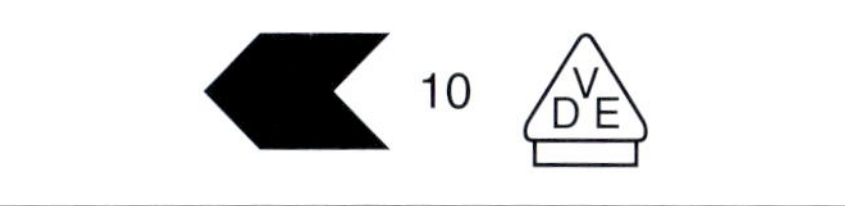

14 Leuchtenprüfzeichen, 10 Prüfstellennummer

Energieeffizienz-Kennzeichnung

Mit Ausnahme von Reflektorlampen und Niedervoltlampen ist auf der Lampenverpackung eine *Kennzeichnung zum* **Energieverbrauch** anzubringen. Verwendet wird das **Energielabel** mit folgenden Angaben:

- *Effizienzklasse*
- *Leistung in W*
- *Lichtstrom in lm*
- *mittlere Betriebsdauer in Stunden*

Die *effizientesten* Lampen tragen nun die Klassifizierung **A+** und **A++**.

Angaben der technischen Eigenschaften auf der Verpackung

- Lichtstrom in Lumen
- Leistungsaufnahme in W
- Vergleichswert in W (mit einer herkömmlichen Glühlampe vergleichbarer Helligkeit)
- Lebensdauer in Stunden (bei täglich 3-stündigem Betrieb)
- Schaltzyklen
- Lichtfarbe
- Anlaufzeit
- Eignung für Dimmer
- Länge und Durchmesser
- Quecksilbergehalt

Eine EU-Richtlinie sieht auch die Kennzeichnung von **Leuchten** vor. Sie bezieht sich auf den Energieverbrauch passender Lampen für die jeweilige Leuchte.

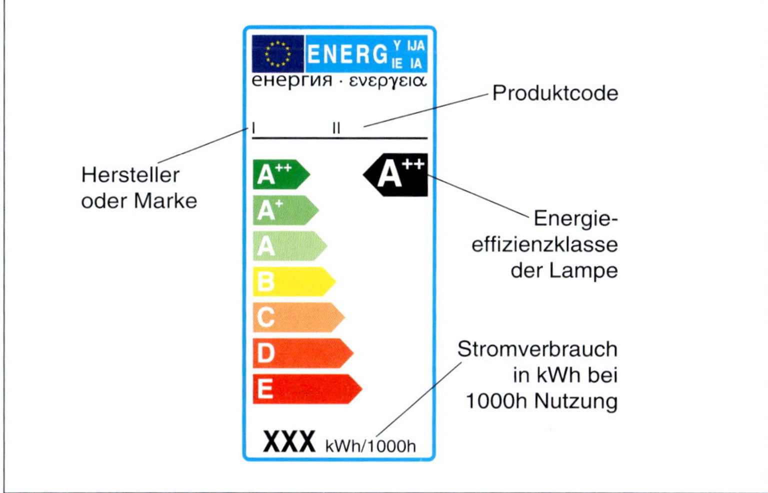

15 Energielabel für Lampen (siehe auch Seite 209)

■ **DIN EN 50625-2-1 (VDE 0042-13-21): 2015-04**

Anforderungen an die Behandlung von Lampen

Nicht gekennzeichnet werden müssen **Lampen** und **LED-Module**

- mit einem Lichtstrom unter 30 Lumen (lm),
- für den Betrieb mit Batterien,
- für Anwendungen, die nicht primär der Beleuchtung dienen (z. B. Blitzlichtlampen).

Entsorgung von Lampen

Glühlampen und **Halogenlampen** können über den **Hausmüll** (Duales System) entsorgt werden.

Für **Gasentladungslampen** wurde von den Herstellern das **LIGHTCYCLE-Rücknahmesystem** aufgebaut, das für den Verbraucher kostenlos ist.

- *Kommunale Sammelstellen (Wertstoffhöfe)*
- *Lightcycle-Sammelstellen für Privatkunden*
- *Abholservice von Lightcycle für Großkunden*

Prüfung

1. Welche wesentlichen Forderungen werden an eine Beleuchtungsanlage gestellt?

2. Erläutern Sie kurz die Größen Lichtstrom, Lichtstärke, Lichtmenge und Beleuchtungsstärke.

3. Was versteht man unter Bemessungs-Beleuchtungsstärke?

4. Halogenlampe 50 W, Leuchtstofflampe 58 W:
Wie unterscheiden sich die beiden Lampen bezüglich der Leuchtdichte?
Was bedeutet dies praktisch?

5. Eine Kompaktleuchtstofflampe hat eine Lichtausbeute von 50 lm/W.
Was bedeutet diese Angabe?

6. Welche Bedeutung hat die Farbwiedergabe einer Lampe?

7. Von welchen Größen ist der Wartungsfaktor abhängig?

8. Die Lichtfarbe einer Lampe wird durch die Farbtemperatur (in Kelvin) beschrieben.
Machen Sie sich kundig, was das bedeutet.

9. Nennen Sie 9 Kriterien für eine gute Beleuchtung.

10. Elektronische Sicherheitstransformatoren für NV-Halogenlampen haben u. a. die Eigenschaft „Teillast möglich“.
Was bedeutet das für die Praxis?

11. Beschreiben Sie die Vorgehensweise bei der Installation einer Lichtanlage mit 25 NV-Halogenlampen zu je 20 W.

12. Bei Einsatz eines elektronischen Transformators ist die Leitungslänge zwischen Trafo und NV-Halogenlampe auf 2 m begrenzt.
Welchen Grund hat das?

13. Warum haben Halogenlampen eine höhere Lebensdauer als klassische Glühlampen?

14. Bei Halogenlampen ist nur noch die Energieeffizienzklasse B zugelassen.
Was bedeutet das?

15. Leuchtstofflampen werden häufig mit elektronischen Vorschaltgeräten betrieben.
Welche Vorteile bringt das mit sich?

@ Interessante Links

- christiani.berufskolleg.de

Prüfung

16. Wie kann bei Leuchtstofflampen der Stroboskopeffekt vermieden werden?
Welche Gefährdung wird durch den Stroboskopeffekt hervorgerufen?

17. Eine Leuchtstofflampe ist u. a. wie folgt beschriftet: L 58 8 30
Erläutern Sie diese Angabe?

18. Eine Leuchtstofflampe wird mit VVG betrieben.
Was passiert nach dem Einschalten der Lampe?

19. Wie ist eine Duo-Schaltung aufgebaut? Welche Aufgabe hat sie?

20. Warum müssen Leuchtstofflampen mit VVG kompensiert werden.

21. Was sind T5-Leuchtstofflampen?

22. Wie wird die Energieeffizienz von Lampen angegeben?
Was bedeutet in diesem Zusammenhang Effizienzklasse C?

23. Nennen Sie wesentliche Vorteile von LED-Lampen?

24. Auf einer älteren Lampenverpackung steht die dargestellte Angabe.
Erläutern Sie die Lampenangabe.
Beurteilen Sie die Wirtschaftlichkeit der Lampe.

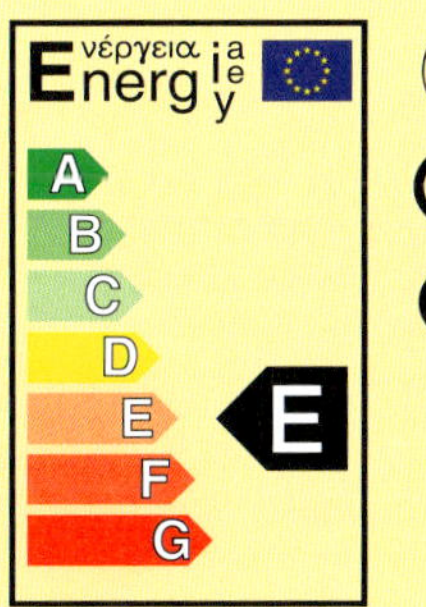

25. Ein Raum ist mit 50 Niedervolt-Halogenlampen 20 W/2000 h beleuchtet.
Die Lampen werden mit 12 V betrieben.
Die Lampen werden durch baugleiche LED Spots 4 W/25000 h ersetzt.

a) Um wie viel Prozent ist die Lebenserwartung der LED-Spots höher?
b) Welche prozentuale Energieeinsparung ergibt sich durch die Auswechselung?
c) Erläutern Sie die dargestellten Angaben.

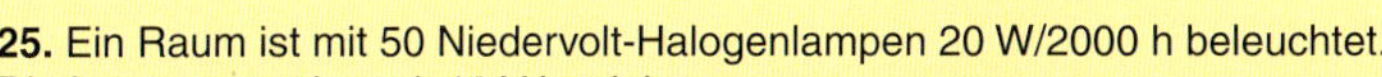

26. Eine Lagerhalle hat die Abmessungen a = 100 m, b = 50 m.
Die Bemessungs-Beleuchtungsstärke soll 300 lx betragen. Der gesamte Wirkungsgrad der Beleuchtungsanlage beträgt $\eta_G = \eta_L \cdot \eta_R = 0{,}72$.
Verwendet werden Halogen-Metalldampflampen, einflammig mit Spiegelreflektor, Leistung 360 W.
Der Wartungsfaktor wird mit $WF = 0{,}57$ angenommen.

Wie viele Lampen sind zu installieren?

27. Zu Aufgabe 26: Leistungsaufschlag für Vorschaltgerät 10 %.

a) Welche elektrische Leistung hat die Lichtanlage?
b) Wie ist die Anlage abzusichern?
c) Die Anlage ist jährlich rund um die Uhr in Betrieb.
Welche Energiekosten entstehen bei 0,23 Euro/kWh?

@ **Interessante Links**

- christiani.berufskolleg.de

Brandmeldeanlage
fire alarm system

Brandmelder
fire detector

Brandschutz
fire protection

Brandverhütung
fire protection

Rauchmelder
smoke detector

Feuerwehrschlüsseldepot
fire-brigade key depot

Feuerwehrbedienfeld
fire-brigade control panel

Brandmeldezentrale
central fire alarm system

automatische Brandmeldeanlage
automatic fire alarm system

5.2 Brandmeldeanlagen

Brandmeldeanlagen sind **Gefahrenmeldeanlagen**, die Schadensfeuer zu einem frühen Zeitpunkt **erkennen** und **melden** sowie Personen den *direkten* **Hilferuf** bei Brandgefahren ermöglichen.

Wichtige Begriffe

- **Alarm**
  Warnung vor einer Gefahr für Personen und Sachen und Aufforderung zum Herbeirufen von Hilfe zur Gefahrenabwehr.
- **Brandalarm**
  Warnung vor einer durch Brand bestehenden Gefahr für Personen und Sachen, damit Maßnahmen zur Gefahrenabwehr eingeleitet werden können.
- **Brandabschnitt**
  Teil einer baulichen Anlage, der gegenüber derselben und/oder einer anderen baulichen Anlage durch Brandwände, Branddecken, Brandtüren abgetrennt ist.
- **Brandmeldesystem**
  Sämtliche in einer Brandmeldeanlage verwendeten Geräte und Teile, die auf funktionsmäßiges Zusammenwirken abgestimmt ist.
- **Überwachungsfläche**
  Bodenfläche, die von einem automatischen Brandmelder überwacht wird.
- **Brandschutzeinrichtung**
  Dient der Brandbekämpfung oder der Verhinderung der Brandausbreitung.

Brandursache elektrischer Strom

Der sicherste Schutz für einen von der elektrischen Anlage ausgelösten Brand ist eine gute **Planung** und **Errichtung** sowie eine sinnvolle **Überwachung** der Anlage (z. B. durch Wiederholungsprüfung).

■ **Wiederholungsprüfung**
→ 91

Eine besondere Bedeutung bei der Brandverhütung hat der **Isolationsfehler**, der schon bei Planung und Errichtung weitgehend ausgeschlossen werden sollte.

In diesem Sinne ist unter *Isolationsfehler* ein *fehlerhafter Zustand* in einer elektrischen Anlage zu verstehen, bei dem Strom über einen dafür nicht vorgesehenen Weg fließt.

Diese Fehlerstromkreise können *niederohmig* oder *hochohmig* sein. In allen Fällen ist ein derartiger Stromfluss **brandgefährlich**, wenn er eine bestimmte Stromstärke überschreitet.

Die *Isolation von Kabeln und Leitungen* besteht i. Allg. aus synthetischen Werkstoffen, den *Polymeren*. Eine *chemische Alterung* ist unvermeidlich.

In dem Maße, wie der *Weichmacher* entweicht, *versprödet* die Isolation, bildet *Risse* und wird unbrauchbar.

Zu beachten ist, dass der *chemische Alterungsprozess* mit *steigenden Temperaturen beschleunigt* wird.

Gebrauchsdauer von Mantelleitungen mit PVC-Isolation

Betriebstemperatur	Gebrauchsdauer ca.
70 °C	20 Jahre
75 °C	12 Jahre
80 °C	6 Jahre
85 °C	3 Jahre
90 °C	2 Jahre

Maximale *Betriebstemperatur* solcher Leitungen ist 70 °C.

Brandmelder

Häufige *Ursachen* für Brände sind:

- Technische Defekte (Überlast, Kurzschluss, Reibung)
- Fahrlässigkeit
- Feuergefährliche Arbeiten
- Höhere Gewalt (Blitzeinschlag)
- Brandübertragung von außen

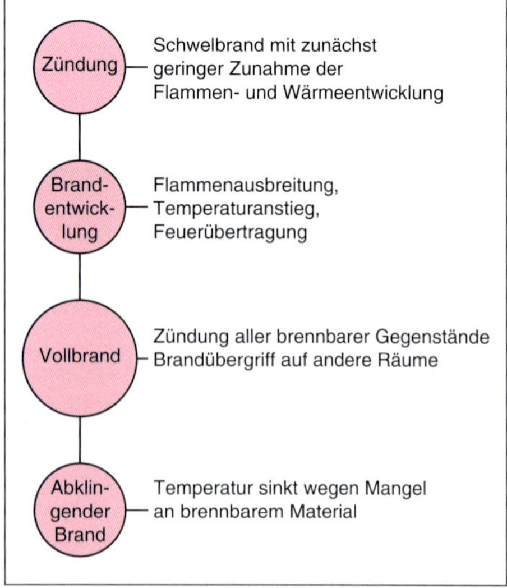

16 Brandverlauf

Zielsetzung ist es, die *Zeit* zwischen *Brandentstehung*, *Alarmierung* und *Brandbekämpfung* so klein wie möglich zu halten.

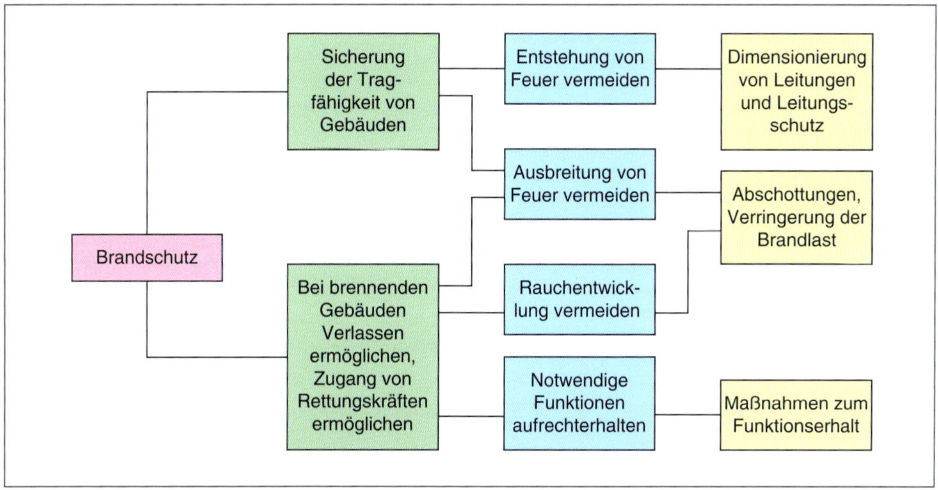

17 Brandschutzmaßnahmen

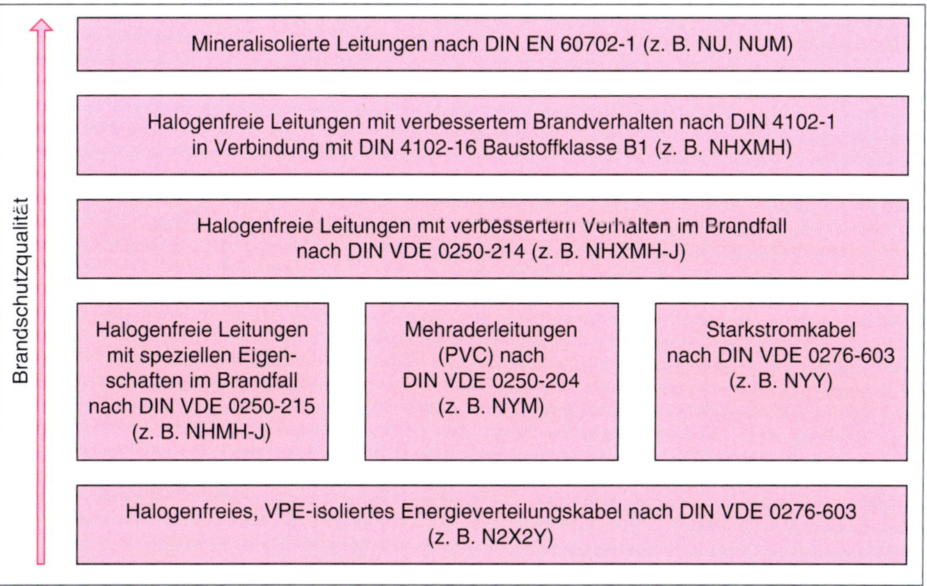

18 Brandschutzqualität von Kabeln und Leitungen

Nichtautomatischer Brandmelder

Die **Druckknopfmelder** (DKM) haben ein *rotes* Gehäuse mit der Aufschrift „Feuerwehr".

Sie sind an gut sichtbaren und gut zugänglichen Stellen anzubringen und müssen durch Tageslicht oder andere Lichtquellen ausreichend beleuchtet sein.

In jedem Fall benötigen solche Brandmelder die **Mitwirkung von Personen**, was zunächst einmal deren **Anwesenheit** voraussetzt.

Automatische Brandmelder

Solche Brandmelder ermöglichen die Brandererkennung auch bei **Abwesenheit** von Personen. Jeder Melder verwendet eine oder mehrere *Erkennungsgrößen*:

- Trübung der Raumluft
- Rauchpartikel
- Temperatur
- UV-Strahlung
- Infrarotstrahlung

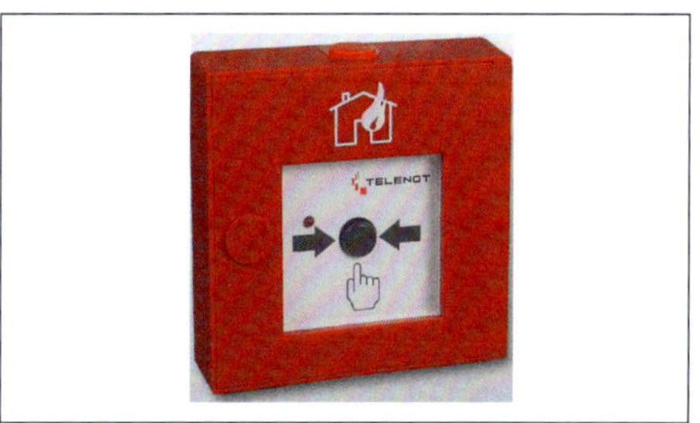

19 Druckknopfmelder

@ Interessante Links

- www.telenot.com
- www.bosch.de

Brand

Rauchentwicklung
Temperaturzunahme
Gasemission

Entsprechend werden in Brandmeldern einzelne oder mehrere Sensoren eingesetzt:
Rauchsensor
Temperatursensor
Gassensor

■ **Feuerwehrschlüssel**
Enthält den Gebäudeschlüssel, mit dem die Feuerwehr im Brandfall Zugang zur Brandmeldezentrale und zum Feuerwehrbedienfeld erhält.

■ **Feuerwehrbedienfeld**
Zusatzeinrichtung für Brandmeldeanlagen, die Betriebszustände der Brandmeldeanlage anzeigt.
Planung und Montage in Abstimmung mit der Feuerwehr.

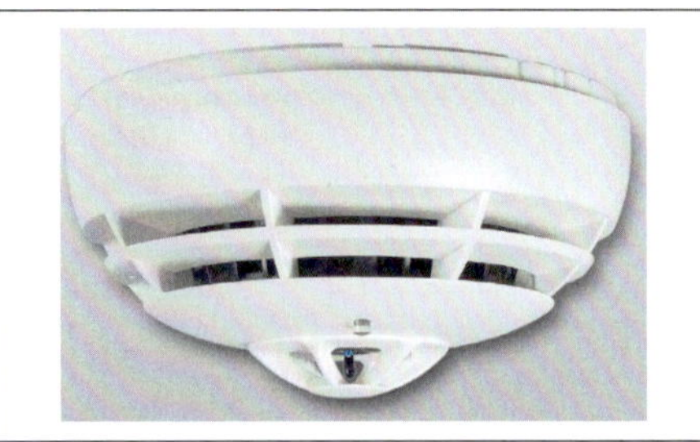

20 Automatischer Melder

Abgesehen von **Flammenmeldern**, die, *Sichtverbindung* vorausgesetzt, das *gesamte* Raumvolumen überwachen können, sind die Melder i. Allg. nur in der Lage, die *Zustände* in ihrer *unmittelbaren Umgebung* zu bewerten.

Sie müssen deshalb in den Raumbereichen angeordnet werden, in denen sich die Brandkenngröße am *schnellsten* entwickelt.

Punktförmige Melder werten die Erfassungsgröße im Inneren einer kleinen *Messkammer* aus (*Punkt* im Bezug auf das Raumvolumen).

Linienförmige Melder werten die Erfassungsgrößen einer Strecke aus.

Rauchmelder

Im Brandfall stellt **Rauch** die größte Gefährdung von Personen dar. *Rauchmelder* reagieren auf kleine und kleinste Partikel in der Luft. Neben **Verbrennungsprodukten** zählen hierzu auch **Staub** und **Aerosole**.

Nach der **Korngröße** wird der *Staub* in 4 Gruppen unterteilt:

- **A1** *Ultra Fine* Korngröße 0 bis 10 µm
- **A2** *Fine* Korngröße 0 bis 80 µm
- **A3** *Medium* Korngröße 0 bis 80 µm mit geringem Anteil von 0 bis 5 µm
- **A4** *Coarse* Korngröße 0 bis 180 µm

Aerosole sind feste und flüssige Kleinstpartikel, die einzeln nicht wahrnehmbar sind.

Ab einer *Konzentration* von ca. 1 Mio. Partikel pro cm^3 spricht man von **Smog**; Partikelgröße 0,5 nm bis etwa 10 µm.

Rauchmelder unterscheiden nicht, ob Partikel durch einen *Brand* verursacht werden oder *umgebungsbedingt* auftreten.

Optische Rauchmelder

Verwendet wird das Durchlichtprinzip und das Streulichtprinzip.

Durchlichtprinzip

Direkte Sichtverbindung zwischen Lichtquelle und Empfänger. Raucheintritt führt zu einer Lichtstromschwächung.

Wenn der *Schwellwert* unterschritten wird, kommt es zu einer Alarmmeldung. Einsatz bei *linienförmigen* Rauchmeldern.

Streulichtprinzip

In einer Messkammer mit nicht reflektierenden Oberflächen befindet sich eine Leuchtdiode und ein Fotoelement *ohne direkte Sichtverbindung.*

Im Normalzustand gelangt praktisch kein Licht an das Fotoelement. Dringen Rauchpartikel in die Messkammer ein, wird das LED-Licht reflektiert und vom Fotoelement erkannt. Bei Schwellwertüberschreitung kommt es zur Alarmgabe.

Geeignet zur Branderkennung mit *heller, sichtbarer Rauchentwicklung.* Einsatzbar bis *Windgeschwindigkeiten* von 5 m/s.

Ionisationsrauchmelder

Genutzt wird die Ionisierung der Luft durch radioaktive Alphastrahlung.

In Nähe des schwach radioaktiven Präparates werden die Luftmoleküle in der Messkammer in *positive* und *negative Ionen* aufgespalten. Dadurch wird die Luft elektrisch leitfähig.

Unter Einfluss einer Gleichspannung wandern die Ionen zu den entgegengesetzt geladenen Elektroden. Der Gleichstrom (ca. 100 pA) wird verstärkt und ausgewertet.

Wenn nun Verbrennungsprodukte in die Messkammer gelangen, lagert sich ein Teil der Ionen an die sehr viel schwereren Verbrennungsteilchen an. Der Strom wird geringer. Wird ein *Grenzwert unterschritten*, kommt es zur Alarmgabe.

Nicht geeignet für Räume mit höheren Luftgeschwindigkeiten, da dann zu viele Ionen aus dem Melder geblasen werden, bevor sie die Elektrode erreichen. Die *Ansprechschwelle* wird dann instabil.

Wärmemelder

Wärmemelder sprechen auf *Temperaturerhöhungen* an. Sie sind geeignet, wenn im Brandfall mit einem *schnellen Temperaturanstieg* oder mit einer *hohen Temperatur* zu rechnen ist.

Die *Überwachungsfläche* eines Wärmemelders ist wesentlich geringer als bei einem Rauchmelder (ca. 1/3). Die *zulässige Raumhöhe* ist abhängig von der Klassifizierung des Melders und reicht bis zu 7,5 m.

Besonders geeignet sind diese Melder in Räumen mit *schwierigen Umgebungsbedingungen*, vor allem bei Staub-, Rauch- und Dampfentstehung.

Flammenmelder

Flammen haben typische *Lichtemissionen* im Spektrum Infrarot bis Ultraviolett. *Flackerfrequenz* von Flammen 1 – 15 Hz.

Solche Melder sind mit Infrarot- und UV-Sensoren ausgestattet. Eine direkte Sichtverbindung zwischen Melder und Überwachungsbereich ist notwendig.

Sinnvoll, wenn bereits bei *Brandausbruch* mit *offenen Flammen* zu rechnen ist.

Brandmeldezentrale

Aufgaben der Brandmeldezentrale (BMZ):

- Energieversorgung.
- Überwachung von Primärleitungen.
- Zyklische Abfrage aller Melder.
- Auswertung und logische Verknüpfung von Störungs- und Alarmzuständen.
- Ansteuerung Feuerwehr, Blitzleuchten, Sirenen und anderer Brandschutzeinrichtungen.

Die Anzeigen an der BMZ müssen schnell, leicht und eindeutig mit der örtlichen Position des ansprechenden Brandmelders in Verbindung gebracht werden.

Je **Meldergruppe** muss mindestens eine **Feuerwehr-Laufkarte** bereitgehalten werden.

Basis der Feuerwehr-Laufkarte sind ein **Orientierungsplan** mit Lage der *Melder, Meldergruppen, Meldebereiche* sowie die **Grundrisspläne**.

Für die **Energieversorgung** sind *zwei voneinander unabhängige* Energiequellen erforderlich. Eine Energiequelle ist das allgemeine *Versorgungsnetz*, die andere ein *Akkumulator*.

Bei Anschluss an das Wechselstromnetz ist eine *separate rot* zu kennzeichnende Überstrom-Schutzeinrichtung notwendig.

Der **Akkumulator** übernimmt automatisch bei Ausfall der Spannungsversorgung. Eine *ausgefallene* Energiequelle muss **akustisch** und **optisch** angezeigt werden. Eine Versorgung anderer Anlagen ist nicht erlaubt.

Instandhaltung von Brandmeldeanlagen

Der **Betreiber** einer BMA muss eine **eingewiesene Person** sein oder eine solche beauftragen.

Eine regelmäßige Instandhaltung durch Elektrofachkräfte ist zwingend.

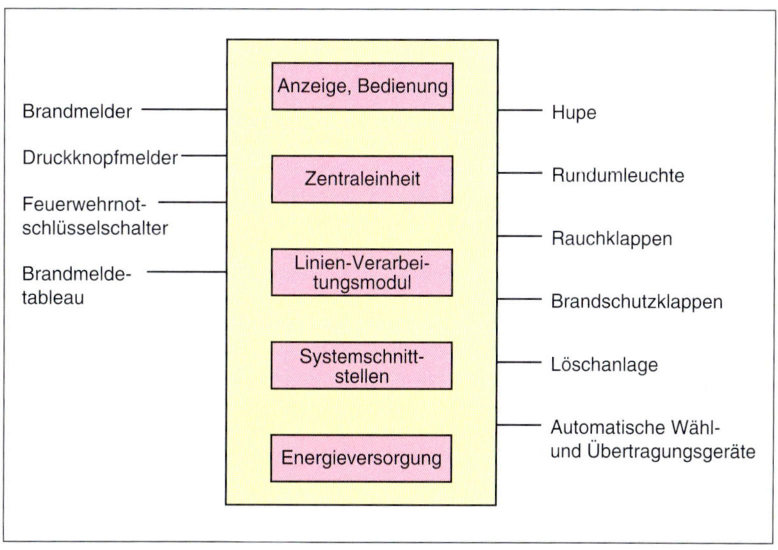

21 Brandmeldeanlage

22 Brandmeldezentrale

Mindestens *viermal jährlich* in annähernd gleichen Zeitabständen sind **Inspektionen** der Anlage durchzuführen Bei diesen Inspektionen ist zu überprüfen:

- Mindestens ein Melder der Primärleitungen; bei automatischen Meldern nur solche, die zerstörungsfrei prüfbar sind.
- Anzeige- und Betätigungseinrichtungen.
- Schalteinrichtungen.
- Ansteuereinrichtungen in Verbindung mit Übertragungseinrichtungen, automatische Wähl- und Übertragungsgeräte, Alarmierungseinrichtungen.
- Energieversorgung.

Jährlich sind Inspektionen *aller* zerstörungsfrei prüfbaren *Melder* und *Primärleitungen* mit *nicht zerstörungsfrei prüfbaren Meldern* durchzuführen.

Nach jedem *Meldeergebnis* ist unverzüglich eine **Änderungsprüfung** durchzuführen. Ein **Betriebsbuch** ist zu führen.

■ **Leitungen**

Die Anschlussleitungen tragen auf dem PVC Mantel die Bezeichnung

BRANDMELDEKABEL

Unter einer Metallfolie befindet sich ein blanker Beidraht (0,6 mm ∅) als Erdungsanschluss.

Mit ihm kann die Abschirmung angeschlossen werden.
Der Beidraht ist in allen Meldern durchgeschaltet und in der Brandmeldezentrale geerdet.

Etwa 1/3 aller Brände werden durch Elektrizität verursacht.

Jährlich kommt es in Deutschland zu etwa 600 000 Brandschäden mit ca. 60 000 verletzten Personen und ca. 600 Toten.

■ **Brandschutzschalter** werden derzeit für Stromkreise bis 16 A angeboten.

■ **Bezeichnung**

AFDO

Arc fault detection device; Fehlerlichtbogen-Schutzeinrichtung

■ **Brandschutzschalter** steigern den Schutzpegel in der Elektroinstallation.

DIN VDE 0100 - 420 schreibt den Einbau von Brandschutzschaltern (AFDD) in bestimmten Bereichen nun zwingend vor. Für andere Anwendung wird er empfohlen. Beispiele hierfür:

Vorgeschrieben:
Schlafräume und Aufenthaltsräume von Heimen und Tageseinrichtungen für Kinder, behinderte oder alte Menschen, von barrierefreien Wohnungen, bei Feuerrisiko durch verarbeitete und gelagerte Materialien, in Räumen und Anlagen mit brennbaren Baustoffen, in Räumen und Orten mit Gefährdungen für unersetzbare Güter.

Empfohlen:
Schlafräume, Räume oder Orte mit Feuer verbreitenden Strukturen (z. B. Hochhäuser).

Brandschutzschalter

Fehlerstrom-Schutzeinrichtungen stellen den *Brandschutz* und den Schutz bei direktem und indirektem Berühren sicher. *Leitungsschutzschalter* schützen vor Überlast und Kurzschluss.

Der *Brandschutzschalter* erweitert diesen Schutz bei *seriellen* und ***parallelen Störlichtbögen***.

Und dies in Kombination mit einem *LS-Schalter* oder einer *RCD/LS-Kombination*. Damit wird der Stromkreis im Fehlerfall *allpolig* vom Netz getrennt.

Ein integrierter *Überspannungsauslöser* schaltet bei einer Spannung von 275 V zwischen Außen- und Neutralleiter ab.

Hinweis
Energie des Störlichtbogens von 85 J bis 100 J kann Papier und Holz entzünden.
Bei ca. 25 J schaltet der Brandschutzschalter ab.

Brandschutzschalter in Verbindung mit einem RCD

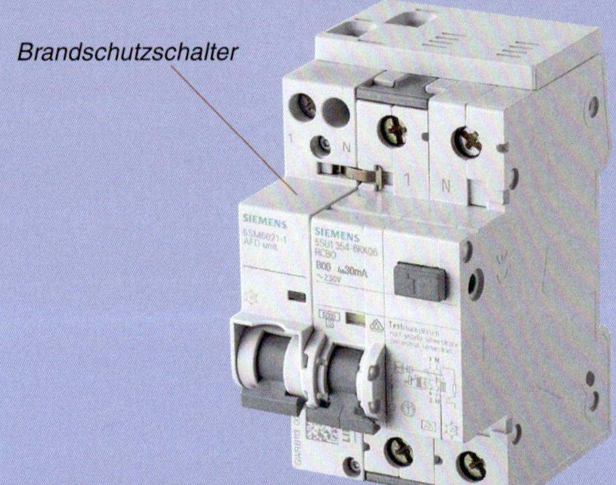

Auftretende *Lichtbögen* sind ein häufiger Grund für die Zündung von Bränden. Ursache solcher Lichtbögen können z. B. sein:

- *Beschädigte Leitungsisolation*
- *Leitungsbrücke und gequetschte Leitungen*
- *UV-Strahlung und Nagetierverbiss*
- *Mangelhafte Kontakte und Anschlüsse (Übergangswiderstand)*

Leitungsschutzschalter und RCDs sind *nicht* für die Erkennung derartiger Fehler ausgelegt.

Fehler	Schaltbild	Schutz durch
Serieller Lichtbogen	L1 N	BSS
Paralleler Lichtbogen Außenleiter, N-Leiter, zwei Außenleiter	L1 N	LS, BSS
Paralleler Lichtbogen Außenleiter, Schutzleiter	L1 N	RCD, BSS

Anbau des Brandschutzschalters

LS-Schalter, Charakteristik B und C 1 + N, 6 kA, 1 TE	2A, 4 A, 6 A, 8 A, 10 A, 13 A, 16 A
LS-Schalter, Charakteristik B und C 1 + N, 10 kA, 2 TE	2A, 4 A, 6 A, 8 A, 10 A, 13 A, 16 A
RCD/LS-Kombination, Typ A, 6 kA, 2 TE	6 A, 8 A, 10 A, 13 A, 16 A
RCD/LS-Kombination, Typ F, 10 kA, 2 TE	6 A, 8 A, 10 A, 13 A, 16 A

Leitungen

Vieradrige Leitung mit blankem Beidraht (0,6 mm Ø) als Erdungsanschluss.
Mit ihm kann die Abschirmung einwandfrei angeschlossen werden.

Leitung hat einen roten PVC-Mantel mit dem Aufdruck „BRANDMELDEKABEL".

Der *Beidraht* muss in allen Meldern durchgeschaltet und in der Brandmeldezentrale geerdet werden.

Klemmen oder Verteiler in den Leitungen sind *unzulässig*.

Jeder Melder wird *direkt* angeschlossen (Durchschleifen), damit die Leitung immer bis zu den Melderanschlüssen funktionstüchtig ist.

Die jeweils *ankommende* Leitung ist besonders zu *kennzeichnen*.

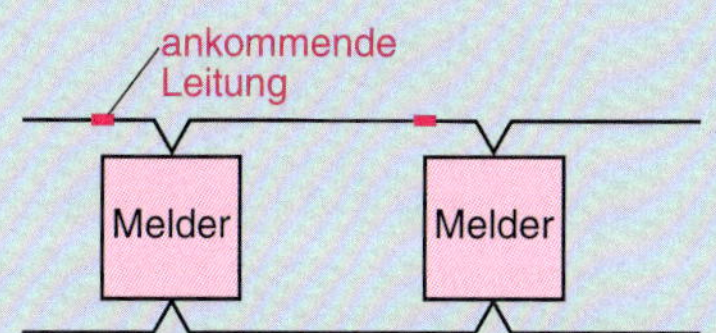

Meldelinien

Die *Verbindung* zwischen den einzelnen Meldern wird durch *Meldelinien* hergestellt.
Sie übertragen Informationen.

Ruhestromprinzip

Die Meldelinie wird *ständig* von einem Strom durchflossen. *Meldekontakte* arbeiten als *Öffner*, die *in Reihe* geschaltet sind.

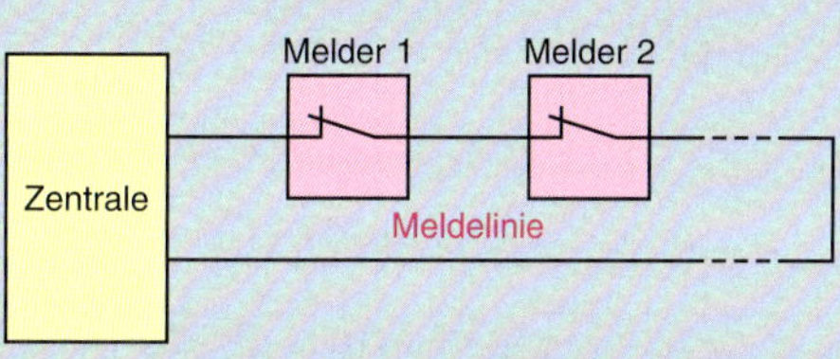

Ein *Alarm* wird ausgelöst, wenn sich in der Meldelinie *mindestens* ein Kontakt geöffnet hat.
Nachteilig ist, dass einzelne Melder oder ganze Meldelinien durch *Überbrückung* außer Funktion gesetzt werden können.

Arbeitsstromprinzip

Hier sind die *Melderkontakte* als *Schließer* ausgelegt, die *parallel* an Spannung angeschlossen werden.

Ein Alarm wird ausgelöst, wenn *mindestens ein* Kontakt schließt.

Wird die Zuleitung zu einem Melder oder der gesamten Meldelinie *unterbrochen*, ist die Schaltung nicht mehr wirksam.

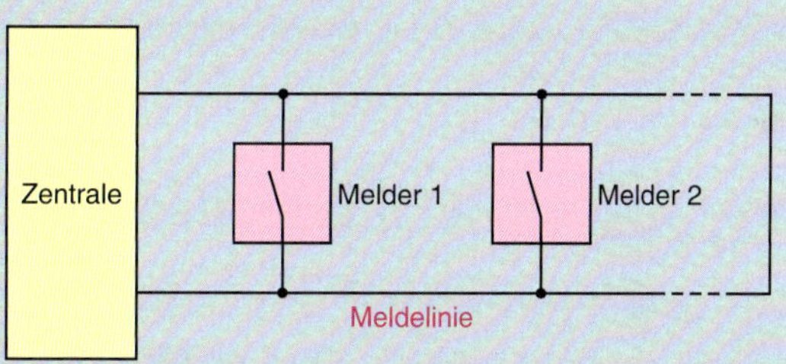

Stromverstärkungsprinzip

Wenn *kein* Melderkontakt geschlossen ist, fließt über den Abschlusswiderstand ein von der Zentrale erfasster *Ruhestrom*.
Schließt nun ein Melderkontakt, wird der *Abschlusswiderstand* überbrückt. Die Stromstärke in der Linie erhöht sich. Dies wird von der Zentrale erfasst.

Die *Unterbrechung* einer Linie wird als *Störung* betrachtet, was *erhöhten Sabotageschutz* bedeutet.

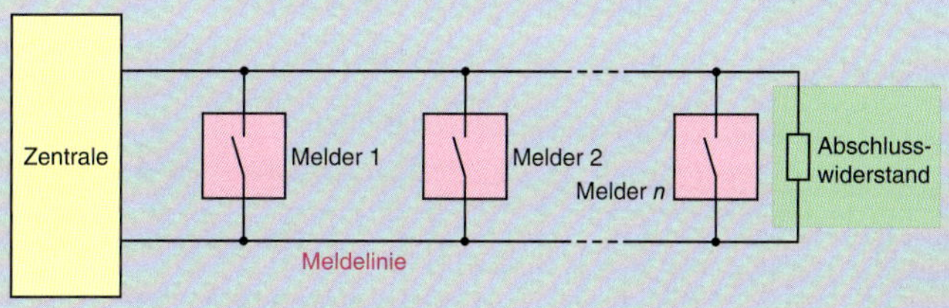

Ruhestromprinzip
closed circuit principle

Arbeitsstromprinzip
make circuit principle

Deckelkontakt
cover contact

Sabotageschutz

Betriebsmittelgehäuse und Verteilerdosen müssen gegen Sabotage gesichert werden. Dies erfolgt durch Schalter im Deckel oder Gehäuse, die sich beim Entfernen öffnen (Deckelkontakt).

Stromschwächungsprinzip

Wenn *kein* Kontakt geöffnet ist, sind die Melderwiderstände *überbrückt*.

Der *Abschlusswiderstand* bestimmt den in der Meldelinie fließenden *Ruhestrom*.

Wenn sich der Öffner eines Melders öffnet, wird sein Widerstand mit dem Abschlusswiderstand in Reihe geschaltet. Die Stromstärke verringert sich, was von der Zentrale ausgewertet werden kann.

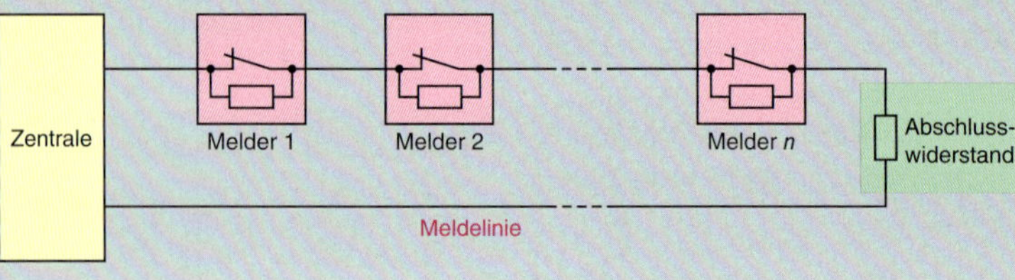

Prüfung

1. Welche Aufgabe haben automatische Brandmeldeanlagen?

2. Welche Aufgabe hat die Brandmeldezentrale?

3. Worauf ist bei der Energieversorgung von Brandmeldeanlagen zu achten?

4. Welche Sensoren werden in Brandmeldern eingesetzt?

5. Beschreiben Sie das Funktionsprinzip von Rauchsensoren.

6. Worauf ist beim Anschluss von Brandmeldern zu achten?

7. Welche Leitungen werden für Brandmeldeanlagen verwendet?

8. Welche Aufgabe haben Meldelinien?

9. Meldelinien nach dem Ruhestromprinzip: Funktionsweise und Nachteil.

10. Meldelinien nach dem Arbeitsstromprinzip: Funktionsweise und Nachteil.

11. Meldelinien nach dem Stromschwächungsprinzip: Funktionsweise.

12. Wie erfolgt der Sabotageschutz bei Brandmeldeanlagen?

13. Worauf ist bei der Leitungsverlegung in Brandmeldeanlagen besonders zu achten?

14. Welche elektrischen Fehler führen häufig zur Zündung von Bränden?

15. Wodurch wird die Gebrauchsdauer von Leitungen ganz wesentlich bestimmt?

- christiani-berufskolleg.de

Brandbekämpfung in elektrischen Anlagen

Anlage oder Gerät sofort *spannungsfrei* schalten!
Nur die *unmittelbar betroffenen* Systeme abschalten.

- *Schalthandlung in Niederspannungsanlagen durch Elektrofachkraft oder unterwiesene Person.*
- *Schalthandlung in Hochspannungsanlagen durch den Anlagenverantwortlichen.*

Verwendete Löschmittel

Es dürfen nur *geeignete* Löschmittel verwendet werden, die unterschiedlichen *Brandklassen* zugeordnet sind. Dies wird durch *Symbole* auf Feuerlöscheinrichtungen angegeben.

Symbol	Brandklasse	Brandherd
A	A	feste organische Stoffe, z. B. Holz, Kohle, Papier, Stroh
B	B	flüssige oder flüssig werdende Stoffe, z. B. Lacke, Öle, Fette, Benzin
C	C	Gase, z. B. Erdgas, Propan, Acetylen
D	D	Metalle, besonders Leichtmetalle, z. B. Aluminium, Magnesium und deren Legierungen
F	F	Speiseöle, Speisefette

Mindestabstand zwischen Löschmittelaustrittsöffnung und unter Spannung stehende Anlagenteile

Löschmittel	Brandklasse	Mindestabstand bei AC-Anlagen bis in Metern				
		1 kV	30 kV	110 kV	220 kV	380 kV
Kohlendioxid	B, C	1	3	3	4	5
BC-Pulver	B, C	1	3	3	4	5
Schaum	A, B	3	Nur in spannungsfreien Anlagen zugelassen			
ABC-Pulver	A, B, C	1				
Wasser – Sprühstrahl	A	1	3	3	4	5
– Vollstrahl	A	5	5	6	7	8

Kohlendioxid
leitet den elektrischen Strom nicht.
Es ist schwerer als Luft.
Vorsicht beim Einsatz: Erstickungsgefahr!
Atemschutz dringend erforderlich!
Nach den Löscharbeiten müssen Räume gut durchlüftet werden.
Im Freien verflüchtigt es sich schnell; hat als Löschmittel aber dort auch nur eine begrenzte Wirkung.

Pulver
besteht aus ungiftigen organischen Stoffen. Ein Einsatz in staubempfindlichen Anlagen ist nicht sinnvoll. Auch in Schaltanlagen sollte Pulver besser nicht eingesetzt werden.

Schaum
(Löschschaum) ist ein Gemisch aus Luft, Wasser und einem Schaummittel.

Funktionserhalt

Brände können zum Ausfall der Stromversorgung führen. Dies ist bei bestimmten Anlagen aber nicht zulässig. Dort muss die Funktion für eine angemessenen Zeit erhalten bleiben.

E30 (30 Minuten)
- Brandmeldeanlagen
- Sicherheitsbeleuchtung
- Alarmierungsaufgaben
- Lüftungsanlagen

E90 (90 Minuten)
- Feuerwehraufzug
- Rauchabzugsanlage
- Sprinkleranlage
- Wasserdruckerhöhungsanlage

Spannungsquellen: Batterien oder Dieselaggregate.

5.3 Gebäudesystemtechnik

War die *herkömmliche Gebäudetechnik* gekennzeichnet durch eine hohe Anzahl *eigenständiger Funktionsnetze*, z. B.

- *Beleuchtung,*
- *Heizung und Klimatisierung,*
- *Sicherheitstechnik,*

so sind diese *Insellösungen* heute unwirtschaftlich. Sie werden zunehmend durch die moderne **Gebäudesystemtechnik** ersetzt.

Ihre besonderen **Merkmale** sind

- *Effizienz*
- *Wirtschaftlichkeit*
- *Komfort*
- *Umweltschutz*

Wesentliche **Vorteile** sind:

- Hoher Komfort
- Zentrale Steuerung, Überwachung und Visualisierung der Gebäudefunktionen, auch durch Fernsteuerung
- Schnelle und preisgünstige Änderungen und Erweiterungen
- Verknüpfung unterschiedlicher Funktionsnetze
- Effiziente Sicherheitsüberwachung
- Energiemanagement

Ausgangslage

Kennzeichnend für die *konventionelle Installation* ist die *Verbindung* von *Energie* und *Information*.
Leitungen, die der Energiezufuhr dienen, sind *gleichzeitig* Steuerleitungen. Bild 23 zeigt dies am Beispiel der Ausschaltung.

Dies führt zu einer Vielzahl *eigenständiger Systeme* mit mehr oder weniger einfachen Aufgaben, sogenannten **Insellösungen**. In komplexen Gebäuden ist das nahezu unüberschaubar.

Kennzeichnend für die **Bustechnologie** ist die *Trennung von Energiefluss* und *Information*.

Die beiden *Teilsysteme* (Energiezufuhr, Information) berühren sich nur dort, wo Verbrauchsmittel geschaltet werden sollen.

Sämtliche Befehlsgeber und Sensoren werden über das **Bussystem** miteinander verbunden und an die Busspannung gelegt.

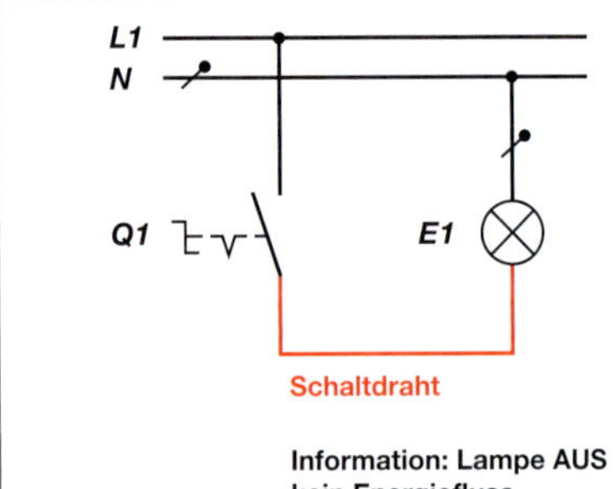

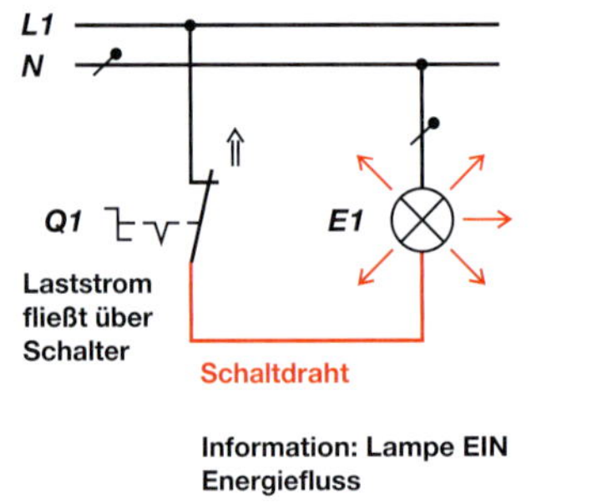

23 Konventionelle Installation

■ KNX-Standard

Gewerkübergreifende Plattform, um Objekte verschiedener Hersteller in Netzen der Gebäudesystemtechnik zu installieren.

■ EIB/KNX

Einheitlicher Standard für Feldbusanwendungen in der Gebäudesystemtechnik. Dabei ist der EIB-Standard erhalten geblieben. Dieses System wurde mit KNX bezeichnet.

EIB-Produkte tragen das Warenzeichen „EIB/KNX“.

- effizient
- wirtschaftlich
- komfortabel
- umweltschonend

24 KNX-Anwendungen

Nur dort, wo die Information an die Verbrauchsmittel gelangen muss, ergibt sich ein *Berührungspunkt* mit der *Energieversorgung* (Bild 26).

Alle *Sensoren*, *Befehlsgeber* und *Schalter*, die an den **Bus** angeschlossen sind, können sämtliche *Aktoren* der Energieseite beeinflussen.

Ein gesondertes Steuergerät wird dazu nicht benötigt. Somit ist eine *Anlagenerweiterung* problemlos möglich, da hierzu nur eine *Programmänderung* notwendig ist.

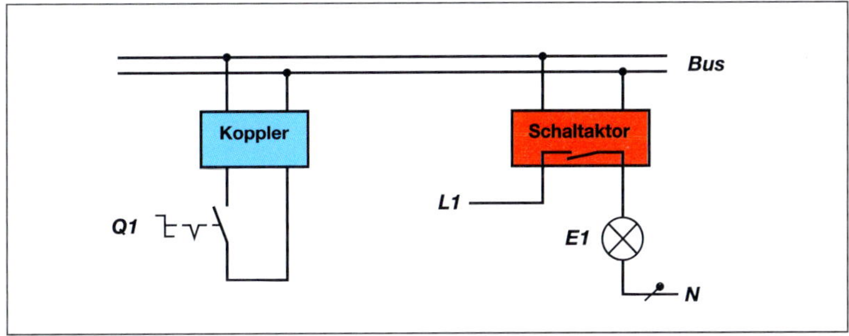

26 Busprinzip

Die **Busleitung** besitzt zwei Adernpaare.

- YCYM 2 × 2 × 0,8; Adern rot, schwarz, gelb, weiß.
- Leitungsschirm mit Beilaufdraht.
- Verlegung auf Putz, unter Putz oder im Rohr.
- Geeignet für feuchte, trockene und nasse Räume.
- Farbe rot: +, Farbe schwarz: –.
- Bei Beschädigung einer Ader wird das komplette andere Adernpaar (gelb, weiß) verwendet.

Für den Bus werden nur *zwei* Adern benötigt (**2-Draht-Technik**). Somit kann jeder **Busteilnehmer** (Sensor, Aktor) an jeder beliebigen Stelle platziert werden.

Wesentliche *Vorteile*:

- Erhebliche Reduzierung der Steuerleitungen
- Reduzierung der Energieleitungen (230 V)
- Einfache Planung und Installation
- Hohe Flexibilität
- Wirtschaftliche Energienutzung (Energiemanagement)
- Einfache Wartung durch Softwarediagnose
- Zentrale und dezentrale Steuerung, Überwachung und Anzeige
- Mehrfachnutzung von Sensoren

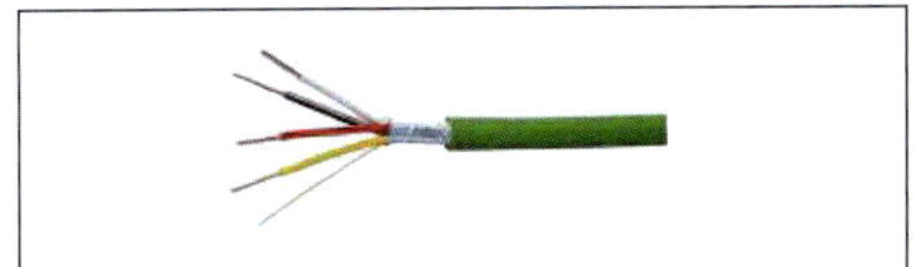

25 Busleitung

Wichtige *Aufgaben*

- Beleuchtungssteuerungen
- Steuerungen von Rolladen, Jalousien und Markisen
- Heizungssteuerung
- Lüftungssteuerung
- Klimasteuerung
- Einbruchsicherung
- Feuer- und Rauchmeldeanlagen
- Zugangskontrollen
- Lastmanagement
- Protokollierung von Betriebszuständen
- Info-Übertragung an externe Kommunikationsdienste

Linien und Bereiche

EIB/KNX ist ein *dezentrales* System.

Jeder Busteilnehmer ist mit einem eigenen **Mikrocomputer** und einem eigenen **Speicher** ausgerüstet.

Vorteil: Das System kann nicht *vollständig* ausfallen. Wenn ein einzelner Busteilnehmer ausfällt, ist nur diese eine Teilfunktion nicht mehr verfügbar.

Die **Spannungsversorgung** der Busteilnehmer erfolgt über die Busleitungen (28 – 30 V DC). Über die gleichen Busleitungen werden auch die Informationen (man nennt sie *Telegramme*) verschickt.

Die **Linie** (Bild 27, Seite 227) ist die *kleinste Einheit* des EIB/KNX-Systems. Im Minimalfall besteht sie aus folgenden Elementen:

- *Spannungsversorgung*
- *Drossel*
- *Sensor*
- *Aktor*

Im Allgemeinen können an einer *Linie* bis zu *64 Busteilnehmer* angeschlossen werden.

Wichtige Daten

- Maximale Leitungslänge pro Linie 1000 m.
- Maximale Leitungslänge zwischen zwei Teilnehmern 700 m.
- Bei mehr als zwei Spannungsversorgungen: Entfernung zwischen den Drosseln mindestens 200 m.
- Entfernung eines Teilnehmers von der Spannungsversorgung maximal 350 m Leitungslänge.

■ Konventionelle Installation

Die Steuerleitungen müssen hier den gesamten Laststrom führen.

■ Bustechnologie

Das Prinzip der Bustechnologie besteht in der Trennung von Energie- und Informationsfluss.

■ Busteilnehmer

System, das an die Busleitung angeschlossen ist und Informationen senden und empfangen kann.

Das Bussystem

EIB Twisted Pair (EIB TP)

Den *Bus* bildet eine *verdrillte Zweidrahtleitung* mit einem Durchmesser von 0,8 mm.

Der Bus dient der *Informationsübertragung* und der *Spannungsversorgung* der elektronischen EIB-TP-Systeme.

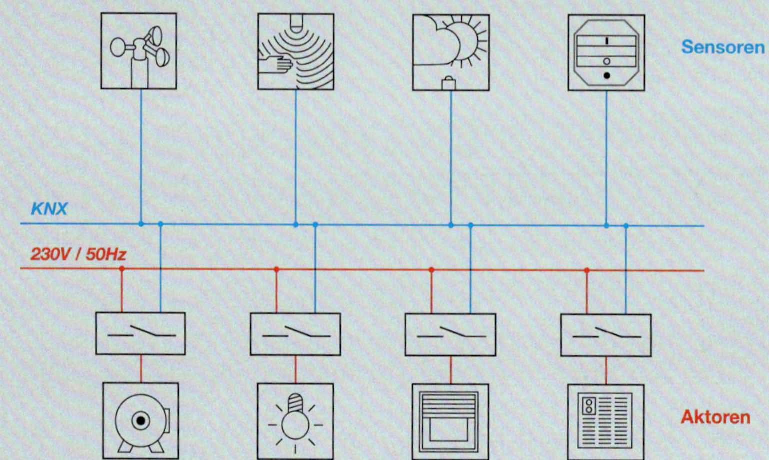

Die mittlere Bemessungsspannung des Busses beträgt 24 V DC.

EIB TP ist das ausgereifteste und sicherste Übertragungsverfahren.

Bei Erstinstallationen überwiegend eingesetzt.

EIB Power Line (EIB PL)

Eine Busleitung wird nicht benötigt. Das 230-V-Netz dient der Energieversorgung und der Informationsübertragung. Benutzt werden dafür ein Außenleiter und der Neutralleiter.

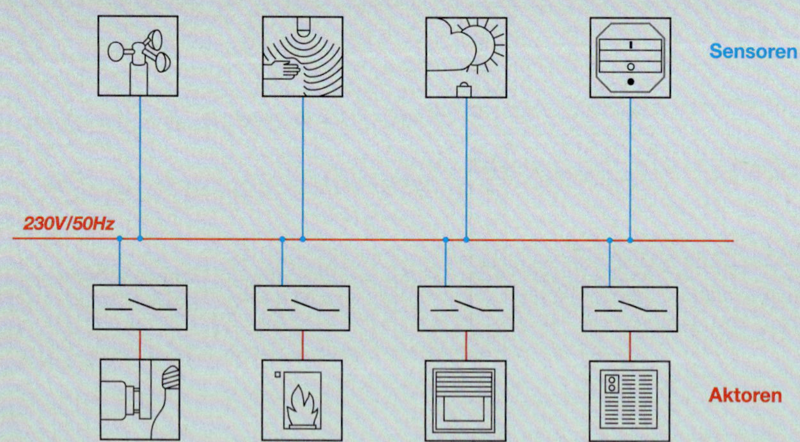

Wenn die Information auf allen drei Außenleitern übertragen werden soll, muss ein *Phasenkoppler* eingesetzt werden.

EIB Power Line kommt i. Allg. nur dann zur Anwendung, wenn eine *nachträgliche* Verlegung der Busleitung nicht möglich ist.

EIB Radio Frequency (EIB RF)

Die Information wird durch Funk übertragen. Eine Busleitung wird nicht benötigt.

Die Sensoren erhalten ihre Spannungsversorgung über Batterien oder über das 230-V-Energieversorgungsnetz.

Die Reichweite der Funksignale beträgt im Freien ca. 100 m. In Gebäuden kann die Reichweite deutlich reduziert werden.

■ Sensoren

Sensoren sind Befehlsgeber. Sie senden Befehle auf den Bus aus.
Zum Beispiel: Tastsensoren, Bewegungsmelder, Temperaturfühler, Windmesser.

■ Aktoren

Aktoren sind Befehlsempfänger. Sie erhalten ihre Befehle vom Bus.
Beispiele für Aktoren sind: Schalten, Dimmen, Heizungsregelung.

Im Allgemeinen sind die Aktoren nicht nur mit dem Bus, sondern auch mit dem Energieversorgungsnetz verbunden.

■ EIB Power Line

Datenübertragung über Außenleiter und N-Leiter. Gleiche Endgeräte, der Busankoppler hat allerdings einen 230-V-Anschluss statt eines 24-V-Anschlusses. Kein Ersatz, eher eine sinnvolle Ergänzung zu EIB TP.

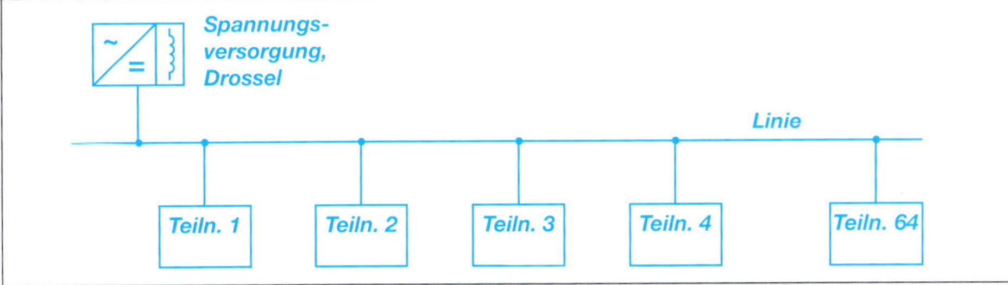

27 *Linie eines Bussystems*

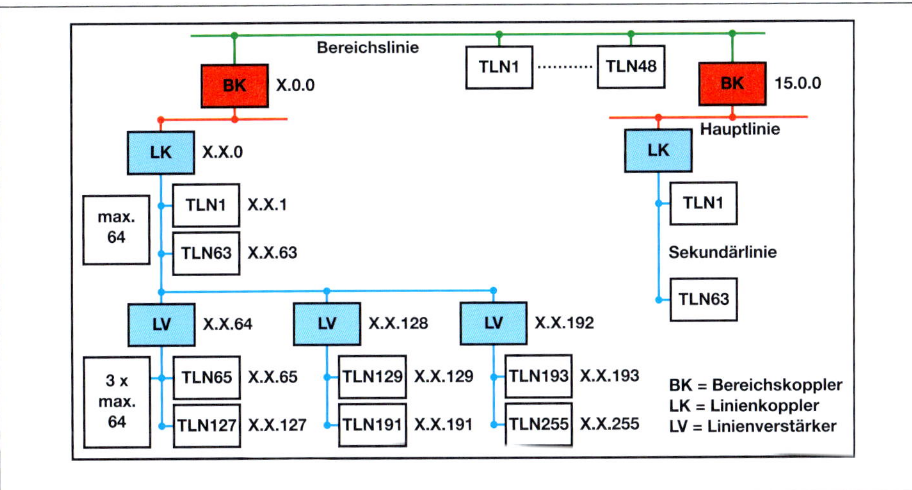

28 *Prinzip des Bussystems*

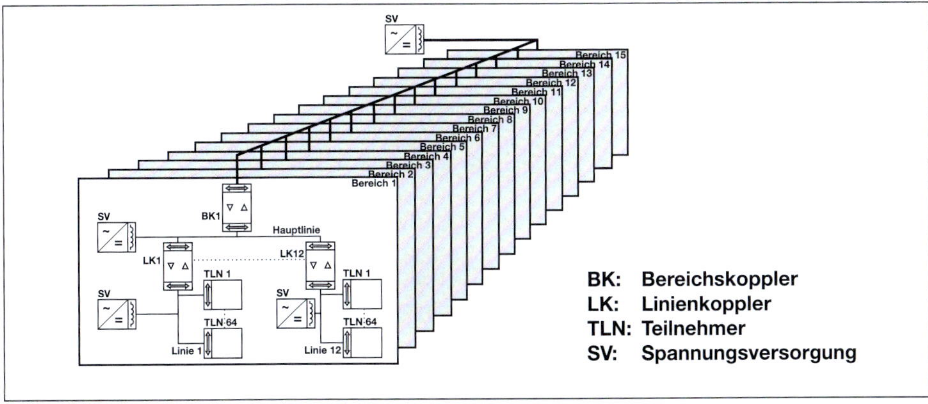

29 *Topologie des Bussystems mit Linien und Bereichen*

Die **Spannungsversorgung** jeder Linie sollte einen *eigenen Überstromschutz* erhalten. Dann können an *dieser Linie* Servicearbeiten durchgeführt werden, ohne hierzu weitere Linien ebenfalls abschalten zu müssen.

Es ist ratsam, bei der Projektierung *nicht mehr als 40 Busteilnehmer* vorzusehen. Dann bleibt ein Spielraum für spätere Erweiterungen.

In einem **Bereich** lassen sich bis zu 15 Linien zusammenfassen. Dazu sind **Linienkoppler** erforderlich.

Der **Linienkoppler**

- überprüft, ob die Information linienübergreifend weitergegeben wird.
- übernimmt die galvanische Trennung der einzelnen Linien voneinander.
- entkoppelt die Signalübertragung zwischen den Linien.
- frischt linienübergreifende Information auf.

Gebäudesystemtechnik
building management system

Beleuchtung
lighting

Sensor
sensor

Aktor
actuator

Teilnehmer
subscriber

Busteilnehmer
bus device

Busleitung
bus line

Bussystem
bus system

Busankoppler
bus coupling module

Linie
line

Hauptlinie
main line

Bereichslinie
back bone line

■ **Linienverstärker**

Dient der Verlängerung einer Linie. Frischt die Signale auf, damit der Übertragungsbereich verlängert werden kann.

■ **Übertragungsgeschwindigkeit**

9600 Bit/s, ein Bit wird somit in 104 μs übertragen. Damit können in 1 s etwa 50 Telegramme übertragen werden.

30 Linienverstärker

Linienverstärker

bieten die Möglichkeit, die Linie zu verlängern und weitere 64 Busteilnehmer (je Linienverstärker) anzuschließen.

- Galvanische Trennung der einzelnen Elemente.
- Verstärkung der Information.
- Maximal drei Linienverstärker je Linie.

Leitungsführung der Linie

Innerhalb *einer Linie* kann die Busleitung in

- Linienstruktur
- Sternstruktur
- Baumstruktur

bzw. beliebigen Kombinationen dieser Grundstrukturen verlegt werden. Eine *Ringstruktur* ist allerdings unzulässig.

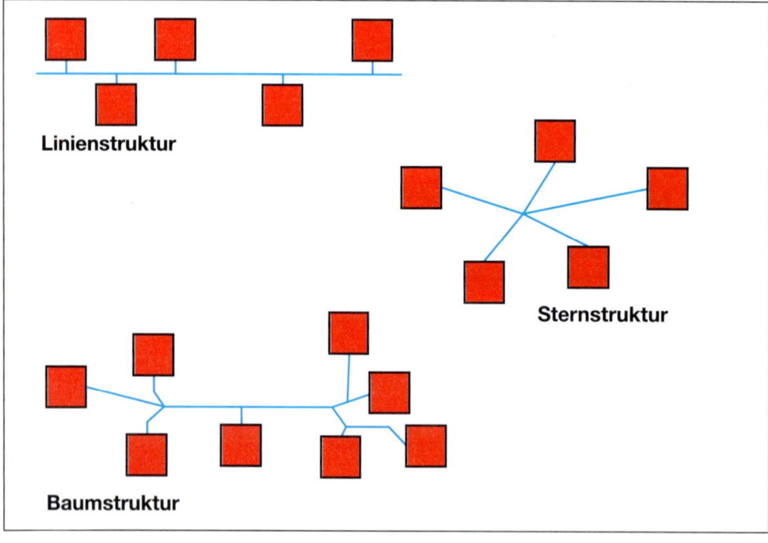

31 Busstrukturen

Informationsübermittlung

Die Informationsübermittlung erfolgt mithilfe von *Telegrammen*, die über den Bus gesendet werden.
Ein **Telegramm** ist eine *Bitfolge*.

Bits mit gemeinsamen Informationsinhalten sind zu **Feldern** zusammengefasst (Seite 229).

Telegramme des EIB/KNX bestehen aus einer Folge von „0"- und „1"-Signalen. Die Übertragung erfolgt **seriell**.

Wenn eine logische „1" gesendet wird, beträgt die Spannung 28 V.

Wird eine logische „0" gesendet, nimmt die Spannung zunächst kurzzeitig ab, steigt danach wieder an, um sich nach maximal 104 μs auf 28 V einzupendeln. Der Grund hierfür liegt in der Netzdrossel.

Die **Übertragungsgeschwindigkeit** beträgt 9600 Bits/s. Ein Bit wird somit in 104 μs übertragen. Damit können in einer Sekunde etwa 50 Telegramme übertragen werden.

Rooting-Zähler

gibt an, wie viele Koppler das Telegramm bereits durchlaufen hat. Zu Beginn ist der Zählerstand 6.
Wenn ein Koppler durchlaufen wird, verringert sich der Zählerstand um 1. Wenn der Zählerstand *null* ist, wird nicht mehr über den Koppler weitergeleitet. Dadurch werden *„kreisende Telegramme"* verhindert.

Koppler

Bereichskoppler, Linienkoppler, Verstärker

Kriterien für eine problemlose Informationsübermittlung

- Busleitung PYCYM 2 × 2 × 0,8 mit einem *Schleifenwiderstand* von 72 Ω/km.
- Leitungsverbindungen über *Busklemme*, die auf den Busteilnehmer gesteckt wird. Durch Abziehen der Busklemme wird die Leitung nicht unterbrochen.

Busklemme

Spannung:	max. 100 V
Stromstärke:	max. 6 A
Übergangswiderstand:	max. 50 mΩ
Aderndurchmesser:	0,6 – 0,8 mm

32 Busklemme

Aufbau eines Telegramms

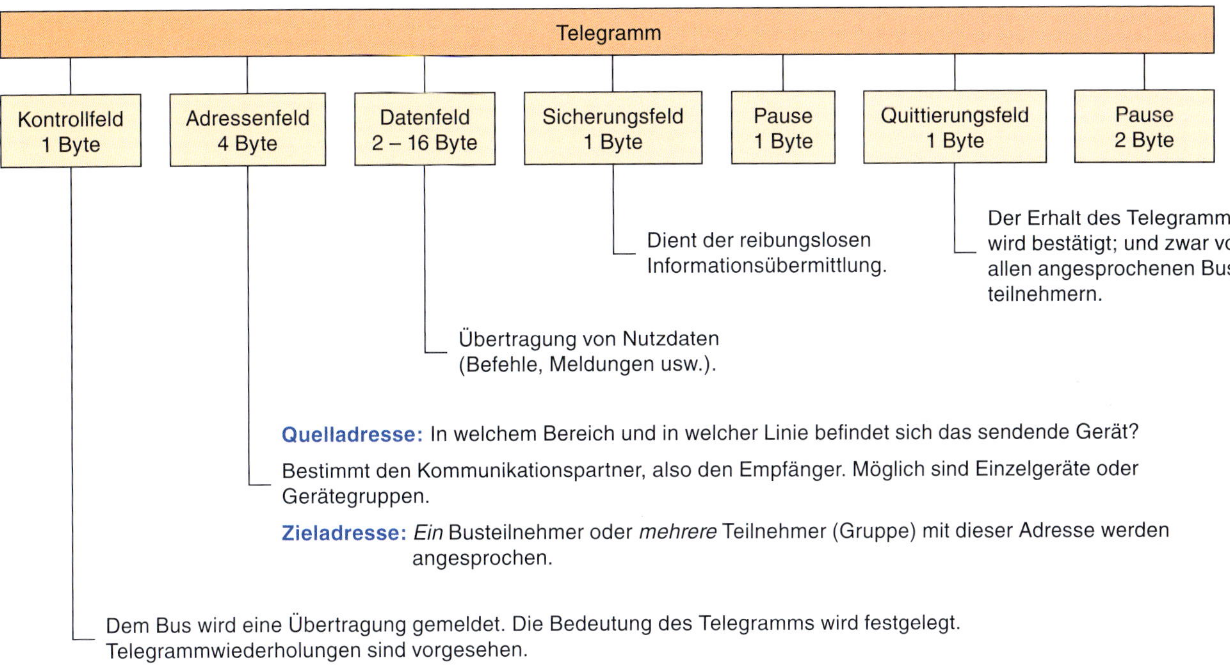

Prüfung

1. Nennen Sie wesentliche Vorteile der Gebäudesystemtechnik.
2. Was versteht man unter dem KNX-Standard?
3. Worin besteht der wesentliche Vorteil der Bustechnologie?
4. Was ist eine Applikation in der Gebäudesystemtechnik?
5. Aus welchem Grund kann das Bussystem nicht vollständig ausfallen?
6. Mit welcher Spannung arbeitet das Bussystem?
7. Erläutern Sie die Topologie des Bussystems.
8. Wie ist ein Telegramm aufgebaut?
9. Beschreiben Sie die serielle Datenübertragung.
10. Wie erfolgt der Informationsaustausch zwischen einem Sensor und einem Aktor bei KNX?
11. Erklären Sie das Prinzip von EIB-Powerline.
12. Was versteht man unter einer Linie? Welche Aufgaben haben Linienkoppler?
13. Wie viel Telegramme können in einer Sekunde Übertragen werden?
14. Wozu dient der ROOting-Zähler?

Quittierung

Wenn das Telegramm beendet ist, wird eine vorgegebene Wartezeit gestartet. Nach Ablauf dieser Zeit bestätigen sämtliche angesprochenen Busteilnehmer den Telegrammerhalt. Wenn nur ein Teilnehmer den Inhalt nicht verarbeiten kann und dies meldet, werden dadurch alle anderen Rückmeldungen überlagert. Dies spart Zeit bei der Abfrage der Teilnehmer.

Quelladresse

Beinhaltet die physikalische Adresse des sendenden Busteilnehmers.

Zieladresse

Beinhaltet die Gruppenadresse des anzusprechenden Busteilnehmers.

@ Interessante Links

- christiani-berufskolleg.de

■ **Adressierung**

Teilnehmeradressen werden in physikalische und logische (Gruppenadresse) unterteilt.

- *Physikalische Adresse*
  Bereich, Linie, Teilnehmer
- *Gruppenadresse*
  Haupt-/Mittel-/Untergruppe oder Hauptgruppe/Untergruppe

Beim Anschluss ist unbedingt auf die *richtige* **Polarität** zu achten.

Busleitung	Klemme	Farbe Klemmblock
rot	+	rot
schwarz	–	schwarz

Eine *Vertauschung* der Anschlüsse führt zu einer *Fehlfunktion*, nicht zur *Zerstörung* (Verpolschutz).

Störfestigkeit

Die Busteilnehmer werden durch den *Spannungsunterschied* an beiden Adern angesteuert.

Somit wirken **Störeinstreuungen** auf beide Adern mit *gleicher Polarität*. Die Differenz der beiden Signalspannungen wird dadurch nicht in starkem Maße beeinflusst.

Damit ist die **Störfestigkeit** gegeben.

Adressierung

An einer **Linie** können 64 *Busteilnehmer* angeschlossen werden.

Linienkoppler können bis zu 15 Linien an eine **Hauptlinie** anbinden.

Über **Bereichskoppler** lassen sich bis zu 15 Bereiche zusammenbinden.

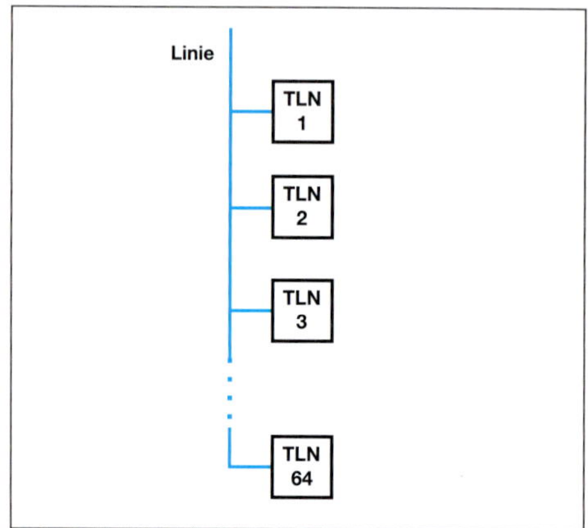

33 *Aufbau einer Linie*

Auch an den *Haupt-* und *Bereichslinien* können **Busteilnehmer** angeschlossen werden.

Hinweis

A. B. C.

A: Adressiert die *Bereiche* (1 – 15).
A = 0 bedeutet, dass der Teilnehmer an die *Bereichslinie* angeschlossen ist.

B: Adressiert die *Linien* (1 – 15)
B = 0 bedeutet, dass der Teilnehmer an die *Hauptlinie* angeschlossen ist.

C: Adressiert die Teilnehmer einer *Linie*.

Sämtliche Busteilnehmer haben eine eindeutige **Geräteadresse**. Man nennt sie **physikalische Adresse**.

Jedem Busteilnehmer wird diese physikalische Adresse *einmal fest einprogrammiert*.

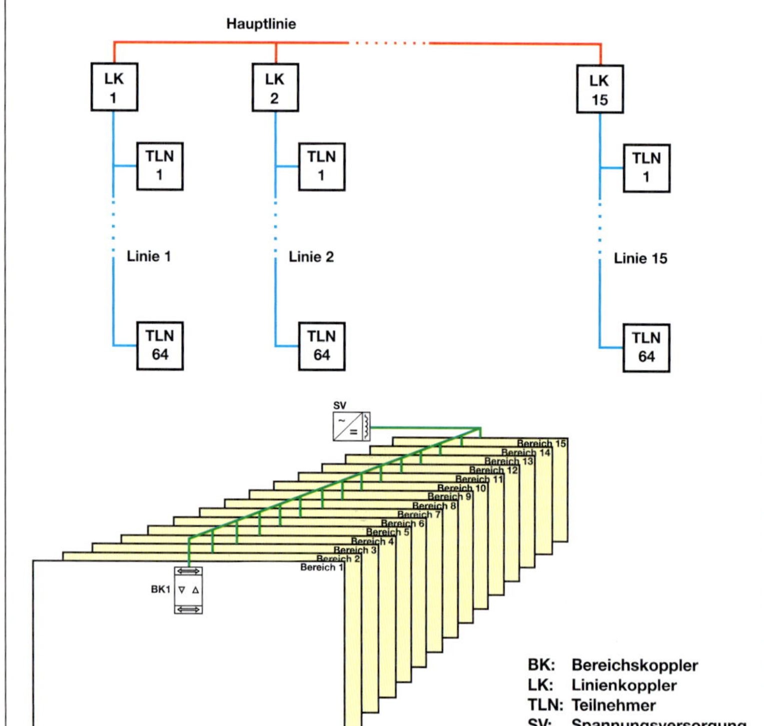

34 *Hauptlinien und Bereiche*

Physikalische Adresse

Dient zur *unverwechselbaren Kennzeichnung* des Busteilnehmers. Gibt an, in welchem *Bereich* und in welcher *Linie* der *Busteilnehmer* installiert ist.

Beispiel

Benachbarten Teilnehmern sollten *benachbarte* physikalische Adressen zugewiesen werden.

Bei **Erstinbetriebnahme** wird die physikalische Adresse zyklisch auf den Bus gesendet, bis an einem Busteilnehmer die *Programmiertaste* betätigt wird.

Eine LED zeigt an, dass die Adresse in den Speicher übernommen wurde.

Mehrfachvergabe physikalischer Adressen ist *nicht* möglich. Es würde eine *Fehlermeldung* und ein *Abbruch* des Adressierungsvorgangs die Folge sein.

Gruppenadresse

Die **Gruppenadresse** kann bildlich mit einer „Steuerleitung“ verglichen werden, die den Sensor mit dem Aktor verbindet.

Die 16 **Hauptgruppen** sind vom Anwender frei definierbar.

Mögliche Gruppeneinteilung:

- Hauptgruppe: Etage
- Mittelgruppe: Gewerk
- Untergruppe: Funktion

Im Allgemeinen erfolgt die Adressierung durch eine **logische Gruppenadresse**, die den Busteilnehmern *beliebig zugeordnet* werden kann. Auch *unabhängig* davon, in welcher Linie sie angeordnet sind.

Stimmt die Gruppenadresse mehrerer Teilnehmer überein, können diese gemeinsam durch *ein* Telegramm angesprochen werden.

Eine **Gruppenadresse** steht immer für *eine Funktion*, z. B. einen *Schaltvorgang*.

Jede Funktion, die ein *Sensor* auf den Bus aussendet, enthält also genau eine Gruppenadresse.

Im Unterschied dazu kann ein Aktor auf *mehrere* Gruppenadressen reagieren.

- *Ein Sensor sendet ein Datentelegramm auf den Bus. Als Zieladresse enthält das Telegramm die Gruppenadresse.*
- *Sämtliche Aktoren, die das Telegramm empfangen, prüfen, ob ihre Gruppenadresse der Zieladresse im Telegramm entspricht.*
- *Nur wenn Gruppenadresse = Zieladresse, werden die Nutzinformationen des Telegramms ausgewertet.*

Es stehen **16 Hauptgruppen** (0 – 15) mit jeweils *2048* **Untergruppen** (0 – 2047) zu Verfügung. Die Hauptgruppen sind frei definierbar.

Im Unterschied zur physikalischen Adresse wird die Ziffernfolge bei der Gruppenadresse durch *Schrägstriche* getrennt.

Zum Beispiel:

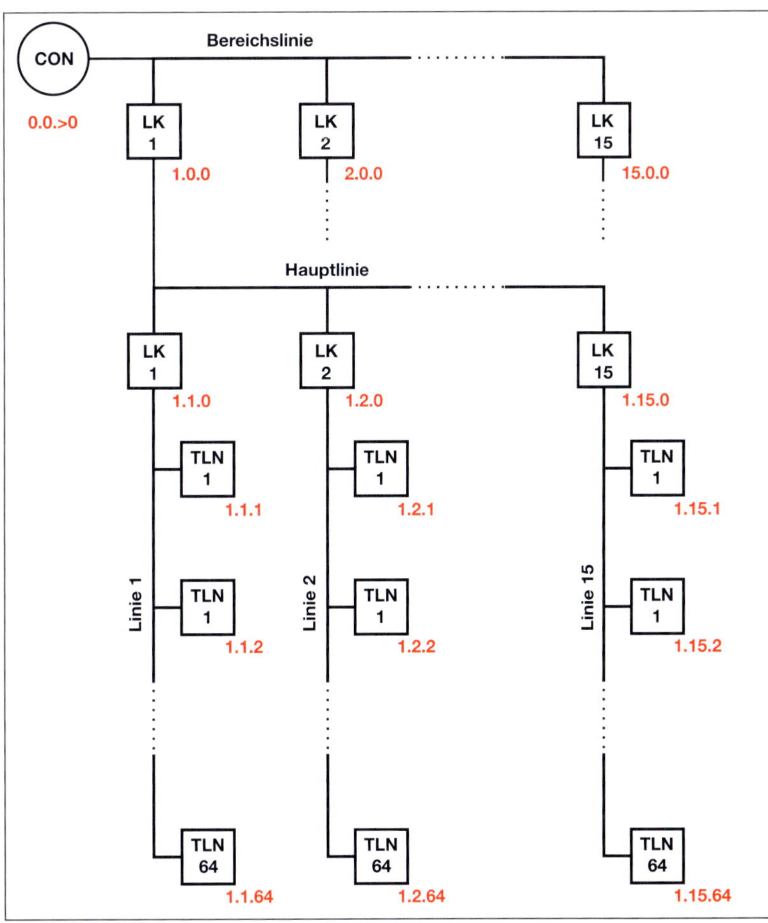

35 Adressierung der Busteilnehmer

Wichtige Buskomponenten

Busankoppler

Der Busankoppler ist die *Grundkomponente* für alle Busteilnehmer und hält im eingebauten *Mikroprozessor* die *Systemsoftware* bereit. Er ermöglicht die *Kommunikation* im Bussystem.

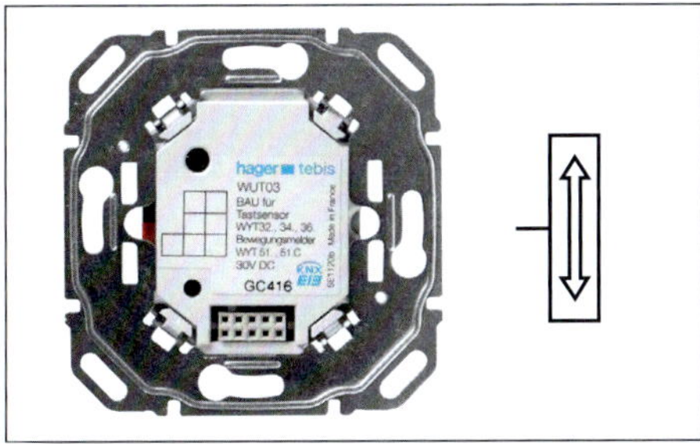

36 Busankoppler

Busseitig ist ein *Übertrager* eingebaut, der die Signalspannung von der Busspannung trennt. Außerdem ist eine *stabilisierte Spannungsversorgung* für den Mikroprozessor, seine Peripherie sowie für das Anwendungsmodul eingebaut.

■ **Gruppenadresse**

Die Gruppenadresse kann bildlich mit einer „Steuerleitung“ verglichen werden, die den Sensor mit dem Aktor verbindet.

Die 16 Hauptgruppen sind vom Anwender frei definierbar. Mögliche Gruppeneinteilung:
Hauptgruppe: Etage
Mittelgruppe: Gewerk
Untergruppe: Funktion

In einem Raum sollen 16 58-W-Leuchtstofflampen installiert werden. Dabei wünscht der Auftraggeber folgende Schaltung:

- S1 schaltet E1, E2, E3, E6, E7, E8
- S2 schaltet E4, E5, E9, E10
- S3 schaltet E5, E10

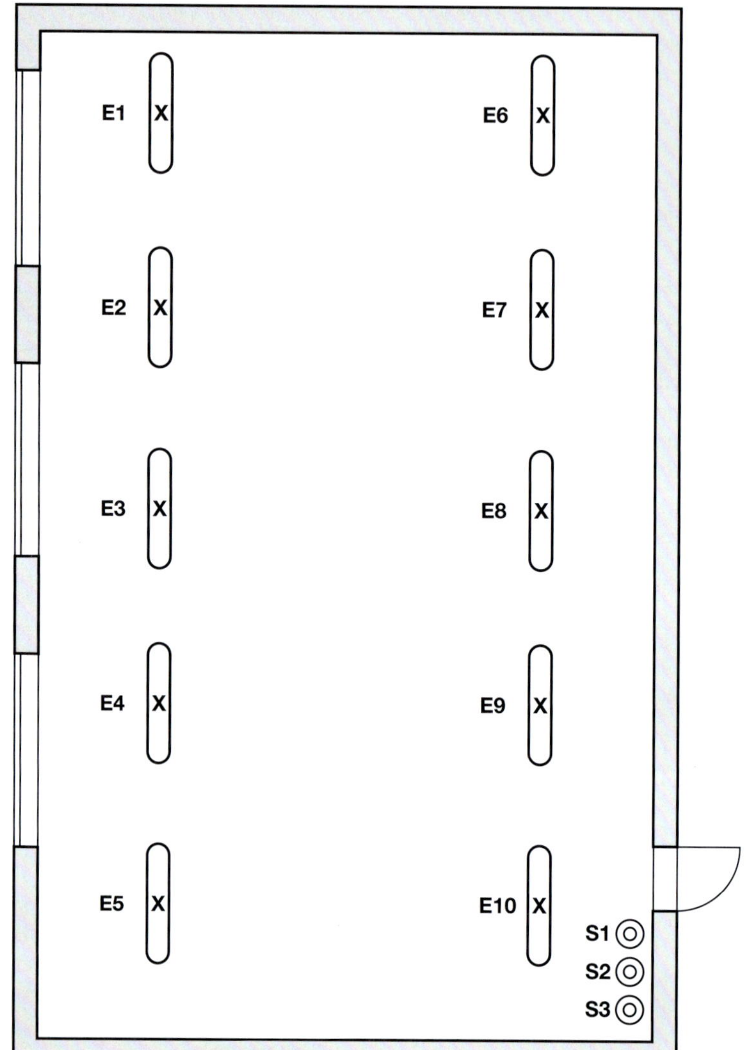

■ **Kennzeichnung der Gruppenadresse**

Im Beispiel wird eine 2-fach-Kennzeichnung der Gruppenadresse verwendet.

Folgende **Gruppenadressen** werden zugeordnet:

- Taster S1: **1/1**
- Taster S2: **1/2**
- Taster S3: **1/10**

Damit erhalten auch die Lampen E5 und E10 die Gruppenadresse **1/10.**

	Gruppenadressen									
	E1	E2	E3	E4	E5	E6	E7	E8	E9	E10
Taster S1	1/1	1/1	1/1			1/1	1/1	1/1		
Taster S2				1/2	1/2				1/2	1/2
Taster S3					1/10					1/10

Wird zum Beispiel der Taster S2 betätigt, dann wird ein Telegramm mit der Gruppenadresse 1/2 über den Bus ausgeschickt.

Zwar hören alle Busteilnehmer mit, angesprochen werden aber nur die Lampen mit der Gruppenadresse 1/2.

Ist ein Busteilnehmer *in einer anderen Linie* angeordnet, müssen die Telegramme über die Hauptlinie transportiert werden. Dies geschieht mithilfe von Linienkopplern, die das Gruppentelegramm weitergeben bzw. in ihre Linie einschleusen.

Die Lampen E5 und E10 empfangen das Telegramm des Tasters S3 und führen den Befehl aus.

Busteilnehmer können auch in *anderen Bereichen* angeordnet sein. Über die Bereichslinie lassen sich alle Busteilnehmer erreichen. Die Telegramme können dabei über *Bereichskoppler* und *Linienkoppler* geschleust werden.

Bei der Parametrierung erhält der Koppler eine *Filtertabelle*. In der Filtertabelle sind die *Gruppenadressen* hinterlegt.

Jeder Koppler der Anlage hört sämtliche Datentelegramme mit.

Wenn ein Koppler ein Telegramm mit einer Gruppenadresse empfängt, die in seiner *Filtertabelle* hinterlegt ist, wird dieses Telegramm linienübergreifend weitergegeben.

Der Koppler hat also eine *Filterfunktion*.

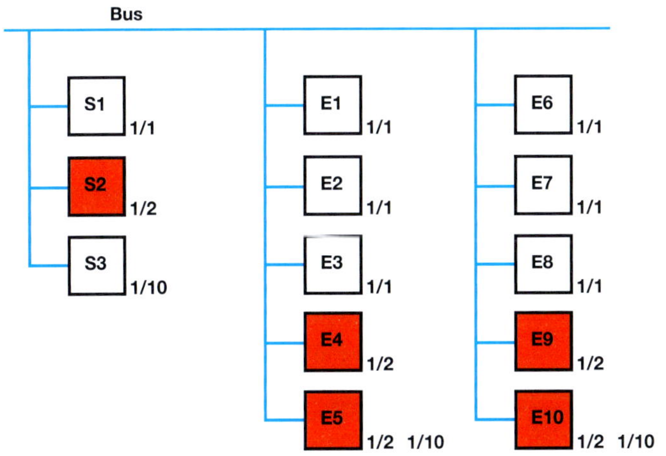

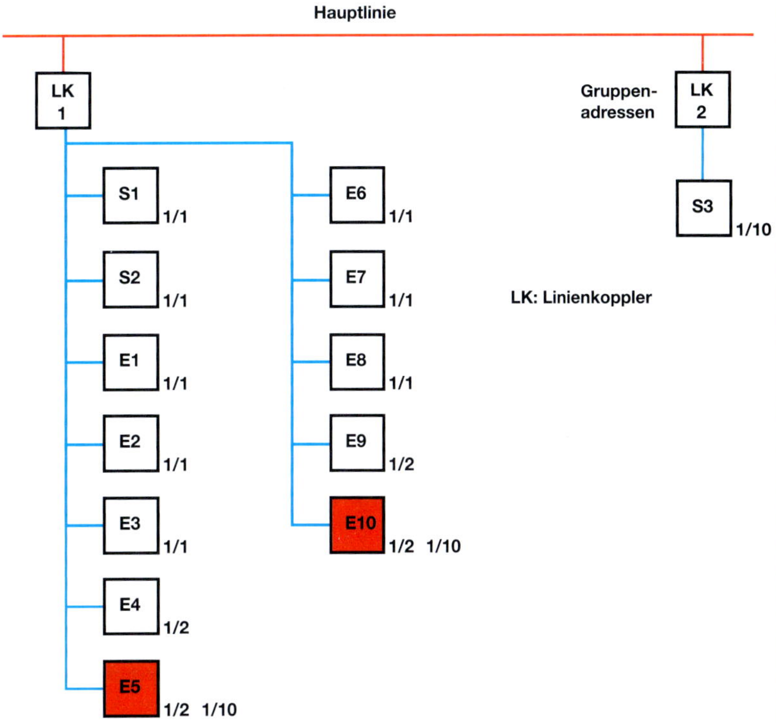

Bus

S1 1/1
S2 1/2
S3 1/10

E1 1/1
E2 1/1
E3 1/1
E4 1/2
E5 1/2 1/10

E6 1/1
E7 1/1
E8 1/1
E9 1/2
E10 1/2 1/10

Hauptlinie

LK 1

S1 1/1
S2 1/1
E1 1/1
E2 1/1
E3 1/1
E4 1/2
E5 1/2 1/10

E6 1/1
E7 1/1
E8 1/1
E9 1/2
E10 1/2 1/10

Gruppen-adressen

LK 2

S3 1/10

LK: Linienkoppler

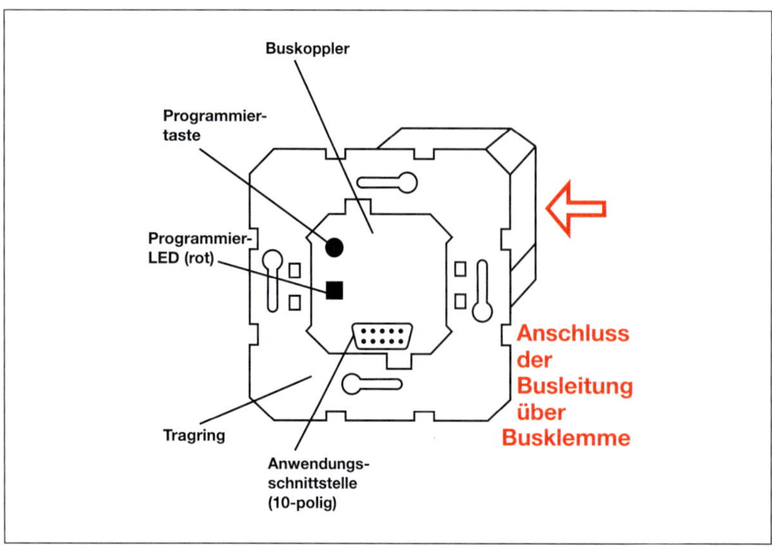

37 Busankoppler

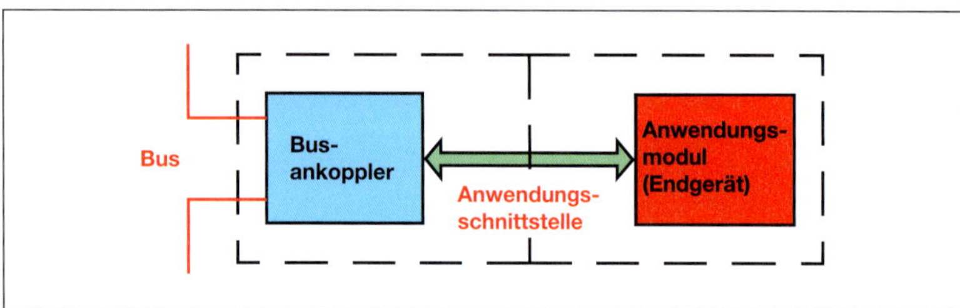

38 Aufbau eines Busteilnehmers

■ **Spannungsversorgung**

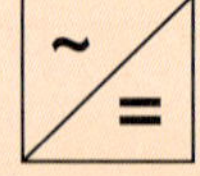

■ **Drossel**

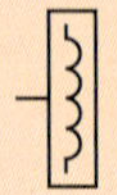

■ **Schnittstelle**

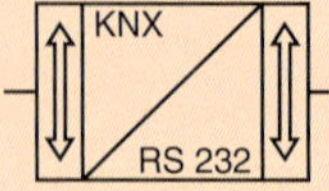

■ **Busankoppler**

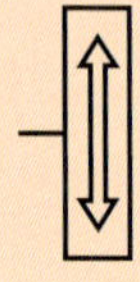

Der Busankoppler erhält die *Versorgungsspannung und das Telegramm* über die zweiadrige Busleitung.

- *ROM-Speicher*
  Systemsoftware des Herstellers

- *EEPROM-Speicher*
  Durch Übertragung herstellerspezifischer *Applikationen* kann der Busankoppler für seinen Einsatzzweck programmiert werden. Das EEPROM ist nullspannungssicher.

Der Busankoppler verfügt über eine **Programmiertaste** und eine **Leuchtdiode** (LED).

- *Programmiertaste*
  Zur Programmierung der *physikalischen Adresse.*
- *Programmier-LED*
  Leuchtet, wenn die Programmiertaste betätigt wurde. Signalisiert, dass der Busankoppler für die Programmierung bereit ist.
  Nach Abschluss des Programmiervorgangs erlischt die LED.

Jeder **Busteilnehmer** besteht aus den Baugruppen **Busankoppler** und **Anwendungsmodul**. Beide Baugruppen sind über eine **Anwenderschnittstelle** miteinander verbunden.

Aufgaben des Busankopplers

- Codierung und Aussendung von Telegrammen
- Empfang, Quittierung und Decodierung von Telegrammen
- Bearbeitung der Anwendersoftware.
- Bedienung der Anwendungsschnittstelle
- Trennung/Mischung von Gleichspannung und Information
- Verpolschutz und Temperaturüberwachung
- Erzeugung einer stabilisierten 5-V-Spannung
- Datenrettung, wenn 18 V unterschritten werden
- Reset bei Spannungen unter 4,5 V
- Bereitstellung der Sende- und Empfangslogik

Die *Funktion* eines Busteilnehmers wird durch das **Anwendungsprogramm** und das zugehörige **Anwendungsmodul** bestimmt.

Datenschnittstelle

Die **Schnittstelle** ermöglicht den Anschluss eines Personalcomputers an das Bussystem.

Für den einwandfreien Betrieb ist eine **physikalische Adresse** zu vergeben, die mit dem Einbauort übereinstimmen muss. Eine **Gruppenadresse** ist *nicht* notwendig.

Neben der *seriellen Schnittstelle* kann auch eine *USB-Schnittstelle* oder ein *IP-Interface* genutzt werden. Über *LAN* oder *WLAN* ist ein Zugriff auf das Bussystem möglich.

Spannungsversorgung

Verwendet wird ein **Sicherheitstransformator** mit Gleichrichtung und Stabilisierung.

Am Geräteausgang liegen 29 ± 1 V an.

Der Bemessungs-Ausgangsstrom beträgt 320 mA oder 640 mA.

Schutzkleinspannung SELV.

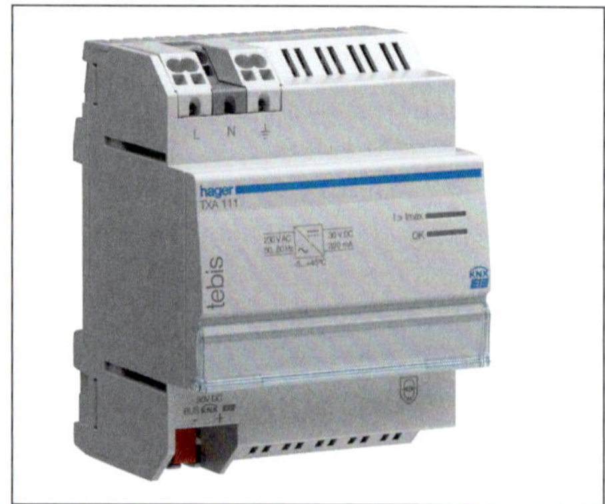

39 Spannungsversorgung

Busseitig ist die Spannungsversorgung *strombegrenzt* und *kurzschlussfest*. *Spannungsunterbrechungen* von bis zu 100 ms können überbrückt werden.

Die Busteilnehmer benötigen eine Spannung von mindestens 21 V. Leistungsaufnahme eines Busteilnehmers ≤ 200 mW.

Eventuell muss eine zusätzliche Hilfsspannung zur Verfügung gestellt werden.

Drossel

Um zu verhindern, dass Datentelegramme wegen des geringen Innenwiderstands der Spannungsversorgung kurzgeschlossen werden, ist zwischen Spannungsversorgung und Busleitung eine **Drossel** zu schalten.

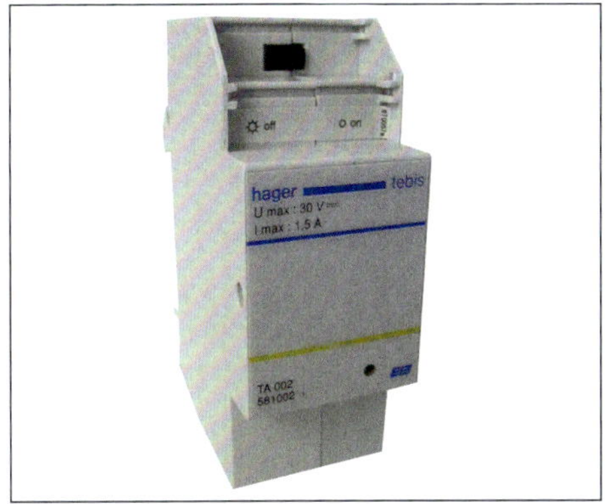

40 Drossel

Technische Daten einer Spannungsversorgung

Versorgungsspannung	30 V DC
Systemspannung	von Buslinie
Verlustleistung	max. 4 W
Ausgangsspannung	30 V DC (gefiltert)
Bemessungsstrom	320 mA
Netzausfallüberbrückung	100 ms
Anzeige/Bedienung	
• Betriebsanzeige	LED, grün
• Überstromanzeige	LED, rot
• Resetanzeige	LED, rot

Tastsensoren

Tastsensoren sind Unterputzgeräte zum Einbau in Unterputz-Gerätedosen.

Sie verfügen über eine oder mehrere Schaltwippen und einen Busankoppler. Die Bedienoberfläche wird auf die Anwendungsschnittstelle des Busankopplers gesteckt.

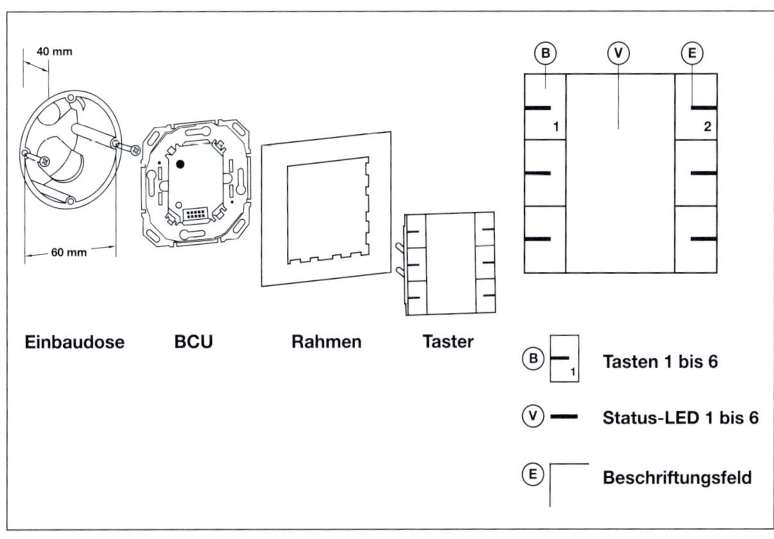

41 Tastsensor, Komponenten

Je nach **Applikation** (Anwendungsprogramm) kann der Tastsensor als Schalt-, Dimm- oder Jalousieaktor verwendet werden.

Gemeinsam mit dem Busankoppler bilden Tastsensoren die **Endgeräte**.

Mit den einzelnen Tasten lassen sich einfache Funktionen (z. B. EIN/AUS) aber auch Dimmfunktionen, Lamellenverstellungen usw. realisieren.

Die *Leuchtdioden* in den einzelnen Tasten sind programmierbar und können unterschiedliche Funktionen erfüllen. Zum Beispiel *Statusanzeigen* oder *Orientierungslicht*.

Binäreingänge

Mithilfe von *Binäreingängen* können *herkömmliche* Taster oder Schalter *busfähig* gemacht werden.

Das Verhalten beim Öffnen und Schließen von Kontakten kann durch Programmierung definiert werden.

So kann z. B. eine Dimmfunktion mit einem herkömmlichen Taster verwirklicht werden.

Vorsicht!

Die Busspannung ist Schutzkleinspannung (SELV).

Es ist also nicht ohne Weiteres möglich, solche Busteilnehmer in Kombination mit Steckdosen oder Schaltern für 230 V in eine Kombinationsdose einzubauen. Der Hersteller muss dies ausdrücklich genehmigen!

■ **Busspannung**

Die Busteilnehmer sind bei Spannungen von bis zu 21 V betriebsbereit.

Wenn dieser Wert unterschritten wird, schalten sich die Teilnehmer automatisch vom Bus ab.

■ **Tastsensoren**

Gemeinsam mit den Busankopplern bilden Tastsensoren die Endgeräte.

Mit den Tasten lassen sich einfache Funktionen (Ein/Aus) aber auch Dimmfunktionen, Lamellenverstellungen usw. verwirklichen.

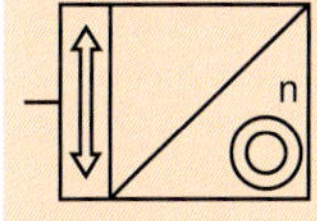

Tastsensor

■ **Binäreingang**

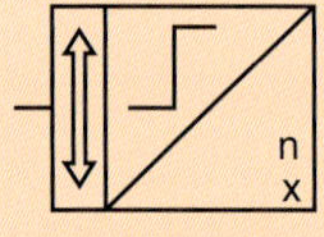

Technische Daten eines Binäreingangs

Versorgung	Systemspannung 30 V
Eingänge Anzahl	4
Ausgänge	–
Signalspannung	230 V AC (– 15/+ 10 %) 50/60 Hz (Phase beliebig)
Kontaktstrom	19 mA
Ruhestandsstrom	7,3 mA
Leitungslänge	30 m max
minimale Schließ-dauer	50 ms
Anschluss Systemspannung massiv	 herausnehmbarer Steckklemmenblock 2-polig, 2 × 4 Klemmen Ø 0,6 bis 0,8 mm^2
Eingänge/ Ausgänge flexibel massiv	Käfigklemmen 1 bis 6 mm^2 1,5 bis 10 mm^2
Umgebungs-temperatur Lagerung Betrieb	 – 20 °C bis + 70 °C 0 °C bis + 45 °C

42 Binäreingang

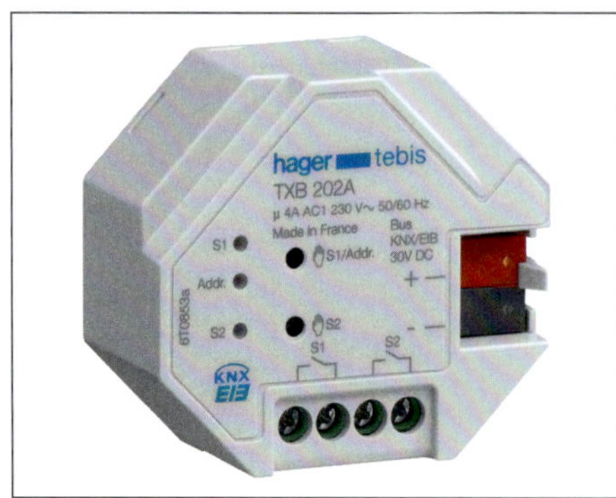

43 Binärausgang

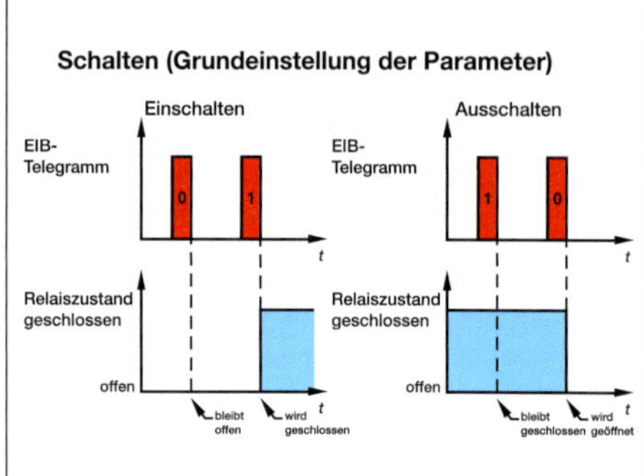

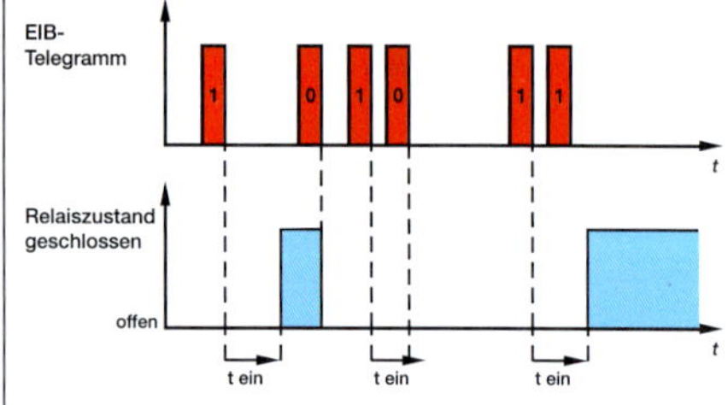

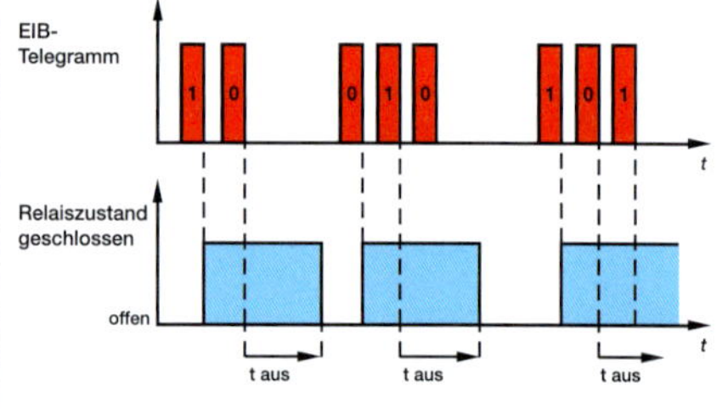

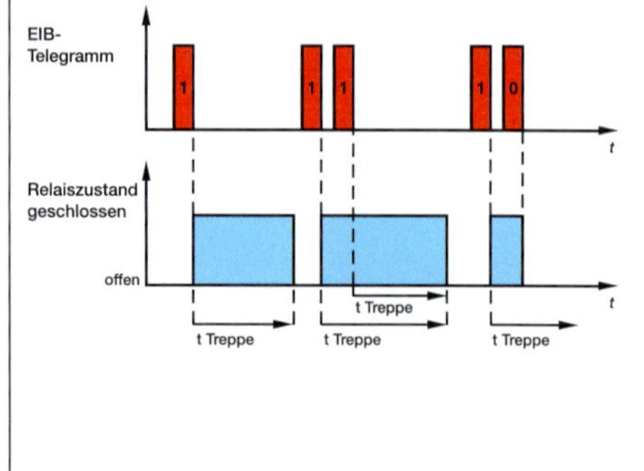

44 Funktionen eines Schaltaktors

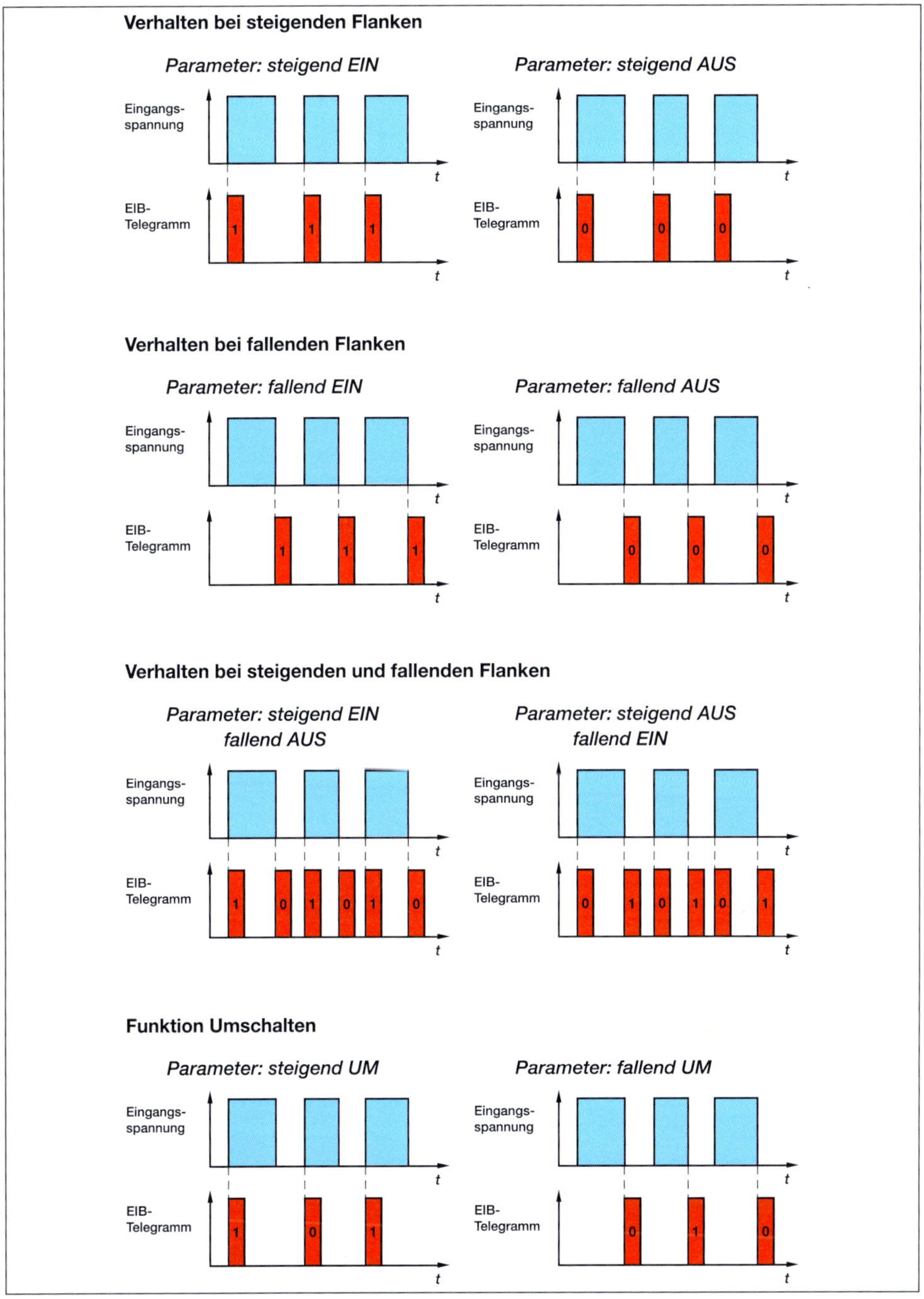

Verhalten bei steigenden Flanken

Parameter: steigend EIN | *Parameter: steigend AUS*

Eingangs-spannung

EIB-Telegramm

t

Verhalten bei fallenden Flanken

Parameter: fallend EIN | *Parameter: fallend AUS*

Eingangs-spannung

EIB-Telegramm

t

Verhalten bei steigenden und fallenden Flanken

Parameter: steigend EIN fallend AUS | *Parameter: steigend AUS fallend EIN*

Eingangs-spannung

EIB-Telegramm

t

Funktion Umschalten

Parameter: steigend UM | *Parameter: fallend UM*

Eingangs-spannung

EIB-Telegramm

t

45 Wirkungsprinzip eines Binäreingangs

■ Flankenauswertung

Bei Signalwechsel von „0“ auf „1“ (positive Flanke) oder von „1“ auf „0“ (negative Flanke) wird ein kurzer Impuls (Nadelimpuls) erzeugt.

Bedien- und Anzeigeelemente

Wahlschalter

auto : Systembetrieb

✋ : Einzelbetrieb
Handbedienung der Ausgänge über die Bedientasten

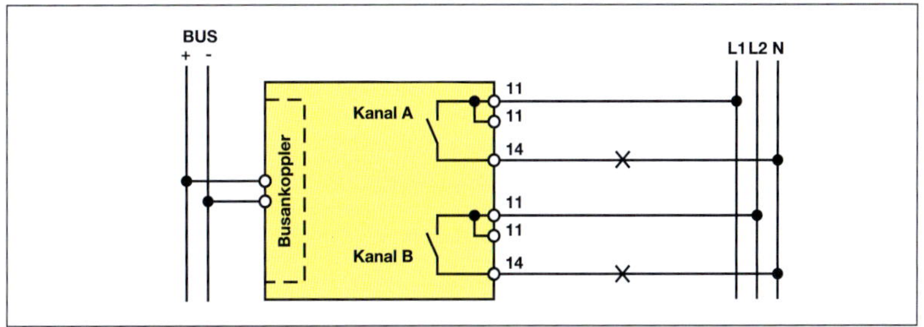

46 Schaltaktor, Anschlussbeispiel

■ **Aktor, allgemein**

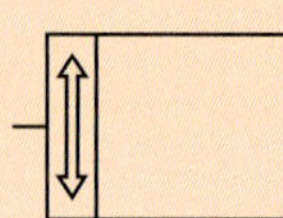

■ **Aktor mit Hilfsspannung**

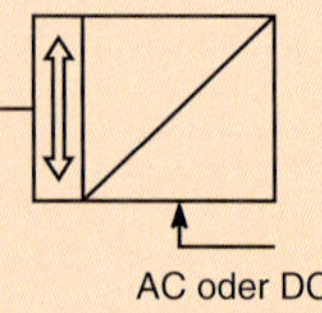

■ **Analogaktor**

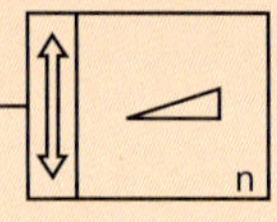

■ **Schaltaktor**

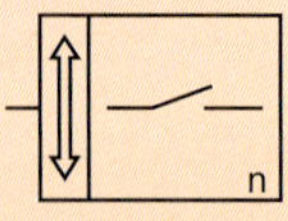

■ **Ventil, Stellantrieb**

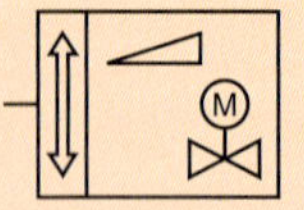

■ **Jalousieaktor**

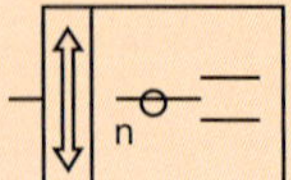

Bedientasten

- Bei Handbedienung können über diese Tasten die Ausgänge geschaltet werden. Bei jedem Tastendruck erfolgt ein Wechsel. EIN → AUS usw.

Schaltzustandsanzeige

Im Normalbetrieb zeigen die LEDs für jeden Ausgang den Schaltzustand an (LED ein: Kontakt geschlossen, LED aus: Kontakt geöffnet).

Prüftaster/Adressiertaste

- Bei Betätigung der Taste wird angezeigt, ob die Busspannung vorhanden ist.

Schaltaktor, technische Daten

Technische Daten		TXA206A/B/C/D		
Schaltstrom		6 × 4 A/10 A/16 A 16 A C-Last		
Max. Verlustleistung		1 W (6 × 4 A), 5 W (6 × 10 A), 12 W (6 × 16 A)		
Abmessungen		4 × 17,5 mm (PLE)		
Schutzart		IP 30		
Normen		NF EN 60669-1, NF EN 60669-2-1, EN 50090-2-2		
Anschluss QuickConnect		0,75 mm² bis 2,5 mm² Flexible Adern ohne Aderendhülse		
Beschriftung		Großes Beschriftungsfenster, Beschriftungssoftware Semiolog nutzbar		
Verdrahtung		QuickConnect Technik mit Durchverdrahtung Eingang oben oder unten		
Busverbindung		Wago Steckklemme		
Last/Schaltvermögen				
Lastart		TXA20×A	TXA20×B	TXA20×C
Glühlampen	230 V~	800 W	1200 W	2300 W
Halogenlampen	230 V~	800 W	1200 W	2300 W
Konventioneller Transformator	12 V~ 24 V~	800 W	1200 W	1600 W
Elektronischer Transformator	12 V~ 24 V~	800 W	1000 W	1200 W
Nichtkompensierte Leuchtstofflampen	230 V~	800 W	1000 W	1200 W
Leuchtstofflampen mit EVG (mono oder duo)	230 V~	12 × 36 W	15 × 36 W	20 × 36 W
Parallelkompensierte Leuchtstofflampen	230 V~			
Sparlampen	230 V~	6 × 23 W	12 × 23 W	18 × 23 W
Betriebstemperatur		0 °C bis + 45 °C		
Lagertemperatur		– 20 °C bis + 70 °C		

Raumtemperaturregler

- Basisfunktionen: Heizen und Kühlen
- Zweistufiges Heizen mit Grund- und Zusatzstufe
- Betriebsarten: Komfort, Stand-by, Nachtabsenkung, Frostschutz, Hitzeschutz, Zwangsbetrieb
- Tasten vom Nutzer frei belegbar mit unterschiedlichen Steuerbefehlen wie Schalten EIN/AUS, Dimmen, AUF/AB, Szenenabruf, Zeitfunktionen
- Die beleuchtete Anzeige informiert über den aktuellen Sollwert sowie den Zustand der Heizung bzw. Klimatisierung. Außerdem wird die Raumtemperatur angezeigt.

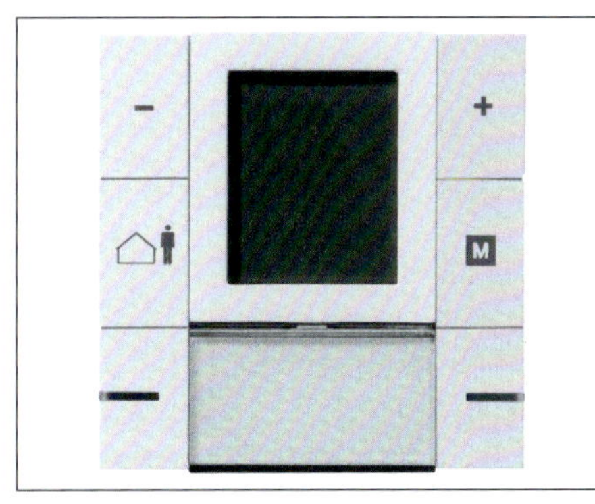

47 Raumtemperaturregler

21.5°
20.3°C

① Raumtemperatur
② Aktuelle Betriebsart
③ Aktueller Sollwert
④ Zustand Heizung/ Klimaanlage

Komfort (Anwesenheit)
Komfort verzögert
Standby
Nachtbetrieb
Frostschutz/Geräteschutz
Komfort-Zwangsbetrieb
Frostschutz-Zwangsbetrieb
Geräteschutz-Zwangsbetrieb

Szene
Auswahl
5°C
Szenen Nr.

A Display
E Beschriftungsfeld
①② Einstelltasten
③ Taste "Anwesenheit"
④ M Taste "Betriebsart"
⑤⑥ Tasten KNX

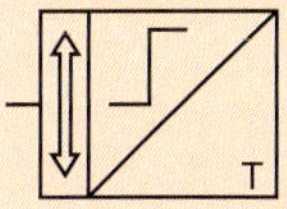

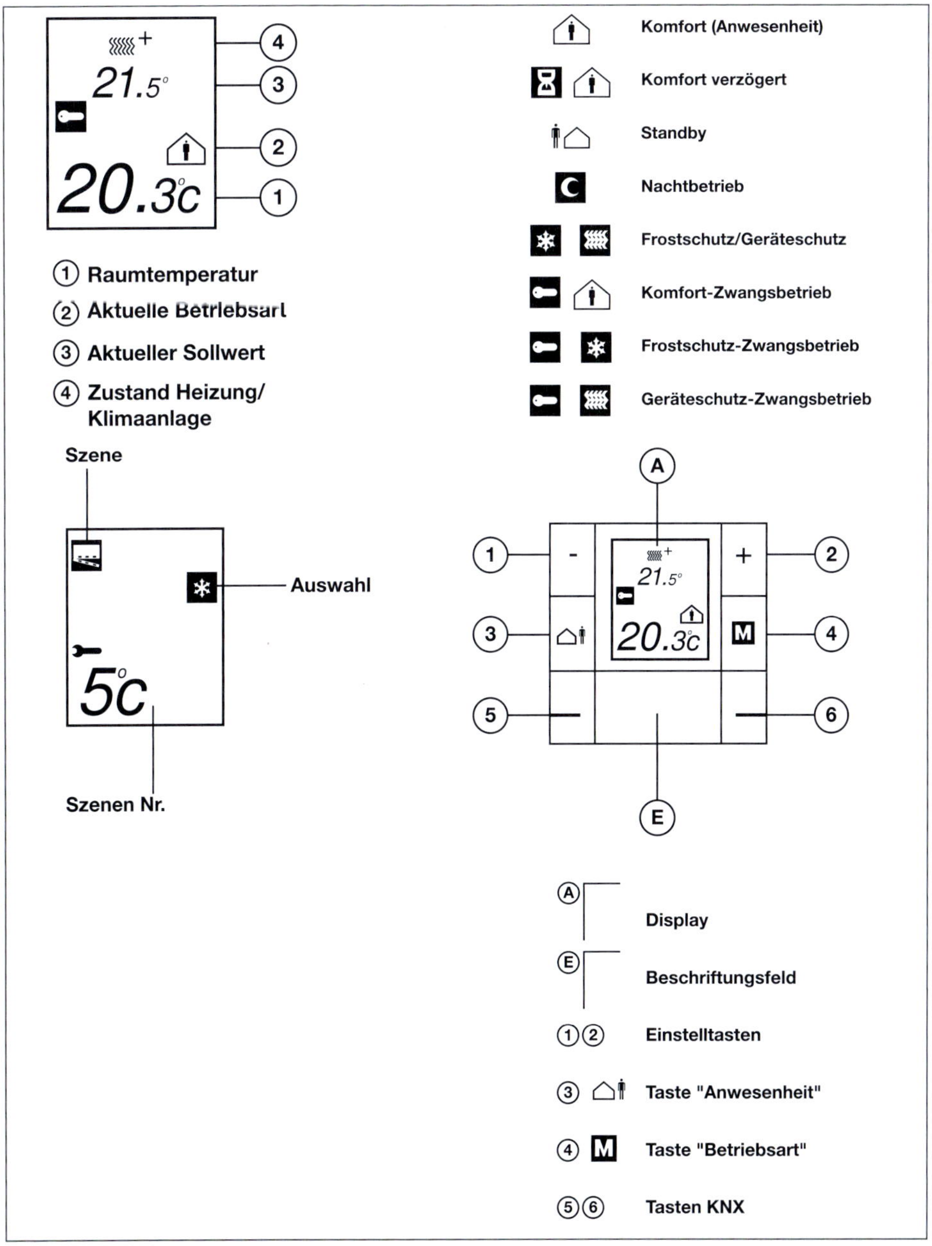

48 Raumtemperaturregler, Beispiel

■ **Raumtemperaturregler**

Linienkoppler
line coupler

Bereichskoppler
back bone coupler

Gruppenadresse
goup address

Drossel
choke

Busleitung
bus cable

Busklemme
bus connection block

Technische Daten

Spannungsversorgung	Systemspannung 30 V DC über Busklemme
Max. Busbelastung	10 mA
Anzahl der Tasten	2 KNX, 4 Reglerbedienung
Beschriftungsfeld	ja, mit Hintergrundbeleuchtung
Schutzart	IP20
Betriebstemperatur	0 °C bis + 45 °C
Lagertemperatur	– 20 °C bis + 70 °C
Normen	EN 60730-1, EN 60730-2-9

■ **Verknüpfungsgerät TX100**

Das Inbetriebnahmegerät TX100 auf Funkbasis dient zur Verknüpfung der einzelnen Geräte und zur Zuweisung von Funktionen.

Es ermöglicht die Funktionskontrolle, die Verwaltung und Speicherung der Projektdaten sowie der Messung der Störempfindlichkeit bzw. Signalstärke bei Inbetriebnahme sowie Einsatz von Funk-KNX-Produkten.

TX-Funk KNX

Der *Installationsaufwand* ist hier – unabhängig von den zu realisierenden Funktionen – grundsätzlich immer gleich.

Der *Planungsaufwand* wird vermindert, Kundenanforderungen können flexibel umgesetzt werden.

Jede Anlage besteht aus **Eingangsgeräten** und **Ausgangsgeräten**.

Die **Verbindung** dieser Geräte erfolgt über

- *Busleitung (2 × 2 × 0,8)*

oder

- *Funk Radio Frequency (868 MHz)*

Folgende *Möglichkeiten* sind realisierbar:

- **TX-Anlagen**
  Aufbau mit ausschließlich verdrahteten Produkten (TP)
- **Funk KNX-Anlagen**
  Aufbau mit ausschließlich Funk-Produkten (RF)
- **Gemischte Anlagen**
  Aufbau mit verdrahteten Produkten und Funkprodukten

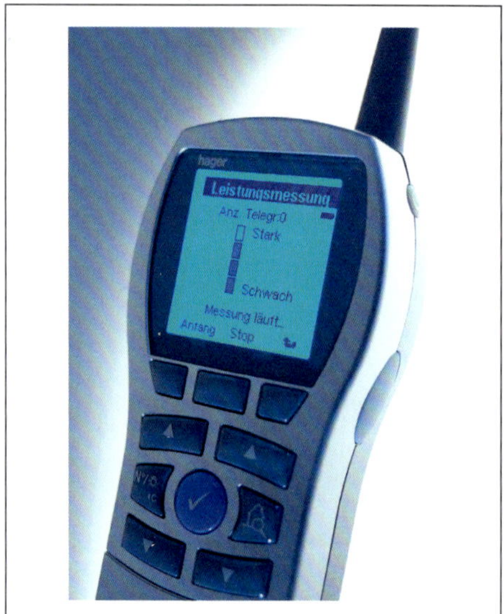

49 *Verknüpfungsgerät*

Inbetriebnahme

Zur Inbetriebnahme werden **Systemgeräte**, **Verknüpfungsgeräte** und **Medienkoppler** eingesetzt.

Die Inbetriebnahme kann durch ein **tragbares Verknüpfungsgerät** flexibel durchgeführt werden.

Nach **Räumen**, **Funktionen** oder **Produkten**.

50 *Medienkoppler*

Medienkoppler

Der **Medienkoppler** ist die *Schnittstelle* zwischen *verdrahteten Geräten* und *Funk-Produkten*.

Er „übersetzt“ die Funksignale auf die Busleitung und umgekehrt. *Versorgungsspannung* 230 V AC.

Reichweite bis 100 m im Freien, bis 30 m in Gebäuden.

Konnex-Standard (KNX-Standard)

Sämtliche Produkte basieren auf dem **Konnex-Standard**. Dieser Standard vereint die Bereiche Endkundengerät, elektrotechnische Komponenten sowie Komponenten der Heizungs-Klima-Lüftungssteuerung.

Diese Gewerke werden durch den **KNX-Standard** zusammengeführt.

Im *Standard* sind folgende **Modi** integriert:

- **A-Mode**: Automatische Konfiguration (Plug and Play) von Endverbrauchergeräten.
- **E-Mode**: Konfigurierbare Produkte/Systeme mit einfachem Inbetriebnahmetool geringem Schulungsaufwand, Inbetriebnahme durch Fachkräfte.
- **S-Mode**: Frei programmierbare Produkte mit einheitlichem Inbetriebnahmetool. Inbetriebnahme durch speziell geschulte Fachkräfte.

Prüfung

1. Wie erfolgt die Adressierung der Busteilnehmer?

2. Unterscheiden Sie zwischen „Physikalische Adresse" und „Gruppenadresse".

3. Wofür steht eine Gruppenadresse genau?

4. Was bedeutet die Angabe 1/1?

5. Welche Aufgaben habe Linienkoppler?

6. Klären Sie den Begriff „Filtortabelle".

7. Was bedeutet die technische Angabe „Datenübertragung 9600 Bit/s"?

8. Schaltaktoren verfügen über potenzialfreie Relais.
Was bedeutet das?

9. Worauf ist bei der Leitungsverlegung der Busleitung besonders zu achten?
Welche maximalen Leitungslängen sind möglich?

10. Welche Buskomponenten sind dargestellt?

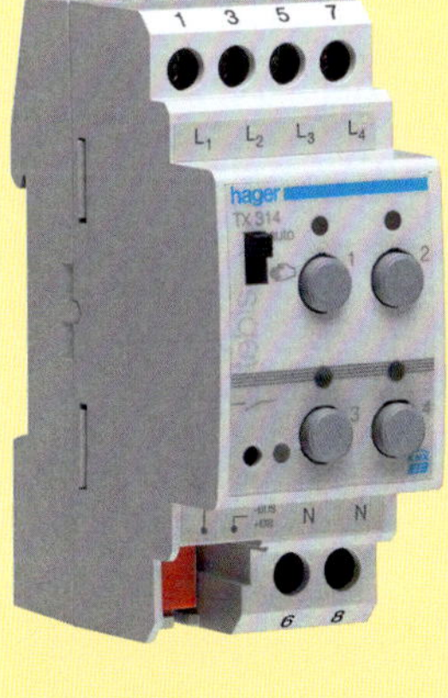

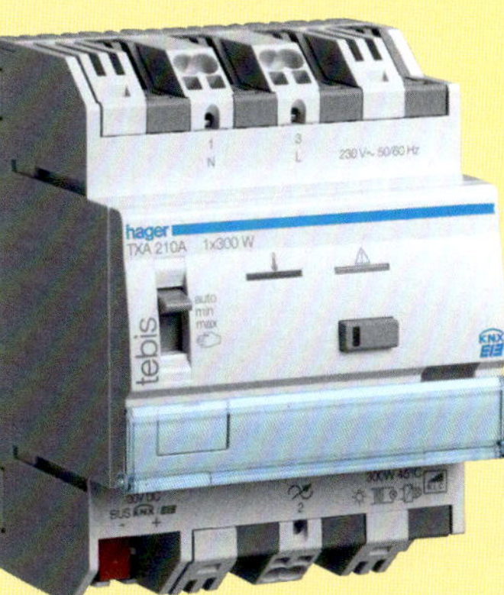

@ Interessante Links

- christiani-berufskolleg.de

5.4 Betriebsstätten, Anlagen und Räume besonderer Art

■ Betriebsstätten

TB

Elektrische Betriebsstätten

Dienen im Wesentlichen zum Betrieb elektrischer Anlagen (Schalträume, Verteilungsanlagen, Prüffelder).

Dürfen nur von Elektrofachkräften und unterwiesenen Personen betreten werden.

Schutz gegen direktes Berühren blanker aktiver Teile durch Schutzleisten, Abdeckungen oder Geländer.

Trockene Räume

Räume und Orte, in denen i. Allg. kein Kondenswasser auftritt, keine hohe Luftfeuchtigkeit herrscht und nur einen geringen Teil brennbaren Staubs enthalten.
Leitungen: NYIF, NYM, H07V-U, H07V-K

Feuchte Bereiche

In diesen Räumen und Orten ist die Sicherheit der Betriebsmittel durch Feuchtigkeit, Kondenswasser oder durch chemische Einflüsse beeinträchtigt.
Leitungen: NYM, NYY
RCD: $I_{\Delta n} \leq 30$ mA
Schutzart: mind. IPX1

Nasse Räume

Räume und Orte, an denen Wände, Fußböden und Einrichtungen zur Reinigung abgespritzt werden.
Leitungen: NYM, NYY
RCD: $I_{\Delta n} \leq 30$ mA
Schutzart: IPX4 bzw. IPX5

Anlagen im Freien

Orte mit und ohne Überdachungen.
Leitungen: NYM, NYY
RCD: $I_{\Delta n} \leq 30$ mA
Schutzart: Betriebsmittel IPX3, Schalter und Steckdosen IPX4

@ Interessante Links
- www.walther-werke.de

Baustellen

Baustellen müssen über **Baustellenverteiler** versorgt werden. Eine Versorgung über Steckvorrichtungen von Hausinstallationen ist verboten.

Stromkreise mit Steckdosen bis $I_N = 32$ A und Stromkreise für in *der Hand gehaltenen Verbrauchsmittel* mit einem Bemessungsstrom bis $I_N = 32$ A sind zu schützen durch:

- RCD mit $I_{\Delta n} \leq 30$ mA
- Schutzkleinspannung SELV
- Schutztrennung (nur ein Verbrauchsmittel)

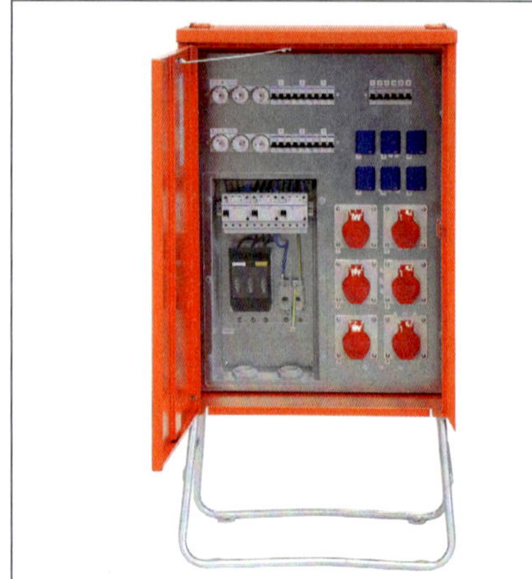

51 Baustromverteiler

Stromkreise für Steckdosen mit Bemessungsströmen über 32 A sind durch Fehlerstrom-Schutzeinrichtungen $I_{\Delta n} \leq 500$ mA zu schützen.

Elektrowerkzeuge nach Möglichkeit Schutzklasse II. Anschlussleitung mindestens mittlere Gummischlauchleitung (z. B. H07RN-F). Auch Kleinspannung und Schutztrennung sind möglich.

Leuchten mindestens Schutzart IPX3, *Handleuchten* IPX5 und für rauen Betrieb geeignet.

Elektromotoren über CEE-Steckvorrichtungen anschließen.

Baustromverteiler

Kunststoff oder Metallgehäuse, Schutzart mindestens IP43. Zuleitung zum Verteiler mindestens H07RN-F, 10 mm², maximale Länge 30 m.

Schutz vor mechanischen Beanspruchungen ist notwendig. Freischaltung durch einen abschließbaren Hauptschalter.

Kleinstbaustromverteiler

Einsatz auf *wechselnden* Baustellen. An sie werden besondere Anforderungen gestellt.

- Schutzart mindestens IP43.
- Anschlussleitung H07RN-F mit 16-A-Konturenstecker, Mindestquerschnitt 1,5 mm², maximale Länge 2 m.
- Maximal zwei Steckvorrichtungen.
- RCD $I_{\Delta n} \leq 30$ mA
- Betriebsmittel vor dem RCD Schutzklasse II.
- Einrichtung zur sicheren Herstellung der Erdverbindung, Erdungsleiter flexibel und gut isoliert, Mindestquerschnitt 10 mm² Cu.

Der Erdungsleiter darf nicht mit dem netzseitigen Schutzleiter verbunden werden.

Vor Trennung der Erdverbindung muss der Stecker der Netzanschlussleitung gezogen werden.

Feuergefährdete Betriebsstätten

Räume oder Orte, an denen sich *leicht entzündliche Stoffe* den elektrischen Betriebsmitteln so nähern können, dass *hohe Temperaturen* oder *Lichtbögen* der Betriebsmittel einen **Brand** zünden können.

Zugelassene Netzsysteme

- TN-S-System mit RCD $I_{\Delta n} \leq 300$ mA
- TT-System mit RCD $I_{\Delta n} \leq 300$ mA
- IT-System mit Isolationsüberwachung und Abschaltung des zweiten Fehlers innerhalb von 5 s

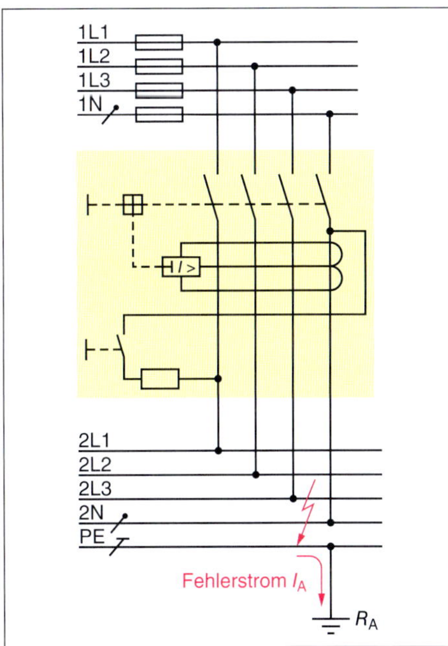

52 Isolationsüberwachung durch RCD

Bei Stromkreisen, in denen **widerstandsbehaftete Isolationsfehler** einen *Brand* zünden können, müssen RCDs mit $I_{\Delta n} \leq 30$ mA eingesetzt werden.

Innerhalb der Umhüllung von Leitungen und Kabeln muss ein **Schutzleiter** mitgeführt werden (Überwachungsleiter).

N-Leiter und Schutzleiter sind grundsätzlich *getrennt* zu führen.

Der **Isolationswiderstand** des N-Leiters muss *ohne vorheriges Abklemmen* gemessen werden können.

Dazu ist eine **N-Leiter-Trennklemme** zu verwenden (Bild 53).

Dies gilt nicht für Leitungen oder Kabel mit Querschnitten $q \geq 10$ mm², die durch feuergefährdete Betriebsstätten *hindurchgeführt* werden.

Die Überstrom-Schutzeinrichtungen sind *außerhalb* der feuergefährdeten Betriebsstätte zu installieren.

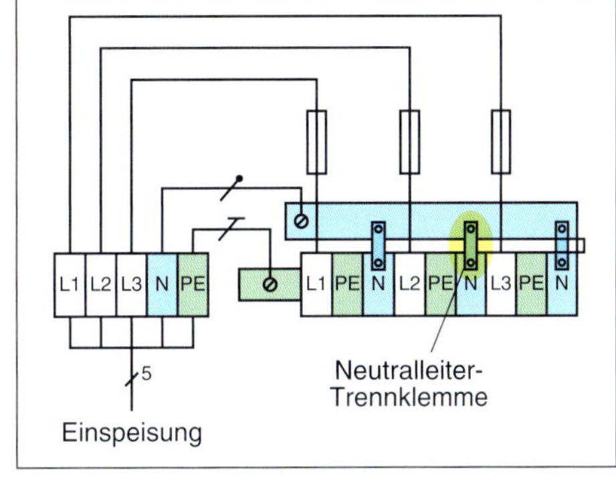

53 Verteiler mit Neutralleiter-Trennklemme

Betriebsmittel

Nicht *ständig beaufsichtigte* Elektromotoren müssen durch einen *Motorschutzschalter* mit **Wiedereinschaltsperre** oder gleichwertige Einrichtungen geschützt werden.

Bewegliche Leitungen:
mindestens Bauart H07RN-F.

Steckvorrichtungen, Schaltgeräte, Verteiler:
IP5X

Motoren:
IP4X, Klemmkästen: IP5X

Leuchten:
IP5X, Anforderungen der begrenzten Oberflächentemperatur muss entsprochen werden (20 °C im normalen Betrieb, 115 °C im Fehlerfall).

Explosionsgefährdete Bereiche

Hier können *brennbare Stoffe*, *Dämpfe* oder *Gase* entstehen. In Verbindung mit dem Sauerstoff der Umgebungsluft kann sich ein **explosives Gemisch** bilden.

Hohe **Oberflächentemperaturen** der Betriebsmittel bzw. Lichtbögen können zur **Entzündung** dieses Gemischs führen.

Auch die Konzentration von **Stäuben** in der Luft kann eine explosive Atmosphäre bilden.

Zündtemperatur

Niedrigste Temperatur einer erhitzten Oberfläche an der sich *explosionsfähige Gase* oder *Stoffe* entzünden können.

■ **30-mA-RCD**

230 V · 30 mA = 69 W

Keine Brandzündung!

RCD dient nicht nur als Schutz bei indirektem Berühren, sondern gleichzeitig auch bei Erdschluss.

■ **Normen**

Die *maximale Oberflächentemperatur* von Betriebsmitteln muss stets *kleiner* als die *Zündtemperatur* der *umgebenden Atmosphäre* sein.

Bei *Gasen*, *Dämpfen* und *Nebel* wird zwischen den **Zonen 0**, **1** und **2** unterschieden.

Bei *explosionsfähigen Stäuben* unterscheidet man die **Zonen 20**, **21** und **22**.

Zonen mit Gefährdung durch Gase, Dämpfe und Nebel

Zone 0

In diesem Bereich tritt eine *explosionsfähige* Atmosphäre *ständig* oder über einen *längeren Zeitraum* auf.

Auf elektrische Betriebsmittel sollte hier möglichst verzichtet werden.

Steckvorrichtungen sind so anzuordnen, dass die Steckereinführungsöffnung nach unten zeigt.

Einstecken oder Ziehen des Steckers darf nur im spannungslosen Zustand möglich sein.

Zone 1

In diesem Bereich tritt eine *explosionsfähige* Atmosphäre nur *gelegentlich* auf.

Hier sind elektrische Betriebsmittel einsetzbar, die in einer **Zündschutzart** ausgelegt sind.

Zündschutzarten

Kurzzeichen	Bezeichnung	Beispiel
d	Druckfeste Kapselung	Leuchten, Verteilungen
e	Erhöhte Sicherheit	Motoren, Schaltgeräte
q	Sandkapselung	Kondensatoren
ia, ib	Eigensicherheit	Messgeber
o	Ölkapselung	Schütze, Transformatoren
p	Überdruckkapselung	Motoren, Verteilungen
m	Vergusskapselung	Befehlsgeber, Sensoren

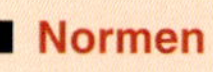

Zone 2

In diesem Bereich tritt die *explosionsfähige* Atmosphäre nur *selten* und nur *kurzzeitig* auf.

Betriebsmittelzeichen

- Schlagwettergeschützte Betriebsmittel: EExI
- Explosionsgeschützte Betriebsmittel: EExII
- Kurzzeichen Zündschutzart
- Kurzzeichen Temperaturklasse
- Schutzart

In **Zone 2** sind Betriebsmittel für die *Zonen 0* und *1* zugelassen.

Aber auch solche Betriebsmittel, deren Eignung für den Einsatz in *Zone 2* durch eine **Baumuster-Prüfbescheinigung** nachgewiesen wurde.

Zonen mit Gefährdung durch brennbare Stäube

Zone 20

Eine explosionsfähige Atmosphäre in Form einer Wolke brennbaren Staubs in der Luft tritt *ständig*, *langzeitig* oder *häufig* auf.

Zone 21

Eine explosionsfähige Atmosphäre tritt *gelegentlich* auf.

Zone 22

Eine staubexplosionsfähige Atmosphäre tritt nicht oder nur kurzzeitig auf.

Temperaturklassen

Temperaturklasse	Höchstzulässige Oberflächentemperatur	Zündtemperatur der brennbaren Stoffe
T1	450 °C	> 450 °C
T2	300 °C	> 300 °C
T3	200 °C	> 200 °C
T4	135 °C	> 135 °C
T5	100 °C	> 100 °C
T6	85 °C	> 85 °C

Elektrische Betriebsmittel dürfen keine **Oberflächentemperatur** erreichen, die den aufgewirbelten **Staub** *entzünden* kann.

Hinweise

- In explosionsgefährdeten Bereichen sollen elektrische Betriebsmittel nur dann installiert werden, wenn sie dort unbedingt notwendig sind.
  Außerhalb der explosionsgefährdeten Bereiche muss eine Ausschaltvorrichtung für Notfälle vorhanden sein.

Symbole für Zündschutzarten

Symbol	Kennbuchstabe	Beschreibung
	p	Überdruckkapselung (Fremdbelüftung) Für Zone 1 und 2. Umspülung mit Frischluft unter Überdruck
	d	Druckfeste Kapselung Für Zone 1 und 2. Alle als Zündquelle wirkenden Teile sind von einem druckfesten Gehäuse umgeben.
	e	Erhöhte Sicherheit Für Zone 1 und 2. Maßnahmen zur Verhinderung von Funken, Lichtbögen und unzulässiger Erwärmung.
	n	non sparking Für Zone 2. Betriebsmäßig treten keine Funken, Lichtbögen oder unzulässige Temperaturen auf.

- Die Einführungsöffnung für Stecker sollte immer nach unten zeigen. Stecker nur im spannungsfreien Zustand einstecken oder ziehen; Kombination von Schalter und Steckdose.
- Im TN-System ab der letzten Verteilung außerhalb der explosionsgefährdeten Bereiche sind N- und PE-Leiter separat zu verlegen. An allen Stellen, an denen der Übergang von TN-C-System zum TN-S-System erfolgt, ist der Schutzleiter mit dem Potenzialausgleichssystem zu verbinden.
- Alle Körper elektrischer Betriebsmittel und fremde leitfähige Teile sind in einen *Potenzialausgleich* einzubeziehen.
- Kabel und Leitungen für feste Verlegung müssen Umhüllungen aus flammwidrigen Stoffen haben. Auch mineralisolierte Leitungen oder Kabel mit Metallmantel sind möglich.
- Verbindungsstellen sind in explosionsgefährdeten Bereichen möglichst zu vermeiden. Wenn das nicht möglich ist, müssen gesicherte Schraubenverbindungen, Pressverbindungen usw. verwendet werden.
- Ortsveränderliche Betriebsmittel sind über schwere Gummischlauchleitungen anzuschließen, Mindestquerschnitt 1,5 mm². Zur Leitungseinführung müssen spezielle Verschraubungen verwendet werden.

Staubablagerungen sind regelmäßig von den Betriebsmitteln zu entfernen.

Prüfung

1. Welche Schutzmaßnahmen sind auf Baustellen zwingend vorgeschrieben?

2. Welche Elektrowerkzeuge dürfen auf Baustellen verwendet werden?

3. Welche Anforderungen werden an Kleinbaustromverteiler gestellt, die i. Allg. auf wechselnden Baustellen eingesetzt werden?

4. Welche wesentlichen Bestimmungen gelten für feuergefährdete Betriebsstätten?

5. Welche wesentlichen Bestimmungen gelten für explosionsgefährdete Betriebsstätten?

6. Was bedeuten die dargestellten Symbole?

- christiani-berufskolleg.de

5.5 Leitungen und Kabel

■ **Leitungen**

Isolierte Leitungen für feste Verlegung

Bezeichnung	Foto	Kurzzeichen	Spannung U_0/U	Anzahl Adern	Anwendung
Kunststoff-aderleitung		H07V-U -R -K	450/750 V	1	Verlegung in Rohr in trockenen Räumen, Innenverdrahtung Motoren, Leuchten, Verteilungen
Mantelleitung		NYM	300/500 V	1 – 7	Verlegung unter, im, auf Putz. Nicht im Erdreich verlegbar.
Stegleitung		NYIF	230/400 V	2 – 5	Verlegung im oder unter Putz in trockenen Räumen.

■ **Farbkennzeichnung**

Isolierte Leitungen für ortsveränderliche Verbrauchsmittel

Bezeichnung	Foto	Kurzzeichen	Spannung U_0/U	Anzahl Adern	Anwendung
Leichte Kunststoff-schlauch-leitungen		H03VV-F	300/300 V	2 – 3	Für geringe mechanische Beanspruchung, Bürogeräte, Haushaltsgeräte.
Mittlere Kunststoff-schlauch-leitung		H05VV-F	300/500 V	2 – 5	Für mittlere mechanische Beanspruchung, Bürogeräte, Haushaltsgeräte.
Gummi-schlauch-leitung		H05RR-F	300/500 V	2 – 5	Geringe mechanische Beanspruchung, Bürogeräte, Haushaltsgeräte.
Gummi-schlauch-leitung		H07RN-F	450/750 V	1 – 36	Mittlere mechanische Beanspruchung, Geräte in gewerblichen und landwirtschaftlichen Betrieben, feste Verlegung auf Putz.
Gummi-schlauch-leitung		NSSHÖU	600/1000 V	1 – 7	Sehr hohe mechanische Beanspruchung in trockenen und feuchten Räumen, im Freien.

■ **Harmonisierte Leitungen**

■ **Kabel**

können zusätzliche Bewehrungen und Mäntel haben.
Im Unterschied zu Leitungen dürfen sie im Erdreich verlegt werden.

■ **U_0/U = 6/10 kV**

U_0: maximal zulässige Spannung gegen Erde.

U:. maximal zulässige Spannung Leiter gegen Leiter.

@ Interessante Links

- christiani-berufskolleg.de

Prüfung

1. Welche Farbkennzeichnung gilt für eine 5-adrige Leitung mit Schutzleiter?

2. Welche Farbkennzeichnung gilt für eine 5-adrige Leitung ohne Schutzleiter?

3. Woran ist eine harmonisierte Leitung zu erkennen?

Leitungsbezeichnung

Bezeichnung nach DIN VDE 0250

- *Bauartkurzzeichen; beginnt mit dem Buchstaben N (Normtyp)*
- *Aderanzahl × Bemessungsquerschnitt in mm²*
- *Aderanzahl × Bemessungsquerschnitt des aufgeteilten Schutzleiters in mm²*
- *Leitungsbemessungsspannung in V oder kV*

Beispiel

NYM-J 5×4

N: Normtyp
Y: PVC-Isolation
M: Mantelleitung
J: Mit Schutzleiter
5: 5 Adern
4: Bemessungsquerschnitt 4 mm²

Harmonisierte Leitungen

Bezeichnung setzt sich aus drei Elementen zusammen.

1: Geltungsbereich und Bemessungsspannung
2: Aufbauelemente der Leitung
3: Bemessungsquerschnitt mit oder ohne Schutzleiter

Beispiel

H05VV-F 3G2,5

H: Harmonisierter Leitungstyp
05: Bemessungsspannung 300/500 V
V: PVC-Isolation
V: PVC-Mantel
F: Feindrähtige Leiter
3: 3 Adern
G: Mit Schutzleiter
2,5: Bemessungsquerschnitt 2,5 mm²

Kabelbezeichnung

- *Bauartkurzzeichen; beginnt mit dem Buchstaben N (Norm typ.)*
- *Kurzzeichen für Leiterform und Leiterart*
- *Bemessungsquerschnitt des Schirms (wenn vorhanden)*
- *Aderanzahl × Bemessungsquerschnitt in mm²*
- *Aderanzahl × Bemessungsquerschnitt des aufgeteilten Schutzleiters in mm²*
- *Leitungsbemessungsspannungen in V oder kV*

Bauartkurzzeichen für Kabel und Leiterformen

RE	eindrähtiger Rundleiter	
SE	eindrähtiger Sektorleiter	
RM	mehrdrähtiger Rundleiter	
SM	mehrdrähtiger Sektorleiter	

Beispiel

N A Y C W Y 3 × 185 SE/185 0,6/1 kV

N: Normtyp
A: Aluminiumleiter
Y: PVC-Isolation
CW: wellenförmiger konzentrischer Leiter
3: 3 Adern
185: Bemessungsquerschnitt 185 mm²
SE: eindrähtiger Sektorleiter
185: Bemessungsquerschnitt des konzentrischen Leiters in mm²
0,6/1 kV: Bemessungsspannung

Bei *mehradrigen Kabeln* bis 10 kV werden i. Allg. *sektorförmige* Leiter verwendet. Dadurch kann ein größerer Leiterquerschnitt bei gleichbleibenden äußeren Kabelabmessungen erreicht werden.

Im *Mittel- und Hochspannungsbereich* wird *ölgetränkte Papierisolierung* verwendet. Das Papier ist lagenförmig um den Leiter gewickelt.
Die Isolierungsdicke ist abhängig von der Bemessungsspannung des Kabels.

Im *Mittelspannungsbereich* wird häufig VPE (Polyethylen) und im *Niederspannungsbereich* PVC (Polyvinylchlorid) verwendet.

■ Mittelspannung

1 kV bis 36 kV

■ Hochspannung

110 kV, 220 kV, 380 kV und höher

■ Massekabel

Die einzelnen Adern sind mit vielen Lagen Kabelpapier isoliert, das mit zähflüssigem Öl getränkt ist.
Schutz durch einen wasserdichten Bleimantel mit Stahlbewehrung.

Beispiele für Kabel

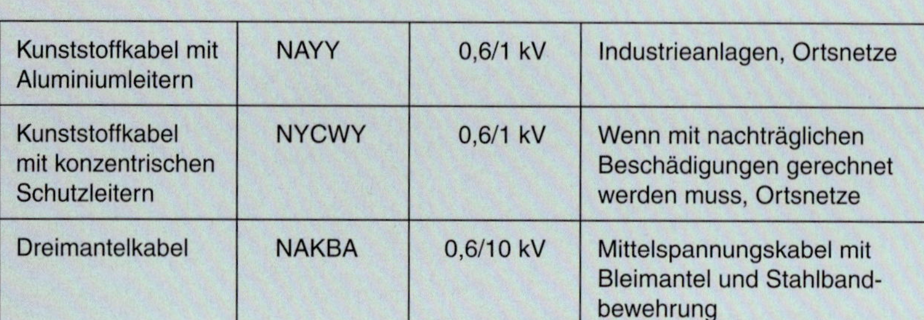

Kunststoffkabel mit Aluminiumleitern	NAYY	0,6/1 kV	Industrieanlagen, Ortsnetze
Kunststoffkabel mit konzentrischen Schutzleitern	NYCWY	0,6/1 kV	Wenn mit nachträglichen Beschädigungen gerechnet werden muss, Ortsnetze
Dreimantelkabel	NAKBA	0,6/10 kV	Mittelspannungskabel mit Bleimantel und Stahlband-bewehrung

@ Interessante Links

- www.lappkabel.de
- www.tkd-kabel.de
- www.nexans.de

Im Unterschied zu Leitungen dürfen Kabel im *Erdreich* verlegt werden.

Bemessungsspannung

Angegeben werden die Spannungen U_0 / U.

U_0 Spannung zwischen Leiter und metallener Umhüllung oder Erde

U Spannung zwischen den Außenleitern eines Drehstromsystems

Für Anwendung in *Drehstromsystemen* sind Kabel mit einer Bemessungsspannung $U_N = \sqrt{3} \cdot U_0$ geeignet.

Für den Einsatz in *Einphasensystemen* sind Kabel mit einer Bemessungsspannung $U_N = U_0$ geeignet.

Prüfung

1. Um welche Leitung handelt es sich?
H05RR-F 5G2,5

2. Für welche Zwecke darf die Leitung NYM eingesetzt werden?

3. Für welche Zwecke darf NYY eingesetzt werden?

4. Für welche Zwecke darf die Leitung H05VV-F verwendet werden?

5. Erläutern Sie den Aufbau von Kabeln.

6. Welche Aufgabe hat der Mantel von Kabeln?

7. Ein Kabel trägt u. a. die Bezeichnung NAKBA.
Um welches Kabel handelt es sich?

8. Welche Aderfarben werden bei Niederspannungsleitungen und Kabeln verwendet?

9. Welche Aderfarben gelten bei mehradrigen Leitungen für ortsveränderliche Verbrauchsmittel?

10. Wie können Spannungsfall und Leistungsverlust einer Drehstromleitung ermittelt werden?

11. Worin besteht der Unterschied zwischen Stromdichte und Strombelastbarbeit?

12. Welcher Mindestquerschnitt gilt bei Kabeln und Leitungen bei fester Verlegung?

13. Worum handelt es sich beim Kabel NA2XS(F)2Y? Nennen Sie ein Einsatzbeispiel für das angegebene Kabel.

- christiani-berufskolleg.de

6 Anlagen automatisieren

Alle Bandantriebsmotoren sollen drehzahlveränderlich sein.

Zur Entlastung des Schaltschranks werden dezentrale Frequenzumrichter eingesetzt (jeder Motor ist mit einem Frequenzumrichter ausgestattet).

Die Ansteuerung der Motoren erfolgt über ein Bussystem. Gewählt wird hier das Bussystem PROFIBUS DP.

Erweiterung des Bedienpults

In das Bedienpult (Seite 19) werden zwei zusätzliche Taster eingebaut. Mit ihrer Hilfe kann die *Bandgeschwindigkeit* stufenlos erhöht oder erniedrigt werden. Dies erfolgt durch Beeinflussung der Drehzahl der Antriebsmotoren.

Das Bedienpult wird um 2 Schließer (NO) ergänzt, die an die SPS-Eingänge E2.3 und E2.4 angeschlossen werden (siehe Seite 253).

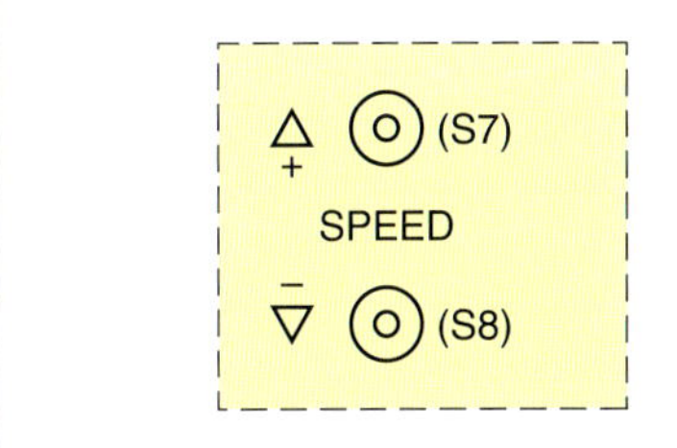

1 *Erweiterung des Bedienpults (Seite 253)*

Verwendung finden Getriebemotoren mit angebauten Frequenzumrichtern.

Damit diese über PROFIBUS-DP angesteuert werden können, wird eine **Geräte-Stammdatendatei** vom Hersteller benötigt. Diese kann zum Beispiel über das Internet bezogen werden.

Eine solche **GSD** erhält die notwendigen *Kommunikationsparameter*.

Die GSD wird unter

Extras

GSD-Datei importieren

in die Simatic-Hardwarekonfiguration importiert. Dargestellt wird dann derAuswahlkatalog.

Voraussetzung für die Verwendung eines Bussystems ist ein entsprechender **CP** (Kommunikationsprozessor) für das gewählte Bussystem (hier PROFIBUS-DP).

Es besteht auch die Möglichkeit, eine **busfähige CPU** einzusetzen. Dies ist im vorliegenden Projekt der Fall.

Ergänzung der Symboltabelle

rollengang_voll	E2.2	BOOL	Rollengang gefüllt, NO
speed_up	E2.3	BOOL	Geschwindigkeit erhöhen, NO
speed_down	E2.4	BOOL	Geschwindigkeit senken, NO
widerstand_wicklung_U	PEW320	BOOL	Messung Wicklung U1–U2

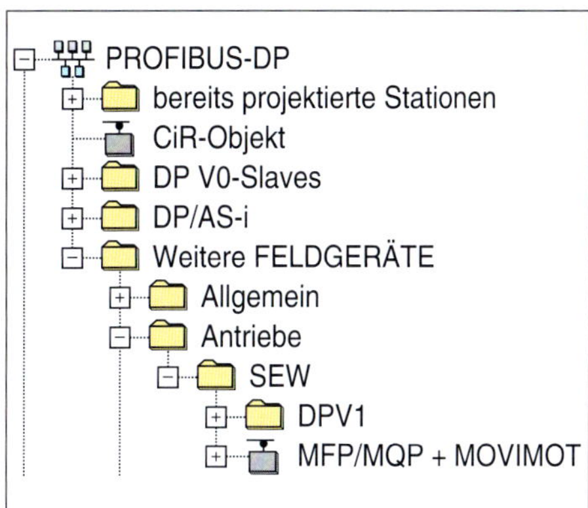

2 *Konfiguration unter PROFIBUSDP*

■ **Bussystem**

→ 379

Die **CPU315-2 PN/DP** ist PROFIBUS DP- und auch PROFINET-fähig.

Vorgehensweise

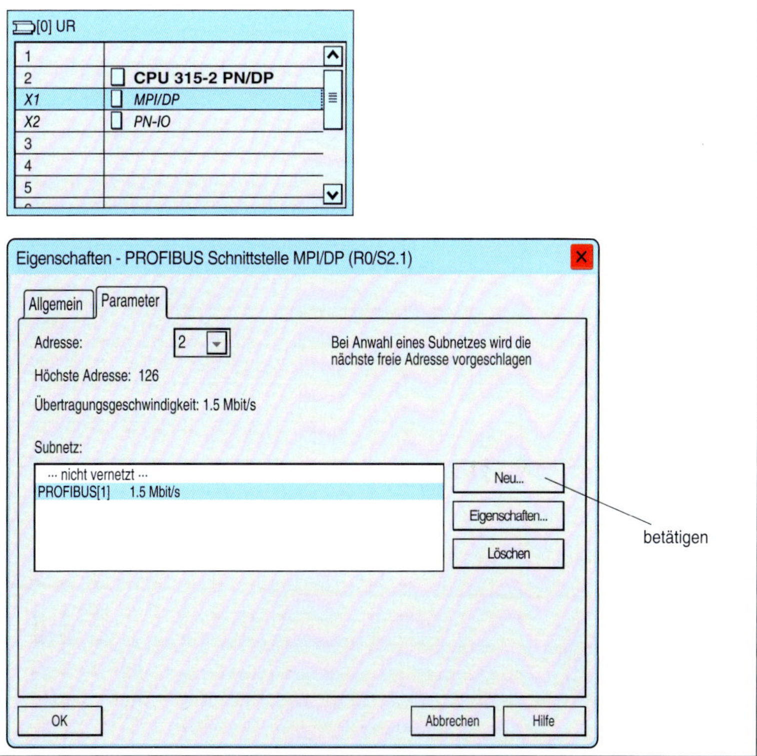

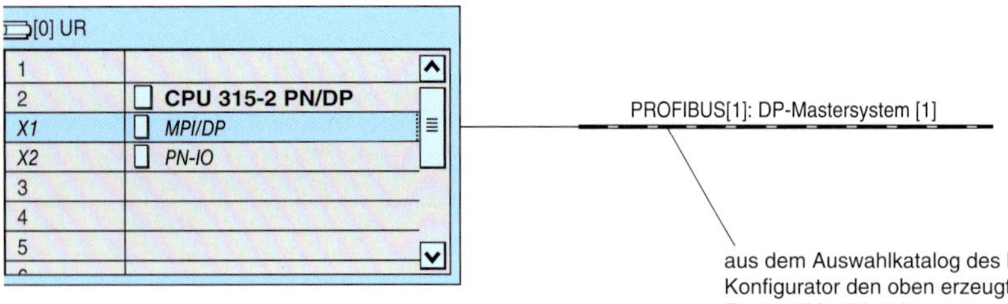

[0] UR

1	
2	CPU 315-2 PN/DP
X1	MPI/DP
X2	PN-IO
3	
4	
5	

PROFIBUS[1]: DP-Mastersystem [1]

aus dem Auswahlkatalog des HW-Konfigurator den oben erzeugten GSD-Eintrag "MoviMot" für unsere Antriebe 5x eintragen (Drag and Drop)

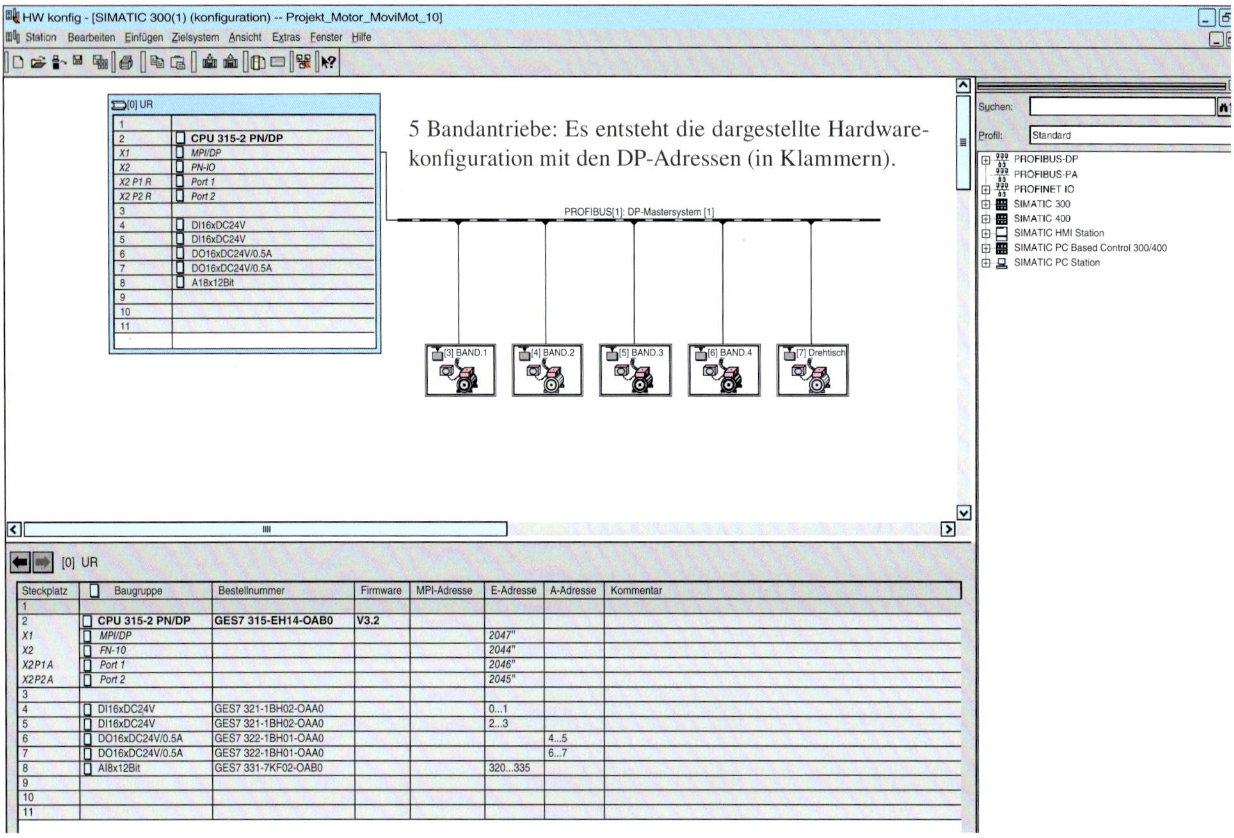

HW konfig - [SIMATIC 300(1) (konfiguration) -- Projekt_Motor_MoviMot_10]

Station Bearbeiten Einfügen Zielsystem Ansicht Extras Fenster Hilfe

[0] UR

1	
2	CPU 315-2 PN/DP
X1	MPI/DP
X2	PN-IO
X2 P1 R	Port 1
X2 P2 R	Port 2
3	
4	DI16xDC24V
5	DI16xDC24V
6	DO16xDC24V/0.5A
7	DO16xDC24V/0.5A
8	AI8x12Bit
9	
10	
11	

5 Bandantriebe: Es entsteht die dargestellte Hardwarekonfiguration mit den DP-Adressen (in Klammern).

PROFIBUS[1]: DP-Mastersystem [1]

[3] BAND.1 [4] BAND.2 [5] BAND.3 [6] BAND.4 [7] Drehtisch

Suchen:
Profil: Standard

PROFIBUS-DP
PROFIBUS-PA
PROFINET IO
SIMATIC 300
SIMATIC 400
SIMATIC HMI Station
SIMATIC PC Based Control 300/400
SIMATIC PC Station

[0] UR

Steckplatz	Baugruppe	Bestellnummer	Firmware	MPI-Adresse	E-Adresse	A-Adresse	Kommentar
1							
2	**CPU 315-2 PN/DP**	**GES7 315-EH14-OAB0**	**V3.2**				
X1	*MPI/DP*				*2047"*		
X2	*FN-10*				*2044"*		
X2P1A	*Port 1*				*2046"*		
X2P2A	*Port 2*				*2045"*		
3							
4	DI16xDC24V	GES7 321-1BH02-OAA0			0...1		
5	DI16xDC24V	GES7 321-1BH02-OAA0			2...3		
6	DO16xDC24V/0.5A	GES7 322-1BH01-OAA0				4...5	
7	DO16xDC24V/0.5A	GES7 322-1BH01-OAA0				6...7	
8	AI8x12Bit	GES7 331-7KF02-OAB0			320...335		
9							
10							
11							

Jeder der 5 Motoren (bzw. deren Frequenzumrichter) kann mit 3 *Prozessdatenwörtern* von der SPS angesteuert werden.

	Prozessdatenwort 1 Steuerwort Freigabe	Prozessdatenwort 2 Sollwert Drehzahl	Prozessdatenwort 3 Ein-/Ausschaltrampe
Antrieb Band 1	PAW 256	PAW 258	PAW 260
Antrieb Band 2	PAW 262	PAW 264	PAW 266
Antrieb Band 3	PAW 268	PAW 270	PAW 272
Antrieb Band 4	PAW 274	PAW 276	PAW 278
Antrieb Drehtisch	PAW 280	PAW 282	PAW 284

Dies ist hier für einen Antrieb beispielhaft dargestellt.

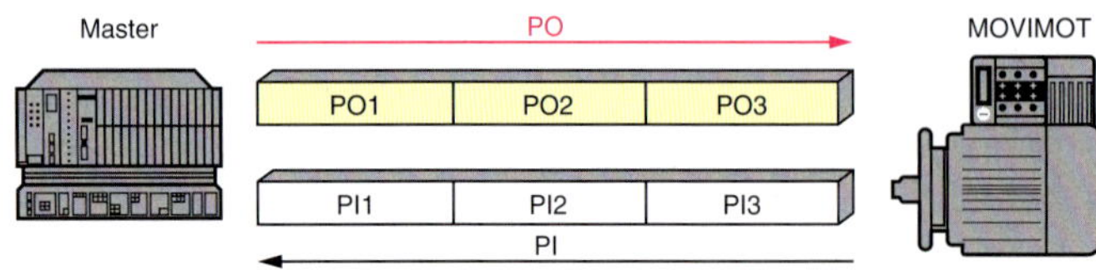

Prinzipschaltbild Anschluss

400 V 24 V

PROFIBUS-DP

400 V

[1]
24 V

MOVIMOT MOVIMOT

Klemmleiste

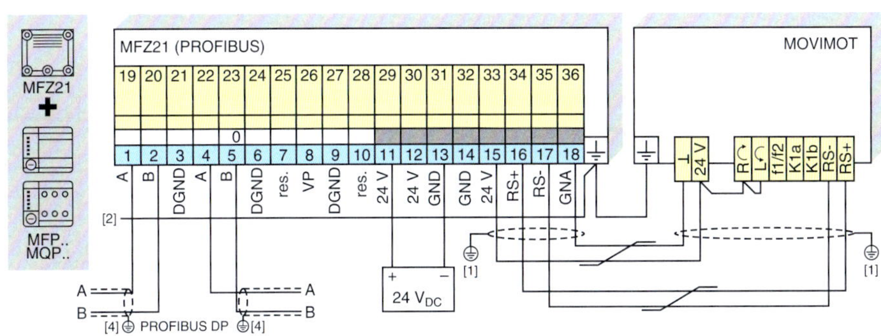

Ansteuerung

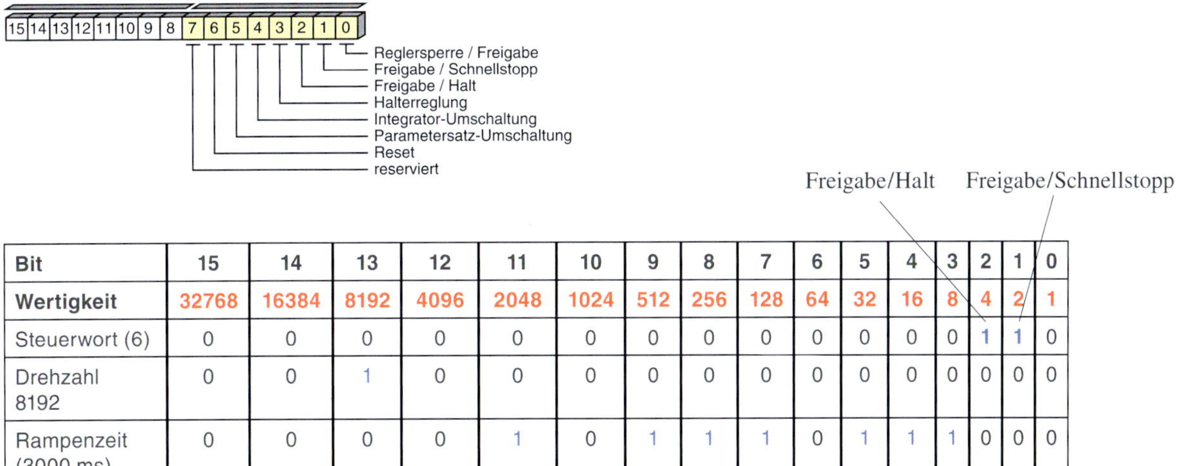

Bit	15	14	13	12	11	10	9	8	7	6	5	4	3	2	1	0
Wertigkeit	32768	16384	8192	4096	2048	1024	512	256	128	64	32	16	8	4	2	1
Steuerwort (6)	0	0	0	0	0	0	0	0	0	0	0	0	0	1	1	0
Drehzahl 8192	0	0	1	0	0	0	0	0	0	0	0	0	0	0	0	0
Rampenzeit (3000 ms)	0	0	0	0	1	0	1	1	1	0	1	1	1	0	0	0

Daraus ergibt sich für das *Steuerwort* für Band 1 (Prozessdatenwort) die Anweisung:

```
L   6        // Bit 1 und Bit 2, Werte 2 + 4 = 6
T   PWA 256
```

Geschwindigkeit (Prozessdatenwort 2)

```
L   8192     // 8192 dezimal (2000 hexadezimal) entspricht 50 %
             // der parametrierbaren Maximaldrehzahl
T   PAW 258
```

Rampenzeit (Prozessdatenwort 3)

```
L   3000     // 3000 entspricht 3000 Millisekunden
             // als Ein- und Ausschaltrampe
T   PAW 260
```

Organisationsbaustein OB1

Name	Datentyp	Adresse	Kommentar
TEMP		0.0	
OB1_EV_CLASS	Byte	0.0	Bits 0-3 - 1 (Coming event), Bits 4-7 - 1 (Event class 1)
OB1_SCAN_1	Byte	1.0	1 (Cold restart scan 1 of OB 1), 3 (Scan 2-n of OB 1)
OB1_PRIORITY	Byte	2.0	Priority of OB Execution
OB1_OB_NUMBER	Byte	3.0	1 (Organization block 1, OB1)
OB1_RESERVED_1	Byte	4.0	Reserved for system
OB1_RESERVED_2	Byte	5.0	Reserved for system
OB1_PREV_CYCLE	Int	6.0	Cycle time of previous OB1 scan (milliseconds)
OB1_MIN_CYCLE	Int	8.0	Minimum cycle time of OB1 (milliseconds)
OB1_MAX_CYCLE	Int	10.0	Maximum cycle time of OB1 (milliseconds)
OB1_DATE_TIME	Date_And_Time	12.0	Date and time OB1 started

Baustein: OB1 Prüfung von Elektromotoren – Bandantriebe sind drehzahlveränderlich

Netzwerk: 1 Bausteinaufrufe

```
CALL  "Sicherheit/Not-Halt"        FC1
CALL  "Bandsteuerung"              FC2
CALL  "Hubtisch heben/senken"      FC3
CALL  "Analogwerte einlesen"       FC4
CALL  "rechts/links Drehantrieb"   FC5
CALL  "Meldungen"                  FC6
CALL  "Ausgabebaustein"            FC7    //Für aktive Komponenten
CALL  "FU Ansteuerung"             FC21   //Ansteuerung der Frequenzumrichter
CALL  "Drehzahlvorgabe Antriebe"   FC22   //Drehzahlvorgabe über PROFIBUS
CALL  "Vorgabe der Rampenzeit"     FC23   //Ein- und Ausschaltrampe
```

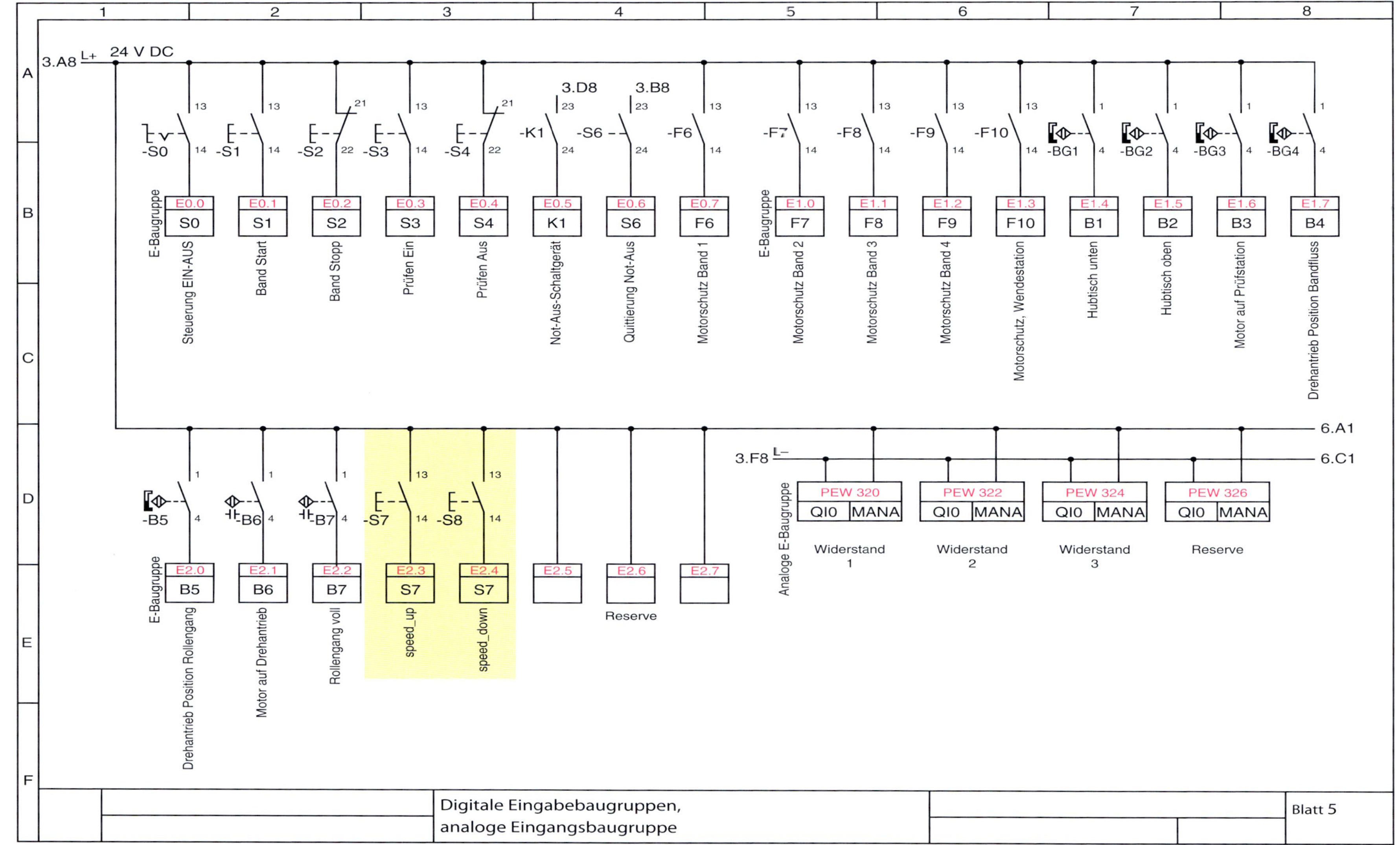

3.A8 L+ 24 V DC
-S0 13 14 E0.0 S0 Steuerung EIN-AUS
-S1 13 14 E0.1 S1 Band Start
-S2 21 22 E0.2 S2 Band Stopp
-S3 13 14 E0.3 S3 Prüfen Ein
-S4 21 22 E0.4 S4 Prüfen Aus
3.D8 -K1 23 24 E0.5 K1 Not-Aus-Schaltgerät
3.B8 -S6 23 24 E0.6 S6 Quittierung Not-Aus
-F6 13 14 E0.7 F6 Motorschutz Band 1
-F7 13 14 E1.0 F7 Motorschutz Band 2
-F8 13 14 E1.1 F8 Motorschutz Band 3
-F9 13 14 E1.2 F9 Motorschutz Band 4
-F10 13 14 E1.3 F10 Motorschutz, Wendestation
-BG1 1 4 E1.4 B1 Hubtisch unten
-BG2 1 4 E1.5 B2 Hubtisch oben
-BG3 1 4 E1.6 B3 Motor auf Prüfstation
-BG4 1 4 E1.7 B4 Drehantrieb Position Bandfluss
E-Baugruppe
-B5 1 4 E2.0 B5 Drehantrieb Position Rollengang
-B6 1 4 E2.1 B6 Motor auf Drehantrieb
-B7 1 4 E2.2 B7 Rollengang voll
-S7 13 14 E2.3 S7 speed_up
-S8 13 14 E2.4 S7 speed_down
E2.5
E2.6 Reserve
E2.7
6.A1
6.C1
3.F8 L–
Analoge E-Baugruppe
PEW 320 QI0 MANA Widerstand 1
PEW 322 QI0 MANA Widerstand 2
PEW 324 QI0 MANA Widerstand 3
PEW 326 QI0 MANA Reserve
Digitale Eingabebaugruppen, analoge Eingangsbaugruppe
Blatt 5

FC1: Sicherheitsbaustein

Netzwerk 1: Freigabemerker

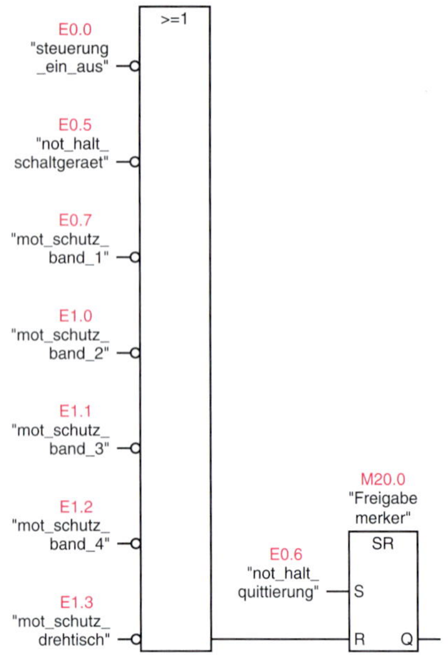

FC2: Bandantrieb

Netzwerk 1: Band 1

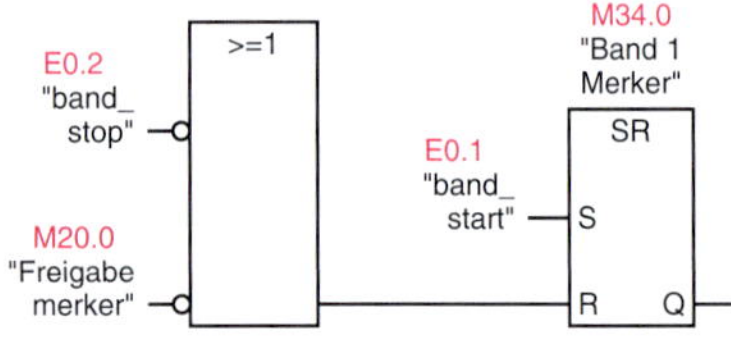

Netzwerk 2: Band 2

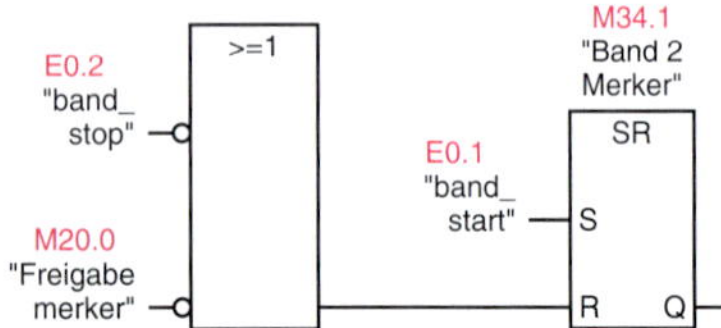

Netzwerk 3: Band 3

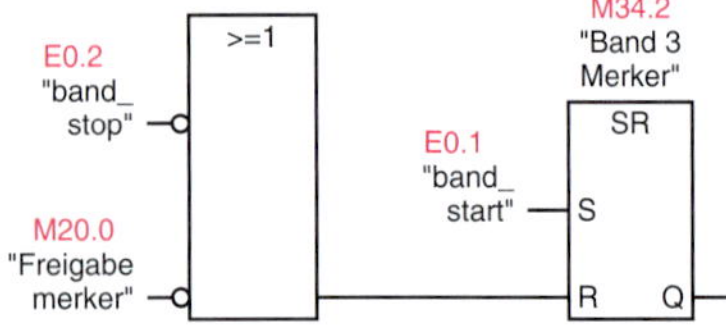

Netzwerk 4: Band 4

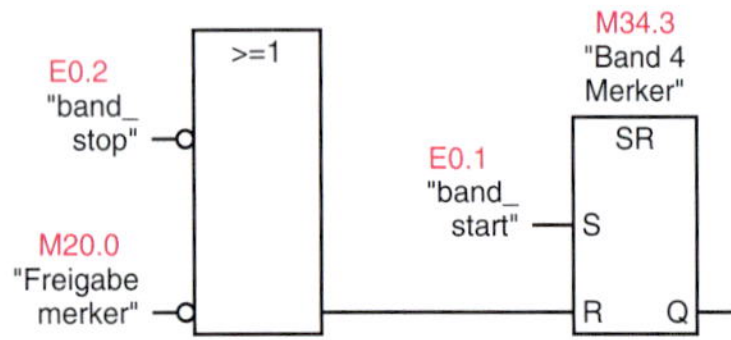

Netzwerk 5: Band Drehantrieb

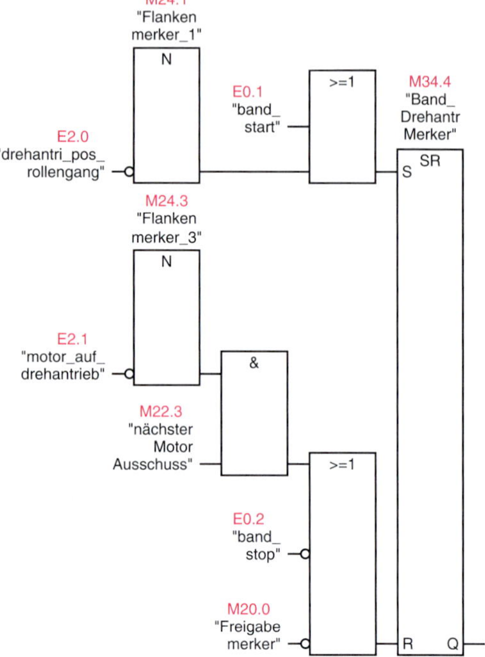

FC3: Hubtisch heben/senken

Netzwerk 1: Prüfen Ein / Aus

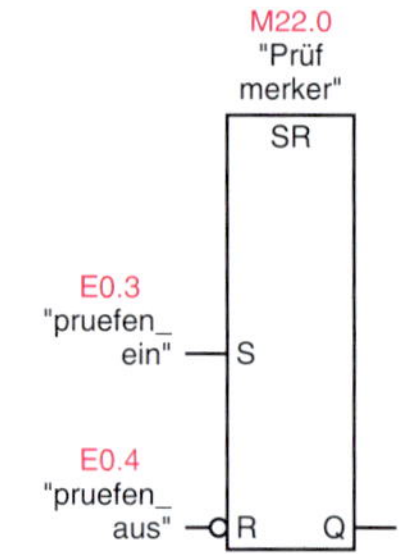

Netzwerk 2: Hubtisch heben

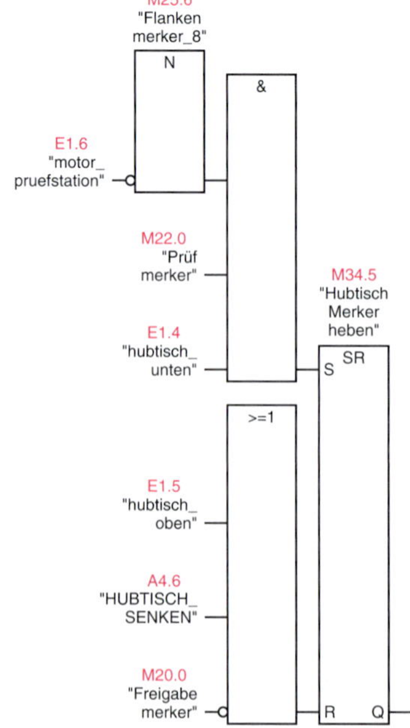

Netzwerk 3: Hubtisch senken

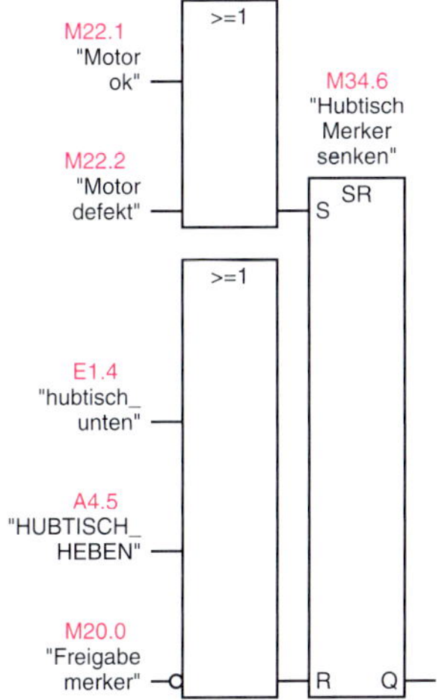

FC4: Analogwerte einlesen

Netzwerk 1: Messung

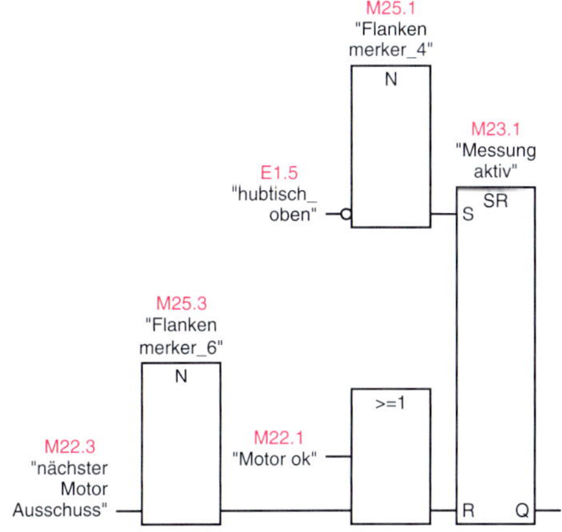

Netzwerk 2: Motorwicklung U1-U2

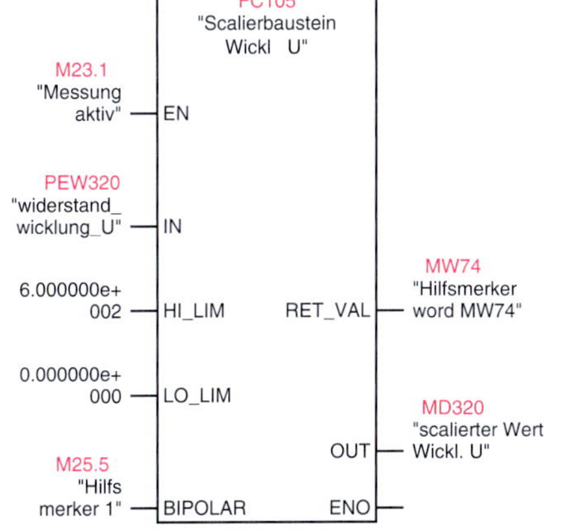

Netzwerk 3: Motorwicklung V1-V2

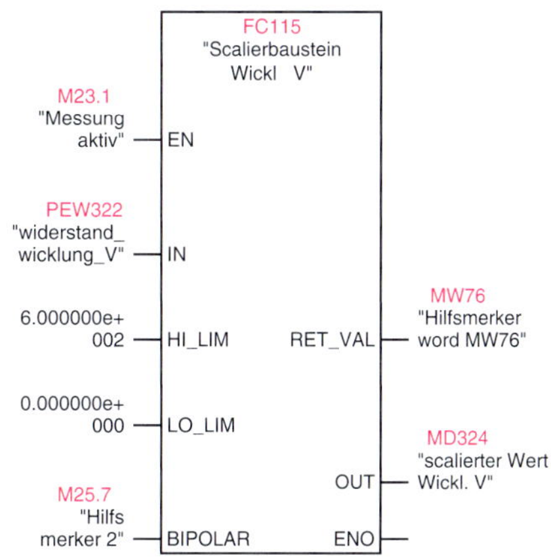

Netzwerk 4: Motorwicklung W1-W2

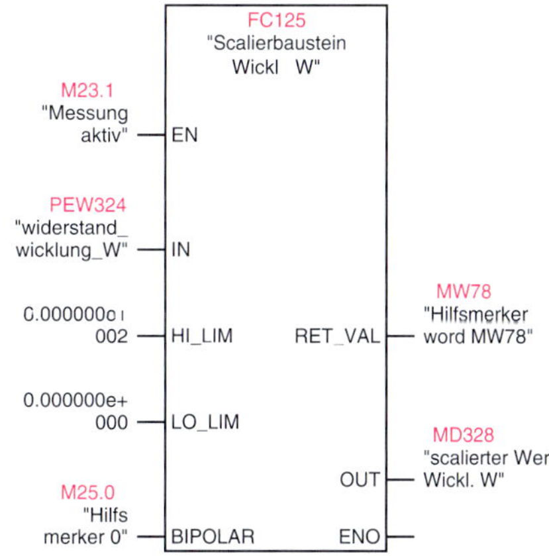

Netzwerk 5: Auswertung Wicklung U, Widerstand im Bereich

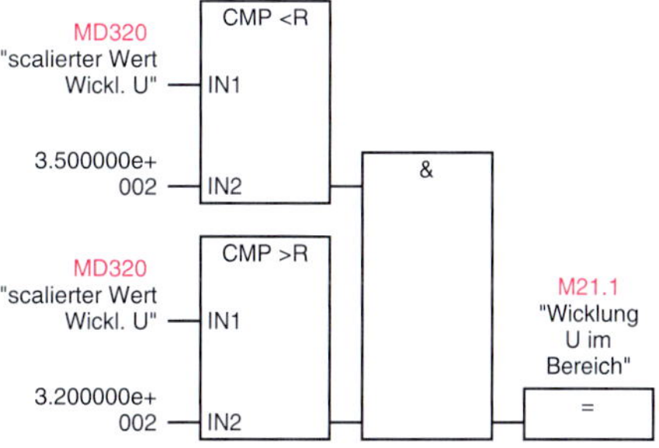

Netzwerk 6: Auswertung Wicklung V, Widerstand im Bereich

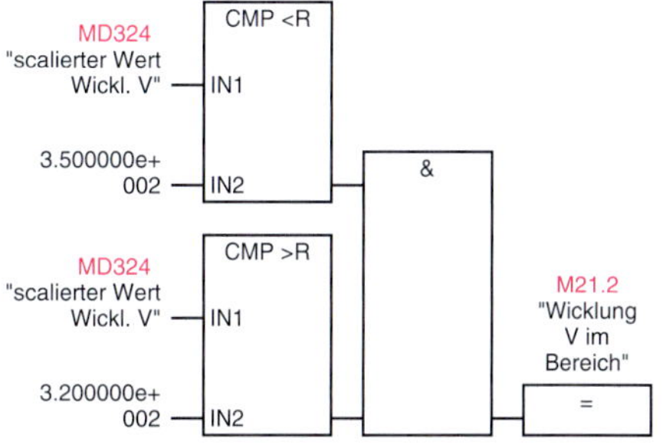

Netzwerk 7: Auswertung Wicklung W, Widerstand im Be

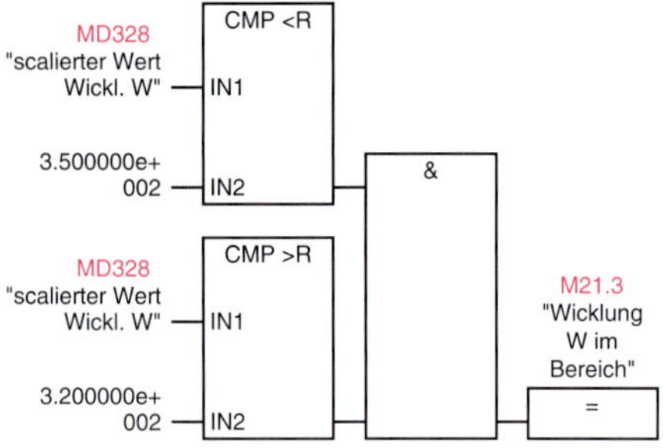

Netzwerk 8: Wicklung ok

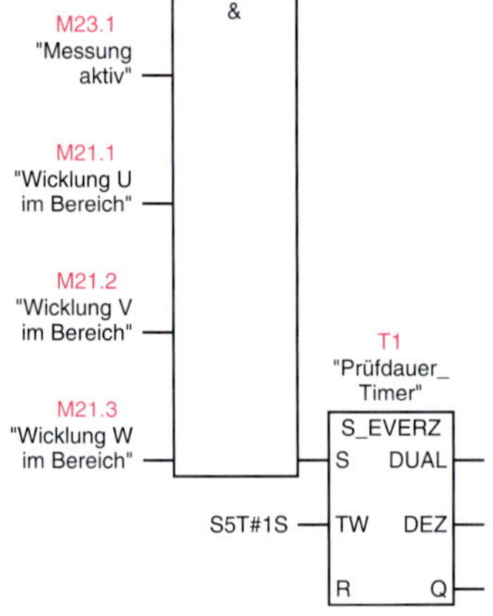

Netzwerk 9:

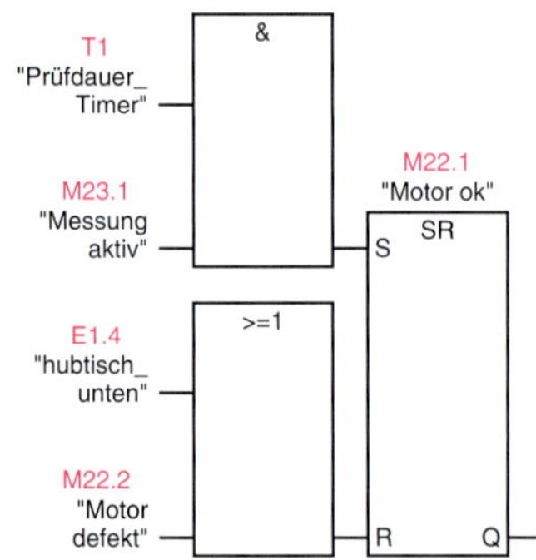

Netzwerk 10: Messung / defekte Wicklung

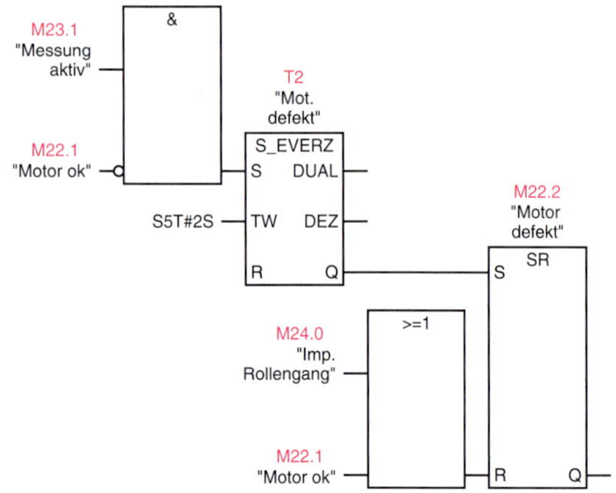

Netzwerk 11: nächster Motor Ausschuss

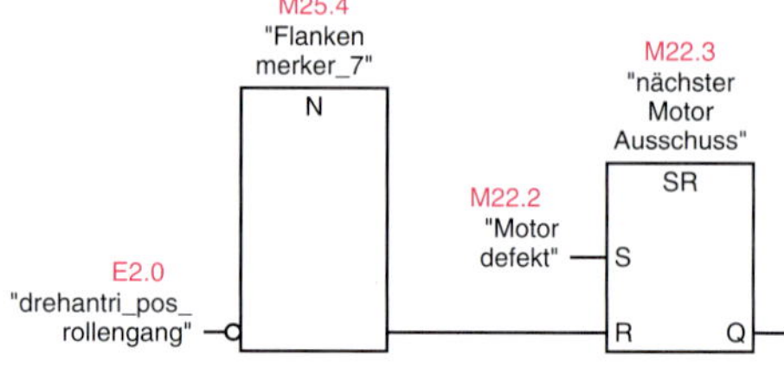

FC5: Drehantrieb rechts/links

Netzwerk 1: Drehantrieb rechts

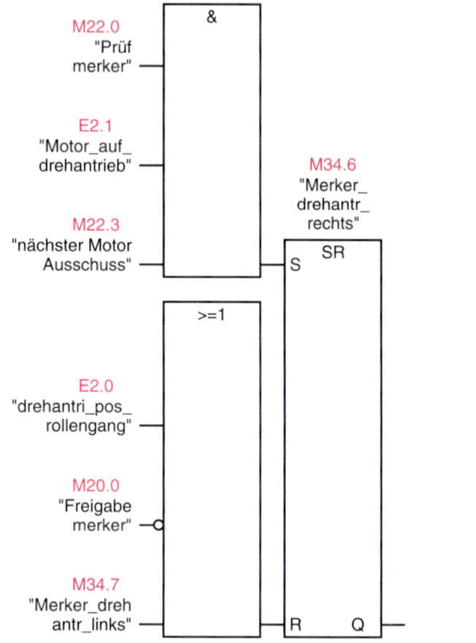

Netzwerk 2: Drehantrieb links

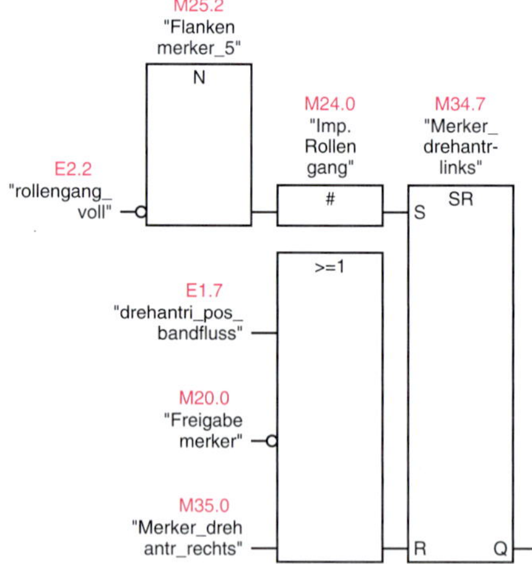

FC6: Meldungen

Netzwerk 1: Ein / Aus

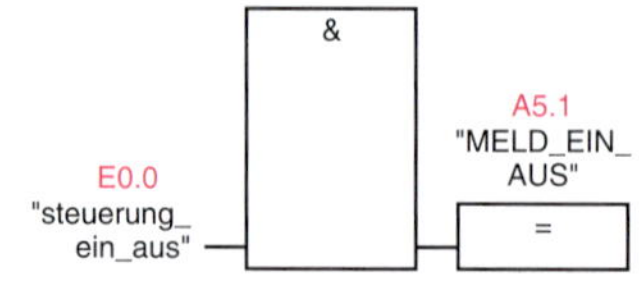

Netzwerk 2: Bänder

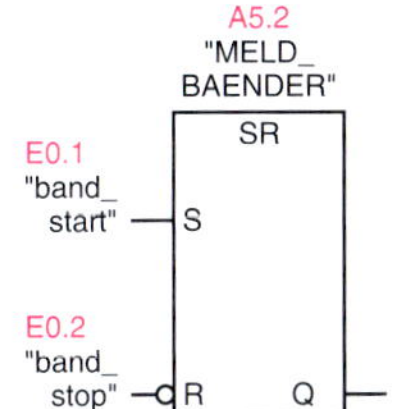

Netzwerk 3: Prüfstation Ein / Aus

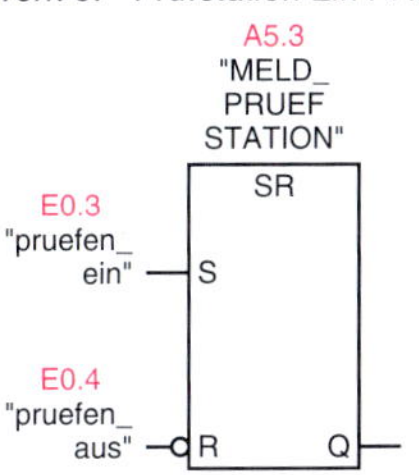

Netzwerk 4: Störungsmeldung

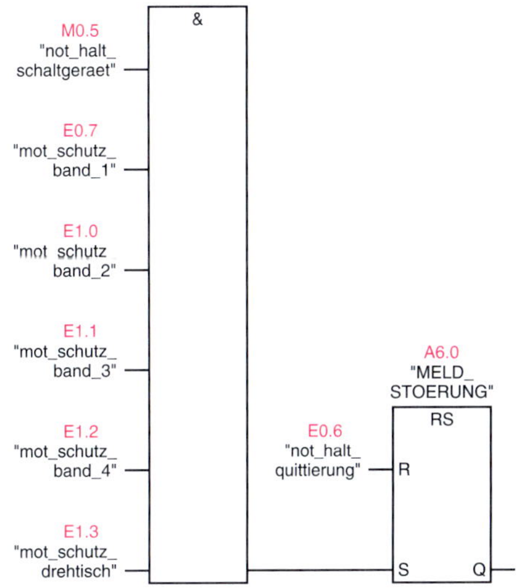

Netzwerk 5: Meldung Not - Aus betätigt

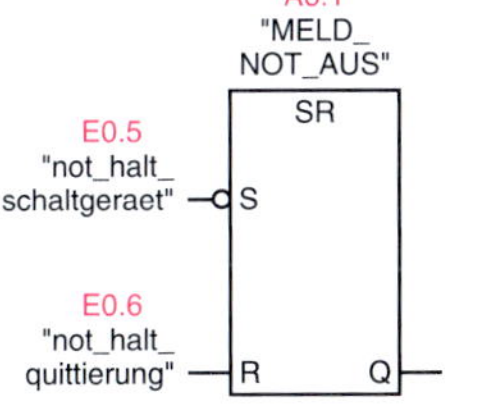

FC7: Ausgabebaustein

Netzwerk 1: Band 1

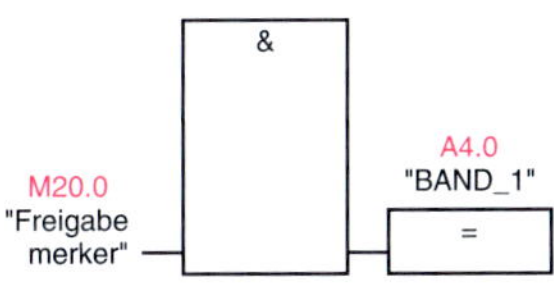

Netzwerk 2: Band 2

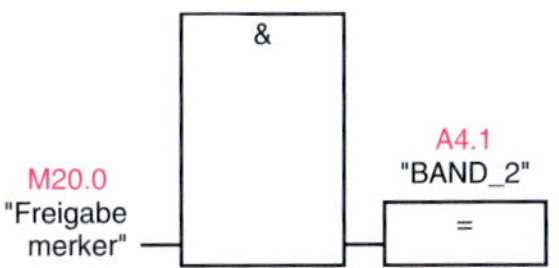

Netzwerk 3: Band 3

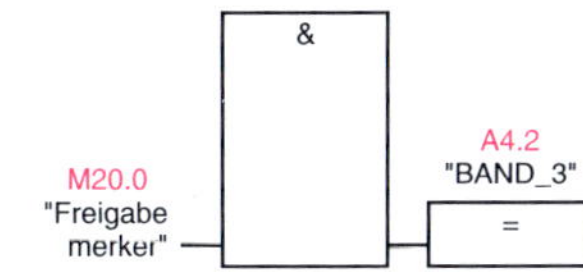

Netzwerk 4: Band 4

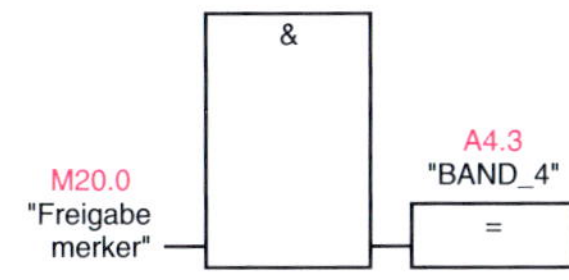

Netzwerk 5: Transport Drehantrieb

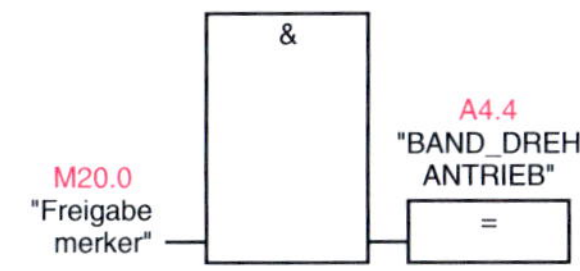

Netzwerk 6: Hubtisch heben

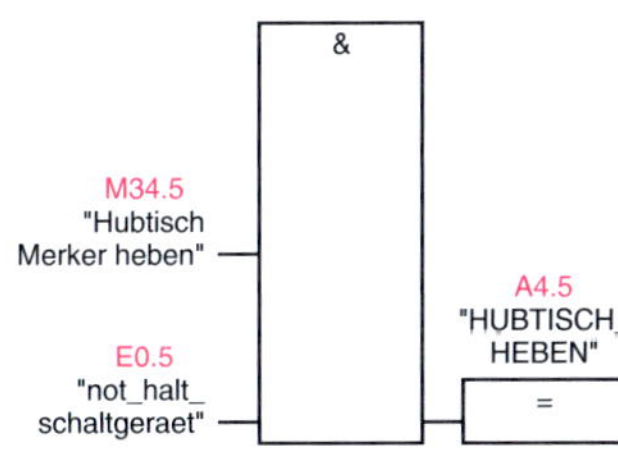

Netzwerk 7: Hubtisch senken

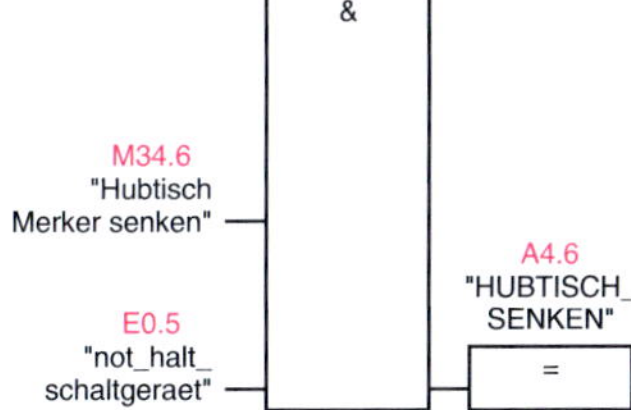

Netzwerk 8: Drehantrieb rechts in Richtung Ausschuss

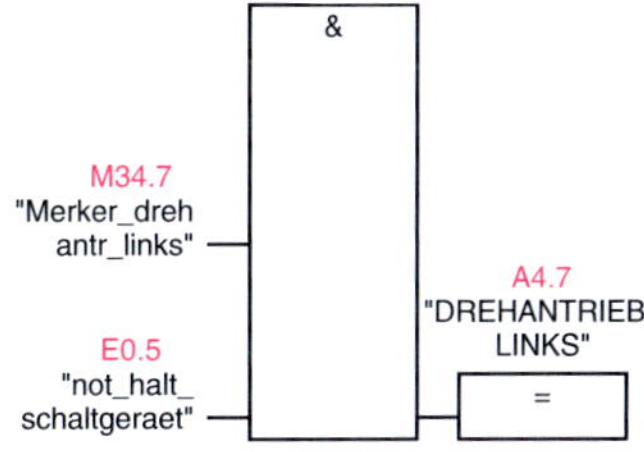

Netzwerk 9: Drehantrieb links

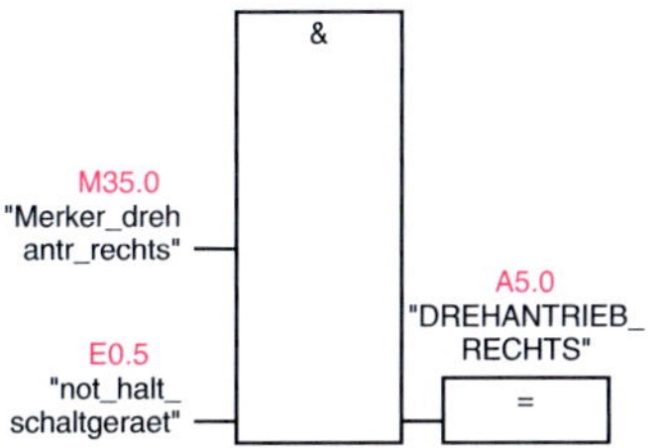

FC21: Ansteuerung der Frequenzumrichter

Netzwerk 1: Freigabe Band_1

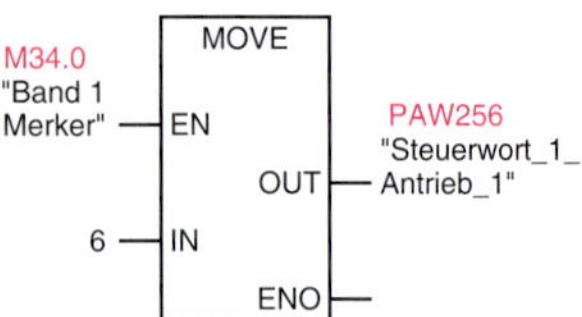

Netzwerk 2:

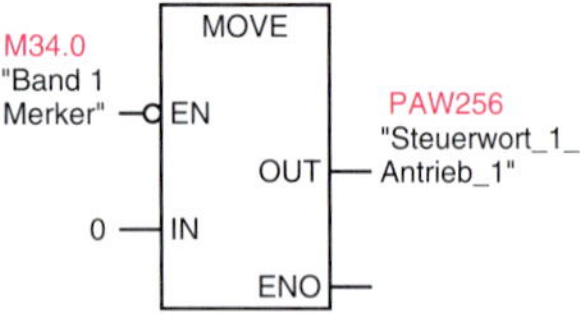

Netzwerk 3: Freigabe Band_2

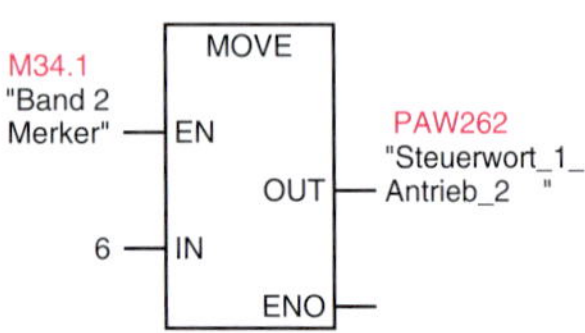

Netzwerk 4:

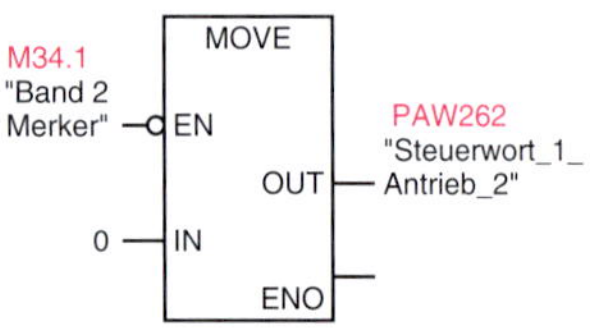

Netzwerk 5: Freigabe Band_3

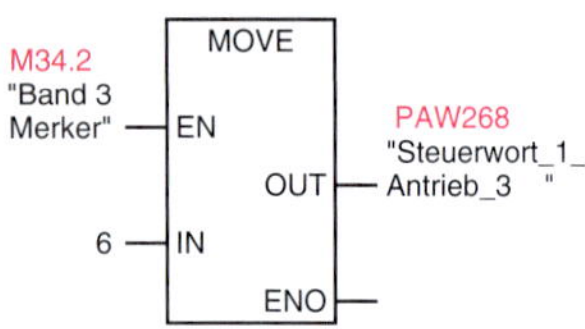

Netzwerk 6:

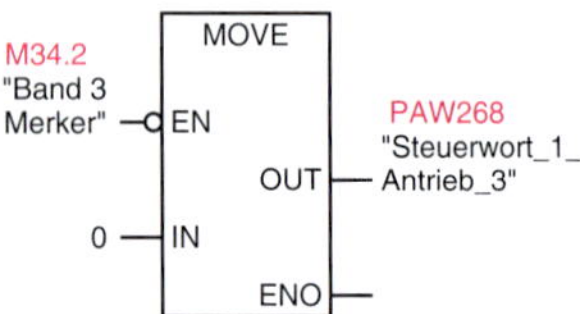

Netzwerk 7: Freigabe Band_4

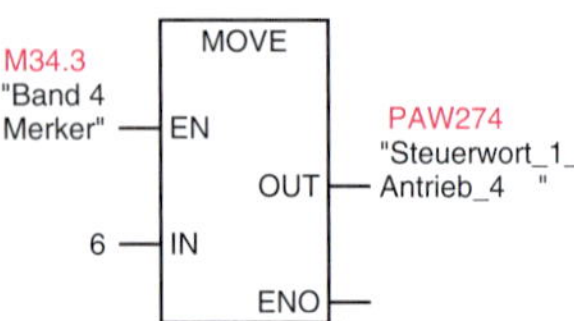

Netzwerk 8:

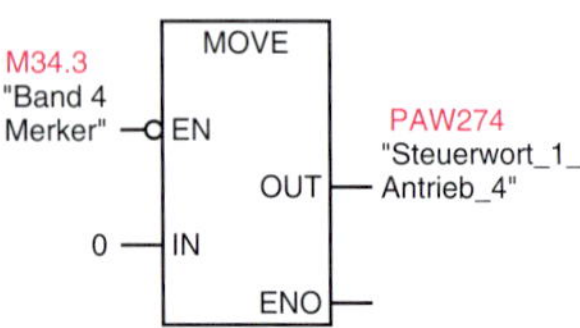

Netzwerk 9: Freigabe Band_Drehtisch

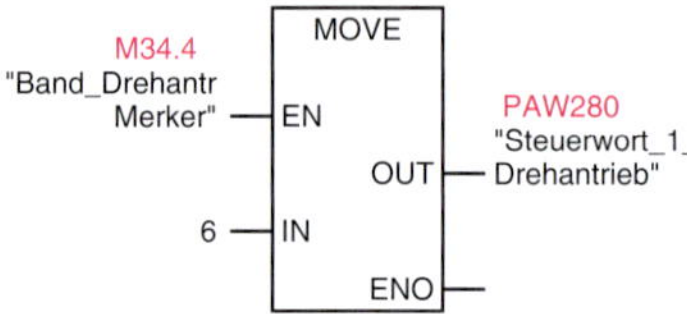

Netzwerk 10:

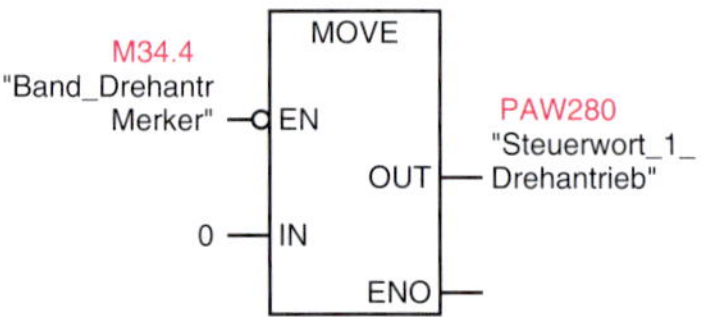

FC23: Ein- und Ausschaltrampe

Netzwerk 1: Rampe Band 1

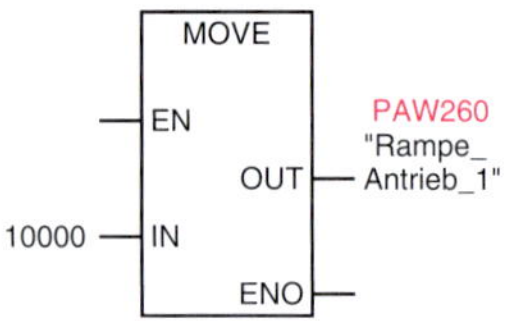

Netzwerk 2: Rampe Band 2

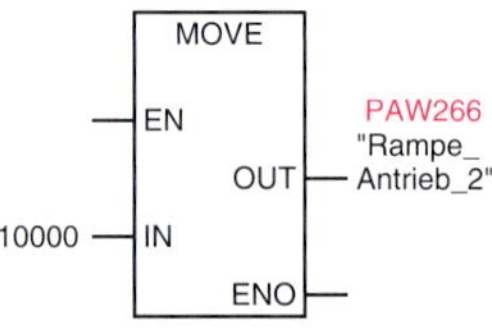

Netzwerk 3: Rampe Band 3

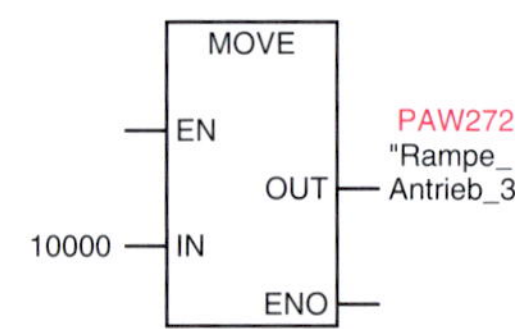

Netzwerk 4: Rampe Band 4

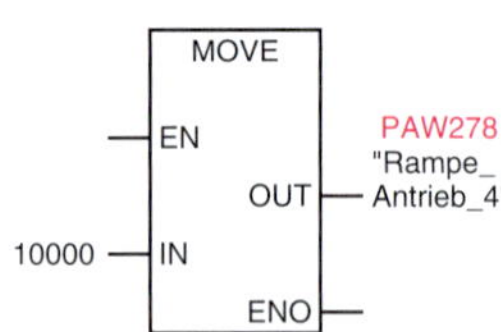

Netzwerk 5: Rampe Band Drehantrieb

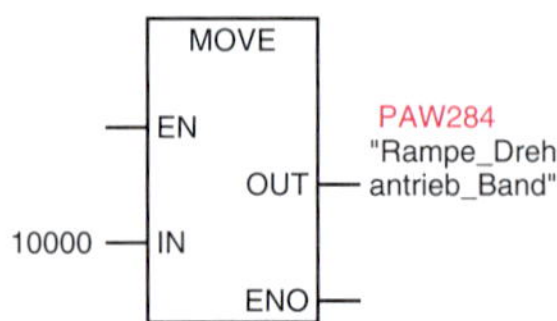

FC 22

Netzwerk 1: Drehzahlsollwert anheben /absenken

```
        U       "Bandantriebe schneller"    E2.3
        SPBNB   _100
        L       MW 70
        ITD
        DTR
        L       1.000000e+000
        +R
        RND
        T       MW 70
_100:   NOP     0

        U       "Bandantriebe langsamer"    E2.4
        SPBNB   _101
        L       MW 70
        ITD
        DTR
        L       1.000000e+000
        -R
        RND
        T       MW 70
_101:   NOP     0
```

Netzwerk 2: Drehzahlbegrenzung max. u. min.

```
        U       "Bandantriebe schneller"    E2.3
        SPBNB   _120
        L       MW 70
        L       8192
        T       MW 70
_120:   NOP     0

        U       "Bandantriebe langsamer"    E2.4
        SPBNB   _121
        L       MW 70
        L       0
        <=I
        SPBN    _121
        L       0
        T       MW 70
_121    NOP     0
```

Netzwerk 3: Motordrehzahlen ausgeben

```
        L       MW 70
        T       "Drehzahl_Antrieb_1"        PAW 258
        T       „Drehzahl_Antrieb_2"        PAW 264
        T       „Drehzahl_Antrieb_3"        PAW 270
        T       „Drehzahl_Antrieb_4"        PAW 276
        T       „Drehzahl_DrehantriebBand"  PAW 282
```

6.1 Steuerungstechnik

Bandantriebe, Prüfstation und Drehtisch werden von einer SPS gesteuert.

Sie erhalten das Steuerungsprogramm zur Einarbeitung, um notwendige Erweiterungen vornehmen zu können.

Dargestellt ist ein Programmausschnitt.

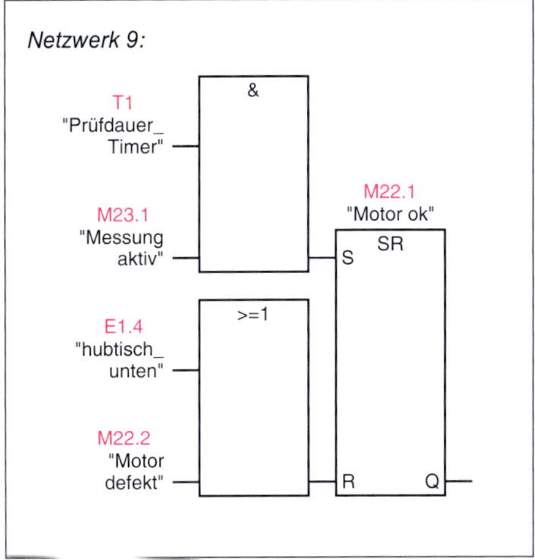

1 SPS-Netzwerk

Die Grundlagen der SPS wurden bereits in den *basics Elektrotechnik* erarbeitet. Erinnert werden soll hier an die besondere *Arbeitsweise* der SPS: **Sequenziell, zyklisch, nach dem Prinzip des Prozessabbilds**.

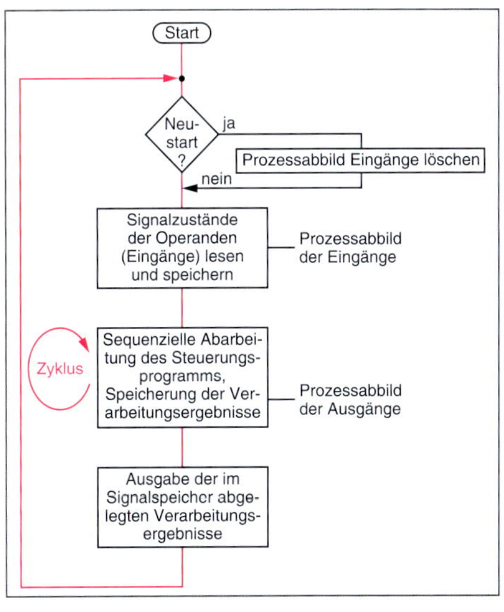

2 SPS-Programm, Abarbeitung

Hardwarekonfiguration

Die *Hardwarekonfiguration* muss der Aufgabenstellung angepasst werden. Sie ist von unterschiedlichen Faktoren abhängig.

1. Anzahl der Eingänge (binär und analog)
2. Anzahl der Ausgänge (binär und analog)
3. Welche CPU wird eingesetzt (z. B. Zykluszeit)
4. Belastbarkeit der Spannungsversorgung

Spannungsversorgung

Stabilisierte Gleichspannung 24 V für die einzelnen Baugruppen der SPS. Wird für unterschiedliche Bemessungsströme (z. B. 2 A, 5 A) angeboten.

CPU
central prozessing unit

Zentralbaugruppe CPU

Führt das Steuerungsprogramm aus und bestimmt die Leistungsfähigkeit der SPS. Es werden unterschiedliche Varianten angeboten. Der Anwender kann hieraus die für seine Problemstellung optimale CPU auswählen.

Beispiel für die technischen Daten einer CPU

Arbeitsspeicher	48 KByte
Bearbeitungszeiten	min. 0,1 µs
Merker	2048
Zähler	256
Zeiten	256
Anzahl Baugruppen	max. 32
Stromaufnahme	60 mA (im Leerlauf)
Spannung	24 V DC

1 KByte = 1024 Byte

Eingangsbaugruppe

Anzahl Eingänge	16
Eingangsstrom („1“)	9 mA
Eingangsspannung	24 V DC
Signal „1“	13 – 30 V
Signal „0“	– 30 – 5 V
Potenzialtrennung	Optokoppler

■ **Eingabe-Baugruppe**
Schnittstelle der Zentralbaugruppe zu Befehlsgebern und Sensoren.

Ausgangsbaugruppe

Anzahl Ausgänge	16
Ausgangsstrom („1“)	5 mA min
Ausgangsstrom („0“)	0,5 mA
Kurzschlussschutz	elektronisch
Spannung	24 V DC
Potenzialtrennung	Optokoppler
Lampenlast	max. 5 W

■ **Ausgabe-Baugruppe**
Schnittstelle der Zentralbaugruppe zu Stellgliedern und Aktoren.

Aufbau der Hardware

Kompaktsteuerungen werden im funktionsfertigen Zustand ausgeliefert. Sie benötigen nur noch eine Spannungsversorgung.

Modulare Steuerungen setzen sich aus einzelnen Baugruppen zusammen.

■ **Hardware**
gerätetechnische Ausstattung (ohne Programm)

■ **modular**
aus mehreren Modulen (Baugruppen) aufgebaut.

■ **Potenzialtrennung**
Ein- und Ausgang können mit unterschiedlichen Spannungen betrieben werden (z. B. Eingang 24 V, Ausgang 5 V).

■ **zyklisch**
kreisförmig

■ **sequenziell**
nacheinander

■ **Rückwandbus**
Ermöglicht den Datenaustausch zwischen den einzelnen Baugruppen.

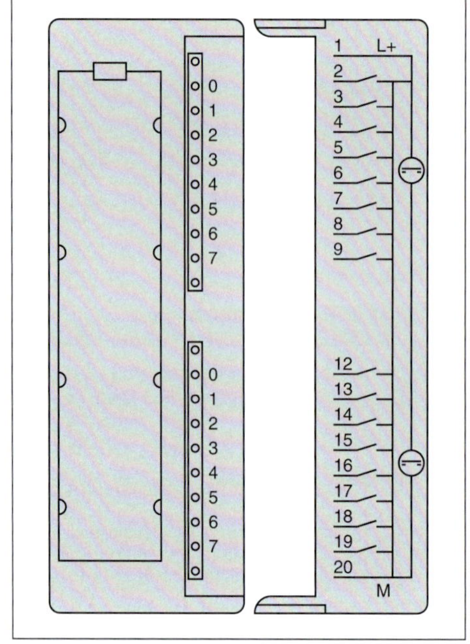

3 *Binäre Eingabebaugruppe, Beispiel*

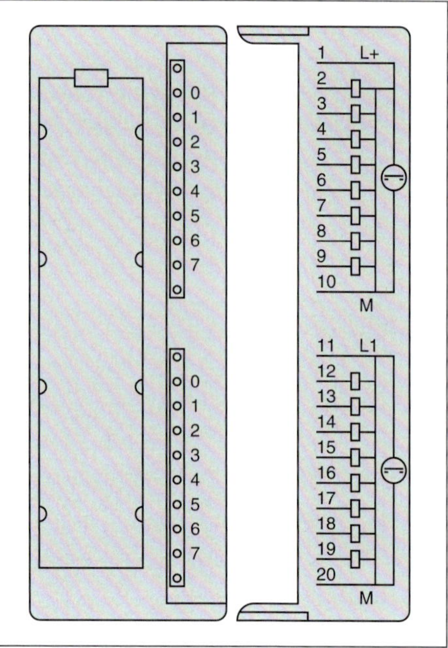

4 *Binäre Ausgabebaugruppe, Beispiel*

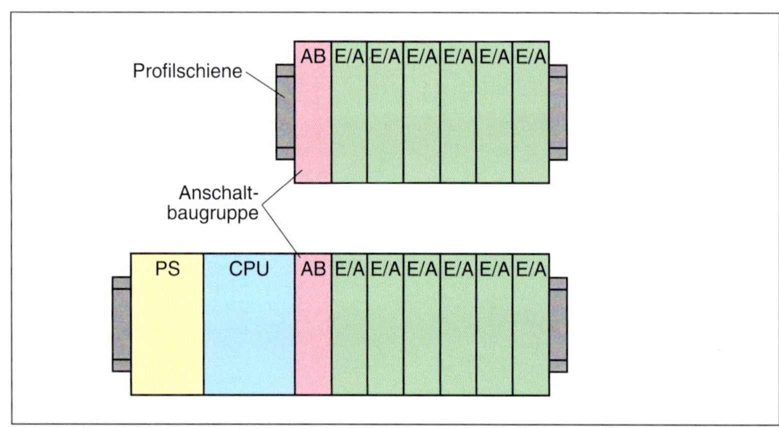

5 *SPS-System, Beispiel*

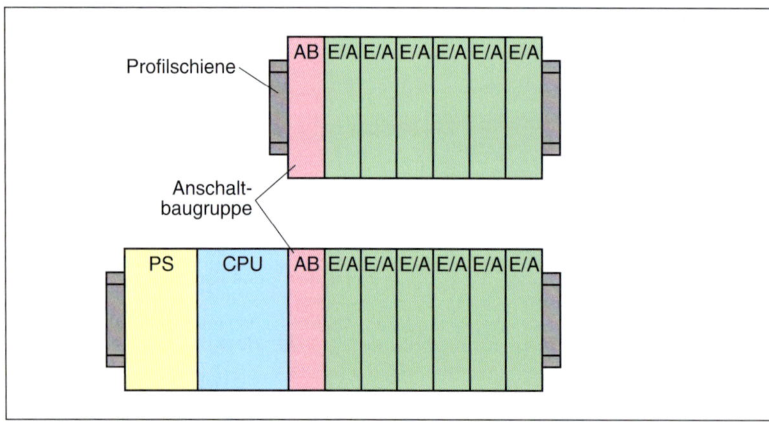

6 *Zweireihiger Aufbau mit Anschaltbaugruppe*

Diese einzelnen Module werden in einer *vorgeschriebenen Reihenfolge* auf eine *Profilschiene* montiert und über einen *Rückwandbus* miteinander verbunden.

Reihenfolge auf Profilschiene

Steckplatz 1	Netzteil
Steckplatz 2	CPU
Steckplatz 3	Anschaltbaugruppe (wenn erforderlich)
Steckplatz 4 – 11	Signalbaugruppen

Binäre Verknüpfungssteuerungen

Diese Steuerungen bestehen aus *logischen Verknüpfungen*, deren Ausgangssignale ausschließlich von den jeweiligen Eingangssignalen abhängen.

Obgleich dies zunächst „logisch" klingt, ist das aber nicht immer gewünscht.

Wenn zum Beispiel die Taster „Links" und „Rechts" bei einer Wendeschaltung *beide* gedrückt werden, sollen *nicht* beide sich „logisch" ergebenden Ausgangsbefehle anstehen.

Verknüpfungssteuerungen erfordern **Verriegelungen**.
Bei umfangreichen Verknüpfungssteuerungen kann der *Verriegelungsaufwand* sehr hoch werden. Das macht die Steuerungsprogramme unübersichtlich, die Servicefreundlichkeit ist beeinträchtigt.

Optokoppler

Optokoppler dienen der *Potenzialtrennung* (galvanische Trennung).

Die Signalübertragung erfolgt durch *Licht*. Funktionselemente des Optokopplers sind *Leuchtdiode* (LED) und *Fototransistor*.

ohne Basisanschluss

Erhöhung der Grenzfequenz möglich

Für Wechselspannung

Ausführung von Optokopplern

LED strahlt Licht auf den Fototransistor.

Der Fototransistor schaltet.

Das Signal wird vom Eingang (LED) zum Ausgang (Fototransistor) potenzialgetrennt übertragen.

Der Optokoppler kann nicht nur *binäre Signale* („0“ oder „1“), sondern auch *analoge Signale* übertragen.

Je nach Stromstärke ändert sich nämlich die Lichtstärke der LED, sodass der Fototransistor *stetig* angesteuert werden kann.

■ **nullspannungssicher**

Bei Ausfall oder Abschalten der Versorgungsspannung bleibt der Speicherinhalt erhalten.

■ **Koppelfaktor von Optokopplern**

$$CTR = \frac{I_C}{I_F} \text{ in } \%$$

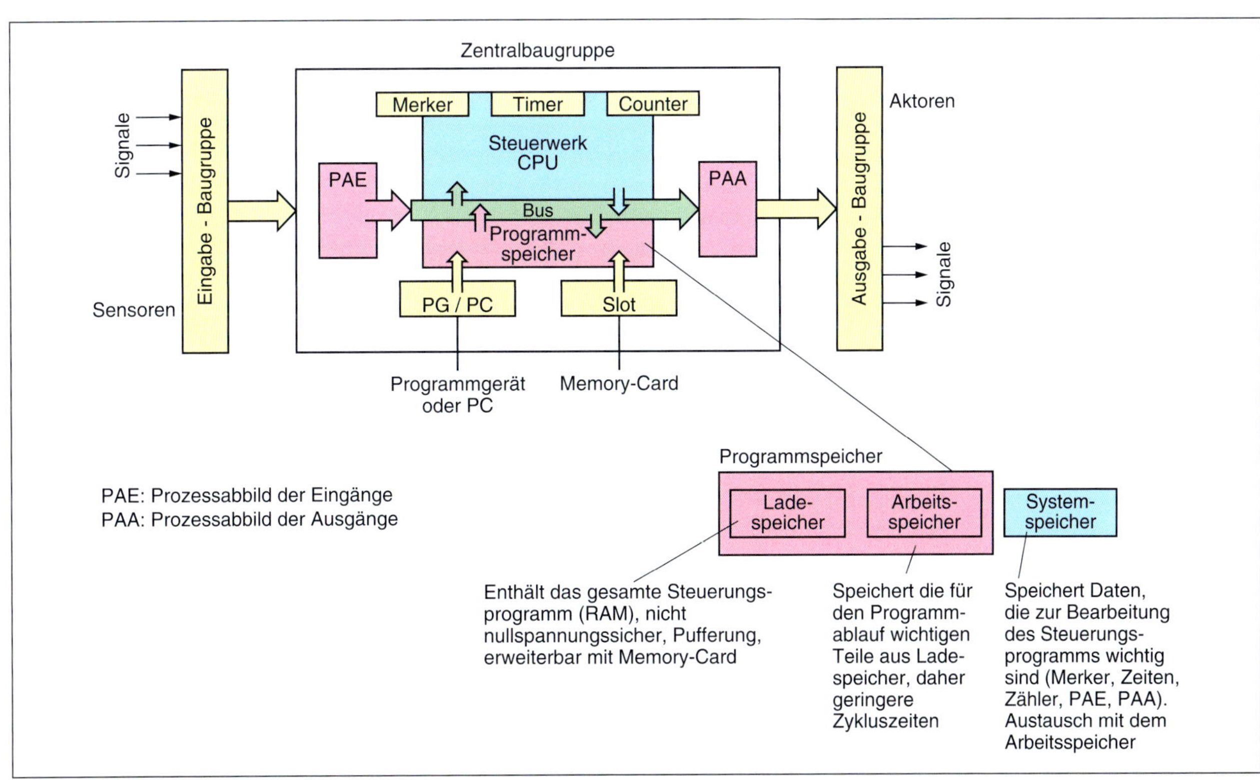

7 Komponenten eines SPS-Systems

Speicherprogrammierbare Steuerung
programmable logic controller

Steuerung
control, control system

Spannungsversorgung
supply voltage

Steckplatz
slot

Baugruppe
unit

Baugruppenträger
subrack

Anweisungsliste
instruction list, IL

Funktionsplan
function block diagramm, FBD

Kontaktplan
ladder diagram, LD

Zuordnungsliste
cross-reference list, connectivity list

⥣
Zeichen für Betätigung

Wendeschaltung
als Beispiel für eine binäre Verknüpfungssteuerung

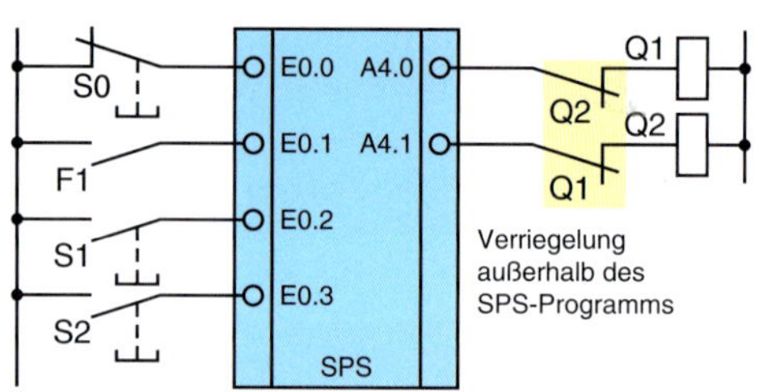

Symboltabelle

Die *Symboltabelle* entspricht der Zuordnungsliste.

Symbol	Adresse	Datentyp	Kommentar
stop_taster	E0.0	BOOL	Stopptaster, Öffner
mot_schutz	E0.1	BOOL	Motorschutz, Schließer
links_start	E0.2	BOOL	Taster „Links“, Schließer
rechts_start	E0.3	BOOL	Taster „Rechts“ Schließer
RECHTS	A4.0	BOOL	Rechtslauf
LINKS	A4.1	BOOL	Linkslauf
Variablennamen, vom Anwender wählbar	*Hardware-adressen, siehe Konfiguration*	*Datentyp BOOL: „0“ und „1“ sind möglich*	*Kommentierung des Anwenders*

Beachten Sie:
Der Taster S2 („Rechts“) ist an den Eingang E0.3 der SPS angeschlossen.
Der *boolsche Eingang* E0.3 kann entweder den Signalzustand „0“ oder „1“ annehmen.
Der jeweilige Signalzustand von E0.3 wird der *Variablen* „rechts_start“ zugewiesen.
Die Verwendung von *Variablen* fördert die *Lesbarkeit* des Programms.

Zuweisung an eine Variable

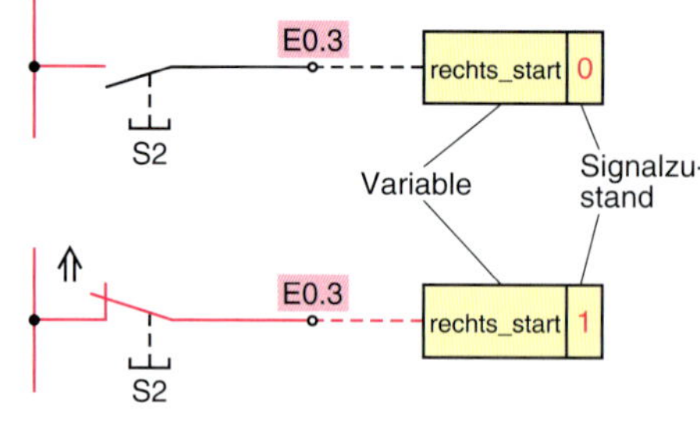

Funktionsplan, Wendeschaltung

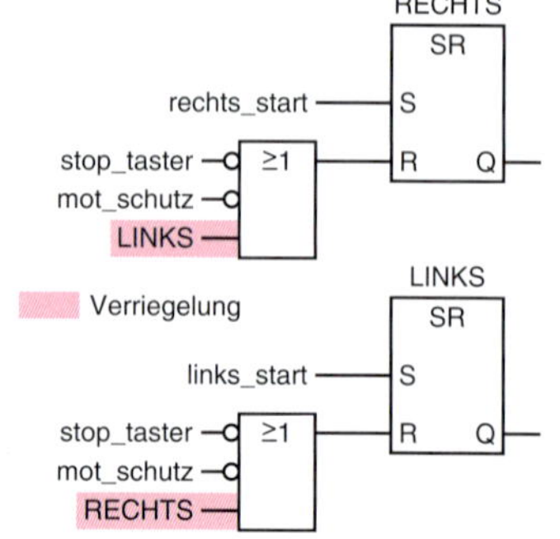

Steuerungsprogramm

Das Steuerungsprogramm kann als *Funktionsplan* (FUP), *Kontaktplan* (KOP) oder *Anweisungsliste* (AWL) erstellt werden.

Wendeschaltung
als Beispiel für eine binäre Verknüpfungssteuerung

z.B.

Kontaktplan, Wendeschaltung

Anweisungsliste (AWL)

U	rechts_start
S	RECHTS
ON	stop_taster
ON	mot_schutz
O	LINKS
R	RECHTS
U	links_start
S	LINKS
ON	stop_taster
ON	mot_schutz
O	RECHTS
R	LINKS

Verriegelung

■ **Hinweis**

Eingänge sind durch Kleinbuchstaben, Ausgänge durch Großbuchstaben bezeichnet. Das ist zwar nicht notwendig, kann aber die Lesbarkeit des Programms erleichtern.

Verknüpfungssteuerungen
logic control system

Verknüpfungsergebnis
result of logic operation

PAA
prozess output image

PAE
prozess input image

Prüfung

1. Wie wird ein SPS-Programm abgearbeitet?

2. Erklären Sie den Begriff Prozessabbild und zeigen Sie die Bedeutung für die Abarbeitung des SPS-Programms.

3. Welche Bedeutung hat die Zykluszeit bei Abarbeitung von SPS-Programmen?

4. Wodurch unterscheiden sich Kompaktsteuerungen und modulare Steuerungen?

5. Was versteht man unter Potenzialtrennung?

6. Welche Aufgabe haben Anschaltbaugruppen?

7. Wodurch sind binäre Verknüpfungssteuerungen gekennzeichnet?

8. Nennen Sie die wesentlichen Komponenten eines SPS-Systems.

9. Welche Inhalte hat eine Symboltabelle?

10. Was versteht man unter einer Verriegelung?

@ Interessante Links

- christiani-berufskolleg.de

■ **Speicherfunktionen**
→ basics Elektrotechnik

■ **Zeitglieder**
→ basics Elektrotechnik

■ **Zeitoperand T Nr.**
Der Zeitoperand T Nr. kann wie ein Eingang abgefragt werden.

T1 — & — A4.0

T1 — & — A4.1

Speicheroperation Set

E0.0 — S (A4.0)

Speicheroperation Reset

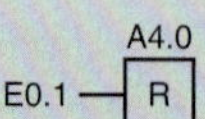

Speicher in Kontaktplandarstellung

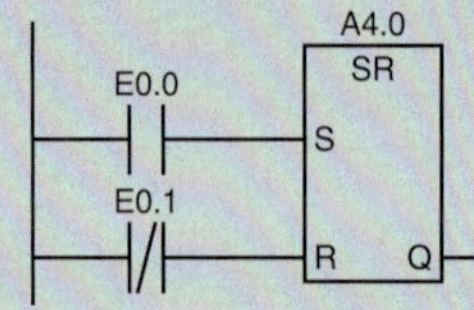

Zeitglieder (Timer)

Die Anzahl der verfügbaren Zeitglieder ist abhängig von der eingesetzten CPU.

Ihre Mindestanzahl beträgt 64.

Die wichtigsten Zeitverzögerungen sind

- *Einschaltverzögerung (S_EVERZ)*
- *Speichernde Einschaltverzögerung (S_SEVERZ)*
- *Ausschaltverzögerung (S_AVERZ)*

Die *Signal-Zeit-Diagramme* verdeutlichen die Wirkungsweise.

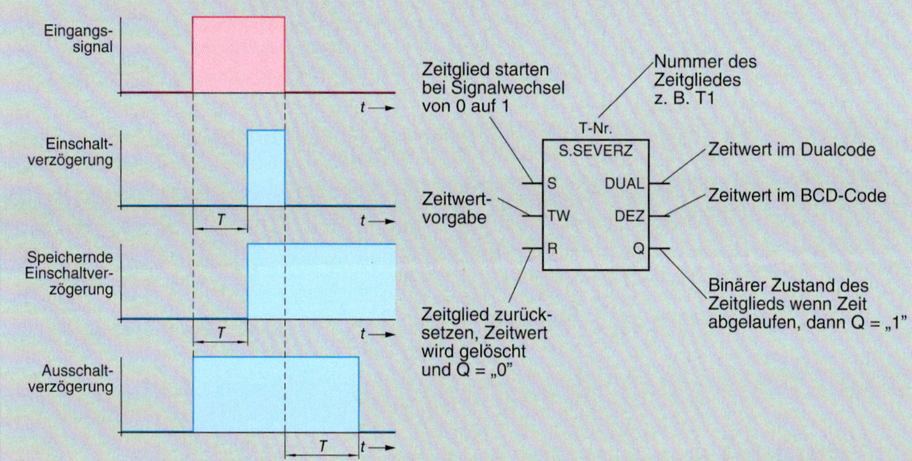

Zeitwertvorgabe TW (Timer Wert)

Vorgabe als Zeitkonstante

Zum Beispiel

S5T#1H_12M_30S_12MS

– 1 Stunde
– 12 Minuten
– 30 Sekunden
– 12 Millisekunden

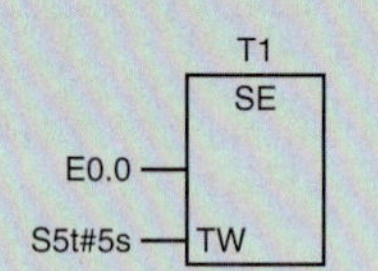

U E0.0
L S5t#5s
SE T1

Vorgabewert im BCD-Format

Eingangsworte,
Ausgangsworte,
Merkerworte,
Datenworte

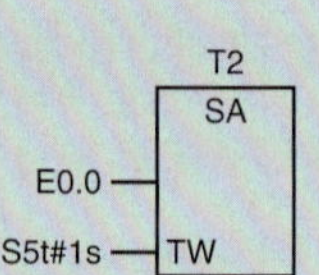

U E0.0
L S5t#1s
SA T2

Wenn die Parameter R, DUAL und DEZ nicht benötigt werden und der Zeitoperand erst später abgefragt wird, kann die Zeitfunktion verkürzt aufgerufen werden.

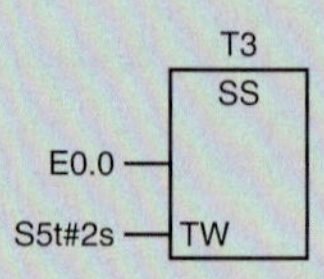

U E0.0
L S5t#2s
SS T3

Rücksetzen erforderlich durch R T3.

Zähler

Zähler werden z. B. benötigt, um *Vorgänge*, *Mengen* oder *Positionen* (Zählen von Impulsen) sowie *Drehzahlen* zu erfassen.

Unterschieden wird zwischen

Vorwärtszähler (CTU)
Rückwärtszähler (CTD)
Vor- und Rückwärtszähler (CTUD)

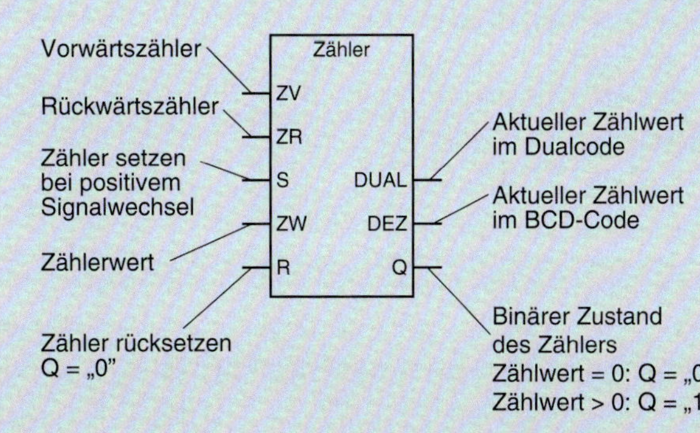

Zählwert

Angabe als Konstante
z. B. C#216

Angabe als Vorgabewert im BCD-Format
- Eingangsworte
- Ausgangsworte
- Merkerworte
- Datenworte

Vorwärtszähler ZV

Positive Flanke am Eingang S:	Zählwert ZW wird in den Zähler geladen.
Positive Flanke am Eingang ZW:	Zählwert wird um 1 erhöht.
Positive Flanke am Eingang R:	Zählwert wird auf 0 zurückgesetzt.
Für den binären Ausgang Q gilt:	Zählwert 0 → Q = „0", Zählwert #0 → Q = „1".

Rückwärtszähler ZR

Positive Flanke am Eingang S:	Zählwert ZW wird in den Zähler geladen.
Positive Flanke am Eingang ZW:	Zählwert wird um 1 erniedrigt.
Positive Flanke am Eingang R:	Zählwert wird auf 0 zurückgesetzt.
Für den binären Ausgang Q gilt:	Zählwert 0 → Q = „0", Zählwert #0 → Q = „1".

Vorwärts- und Rückwärtszähler

Kombination von ZV und ZR.

z. B.

Vorwärtszähler

Z1
Z_VORW
E0.0 — ZV
E0.1 — S DUAL —
C#20 — ZW DEZ —
E0.3 — R Q — A4.0

```
U   E0.0
ZV  Z1     //Vorwärtszähler
U   E0.1
L   C#20   //Zählwert laden
S   Z1     //Zähler setzen
U   E0.3
R   Z1     //Zähler rücksetzen
U   Z1     //Zählerstand erreicht?
=   A4.0
```

Trennung der Zählfunktion im Programm

Z1: E0.0 — ZV
Z1: E0.1 — SZ; C#20 — ZW
Z1: E0.3 — R

Der Zählwert wird von 0 bis 20 hochgezählt.

Zählwert kleiner als 20: Q = „1".

Zählwert = 20: Q = „0"

Zeitverzögerung
time delay unit

Einschaltverzögerung
switch-on delay

Ausschaltverzögerung
turn-off-delay

Zeitdauer
lenght of time

Zeitgeber
timer

Zähler
counter

CTU
counter up

CTD
counter down

CTUD
counter up and down

Rückwärtszähler

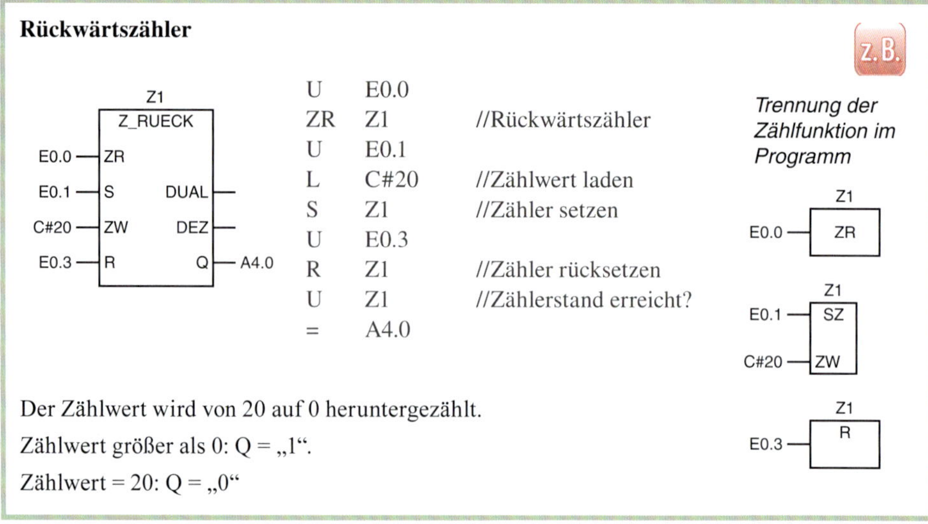


```
U    E0.0
ZR   Z1       //Rückwärtszähler
U    E0.1
L    C#20     //Zählwert laden
S    Z1       //Zähler setzen
U    E0.3
R    Z1       //Zähler rücksetzen
U    Z1       //Zählerstand erreicht?
=    A4.0
```

Der Zählwert wird von 20 auf 0 heruntergezählt.

Zählwert größer als 0: Q = „1“.

Zählwert = 20: Q = „0“

Vor- und Rückwärtszähler

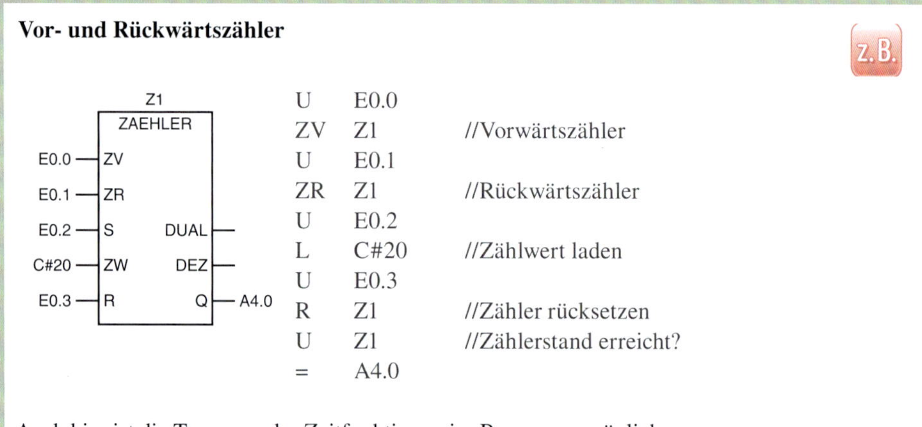


```
U    E0.0
ZV   Z1       //Vorwärtszähler
U    E0.1
ZR   Z1       //Rückwärtszähler
U    E0.2
L    C#20     //Zählwert laden
U    E0.3
R    Z1       //Zähler rücksetzen
U    Z1       //Zählerstand erreicht?
=    A4.0
```

Auch hier ist die Trennung der Zeitfunktionen im Programm möglich.
Dies erfolgt wie bei Z_VORW und Z-RUECK.

Wenn sowohl ZV und ZR eine *positive Flanke* erhalten, werden die Operationen *Vorwärtszählen* und *Rückwärtszählen* beide bearbeitet und der Zählerstand bleibt unverändert.

Wenn 100 Werkstücke eine Lichtschranke passieren, soll eine Hupe ertönen.
Die Hupe kann mit dem Taster S1 quittiert werden.

lichtschranke	E0.0	BOOL	NO
quitt_taster	E0.1	BOOL	NO
HUPE	A4.0	BOOL	

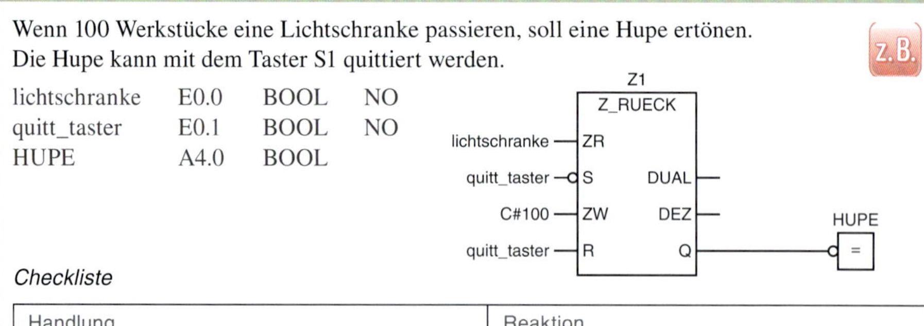

Checkliste

Handlung	Reaktion
SPS von Stopp auf Run.	Zählerstand wird auf 100 gesetzt
lichtschranke Signalwechsel „1“ → „0“	Zählerstand wird um 1 erniedrigt (99)
usw. bis	Zählerstand 1
lichtschranke Signalwechsel „1“ → „0“	Hupe ertönt A4.0 = 1
quitt_taster betätigen „0“ → „1“	keine Reaktion
quitt_taster loslassen „1“ → „0“	A4.0 = 0 (Hupe aus) Zählerstand wird auf 100 gesetzt

■ **NO**
normaly open, Schließerfunktion

■ **NC**
normaly closed, Öffnerfunktion

Auftrag Mischstation

Für eine *Mischstation* ist ein Steuerungsprogramm zu entwickeln. Zwei Flüssigkeiten sollen miteinander *vermischt*, *erwärmt* und *abgelassen* werden.

Bild 8 zeigt das **Technologieschema** der Mischstation. Außerdem ist das Bedienteil der Steuerung hier dargestellt.

Die **Symboltabelle** ist auf Seite 270 dargestellt.

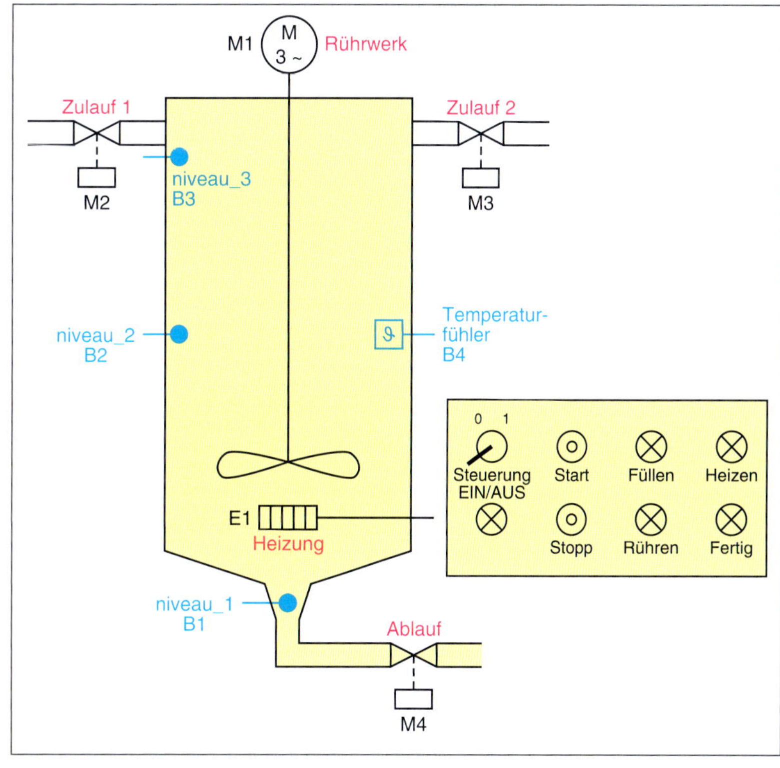

8 Technologieschema und Bedienteil der Mischstation

Steuerungsablauf

- Steuerung einschalten → Meldelampe leuchtet.
- Starttaster betätigen → M2 öffnet und „Füllen" leuchtet.
- niveau_2 erreicht → M2 schließt, M3 öffnet, M1 schaltet ein und „Rühren" leuchtet.
- niveau_3 erreicht → M3 schließt „Füllen" erlischt, E1 wird eingeschaltet und „Heizen" leuchtet.
- Temperatur erreicht → E1 schaltet aus, M4 öffnet und „Fertig" leuchtet, „Heizen" erlischt.
- niveau_1 erreicht → M1 schaltet aus, M4 schließt, „Rühren" und „Fertig" erlöschen.

Wenn nicht zwischenzeitlich der Stopptaster betätigt wurde, beginnt der beschriebene Vorgang erneut.

Technologieschema
technology pattern

Symboltabelle
symbol list

Zykluszeit
cycle time

Merker
flag

Tippen
jogging

Steuerungsprogramm

Netzwerk 1: Startmerker

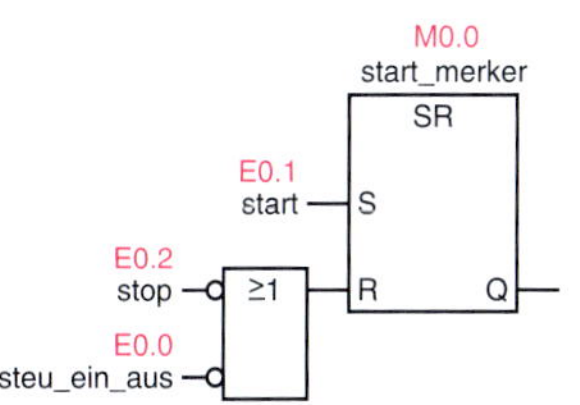

Netzwerk 2: Meldung Steuerung eingeschaltet

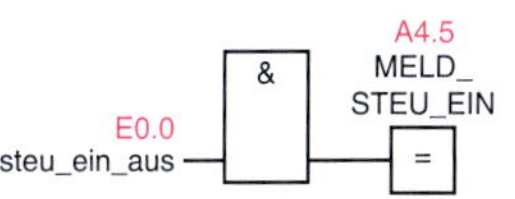

Netzwerk 3: Meldung Füllvorgang

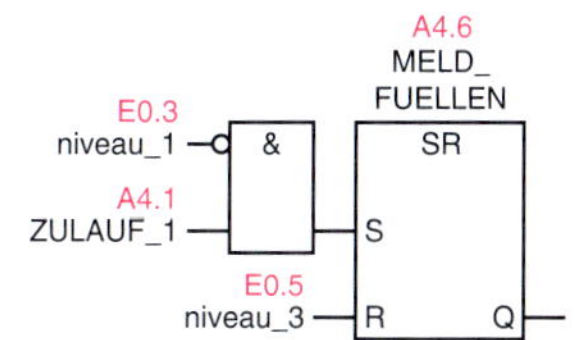

Netzwerk 4: Meldung Heizung eingeschaltet

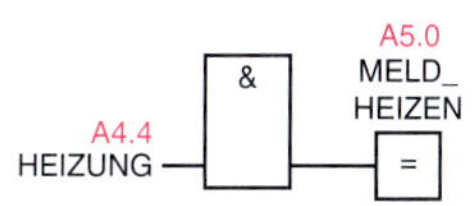

Symboltabelle

Symbol	Adresse	Datentyp	Kommentar
steuer_ein_aus	E0.0	BOOL	Schalter Steuerung ein-/ausschalten, NO
start	E0.1	BOOL	Starttaster, NO
stop	E0.2	BOOL	Stopptaster, NC
niveau_1	E0.3	BOOL	Behälter leer, NO
niveau_2	E0.4	BOOL	Behälter mit Flüssigkeit 1 gefüllt, NO
niveau_3	E0.5	BOOL	Behälter gefüllt, NO
temp_ok	E0.6	BOOL	Temperatur erreicht, NO
RUEHRWERK	A4.0	BOOL	Rührwerksmotor M1
ZULAUF_1	A4.1	BOOL	Ventil M2
ZULAUF_2	A4.2	BOOL	Ventil M3
ABLAUF	A4.3	BOOL	Ventil M3
HEIZUNG	A4.4	BOOL	Heizung E1
MELD_STEU_EIN	A4.5	BOOL	Meldung Steuerung eingeschaltet
MELD_FUELLEN	A4.6	BOOL	Meldung Füllvorgang
MELD_RUEHREN	A4.7	BOOL	Meldung Rührwerksmotor eingeschaltet
MELD_HEIZEN	A5.0	BOOL	Meldung Heizung eingeschaltet
MELD_FERTIG	A5.1	BOOL	Meldung Mischung fertig

■ **Flankenauswertung**
→ basics Elektrotechnik

Netzwerk 5: Meldung Rührwerk arbeitet

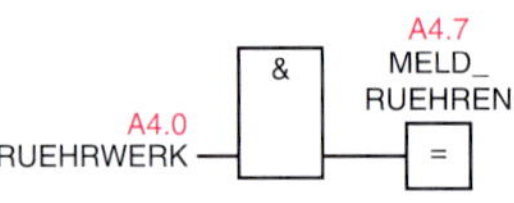

Netzwerk 6: Meldung Fertig

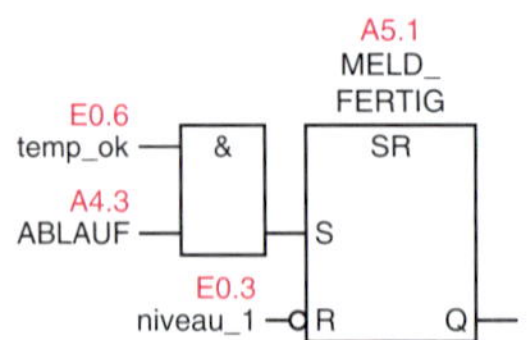

Netzwerk 7: Zulauf 1 öffnen (Flüssigkeit 1)

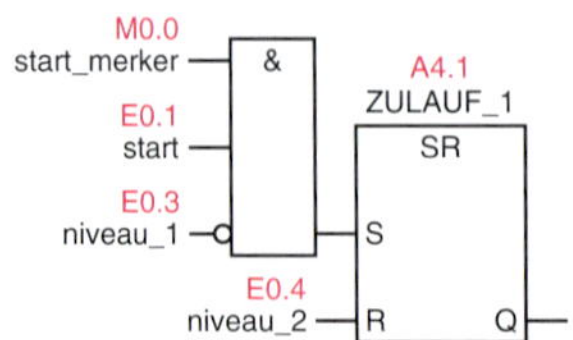

Netzwerk 8: Zulauf 2 öffnen (Flüssigkeit 2)

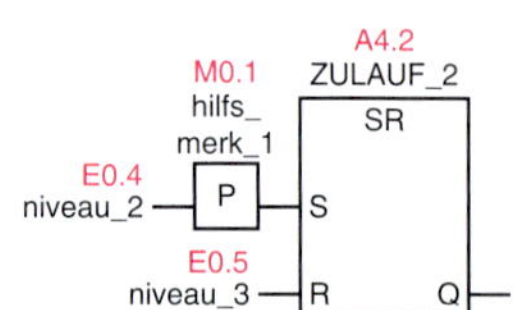

Netzwerk 9: Rührwerk einschalten

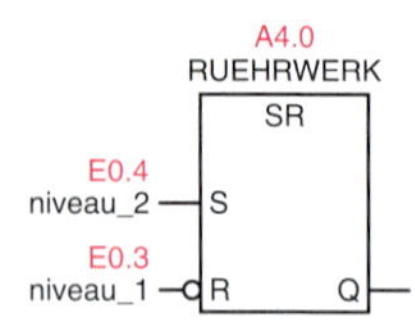

Netzwerk 10: Heizung einschalten

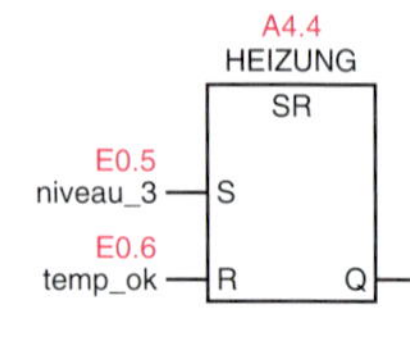

Netzwerk 11: Ablaufventile öffnen

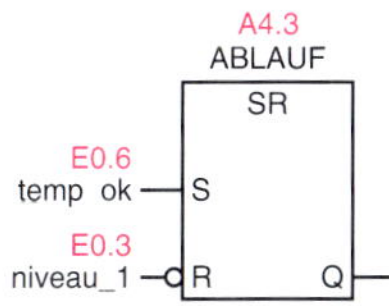

Checkliste zum Programmtest

Ausgangssituation: Behälter ist leer. E0.2 = „1“ (Stopptaster)			
Situation	**Signale**	**Reaktion**	**Signale**
Schalter „Steuerung EIN/AUS“ betätigen	E0.0 = „1“	Meldung „Steuerung EIN/AUS“ leuchtet	A4.5 = „1“
Starttaster betätigen	E0.1 = „1“ → „0“	Zulauf 1 öffnet Meldung „Füllen“ leuchtet	A4.1 = „1“ A4.6 = „1“
Sensor „niveau_1“ wird betätigt	E0.3 = „1“	Keine Reaktion	–
Sensor „niveau_2“ wird betätigt	E0.4 = „1“	Zulauf 1 schließt Zulauf 2 öffnet Rührwerk schaltet ein Meldung „Rühren“ leuchtet	A4.1 = „0“ A4.2 = „1“ A4.0 = „1“ A4.7 = „1“
Sensor „niveau_3“ wird betätigt	E0.5 = „1“	Zulauf 2 schließt Meldung „Füllen“ erlischt Heizung wird eingeschaltet Meldung „Heizen“ leuchtet	A4.2 = „0“ A4.6 = „0“ A4.4 = „1“ A5.0 = „1“
Temperatur ist erreicht	E0.6 = „1“	Heizung schaltet aus Meldung „Heizen“ erlischt Ablauf öffnet Meldung „Fertig“ leuchtet	A4.4 = „0“ A5.0 = „0“ A4.3 = „1“ A5.1 = „1“
niveau_3 wird unterschritten	E0.5 = „0“	Keine Reaktion	–
niveau_2 wird unterschritten Temperatur sinkt ab	E0.4 = „0“ E0.6 = „0“	Keine Reaktion	–
niveau_1 wird unterschritten	E0.3 = „1“	Ablauf schließt Meldung „Fertig“ erlischt	A4.3 = „0“ A5.1 = „0“
Schalter „Steuerung EIN/AUS“ ausschalten	E0.0 = „0“	Meldung „Steuerung EIN/AUS“ erlischt	A4.5 = „0“

„1“ → „0“

bedeutet, dass der Eingang nur kurz den Signalzustand „1“ erhält. Wie bei einem kurzzeitig betätigten Schließer.

Prüfung

1. Beachten Sie das Netzwerk 7 des Steuerungsprogramms.
In die Setzbedingung von A4.1 (ZULAUF_1) sind der Startmerker *und* der Starttaster eingebunden.

a) Welche Auswirkung hat das auf den Steuerungsablauf?
b) Welche Folge hätte es, wenn der Starttaster aus der Setzbedingung entfernt würde?

2. Betrachten Sie Netzwerk 8 des Steuerungsprogramms. Setzbedingung ist eine positive Flanke von „niveau_2“.

a) Was versteht man unter einer positiven Flanke?
b) Warum ist hier eine Flankenbildung erforderlich?
c) Übernimmt die Flankenbildung in gewisser Weise Verriegelungsfunktion?

- christiani-berufskolleg.de

Prüfung

3. In Auftrag gegeben wird eine Erweiterung der Steuerung. Die Steuerung soll mit einem NOT-HALT ausgerüstet werden.
Bei Betätigung des NOT-HALT werden alle Ventile geschlossen, die Heizung wird ausgeschaltet, das Rührwerk bleibt aber in Betrieb.
Außerdem ist auf dem Bedienpult ein Schlüsselschalter zu installieren, mit dessen Hilfe das Ablaufventil M4 manuell jederzeit geöffnet werden kann.

Nehmen Sie die notwendigen Ergänzungen vor.

4. Nach Fertigstellung der Erweiterungen (Aufgabe 3) soll eine Bedienungsanleitung für den Benutzer geschrieben werden.

Sie erhalten auch diesen Auftrag.

5. Bei Servicearbeiten stoßen Sie auf das dargestellte Netzwerk.

Worum handelt es sich dabei?
Wie beurteilen Sie dies?

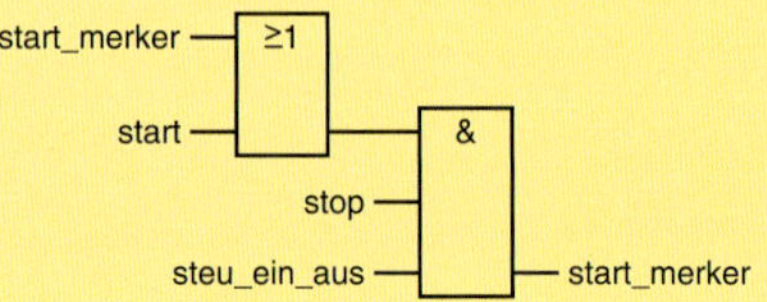

6. Ein Kollege hat das Netzwerk 8 (Zulauf 2 öffnen) wie dargestellt programmiert.

Nehmen Sie dazu Stellung.
Erkennen Sie einen Vorteil?

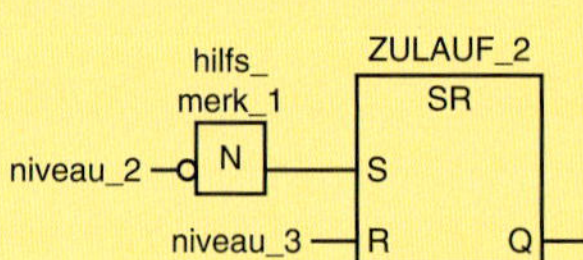

7. Steuerung eines Laufkrans.
Ein *Laufkran* in der Fertigungshalle soll modernisiert werden.

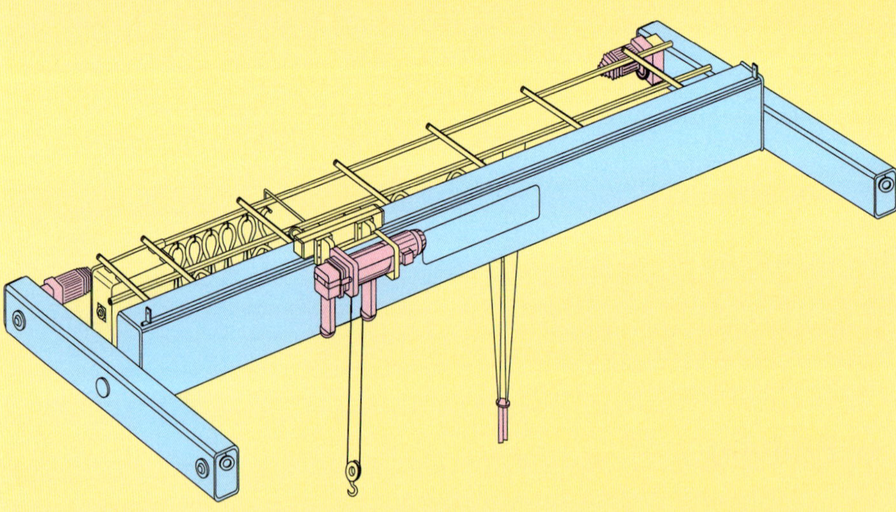

Sämtliche Verfahrbewegungen erfolgen im Tippbetrieb.

Entwickeln Sie das Bedienteil des Laufkrans.

Erstellen Sie die Symboltabelle.

Entwickeln Sie das SPS-Programm für den Laufkran.

Erstellen Sie eine Checkliste für den Programmtest.

Schreiben Sie eine Bedienungsanleitung für den Nutzer der Laufkatze.

Beschreiben Sie Ihrer Vorgehensweise bei der Inbetriebnahme.

@ Interessante Links

- christiani-berufskolleg.de

Ablaufsteuerungen

Steuerungen mit *schrittweiser Abfolge* von *Aktionen* sind **Ablaufsteuerungen** oder **Schrittsteuerungen**. Solche Steuerungen haben eine „eingebaute Verriegelung", da i. Allg. immer nur *ein* Steuerungsschritt aktiv sein kann. Der Übergang auf den Folgeschritt wird durch **Transitionen** gesteuert.

Annahme: Schritt 12 aktiv, Transition B1 = 1
Es wird dann nur der Übergang von Schritt 12 nach Schritt 13 erfolgen (Bild 9).
Die ebenfalls erfüllte Transition nach Schritt 14 hat keinen Einfluss. Dies ist mit „eingebauter Verriegelung" der Ablaufsteuerung gemeint.

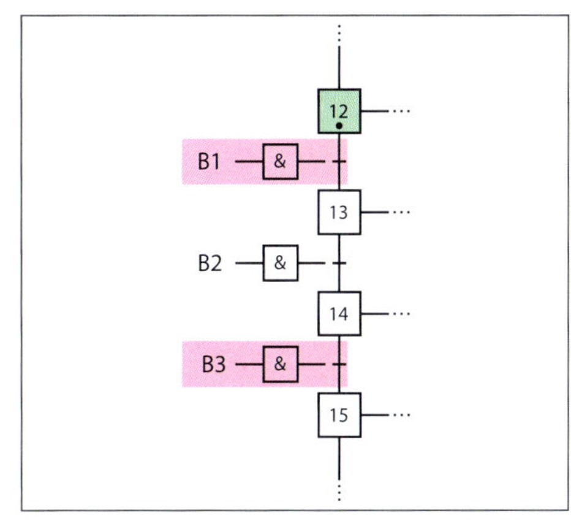

9 Ablaufsteuerung, Ausschnitt

■ **Ablaufsteuerungen**
ermöglichen es, umfangreiche Steuerungsaufgaben in kleine überschaubare Einheiten zu zerlegen.

■ **Wirkverbindung**
Schritte und Transitionen werden durch Wirkverbindungen miteinander verbunden.
Wenn nichts anderes (durch einen Pfeil) angegeben ist, dann gilt: Wirkrichtung von oben nach unten bzw. von links nach rechts.

■ **Transitionsbedingung**
engl.: transition condition
Wenn die Transitionsbedingung „1" ist, dann ist die Transition erfüllt.
Man spricht auch von TRUE und FALSE.
TRUE: „1"
FALSE: „0"
TRUE und FALSE sind boolesche Zustände.

Darstellung von Schritten

DIN 40719-6	GRAFCET	FUP	Erläuterung
1, T1, &	1, T1	step1, impuls, ≥1, SR, stepx, &, S, Tx, step2, R Q	Initialisierungsschritt
5, T5, &	5, T5	step5, step4, &, SR, T4, S, step6, R Q	Steuerungsschritt
		→ 277	Einschließender Schritt, er beinhaltet andere Schritte, die eingeschlossene Schritte heißen.
	M	→ 277	Makroschritt, eine Expansion zeigt die Feinstruktur der Schritte.

Mischstation als Ablaufsteuerung

Das Steuerungsprogramm für den Kessel soll in Form einer *Ablaufsteuerung* erstellt werden.

Startmerker
- ZULAUF_1 öffnen

Niveau 2 erreicht
- ZULAUF_1 schließen
- ZULAUF_2 öffnen
- RUEHRWERK einschalten

Niveau 3 erreicht
- ZULAUF_2 schließen
- HEIZUNG einschalten

Temperatur erreicht
- HEIZUNG ausschalten
- ABLAUF öffnen

Niveau 1 unterschritten
- RUEHRWERK ausschalten
- ABLAUF schließen

■ **Mischstation**
→ 269

Darstellung von Transitionen

DIN 40719-6	GRAFCET	FUP	Erläuterung
a, b (negiert) → & → Transition zwischen Schritt 7 und 8	7, 8, $a \cdot \bar{b}$	step7, a, b (negiert) → & → SR (S); step9 → R; Q; step8	**GRAFCET** • UND-Funktion ‾ Negation
a (negiert), b → ≥1 → Transition zwischen Schritt 7 und 8	7, 8, $a + \bar{b}$	a (negiert), b → ≥1; step7 → & → SR (S); step9 → R; Q; step8	**GRAFCET** + ODER-Funktion ‾ Negation

Hinweise

UND vor ODER, ansonsten in GRAFCET mit Klammern arbeiten.

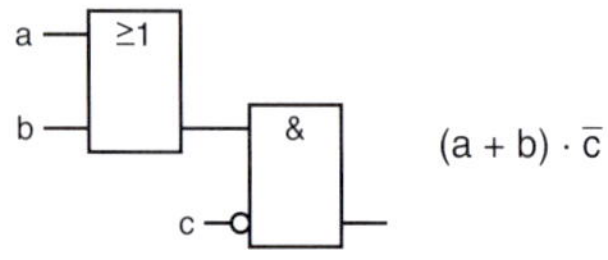

$(a + b) \cdot \bar{c}$

Ohne Klammern würde sich die folgende Funktion ergeben:

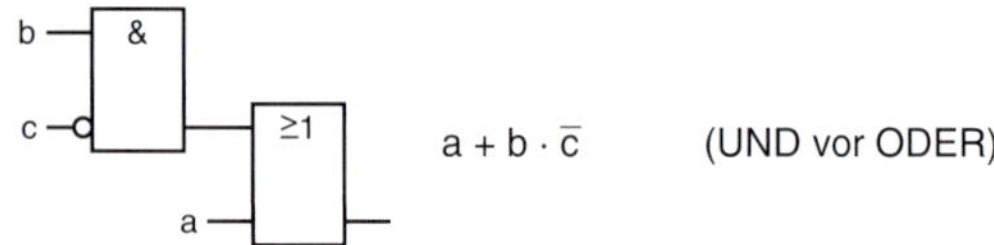

$a + b \cdot \bar{c}$ (UND vor ODER)

Kombination von Bestimmungszeichen

Bezeichnung	Makrodarstellung	FUP
SC	X6 – SC | AKT_1 (a)	X6 → S; ··· → R; Q & a → AKT_1
CS	X6 – CS | AKT_1 (a)	X6 & a → S; ··· → R; Q → AKT_1
SD	X6 – SD | AKT_1 *t*=60s	X6 → S; ··· → R; Q → *t* 0 60s → AKT_1
DS	X6 – DS | AKT_1 *t*=60s	X6 → *t* 0 60s → S; ··· → R; Q → AKT_1

Darstellung von Befehlen

DIN 40719-6	Signal-Zeit-Diagramm	FUP	GRAFCET	Erläuterung
6 – N AKT_1 Bestimmungszeichen N	step6 AKT_1	step6 – & – AKT_1	6 – AKT_1 Kontinuierlich wirkende Aktion	Aktion hat kein Speicherverhalten. Nur aktiv, wenn Schritt aktiv.
6 – C AKT_1 (a) Bestimmungszeichen C	step6 a AKT_1	step6, a – & – AKT_1	6 – AKT_1 (a) Aktion mit Zuweisungsbedingung	Aktion hat kein Speicherverhalten. Nur aktiv, wenn Schritt aktiv und Bedingung a = „1“.
6 – D AKT_1 *t*=5s Bestimmungszeichen D	step6 AKT_1 *t*	step6 – *t* 0 5s – AKT_1	5s/X6 6 – AKT_1 Zeitverzögert wirkende Aktion X6: Schrittmerker	Aktion hat kein Speicherverhalten. Wird um die angegebene Zeit verspätet nach Aktivierung des Schrittes ausgeführt. Einschaltverzögerung.
6 – L AKT_1 *t*=5s Bestimmungszeichen L	step6 AKT_1 *t*	step6 – *t* 0 5s – & – AKT_1	$\overline{5s/X6}$ 6 – AKT_1	Aktion hat kein Speicherverhalten. Nach Schrittaktivierung wird die Aktion die angegebene Zeit lang ausgeführt.
6 – S AKT_1 Bestimmungszeichen S 8 – R AKT_1 Bestimmungszeichen R	step6 step8 AKT_1	SR step6 – S step8 – R Q – AKT_1	6 – AKT_1 :=1 Aktion bei Aktivierung des Schrittes 8 – AKT_1 :=0	Gespeicherte Aktion bei Schrittaktivierung. Die Aktion kann über mehrere Schritte hinweg ausgeführt werden, bis sie deaktiviert wird.

Prüfung

1. Welche Vorteile haben Ablaufsteuerungen in Vergleich zu Verknüpfungssteuerungen?

2. Dargestellt ist eine Aktion in Makrostruktur.
Skizzieren Sie die Wirkung in Funktionsplandarstellung.

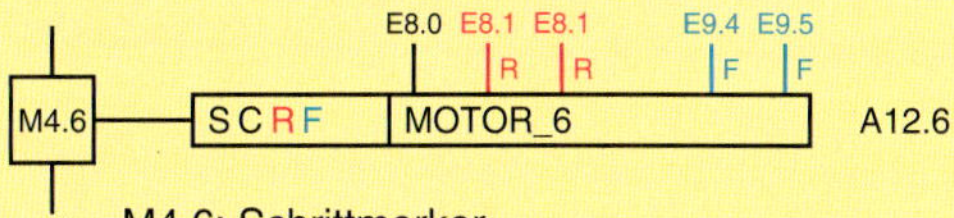

3. Wann kann ein Befehl mit dem Bestimmungszeichen L sinnvoll eingesetzt werden.

@ Interessante Links

- christiani-berufskolleg.de

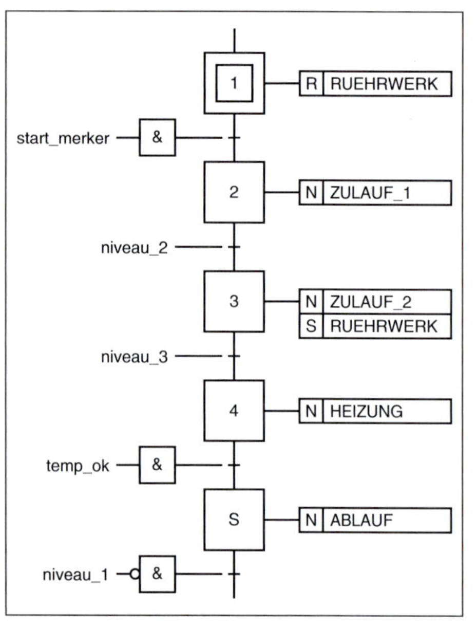

10 Mischstation, Ablaufkette

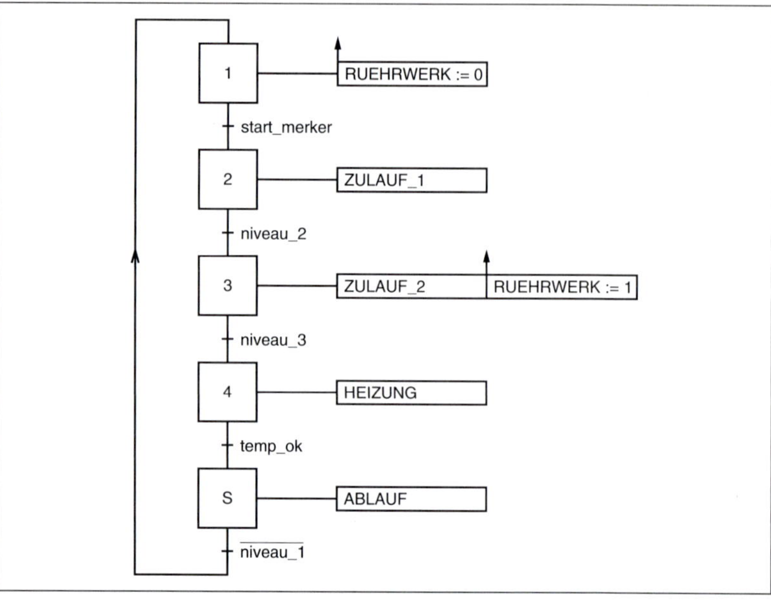

11 Mischstation, Darstellung in GRAFCET

■ **Zu Bild 10**
Man erkennt die Übersichtlichkeit der Ablaufsteuerung. Auch eine Flankenbildung ist nicht notwendig. Ablaufsteuerungen haben eine „eingebaute Verriegelung".

■ **alternativ**
entweder, oder

■ **simultan**
gleichzeitig

12 Alternativverzweigung

13 Alternativverzweigung in GRAFCET

Strukturen von Ablaufsteuerungen

Lineare Ablaufsteuerung

Ein Beispiel hierfür ist die Steuerung der Mischstation. Schritt folgt auf Schritt.

Sämtliche Schritte werden in der angegebenen Reihenfolge durchlaufen. Nach dem letzten Schritt folgt wieder der erste Schritt.

Alternativverzweigung (Bild 12)

Nach Schritt 6 teilt sich die Ablaufsteuerung in drei *parallel verlaufende Zweige* auf. Bei jedem Kettendurchlauf wird *einer* der drei Zweige durchlaufen.

Welcher Zweig das ist, hängt von den *Transionen* T1, T2 und T3 ab.

Hinweise

- Der Schritt 6 hat drei mögliche Nachfolger: Schritt 7, Schritt 10, Schritt 12.
- Der Schritt 12 hat drei mögliche Vorgänger: Schritt 9, Schritt 11, Schritt 12.

Simultanverzweigung (Bild 14, Seite 279)

Bei der Simultanverzweigung werden die parallelen Zweige *gleichzeitig* durchlaufen. Erst wenn *alle* letzten Schritte der Zweige aktiv sind, kann T4 den Schritt 11 aktivieren.

Darstellung von Aktionen (Befehlen)

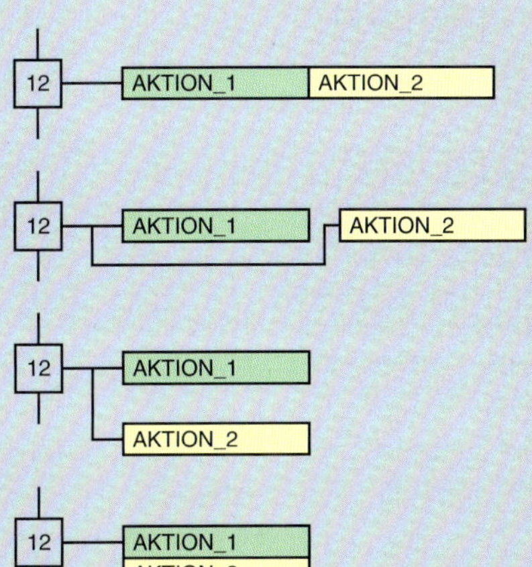

Wenn ein Steuerungsschritt *mehrere Aktionen* hat, sind unterschiedliche Darstellungen möglich.

Dabei sind alle Varianten gleichwertig.

Einschließender Schritt

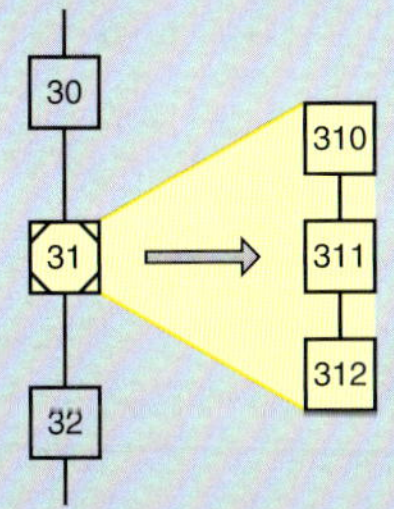

Dieser Schritt umfasst weitere Schritte, die so lange ausgeführt werden, wie der einschließende Schritt aktiviert ist.

Makroschritt

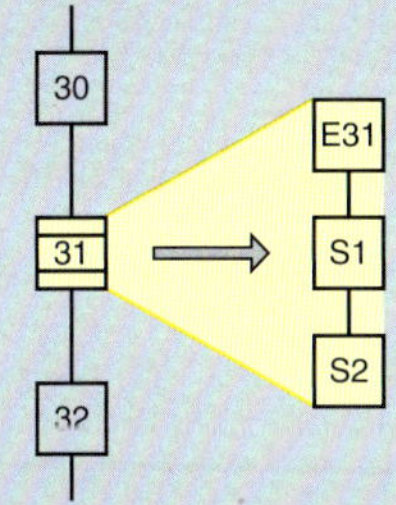

Der Makroschritt wird solange aktiv bleiben, bis die beinhalteten Schritte abgearbeitet wurden.

Die beinhalteten Schritte beginnen mit E und enden mit S vor der Schrittnummer.

16

AKTION_1	1R
AKTION_2	2R
AKTION_3	3R

16.3R

17

16 . 3 R
- Befehl wurde ausgeführt
- 3. Befehl am Schritt
- Befehl an Schritt 16

Befehlsfreigabe

Wenn eine bedingte Aktion von mehr als einer Bedingung abhängt, werden unterschiedliche Bestimmungszeichen verwendet.

N: Nicht gespeichert, nicht freigabebedingt
F: Freigabebedingt
R: Rücksetzen

Befehlsdarstellung in Makrostruktur

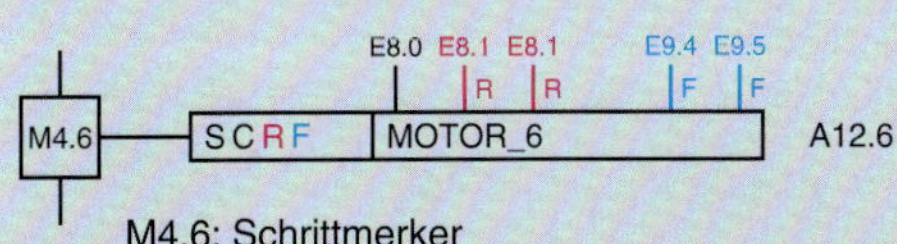

M4.6: Schrittmerker

Befehlsdarstellung als Funktionsplan

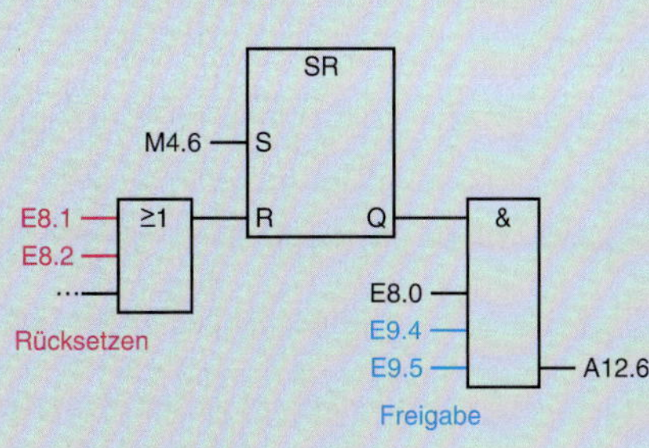

■ **Freigabe**

Freigabe ist ein eindeutig definierter Begriff (wie auch Rücksetzen).
Wenn die Freigabe entzogen wird, dann wird der Befehl nicht mehr ausgegeben.
Ein Befehlsspeicher bleibt gesetzt.
Wird die Freigabe wieder erteilt, wird der Befehl wieder ausgegeben.

Freigabe: UND-Funktion direkt vor dem Befehlsausgang.

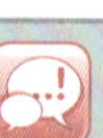

Befehlsrückmeldung

Es ist ein Unterschied, ob ein Befehl *ausgegeben* oder *ausgeführt* wird.
Es gelten folgende *Bestimmungszeichen*:

A: Befehl ausgegeben
B: Befehl ausgeführt (response control)
X: Befehlswirkung nicht erreicht (Störung)

Befehl wurde ausgegeben (A)

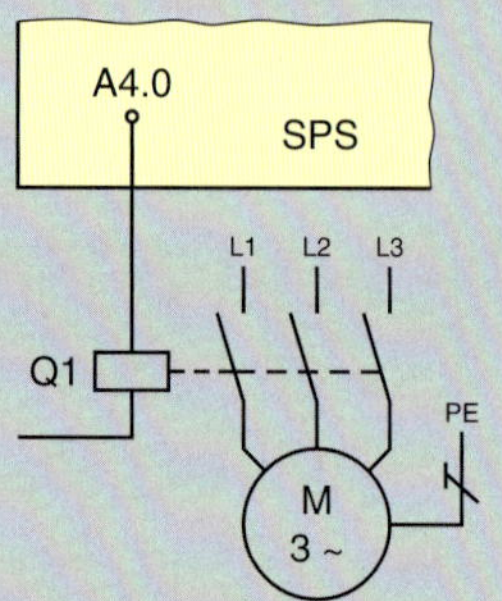

Der SPS-Ausgang hat den Signalzustand „1“ angenommen. Das angeschlossene Hauptschütz hat angezogen.

Der Motor *sollte* in Betrieb sein.

Die Abfrage des SPS-Ausgangs auf „1“ bietet *nicht* die Gewähr, dass die Aktion *tatsächlich* ausgeführt wird.

Das Schütz kann defekt sein, der Motorschutz kann angesprochen haben.

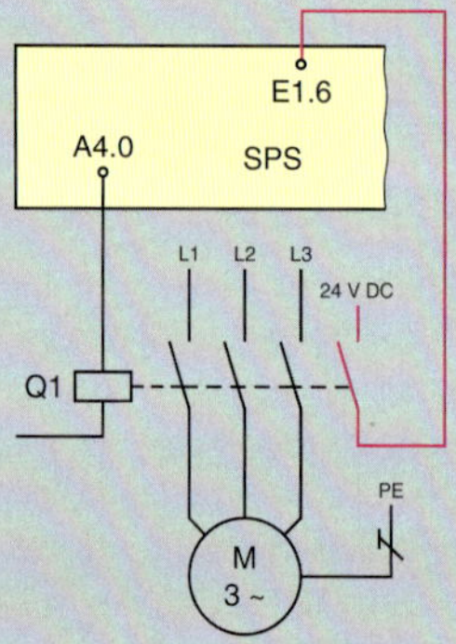

Rückmeldung an einen SPS-Eingang, dass Q1 angezogen hat.

Schon etwas besser, aber immer noch keine echte Befehlsrückmeldung.

Befehl wurde ausgeführt (R)

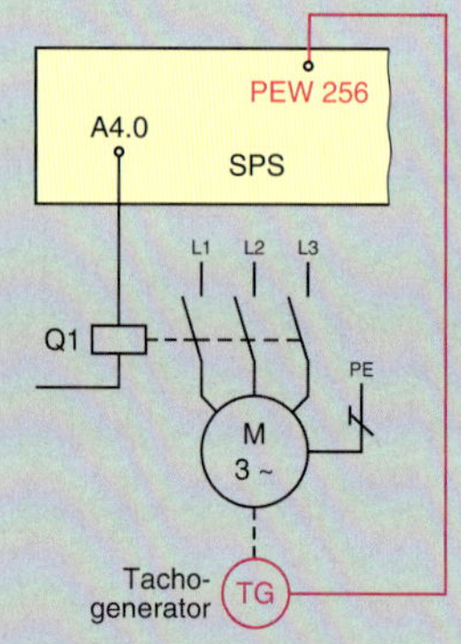

Die beabsichtigte Aktion im Steuerungsprozess hat stattgefunden. Der Motor arbeitet, was der SPS mithilfe eines Tachogenerators rückgemeldet werden kann.

Befehlswirkung nicht erreicht (X)

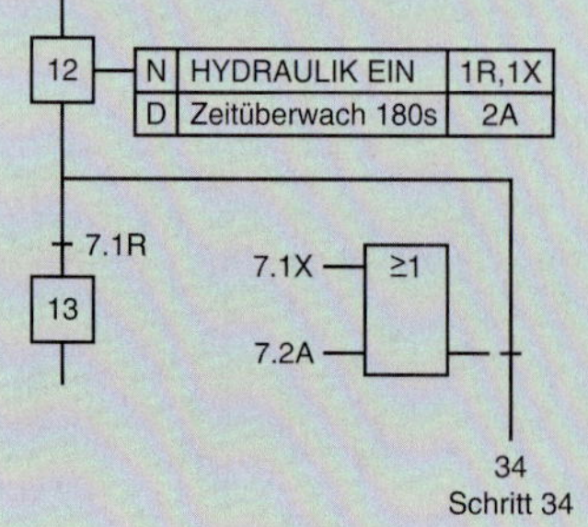

Die beabsichtigte Aktion im Steuerungsprozess hat *nicht* stattgefunden. Es liegt eine *Störung* vor, eine *Störungsbehandlung* wird automatisch eingeleitet.

Nach Ausführung des 1. Befehls am 12. Schritt erfolgt der Übergang auf den 13. Schritt.

Die Befehlsausführung wird überwacht (1R), die eventuelle Störungsbehandlung beginnt bei Schritt 20 (1X).

Außerdem ist im 2. Befehl des 12. Schritts eine Zeitüberwachung (2A) vorgesehen.

■ **Hinweis**

Die Ausgabe eines Befehls bedeutet nicht zwingend, dass die gewünschte Befehlswirkung auch erreicht wird.
An der Erzielung der Befehlswirkung sind mehr technische Systeme als nur nur die SPS beteiligt.

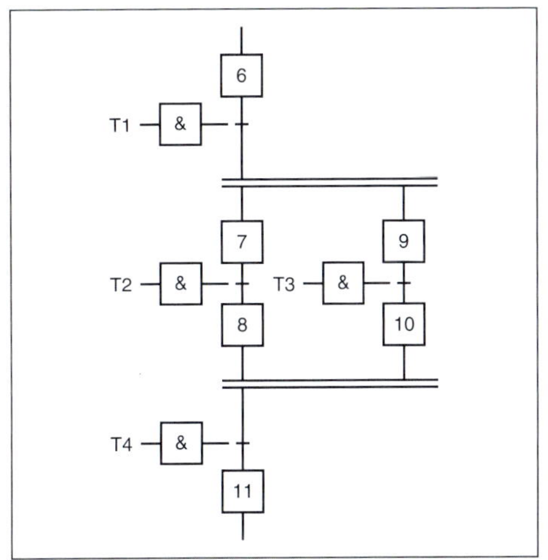

14 Simultanverzweigung

Hinweise

- Der Schritt 6 hat zwei (gleichzeitige) Nachfolger: Schritt 7 und Schritt 9.
- Der Schritt 11 hat zwei (gleichzeitige) Vorgänger: Schritt 8 und Schritt 10.

Programmsprung

Faktisch handelt es sich um eine *Alternativverzweigung*, bei der ein Zweig keine Schritte enthält.
Beim Programmsprung können Schritte der Ablaufkette bedingungsgesteuert übersprungen werden.

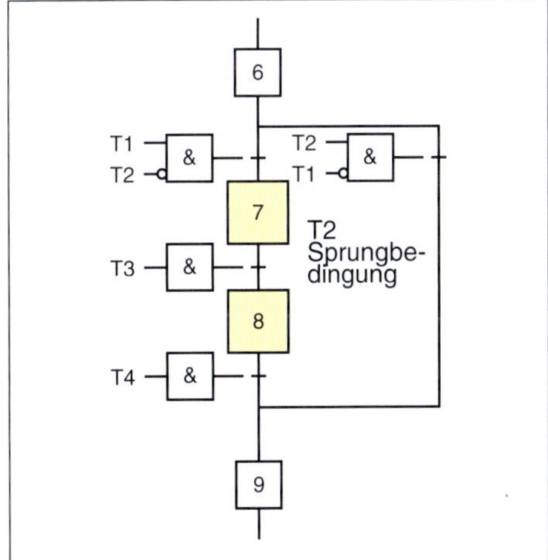

15 Programmsprung

Der *6. Schritt* hat *zwei* mögliche *Nachfolger*:

- Sprungbedingung T2 = „0“: Schritt 7,
- Sprungbedingung T2 = „1“: Schritt 9.

Der *Schritt 9* hat *zwei* mögliche *Vorgänger*:

- Schritt 8 ohne Sprung
- Schritt 6 mit Sprung

Programmschleife

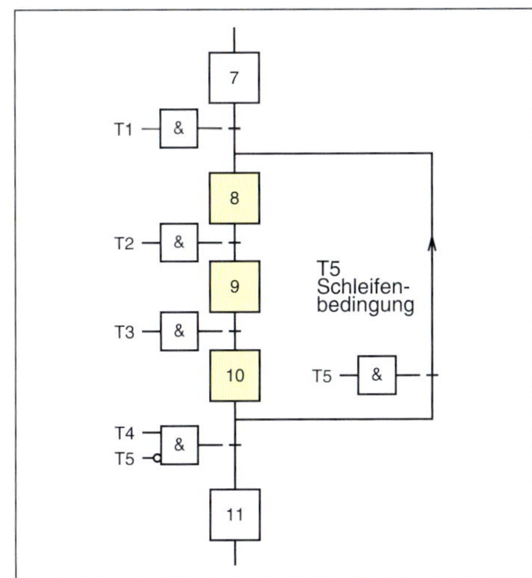

16 Programmschleife

Schritte in der Ablaufkette können *bedingungsgesteuert* beliebig oft *wiederholt* werden.

Die Schleife (Bild 16) besteht aus den Schritten 8, 9 und 10.

Wenn die *Schleifenbedingung* T5 den Signalzustand „1“ hat, folgt auf Schritt 10 wieder Schritt 8. Dies gilt, solange T5 = „1“.

Wenn T5 = „0“, kann die Schleife in Richtung Schritt 11 verlassen werden.

Hinweise

- Schritt 10 hat zwei mögliche Nachfolger: Schritt 8 (bei T5 = „1“) und Schritt 11 (bei T5 = „0“).
- Schritt 8 hat zwei mögliche Vorgänger: Schritt 7 und Schritt 10.

Prüfung

1. Welche wesentlichen Vorteile hat die Ablaufsteuerung?

2. Jede Ablaufsteuerung benötigt einen Initialisierungsschritt.
Welche Aufgabe hat der Initialisierungsschritt?

3. Was bedeutet die dargestellte Grafik?

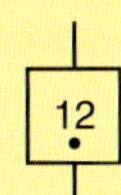

4. Welche Aufgabe hat die Transition bei einer Ablaufsteuerung?

Beachten Sie den Pfeil in Bild 16.
Die Wirkungsrichtung geht hier von unten nach oben (Schleife).

Ablaufsteuerung
sequence control

Sprung
jump

Schleife
loop

Befehl
instruction, command

Alternativverzweigung
alternative junction

Simultanverzweigung
simultaneous junction

Zeitgeführte Ablaufsteuerung
timed sequence control

Prozessgeführte Ablaufsteuerung
process dependent sequence control

@ Interessante Links

- christiani-berufskolleg.de

Prüfung

5. Unterschieden wird zwischen zeitgeführten und prozessgeführten Ablaufsteuerungen. Worin besteht der Unterschied?

6. Unterscheiden Sie zwischen Befehl und Aktion.

7. Um welchen Befehl handelt es sich?

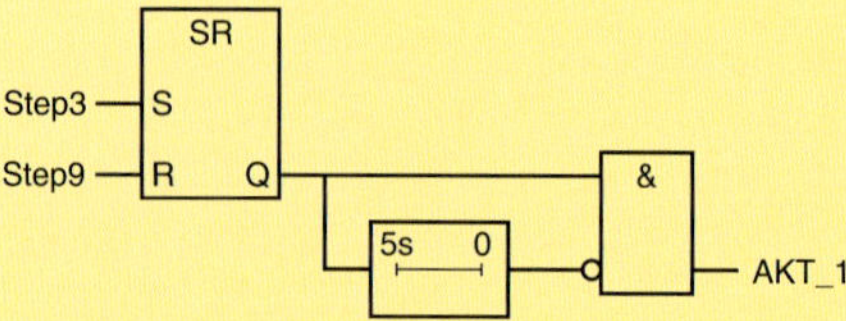

8. Dargestellt ist ein Befehl in Makrodarstellung.
Stellen Sie den Befehl als Funktionsplan dar.

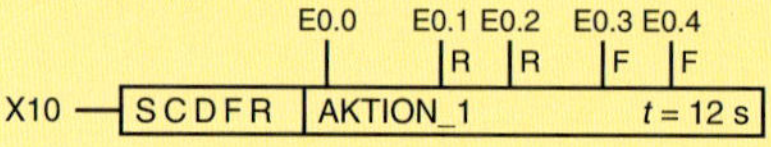

E0.0 E0.1 E0.2 E0.3 E0.4
R R F F
X10 S C D F R AKTION_1 t = 12 s

9. Worin besteht der Unterschied zwischen beiden Funktionsplänen?

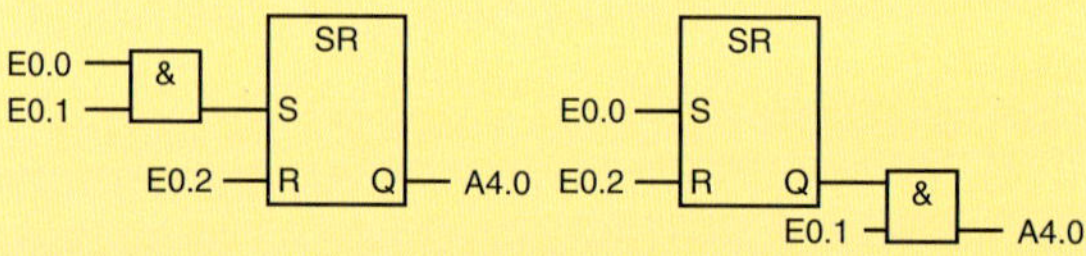

10. Erläutern Sie den Begriff Freigabe.

11. Nehmen Sie Stellung zu folgender Aussage:
Bei Ablaufsteuerungen kann zu einem bestimmten Zeitpunkt nur ein Schritt aktiv sein.

12. Transition in GRAFCET: $\overline{E0.0} + E0.1 \cdot E0.2 + \overline{E0.3}$.
Stellen Sie die Transition als Funktionsplan dar.

13. Stellen Sie die Transition in GRAFCET dar.

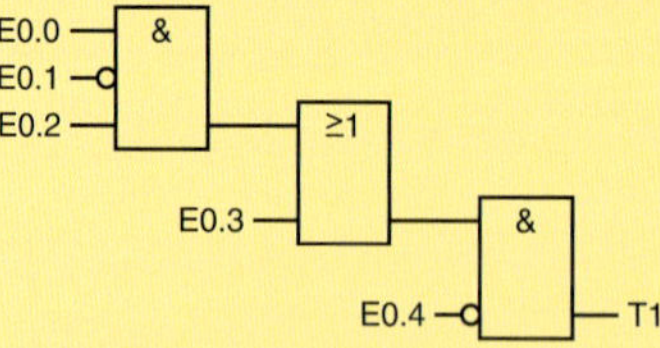

14. Um welche Darstellung handelt es sich?

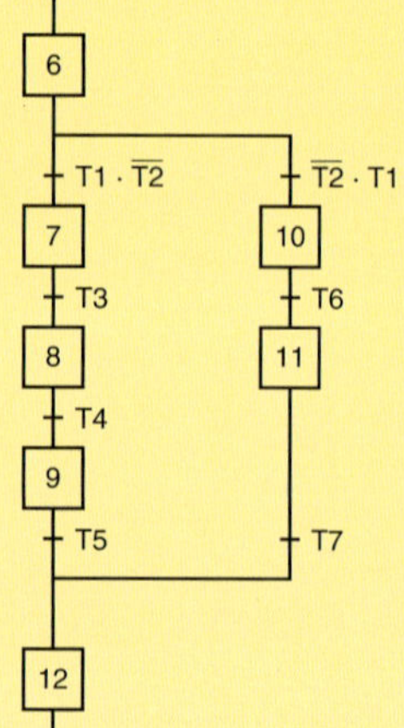

@ **Interessante Links**

- christiani-berufskolleg.de

Prüfung

15. Stellen Sie den Programmausschnitt als Funktionsplan dar.

16. Beschreiben Sie die Arbeitsweise des Steuerungsausschnitts.

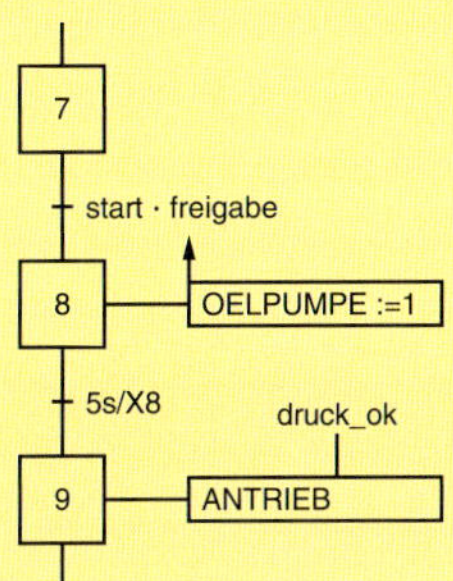

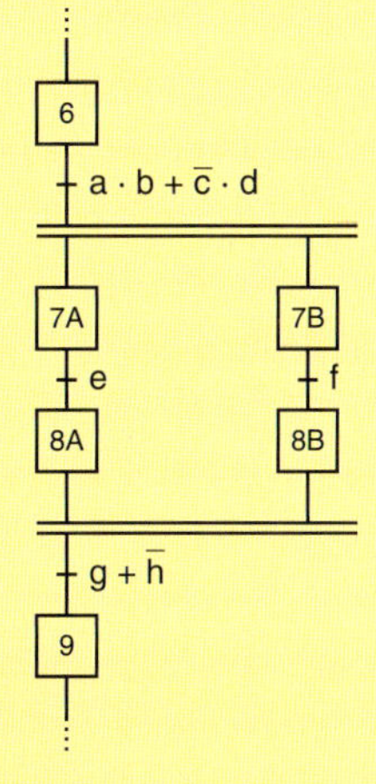

17. Bei der Programmierung von Ablaufsteuerungen werden Schrittmerker verwendet. Welche Anforderung ist an diese Schrittmerker zu stellen?

18. Das Programm Mischstation (Seite 269) ist wie folgt zu ändern.

- Es soll zusätzlich die Möglichkeit geschaffen werden, dass nur eine der beiden Flüssigkeiten eingefüllt (bis niveau_3) und aufgeheizt wird.
- Es soll die Möglichkeit geschaffen werden, dass der Mischvorgang der zwei Flüssigkeiten ohne Heizung stattfindet.

a) Erweitern Sie das Bedienpult um die notwendigen Elemente.
b) Ändern Sie das Steuerungsprogramm auf der Grundlage der Ablaufsteuerung.
c) Kalkulieren Sie den Auftrag (Arbeitsstunde netto 69,-- Euro).
d) Erstellen Sie die Nutzereinweisung in schriftlicher Form.

■ **Strukturiertes SPS-Programm**
besteht aus unterschiedlichen Bausteinen, deren Bearbeitungsreihenfolge durch den OB1 bestimmt wird.

@ Interessante Links
- christiani-berufskolleg.de

Strukturierte Programmierung

Ein *strukturiertes Programm* setzt sich aus *Bausteinen* zusammen, die vom *Hauptprogramm* (Organisationsbaustein OB1) aufgerufen werden.

Anwenderbausteine

- *Organisationsbausteine (OB)*
  OBs sind die Schnittstelle zwischen dem Anwenderprogramm und dem Betriebssystem der SPS. Der OB1 beinhaltet das Hauptprogramm. Andere OBs haben den Aufrufereignissen entsprechende Nummern.
  Der OB1 arbeitet das Steuerungsprogramm *zyklisch* ab. Er beinhaltet *Bausteinaufrufe*.

- *Funktionen (FC)*
  Funktionen beinhalten Programme, bei denen nur das Ergebnis benötigt wird. Funktionen haben daher keinen eigenen Datenspeicher; sie haben kein „Gedächtnis".
  Bei Aufruf liefern sie einen *Rückgabewert* an den aufrufenden Baustein. Wenn die Funktion verlassen wird, sind alle internen Daten verloren.

  Die Anwendung einer Funktion ist sinnvoll, wenn
  - keine Daten bis zum nächsten Aufruf der Funktion *intern gespeichert* werden müssen,
  - Signalzustände in den SPS-Operanden des Hauptprogramms (OB1) gespeichert werden.

- *Funktionsbausteine (FB)*
  Sie haben einen *eigenen Variablenspeicher*, der dem Aufruf des Funktionsbausteins zugeordnet ist. Diesen Speicher nennt man *Instanz-Datenbaustein* (Instanz-DB).

  Der FB wird dann eingesetzt, wenn
  - Daten für den nächsten Bausteinaufruf intern gespeichert werden müssen,
  - die Speicherung in SPS-Operanden nicht gewünscht wird.

Hauptprogramm
main program, master program

Funktion
function

Funktionsbaustein
function block

Instanz
entity

Strukturiertes Programm
structured program

Baustein
block

Bausteinaufruf
block call

Datenbaustein
data block

Datentyp
data typ

Temporäre Lokalvariable
temporary local variable

Statische Lokalvariable
static local variable

Strukturierte Programmierung

- *Datenbausteine (DB)*

Datenbausteine beinhalten die Daten des Anwenderprogramms.
Instanz-Datenbausteine speichern die Daten des zugeordneten Funktionsbausteins.
Global-Datenbausteine sind keinem speziellen Baustein zugeordnet. Ihre Daten stehen *allen* Bausteinen zur Verfügung.

Strukturiertes Programm

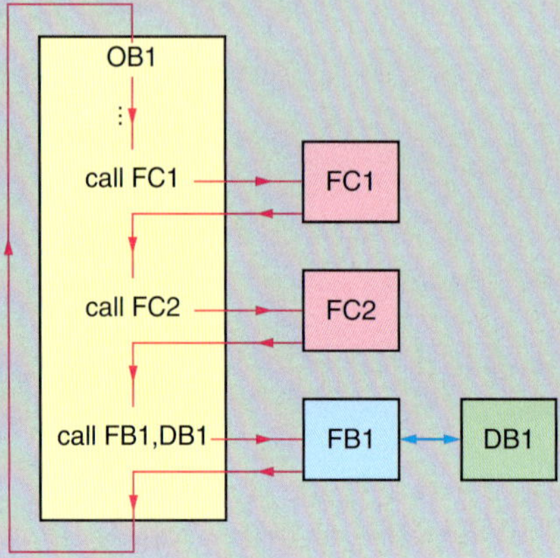

Merkmale eines *strukturierten Programms:*

- *Im OB1 (Hauptprogramm) nur Bausteinaufrufe (call...) verwenden.*
- *Teilaufgaben in Bausteinen (FB, FC) programmieren.*
- *Globale Variablen nur im OB1 verwenden.*
- *In Funktionen und Funktionsbausteinen nur lokale Variablen verwenden.*
- *In Funktionen und Funktionsbausteinen keine globalen Variablen wie Eingänge, Ausgänge, Merker, Zeitglieder und Zähler benutzen.*

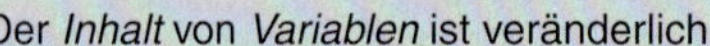

Sprachelemente, Datentypen und Variablen

Der *Inhalt* von *Variablen* ist veränderlich.

Variablen werden zur Speicherung und Verarbeitung von Informationen verwendet.
Die *Variableneigenschaften* werden durch den zugeordneten *Datentyp* bestimmt.
Er legt fest, welche Werte die Variable annehmen kann.

Benennung von Variablen

Variablen werden durch *Bezeichner* benannt.

Bezeichner müssen mit einem *Buchstaben* oder einem einzelnen *Unterstrich* (_) beginnen.
Danach dürfen Buchstaben, Ziffern und Unterstriche in beliebiger Reihenfolge verwendet werden.

Zum Beispiel:

startmerker
_startmerker
start_merker
PUMPE_06

Zu beachten ist die *Anzahl der Zeichen*, die beim jeweiligen Programmiersystem für Bezeichner zugelassen ist.
Wenn zum Beispiel 16 Zeichen zugelassen (signifikant) sind, dann können zum Beispiel die folgenden Variablen nicht voneinander unterschieden werden:

SPEISE_PUMPE_ABTEILUNG_4

SPEISE_PUMPE_ABTEILUNG_6

Sprachelemente, Datentypen und Variablen

Reservierte Schlüsselworte

Diese Schlüsselworte sind *vorgegeben* und dürfen nicht als Variablennamen verwendet werden. Man nennt sie *Standardbezeichner.*

Beispiele:

Sämtliche Operanden der Programmiersprache AWL
IF
VAR
THEN

Variablendeklaration

Deklaration bedeutet Erklärung.

Die *Variablendeklaration* „erklärt" dem Programm:

- *Wie die Variable heißt (Variablenname, symbolischer Name).*
- *Woher die Variable ihre Information bezieht (z. B. vom Eingang E1.0) oder wohin sie ihre Information liefern soll (z. B. an Ausgang A4.0).*
- *Wie viel Bit Speicherplatz das System für diese Variable reservieren soll (z. B. 1 Bit bei booleschen Variablen).*

Elementare Datentypen (Auswahl)

Schlüsselwort	Datentyp	Anzahl Bits pro Datenelement
BOOL	Boolesche Daten	1
INT	Integer, ganze Zahl	16
REAL	Reelle Zahl	32

Zu Beginn eines Programms steht ein *Deklarationsteil*, in dem die *Datentypen* der verwendeten Variablen festgelegt sind.
Dabei sind folgende *Schlüsselworte* von Bedeutung:

Schlüsselwort	Variablengebrauch
VAR	Innerhalb des Programms
VAR_INPUT	Von außen kommend, innerhalb des Programms nicht änderbar
VAR_OUTPUT	Nach außen geliefert
VAR_IN_OUT	Von außen kommend, innerhalb des Programms änderbar und nach außen geliefert
VAR_TEMP	Temporäre Lokaldaten, Betriebssystem stellt diese Daten bei jedem Aufruf eines Programms zur Verfügung
VAR_STAT	Statische Lokaldaten, Daten werden im Programm gespeichert und durch das Programm geändert

Beispiel Wendeschaltung

Im nachfolgenden Beispiel soll die Wendeschaltung als Funktion programmiert und im OB1 aufgerufen werden.

■ **Hinweis**

Beachten Sie die Instanzierung auf Seite 285.

Nicht wiederverwertbare Bausteine verwenden globale Variablen.

Strukturierte Programmierung am Beispiel der Wendeschaltung

z.B.

1. Eingangs- und Ausgangsvariablen der Funktion „WENDE“ festlegen.

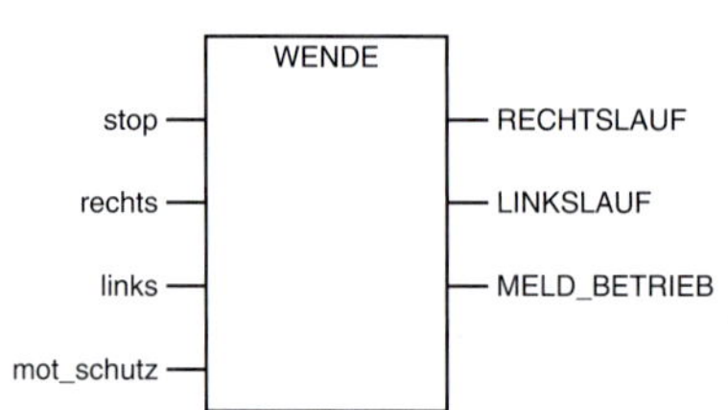

2. Variablen in der Symboltabelle als globale Variablen deklarieren.

Symbol	Adresse	Datentyp	Kommentar
stop	E0.0	BOOL	Stopptaster, NC
rechts	E0.1	BOOL	Rechtslauf, NO
links	E0.2	BOOL	Linkslauf, NO
mot_schutz	E0.3	BOOL	Motorschutz, NO
RECHTSLAUF	A4.0	BOOL	Motor im Rechtslauf
LINKSLAUF	A4.1	BOOL	Motor im Linkslauf
MELD_BETRIEB	A4.2	BOOL	Meldelampe Motor läuft

3. Steuerungsprogramm erstellen (FC1, WENDE):

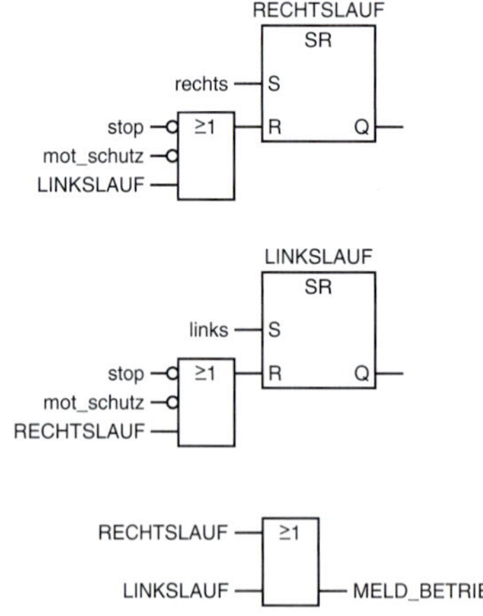

4. Steuerungsprogramm im OB1 aufrufen:

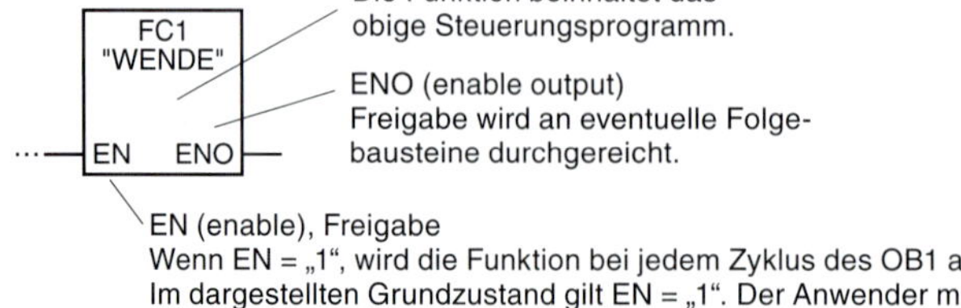

Instanzierung

Beachten Sie das Beispiel auf Seite 284.

Diese Art der Programmierung entspricht den Vorgaben des *Strukturierten Programms*.

Die Variablen wurden *global* in der *Symboltabelle* deklariert.

Wenn ein umfangreiches Projekt *mehrere* Wendeschaltungen umfasst, dann muss der oben beschriebene Vorgang ständig wiederholt werden.

Das ist zwar möglich, aber nicht wirtschaftlich. Besser wäre es, wenn die Funktion „WENDE" *unbegrenzt oft* für *unterschiedliche Aufgaben* verwendbar wäre.

Dies ist möglich. Man spricht dann von **Instanz** oder **Instanzierung**. Das Grundprinzip ist jedem Techniker bekannt. Es wird beim Rechnen mit Formeln ständig (aber vermutlich unbewusst) angewendet.

Formel: $P = \sqrt{3} \cdot U \cdot I \cdot \cos \varphi$

Bei der praktischen Arbeit wird diese Formel nicht vor jedem Gebrauch *neu entwickelt*, sondern z. B. der Formelsammlung entnommen.

Jede *neue* Leistungsberechnung bildet eine weitere *Instanz* dieser Formel. Die Anzahl der möglichen Instanzen ist unbegrenzt.

Vorgehensweise

1. Formelzeichen festlegen

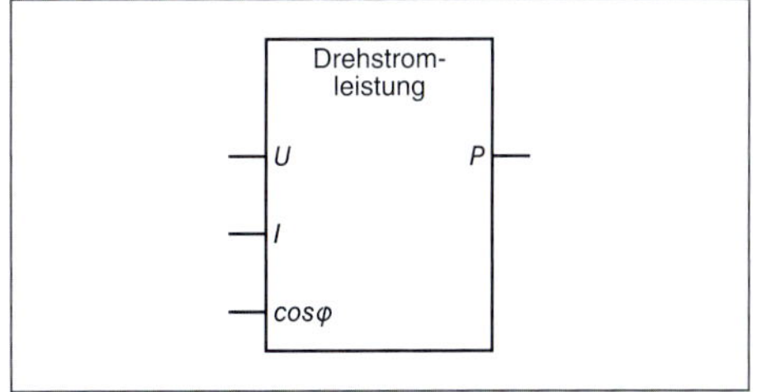

17 Bestimmung der Formelzeichen

Eingangsvariablen sind die Formelzeichen *U*, *I* und cos *φ*.

Ausgangsvariable ist das Formelzeichen *P*.

Alle zusammen nennt man *Formelzeichen*. In der Steuerungstechnik spricht man von **Formalparametern**.

Ebenso wie die Formelzeichen bleiben die Formalparameter *unverändert*.

2. Programm schreiben

Das Programm ist hier die Rechenvorschrift
$P = \sqrt{3} \cdot U \cdot I \cdot \cos \varphi$.

3. Erste konkrete Aufgabe bearbeiten (1. Instanz bilden)

Das Ergebnis ist in Bild 18 dargestellt.

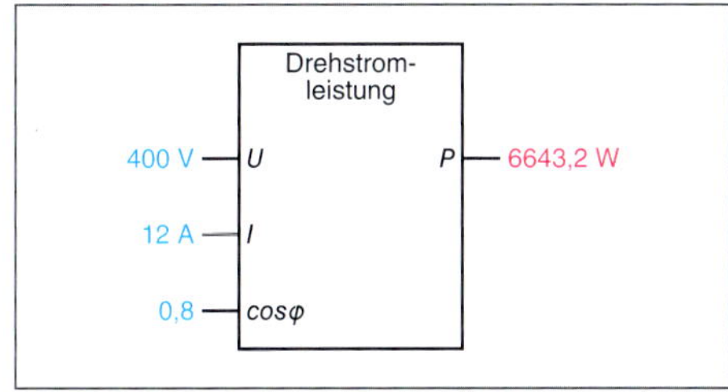

18 1. Instanz zur Berechnung der Leistung

4. Zweite konkrete Aufgabe bearbeiten (2. Instanz bilden)

Das Ergebnis ist in Bild 19 dargestellt.

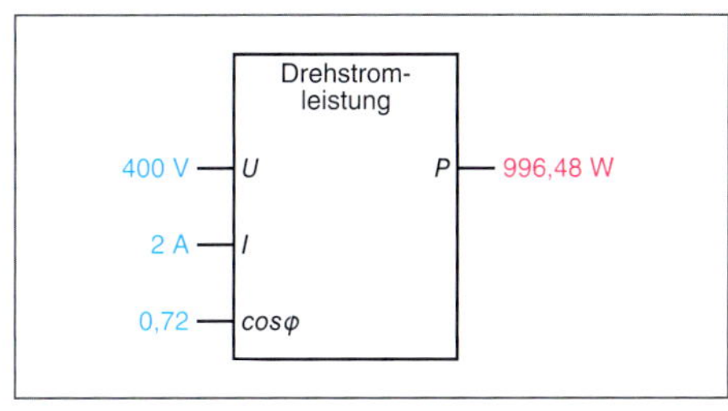

19 2. Instanz zur Berechnung der Leistung

Dieser Vorgang lässt sich nun beliebig oft fortsetzen.

Die den **Formalparamtern** (den Formelzeichen) übergebenen Werte nennt man **Aktualparameter** (aktuelle Parameter). Auch das Ergebnis für die Leistung ist ein Aktualparameter.

Aktualparameter können bei jeder Instanz *unterschiedlich* sein. Das ist sogar der Regelfall.

Diese Grundüberlegungen werden nun auf die SPS-Programmierung übertragen.
Als Beispiel wird wieder die *Wendeschaltung* verwendet.

1. Formalparameter festlegen

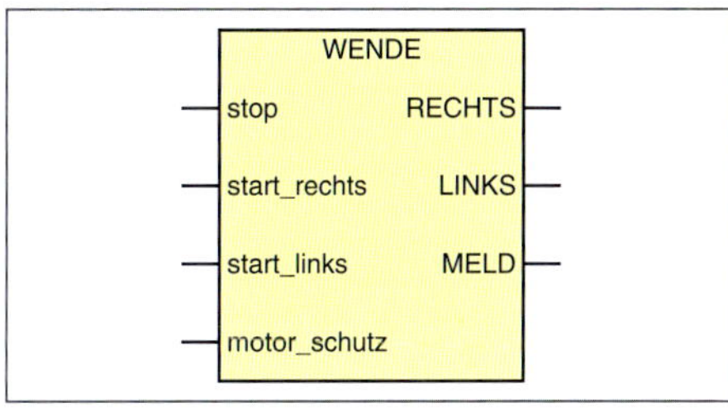

20 Formalparameter der Wendeschaltung

Die *Formalparameter* gehören *nur zum Baustein* (nur zur Funktion).

Sie werden im Baustein *deklariert* und nicht in der Symboltabelle.

Man spricht dann von **lokalen Variablen**.

■ **Formalparameter**
sind Platzhalter für die Aktualparameter. So wie bei einer Formel die Formelzeichen Platzhalter für die aktuellen Berechnungswerte sind.

Wiederverwertbare Bausteine verwenden lokale Variablen.

Links sind die **Eingabevariablen** (Input, **IN**) und rechts die **Augabevariablen** (Output, **OUT**) dargestellt (Bild 20).

Dies ist bei der **Deklaration** zu beachten.

IN

stop	BOOL
start_rechts	BOOL
start_links	BOOL
motor_schutz	BOOL

OUT

RECHTS	BOOL
LINKS	BOOL
MELD	BOOL

2. Steuerungsprogramm erstellen

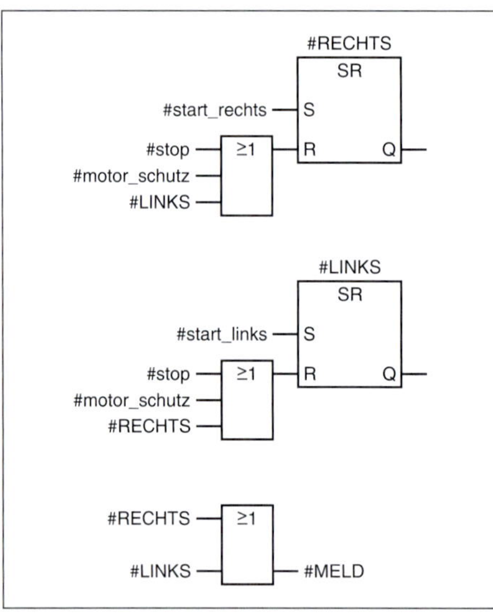

21 Steuerungsprogramm Wendeschaltung

Hinweise

- Lokale Variablen sind am vorgesetzten # zu erkennen.
  Globale Variablen werden in Anführungszeichen " gesetzt.
- Auf die Negationen im Bausteininneren wird verzichtet.
  Sie werden bei Angabe der Aktualparameter berücksichtigt.

3. Instanzbildung im OB1

Bei Aufruf der Funktion im OB1 erscheint die Darstellung mit den *Formalparametern* (Bild 22).

Dies entspricht der mathematischen Formel, die für eine unbegenzte Anzahl von Berechnungen unverändert eingesetzt werden kann.

■ **Instanzierung**

ist eine wesentliche Voraussetzung zur Erstellung wirtschaftlicher Programmierung. Standardprobleme müssen nur einmal programmiert (und geladen) werden, um dann unbegrenzt oft in Steuerungsprogramme eingebunden werden zu können.

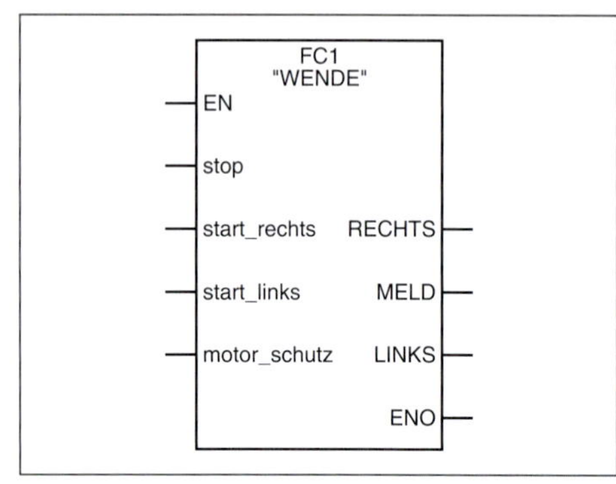

22 Aufruf der Funktion im OB1

4. Deklaration der Aktualparameter

Die Aktualparameter werden in der Symboltabelle deklariert. Sie müssen nämlich Zugriff auf die SPS-Hardware (E, A) nehmen können.

Für die erste Instanz

halt	E0.0	BOOL
mot_rechts	E.01	BOOL
mot_links	E.02	BOOL
mot_schutz_1	E.03	BOOL
RECHTSLAUF	A4.0	BOOL
LINKSLAUF	A4.1	BOOL
BETRIEB_MOT_1	A4.2	BOOL

Für die zweite Instanz

halt	E0.0	BOOL
vorwärts	E.04	BOOL
rueckwärts	E.05	BOOL
mot_schutz_2	E.06	BOOL
VOR	A4.3	BOOL
ZURUECK	A4.4	BOOL
(keine Meldung)	–	

5. Erste Instanz mit Aktualparametern versehen

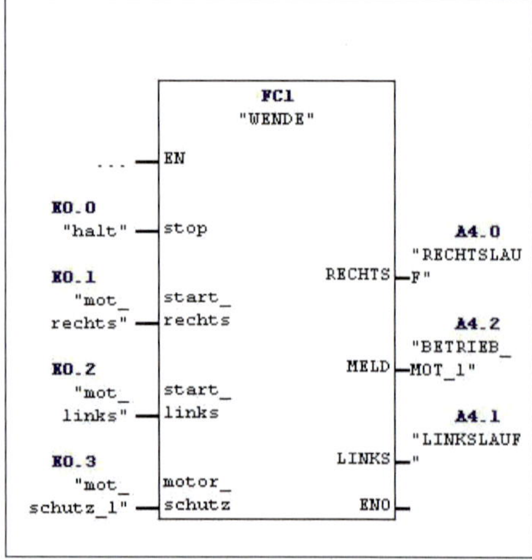

23 Aktualparameter der 1. Instanz

6. Zweite Instanz mit Aktualparametern versehen

Hier wird keine Meldung benötigt.

Der Ausgang MELD benötigt dennoch einen Aktualparameter. Ihm wird daher der Merker M110.0 zugewiesen, der im gesamten Projekt keine Verwendung findet.

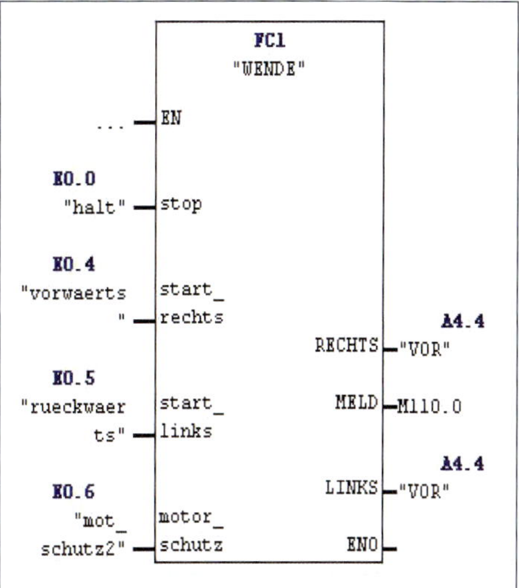

24 Aktualparameter der 2. Instanz

Beim *Test* des Programms stellt sich heraus, dass nur *eine* Instanz einwandfrei arbeitet.

Das ist aber auch nicht verwunderlich, da *jede Instanz* einen *eigenen* Speicher für die Speicherung ihrer Ergebnisse benötigt. Eine *Funktion* hat aber *keinen* eigenen Speicher. Sie hat kein „Gedächtnis".

Das *Prinzip der Instanzierung* ist schon korrekt beschrieben. Als Baustein ist aber ein **Funktionsbaustein FB** zu verwenden, der bei jedem Aufruf (bei jeder Instanz) einen **Instanz-Datenbaustein** zur Ergebnissicherung hat.

Funktionsbaustein anlegen

Beim Einfügen FB statt FC wählen.
Deklaration und Programm wie bei der FC-Erstellung.
Im OB1 werden 2 Instanzen des erstellten FB aufgerufen.

1. Instanz:
   FB1 "WENDE", Instanzdatenbaustein DB1
2. Instanz:
   FB1 "WENDE", Instanzdatenbaustein DB2

Die Programmfunktion ist nun einwandfrei, da jede Instanz ihren eigenen **Datenbaustein** hat. Bei Verwendung von FBs ist die *Instanzierung* beliebig oft möglich.

Datenbaustein DB erzeugen

Instanz-Datenbausteine werden beim Aufruf des Funktionsbausteins *automatisch* gebildet, weil die *Variablendeklaration* feststeht.

Wenn im Funktionsbaustein eine Änderung vorgenommen wird, muss der Instanz-DB gelöscht und neu erzeugt werden.

Im Instanz-DB stehen die Daten der **statischen Lokaldaten**. *Statisch* beschreibt hier die Eigenschaft, dass diese Daten über den aktuellen Bausteinaufruf hinaus gespeichert werden.

Global-Datenbausteine enthalten Informationen, die von *allen Bausteinen* genutzt werden können. Diese Datenbausteine muss der Anwender programmieren.

■ **Funktionsbausteine**

speichert seine Lokaldaten vom Typ STAT im zugeordneten Instanz-Datenbaustein.

Bei Aufruf eines Funktionsbausteins muss stets der Instanz-Datenbaustein angegeben werden.

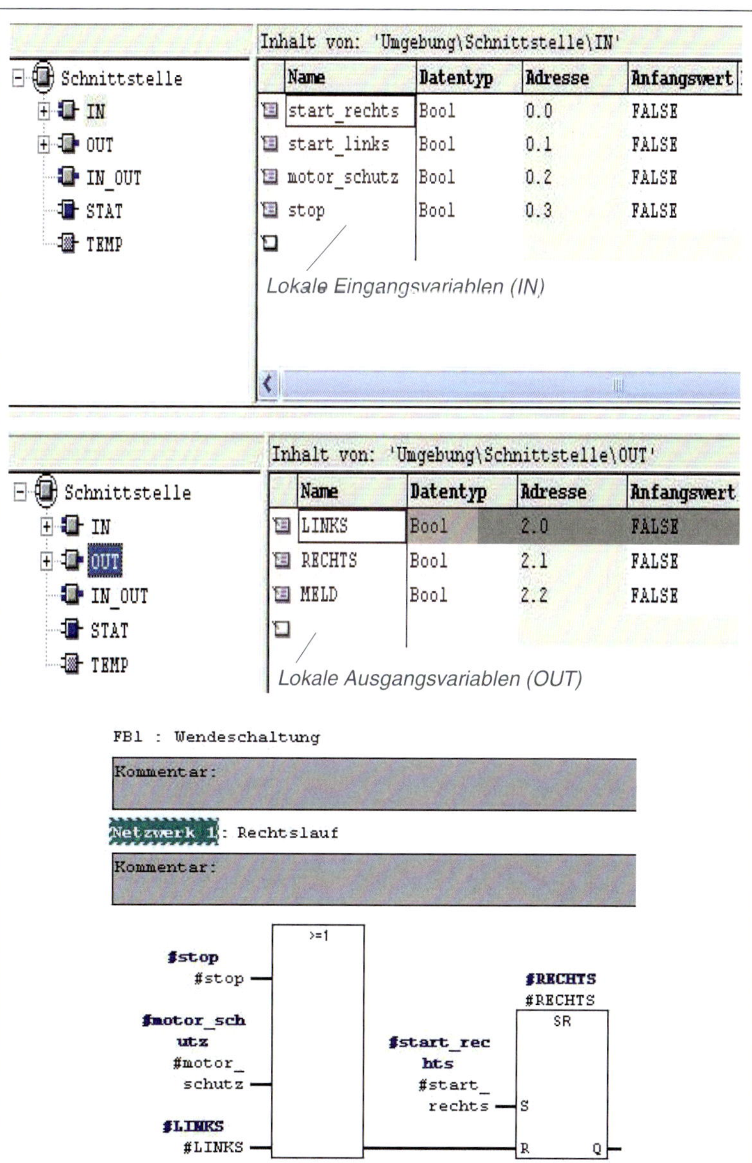

25 Funktionsbaustein erstellen, Deklaration der lokalen Variablen, Programm

■ **Quelldateien**

können jederzeit gespeichert werden. Sie müssen dazu nicht zwingend fehlerfrei sein.

Quellorientierte Programmierung

Bei der *quellorientierten Programmierung* werden die erstellten *Quellen* im Behälter Quellen abgelegt. Die **AWL-Quelle** ist eine ASCII-Textdatei und kann mit einem beliebigen Texteditor erstellt werden.

Die *Quelldatei* kann zu jedem Zeitpunkt *gespeichert* werden, selbst wenn sie noch *fehlerhaft* ist. Erst nach *Übersetzung* der Quelle wird ein Baustein generiert, der im Behälter *Bausteine* zur Verfügung steht.

Der Funktionsbaustein „WENDE" (Seite 286) soll quellorientiert erstellt werden.

Eine Funktionsplanprogrammierung ist nicht möglich mit einem Texteditor. Deshalb wird die Quelle in AWL erstellt.

Zu beachten ist, dass jede Steueranweisung mit einem *Semikolon* (;) abgeschlossen werden muss.

1. Programm mit Texteditor erstellen

Grundlage der Programmierung ist der Funktionsplan auf Seite 286.

Name der Quelle: *wende_quelle.awl*

```
FUNCTION_BLOCK FB1

   var_input
      start_rechts    :  BOOL;
      start_links     :  BOOL;
      motor_schutz    :  BOOL;
      stop            :  BOOL;
   end_var

   var_output
      RECHTS          :  BOOL;
      LINKS           :  BOOL;
      MELD            :  BOOL;
   end_var

   begin

   //Rechtslauf des Motors
      U        start_rechts;
      S        RECHTS;
      O        stop;
      O        motor_schutz;
      O        LINKS;
      R        RECHTS;

   //Linkslauf des Motors
      U        start_links;
      S        LINKS;
      O        stop;
      O        motor_schutz;
      O        RECHTS;
      S        LINKS;

   //Meldung Betrieb
      O        RECHTS;
      O        LINKS;
      =        MELD;

END_FUNCTION_BLOCK
```

2. Simatic-Manager öffnen und Projekt anlegen

Behälter *Quellen* wählen

Einfügen → Externe Quelle

Die Quelle befindet sich nun im Quellen-Behälter.

Quelle öffnen

Quelle übersetzen

Wenn *0 Fehler, 0 Warnungen* angezeigt wird, ist die Quelle erfolgreich übersetzt und steht als Baustein FB1 im Baustein-Behälter zur Verfügung.

Ansonsten ist eine Fehlersuche notwendig, da eine fehlerhafte Quelle nicht übersetzt werden kann.

Hinweise

Der Funktionsbaustein wird eingeschlossen in

FUNCTION_BLOCK FB...
END_FUNCTION_BLOCK

Die Variablendeklaration wird eingeschlossen in
var_input bzw. var_output
end_var

Das Steuerungsprogramm beginnt mit
begin

Kommentare folgen hinter //

Einzelne Deklarationen bzw. Steueranweisungen werden mit einem *Semikolon* abgeschlossen.

Der Baustein kann im OB1 aufgerufen und parametriert werden.

Beim Aufruf ist ihm ein *Instanz-Datenbaustein* zuzuordnen.

```
FUNCTION_BLOCK FB1 //Wendeschaltung

        var_input
                start_rechts    :  bool;
                start_links     :  bool;
                motor_schutz    :  bool;
                stop            :  bool;
        end_var

        var_output
                RECHTS          :  bool;
                LINKS           :  bool;
                MELD            :  bool;
        end_var

        //Rechtslauf des Motors

begin
                U       start_rechts;
                S       RECHTS;
                O       stop;
```

26 Quellorientierte Programmierung

Rolltorsteuerung

Anforderungen:

HAND: Meldelampe AUTO/HAND blinkt mit 1 Hz, Tor verfährt im Tippbetrieb

AUTO: Meldelampe AUTO/HAND hat Dauerlicht, Tor öffnet bzw. schließt auf Tastendruck vollständig.

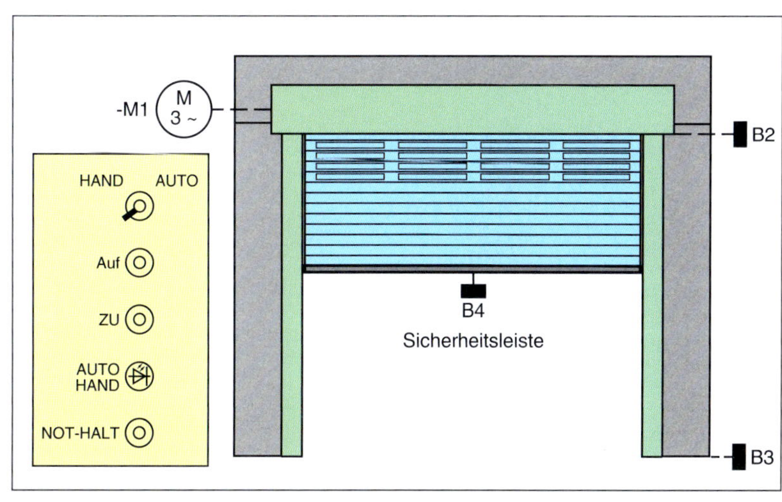

27 Rolltorsteuerung mit Bedienteil

Symboltabelle

Symbol	Adresse	Datentyp	Kommentar
tor_ist_offen	E0.0	BOOL	Grenztaster B2, Tor ist geöffnet, NC
tor_ist_geschlossen	E0.1	BOOL	Grenztaster B3, Tor ist geschlossen, NC
sicherheitsleiste	E0.2	BOOL	Prallschutz B4, wenn Tor auf ein Hindernis aufläuft, 1 NO, 1 NC
motor_schutz	E0.3	BOOL	Motorschutzrelais B1 des Antriebsmotors, 1 NO, 1 NC
wahl_auto_hand	E0.4	BOOL	Wahlschalter Betriebsart, 1 NO
tor_oeffnen	E0.5	BOOL	Taster, Tor öffnen, 1 NO
tor_schließen	E0.6	BOOL	Taster Tor schließen, 1 NO
not_halt_eingang_sps	E0.7	BOOL	Signal vom Not-Halt-Schaltgerät, 1 NO
TOR_AUF	A4.0	BOOL	Tor öffnen
TOR_ZU	A4.1	BOOL	Tor schließen
MELD_AUTO_HAND	A4.2	BOOL	Meldelampe Auto (Dauerlicht), Hand (1 Hz)

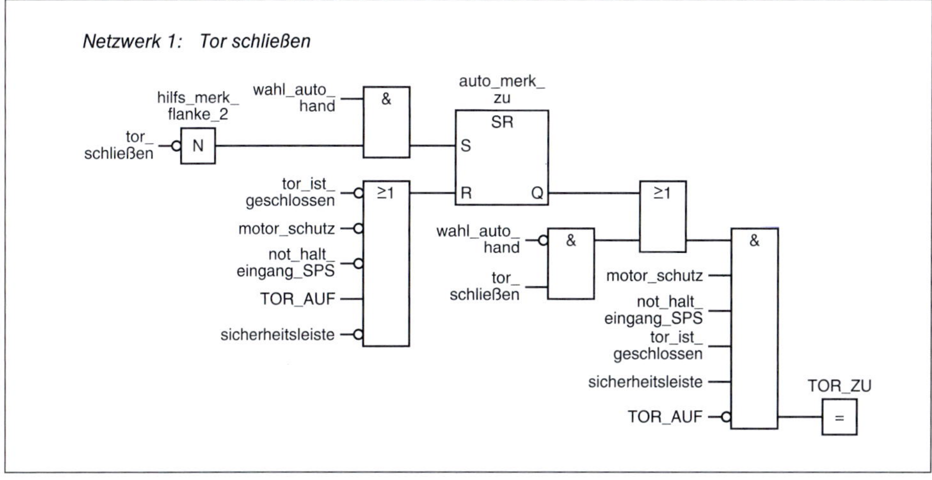

28 Programmvariante 1, Handbetrieb und Automatikbetrieb in einer Funktion, Netzwerk 1

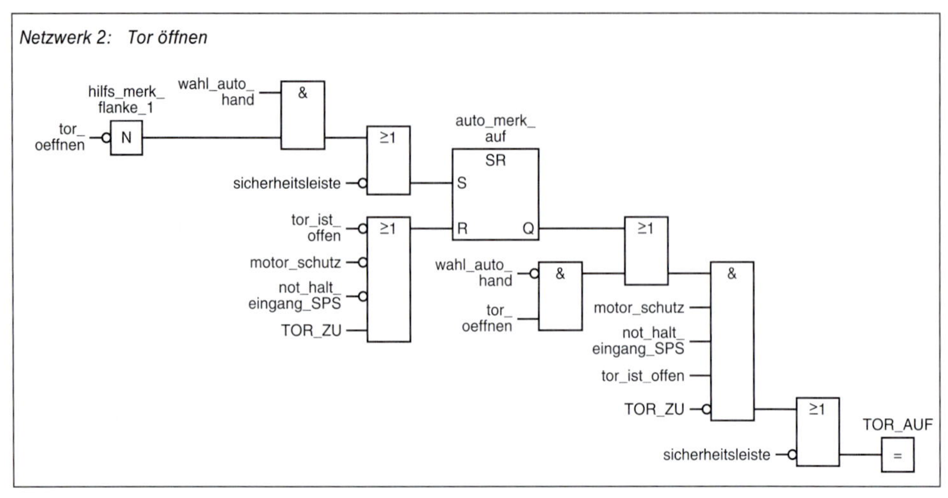

29 *Programmvariante 1, Handbetrieb und Automatikbetrieb in einer Funktion, Netzwerk 2*

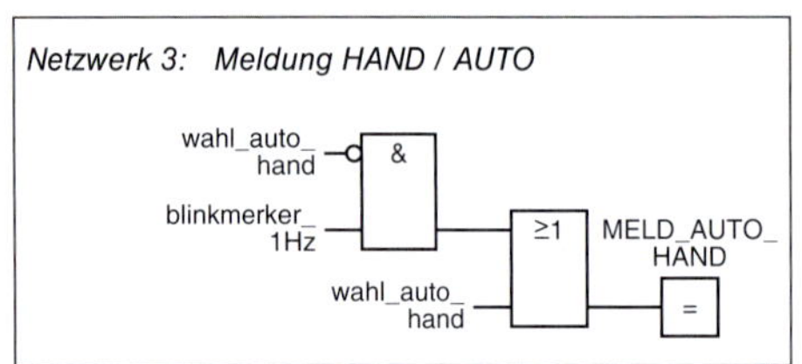

30 *Programmvariante 1, Netzwerk 3*

Hinweise zum Programm

- Im Automatikbetrieb werden die Taster „tor_schließen“ und „tor_oeffnen“ auf eine *positive Flanke* abgefragt.
  Ein Blockieren des Tasters kann dann nicht zum ungewollten Wiederanlauf führen.

Flankenabfrage
→ basics Elektrotechnik

Die gewählte Variante hat den Vorteil, dass es beim Anlauf der SPS nicht zu einer (ungewollten) positiven Flankenbildung kommt.

- *Blinkmerker*: Einfach ist die Verwendung von *Taktmerkern*, die das SPS-System zur Verfügung stellt.
  - Auswahl eines Merkerbytes (8 Bit); z. B. MB 100
  - Das Merkerbyte besteht aus 8 Bit, wobei jedes Byte eine andere Taktfrequenz hat.

Bitmerker M 100.5 → Frequenz 1 Hz

Merkerbyte z.B. MB 100

7	6	5	4	3	2	1	0
0,5	0,25	1	1,25	2	2,5	5	10

Frequenz in Hz

Definition des Taktmerkerbytes

Simatic-Manager → Simatik 300 Station → Hardware.
CPU → Objekteigenschaften → Zyklus/Taktmerker.
Hier das gewählte Taktmerkerbyte eingeben. (z. B. 100).

Obgleich die Problemstellung „Torsteuerung“ relativ einfach ist, ergibt sich durch die *Vermischung von Hand- und Automatikbetrieb* eine ziemlich unübersichtliche Programmstruktur.

Zumal bei komplexen Steuerungsaufgaben ist diese Form nicht ratsam.

Programmvariante 2

Hand und Automatikbetrieb sind in *zwei* Funktionen voneinander getrennt.

FC1: Handbetrieb
FC2: Automatikbetrieb

FC1: Handbetrieb

Netzwerk 1: Tor schließen

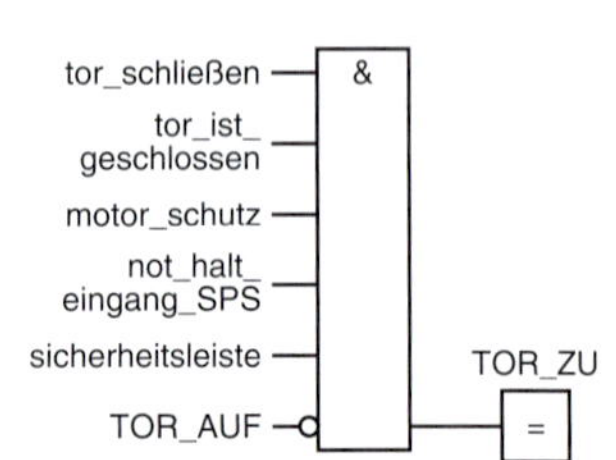

Netzwerk 2: Tor öffnen

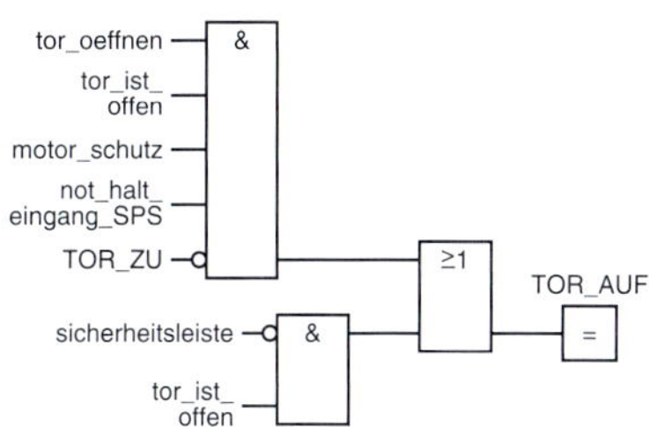

Netzwerk 3: Meldung

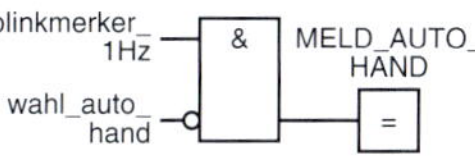

FC2: Automatikbetrieb

Netzwerk 1: Tor schließen

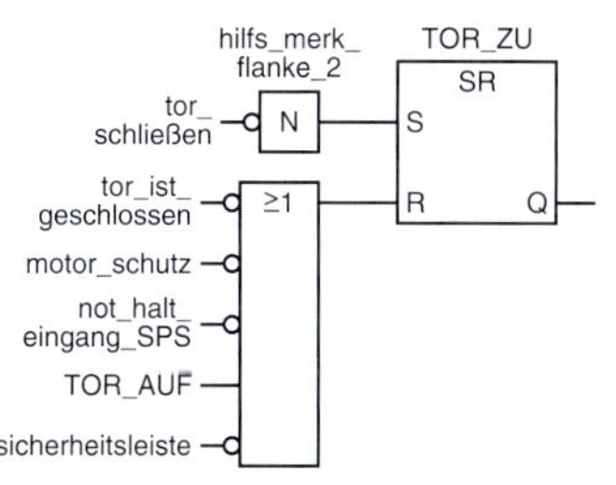

Netzwerk 2: Tor öffnen

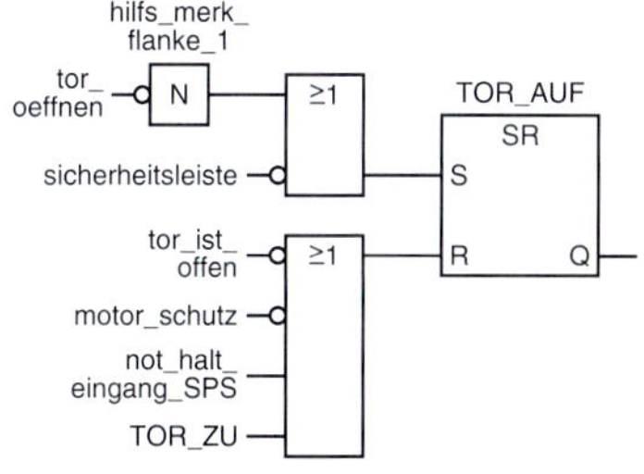

Netzwerk 3: Meldung

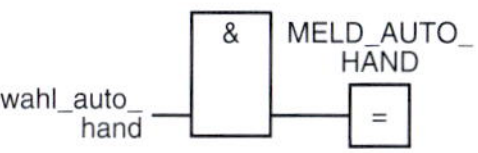

Die Funktionen werden im OB1 aufgerufen.

OB1: Torsteuerung

Netzwerk 1: Aufruf der Funktion Handbetrieb

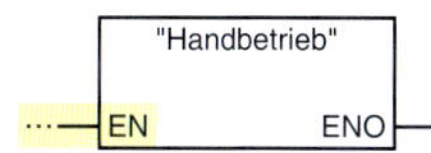

Netzwerk 2: Aufruf der Funktion Automatikbetrieb

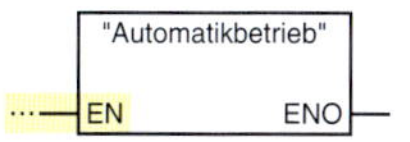

Hinweis

Es darf zu einem Zeitpunkt nur *eine* der beiden Funktionen bearbeitet werden. Entweder *Handbetrieb oder Automatikbetrieb.*

Dies kann über die Eingänge *EN* (enable) gesteuert werden.

Doch Vorsicht!

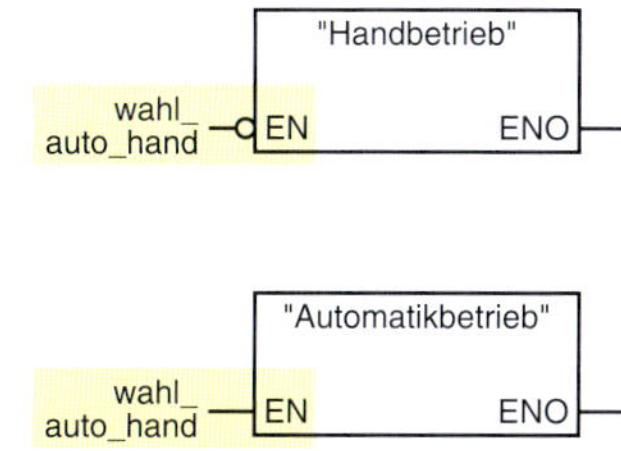

Die *alleinige* Abfrage des *Wahlschalters Auto/Hand* für die *Freigabe* der Funktionen ist *nicht* ausreichend.

Ein Baustein darf nur *verlassen* (nicht mehr bearbeitet) werden, wenn *alle* seine *Ausgänge* in einem definierten Zustand sind.

Hier kann dies so definiert werden, dass ein *Wechsel* zwischen beiden Bausteinen nur möglich sein darf, wenn das Tor nicht verfährt.

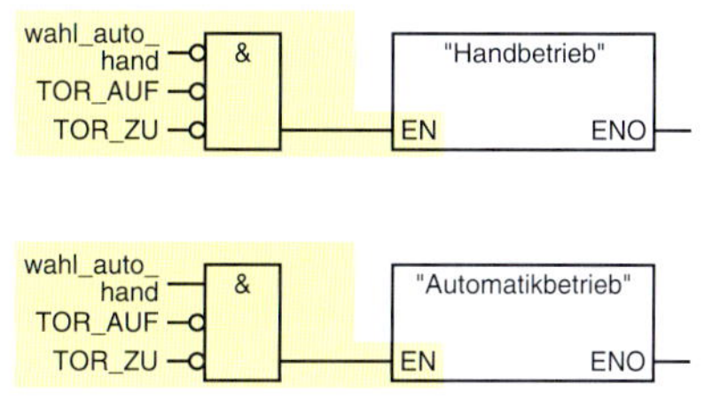

Die obige Lösung ist auch *nicht* geeignet.

Sobald nämlich ein Ausgang in den *beiden Betriebsarten* gesetzt wird, wird *beiden* Bausteinen die Freigabe EN entzogen.

Daher ist eine andere Lösung notwendig, die aber natürlich auch auf ausgeschalteten Ausgängen beruht.

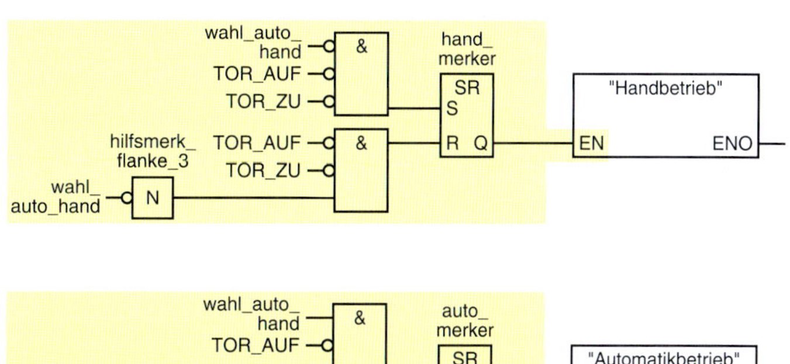

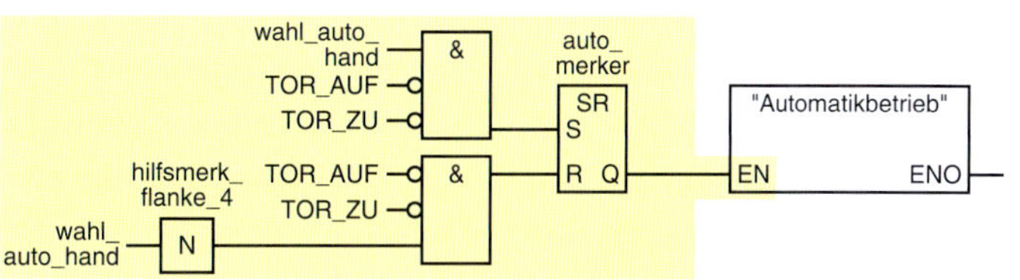

■ **EN** (enable)

Nur bei EN = „1“ wird der Baustein bearbeitet.

■ **Bedingter Bausteinaufruf**

Baustein wird nicht bei jedem OB1-Zyklus aufgerufen, sondern nur bei Bedarf.
Ein aufgerufener Baustein darf erst dann wieder verlassen werden, wenn seine Aufgabe vollständig abgeschlossen ist: alle Ausgänge abgeschaltet.

Programmvariante 2 führt zu *übersichtlichen* Bausteinen.

Bausteinaufrufe sind unproblematisch, wenn bedacht wird, dass ein *Bausteinwechsel* nur bei *definierten Bedingungen* möglich sein darf.

Dadurch wird die Programmerstellung nochmal vereinfacht.

FC1 Handbetrieb bleibt unverändert.

FC2 wird gelöscht und durch **FB1** (WENDE), **DB1** ersetzt.

Programmvariante 3

Wenn mit Bausteinen in *strukturierter* Form gearbeitet werden soll, dann kann der Automatikbetrieb auch mit dem bereits erstellten Bibliothekbaustein „WENDE" programmiert werden.

■ Baustein-WENDE → 288

Ob Programmvariante 3 eine *optimale* Lösung darstellt, mag jeder für sich entscheiden. So ganz unproblematisch ist sie sicher nicht.

Netzwerk 2: Automatikbetrieb

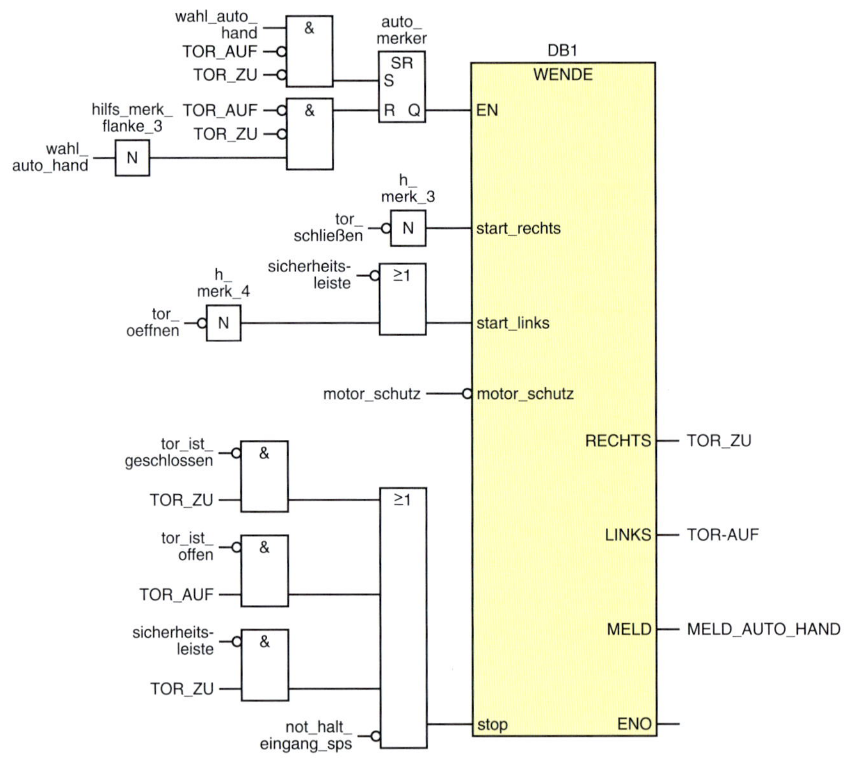

Prüfung

1. Ihr Meister äußert sich kritisch zum Netzwerk 2: Automatikbetrieb der Programmvariante 3.

Er fordert Sie auf, das Programm kritisch zu prüfen. Dies gilt besonders für die Funktion von Sicherheitsleiste und Meldelampe.

Nehmen Sie dazu Stellung.

2. Dargestellt ist der Ausschnitt einer umfangreichen Anlage.
Metallische und nicht metallische Werkstücke sollen sortiert werden.

Metallische Werkstücke: Schacht 1
Nichtmetallische Werkstücke: Schacht 2

Nach Materialerkennung (B1, B2) werden sie von einfach wirkenden Zylindern vom Transportband in den jeweiligen Schacht geschoben.

@ Interessante Links
• christiani-berufskolleg.de

Prüfung

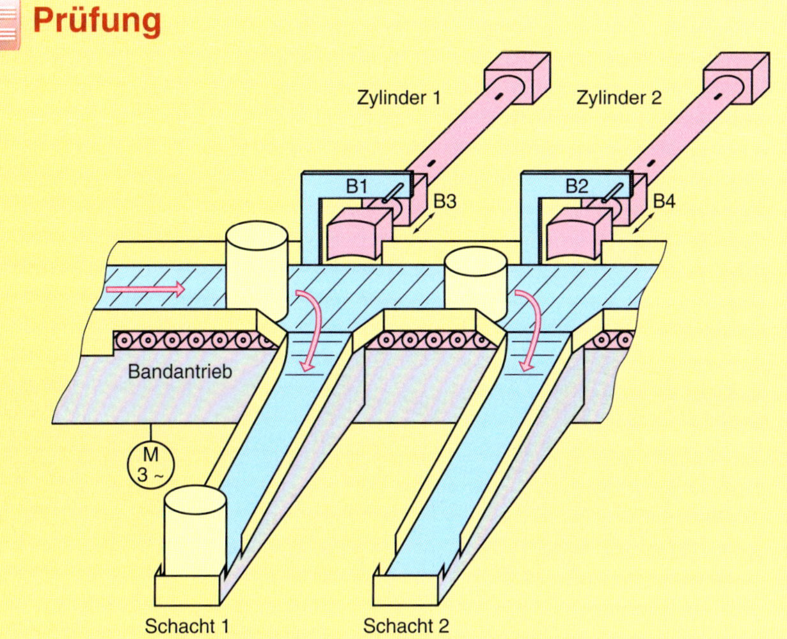

Für die Programmierung gilt nachstehende Symboltabelle.

Symbol	Adresse	Datentyp	Kommentar
steuerung_ein_aus	E0.0	BOOL	Schalter Steuerung EIN/AUS, NO
band_start	E0.1	BOOL	Transportband einschalten, Schalter, NO
zylinder_ein	E0.2	BOOL	Freigabe der Zylinder, Schalter, NO
mot_schutz_band	E0.3	BOOL	Motorschutz, Bandantrieb, NO
wst_metall	E0.4	BOOL	B1, Werkstück Metall, NO
wst_kein_metall	E0.5	BOOL	B2, Werkstück nicht aus Metall, NO
zyl_1_ausgef	E0.6	BOOL	Zylinder 1 ausgefahren, NO
zyl_2_ausgef	E0.7	BOOL	Zylinder 2 ausgefahren, NO
BAND_ANTRIEB	A4.0	BOOL	Transportband
ZYL_1_AUSF	A4.1	BOOL	Zylinder 1 ausfahren
ZYL_2_AUSF	A4.2	BOOL	Zylinder 2 ausfahren

a) Skizzieren Sie die Beschaltung der SPS.
b) Erstellen Sie das Steuerungsprogramm.

3. Wie ist ein strukturiertes Programm aufgebaut?

4. Erläutern Sie den Unterschied zwischen Funktion und Funktionsbaustein.

5. Welche Aufgabe hat ein Instanz-Datenbaustein?

6. Unterscheiden Sie zwischen einem unbedingten und einem bedingten Bausteinaufruf.

7. Worauf ist bei bedingten Bausteinaufrufen besonders zu achten?

8. Welchen wesentlichen Vorteil hat die quellorientierte Programmierung?

@ Interessante Links

- christiani-berufskolleg.de

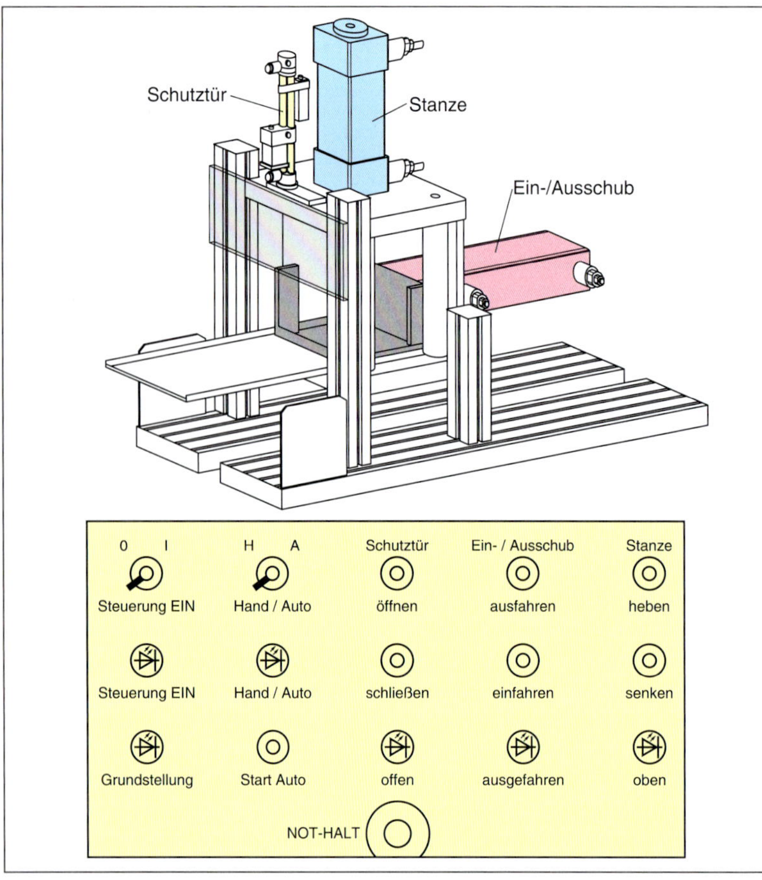

31 Pneumatikstanze, Technologieschema und Bedienpult

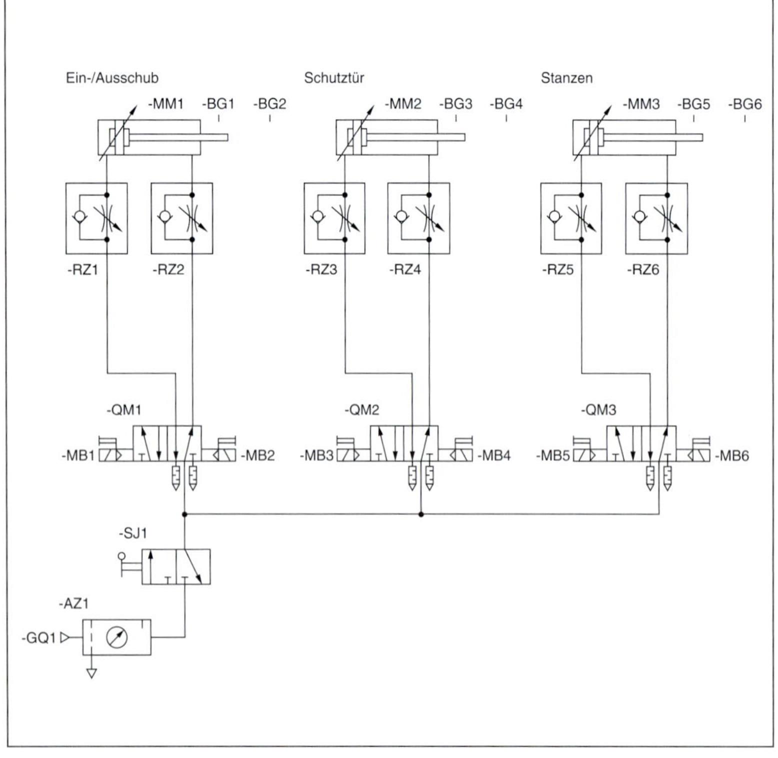

32 Pneumatikstanze, Pneumatikplan

Pneumatikstanze

Eine *Pneumatikstanze* (Bild 31) soll folgende Funktionen erfüllen:

- **Grundstellung anfahren**
  Die Grundstellung soll im Handbetrieb angefahren werden können.
  - *Ausschub ausgefahren*
  - *Schutztür offen*
  - *Stanze oben*

  Das Erreichen der Grundstellung wird durch eine Meldelampe angezeigt.

- **Handbetrieb**
  Im Handbetrieb kann jeder Zylinder manuell verfahren werden. Technologische Bedingungen sind hierbei aber zu beachten. Z. B. darf der Ausschub nur bei offener Schutztür verfahren werden.

- **Automatikbetrieb**
  Im Automatikbetrieb soll ein kompletter Stanzvorgang in der technologisch richtigen Reihenfolge ablaufen.

Symboltabelle auf Seite 295.

Bei der Programmierung werden die folgenden *Funktionen* verwendet:

FC1: Handbetrieb

FC2: Automatikbetrieb

FC3: Meldungen

FC4: Befehlsausgabe

Steuerungsprogramm

FC1: Handbetrieb / Tippbetrieb

Netzwerk 1: Ausschub ausfahren

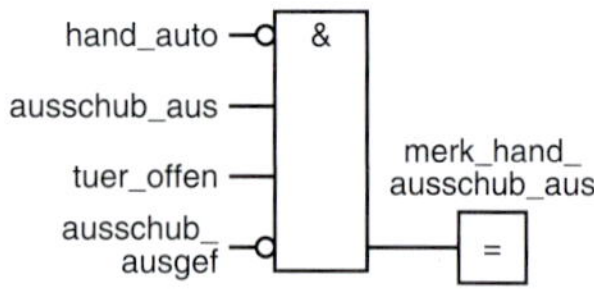

Netzwerk 2: Ausschub einfahren

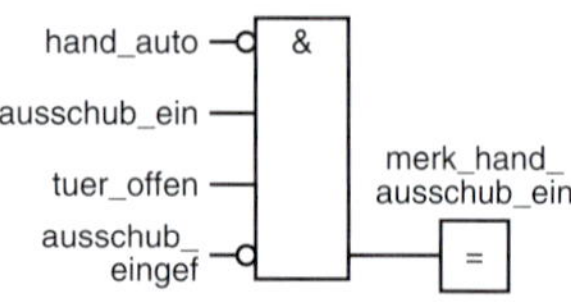

Netzwerk 3: Schutztür öffnen

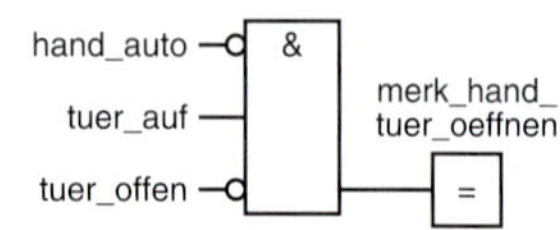

Symboltabelle der Pneumatikstanze

Symbol	Adresse	Datentyp	Kommentar
steuerung_ein	E0.0	BOOL	Schalter Steuerung ein/aus, NO
hand_auto	E0.1	BOOL	Schalter Handbetrieb/Automatik, NO
tuer_auf	E0.2	BOOL	Taster Schutztür öffnen, NO
tuer_zu	E0.3	BOOL	Taster Schutztür schließen, NO
ausschub_aus	E0.4	BOOL	Ausschub ausfahren, NO
ausschub_ein	E0.5	BOOL	Ausschub einfahren, NO
stanze_heben	E0.6	BOOL	Stanze heben, NO
stanze_senken	E0.7	BOOL	Stanze senken, NO
ausschub_eingef	E1.0	BOOL	Ausschub ist eingefahren (B1), NO
ausschub_ausgef	E1.1	BOOL	Ausschub ist ausgefahren (B2), NO
tuer_offen	E1.2	BOOL	Schutztür geöffnet (B3), NO
tuer_geschlossen	E1.3	BOOL	Schutztür geschlossen (B4), NO
stanze_oben	E1.4	BOOL	Stanze ist oben (B5), NO
stanze_unten	E1.5	BOOL	Stanze ist unten (B6), NO
not_halt_eingang	E1.6	BOOL	Not-Halt-Signal (NO)
start_auto	E1.7	BOOL	Start des Automatikbetriebs
AUSSCHUB_RAUS	A4.0	BOOL	Ausschub ausfahren
AUSSCHUB_REIN	A4.1	BOOL	Ausschub einfahren
SCHUTZ_AUF	A4.2	BOOL	Schutztür offen
SCHUTZ_ZU	A4.3	BOOL	Schutztür geschlossen
STANZE_GEHOB	A4.4	BOOL	Stanze oben
STANZE_GES	A4.5	BOOL	Stanze unten
MELD_STEU	A4.6	BOOL	Meldung Steuerung Ein/Aus
MELD_GRUND	A4.7	BOOL	Meldung Grundstellung
MELD_TUER_AUF	A5.0	BOOL	Meldung Schutztür offen
MELD_AUSS_AUS	A5.1	BOOL	Meldung Ausschub ausgefahren
MELD_STANZ_OBEN	A5.2	BOOL	Meldung Stanze oben
MELD_HAND_AUTO	A5.3	BOOL	Hand 1 Hz, Auto Dauerlicht

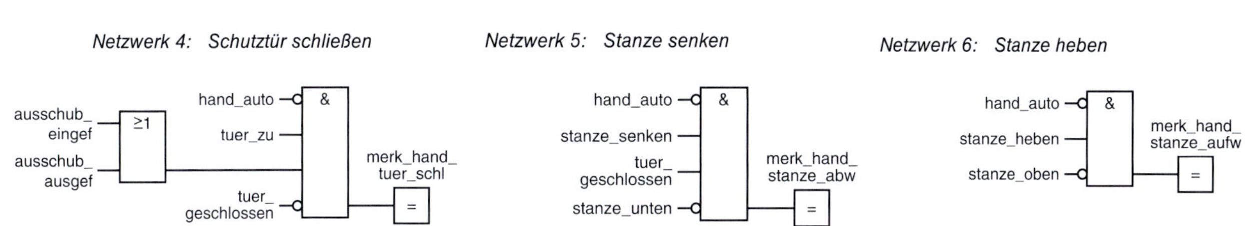

Automatikbetrieb in GRAFCET

■ **GRAFCET**
→ 273

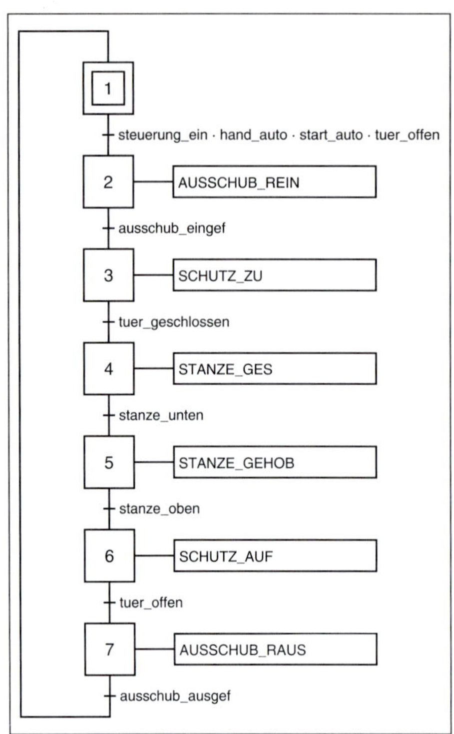

33 Pneumatikstanze, Automatik in GRAFCET

Die GRAFCET-Darstellung nach Bild 33 wird in *Funktionsplandarstellung* programmiert.

■ **Ablaufsteuerung**
in Funktionsplandarstellung siehe basics Elektrotechnik.

Schritte haben Speicherverhalten, sie können durch einen SR-Speicher dargestellt werden.

FC2: Automatikbetrieb

Netzwerk 1: Initialisierung der Ablaufkette

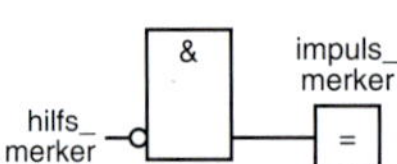

Netzwerk 2: Initialisierung der Ablaufkette

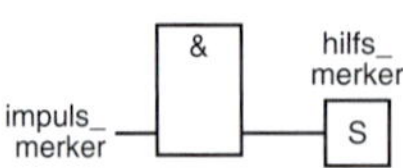

Netzwerk 3: Initialisierungsschritt

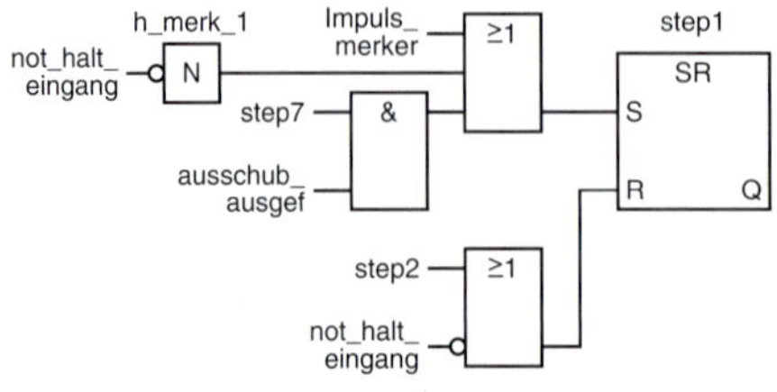

Netzwerk 4: Schritt 2

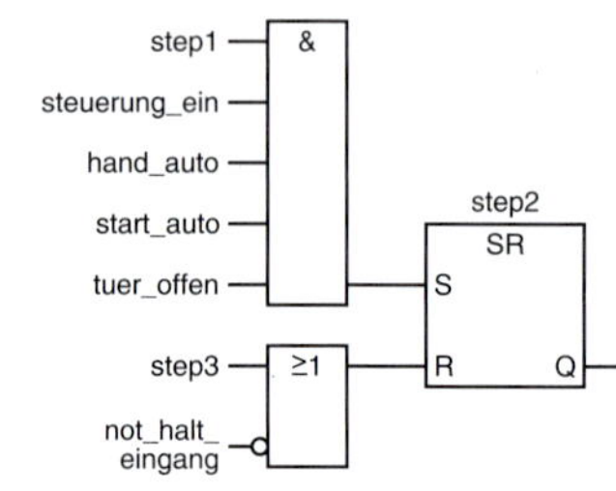

Netzwerk 5: Schritt 3

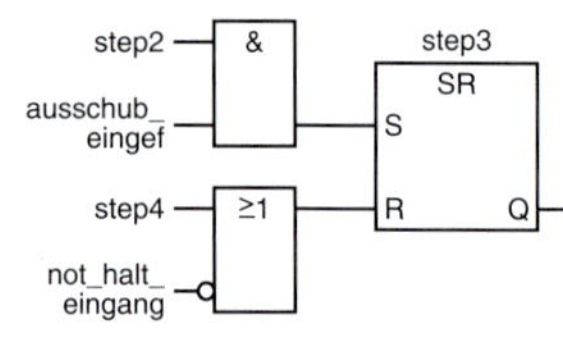

Netzwerk 6: Schritt 4

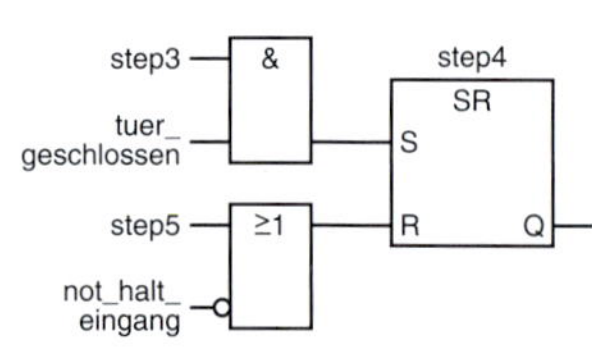

Netzwerk 7: Schritt 5

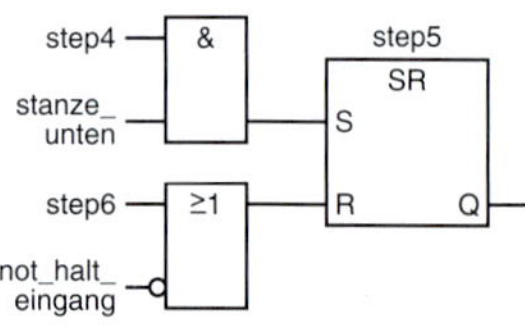

Netzwerk 8: Schritt 6

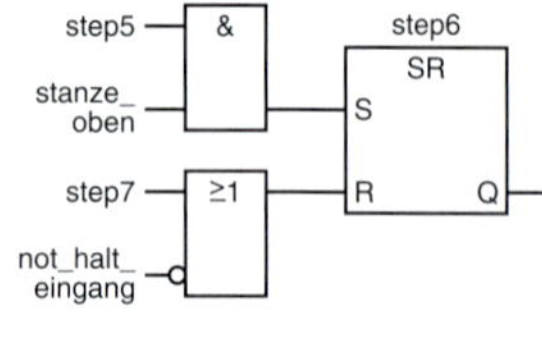

Netzwerk 9: Schritt 7

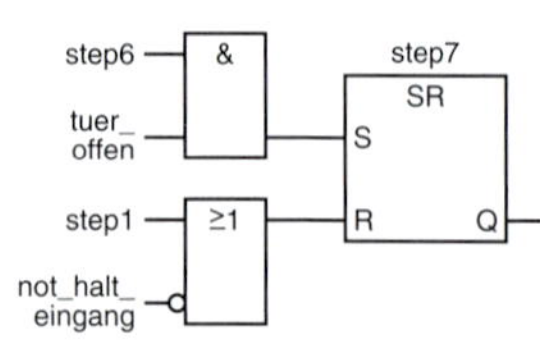

FC3: Meldungen

Netzwerk 1: Meldung Steuerung EIN / AUS

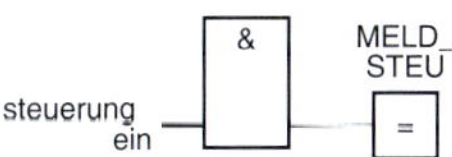

Netzwerk 2: Meldung Grundstellung

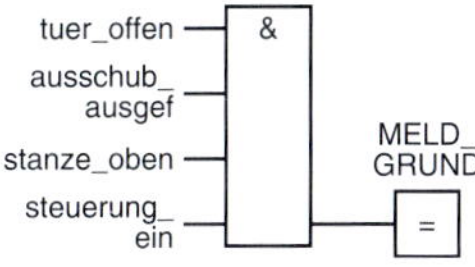

Netzwerk 3: Meldung Schutztür offen

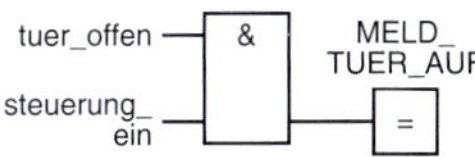

Netzwerk 4: Meldung Ausschub ausgefahren

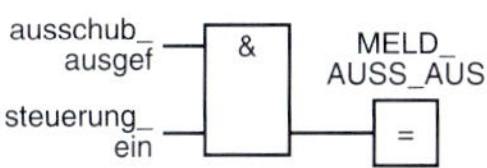

Netzwerk 5. Meldung Stanze oben

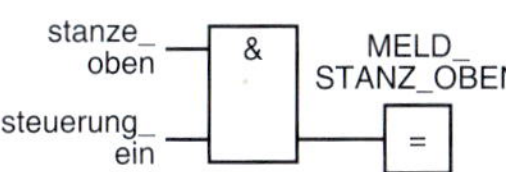

Netzwerk 6: Meldung Hand / Auto

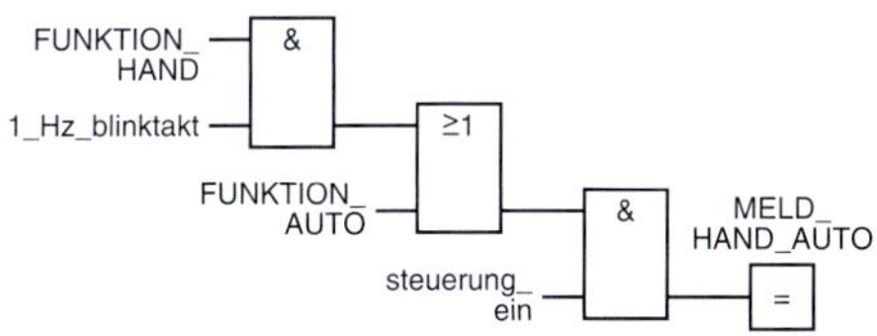

Prüfung

1. Worin besteht der Vorteil von Ablaufsteuerungen?

2. Warum kann es sinnvoll sein, Ablaufsteuerungen mit SR-Speichern zu programmieren?

3. Was versteht man unter der Initialisierung von Ablaufsteuerungen?

4. Erläutern Sie die Funktion von Netzwerk 3 auf Seite 296.

FC4: Befehlsausgabe

Netzwerk 1: Schutztür schließen

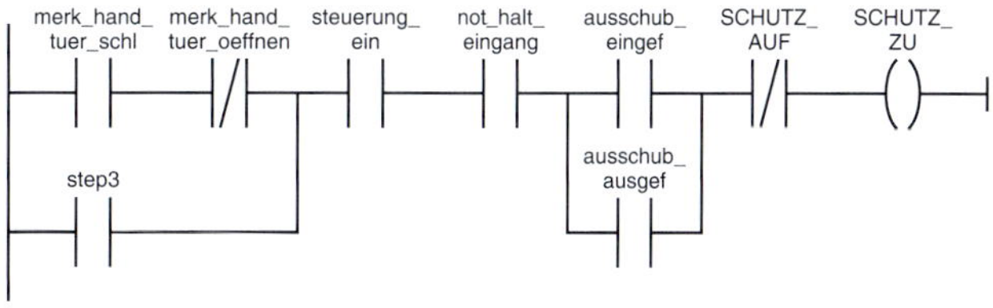

merk_hand_ tuer_schl
merk_hand_ tuer_oeffnen
steuerung_ ein
not_halt_ eingang
ausschub_ eingef
SCHUTZ_ AUF
SCHUTZ_ ZU
step3
ausschub_ ausgef

Netzwerk 2: Schutztür öffnen

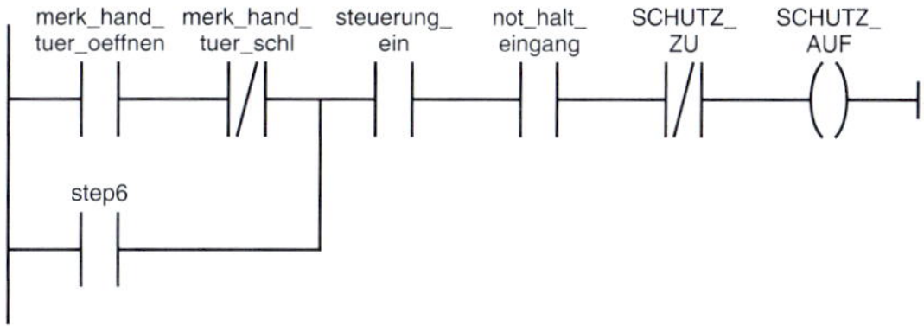

merk_hand_ tuer_oeffnen
merk_hand_ tuer_schl
steuerung_ ein
not_halt_ eingang
SCHUTZ_ ZU
SCHUTZ_ AUF
step6

Netzwerk 3: Ausschuss ausfahren aus Stanzraum

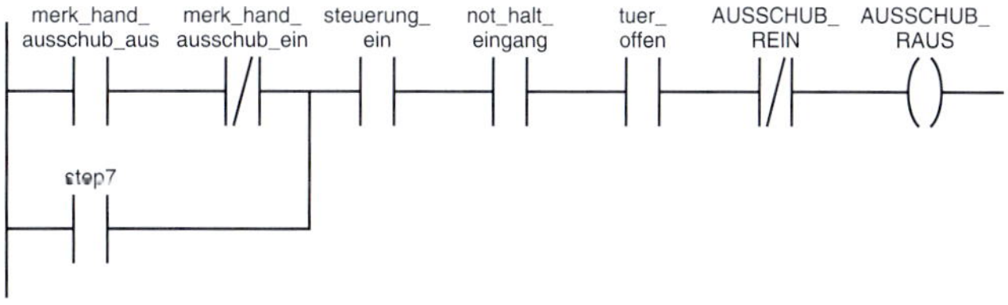

merk_hand_ ausschub_aus
merk_hand_ ausschub_ein
steuerung_ ein
not_halt_ eingang
tuer_ offen
AUSSCHUB_ REIN
AUSSCHUB_ RAUS
step7

Netzwerk 4: Ausschub einfahren in Stanzraum

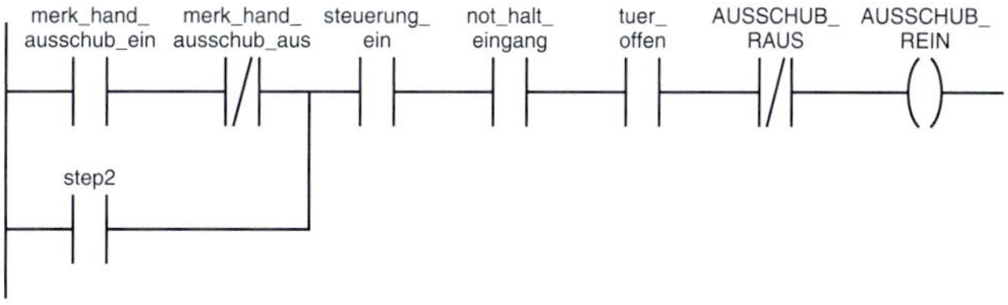

merk_hand_ ausschub_ein
merk_hand_ ausschub_aus
steuerung_ ein
not_halt_ eingang
tuer_ offen
AUSSCHUB_ RAUS
AUSSCHUB_ REIN
step2

Netzwerk 5: Stanze senken

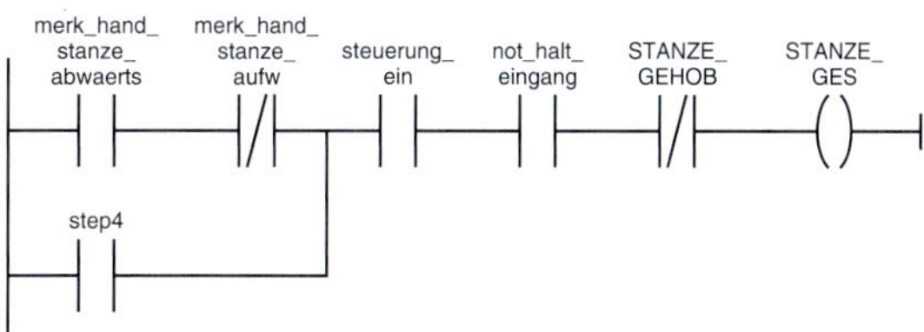

Netzwerk 6: Stanze heben

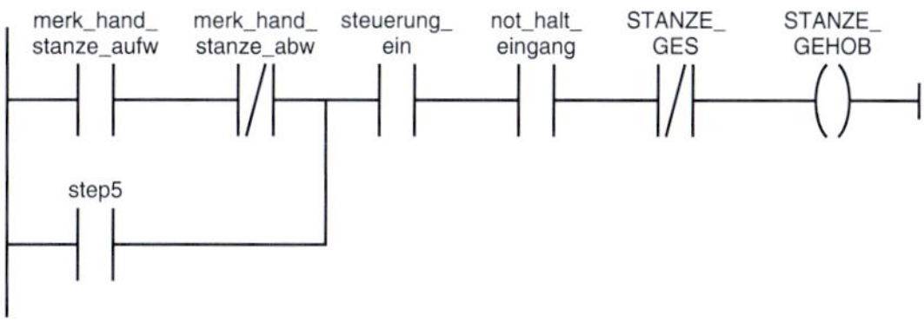

OB1: Pneumatikstanze

Netzwerk 1: Handbetrieb, Aufruf

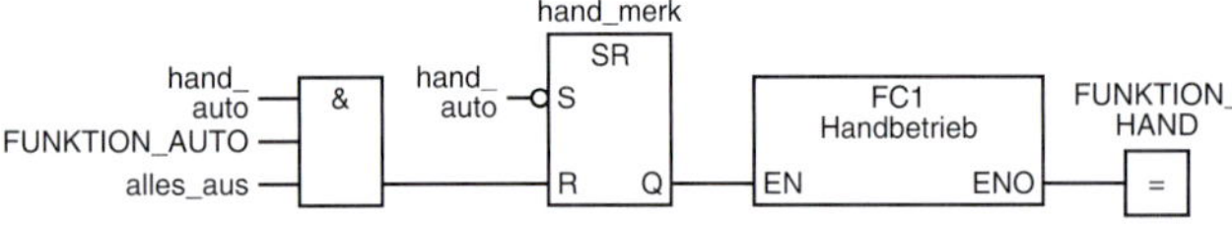

Netzwerk 2: Automatikbetrieb, Aufruf

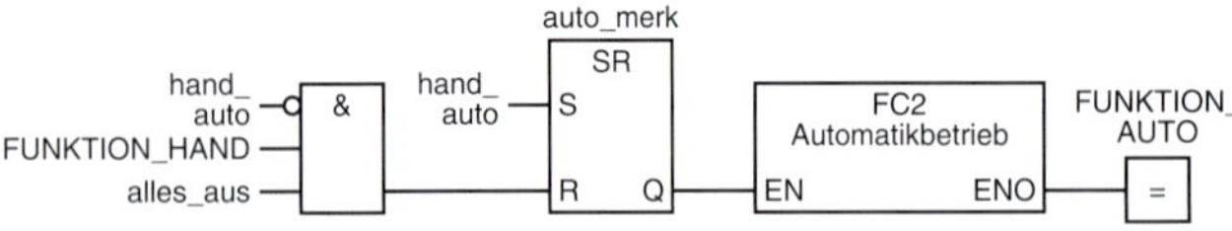

Beachten Sie besonders die bedingten Bausteinaufrufe von Handbetrieb und Automatikbetrieb.

Netzwerk 3: Kein Ausgang eingeschaltet

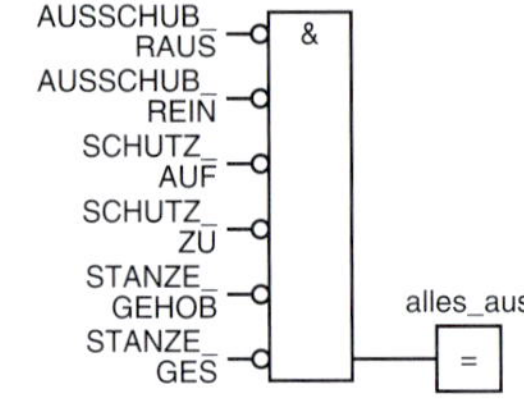

Netzwerk 4: Meldungen, Aufruf

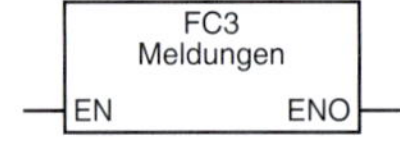

Netzwerk 5: Befehlsausgabe, Aufruf

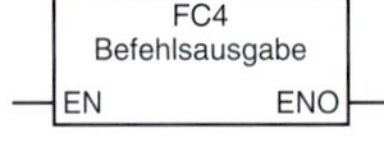

@ Interessante Links

- christiani-berufskolleg.de

Prüfung

1. Arbeiten Sie das Steuerungsprogramm sorgfältig durch.

a) Unter welchen Voraussetzungen kann auf Hand- und Automatikbetrieb umgeschaltet werden?
Welche Aufgabe hat die Beschaltung der EN-Eingänge bei den Bausteinaufrufen?

b) Welchen Zweck hat das Netzwerk 3 im OB1?

c) Worin unterscheidet sich zum Beispiel der Aufruf von Netzwerk 1 vom Aufruf in Netzwerk 4 im OB1?

d) FC1: Handbetrieb: Ist die Einbindung der negierten Abfrage von „hand_auto“ zwingend notwendig?

e) FC1: Handbetrieb: Welches Ziel wird mit der ODER-Verknüpfung in Netzwerk 4 verfolgt?

Prüfung

f) FC2: Automatikbetrieb: Beschreiben Sie die Funktion von Netzwerk 3 „Initialisierungsschritt“.

g) FC2: Automatikbetrieb: Was geschieht bei Betätigung des Not-Halt? Warum ist das wichtig?

h) FC2: Automatikbetrieb: Programmiert ist nur die Ablaufkette. Wie erfolgt die Befehlsausgabe?

i) Die Befehlsausgabe (FC4) ist als Kontaktplan programmiert. Worin kann der Nutzen bestehen?

j) Befehlsausgabe (FC4): Welche Aufgabe haben die Abfragen von step1 bis step 6?

2. Ihr Ausbilder bemängelt, dass das Bedienpult weder eine Quittierung des Not-Halt-Vorgangs noch eine Störungsanzeige für den Not-Halt-Fall vorsieht.

Nehmen Sie die notwendigen Ergänzungen vor.

3. Statt des Handbetriebs wünscht der Abteilungsleiter folgende Möglichkeit:
Die Ausgangsposition (Grundstellung) soll auf Anforderung automatisch angefahren werden.

Ändern Sie das Steuerungsprogramm entsprechend.

4. Erstellen Sie eine Bedienungsanleitung für den Nutzer des Programms nach Aufgabe 3.

Programmierung mit anwendererstellten Bausteinen

Das Projekt „Stanze“ umfasst die Steuerung von *drei* doppelt wirkenden Pneumatikzylindern.

Hierfür und für weitere zukünftige Anwendungen soll ein Baustein „ZYLINDER“ entwickelt und programmiert werden.

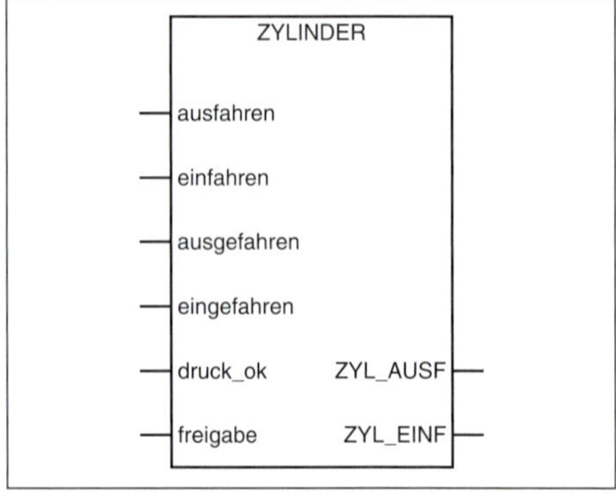

34 Funktionsbaustein „Zylinder“

Danach werden *drei Instanzen* dieses Bausteins für die Pneumatikstanze eingesetzt.

Quellorientierte Bausteinerstellung

```
FUNCTION_BLOCK FB2
   var_input
         ausfahren        : BOOL;
         einfahren        : BOOL;
         ausgefahren      : BOOL;
         eingefahren      : BOOL;
         druck_ok         : BOOL;
         freigabe         : BOOL;
   end_var
   var_output
         ZYL_AUSF         : BOOL;
         ZYL_EINF         : BOOL;
   end_var
   var
         merker_1         : BOOL;
         merker_2         : BOOL;
   end_var
   begin
         U      ausfahren;
         S      merker_1;
         O      ausgefahren;
         O      ZYL_EINF;
         O      druck_ok;
         R      merker_1;
         U      merker_1;
         U      freigabe;
         =      ZYL_AUSF;
         U      einfahren;
         S      merker_2;
         O      eingefahren;
         O      ZYL_AUSF;
         O      druck_ok;
         R      merker_2;
         U      merker_2;
         U      freigabe;
         =      ZYL_EINF;
END_FUNCTION_BLOCK
```

Simatic-Manager → Einfügen → Externe Quelle.
Quelle übersetzen → Funktionsbaustein im Baustein-Behälter.
In FC2: Automatikbetrieb 3 Instanzen bilden.

Prüfung

1. Bei den drei Instanzen des Automatikbetriebs ist der Parameter „druck_ok" nicht belegt. Dies ist bei der Instanzierung möglich.

Wenn Sie nun einen PE-Wandler einbauen, der folgendes Betriebsverhalten hat:
Druck ≤ 6 bar → PE-Wandler liefert „0"-Signal,
Druck > 6 bar → PE-Wandler liefert „1"-Signal,
wie würden Sie ihn in das Steuerungsprogramm einbinden?

FC2: Automatikbetrieb

Netzwerk 1: Ein- / Ausschub

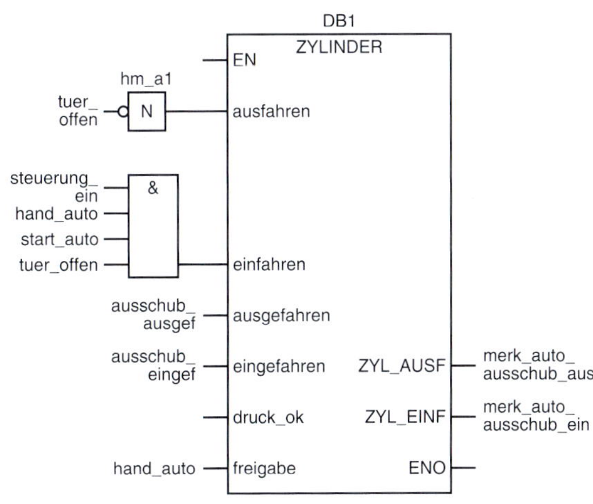

Netzwerk 2: Schutztür

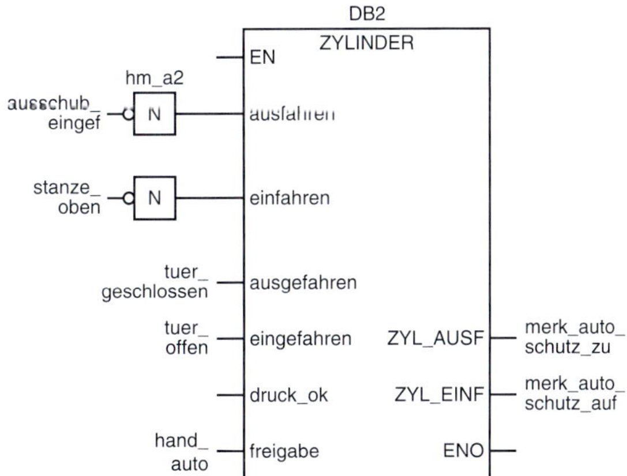

Netzwerk 3: Stanze

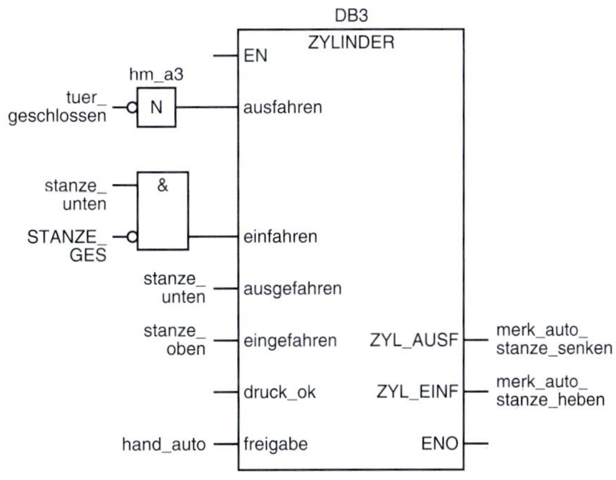

- christiani-berufskolleg.de

Wortverarbeitung
word processing

Laden L
Vom Quellspeicher in den Akku 1.

Transferieren T
Von Akku 1 in den Zielspeicher.

Hinweis
Die Ladefunktion verändert auch den Inhalt von Akku 2.

Prüfung

2. Warum bleiben die Eingänge „freigabe" nicht unbelegt?

Warum müssen Freigabeeingänge den Signalzustand „1" führen?

3. Die Funktion FC4: Befehlsausgabe ist nun auch zu ändern, wenn FC2 obige Änderungen erfahren hat.

Führen Sie alle notwendigen Änderungen durch.

Wortverarbeitung

Bei der *Bitverarbeitung* werden *1-Bit-Operanden* verarbeitet. Diese Operanden können die Signalzustände „0" oder „1" annehmen. Es sind Operanden vom *Datentyp* BOOL.

Bei der **Wortverarbeitung** werden **Wortoperanden** verarbeitet. Diese bestehen aus einer Bitfolge unterschiedlicher Anzahl.

- *BYTE* 8 bit
- *WORD* 16 bit (Wort)
- *DWORD* 32 bit (Doppelwort)
- *LWORD* 64 bit (Langwort)

Datentypen sind z. B. INT, DINT, REAL

Für die *Wortverarbeitungs-Operationen* in der CPU sind zwei **Akkumulatoren** notwendig.

Hat die CPU mehr als zwei Akkumulatoren, so können diese für die Zwischenspeicherung der Daten verwendet werden.

Lade- und Transferfunktionen

Ermöglicht wird der Informationsaustausch zwischen *Speicherbereichen*. Stets ist hierbei der **Akkumulator 1** der CPU beteiligt.

- **Ladeoperation**: *Ziel* Akku 1
- **Transferoperationen**: *Quelle* Akku 1

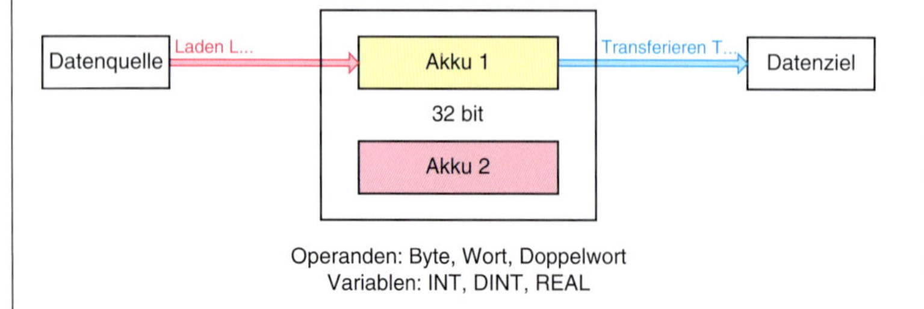

35 Wortoperationen, Laden und Transferieren

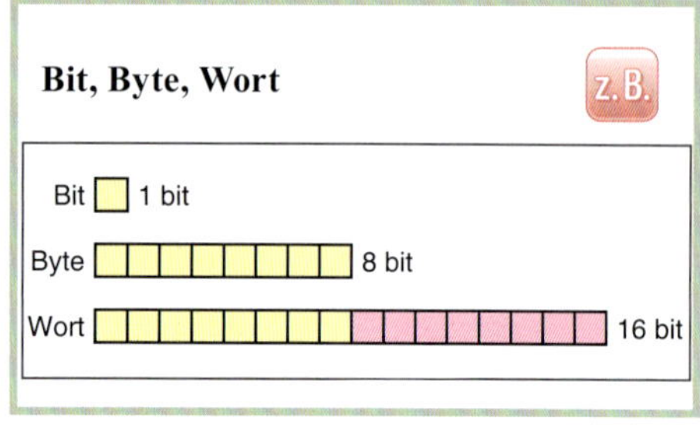

Die Ladefunktion

Sie besteht aus der Operation **L** und einem Operanden, dessen Dateninhalt in den Akkumulator 1 (Akku 1) der CPU geladen werden soll.

Beispiele

L 400 //Konstante 400 in Akku 1 laden
L sollwert //Inhalt der Variablen „sollwert" in Akku 1 laden

Die Ladefunktion wird *unabhängig* vom *Verknüpfungsergebnis* (VKE) ausgeführt. Sie beeinflusst das VKE nicht. Auch der Inhalt von *Akku 2* wird durch die Ladefunktion verändert

Wird ein Wert in den Akku 1 geladen, dann wird der zuvor in Akku 1 stehende Wert in Akku 2 transportiert. Der Inhalt von Akku 2 wird dabei überschrieben.

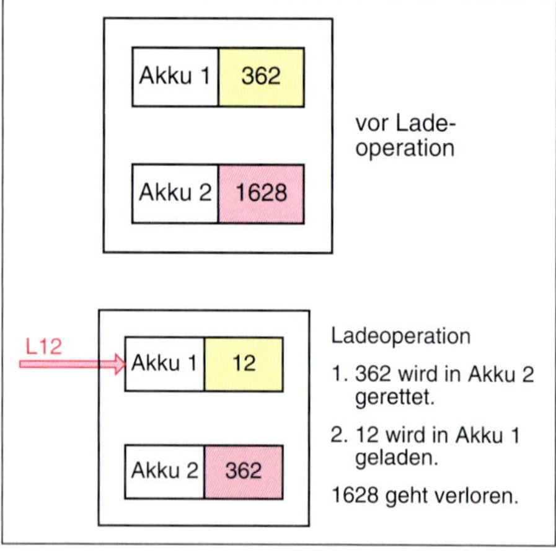

36 Ladeoperation (Akku 1 und Akku 2)

Operand der Ladefunktion ist ein Byte

Byteinhalt steht rechtsbündig im Akku 1.

Die nicht benötigten Byts von Akku 1 werden mit Nullen aufgefüllt (Bild 37, Seite 301).

Operand der Ladefunktion ist ein Wort

Wortinhalt steht rechtsbündig in Akku 1.

Das höher adressierte Byte steht ganz rechts, daneben das niedrigere adressierte Byte. Die restlichen Bytes werden mit Nullen aufgefüllt (Bild 38, Seite 301).

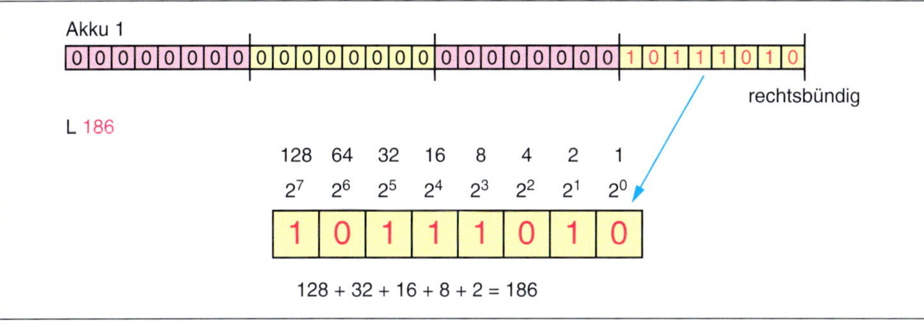

37 Operand der Ladefunktion ist ein Byte

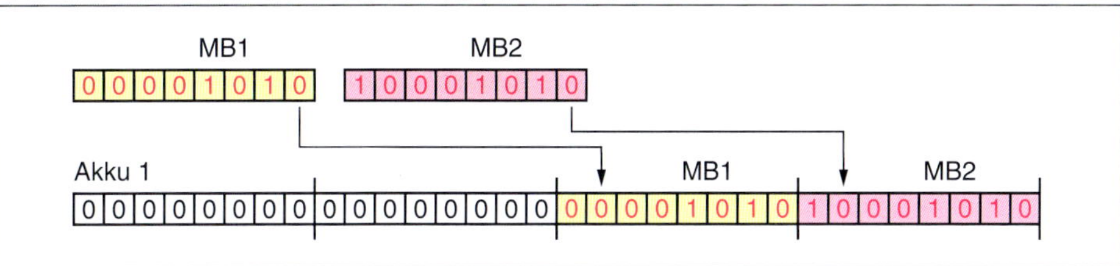

38 Operand der Ladefunktion ist ein Wort

Merkerwort MW 40

Besteht aus den Merkerbytes MB40 und MB41. Beachten Sie, dass die Merker M40.0 bis M40.7 und M41.0 bis M41.7 für andere Aufgaben nicht mehr verwendet werden dürfen.

Merkerwort (MW)

Ein **16-bit-Merkerwort** besteht aus zwei Merkerbytes.

Beispiel
Merkerwort **MW40**
besteht aus den Merkerbytes **MB40** und **MB41**.

Vorsicht! Das *nächst verfügbare* Merkerwort nach MW40 ist also MW42.

In Akku 1 steht ein Merkerwort, das sich aus den Merkerbytes MB1 und MB2 zusammensetzt (Bild 38).
Der Dateninhalt des Akku 1 ist:
2048 + 512 + 128 + 8 + 2 = 2696

Doppelwort (MD)

Ein Doppelwort besteht aus 2 Worten oder 4 Bytes. Das am höchsten adressierte Byte steht ganz rechts im Akku 1. Das am niedrigsten adressierte Byte steht ganz links.

Vorsicht! Das nächst verfügbare Merkerdoppelwort nach MD40 ist MD44.

Wortoperanden

	Operand	Bedeutung
Eingänge	EB EW ED	Eingangsbyte Eingangswort Eingangsdoppelwort
Ausgänge	AB AW AD	Ausgangsbyte Ausgangswort Ausgangsdoppelwort
Peripherie[1)]	PB PW PD	Peripheriebyte Peripheriewort Peripheriedoppelwort
Merker	MB MW MD	Merkerbyte Merkerwort Merkerdoppelwort
Konstanten	500 L#500 L 26.7 B#16#B3	Integer-Zahl Doppelinteger-Zahl Realzahl Hexadezimalzahl, zweistellig

1) PAB, PAW, PAD: Peripherie (Ausgänge)
PEB, PEW, PED: Peripherie (Eingänge)

Prüfung

1. Welche Bedeutung haben die beiden Akkumulatoren (Akku 1, Akku 2) bei der Wortverarbeitung?

2. Anweisung: Lade Konstante 312 (L 312).
Welchen Inhalt hat dann der Akkumulator 1?

@ Interessante Links

- christiani-berufskolleg.de

■ **Hinweis**

Beachten Sie die in den Bildern 39 bis 43 dargestellten Wortoperationen ganz genau. Verdeutlichen Sie sich die dabei ablaufenden Vorgänge.

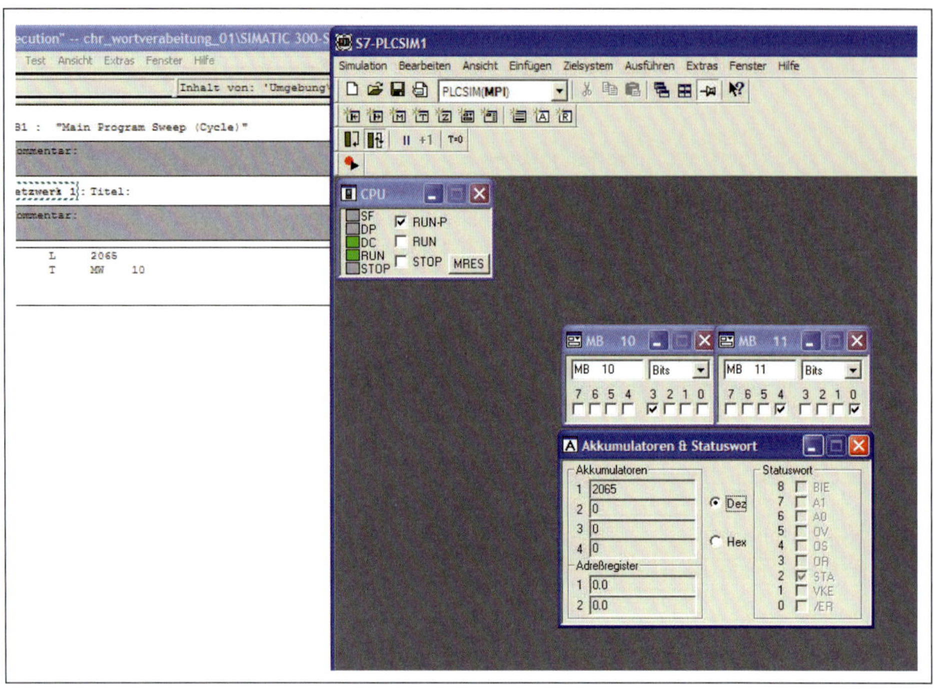

39 Konstante 2065 laden (Ziel ist Akkumulator 1)

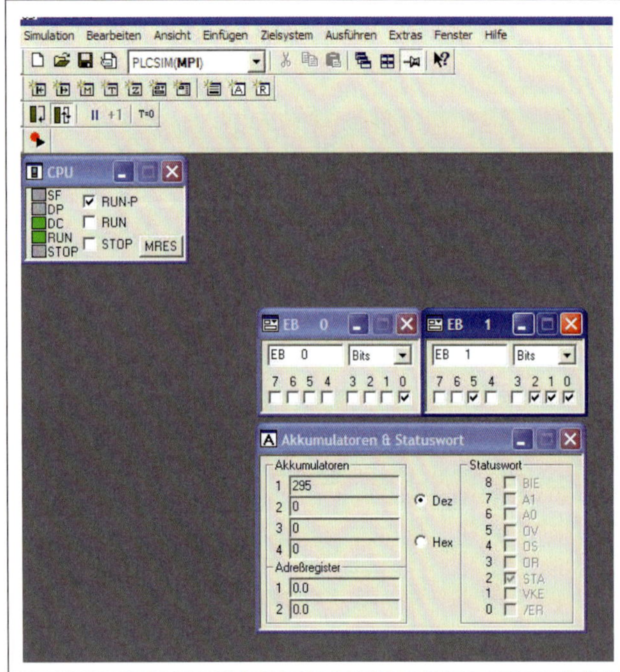

40 Eingangswort 0 laden (Ziel ist Akkumulator 1)

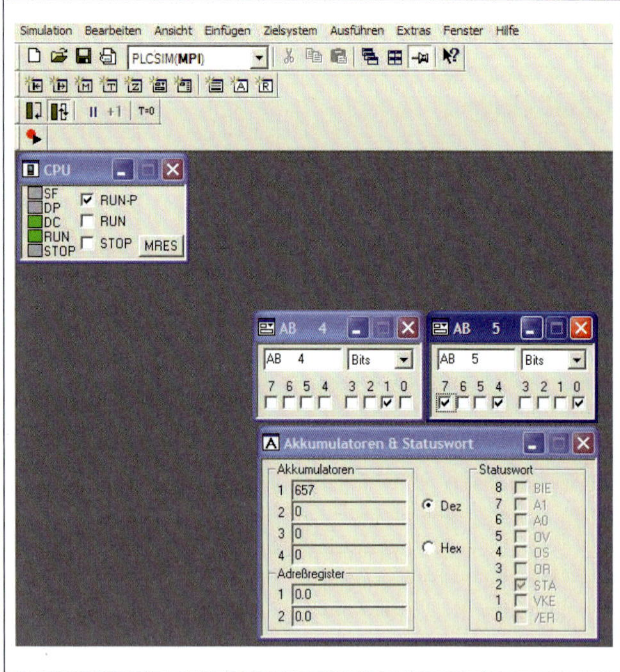

41 Ausgangswort 0 laden (Ziel ist Akkumulator 1)

Transferieren (T)

Der Inhalt des *Akkumulators 1* wird zu einem Datenziel transferiert (übertragen).

Datenziele hierfür sind Wortoperanden (MW, AW usw.).

Transferoperationen sind unabhängig von VKE.

Der Inhalt des Akku 1 bleibt beim Transferieren unverändert.

Beispiele

```
L  2024    //Konstante 2024 in Akku 1 laden
T  MW40    //Inhalt von Akku 1 in Merker-
           //wort 40 transferieren
```

```
L  260      //Konstante 260 in Akku 1
T  AW4      //Inhalt von Akku 1 in Ausgangs-
            //wort AW4

L  0        //Konstante 0 in Akku 1
T  AW4      //Akku 1 → AW4
```

Die Ausgänge A4.0 bis A5.7 werden durch diese Operation auf den Signalzustand „0“ gebracht.

Durch Wahl der passenden Konstante können auch mehrere Ausgänge durch ein zweizeiliges Programm gezielt auf den Signalzustand „1“ gebracht werden.

Im Beispiel L 260 sind dies die Ausgänge A4.0 und A5.2.

Arithmetische Funktionen

Zwei digitale Operanden werden entsprechend der *Grundrechenarten* verarbeitet. Das *Verarbeitungsergebnis* steht in Akku 1.

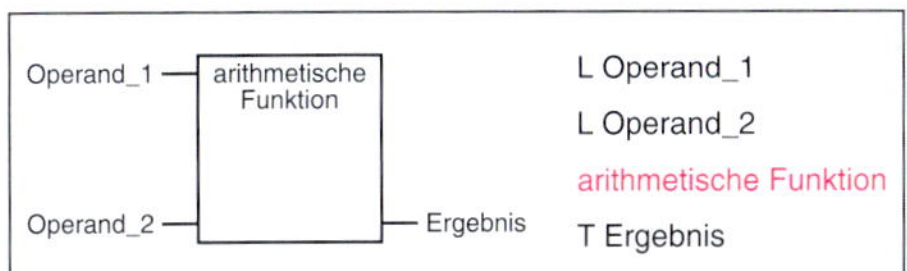

23 Arithmetische Funktion

Arbeitsweise

- Operand 1 wird in den Akku 1 geladen.
- Vor dem Laden von Operand 2 wird Operand 1 in den Akku 2 geladen.
- Dann wird Operand 2 in den Akku 1 geladen.
- Die Inhalte von Akku 1 und Akku 2 werden arithmetisch verarbeitet.
- Das Ergebnis steht in Akku 1.

Arithmetische Funktionen

Funktion	Datentyp	
	INT	REAL
Addition	+ I	+ R
Subtraktion	– I	– R
Multiplikation	*I	*R
Division	/I	/R

Beispiele

```
L  zaehler  //Wert der Variablen „zaehler“
            //laden
L  1        //Konstante 1 laden
+I          //„zaehler“ und Konstante
            //addieren
T  zaehler  //Ergebnis an Variable „zaehler“
            //transferieren
```

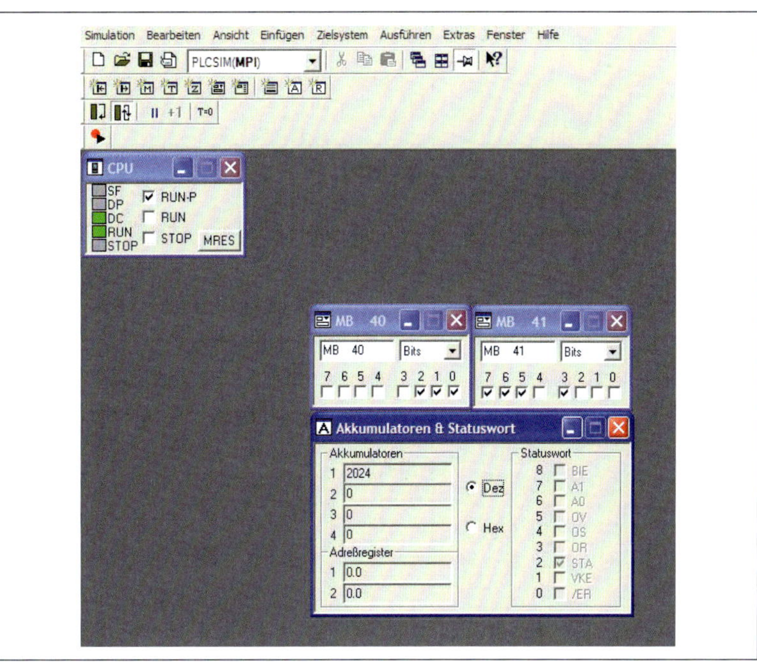

42 Konstante 2024 in das Merkerwort MW40 transferieren

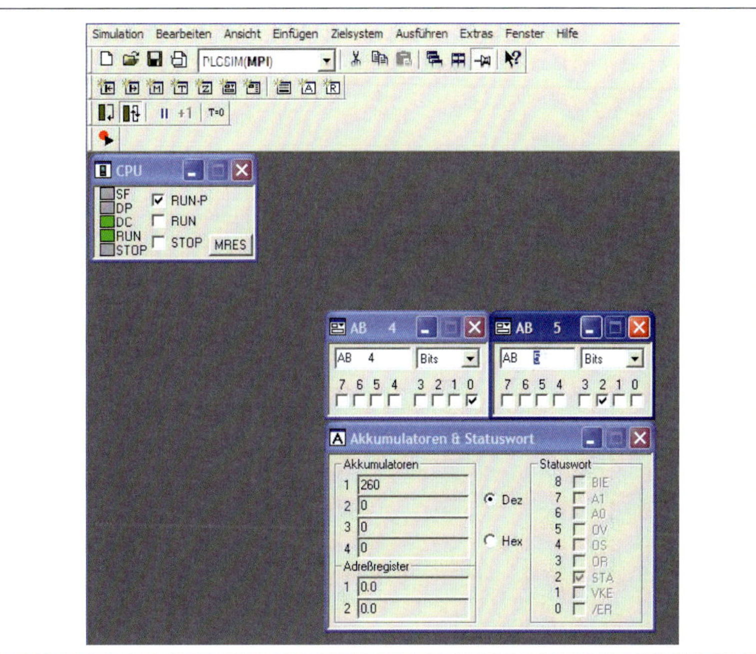

43 Konstante 260 in das Ausgangswort AW4 transferieren

```
L  zaehler  //Wert der Variablen „zaehler“
            //laden
L  1        //Konstante 1 laden
–I          //Konstante 1 von „zaehler“
            //subtrahieren
T  zaehler  //Ergebnis an Variable „zaehler“
            //transferieren
```

■ **+I, +R**

Angeben ist auch der Datentyp Integer oder Real.

■ **xxx**
Beliebiger Speicherinhalt.

Hinweis
Der in Akku 1 stehende Wert wird vom Wert in Akku 2 subtrahiert. Das Ergebnis steht in Akku 1.

Annahme: Die Variable „zaehler" hat den Wert 121 (Bild 44).

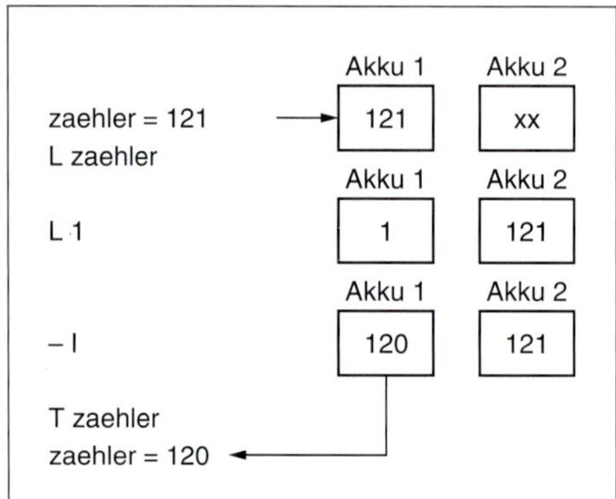

44 Subtraktion (Akkumulatoren)

```
L summe       //Variable „summe" laden
L anzahl      //Variable „anzahl" laden
/R            //Division
T mittelwert  //Ergebnis in Variable
              //„mittelwert" transferieren
```

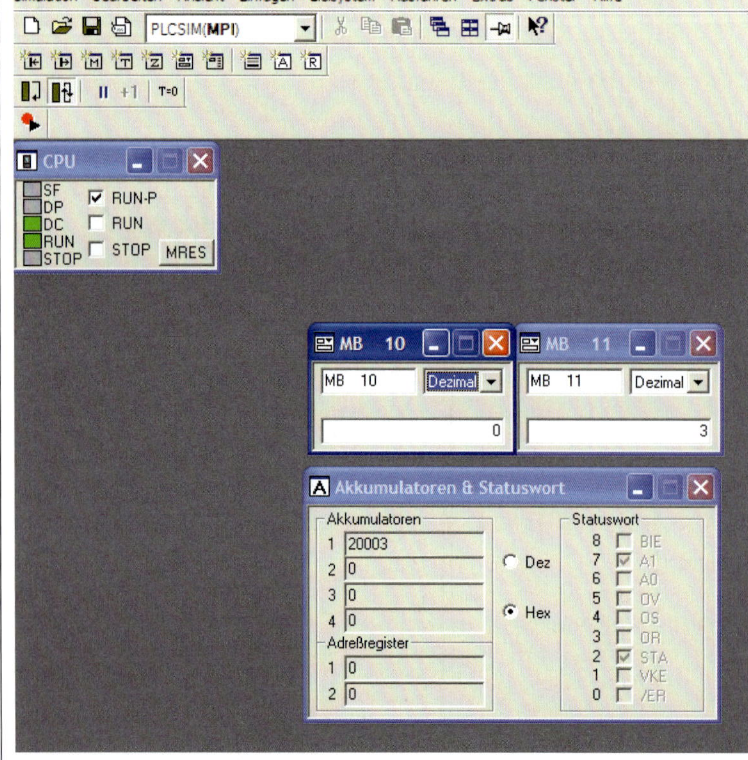

45 Integer (INT) Division

Hinweis
Der Wert in Akku 2 wird durch den Wert in Akku 1 dividiert.

Bei **INT-Division** werden zwei Ergebnisse geliefert. Der *Quotient* steht im *rechten* Wort von Akku 1, der *Divisionsrest* im *linken* Wort von Akku 1 (Bild 45).

Ergebnis: 3 Rest 2 (siehe Akku 1)

```
L variable_1   //„variable_1" laden
L wert_2       //„wert_2" laden
*I             //Integer-Multiplikation
T wert_3       //Ergebnis in „wert_3"
               //transferieren
```

Hinweis
Bei der Multiplikation kann es schnell zu einer *Bereichsüberschreitung* kommen.

■ **Vergleichsfunktionen**
Das Ergebnis einer Vergleichsfunktion ist vom Datentyp BOOL und wird im VKE gespeichert.

Vergleichsfunktionen

Die in Akku 1 und Akku 2 stehenden *digitalen* Werte werden miteinander verglichen.

Das *Vergleichsergebnis* steht im *VKE*. Das ist ausreichend, weil das Vergleichsergebnis nur den Zustand „0" oder „1" annehmen kann.

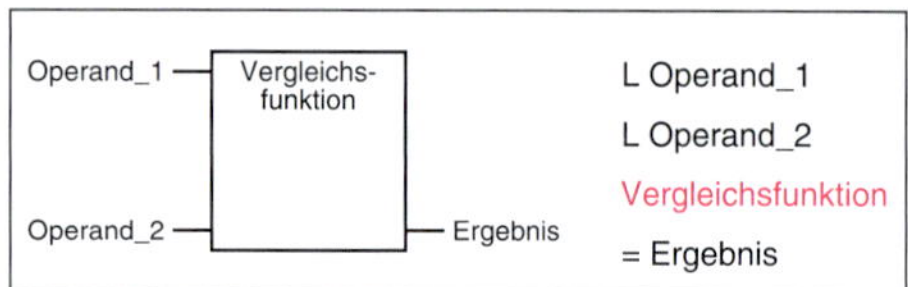

46 Vergleichsfunktionen

Vergleichsfunktionen

Funktion	INT	REAL
Vergleich auf gleich	==I	==R
Vergleich auf ungleich	<>I	<>R
Vergleich auf größer	>I	>R
Vergleich auf größer oder gleich	>=I	>=R
Vergleich auf kleiner	<I	<R
Vergleich auf kleiner oder gleich	<=I	<=R

Beim **Datentyp INT** werden nur die rechten Worte der Akkumulatoren miteinander verglichen.

Beim **Datentyp REAL** wird geprüft, ob die Akkumulatoren gültige REAL-Zahlen enthalten.

Sprungfunktionen

Sprungfunktionen unterbrechen die lineare Programmabarbeitung. Der Sprung ermöglicht es, das Programm an einer vom *Anwender festgelegten* Adresse fortzusetzen.

Sprunganweisungen haben also immer eine *Sprungadresse*. Man nennt sie *Sprungmarke* oder *Label*.

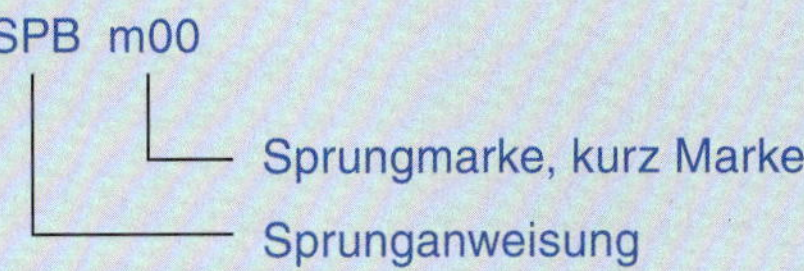

Es wird zwischen *unbedingten* (absoluten) und *bedingten Sprüngen* unterschieden.

Unbedingter Sprung

Unbedingte Sprünge werden *unabhängig* von Bedingungen ausgeführt. Das VKE hat *keine* Auswirkungen auf diese Sprungfunktion.

SPA m00
Springe unbedingt zur Marke m00 im Programm.

```
     U    E8.6
     UN   E8.7
     =    A12.6
     SPA  m00        //Unbedingter Sprung
m01: O    E0.3
     O    E0.4
     =    A4.6
m00: BE              //Baustein-Ende
```

Sprungmarken werden in der AWL durch einen *Doppelpunkt* abgeschlossen. Sie dürfen bis zu 4 Zeichen umfassen.

Wenn die Anweisung *SPA m00* erreicht wird, dann wird das Programm an Sprungmarke *m00* mit Anweisung BE (Bausteinende) fortgesetzt.

Bedingter Sprung

Solche Sprünge werden nur ausgeführt, wenn eine Sprungbedingung erfüllt ist (das VKE den booleschen Zustand „1“ hat). Ist die Sprungbedingung nicht erfüllt, wird das Programm linear mit der auf die Sprungbedingung folgenden Adresse fortgesetzt.

Beispiele für bedingte Sprunganweisungen

SPB... Sprung bei VKE = „1“
SPBN... Sprung bei VKE = „0“
SPZ... Sprung bei Ergebnis = 0
SPN... Sprung bei Ergebnis ungleich 0
SPP... Sprung bei Ergebnis größer 0
SPPZ... Sprung bei Ergebnis größer oder gleich 0

Beispiel

```
     U     hand_auto
     SPBN  m00         //Sprung bei VKE = „0“
     .
     .     AUTOMATIK
     .
     SPA   m01         //Unbedingter Sprung
m00: .
     .     HAND
     .
m01: BE
```

hand_auto = „0“ Handbetrieb
hand_auto = „1“ Automatikbetrieb

Sprungfunktion
stepfunction

Null
zero

■ SPBN ...

Diese bedingte Sprungfunktion kommt häufig zum Einsatz.

Sprung, wenn VKE = „0“.

Sprungfunktionen

1. Annahme: hand_auto = „0“ (gewählt: Handbetrieb)

- Bei Bearbeitung von SPBN m00 ist das VKE = „0“.
- Bei VKE = „0“ wird zur Marke m00 gesprungen.
- Der Automatikbetrieb wird übersprungen, der Handbetrieb wird bearbeitet.

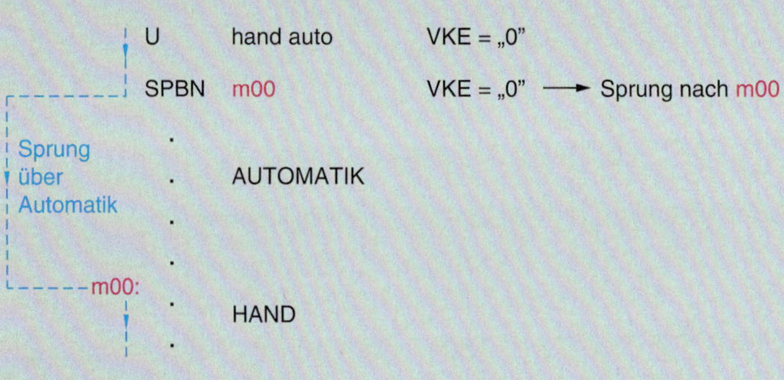

2. Annahme: hand_auto = „1“ (gewählt: Automatikbetrieb)

- Bei Bearbeitung von SPBN m00 ist das VKE = „1“.
- Bei VKE = „1“ wird nicht gesprungen.
- Das Programm wird mit dem Automatikbetrieb fortgesetzt.
- Bei Bearbeitung von SPA m01 wird unbedingt gesprungen.
- Der Handbetrieb wird übersprungen.

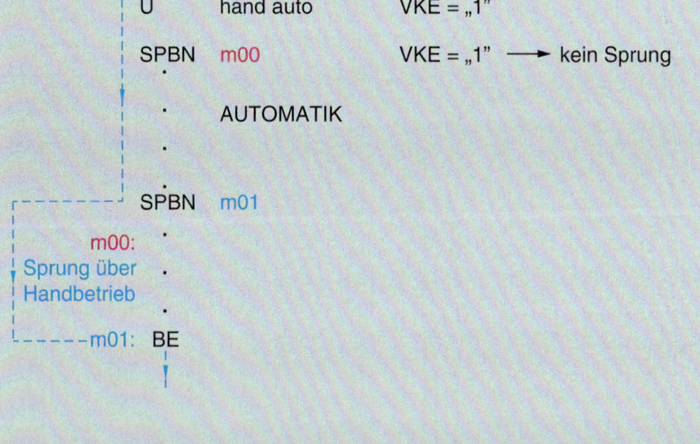

Darstellung von Sprüngen im Funktionsplan

hand_auto — [m00 JMP] Sprung bei VKE = „1”

hand_auto — [m00 JMPN] Sprung bei VKE = „0”

[m00] Sprungmarke (Label)

Darstellung von Sprüngen im Kontaktplan

hand_auto — m00 (JMP) Sprung bei VKE = „1”

hand_auto — m00 (JMPN) Sprung bei VKE = „0”

[m00] Sprungmarke (Label)

■ **JMP, jump**
Sprung bei VKE = „1“

■ **JMPN**
Sprung bei VKE = „0“

@ Interessante Links

- christiani-berufskolleg.de

Prüfung

1. In AWL kann ein Bausteinaufruf mit call... erfolgen.
Programmieren Sie den bedingten Bausteinaufruf von Seite 298 in AWL unter Verwendung einer Sprungfunktion.

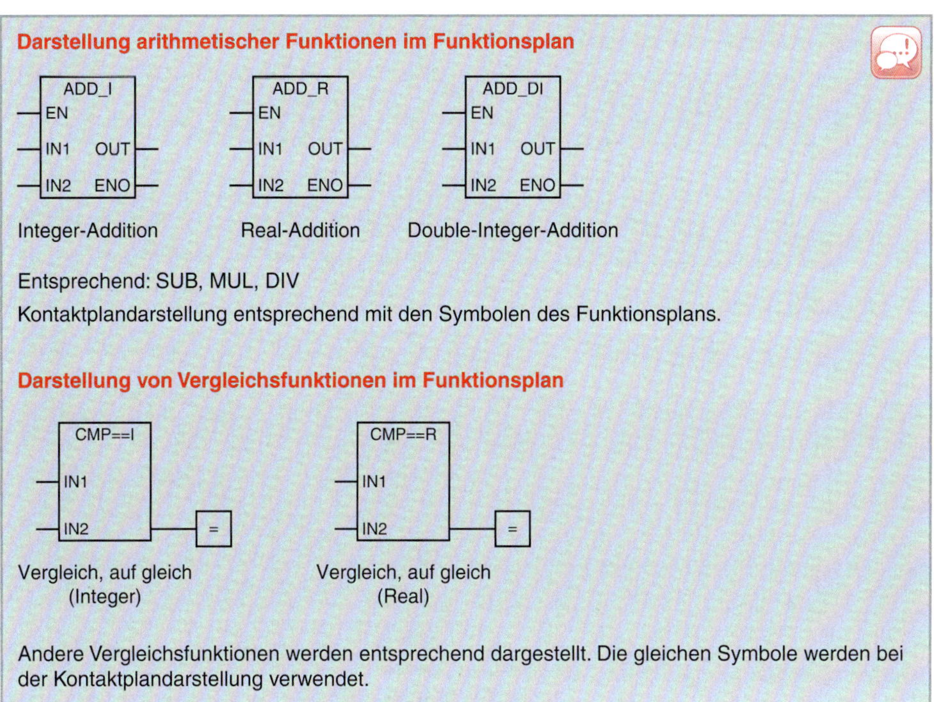

Darstellung arithmetischer Funktionen im Funktionsplan

Integer-Addition | Real-Addition | Double-Integer-Addition

Entsprechend: SUB, MUL, DIV

Kontaktplandarstellung entsprechend mit den Symbolen des Funktionsplans.

Darstellung von Vergleichsfunktionen im Funktionsplan

Vergleich, auf gleich (Integer) | Vergleich, auf gleich (Real)

Andere Vergleichsfunktionen werden entsprechend dargestellt. Die gleichen Symbole werden bei der Kontaktplandarstellung verwendet.

DI
Double Integer

Eine Rundumleuchte mit grünem, gelbem, und rotem Licht soll die Stückzahl erfassen. Die Stückzahl ist in der Variablen „zaehler" abgelegt.

Die Aufgabenstellung wird durch den Programmablaufplan eindeutig beschrieben.
Stückzahl unter 500: Grün
Stückzahl über 1000: Rot
Stückzahl zwischen 500 und 1000: Gelb

Der Zählerstand ist ganzzahlig, sodass „zaehler" als Integervariable deklariert wird.

zaehler MW20 INT Stückzahl

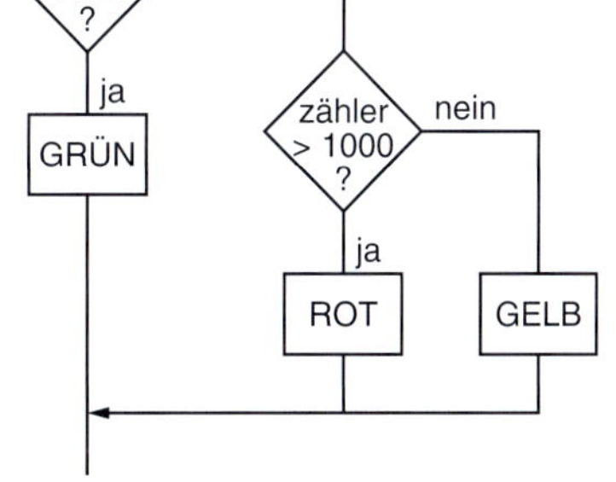

Programmablaufplan

Steuerungsprogramm in FUP-Darstellung

Netzwerk 1: Grünes Licht

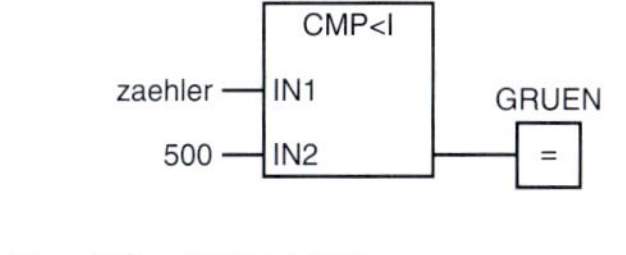

Netzwerk 2: Rotes Licht

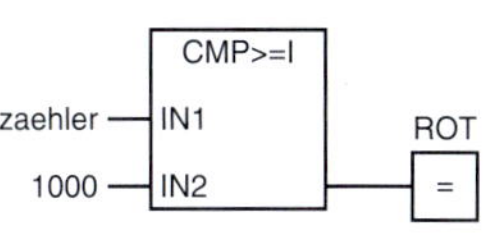

Netzwerk 3: Gelbes Licht

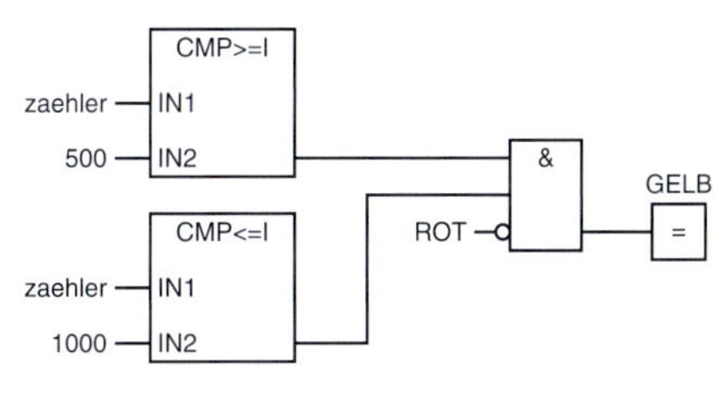

Vergleichsfunktion
→ 304

Steuerungsprogramm in AWL-Darstellung

z. B.

Netzwerk 1: Grünes Licht

```
L    zaehler
L    500
<I
=    GRUEN
```

Netzwerk 2: Rotes Licht

```
L    zaehler
L    1000
>=I
=    Rot
```

Netzwerk 3: Gelbes Licht

```
U(
L    zaehler
L    500
>=I
)
U(
L    zaehler
L    1000
<=I
)
UN Rot
=    Gelb
```

Statusbits

Statusbits sind *binäre Flags*, die von der CPU zur Steuerung der binären Verknüpfungen verwendet und bei digitaler Bearbeitung gesetzt werden. Die Statusbits sind im *Statuswort* zusammengefasst.

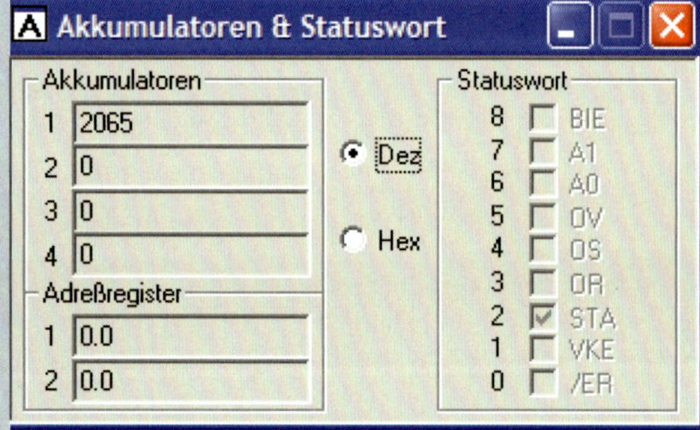

- *Statusbit „Erstabfrage"/ER*
  Am Anfang des Verknüpfungsschrittes ist ER = „0".
  Es folgt eine binäre Abfrageanweisung (Erstabfrage).
  Durch die Erstabfrage wird /ER auf „1" gesetzt.
  Eine binäre Wertzuweisung, ein bedingter Sprung oder ein Bausteinwechsel beendet den Verknüpfungsschritt.

- *Statusbit „Verknüpfungsergebnis" VKE*
  Wird bei binären Verknüpfungen zur Zwischenspeicherung genutzt.
  Bei Erstabfrage wird das Abfrageergebnis in das VKE übertragen.
  Bei jeder Folgeabfrage wird das Abfrageergebnis mit dem aktuellen Inhalt des VKE verknüpft.

■ **Flag**
Flagge, kann den Signalzustand „0" oder „1" annehmen.

- *Statusbit „Status" STA*
  Beinhaltet den Signalzustand des adressierten Binäroperanden oder der abgefragten Bedingung bei binären Verknüpfungen.
  Speicherfunktionen: STA entspricht dem geschriebenen Wert.
  Flankenauswertung: STA speichert den Wert des VKE vor der Flankenauswertung.

- *Statusbit OR*
  Speichert das Ergebnis einer erfüllten UND-Funktion. Einer nachfolgenden ODER-Funktion wird signalisiert, dass das Ergebnis bereits feststeht (UND-vor-ODER).

- *Statusbit „Überlauf" OV*
  Zeigt einen Zahlenbereichsüberlauf oder die Verwendung ungültiger REAL-Zahlen an.

- *Statusbit „Überlauf speichernd" OS*
  Speichert das Setzen des Statusbits OV. OS bleibt auch nach Rücksetzen von OV gesetzt. Damit kann das Flag zu einem späteren Zeitpunkt ausgewertet werden.

- *Statusbit A0 und A1*
  Die Ergebnisse von arithmetischen Funktionen und Vergleichsfunktionen werden durch diese Flags beschrieben.

- *Statusbit „Binärergebnis" BIE*
  Wird in Verbindung mit EN und ENO *verwendet. Kann vom Anwender gesetzt und rückgesetzt werden.*

Projekt Karusselllager

Ein *Karusselllager* mit 12 Behältern soll modernisiert werden und eine SPS-Steuerung erhalten. Dargestellt ist das *Technologieschema*.

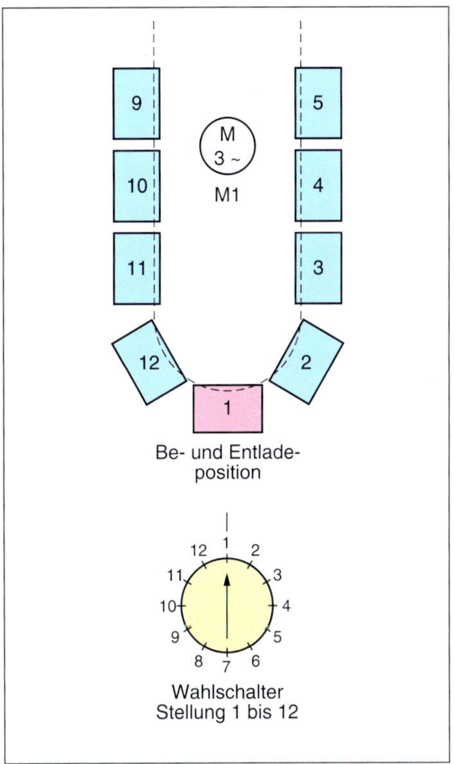

47 Technologieschema Karusselllager

B5	B4	B3	B2	Dezimalwert
0	0	0	0	
0	0	0	1	
0	0	1	0	
0	0	1	1	12
0	1	0	0	11
0	1	0	1	10
0	1	1	0	9
0	1	1	1	8
1	0	0	0	7
1	0	0	1	6
1	0	1	0	5
1	0	1	1	4
1	1	0	0	3
1	1	0	1	2
1	1	1	0	1
1	1	1	1	
K4	**K3**	**K2**	**K1**	**Lagerelement**

Die Anlage besteht aus 12 beweglichen Lagerelementen, die zum Be- und Entladen in die vordere Position gefahren werden können.

Die Wahl erfolgt über einen *Drehschalter* für die Lagerelemente 1 bis 12.

Die Steuerung arbeitet bisher elektromechanisch. Ihr Ausbilder händigt Ihnen einen Teil der zugehörigen Dokumentation aus.

Analyse des Stromlaufplans (Seite 310)

- Das Schütz Q1 schaltet den Motor M1 in einer Drehrichtung ein. Das ist sicher nicht optimal, da so ein Lagerelement nicht auf kürzestem Weg in Zielposition gefahren werden kann.
- Der Wahlschalter gibt unterschiedliche Stromwege zum Schütz Q1 frei.
- Vier Grenztaster (B2 bis B5) betätigen die Hilfsschütze K1 bis K4. Jedes Lagerelement hat eine unverwechselbare Betätigungskombination dieser Grenztaster. Bei Betätigung eines Grenztasters fällt das zugerordnete Schütz ab.

Annahme

Lagerelement 1 steht in Entnahmeposition.

B2 ist betätigt, K1 ist abgefallen. Q1 ist abgefallen. Der Motor ist ausgeschaltet.

Wahlschalter auf Stellung 6 bringen.

Q1 zieht an, der Motor wird eingeschaltet.

Er bleibt eingeschaltet, bis K2 und K3 beide abgefallen sind, also B3 und B4 gleichzeitig betätigt. Dann fällt Q1 ab und der Motor ist ausgeschaltet.

Die Position „6“ des Magazins ist erreicht.

Die Schütze K1 bis K4 „zählen“ also, welche Magazinposition in Entnahmeposition steht.

Erreicht wird das dadurch, dass jedes Magazinelement unterschiedliche Grenztaster betätigt, was durch eine mechanische Vorrichtung erreicht wird. Der Aufwand erscheint zu hoch.

Lösungsvorschlag:

Auf den Wahlschalter wird verzichtet.

12 Leuchttaster dienen zur *Wahl* des Magazins.

Die *Wahl* wird durch einen *Eingabetaster* bestätigt.

Das Magazin bewegt sich in zwei Richtungen. So kann die Zielposition auf kürzestem Weg erreicht werden.

Die elektromechanische Variante ist sehr aufwendig, da auf jedem Magazinelement eine mechanische Vorrichtung angebracht werden muss, die nur den oder die zugeordneten Grenztaster betätigt.

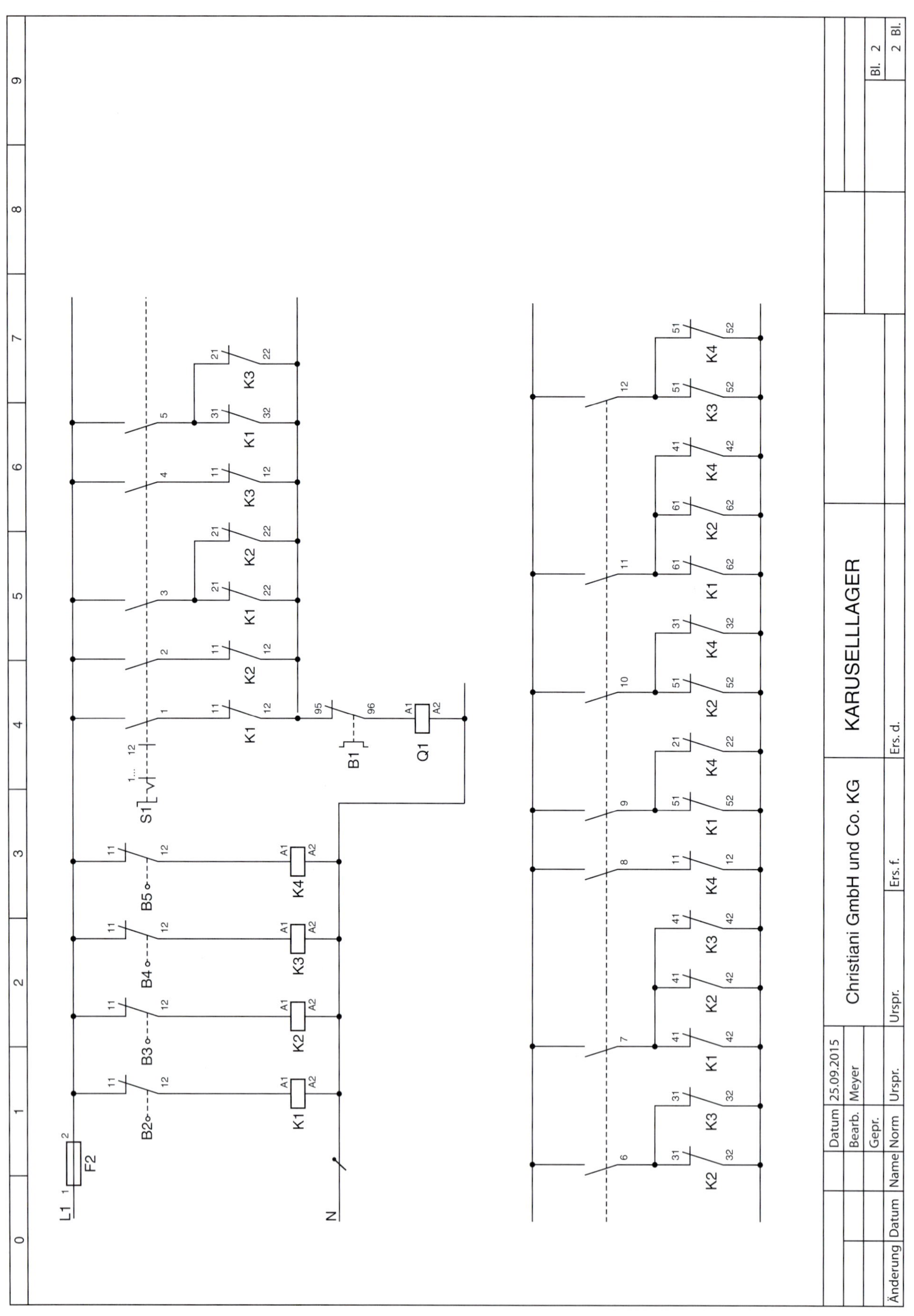
KARUSELLLAGER
Christiani GmbH und Co. KG
Datum 25.09.2015
Bearb. Meyer
Gepr.
Änderung Datum Name Norm Urspr.
Urspr.
Ers. f.
Ers. d.
Bl. 2
2 Bl.

Benötigt werden *zwei* induktive Näherungssensoren. Einer wird von *jedem* Magazinelement bedämpft, der andere *nur* von Magazinelement 1 (Anfangsposition).

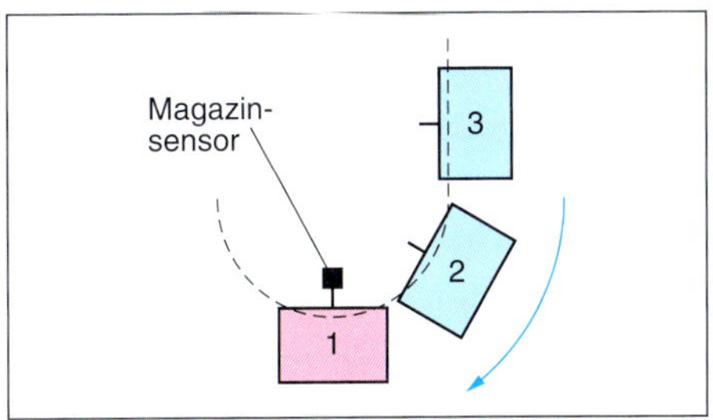

48 Magazinsensor (jedes Magazinelement)

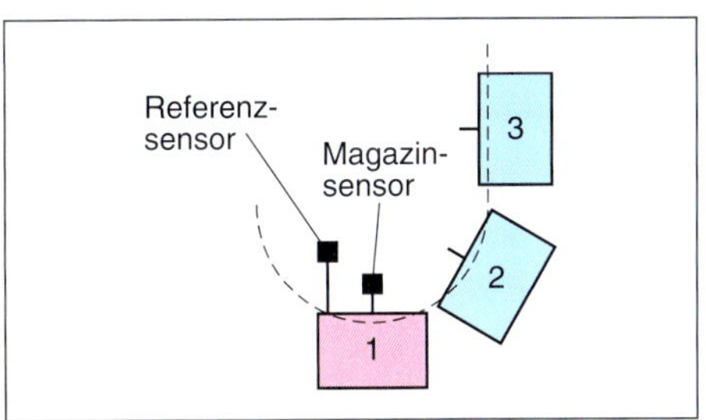

49 Referenzsensor (nur Magazinelement 1)

Bedienpult (Bild 51)

S1 bis S12	Taster für Magazin-Nummer
S13	Stopptaster
S14	Starttaster
S15	Referenztaster
B1	Motorschutzrelais
B2	Magazinsensor
B3	Referenzsensor

Geplante Programmstruktur

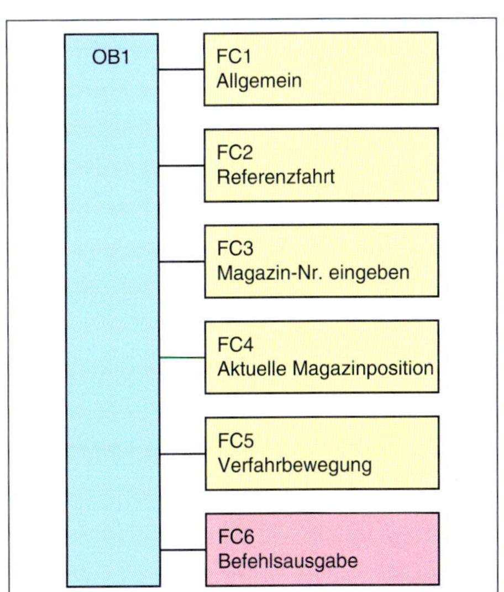

50 Programmstruktur

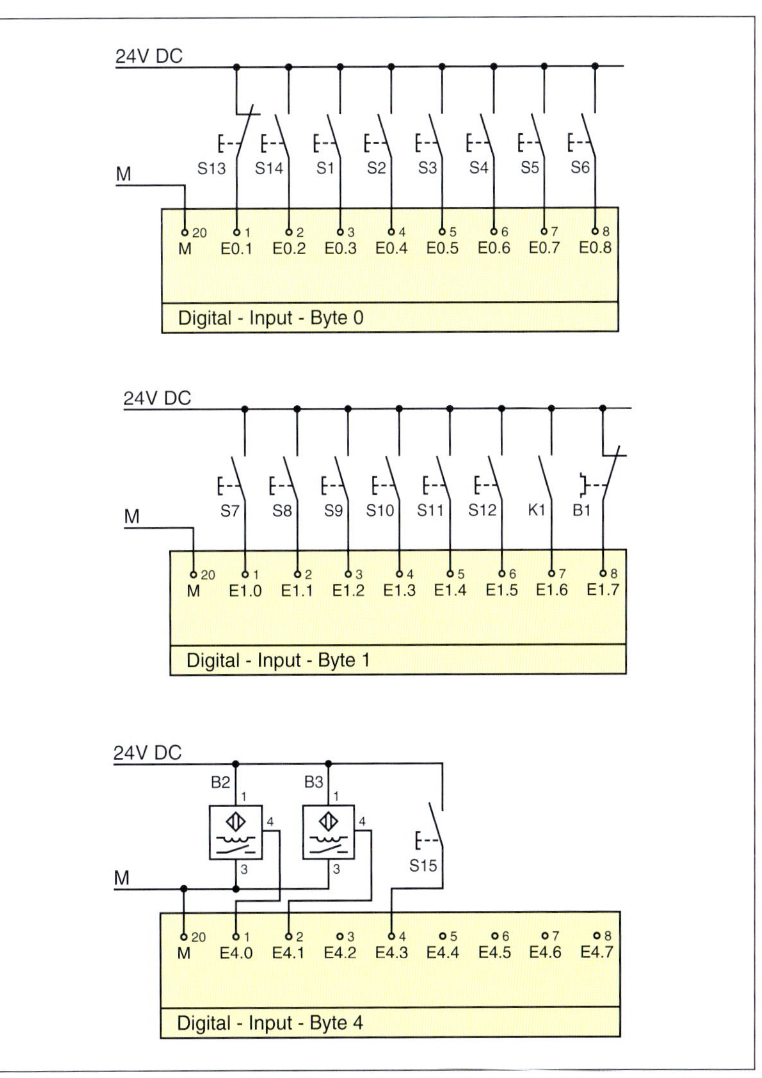

51 Bedienpult des Karusselllagers

52 Eingangsbeschaltung der SPS

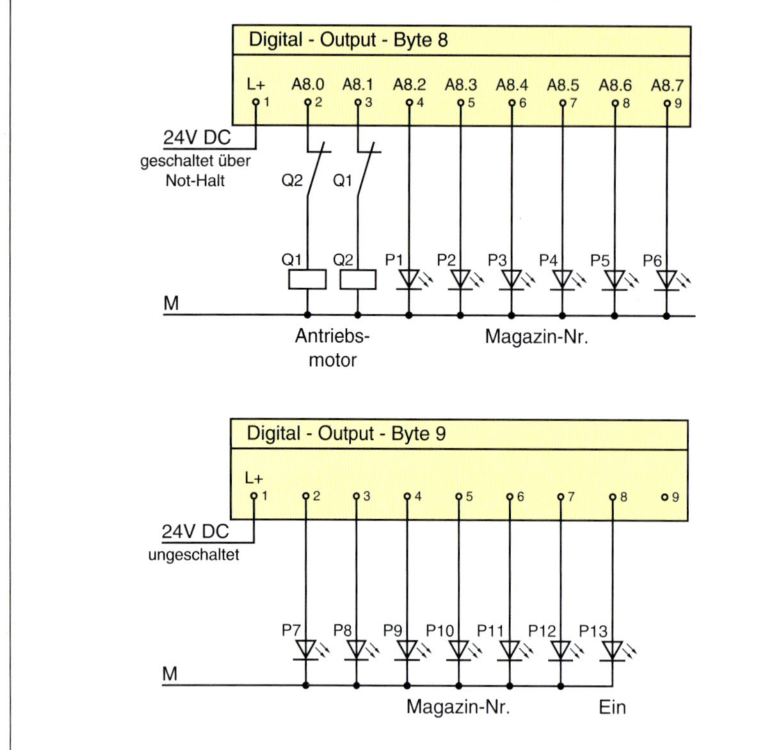

53 Ausgangsbeschaltung der SPS

Steuerungsprogramm

FC1: Allgemeines und Meldelampen

Netzwerk 1: Startmerker

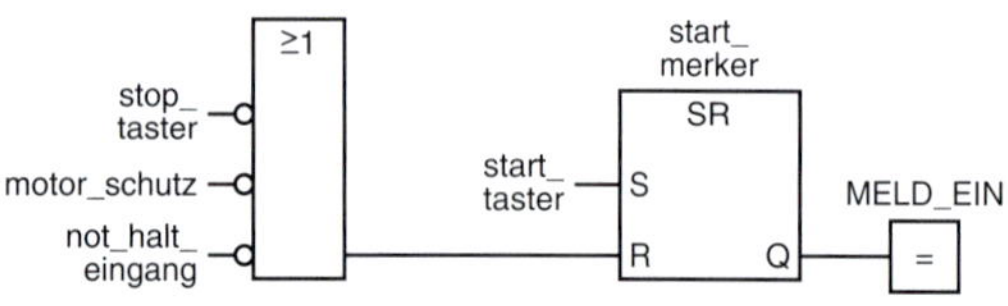

Netzwerk 2: Positive Flanke Magazinsensor

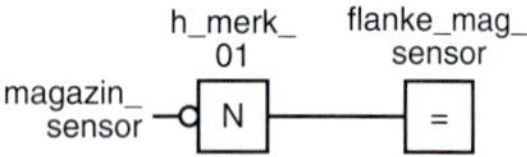

Netzwerk 3: Positive Flanke Referenzsensor

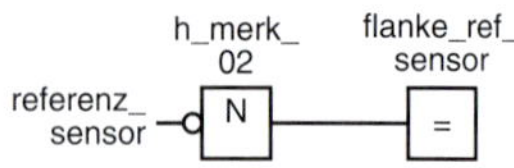

Aufruf einer Funktion

Es muss zwischen *Funktionen mit Funktionswert* und *Funktionen ohne Funktionswert* unterschieden werden.

Der *Funktionswert* ist der *erste Ausgangsparameter* der Funktion.

Er hat die festgelegte Bezeichnung *RET_VAL* (return valve, Rückgabewert).

Hier sind nur *Großbuchstaben* zulässig. In diesem Fall muss für die Funktion ein *Datentyp* angegeben werden.

Beispiel

Funktion ohne Funktionswert

```
FUNCTION FC20 : INT
   var_input
      stueckzahl_01  :  INT;
      stueckzahl_02  :  INT;
   end_var
   begin
      L  stueckzahl_01;
      L  stueckzahl_02;
      +I;
      T  RET_VAL;
END_FUNCTION
```

Beachten Sie, dass *keine Ausgangsvariable* für die Funktion deklariert werden muss. Das Ergebnis wird in RET_VAL abgelegt.

Beispiel

Funktion mit Funktionswert

```
FUNCTION FC20 : VOID
   var_input
      stueckzahl_01  :  INT;
      stueckzahl_02  :  INT;
   end_var
   var_output
      Summe          :  INT;
   end_var
   begin
      L  stueckzahl_01;
      L  stueckzahl_02;
      +I;
      T  SUMME;
END_FUNCTION
```

Die Angabe VOID bedeutet „typlos“. In dieser Form können Funktionen mit *mehreren Ausgangsparametern* programmiert werden.

Prüfung

1. Erläutern Sie die geplante Programmstruktur, die in Bild 50, Seite 311 dargestellt ist.

2. Warum ist die Flankenbildung in den Netzwerken 2 und 3 (siehe oben) zwingend notwendig? Trifft das auch auf den Referenzsensor zu?

Symboltabelle

Symbol	Adresse	Datentyp	Kommentar
stop_taster	E0.0	BOOL	Stopptaster, NC
start_taster	E0.1	BOOL	Starttaster, NO
magazin_01	E0.2	BOOL	Wahl Magazin 1, NO
magazin_02	E0.3	BOOL	Wahl Magazin 2, NO
magazin_03	E0.4	BOOL	Wahl Magazin 3, NO
magazin_04	E0.5	BOOL	Wahl Magazin 4, NO
magazin_05	E0.6	BOOL	Wahl Magazin 5, NO
magazin_06	E0.7	BOOL	Wahl Magazin 6, NO
magazin_07	E1.0	BOOL	Wahl Magazin 7, NO
magazin_08	E1.1	BOOL	Wahl Magazin 8, NO
magazin_09	E1.2	BOOL	Wahl Magazin 9, NO
magazin_10	E1.3	BOOL	Wahl Magazin 10, NO
magazin_11	E1.4	BOOL	Wahl Magazin 11, NO
magazin_12	E1.5	BOOL	Wahl Magazin 12, NO
not_halt_eingang	E1.6	BOOL	Not-Halt-Eingang SPS, NO
motor_schutz	E1.7	BOOL	Motorschutzrelais, NC
magazin_sensor	E4.0	BOOL	Magazinsensor, NO
referenz_sensor	E4.1	BOOL	Referenzsensor, NO
referenz_taster	E4.4	BOOL	Referenztaster, NO
RECHTS	A8.0	BOOL	Antrieb Rechtslauf
LINKS	A8.1	BOOL	Antrieb Linkslauf
MELD_MAG_1	A8.2	BOOL	Magazin 1
MELD_MAG_2	A8.3	BOOL	Magazin 2
MELD_MAG_3	A8.4	BOOL	Magazin 3
MELD_MAG_4	A8.5	BOOL	Magazin 4
MELD_MAG_5	A8.6	BOOL	Magazin 5
MELD_MAG_6	A8.7	BOOL	Magazin 6
MELD_MAG_7	A9.0	BOOL	Magazin 7
MELD_MAG_8	A9.1	BOOL	Magazin 8
MELD_MAG_9	A9.2	BOOL	Magazin 9
MELD_MAG_10	A9.3	BOOL	Magazin 10
MELD_MAG_11	A9.4	BOOL	Magazin 11
MELD_MAG_12	A9.5	BOOL	Magazin 12
MELD_EIN	A9.6	BOOL	Meldung Bereitschaft

Netzwerk 4: Betätigung eines Magazinwahltasters

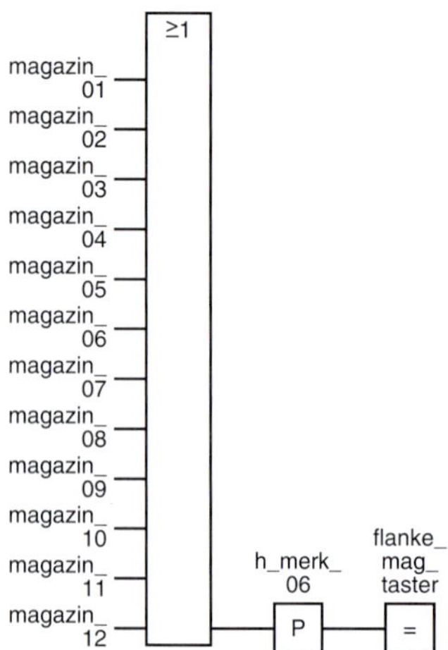

Netzwerk 5: Meldung Magazin 1

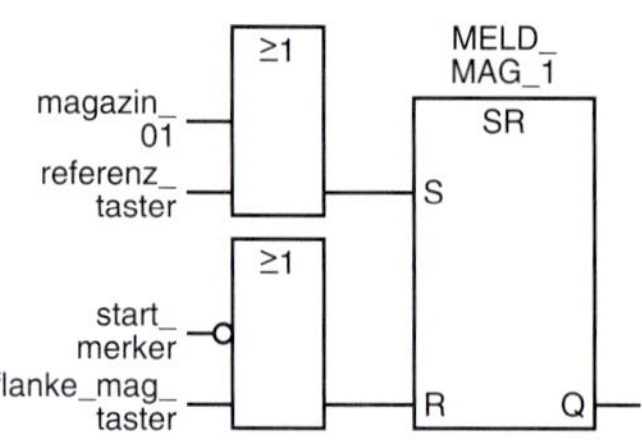

Netzwerk 6: Meldung Magazin 2

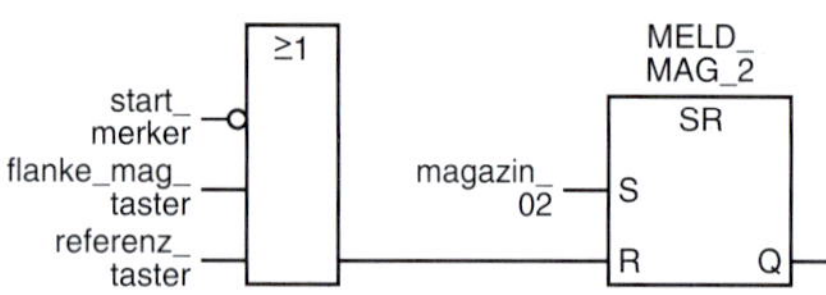

Netzwerk 7: Meldung Magazin 3

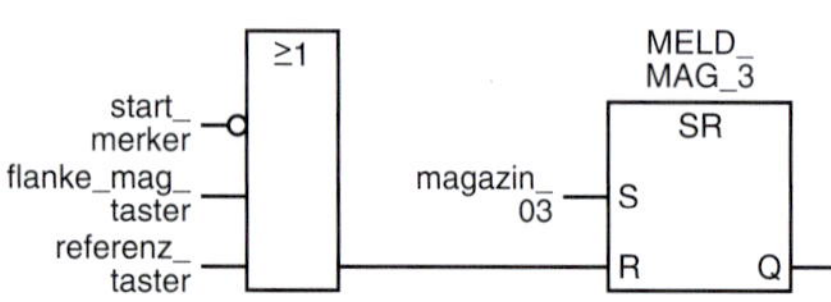

Netzwerk 8: Meldung Magazin 4

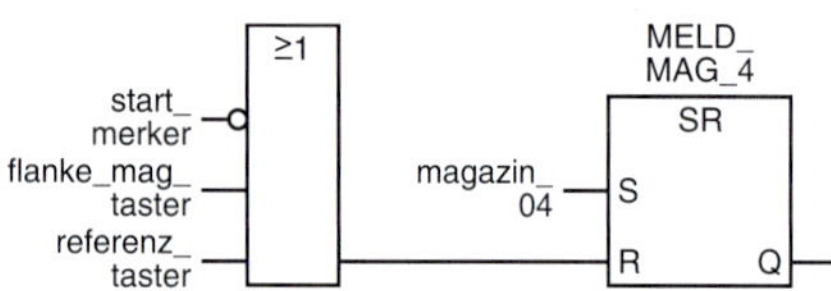

Netzwerk 9: Meldung Magazin 5

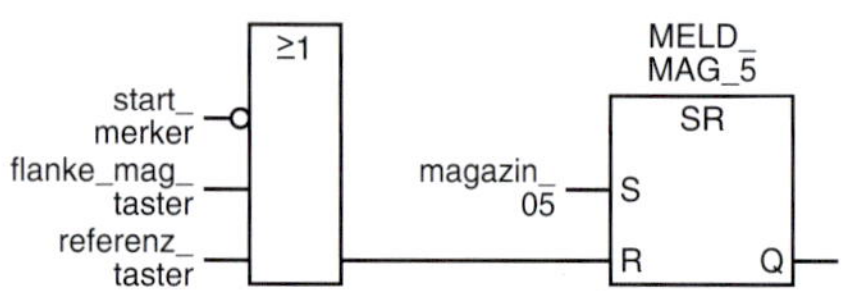

Netzwerk 10: Meldung Magazin 6

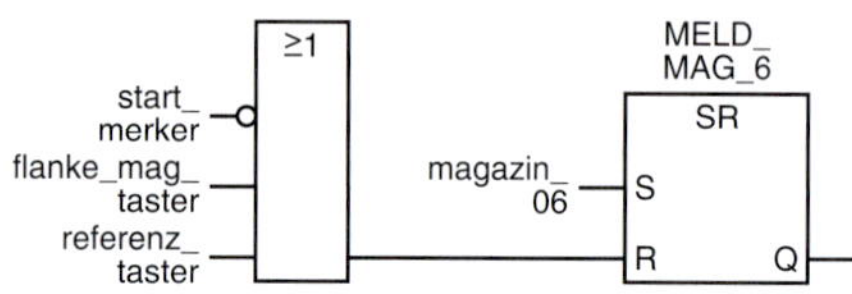

Netzwerk 11: Meldung Magazin 7

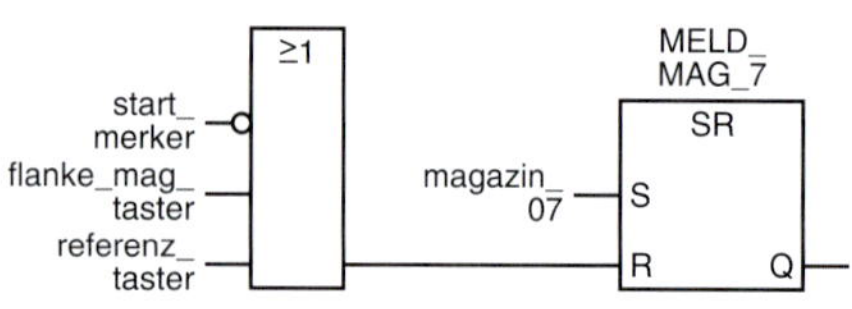

Netzwerk 12: Meldung Magazin 8

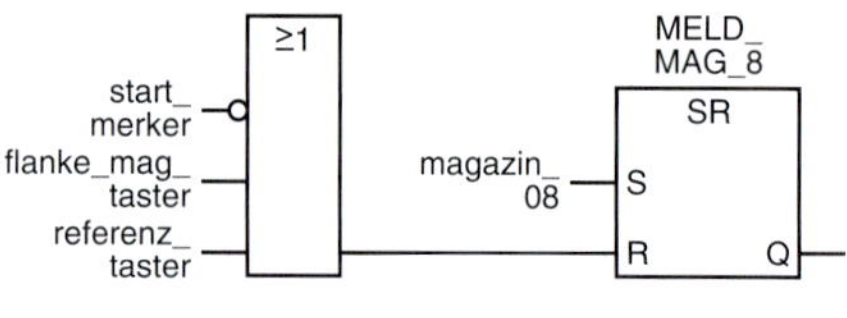

Netzwerk 13: Meldung Magazin 9

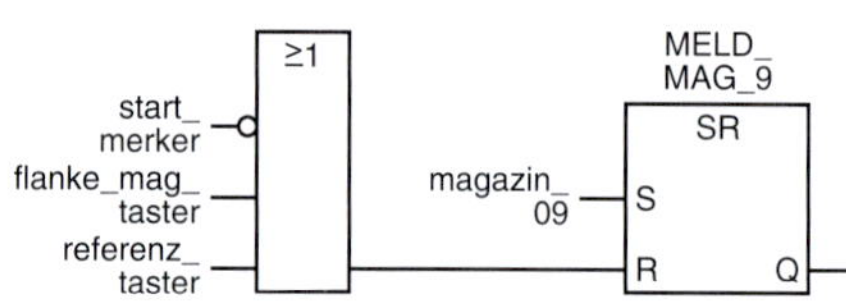

Netzwerk 14: Meldung Magazin 10

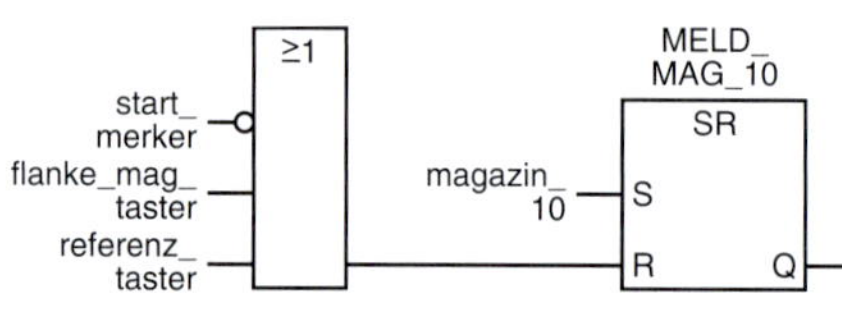

Netzwerk 15: Meldung Magazin 11

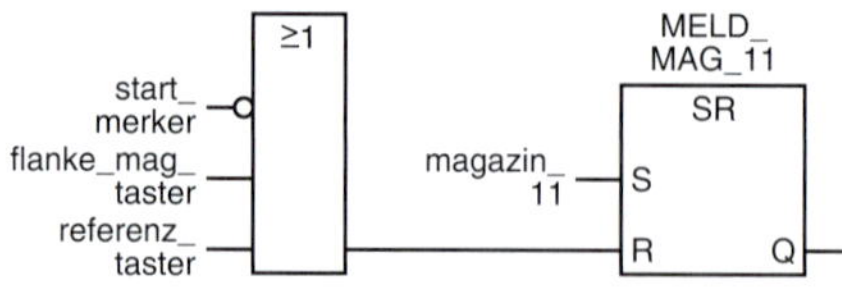

Netzwerk 16: Meldung Magazin 12

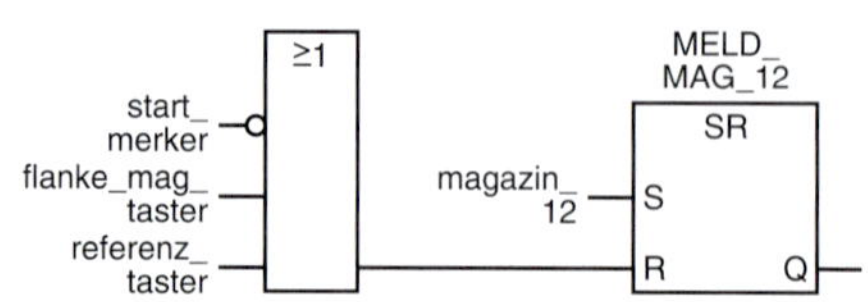

FC2: Referenzfahrt

Netzwerk 1: Referenzfahrt im Rechtslauf

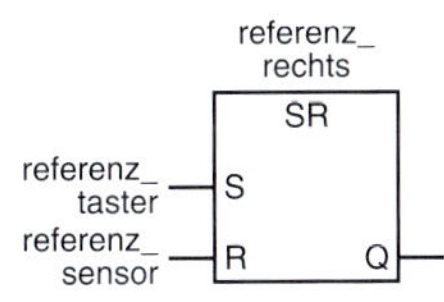

Netzwerk 2: Magazinposition auf 1 setzen

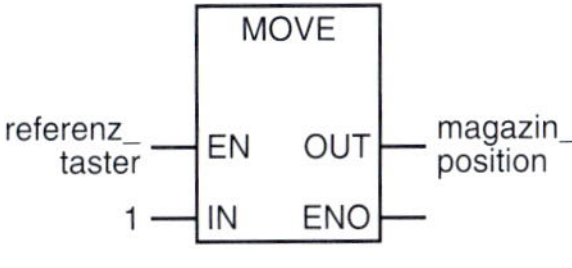

Netzwerk 3: Magazinwahl auf 1 setzen

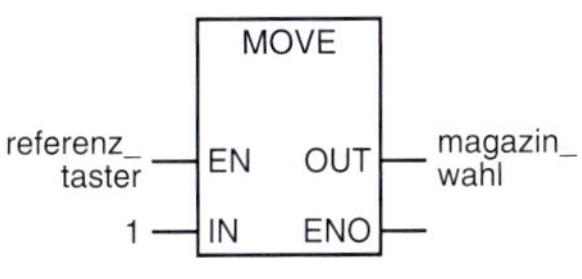

Wert übertragen (MOVE)

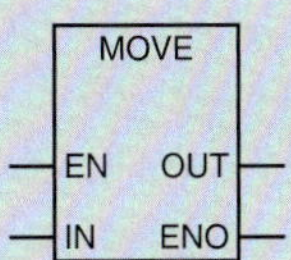

EN, ENO: Datentyp BOOL

IN, OUT: Datentypen mit einer Länge von 8, 16 oder 32 bit

MOVE ermöglicht es, Variablen mit spezifischen Werten vorzubelegen. Der Wert am Eingang IN wird in den Operanden kopiert, der am Ausgang OUT angegeben ist.

ENO hat den gleichen Signalzustand wie EN.

Beispiel

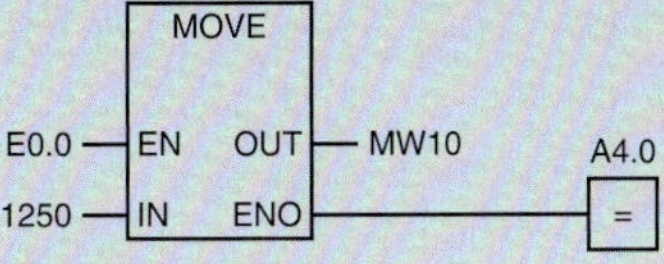

Die Operation wird ausgeführt, wenn E0.0 = „1“.

Die Konstante 1250 wird in das Merkerwort MW10 kopiert.

Wenn die Operation ausgeführt wird, ist A4.0 = „1“.

FC3: Magazineingabe

Netzwerk 1: Wahl des gewünschten Magazins

```
     U     magazin_01
     SPBN  m01
     L     1
     T     magazin_wahl
     SPA   end
m01: U     magazin_02
     SPBN  m02
     L     2
     T     magazin_wahl
     SPA   end
m02: U     magazin_03
     SPBN  m03
     L     3
     T     magazin_wahl
     SPA   end
m03: U     magazin_04
     SPBN  m04
     L     4
     T     magazin_wahl
     SPA   end
m04: U     magazin_05
     SPBN  m05
     L     5
     T     magazin_wahl
     SPA   end
m05: U     magazin_06
     SPBN  m06
     L     6
     T     magazin_wahl
     SPA   end
m06: U     magazin_07
     SPBN  m07
     L     7
     T     magazin_wahl
     SPA   end
m07: U     magazin_08
     SPBN  m08
     L     8
     T     magazin_wahl
     SPA   end
m08: U     magazin_09
     SPBN  m09
     L     9
     T     magazin_wahl
     SPA   end
m09: U     magazin_10
     SPBN  m10
     L     10
     T     magazin_wahl
     SPA   end
m10: U     magazin_11
     SPBN  11
     L     11
     T     magazin_wahl
     SPA   end
m11: U     magazin_12
     SPBN  end
     L     12
     T     magazin_wahl
end: BE
```

■ **Sprungfunktion**
→ 306

■ **BE**
Baustein-Ende

FC4: Aktuelle Magazinposition

Netzwerk 1: Bei Rechtslauf aufwärts zählen

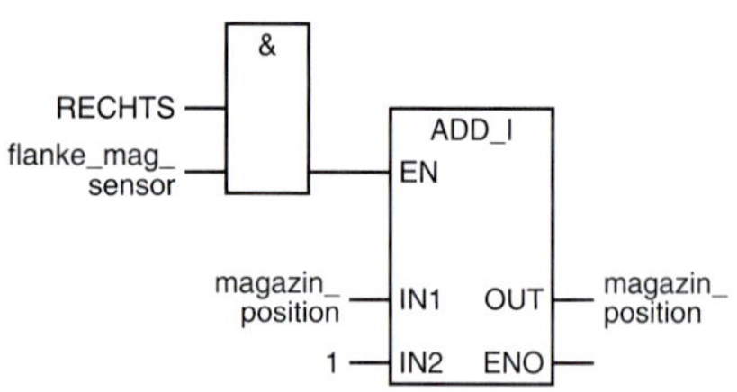

Netzwerk 2: Bei Linkslauf abwärts zählen

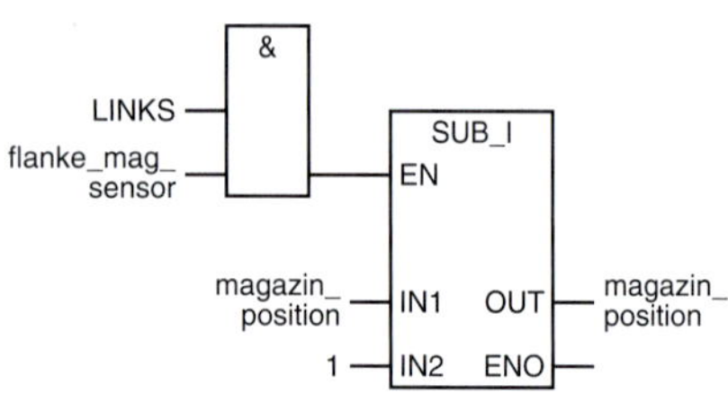

Netzwerk 3: Bei Rechtslauf kommt nach Magazin 12 Magazin 1

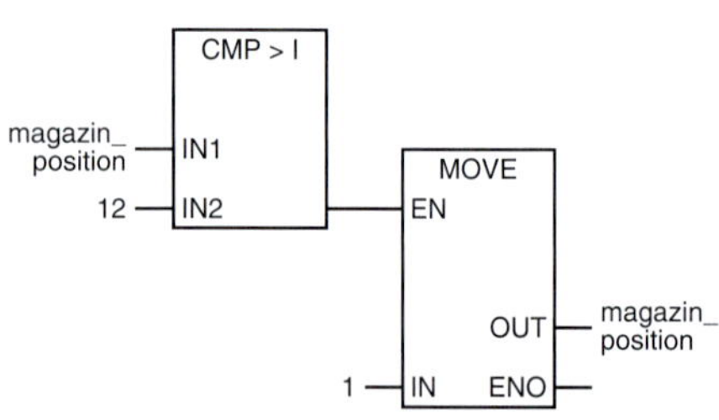

Netzwerk 4: Bei Linkslauf kommt nach Magazin 1 Magazin 12

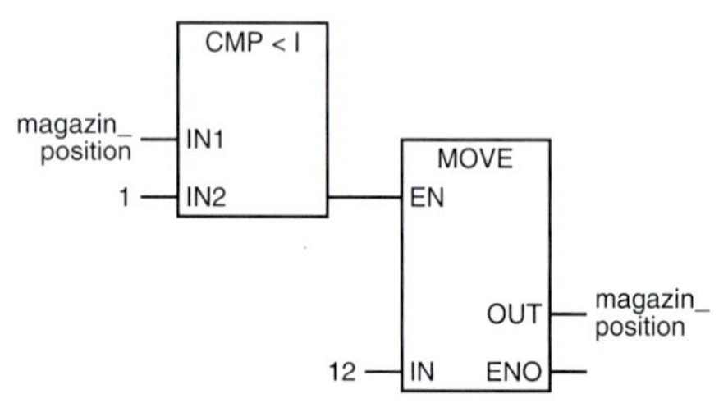

FC5: Verfahrbewegung

Netzwerk 1: Differenzbildung

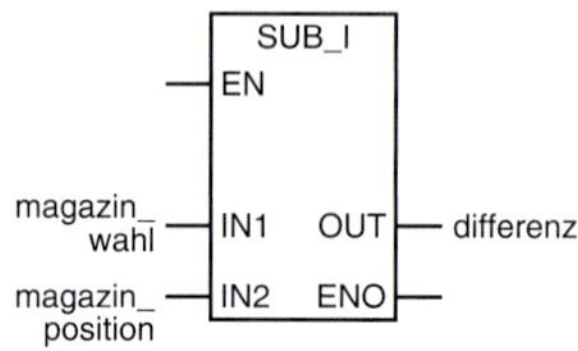

Netzwerk 2: Differenzbildung

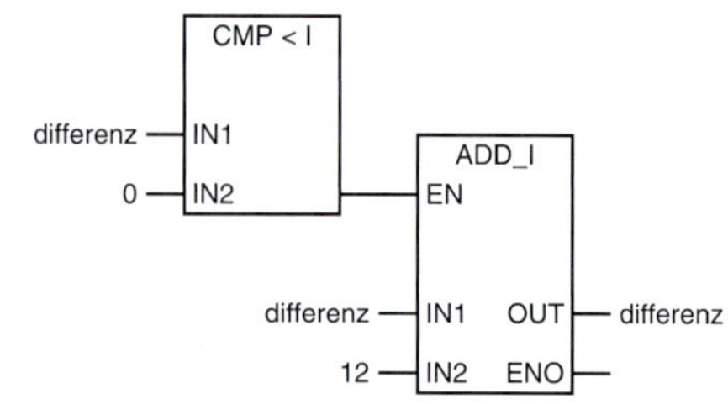

Netzwerk 3: Differenz größer als 6

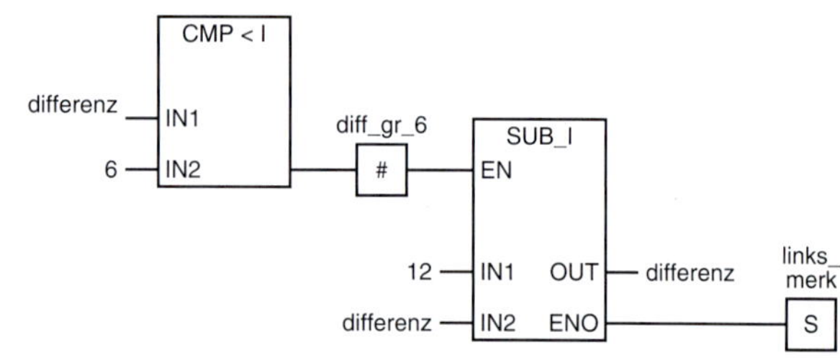

Netzwerk 4: Differenz nicht größer als 6

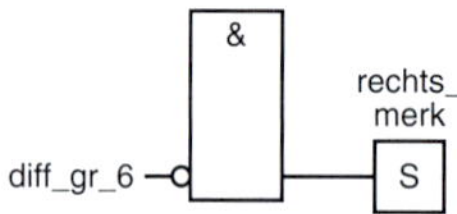

Netzwerk 5: Bei Differenz = 0 zurücksetzen

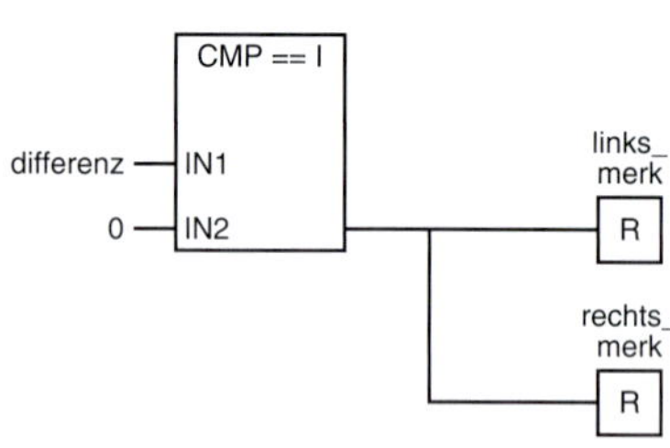

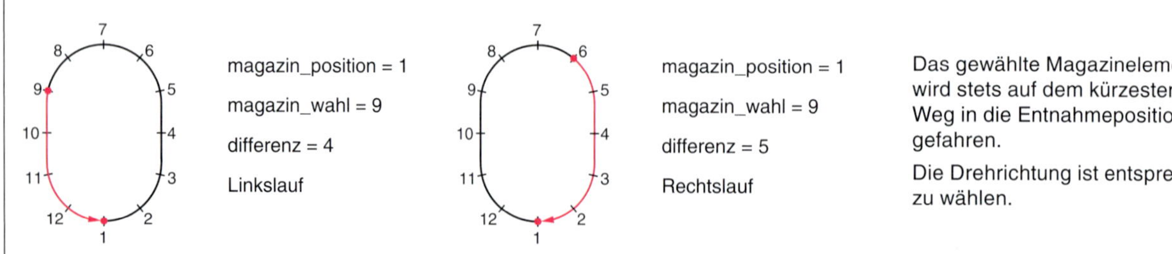

54 Verfahrbewegung des Magazins

FC6: Befehlsausgabe

Netzwerk 1: Motor im Rechtslauf

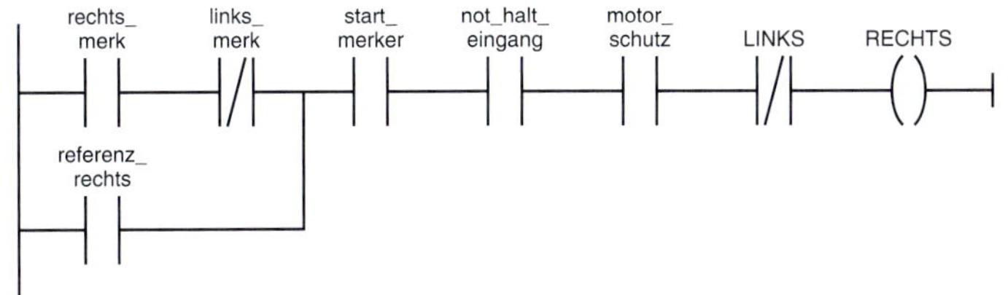

Netzwerk 2: Motor im Linkslauf

links_ merk
rechts_ merk
start_ merker
not_halt_ eingang
motor_ schutz
RECHTS
LINKS

OB1: Karusselllager

Netzwerk 1: Aufruf der Funktion Allgemeines

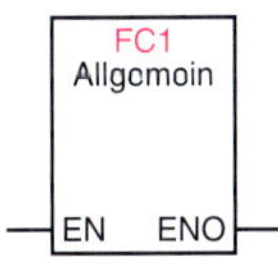

Netzwerk 2: Aufruf der Funktion Referenzfahrt

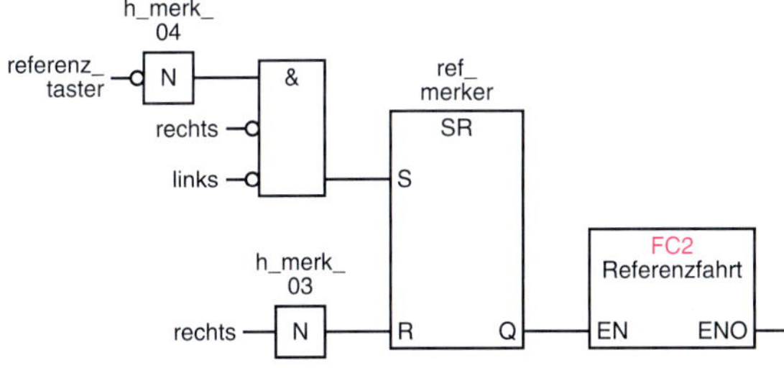

Netzwerk 3: Aufruf der Funktion Magazineingabe

Netzwerk 4: Aufruf der Funktion Magazinposition

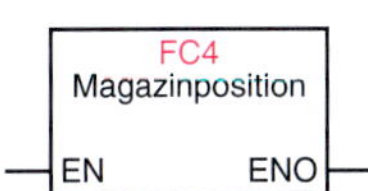

Netzwerk 5: Aufruf der Funktion Verfahrbewegung

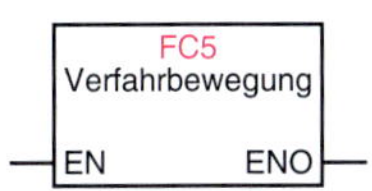

Netzwerk 6: Aufruf der Funktion Befehlsausgabe

■ **Konnektor**

Datentyp BOOL

Der Operand gibt an, welchem Bit das VKE zugewiesen wird.

Die Operation Konnektor ist ein zwischengeschaltetes Zuordnungselement, das das VKE speichert.

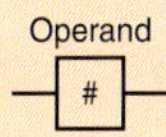

Siehe Netzwerk 3 oder Verfahrbewegung.

■ **Netzwerk 2**

zeigt einen bedingten Bausteinaufruf.

@ Interessante Links

- christiani-berufskolleg.de

Prüfung

1. FC1: Allgemeines und Meldelampen
Welche Aufgabe hat das Netzwerk 4: Betätigung eines Magazinwahltasters?

2. FC1: Allgemeines und Meldelampen
Netzwerke 2 und 3: Handelt es sich um eine positive oder eine negative Flankenbildung?

3. Welche Meldelampe leuchtet, wenn der Referenztaster betätigt wird?

4. FC2: Referenzfahrt
Netzwerk 2 und Netzwerk 3: Warum werden magazin_position und magazin_wahl beide auf den Wert 1 gebracht?

5. FC3: Magazineingabe, Netzwerk 1: Wahl des gewünschten Magazins:
Welche Aufgabe haben die Sprungfunktionen SPB... und SPA...?

6. Beschreiben Sie die Arbeitsweise von FC4: Aktuelle Magazinposition

7. In FC5: Verfahrbewegung wird der Konnektor „diff_gr_6" eingesetzt.
Beschreiben Sie die Aufgabe des Konnektors.

8. Angenommener Fehler: Die Referenzfahrt kann nicht gestartet werden.
Beschreiben Sie die Vorgehensweise bei der Fehlersuche.

Strukturierter Text

Die *Programmiersprache SCL* (structured control language) ermöglicht die Erstellung von kurzen, übersichtlichen und gut lesbaren Programmen.

Dies gilt in erster Linie für den Bereich der *Wortverarbeitung*.

Ein besonderer Vorteil liegt darin, dass die *lineare Programmbearbeitung unterbrochen* werden kann, ohne auf Sprunganweisungen zurückgreifen zu müssen.

Beispiele verdeutlichen die Programmiersprache am besten.

magazin_nummer := magazin_nummer + 1;

Bei Bearbeitung dieser Anweisung wird der Variablen *magazin_nummer* ein um 1 erhöhter Wert zugewiesen.

:= Wertzuweisungszeichen

; Semikolon zum Abschluss der Steueranweisung

Wertzuweisung (:=)

Eine *Wertzuweisung* ist *keine* Gleichung.

Dies macht obige Wertzuweisung eindeutig klar, da rechts vom Wertzuweisungszeichen ein um 1 erhöhter Wert steht.

Eine *Wertzuweisung* weist der Variablen einen *veränderten Wert* zu.

Die Veränderung wird durch die Rechenvorschrift bestimmt.

Im Beispiel lautet die Rechenvorschrift:
alter Variablenwert + 1.

Annahme:
Variablenwert *vor* der Bearbeitung obiger Anweisung: magazin_nummer = 6.

Nach Bearbeitung obiger Anweisung:
magazin_nummer = 7.

MELDELAMPE := steuerung_ein & freigabe;

Hier handelt es sich um boolesche Variablen.

Wenn steuerung_ein = „1" UND freigabe = „1", dann wird der Variablen MELDELAMPE der boolesche Wert „1" zugewiesen.

& oder AND: UND-Funktion
OR: ODER-Funktion
NOT: NICHT-Funktion

Beachten Sie:
Die NICHT-Funktion (Negation) kann auf unterschiedliche Weise realisiert werden.

1. freigabe := steuer_ein & NOT sperr_merker;
2. freigabe := steuer_ein & sperr_merker = 0;

IF...THEN...-Anweisung

Diese Anweisung ist sehr überschaubar und kann vielfältig eingesetzt werden.

IF... THEN... (wenn... dann...)

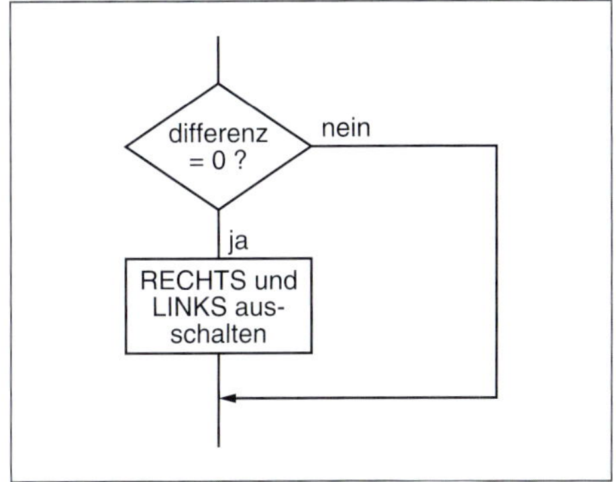

55 IF...THEN-Anweisung, Programmablaufplan

Wenn differenz = 0
 dann RECHTS := 0; LINKS := 0

```
IF differenz = 0
   THEN RECHTS := 0; LINKS := 0;
END_IF;
```

Beachten Sie die Schreibweise mit den Semikolon.

IF... THEN... ELSE... (wenn... dann... sonst...)

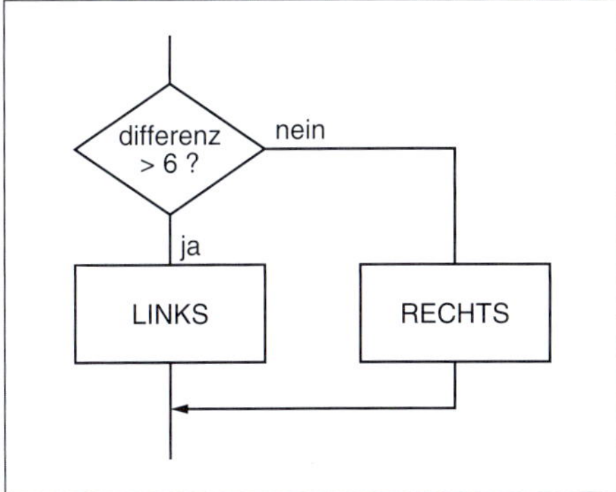

56 IF...THEN...ELSE-Anweisung

Wenn differenz > 6
dann Linkslauf
 sonst Rechtslauf

```
IF differenz > 6 THEN LINKS := 1;
   ELSE RECHTS := 1;
END_IF;
```

Bei dieser Struktur wird in jedem Fall eine Anweisung ausgeführt. Entweder LINKS oder RECHTS.

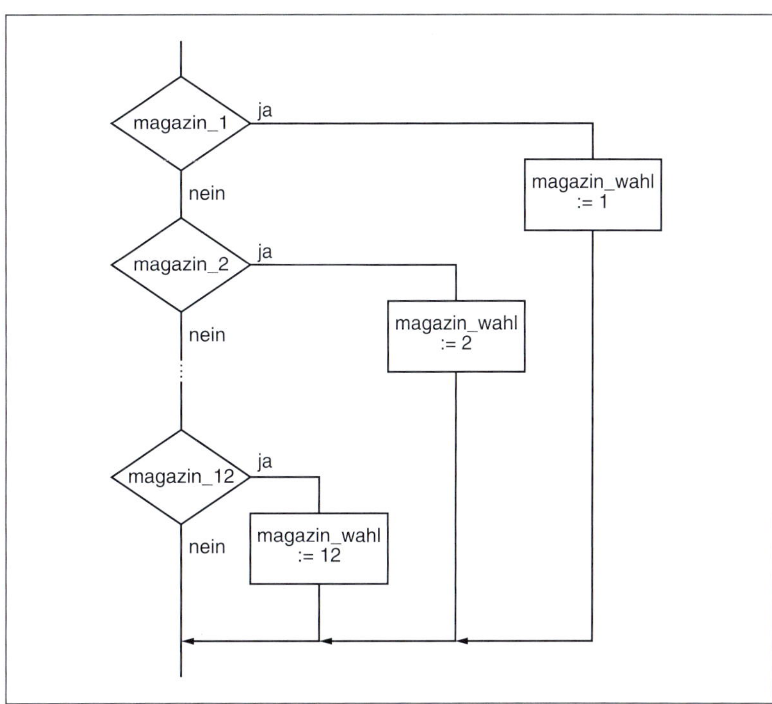

57 IF...THEN...ELSIF-Anweisung

IF... THEN... ELSIF...

```
IF magazin_1 THEN magazin_wahl := 1;
   ELSIF magazin_2 THEN magazin_wahl := 2;
      .
      .
      .
          ELSIF magazin_12 THEN magazin_wahl := 12;
END_IF;
```

Die Programme sind so einfach, dass sie sich von selbst erklären. Wenn eine Bedingung erfüllt ist, wird die IF... THEN... ELSIF-Struktur beendet.

Prüfung

1. Welche Vorteile bietet die Verwendung der Programmiersprache SCL?

2. Ein Ausdruck in SCL könnte lauten:
PUMPE_06 := p6_ein & freigabe & PUMPE_05 = 0;
Erläutern Sie die Funktion.

3. Kann die unten dargestellte Aufgabe auch durch ausschließliche Verwendung der IF...-THEN...-Anweisung programmiert werden?

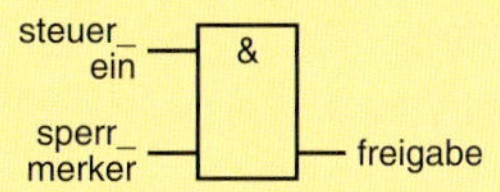

@ Interessante Links

- christiani-berufskolleg.de

Verfahrbewegung des Magazins

z.B.

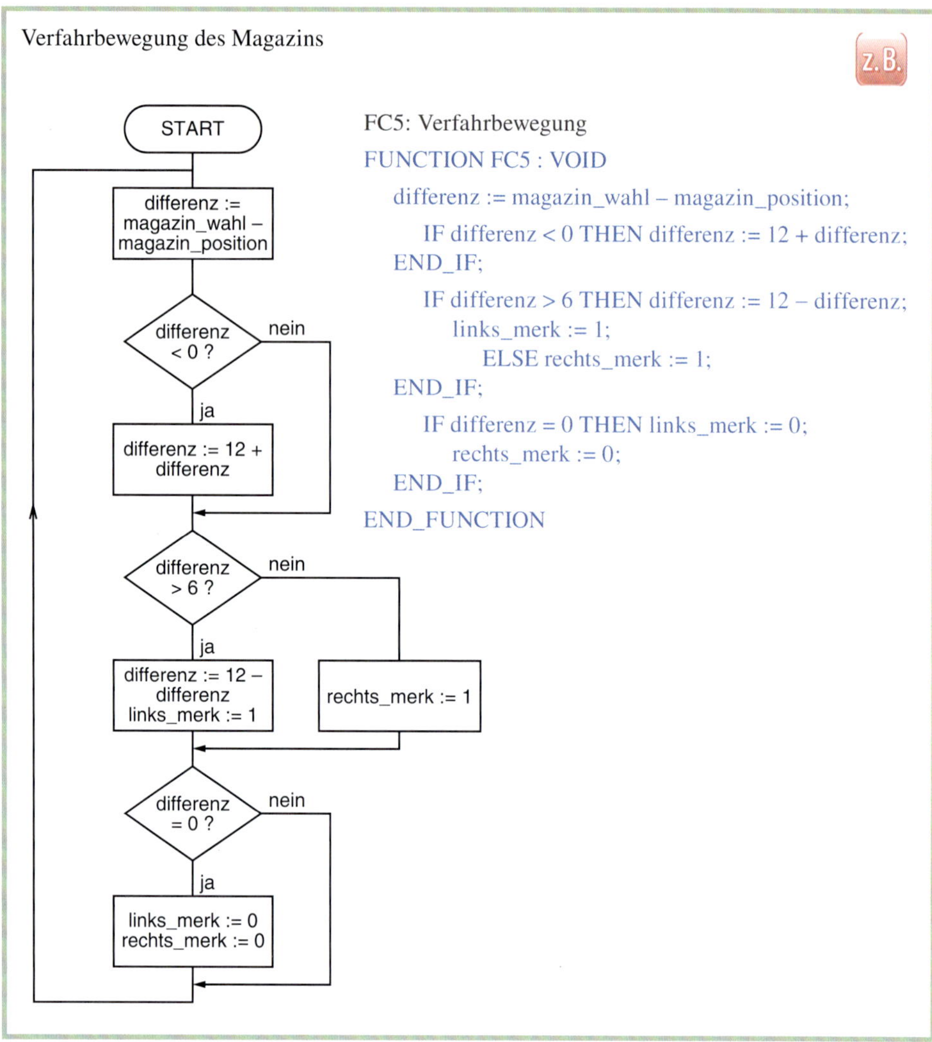

FC5: Verfahrbewegung

```
FUNCTION FC5 : VOID
  differenz := magazin_wahl – magazin_position;
    IF differenz < 0 THEN differenz := 12 + differenz;
  END_IF;
    IF differenz > 6 THEN differenz := 12 – differenz;
      links_merk := 1;
        ELSE rechts_merk := 1;
  END_IF;
    IF differenz = 0 THEN links_merk := 0;
      rechts_merk := 0;
  END_IF;
END_FUNCTION
```

Im Programm Karussellmagazin können die Funktionen FC3, FC4 und FC5 in SCL programmiert werden.

Da in den Bausteinen nur globale Variablen verwendet werden (die in der Symboltabelle deklariert sind), benötigen die Funktionen keinen eigenen Deklarationsteil für lokale Variablen.

```
FUNCTION FC3 : VOID        //Magazineingabe
  IF magazin_01 THEN magazin_wahl := 1;
    ELSIF magazin_02 THEN magazin_wahl := 2;
      ELSIF magazin_03 THEN magazin_wahl := 3;
        ELSIF magazin_04 THEN magazin_wahl := 4;
          ELSIF magazin_05 THEN magazin_wahl := 5;
            ELSIF magazin_06 THEN magazin_wahl := 6;
              ELSIF magazin_07 THEN magazin_wahl := 7;
                ELSIF magazin_08 THEN magazin_wahl := 8;
                  ELSIF magazin_09 THEN magazin_wahl := 9;
                    ELSIF magazin_10 THEN magazin_wahl := 10;
                      ELSIF magazin_11 THEN magazin_wahl := 11;
                        ELSIF magazin_12 THEN magazin_wahl := 12;
                          END_IF;
END_FUNCTION
```

```
FUNCTION FC4 : VOID        //Magazinposition
      IF RECHTS & flanke_mag_sensor THEN magazin_position := magazin_position + 1;
   END_IF;

      IF LINKS & flanke_mag_sensor THEN magazin_position := magazin_position – 1;
   END_IF;
END_FUNCTION


FUNCTION FC5 : VOID        //Verfahrbewegung
   differenz := magazin_wahl – magazin_position;
      IF differenz < 0 THEN differenz := 12 – differenz;
   END_IF;

      IF differenz > 6 THEN differenz := 12 – differenz; links_merk := 1;
         ELSE rechts_merk := 1;
   END_IF;

      IF differenz = 0 THEN links_merk := 0; rechts_merk := 0;
   END_IF;
END_FUNCTION
```

Analogwertverarbeitung

Analoge Signale können innerhalb eines *definierten Wertebereichs beliebige* Werte annehmen.

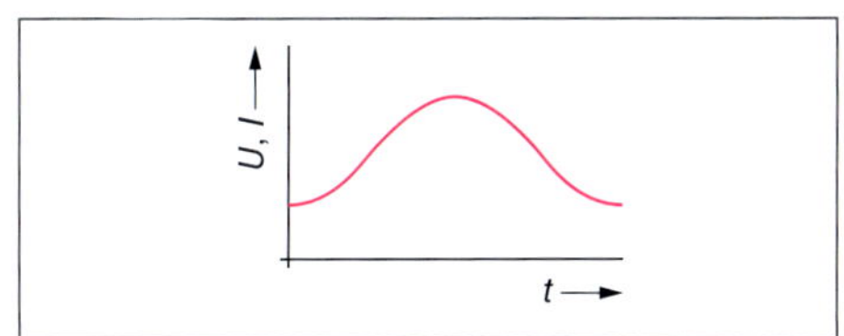

58 Analoges Signal

Digitale Signale können nur *bestimmte Werte* innerhalb eines *definierten Wertebereichs* annehmen.

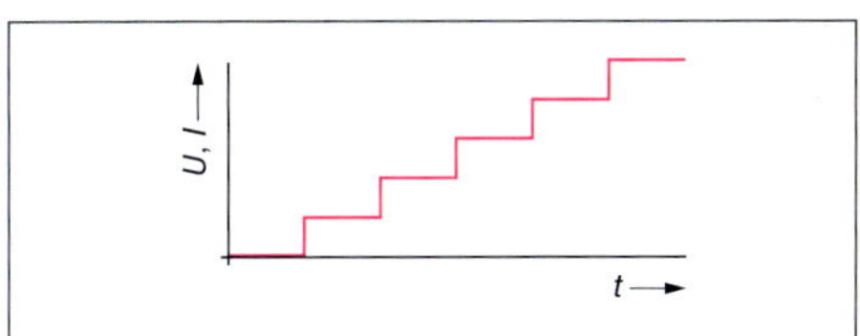

59 Digitales Signal

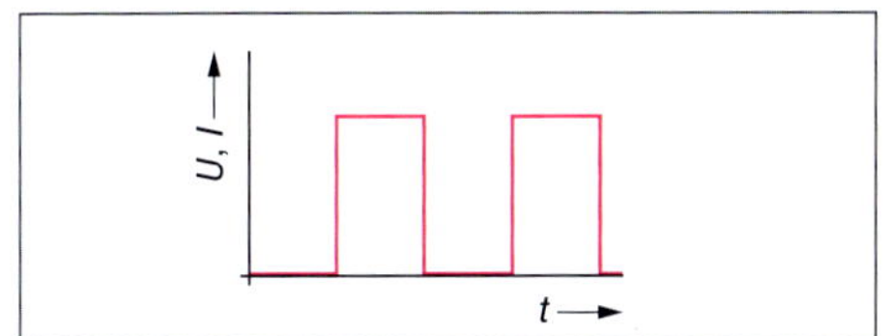

60 Binäres Signal

Binäre Signale können nur *zwei Signalzustände* annehmen. Den Signalzustand „0" und den Signalzustand „1".

Speicherprogrammierbare Steuerungen mit **Analogwertverarbeitung** können analoge Signale *aufnehmen* und *abgeben*.

Die Informationsverarbeitung innerhalb der CPU erfolgt allerdings *digital*.

- Analogeingabebaugruppen (AI) wandeln analoge Signale in digitale Signale um.

  Normierte Signale sind dabei z. B.:

  0 bis 10 V
– 1 bis + 1 V
0 bis 20 mA
4 bis 20 mA

- Analogausgabebaugruppen (A0) wandeln digitale Signale in analoge Signale um.

  Normierte Signale sind dabei z. B.:

  – 10 bis + 10 V
1 bis 5 V
– 20 bis + 20 mA
4 bis 20 mA

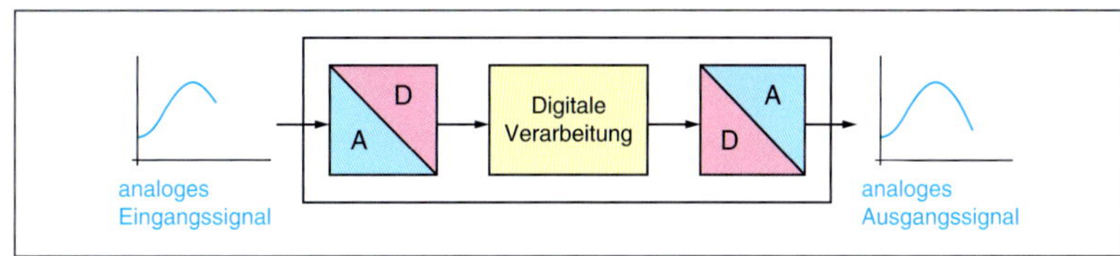

61 Prinzip der Analogwertverarbeitung

■ **SCALE**

Analogwerte können über die Funktion SCALE eingelesen werden.

→ 326

Analogwert
analog value

Auflösung
resolution

Analoge Baugruppen
analog moduls

Codebaustein
logic block

Datentyp
data typ

Netzwerk
network

Ladeoperation
loading operation

Parametrierung
parametrization

Zahlendarstellung

Eine Variable mit dem Datentyp INT ist eine ganze Zahl. Sie wird als *Ganzzahl* (16-bit-Festpunktzahl) gespeichert. Der Datentyp INT hat kein Kennzeichen.

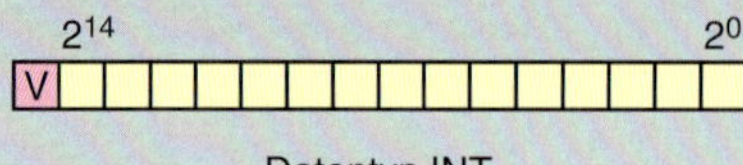

Datentyp INT

Belegt wird ein Wort (16 bit). Die Signalzustände der Bits 0 bis 14 stehen für den Stellenwert der Zahl, der Signalzustand von Bit 15 für das Vorzeichen (V).

Bit 15 (V):

„0“: Zahl ist positiv

„1“: Zahl ist negativ

Zahlenbereich: + 32767 bis – 32768

Eine Variable mit dem Datentyp DINT (Double Integer) stellt eine ganze Zahl dar, die als Ganzzahl (32 bit) abgelegt wird.

Eine Ganzzahl wird als DINT-Variable gespeichert, wenn sie größer als 32767 oder kleiner als – 32768 ist. Oder wenn das Typkennzeichen L# vor der Zahl steht.

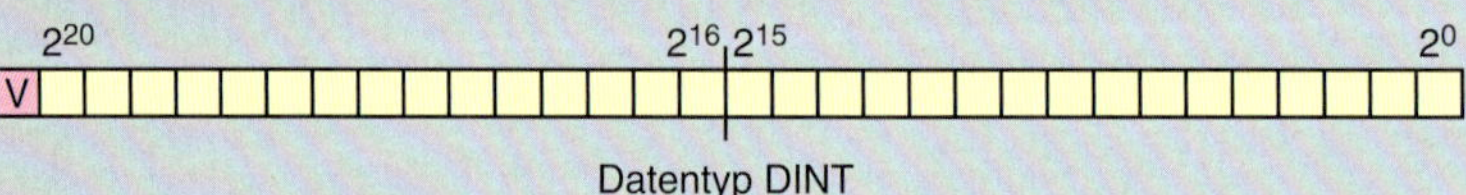

Datentyp DINT

Belegt wird ein Doppelwort. In Bit 31 (2^{21}) ist das Vorzeichen abgelegt.

Bit 31 (V)

„0“: Zahl ist positiv

„1“: Zahl ist negativ

Zahlenbereich: 2147483647 bis – 2147483648

Eine Variable mit dem Datentyp REAL ist eine gebrochene Zahl, die als 32-Bit-Gleitpunktzahl abgelegt wird.

Eine ganze Zahl wird als Realzahl gespeichert, wenn nach dem Punkt (bedeutet Komma) eine Null steht.

426	INT (16-Bit-Festpunktzahl)
426.0	REAL-Zahl (32-Bit-Gleitpunktzahl)
L#426	DINT (32-Bit-Festpunktzahl)
4.26e+02	REAL-Zahl in Exponentendarstellung ($4{,}26 \cdot 10^2 = 426$)

Datentyp REAL

Exponentendarstellung

Vor dem e oder E ist eine ganze oder gebrochene Zahl mit 7 Stellen mit Vorzeichen möglich. Die Angabe nach dem e oder E ist der Exponent zur Basis 10.

2.6 E 4 $2{,}6 \cdot 10^4 = 26000$

Drei Komponenten von Variablen mit dem Datentyp REAL:

1. Dem Vorzeichen („0“ positiv, „1“ negativ)
2. Dem Exponenten (Wertebereich 0 bis 255)
3. Mantisse (gebrochener Anteil)

z. B.

Neben einem Schaltausgang (binäres Signal) hat ein Druckwächter einen analogen Ausgang, der im Druckbereich von 0 bis 10 bar eine normierte Spannung von 0 bis 10 Volt liefert. Die Kennlinie verdeutlicht das.

Bei einer binären Größe könnte nur zwischen 0 V und 10 V unterschieden werden.

Bei analogen Größen ist eine Vielzahl von Zwischenwerten möglich.

Wie viele Zwischenwerte das sind, hängt von der Auflösung der Analogbaugruppen ab.

Die Auflösung wird in Bit angegeben.

Wenn eine Analogbaugruppe die Auflösung 10 Bit hat, dann bedeutet das, dass $2^{10} = 1024$ Zwischenwerte im normierten Analogbereich unterschieden werden können.

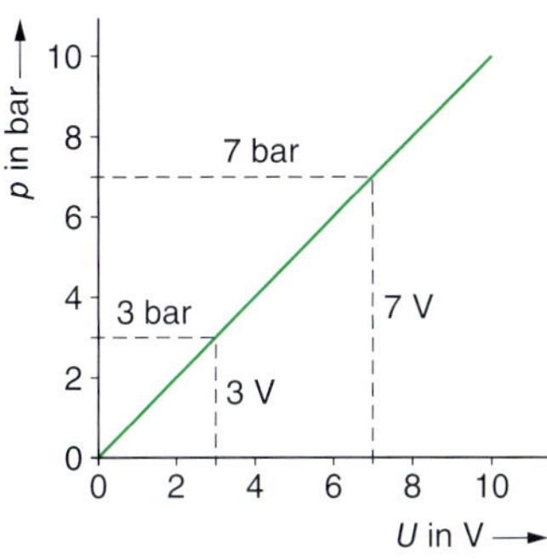

Im normierten Spannungsbereich 0 – 10 V sind also Spannungen im Abstand von

$\frac{10\ \text{V}}{1024} = 9{,}77\ \text{mV}$

voneinander unterscheidbar.

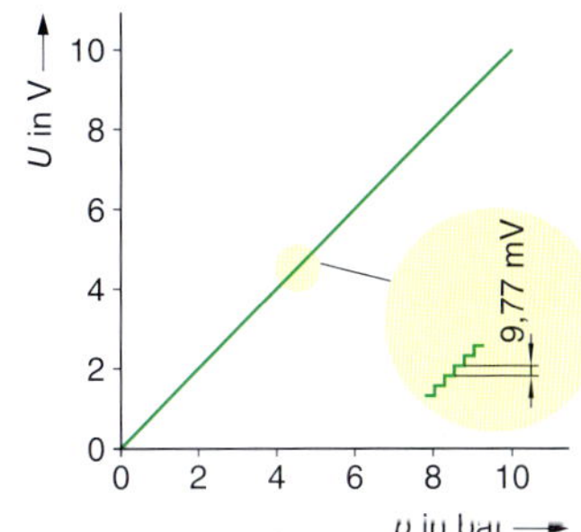

Der Spannungsverlauf ist also stufig mit einer „Stufenhöhe" von 9,77 mV bei einer Auflösung von 10 Bit.

Übliche Auflösungen in der Automatisierungstechnik sind 8 – 15 Bit plus Vorzeichen, wobei die 8-Bit-Auflösung heute praktisch keine große Rolle mehr spielt.

■ **Automatisierungsgeräte**
können intern keine analogen Signale verarbeiten. Analogbaugruppen wandeln ein analoges Signal in ein digitales Signal um; oder umgekehrt.

■ **Auflösung**
Anzahl der Bits, mit denen der dem Analogwert entsprechende Digitalwert dargestellt wird.

Analogeingabe

Bei **Analogeingabebaugruppen** kann zwischen den Messarten **Spannung**, **Strom**, **Widerstand** oder **Temperatur** unterschieden werden.

Hierbei sind unterschiedliche *Messbereiche* möglich.

Messart und **Messbereich** werden über *Messbereichsmodule*, die *Verdrahtungsart* und die *Parametrierung* in der Hardwarekonfiguration bestimmt.

Messbereichsmodule sind *Hardwarestecker*, die in einer definierten Position auf die Baugruppe gesteckt werden müssen.

Auszug aus den technischen Daten einer Analog-Eingabebaugruppe

Spannung: ± 80 mV, ± 250 mV, ± 500 mV, ±1 V, 5 V, ±10 V, 0 bis 10 V, 1 bis 5 V

Strom: ± 10 mA, ± 20 mA, 0 bis 20 mA, 4 bis 20 mA

Widerstand: 0 bis 150 Ω, 0 bis 300 Ω, 0 bis 600 Ω

Temperatur: Pt100: – 200 °C bis 850 °C

Nennbereich von Strom und Spannung

± 10 V	± 10 mA	± 20 mA	Digitalwert
10.000	10.000	20.000	27648
0.000	0.000	0.000	0
– 10.000	– 10.000	– 20.000	– 27648

1 – 5 V	0 – 20 mA	4 – 20 mA	Digitalwert
5.000	20.000	20.000	27648
3.000	10.000	12.000	13824
1.000	0.000	4.000	0

■ **Normiertes Signal 4 – 20 mA**

drahtbruchsicher und sehr häufig verwendet.

Beispiel

4 – 20 mA, gemessen werden 12 mA

Digitalwert:

$\frac{27648}{16 \text{ mA}} \cdot 12 \text{ mA} - 6912$

$= 13824$

Die Zahl 6912, die subtrahiert wird, entspricht dem nicht verwendeten Bereich von 0 bis 4 mA.

$\frac{27648 \cdot 4 \text{ mA}}{16 \text{ mA}} = 6912$

Messbereiche für Widerstandsgeber (Nennbereich)

0 – 150 Ω	0 – 300 Ω	0 – 600 Ω	Digitalwert
150.000	300.000	600.000	27648
112.500	225.000	450.000	20736
0.000	0.000	0.000	0

Digitalisierter Analogwert (Digitalwert)

1. Beispiel

Normierter Bereich:
± 10 V, Spannung am Analogeingang: 3,2 V

Digitalwert: $\frac{3{,}2 \text{ V}}{10 \text{ V}} \cdot 27648 = \mathbf{8847}$

2. Beispiel

Normierter Bereich:
4 – 20 mA, Strom am Analogeingang: 12 mA

Digitalwert: $\frac{27648}{16 \text{ mA}} \cdot 12 \text{ mA} - 6912 = \mathbf{13824}$

$6912 = \frac{4 \text{ mA}}{20 \text{ mA}} \cdot 27648 = 6912$

Der drahtbruchsichere Bereich 4 bis 20 mA hat nur einen ausnutzbaren Bereich von 16 mA. Dies ist zu berücksichtigen.

3. Beispiel

Widerstandsmessbereich 0 bis 600 Ω, Widerstandswert: 346 Ω

Digitalwert: $\frac{27648}{600\ \Omega} \cdot 346\ \Omega = \mathbf{15944}$

Einlesen von Analogwerten

Laut Hardwarekonfiguration der SPS:
Analogeingang 1: PEW 256

```
L  PEW 256  //Analogeingang 1 einlesen
T  MW  60   //Digitalwert in Merkerwort 60
            //speichern
```

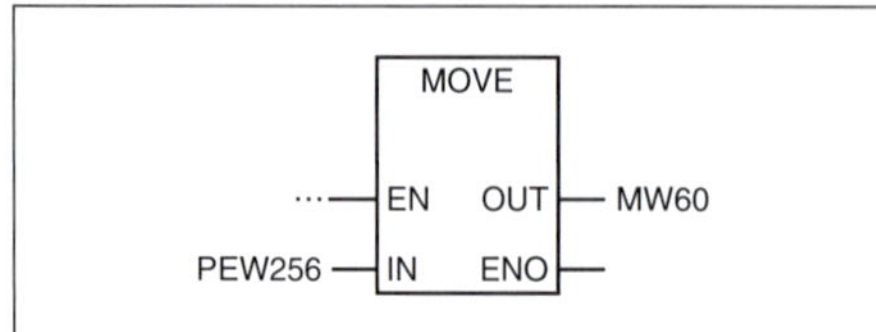

62 Funktionsplandarstellung

Selbstverständlich kann der Analogeingang auch mit einem *Variablennamen* versehen werden.

```
analog_eingang  PEW 256  WORD
SPEICHER        MW 60    WORD

L  analog_eingang
T  SPEICHER
```

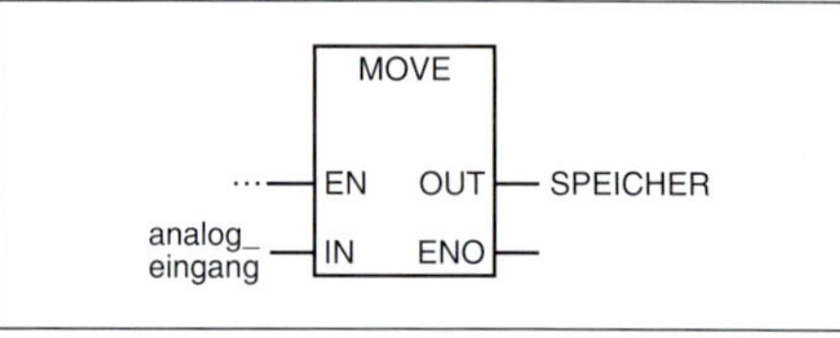

63 Funktionsplandarstellung

Analogausgabe

Analogausgabebaugruppen liefern entweder normierte Spannungs- oder Stromsignale. Auch hier sind unterschiedliche Bereiche wählbar.

Einige Beispiel hierfür:

1. Bereich 0 – 10 V, auszugebender Digitalwert 17256.

Analoger Spannungswert

$10 \text{ V} \cdot \frac{17256}{27648} = 6{,}24 \text{ V}$

2. Bereich 4 – 20 mA, auszugebender Digitalwert 20800.

Analoger Spannungswert

$16 \text{ mA} \cdot \frac{20800}{27648} + 4 \text{ mA} = 16 \text{ mA}$

3. Bereich ± 10 V, auszugebender Digitalwert 18600.

Analoger Spannungswert

$10 \text{ V} \cdot \frac{18600}{27648} = 6{,}73 \text{ V}$

Hinweis

- Bei einer *Spannungsausgabe* wird von der Ausgabebaugruppe eine *Kurzschlussprüfung* durchgeführt. Die CPU geht bei Kurzschluss in den Stoppzustand.
- Bei einer *Stromausgabe* wird von derAnalogbaugruppe eine *Drahtbruchprüfung* durchgeführt. Bei Drahtbruch geht die CPU in den Stoppzustand.

Prüfung

1. Normiertes Signal 4 – 20 mA.
Messwert 7 mA.
Ermitteln Sie den Digitalwert.

2. Normiertes Signal 0 – 20 mA.
Digitalwert 16242.
Ermitteln Sie den Messwert.

@ Interessante Links

- christiani-berufskolleg.de

Elektrische Widerstände mit dem Nennwert 150 Ω sollen gemessen werden. Wenn die Abweichung ± 10 % vom Nennwert unter- oder überschritten wird, soll eine Meldung dies signalisieren.

Der Widerstandswert wird auf einen Analogeingang „widerstand" gegeben. Der Messbereich beträgt 0 bis 300 Ω

Toleranzbereich

150 Ω + 15 Ω = 165 Ω (oberer Grenzwert, „high-wert")

150 Ω – 15 Ω = 135 Ω (unterer Grenzwert, „low-wert")

Digitalwerte bestimmen:

$$165\ \Omega: \frac{27\,648}{300\ \Omega} \cdot 165\ \Omega = 15\,206$$

$$135\ \Omega: \frac{27\,648}{300\ \Omega} \cdot 135\ \Omega = 12\,441$$

Es soll ein Funktionsbaustein FB10 OHM_MESSUNG für diese Aufgabenstellung entwickelt werden.

Quellorientierte Programmierung in SCL

■ **Quellorientierte Programmierung**

→ 288

```
FUNCTION_BLOCK FB10      //Widerstand
   var_input
      high_wert    :  INT;
      low_wert     :  INT;
      ohm_wert     :  INT;
   end_var
   var_output
      FEHLER       :  BOOL;
   end_var
   if ohm_wert > high_wert or ohm_wert < low_wert
      then FEHLER := 1;
      else FEHLER := 0;
   end_if;
END_FUNCTION_BLOCK
```

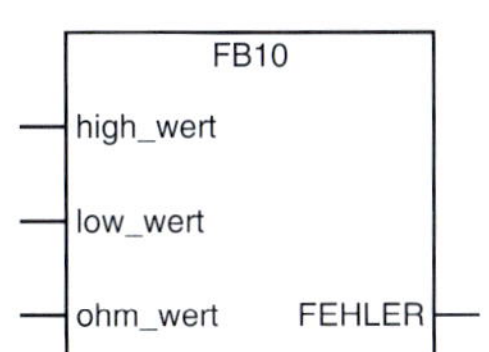

Die Quelle wird als „Externe Quelle" importiert und übersetzt.

Nach erfolgreicher Übersetzung steht der Funktionsbaustein FB10 im Baustein-Behälter zur Verfügung.

Er kann im OB1 aufgerufen werden (1. Instanz mit Instanz-Datenbaustein DB1).

OB1: Widerstandsmessung

Netzwerk 1: Liegt Ohmwert innerhalb der Toleranz?

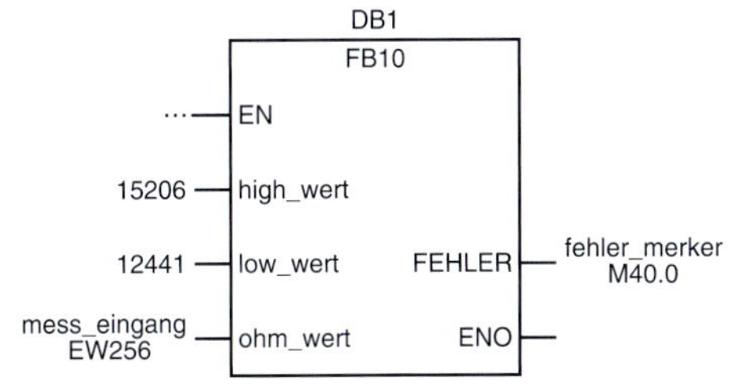

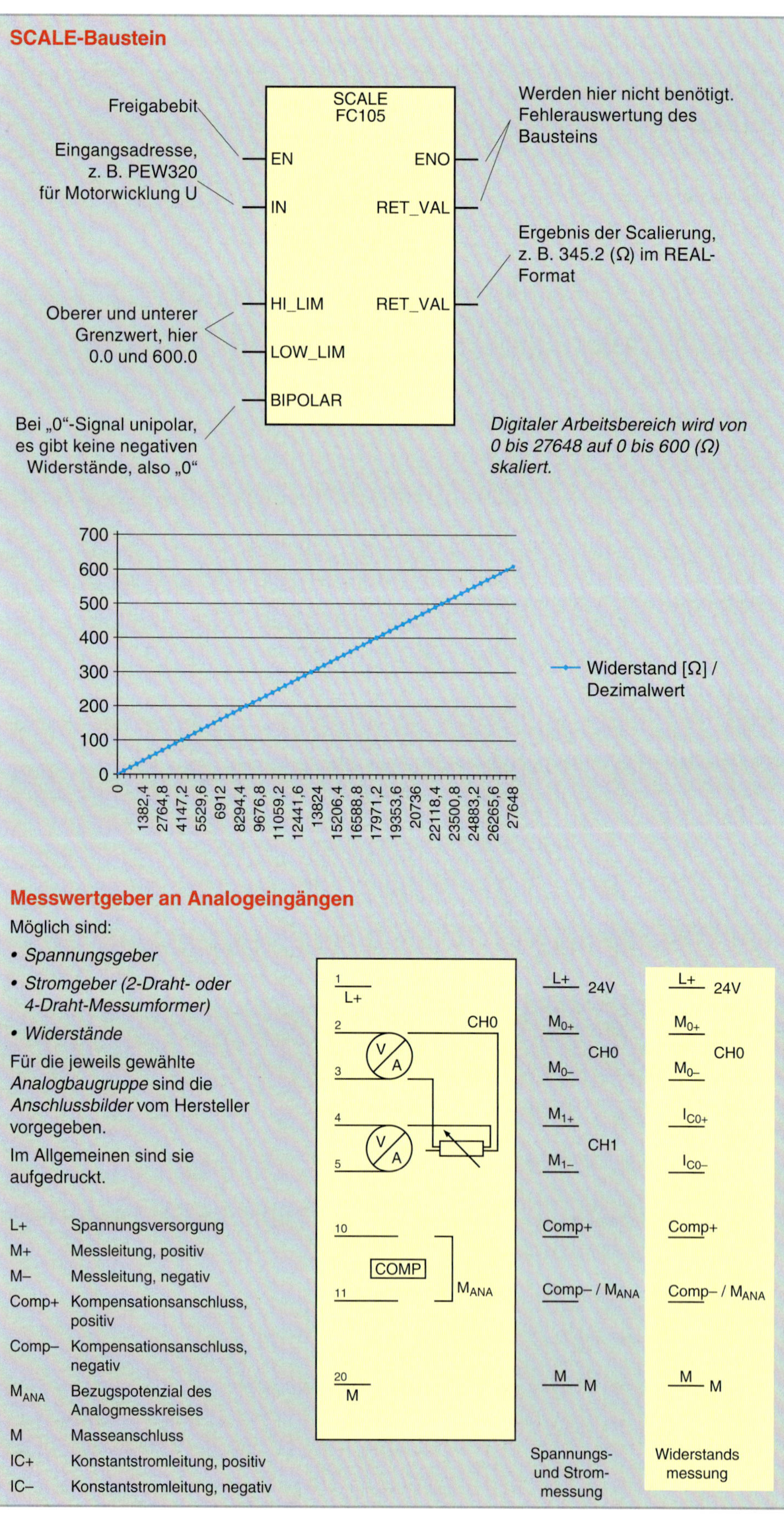

SCALE-Baustein

Messwertgeber an Analogeingängen

Möglich sind:

- *Spannungsgeber*
- *Stromgeber (2-Draht- oder 4-Draht-Messumformer)*
- *Widerstände*

Für die jeweils gewählte *Analogbaugruppe* sind die *Anschlussbilder* vom Hersteller vorgegeben.

Im Allgemeinen sind sie aufgedruckt.

L+	Spannungsversorgung
M+	Messleitung, positiv
M–	Messleitung, negativ
Comp+	Kompensationsanschluss, positiv
Comp–	Kompensationsanschluss, negativ
M_{ANA}	Bezugspotenzial des Analogmesskreises
M	Masseanschluss
IC+	Konstantstromleitung, positiv
IC–	Konstantstromleitung, negativ

Ausgabebaugruppe

Die Analogausgänge können wahlweise als Strom- oder Spannungsausgänge geschaltet werden. Auch hierfür geben die Hersteller Anschlussbilder vor.

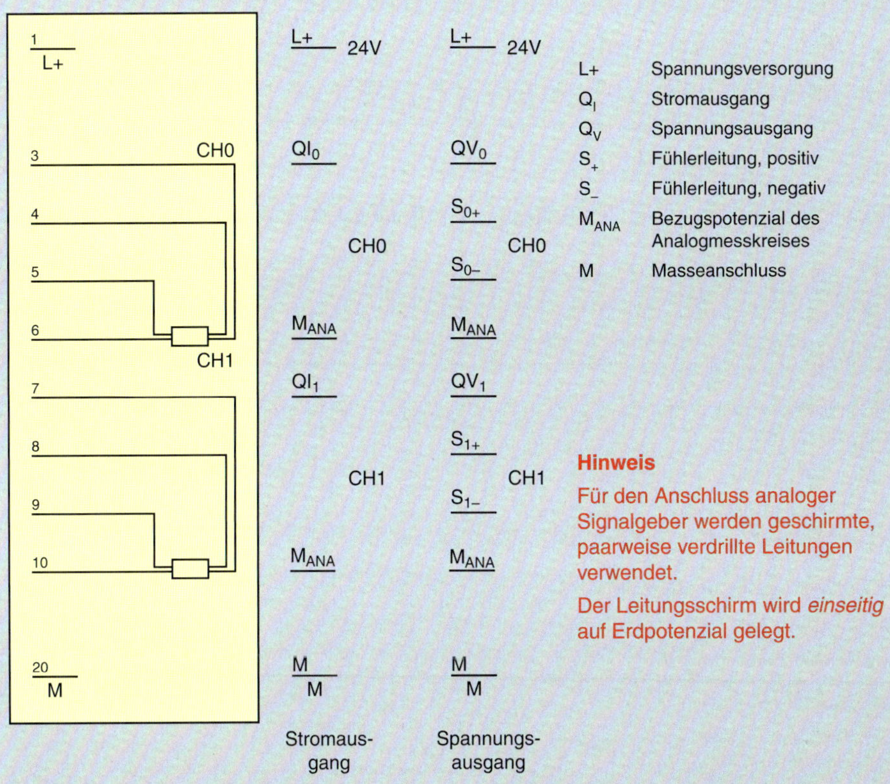

Hinweis

Für den Anschluss analoger Signalgeber werden geschirmte, paarweise verdrillte Leitungen verwendet.

Der Leitungsschirm wird *einseitig* auf Erdpotenzial gelegt.

Anschluss eines Spannungsgebers

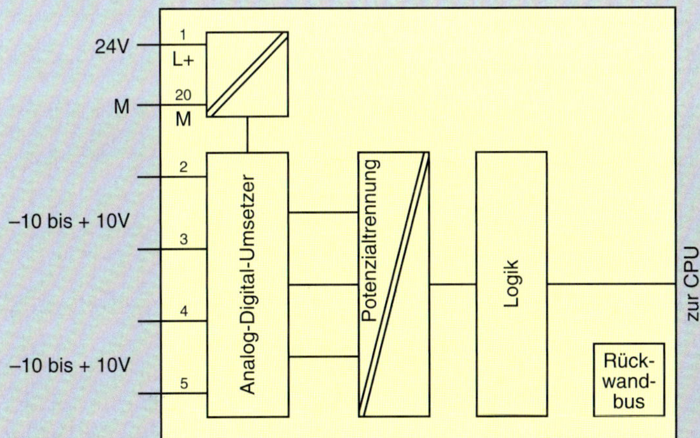

Unbeschaltete Eingänge sind kurzzuschließen und wie der COMP-Eingang (10) mit M_{ANA} (11) zu verbinden.

Steckung des Messbereichmoduls der jeweiligen Baugruppe beachten!

Anschluss eines Stromgebers

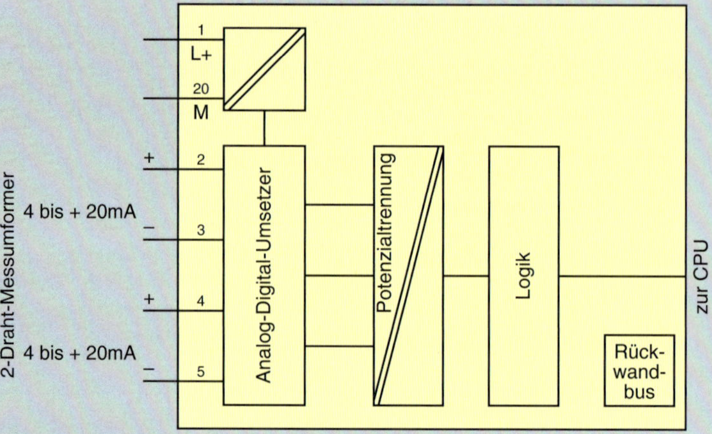

Der nicht verwendete COMP-Eingang (10) ist mit M_{ANA} (11) zu verbinden.

Steckung des Messbereichmoduls beachten!

2-Draht-Messumformer

Spannungsversorgung über Analogeingang der Analogbaugruppe. Messgröße wird wie ein normiertes Stromsignal umgewandelt. Ein nicht verwendeter Eingang kann offen gelassen weden.

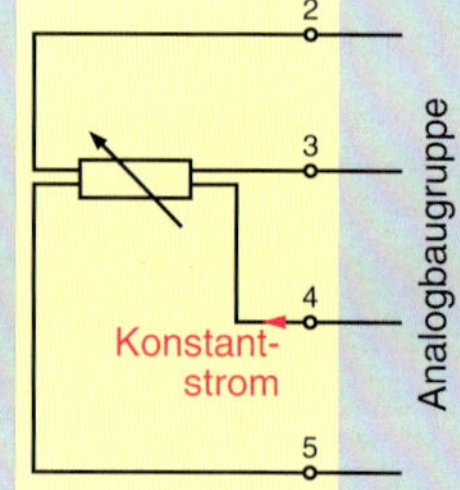

4-Draht-Messumformer

Separate Versorgungsspannung. Steckung des Messbereichmoduls beachten!

Der Konstantstrom ruft eine Spannung hervor, die der Analogbaugruppe zugeführt wird.

Analog-Eingabebaugruppe im Projekt

(nur ein Analogeingang dargestellt)

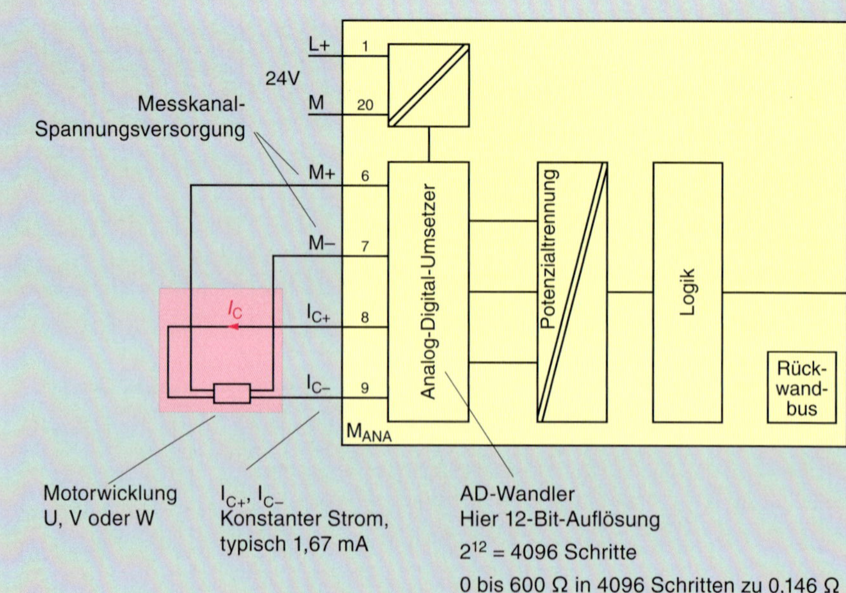

R-4L: Vierleitermessung

Messbereichsendwert: 150 Ω, 300 Ω oder 600 Ω parametrierbar.

Gewählt wird 600 Ω.

Eigenschaften - AI8x12Bit - (R0/S8)

Allgemein | Adressen | Eingänge

Freigabe

☐ Diagnosealarm ☐ Prozeßalarm bei Grenzwertüberschreitung

Eingang	0 - 1	2 - 3	4 - 5
Diagnose			
Sammeldiagnose:	☐	☐	☐
mit Drahtbruchprüfung:	☐	☐	☐
Messung			
Meßart:	R-4L	R-4L	R-4L
Meßbereich:	600 Ohm	600 Ohm	600 Ohm
Stellung des Meßbereichsmodus:	[A]	[A]	[A]
Störfrequenz	50 Hz	50 Hz	50 Hz

Auslöser für Prozeßalarm	Kanal 0	Kanal 2
Oberer Grenzwert:		
Unterer Grenzwert:		

Eingangsadresse

Ab PEW 256 möglich. Hier automatische Systemvorgabe PEW 320 gewählt.

- Kanal 1 → PEW 320
- Kanal 2 → PEW 322
- Kanal 3 → PEW 324

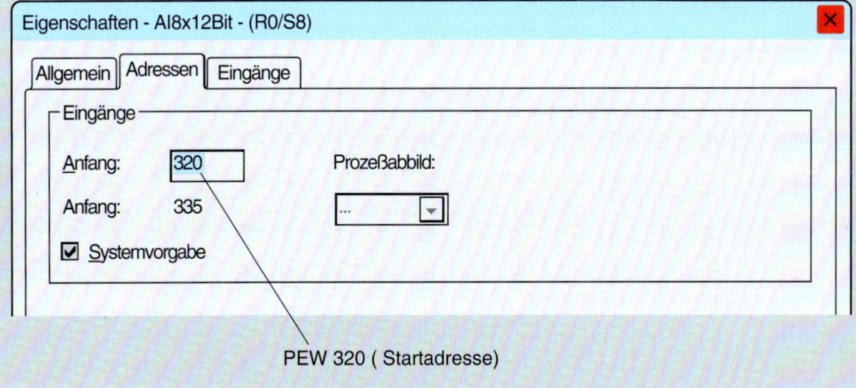

Analog-Ausgangsbaugruppe (2-Leiteranschluss)

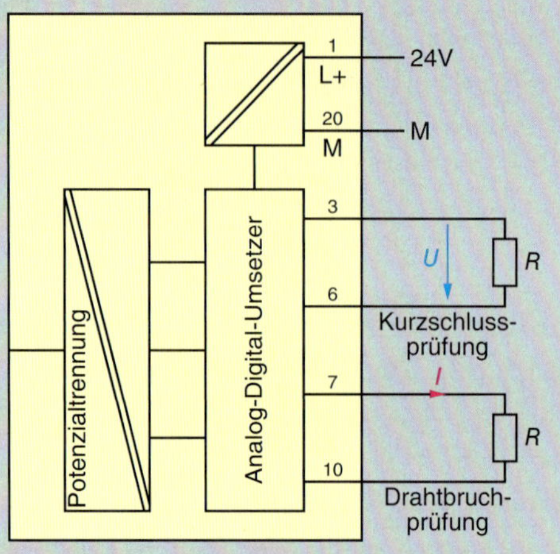

Analogausgänge können wahlweise als *Strom*- oder *Spannungsausgänge* parametriert werden.

Unbeschaltete Ausgabekanäle müssen in der Hardware-Projektierung deaktiviert werden. Dann sind die Ausgänge spannungslos.

Analog-Ausgangsbaugruppe (2-Leiteranschluss)

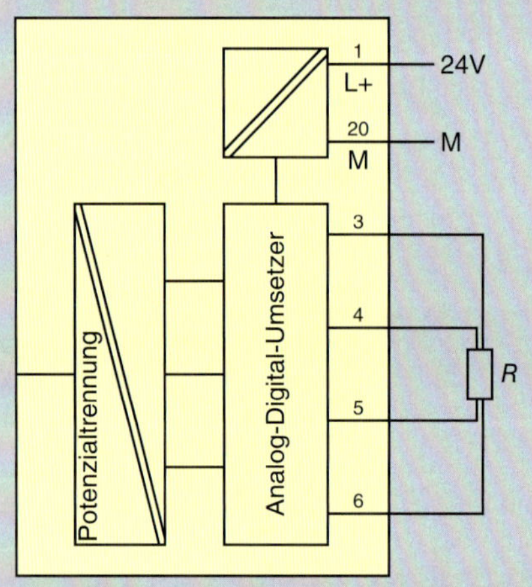

Das ausgegebene Spannungssignal wird direkt an der Last gemessen und kann bei Bedarf nachgeregelt werden.

Dadurch lässt sich eine hohe Genauigkeit des Spannungssignals erreichen.

Prüfung

1. Erläutern Sie die Wirkungsweise der dargestellten Funktion.

Netzwerk 3:

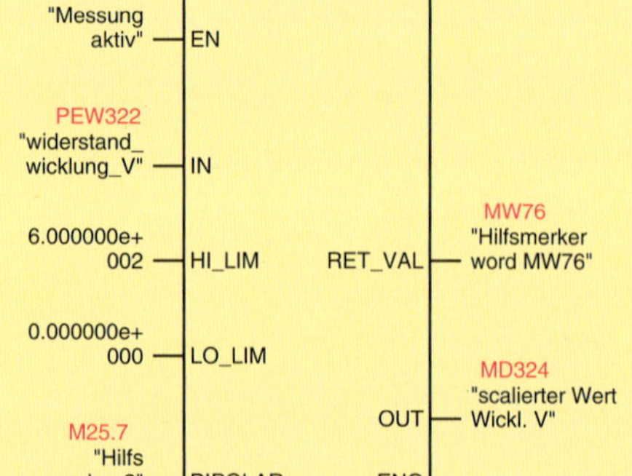

@ Interessante Links

- christiani-berufskolleg.de

6.2 Sensoren

Sensoren erfassen **physikalische Größen**, die in geeigneter Form (Strom, Spannung) der *Eingabe-Ebene* eines Automatisierungssystems zugeführt werden. Dies kann in **digitaler** oder **analoger** Form erfolgen.

Der Begriff **Sensor** ist vom lateinischen „sensus“ abgeleitet, was mit „Wahrnehmung“ übersetzt werden kann.

Die Sensorsignale werden in *logische Verknüpfungen* eingebunden, woraus sich die *Ausgangsgrößen* des Automatisierungssystems ergeben. Dadurch werden über *Stellglieder* **Aktoren** angesteuert.

- *Stellglied*: Hauptschütz
- *Aktor*: Drehstrommotor

Sensoren bestimmen *Fortschritte* in der Automatisierungstechnik ganz wesentlich mit. Sie haben dabei unterschiedliche *Merkmale*.

- **Aktive Sensoren**
  Wandeln die physikalische Größe *direkt* in eine elektrische Größe um.
  - *Thermoelement*:
    Temperatur → elektrische Spannung
  - *Fotodiode*:
    Beleuchtungsstärke → elektrische Stromstärke
- **Passive Sensoren**
  Zur Umwandlung der physikalischen Größe in eine elektrische Größe wird *Energie* benötigt, z. B. Dehnungsmessstreifen.

Temperatursensoren

Temperaturabhängigkeit des elektrischen Widerstands:

$R_{\vartheta} = R_{20} \cdot (1 + \alpha \cdot \Delta\vartheta)$

Geeignet sind **Widerstandswerkstoffe** mit hohem **Temperaturkoeffizienten** α und großem **spezifischen Widerstand** ρ.

Außerdem wird ein möglichst *linearer* Zusammenhang zwischen Temperatur und Widerstandswert angestrebt. **Platin** ist ein bevorzugter Werkstoff, auch **Nickel** ist möglich.

Der **Nennwiderstand** beträgt bei Platin und Nickel 100 Ω oder 1000 Ω.
Es gilt bei der Temperatur **0 °C**.
Pt100 bedeutet zum Beispiel:
Bei **0 °C** beträgt der Widerstandswert **100 Ω**.

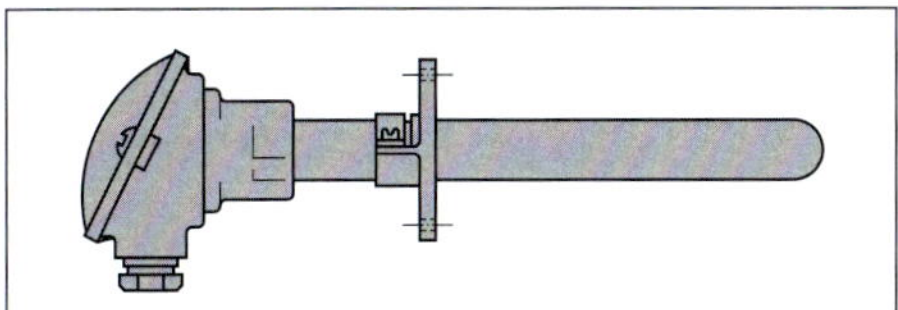

64 Widerstandsthermometer

Angewendete technische Effekte

- *Änderung des elektrischen Widerstands*
  Längen- oder Durchmesseränderung des Widerstandsmaterials, Einfluss von Wärme, Strahlung, Magnetfeld.
- *Halleffekt*
  Änderung eines Magnetfeldes
- *Elektrodynamischer Effekt*
  Feldänderung, Bewegung
- *Thermoelektrischer Effekt*
  Änderung der Temperatur
- *Fotoelektrischer Effekt*
  Lichtstrahlung
- *Piezoelektrischer Effekt*
  Längenänderung, Formänderung
- *Kapazitätsänderung*
  Plattenabstand, Dielektrikum, Plattenfläche

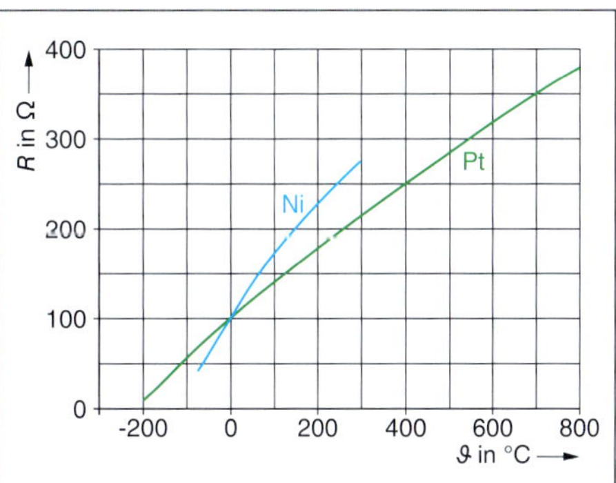

65 Kennlinien von Platin und Nickel

Sensor
sensor

Stellglied
actuating mechanism, actuator

Aktor
actuator

Temperatursensor
temperature sensor

Widerstandsthermometer
resistance thermometer

■ **Sensoren**
erfassen den Istwert von Steuerungen und Regelungen.

66 Beispiele für Sensoren

Zweileitertechnik
two wire technique

Dreileitertechnik
three wire technique

Vierleitertechnik
four wire technique

Thermoelement
thermoelement

Thermospannung
thermoelectric voltage, thermovoltage

Messstelle
point of measurement

Vergleichsstelle
reference junction

■ **Thermospannung**

liegt je nach Thermoelement im Bereich $7\ \frac{\mu V}{°C}$ und $75\ \frac{\mu V}{°C}$.

Widerstandsthermometer

Wenn die **Messwiderstände** in ein *Schutzrohr* eingebracht sind und fachgerecht kontaktiert werden können, spricht man von einem *Widerstandsthermometer* (Bild 64, Seite 331).

Bauformen und Abmessungen sind genormt.

Zur Temperaturmessung wird die *Widerstandsänderung* in der **Brückenschaltung** bestimmt. Dabei unterscheidet man die *Zweileiter-*, *Dreileiter-* und *Vierleitertechnik*.

- **Zweileitertechnik**
  Der Sensor ist mit einer zweiadrigen Leitung mit der Auswerteschaltung verbunden. Die Zuleitungswiderstände verursachen Messfehler, da auch sie temperaturabhängig sind.

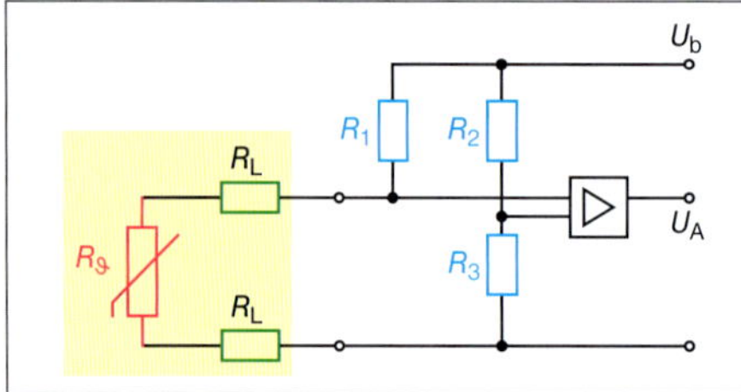

67 Zweileitertechnik

- **Dreileitertechnik**
  Es werden zwei Messkreise aufgebaut. Dadurch wird der Einfluss des Leiterwiderstands kompensiert.

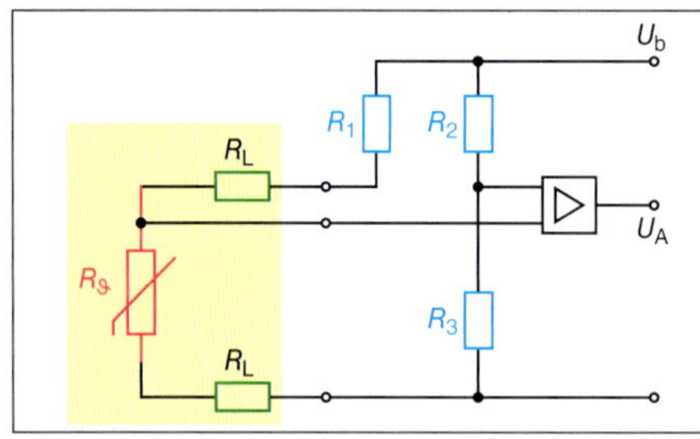

68 Dreileitertechnik

- **Vierleitertechnik**
  Der Sensor wird von einem konstanten Strom durchflossen. Der auftretende Spannungsfall wird zum Eingang der Auswerteschaltung geführt. Die Leiterwiderstände haben dann praktisch keinen Einfluss mehr.

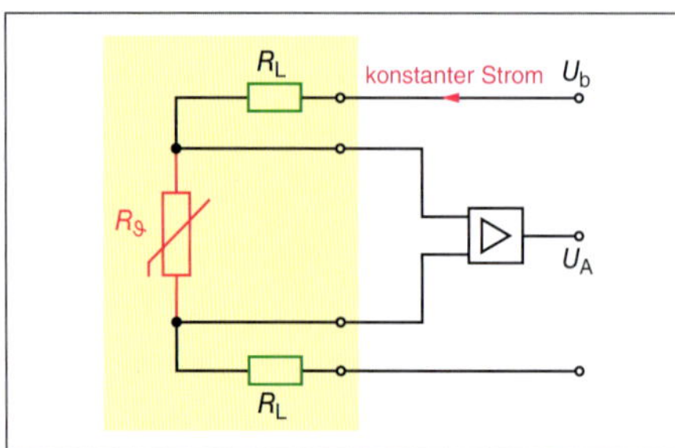

69 Vierleitertechnik

Messbereich

- Platin: – 220 °C bis 1000 °C
- Nickel: – 60 °C bis 200 °C

Nickel hat etwa den *2-fachen* Temperaturkoeffizienten wie Platin. Daher sind Nickelsensoren wesentlich *empfindlicher* als Platinsensoren. Allerdings verläuft die Kennlinie nicht so *linear.*

Thermoelemente

Das **Thermoelement** ist ein *aktiver* Sensor, der Wärmeenergie in elektrische Energie umwandelt.
Die leitende Verbindung zweier unterschiedlicher Metalle liefert eine **temperaturabhängige Thermospannung**. Diese Thermospannung ist abhängig von der Temperatur der Verbindungsstelle. Die *Verbindungsstelle* nennt man **Thermopaar**.

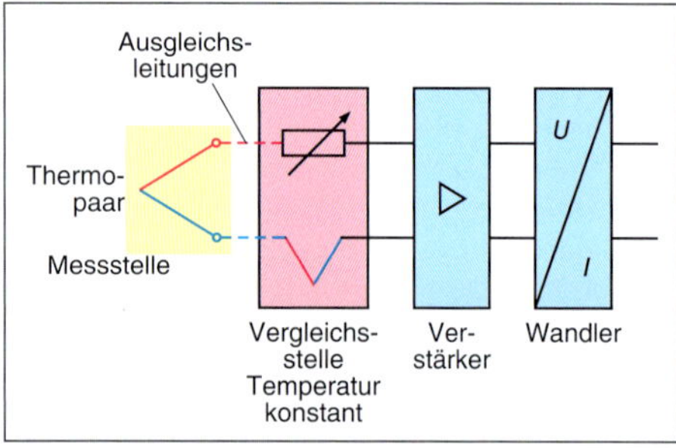

70 Prinzip eines Thermoelements

Wenn **Messstelle** und **Vergleichsstelle** die *gleiche Temperatur* haben, dann ist die **Thermospannung** *null.* Sensorisch erfasst wird die *Temperaturdifferenz.*

Die *Thermospannung* U_{th} ist der *Temperaturdifferenz* zwischen Mess- und Vergleichsstelle verhältnisgleich.

$$U_{th} \sim \vartheta_M - \vartheta_V$$

$$U_{th} = k \cdot (\vartheta_M - \vartheta_V)$$

Dabei ist k die von den Thermodrähten abhängige Materialkonstante.

Sie wird in Volt/Kelvin

$$\left(\frac{V}{K}\right)$$

angegeben.

Die **Thermospannung** ist sehr *gering.*

Sie muss mithilfe eines *Messverstärkers* aufbereitet werden.

Eisen-Konstantan: $0{,}051\ \frac{\text{mV}}{\text{K}}$,

Messbereich – 200 °C bis 600 °C

Ausgleichsleitungen

Im Allgemeinen sind *Messstelle* und *Vergleichsstelle* räumlich voneinander entfernt.

Dann müssen die **Thermopaarschenkel** *verlängert* werden.

Die hierzu verwendeten **Ausgleichsleitungen** müssen aus dem *gleichen Material* wie die Thermoschenkel bestehen. Dies gilt auch für alle Verbindungsstellen. **Kennfarben** erleichtern die Zuordnung.

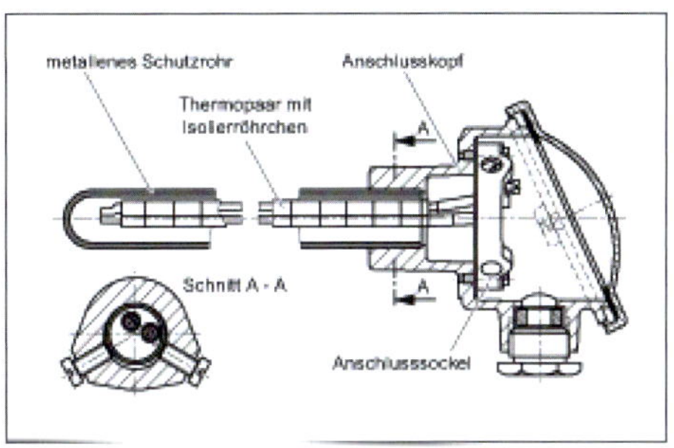

71 Thermolelement

Sensoren für geometrische Messgrößen

Ohmscher Wegaufnehmer

Wegaufnehmer beruhen i. Allg. auf *ohmschen*, *induktiven*, *inkrementalen* und *kodierten* Grundprinzipien.

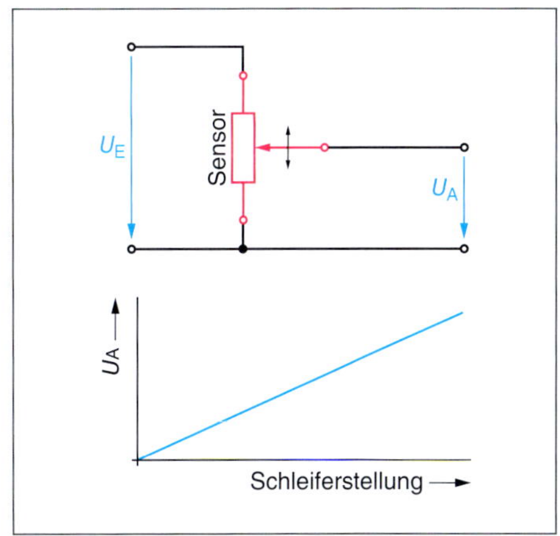

72 Ohmscher Wegaufnehmer, Prinzip

Die Ausgangsspannung U_A ist der Schleiferstellung verhältnisgleich. Der Schleifer greift eine dem Weg (oder Winkel) entsprechende (verhältnisgleiche) Spannung ab.

Diese Spannung kann angezeigt oder in Automatisierungssystemen verarbeitet werden.

Höhere Widerstandswerte erfordern größere Drahtlängen. Dazu muss der *Widerstandsdraht wendelförmig* aufgebracht werden.

Nachteilig wirkt sich dabei aus, dass sich der Widerstandswert dann „sprunghaft" ändert, wenn der Schleifer von Windung zu Windung übergeht.

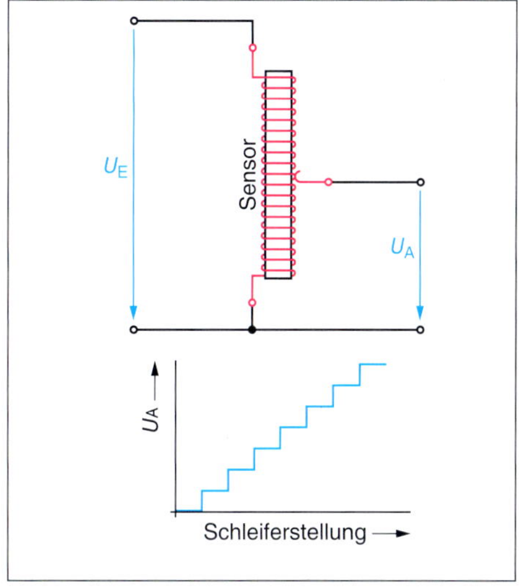

73 Wendelförmig aufgebrachter Draht

Statt *drahtgewickelter* Widerstände mit begrenzter Auflösung wegen der Windungssprünge werden die *Widerstandsbahnen* oft aus **Leitplastik** gefertig.

Hierbei handelt es sich um einen *Kunststoff*, der durch Einlagerungen (Kohlepartikel) *leitfähig* gemacht wird. Die *Leitplastik* wird als Film auf einen Träger aufgebracht.

Technische Daten

- Messbereich 0 bis 2000 mm
- Auflösung 0,1 bis 0,001 mm
- Linearität ≤ 0,2 %
- Frequenz 0 bis 5 Hz

Induktive Wegaufnehmer

Prinzipiell bestehen diese Wegaufnehmer aus einem *ferromagnetischen Eisenkern*, der sich *beweglich* im Inneren einer *Spule* befindet.

Einen solchen Sensor nennt man **Tauchankergeber**. Seine Induktivität hängt ab von

- der Permeabilität des Eisens,
- der Windungszahl der Spule,
- den Abmessungen der Spule.

Der Tauchankergeber wird in eine *Brückenschaltung* eingebaut.

■ **Thermoelemente, Leitungen, Kennfarben**

Wegaufnehmer
displacement gauge

■ **Induktivität**
→ basics Elektrotechnik

■ **Brückenschaltung**
→ basics Elektrotechnik

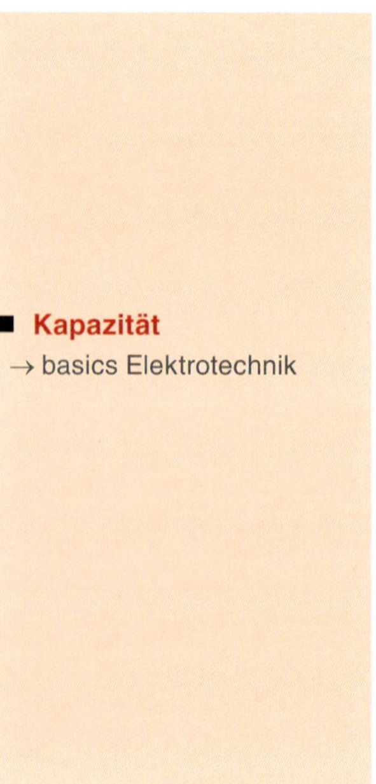

■ **Kapazität**
→ basics Elektrotechnik

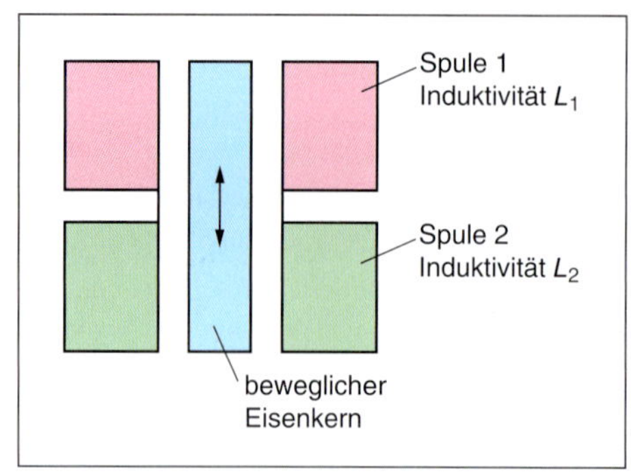

74 Prinzip des Tauchankergebers

In *Mittelstellung* des beweglichen Eisenkerns ist die Messbrücke *abgeglichen*.

Bei Bewegung des Eisenkerns wird die Brücke *verstimmt*.

Bild 75 zeigt die Schaltung der induktiven Längensensoren. Die Ausgangsspannung U_A ist abhängig von der Position des Eisenkerns.

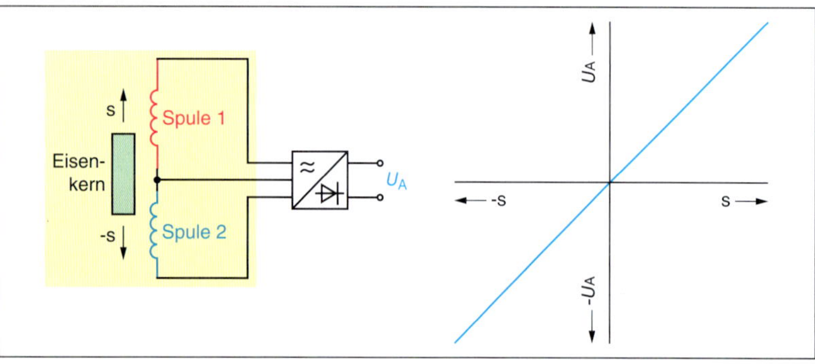

75 Prinzipschaltung eines induktiven Längensensors

Eine *Verlagerung* des Aluminiumkerns führt deshalb zu einer Änderung des *induktiven Widerstands*.

Das *Sensorsignal* ist der an der Spule auftretende *Spannungsfall*, der *gleichgerichtet* wird.

Kapazitive Wegaufnehmer

Die *Kapazität* ist abhängig vom *Dielektrikum*, dem *Abstand* und der *Fläche*.

$$C = \frac{\varepsilon_0 \cdot \varepsilon_r \cdot A}{d}$$

Da die *Kapazitätsänderung* sehr *gering* ist, muss das Signal verstärkt werden.

Es ergeben sich aber folgende *Vorteile*:

- *Sehr stabiler Aufbau*
- *Elektrische Felder lassen sich abschirmen*
- *Magnetische Felder haben keinen Einfluss*
- *Direkte Umwandlung in eine elektrische Größe*

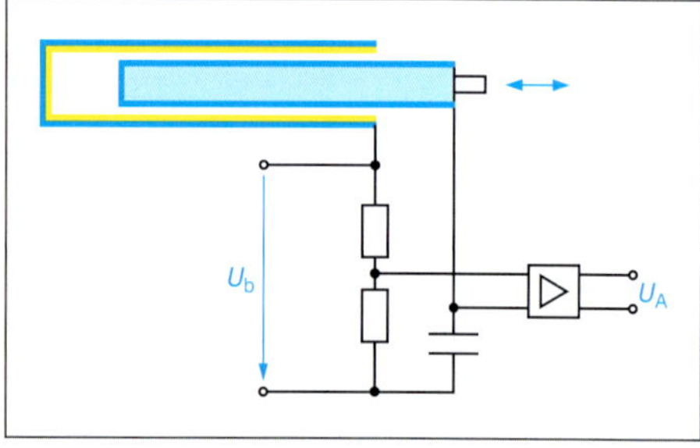

77 Kapazitiver Wegaufnehmer, Wirkungsprinzip

■ **FLDT**
Fast Linear Displacement Transductor;
schneller linearer Wegaufnehmer

■ **Inkrement**
Zunahme einer Größe

FLDT-Sensor

Eine *Zylinderspule* wird von einem *Ferritmantel* umgeben. Das System ist in eine Edelstahlhülse eingebaut. In die Spule taucht ein bewegliches Aluminiumrohr ein.

Die Spule wird an eine Wechselspannung von 100 kHz angeschlossen. Wegen der *Wirbelströme* kann das 100-kHz-Magnetfeld nicht in den Aluminiumkern eindringen.

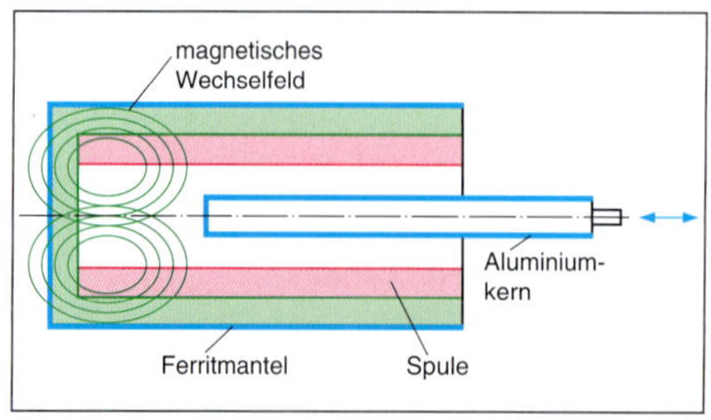

76 FLDT-Sensor

Inkrementale Wegaufnehmer

Ein optischer Sensor bewegt sich über ein **Rasterlineal**. Die sich dabei ergebenden *Impulse* werden *gezählt*.

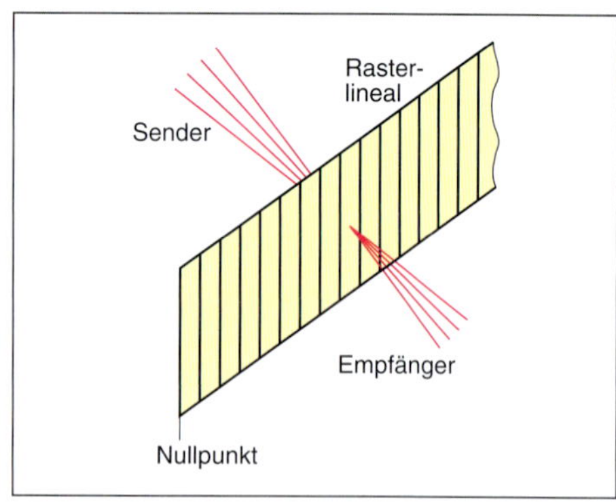

78 Rasterlineal

Der Zählerstand ist ein Maß für die *Wegänderung*. Damit eine absolute Wegposition ermittelt werden kann, muss ein *Nullpunkt* definiert werden. Es ist eine Auflösung kleiner 0,5 µm möglich.

Bei diesem **inkrementalen Messverfahren** wird der *Längenzuwachs* durch einzelne Lichtimpulse dargestellt. Die Messgenauigkeit hängt also von der **Schrittweite** des *Rasterlineals* ab.

Absoluter Wegaufnehmer

Ein optischer Sensor wird über ein Rasterlineal bewegt, wobei der Messwert z. B. dem **Gray-Code** entspricht.

Der Code wird ausgewertet, sodass der **Absolutwert** des Weges ermittelt werden kann.

Jedem Schritt ist ein binärer Zahlenwert zugeordnet. Die erreichbare Auflösung ist kleiner als 0,5 µm. Ein Nullpunkt wird nicht benötigt.

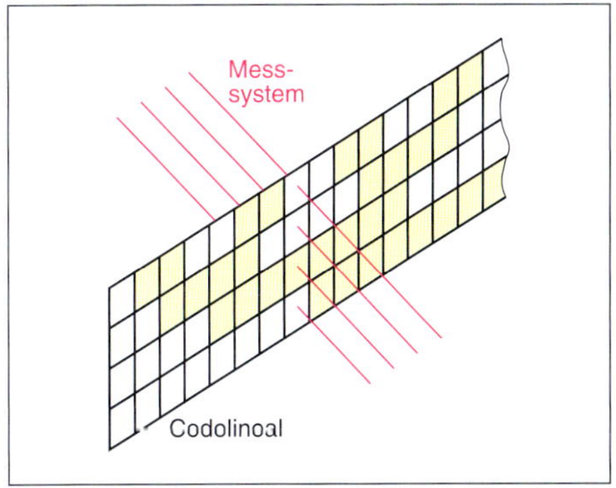

79 Codelineal, Gray-Code

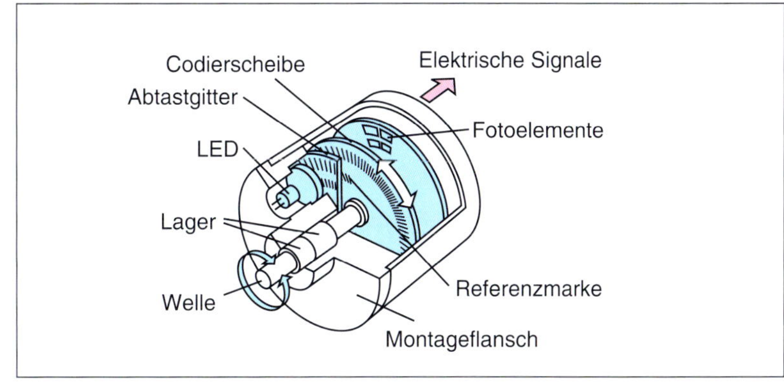

80 Inkrementaler Drehgeber

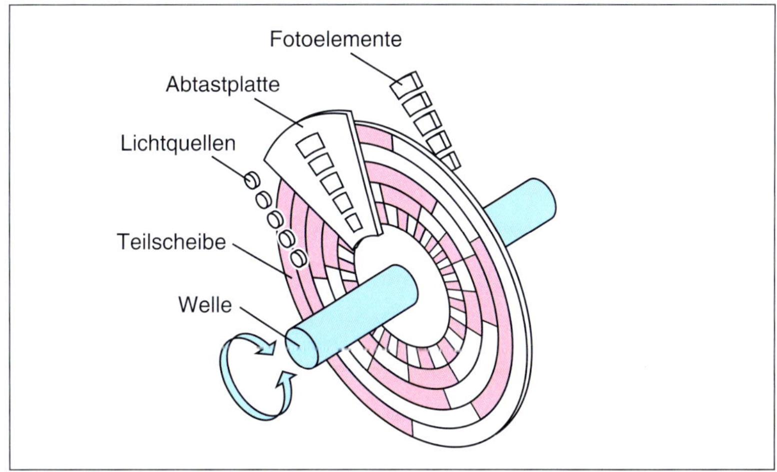

81 Absoluter Drehgeber

Drehgeber

Drehgeber wandeln die Drehbewegung in einen direkt zu verarbeitenden Messwert um.

Sie ermöglichen eine *genaue Positionierung*. Sie arbeiten mit einer verschleißfreien *optoelektronischen Abtastung* einer fest mit der Welle verbundenen *Impulsscheibe*.

- **Inkrementale Drehgeber**
  Bei jeder Umdrehung wird eine definierte Anzahl von *Impulsen* abgegeben. Diese Anzahl ist ein Maß für den zurückgelegten Weg.

  Auf einer Welle ist eine „Rasterlinealscheibe“ montiert. Die Scheibensegmente sind abwechselnd lichtdurchlässig und lichtundurchlässig.
  Eine LED strahlt ein parallel ausgerichtetes Lichtbündel aus. Damit werden die Segmente durchleuchtet. Das Licht wird von Fotoelementen empfangen. Eine Elektronik gib dann *Rechteckimpulse* aus.

- **Absoluter Drehgeber**
  In jeder Winkelstellung wird ein *definierter codierter Zahlenwert* ausgegeben. Dieser Zahlenwert steht unmittelbar nach dem Einschalten zur Verfügung.

Singleturn-Drehgeber

Nach einer Umdrehung wiederholen sich die Messwerte.

Multiturn-Drehgeber

Können nicht nur Winkelpositionen, sondern auch Umdrehungen erfassen.

Rotationsdrehgeber

Dienen zur Erfassung von mechanischen Positionen, z. B. bei Werkzeugrevolvern. Sie haben eine hohe Positioniergeschwindigkeit.

Drehzahlmessung

Analoge Drehzahlmessung

Nach dem Generatorprinzip wird eine der *Drehzahl proportionale Spannung* erzeugt.

Gut geeignet für *dynamische Drehzahlverläufe* z. B. bei Anwendungen in der Regelungstechnik. Bei **Tachogeneratoren** ist eine hohe *Linearität* zwischen Drehzahl und Messspannung wichtig.

Unterschieden wird zwischen *Wechselstromgeneratoren*, *Drehstromgeneratoren* und *Gleichstromgeneratoren*.

■ **Gray-Code**

■ **Gleichstrom-Tachogeneratoren**

geben eine der Drehzahl proportionale Spannung ab.

■ **Wechselstrom-Tachogeneratoren**

erzeugen eine sinusförmige Spannung, deren Frequenz der Drehzahl proportional ist.

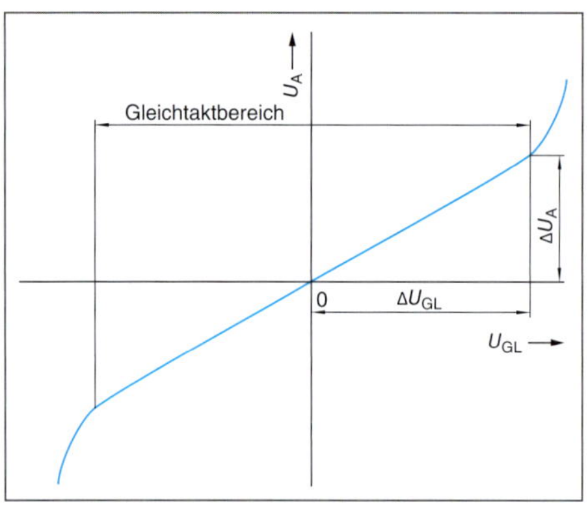

82 Kennline eines Tachogenerators

Beim Zählen wird die Anzahl der Impulse in einer definierten Zeit ermittelt.

@ Interessante Links

- www.balluff.com
- www.leuze-electronic.de
- www,baumer.com
- www.turck.cd

Digitale Drehzahlmessung

Über die Zeit t werden N-Impulse gezählt und als Frequenz $n = N/t$ ausgegeben.

Vorteil: Sehr genaue Messungen des Mittelwerts von n. Keine Rückwirkungen auf das Messobjekt.

Nachteil: Der augenblickliche Wert von n kann nicht gemessen werden, daher vorzugsweise für *stationäre Messungen* geeignet.

Aufnehmen: *Induktiv* bei metallischem Werkstoff, *optisch* bei reflektierendem Werkstoff, *kapazitiv* bei nicht metallischem Werkstoff.

- **Induktive/kapazitive Aufnehmer**
  Ein induktiver oder kapazitiver Näherungsschalter wird vom Rotor angesteuert. Die Impulsanzahl ist der Drehzahl proportional. Mit zwei Näherungsschaltern ist eine *Drehrichtungserkennung* möglich.

- **Optische Aufnehmer**
  Abtastung mit *Reflexlichttaster* oder *Schlitzinitiatoren*, sonst wie oben.

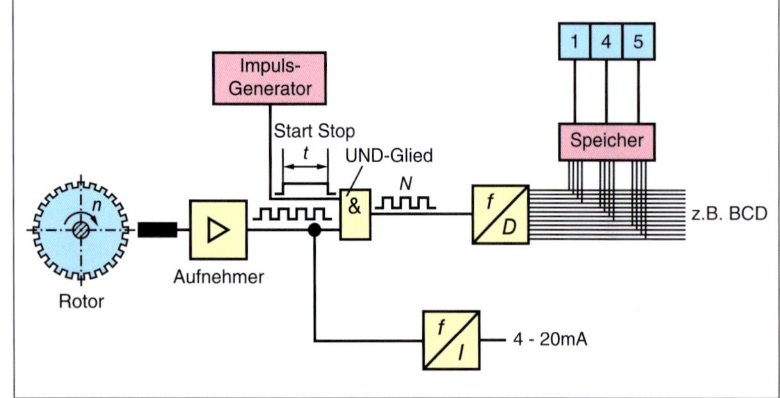

83 Digitale Drehzahlmessung, Prinzip

Füllstandsmessung

Schwimmerschalter

Auf der Oberfläche der Flüssigkeit schwimmt ein **Schwimmer**, der bei Erreichen eines definierten Füllstands ein Signal ausgibt. Geeignet zur **Grenzwerterfassung** in Flüssigkeiten.

Lotsystem

Ein *Füllgewicht* wird durch einen Motor *abgelassen*.

Bei Erreichen der *Füllgutoberfläche* nimmt die Zugkraft am Messband ab.

Die Motordrehrichtung wird dann umgeschaltet und zieht das Füllgewicht in Ausgangslage zurück.

Der *Füllstand* wird aus der Länge des abgespulten Bandes ermittelt. Geeignet zur Messung von **Schüttgütern** in *hohen* Behältern (bis ca. 70 m).

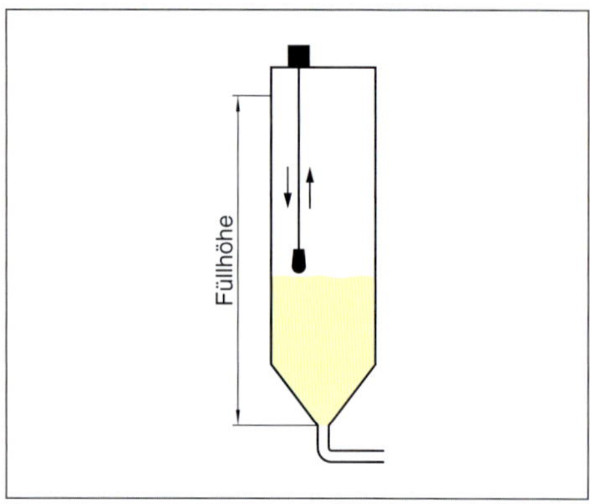

84 Lotsystem

Vibrationssystem

Eine *Schwinggabel* wird zu *Schwingungen* angeregt. Wenn die Schwinggabel in das *Füllgut* eintaucht, tritt *keine* Schwingung mehr auf.

Dies wird ausgewertet und in ein Signal umgewandelt. Geeignet zur *Grenzstandserfassung* bei **Schüttgütern**.

In *Flüssigkeiten* tritt beim Eintauchen der Schwinggabel eine **Resonanzverschiebung** (Erhöhung der Masse) auf, die ausgewertet werden kann.

Kapazitives System

Die Kapazität einer *Sonde* und einer *Gegenelektrode* wird ausgewertet. Jede Änderung des Füllstands bedeutet eine *Kapazitätsänderung*. Anwendung bei **Flüssigkeiten** und **Schüttgütern**.

Konduktives System

Hier wird die Änderung des *elektrischen Widerstands* zwischen zwei Messelektroden zu Messzwecken ausgenutzt.

Anwendbar bei elektrisch leitfähigen Flüssigkeiten, vorwiegend zur Erfassung von Grenzständen.

Hydrostatisches System
Der *hydrostatische Druck* der Flüssigkeit auf einen unten angebrachten Druckaufnehmer wird ausgewertet, um den Füllstand zu bestimmen. Mit zunehmendem Füllstand steigt der hydrostatische Druck an.

Mikrowellensystem
Ein Sender strahlt ein Mikrowellensignal ab. Der gegenüber liegende Empfänger erkennt das Signal und ruft ein Schaltsignal am Auswertegerät hervor.

Ultraschallsystem
Ausgesandte *Ultraschallimpulse* werden von der Oberfläche des Schüttguts reflektiert und wieder vom Sensor erfasst. Aus der *Laufzeitmessung* lässt sich die Schüttguthöhe ermitteln.

Durchflussmessung

Elektromagnetische Durchflussmessung
Das Medium entspricht einem *bewegten Leiter* im Magnetfeld. In diesem Medium wird eine elektrische *Spannung* induziert, die der *Durchflussgeschwindigkeit* proportional ist.

Das Verfahren ist unabhängig von Temperatur, Druck und Viskosität.

Wirbel-Durchflussmessung
Hinter einem angeströmten Staukörper bilden sich abwechselnd beidseitig *Wirbel*. Der dadurch hervorgerufene *Unterdruck* wird erfasst und ausgewertet.

Für **flüssige** und **gasförmige** Medien geeignet.

Thermische Durchflussmessung
Das Medium strömt an *zwei* Pt100 vorbei. Ein *Messwiderstand* erfasst die *Temperatur* des Mediums, der andere wird auf eine *konstante Temperaturdifferenz* gehalten.
Nimmt der über das aufgeheizte Widerstandsthermometer geführte Messstrom zu, erhöht sich die Abkühlung und die Stromstärke, die für eine gleichbleibende Differenztemperatur notwendig ist. Der *Heizstrom* ist dem *Messstrom* proportional.
Möglich ist eine *direkte Massenmessung* bei hoher Genauigkeit.

Ultraschall-Durchflussmessung
Ein *Ultraschallsignal* wird von einem Messsensor zu einem anderen gesendet.

In Durchflussrichtung und gegen die Durchflussrichtung.

Die **Signallaufzeit** wird messtechnisch erfasst. Sie ist gegen die Durchflussrichtung größer als mit der Durchflussrichtung.

Die **Laufzeitdifferenz** ist der Durchflussgeschwindigkeit proportional.
Gut zur *bidirektionalen* Messung *reiner* oder *leicht verschmutzter* Flüssigkeiten geeignet.

Induktive Näherungssensoren
Induktive Näherungssensoren arbeiten *berührungslos* und *verschleißfrei*. Sie werden auch **induktive Näherungsschalter** genannt.

Diese Sensoren sind sehr zuverlässig, haben eine lange Lebensdauer, eine Betätigungsgeschwindigkeit und Schaltpunktgenauigkeit.

85 *Induktiver Näherungssensor*

Das *hochfrequente Wechselfeld* wird durch *leitfähiges* Material in Nähe der aktiven Fläche *bedämpft*.

Im leitfähigen Material werden **Wirbelströme** induziert. Dadurch wird dem Magnetfeld Energie entzogen. Die *Schwingungsamplitude* des Oszillators verringert sich.

Das Signal wird gleichgerichtet und durch einen **Schwellwertschalter** in ein **Schaltsignal** umgeformt und verstärkt.

Schaltabstand
Eine kennzeichnende Größe von Näherungsschaltern ist der **Bemessungs-Schaltabstand** s_N.

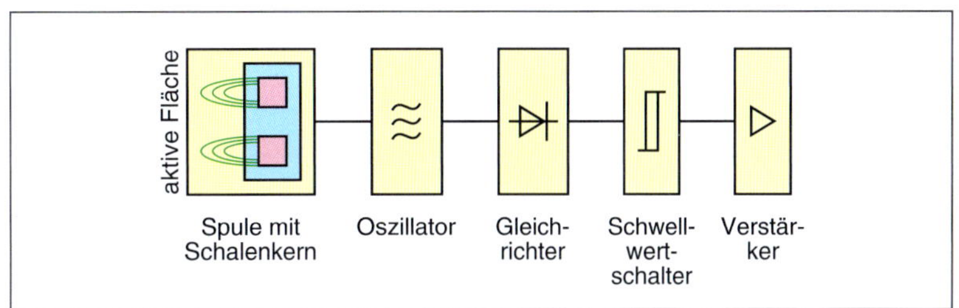

86 *Aufbau eines induktiven Näherungsschalters*

■ **bidirektional**
In zwei Richtungen, in unterschiedlichen Richtungen.

Füllstandsmessung
level measurement

Füllstandssensor
liquid level sensor

Durchfluss
flow, flowing through

Ultraschall
ultrasonic sound, ultrasound

Signallaufzeit
signal transfer time, signal delay time

Drehgeber
encoder

Inkremental-Drehgeber
incremental encoder

Absolut-Drehgeber
absolute encoder

Induktive Näherungssensoren

Bemessungs-Schaltabstand s_N = 3,5 mm.

Tatsächlicher Abstand bei Nickel
$a = k \cdot s_N$
$a = 0{,}7 \cdot 3{,}5$ mm = 2,45 mm

Er gibt an, *wie weit* der elektrisch leitfähige Stoff von der aktiven Sensorfläche *entfernt* sein darf, um einen *zuverlässigen Schaltvorgang* auszulösen. Fertigungstoleranzen werden bei s_N nicht berücksichtigt.

Der **Bemessungs-Schaltabstand** wird mithilfe eines *quadratischen Stahlplättchens* von 1 mm Dicke und Seitenlängen, die dem Durchmesser der aktiven Sensorfläche entsprechen, ermittelt.

Da *Stahl* ein *ferromagnetisches* Material ist, ist der *Schaltabstand* hier besonders groß.

$$a = k \cdot s_N$$

a tatsächlicher Schaltabstand
k Korrekturfaktor Material
s_N Bemessungs-Schaltabstand

Korrekturfaktoren

Stahl	1,0
Kupfer	0,25 – 0,45
Messing	0,35 – 0,5
Aluminium	0,3 – 0,45
Nickel	0,65 – 0,75
Gusseisen	0,93 – 1,05

Neben dem *Bemessungsschaltabstand* s_N sind folgende Definitionen wichtig:

- **Realschaltabstand** s_r
  Gemessen bei festgelegten Bedingungen.
- **Nutzschaltabstand** s_U
  Zulässiger Abstand innerhalb der angegebenen Spannungs- und Temperaturbereiche.
- **Gesicherter Schaltabstand** s_a
  Gewährleisteter Abstand innerhalb der festgelegten Spannungs- und Temperaturbereiche.

Hysterese

Zwischen dem Ein- und Ausschaltpunkt besteht eine **Hysterese**. Abhängig vom Sensoraufbau beträgt sie 5 bis 20 % des Schaltabstands.

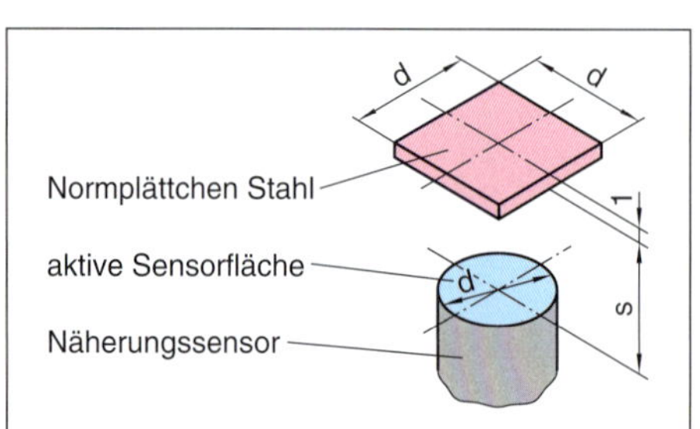

87 Bemessungs-Schaltabstand

Schaltfrequenz

Gibt die Anzahl der möglichen Schaltfolgen je Sekunde an.
Die **Bemessungs-Schaltfrequenz** ist erreicht, wenn $\Delta t_1 = \Delta t_2$.

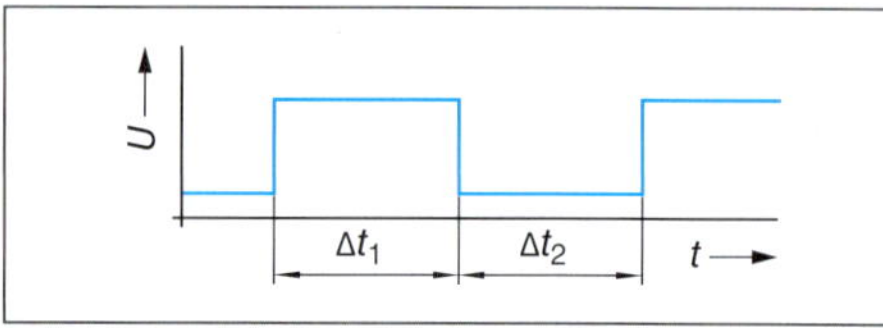

88 Schaltfrequenz

- **Reihenschaltung von Sensoren**
  Reihenschaltung von Sensoren ist möglich. Die Anzahl der in Reihe geschalteten Sensoren wird durch den Spannungsfall je Sensor und die Betriebsspannung der Last bestimmt.
- **Parallelschaltung von Sensoren**
  Parallelschaltung ist bedingt möglich. Bei ungünstiger Schaltfolge – der zuerst bedämpfte Sensor wird auch zuerst entdämpft – kann die Bürde kurzzeitig abfallen (Bereitschaftsverzögerung).
  Die maximale Anzahl ist vom Haltestrom der Bürde abhängig.

@ Interessante Links

- christiani-berufskolleg.de

Näherungssensoren

Betriebsspannungen
DC: 10 – 40 V
AC: 20 – 264 V

Strombelastbarkeit bis 0,5 A,
Reststrom bis 7 mA,
Schaltfrequenz bis 1 kHz.

Prüfung

1. Wozu werden Sensoren benötigt?

2. Unterscheiden Sie zwischen aktiven und passiven Sensoren.

3. Es werden Sensoren mit Binärausgang, Analogausgang und Digitalausgang angeboten.
Erläutern Sie die Unterschiede.

4. Beschreiben Sie die Wirkungsweise von Thermoelementen.

5. Wie können Wege und Winkel sensorisch erfasst werden.

6. Welche Möglichkeiten bestehen, um Drehzahlen zu erfassen?

7. Beschreiben Sie unterschiedliche Verfahren zur Füllstandsmessung.

8. Wie können Durchflüsse sensorisch erfasst werden?

Technische Daten eines induktiven Näherungssensors

1. Normal

Spannung	10 – 30 V DC
Ausgang	Dreidraht mit NO oder NC, NPN bis 300 mA, PNP bis 200 mA
Schaltabstand	1 – 20 mm, abhängig vom Durchmesser

2. Erhöhte Anforderungen

Spannung	10 – 65 V (Dreidraht) 20 – 265 V (Zweidraht)
Ausgang	Dreidraht mit NO oder NC, NPN bis 500 mA, Zweidraht mit NO oder NC bis 500 mA
Schaltabstand	10 % größer als Normal

3. SPS angepasst

Spannung	10 – 30 V DC
Ausgang	Zweidraht mit 1 NO bis 25 mA, Versorgung aus SPS-Eingang

4. Erhöhter Schaltabstand

Mehr als 3-fach über Normalausführung.
Dies ermöglicht die Wahl geringerer Sensorabmessungen.

5. Explosionsgeschützt nach NAMUR

Zweidraht für *explosionsgeschützte* Nachschaltgeräte.

Diese Sensoren haben *keinen Schaltausgang.* Das Schaltsignal wird von Nachschaltgeräten erzeugt, *galvanische Trennung* des Sensors vom Schaltausgang.

Der Sensorstromkreis wird auf *Kurzschluss* und *Drahtbruch* überwacht.

Nicht zugelassen im *Gefahrenbereich der Zone 0.*

Anschluss und Schaltung

NPN- und PNP-Ausgang

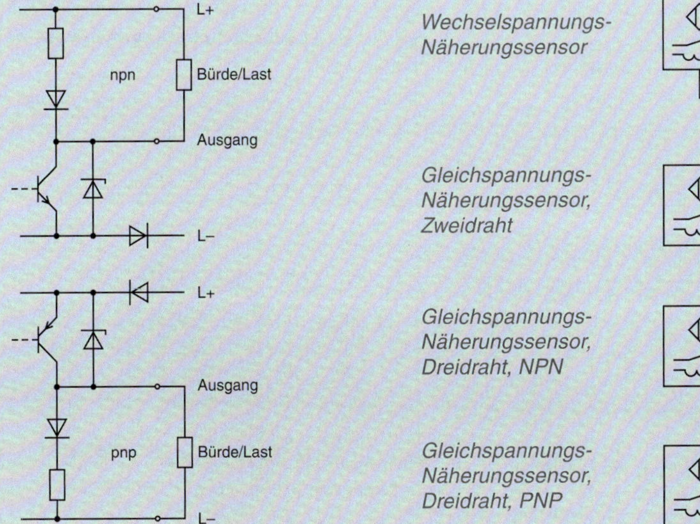

Induktiver Näherungssensor
proximity sensor

Kapazitiver Näherungssensor
capacitive proximity sensor

Schaltabstand
sensing distance

Drahtbruch
break of wire, wire break

Kurzschluss
short circuit, short

NAMUR

Normenausschuss für Mess- und Regeltechnik

Die NAMUR-Ausführungen sind eigensichere elektrische Betriebsmittel (Zündschutzart, Eigensicherheit). Die Höchstwerte für Spannung, Strom und Leistung sowie besondere Bedingungen sind der jeweiligen Konformitätsbescheinigung zu entnehmen.

NO

normaly open, Schließerfunktion

NC

normaly closed, Öffnerfunktion

Anschlüsse und Aderfarben

BN braun
BK schwarz
BU blau
WH weiß

Anschlüsse werden mit den Ziffern 1 bis 4 bezeichnet. Siehe Seite 341.

Aderfarben und Steckerbelegung

Sensor	Typ	Aderfarbe	Anschluss
Zweidraht AC und Zweidraht DC Polung frei	NO	alle Farben außer Gelb, Grün oder Grün/Gelb	3 4
	NC		1 2
Zweidraht DC Polung beachten	NO	+ Braun – Blau	1 4
	NC	+ Braun – Blau	1 2
Dreidraht DC Polung beachten	NO Ausgang	+ Braun – Blau Schwarz	1 3 4
	NC Ausgang	+ Braun – Blau Schwarz	1 3 2

Abstandsensoren

Sie erzeugen eine dem *Abstand* zwischen Sensor und leitfähigem Material *proportionale* Spannung. Geeignet für *Abstandsmessungen.*

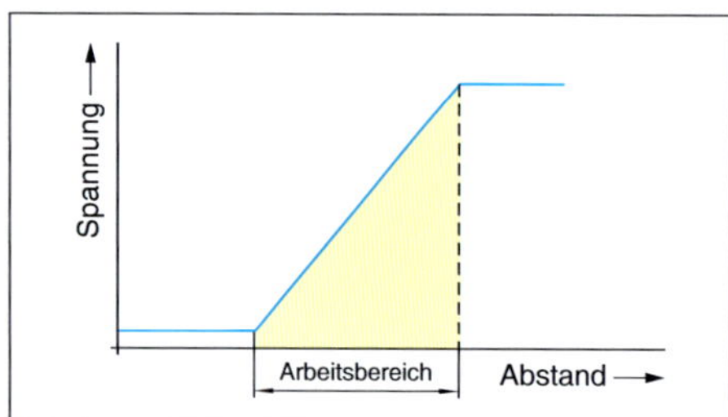

89 Abstandsensor

Magnetfeldsensoren

Ausgewertet wird der *Scheinwiderstand* einer Spule. Dieser wird durch die *Spuleninduktivität* wesentlich beeinflusst.

Die *Spuleninduktivität* ist von der *Permeabilität* des Eisenkernmaterials abhängig.

Bei Annäherung eines *externen Magnetfelds überlagern* sich beide Felder. Permeabilität und Scheinwiderstand der Spule nehmen ab.

Überwiegend werden Dauermagnete verwendet, da sie keine Spannungsversorgung benötigen.

Der *Scheinwiderstand* der Spule ist ein Maß für die *Feldstärke* des externen Magnetfelds.

Wird die Sensorspule mit einem konstanten Wechselstrom gespeist, dann ist die induzierte Spannung dem *Scheinwiderstand* proportional und demnach ein Maß für die Feldstärke.

Magnetfeldsensoren können zur **Kolbenpositionserfassung** in Hydraulikzylindern aus *ferromagnetischem* Material eingesetzt werden.

Am Kolben wird ein Magnetsystem aufgebaut, das in der Zylinderwand ein Magnetfeld hervorruft. Der Sensor wird außen am Zylinder angebracht.

Der *Polaritätswechsel* des Magnetfelds wird ausgewertet. Es ergibt sich hierbei kein exakter Schaltpunkt, nur eine *Schaltzone.* Wenn sich der Zylinderkolben in der Schaltzone befindet, liefert der Sensor ein Ausgangssignal.

Kapazitive Näherungssensoren

Berührungslose Erfassung von elektrisch leitenden und nicht leitenden Stoffen im festen, pulverförmigen und flüssigen Zustand.

Aktives Element ist eine *scheibenförmige Sensorelektrode* und eine *becherförmige Abschirmung.* Beide bilden einen *Kondensator* mit der Kapazität C_0.

Wenn sich eine *Schaltfahne* an die *aktive Fläche* annähert, ändert sich die Kondensatorkapazität um ΔC.

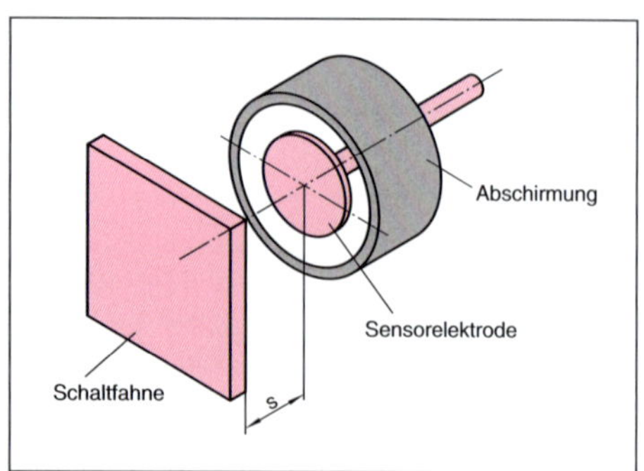

90 Kapazitiver Näherungssensor, Prinzip

Der Kondensator ist Element eines *RC-Generators*. Seine Ausgangsspannung hängt von der Kapazität $C = C_0 + \Delta C$ und dem Schirmpotenzial ab.

Unterschreitet der Abstand zwischen Schaltfahne und Kondensator einen bestimmten Wert, schwingt der *RC-Generator* auf. Hieraus wird dann das *Ausgangssignal* des Sensors gebildet.

Durch das *Material* vor der **aktiven Fläche** ändert sich die **Dielektrizitätszahl** und damit die Kapazität. Die *Kapazitätsänderung* beeinflusst die *Schwingkreisfrequenz* des **Oszillators**, die ausgewertet wird.

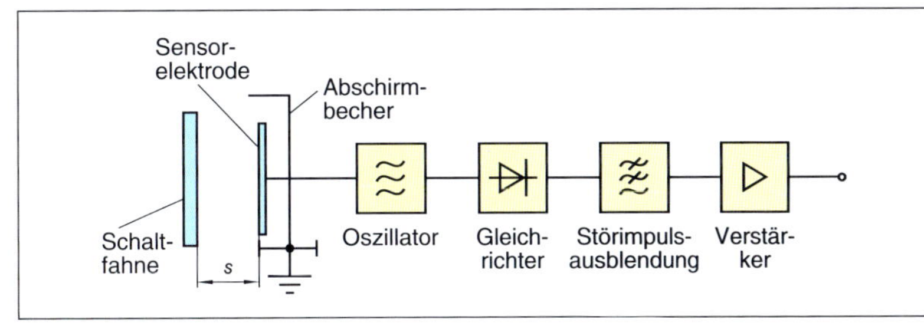

91 Aufbau eines kapazitiven Näherungssensors

92 Kapazitiver Näherungssensor

Beeinflussungsarten

- *Nicht leitendes Material*
  Die Gesamtkapazität verändert sich wegen des Dielektrikums.

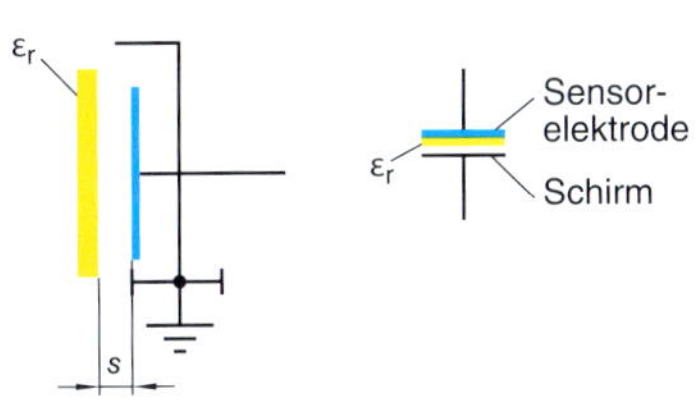

- *Leitendes und geerdetes Material*
  Es bilden sich zwei parallel geschaltete Kondensatoren. Dadurch erhöht sich die Gesamtkapazität.

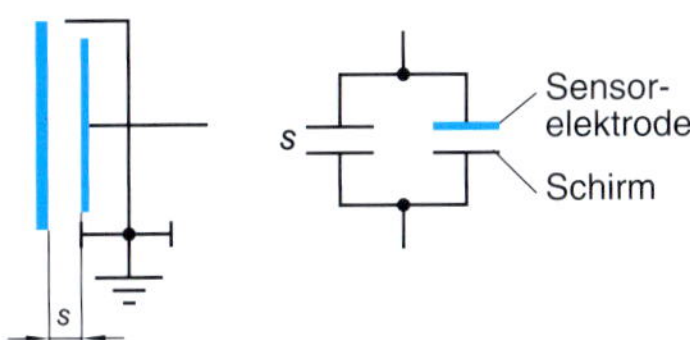

- *Leitendes und isoliertes Material*
  Zwei in Reihe liegende Kondensatoren werden zur Sensorkapazität parallel geschaltet. Dadurch erhöht sich die Gesamtkapazität.

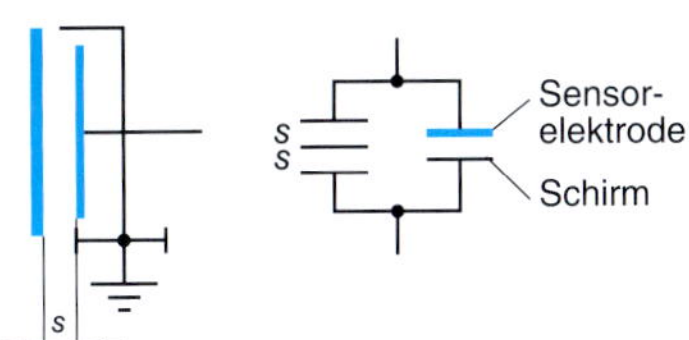

- **Bemessungs-Schaltabstand** s_N
  Wird durch eine *Normmessplatte* aus Stahl mit der Dicke 1 mm und einer Seitenlänge bestimmt, die dem Durchmesser der aktiven Sensorfläche entspricht.

  Ein genauer *Schaltabstand* kann nicht ohne Kenntnis der *Einsatzbedingungen* angegeben werden. Am *Einstellpotenziometer* des Sensors kann der gewünschte Schaltabstand eingestellt werden.

Umweltbedingungen (Luftfeuchtigkeit, wechselnde Temperaturen, Staub) stellen *Störgrößen* für den Sensor dar. Er sollte deshalb *nicht* mit der maximalen *Empfindlichkeit* betrieben werden.

- **Nutzschaltabstand** s_U
  Zulässiger Schaltabstand innerhalb der angegebenen Spannungs- und Temperaturbereiche. $s_U = 0{,}72 - 1{,}325\ s_N$
- **Gesicherter Schaltabstand** s_a
  Abstand, bei dem ein gesicherter Betrieb bei festgelegtem Spannungs- und Temperaturbereich möglich ist. $s_a = 0 - 0{,}72\ s_N$
- **Technische Daten**
  Wechselspannungsausführung, Zweidraht 20 bis 250 V; Last in Reihe.
  Gleichspannungsausführung, Dreidraht 10 bis 60 V (NPN oder PNP).
- **Anschlussbeispiele**

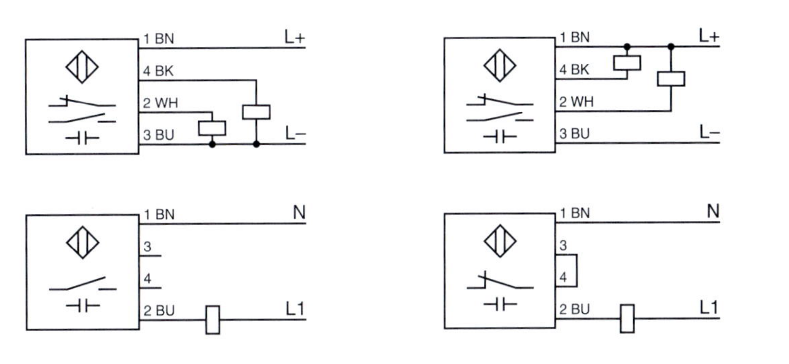

■ **Kapazitive Näherungssensoren**

sind teurer und empfindlicher als induktive Näherungssensoren.

■ **Aderfarben**

→ 340

Kapazitive Näherungssensoren können elektrisch leitende und nicht leitende Materialien erfassen.

■ **Korrekturfaktoren**

→ 342

Ultraschall
ultrasonic

Auflösung
resolution

Erfassungsbereich
detecting range

Abstand
spacing

@ Interessante Links

- christiani-berufskolleg.de

- **Korrekturfaktor**

Material	Faktor
Metall	1
Holz	0,2 – 0,7
Wasser	1
Glas	0,5
PVC	0,6
Öl	0,1

Ultraschallsensoren

Ein piezokeramischer Wandler (Schwingquartz) sendet *Ultraschallimpulse* aus. Wenn diese Impulse von einem erfassten Objekt *reflektiert* werden, empfängt der Wandler das *Echo* und setzt dieses in ein Signal um.

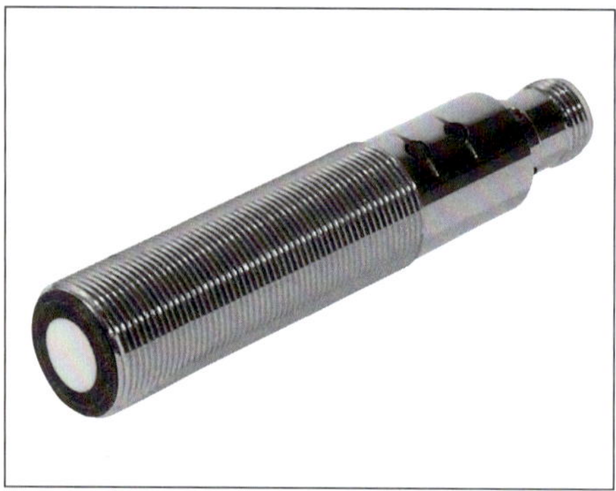

93 Ultraschallsensor

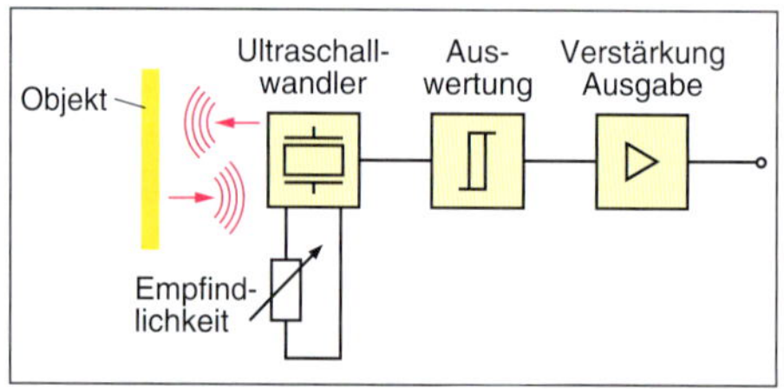

94 Aufbau eines Ultraschallsensors

Das **Schwingquartz** wird für kurze Zeit angeregt und sendet **Ultraschallwellen** aus. Dann wird der *Schallgeber* zum *Empfänger*.

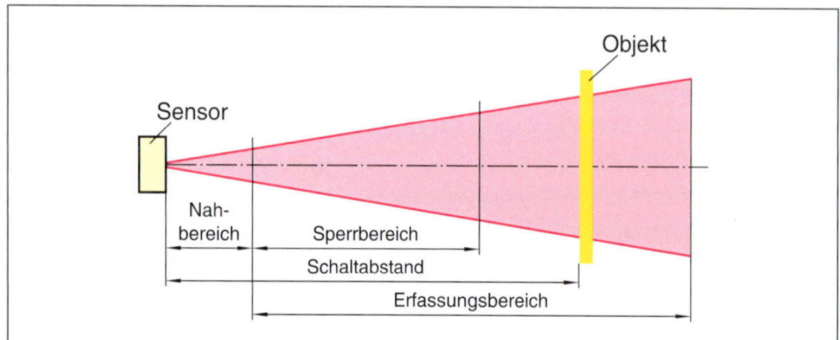

95 Schaltkeule eines Ultraschallsensors, Winkel annähernd 5°

Die *einlaufenden* Ultraschallimpulse werden ausgewertet.

1. Prüfung, ob einlaufendes Signal das *Echo* der ausgesandten Ultraschallwellen ist.
2. Wenn ja, wird die *Laufzeit* des Schalls als Maß für den *Objektabstand* ausgewertet.

Hinweise

- Der Nahbereich sollte von Objekten freigehalten werden, sonst sind Fehlsignale möglich.
- Im Erfassungsbereich kann zwischen Objekten im eingestellten Schaltbereich und im davor liegenden Sperrbereich unterschieden werden.
- Objekte in einer größeren Entfernung als der Erfassungsbereich werden nicht erfasst.
- Die Laufzeit des Schalls ist abhängig von Lufttemperatur und Luftfeuchtigkeit.
- Das Objekt muss Ultraschallwellen reflektieren.
- Bei mehreren Sensoren und zwischen Sensoren und Wänden sind Mindestabstände einzuhalten.
- Sensoren für einen Abstand bis 99 cm haben eine Auflösung von 1 cm. Sensoren für einen Abstand bis 600 cm haben eine Auflösung von 10 cm.
- Sensoren haben einen Schaltausgang (binär), einen Digitalausgang (BCD oder 8-Bit-Binärzahl), einen Analogausgang (4 – 20 mA).

Prüfung

1. Erläutern Sie die Arbeitsweise eines induktiven Näherungssensors.

2. Welche Bedeutung hat der Schaltabstand?

3. Beschreiben Sie die Arbeitsweise eines kapazitiven Näherungssensors.

4. Warum ist der kapazitive Näherungssensor empfindlicher als der induktive Näherungssensor?

5. Wozu können Abstandssensoren eingesetzt werden?

6. Wie kann die Position eines Kolbens im Hydraulikzylinder sensorisch erfasst werden.

7. Bei Einsatz von Ultraschallsensoren sind Mindestabstände (zu Wänden, zwischen Sensoren) einzuhalten.
Machen Sie sich darüber kundig.

8. Für welchen Zweck können Ultraschallsensoren verwendet werden?

Optoelektronische Sensoren

Moduliertes Licht im *Infrarotbereich* wird von einem Empfänger aufgenommen und in ein Signal umgesetzt.

Einweglichtschranken

Sender und *Empfänger* sind *räumlich getrennt* und einander gegenüberliegend angebracht.

Bei *Unterbrechung* des Lichtstrahls wird im Empfänger ein *Schaltsignal* hervorgerufen.

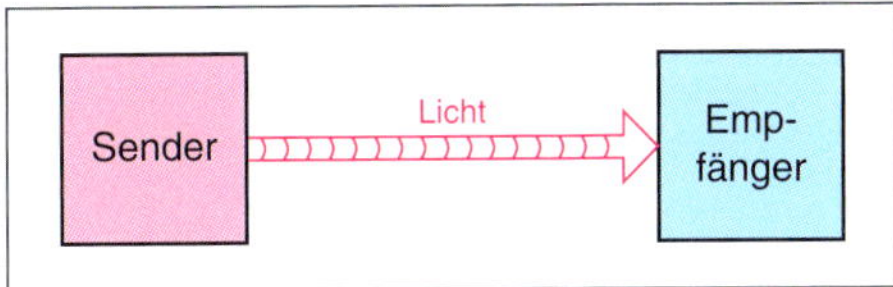

96 Prinzip der Einweglichtschranke

Geeignet für *große Entfernungen* (bis 120 m). Gegen umgebungsbedingte *Störeinflüsse* unempfindlich. Auf genaue *Ausrichtung* ist zu achten.
Nachteilig ist der höhere Montage- und Installationsaufwand.

Hinweise

- Erkannt werden auch kleinste Gegenstände bei geringen Entfernungen.
- Ein optoelektronischer Sensor schaltet entweder, wenn Licht empfangen wird oder wenn kein Licht mehr empfangen wird. Man nennt sie hell- oder dunkelschaltend.
- Die Empfindlichkeit ist mit einem Potenziometer einstellbar. Es ist ratsam, den Maximalwert einzustellen (mit Ausnahme von transparenten Objekten).

Reflexionslichtschranken

Sender und Empfänger sind in *einem Gehäuse* untergebracht. Der Lichtstrahl wird auf einen *Reflektor* gerichtet und von diesem auf den Empfänger zurückgeworfen.

Bei *Unterbrechung* des Lichtstrahls wird ein *Schaltvorgang* ausgelöst. Der Installationsaufwand ist geringer, was aber zu Lasten der *Reichweite* geht (bis 10 m).

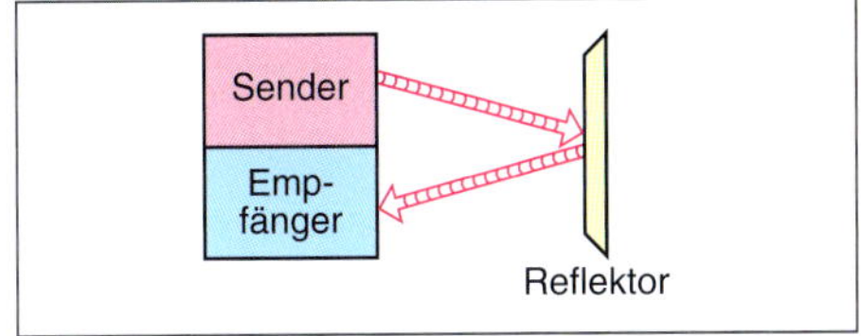

97 Prinzip der Reflexionslichtschranke

98 Optoelektronische Sensoren

Reflexionslichttaster

Sender und Empfänger sind in *einem Gehäuse* untergebracht. Das zu erfassende *Objekt wirkt selbst* als *Reflektor*.

Die Pulsung des IR-Strahls mit hoher Frequenz macht den Sensor unempfindlicher gegen Störlicht.
Vorteilhaft ist die *einfache Montage*. Nachteilig ist die Abhängigkeit der *Reichweite* von der Farbe, Oberfläche und Größe des Objekts.

Der *Schaltabstand* ist stark abhängig vom *Reflexionsvermögen* des Objektes.

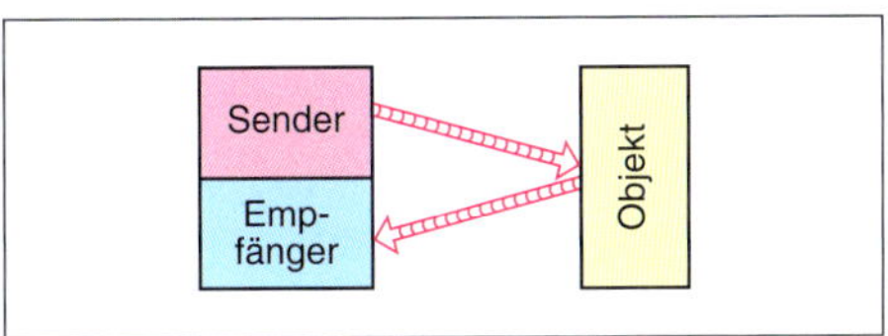

99 Prinzip der Reflexionslichtschranke

Lichttaster sind sehr gut zur Erfassung *durchsichtiger* Objekte geeignet.

- **Reflexlichttaster für den Nahbereich**
  Innerhalb der *Tastweite* werden helle und dunkle Objekte praktisch gleich gut erkannt. Dabei sind Umwelteinflüsse wie Staub usw. nicht problematisch.
- **Vordergrundausblendung**
  Einsatz bei gut reflektierendem Hintergrund und weniger gut reflektierenden Objekten. Werden auf dem Hintergrund abgeglichen. Reflexionen aus dem Vordergrund wirken wie eine Lichtstrahlunterbrechung.
- **Hintergrundausblendung**
  Lichttaster hat *einen* Sender und *zwei* Empfänger. Bei zunehmender Entfernung des Objekts wird die von Empfänger 1 empfangene Lichtmenge immer größer und die von Empfänger 2 immer kleiner.
  Wenn beide Lichtmengen gleich sind, ist die *maximale Tastweite* erreicht. Objekte in größerer Entfernung werden nicht erkannt, selbst wenn sie viel Licht reflektieren.

Lichtschranke
light barrier

Reflexlichtschranke
reflection light barrier

Einweglichtschranke
one-way light barrier

Lichttaster
light sensor

Lichtwellenleiter
optical waveguide

ausblenden
blanking

@ Interessante Links

- www.balluff.com
- www.leuze-electronic.de
- www,baumer.com
- www.turck.cd
- www.hbm.com

Eingesetzt werden können diese Lichttaster, wenn dunkle Objekte vor einem hellen Hintergrund erfasst werden sollen.

■ **Selbstkompensierende DMS**

Die Widerstandszunahme durch Temperaturdehnung wird durch einen negativen Temperaturkoeffizienten des Messgitters ausgeglichen.

■ **Dehnungsmessstreifen**

■ **k-Faktor**

Empfindlichkeit, gibt das Verhältnis der relativen Widerstandsänderung zur relativen Dehnung an.

■ **Messschaltungen**

Lichtwellenleiter

Bei *engen Einbaubedingungen* oder *hohen Temperaturen* können **Glas-** oder **Kunststoff-Lichtwellenleiter** sinnvoll eingesetzt werden.

Dabei wird das Licht vom Sensor zu einem entfernten Objekt geleitet.

Die Lichtwellenleiter enden in speziellen *Sensorköpfen*. Dort tritt das Licht des Sensors aus und das Empfangssignal wird aufgenommen.

Die Erfassung sehr kleiner Objekte ist möglich. Ausführung als **Einweg-** und **Reflexionslichtschranke**.

100 *Lichtwellenleiter*

Dehnungsmessstreifen

Dehnungsmessstreifen (DMS) wandeln *mechanische Größen* (Kraft, Druck, Drehmoment) in eine *Widerstandsänderung* um.

Die Widerstandsänderung ΔR ist proportional zur *Dehnung* ε durch *Längenzunahme* Δl, *Querschnittsabnahme* ΔA und Änderung des *spezifischen Widerstands* $\Delta\rho$.

$$\frac{\Delta R}{R_0} = k \cdot \varepsilon \qquad \varepsilon = \frac{\Delta l}{l}$$

ΔR Widerstandsänderung durch Verformung in Ω
R_0 Widerstand vor der Verformung in Ω
ε Dehnung
l_0 Länge vor der Verformung in m
Δl Längenänderung in m

Dehnung ist das Verhältnis von *Längenänderung* Δl und *Ausgangslänge* l_0.

$$\text{Dehnung} = \frac{\text{Längenänderung}}{\text{Ausgangslänge}}$$

Die Längenänderung $\Delta l = 1\ \mu\text{m}$ bei einer Ausgangslänge von $l_0 = 1$ m wird 1 µD genannt.

$$1\ \mu\text{D} = 1\ \frac{\mu\text{m}}{\text{m}} = 10^{-6}$$

Dehnung ruft eine *Zunahme* der *Länge* um Δl hervor. Dadurch verringert sich der *Durchmesser* und der spezifische *Widerstand* nimmt zu.

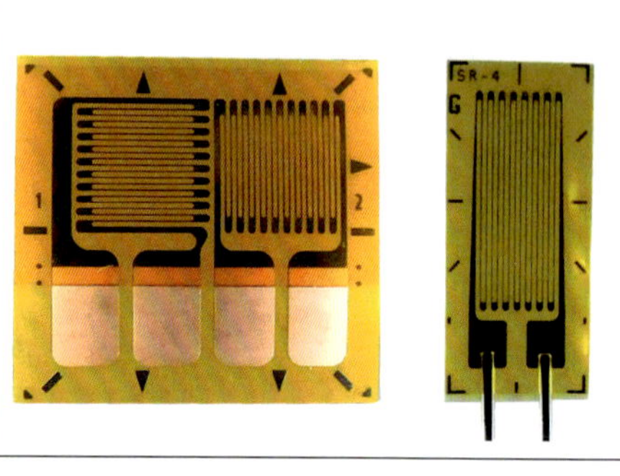

101 *Dehnungsmessstreifen*

DMS werden auf das Messobjekt mit Spezialkleber *aufgeklebt*. *Oberflächendehnungen* des Messobjekts rufen eine *Längenänderung* hervor, die der DMS in eine proportionale *Widerstandsänderung* umsetzt.

DMS reagieren auf *Dehnungen* und *Stauchungen* in Richtung des Messgitters.
Die *Empfindlichkeit* wird durch den *k-Faktor* angegeben. Der k-Faktor gibt das Verhältnis der relativen Widerstandsänderung zur relativen Dehnung an.

Technische Daten von DMS

- Spannung 1 – 10 V
- Nennwiderstand 120 Ω, 350 Ω, 600 Ω, 1000 Ω
- k-Faktor 2,1; 2,2; 4
- Temperatur – 270 °C – 980 °C

Unterschieden wird zwischen **Folien-DMS**, **Draht-DMS** und **Halbleiter-DMS**.

Halbleiter-DMS haben eine *sehr hohe Empfindlichkeit* (k-Faktor). Sie können auch sehr *kleine* Dehnungen messen.

Technische Daten (Halbleiter-DMS)

- Nennwiderstand R_0 120 Ω, 600 Ω
- Toleranz $\Delta R/R_0$ 0,5 %
- Aktive Messlänge 1 mm, 5 mm
- Empfindlichkeit k 100 – 160
- Messstrom I_M 10 – 20 mA
- Spannung U_b 1 – 2 V
- Dehnung max. 5000 µD

Messschaltungen

Da die Widerstandsänderung *gering* ist, werden Dehnungsmessstreifen in *Brückenschaltungen* eingesetzt.

Drucksensoren

Eine grundsätzliche Einteilung der *Drucksensoren* kann in **Absolutdrucksensoren** und **Differenzdrucksensoren** erfolgen.

Viele Ausführungen der Drucksensoren arbeiten mit einer Membran, deren druckabhängige Verformung ein Maß für den zu erfassenden Druck ist.

- **Piezoelektrischer Sensor**
  Bei Belastung wird eine elektrische Ladungsverschiebung bewirkt und dadurch eine elektrische Spannung hervorgerufen.
  Vorteile: Hohe Linearität, geringe Hysterese, große Temperaturbeständigkeit.

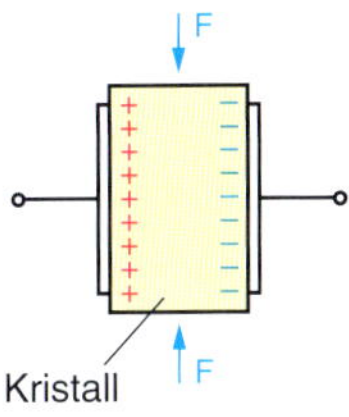

- **Piezoresistiver Sensor**
  Bei Druck auf eine Membran wird ein Biegebalken ausgelenkt. In der Stauchzone und der Dehnzone werden Widerstände verändert.

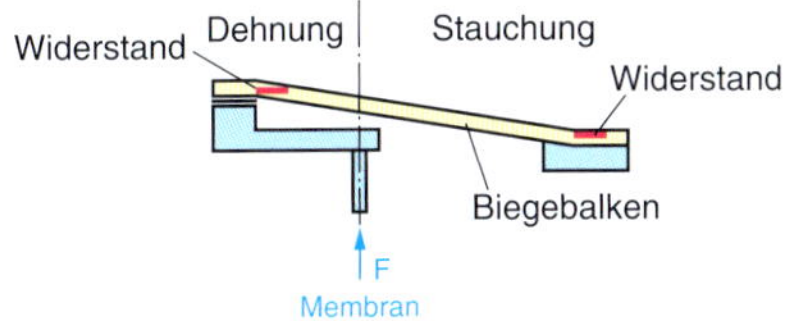

- **Druchwächter**
  Bei Druckänderung wird eine Membran oder ein Faltenbalg ausgelenkt. Dadurch wird Druck auf ein Schaltstößel übertragen. Durch Verstellung der Federkraft können die Schaltpunkte (Hysterese) des oberen und unteren Grenzwertes beeinflusst werden.
  - *Druckwächter zum Schalten von Hilfsstromkreisen.*
  - *Druckwächter zum Schalten von Laststromkreisen.*

102 Druckwächter

Prüfung

1. Wie ist eine Einweglichtschranke aufgebaut?

2. Unterscheiden Sie zwischen den Begriffen hell- und dunkelschaltend.

3. Worin besteht der Vorteil von Reflexions-Lichtschranken?

4. Unter welcher Voraussetzung sind Lichtschranken mit Polarisationsfilter technisch sinnvoll?

5. Welche Vorteile haben Lichttaster?

6. Unterscheiden Sie zwischen Lichttastern
- für den Nahbereich
- mit Vordergrundausblendung
- mit Hintergrundausblendung.

7. Worauf ist bei bündigem Einbau von Lichttastern zu achten?

8. Wozu eignen sich Lichtwellenleiter?

9. Erläutern Sie die dargestellten Schaltungen.

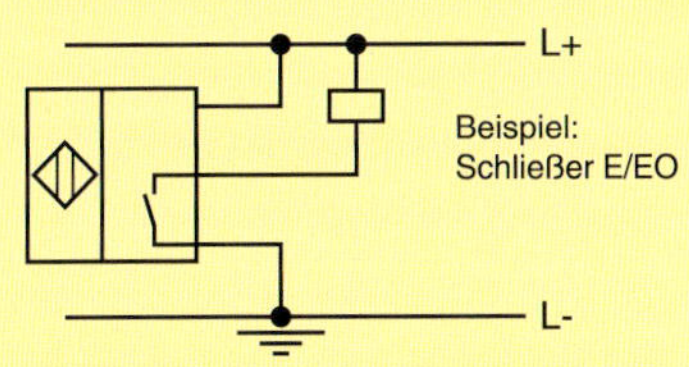

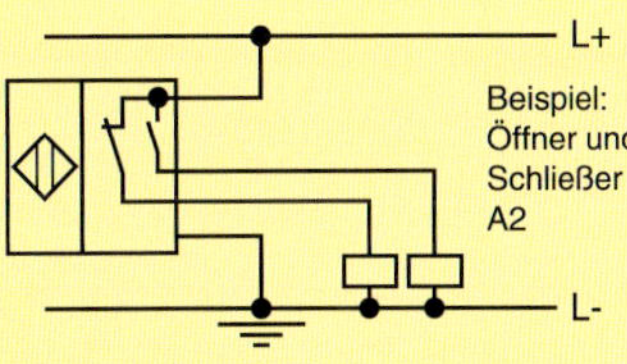

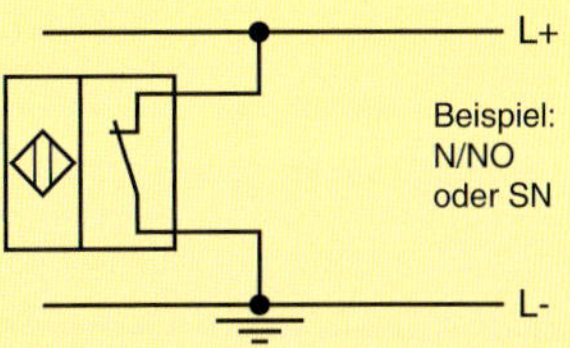

10. Drucksensoren arbeiten nach unterschiedlichen Prinzipien.

Beschreiben Sie diese.

Dehnungsmessstreifen
strain gauge

Drucksensor
pressure sensor

Dehnung
extension

■ **Piezoresistiver Sensor**

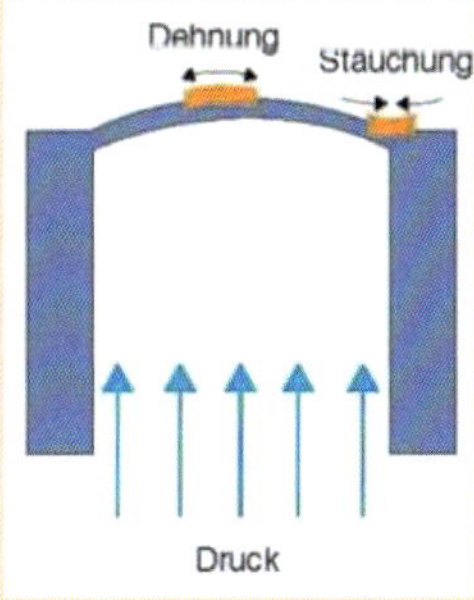

@ Interessante Links
- christiani-berufskolleg.de

6.3 Regelungstechnik

Die *Drehzahl* eines Gleichstrommotors kann in unterschiedlicher Weise beeinflusst werden.

- Verringerung der Ankerspannung → Drehzahl sinkt unter Bemessungsdrehzahl n_N.
- Schwächung des Erregerfeldes → Drehzahl steigt über Bemessungsdrehzahl n_N.

Die *Feldwicklung* des Motors wird über einen **ungesteuerten Stromrichter** (Gleichrichter) an Spannung gelegt. Diese Spannung ist *konstant*.

Der *Anker* wird über einen **gesteuerten Stromrichter** an eine einstellbare Spannung gelegt.

Die *Drehzahl* kann dadurch eingestellt (gesteuert) werden (Bild 103).

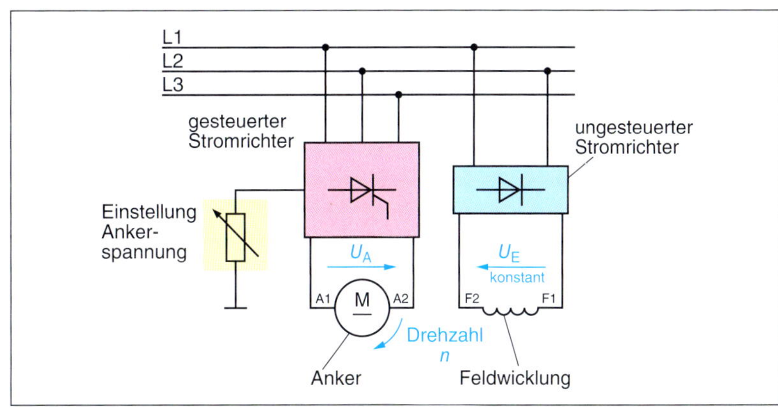

103 Steuerung eines Gleichstrommotors über die Ankerspannung

Wenn nun **Störgrößen** auftreten, wie z. B. *Netzschwankungen* oder *Lastschwankungen*, kann sich die Motordrehzahl dauerhaft ändern. Bei einer **Steuerung** ist das nicht zu vermeiden.

Der **Istzustand** der Drehzahl wird *nicht* abgefragt. Auf eine *Drehzahländerung* kann die Steuerung so auch *nicht reagieren*.

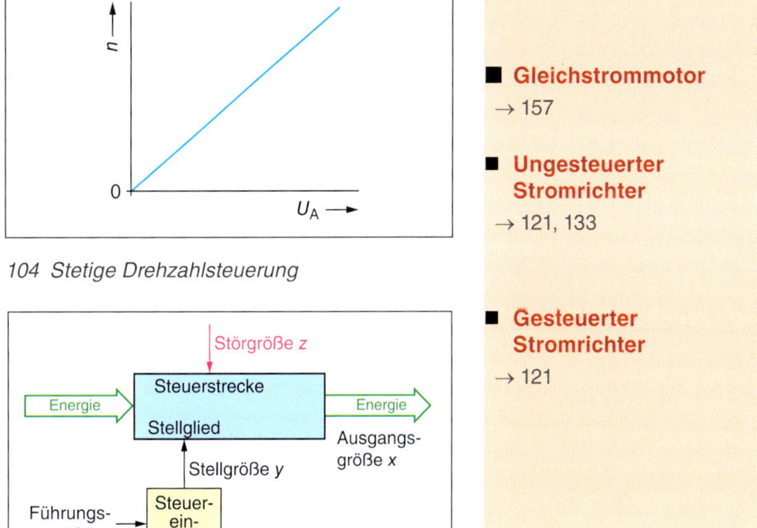

104 Stetige Drehzahlsteuerung

105 Steuerkette

■ **Gleichstrommotor**
→ 157

■ **Ungesteuerter Stromrichter**
→ 121, 133

■ **Gesteuerter Stromrichter**
→ 121

Man sagt, die *Steuerung* ist ein **offener Wirkungsablauf** und meint damit, dass die Ausgangsgröße (Drehzahl) nicht auf den Eingang zurückwirkt.

Eine Steuerung kann in Form einer **Steuerkette** dargestellt werden (Bild 105).

Für das Beispiel des *Gleichstrommotors* bedeutet dies:

Ausgangsgröße *x*	Drehzahl des Motors
Steuerstrecke	Motor mit Stromrichter
Führungsgröße *w*	Steuerspannung für Zündwinkel
Steuereinrichtung	Zündelektronik
Stellglied	Thyristorschaltung
Störgröße *z*	Netzschwankung, Lastschwankung
Stellgröße *y*	Zündverzögerungswinkel der Thyristorschaltung

Steuern ist ein Vorgang, bei dem die Steuereinrichtung mit einer von der Führungsgröße abhängigen Stellgröße die Steuerstrecke beeinflusst.

Dabei hat die Ausgangsgröße keinen Einfluss auf die Steuereinrichtung.

Es liegt ein offener Wirkungsablauf vor.

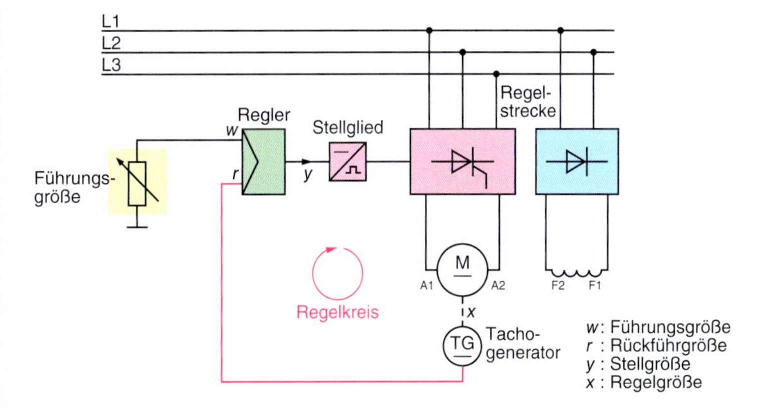

106 Regelkreis am Beispiel des Gleichstrommotors

Der Gleichstrommotor wird nun mit einem **Tachogenerator** ausgerüstet, der eine der *Drehzahl proportionale* Spannung abgibt. Damit lässt sich der *momentane Drehzahlwert* jederzeit erfassen.

Steuerung
control, open-loop control

Regelung
automatic control

Regelgröße
conrolled value

Regelkreis
control system

Regelstrecke
open-loop control system

Stellgröße
regulated quantity

Störgröße
disturbuting quantity

Regeldifferenz
system deviation

Sprungantwort
step response

Sprungfunktion
step function

Neben der **Führungsgröße** w wird auch die **Rückführgröße** r auf einen *Reglereingang* gegeben. Aus diesen beiden Werten wird die **Regeldifferenz** e gebildet.

$e = w - r$

Die **Regeldifferenz** kann *positive* und *negative* Werte annehmen.

Ein Beispiel verdeutlicht das.

Führungsgröße *w* Spannung am Anker	170 V	170 V	160 V
Rückführgröße *r* Spannung Tachogenerator	170 V	160 V	170 V
Regeldifferenz *e*	0	+ 10 V	– 10 V
	Drehzahl o. k.	Drehzahl erhöhen	Drehzahl verringern

Die **Regeldifferenz** e beeinflusst die **Stellgröße** y. Sie wird im Regler durch einen **Vergleicher** gebildet, der die *Differenz* $e = w - r$ an den Regler und somit an das Stellglied weiterleitet.

107 *Darstellung eines Vergleichers*

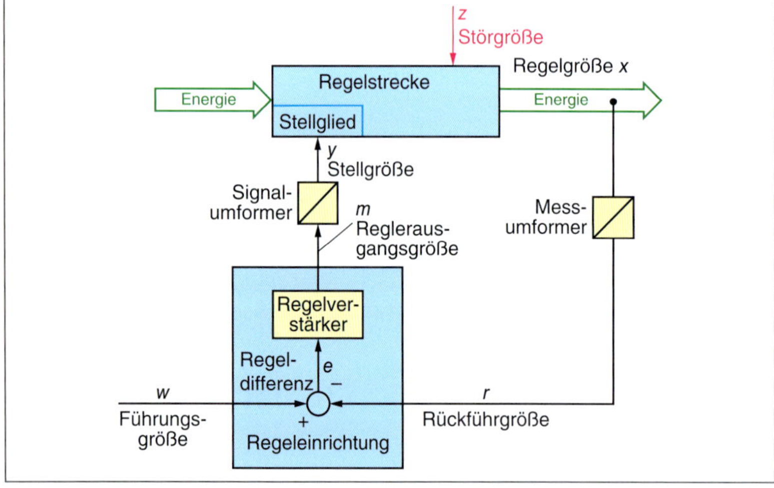

108 Blockschaltbild eines Regelkreises

Die Aufgabe der *Regelung* besteht darin, eine *vorgegebene Führungsgröße* schnellstmöglich als *Regelgröße* zu erreichen und sie bei Störgrößeneinflüssen möglichst konstant zu halten.

Regelstrecken

Die **Regelstrecke** ist der Teil des Regelkreises, in dem die *Regelgröße konstant* gehalten werden soll.

Sie beginnt mit dem **Stellglied** und endet am **Messort** mit dem **Messfühler** (Bild 106, Seite 347).

Um eine optimale Auswahl und Anpassung der **Regeleinrichtung** (des **Reglers**) zu erreichen, muss das *Verhalten* der **Regelstrecke** bekannt sein.

Dazu kann man unterschiedliche Verfahren verwenden.

- **Sprungantwortverfahren**
  Die Stellgröße y wird *sprunghaft* verändert. Die dadurch hervorgerufene Änderung der Regelgröße x wird ermittelt und ergibt die *Sprungantwort*.

Beim **Sprungantwortverfahren** wird die *Antwort* des Regelkreisgliedes (z. B. der Regelstrecke) auf eine *sprunghafte Änderung* der Eingangsgröße untersucht.

109 Regelstrecke

110 Sprungantwort einer Regelstrecke

Festwertregelung

Überwiegend *konstante* Führungsgröße.

Zeitplan- oder Programmregelung

Führungsgröße wird nach einem vorgegebenen Zeitplan verändert.

Folgeregelung

Die Regelgröße folgt der sich ändernden Führungsgröße.

Abtastregelung

Die Regelgröße wird in Abständen von Abtastzeitpunkten erfasst. Die Stellgröße wird dann aus den zu den Abtastzeitpunkten vorliegenden Werten der Regelgröße und der Führungsgröße gebildet. Die Stellgröße wirkt dann länger auf die Regelstrecke ein.

Für eine Raumtemperaturregelung soll die *Sprungantwort* der Regelstrecke „Raum" ermittelt werden.

Die Ausgangstemperatur beträgt 15 °C. Das Heizkörperventil wird vollständig geöffnet. In Zeitabständen wird die Raumtemperatur gemessen.

Die Abbildung zeigt den Temperaturanstieg im Raum in Abhängigkeit von der Zeit.

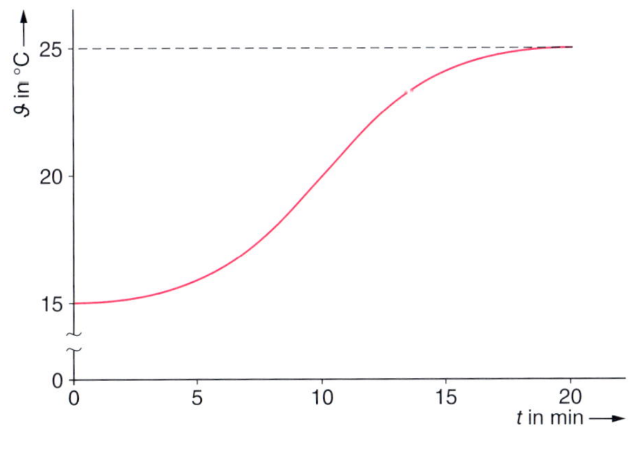

Regelstrecke mit Totzeit

Solche Regelstrecken reagieren mit einer Zeitverzögerung auf die Sprungfunktion am Eingang.

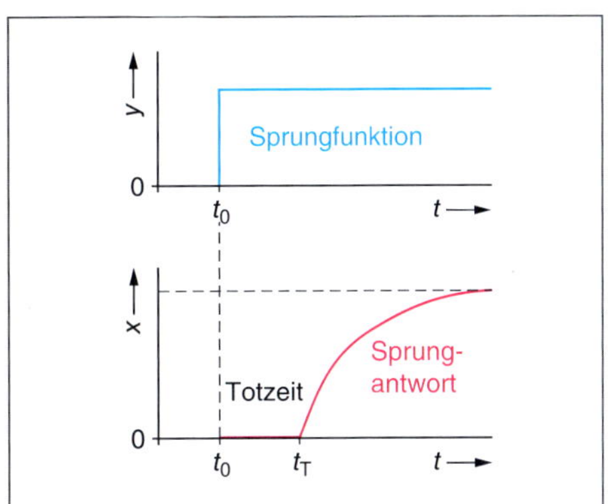

111 Sprungantwort einer Totzeitstrecke

Regelstrecke mit Verzugszeit

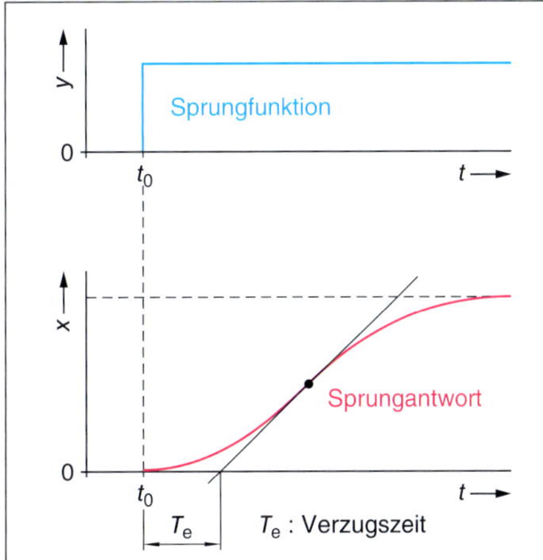

112 Regelstrecke mit Verzugszeit

■ **Regelstrecke**

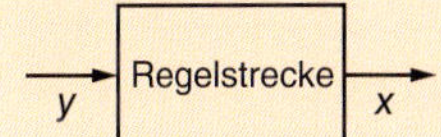

■ **Kennzeichen einer Regelung**

- Messen
- Vergleichen
- Stellen

Dadurch werden Störgrößeneinflüsse selbsttätig ausgeglichen.

■ **Totzeit t_T**

Laufzeit des Stellsignals vom Stellort bis zur Wirkung am Messort. Während dieser Zeit können Störgrößen ungehindert wirken.

Totzeiten in Regelstrecken erschweren den Regelvorgang. Oftmals sind Schwingungen die Folge.

■ **Verzugszeit**

Nach dem Eingangssprung reagiert die Regelstrecke zunächst mit geringfügiger Änderung der Ausgangsgröße.

Die Regelstrecke mit Verzugszeit reagiert zunächst mit geringfügiger Änderung der Regelgröße (Bild 112, Seite 349).

Ausgleich

Bei Ausfall der Regelung stellt sich die Regelgröße *x* auf einen neuen festen Wert ein. Diesen Wert nennt man den Beharrungszustand der Regelgröße.

Ausgleich
balance, compensation equalization

Schwingung
oszillation

Zeitkonstante
loop constant

Ausgleichszeit
balancing time

Proportionalglied mit Verzögerung 1. Ordnung

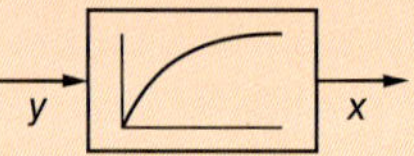

I-Glied

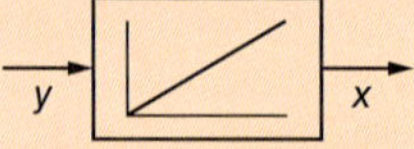

Totzeitglied

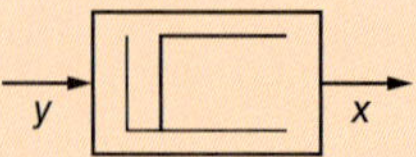

P-Glied

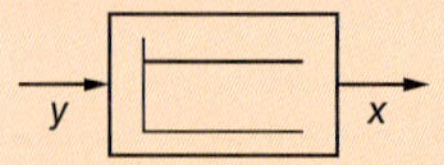

Regelstrecke mit Ausgleich

Erreicht die Regelgröße bei einer sprunghaften Stellgrößenänderung einen stabilen Endwert (einen Beharrungszustand)?

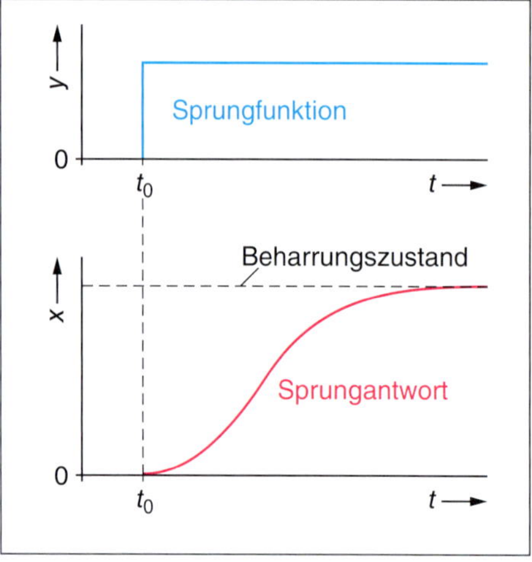

113 Regelstrecke mit Ausgleich

Regelstrecke mit Schwingverhalten

Die Regelgröße erreicht den neuen Beharrungszustand nach einer sprunghaften Stellgrößenänderung erst nach einigen Überschwingungen.

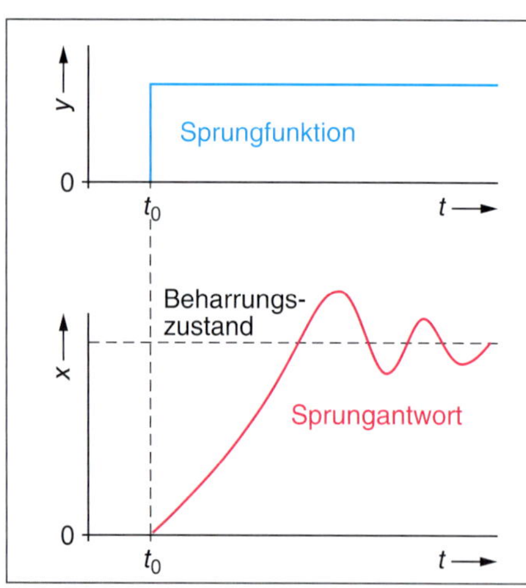

114 Regelstrecke mit Schwingverhalten

Proportionalbeiwert der Regelstrecke K_S

Der **Proportionalbeiwert** K_S gibt Auskunft darüber, welche *Änderung der Regelgröße* eine *Stellgrößenänderung* bewirkt.

$$K_S = \frac{\Delta x}{\Delta y}$$

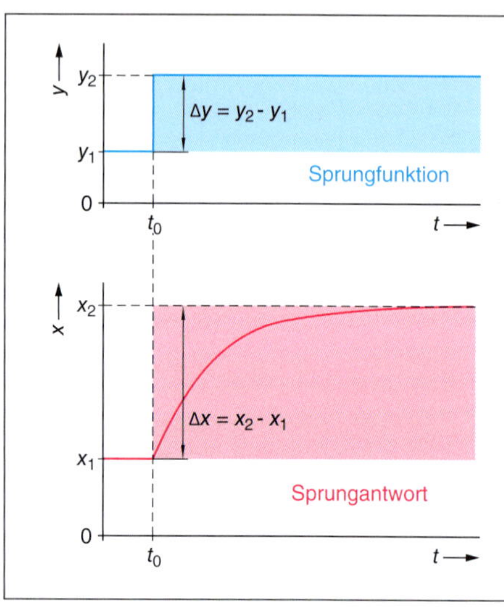

115 Proportionalbeiwert einer Regelstrecke

2 Umdrehungen des Ventils bewirken einen Temperaturanstieg von 12 K. $\Delta y = 2$, $\Delta x = 12$ K

Proportionalbeiwert

$$K_S = \frac{\Delta x}{\Delta y} = \frac{12\ \text{K}}{2} = 6\ \text{K/(pro Umdrehung)}$$

Zeitkonstante, Ausgleichszeit

Fragestellung: In welcher *Zeit* wird nach einem Stellgrößensprung ein neuer *Beharrungswert* der Regelgröße erreicht?

Die Antwort kann durch die **Zeitkonstante** T_S oder durch die **Ausgleichszeit** T_b gegeben werden.

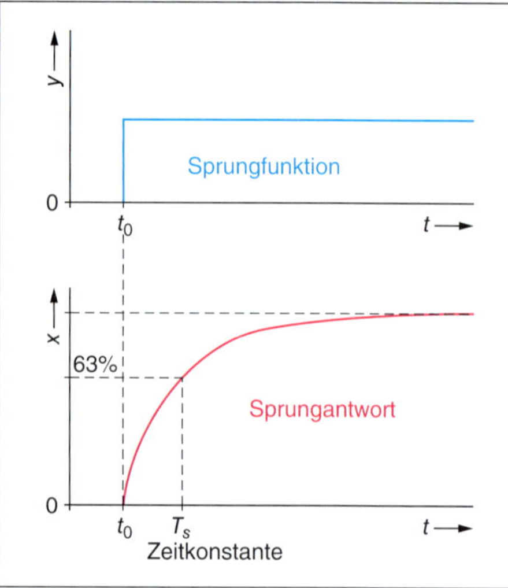

116 Zeitkonstante einer Regelstrecke

Regelstrecke ohne Ausgleich

Nach dem Zuschalten der *Stellgröße* nimmt die *Regelgröße* ständig zu und erreicht keinen definierten Endzustand.

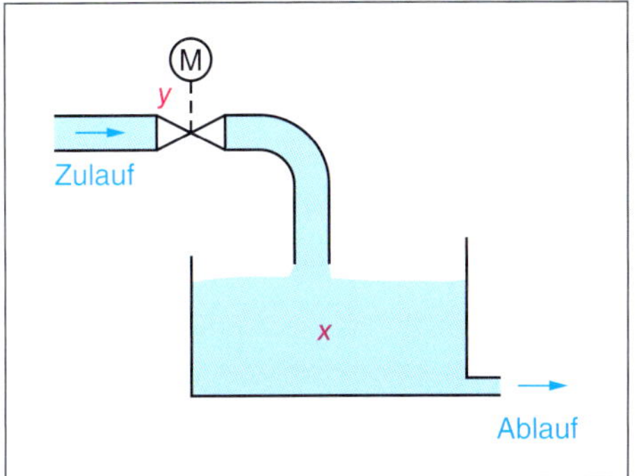

117 Behälterfüllung (Strecke ohne Ausgleich)

Bei geöffnetem Ventil ändert sich die *Regelgröße* (Wasserstand im Behälter) *stetig* (Bild 118). Nach einer bestimmten Zeit ist der Behälter voll und *läuft* danach *über*. Ein sinnvoller regelungstechnischer *Endzustand* stellt sich *nicht* ein.

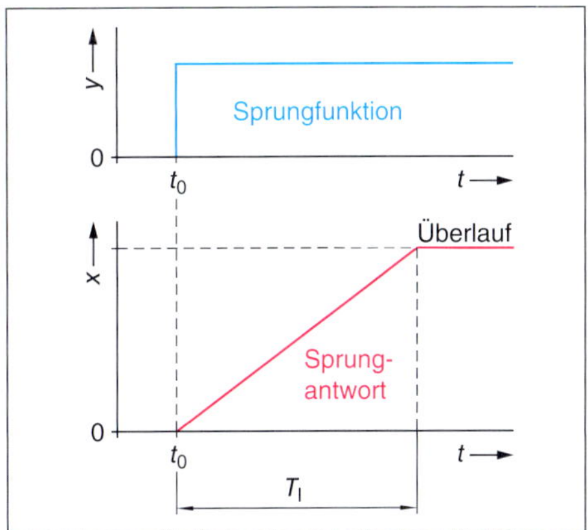

118 Regelstrecke ohne Ausgleich

Man spricht von einer **I-Strecke** (**I** bedeutet **Integral**). Eine *konstante* Stellgröße verursacht eine *lineare* Zunahme der Regelgröße. T_I gibt Auskunft über die **Anstiegsgeschwindigkeit** der Regelgröße.

Regelstrecke mit Ausgleich

Wenn sich die *Stellgröße y ändert* oder eine *Störgröße z einwirkt*, erreichen solche Strecken eine *neuen* Beharrungszustand.

Auch bei diesen Strecken kann das **Zeitverhalten** mit dem *Sprungantwortverhalten* ermittelt werden.

Dadurch kann auch die **Streckenverstärkung** K_S bestimmt werden.

K_S gibt an, um wie viel sich die *Regelgröße x* bei einer *Änderung der Stellgröße y* ändert.

$$K_S = \frac{\Delta x}{\Delta y}$$

Regelstrecke ohne Speicher (PT_0)

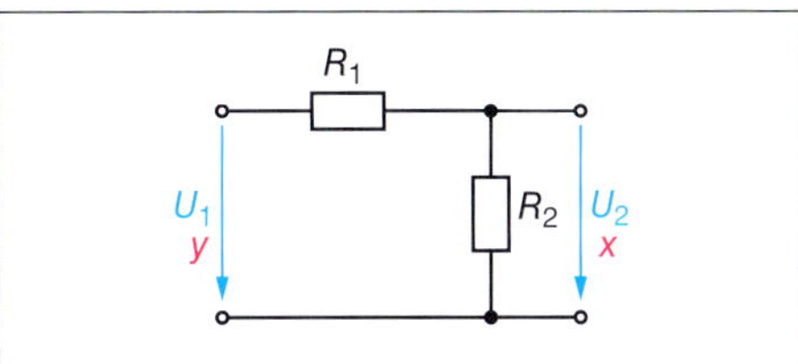

119 Regelstrecke ohne Speicher

$$K_S = \frac{\Delta x}{\Delta y} = \frac{R_2}{R_1 + R_2}$$

Die Regelstrecke hat *keinen Speicher*. Die Regelgröße folgt der Stellgröße praktisch *unverzögert*.

P Regelgröße ändert sich um die Streckenverstärkung K_S, wenn sich die Stellgröße *y* ändert.

T_0 Da kein Speicher vorhanden ist, tritt keine Zeitverzögerung auf.

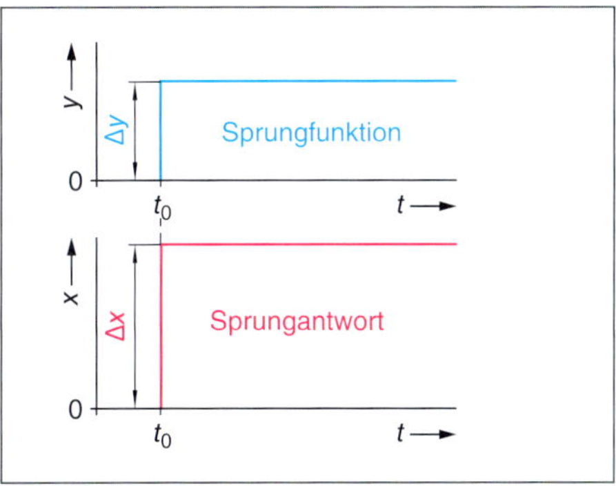

120 Regelstrecke ohne Speicher

Regelstrecke mit einem Speicher (PT_1-Strecke)

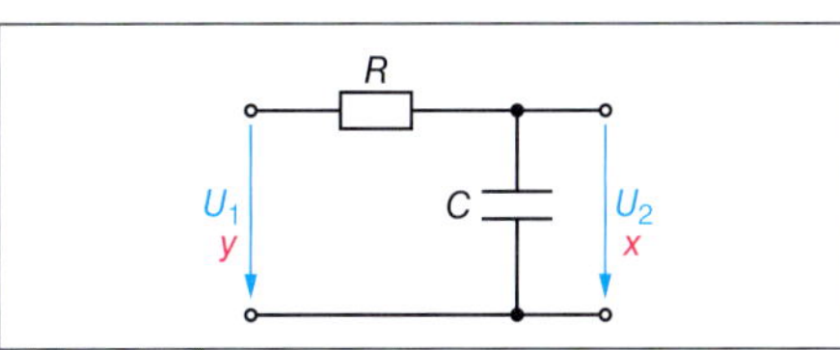

121 Regelstrecke mit einem Speicher

Solche Strecken haben einen **Energiespeicher**. Die Regelgröße *x* folgt der Änderung der Stellgröße *y verzögert* nach einer e-Funktion. Man spricht von **Regelstrecken 1. Ordnung** (Bild 122, Seite 352).

■ **Regelstrecke ohne Speicher**

Die Ausgangsgröße folgt zeitlich unverzögert der Eingangsgröße.

Kennwert: $K_S = \frac{\Delta x}{\Delta y}$

■ **I-Strecke**

I-Strecken sind Regelstrecken ohne Ausgleich.

■ **Regelstrecke mit einem Speicher**

Kennwerte: $K_S = \frac{\Delta x}{\Delta y}$

und Zeitkonstante T_S.

■ **Regelstrecke mit Ausgleich**

nennt man Proportionalstrecken oder P-Strecken.

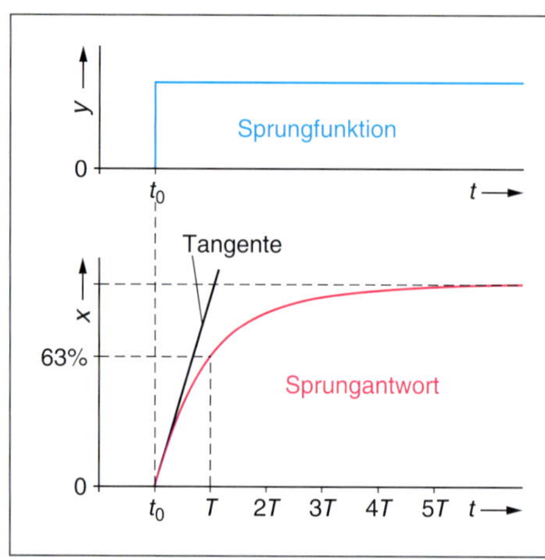

122 Regelstrecke 1. Ordnung, Sprungantwort

Kennwerte der PT_1-Strecke:

Streckenverstärkung $K_S = \frac{\Delta x}{\Delta y}$

Zeitkonstante T

Die **Zeitkonstante** T gibt an, in welcher Zeit die Regelgröße ca. 63 % ihres *neuen Beharrungswertes* erreicht hat.

Nach Ablauf von ca. **5 Zeitkonstanten** ($5 \cdot T_S$) ist der neue *Beharrungswert* erreicht.

■ **Regelstrecke mit mehreren Speichern**

Kennwerte: $K_S = \frac{\Delta x}{\Delta y}$
Verzugszeit T_e
Ausgleichszeit T_b

Eine erfolgreiche Regelung setzt voraus, dass die Sprungantwort der Regelstrecke bekannt ist, damit die optimale Regeleinrichtung ausgewählt und optimal eingestellt werden kann.

Regelstrecken mit mehreren Speichern (PT_n-Strecke)

Die Regelgröße folgt der Stellgrößenänderung *stark verzögert*. Man spricht von **Regelstrecken höherer Ordnung**.

Kennwerte dieser Regelstrecken sind neben der **Streckenverstärkung** K_S **Verzugszeit** T_e und **Ausgleichszeit** T_b. Sie lassen sich aus der **Sprungantwort** ermitteln.

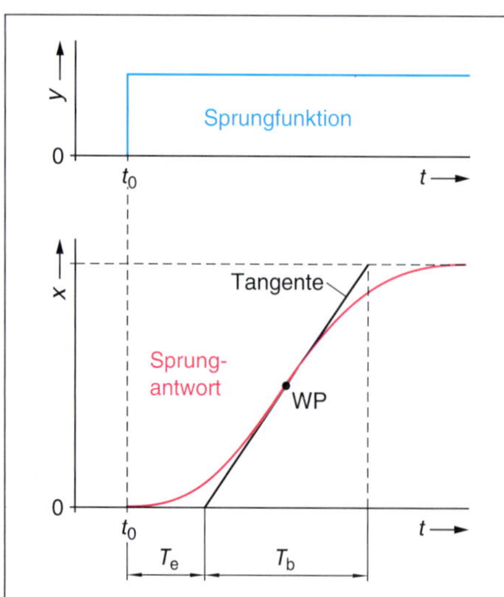

123 Regelstrecke höherer Ordnung

- Wendepunkt WP bestimmen. In diesem Wendepunkt geht die Sprungantwort vom progressiven Verlauf in den degressiven Verlauf über.
- Tangente einzeichnen an Wendepunkt WP.
- Zeitabschnitte T_e (Verzugszeit) und T_b (Ausgleichszeit) festlegen.

Verzugszeit T_e

Zeit, in der sich die Regelgröße trotz Stellgrößensprung *kaum ändert*. Die Regelstrecke ist *träge*, was durch die Speicher hervorgerufen wird.

Ausgleichszeit T_b

Ist ein Maß für die *Schnelligkeit*, mit der die Regelgröße ihrem *neuen Beharrungszustand* zustrebt.

Je mehr *Speicher* eine Regelstrecke hat, umso *schwieriger* ist die Strecke zu regeln.

Prüfung

1. Skizzieren Sie einen Regelkreis und benennen Sie die einzelnen Größen des Regelkreises.

2. Beschreiben Sie den Vorgang Regelung.

3. Erklären sie folgende Begriffe.
Störgröße, Regelgröße, Stellgröße, Regeldifferenz, Rückführgröße.

4. Wozu dient das Sprungantwortverfahren?

5. Unterscheiden Sie zwischen Regelstrecke ohne Ausgleich und Regelstrecke mit Ausgleich.

6. Welche Aussage macht der Proportionalbeiwert und der Intergrierbeiwert?

7. Wie beurteilen Sie die Regelbarkeit einer Strecke mit Totzeit?

8. Welchen Einfluss haben Speicher bei Regelstrecken?

9. Wie werden Ausgleichszeit und Verzugszeit bei einer Regelstrecke höherer Ordnung bestimmt?

10. Unterscheiden Sie zwischen Störverhalten und Führungsverhalten. Geben Sie auch den technischen Sinn an.

@ Interessante Links

- christiani-berufskolleg.de

Prüfung

1. Erläutern Sie die Darstellung.

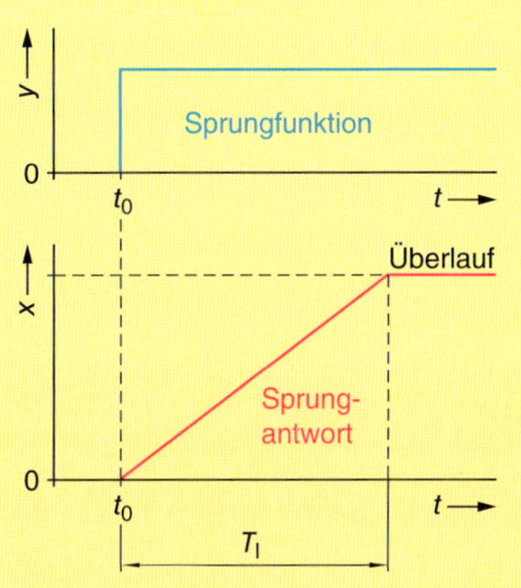

2. Welchen Einfluss hat die Anzahl der Speicher auf die Regelbarkeit einer Regelstrecke?

z.B.

Regelstrecke höherer Ordnung.
Verzugszeit und Ausgleichszeit sind zu bestimmen.

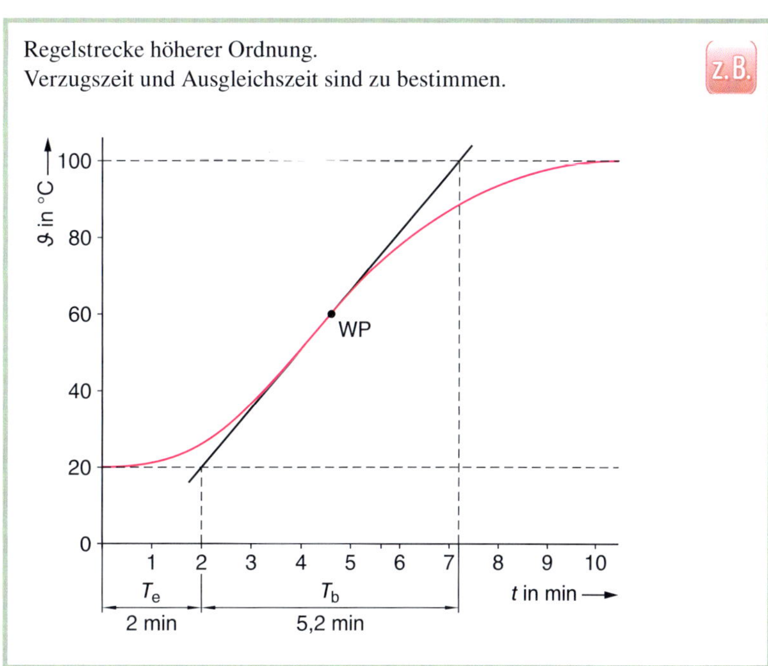

Störverhalten

Das *Störverhalten* eines Regelkreises soll ermittelt werden.

Dazu wird die *Führungsgröße konstant* gehalten.

Eine *sprunghafte Störgrößenänderung* wird hervorgerufen.

Die *Reaktion* der *Regelgröße* wird beobachtet.

Bei einer *optimalen* Regelung muss sich Δx wieder auf *null* einregeln.

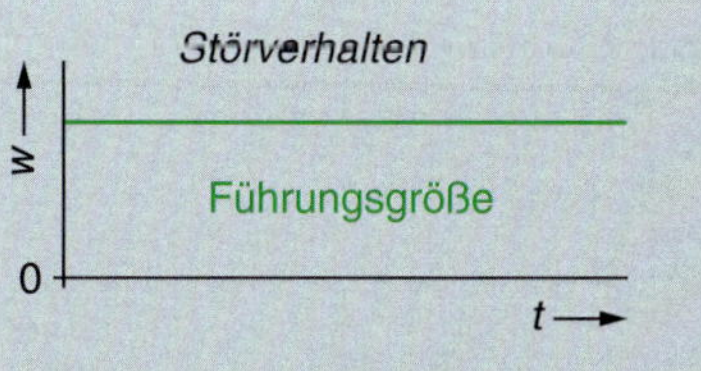

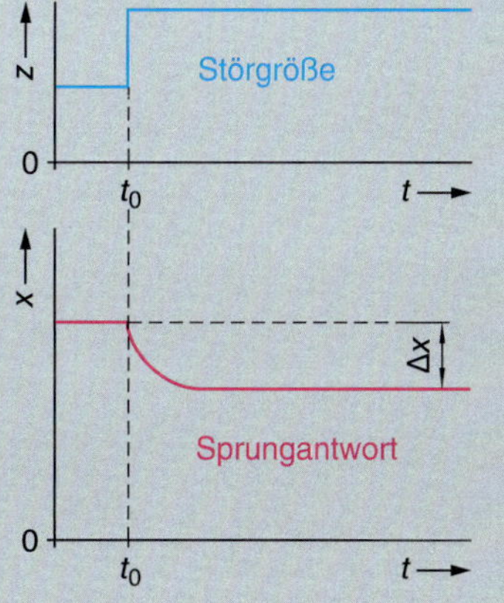

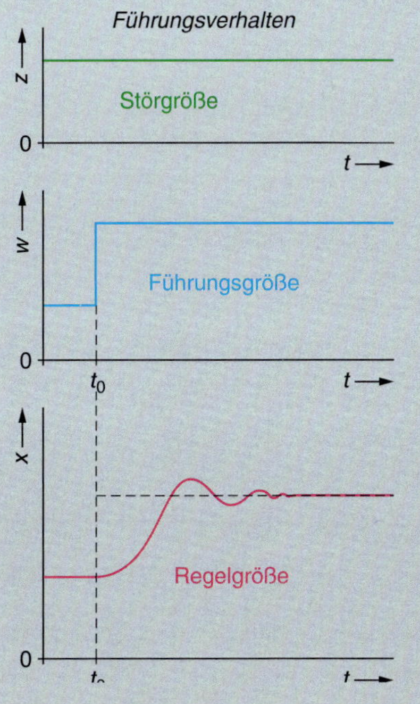

Führungsverhalten, Führungsgröße

Das *Führungsverhalten* eines Regelkreises soll ermittelt werden.

Störgrößen möglichst *konstant halten.*

Führungsgröße sprunghaft erhöhen.

Die *Reaktion der Regelgröße* wird beobachtet.

Bei einer *optimalen* Regelung wird mit *geringer Verzögerung* und *kleiner Überschwingweite* der neue Beharrungswert erreicht.

■ **Störverhalten**

Wie verhält sich die Regelgröße unter Störgrößeneinfluss?

■ **Führungsverhalten**

Wie verhält sich die Regelgröße bei Änderung der Führungsgröße?

■ **Stetige Regler**
Die Stellgröße kann jeden beliebigen Wert innerhalb eines Stellbereichs annehmen.

Regler
controller, control unit, control device

Reglereinstellung
controller setting, govenor setting

Proportionalregler
propotional controller

Regeleinrichtung
closed-loop control device

P-Anteil
proportional component

I-Anteil
integral-action component

D-Anteil
D component

Verstärkungsfaktor
amplification factor

Regelbarkeit von Regelstrecken

Bestimmt wird die *Regelbarkeit* einer Strecke von
- der Ausgleichszeit T_b
- der Zeitkonstanten T_s
- der Verzugszeit T_e
- der Totzeit t_T

Große *Totzeiten verschlechtern* die *Regelbarkeit* einer Strecke. Erst nach Ablauf der Totzeit wird eine Störung als *Regelgrößenänderung* wirksam.
Auch der *Reglereingriff* wird erst nach Ablauf der Totzeit am *Ausgang der Strecke* wirksam.
Die Zeitverschiebungen bewirken eine *Regeldifferenz*, die mit der *Totzeit* zunimmt.

Große *Zeitkonstanten* verbessern die *Regelbarkeit* einer Strecke.

Stetige Regler

Stetige Regler (Regeleinrichtungen) haben die Aufgabe, nach einer Störung die *Regelgröße* in möglichst kurzer Zeit wieder an die *Führungsgröße* anzupassen.

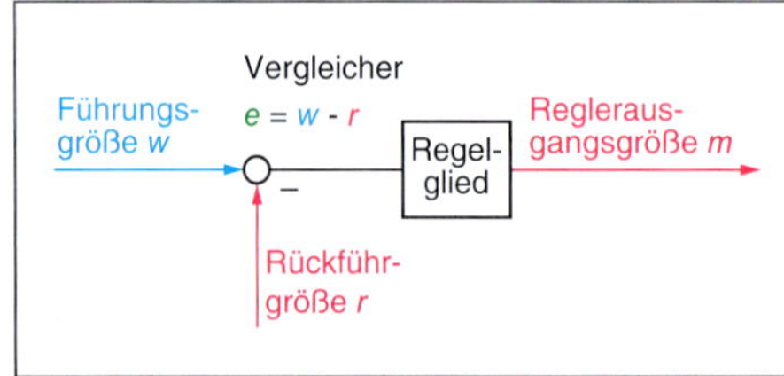

124 Prinzipieller Regleraufbau

Wie Regelstrecken, haben auch **Regeleinrichtungen** (Regler) ein Übertragungsverhalten.

Aufgabe des **Reglers** ist es, aus der **Regeldifferenz** *e* eine **Stellgröße** *y* zu bilden, die jeden Wert innerhalb eines **Stellbereichs** annehmen kann. Auch hier kann das **Sprungantwortverfahren** verwendet werden.

Proportionalregler (P-Regler)

Beim P-Regler ist jeder Regeldifferenz *e* ein definierter Wert der Stellgröße *y* zugeordnet.

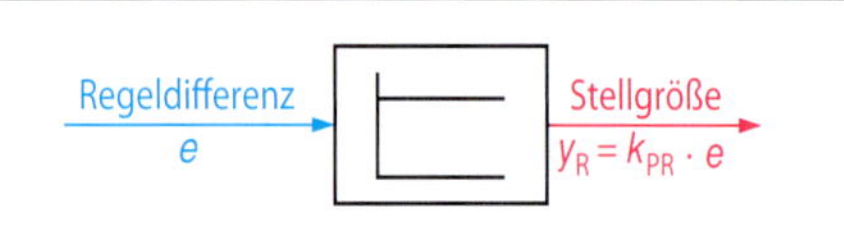

126 P-Regler, Symbol

Die *Stellgröße* ist der **Regeldifferenz** proportional. Die Kenngröße ist der **Proportionalbeiwert** K_P. Das Eingangssignal wird um den Faktor K_P verstärkt.

Zu Bild 125:

Die **Führungsgröße** *w* wird mit R_1 eingestellt. Der Differenzverstärker arbeitet als *Vergleicher.* Der *invertierende Verstärker* bestimmt den **Verstärkungsfaktor** und ändert die *Polarität.*

Der *Differenzverstärker* bildet die **Regeldifferenz** $e = w - r$.

Wenn alle Widerstände den gleichen Ohmwert haben, ergibt sich $U_e = U_w - U_r$.

Beim *invertierenden Verstärker* wird U_e *invertiert* und *verstärkt.* Das ist die **Stellgröße** U_y.

$$U_y = -V \cdot U_e$$

V ist der **Verstärkungsfaktor**, $V = \frac{R_7}{R_6}$.

In der Darstellung nach Bild 125 ist die **Regeldifferenz** $e = 0$. Daraus ergibt sich die **Stellgröße** $U_y = 0$.

Nun wirkt eine **Störgröße** *z* auf den Regelkreis ein:
Annahme: Die **Rückführgröße** *r* nimmt ab, z. B. auf 4 V. Die **Regeldifferenz** *e* ist dann $e = w - r = 5\text{ V} - 4\text{ V} = 1\text{ V}$.

Wenn die **Verstärkung** $V = 1$ beträgt, nimmt die Stellgröße den Wert $U_y = -1\text{ V}$ an.

Das *Stellglied* reagiert darauf entsprechend.

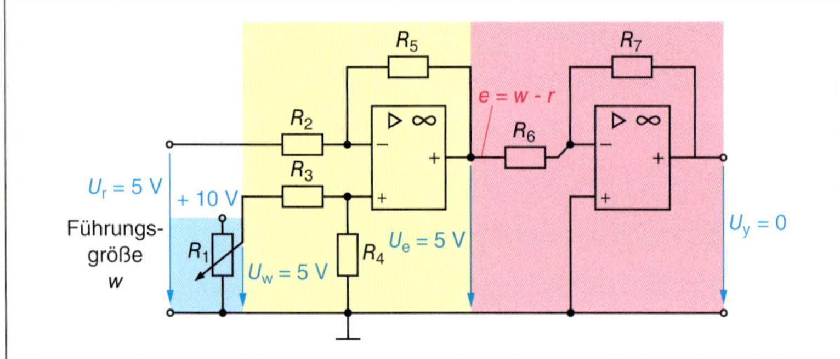

125 P-Regler mit Operationsverstärker

Hinweis

Ziel der Regelung: **Regeldifferenz** $e = 0$.

Wenn $e = 0$, wird aber keine Stellgröße y mehr gebildet.

Im Störungsfall wird die Stellgröße aber benötigt. Beim P-Regler kommt es zu einer **bleibenden Regeldifferenz**.

Die *bleibende Regeldifferenz* nimmt mit zunehmender Verstärkung des Reglers ab.

Sie bewirkt, dass die *ursprüngliche* Regelgröße bei *unveränderter* Führungsgröße nach einer Störung *nicht mehr erreicht werden* kann.

Sprungantwort eines P-Reglers

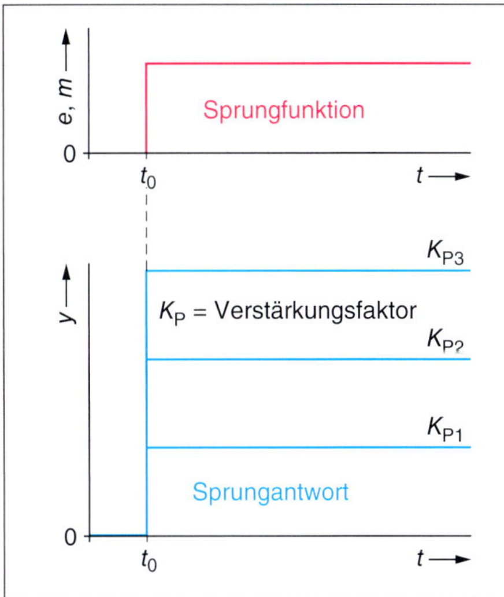

127 Sprunganwort eines P-Reglers

Eigenschaften des P-Reglers

- Der P-Regler ist ein Proportional-Verstärker. Das Eingangssignal e wird um einen parametrierbaren Faktor K_P verstärkt. $y_R = e \cdot K_P$.
- Eine Regeldifferenz kann nicht zu null ausgeregelt werden. Je größer K_P eingestellt ist, umso kleiner ist die Regeldifferenz.
- Wenn K_P zu groß gewählt wird, kann die Regelgröße um den Sollwert schwingen. Annahme: K_P groß und e positiv → Regelgröße wird überschritten → Rückführgröße nimmt zu → $e = w - r$ wird negativ → zu große negative Stellgröße → Regelgröße wird unterschritten.
- Wenn die *Regeldifferenz* $e = 0$, darf die *Stellgröße* nicht null werden. Sie muss den notwendigen Wert zur Erzeugung der Regelgröße liefern.

Annahme:
Drehzahlregelung eines Gleichstrommotors, analoger Bereich 0 – 10 V.

Wenn
$n = 1200 \frac{1}{\text{min}}$
gewünscht wird, müssen 4,2 V an das Stellglied geliefert werden. Für die *Stellgröße* gilt dann: $y_R = 4{,}2\text{ V} \pm K_P \cdot e$.

- Da P-Regler ohne Zeitverzug auf Störgrößen reagieren, sind sie sehr schnelle Regler.

Integralregler (I-Regler)

Jeder *Regeldifferenz e* wird eine bestimmte **Änderungsgeschwindigkeit** der Stellgröße zugeordnet. Ist $e = 0$, bleibt der Wert der Stellgröße bestehen.

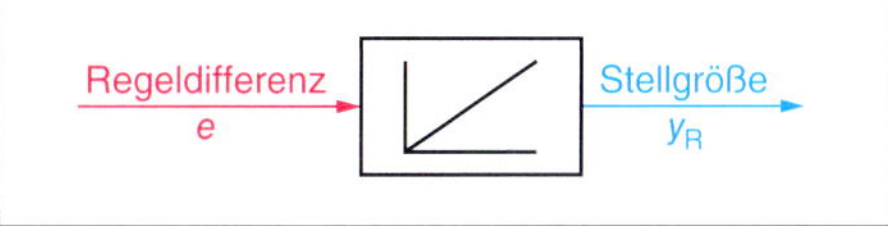

128 I-Regler, Symbol

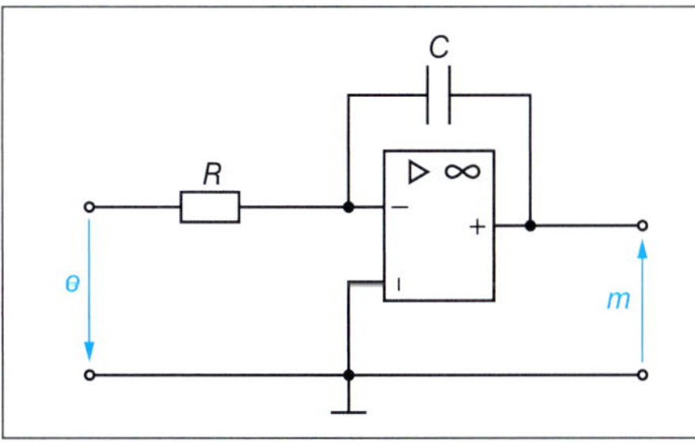

129 I-Regler mit Operationsverstärker

In Bild 129 ist der *Vergleicher* nicht dargestellt (siehe Seite 354). Als Zeitglied wird ein **Integrierer** eingesetzt.

Wenn sich die *Regeldifferenz e ändert*, dann *ändert* sich die *Stellgröße* y_R so lange, bis *e wieder null* wird.

Dieser Stellgrößenwert wird dann *gespeichert*.

Eine *bleibende Regeldifferenz* tritt also *nicht* auf. Nachteilig ist, dass die Störung nur *langsam* ausgeregelt wird.

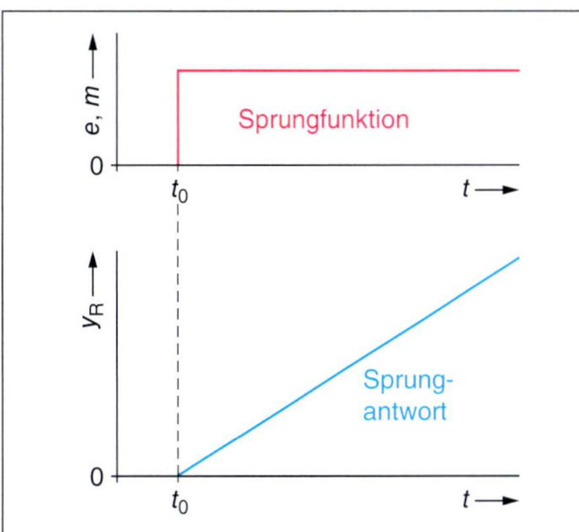

130 Sprungantwort des I-Reglers

■ **P-Regler**

Die Stellgrößenänderung Δy ist der Änderung der Regeldifferenz e proportional.

Der P-Regler regelt schnell aus, hat aber eine bleibende Regelabweichung.
Je größer K_P ist, umso geringer ist die bleibende Regelabweichung. Man kann auch von einer bleibenden Sollwertabweichung reden.

■ **I-Regler**

Dieser Regler ist langsam, hat aber keine bleibende Regelabweichung. Er kann eine Störgröße vollständig ausregeln.

■ ***m***

Reglerausgangsgröße

Bei konstanter Regeldifferenz *e* ist die Änderungsgeschwindigkeit der Stellgröße konstant.

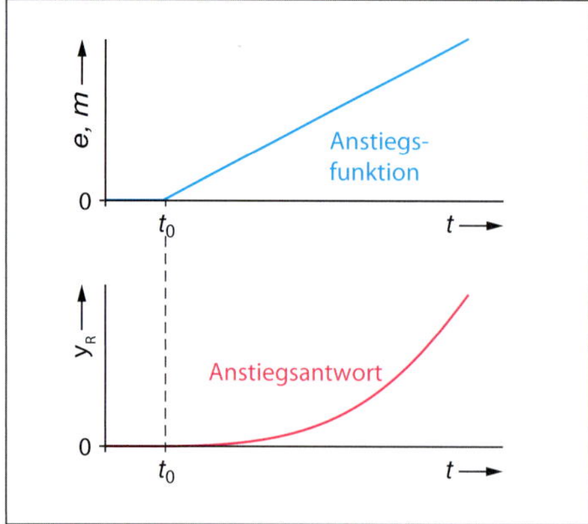

131 Anstiegsantwort des I-Reglers

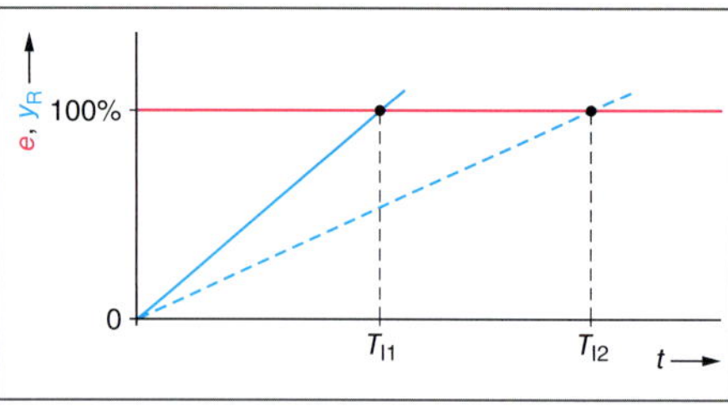

132 Integrierzeit

Ein wichtiger Parameter des I-Reglers ist die **Integrierzeit** T_I.

Die Integrierzeit T_I ist die Zeit, die die Stellgröße y_R benötigt, um denselben Wert zu erreichen, um den sich die Regeldifferenz verändert hat.

Den *Kehrwert* der Integrierzeit nennt man **Integrierbeiwert** K_I.

Der **I-Regler** ist ein relativ *langsamer* Regler. Liegt ein *konstantes* Eingangssignal *e* an, *nimmt die Stellgröße zu. Verringert* sich das Eingangssignal, nimmt die *Steigung der Stellgröße ab.*

Bei *Regeldifferenz e* = 0 bleibt die *Stellgröße konstant*. Eine *bleibende Regeldifferenz* tritt *nicht* auf.

Die **Stellgrößenänderung** Δy_R kann durch den **Integrierbeiwert** K_I beeinflusst werden. Er ist parametrierbar.

$\Delta y_R = K_I \cdot \Delta e \cdot \Delta t$

Ist die *Regeldifferenz negativ*, wird die *Stellgrößenänderung* auch *negativ*. Die Stellgröße wird kleiner.

■ **Anstiegsantwort**

Die Regeldifferenz *e* wird nicht sprunghaft wie bei der Sprungfunktion geändert, sondern steigt kontinuierlich an.

Differenzialregler (D-Regler)

Die *Stellgröße* des D-Reglers ist der **Änderungsgeschwindigkeit** der Regeldifferenz proportional.

■ **D-Regler**

reagieren nur auf die Änderungsgeschwindigkeit der Regelgröße. Allein kann er keine Störgröße ausregeln.

Eine *konstante* Änderungsgeschwindigkeit bewirkt dann eine *konstante* Stellgröße.

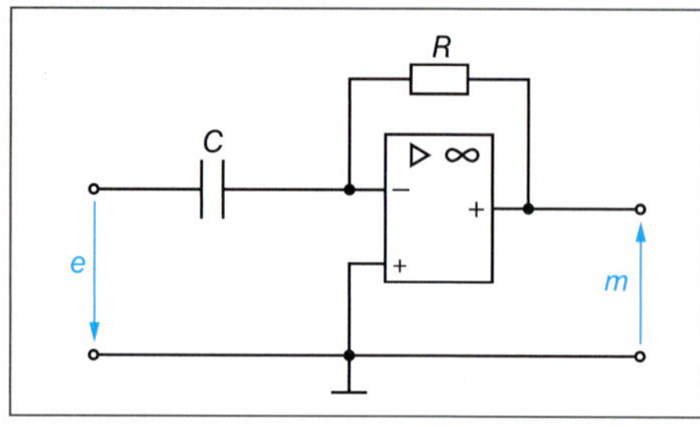

133 D-Regler mit Operationsverstärker

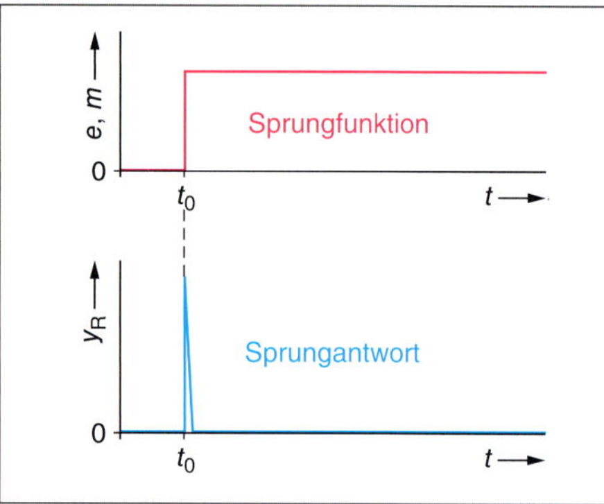

134 Sprungantwort eines D-Reglers

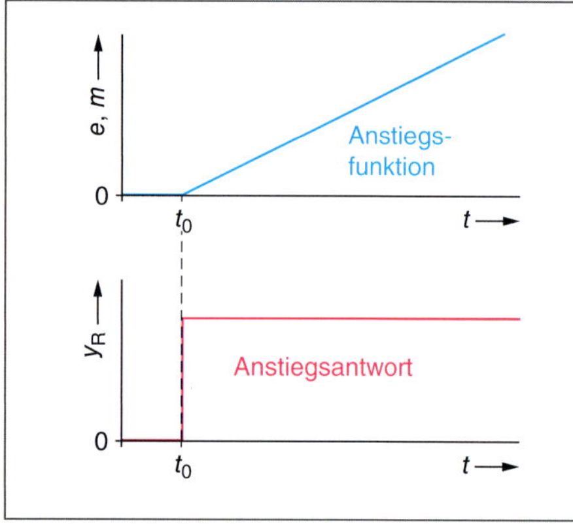

135 Anstiegsantwort eines D-Reglers

Wird an den Eingang des D-Reglers eine *linear ansteigende* Spannung angelegt, tritt am Ausgang eine *konstante* Spannung auf.
Dabei hängt die Ausgangsspannung von der *Steilheit* der Eingangsspannung ab ($\Delta e/\Delta t$).

$\Delta y_R = K_D \cdot \frac{\Delta e}{\Delta t}$

K_D ist der **Differenzierbeiwert**.

Alleinständig sind D-Regler nicht einsetzbar. Bei konstanter Regeldifferenz *e* liefern sie kein Stellgrößensignal. Ihr Einsatz beschränkt sich auf die Kombination mit anderen Reglern.

Kombinierte stetige Regler

Sämtliche Grundtypen der Regler haben Vor- und Nachteile.

P-Regler
Schneller Regler, bleibende Regeldifferenz, Schwingungsneigung.

I-Regler
Langsamer Regler, vollständige Ausregelung der Regeldifferenz.

D-Regler
Stark eingreifender Regler bei Änderung der Regeldifferenz, keine Stellgröße bei $e = 0$.

Durch *Kombination der Grundtypen* können die Nachteile in hohem Maße ausgeglichen werden.

PI-Regler

Kombination von *P-* und *I-Regler*.

Seine Stellgröße entspricht der Summe der Stellgrößen der beteiligten Grundtypen.

$y_R = y_P + y_I = K_P \cdot e + K_I \cdot \Delta e \cdot \Delta t$

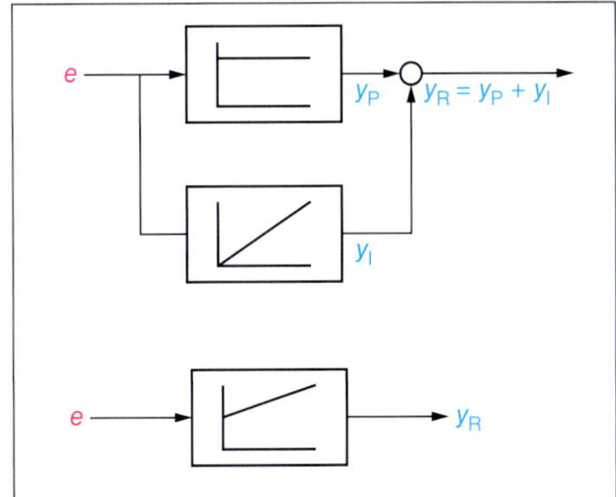

136 PI-Regler

Parameter des PI-Reglers:

- $K_P = \frac{y}{e}$
- Nachstellzeit T_i

Nachstellzeit T_i

Zeit, die ein *I-Regler* benötigt, um *die gleiche Änderung der Stellgröße* zu bewirken, die ein *P-Regler direkt* beim Auftreten einer *Regeldifferenz* liefert. T_i legt also die *Steilheit* des I-Anteils fest.

Der PI-Regler ist ein schneller Regler. Eine bleibende Regeldifferenz tritt nicht auf, es wird vollständig ausgeregelt.

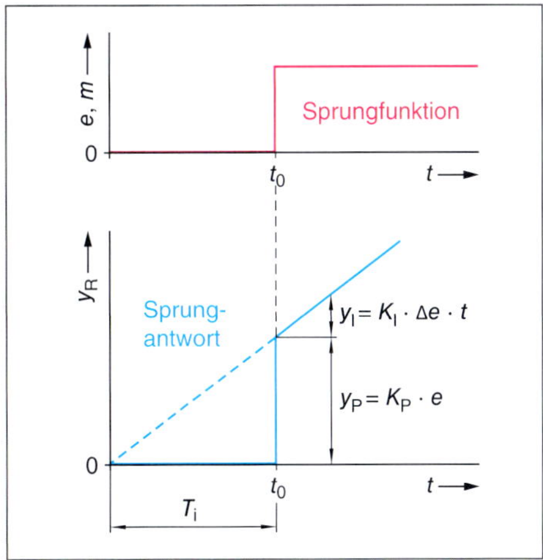

137 Nachstellzeit eines PI-Reglers

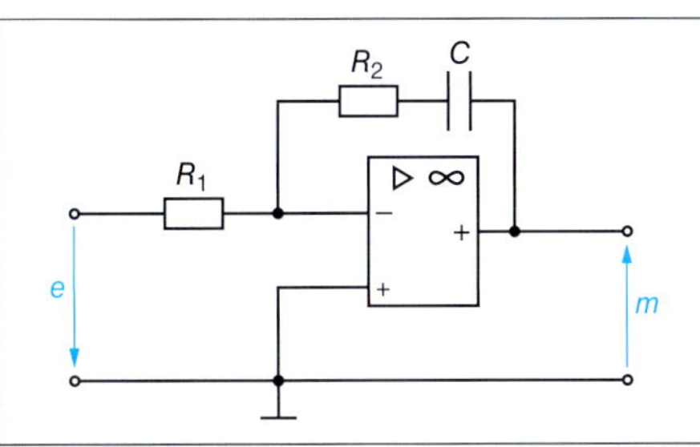

138 PI-Regler mit Operationsverstärker

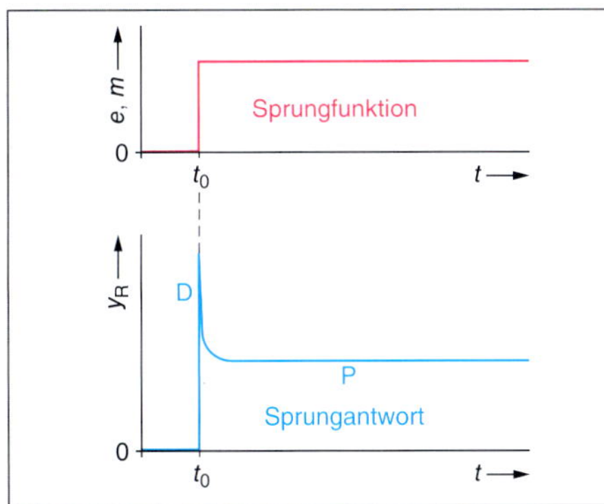

139 Sprungantwort des PD-Reglers

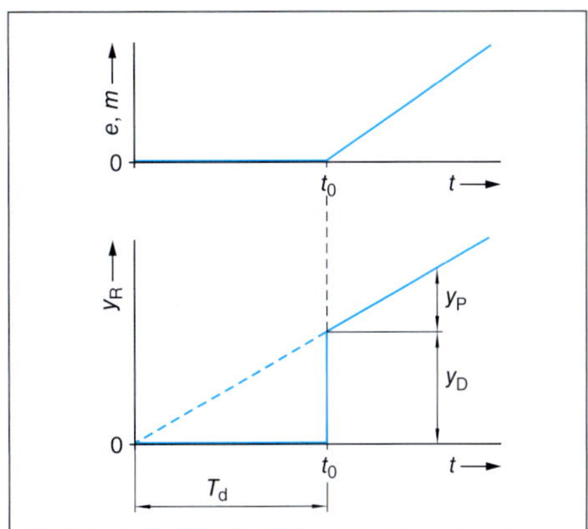

140 Anstiegsantwort des PD-Reglers

■ **PI-Regler**
Einstellparameter:
- Proportionalbeiwert
- Nachstellzeit

■ **PD-Regler**
Einstellparameter:
- Proportionalbeiwert
- Vorhaltezeit

■ **PID-Regler**
Einstellparameter:
- Proportionalbeiwert
- Nachstellzeit
- Vorhaltezeit

PD-Regler

Kombination von P- und D-Regler.

Seine Stellgröße entspricht der Summe der Stellgrößen der beteiligten Grundtypen.

$y_R = y_P + y_D = K_P \cdot e + K_D \cdot \frac{\Delta e}{\Delta t}$

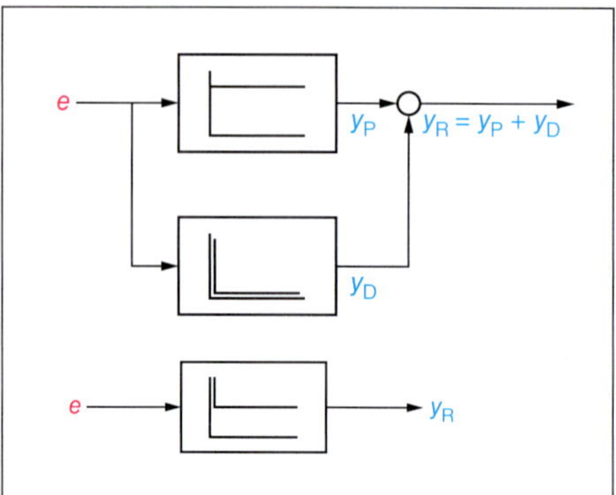

141 PD-Regler

Wenn eine *Störgröße* auftritt, greift der **D-Anteil** *zunächst sehr stark* ein, *klingt* aber *schnell ab*.

Danach wirkt nur noch der **P-Anteil**, sodass eine **bleibende Regeldifferenz** auftritt.

Durch den **D-Anteil** lässt sich bei sich *ändernder Regeldifferenz* schneller die gewünschte Stellgröße erreichen.

Ohne diesen D-Anteil würde diese Stellgröße erst nach Ablauf der **Vorhaltezeit** T_d durch den P-Anteil erreicht.

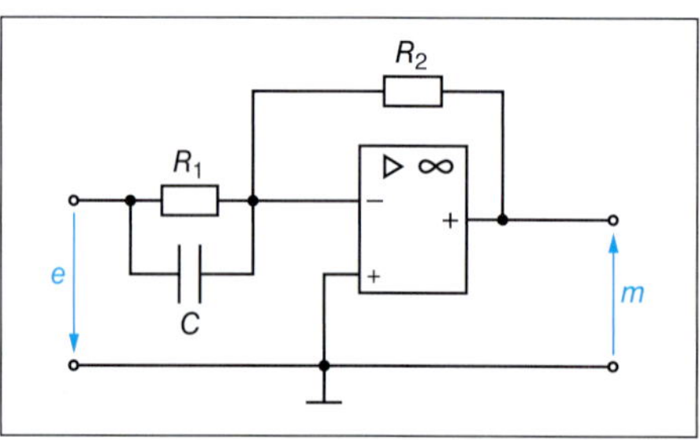

142 PD-Regler mit Operationsverstärker

PID-Regler

Kombination von P-, I- und D-Regler.

Seine Stellgröße entspricht der Summe der Stellgrößen der beteiligten Grundtypen.

$y_R = y_P + y_I + y_D = K_P \cdot e + K_I \cdot \Delta e \cdot \Delta t + K_D \cdot \frac{\Delta e}{\Delta t}$

Durch den **P-Anteil** wird *schnell* ausgeregelt.

Der **I-Anteil** regelt die Regeldifferenz *vollständig* aus.

Der **D-Anteil** regelt bei plötzlichen Störeinflüssen *sehr stark* aus.

■ **Operationsverstärkerbeschaltung, Regler**

■ **Operationsverstärker**

→ 104

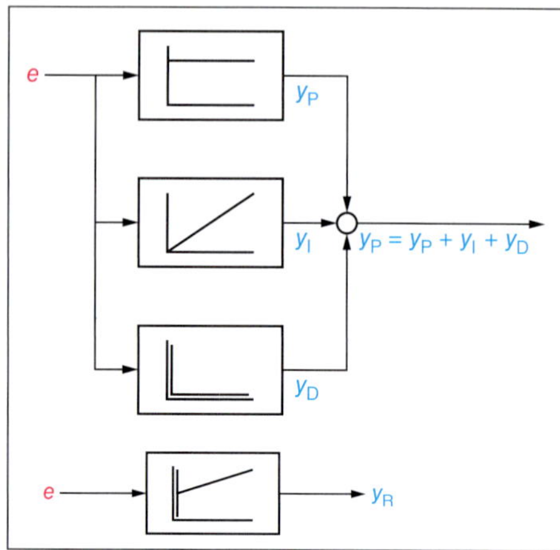

143 PID-Regler

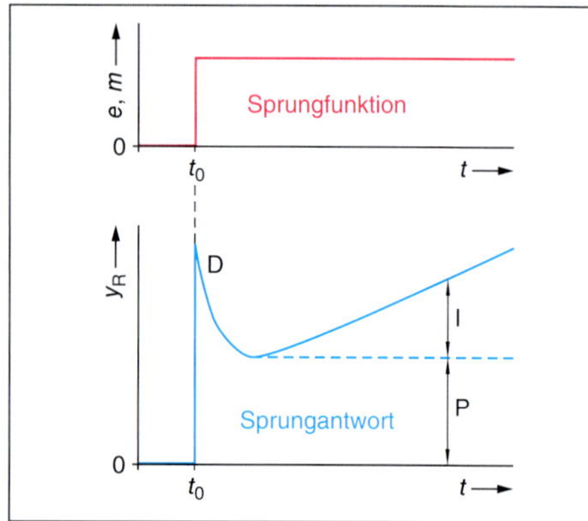

144 Sprungantwort des PID-Reglers

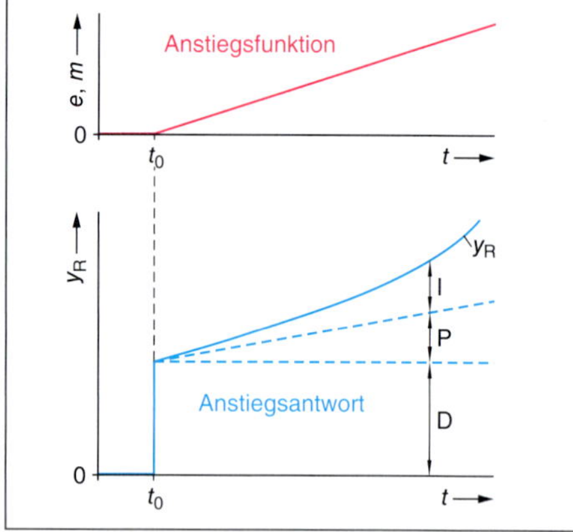

145 Anstiegsantwort des PID-Reglers

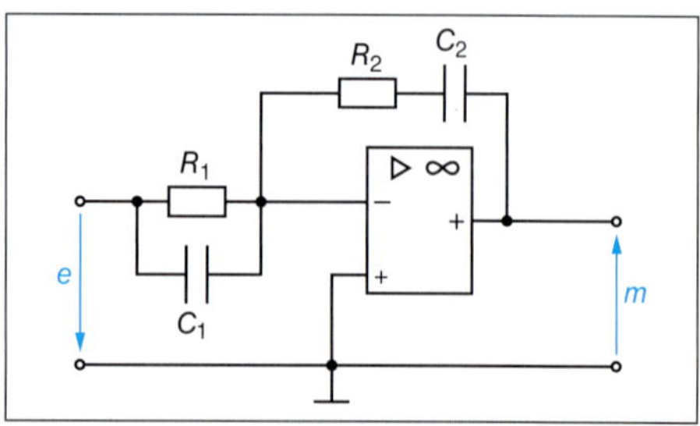

146 PID-Regler mit Operationsverstärker

Prüfung

1. Erklären Sie den Unterschied zwischen einer Steuerung und einer Regelung.

2. Skizzieren Sie einen Regelkreis und tragen Sie dort die einzelnen Größen an der richtigen Stelle ein.

3. Erläutern Sie das Blockschaltbild.

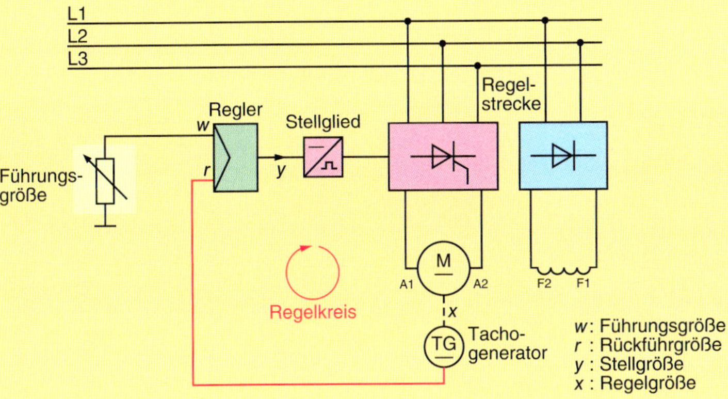

4. Beschreiben Sie folgende Begriffe.
   - Regelgröße
   - Regelstrecke
   - Führungsgröße
   - Rückführgröße
   - Regeldifferenz
   - Regler
   - Stellglied
   - Stellgröße
   - Störgröße

5. Wozu wird das Sprungantwortverfahren eingesetzt?

6. Was ist eine Anstiegsantwort?

7. Dargestellt ist die Sprungantwort einer Regelstrecke höherer Ordnung (PT_n-Strecke). Ermitteln Sie die Größen Verzugszeit und Ausgleichszeit.

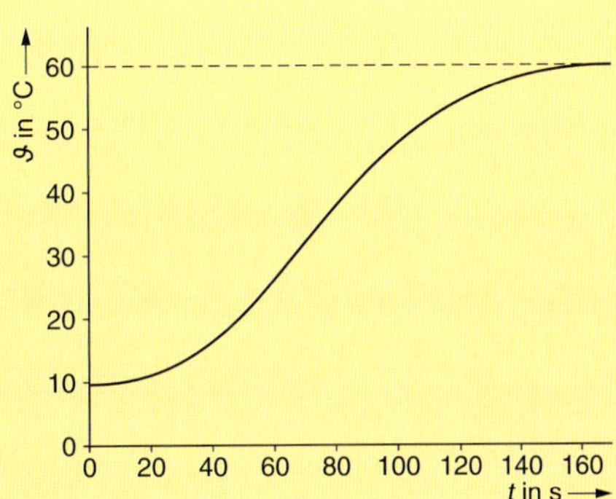

8. Was ist die typische Eigenschaft von stetigen Reglern?

9. Wie arbeitet ein P-Regler? Nennen Sie Vor- und Nachteile dieses Reglers.

10. Wie arbeitet ein I-Regler? Nennen Sie Vor- und Nachteile dieses Reglers.

11. Zu welchem Zweck kann der D-Regler eingesetzt werden?

12. Wie wird die Stellgröße beim PID-Regler gebildet? Welche Parameter werden bei dem Regler eingestellt?

@ Interessante Links
- christiani-berufskolleg.de

Regelkreis
(closed loop) control system, (automatic) control circuit

Zweipunktregler
on-off control

Optimierung
optimization

Rückkopplung
feedback, back coupling

Unstetigkeit
unsteadiness, discontinuity

Grenzwert
limit value, limit

Hysterese
hysteresis

Regelkreis

Hauptbestandteile des **Regelkreises** sind **Regler** und **Regelstrecke**.

Wenn diese beiden Elemente zusammenwirken, ist ein sehr *unterschiedliches* Verhalten der Regelgröße möglich.

Die Regelgröße kann **aufklingende Schwingungen** ausführen, die Zerstörungen hervorrufen können.

Ausgangsgröße des Reglers ist die **Stellgröße** y, die auch gleichzeitig *Eingangsgröße* der **Regelstrecke** ist.

Ausgangsgröße der **Regelstrecke** ist die *Regelgröße*, die über die **Rückführgröße** die **Stellgröße** beeinflusst.

Diese **Rückkopplung** macht Regelkreise zu *schwingungsfähigen Systemen*.

Dabei unterscheidet man zwischen

- *gedämpften Schwingungen*
- *ungedämpften Schwingungen*
- *angefachten Schwingungen*

Schwingungen sollen nach Möglichkeit *vermieden* werden, bzw. auf ein *Minimum reduziert* werden.

Optimierung von Regelkreisen

Bei einer **optimalen Regelung** wird die Regelgröße nach Störgrößenauswirkung so ausgeregelt, dass sie um ca. 20 % überschwingt und maximal noch *zweimal* um die Führungsgröße schwingt (Bild 147).

Zur **Optimierung** von *Regelkreisen* gibt es Tabellen, die zumindest einen *ersten Anhaltspunkt* für die Einstellung der **Regelparameter** K_P, T_i und T_d darstellen.

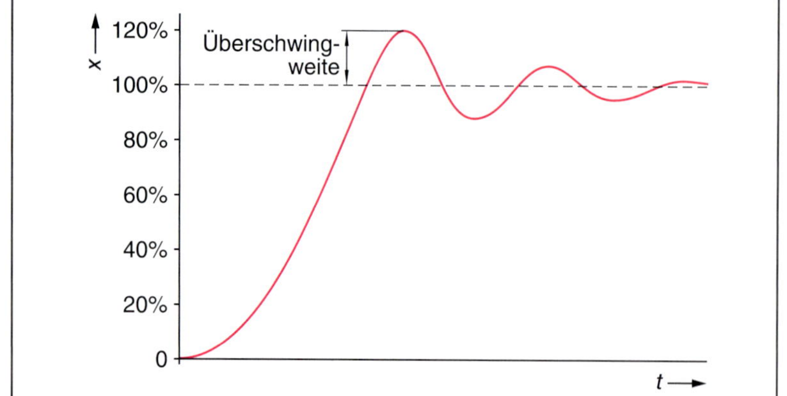

147 *Optimaler Einschwingvorgang*

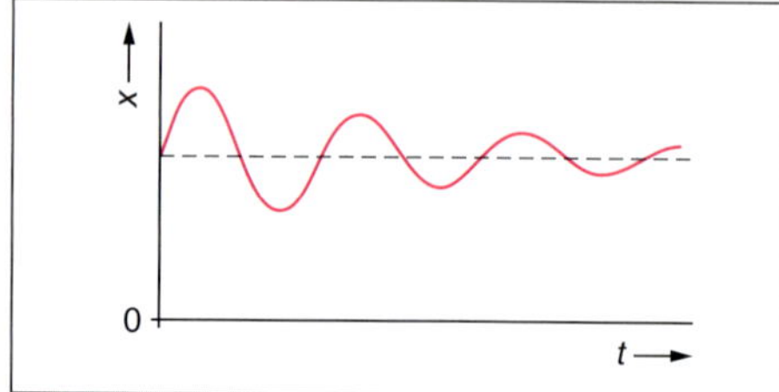

148 *Gedämpfte Schwingung*

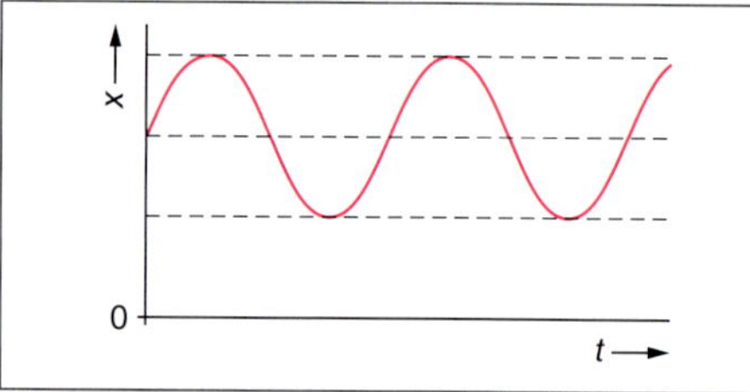

149 *Ungedämpfte Schwingung*

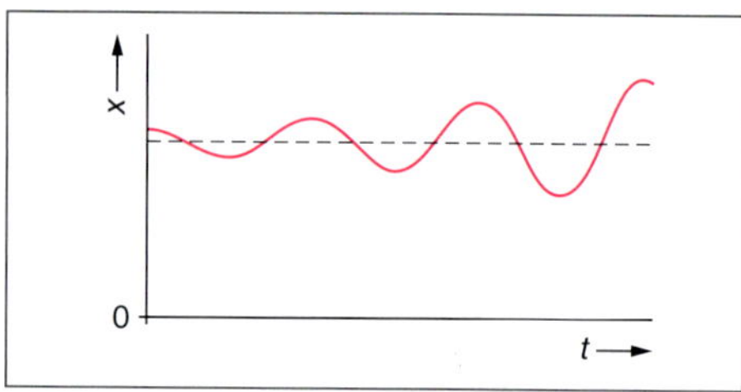

150 *Angefachte Schwingung*

Unstetige Regler

Nicht immer muss die Regelgröße ständig genau der Führungsgröße entsprechen. Dies gilt vorrangig bei Regelstrecken mit großen Zeitkonstanten (PT_1-Strecken).

Darf die *Regelgröße* zwischen *zwei Grenzwerten schwanken*, können **unstetige Regler (Zweipunktregler)** eingesetzt werden.

Einsatzgebiet der Zweipunktregler sind Regelstrecken mit einem *ausreichenden* Energiespeichervermögen. Dies gilt z. B. für **Temperaturregelstrecken**.

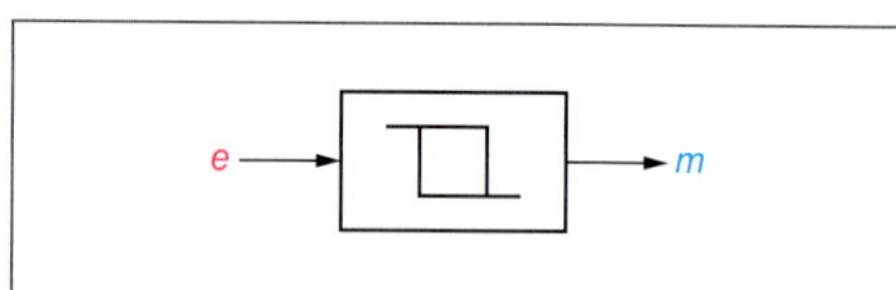

151 *Zweipunktregler, Symbol*

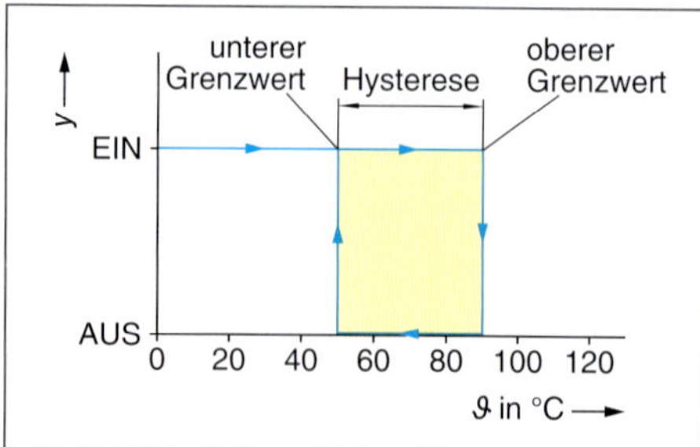

152 *Hysterese eines Zweipunktreglers*

Der **Zweipunktregler** ist ein *schaltender Regler*.

Die **Stellgröße** kann nur *einen* der beiden Zustände EIN und AUS annehmen.

Dabei *schwankt die Regelgröße* zwischen einem **unteren Grenzwert** und einem **oberen Grenzwert**.

Die Schwankungsbreite nennt man **Hysterese**.

Elektroheizung

Die Temperatur schwankt zwischen 50 °C und 90 °C. Die *Hysterese* beträgt 40 K.

Oberer Grenzwert: 90 °C
Unterer Grenzwert: 50 °C
Hysterese: 40 K

Die *Schwankungsbreite* der Regelgröße ist sehr groß (40 K). Zwischen aufeinanderfolgenden Schaltvorgängen verstreicht aber eine größere Zeit. Die **Schaltfrequenz** des Zweipunktreglers ist somit gering.

- Große Hysterese → geringe Schaltfrequenz
- Kleine Hysterese → hohe Schaltfrequenz

Wenn die *Schaltfrequenz* verringert wird, verringert sich die *Schalthäufigkeit*. In der Praxis muss ein guter Kompromiss zwischen Hysterese und Schaltfrequenz gefunden werden.

Hysterese (Schalthysterese): $x_d = x_0 - x_u$

x_0: oberer Grenzwert

x_u: unterer Grenzwert

Zykluszeit: $T = T_{ein} + T_{aus}$

Schaltfrequenz: $f = \frac{1}{T} = \frac{1}{T_{ein} + T_{aus}}$

- Der Zweipunktregler arbeitet mit $y = 0$ und $y =$ max. Er ermöglicht dadurch eine *schnelle Ausregelung*.
- Zweipunktregler haben einen sehr einfachen Aufbau. Als Stellglied kann ein Relais oder Schütz verwendet werden.
- Als *Bimetallregler* besonders preisgünstig, da das Bimetall gleichzeitig die Funktionen Sensor, Vergleicher, Regler und Stellglied übernehmen kann.
- Wenn Zweipunktregler elektronisch aufgebaut oder durch ein Steuerungsprogramm verwirklicht werden, können Hysterese und Schaltfrequenz den Erfordernissen entsprechend parametriert werden.

Digitale Regler

Regelgröße und *Führungsgröße* liegen in *digitaler* Form vor. Die digitalen Eingangsgrößen werden durch einen *Algorithmus* (Rechenvorschrift) verarbeitet.

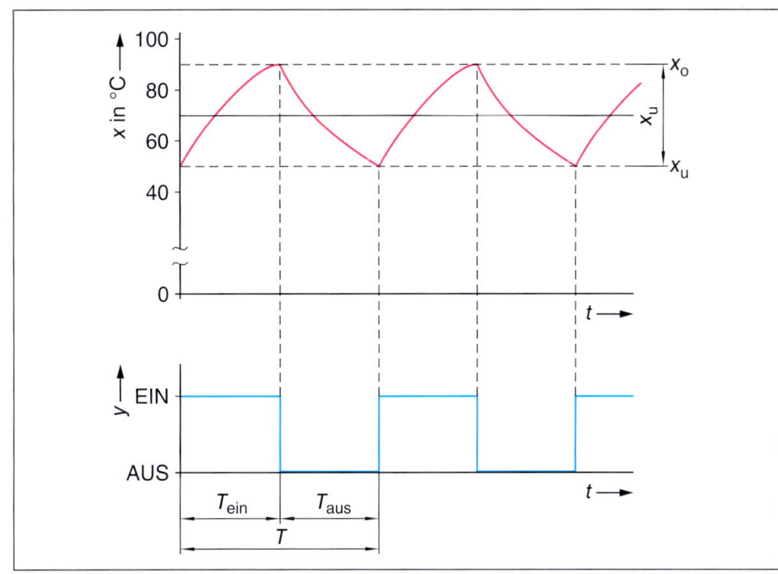

153 Arbeitsweise des Zweipunktreglers

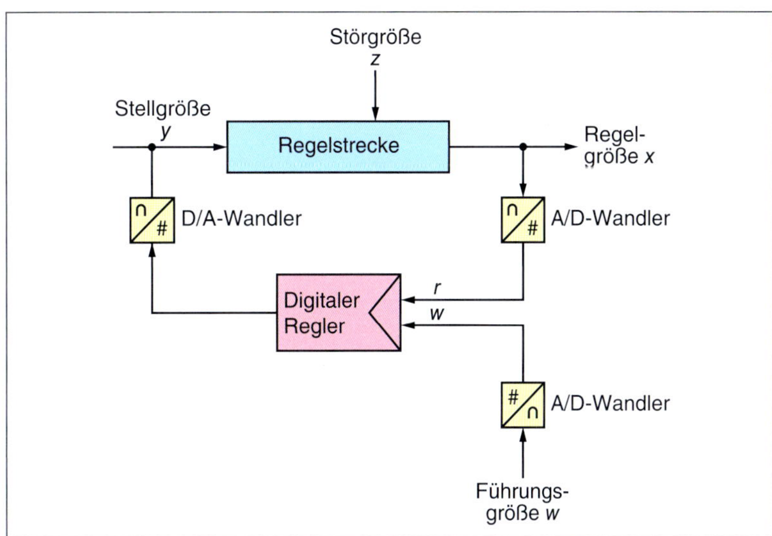

154 Digitaler Regelkreis

- P-Regler: Multiplikation
- I-Regler: Integration
- D-Regler: Differentation

Die sich ergebende *Stellgröße* wird gespeichert und häufig **Digital-Analog-Wandlern** zugeführt. Die *Stellgröße* kann dann in *analoger* Form ausgegeben werden.

A/D-Wandler
Analog/Digital-Wandler: Eine analoge Eingangsgröße wird in eine digitale Ausgangsgröße gewandelt.

D/A-Wandler
Digital/Analog-Wandler: Eine digitale Eingangsgröße wird in eine analoge Ausgangsgröße umgewandelt.

■ **Digitale Regler**
Die Regelung wird durch ein Programm verwirklicht.

155 A/D-Wandler

■ **Auflösung**

ist ein Maß für die Genauigkeit bei digitaler Darstellung. Wie viele Stufen (unterscheidbare Werte) stehen für die Darstellung eines Bereichs (z. B. 0 – 10 V, 4 – 20 mA) zur Verfügung?

Am **A/D-Wandler** der **Auflösung** 10 bit und dem **normierten Signal** – 5 V bis + 5 V liegt die analoge **Rückführgröße** $r = 2{,}5$ V an.

Auflösung 10 bit: $2^{10} = 1024$; möglich ist die Darstellung in 1024 Stufen.

Der Spannungsbereich von – 5 V bis + 5 V kann in 1024 Stufen dargestellt werden.

Jede Stufe hat den Spannungswert 9,76 mV.

Die Spannung 2,5 V entspricht dann dem Digitalwert 768.

Bei der digitalen Verarbeitung steht der Digitalwert 768 für $r = 2{,}5$ V.

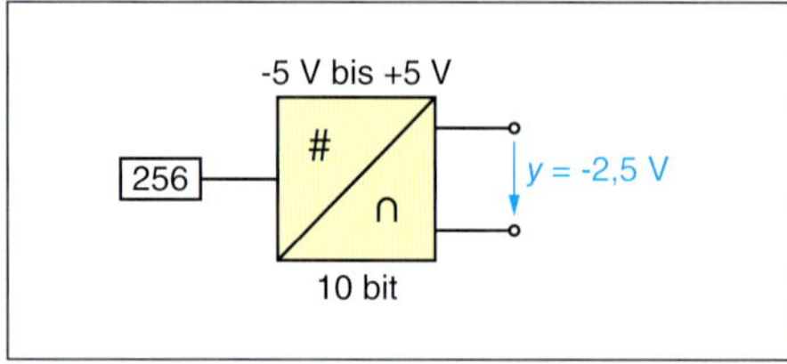

156 D/A-Wandler

Dem **D/A-Wandler** wird der *digitale* Wert 256 zugeführt. Auch hier gilt, dass die Spannung von – 5 V bis + 5 V in 1024 Stufen zu je 9,76 mV dargestellt werden kann.

Der Digitalwert 256 entspricht der analogen Spannung von – 2,5 V.

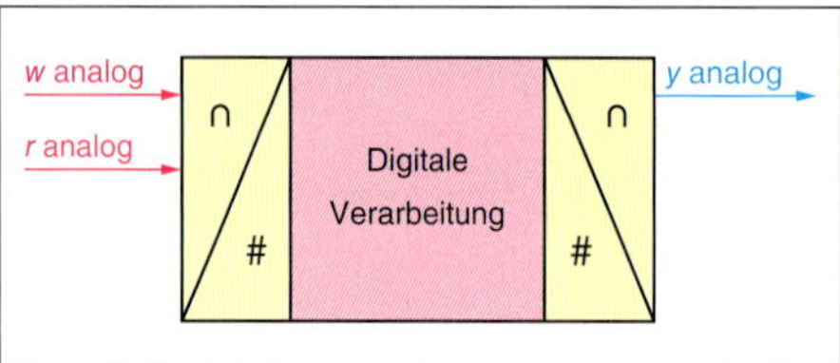

157 Digitale Verarbeitung

■ **Frequenzumrichter**

→ 189

Digital arbeitende Regler werden in der Praxis sehr häufig eingesetzt. Frequenzumrichter enthalten i. Allg. solche digitalen PID-Regler, die vom Anwender parametriert werden können.

Digitaler PID-Regler

Bild 159, Seite 363, zeigt das Blockschaltbild eines digitalen PID-Reglers.

Bei jedem **Abtastzeitpunkt** T_A wird die *Stellgröße* neu berechnet.

Hierbei werden die Stellgrößen der einzelnen PID-Anteile (y_{P_n}, y_{I_n}, y_{D_n}) bestimmt und zur Gesamtstellgröße y_n addiert.

Ein Beispiel verdeutlicht das (Bild 159).

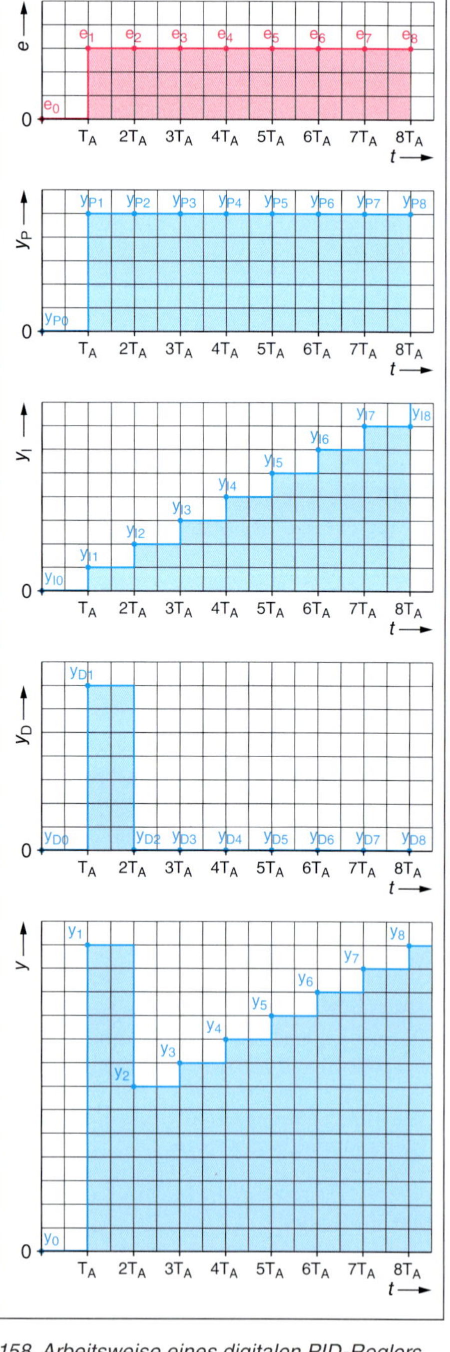

158 Arbeitsweise eines digitalen PID-Reglers

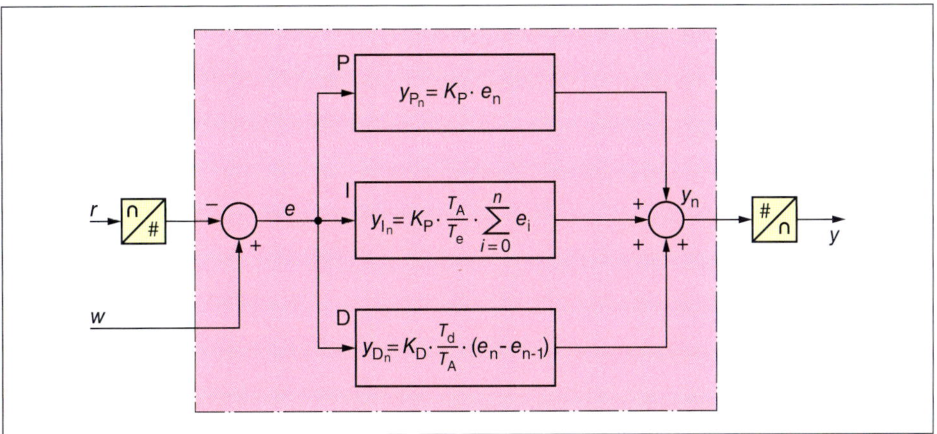

159 *Digitaler PID-Regler*

Prüfung

1. Ein Zweipunktregler ist ein unstetiger Regler.
Erklären Sie die Arbeitsweise eines Zweipunktreglers.

2. Der Zweipunktregler ist ein schaltender Regler.
Was bedeutet das?

3. Wichtige Kenngrößen der Zweipunktregler sind Hysterese und Schaltfrequenz.
Welche Bedeutung haben diese Größen?

4. Warum sollte die Hysterese nicht zu klein gewählt werden?

5. Für welche Regelaufgaben sind Zweipunktregler einsetzbar?

6. Erklären Sie Aufbau und Arbeitsweise eines Bimetallreglers.

7. Es gibt auch Dreipunktregler. Machen Sie sich kundig, zu welchem Zweck dieser Regler eingesetzt werden kann.
Worin bestehen die Vorteile in Bezug auf den Zweipunktregler?

8. Aus welchen Komponenten besteht ein digitaler Regler?

9. Machen Sie sich im Betrieb kundig, wie der PID-Regler eines Frequenzumrichters parametriert wird.

10. Erläutern Sie die nebenstehende Kennlinie.
Was versteht man unter dem Begriff Anregelzeit?

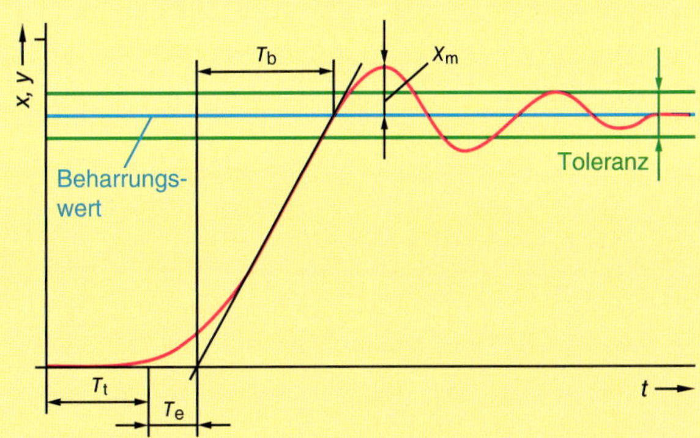

@ Interessante Links

- christiani-berufskolleg.de

6.4 Elektrische Ausrüstung von Maschinen

Gültig ist die Norm DIN EN 60204-1 (VDE 0113-1). Hauptzielsetzungen dieser Norm sind:

- Sicherheit für Personen und Sachen
- Erhalt der Funktionsfähigkeit
- Erleichterung der Instandhaltung

Netzanschluss

Der *Netzanschluss* ist die *Verbindungsstelle* der elektrischen Energieversorgung mit der elektrischen Ausrüstung der Maschine. Sie ist oftmals auch die *Schnittstelle* zwischen der *Gebäudeinstallation* (DIN VDE 0100) und der *Maschineninstallation* (DIN EN 60204-1).

Mit der Energieversorgung wird auch das System zum *Schutz gegen elektrischen Schlag* sowie die *Abschaltung bei Überstrom* auf die Maschine übertragen.

Wenn zwischen Hersteller und Betreiber der Maschine keine abweichende Vereinbarung getroffen wird, erfolgt der *Netzanschluss* auf der Basis des *TN-S-Systems* mit oder ohne Neutralleiteranschluss.

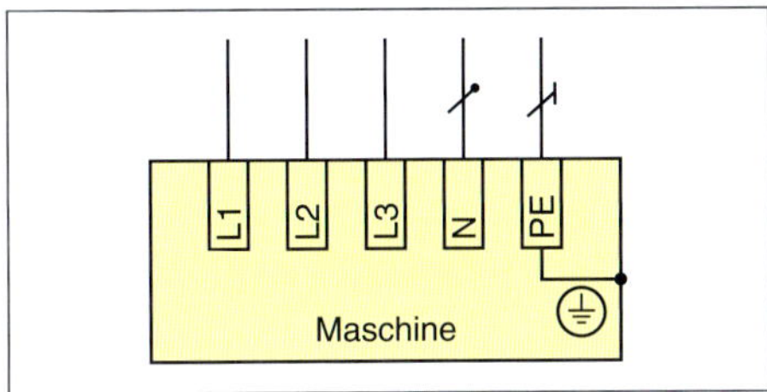

160 Netzanschluss im TN-S-System

Hinweise:

- Keine Verbindung zwischen N und PE innerhalb der Maschineninstallation.
- Der PE darf betriebsmäßig keinen Strom führen, da seine Schutzwirkung nicht beeinträchtigt werden darf.

Anschluss des N-Leiters

Anschluss ist nur notwendig, wenn der Neutralleiter (N-Leiter) benötigt wird. Der Anschluss muss über eine *isolierte* Klemme erfolgen, die entsprechend gekennzeichnet ist.

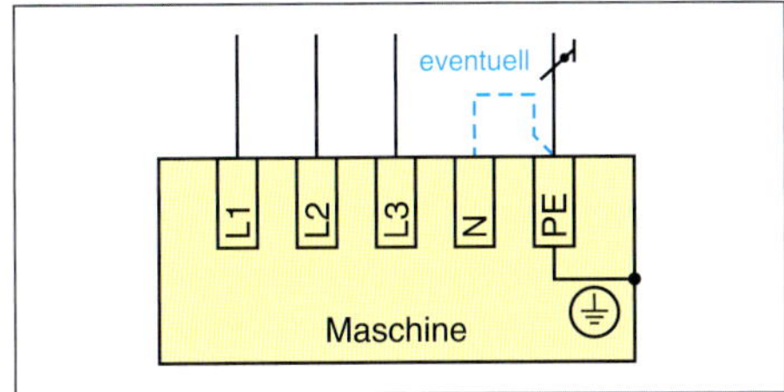

161 Netzanschluss im TN-C-System

Netzanschluss im TN-C-System

- Verwendung vorwiegend in älteren Industrienetzen.
- Die Maschine sollte keinen N-Anschluss erfordern. Ist das aber nicht vermeidbar, so sind nur die Netzanschlussklemmen für N- und PE-Anschluss mit einer äußeren Verbindung zu überbrücken. Die Maschine bildet dann praktisch ein TN-C-S-System.
- Die EMV-Problematik dieses Netzsystems ist zu berücksichtigen.

Netzanschluss im TN-C-S-System

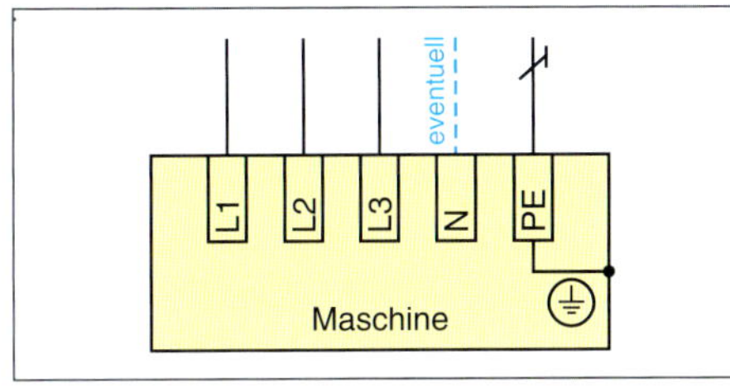

162 Netzanschluss im TN-C-S-System

Netzanschluss im TT-System

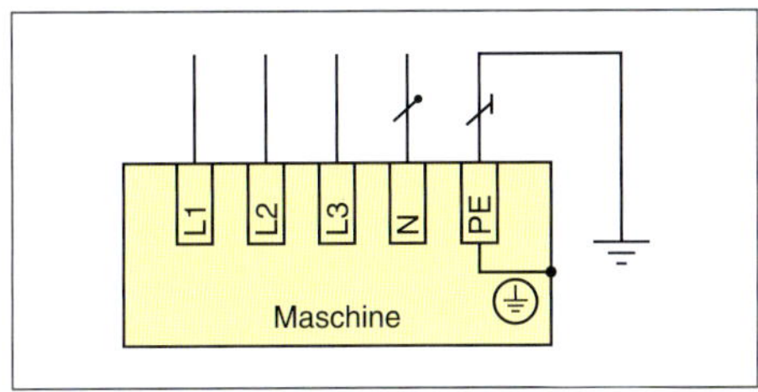

163 Netzanschluss im TT-System

Hinweise:

- Anwendung findet das TT-System, wenn die Schleifenimpedanz so groß ist, dass im Fehlerfall eine automatische Abschaltung durch Überstrom-Schutzorgane nicht gewährleistet werden kann.
- Das Risiko eines elektrischen Schlags wird erhöht, wenn Kriechstrecken durch Verschmutzung und Feuchtigkeit unzulässig hohe Berührungsspannung hervorrufen können. Eine Erdung in Nähe der gefährdeten Betriebsmittel verhindert das.

> Die Netzanschlussklemmen können auch die Eingangsklemmen des Hauptschalters (der Netz-Trenneinrichtung) sein.
>
> Vor allem dann, wenn der Hauptschalter fest im Schaltschrank eingebaut ist.

■ EMV
→ 73

■ Netzanschluss
→ 21

■ TN-System
→ 35

■ TT-System
→ 45

■ PEN-Leiter

Kennzeichnung grün-gelb, an den Anschlussenden blau.

■ Hauptschalter

Ist der Hauptschalter in der Schaltschranktür montiert, sind separate Netzanschlussklemmen vorteilhaft.

■ **Schutzleiter-kennzeichnung**

PE

Anschluss des Schutzleiters

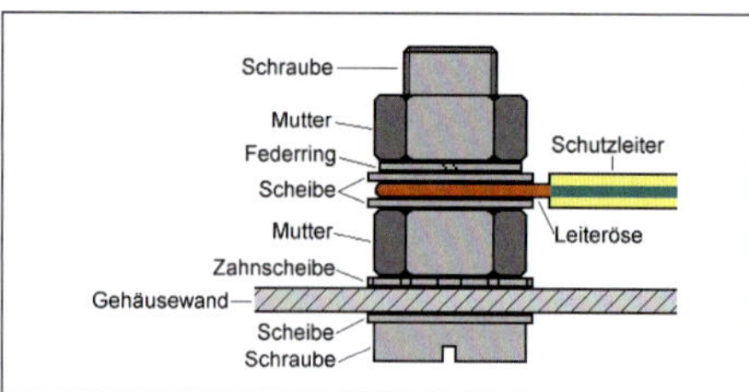

164 Schutzleiteranschluss

Jede Maschine ist mit einer Anschlussklemme für den **Schutzleiter** auszurüsten. Sie ist in Nähe der Anschlussklemmen für die Außenleiter zu positionieren.

Die **Klemmengröße** hängt vom Querschnitt des anzuschließenden Schutzleiters und dessen Material ab. Im Allgemeinen ist von Kupfer auszugehen.

Die Anschlussklemme ist mit PE oder dem **Schutzleitersymbol** zu kennzeichnen.

Schutzleiterquerschnitt

Der Schutzleiterquerschnitt hängt vom *Außenleiterquerschnitt* ab. Ab einem Außenleiterquerschnitt von ≥ 35 mm² darf der Schutzleiterquerschnitt auf den *halben* Außenleiterquerschnitt verringert werden.

Außenleiter-querschnitt Cu	Schutzleiter-querschnitt Cu
≤ 16 mm²	Außenleiter-querschnitt
bis 35 mm²	≥ 16 mm²
> 35 mm²	halber Außen-leiterquerschnitt

■ **Netz-Trenneinrichtung**

Jede Einspeisung einer Maschine muss eine Netz-Trenneinrichtung (Hauptschalter) haben.

■ **Trenneigenschaften**

muss die Netztrenneinrichtung haben, da nach Abschaltung Arbeiten an der elektrischen Installation möglich sein sollen.

Hauptschalter (Netz-Trenneinrichtung)

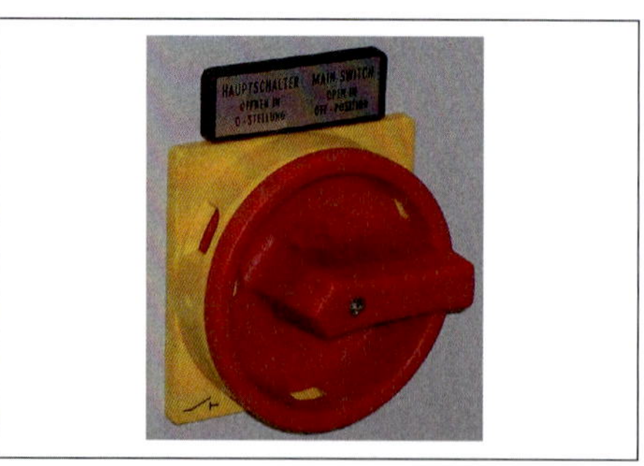

165 Hauptschalter (Netz-Trenneinrichtung)

Der **Netzanschluss** einer Maschine muss über einen **Hauptschalter** (eine Netz-Trenneinrichtung) erfolgen.

Dadurch kann die elektrische Ausrüstung *freigeschaltet* werden, was auch durch elektrotechnische Laien erfolgen darf.

Die Schaltstellung AUS kann durch ein *Vorhängeschloss* fixiert werden. Dies erfüllt die Forderung „gegen Wiedereinschalten sichern".

Der Hauptschalter muss **Trenneigenschaften** haben. Da macht dann die Bezeichnung *Netz-Trenneinrichtung* Sinn.

Die *Trennstrecken* müssen entweder **sichtbar** sein oder über eine eindeutige **Stellungsanzeige** verfügen.

Verwendbare Schaltgeräte

- *Lasttrennschalter*
  Die maximale Last muss geschaltet werden können. Die Eignung für das gelegentliche Schalten von induktiven Lasten (z. B. Motoren) muss gegeben sein.
- *Trennschalter*
  Wenn Trennschalter ohne Lastvermögen eingesetzt werden, so ist es zulässig, dass vor dem Öffnen der Trennerkontakte andere Schaltgeräte zuvor die Last abschalten. Beim Einschalten müssen die Trennerkontakte stromlos geschlossen werden. Erst danach schaltet das Lastschaltgerät die Last ein.
- *Leistungsschalter*
  Auch Leistungsschalter haben Trenneigenschaften und dürfen eingesetzt werden.
- *Stecker/Steckdose*
  Verwendbar als Hauptschalter. Sinnvoll bei kleineren und mobilen Maschinen. Wenn der Bemessungsstrom 30 A übersteigt, muss die Stecker/Steckdosenkombination mit einem Lastschaltgerät verriegelt werden.

Anforderungen im Überblick

- Trenneigenschaften nach DIN EN 60947-1.
- Nur eine AUS-Stellung.
- Nur eine EIN-Stellung.
- Äußere Handhabe schwarz oder grau, rot mit gelbem Hintergrund bei Verwendung als Not-Halt.
- Abschließvorrichtung in AUS-Stellung.
- Trennung aller Außenleiter (ohne N-Leiter dreipolig, mit N-Leiter vierpolig). Trennung aller aktiven Leiter würde auch generell eine Unterbrechung des N-Leiters bedeuten.
  Dies ist vor allem bei TT- und IT-Systemen sinnvoll, da hier eine erhebliche Potenzialdifferenz zwischen N-Leiter und lokaler Erde auftreten kann. Bei TN-Systemen besteht diese Gefahr im Allgemeinen nicht.
  Bei vierpoliger Ausführung wird zuletzt der N-Leiter unterbrochen und zuerst eingeschaltet.
- Ausschaltvermögen: Stromstärke des größten blockierten Motors zuzüglich aller anderen Motoren mit ihren Betriebsstromstärken.

Ausgenommene Stromkreise

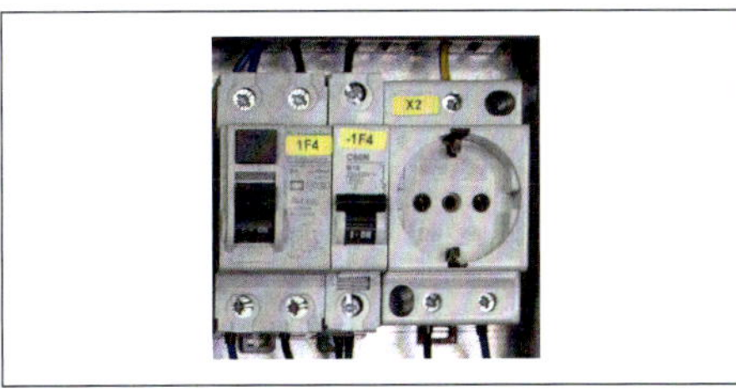

166 Schaltschranksteckdose

Der Hauptschalter muss *nicht* zwingend *alle* Stromkreise freischalten. Dies macht manchmal geradezu keinen Sinn. Zum Beispiel:

- Lichtstromkreise für Wartung und Instandhaltung;
- Steckdosenstromkreise für Wartungs- und Instandhaltungswerkzeuge;
- Programmspeicher;
- Stillstands- und Werkstückheizung;

Zu beachten ist jedoch, dass diese ausgenommenen Stromkreise eine besondere Gefährdung darstellen.

Sie müssen eindeutig identifizierbar sein.

Maßnahmen zu Kennzeichnung „ausgenommener Stromkreise"

- Warnschild ACHTUNG! Bei ausgeschaltetem Hauptschalter unter Spannung); anzuordnen in Nähe des Hauptschalters der Maschine.
- Besonderer Hinweis im Wartungshandbuch.
- Warnschild innen in Nähe jedes ausgenommenen Stromkreises oder räumliche Trennung von anderen Stromkreisen oder farbliche Identifizierbarkeit (orange).

Steuerstromkreise

Steuerstromkreise müssen von den Hauptstromkreisen *galvanisch getrennt* sein. *Versorgungsquellen* für Steuerstromkreise sind bei *Wechselstrom* (AC):

- Steuertransformatoren mit getrennten Wicklungen.

Und für Gleichstrom (DC):

- Gleichrichter, gespeist aus Steuertransformatoren mit getrennten Wicklungen,
- Batterien, die mit netzabhängigen Ladegeräten gepuffert werden,
- Schaltnetzteile, gespeist aus einem Transformator mit getrennten Wicklungen.

Steuertransformator

Wechselspannungs-Steuerstromkreise müssen aus **Steuertransformatoren** gespeist werden. Solche Transformatoren sind nach DIN EN 61558-2 (VDE 0570-2-2) genormt.

Vorteile des Steuertransformators

- *Begrenzung des sekundären Kurzschlussstroms, wodurch Kontaktverschweißen vermieden werden kann.*
- *Dämpfung leitungsgebundener Störspannungen.*
- *Anpassung an hohe oder niedrige Netzspannung durch Anzapfung der Sekundärwicklung.*
- *Geerdeter und ungeerdeter Betrieb möglich.*
- *Galvanische Trennung.*

Steuerstromkreise sind gegen *Kurzschlussströme* zu schützen. In *geerdeten* Steuerstromkreisen darf der *geerdete* Steuerleiter *nicht abgesichert* werden.

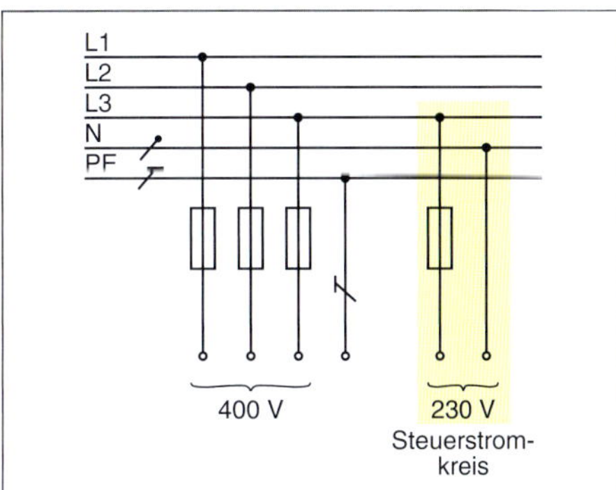

167 Abgriff Steuerstromkreis

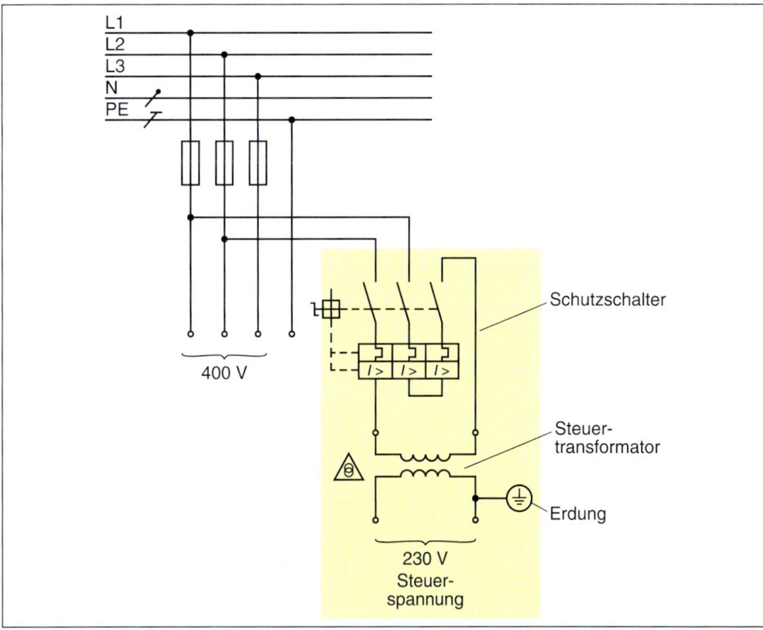

168 Bereitstellung einer Steuerspannung

■ **Ausgenommene Stromkreise**

müssen ihren eigenen Überstromschutz haben. Wenn am Aufstellungsort auch die Trennung des N-Leiters verlangt wird, gilt das auch für ausgenommene Stromkreise.

Steuertransformator

Die Sekundärseite von Steuertransformatoren erfordern stets einen zusätzlichen Überstromschutz.

Der sekundäre Kurzschlussstrom ist bei Transformatoren geringer Leistung nicht ausreichend, um das Schutzorgan der Primärseite innerhalb von 5 s auszulösen.

Die Abschaltzeit bei Kurzschluss sollte unter 1 Sekunde liegen.

@ Interessante Links

- www.eaton.de
- www.siemens.de
- www,pilz.de
- www.phoenixcontact.com

In *geerdeten Steuerstromkreisen* rufen **Erdschlüsse** dem Kurzschluss vergleichbare Wirkungen hervor. Das Überstrom-Schutzorgan schaltet den *ersten* Erdschluss ab.

In *ungeerdeten Steuerstromkreisen* hat ein einfacher Erdschluss *keine* Folgen. Er kann durch eine *Isolationsüberwachung* erkannt werden.

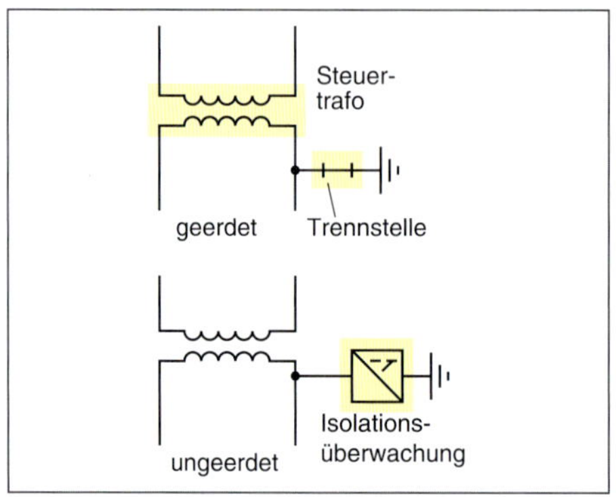

169 Geerdeter und ungeerdeter Stromkreis

Die **Erdverbindung** sollte nur an *einer* Stelle in Nähe des Transformators erfolgen. Sie muss zum Zwecke der Isolationsmessung *trennbar* sein. Die **Trennstelle** sollte nur mit *Werkzeug* unterbrochen werden können.

Ungeerdete Stromkreise werden durch einen Erdschluss *nicht* abgeschaltet. Solche Stromkreise müssen mit einem *Isolationsüberwachungsgerät* überwacht werden, um den Erdschluss zu erkennen und schnellstmöglich zu beseitigen.

Auf einen **Steuertransformator** kann *verzichtet* werden

- bei einfachen Maschinen mit einem *einzigen* Antriebsmotor und *höchstens zwei* Steuergeräten.
- *Steuergeräte* sind ein Steuerpult mit Signalgebern (z. B. EIN, AUS, RECHTS, LINKS), wenn die Befehle in *einem einzigen* Motorstarter verwirklicht werden können, sowie *einem externen* Verriegelungsgerät (z. B. Endschalter).

Hinweise:

- Maximale Leistung bei Einphasen-Wechselstrom 25 kVA, bei Drehstrom 40 kVA.
- Maximale Spannung 277 V bei Steuerung von Maschinen.

Leistung des Steuertransformators

$S = 0{,}8 \cdot (S_H + S_{Am} + P_R)$

S	Scheinleistung Trafo
S_H	Halteleistung aller Schütze
S_{AM}	Anzugsleistung des größten Schützes
P_R	Leistung aller restlichen Verbraucher

Bei Wechselstromschützen ist die Halteleistung geringer als die Anzugsleistung.

Steuerspannung

An die verwendeten *Betriebsmittel* werden folgende *Anforderungen* gestellt:

Wechselstrom

- Betriebsspannung 0,9 – 1,1 · Bemessungsspannung.
- Frequenzabweichung ± 1 % dauernd, ± 2 % kurzzeitig.
- Dauerhafte Abweichung von max. ± 5 % der Bemessungsspannung.
- Spannungsunterbrechung max. 3 ms innerhalb einer Periode mit Zeitabständen von 1 s.

Gleichstrom (Batterien)

- Betriebsspannung 0,85 – 1,1 · Bemessungsspannung.
- Spannungsunterbrechung nicht länger als 5 ms.

Gleichstrom (Umrichter)

- Betriebsspannung 0,9 – 1,1 · Bemessungsspannung.
- Spannungsunterbrechung nicht länger als 20 ms in Zeitabständen von mehr als 1 s.
- Welligkeit maximal 15 % der Bemessungsspannung.

Typische Spannungswerte sind **230 V**, 110 V, 42 V und **24 V**.

Steuerstromkreise sind mit einem **Überstromschutz** auszurüsten.

Der **Kurzschlussstrom** darf bei Steuertransformatoren bei 230 V bis zu 4000 VA 1000 A nicht überschreiten. Dann kann das **Verschweißen** von Schaltelementen praktisch ausgeschlossen werden.

Die **minimal erforderliche Steuerspannung** ist abhängig von den Leitungslängen und der notwendigen Robustheit beim Einsatz in Umgebungen mit Umweltbelastung; z. B. Oxidschicht an Kontakten. In solchen Fällen ist eine Steuerspannung 48 V ratsam.

Not-Befehlseinrichtungen

Not-Befehlseinrichtungen sollen gefahrbringende Zustände der Maschine oder Anlage *schnellstmöglich* beseitigen. Dabei dürfen natürlich keine *zusätzlichen* Gefahren hervorgerufen werden.

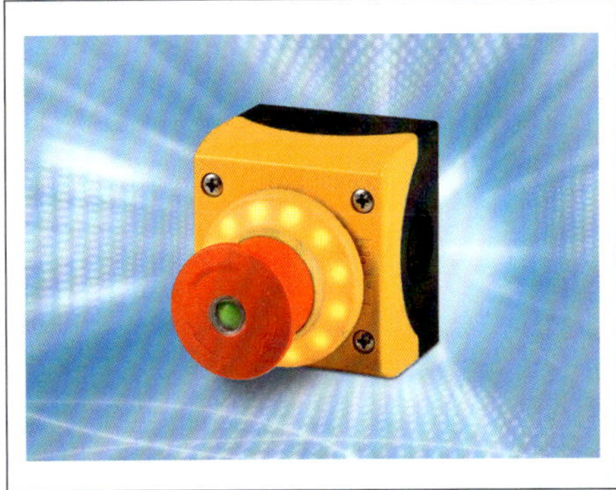

170 Not-Befehlseinrichtung

Stellteile

Stellteile müssen *rot*, die Flächen hinter den Stellteilen *gelb* sein.

Unterschieden wird zwischen **Drucktastern** (Hand- oder Fußbetätigung) und **Reißleinen** (z. B. bei Förderbändern).

Bei Betätigung müssen Not-Befehlseinrichtungen mechanisch so einrasten, dass eine Inbetriebnahme erst dann wieder möglich ist, wenn zuvor von Hand entriegelt wurde.

Die Kontakte müssen durch direkt wirkende mechanische Glieder zwangsläufig geöffnet werden.

Der Wiederanlauf der Maschine darf erst dann wieder möglich sein, wenn alle betätigten Stellteile von Hand rückgestellt worden sind.

Zusätzliche Stromkreise

Zusätzliche Stromkreise sind *Steuerstromkreise*, die der *Sicherheit* dienen. Sie erhöhen den Aufwand der Maschinensteuerung.

Das Risiko des Bauteilausfalls nimmt dadurch zu. Das **Ausfallrisiko** muss aber begrenzt werden.

Sicherheitsbezogene Steuerungsteile sind mit bewährten Bauteilen nach bewährten Prinzipien aufzubauen.

Einfaches Risiko

Not-Halt wirkt auf das Hauptschütz Q1. Das Hauptschütz übernimmt die Freischaltung. Die Schaltung (Bild 171) ist zulässig. Allerdings:

- Ein Schluss im Tasterkreis wird nicht erkannt.
- Fehler im Schaltkreis Q1 wird nicht erkannt.

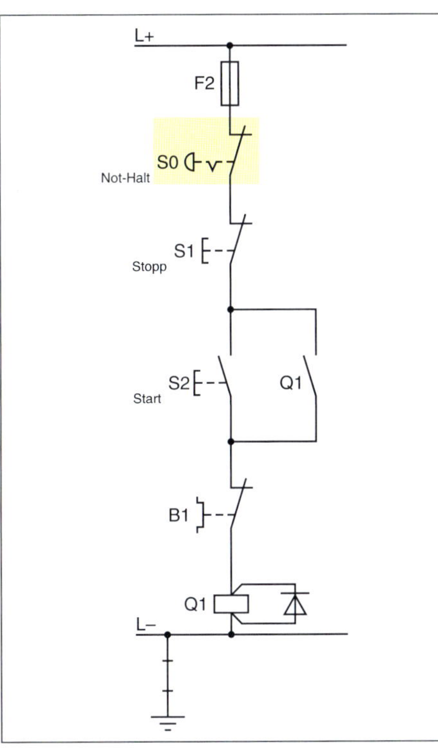

171 Steuerstromkreis 24 V DC

Ein *Erdschluss* wird allerdings erkannt.

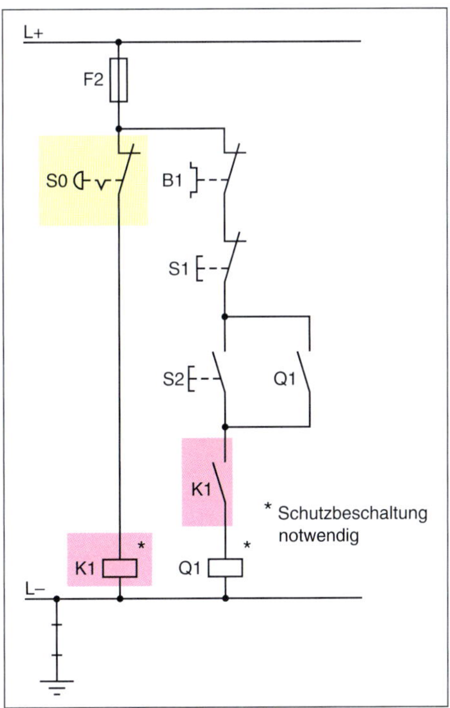

172 Schaltung nicht zulässig!

Zusätzliche Schaltkreise zur *Sicherheitsabschaltung* dürfen das **Risiko des Versagens** nicht erhöhen (Bild 172).

Not-Aus-Funktion

Handlung im Notfall, die die elektrische Energieversorgung abschaltet, falls ein Risiko für elektrischen Schlag oder ein anderes Risiko elektrischen Ursprungs besteht.

Siehe Seite 370.

Not-Halt-Funktion

Dient dazu, eine bestehende Notfallsituation abzuwenden oder zu verhindern, die durch das Verhalten von Personen oder durch ein unerwartetes Gefahr bringendes Ereignis entsteht.
Sie wird durch eine einzige Handlung einer Person ausgelöst.

Siehe Seite 370.

Sicherheitsfunktion

Funktion einer Maschine, wobei ein Ausfall dieser Funktion zur Risikoerhöhung führen kann.

■ **Sicherheitsbauteil**

Der Hersteller erklärt, ob es sich um ein Sicherheitsbauteil handelt.

Ein Sicherheitsbauteil muss eine vollständig gebrauchsfertige Einheit sein, die unmittelbar in die Maschine eingebaut werden kann.

■ **Zwangsgeführte Kontakte**

Öffner und Schließer dürfen über die gesamte Lebensdauer niemals gleichzeitig geschlossen sein.
Das gilt auch für den fehlerhaften Zustand (z. B. eines Schützes).

■ **Zwangsöffnung**

Kontakttrennung als direktes Ergebnis einer festgelegten Bewegung des Schaltgeräts über nicht federnde Teile.

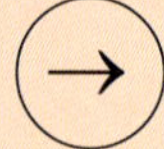

Not-Aus-Funktion

Galvanische Abschaltung der elektrischen Energie, damit im Notfall eine elektrisch verunfallte Person geborgen werden kann.

Ausgelöst wird diese Funktion durch ein **Not-Aus-Befehlsgerät**. Verwendet werden muss ein Befehlsgerät mit *mechanischer Rastfunktion.*

Die Not-Aus-Funktion ist keine Schutzmaßnahme gegen elektrischen Schlag.
Sie wird als *ergänzende* Schutzmaßnahme angesehen.

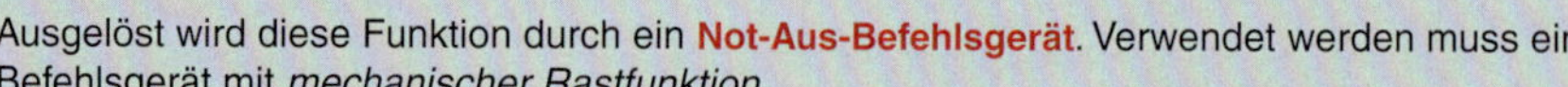

Not-Halt-Funktion

Gleichzusetzen mit *Stillsetzen im Notfall*, wenngleich nicht in DIN EN ISO 12100 so definiert. Sie soll aufkommende Gefährdung für Personen, Schäden an der Maschine oder an laufenden Arbeiten abwenden oder mindern. Ausgelöst wird sie durch eine einzige Handlung einer Person.

Anforderungen an die Not-Halt-Funktion

Die Stellteile müssen außerhalb der Gefahrenbereiche angeordnet sein. Sie müssen den vorhersehbaren Beanspruchungen standhalten. Mit Ausnahme von handgehaltenen und handgeführten Maschinen sind Maschinen mit einem oder mehreren Not-Halt-Befehlsgeräten auszurüsten.

Not-Halt-Befehlsgerät

Sie sind deutlich erkennbar und schnell zugänglich. Der gefährliche Vorgang muss möglichst schnell zum Stillstand gebracht werden, ohne dass dadurch zusätzliche Risiken entstehen. Unter Umständen müssen Sicherheitsbewegungen ausgelöst oder ihre Auslösung zugelassen werden.

Unterscheidung Not-Aus/Not-Halt

Beide Funktionen sind nicht gleichzusetzen.

Die **Not-Aus-Funktion** wird nur in Einzelfällen benötigt und ist in Deutschland und Europa nicht gesetzlich vorgeschrieben. Nur der *Not-Halt* ist für Maschinen durch die Maschinenrichtlinie vorgeschrieben.

Sicher ist es so, dass in der „Werkstattsprache" und in der Praxis nicht eindeutig zwischen Not-Aus und Not-Halt unterschieden wird. Im Allgemeinen wird dort von Not-Aus gesprochen. Solange die einschlägigen Sicherheitsanforderungen richtig umgesetzt werden, ist dies auch von untergeordneter Bedeutung.

Bei Auslösung einer **Not-Aus-Funktion** wird die elektrische Energieversorgung unverzüglich abgeschaltet. Die dabei verwendeten Schaltgeräte müssen eine galvanische Trennung der Energieversorgung ermöglichen. Dies kann ein Schütz sein.

Die Normen fordern die Installation eines Not-Aus-Befehlsgeräts nur in Bereichen, in denen der Basisschutz gegen elektrischen Schlag zum Beispiel durch Hindernisse oder Anordnung aktiver Teile außerhalb des Handbereichs erfolgt. Das gilt für elektrische Betriebsstätten, zu denen der Laie keinen Zutritt hat.

Kommt es hier zu einem elektrischen Unfall, kann die Energieversorgung zwecks Bergung der Person durch den Not-Aus abgeschaltet werden.

Die *Anforderungen* an *Not-Aus-* und *Not-Halt-Geräten* sind völlig gleich.

Not-Aus-Geräte mit Drucktaster dürfen zum Schutz gegen leichtsinnige Betätigung hinter einer Einschlagscheibe angeordnet sein. Bei vollständiger Abschaltung einer Maschine können nämlich gravierende Schäden auftreten.

Bild 172 zeigt eine *Trennung* von Steuerstromkreis und Sicherheitsstromkreis.

Dadurch nimmt die **Fehlerwahrscheinlichkeit** zu.

Risiko: Not-Halt wirkt auf Hilfsschütz K1, Hilfsschütz K1 wirkt auf Hauptschütz Q1, das die Freischaltung übernimmt.

Eine solche Schaltung ist unzulässig, da ein erster Fehler einen gefährlichen Zustand bewirken kann.

Redundanz

Sicherheitsstromkreise sind *reduntant* aufzubauen. **Redundanz** bedeutet den Einsatz von *mehr als* einem System, damit bei einem Fehler in *einem* System noch *ein weiteres* zur Verfügung steht.

Diversität

Die Stromkreise werden nach *unterschiedlichen* **Funktionsprinzipien** aufgebaut.

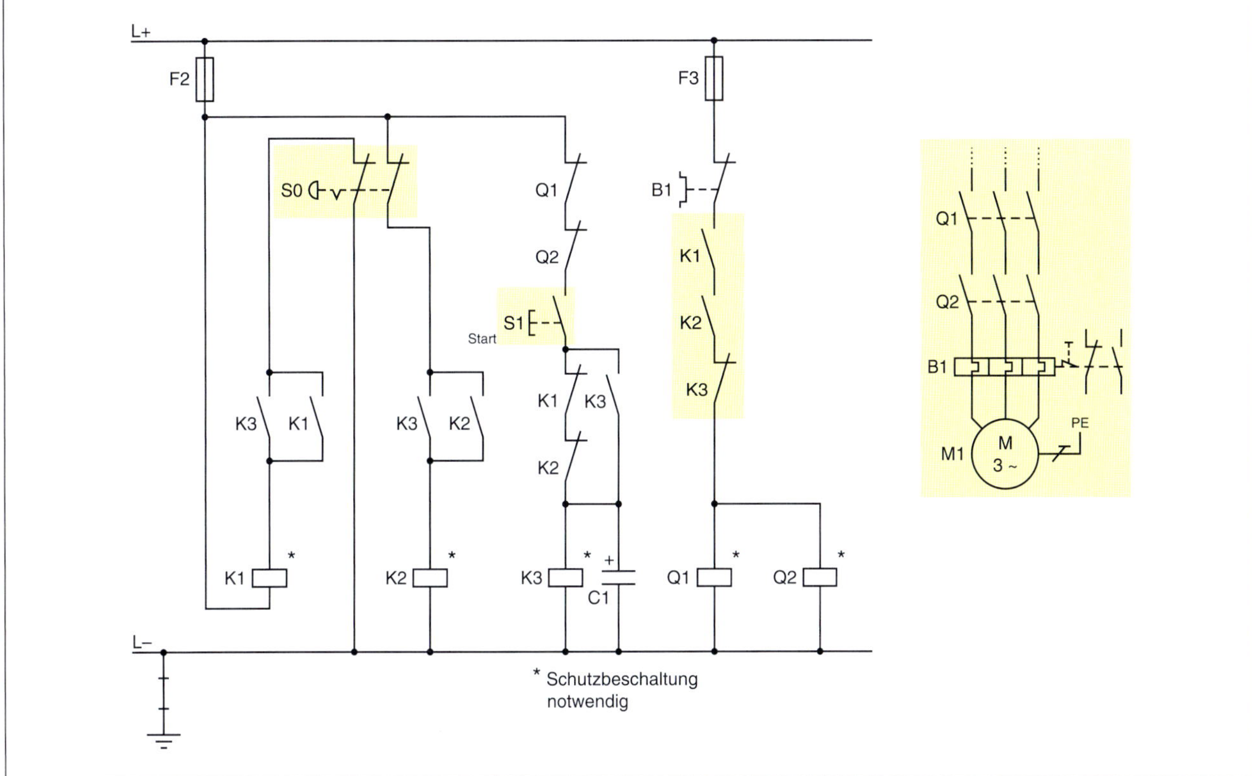

173 Zulässige Sicherheitsschaltung

Funktionsprüfungen

Überprüfung der *korrekten Funktion* beim Anlauf der Maschine oder in bestimmten zeitlichen Abständen.

Einzelfehler dürfen zu keinem gefahrbringenden Zustand führen; man spricht von **Einfehlersicherheit**.

Sicherheitsschaltung nach Bild 173

- Ein auftretender Erdschluss wird erkannt.
- Ein Schluss im Tasterkreis wird erkannt.
- Fehler im Schaltkreis werden erkannt.
- Einfehlersicherheit durch zwangsgeführte Schütze.
- Zyklischer Test wird bei Start durchgeführt.
- Querschlusserkennung ist gegeben.
- Redundanz ist gegeben.

Steuerungsablauf

Ausgangssituation: Beide Hauptschütze Q1 und Q2 abgefallen.

Starttaster (S1) betätigen:

- K3 zieht an → Öffner von K3 trennt Q1, Q2 vom Netz.
- K2 zieht an und geht in Selbsthaltung.
- K1 zieht an und geht in Selbsthaltung.

Die Hauptschütze werden immer noch nicht eingeschaltet, da K3 noch angezogen ist.

Starttaster (S1) nicht mehr betätigen:

- K3 fällt ab → Öffner von K3 schließt Stromkreis zu den Hauptschützen Q1, Q2.

Der Motor wird dadurch eingeschaltet.

Der Motor wird erst beim *Loslassen* des Starttasters eingeschaltet. Also bei einer *negativen Flanke* des Starttasters.
Ein *Schluss* im Starttasterkreis wird dadurch erkannt. Wenn S1 durch einen Fehler überbrückt würde, käme nämlich keine negative Flanke zustande. Ein *ungewollter Wiederanlauf* nach Herausziehen der Not-Halt-Einrichtung S0 ist dann nicht möglich.

Querschluss

Der *Querschluss* bewirkt weder einen Kurzschluss noch einen Erdschluss. Eine Überstrom-Schutzeinrichtung spricht also *nicht* an.

Ohne besondere Maßnahmen wird der Querschluss nicht erkannt. Der Querschluss setzt aber die Not-Halt-Elemente S2 und S3 außer Funktion. Das ist sehr *gefährlich* und muss *unbedingt verhindert* werden.

■ **Redundanz**

Vorhandensein von mehr als für den Normalbetrieb notwendigen Mitteln. Mehrere Funktionsgruppen werden für die gleiche Funktion eingesetzt (mehrkanaliger Aufbau).

■ **Diversität**

Systemaufbau mit unterschiedlichen Maßnahmen für den gleichen Zweck zur Vermeidung systematischer Fehler.

■ **SIL**
→ 377

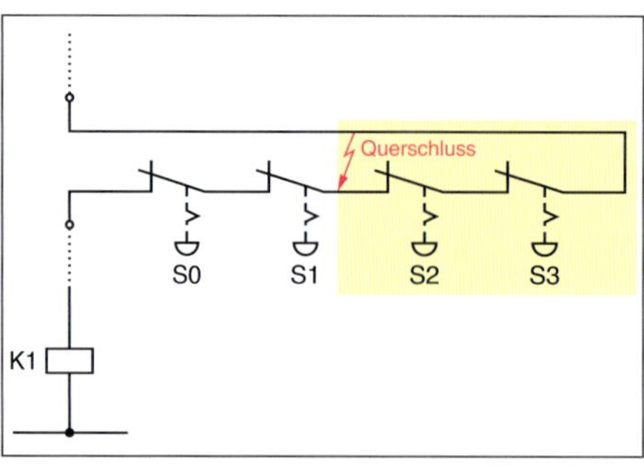

174 Querschluss im Not-Halt-Kreis

■ **Querschlusserkennung**
Die Fähigkeit (eines Sicherheitsschaltgeräts), Querschlüsse unmittelbar oder durch zyklische Überwachung zu erkennen.
Nach Querschlusserkennung nimmt das Gerät einen sicheren Zustand an.

Querschlusssichere Verlegung

Ein Schutz gegen Querschluss kann durch Verwendung einer *geschirmten* Leitung, die *geerdet* wird, erreicht werden.

Dann kann eine Quetschung der Leitung einen *Erdschluss* bewirken, der abgeschaltet wird.

In der Schaltung nach Bild 175 wird zur **Querschlusserkennung** mit *unterschiedlichen Potenzialen* gearbeitet. Ein Querschluss wird dann zu einem *Kurzschluss*, der abgeschaltet wird.

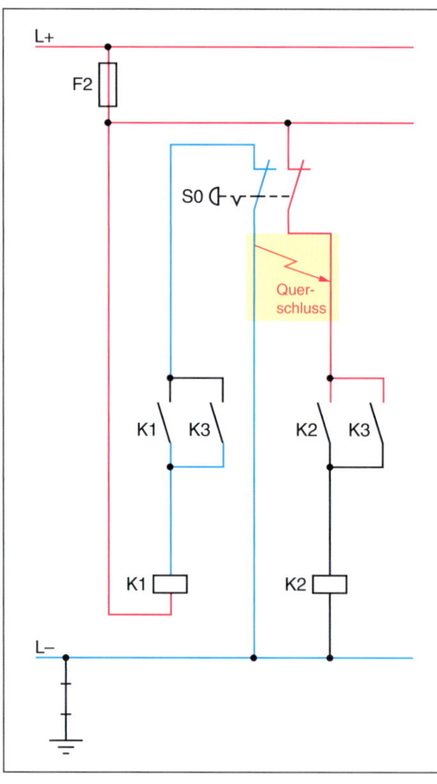

175 Querschlusserkennung

Sicherheitsschaltgeräte *erkennen* Querschlüsse ohne automatische Abschaltung des gesamten Steuerstromkreises und *melden* diese.
Dies erfolgt mithilfe von *Testimpulsen* auf elektronischem Weg.

Sicherheitsrelais (Not-Halt-Relais)

Ohne hohen Verdrahtungsaufwand lassen sich mit *Sicherheitsrelais* Anwendungen realisieren, die hohen Sicherheitsanforderungen gemäß den internationalen Normen entsprechen:

- *Bis Performance Level PLe nach EN ISO 13849-1*
- *Bis Safety Integrity Level SIL CL3 nach IEC 62061*
- *Bis Safety Integrity Level SIL 3 nach IEC 61508*

176 Sicherheitsrelais

Bei kompakter Bauweise bieten **Sicherheitsrelais** viele *Sicherheitsschaltkontakte* sowie mehrere *Freigabe-* und *Meldestrompfade* an.

Nach dem *Einschaltbefehl* werden die sicherheitsrelevanten Kreise durch die Elektronik überwacht und mithilfe der Relais die Freigabepfade freigegeben (Bild 177, Seite 374.).

Nach dem *Ausschaltbefehl* sowie im *Fehlerfall* werden die Freigabepfade sofort (Stopp-Kategorie 0) oder zeitverzögert (Stopp-Kategorie 1) unterbrochen.

Erkannt werden Fehler wie **Querschluss**, **Kurzschluss**, **Drahtbruch** und **Brückenbildung** im Freigabekreis.

Auch die Überwachung von *Schutzgittern* und *Schutztüren* an Maschinen kann vom *Sicherheitsrelais* übernommen werden. Je nach Sicherheitsniveau melden ein oder zwei Positionsschalter die geschlossene Stellung der Schutzeinrichtung.

@ Interessante Links
- christiani-berufskolleg.de

Prüfung

1. Welche Aufgaben hat der Hauptschalter (die Netz-Trenneinrichtung)?

Wichtige Sicherheitsfunktionen

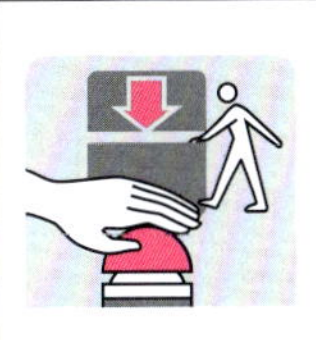	**Stillsetzen im Notfall (Not-Halt-Abschaltung)** Sicheres Stoppen einer Gefahr bringenden Bewegung mit Not-Halt-Einrichtungen.
	**Überwachung beweglicher Schutzeinrichtungen** Zuverlässige Positionserfassung von Türen, Gittern oder Klappen.
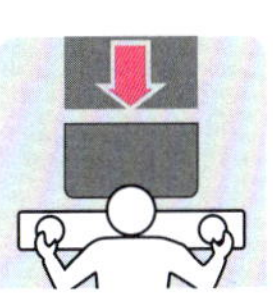	**Überwachung offener Gefahrenbereiche** Absicherung der Gefahrenstelle mit berührungslos wirkenden Schutzeinrichtungen (Lichtgitter).
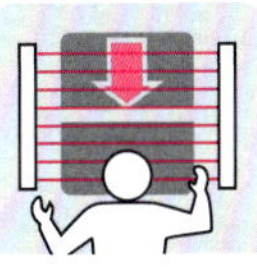	**Sicheres Bedienen durch Zweihandschaltungen** Bei Gefahr bringenden Maschinenbewegungen (Pressen, Stanzen, Scheren).
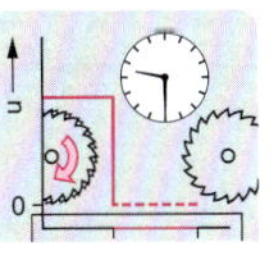	**Rückfallverzögerte Abschaltung** Verzögerung des Abschaltzeitpunkts von Freigabekontakten.

Prüfung

1. Die Schaltschranksteckdose ist ein Beispiel für einen „ausgenommenen Stromkreis".

Was bedeutet das und wie kennzeichnen Sie diesen Stromkreis?

2. Welche wesentlichen Aufgaben hat der Steuertransformator?

Beschreiben Sie den Anschluss eines Steuertransformators.

3. Warum wird beim Steuertransformator der N-Leiter sekundärseitig geerdet?

4. In welchem Spannungsbereich muss ein 230-V-AC-Schütz einwandfrei funktionieren?

5. Nennen Sie die Anforderungen einer Not-Befehlseinrichtung.

6. Unterscheiden Sie zwischen NOT-AUS und NOT-HALT.

Schaltungsbeispiel zur Not-Halt-Abschaltung

Der **Not-Halt** ist eine *ergänzende* Schutzmaßnahme und *nicht* als *ausschließlicher* Schutz zulässig.

Gemäß **Maschinenrichtlinie** ist jedoch an jeder Maschine eine Einrichtung zum **Stillsetzen im Notfall** (Not-Halt) notwendig.

Der *Grad der* **Risikoabsicherung** durch die Not-Halt-Einrichtung ist durch eine **Risikobewertung** zu bestimmen.

Bei **einkanaligen Anwendungen** steht *ein* Eingangskreis zur Verfügung (Bild 177, Seite 374).

Über den **Reset-Kreis** wird das Startverhalten (automatisch/manuell) festgelegt.

An den **Freigabepfaden** wird die Abschaltebene angeschlossen und die Betätigung des *Reset-Tasters* aktiviert.

Sicherheitstechnische Bewertung

Kat	B	1	2	3	4
PL	a	b	c	d	e
SIL	1	2	3		

Kat., PL nach EN ISO 13849-1
SIL nach IEC 62061

Definitionen

- *Stillsetzen im Notfall*
  Prozess oder Bewegung willkürlich anhalten, der (die) Gefahr bringend ist oder werden könnte.
- *Ingangsetzen im Notfall*
  Prozess oder Bewegung starten, um Gefahr bringende Situationen zu beseitigen, zu begrenzen oder zu verhindern.
- *Ausschalten im Notfall*
  Handlung, die dazu bestimmt ist, im Notfall die elektrische Energieversorgung auszuschalten.
- *Einschalten im Notfall*
  Handlung, die dazu bestimmt ist, die elektrische Energieversorgung zu einem Teil der Maschine oder Anlage einzuschalten.

Freigabepfad

Freigabekreis, dient zur Erzeugung eines sicherheitsgerichteten Ausgangssignals.

Freigabekreise wirken nach außen wie Schließer; funktional wird jedoch stets das sichere Öffnen betrachtet.

Reset

Einschaltfunktion, die als Wiederanlaufsperre anzusehen ist.

Risiko

Wahrscheinlichkeit eines Schadenseintritts und des Schadensausmaßes.

@ Interessante Links

- christiani-berufskolleg.de

Sicherheitsrelais

Beachten Sie auch die Zeichnung auf Seite 23.

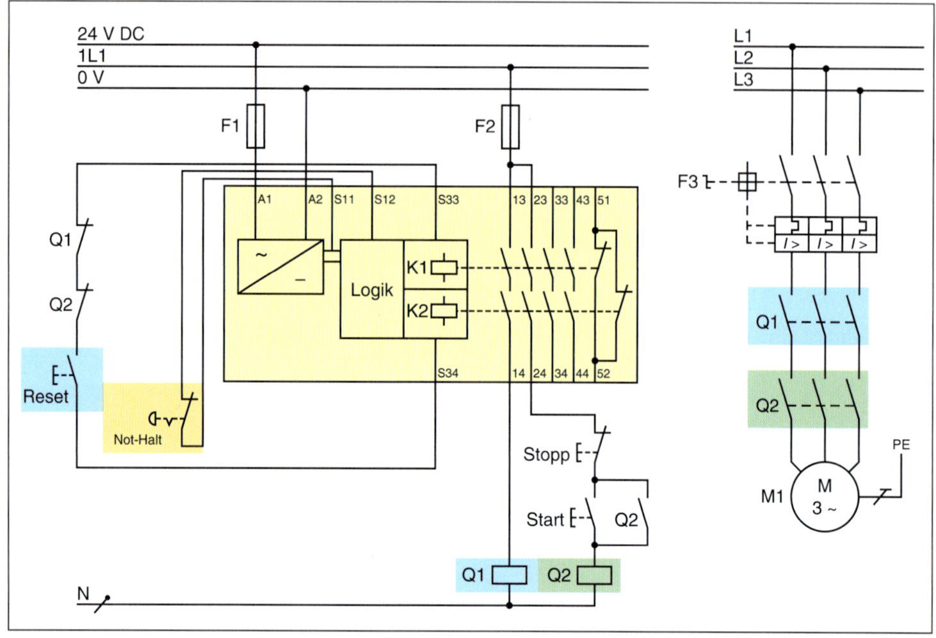

177 *Sicherheitsrelais, Schaltungsbeispiel*

Stoppkategorien

Beschrieben werden die Möglichkeiten, wie die Energie zu einem elektrischen Antrieb gesteuert werden kann, um diesen stillzusetzen.

Dabei ist es gleichgültig, ob die Stillsetzug eine betriebliche Maßnahme oder eine Notmaßnahme ist.

Stoppkategorie	Bedeutung
0	Ungesteuertes Stillsetzen durch sofortiges Abschalten der elektrischen Energie zu den Antriebselementen. • Ausschalten der Versorgungsspannung • Anlassen ungesteuerter Bremsen • Stillsetzen durch Gegenmomente
1	Gesteuertes Stillsetzen, wobei die Energie zu den Antriebselementen beibehalten wird, um das Stillsetzen zu erreichen. • Anlage bleibt an Spannung, bis Stillsetzen erreicht wurde • Zum Beispiel durch Gegenstrombremsen
2	Gesteuertes Stillsetzen, wobei die Energie zu den Antriebselementen ansteht. Nicht für *Handlungen im Notfall* zugelassen, nur für betriebsmäßiges Stillsetzen.

Rückstellen des Not-Halt-Befehlsgeräts

Die Rückstellung darf nur als Ergebnis einer von Hand ausgeführten Handlung am Befehlsgeräts möglich sein.

Das alleinige Rückstellen des Befehlsgeräts darf keinen Wiederanlaufbefehl bewirken.

Hinweise

- *Not-Aus* durch Abschalten der Energieversorgung durch elektromechanische Schaltgeräte (Stoppkategorie 0).
- *Not-Halt* entspricht der Stoppkategorie 0 oder 1 und hat Vorrang gegenüber allen anderen Funktionen.
  Entweder wird die Energieversorgung zu den Antrieben unterbrochen oder der Antrieb wird schnellstmöglich gestoppt.
- Ein *Drahtbruch* darf die Maschine nicht starten oder ihre Stillsetzung verhindern.
  AUS-Funktionen durch *Öffner*, *EIN-Funktionen* durch *Schließer*.

Sicherheitsbezogene Steuerungen

Erreichbar ist die *Sicherheit* von Maschinen und Anlagen durch

- *Konstruktion (EN ISO 12100 und EN 1050)*
- *Sicherheitsbezogene Steuerungen (EN 62061 und EN ISO 13849-1)*
- *Elektrische Ausrüstung (EN 60204-1)*

Risikobeurteilung, Performance Level (EN ISO 13849-1)

Das **Risiko** ist eine *Wahrscheinlichkeitsaussage* über die zu erwartenden Häufigkeiten des Auftretens einer Gefährdung und der damit verbundenen Schwere der Verletzung.

Das geforderte **Sicherheitsniveau** wird erreicht, wenn das zu erwartende Risiko durch geeignete Maßnahmen verringert wird.

Erläuterung

S Schwere der Verletzung
- **S1** Leichte (reversible) Verletzung
- **S2** Schwere (irreversible) Verletzung, Tod

F Häufigkeit und/oder kurze Dauer der Gefährdungsexposition
- **F1** Selten bis öfter und/oder kurze Dauer
- **F2** Häufig bis dauernd und/oder lange Dauer

P Gefährdungsvermeidungsmöglichkeiten
- **P1** Unter bestimmten Umständen möglich
- **P2** Kaum möglich

Sicherheitskategorien (Cat)

Kategorie B

Sicherheitsbezogene Teile von Maschinensteuerungen und/oder ihre *Schutzeinrichtungen* müssen in Übereinstimmung mit den zutreffenden Normen so gestaltet, gebaut, ausgewählt und kombiniert werden, dass sie den zu erwartenden Einflüssen standhalten können.

Ein *Fehler* kann zum *Verlust der Sicherheitsfunktion* führen und ist überwiegend durch den Ausfall von Bauteilen bedingt.

Siehe Tabelle *Sicherheitskategorien* auf Seite 376.

Der **Performance Level** *PL* gibt die Wahrscheinlichkeit des gefährlichen Ausfalls einer Sicherheitsfunktion des SPP/CS je Stunde an.

PL	Wahrscheinlichkeit eines gefährlichen Ausfalls je Stunde (1/h)
a (niedrig)	$\geq 10^{-5}$ bis $< 10^{-4}$ (hoch)
b	$\geq 3 \cdot 10^{-6}$ bis $< 10^{-5}$
c	$\geq 10^{-6}$ bis $< 3 \cdot 10^{-6}$
d	$\geq 10^{-7}$ bis $< 10^{-6}$
e (hoch)	$\geq 10^{-8}$ bis $< 10^{-7}$ (niedrig)

Der *Performance Level* **PLa** stellt die *niedrigste Sicherheitsanforderung* an den SRP/CS. Hohe Wahrscheinlichkeit eines gefährlichen Ausfalls.

PLe ist der *höchste* Performance Level.
Ein SRP/CL hat die niedrigste Ausfallwahrscheinlichkeit.

Risikobewertung

Unter Verwendung definierter **Risikoparameter** (S, F, W, P) wird der erforderliche **SIL** bzw. **PL** einer *Sicherheitsfunktion* der Steuerung bestimmt.
Die Addition von **W** und **F** und **P** ergibt die **Risikoklasse**. Aus der Risikoklasse und möglicher Gefahrenauswirkungen ergibt sich **SIL** (Safety Integrity Level). Siehe Tabellen auf Seite 376 (Risikoabschätzung).

■ Performance Level PL

Zielmaß der Versagenswahrscheinlichkeit für die Ausführung der risikoreduzierten Funktionen.

■ Safety Integrity Level SIL

Erläuterung wie bei PL.
SIL/CL (claim limit) ist das maximal erreichbare Zielmaß.

■ PFD

Probability of failure and on demand; Ausfallwahrscheinlichkeit bei Auslösen der Sicherheitsfunktion.

■ PFH

Probability of failure per hour; Ausfallwahrscheinlichkeit pro Stunde

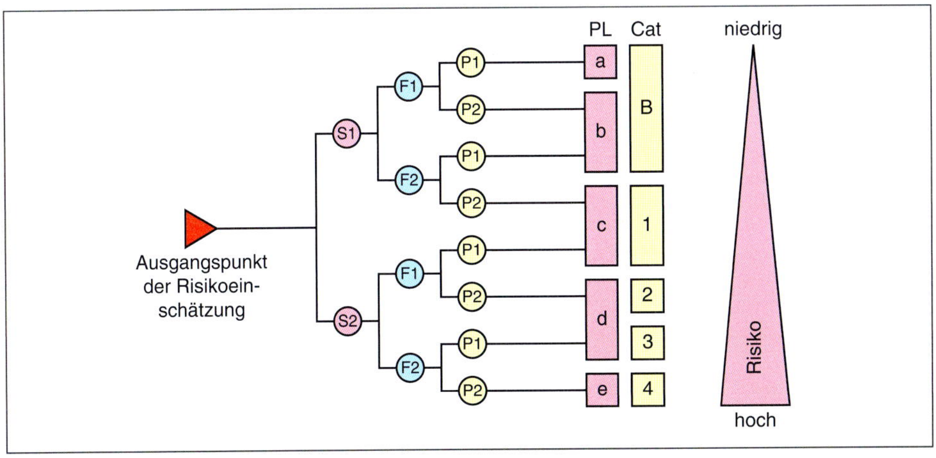

178 Risikobeurteilung

Sicherheitskategorien

Kategorie	Anforderungen	Systemverhalten
1	Die Anforderungen von Kategorie B müssen erfüllt sein. Anwendung von bewährten Bauteilen und bewährten Sicherheitsprinzipien.	Ein Fehler kann zum Verlust der Sicherheitsfunktion führen. Die Fehlereintrittswahrscheinlichkeit ist geringer als bei Kategorie B.
2	In geeigneten Zeitabständen muss die Sicherheitsfunktion durch die Maschinensteuerung geprüft werden.	Der mögliche Verlust der Sicherheitsfunktion wird durch die Prüfung erkannt.
3	Die sicherheitsbezogenen Teile der Steuerung müssen so gestaltet sein, dass • *ein einzelner Fehler in jedem der Teile nicht zum Verlust der Sicherheitsfunkton führt,* • *der einzelne Fehler – wann immer durchführbar – erkannt wird.*	Bei einem einzelnen Fehler bleibt die Sicherheitsfunktion erhalten. Einige (aber nicht alle) Fehler werden erkannt. Eine Häufung unerkannter Fehler kann zum Verlust der Sicherheitsfunktion führen.
4	Die sicherheitsbezogenen Teile der Steuerung müssen so gestaltet sein, dass • *ein einzelner Fehler in jedem der Teile nicht zum Verlust der Sicherheitsfunktion führt,* • *ein Fehler bei oder vor der nächsten Anforderung an die Sicherheitsfunktion erkannt wird.* Wenn das nicht möglich ist, darf eine *Häufung* von Fehlern *nicht* zum Verlust der Sicherheitsfunktion führen.	Bei Fehlern bleibt die Sicherheitsfunktion immer erhalten. Fehler werden rechtzeitig erkannt, um den Verlust der Sicherheitsfunktionen zu verhindern.

Hinweise
- Bei Kategorie 1 müssen die Anforderungen von Kategorie B erfüllt sein.
- Bei Kategorie 2, 3 und 4 müssen die Anforderungen von B und die Einhaltung bewährter Sicherheitsprinzipien erfüllt sein.

Risikoabschätzung

F Häufigkeit und/oder Aufenthaltsdauer		**W** Eintrittswahrscheinlichkeit		**P** Vermeidungsmöglichkeit	
≤ 1 Stunde	5	sehr hoch	5	nicht möglich	5
> 1 Stunde bis ≤ 1 Tag	5	wahrscheinlich	4	selten	3
> 1 Tag bis ≤ 2 Wochen	4	möglich	3	wahrscheinlich	1
> 2 Wochen bis ≤ 1 Jahr	3	selten	2		
> 1 Jahr	2	zu vernachlässigen	1		

Risikoklasse:
$K = F + W + P$

Folge	Tod, Verlust Auge oder Arm	Permanent, Verlust von Fingern	Reversibel, med. Behandlung	Reversibel Erste Hilfe
Schadensausmaß	4	3	2	1
Klasse				
4	SIL 2			
5 bis 7	SIL 2			
8 bis 10	SIL 2	SIL 1		
11 bis 13	SIL 3	SIL 2	SIL 1	
14 bis 15	SIL 3	SIL 3	SIL 2	SIL 1

SIL-Einstufung oder Steuerung					
Anforderung an Zuverlässigkeit		Begrenzung der SIL-Einstufung			
SIL	Wahrscheinlichkeit eines gefahrbringenden Ausfalls pro Stunde	SFF	Hardware-Fehlertoleranz		
			0	1	2
3	$\geq 10^{-8}$ bis 10^{-7}	< 60 %		SIL 1	SIL 2
2	$\geq 10^{-7}$ bis 10^{-6}	60 % bis < 90 %	SIL 1	SIL 2	SIL 3
1	$\geq 10^{-6}$ bis 10^{-5}	90 % bis < 99 %	SIL 2	SIL 3	SIL 3
		99 %	SIL 3	SIL 3	SIL 3

SIL-Einstufung					
PFH_D	Cat	SFF	HFT	DC	SIL
$\geq 10^{-6}$	≥ 2	≥ 60 %	≥ 0	≥ 60 %	1
$\geq 2 \cdot 10^{-7}$	≥ 3	≥ 0	≥ 1	≥ 60 %	1
$\geq 2 \cdot 10^{-7}$	≥ 3	≥ 60 %	≥ 1	≥ 60 %	2
$\geq 3 \cdot 10^{-8}$	≥ 4	≥ 60 %	≥ 2	≥ 60 %	3
$\geq 3 \cdot 10^{-8}$	≥ 4	≥ 90 %	≥ 1	≥ 90 %	3

■ SFF
Safe Failure Fraction; Anteil sicherer Ausfälle.

■ PFH_D
Probability of dangerous failure per hour; Wahrscheinlichkeit gefährlicher Ausfälle pro Stunde.

■ HFT
Hardware-Fehlertoleranz, Fähigkeit eines Systems, auch bei Auftreten eines oder mehrerer Fehler die geforderte Funktion zu erfüllen.

■ DC
Diagnostic Coverage (Diagnosedeckungsgrad), Steuerungen können einzelne gefährliche Ausfälle selbsttätig erkennen. Bewertung, wie viele der gefährlichen Ausfälle erkannt werden.

Sicherheitsbeurteilung von Steuerungen

1. *Gefährdung identifizieren*
2. *Risiko einschätzen*
3. *Risiko bewerten*
4. *Risikominderung durch eigensichere Konstruktion*
   Schutzeinrichtungen
   Informationen für den Benutzer
5. *Notwendige Sicherheitsfunktionen identifizieren*
   Performance-Level PL bestimmen
   Technische Realisierung
   Sicherheitsrelevante Teile identifizieren
   PL für die Sicherheitsfunktion prüfen
6. *Überprüfung der erzielten Ergebnisse*
   Funktionen mit der Risikoanalyse in Schritt 1

Sicherheitsbezogener Steuerungsaufbau

Cat B, PL a, b

Sicherheit durch Auswahl geeigneter Bauteile, Zwangsführung der Kontakte.

Das Auftreten eines Fehlers darf zum Verlust der Sicherheitsfunktion führen.

Cat 1, PL c

Steuerungsaufbau wie Cat B.
Anzuwenden sind bewährte Bauteile und bewährte Sicherheitsprinzipien. Ausfallwahrscheinlichkeit geringer als bei Cat B, PL a, b.

Cat 2, PL a, b, c, d

Wie Cat 1 mit folgenden Zusätzen:

In bestimmten Zeitabständen wird die Sicherheitsfunktion durch die Steuerung selbst überprüft. Dadurch wird ein Verlust der Sicherheitsfunktion erkannt.

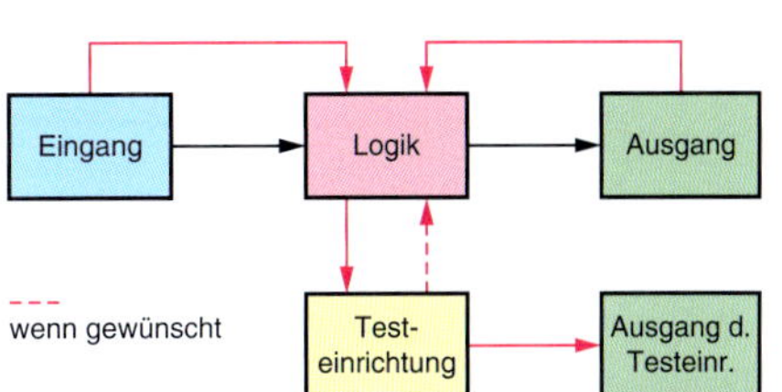

Cat 3, PL b, c, d, e
Wie bei Cat 1 mit folgenden Zusätzen:

Die sicherheitsbezogenen Teile der Steuerung sind *zweifach* ausgeführt. Die Steuerungslogik überwacht sich gegenseitig.

Ein einzelner Fehler in einem Teil führt nicht zum Verlust der Sicherheitsfunktion.

Ein einzelner Fehler muss mit geeigneten Mitteln (Stand der Technik) erkennbar sein, wenn die Prüfung in angemessener Weise durchführbar ist.

Eine Häufung von Fehlern darf zum Verlust der Sicherheitsfunktion führen.

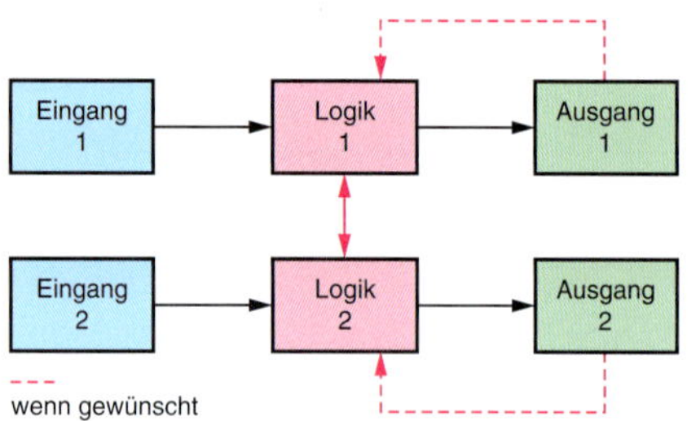

Cat 4, PL e
Wie bei Cat 3, zusätzlich:

Ein einzelner Fehler sicherheitsbezogener Teile muss *vor oder bei* der nächsten Anforderung der Sicherheitsfunktion erkannt werden.

Eine Häufung von Fehlern darf nicht zum Verlust der Sicherheitsfunktion führen.

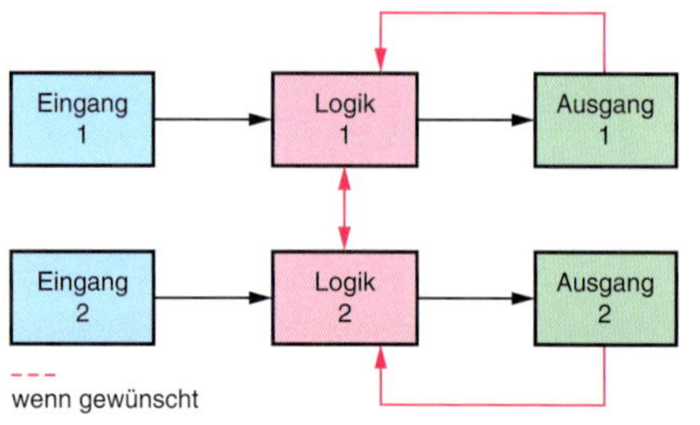

Abhängigkeit Cat, PL und $MTTF_d$
Bei gleichem Aufbau ändert sich PL je nach Qualität der verwendeten Bauteile.

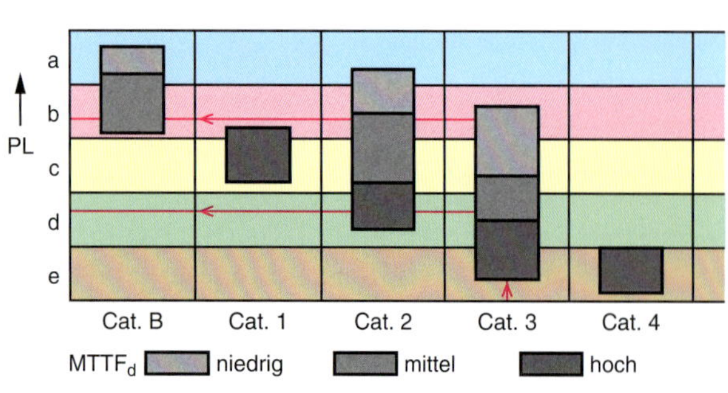

- Wenn $MTTF_d$ niedrig ist, kann bei Cat 2 bestenfalls ein PL von b erreicht werden.
- Bei Cat 3 ist bei niedrigem $MTTF_d$ soeben ein PL von b zu erreichen. Bei mittlerem $MTTF_d$ jedoch ein PL von d.
- Bei Cat 2, 3, 4 muss ein Fehler erkannt werden, bevor ein Schadensfall eintritt.

Kategorie Cat
Zur Beurteilung der Leistungsfähigkeit sicherheitsbezogener Steuerungsteile beim Auftreten von Fehlern, Fehlerwiderstand und Verhalten im Falle eines Fehlers. B ist die Basiskategorie.

Prüfung

1. Erläutern Sie den Begriff Sicherheitsintegrität.

2. Was sind systematische Fehler?

3. Beschreiben Sie den Begriff Diversität.

4. Unterscheiden Sie folgende Begriffe:
a) Stillsetzen im Notfall
b) Ingangsetzen im Notfall
c) Ausschalten im Notfall
d) Einschalten im Notfall

5. Welcher Stoppkategorie entspricht
a) Not-Aus,
b) Not-Halt?

6. Dargestellt ist die Schaltung eines Sicherheitsstromkreises.
Erläutern Sie die Schaltung.

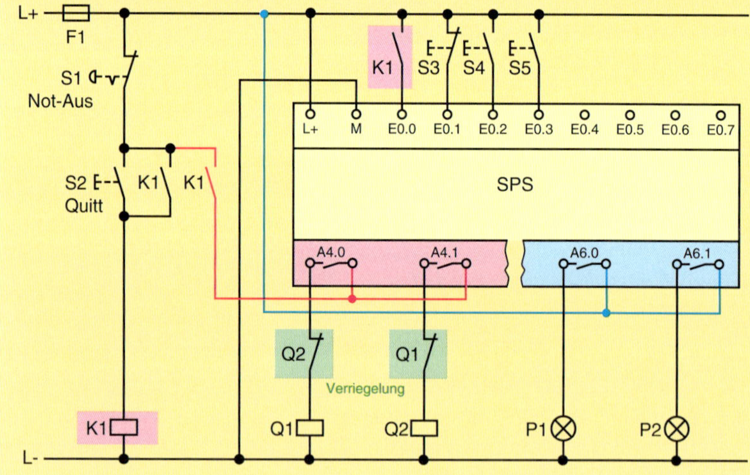

6.5 Bussysteme

Bedingt durch den hohen Automatisierungsgrad ist die klassische *Punkt-zu-Punkt-Verdrahtung* nicht mehr wirtschaftlich.

Bei dieser Verdrahtung ist jeder Befehlsgeber, jeder Sensor und jeder Aktor über *eigene Leitungen* mit dem Automatisierungssystem verbunden.

Leicht nachvollziehbar, dass viele dieser Leitungsverbindungen zwar *dauerhaft vorgehalten* werden müssen, obgleich sie oftmals nur *selten benötigt* werden.

Bei fortgeschrittener Automatisierung kann das nicht mehr wirtschaftlich sein. Die Vielzahl der Steuerleitungen wäre kaum noch zu bewältigen.

In der modernen Automatisierungstechnik werden **Bussysteme** (Feldbussysteme) verwendet. Dabei werden alle Befehlsgeber, Sensoren, Stellglieder und Aktoren über eine *zweiadrige Busleitung* zwecks Kommunikation mit einem Automatisierungsgerät verbunden (Bild 179). Dies bedeutet eine erhebliche Einsparung von Steuerleitungen.

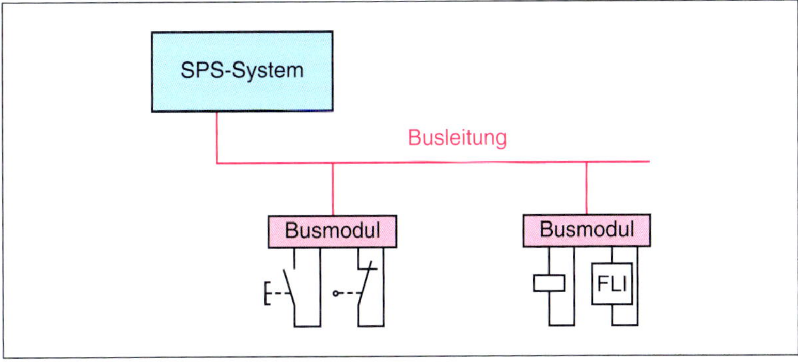

179 Prinzip eines Bussystems

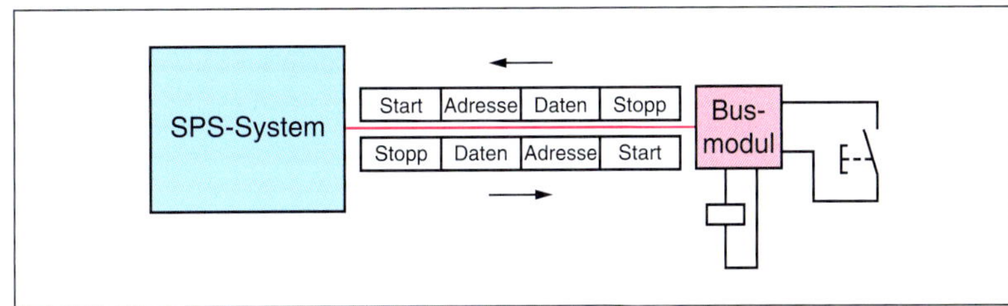

180 Serielle Datenübertragung auf einem Bussystem

Bei Verwendung eines *Bussystems* entfällt die aufwendige Einzelverdrahtung. Allerdings gelten nach wie vor die physikalischen Gesetze: Der Stromkreis muss geschlossen sein.

Wenn also der Starttaster mit dem Lastschütz über den Bus kommuniziert, dann steht die Busleitung (für einen sehr kurzen Zeitabschnitt) nur diesen Kommunikationspartnern zur Verfügung (Bild 180).

In diesem Moment handelt es sich auch hier um klassische Einzelverdrahtung. Aber auch nur in diesem Moment. Unmittelbar danach können andere Busteilnehmer miteinander kommunizieren.

Die **Buskommunikation** erfolgt *seriell.* Das heißt, die einzelnen Bits werden *nacheinander* über die Busleitung transportiert.

Jedes **Busmodul** hat eine unverwechselbare **Adresse.** Die Adresse bestimmt, woher das Signal kommt und wofür es bestimmt ist.

Zu einem bestimmten Zeitpunkt darf immer nur *eine* Nachricht (ein **Telegramm**) über den Bus transportiert werden. Sonst käme es nämlich zu **Datenkollisionen.**

Serielle Datenübertragung

Zwei grundlegende Verfahren:

1. Deterministisches Verfahren

Ein **Master** bestimmt den Datenaustausch mit den **Slaves** (Sensoren, Aktoren). Es liegt dann fest, *wann* ein **Telegramm** sein Ziel erreicht.

2. Nichtdeterministisches Verfahren

Alle Busteilnehmer haben die *gleiche Sendeberechtigung.* Der Buszugriff muss durch *Vereinbarungen* bestimmt werden.

Wann ein Telegramm sein Ziel erreicht, steht hierbei nicht fest.

- *Master-Slave-Verfahren*
  Der *Master* fragt die einzelnen Slaves *nacheinander* ab. Dabei erteilt der Master den Slaves kurzzeitig die Berechtigung, über den Bus zu antworten. Da die Abfrage ständig in gleichen Zeitabständen erfolgt, spricht man von *zyklischem Polling.*
- *Token Passing*
  Das Bussystem umfasst *mehrere Master.* Dann ist festzulegen, welcher Master zu einem bestimmten Zeitpunkt die Berechtigung zum Senden und Empfangen von Daten hat. Dieser Master hat das sogenannte *Token* (Zeichen). Nur der Master mit dem Token kann Telegramme mit seinen Slaves austauschen.
  Mit dem Token wird diese Berechtigung an den nächsten Master weitergegeben.
- **CSMA/CD**
  Carrier **S**ense with **M**ultiple **A**cces and **C**ollision **D**etection

  Sämtliche Busteilnehmer sind *gleichberechtigt.*
  Ein Busteilnehmer beginnt zu senden, wenn kein anderer auf den Bus zugreift. Wenn aber ein weiterer Busteilnehmer gleichzeitig die Übertragung startet, muss die Datenkollision erkannt und geeignet behandelt werden.

■ Master-Slave-Betrieb

Der Master übernimmt die *Steuerung* der Prozesse, die Slave-Stationen arbeiten die einzelnen *Teilaufgaben* ab.

@ Interessante Links

- www.siemens.de
- www.phoenixcontact.com

Industrial Ethernet

Die Anwendung von Ethernet als *Industrial Ethernet* (IE) in der Automatisierungstechnik nimmt ständig zu. Dies liegt vor allem an der weiten Verbreitung, den preisgünstigen Komponenten sowie der Anbindung an WLAN und Internet.

Die Problematik der *Echtzeitverarbeitung* auf Feldebene ist bei Industrial Ethernet gelöst. Aktuell ist die Situation durch unterschiedliche Entwicklungen gekennzeichnet.

Nur bei den Netzwerkkomponenten (z. B. Switch, Router, Leitungen und Steckverbinder) gibt es derzeit einen einheitlichen Standard. Ein Beispiel für IE ist *PROFINET* (Siemens).

OSI-Modell

Open **S**ystem **I**nterconnection Referenzmodell

Herstellerunabhängige Kommunikation in *sieben* aufeinanderfolgende Teilaufgaben, die als *Schichten* (Layer) bezeichnet werden. Damit können Systeme unterschiedlicher Hersteller über einen *seriellen Bus* Daten miteinander austauschen.

- **Physikalische Schichten 1 und 2**
  Schicht 1 bestimmt die physikalische Datenübertragung der Bits (Leitung, Stecker, Anschlussbelegung).
  Schicht 2 ordnet die Bits in Datenpakete und ermöglicht eine fehlerfreie Datenübertragung zwischen den Teilnehmern (Senden und Empfangen von Datenpaketen, Behandlung von Übertragungsfehlern).
- **Transportschichten 3 und 4**
  Ermöglichen die Datenübertragung zwischen den Endsystemen (Routing, Übertragungsdauer).
- **Anwendungsschichten 5 bis 7**
  Zuständig für die Kommunikation mit dem Anwenderprogramm.

Industrielle Bussysteme

Bei diesen Bussystemen werden nur die Schichten 1, 2 und 7 benutzt. Die fehlenden Schichten 3 bis 6 werden häufig in reduzierter Form in Schicht 7 integriert.

Die Aufgaben der Schichten werden durch *Protokolle* erledigt, die als Steuerungsprogramme in den Auswerteschaltungen der *Busschnittstellen* gespeichert sind.

Kommunikationsschichten, Industriebussysteme

Schichten	Aufgabe	Protokoll
7 Anwendungen Application Layer	Gerätebetreiber OSI-Schicht 3 – 7	PROFINET
2 Verbindungen Data Link Layer	Datenpakete senden und empfangen, Korrektur von Fehlern OSI-Schicht 2	HDLC High Level Data Link Control
1 Physikalische Verbindung Physical Layer	Leitung, Stecker, Kontaktbelegung OSI-Schicht 1	Strom, Spannung, Licht

■ **Feldbus**

unterstützt den schnellen Datenaustausch zwischen einzelnen Systemkomponenten auch über große Entfernungen.

Feldbusse unterscheiden sich nach ihrer Topologie, ihren Übertragungsmedien und Übertragungsprotokollen.

Aber auch hinsichtlich ihres Funktionsumfangs unterscheiden sich die einzelnen Bussysteme.

Feldbussysteme

Die seriell arbeitenden Industriebussysteme werden als **Feldbussysteme** bezeichnet.

Dabei sind vorrangig folgende Kriterien von Bedeutung:

- *Geschwindigkeit des Bussystems*
- *Antwortzeit der Busteilnehmer*
- *Antwortzeit bei binären und analogen I/O-Signalen*
- *Zykluszeit des Bussystems*
- *Einfache Kopplung an Leitsysteme*

Wesentliche *Vorteile* der Feldbussysteme:

- *Dezentralisierung der Automatisierungstechnik*
- *Reduzierung der Installationskosten*
- *Flexibilisierung*
- *Einbindung in Prozessführung und Prozessüberwachung*

Bei Feldbussystemen ist **Echtzeitverarbeitung** eine ganz wesentliche Voraussetzung für den technischen Einsatz.

Hierarchieebenen

Zur Verarbeitung der *Informationsströme* in Unternehmen, werden unterschiedliche *Hierarchieebenen* gebildet, zwischen denen ein *Informationsaustausch* möglich sein muss.

- **Leit- und Planungsebene**
  Hier erfolgt die Koordination der unterschiedlichen Produktionsbereiche. Sehr große Datenmengen fließen hier zusammen.
  - *Datenauswertung der Produktionsprozesse,*
  - *Auftrags- und Fertigungsplanung,*
  - *Qualitätssicherung und Prozessoptimierung.*

  Bussystem: Industrial Ethernet

- **Zellebene**
  Informationsaustausch zwischen SPS-Systemen, Personalcomputern sowie Systemen zur Bedienung und Beobachtung. Vernetzung einzelner Produktionseinheiten.
  Bussystem: z. B. PROFIBUS

- **Feldebene**
  Informationsaustausch zwischen Ein- und Ausgabegeräten (Aktoren, Sensoren) mit Automatisierungsgeräten. Prozesssignale werden erfasst, zum Automatisierungsgerät übertragen und dort verarbeitet. Die Verarbeitungsergebnisse beeinflussen den Prozess.
  Die zu verarbeitende Datenmenge ist hier gering. Allerdings sind hohe Anforderungen an die Verarbeitungsgeschwindigkeit zu stellen.
  Bussystem: ASI-Bus, PROFIBUS DP

Busankoppler
bus coupling module

Busanschluss
bus connection

Busleitung
bus cable

Bustechnik
bus technology

Busteilnehmer
bus device

Buszugriffsverfahren
bus access control

Echtzeitfähigkeit bedeutet, dass ein System *innerhalb einer vorgegebenen Zeitspanne* auf ein Ereignis reagieren muss. Die Dauer dieser Zeitspanne hängt dabei von der jeweiligen Anwendung ab.

Datenübertragung in Bussystemen

Bei der **Datenübertragung** in Bussystemen ist entscheidend, welcher Sender mit welchem Empfänger verbunden ist.

Der **Bus-Controller** stellt die gerade benötigte Verbindung zwischen Sender und Empfänger her. Dabei sind verschiedene Möglichkeiten zu unterscheiden.

- **Zeitmultiplex-Verfahren**
  Der Bus wird zeitlich nacheinander für den Datenaustausch zwischen den einzelnen Stationen zu Verfügung gestellt. Es ist ein bedarfsunabhängiges Verfahren, das den Bus auch dann zuteilt, wenn das überhaupt nicht notwendig ist. Also hier sicherlich kein optimales Verfahren.

  Grundsätzlich soll der Bus nur bei Bedarf den beteiligten Stationen zugeteilt werden. Wenn dabei mehrere Stationen gleichzeitig senden wollen, muss der Bus-Controller die genaue zeitliche Abfolge bestimmen.

- **Token-Passing**
  Station 1 sendet über den Bus eine Information an Station 5. Station 5 erhält das Senderecht (Bild 181).

  Wenn Station 5 seine Information über den Bus abgeschickt hat, wird das Senderecht an Station 2 mit einem Token weitergegeben, usw.
  Die Station, die augenblicklich das Token hält, ist zu diesem Zeitpunkt der Busmaster. Nur er hat Zugriffsrechte auf den Bus.
  Die Zeit, ein Token zu erhalten, nimmt mit Anzahl der Stationen zu.

- **Flying Master**
  Jede Station erhält von einer übergeordneten Leitstation die Buszuteilung.
  Nach Zuteilung übernimmt die Station die Master-Funktion über das Bussystem. Nach der Datenübertragung wird die Master-Funktion an die Leitstation zurückgegeben.

  Man nennt dies Master-Slave-Verfahren.

  Zu einem bestimmten Zeitpunkt bestimmt nur der Master die Abläufe auf dem Bus. Er leitet den Datenverkehr ein, indem er selbst sendet oder die angeschlossenen Slaves zum Senden veranlasst.

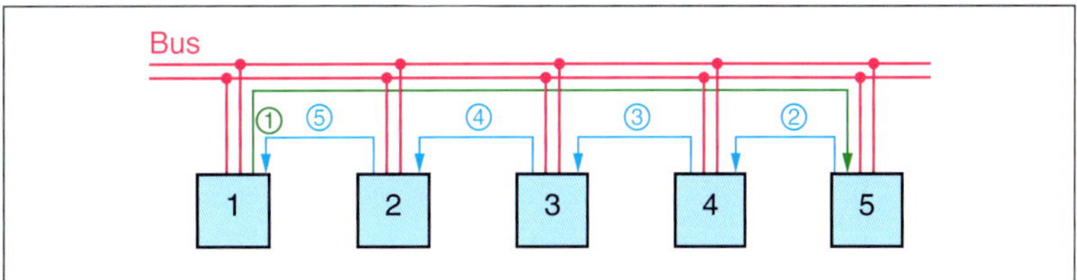

181 Token-Passing

Netzwerktopologien

Sämtliche Feldbussysteme basieren auf wenige *Netzwerktopologien.*

- **Linientopologie**
  Die Teilnehmer sind *parallel* an *eine Leitung* angeschlossen. Zumeist werden die *Leitungsenden* durch *Widerstände abgeschlossen.* Der Leitungsaufwand ist gering. Damit eignet sich diese Topologie besonders für ausgedehnte Anlagen.

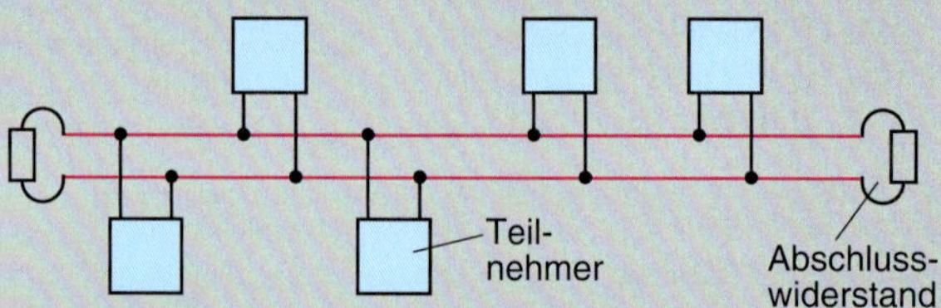

- **Sterntopologie**
  Sämtlich Teilnehmer sind über einen *zentralen Verteiler* miteinander verbunden.
  Es ist nur ein geringer Aufwand an Netzwerkkomponenten notwendig.

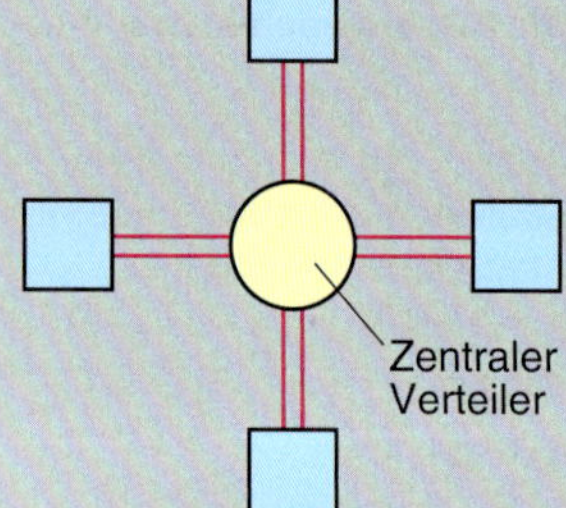

- **Ringtopologie**
  Sämtliche Teilnehmer sind über einen *Bus* zu einem Kreis zusammengeschlossen.
  Bei einem Leitungsbruch kann immer noch eine Verbindung zu jedem Teilnehmer aufgebaut werden.

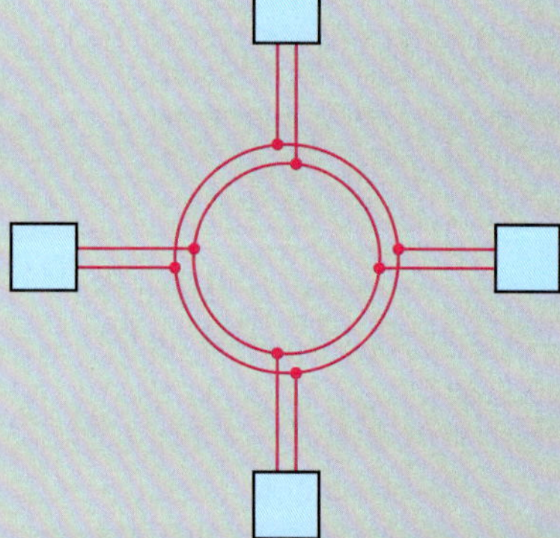

- **Baumtopologie**
  Kombination mehrerer Netze in Sterntopologie.
  Flexibler Aufbau der Netze.
  Teilnehmer in Gruppen über Abzweigleitungen und Verteiler miteinander verbunden.

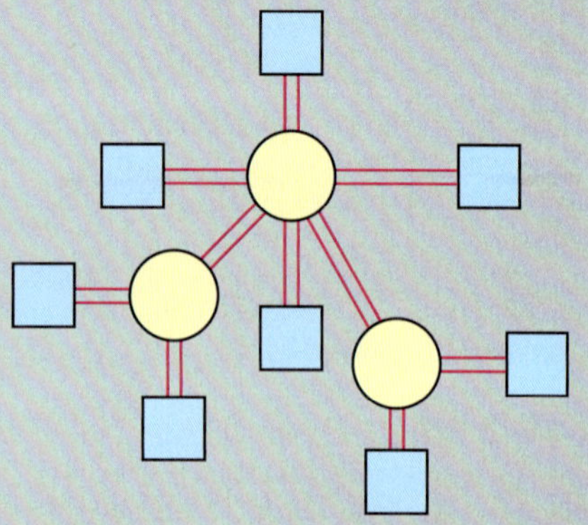

Auch *Mischformen* der einzelnen Topologien sind möglich.

Feldbus

Die einzelnen Feldbussysteme unterscheiden sich hinsichtlich

- Topologie
- Leitungslängen
- Telegrammlänge
- Alarmbehandlung
- Diagnose

In der Praxis erfolgt die Auswahl des Feldbussystems nicht immer vorrangig nach technischen Gesichtspunkten. Oftmals bestimmt die eingesetzte SPS den ausgewählten Feldbus.

Jeder namhafte SPS-Hersteller favorisiert eine bestimmte Feldbustechnologie, die optimal in das Programmier- und Konfigurationstool eingebunden ist und dem Anwender die Arbeit erleichtert.

Aktor-Sensor-Interface (ASI)

ASI ist ein Feldbus für den *untersten Feldbereich*: **Aktor-Sensor-Ebene**.

Eine *ungeschirmte* **ASI-Zweidraht-Leitung** verbindet die Busmodule mit einem **Master**.

Sensoren und Aktoren sind an den **Slave** angeschlossen oder bilden mit dem Slave eine Einheit.
Aufgabe des Masters ist es, eine Verbindung zur SPS herzustellen (Bild 183).

Stand-alone-Lösung

Der **ASI-Master** ist zusätzlich mit einer *Steuerung* ausgestattet. Dieses *Kombigerät* hat zwei Schnittstellen: **ASI-Bus-Schnittstelle** und **Programmier-Schnittstelle** (für Programmiergerät).

- **ASI-Masteranschaltung**
  Wird in Form eines *Kommunikationsprozessors* über den Rückwandbus in das SPS-System integriert.

ASI-Alleinstellungsmerkmal

Beim ASI-Bus werden *Information* und *Energie* über eine *gemeinsame Leitung* übertragen.

Verwendet wird eine ungeschirmte und unverdrillte Zweidraht-Flachbandleitung. Die Kontaktierung erfolgt in **Durchdringungstechnik**.

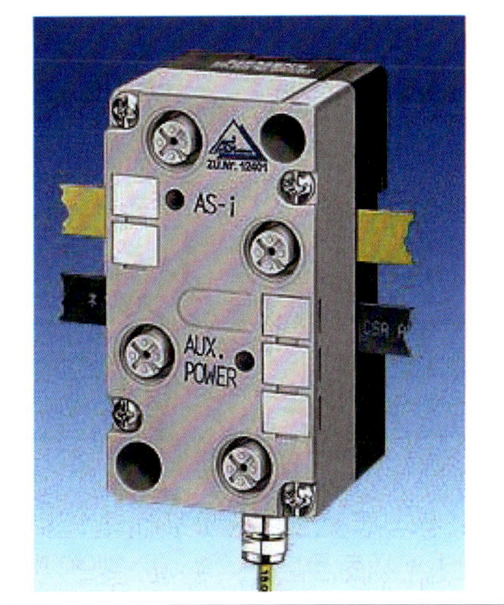

182 *ASI-BUS, Leitung und ASI-Bus-Gerät*

Vorteile der ASI-Leitung

- Einfacher Anschluss von Modulen, Aktoren, Sensoren durch Durchdringungstechnik in Schutzart IP 67.
- Da die ASI-Leitung selbstheilend ist, können die Slaves problemlos versetzt werden.
- Farbcodierung für Zusatzversorgung neben der gelben ASI-Leitung: schwarz (24 V DC), rot (230 V AC).

ASI-Spannungsversorgung

Das **ASI-Netzteil** hat eine Gleichspannung von 30 V. Es dient der Versorgung der Elektronik und der angeschlossenen Sensoren und Aktoren. Durch die *überlagerten Datentelegramme* darf die Spannungsversorgung der Busteilnehmer nicht verändert werden.

Daher bestehen die **Datentelegramme** aus *Wechselspannungssignalen*. Eine Aufgabe des speziellen ASI-Netzteils besteht darin, die *Trennung* von Daten und Energie sicherzustellen.

Zugriffssteuerung

ASI arbeitet als **Single-Master-System**. Auf der Busleitung kann im Basisband-Übertragungsverfahren zu einem bestimmten Zeitpunkt immer nur *ein* Telegramm übertragen werden.

Buszugriffsteuerung:

- Nur der Master hat ein selbstständiges Zugriffsrecht für die Benutzung des Busses.
- Slaves erhalten das Zugriffsrecht nur kurzzeitig nach Aufforderung zum Antworten vom Master erteilt.
- Polling ist ein zyklisches Abfrageverfahren. Der Master spricht seine Slaves nacheinander an, um ihnen Daten zu liefern oder von ihnen Daten zu empfangen. Die Zeitspanne zwischen zwei Masterzugriffen ist also kalkulierbar. Bei 31 Slaves liegt die Zykluszeit bei 5 ms.

ASI-Bus
ASI bus
ASI-Leitung
ASI cable
ASI-Netzteil
ASI power supply unit
ASI-Koppelmodul
ASI gateway
Automatisierungsebenen
hierarchies of automatisation
azyklisch
acyclic
Datentelegramm
data packet
Datenübertragungsrate
data transfer rate

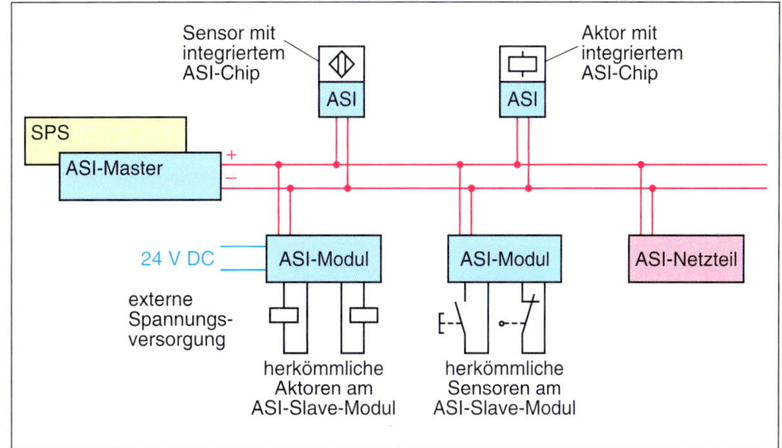

183 *ASI-Konfiguration*

Technische Daten, ASI-BUS

	Version 2.0	Version 2.1	Version 3.0
Slaves, digital	31	62	62
Slaves, analog	31	31	62
Eingänge, digital	124	248	496
Ausgänge, digital	124	248	496
Zykluszeit	≤ 5 ms	≤ 10 ms	≤ 20 ms

■ **ASI-BUS-Leitung**

Grundsätzlich kann jede ungeschirmte, verdrillte Zweidrahtleitung verwendet werden, die bis 8 A belastbar ist.

Die Adern der ASI-Leitung sind erdfrei (keine Ader darf mit dem Schutzleiter verbunden werden).

ASI-Telegramm

Ein *ASI-Telegramm* (Bild 184) besteht aus

- *einem Masteraufruf*
- *einer Masterpause*
- *einer Slave-Antwort*
- *einer Slave-Pause*

Der **Masteraufruf** besteht aus 14 Bit, die **Slaveantwort** aus 7 Bit. Die **Pausenzeiten** werden überwacht.

Die *Übertragungsrate* beträgt 167 KBit/s.

■ **Farbe von ASI-BUS-Leitung**

Gelb: Energie (24 V DC) und Information

Schwarz: Energie (24 V DC)

Rot: Energie (230 V AC)

Leitungslänge

Maximale Leitungslänge eines ASI-Segments: 100 m. Wenn das nicht ausreicht, ist folgendes möglich:

- **Repeater**
  Erweiterung der maximalen Leitungslänge auf 200 m. Allerdings ist ein weiteres Netzgerät notwendig. Zwei Repeater in Reihe sind möglich.
- **Extender**
  Der Master kann in einer max. Entfernung von 100 m vom ASI-Segment eingebaut werden, ohne dass ein weiteres Netzgerät notwendig wäre.
- **Extension Plug**
  am Busende ermöglicht einen Abstand von 200 m zwischen Master und dem entferntesten Slave.

0	SB	A4	A3	A2	A1	A0	I4	I3	I2	I1	I0	PB	1			0	I3	I2	I1	I0	PB	1	
ST	Masteraufruf													Masterpause		Slaveantwort							Slavepause

ST: Startbit SB: Steuerbit PB: Paritätsbit EB: Endebit

A4 - A0: Slaveadresse (5 Bit)

I4 - I0: Informationsbits Master → Slave (5 Bit) und Slave → Master (4 Bit)

184 ASI-Telegrammaufbau

Inbetriebnahme

- Adressierung der ASI-Slaves
- Verdrahtung des ASI-Netzes
- ASI-Master (Projektierungsmodus) in Betrieb nehmen
- Anschluss der Sensoren und Aktoren
- Modulsteckplätze der SPS-Station festlegen (automatische Vergabe der Adressen)
- Eingänge des ASI-Slaves in SPS einlesen
- SPS-Programm abarbeiten
- SPS-Ausgänge in die ASI-Slaves schreiben
- Test von Aufbau und Funktion

Hinweis

In einem ASI-Strang dürfen *keine Slaves mit gleicher Adresse* vorhanden sein. Neue Slaves müssen also *nacheinander* und *einzeln* an den ASI-Strang angebunden und umadressiert werden.

Fabrikneue Slaves haben die Adresse 0.

Der ASI-Master speichert die Ein- und Ausgangssignale der Slaves in **Datenabbildern**.

Zwischen ASI-Master und SPS erfolgt die Kommunikation mithilfe von **Lade-** und **Transferbefehlen**.

Prüfung

1. Welches Alleinstellungsmerkmal hat der ASI-Bus im Feldbusbereich?

2. Was versteht man unter serieller Datenübertragung? Welchen Vor- und Nachteil hat diese Datenübertragung?

3. Warum spricht man von Feldbussystemen? Welche Vorteile haben Feldbussysteme?

4. Der ASI-Bus arbeitet nach dem Master-Slave-System.
Was bedeutet das?

5. Was bedeutet es, wenn eine ASI-Busleitung schwarz oder rot ist?

6. Der ASI-Bus ist ein Single-Master-System.
Was bedeutet das?

7. Warum ist zur Spannungsversorgung ein spezielles ASI-Netzteil notwendig?

8. Jedes Slave muss bei Inbetriebnahme eine eindeutige Adresse haben.
Wie kann diese Adressierung erfolgen?

Adressenzuordnung bei ASI

Eingangs SPS	Eingänge/Ausgänge (IN, OUT)								Adresse CP	SPS-Ausgang
	4	3	2	1	4	3	2	1	PE/PA (Byte)	PAA (Byte)
	Bit in PAE/PAA									
PAE (Byte)	7	6	5	4	3	2	1	0		
120	Reserviert				Slave 1				288	120
121	Slave 2				3				289	121
122	4				5				290	122
123	6				7				291	123
124	8				9				292	124
125	10				11				293	125
126	12				13				294	126
127	14				15				295	127
128	16				17				296	128
129	18				19				297	129
130	20				21				298	130
131	22				23				299	131
132	24				25				300	132
133	26				27				301	133
134	28				29				302	134
125	30				31				303	135

Ein **digitales Slave** (4E bzw. 4A) belegt 4 Bit. Gewählt wurden hier die *Byteadressen* ab **EB120**.

SPS-Programm

Slave 1-Eingänge in die SPS einlesen

```
L   PEB  288     //Inhalt von PEB288 in Akku 1 laden
T   EB   120     //Akku 1-Inhalt nach EB 120 transferieren
```

*** SPS-PROGRAMM eingeben ***

SPS-Ausgänge von Slave 2 schreiben

```
L   AB   121     //Inhalt von AB121 in Akku 1 laden
T   PAB  289     //Akku 1-Inhalt nach PAD289 transferieren
```

Hinweis

Der **Kommunikationsprozessor CP** wird in die *Hardwarekonfiguration* eingebunden. Dabei kann sich folgendes Ergebnis bilden:

Steckplatz	Baugruppe			E-Adresse	A-Adresse
6	CP 343-2			288 ... 303	288 ... 303

■ **ASI-Topologie**

beliebig, ohne Repeater und Extender max. 100 m Leitungslänge.

Wegen der Frequenz von 167 Hz wird auf Abschlusswiderstände verzichtet.

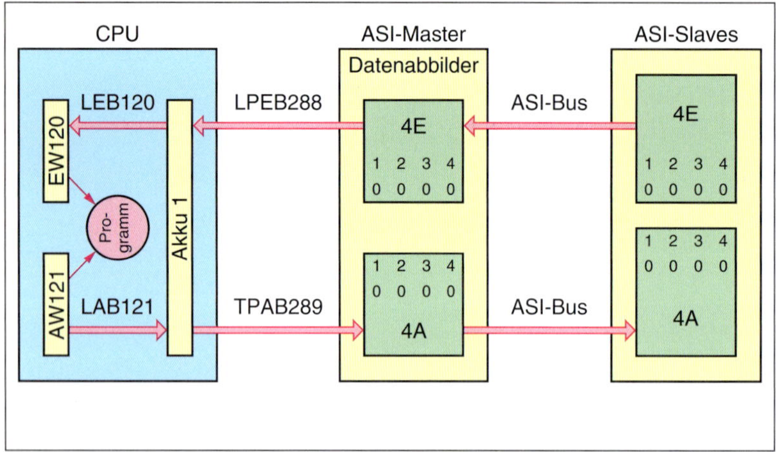

185 Datenkommunikation

■ **PROFIBUS-DP**

dient der schnellen Kommunikation zwischen Steuerungen und Sensoren/Aktoren in Maschinen und Anlagen.

Durch Einsatz von Industrial Ethernet (PROFINET) lassen sich noch deutlich höhere Geschwindigkeiten erreichen.

PROFIBUS

PROFIBUS ist ein *offener* (herstellerunabhängiger) **Feldbusstandard.** Er dient zur Vernetzung von Automatisierungssystemen der **unteren Feldebene** bis zu Prozesssteuerungen in der **Zellenebene.** Man unterscheidet:

- *Profibus-FMS*
- *Profibus-PA*
- *Profibus-DP*

Profibus FMS

(Fieldbus Message Spezification)

Brücke zwischen dem *Zellen-* und *Feldbereich.* Geeignet für *anspruchsvolle Kommunikationsaufgaben* (z. B. für den Datenaustausch intelligenter Automatisierungssysteme).

Dabei ist zwischen **aktiven Teilnehmern** und **passiven Teilnehmern** zu unterschieden, die unter Verwendung von **Token-Passing** mit untergelagertem **Master-Slave-Verfahren** *zyklisch* oder *azyklisch* Daten austauschen.

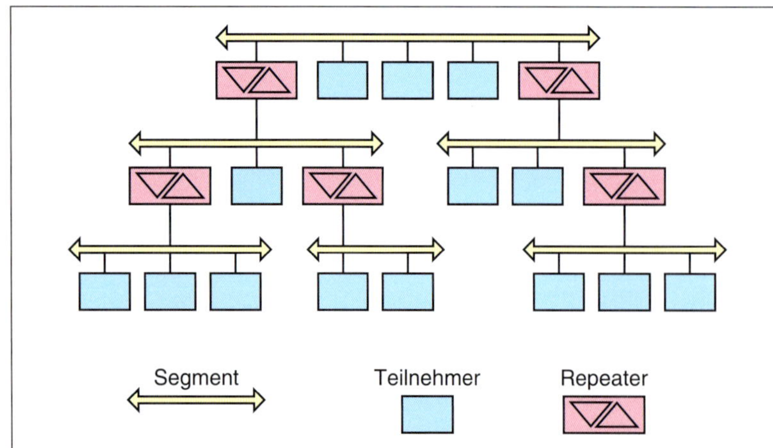

186 PROFIBUS-DP, Topologie

- Das *Token-Passing-Verfahren* garantiert die Zuteilung der Buszugriffsberechtigung innerhalb eines festgelegten Zeitrahmens.
- Das *Master-Slave-Verfahren* ermöglicht es dem Master (der gerade über die Sendeberechtigung verfügt), die ihm zugeordneten Slaves anzusprechen.

Profibus FMS arbeitet *objektorientiert* und ermöglicht den standardisierten Zugriff auf Variablen, Programme und große Datenbereiche.

Profibus PA (Prozess-Automation)

Zur Prozessautomatisierung in der Verfahrenstechnik. *Eigensicherheit* und *Fernspeisung* der Busteilnehmer.
Während des *laufenden Betriebs* können Feldgeräte angeklemmt oder abgeklemmt werden.

Ein nicht eigensicherer Feldbus müsste dazu komplett abgeschaltet werden.

Profibus DP (Dezentrale Peripherie)

Bevorzugter Einsatz in der Fertigungsindustrie.

- Buszuteilung erfolgt nach dem *Token-Passing-Verfahren* mit untergelagertem *Master-Slave-Verfahren.*
- Typische Zykluszeiten sind 5 bis 10 ms, bei 12 MBit/s < 2 ms.
- Datenübertragung über verdrillte und geschirmte Zweidrahtleitung oder Lichtwellenleitung.
- Verdrillte und geschirmte Zweidrahtleitung (Twisted Pair) hat einen Mindestquerschnitt von 0,22 mm^2 und muss an den Enden mit dem Wellenwiderstand abgeschlossen werden.
- Standard-Übertragungsraten: 9,6 KBit/s; 19,2 KBit/s; 93,75 KBit/s; 187,5 KBit/s; 500 KBit/s; 1,5 MBit/s; 3 MBit/s; 6 MBit/s; 12 MBit/s;
- Buskonfiguration modular ausbaubar, wobei die Peripherie- und Feldgeräte im Betriebszustand an- und abkoppelbar sind.
- Eine flächendeckende Vernetzung erfolgt beim Profibus-DP durch Aufteilung des Bussystems in Bussegmente, die über Repeater verbunden werden können.
- Die Topologie der einzelnen Bussegmente ist die Linienstruktur mit kurzen Stichleitungen. Mithilfe von Repeatern kann auch eine Baumstruktur aufgebaut werden (Bild 186).
- Die maximale Anzahl der Teilnehmer pro Bussegment bzw. Linie ist 32. Mehrere Linien können untereinander verbunden werden. Dabei zählt jeder Repeater als Busteilnehmer. Maximal können 126 Busteilnehmer angeschlossen werden (über alle Bussegmente).

Multi Point Interface (MPI)

Diese *mehrpunktfähige Schnittstelle* ermöglicht die Kommunikation zwischen Simatic-Geräten.

Es handelt sich um eine *herstellerspezifische Schnittstelle* zur Vernetzung von CPUs, Operator Panels und Programmiergeräten.

So können z. B. von einem Programmiergerät aus alle angeschlossenen Zentralbaugruppen bedient oder Daten zwischen Anwenderprogrammen einzelner CPUs ausgetauscht werden.

MPI-Vernetzung

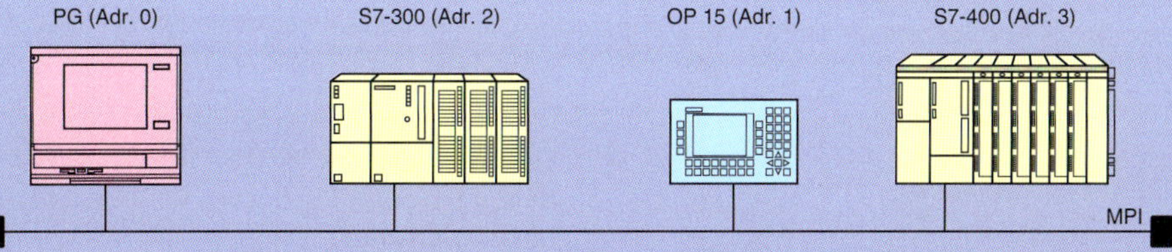

Die *Übertragungsrate* ist auf 187,5 kBit/s eingestellt. In einem Segment darf die Leitungslänge bis zu 50 m betragen. Durch *Repeater* kann sie auf 1000 m erhöht werden. An den Busenden sind *Abschlusswiderstände* notwendig.

Jeder Netzteilnehmer hat eine *MPI-Adresse.* Diese ist bei Lieferung voreingestellt:

- *Programmiergerät (PG): Adresse 0*
- *CPU: Adresse 2*
- *Operatorpanel (OP): Adresse 15*

So kann ein Automatisierungssystem mit einer CPU, einem PG und einem OP *ohne Adressierung* durch den Anwender in Betrieb genommen werden.
Die an eine MPI-Adresse angeschlossenen Teilnehmer müssen innerhalb eines Segments unterschiedliche Adressen haben.

Die *MPI-Adresse* ist frei wählbar.
Im gesamten MPI-Netz können bis zu 126 Teilnehmer miteinander verbunden werden.

Die *Busstecker* haben Anschlüsse für die ankommende (A1: grün; B1 rot) und die abgehende Leitung (A2: grün; B2: rot).
Im Allgemeinen sind die Abschlusswiderstände im Busstecker eingebaut. An den Segmentenden werden sie zugeschaltet.

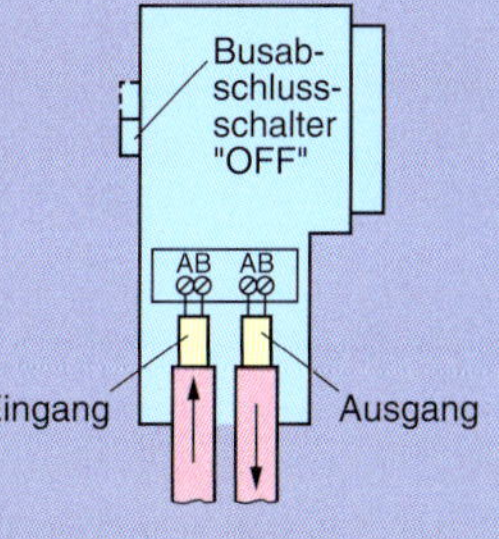

- Übertragungsstrecken bei elektrischem Aufbau bis 12 km, bei optischem Aufbau bis 23,8 km (abhängig von der Übertragungsrate).

Bei PROFIBUS DP gibt es Master für unterschiedliche Funktionen.

- **DP-Master Klasse 1 (DPM1)**
  Zentrale Steuerung, die in einem festgelegten Nachrichtenzyklus Informationen mit den dezentralen Stationen (DP-Slaves) austauscht.
  - Erfassung von Diagnoseinformationen der DP-Slaves.
  - Zyklischer Nutzdatenbetrieb.
  - Parametrierung und Konfiguration der DP-Slaves.
  - Steuerung der DP-Slaves mit Steuerkommandos.

Die Funktionen werden vom DPM1 eigenständig bearbeitet. Typische Geräte sind SPS, CNC oder Robotersteuerungen.

- **DP-Master Klasse 2 (DPM2)**
  Hierunter versteht man Programmier-, Projektierungs- und Diagnosegeräte, die bei der Inbetriebnahme eingesetzt werden.
  - Festlegung der Konfiguration des DP-Systems.
  - Zuordnung zwischen den Teilnehmeradressen am Bus.
  - E/A-Adressen sowie Angabe über Datenkonsistenz, Diagnoseformat und Busparameter.

PROFIBUS

Unbegrenzte Teilnehmerzahl und Datenübertragungsraten zwischen 9,6 KBit/s und 500 KBit/s.

Hierarchische Struktur mit den Ebenen Sensoren/Aktoren, Feld- und Prozessebene.

Im Master-Slave-Betrieb wird mit dem Zugangsverfahren Token-Passing gearbeitet, bei dem Slaves nur auf Anforderung durch den Master auf den Bus zugreifen dürfen.

Kommunikations-Ebenen

Informationsdaten werden auf unterschiedliche Ebenen übertragen.

Dabei entsprechen die Ebenen den Aufgabenbereichen, die die Gliederung des Unternehmens wiedergeben:

- **Feldebene** (niedrige Hierarchie)
- **Zellebene** (mittlere Hierarchie)
- **Leit- und Planungsebene** (hohe Hierarchie)

In der Feldebene ist die Datenmenge relativ gering und die Reaktionszeit relativ hoch.

In der Leit- und Planungsebene ist die Datenmenge sehr groß und die Reaktionszeit relativ niedrig.

Informationsaustausch in der Automatisierungstechnik

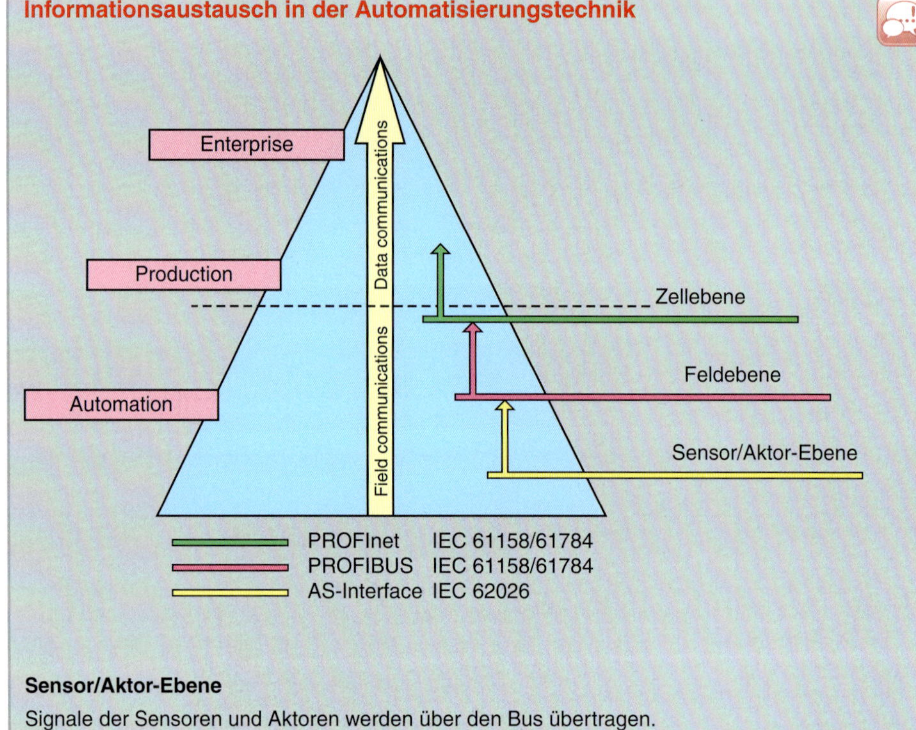

Sensor/Aktor-Ebene

Signale der Sensoren und Aktoren werden über den Bus übertragen.

Feldebene

Hier kommunizieren die dezentralen Peripheriegeräte wie E/A-Module, Messumformer, Antriebe, Ventile und Bedienelemente in Echtzeit mit den Automatisierungssystemen.
Die Prozessdatenübertragung erfolgt zyklisch. Alarme, Parameter und Diagnosedaten werden im Bedarfsfall azyklisch übertragen.

Zellebene

Hier kommunizieren Automatisierungsgeräte untereinander und mit IT-Systemen. Kennzeichnend sind große Datenmengen und leistungsfähige Kommunikationsfunktionen.

Feldbus

Der Feldbus hat auch Nachteile!

Seine Verwendung erfordert qualifizierte Mitarbeiter.

Die Komponenten sind teuer.

Die Reaktionszeiten sind länger.

Bei Bussstörungen können Gefahren hervorgerufen werden. Daher müssen unter Umständen redundante Bussysteme eingesetzt werden.

Zwischen dem DP-Slave und dem DP-Master Klasse 2 sind neben den Master-Slave-Funktionen des DP-Masters Klasse 1 weiter möglich:

- Lesen der DP-Slave-Konfiguration.
- Lesen der Ein-/Ausgabewerte.
- Adresszuweisung an DP-Slaves.

Zwischen dem DP-Master Klasse 2 und dem DP-Master Klasse 1 stehen folgende Funktionen zur Verfügung, die zumeist *azyklisch* ausgeführt werden:

- Erfassung der im DP-Master Klasse 1 vorhandenen Diagnoseinformationen der zugeordneten DP-Slaves.
- Upload und Download von Datensätzen.
- Aktivierung und Deaktivierung von DP-Slaves.
- Einstellung der Betriebsart des DP-Master Klasse 1.

Systemkonfiguration

Monomaster-System (Bild 187)
In der Betriebsphase des Bussystems ist nur *ein* Master am Bus aktiv. Die SPS ist die zentrale Steuerungskomponente. Die DP-Slaves sind dezentral an die SPS gekoppelt; *reines Master-Slave-Zugriffsverfahren*. Diese Konfiguration ermöglicht die kürzeste Buszykluszeit

Multimaster-System (Bild 188)
An einem Bus sind *mehrere Master* aktiv. Sie können entweder voneinander unabhängige *Subsysteme* bilden oder als zusätzliche Projektierungs- oder Diagnosegeräte arbeiten.

Die *Ein- und Ausgangsabbilder* der Slaves können von *allen Mastern* gelesen werden. Das Beschreiben der Ausgänge ist jedoch nur für einen Master Klasse 1 möglich.
Auch untereinander können die Master Datentelegramme austauschen.

Adressierung

Jeder Station ist eine **unverwechselbare Adresse** im Bereich 0 bis 127 zuzuordnen.

Bei **Slave** wird sie an einem *DIL-Schaltblock* binär kodiert eingestellt. Zu beachten ist dabei, dass einige Adressen *reserviert* sind.

Adresse	Station
0	Diagnosegerät, Programmiergerät
1 – *n*	Master-Station
n + 1 bis 125	Slave-Station
126	Reserviert als Auslieferungsadresse für Stationen, die über den Bus adressierbar sind.
127	Reserviert für die Adressierung an alle Teilnehmer oder an Gruppen. Kann nicht an einer Station eingestellt werden.

Profibus-Telegramm

Beim Profibus werden unterschiedliche Telegrammtypen verwendet. Hier ist ein *Telegramm* mit variabler Datenlänge dargestellt (Bild 189).

Bei der **Hardwareprojektierung** müssen die **Teilnehmeradressen** vergeben werden. Sie müssen mit den tatsächlichen **Adressschalter-Einstellungen** an den DP-Slaves übereinstimmen.

An der **SAP-Nummer** erkennt die Zielstation, *welcher Dienst auszuführen* ist. Bei PROFIBUS-DP gibt es *keine* Projektierung von Kommunikationsverbindungen. Ersatzweise ist eine Hochlaufphase vor dem Datenaustausch erfolgreich zu durchlaufen.

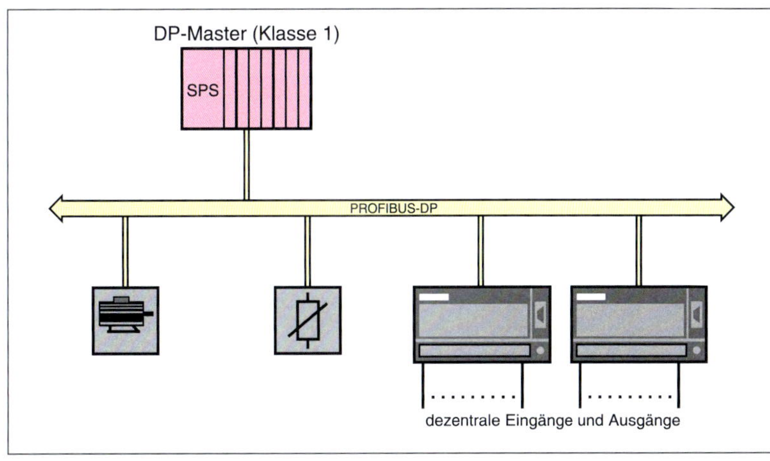

187 Monomaster-System

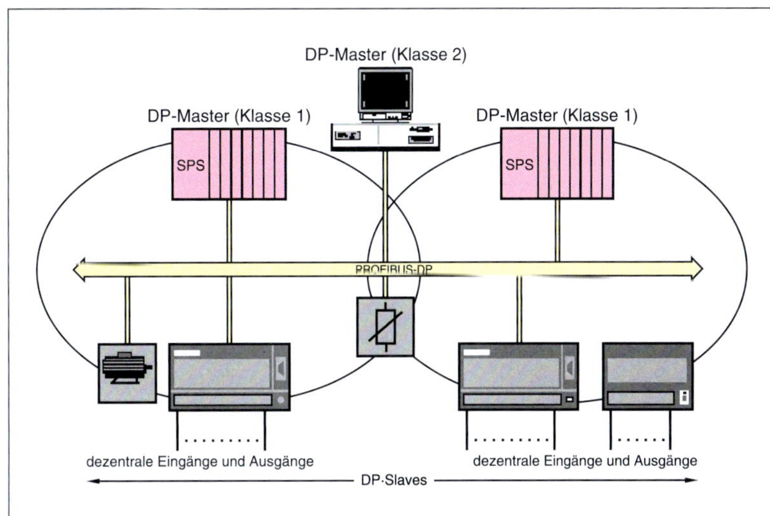

188 Multimaster-System

SYN	SD	LE	LEr	SD	DA	SA	FC	DSAP	SSAP	Daten	FCS	ED

SYN Busruhe (33 Bit lang vor jedem Aufruftelegramm zwecks Synchronisation)
SD Start-Delimiter, Bitmuster zur Unterscheidung von Telegrammtypen (2-mal)
LE Längenbyte (gibt Anzahl der im Telegramm enthaltenen Netto-Datenbyte an)
LEr Längenbyte-Wiederholung zum Zweck der Sicherheit
DA Zieladresse
SA Quelladresse
FC Funktionscode, weiteres Kennzeichen für Telegrammtyp
FCS Quersummenangabe zur Fehlererkennung
ED Ende-Delimiter
DSAP Ziel-Dienstzugangspunkt
SSAP Quellen-Dienstzugangspunkt

189 PROFIBUS-Telegramm, Beispiel

■ **Abschlusswiderstand**

Dient der Vermeidung von Signalreflektionen bei häufig verwenderter Kupferleitung.

■ **Telegramm**

Die einzelnen Telegramme müssen schlupffrei (ohne Pause zwischen dem Stoppbit und dem nächsten Startbit) übertragen werden.

Der Beginn eines neuen Telegramms wird durch den Master mit einer SYN-Pause von mindestens 32 Bit (logisch „1“ = Busruhezustand) signalisiert.

■ **Segmentlänge**

zwischen zwei PROFIBUS-Teilnehmern

Kupferleitung: max. 100 m

Lichtwellenleitung: max: 14 km

■ **Steckverbinder**

RJ45 (IP20) und M12 (IP65/67)

- Diagnoseanforderung Master an Slaves: DSAP = 60, SSAP = 6
- Parametrierung der Slaves durch Master: DSAP = 61, SSAP = 62
- Konfigurieren der Slaves durch Master: DSAP = 62, SSAP = 62

Im Telegramm können 244 Byte **Nutzdaten** übertragen werden. Die Länge der auszutauschenden Daten wird durch die **Geräte-Stammdatendatei** (GSD-Datei) für die Slaves vom Hersteller festgelegt.

Projektierung mit Step 7

Grundsätzliche Vorgehensweise

Hardwarekonfiguration

- S7-Station konfigurieren
- DP-Mastersystem mit PROFIBUS-Netz einrichten
- DP-Slavesystem konfigurieren

Softwareerstellung

- Kommunikationsbausteine DP-SEND und DP-RECV parametrieren (nicht notwendig, bei CPU mit integriertem Kommunikationsprozessor)
- E/A-Adressen ermitteln
- Anwender-Testprogramm

PROFINET (Process Field Ethernet)

Ethernet ist ein sehr weit verbreitetes Kommunikationssystem in der Informationstechnik.

Auch im Bereich der *Automatisierungslösungen* im industriellen Bereich hat *Ethernet* Bedeutung erlangt.

Mittlerweile gibt es eine Reihe von *Ethernet-basierten Automatisierungslösungen*. Ein Beispiel dafür ist *PROFINET*.

Entscheidend ist in der Automatisierungstechnik das *Echtzeitverhalten*. Das **Echtzeit-Ethernet** stellt für jeden Teilnehmer festgelegte *Zeitschlitze* zur Verfügung. Damit kann eine **Bus-Zykluszeit** garantiert werden.

Kennzeichen Ethernet

- Alle Teilnehmer haben die gleichen Rechte.
- Die Teilnehmer überwachen den Bus und senden, wenn er frei ist. Wenn der Bus nicht frei ist, stoppt der Teilnehmer die Sendung und versucht es nach einer gewissen Zeit erneut.
- Die Teilnehmer werden durch eine 6-Byte-Adresse angesprochen.
- Die Daten werden paketweise verschickt. Sie werden in Gruppen aufgeteilt und mit einem Kopf versehen.
  Paketlänge: bis zu 1500 Byte Nutzdaten.
  Paketkopf: Quelladresse und Zieladresse der Nutzdaten.
- Alle Busteilnehmer lesen die gesendeten Daten. Nur der Teilnehmer mit der gesendeten Adresse kann mit den Daten arbeiten. Ausnahme: Switched Ethernet und Sternstruktur mit HUB.
- Es wird nicht geprüft, ob der Teilnehmer die Daten tatsächlich erhalten hat. Es wird nur ein Übertragungsweg zur Verfügung gestellt.
- Ethernet-Teilnehmer senden nach dem CMSA/CD-Verfahren.
  Carrier **S**ense **M**ultiple **A**ccess **C**ollision **D**etect.

  Ein Teilnehmer möchte Daten übertragen. Zunächst wird überprüft, ob ein anderer Teilnehmer Daten überträgt (carrier sense).

  Wenn das der Fall ist, wird die Datenübertragung abgebrochen und in unregelmäßigen Zeitabständen wiederholt, bis die Leitung frei ist. Dann werden die Daten übertragen.

  Das CSMA/CD-Verfahren ermöglicht *kein Echtzeitverhalten*. Für Automatisierungslösungen ist es also nicht geeignet.
  Wenn *Echtzeitverhalten* erreicht werden muss, sind folgende Verfahren möglich.

Hub

Der *Hub* ist ein *zentraler Punkt* bei sternförmigen Netzwerken. Jeder Teilnehmer wird mit dem Hub verbunden. Es handelt sich nicht um einen BUS, sondern um ein Netzwerk in Sternstruktur. Somit kann hier auch kein Ethernet-Protokoll mit CSMA/CD ablaufen.

Switched Ethernet

Ein *Switch* verbindet nur die Teilnehmer, die gerade Informationen austauschen wollen. Nur für diese Verbindung stellt das Netzwerk die volle Leistung zur Verfügung, die Daten werden in Echtzeit transportiert.
Den Sendern werden definierte Sendezeitpunkte und Sendezeiten zugewiesen.

Zeitstempel

Alle Echtzeit-Teilnehmer haben synchron laufende Uhren, die durch eine Mutteruhr im Switch synchronisiert werden.
Jedes Datenpaket wird mit einem *Zeitstempel* versehen. Die Zeit, zu der es entstanden ist, liegt als Information bereit. Somit ist eine *Abarbeitungsreihenfolge* möglich.

PROFIBUS DP

Die Slaves benötigen eine *Energieversorgung* von DC 24 V.

Datenübertragung nach dem Standard E/A RS 485 im *Halbduplexverfahren.*

Aus den Spannungen der beiden Busleitungen gegen Masse wird eine *Differenz* gebildet. Die *Spannungsdifferenz* dient der *störsicheren* Datenübertragung.

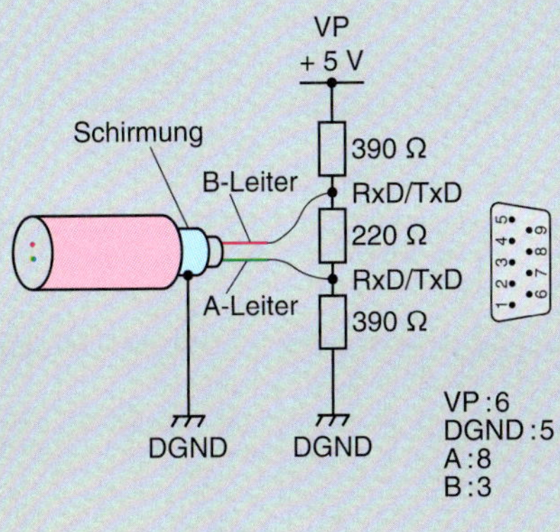

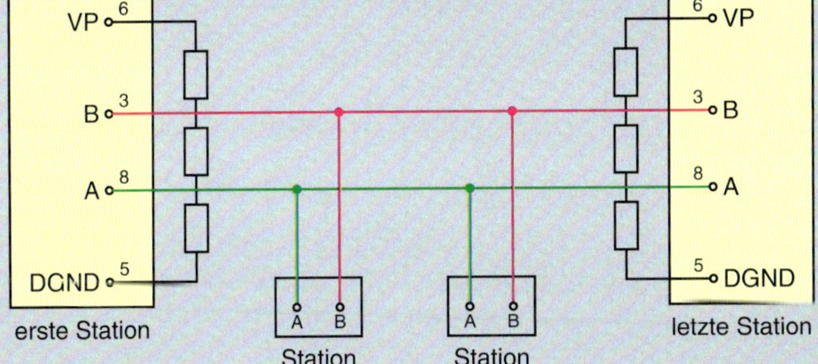

TxD (Transmit Data): senden

RxD (Receive Data): empfangen

Die *erste* und *letzte* Station müssen *terminiert* werden.

Der Busabschluss ist ein Spannungsteiler und bewirkt einen *Ruhepegel* von etwa 1 V auf der Busleitung. Mindestens ein Abschluss muss mit 5 V DC gespeist sein (aktiver Busabschluss).

Die *Abschlusswiderstände* sind im PROFIBUS-Stecker eingebaut. Sie sind schaltbar.

An den *Segmentenden* werden sie eingeschaltet und dazwischen abgeschaltet.

190 PROFINET-Übersichtskonfiguration

Ausfall

Bei Ausfall des Masters fällt der gesamte BUS aus.

Der Ausfall eines Slaves wird erkannt und stört den BUS nicht.

PROFIBUS-Stecker

→ 387

■ **PROFINET**

Der Zugriff auf Prozessdaten aus unterschiedlichen Ebenen wird durch die PROFIBUS-Kommunikation unterstützt.

Dadurch ist ein Zugriff aus der Leitebene des Unternehmens auf die Daten der Automatisierungssysteme in der Steuerungsebene und Produktionsebene möglich.

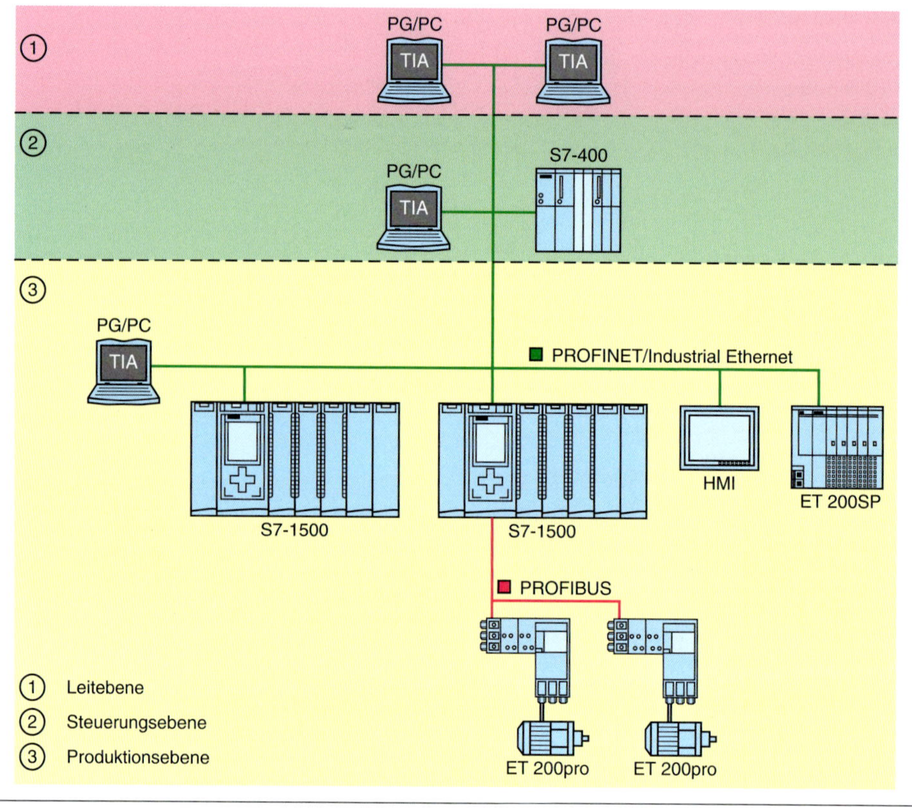

191 Prozessdatenzugriff bei PROFINET

Wesentliche Kennzeichen von Ethernet

- Sehr hohe Übertragungsgeschwindigkeit (bis zu 10 GBit/s)
- Kompatible Weiterentwicklung
- Einfache Anschlusstechnik
- Vernetzung unterschiedlicher Anwendungsbereiche (z. B. Fertigung und Unternehmensleitung)
- Kopplungsmöglichkeiten mit Internet oder Intranet

In der heutigen Automatisierungstechnik bestimmen **Ethernet** und die **Informationstechnologie** mit den Standards wie **TCP/IP** und **XML** zunehmend das Geschehen.

Es ergeben sich dadurch erheblich *verbesserte Kommunikationsmöglichkeiten* zwischen Automatisierungssystemen, weitreichende *Konfigurations- und Diagnosemöglichkeiten* und *netzweite Servicefunktionen*.

PROFINET ist ein *offener Standard* für **Industrial Ethernet** und deckt alle Anforderungen der Automatisierungstechnik ab.

Applikationsbeziehungen (AP)

Applikationsbeziehungen nennt man die Kommunikationsverbindung zwischen zwei PROFINET-Geräten.

Sie dient dem gegenseitigen Datenaustausch, der über 3 Datenkanäle (Kommunikationsbeziehungen) erfolgt.

Kommunikationsbeziehungen (CR)

IQCR: Sensor und Aktorsignale eines IO-Device werden vom IO-Controller *zyklisch in Echtzeit* gelesen und geschrieben.

Alarm CR: Alarme werden *in Echtzeit azyklisch* vom IO-Device zum IO-Controller übertragen.

Record Data CR: Vom Provider werden Konfigurationsdaten eines IQ-Device *azyklisch ohne Echtzeit* gelesen und geschrieben.

Prüfung

1. Nennen Sie die typischen Eigenschaften von PROFIBUS-DP.

2. Welche Systeme werden in den drei Kommunikationsebenen bevorzugt eingesetzt?

3. Was versteht man unter einem Monomaster-System?
Welchen wesentlichen Vorteil hat es?

@ Interessante Links

- christiani-berufskolleg.de

Halbduplex Ethernet

Es sind *beliebig viele Teilnehmer* (Hosts) möglich. Jeder Teilnehmer kann *zu jeder Zeit gleichberechtigt* auf das Netz zugreifen. Somit nutzen alle Teilnehmer das gleiche Buszugriffsverfahren.

Zur Vermeidung von *Datenkollision* kann daher immer nur *ein Host* Daten senden.

Buszugriffsverfahren CSMA/CD

- *Jeder Teilnehmer prüft, ob gerade Daten über das Netzwerk gesendet werden. Wenn ja, wird die Datenübertragung aufgeschoben.*
- *Sollten zwei Teilnehmer dennoch gleichzeitig senden, kommt es zu einer Datenkollision.*
- *Die Teilnehmer erkennen die Kollision und brechen die Übertragung ab. Nach einer Wartezeit wird ein weiterer Sendeversuch gestartet.*

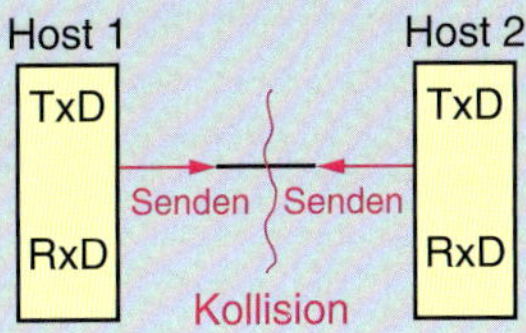

Hinweis

Bei CSMA/CD ist Ethernet *nicht echtzeitfähig!*

Vollduplex-Ethernet

Wenn *Echtzeitfähigkeit* verlangt wird, darf es nicht zu einer Datenkollision der Teilnehmer kommen.
Dies kann z. B. dadurch verhindert werden, dass die Teilnehmer ihre Daten über *getrennte Leitungspaare* senden und empfangen. Eine Datenkollision ist dann nicht möglich.

Es handelt sich dann um Ethernet mit *kollisionsfreier Zone* (Domäne). Dies kann durch einen *Switch* erreicht werden.

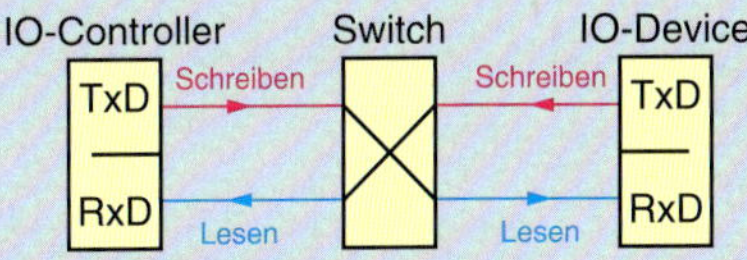

Der Switch ist ein Signalverteiler. Er verbindet den Sensor mit dem Empfänger. Dabei können *mehrere Verbindungen gleichzeitig* aufgebaut werden.

PROFINET verwendet diese Switch-Technologie, wodurch eine *kollisionsfreie* und *schnelle* Datenübertragung ermöglicht wird.

Wesentliche Kennzeichen von PROFINET

- ***Benutzerfreundlichkeit***
  Einfache Installation und Inbetriebnahme. Gute Anlagenerweiterbarkeit, hohe Anlagenverfügbarkeit, schnelle und effiziente Automatisierung.
- ***Flexible Netztopologie***
  100 %-Ethernet kompatibel und folgt den Gegebenheiten der vorhandenen Anlage. Ermöglicht auch drahtlose Kommunikation mit WLAN und Bluetooth.
- ***Diagnose***
  Profinet beinhaltet intelligente Diagnosekonzepte für Feldgeräte und Netzwerke. Azyklisch übertragene Diagnosedaten liefern Informationen über den Zustand von Geräten und Netzwerk.
- ***Skalierbare Echtzeit***
  In allen Applikationen über ein und dieselbe Leitung. Zeitkritische Prozessdaten können in weniger als 1 μs übertragen werden.
- ***Direkte Schnittstelle zur IT-Ebene***

■ PROFINET-IO-Standardgeräte

haben einen 100-MBit/s-Ethernet-Anschluss.

Die Geräte werden über externe Switches in das Netzwerk eingebunden.

Wenn die Geräte interne Switches haben, ist auch eine Linienstruktur möglich.

■ IO-Controller

Typischerweise die SPS, im der das Steuerungsprogramm abläuft.

Bei PROFIBUS entspricht das der Funktionalität eines Klasse-1-Masters.

■ IO-Supervisor

Typischerweise das Programmiergerät (PG) oder ein PC für Inbetriebnahme oder Diagnose.

■ IO-Device

Ein dezentral angeordnetes IO-Gerät, angekoppelt über PROFINET IO.

Bei PROFIBUS entspricht das der Funktionalität eines Slaves.

@ Interessante Links

- christiani-berufskolleg.de

Echtzeit
real time

Echtzeitfähigkeit
ability for real-time mode

Halbduplex Ethernet
half-duplex ethernet

Vollduplex Ethernet
full-duplex ethernet

Kommunikations-beziehung
communication relation

Kommunikationspartner
communication devices

Master-Slave-Verfahren
master-slave proceeding

Netzwerk
network

Netzwerktopologie
network topology

Vollduplex-Etherned (doppelt)
full-duplex ethernet

Zyklisches Polling
cyclic polling

Busprotokoll
bus protocol

Prüfung

1. Was versteht man unter einem aktiven Busabschluss?

2. Bei PROFIBUS-DP fällt ein Slave aus. Welche Folge hat das für das Bussystem?

3. Nennen Sie die wesentlichen Kennzeichen von Ethernet.

4. Was versteht man unter Halbduplex-Internet?

5. PROFINET hat eine direkte Schnittstelle zur IT-Ebene.
Was bedeutet das? Welchen Vorteil hat das?

6. Erklären Sie den Begriff Echtzeitverhalten.

PROFINET IO

Kann konzeptionell als eine Nachbildung von *PROFIBUS DP* auf *Industrial Ethernet Basis* und *Switching Technologie* angesehen werden.

Es gibt 3 **Geräteklassen** mit folgenden Bezeichnungen.

- **IO-Controller** entspricht
  DP-Master Klasse 1 (zentrale SPS)
- **IO-Device** entspricht
  DP-Slave (dezentrale Feldgeräte)
- **IO-Supervisor** entspricht
  DP-Master Klasse 2 (Programmier- und Parametriergerät)

Der **IO-Controller** liest und schreibt die Nutzdaten der Feldgeräte *zyklisch* und in *Echtzeit.*

PROFINET-IO arbeitet mit dem **Provider-Consumer-Verfahren**. Der **Provider** ist der Sender, der seine Daten ohne Aufforderung an die Kommunikationspartner überträgt, die diese Daten verarbeiten.

Die Gleichberechtigung wird bei der Projektierung jedoch *eingeschränkt* durch Zuordnung von Feldgeräten zu einer zentralen Steuerung.

Da jede *Verbindung* des **IO-Controllers** mit einem **IO-Device** über einen **Switch** erfolgt, kann es zu *keiner Datenkollision* kommen

Die Eigenschaften eines IO-Device wird durch seine **GSD-Datei** in der Sprache XML beschrieben. Man spricht daher von einer **GSDML-Datei**.

Gerätebeschreibungen

Um ein *Anlagen-Engineering* durchführen zu können, sind die *GSDML-Dateien* der zu projektierenden Feldgeräte notwendig.

Diese Dateien basieren auf XML und beschreiben die Eigenschaften und Funktionen der IO-Geräte.

Sie enthalten alle notwendigen Daten, die für die Projektierung und für den Datenaustausch mit dem Feldgerät von Bedeutung sind.

Geliefert werden diese Dateien vom Hersteller.

Kommunikationsbeziehungen

Zur *Kommunikation* zwischen der übergeordneten Steuerung und einem IO-Gerät müssen *Kommunikationswege* etabliert werden.

Diese werden vom **IO-Controller** eingerichtet. Jeder Datenaustausch ist in eine **AR** (**A**pplication **R**elation) eingebettet. Innerhalb einer AR spezifizieren **CR** (**C**ommunication **R**elations) die Daten eindeutig.

Dadurch werden neben allgemeinen Kommunikationspartnern alle notwendigen Daten in das IO-Gerät geladen.

Gleichzeitig werden die Kommunikationskanäle für den *zyklischen Datenaustausch* (IO Data CR), *azyklischen Datenaustausch* (Record Data CR) und die *Alarme* (Alarm CR) eingerichtet.

Ein *IO-Controller* kann zu *mehreren* IO-Geräten jeweils eine AR aufbauen.

Adressierung

Ethernet-Geräte kommunizieren immer mit ihrer eindeutigen **MAC-Adresse**.

Diese MAC-Adresse besteht aus einer *Firmenkennung* und einer *laufenden Nummer.*

Bitwertigkeit 47 ... 24			Bitwertigkeit 23 ... 0		
00	0E	CF	XX	XX	XX
Firmenkennung → OUI			Laufende Nummer		

OUI: **O**rganizationally **U**nique **I**dentifer

Mit einer OUI lassen sich von einem Hersteller bis zu 16.777.214 Produkte identifizieren. Die OUI ist über das *IEE-Standard Department* kostenpflichtig erhältlich.

Jedes *Feldgerät* erhält einen **symbolischen Namen**. Dadurch ist das Feldgerät in diesem IO-System eindeutig identifiziert.

Dieser Name wird für die Zuordnung der IP-Adresse zur MAC-Adresse des Feldgeräts verwendet. **DCP-Protokoll** (**D**iscovery and basic **C**onfiguration **P**rotocol)

Dieser Name wird bei der *Inbetriebnahme* von einem **Engineering-Werkzeug** mit dem DCP-Protokoll den einzelnen IO-Devices und somit seiner MAC-Adresse zugewiesen (Gerätetaufe).

Optional kann der Name dem IO-Device auch über eine festgelegte Topologie aufgrund der Nachbarschaftserkennung vom IO-Controller *automatisch* zugeteilt werden.

Das *Zuweisen der IP-Adresse* erfolgt aufgrund des Gerätenamens mit dem **DCP-Protokoll.**

Da DHCP (**D**ynamic **H**ost **C**onfiguration **Pro**tocol) international große Verbreitung gefunden hat, sieht PROFINET die Adresseinstellung optional über DHCP oder über herstellerspezifische Mechanismen vor.

Welche Möglichkeiten ein Feldgerät unterstützt, ist in der **GSDML-Datei** für das jeweilige Feldgerät definiert.

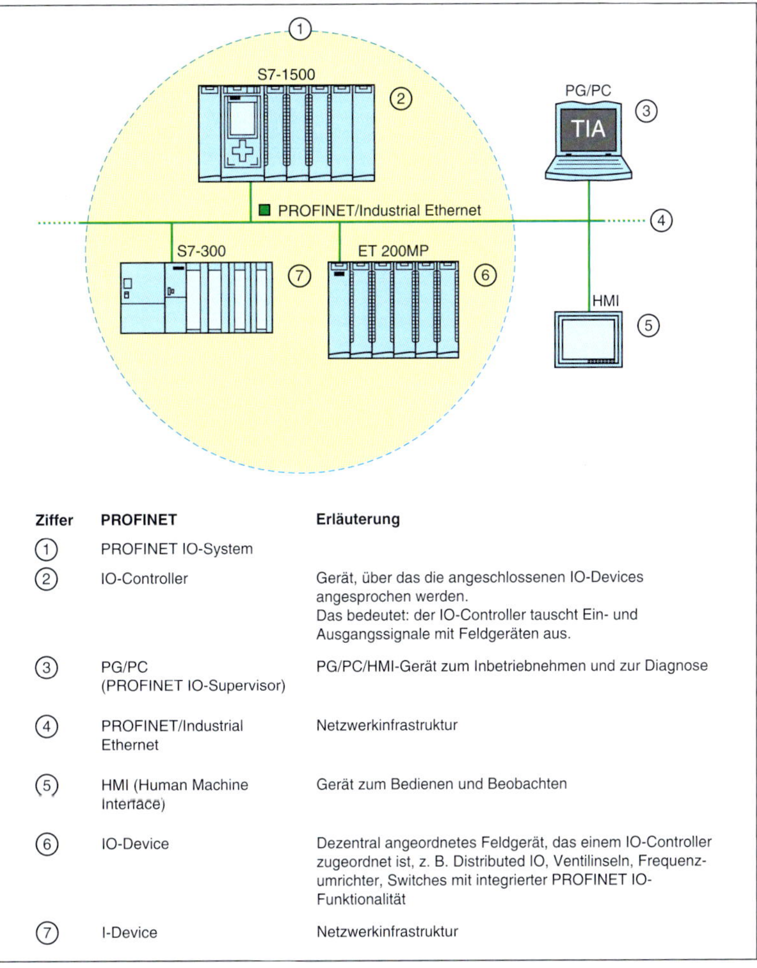

Ziffer	PROFINET	Erläuterung
①	PROFINET IO-System	
②	IO-Controller	Gerät, über das die angeschlossenen IO-Devices angesprochen werden. Das bedeutet: der IO-Controller tauscht Ein- und Ausgangssignale mit Feldgeräten aus.
③	PG/PC (PROFINET IO-Supervisor)	PG/PC/HMI-Gerät zum Inbetriebnehmen und zur Diagnose
④	PROFINET/Industrial Ethernet	Netzwerkinfrastruktur
⑤	HMI (Human Machine Interface)	Gerät zum Bedienen und Beobachten
⑥	IO-Device	Dezentral angeordnetes Feldgerät, das einem IO-Controller zugeordnet ist, z. B. Distributed IO, Ventilinseln, Frequenzumrichter, Switches mit integrierter PROFINET IO-Funktionalität
⑦	I-Device	Netzwerkinfrastruktur

192 Geräte bei PROFINET IO

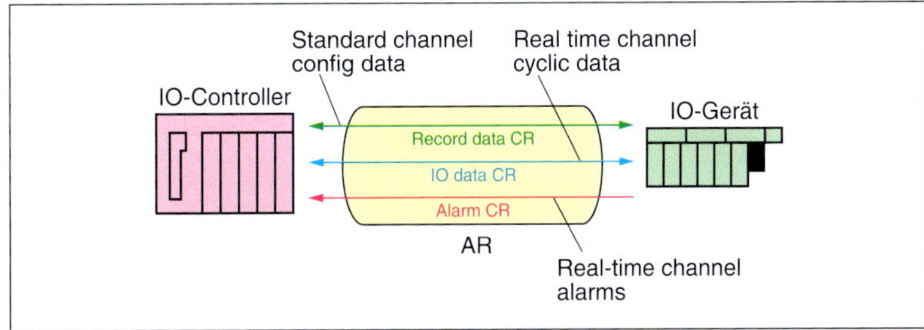

193 Kommunikationsbeziehungen

Netzaufbau

Profinet unterstützt folgende Topologien:

- *Linientopologie*, vorrangig zur Verbindung von Endgeräten mit integrierten Switchen im Feld.
- *Sterntopologie*, setzt einen zentralen Switch voraus, der sich vorranggig im Schaltschrank befindet.
- *Ringtopologie*, in der eine Linie für die Erreichung der Medienredundanz zu einem Ring geschlossen wird.
- *Baumtopologie* als Mischung der oben genannten Topologien.

Maximale Segmentlänge bei elektrischer Datenübertragung mit Kupferleitungen zwischen zwei Teilnehmern: 100 m.

Leitungstypen

Profinet Typ A: Standard fest verlegt, keine Bewegung nach der Installation.

Profinet Typ B: Standard flexibel, gelegentliche Bewegung oder Vibration.

Profinet Typ C: Sonderanwendungen, hochflexibel, permanente Bewegung.

Faseroptische Datenübertragung

Mit Lichtwellenleiter. Gegenüber Kupfer ergeben sich folgende Vorteile:

- Galvanische Trennung, wenn Potenzialausgleich schwierig zu erreichen ist.
- Immunität gegen EMV.
- Übertragung über Distanzen bis zu mehreren Kilometern ohne Verstärker.

Standardkommunikation mit TCP/IP

PROFINET verwendet Ethernet und TCP/IP als kommunikationstechnische Basis.

TCP/IP ist ein De-facto-Standard.

■ TCP/IP
→ 397

■ **PROFIsafe**

definiert, wie sicherheitsgerichtete Geräte (Not-Halt, Lichtgitter usw.) über PROFIBUS mit Sicherheitssteuerungen so sicher kommunizieren, dass sie bis SIL3 eingesetzt werden können.

Die Technologie ist auch für PROFINET verfügbar.

Durch Einsatz von PROFIsafe können Elemente einer ausfallsicheren Steuerung direkt mit der Prozesskontrolle auf demselben Netzwerk übertragen werden. Eine zusätzliche Verdrahtung ist nicht erforderlich.

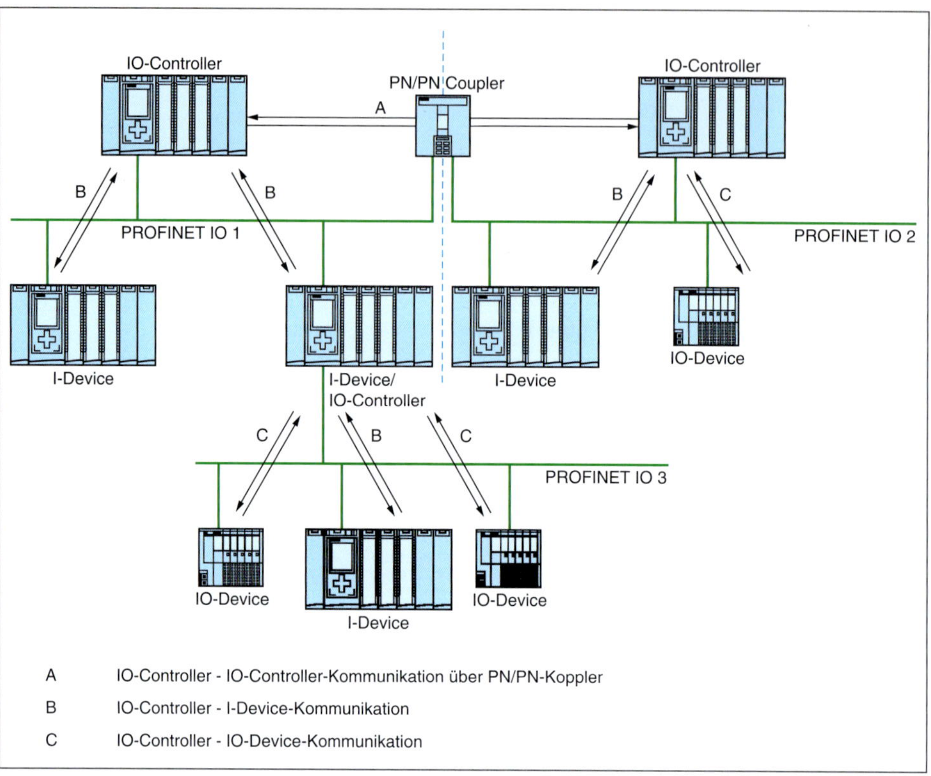

194 E/A-Kommunikation bei PROFINET.IO

IO-Controller und IO-Device	*Der IO-Controller sendet zyklisch Daten an die IO-Devices seines PROFINET IO-Systems und empfängt Daten von diesen.*
IO-Controller und I-Device	*Zwischen den Anwenderprogrammen in CPUs von IO-Controllern und I-Devices wird eine feste Anzahl von Daten zyklisch übertragen.* *Der IO-Controller greift nicht auf E/A-Module des I-Device zu, sondern auf projektierte Adressbereiche, sogenannte Transferbereiche, die innerhalb oder außerhalb des Prozessabbildes der CPU des I-Device liegen können. Falls Teile des Prozessabbilds als Transferbereiche verwendet werden, dürfen diese nicht für reale E/A-Module genutzt werden.* *Die Datenübertragung erfolgt mit Lade- und Transferoperationen über das Prozessabbild oder per Direktzugriff.*
IO-Controller und IQ-Controller	*Zwischen den Anwenderprogrammen in CPUs von IO-Controllern wird eine feste Anzahl von Daten zyklisch übertragen. Als zusätzliche Hardware ist ein PN/PN-Koppler notwendig.* *Die IO-Controller greifen gegenseitig auf projektierte Adressbereiche, sogenannte Transferbereiche zu, die innerhalb oder außerhalb des Prozessabbildes der CPUs liegen können. Falls Teile des Prozessabbildes als Transferbereiche verwendet werden, dürfen diese nicht für reale E/A-Module genutzt werden.* *Die Datenübertragung erfolgt mit Lade- und Transferoperationen über das Prozessabbild oder per Direktzugriff.*

Ethernet

Ethernet ist in IEEE 802.3 standardisiert. Festgelegt sind dort u. a. *Zugriffstechnik*, *Übertragungsverfahren* und *Übertragungsmedien* für das klassische *Ethernet*, für *Fast Ethernet* (100 Mbit/s und für *Gigabit-Ethernet*. Bei PROFINET wird das Fast Ethernet verwendet.

Fast Ethernet für 100 Mbit/s ist eine kompatible Erweiterung des 10 Mbit/s Ethernets.

Mit Fast Ethernet wurde der **Full-Duplex Betrieb** und das **Switching** eingeführt und standardisiert.

TCP

TCP garantiert eine fehlerfreie, sequenzgerechte und vollständige Übermittlung der Daten vom Sender zum Empfänger.

TCP ist verbindungsorientiert, d. h. zwei Stationen bauen vor einer Übermittlung eine Verbindung auf, die nach der Übermittlung wieder geschlossen wird.

TCP arbeitet folgendermaßen: Zwischen zwei Anwendungsprogrammen in verschiedenen Netzwerkstationen wird ein FDX-Kanal (full-duplex) aufgebaut, der die gleichzeitige und unabhängige Übermittlung von Datenströmen in beide Richtungen, ohne ihn zu interpretieren, erlaubt.
TCP besitzt Mechanismen zur ständigen Überwachung einer aufgebauten Verbindung. Fehler im Datentransfer, z. B. unerwarteter Abbruch der Verbindung, Stau im Netzwerk usw. werden der Anwendungssoftware gemeldet.

Die Anwendungssoftware übergibt dem TCP ihre Daten in beliebig großen Segmenten und in beliebigen zeitlichen Abständen. TCP/IP speichert die Segmente, bis sie übermittelt werden können, zerlegt sie gegebenenfalls in kleinere, dem Übertragungssystem angepasste Blöcke und erzeugt im Empfänger wieder den korrekten Datenstrom.

Zur Bezeichnung der Schnittstelle zwischen TCP und der Anwendungssoftware werden beim Verbindungsaufbau dynamisch änderbare Port-Nummern definiert.

IP

Die Übertragung mit der Internet-Protokollsoftware IP stellt eine nicht gesicherte Paket-Übermittlung bzw. einen nicht gesicherten Datagramm-Service zwischen einer IP-Source und einer IP-Destination dar.

Datagramme können infolge von Störungen auf dem Übertragungskanal oder Überlastungen des Netzwerks verloren gehen, sie können mehrfach ankommen oder in einer anderen Reihenfolge eintreffen, als sie gesendet wurden. Man darf aber davon ausgehen, dass ein eintreffendes Datagramm korrekt ist.

Durch die 32-Bit-Prüfsumme des Ethernet-Pakets können Fehler im Paket mit einer sehr hohen Wahrscheinlichkeit erkannt werden.

Dazu kommt, dass Ethernet TCP/IP viele der Echtzeitforderungen der Automatisierungssysteme nicht erfüllt und dass aufgrund der rauen Umgebung in der Feldebene, die im Bürobereich üblicherweise eingesetzte Elektromechanik die Ausfallrate ungünstig beeinflusst.

Proxy

Ein Proxy ist ein Stellvertreterobjekt für die Feldgeräte. Der Proxy wird nicht vom Feldgerät selbst, sondern durch den Feldbusmaster realisiert. Das Feldgerät, sowie das Feldbusprotokoll wird hierbei nicht verändert.

Ein Proxy wird dann verwendet, wenn der direkte Zugriff auf eine Komponente nicht möglich ist. Die Einführung eines solchen Stellvertreters dient u. a. einer erhöhten Effizienz und einem einfachen und transparenten Zugriff auf die Komponente.

Durch den Proxy werden alle dahinter angeordneten Feldbusgeräte als jeweils eigenständige Profinet-Knoten (Objekte) dargestellt.

XML

Die eXtensible Markup Language (XML) ist eine flexible, leicht erlernbare Datenbeschreibungssprache zum Austausch von Informationen mithilfe von XML-Dokumenten. Diese Dokumente enthalten mit Strukturierungsinformationen angereicherten Fließtext.

Objekte

In der Informatik sind Objekte dadurch gekennzeichnet, dass sie in bestimmter Weise abgeschlossene Einheiten bilden und mit anderen ähnlichen Objekten in Beziehung stehen können.

In der objektorientierten Programmierung ist ein Objekt als Gruppe von Eigenschaften und Methoden definiert. Objekte können nur durch ihre eigenen Methoden geändert werden.

■ Lichtwellenleiter

Vorteile:
Unempfindlich gegen EMV-Einflüsse, höhere Übertragungsraten (1000 GBit/s), lange Übertragungswege (> 100 km), Einsatz in explosionsgefährdeten Bereichen.

Nachteile:
Hohe Kosten, kraft- und verdrillungsfreie Verlegung notwendig.

■ Feldbus-Funktechnik

Netze im Bereich von Räumen (WPAN; Wireless Personal Area Network) oder Gebäuden (z. B. WLAN; Wireless Local Area Network).

– Bluetooth
2,401 bis 2,483 GHz (79 Kanäle), Reichweite bis 100 m, Übertragungsgeschwindigkeit bis 250 KBit/s.

– WLAN
2,401 bis 2,483 GHz (13 Kanäle), Reichweite bis 200 m, Übertragungsgeschwindigkeit bis 54 MBit/s.

■ Weiterentwicklungen

in der Bustechnik werden in Richtung einfacherer Handhabung der Feldgeräte in Betrieb und bei der Wartung gehen.

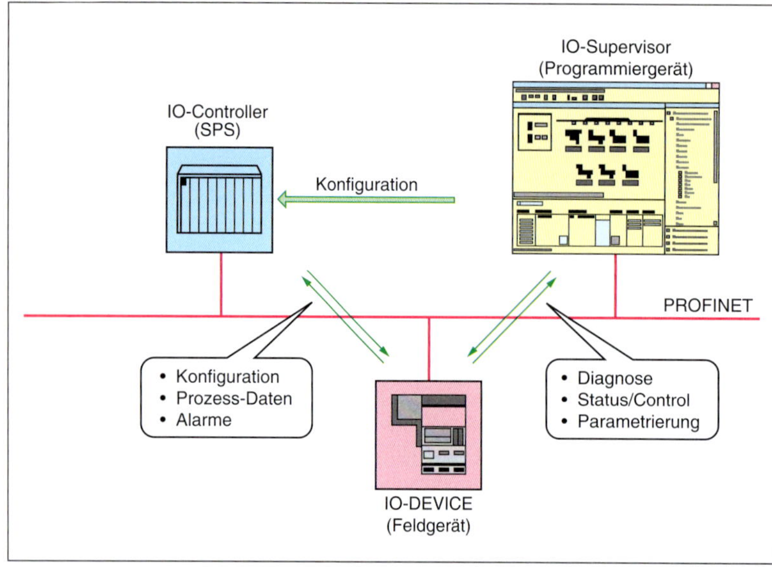

195 PROFINET IO, Geräteklassen

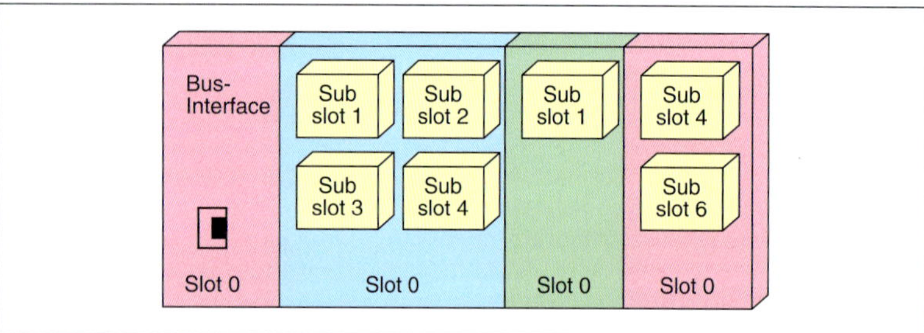

196 PROFINET, Gerätemodell

■ **API**

Application Process Identifier

Damit es bei der Definition von Anwenderprofilen nicht zu konkurrierenden Zugriffen kommt, kann neben den Slots und Subslots eine weitere Automatisierungsebene definiert werden (API).

So ist es möglich, unterschiedliche Applikationen auch separat zu behandeln, damit Überschneidungen von Datenbereichen (Slots und Subslots) vermieden werden.

@ Interessante Links

• christiani-berufskolleg.de

PROFINET IO-Gerätemodell

Bei den Feldgeräten wird unterschieden zwischen:

- *Kompakte Feldgeräte*
  Ausbaugrad ist im Auslieferungszustand bereits festgelegt und kann nicht verändert werden.
- *Modulare Feldgeräte*
  Der Ausbaugrad kann für unterschiedliche Anwendungen beim Projektieren der Anlage an den Einsatzfall angepasst werden.

Gerätemodell (Bild 196)

Der **Slot** kennzeichnet den *physikalischen Steckplatz* einer Peripheriebaugruppe in einem modularen I/O-Gerät, in dem ein in der GSD-Datei beschriebenes Modul platziert wird.

Anhand der unterschiedlichen Slots werden die projektierten Module adressiert, die einen oder mehrere **Subslots** (die eigentlichen I/O-Daten) für den Datenbaustein enthalten.

Die Subslots bilden die eigentliche Schnittstelle zum Prozess (Ein-/Ausgänge).

Wie viele Slots/Subslots ein IO-Gerät bearbeiten kann, legt der Hersteller bei der Definition der **GSD-Datei** fest.

Die *Adressierung* der zyklischen Daten erfolgt durch die Angabe der **Slot/Subslot-Kombination**. Diese kann vom Hersteller frei definiert werden.

Application Process Intentifier (API)

Damit es bei der Definition von Anwenderprofilen nicht zu konkurrierenden Zugriffen kommt, ist es sinnvoll, neben den Slots und Sublots eine weitere Adressierungsebene zu definieren.

Damit können unterschiedliche Applikationen auch separat behandelt werden, um die Überschneidung von Datenbereichen (Slots und Subslots) zu vermeiden.

PROFINET-Projektierung

- **Hardwareprojektierung**
  Hardwarekonfiguration der SPS-Station projektieren. Ethernet-Subnetz einführen und eine IP-Adresse zuweisen.
  Alle benötigten IO-Geräte (IO-Device) an das IO-System anbinden und eventuell die Module der IO-Geräte konfigurieren.
  Bei jedem IO-Gerät Gerätenamen kontrollieren bzw. neu vergeben und Parameter einstellen.
- **Adressen den IO-Geräten zuweisen und Projektierung laden**
  Jedem IO-Gerät wird der projektierte Gerätename zugewiesen.
  Hardwarekonfiguration im Betriebszustand STOP der CPU laden.
- **Software erstellen**
  E/A-Adressen ermitteln
  Anwender Testprogramm
- **Inbetriebnahme, Test und Diagnose**

1. Welche Topologien werden von PROFINET unterstützt?

2. Welche Vorteile hat eine faseroptische Signalübertragung?

3. Wie erfolgt die Standardkommunikation bei PROFINET?

4. Beschreiben Sie das PROFINET IO-Gerätemodell.

7 Instandhaltung und Qualitätsmanagement

7.1 Instandhalten und Ändern

Die Bedeutung der **Instandhaltung** darf heute nicht mehr unterschätzt werden, da sie zu einem entscheidenden Faktor im *Wettbewerb* der einzelnen Unternehmen geworden ist.

Ausfallzeiten von Anlagen und Systemen bedeuten Produktionsausfall und damit hohe Kosten, da Aufträge nicht rechtzeitig erfüllt werden können. Dabei können einzelne Anlagenteile zum Ausfall ganzer Produktionsstätten führen.

Deshalb werden **Verschleißteile** an Maschinen und Anlagen in regelmäßigen Zeitabständen begutachtet, kontrolliert und gegebenenfalls ausgetauscht. Dies ist ein wesentlicher Aspekt der Instandhaltung.

Außerdem können **Schwachstellen** von Systemen oder Anlagen erkannt werden. Veränderungen oder Umbauten werden dann deren **Verfügbarkeit** erhöhen.

Instandhaltung ist ein Oberbegriff für folgende Begriffe

- *Wartung*
- *Inspektion*
- *Instandsetzung*
- *Vorbeugende Instandhaltung*

Wartung

In vielen Industriebetrieben wird die **Wartung** heute von speziell geschulten *Anlagenbedienern* durchgeführt. Im Allgemeinen erfolgt die Wartung in *periodischen* Abständen.

Zielsetzung der Wartung ist es, den derzeitigen Zustand der Anlage zu erhalten.

Durch Wartung wird versucht, die **Abnutzung** und den **Verschleiß** einzelner Funktionsgruppen so zu minimieren, dass ihre Lebensdauer erhöht wird.

Alle durchgeführten Wartungsarbeiten werden in **Checklisten** dokumentiert, die gleichzeitig ein Leitfaden für den Bediener sind. So bleibt dann praktisch nichts dem Zufall überlassen. Auch auftretende Probleme kann der Bediener hier dokumentieren.

Wartung

- *Sauberkeit*
- *Abschmierung*
- *Nachfüllung*
- *Einstellung*
- *Austausch*

Sauberkeit

Sauberkeit hat die Aufgabe, der *Verschmutzung* der Anlage vorzubeugen.

Schmutzpartikel und Schmierrückstände müssen regelmäßig entfernt werden. Sie dürfen nicht in wichtige Teilbereiche der Anlage vordringen und dort Schäden anrichten. Die Sauberkeit einer Anlage erleichtert auch die *Fehlersuche*, da jeder Bereich gut einzusehen ist.

Abschmierung/Schmierung

Buchsen, Lager oder Gleitflächen werden mit *Fetten* oder *Ölen* behandelt. Dadurch erhöht sich ihre Lebensdauer erheblich. Der *Verschleiß* wird auf ein Minimum reduziert.

Es sollen dabei nur *empfohlene Fette* oder *Öle* verwendet werden. Jeder Schmierstoff hat nämlich spezielle Eigenschaften, die dem Verwendungszweck angepasst sind.

Bei allen Arbeiten mit *Betriebsstoffen* ist stets auf sachgemäße *Verwendung* und *Entsorgung* zu achten.

■ Ziele der Instandhaltug

Erhöhung der Anlagenverfügbarkeit.

Senkung der Lagerkosten für Ersatzteile.

Schnelle Reaktion auf Störungen.

Warum Instandhaltung?

- *Kostenminimierung in Bezug auf Stillstands- und Instandhaltungskosten*
- *Minimierung des Unfallrisikos*
- *Qualitätssicherung*
- *Maximierung der Verfügbarkeit*
- *Rechtliche Vorgaben (EnWG, GPSG, ArbSchG, BetrSichV)*
- *Anforderung der Berufsgenossenschaft*

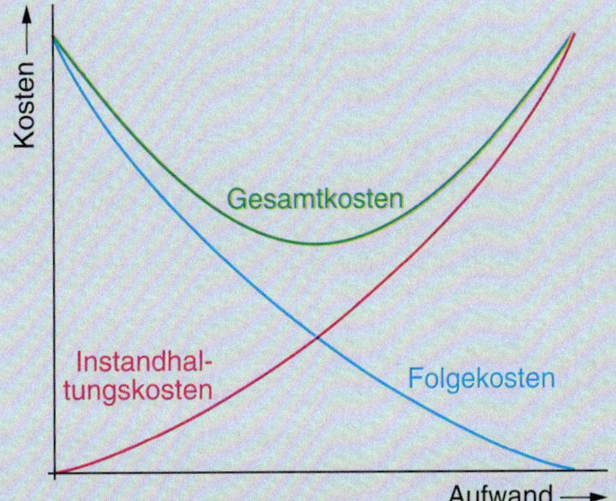

Es gilt, ein Optimum zwischen Instandhaltungskosten und Folgekosten ohne Instandhaltungsmaßnahmen zu erreichen.

Ohne Instandhaltungsaufwand werden sich zu einem bestimmten Zeitpunkt hohe Folgekosten ergeben. Übermäßige Instandhaltung ist auch nicht sinnvoll, da ab einem bestimmten Punkt auch ein hoher Aufwand keine merkliche Verbesserung mehr ergibt.

Wartung
Maßnahmen zur Bewahrung des Sollzustands.

Inspektion
Maßnahmen zur Beurteilung des Istzustands.

Instandsetzung
Maßnahmen zur Wiederherstellung des Sollzustands.

Abnutzung
Korrosion,
Verschleiß,
Alterung und Ermüdung.

Auch menschliches Fehlverhalten (Bedienungsfehler) kann zu Abnutzungserscheinungen führen.

In den **Betriebsstoffbezeichnungen** finden sich Angaben zum *persönlichen Sicherheitsschutz* sowie *Umweltschutzmaßnahmen* und fachgerechte *Entsorgung*.

Alle **Gefahrstoffanweisungen** und *Umweltschutzblätter* sind sichtbar auszuhängen, sodass im Falle einer unsachgemäßen Handhabung schnell reagiert werden kann.

Nachfüllung
Betriebsstoffe, die zur Anlagenfunktion beitragen, werden bezüglich ihrer *Füllstände* kontrolliert und bei Bedarf nachgefüllt.

Einstellung
Zu überprüfen ist, ob die Anlage die allgemeinen *Fertigungstoleranzen* einhält und die *Qualitätsanforderungen* erfüllt. Gegebenenfalls ist nachzurüsten.

Austausch
Bei der Wartung können auch Bauteile wie z. B. Luftfilter *ausgetauscht* werden.

Inspektion

Die *Inspektion* lokalisiert *Schäden* oder *Mängel*, die zu Schäden führen können, um dadurch einem *Ausfall* der Anlage vorzubeugen.

Alle festgestellten Mängel werden in **Checklisten** festgehalten und können zeitlich abgestimmt abgearbeitet werden. So lassen sich größere Reparaturen planen, bevor Störungen auftreten.

Auch die **Arbeitssicherheit** ist hierbei ein wichtiger Aspekt. Sicherheitsrelevante Punkte werden regelmäßig überprüft.

Inspektion

- *Ist-Zustand*
- *Beurteilung*
- *Maßnahmen*

Ist-Zustand
Zunächst wird bei der Inspektion der **Ist-Zustand** der Anlage festgestellt.

Eine **Sichtprüfung** steht am Anfang. Leckstellen, Undichtheiten, starke Laufgeräusche von Lagern und Antrieben werden dabei erkannt. Füllstände werden kontrolliert, Temperaturen z. B. an Motoren ermittelt.

Beurteilung
Nach der Aufnahme des Ist-Zustands wird *die* **Beurteilung** durchgeführt. Hierbei ist die Frage zu klären, ob Maßnahmen eingeleitet werden müssen.

Maßnahmen
Wenn bei der Beurteilung des Ist-Zustands *Abweichungen vom Soll-Zustand* festgestellt werden, ist zu entscheiden, ob und wann *Maßnahmen* eingeleitet werden.

Maßnahmen werden in einem **Maßnahmenplan** festgehalten:

- Benennung der Maßnahmen in ausführlicher Beschreibung der auszuführenden Tätigkeiten.
- Festlegung der Person, die diese Maßnahmen umsetzt.
- Eventuell Festlegung einer externen Firma, die den Auftrag bearbeitet, einschließlich Ansprechpartner.
- Zeitliche Gliederung der einzelnen Maßnahmen mit dem Ziel, dass Reparaturen außerhalb der Produktionszeit durchgeführt werden.

Instandsetzung

Die *Instandsetzung* ist ein wichtiger Punkt, da sie häufig zu *Stillstandszeiten* oder *Maschinenausfall* führt.

Hier können Arbeiten ausgeführt werden, die abgeleitete Maßnahmen aus der Inspektion sind und aus Gründen einer hohen *Anlagenverfügbarkeit* zeitlich verschoben ausgeführt werden.

Es können aber auch Schäden sein, die zum *Ausfall* im laufenden Betrieb führen. Hier spielt der Faktor Zeit dann eine wesentliche Rolle. In jedem Fall entstehen dabei hohe Kosten.

Schäden, die nicht die Qualität des Produktgutes beeinträchtigen oder ein Risiko für die Arbeitssicherheit bedeuten, können u. U. *provisorisch* ausgebessert werden. Die endgültige Instandsetzung wird dann zeitlich verschoben.

Ein weiterer Punkt ist die Instandsetzung von Bauteilen und Komponenten, die einem *zeitlichen Intervall* unterliegen.

Vorbeugende Instandhaltung

Im Zeitalter eines sich verschärfenden Wettbewerbs spielt die **hohe Anlagenverfügbarkeit** eine ganz wesentliche Rolle. Ein ganz wesentlicher Punkt hierbei ist die *vorbeugende Instandhaltung*.

Dabei wird zunächst eine **lückenlose Ersatzteilversorgung** sichergestellt, um Wartzeiten durch Lieferung auszuschließen.

Aus den Erkenntnissen der Wartung und Inspektion wird eine **Übersicht** gewonnen, wie lang welche Teile dem Verschleiß standhalten.

Betriebssicherheitsverordnung

Verordnung über Sicherheit und Gesundheitsschutz bei der Bereitstellung von Arbeitsmitteln.

Die Verordnung über Sicherheit und Gesundheitsschutz bei der Bereitstellung von Arbeitsmitteln (Betriebssicherheitsverordnung BetrsichV) enthält *Arbeitsschutzanforderungen* für die *Benutzung von Arbeitsmitteln* und für den *Betrieb überwachungsbedürftiger Anlagen* im Sinne des Arbeitsschutzes.

Sie beinhaltet ein umfassendes *Schutzkonzept*, das auf alle von Arbeitsmitteln ausgehende Gefährdungen anwendbar ist.

Grundbausteine sind eine einheitliche *Gefährdungsbeurteilung* für die Bereitstellung und Benutzung von Arbeitsmitteln, eine einheitliche *sicherheitstechnische Bewertung* für den Betrieb überwachungsbedürftiger Anlagen, der *Stand der Technik* als wesentlicher Sicherheitsmaßstab sowie Mindestanforderungen für die *Beschaffenheit von Arbeitsmitteln*, soweit sie nicht bereits anderweitig geregelt ist.

Instandhaltungsbegriffe

- *Abnutzung*
  Bewirkt durch physikalische und chemische Vorgänge.
- *Ausfall*
  Ungeplanter Ausfall eines Systems, Funktionsfähigkeit ist nicht mehr gegeben.
- *Fehler*
  Verhindert, dass ein System ungeplant nicht bestimmungsgemäß funktioniert.
- *Abnutzungsbedingter Ausfall*
  Die Ausfallwahrscheinlichkeit nimmt mit der Nutzungszeit zu.
- *Altersbedingter Ausfall*
  Die Ausfallwahrscheinlichkeit nimmt unabhängig von der Nutzung mit der Zeit zu.
- *Brauchbarkeitsdauer*
  Diese Zeitdauer ist erreicht, wenn die Ausfallrate unzulässig hoch wird, oder eine Reparatur wirtschaftlich nicht mehr sinnvoll ist.
- *Lebenszyklus*
  Zeitdauer von der Einführung eines Produkts bis zu seiner Entsorgung.

Ein **Intervallplan** legt fest, wann welches Bauteil ausgetauscht wird. Und zwar, bevor es seinen Zerstörungspunkt erreicht. Das **Intervall** kann *zeitabhängig oder stückzahlabhängig* sein.

Vorteil: Maschinenausfälle sind dann äußerst selten und Reparaturen können dann vorgenommen werden, wenn die Maschine nicht benötigt wird.

Weiterhin können **Verbesserungsprozesse** abgeleitet werden oder Umbauten an Funktionsgruppen durchgeführt werden, die zu einer (noch) höheren Anlagenverfügbarkeit führen oder die Sicherheit der Mitarbeiter steigern.

Strategien der Instandhaltung

Für jede Maschine (Anlage) sind *Instandhaltungsmaßnahmen* zu planen. Zu welchem *Zeitpunkt* und in welchem *Umfang* sind Wartungen und Inspektionen erforderlich?

Die *Gesamtkosten* aus Wartung, Inspektion, Instandsetzung und Ausfallkosten müssen minimiert werden.

Dabei sind beispielsweise die Punkte *Ausfallwahrscheinlichkeit*, *Ausfallfolgen*, *Reparaturkosten* in Betracht zu ziehen.

Korrektive Instandhaltung

Maßnahmen werden erst dann durchgeführt, wenn ein Fehler aufgetreten ist. Man spricht auch von **ereignisorientierter Instandhaltung**.

Sinnvoll ist sie bei geringfügig genutzten Anlagen oder bei geringen Anforderungen an deren Zuverlässigkeit. Ein Beispiel sind Beleuchtungsanlagen.

Sofortige Maßnahmen müssen ergriffen werden, wenn der Ausfall eine *wesentliche Beeinträchtigung* bedeutet oder *Gefahren* hervorgerufen werden.

Aufschiebbare Maßnahmen sind möglich, wenn der Ausfall nur *geringfügige Auswirkungen* hat oder *Ersatzsysteme* zur Verfügung stehen.

■ **Vorbeugende Instandhaltung**

Ermittlung von technischen Schwachstelllen, regelmäßige Pflege von technischen Arbeitsmitteln und Anlagen.

Ziel ist die Vermeidung von ungewollten Unterbrechungen durch technische Fehler.

■ **Störungsbedingte Instandsetzung**

Reparaturen, die unmittelbar nach Auftreten des Fehlers eingeleitet werden.

Solche Aufträge sind nicht planbar.

■ **Instandhaltungsstrategie**

gibt an, welche Instandhaltungsmaßnahmen zu welchen Zeitpunkten für welche Maschinen und Anlagen durchzuführen sind.

■ **Schäden**

sind nachteilige Veränderungen, die durch die Funktion der Maschinen, Anlagen oder Umwelteinflüsse entstehen.

Pflichtenheft
performance specification
Lastenheft
requirement specification
Lebensdauer
durability
Lebenszyklus
life cycle
Mittelwert
mean value
Mittelwert, arithmetischer
mean value, arithmetic
Quadratischer Mittelwert
root mean square

Lastenheft

Konkrete Anforderung des *Auftraggebers.*

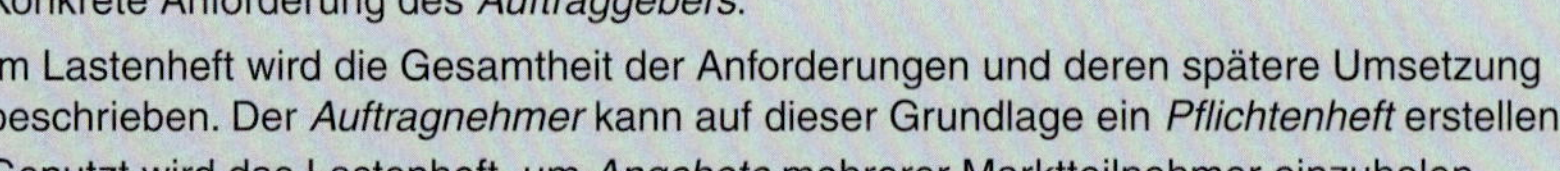

Im Lastenheft wird die Gesamtheit der Anforderungen und deren spätere Umsetzung beschrieben. Der *Auftragnehmer* kann auf dieser Grundlage ein *Pflichtenheft* erstellen. Genutzt wird das Lastenheft, um *Angebote* mehrerer Marktteilnehmer einzuholen.

Der Auftraggeber sollte möglichst konkrete Angaben zu seinem Projekt machen.

- *Lösungsansätze*
- *Notwendigkeit späterer Erweiterungen*
- *Gefährdungsbereiche*
- *Korrosionsfördernde Atmosphäre*
- *TÜV-Abnahme*
- *Gewährleistungsansprüche, Garantien*

Pflichtenheft

In erster Linie stellt das *Pflichtenheft* die Antwort auf das Lastenheft dar.

Der *Auftragnehmer* stellt hier die Gesamtheit der Anforderungen des Auftraggebers dar. Zur Vermeidung von Missverständnissen in möglichst präziser Form. Das *Pflichtenheft* ist der Lösungsvorschlag des *Auftragnehmers* zur Realisierung des Projekts.

Lastenheft als tabellarischer Leitfaden

1. Erstellung eines Fragenkatalogs, der von der Startsituation auf die Problemstellung zielt.
- *Welche Probleme traten auf, um dieses Projekt ins Leben zu rufen (Qualitätsmängel, Stückzahlerhöhung, Mitarbeitereinsparungen usw.)?*

2. Terminschienen festsetzen
- *In welchem Zeitraum müssen welche Meilensteine umgesetzt werden, um einen reibungslosen Projektverlauf zu gewährleisten?*

3. Rahmenbedingungen festsetzen
- *In welchen Gebäuden, Hallen, Umgebungen wird umgesetzt und was muss berücksichtigt werden (Temperatur, Feuchtigkeit, salzhaltige Umgebungsluft usw.)?*

4. Funktion
- *Welche Funktionen soll das Produkt in der Fertigstellung leisten oder zu leisten im Stande sein?*

5. Erweiterungen
- *Soll die Anlage nach dem Zielzustand noch erweiterungsfähig sein?*
- *Soll die Anlage mehrere Aufgaben übernehmen können?*
- *Welche Anforderungen werden an Instandhaltung und Wartung gestellt?*

6. Bringepflicht
- *Welche Leistungen werden eventuell selbst erbracht?*

7. Festlegung der Verantwortlichen
- *Wer ist für welche Meilensteine und deren Umsetzung bzw. für die Zeitschiene der Meilensteine verantwortlich?*
- *Wer trifft Entscheidungen, die für den Projektverlauf entscheidend sind, bzw. Verzögerungen bewirken können?*
- *Wer pflegt Maßnahmenpläne und deren Einhaltung?*

8. Abnahme und Inbetriebnahme
- *Welche Qualitätsanforderungen wurden gestellt, wer kümmert sich um deren Einhaltung?*
- *Welche Unterlagen gehören zum Projekt und müssen vom Erbauer bereitgestellt werden, welche Unterlagen müssen selbst erbracht werden?*

Vorbeugende Instandhaltung
(Präventive Instandhaltung)

Vorrangiges Ziel ist es, einen Ausfall möglichst zu *verhindern*. Nach *Zeitintervall* oder *Betriebsstunden* wird eine *vorbeugende Instandhaltung* durchgeführt. Es muss entschieden werden, *wie oft* und *in welchem Umfang* vorbeugende Maßnahmen durchzuführen sind.

- *Terminierte Instandhaltung*
  Die *Zeitabstände* zwischen zwei Maßnahmen sind festgeschrieben.
- *Zustandsorientierte Instandhaltung*
  Der *technische Zustand* des Systems legt die Abstände zwischen zwei Maßnahmen fest.

Gefährdungsbeurteilung

Arbeitsplätze zur Beurteilung festlegen

Die *Gefährdungsanalyse* wird in verschiedene Hauptgruppen unterteilt, um eine reibungslose Durchführung zu ermöglichen.

Im ersten Schritt werden *Personen* bestimmt, die für den Unternehmer die *Verantwortung* übernehmen und *Arbeitsbereiche* bzw. *Personengruppen* im Unternehmen festlegen.

Diese Arbeitsbereiche können bei nahezu identischen Arbeitsgängen oder Arbeitsmitteln in *Gruppen* zusammengefasst werden. Die in diesem Bereich gültigen Vorschriften und Anweisungen können dabei übernommen werden.

Ermittlung von Missständen

Zunächst wird eine *Mitarbeiterbefragung* durchgeführt, ob bereits vor der Analyse gravierende Einschränkungen vorliegen. Das Augenmerk wird dabei von der Arbeitszeit bis hin zu eingesetztem Werkzeug und Hilfsmitteln gerichtet.

Unterschieden wird zwischen *physischen* und *psychischen Belastungen.* Gibt es körperliche Tätigkeiten, die eventuell mit zu schweren zu bewegenden Lasten zu tun haben, bzw. Stress in der täglichen Umsetzung.

Beurteilung der Gefahren

Hier geht es um die Einteilung der *Risikoklassen.* Welche Schutzmaßnahmen müssen wo umgesetzt bzw. eingeführt werden, um zukünftige Gefahren auszuschließen. Dies kann auch den Umbau von Anlagen bedeuten.
Ziel der Beurteilung ist es, Abweichungen vom Soll- und Istzustand möglichst genau zu beschreiben, um Ziele festzulegen.

Maßnahmenplan erstellen

Im *Maßnahmenplan* werden alle erforderlichen Punkte *dokumentiert* und verantwortliche Perso- nen festgelegt. Alle möglichen Gefahrenquellen sollen beseitigt werden.

Bearbeitung Maßnahmenplan

Verantwortliche Personen sind im Maßnahmenplan festgelegt worden und arbeiten ihre Ziele nach Zielvorgaben und zeitlichen Schienen ab.
Bei der Umsetzung sollten die im beurteilten Bereich tätigen Mitarbeiter einbezogen werden.

Umsetzung prüfen und Fortschritte ermitteln

Anhand der vorgegebenen Zeitschiene kann der *Fortschritt* der Aktivitäten überprüft werden. Dabei ist darauf zu achten, dass keine *neuen Gefahren* entstanden sind. Sollten Ziele nicht eingehalten werden, ist der Maßnahmenplan zeitlich anzupassen. Die Begründung der Verzögerung muss schriftlich festgehalten werden.

Kontrolle

Im Nachgang werden für festgeschriebene Bereiche sogenannte *Audits* eingeführt.

In Zeitabständen kann mit diesem Hilfsmittel immer festgestellt werden, ob *neue Gefährdungen* im betrachteten Bereich hinzugekommen sind, Anlagen sich durch Umbauten verändert haben oder durch Produktumstellung *neue gefährdende Stoffe* eingeführt wurden.

Bei Erstellung einer *Gefährdungsanalyse* ist es wichtig, darauf zu achten, dass die *Betriebssicherheitsverordnung* eingehalten wird.

Vorausbestimmte Instandhaltung

Zeitintervalle sind fest vorgeschrieben.

Die *Lebensdauer* der einzelnen Funktionselemente muss bekannt sein. Hier sind *Herstellerangaben* und *Erfahrungswerte* wesentliche Anhaltspunkte.

Zustandsoriente Instandhaltung

Der Abnutzungsvorrat wird weitmöglichst ausgenutzt. Dazu ist es notwendig, den aktuellen Zustand des technischen Systems zu kennen.

- *zeitnahe, regelmäßige Inspektionen*
- *ständige automatisierte Überwachung*

Wartung und Inspektion können dann geplant werden, deren Zeitpunkt kann bestimmt werden, wie es die Betriebserfordernisse erlauben.

Prüfung

1. Beschreiben Sie genau die unterschiedlichen Instandhaltungsbegriffe.

@ Interessante Links

- christiani-berufskolleg.de

Instandhaltung			
Maßnahmen zur Erhaltung oder Wiederherstellung eines funktionsfähigen Zustands eines technischen Systems			
Inspektion	**Wartung**	**Instandsetzung**	**Verbesserung**
Maßnahmen zur Feststellung und Beurteilung des Ist-Zustands. Analyse der Abnutzungsursachen und Konsequenzen für die zukünftige Nutzung.	*Maßnahmen zur Verzögerung des Abbaus des Abnutzungsvorrats.*	*Maßnahmen zur Wiederherstellung des Abnutzungsvorrats ohne technische Verbesserungen.*	*Maßnahmen zur technischen Verbesserung mit dem Ziel, die Verfügbarkeit zu erhöhen.*

Abnutzungsvorrat

Technische Systeme werden bei Betrieb abgenutzt. Wenn die Abnutzung eine bestimmte Grenze unterschreitet (Abnutzungsgrenze), dann kommt es zu einem Ausfall.

Abnutzungsvorrat ist der Abstand zwischen dem Ist-Zustand und der vollständigen Abnutzung. Er wird in Prozent (%) angegeben. Ein neues technisches System hat einen Abnutzungsvorrat von 100 %.

Abnutzungsdiagramm

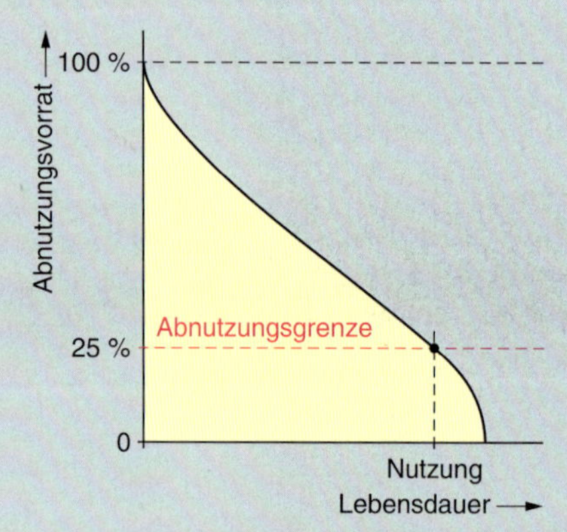

Häufige Abnutzungsursache ist der Verschleiß durch Reibung, Materialermüdung, Werkstoffüberlastung und Korrosion.

Eine Neuanlage hat noch den vollen Abnutzungsvorrat.
Mit der Zeit nimmt der Abnutzungsvorrat ab.

Das wird bei Inspektionen festgestellt, bei denen der Ist-Zustand ermittelt wird.

Ergebnis einer Inspektion können eingeleitete Instandsetzungsmaßnahmen sein.

Dadurch wird der Abnutzungsvorrat wieder erhöht. Im Allgemeinen werden dabei 100 % wieder erreicht.

Abnutzungsvorrat mit Wartung

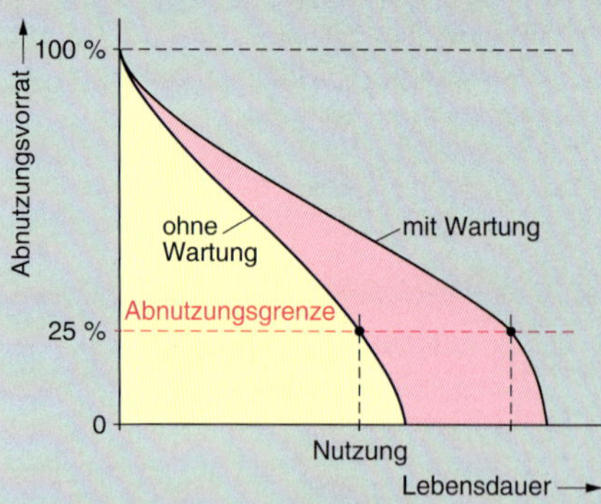

Abnutzungsvorrat bei Inspektion und Instandsetzung

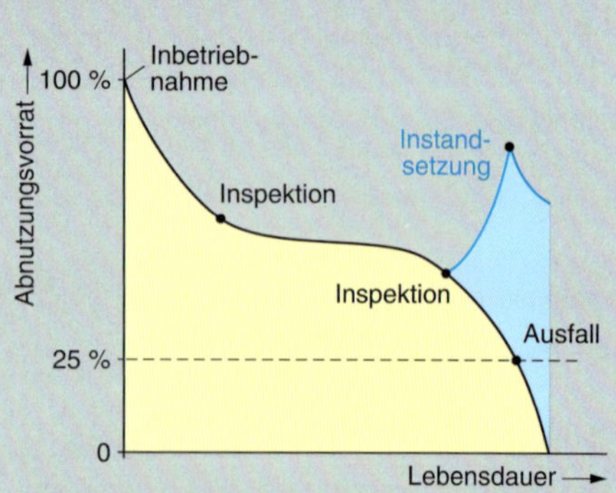

Wenn es *häufig* zum Ausfall *gleicher* technischer Systeme kommt, liegt eine *Schwachstelle* vor. Die *Beseitigung* von Schwachstellen erhöht den Abnutzungsvorrat, wobei dann Werte von über 100 % möglich sind. Auch *technische Verbesserungen* im Rahmen der Instandsetzungen steigern den Abnutzungsvorrat.

- **MTBF**
  mean time between failure
- **MTTF**
  mean time to failure
- **MTTR**
  mean time to repair
- **TTR**
  time to repair
- **TPM**
  Total-Productive-Maintenance
  Der Maschinenführer ist nicht nur für die Instandhaltung, sondern auch für den einwandfreien Zustand des gesamten Arbeitsplatzes zuständig.
- **TPM-Maßnahmen**
  OM
  Operator Maintenance (Bediener)
  MM
  Monitoring Maintenance (Überwachung)
  CM
  Corrective Maintenance (Fehlerbehebung)
  IM
  Improvement Maintenance (Verbesserung)

Instandhaltungsstrategien

- **Korrektive Instandhaltung**
  - Sofortige Maßnahmen
  - Aufschiebbare Maßnahmen
- **Präventive Instandhaltung**
  - Terminorientierte Instandhaltung
  - Zustandsorientierte Instandhaltung

Beschreibung von Ausfällen

Technische Systeme haben den Betriebszustand *betriebsbereit* und *gestört*. Im gestörten Zustand kann das System nicht genutzt werden. In dieser Zeit ist *Störungssuche* und *Reparatur* notwendig.

- Ausfallrate Λ

  Anzahl der Ausfälle in einer Zeitspanne.

  $$\Lambda = \frac{n_A}{\Delta t}$$

  Angegeben werden kann die Ausfallrate in 1/Jahr (1/a), 1/Tag (1/d) oder 1/Stunde (1/h).

- Zeit zwischen zwei Ausfällen *TBF*

  TBF: time between failure

  Die Zeit zwischen zwei Ausfällen ist i. Allg. nicht immer gleich. Daher wird der *Mittelwert* angegeben.

  Dieser Mittelwert wird mit *MTBF (meantime between failure)* bezeichnet.

  $$MTBF = \frac{TBF_1 + TBF_2 + \cdots}{n_A}$$

  $$MTBF = \frac{1}{\Lambda} = \frac{\Delta t}{n_A}$$

  Angegeben wird MTBF in Jahren (a).

- Mittlere Reparaturzeit *MTTR*

  MTTR: meantime to repair

  $$MTTR = \frac{TTR_1 + TTR_2 + \cdots}{n_A}$$

  Angegeben in Jahren (a).

- Zeit bis zum Ausfall *TTF*

  Zeitspanne zwischen dem Reparaturende und dem nächsten Ausfall *(time to failure)*. Auch hier wird der *Mittelwert MTTF* angegeben *(meantime to failure)*.

  $$MTTF = MTBF - MTTR$$

  Angegeben in Jahren (a).

- Verfügbarkeit *A*

  Prozentualer Anteil der funktionsfähigen Zeit zur Gesamtzeit.

  $$A = \frac{TTF_1 + TTF_2 + \cdots}{\Delta t} \cdot 100\ \%$$

  $$A = \frac{MTBF - MTTR}{MTBF} \cdot 100\ \%$$

Prüfung

1. Unterscheiden Sie zwischen Lastenheft und Pflichtenheft.
2. Warum ist Instandhaltung notwendig?
3. Was versteht man unter Wartung, Inspektion und Instandsetzung?
4. Beschreiben Sie die Begriffe Abnutzungsvorrat und Abnutzungsgrenze.
5. Nennen und beschreiben Sie die Instandhaltungsstrategien.

Abnutzung *abrasion*

Abnutzungsvorrat *abrasion margin*

Abnutzungsursache *abrasion cause*

Ausfall *failure*

Ausfallrate *failure rate*

Ausfallwahrscheinlichkeit *failure probability*

Fehler *failure*

Fehlerart *kind of failure*

Fehlerbehandlung *error handling*

Fehlermeldung *error message*

Inspektionsintervall *maintenance rate*

Inspektionsplan *inspection plan*

Instandsetzung *repair*

Instandhaltung, vorausbestimmt *maintenance, predetermined*

Instandhaltung, vorbeugende *maintenance, preventive*

Instandhaltung, zeitabhängige *maintenance, time-basend*

Instandhaltung, zustandsorientierte *maintenance, condition-based*

Instandhaltung, korrektive *maintenance, corrective*

@ Interessante Links

- christiani-berufskolleg.de

■ **SPC**

Statistical Prozess Control

■ **Qualitätssicherung**

Instandhaltung ist eine wesentliche Voraussetzung zur Qualitätssicherung.

Man spricht von quallitätsbezogener Instandhaltung

7.2 Qualitätsmanagement

Die *Qualität* ist maßgebend für die *Wettbewerbsfähigkeit* eines Produkts.
Dabei ist *Qualität* die Übereinstimmung der **Produkteigenschaften** mit den **Anforderungen** an das Produkt.

Maß für die **Qualität** ist die *Abweichung* der **Sollbeschaffenheit** (Forderung) von der **Istbeschaffenheit** (Prozessergebnis).

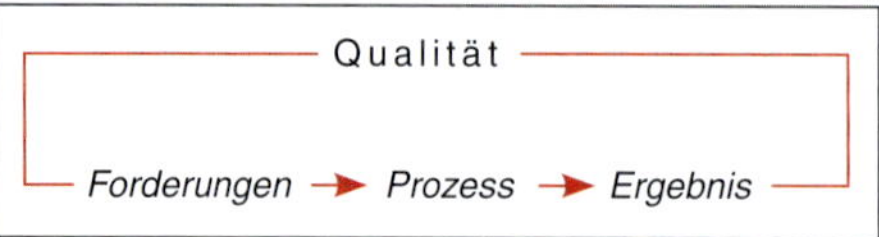

1 Qualität

Um ähnliche Produkte oder Dienstleistungen verschiedener Marktteilnehmer vergleichen zu können, wurde z. B. die Normreihe *DIN ISO 9000-9003* eingeführt. Darin enthalten sind betriebsunabhängige, allgemeine Beschreibungen des **Qualitätsmanagements** (QM).

Zum Beispiel:

- Verantwortung der Leitung
- Verknüpfung
- Beschaffung
- Überprüfung
- Qualitätsaufzeichnung
- Prüfprozesse

Qualitätsmerkmale

Qualität ist die Summe einzelner für den Wettbewerb maßgebender **Qualitätselemente.**

Zum Beispiel: *Entwurfsqualität, Fertigungsqualität, Versandqualität, Servicequalität,* die in den verschiedenen Bereichen der Produktherstellung zu erreichen sind.

Verdeutlicht wird das durch den **Qualitätsregelkreis** (Bild 2).

Messbare und *zählbare* Qualitätsmerkmale bezeichnet man als **quantitativ,** *bewertbare* Qualitätsmerkmale als **qualitativ.**

Qualitätsmanagement DIN EN ISO 9000

Sämtliche aufeinander abgestimmten Tätigkeiten zur Leitung und Lenkung einer Organisation in Bezug auf Qualität.

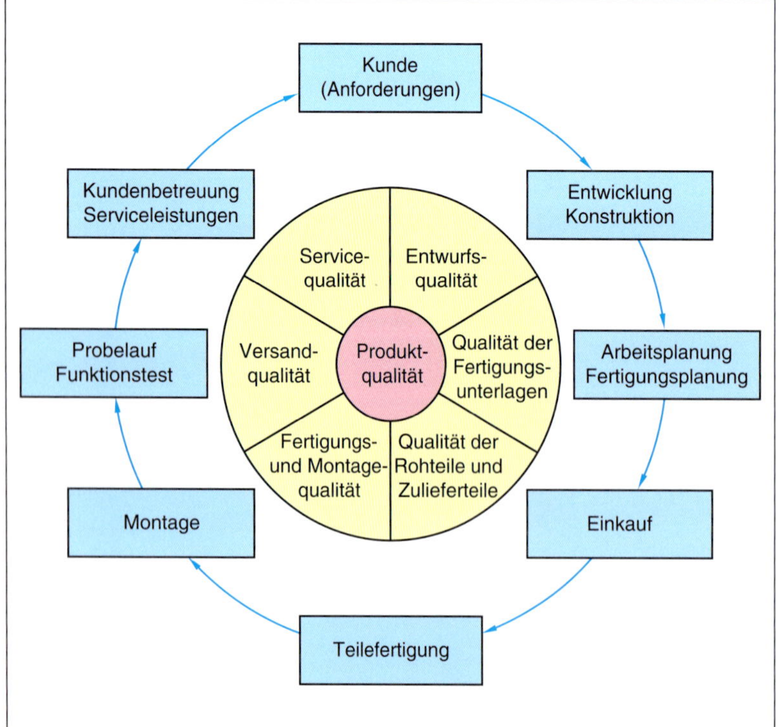

2 Qualitätsregelkreis

Qualitätssicherungsmaßnahmen

Die **Qualitätssicherung** hat die Aufgabe, geeignete *Maßnahmen* zur Erfüllung der Qualitätsanforderungen zu *entwickeln* und *durchzuführen*. Die Maßnahmen sind folgenden Bereichen des Qualitätswesens zugeordnet:

- **Qualitätsplanung**
  Umsetzen der Produktanforderung in *Qualitätsmerkmale*. Festlegen der erforderlichen *Toleranzen* für die Merkmalswerte unter Beachtung von Fertigungsmöglichkeiten und Kosten. Aufstellen von Prüfplänen mit genauen Prüfanweisungen.
- **Qualitätslenkung**
  Veranlassen und *Überwachen* der von der Qualitätsplanung festgelegten Maßnahmen und Anforderungen.
  Einleitung *korrigierender* und *steuernder Maßnahmen*, wenn die Qualitätsanforderungen nicht eingehalten werden.
- **Qualitätsprüfung**
  Durchführung der in der Qualitätsplanung festgelegten *Prüfungen*.
  Auswerten der Prüfungsergebnisse, Weitergabe der Auswertungen an die Qualitätsplanung und Qualitätslenkung.
- **Qualitätsförderung**
  Schulung und Motivation der Mitarbeiter. Erstellen von Qualitätsberichten und Qualitätsrichtlinien. Schaffung von qualitätsverbessernden Arbeitsbedingungen.

Produktqualität

Sieben Einflussgrößen, die sogenannten „7M“, bestimmen die Produktqualität:
Mensch, **M**aterial, **M**ethode, **M**aschine, **M**illieu (Umwelt), **M**anagement, **M**essung.

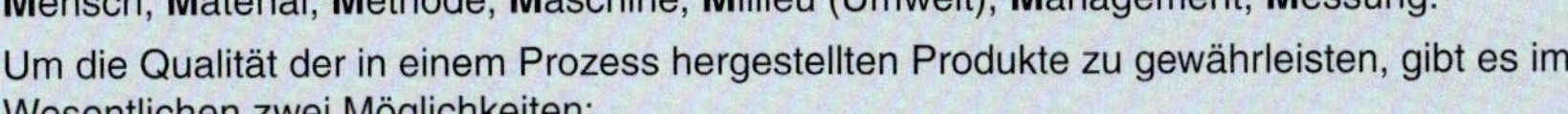

Um die Qualität der in einem Prozess hergestellten Produkte zu gewährleisten, gibt es im Wesentlichen zwei Möglichkeiten:

- *Qualitätsprüfung durch Endkontrolle*
- *Statistische Prozesslenkung (SPC)*

Qualitätsprüfung durch Endkontrolle

An *allen Teilen* eines Fertigungsprozesses werden die Qualitätsmerkmale geprüft.
Drei *Ergebnisse* sind möglich:

- *Das Teil ist bedingt brauchbar. Nacharbeit ist erforderlich.*
- *Das Teil ist brauchbar. Das Qualitätsmerkmal ist erfüllt.*
- *Das Teil ist unbrauchbar. Ausschuss!*

Entsprechend den Prüfungsergebnissen müssen Ausschussteile und nachzuarbeitende Teile *aussortiert* werden.

Bei einer zu hohen *Ausschuss-* und *Nachbearbeitungsrate* sind Maßnahmen erforderlich, den Prozess zu korrigieren.

Nachteil: Fehler lassen sich erst *nach* dem Prozessablauf feststellen und korrigieren.

Statistische Qualitätslenkung (SPC)

Die Qualitätsprüfung wird *während des Fertigungsprozesses* in regelmäßigen Abständen durch *Stichprobenentnahme* vorgenommen.

Bei jeder *Stichprobe* wird an $n = 2$ bis $n = 25$ Teilen ein bestimmter *Merkmalswert* x geprüft. Zum Beispiel ein bestimmtes Längenmaß. Von den n Merkmalswerten x_1 bis x_n werden dann der *arithmetische Mittelwert* $\overline{x}$ und die *Standardabweichung* s berechnet.

Arithmetischer Mittelwert

Addition aller Einzelwerte einer Messreihe und anschließender Division der Summe durch die Anzahl der Einzelwerte.

$$\overline{x} = \frac{x_1 + x_2 + \cdots + x_n}{n}$$

$\overline{x}$ arithmetisches Mittel (Mittelwert)
x Messwerte einer Stichprobe
n Anzahl der Einzelmessungen

Spannweitenmitte R_M, Spannweite R

Spannweitenmitte ist der *Mittelwert* zwischen dem *größten* und dem *kleinsten* Einzelwert einer Messreihe.

$$R_M = \frac{x_{max} - x_{min}}{2}$$

Spannweite ist die Differenz zwischen dem größten und dem kleinsten Einzelwert einer Messreihe.

$$R = x_{max} - x_{min}$$

R_M Spannweitenmitte
R Spannweite
x_{max} Größtwert der Messreihe
x_{min} Kleinstwert der Messreihe

Mittelwert der Standardabweichung $\overline{s}$, Standardabweichung s

Die *Standardabweichung* gibt die *durchschnittliche Abweichung* der Einzelwerte vom Mittelwert an.

$$\overline{s} = \frac{s_1 + s_2 + \cdots + s_n}{n}$$

$$s = \pm\sqrt{\frac{1}{n-1}\sum_{i=1}^{n}(x_i - \overline{x})^2}$$

$\overline{s}$ Mittelwert der Standardabweichung
s Standardabweichung, bezogen auf $\overline{x}$
n Anzahl der Einzelmessungen
x_i Einzelwert
$\overline{x}$ arithmetischer Mittelwert

Qualitätsprüfung
quality inspection

Qualitätssicherung
quality management

Qualitätsregelkarte
quality control chart

Grundstandardabweichung σ

Gaußsche Normalverteilung: Die Normalverteilung zeigt die Verteilung der Einzelwerte in Diagrammform.

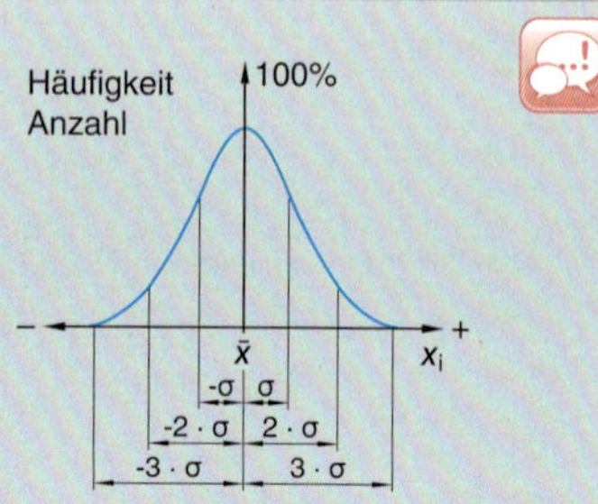

Die Standardabweichung der Einzelwerte wird *Grundstandardabweichung* genannt.

Alle Einzelwerte (100 %) und damit alle zufälligen Schwankungen (Fehler) werden durch die Fläche unter der Kurve erfasst.

Eine große Anzahl von Einzelwerten entspricht dem Mittelwert oder weicht nur wenig vom Mittelwert ab. Bei einer großen Abweichung der Einzelwerte vom Mittelwert ist die Anzahl der Einzelwerte gering. Es liegt eventuell ein *systematischer Fehler* vor.

- Im Bereich $\overline{x} \pm 1 \cdot \sigma$ liegen 68,26 % der Messwerte.
- Im Bereich $\overline{x} \pm 2 \cdot \sigma$ liegen 95,44 % der Messwerte.
- Im Bereich $\overline{x} \pm 3 \cdot \sigma$ liegen 99,73 % der Messwerte.

Bei einer entsprechenden Anzahl von Einzelmessungen kann also vorhergesagt werden, welcher Prozentsatz der gefertigten Produkte in einem bestimmten *Toleranzbereich* liegen.

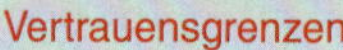

Vertrauensgrenzen

Die Vertrauensgrenzen sind Grenzen (des Toleranzbereichs) für das arithmetische Mittel $\overline{x}$.

Obere Vertrauensgrenze G_o

$$G_0 = \overline{x} + s \cdot \frac{1}{\sqrt{n}}$$

Untere Vertrauengrenze G_U

$$G_U = \overline{x} - s \cdot \frac{1}{\sqrt{n}}$$

Qualitätsregelkarte, Shewhart-Regelkarte

Wenn sich ein als befriedigend erkannter, beherrschbarer Zustand (Sollzustand) eines Fertigungsprozesses eingestellt hat, werden *Qualitätsregelkarten* eingesetzt.

Bei der *Shewhart-Regelkarte* werden die Eingriffsgrenzen aufgrund des Prozessverhaltens nach fertigungstechnischen Gesichtspunkten engstmöglich festgelegt.

Die *Eingriffsgrenzen* beschreiben den 99,73 %-Zufallsstreubereich ($\pm 3 \cdot \sigma$). Der ungestörte Prozess bewegt sich also zufallsverteilt innerhalb der Einflussgrenzen. Die *Warngrenzen* begrenzen den 95,44 %-Zufallsstreubereich ($\pm 2 \cdot \sigma$).

Beispiel: Qualitätsregelkarte

OEG	obere Eingriffsgrenze	15,86 mm
OWG	obere Warngrenze	15,83 mm
UEG	untere Eingriffsgrenze	15,58 mm
UWG	untere Warngrenze	15,61 mm
M	Mittellinie (Sollwert)	15,72 mm

Alle auftretenden Maßabweichungen vom Sollwert *x* liegen bei dieser Stichprobenauswertung innerhalb der zulässigen Grenzen (Eingriffsgrenzen).

Der Fertigungsprozess verläuft stabil.

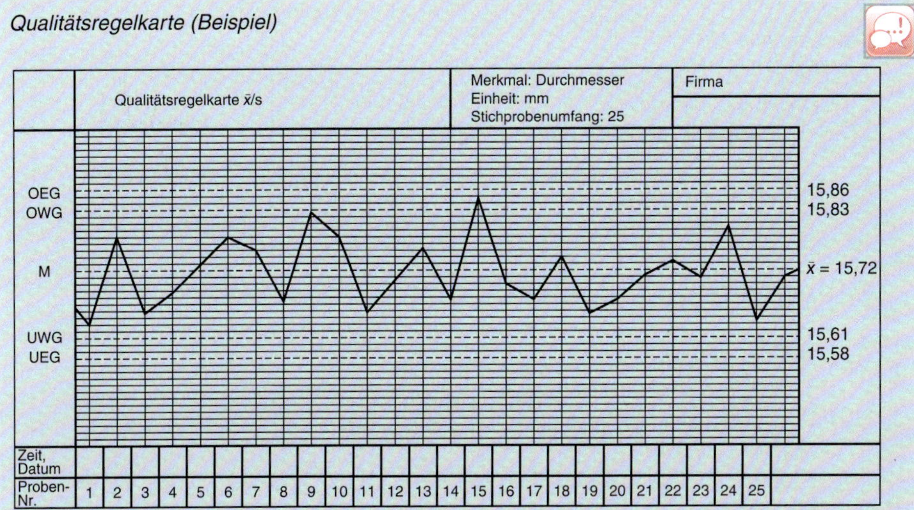

Die Überwachung eines Prozesses wird bei der *statistischen Prozesslenkung* durch *Prozessregelkarten* vorgenommen. In einer Prozessregelkarte werden für jede der genommenen Stichproben die Merkmalswerte, der arithmetische Mittelwert und die Standardabweichung oder die Spannweite eingetragen.

An einem *Vorlos* werden anhand der gemessenen Merkmalswerte von Stichproben die obere Eingriffsgrenze (OEG) und die untere Eingriffsgrenze (UEG) für den arithmetischen Mittelwert und die obere Eingriffsgrenze für die Standardabweichung festgelegt (Vorstudie).

Wonn sich dann im Prozess der arithmetische Mittelwert und die Standardabweichung bzw. die Spannweite der Stichproben innerhalb der Eingriffsgrenzen bewegen, läuft die Fertigung fohlerfrei ab. Das gefertigte Los kann zur Weiterbearbeitung freigegeben werden.

Wird jedoch eine der Grenzen verletzt, dann muss nach Fehlern gesucht und in den Prozess durch entsprechende Korrekturen eingegriffen werden.
Das hergestellte Los wird vor der Weiterbearbeitung *vollständig* geprüft und sortiert.

Prozessregelkarten

Die Überwachung eines Prozesses wird bei der *statistischen Prozesslenkung* durch **Prozessregelkarten** vorgenommen.
In einer Prozessregelkarte werden für jede der genommenen Stichproben die *Merkmalswerte, der arithmetische Mittelwert* und die *Standardabweichung* oder die *Spannweite* eingetragen (siehe Seite 407).

An einem **Vorlos** werden anhand der gemessenen Merkmalswerte von Stichproben die obere Eingriffsgrenze (OEG) und die untere Eingriffsgrenze (UEG) für den arithmetischen Mittelwert und die obere Eingriffsgrenze für die Standardabweichung festgelegt (Vorstudie).

Wenn sich dann im Prozess der arithmetische Mittelwert und die Standardabweichung bzw. die Spannweite der Stichproben innerhalb der Eingriffsgrenzen bewegen, läuft die Fertigung fehlerfrei ab. Das gefertigte Los kann zur Weiterbearbeitung freigegeben werden.

Wird jedoch eine der Grenzen verletzt, dann muss nach Fehlern gesucht und in den Prozess durch entsprechende Korrekturen eingegriffen werden.

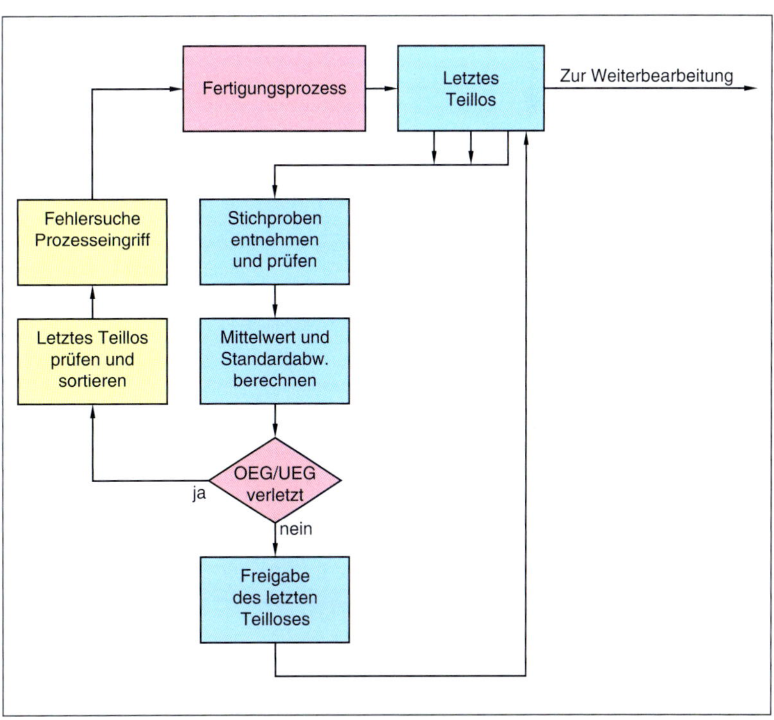

3 Ablaufplan der Qualitätsregelung durch SPC

Qualitätsprüfung
quality inspection

Qualitätssicherung
quality management

Qualitätsregelkarte
quality control chart

Qualitätsmanagement
quality management

QM-Handbuch
quality management manual

Stichprobe
random sample

Mittelwert
mean value

Qualitätsaudit
quality audit

Qualitätskontrolle
quality control

Qualitätssicherung
quality assurance

Prozessregelkarte der statistischen Prozesslenkung

Prozessregelkarte ($\bar{x}$/R)	
Teilenummer: 1234567 Bezeichnung: Antr.-Welle Q-Merkmal: Lagersitz-∅	Nennmaß: ∅ 35 g5 Höchstwert: 34,992 Mindestwert: 34,980
Stichprobenumfang: 5	Prüffrequenz: 120 Min.

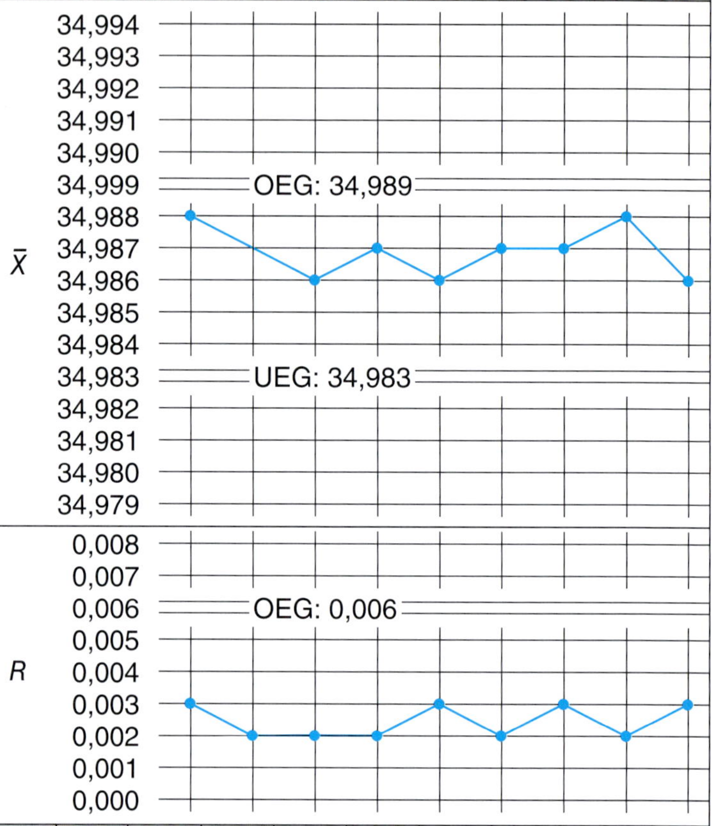

$\bar{X}$: 34,994 · 34,993 · 34,992 · 34,991 · 34,990 · 34,999 OEG: 34,989 · 34,988 · 34,987 · 34,986 · 34,985 · 34,984 · 34,983 UEG: 34,983 · 34,982 · 34,981 · 34,980 · 34,979

R: 0,008 · 0,007 · 0,006 OEG: 0,006 · 0,005 · 0,004 · 0,003 · 0,002 · 0,001 · 0,000

Schicht	F	S	N	N	N	F	N	N	N
Zeit	11^{40}	21^{45}	22^{10}	0^{35}	4^{30}	13^{00}	22^{35}	2^{05}	4^{25}
Datum	5.11.	5.11.	5.11.	6.11.	6.11.	6.11.	6.11.	7.11.	7.11.
x1	,988	,988	,987	,987	,985	,988	,986	,987	,985
x2	,988	,986	,986	,987	,987	,988	,988	,988	,987
x3	,989	,987	,988	,988	,987	,986	,989	,987	,987
x4	,989	,987	,987	,987	,988	,987	,987	,989	,986
x5	,986	,988	,986	,986	,986	,986	,986	,989	,988
Summe *x*	4,940	4,936	4,933	4,935	4,933	4,935	4,936	4,940	4,933
x-quer	,988	,987	,986	,987	,986	,987	,987	,988	,986
R	,003	,002	,002	,002	,003	,002	,003	,002	,003
Stichprobe	1	2	3	4	5	6	7	8	9

Prüfung

1. Beschreiben Sie die unterschiedlichen Qualitätssicherungsmaßnahmen.

2. Welche Einflussgrößen beschreiben die Produktqualität?

@ Interessante Links

- christiani-berufskolleg.de

Prozessverläufe

Natürlicher Verlauf (Bild 4)

66 % der Werte liegen im Bereich ± Standardabweichung *s*.

Alle Werte liegen *innerhalb* der Eingriffsgrenzen.

Prozess ist *ungestört*, er ist unter Kontrolle und kann ohne Eingriffe fortgesetzt werden.

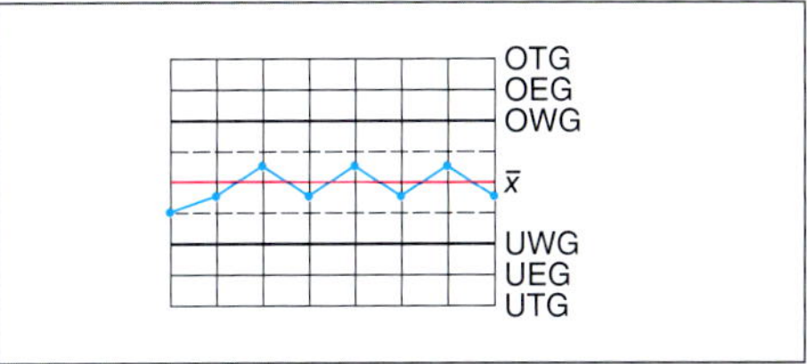

4 Natürlicher Verlauf

Überschreiten der Eingriffsgrenzen (Bild 5)

Die Werte unterschreiten bzw. überschreiten die Eingriffsgrenzen.

Der Prozess ist *gestört*.

Überjustierte Maschine, verschiedene Materialchargen, beschädigte Maschine. Messgeräte überprüfen.

In den Prozess muss eingegriffen werden, 100 %-Prüfung.

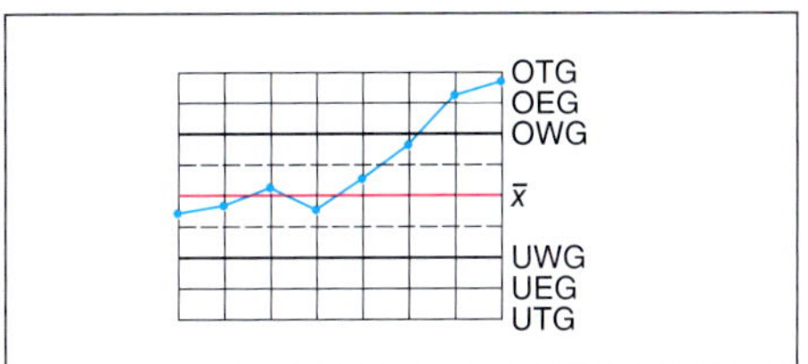

5 Überschreiten der Eingriffsgrenzen

Run (in Folge), Bild 6

Sieben oder mehr aufeinander folgende Werte liegen auf einer Seite der Mittellinie.

Der Prozess ist *gestört*, die Ursachen sind zu ergründen.

Werkzeugverschleiß, andere Materialchargen, neues Werkzeug, neues Personal.

Der Prozess ist verschärft zu beobachten.

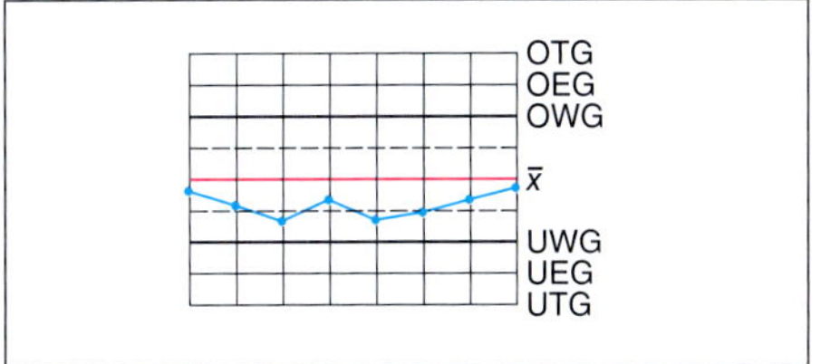

6 Run

Trend (Bild 7)

Sieben oder mehr aufeinanderfolgende Werte zeigen eine steigende oder fallende Tendenz.

Der Prozess ist *gestört*.

Verschleiß an Werkzeugen, Vorrichtungen oder Messgeräten, ungenügende Wartung, Personalermüdung.

Der Prozess ist zu unterbrechen, alle Maschinenparameter sind zu überprüfen.

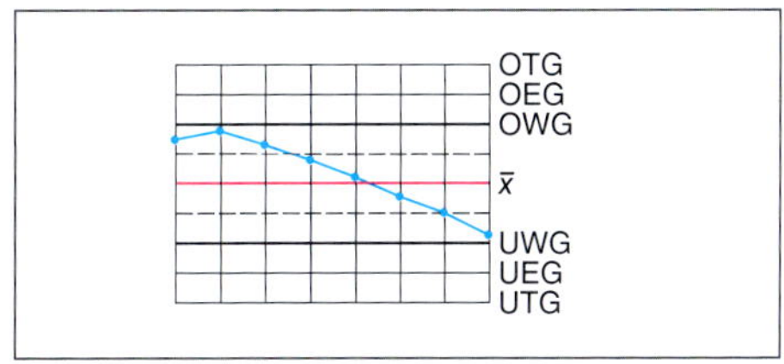

7 Trend

Middle Third (Bild 8)

Mindestens 15 Werte liegen aufeinanderfolgend innerhalb ± Standardabweichung *s*.

Der Prozess ist *eventuell gestört*.

Verbesserte Fertigung, bessere Beaufsichtigung, beschönigte Prüfergebnisse, defekte Messgeräte. Feststellen, wodurch der Prozess verbessert wurde bzw. Prüfergebnisse überprüfen.

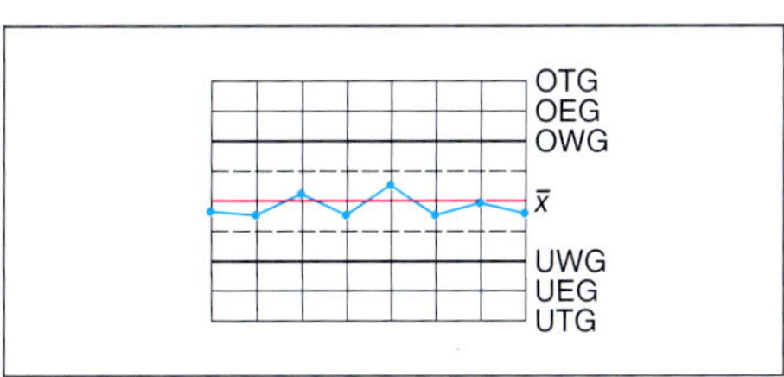

8 Middle Third

Perioden (Bild 9)

Die Werte wechseln periodisch um die Mittellinie.

Prozess ist gestört.

Fertigungsprozess nach Einflüssen untersuchen.

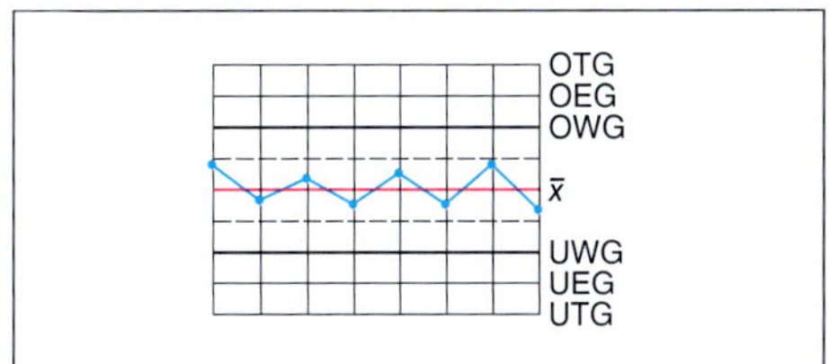

9 Perioden

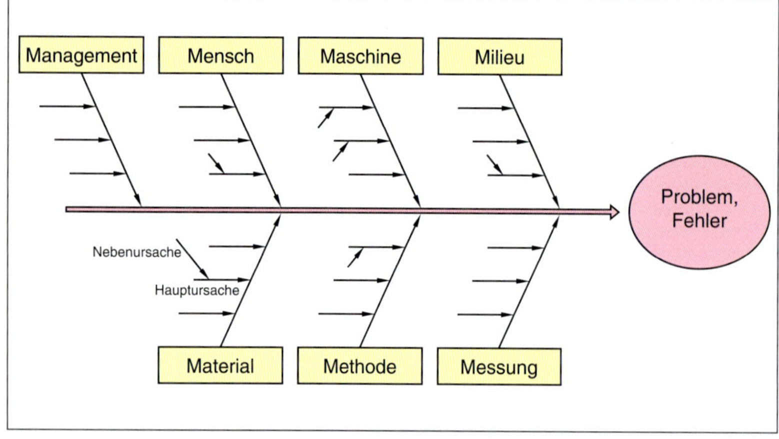

10 Ursachen-Wirkungs-Diagramm (Ishikawa-Diagramm)

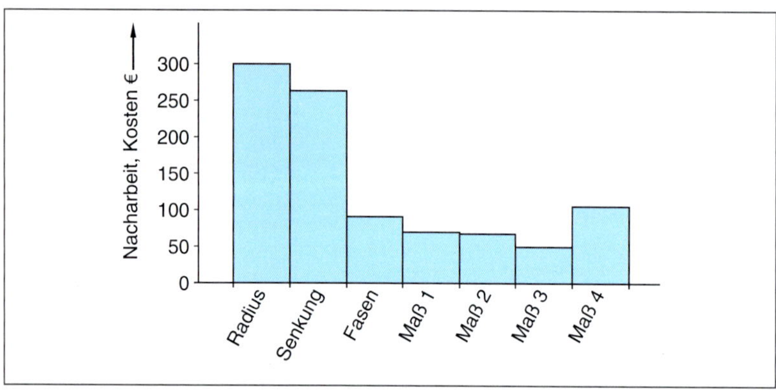

11 Pareto-Diagramm

Beispiel für eine Fehler-Sammelliste

Produkt-Nr.			Prüfart	jedes 20. Teil	
Bezeichnung			Prüfer	Mayer	
Nr.	Fehlerart	19.09.	20.09.	21.09.	Summe
1	Radius	III	IIII	III	
2	Senkung	II	II	I	
3	Fase	I	II	II	
4	Maß 1	I	II	I	
5	Maß 2	I	I	II	
6	Maß 3	I	I	I	
7	Maß 4		I	I	

Ursachen-Wirkungs-Diagramm

Die möglichen Ursachen und Wirkungen werden in *Haupt-* und *Nebenursachen* unterteilt.

Durch die Programmstruktur können positive und negative Einflussgrößen identifiziert und ihre Abhängigkeit zur Zielgröße dargestellt werden.

In der Bewertung ergeben sich einige *Ursachenschwerpunkte*, die dann näher untersucht werden können (Bild 10).

Pareto-Diagramm

Das *Pareto-Diagramm* basiert auf der festgestellten Tatsache, dass die meisten Auswirkungen eines Problems (80 %) häufig nur auf eine *kleine Anzahl* von Ursachen (20 %) zurückzuführen sind.

Es ist ein *Säulendiagramm*, das Problemursachen nach ihrer Bedeutung ordnet (Bild 11).

Je größer die Säule im Diagramm, umso wichtiger ist diese Kategorie. Sie zu beheben, bedeutet die größte Verbesserungsmöglichkeit.

Eine *steile Summenkurve* deutet darauf hin, dass es *sehr wenige wichtige* Ursachen für das Problem gibt. Eine *flache Kurve* zeigt an, dass *viele gleichwertige* Ursachen vorliegen.

So kann verhindert werden, dass mit hohem Zeit- und Kostenaufwand unwichtige Ursachen beseitigt werden und das Problem dennoch bestehen bleibt.

Histogramm

Säulendiagramm, in dem gesammelte Daten zu *Klassen* zusammengefasst werden.

Die Größe einer Säule entspricht dabei der Anzahl der Daten in einer Klasse. Die Seitenlänge ist proportional zur jeweiligen Klassenhäufigkeit (Bild 12).

Anhand des fertigen Histogramms lässt sich leicht erkennen, ob sich die gemessenen Werte innerhalb der *Toleranzgrenzen* befinden und in welchem Bereich bzw. welcher Klasse die meisten Messwerte liegen.

Fehler-Sammelliste

Mithilfe von *Fehler-Sammellisten* können beobachtete oder festgestellte Fehler auf einfache Weise erfasst werden.

Durch eine übersichtliche Darstellung nach Art und Anzahl der Fehler können *Trends* erkannt werden, nach denen die Fehler auftreten.

Um die Anzahl der Fehlerarten zu begrenzen, aber dennoch eine vollständige Erfassung zu ermöglichen, sollte eine Kategorie „sonstige Fehler" aufgenommen werden.

Die Menge der untersuchten Objekte sollte begrenzt sein, damit die Übersichtlichkeit nicht verloren geht.

Korrelations-Diagramm

Hierbei handelt es sich um eine grafische Darstellung, durch die die Beziehung zwischen *zwei Merkmalen* dargestellt wird, die paarweise an einem Objekt aufgenommen werden.

Aus deren Muster können Rückschlüsse auf einen statistischen Zusammenhang zwischen den beiden Merkmalen gezogen werden (Bild 13).

Aus dem größten und kleinsten ermittelten Wert eines Merkmals ergibt sich die sinnvolle Einteilung der Achsen.

Die Wertepaare werden als Punkte eingetragen, sodass eine Punktewolke entsteht.

Je näher die Punkte an der Ausgleichsgeraden liegen, umso stärker ist der Zusammenhang der beiden Merkmale.

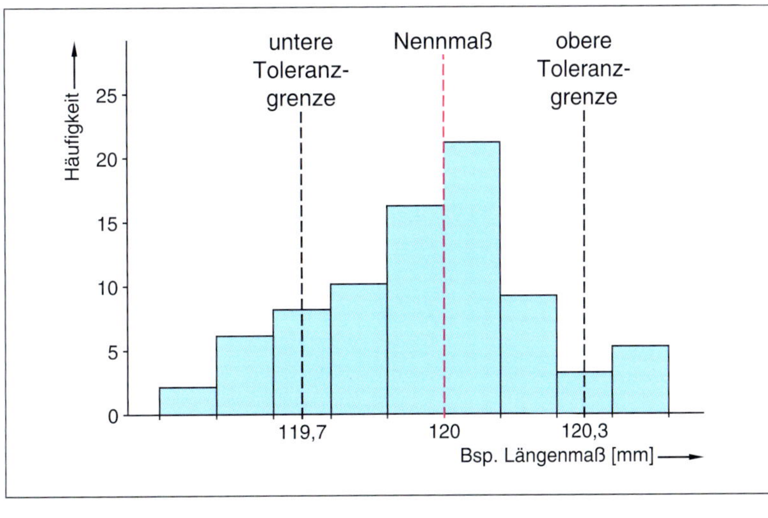

12 Histogramm

Prüfung

1. Wie können Prozessverläufe grafisch dargestellt werden?

2. Wie ist eine Fehler-Sammelliste aufgebaut?

3. Welche Aussage macht das Pareto-Diagramm (Bild 11, Seite 412)?

@ Interessante Links

- christiani-berufskolleg.de

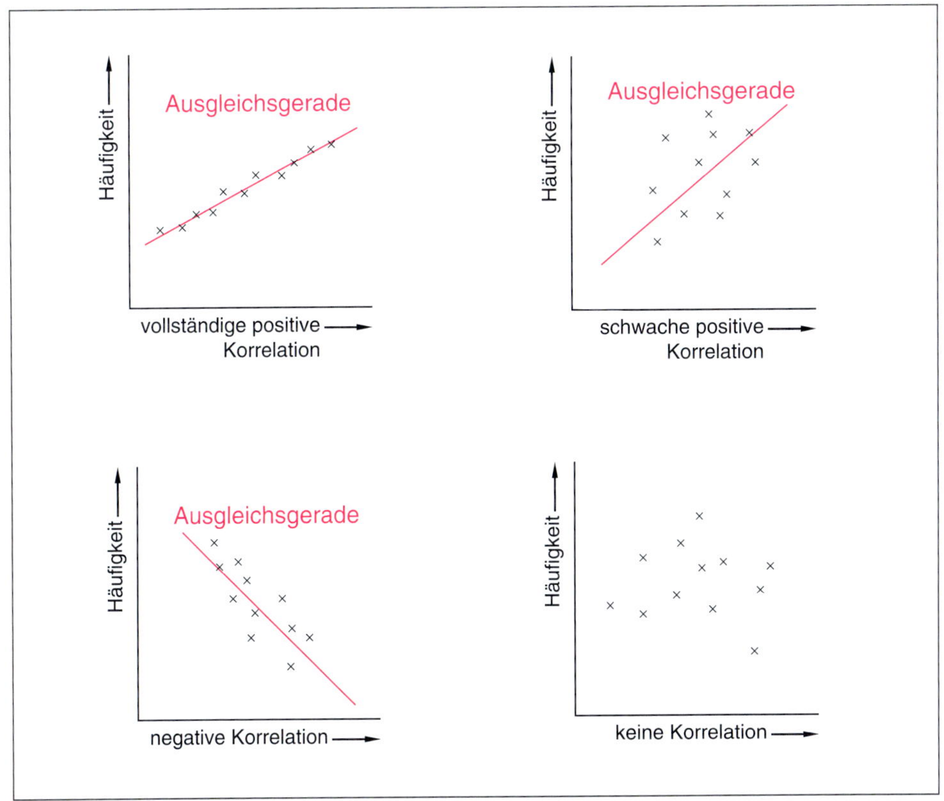

13 Korrelations-Diagramm

TQM-Methode

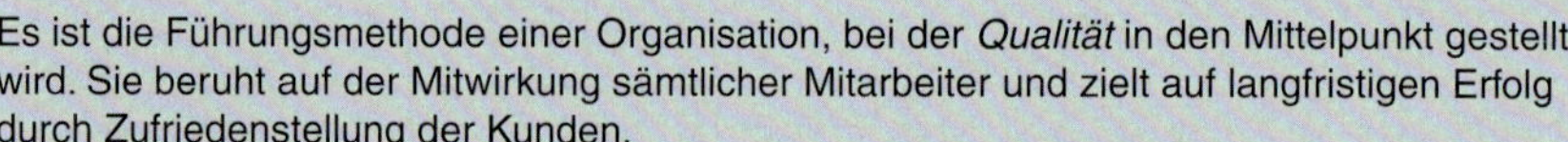

TQM bedeutet *Total Quality Management.*

Es ist die Führungsmethode einer Organisation, bei der *Qualität* in den Mittelpunkt gestellt wird. Sie beruht auf der Mitwirkung sämtlicher Mitarbeiter und zielt auf langfristigen Erfolg durch Zufriedenstellung der Kunden.

- *Prozessorientierung*
- *Kundenorientierung*
- *Mitarbeiterorientierung*
- *Kontinuierliche Verbesserung*

Prozessorientierung

Die notwendigen Prozesse zur Leistungserbringung werden beschrieben. Dabei werden Zielsetzung, eingesetzte Mittel und Verantwortlichkeiten angegeben. Mängel sind nicht Anlass zur Kritik, sondern dienen der Prozessverbesserung.

Kundenorientierung

Orientierung an die Erwartungen und Wünsche der Kunden.

Mitarbeiterorientierung

Jeder Mitarbeiter ist wichtig für die Erreichung eines positiven Arbeitsergebnisses. Anerkennung und Weiterentwicklung der Mitarbeiter sind wichtig. In Qualitätszirkeln besprechen sie Probleme und entwickeln Lösungsstrategien, die sie nach Genehmigung durch Entscheidungsträger eigenverantwortlich umsetzen.

Kontinuierliche Verbesserung (KVP)

Sämtliche Prozesse werden ständig auf Verbesserungsmöglichkeiten hin untersucht.
Der *kontinuierliche Verbesserungsprozess* (KVP) besteht aus vier Phasen.

1. Planen
Verbesserungsplan entwickeln, Änderungen definieren, Überprüfungskriterien festlegen.

2. Ausführen
Realisierung des Verbesserungsplans.

3. Überprüfen
Die Auswirkungen des Verbesserungsplans werden analysiert. Kommt man dabei zu einem positiven Ergebnis, wird er der neue Standard. Wenn Fehler auftreten, werden Verbesserungen erarbeitet.

4. Verbessern
Die gemachten Erfahrungen fließen in den Gesamtprozess zur Qualitätssteigerung ein.

Der betriebliche Auftrag

Die Bearbeitung eines *Auftrags* kann in mehrere *Phasen* unterteilt werden:

1. Analyse
2. Planung
3. Durchführung
4. Auswertung

1. Analyse
Was ist zu tun?

Welche räumlichen und technischen Gegebenheiten sind anzutreffen?

Welche Dokumentationsunterlagen sind vorhanden?

Wann kann die Arbeit beginnen und in welchem Zeitraum ist sie auszuführen?

2. Planung
Erstellung von Dokumentationsunterlagen, Bestellung von Material, Bereitstellung von Werkzeugen, Maschinen und Personal, Terminplanung, Arbeitspläne, Stücklisten.

3. Durchführung
Arbeiten werden entsprechend der Planung ausgeführt. Auf fachgerechte und termingerechte Ausführung ist dabei zu achten. Nach Abschluss der Arbeiten ist der Kunde (Nutzer) einzuweisen. Die vollständigen Dokumentationsunterlagen werden ausgehändigt.

4. Auswertung
Konnte der Auftrag der Planung entsprechend durchgeführt werden?
Was ist in Zukunft verbesserungsfähig?

Projektmanagement

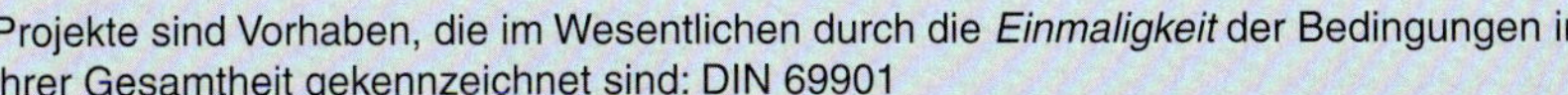

Projekte sind Vorhaben, die im Wesentlichen durch die *Einmaligkeit* der Bedingungen in ihrer Gesamtheit gekennzeichnet sind: DIN 69901

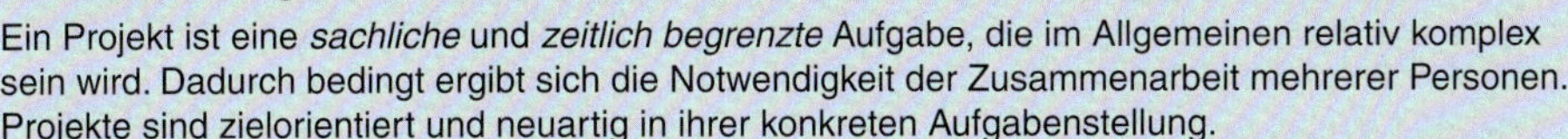

Ein Projekt ist eine *sachliche* und *zeitlich begrenzte* Aufgabe, die im Allgemeinen relativ komplex sein wird. Dadurch bedingt ergibt sich die Notwendigkeit der Zusammenarbeit mehrerer Personen. Projekte sind zielorientiert und neuartig in ihrer konkreten Aufgabenstellung.

- *Aufgabenstellung mit zeitlicher Befristung*
  Das Projekt hat einen vorgegebenen Umfang. Es wird zwischen einem Anfangs- und Endzustand verwirklicht. Die Projektdauer kann sehr unterschiedlich sein. Ein Projekt kann durchaus mehrere Jahre dauern.
- *Einmaligkeitscharakter, hohes Risiko*
  Ein Projekt ist eine neuartige Aufgabenstellung (keinesfalls Routinearbeit). In Ermangelung von Vorerfahrungen besteht stets ein gewisses Risiko des Scheiterns.
- *Budgetierung*
  Das Projekt muss mit begrenzten Mitteln (Personal- und Sachkosten) verwirklicht werden. Dies wird durch eine Projektbudgetierung berücksichtigt.
- *Teamarbeit*
  Im Allgemeinen ist Projektarbeit Teamarbeit, da die komplexen Aufgabenstellungen fachübergreifend gelöst werden müssen.
- *Zielsetzung*
  Projekte sollen messbare Zielvorgaben haben.

Projektphasen

- *Konzeption*
  Zweck, Inhalt und Aufgaben sämtlicher Teilprojekte und des Gesamtprojekts werden festgelegt.
- *Planung*
  Projektziele festlegen, Projektorganisation, Ablaufplan, Zeitplan, Kostenplan.
- *Machbarkeit*
  Überprüfung von kritischen Punkten auf mögliche Realisierbarkeit.
- *Detaillierung*
  Verfeinerung der Ausführungsvorgaben.
- *Realisierung*
  Projektmanagement anwenden.
- *Optimierung*
  Sämtliche relevanten Erkenntnisse, die bei der Durchführung gewonnen werden, werden eingearbeitet.

Projektantrag

Am Anfang eines Projekts steht der *Projektantrag*. In ihm sollen alle zu diesem Zeitpunkt absehbare Daten in Bezug zum Projekt *schriftlich* niedergelegt werden.

- *Beschreibung des Projektgegenstands*
- *Beschreibung der Projektziele*
- *Projektphasen mit (noch grobem) Terminplan*
- *Grober Kostenplan*
- *Projektleitung und Projektteam*
- *Projektergebnisse*
- *Risikobetrachtung*

Brainstorming

Brainstorming ist eine systematische *Ideenfindungsmethode*. Besonders geeignet bei klar definierten Problemen.
Brainstorming kann in einer Gruppe unter Beachtung folgender Regeln durchgeführt werden:

- *Jeder sagt, was ihm einfällt (keine Kritik an den Äußerungen). Auch keine Kommentare wie „Geht so nicht!“, „Können wir nicht bezahlen!“ usw.*
- *Quantität vor Qualität, je mehr Äußerungen, umso wahrscheinlicher ist eine gute Lösung erreichbar.*
- *Ideen werden kombiniert und weiterentwickelt. Ideen ergänzen sich und können zu Optimierungen führen.*
- *Sämtliche Ideenäußerungen werden sichtbar aufgeschrieben. So kann sich jeder Teilnehmer mit den Ideen beschäftigen und Kombinationsideen einbringen.*
- *Zum Abschluss werden die Ideen bewertet.*

Projektmanagement
project management

Projektphasen
project phases

Projektplan
project plan

Projektstruktur
project structure

Projektdurchführung
project work

Projektorganisation
project organization

Projekt-Strukturplan
project structure plan

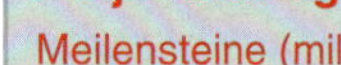

Projektmanagement

Meilensteine (mile stones)

Ein Meilenstein bildet das Ende einer Projektphase.
Meilensteine sind eindeutig definierte Eckpunkte, die gewährleisten, dass sämtliche Projektaktivitäten zielgerichtet im geplanten Zeitraum abgearbeitet werden. Sie sind markante Zeitpunkte im Projektablauf und damit ein gutes Kontrollinstrument.

Projektdokumentation

Notwendige Voraussetzung für die Überwachung der Projektergebnisse ist die Projektdokumentation. Nach dem *Projektantrag*, der z. B. durch Kundenanforderungen, Umweltanforderungen oder Gesetzesänderungen initiiert sein kann, erfolgt u. U. der *Projektauftrag.*

Definitionsphase

- *Problemanalyse*
- *Teilziele*
- *Grobplanung*
- *Durchführbarkeitsprüfung*
- *Wirtschaftlichkeit*
- *Nutzwert*
- *Aktivitäten*

Planungsphasen

- *Lasten-/Pflichtenheft*
- *Feinplanung*
- *Verantwortungen*
- *Risikoanalyse*
- *Schnittstellenbeschreibungen*
- *Strukturplan, Ablaufplan, Terminplan*
- *Kostenplan, Kapazitätsplan*
- *Aktivitätenliste*

Realisierungsphase

- *Arbeitsprotokolle*
- *Planaktualisierungen*
- *Darstellung der Soll-Ist-Abweichung*
- *Besprechungsprotokolle*
- *Offene Punkte*
- *Projekt-Controlling*
- *Checklisten, Abnahmeberichte*
- *Ergebnisprotokolle*

Abschlussphase

- *Abschlussbericht*
- *Abschlussanalyse*
- *Erfahrungssicherungsbericht*

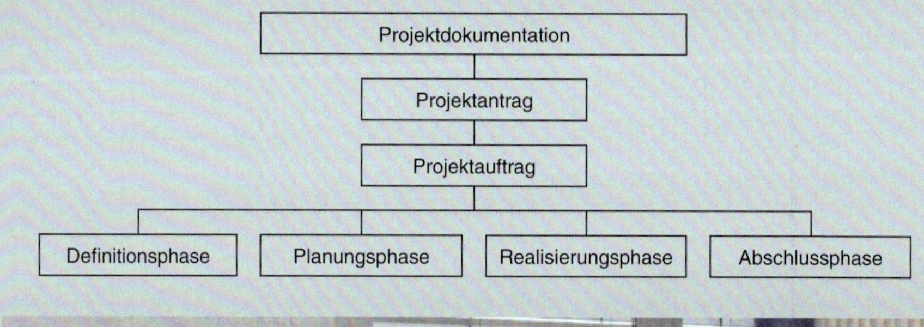

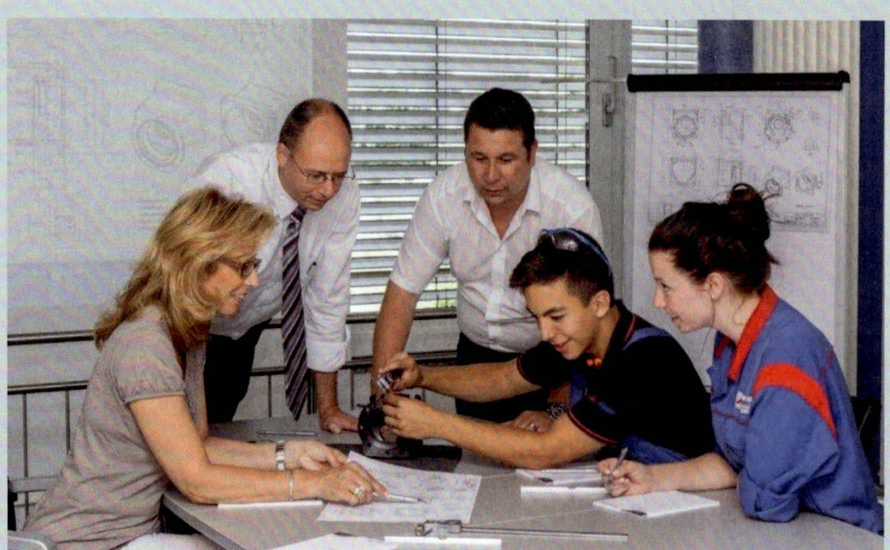

Nutzereinweisung

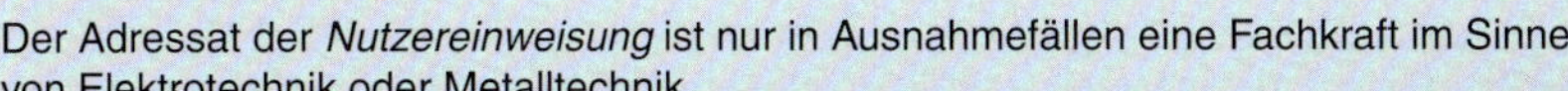

Der Adressat der *Nutzereinweisung* ist nur in Ausnahmefällen eine Fachkraft im Sinne von Elektrotechnik oder Metalltechnik.
Auf die Verwendung von Fachbegriffen ist also zu verzichten. Alle Ausführungen in mündlicher und/oder schriftlicher Form müssen allgemeinverständlich sein.

Wesentliche Inhalte

- *Errichten der Maschine (Anlage). Genaue Beschreibung, möglichst mit Illustrationen*
- *Grenzdaten der Maschine (Anlage)*
- *Bedienung der Maschine (Anlage). Eingabe von Steuerbefehlen und Daten, Verhalten im Notfall*
- *Wiederingangsetzen der Maschine (Anlage). Zum Beispiel nach Not-Halt.*
- *Sicherheitseinrichtungen*
- *Troubleshooting, Erkennung und Behebung einfacher Fehler*

Die Nutzereinweisung soll in schriftlicher Form vorliegen, damit der Verantwortliche (z. B. Maschinenführer) jederzeit nachschauen kann.
Eine Demonstration vor Ort in Beisein des Verantwortlichen ist zwingend notwendig. Dem Verantwortlichen sollte die Gelegenheit zu Rückfragen gegeben werden.

Adressaten der Nutzereinweisung

- Spannungsversorgungsanlagen in Betrieben
  Anlagenverantwortlicher, beauftragte Elektrofachkraft, Sicherheitsbeauftragter
- Sicherheitstechnische Einrichtungen
  Anlagenverantwortlicher, Sicherheitsbeauftragter
- Frei zugängliche Einrichtungen zum Steuern, Schalten usw.
  Bedienpersonal (unter Aufsicht des Anlagenverantwortlichen)

Arbeitssicherheit

Gesetze und Verordnungen

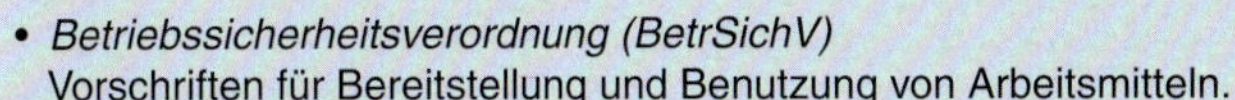

- *Betriebssicherheitsverordnung (BetrSichV)*
  Vorschriften für Bereitstellung und Benutzung von Arbeitsmitteln.
- *Arbeitsschutzgesetz (ArbSchG)*
  Sicherung und Verbesserung des Arbeits- und Gesundheitsschutzes der Beschäftigten bei der Arbeit.
- *Unfallverhütungsvorschriften (UVV)*
  Herausgegeben von den Berufsgenossenschaften als Berufsgenossenschaftliche Vorschriften für Sicherheit und Gesundheit bei der Arbeit (BGV).

  Die Arbeitgeber verpflichten sich, Maßnahmen zur Verhütung von Arbeitsunfällen, Berufskrankheiten und arbeitsbedingten Gefahren für die Gesundheit sowie eine effektive Erste Hilfe zu treffen.

  Beispiele

BGV A1	Grundsätze der Prävention
BGV A2	Betriebsärzte und Fachkräfte für Arbeitssicherheit
BGV A3	Elektrische Anlagen und Betriebsmittel
BGV A4	Arbeitsmedizinische Vorsorge

Produktsicherheitsgesetz (Prod SG)

Anforderungen an die Sicherheit von Produkten, sowie deren Kontrolle und Kennzeichnung.
Produkte sind Waren, Stoffe und Zubereitungen, die durch einen Fertigungsprozess hergestellt werden.

Das Gesetz hat Gültigkeit, wenn durch Geschäftstätigkeit Produkte auf dem Markt bereitgestellt, ausgestellt oder erstmals verwendet werden.
Beispiele für Produkte: Maschinen, Haushaltsgeräte, Heimwerkergeräte, Werkzeuge, Sportgeräte, persönliche Schutzausrüstungen.

Wenn Produkte innerhalb der EU auf den Markt gelangen, müssen sie den Sicherheitsanforderungen genügen. Solche Produkte tragen das *CE-Kennzeichen.*

Der Hersteller bestätigt mit dem Anbringen des CE-Kennzeichens, dass sein Produkt den Anforderungen der EU-Rechtsvorschriften entspricht.

@ Interessante Links

- www.engelbert-strauss.de
- www.planam.de

Arbeitssicherheit
working safety

Schutzeinrichtung
protector,
protective equipment

Arbeitsschutz-bestimmungen
safety regulations

Persönliche Schutzausrüstung
personal protective equipment

Schutzhelm
safety helmet

Arbeitsschutzbekleidung
protective clothing

Arbeitsschutzmaßnahmen
safety precautions

Arbeitsschuhe
safety boots

Arbeitsplatzgrenzwert
maximum allowable concentration

Arbeitsschutz
work protection

Produktsicherheitsgesetz (Prod SG)

Zusätzlich kann ein Produkt ein *GS-Zeichen* tragen. Die Hersteller können ihre Produkte auf freiwilliger Basis bei Prüfstellen, die vom Bundesministerium für Arbeit und Soziales benannt sind, prüfen lassen.

Das *GS-Zeichen* garantiert, dass Sicherheit und Gesundheit des Menschen bei bestimmungsgemäßer Nutzung nicht gefährdet sind. Nur nach bestandener Prüfung darf das GS-Zeichen angebracht werden.

Gefahrstoffverordnung (GefStoffV)

Vor dem Einsatz eines Stoffs, einer Zubereitung oder eines Erzeugnisses muss der Arbeitgeber in seinem Betrieb ermitteln, ob es sich um einen Gefahrstoff handelt. Der Arbeitgeber hat ein Verzeichnis über die eingesetzten Gefahrstoffe zu führen.

Gefährliche Stoffe, Zubereitungen und Erzeugnisse sind (auch bei ihrer Verwendung) *verpackungs-* und *kennzeichnungspflichtig*.

Kennzeichnung bedeutet stets Gefahr!
Keine Kennzeichnung schließt eine Gefährdung allerdings nicht in jedem Fall aus!

Ein *Sicherheitsdatenblatt* gibt genaue Auskunft über die Gefahren, die ein Produkt für Mensch und Umwelt bedeutet. Es ist dem Verwender spätestens bei der ersten Lieferung auszuhändigen.

Wenn beim Umgang mit Gefahrstoffen *Schutzmaßnahmen* notwendig werden, so ist diesen stets der Vorzug vor der persönlichen Schutzausrüstung zu geben.

Rangfolge:

1. Verhinderung der Freisetzung von Gefahrstoffen.
2. Gefahrstoffe am Ort der Entstehung absaugen.
3. Wirksame Lüftungsmaßnahmen ergreifen.
4. Persönliche Schutzausrüstung zur Verfügung zu stellen.

Für den Arbeitsplatz ist eine *schriftliche* arbeitsbereich- und stoffbezogene *Betriebsanweisung* zu erstellen. Sie muss den Umgang mit den durch den Gefahrstoff auftretenden Gefahren für Mensch und Umwelt und die notwendigen Schutzmaßnahmen und Verhaltensregeln festlegen. Auch auf die *Entsorgung* von gefährlichen Abfällen ist hinzuweisen.

Eine jährliche *Unterweisung* ist notwendig. Sie ist zu dokumentieren.

Aufnahme von Gefahrstoffen

Aufnahme		**Schutzmaßnahmen**
Eindringen:	Gase, Dämpfe, Stäube	Augen- und Ohrenschutz
Einatmen:	Gase, Dämpfe, Stäube, Aerosole	Absaugen, Belüften, geeigneter Atemschutz
Verschlucken:	Stäube, Flüssigkeiten	Nicht trinken, essen, rauchen
Hautresorption:	Stäube, Flüssigkeiten	Hand- oder/und Arbeitsschutzkleidung, eventuell Vollschutzanzug

GHS

Ein *global harmonisiertes System* (GHS) stuft chemische Stoffe weltweit nach gleichen Kriterien ein. Auch deren Kennzeichnung gilt international.

Das *GHS-System* wurde mit der *CLP-Verordnung* (Verordnung über die Einstufung, Kennzeichnung und Verpackung von Stoffen und Gemischen) in der europäischen Union (EU) eingeführt.

GHS

Piktogramme

Explosions-gefährlich	Leicht-/hochent-zündlich	Brandfördernd	Komprimierte Gase	Ätzend
GHS01	GHS02	GHS03	GHS04	GHS05
Sehr giftig/giftig	**Gesundheits-gefährdend**	**Gesundheits-schädlich**	**Umwelt-gefährdend**	
GHS06	GHS07	GHS08	GHS09	

Signalwörter

GEFAHR	Für schwerwiegende Gefahrenkategorien
ACHTUNG	Für weniger schwerwiegende Gefahrenkategorien

Gefahrenhinweise, H-Sätze

Die *H-Sätze* beschreiben die *Art* und gegebenfalls den *Schweregrad* der Gefahr, die vom gefährlichen Stoff oder Gemisch ausgeht.

- **Gefahrenhinweis**

H 4 01
- Nummer, den R-Sätzen entsprechend
- **2** Physikalische Gefahren
  3 Gesundheitsgefahren
  4 Umweltgefahren
- Hazard Statement (Gefahrenhinweis)

- **Sicherheitshinweis**

P 4 01
- Nummer, den S-Sätzen entsprechend
- **1** Allgemein
  2 Vorsorgemaßnahmen
  3 Empfehlungen
  4 Lagerhinweise
  5 Entsorgung
- Precautionary Statement (Sicherheitshinweis)

Gefahrenkennzeichnung nach GHS

Begriff nach GHS	Gefahrenkennzeichnung nach GHS	
Akute Toxizität **Tödlich** beim Einatmen, Verschlucken und bei Hautkontakt.	H330 H310 H300	GEFAHR
Akute Toxizität **Giftig** beim Einatmen, Verschlucken und bei Hautkontakt.	H331 H311 H301	

Gefahrenkennzeichnung nach GHS

Begriff nach GHS	Gefahrenkennzeichnung nach GHS	
Spezifische Zielorgan-Toxizität bei einmaliger/wiederholter Gefährdung für den Organismus. Karziogenität, Keimzell-Mutagenität, Reproduktionstoxität.	H370 H372 H350 H340 H360 H334 H304	GEFAHR
Spezifische Zielorgan-Toxizität bei einmaliger/wiederholter Gefährdung für den Organismus. Karziogenität, Keimzell-Mutagenität, Reproduktionstoxität.	H371 H373 H351 H341 H361	ACHTUNG
Akute Toxizität **Gesundheitsschädlich** beim Einatmen, Verschlucken und bei Hautkontakt.	H332 H312 H302	ACHTUNG
Ätzung der Haut Wirkung irreversibel **Schwere Augenschädigung** Wirkung irreversibel	H314 H318	GEFAHR
Augenreizung, spezifische Zielorgan-Toxizität Reizung der Atemwege Hautreizung, Sensibilisierung der Haut	H319 H335 H315 H317	ACHTUNG
Spezifische Zielorgan-Toxizität betäubende Wirkung	H336	ACHTUNG

Sicherheitszeichen

Sicherheitszeichen dienen zur *Sicherheits-* und *Gesundheitsschutzkennzeichnung.*

Sie warnen vor Gefahren, leiten in Gefahrensituation und geben Handlungsanweisungen.

Form und Farbe der Sicherheitszeichen verdeutlichen unmittelbar, ob es sich um *Verbots-, Gebots-, Warn-, Rettungs-* oder *Brandschutzzeichen* handelt.

Sicherheitszeichen

Bedeutung des Sicherheitszeichens	Farbe	Form und Beispiel
Verbotszeichen untersagen ein Verhalten, durch das eine Gefahr hervorgerufen werden kann.	ROT	Zutritt für Unbefugte verboten
Gebotszeichen schreiben ein bestimmtes Verhalten vor.	BLAU	Vor Arbeiten freischalten
Warnzeichen warnen vor Risiken und Gefahren.	GELB	Warnung vor elektrischer Spannung
Rettungszeichen kennzeichnen Rettungswege, Notausgänge usw.	GRÜN	Erste Hilfe
Brandschutzzeichen kennzeichnen die Standorte von Feuermelder- oder Feuerlösch-einrichtungen.	ROT	Feuerlöscher

Persönliche Schutzausrüstung PSA

- **Augenschutz/Gesichtsschutz**
  Auswechselbare Sichtscheiben aus Sicherheitsglas.
  Vorgeschrieben, wenn mit Augen- oder Gesichtsverletzungen durch wegfliegende Teile, Spritzern von Flüssigkeiten oder gefährliche Strahlung gerechnet werden muss.

- **Kopfschutz**
  Schale besteht aus thermoplastischen oder duroplastischen Kunststoffen. Korbähnliche Innenausstattung zur Dämpfung und Verteilung der auf den Helm einwirkenden Kräfte.

  AC 440 V: Bei Gefährdung durch kurzzeitigen Kontakt mit Wechselspannungen bis 440 V. Vorgeschrieben, wenn Kopfverletzungen durch herabfallende, umfallende, wegfliegende oder pendelnde Gegenstände erwartet werden müssen. Auch bei lose hängenden Haaren.

Arbeitssicherheit
working safety

Schutzeinrichtung
protector,
protective equipment

Arbeitsschutz-bestimmungen
safety regulations

Persönliche Schutzausrüstung
personal protective equipment

Schutzhelm
safety helmet

Arbeitsschutzbekleidung
protective clothing

Arbeitsschutzmaßnahmen
safety precautions

Arbeitsschuhe
safety boots

■ **Sicherheitszeichen**

Fehlerbeseitigung
trouble shooting

Funktionsfähigkeit
ability to operate

Schaden
damage

Fehlerfreier Betrieb
faultless operation

Fehleranalyse
analysis of mistakes

Fehlerbeschreibung
description of a fault

Fehlerfindung
fault finding

fehlerfrei
ready for operation

Fehlerhäufigkeit
rate of occurence

Fehlerquelle
source of error

Persönliche Schutzausrüstung PSA

- **Gehörschutz**
  Kapselhörschützer oder verformbare Gehörschutzstöpsel aus polymerem Schaumstoff zur einmaligen Verwendung. Bügelstöpsel zum häufigen Wechseln. Vorgeschrieben in gekennzeichneten Lärmbereichen, bei Arbeiten mit Schallpegeln ab 90 dB (A) sowie bei Arbeiten, für die die Berufsgenossenschaft Gehörschutz fordert.

- **Fußschutz**
  Sicherheitsschuhe mit Zehenkappen.
  S1: Geschlossener Fersenbereich, antistatisches Material
  S2: Wie S1, zusätzlich verringerter Wasserdurchtritt
  S3: Wie S2, zusätzlich Durchtrittsicherheit und profilierte Laufsohle

  Vorgeschrieben, wenn mit Fußverletzungen durch Stoßen, Einklemmen, herabfallende und umfallende Gegenstände, durch Hineintreten in spitze oder scharfe Gegenstände gerechnet werden muss.

  Symbol für Arbeiten in Anlagen bis AC 1000 V/DC 1500 V

1000 V
DIN

1000 V
DIN EN

- **Körperschutz**
  Enganliegende Kleidung aus Naturfasern und Handschuhe.
  Schutzanzüge zum Schutz gegen gefährliche Körperströme und gegen Einwirken von Störlichtbögen (begrenzt auf Anlagen bis 500 V AC und 750 V DC).

  Vorgeschrieben, wenn in der Nähe von Stoffen gearbeitet wird, die zu Hautverletzungen führen oder durch die Haut in den menschlichen Körper eindringen können. Bei Gefahr von Verbrennungen, Verbrühungen, Verätzungen, Unterkühlungen, Stichverletzungen, Schnittverletzungen und elektrischen Durchströmungen.

Fehlermanagement
– Fehlererkennung
– Fehlerbeschreibung
_ Fehlereingrenzung
– Fehlerbehebung
– Fehlervorbeugung

Systematische Fehlersuche

Ein *Fehler* ist der Ausfall einer oder mehrerer Funktionen eines technischen Systems. Fehlersuche muss immer systematisch sein.

Ein technisches System besteht im Allgemeinen aus mehreren Teilsystemen, die gemeinsam (im Zusammenwirken) eine Aufgabe übernehmen.

Fällt nun ein Teilsystem aus, kann die Funktion des Gesamtsystems beeinflusst werden.

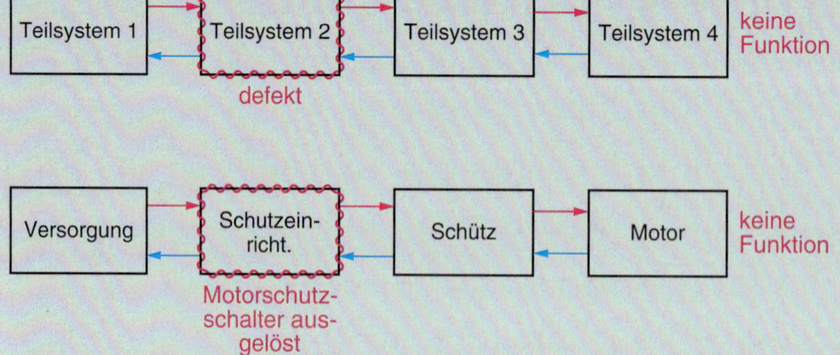

Im Allgemeinen ist nicht unmittelbar erkennbar, welches Teilsystem den Funktionsausfall bewirkt. Im Beispiel kann die Fehlerursache

- *der Ausfall der Versorgungsspannung*
- *der Ausfall einer Überstromschutzeinrichtung*
- *der Ausfall des Schützes*
- *der Ausfall des Motors*

sein. Sicherlich kommen auch die Leitungsverbindungen als Fehlerursache in Betracht (hier nicht dargestellt).

Strategien zur Fehlersuche

- *Vorwärtsstrategie*
  Ausgehend vom übergeordneten Teilsystem wird in Richtung der Fehlfunktion gesucht (rote Linien in der grafischen Darstellung). Also von der Versorgung zum Motor.
- *Rückwärtsstrategie*
  Ausgehend vom fehlerhaften Teilsystem wird in Richtung zum übergeordneten Teilsystem gesucht (blaue Linie in der grafischen Darstellung). Also vom Motor zur Versorgung.

Ablauf

- Eine Störung wird gemeldet.
- Eine möglichst genaue Fehlerbeschreibung einholen (z. B. vom Maschinenführer).
- Ortbesichtigung
- Eingrenzung des Fehlerorts
- Fehlersuche
- Reparatur
- Funktionsprüfung und Inbetriebnahme
- Dokumentation

Prüfung

1. Beschreiben Sie die TQM-Methode.

2. Was versteht man unter einem Projekt?

3. Ein Projekt unterteilt sich in verschiedene Projektphasen.

Nennen und beschreiben Sie diese Phasen.

4. Welche Aufgaben hat das Brainstorming? Beschreiben Sie den Ablauf von Brainstorming.

5. Bei der Projektbearbeitung sind milestones (Meilensteine) von Bedeutung.

Was versteht man darunter? Welche Aufgabe haben sie?

6. Worauf achten Sie bei der Erstellung einer Nutzereinweisung?
Wie gliedern Sie die Nutzereinweisung?

7. Welche Aussagen machen das CE- und das GS-Zeichen?

8. Beschaffen Sie sich in ihrem Ausbildungsbetrieb ein Sicherheitsdatenblatt
und erläutern Sie dessen Aussage.

9. Wie führen Sie eine systematische Fehlersuche durch?

10. Erläutern Sie die dargestellten Zeichen.

@ Interessante Links

- christiani-berufskolleg.de

8 Englische Aufgaben

Übersetzen Sie die englischen Texte.

1. A flexible manufacturing system (FMS) is a group of numerically controlled manufacturing devices which are linked via a shared work piece transport system and a central control system.
This enables automatic machining of various work pieces in a family of parts in a variety of quantities and sequences or interruptions via manual operating processes.

2. Industrial robots are handling units with freely-programmable control systems, whose movement sequences are defined by a program. The program contains the path and operating commands for moving the robot axes. It is possible to re-program the movement sequence without changing the hardware.

3. Inspection
Activity such as measurement, investigation, dimensional check of one or several characteristics of a unit and *comparison* of the results with defined requirements in order to determine the conformity of each characteristics.

4. Quality audit
Systematic and independent investigation to determine whether the quality-related activities and therefore the interrelated results correspond to the planned requirements, and whether these requirements are in fact put into practice and the suitable for achieving the objectives.

5. Gauging
Gauging is determining whether specific lengths, angles or forms of an object being tested are within specified limits or the direction in which it exceeds these.
The extent of the deviation is not determined.
The limits are defined by material measures or form measures, referred to as gauges.
Limit gauging requires two material measures, one for each limit of size.

6. The quality of a product is crucial for its competitiveness. Quality is the extent to which the product characteristics match the product requirements.
The measure for the quality is the deviation of the desired *properties* (requirements) from the actual properties (process result).

7. Quality planning
Conversion of product requirement into quality characteristics.
Defining the necessary tolerances for the characteristic values taking the manufacturing options and costs into account.
Preparation of inspection schedules with detailed instructions.

Quality control
Authorizing and monitoring the measures and requirements defined as part of the quality planning.
Introduction of corrective and staring action if the quality requirements are not met.

Quality inspection
Implantation of the inspections defined in the quality planning.
Evaluation of the inspection results, forwarding of evaluations to quality planning and quality control.

Quality requirement
Training and motivation of employee.
Preparation of quality reports and quality guidelines.
Establishing work conditions that lead to quality improvements.

8. Pareto chart
The Pareto chart is based on the established fact that most effects of a problem are often attributable to a small number of causes.
It is a bar chart in which the causes of problems are arranged according to significance.
The larger the bar, the more important the corresponding category is. Elimination of this represents the greatest opportunity for improvement.

9. Pneumatics
The air energy source is indicated by three state variables:
Pressure, volume and temperature.
The correlation between these variables is described by the ideal gas equation.

10. Double acting cylinder
Compressed air is applied to the piston on alternate sides. A working stroke is possible on both sides of the piston.
The piston speed can be set in both directions (with dumping). However, forces of different magnitudes result when extending and retracting (with adjustable damping).

11. Electro-pneumatic control systems
Electro-pneumatic control systems are identified by combining electrical signal inputs and signal processing in conjunction with generating pneumatic movement and force.
Both systems' interfaces form the general solenoid valves.

12. When button S1 is pressed briefly, the cylinder piston extends. It remains in the front stop position until a second signal (S2) returns the piston to its starting position.
The signals must be stored electrically if you use a directional valve with spring reset.

13. If the state at the input changes from "0" to "1", then the output takes the state "1" after time t_V.

14. Digital multimeters measure voltages, currents, resistances, frequencies and capacitance. Reading errors cannot occur with this type of device. The dual slope method is used.

The number of pulses is thereby proportional to the measured voltage. Digital measuring instruments have a very large input resistance. As a result, it is almost impossible to destroy the measuring instrument by applying a voltage that is too high.

An accuracy class is not specified. The possible percentage deviation is specified in digits. One digit is thereby the smallest measuring digital measuring step shown.

15. Voltage measurement
Voltage is always measured between two points. The two connection lines of a measuring instrument can be connected to the measuring point without changing the device or the circuit.

16. Power measurement
Measuring procedure

- Disconnect the system.
- Be aware of small contact resistances in the current circuit.
- set measured values with the current and voltage range switches.
- set the measure type switch to AC or DC.
- Switch the system on.
- Carry out the measurement.
- Disconnect the system.
- Disconnect the measuring device.

17. Sensors detect physical quantities which are fed to the signal processor (closed and open-loop control system).
They are the decisive factor in the performance of closed or open-loop control systems.

18. Absolute rotary encoder
A defined coded numeric value is output to each angle.
This code value is available immediately once it is switched on.

Single-turn rotary encoder
After on revolution, the measured values repeat.

Multi-turn rotary encoder
These detect several revolutions as well as angular position.

Rotary encoder
For recording mechanical positions, for example for turrets. Excellent mechanical safety, optical initial position display for defining the zero point, high positioning speed.

19. Pressure sensors
Piezoresistive, inductive or strain gauge-based sensors are used to measure static and dynamic pressure curves, over pressure, differential pressure and absolute pressure.

In the case of over or under pressure measurement, one side of the measuring element is subjected to atmospheric pressure.

In the case of differential pressure measurement, both sides of the measuring elements are subjected to pressure p_1 and p_2 respectively.

In the case of absolute pressure measurement, on side of the measuring element must be evacuated or supplied with a constant reference pressure.

20. Inductive proximity switch
The oscillator produces a high-frequency electromagnetic field, which is emitted at the sensor active face.

If electrically conductive materials enter the area of influence of the field, then the oscillator is damped and the threshold switch is activated.

Rated operation distance
Determines how far electrically conductive substance may be from the active face of the sensor in order to ensure a faultless switching process.

21. Capacitive proximity switches
The resonant circuit capacitance changes due the influence of materials in front of the active face. The oscillator is damped and the Schmitt trigger is activated.
The rated operating distance is generally based on a water surface. The operating distance can be changed by setting potentiometer.
Do not operate the sensor with max. sensitivity as the effect of disturbance variables increases with the sensitivity. Contamination on the active face may change the operating distance.

22. Ultrasonic sensors
A piezoceramic transducer emits ultrasonic pulses. If the pulse are reflected by an object, the transducer can receive the echo and convert it into a signal for evaluation.
The range lies between 6 and 600 cm. All materials which can reflect ultrasonic waves can be detected. The objects to be detected can approach the detection come from any direction.
The sound propagation time depends on the air temperature and air humidity.

Ultrasonic sensor with evaluation device

- Distance from 6 to 99 cm with 1 cm resolution.
- Distance from 80 to 600 cm with 10 cm resolution.
- Switching output (contactor or PLC).
- Digital output in BCD code or as a 8-bit binary digit for distance measurement.
- Analogue output (4 – 20 mA) for distance detection.

23. Optoelectronic sensors
Optoelectronic sensors essentially consist of a light emitter and a receiver. They respond to changes in brightness of the received light caused by objects in the light beam.
The evaluation of the change in brightness produces a switching signal.

- Light on: Output in the case of active light incidence.
- Dark on: Output in the case of active beam interruption.

Optoelectronic sensors work with modulated light. This prevents outside influences such as sunlight and light sources from having an effect.

24. Contactors
Contactors are electromagnetic switches.
If control current flows through the contactor coil, it attracts on iron armature.
The contactor's contact elements are then actuated: Normally open contacts are closed, normally closed contacts are opened.
The preferred values for the control voltage are 24 V, 230 V.

Main contactors
Main contactors (load contactors) are suitable for directly switching load currents (e. g. for electric motors). They have three main control elements. Generally, they are also equipped with auxiliary contact elements. (e. g. for latching).

Auxiliary contactors
Auxiliary contactors have the same basic structure as main contactors. However, they only have auxiliary contact elements, which can only handle low loads (10 A, 16 A).
Auxiliary contactors are used for locking and logic operations. They are also used for contact multiplication.

25. Marker-brackets
Markers are 1 bit memories, which can store the signal states "0“ or "1“ (bit memory).
Retentive markets are batters buffered and therefore protected against voltage failure.
Markers can be queried like inputs and set like outputs. Bracket operations determine the processing order for the binary logic operations.

26. Querying NC contacts
NC contacts must be used for safety-related switch-off operations (wire break protection).
An actuated NC contact supplies the signal state "0“ to the control system.
In case of binary signal processing, the PLC can only differential between the signal states "0“ and "1“ at its inputs.
For example, if a control operation (e. g. stop) is to be triggered by an NC contact then the corresponding input must be negated.

A control operation should:

- be triggered by the signal state "1“: query for signal state "1“; no negation.
- be triggered by signal state "0“: query for signal state "0“; no negation.

27. Sequencer principle

- In general, only one step is ever active.
- When setting the successor step, the predecessor step must be reset
- The successor step is activated if the predecessor step is already set and the associated transition has the Boolean value TRUE.
- The first step is the successor of the last step (chain is closed).

Sequencer flow

1. Predecessor step is set?
2. Associated transition is satisfied?
3. Then set successor step!
4. Successor step is set?
5. Then reset predecessor step!

28. In de case of a simultaneous branch, all parallel branches are run through simultaneous. Only when all the final steps of the branch are active, can a transition initiate the exit from the branch.

29. Analogue value processing
Analogue signals can take almost any value between technical limits.

The amount of technically possible range values depends on the resolution.
If the resolution is 10-bit, then $2^{10} = 1024$ interim values are possible.
A higher resolution increases the number of interim values and thereby increases the accuracy.

30. On-off control system
The manipulated variable can only take two states in these type of control systems: on and off.
On-off-controllers are used when fluctuations between an upper and lower limit value are permitted.
However, to do so, the control processes must have sufficient energy storage capacity (temperature control processes).

On-off controllers are switching controllers (on and off).
The controlled variable oscillates about the setpoint w.
The amplitude and oscillation period increase with the ratio T_U/T_g of the control process and the differential gap x_d of the controller.

31. CE marking
The CE mark indicates conformity with European directives.
The minimum requirements of the applicable European directives relating to safety and health protection are satisfied.
The CE mark must be applied in such a manner that is visible, legible and indelible.

32. Emergency control device
Emergency control devices are designed to eliminate hazardous situations as quickly as possible. In doing so, they must not create any addition hazards.
The operating elements of an emergency control device must be red.
The surface behind or beneath the operating elements must be yellow.
Mushroom-head push-buttons and trip wires are permitted as operating elements.
When actuated, emergency control devices must mechanically latch in place in such a way that the system can only be re-started once it has been manually released.
The emergency stop command always requires the involvement of an person, it is not an automatic command.

33. Two-hand locking
For situations where unintentional repetition of an operation cycle could jeopardise operating personnel.

Start: command issued with both hands; buttons must be actuated for the entire duration of the operating cycle.

The push-buttons must be actuated together within a brief period (0.5 s).

Before the next operating cycle begins, booth buttons must be released and re-actuated.

34. Shock-hazard protection
Finger-safe is an item of electrical equipment whose live parts cannot be touched with a straight test-finger under defined conditions.

The dimensions of the test finger are oriented towards the dimensions of a human-finger:

- Length: 80 mm
- Diameter: 12 mm
- Angle of tip: 32°

35. Protection class II
Reinforced or additional insulation in addition to basic insulation prevents dangerous voltages arising at exposed parts if a fault develops.

- All conductive parts of the basic insulation must be enclosed by an insulation envelope (at last IP 2x).
- Conductive parts within the envelope may only be connected to the protective conductor providing this is envisaged in the standards for the relevant equipments.
  Protective conductor connections are permitted for the purpose of looping through.
- If the connection cable contains a protective earth, this must be connected in the plug, and not in the equipment.
- Use of genuine spare parts is advisable.

36. The RCD monitors down stream equipment continuously for possible fault currents.
If the fault currents reaches a specific value, the RCD disconnects all poles (including N).

A summation currents transformator checks whether the incoming and outgoing currents correspond. If this is not the case, the residual current device trips at a specific fault current intensity (at $I_{\Delta n}$ at the latest).

This fault current is the rated differential current $I_{\Delta n}$. The RCD must trip after 200 ms at the latest with this current.

37. Maximum allowable concentration (MAC)
The maximum allowable concentration states the concentration at which a substance is generally expected to have an acute chronic effect on health. This is based on a given reference period. An 8-hour exposure every day 5 days a week for duration of working life. Peak limits (intensity and duration) are defined for short-term exposures.

38. The days in which the purpose of maintenance was simply to carry out repairs and eliminate problems are long gone.

The demands of modern production plants are much higher as failure and downtime costs of machines and systems could potentially be much higher then the costs of maintenance.

The primary objective must be minimise machine and plant down times resulting from failure losses due to defects.

Of course, to achieve this objective, investment is also required.
However, it is possible to achieve a high machine and plant availability with comparatively low overheads, this tastes a worth carrying out.

When maintenance is properly carried out this
- reduces production costs,
- increases the capacity utilisation of the machine and plant,
- safeguards the reliability of operations.

Inspection
Determining and assessing the actual condition in order to avoid fault.

Maintenance
Measures for preserving the desired condition in order to avoid malfunctions.

Servicing
Measures for restoring the desired condition involving reconditioning or replacement of part based on the inspection result.

Prüfung

Aufgabensatz 1

1. Eine ältere Spannungsversorgung für eine elektropneumatische Anlage ist defekt. Sie werden mit der Überprüfung beauftragt. Sie messen die Sekundärspannung des Trafos und erhalten den Wert 15,4 V.

Welche Schlussfolgerung ziehen Sie daraus.

2. Transformator:
Eingangsspannung U_1 = 230 V/50 Hz,
Ausgangsspannung U_2 = 27,5 V.

a) Ermitteln Sie das Verhältnis der Windungszahlen.
b) Welche sekundäre Windungszahl ist notwendig, wenn N_1 = 460?

3. Wie groß ist der Strom I_1 auf der Primärseite des Transformators?

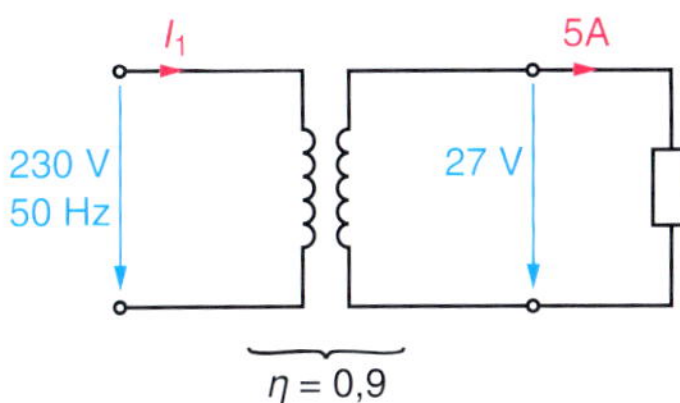

4. Sie werden aufgefordert, den defekten Transformator auszubauen und durch einen neuen Trafo zu ersetzen. Auf dem Leistungsschild finden Sie u. a. die Angabe u_K = 14 %.

a) Was bedeutet diese Angabe?
b) Wie kann u_K bei einem Trafo bestimmt werden?
c) Ist der Transformator kurzschlussfest?

5. Bei der Reinigung eines Drehstromtransformators stellen Sie fest, dass auf dem Leistungsschild die Bemessungsleistung in kVA angegeben ist.

Warum nicht in kW?

6. Ein Kollege fragt Sie, ob ein Spartransformator für die Erzeugung einer PELV-Spannung eingesetzt werden kann.

Was antworten Sie ihm?

7. Beim Ausbau eines Stromwandlers kommt es ständig zu einem Defekt des Wandlers.

Welchen Fehler haben Sie gemacht?

8. Warum ist bei vielen elektrischen Maschinen der Eisenkern geblättert?

9. Was bedeuten die Begriffe Asynchronmotor und Induktionsmotor?

10. Worin besteht der wesentliche Vorteil des Asynchronmotors?

11. Ein Asynchronmotor hat einen Schlupf von 7,5 %.

Was bedeutet das?

12. Ein 1,5-kW-Drehstrommotor hat eine Drehzahl von 1380 $\frac{1}{\text{min}}$.
Wie groß sind Schlupfdrehzahl und Schlupf?

13. Eine Arbeitsmaschine wird mit einem neuen Motor ausgerüstet:
P_N = 1,5 kW, n_N = 1380 $\frac{1}{\text{min}}$.
Welches Drehmoment gibt der Motor an der Welle ab?
Ist das das maximale Drehmoment, das der Motor abgeben kann?

@ **Interessante Links**

- christiani-berufskolleg.de

Prüfung

14. Kurzschlussläufer werden als Stromverdrängungsläufer gebaut.

Welchen Zweck hat das?

15. Eine Oberfräse wird mit einem Drehstrommotor ausgerüstet. Die Bemessungsleistung des Motors beträgt 7,5 kW.

Würden Sie den Motor direkt anlassen?
Wenn nicht, welche Anlassverfahren sind denkbar?

16. Ist der Motor für Stern-Dreieck-Anlauf geeignet?

Erläutern Sie die Leistungsschildangaben.

Hersteller		
Typ		
D - Motor	Nr.	
Δ400 V	11,3 A	
5,5 kW S1	cos φ 0,82	
1440 1/min	50 Hz	
Läufer		
Th. CL 155 (F)	IP 44	t
DIN VDE 0530	EW 600 34	

17. Auf dem Leistungsschild eines Motors steht die Angabe YΔ 400/230 V.

Was bedeutet das?

18. Leistungsschild des Motors nach Aufgabe 16.

a) Welche Wirkleistung nimmt der Motor auf?
b) Welche Blindleistung nimmt der Motor auf?
c) Der Leistungsfaktor des Motors soll auf cos φ_2 = 0,94 kompensiert werden.

Welche Kapazität müssen die in Dreieck geschalteten Kompensationskondensatoren haben?

19. Der Kondensatormotor eines Schaltschranklüfters läuft sehr „unruhig" und offensichtlich mit vermindertem Drehmoment.

Welche Instandsetzungsmaßnahme ist wahrscheinlich notwendig?

20. Ein Motor mit der Bemessungsfrequenz 50 Hz wird mit 20 Hz betrieben.

Worauf ist dabei zu achten?

21. Wie kann die Drehzahl von Gleichstrommotoren

a) unter Bemessungsdrehzahl,
b) über Bemessungsdrehzahl gesteuert werden?

22. Was bedeutet es, wenn ein Elektromotor Nebenschlussverhalten hat?

23. Für die Vorschubachse einer Werkzeugmaschine wird überlegt, ob der Antrieb mit einem Frequenzumrichter oder durch einen Dahlandermotor angetrieben werden soll.

Welche wesentliche Einschränkung ist zu beachten, wenn die Wahl auf einen Dahlandermotor fällt?

24. Um welche Schaltung handelt es sich (Schaltung siehe Seite 431)?
Warum sind zwei Motorschutzrelais notwendig?
Wie kann die niedrige und wie die hohe Drehzahl eingeschaltet werden?
In welchem Verhältnis stehen die Drehzahlen?

@ Interessante Links

- christiani-berufskolleg.de

Prüfung

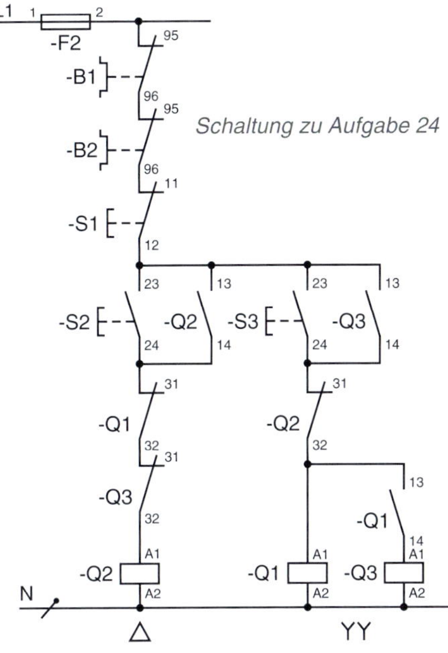

Schaltung zu Aufgabe 24

25. Welche Aufgabe hat die Schützschaltung?
Erstellen Sie das SPS-Programm für diese Steuerung.

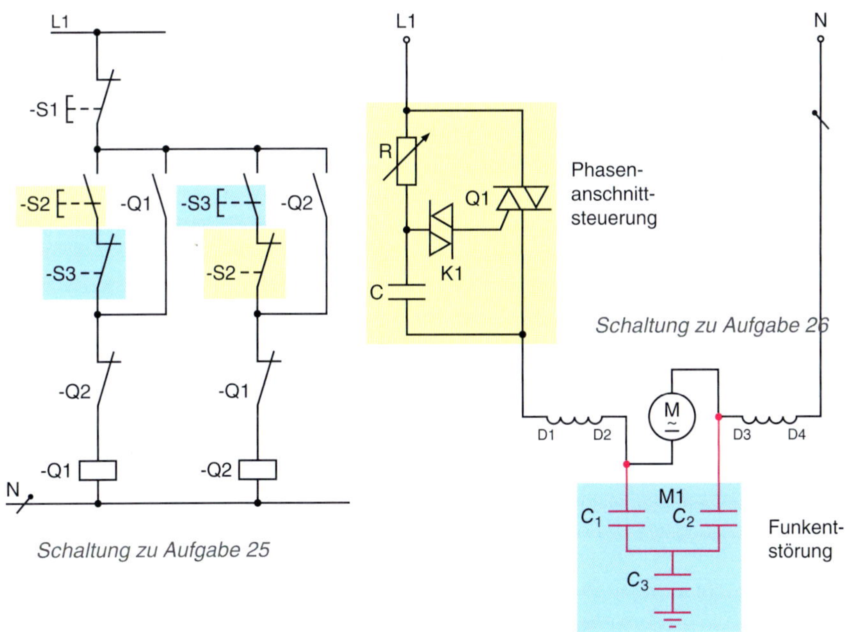

Schaltung zu Aufgabe 25

Schaltung zu Aufgabe 26

26. Welcher Motor ist dargestellt? Welche Aufgabe hat die Steuerung?

27. Sie sollen entscheiden, ob Sie die absolute oder inkrementale Messwerterfassung einsetzen. Nennen Sie ein wichtiges Unterscheidungsmerkmal.

28. Für das Anlassen von Drehstrommotoren werden häufig Sanftanlaufgeräte (Softstarter) eingesetzt.
Wie arbeitet ein Softstarter?

@ Interessante Links
- christiani-berufskolleg.de

Prüfung

29. Der Hubmotor einer Laufkatze soll mit einer Bremsvorrichtung ausgestattet werden, damit er nicht ungewollt absenkt.

Welche Bremse setzen Sie ein?

30. Bei einem Drehstrommotor mit der Bemessungsfrequenz $f = 50$ Hz wird die Frequenz auf 20 Hz reduziert. Die Spannung bleibt unverändert.

Welche Folgen hat das bei Betrieb des Motors?

Aufgabensatz 2

1. In chemischen Produktionsprozessen muss Wasser erwärmt werden.

Welcher Wärmeenergie wird Wasser zugeführt, wenn 1 m^3 um 40 K erwärmt wird?

2. Die Spannung an einem Widerstand R wird um 20 % verringert.

Welchen Einfluss hat das auf die Leistung?

3. Die Kosten einer elektrischen Umwälzpumpe sind zu ermitteln.
Pumpenleistung 5 W, an 210 Tagen jährlich, 18 Stunden täglich eingeschaltet.
1 kWh kostet 24 Cent.

Welche jährlichen Kosten entstehen bei Betrieb der Pumpe?

4. Oszilloskopbild einer Wechselspannung.
$10 \frac{\text{ms}}{\text{DIV}}, 100 \frac{\text{V}}{\text{DIV}}$

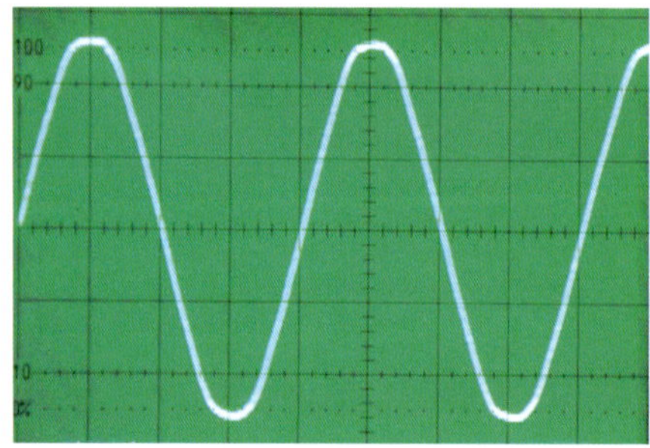

Wie groß ist die Frequenz der Wechselspannung?
Bestimmen Sie den Effektivwert der Wechselspannung.

5. Sie werden beauftragt, ein LC-Glied zu entwickeln, das eine Frequenz von 5 kHz praktisch kurzschließt. Ihnen steht eine Induktivität von 400 mH zur Verfügung.

Welche Kondensatorkapazität schalten Sie mit dieser Induktivität in Reihe?

6.

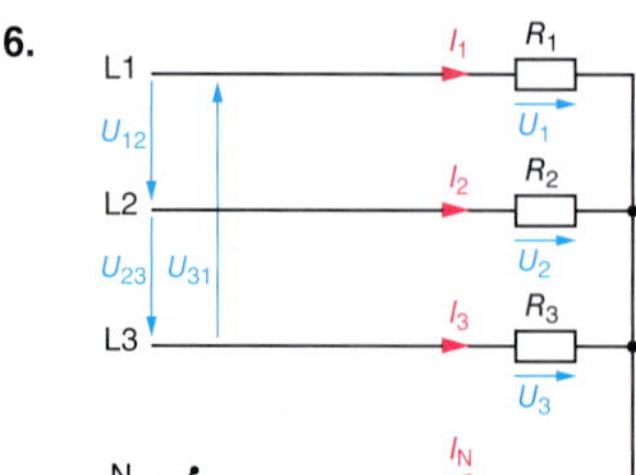

Sternschaltung von Widerständen mit angeschlossenem N-Leiter.
$R_1 = R_2 = R_3 = 115\ \Omega$, Außenleiterspannung 400 V.

Wie groß sind die Ströme in den Außenleitern und im N-Leiter?

@ Interessante Links
- christiani-berufskolleg.de

Prüfung

7. Bei einem Drehstrom-Heizgerät ist ein Außenleiter ausgefallen.
Wie ändert sich dann die Leistung des Heizgeräts?

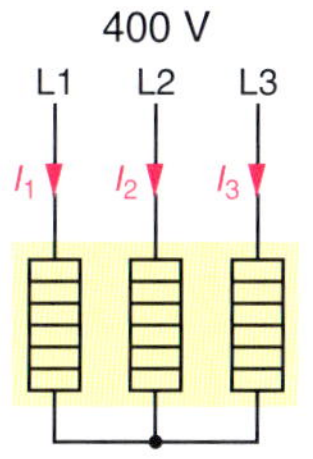

Gesamtleistung 3 kW

8. Unsymmetrische Belastung eines Drehstromnetzes.
400 V/50 Hz, R_1 = 150 Ω, R_2 = 200 Ω, R_3 = 300 Ω.
Welche Wirkleistung wird in der Schaltung umgesetzt?

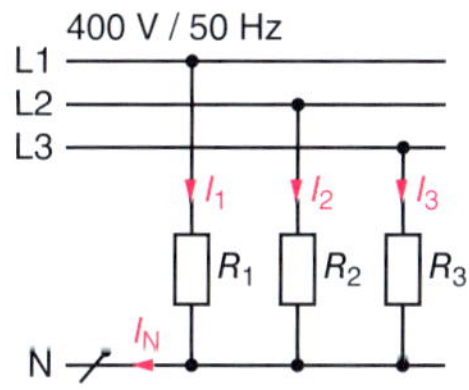

9. Wie groß ist die Scheinleistung je Strang?

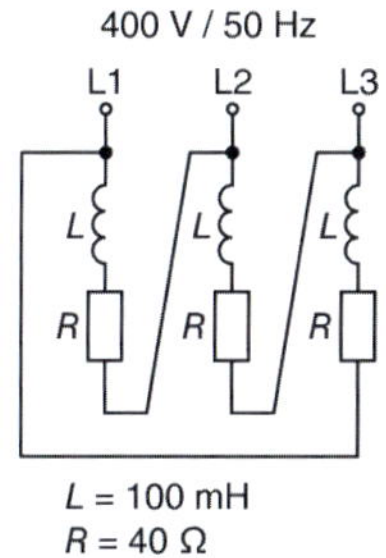

10. Ein analog anzeigendes Messgerät hat einen Messbereichsendwert von 250 V. Klassengenauigkeit 1,5. Angezeigt wird 196 V.
Zwischen welchen Werten darf der tatsächliche Messwert liegen?

11. Welche Aufgabe hat die Schaltung?

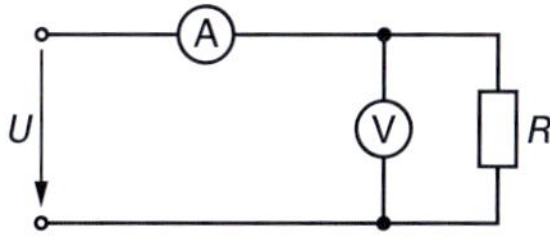

12. Mit einem digital anzeigenden Messgerät wird die Spannung 0,715 V im 2-V-Bereich mit einer 3-stelligen Anzeige gemessen.
Bestimmen Sie den relativen Quantisierungsfehler.

@ Interessante Links
- christiani-berufskolleg.de

Prüfung

13. Ein Digitalmultimeter hat einen Messbereich 1000 V (max. Anzeige 999.9 V).
Anzeigeumfang: 9999 Digits,
Fehler: ± 0,5 % + 4 Digits.
Es werden 400 V angezeigt.

Wie groß sind höchstmöglicher und kleinstmöglicher Messwert?

14. Dargestellt ist eine Brückenschaltung mit Spannungs- und Potenzialangaben.

a) Was versteht man unter einem elektrischen Potenzial?

b) Warum ist das Potenzial in der unten dargestellten Schaltung 20 V?

c) Wie groß ist das Potenzial zwischen den Punkten (1) und (2)?

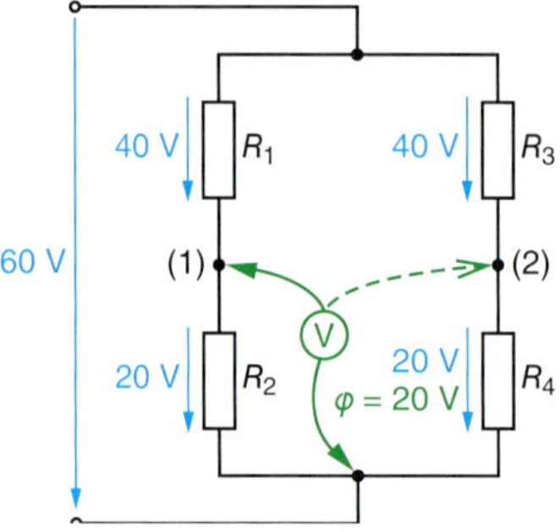

15. Sie werden beauftragt, eine Isolationswiderstandsmessung von Leitungen durchzuführen.

a) Welchen wesentlichen Zweck hat diese Isolationswiderstandsmessung?
b) Welche Messungen sind dabei notwendig?

16. Isolationswiderstandsmessungen werden mit relativ hohen Spannungen durchgeführt.

Warum ist das notwendig?

17. Bei Isolationsmessungen in Anlagen mit 400 V gilt der Mindestwert 1 MΩ.
Messspannung 500 V DC.

Welcher Ableitstrom würde dabei über die Leitungsisolation fließen?

18. Vor der Isolationsmessung ist das Messgerät zu überprüfen.

Welche Maßnahmen hierzu sind sinnvoll?

19. In einem TN-System ist eine 230-V-Steckdose durch einen 30-mA-RCD geschützt.
Im Prüfprotokoll sehen Sie folgende Einträge.

U_b	≤ 50 V	2 V
I_A	≤ 30 mA	12 mA
t_A	≤ 40 ms	21 ms

Beurteilen Sie die Messwerte.
Warum wird nur eine Berührungsspannung von 2 V gemessen?

20. Eine Schleifenimpedanzmessung im 400/230-V-Netz (TN-System) ergibt einen Wert von 0,8 Ω.

Warum ist die Kenntnis dieses Werts interessant?

21. Sie messen die Schleifenimpedanz während der Betriebsferien. Ihr Ausbilder stellt die Messergebnisse in Frage.

Worauf will er hinaus?

@ Interessante Links

- christiani-berufskolleg.de

Prüfung

22. Sie stehen vor dem Problem, dass die Abschaltbedingung des Überstrom-Schutzorgans nicht eingehalten werden kann, weil die Schleifenimpedanz Z_S zu groß ist.

Zu welcher Maßnahme entschließen Sie sich?

23. Mit einem Multimeter messen Sie die Spannung an einer Steckdose (234 V). Wenn Sie ein Verbrauchsmittel über diese Steckdose betreiben, arbeitet es nicht. In einer anderen Steckdose arbeitet es einwandfrei.

Welche Fehlerursache vermuten Sie?

24. Im Schaltschrank einer Maschine sehen Sie die dargestellte Einspeisung.

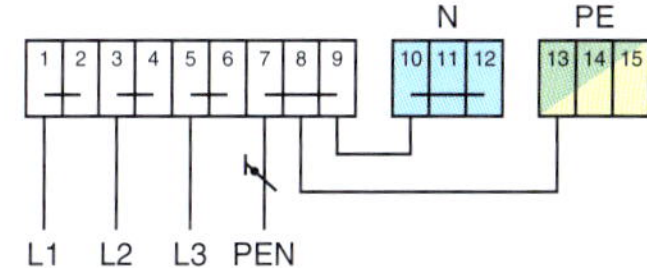

Welches Netzsystem liegt hier vor?

25. Wie wird das dargestellte Netzsystem fachgerecht bezeichnet?

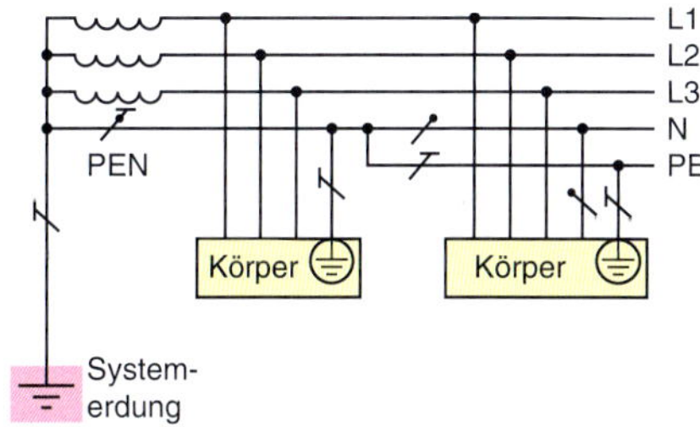

26. Ein elektrisches Heizgerät ist wie unten dargestellt angeschlossen.

a) Welches Netzsystem liegt vor?

b) Ein 30-mA-RCD spricht bei Betrieb des Heizgeräts ständig an, obgleich kein Fehler vorzuliegen scheint. Woran kann das liegen?

c) In gewisser Weise stellen elektrische Heizgeräte ein Problem dar. Nehmen Sie dazu Stellung.

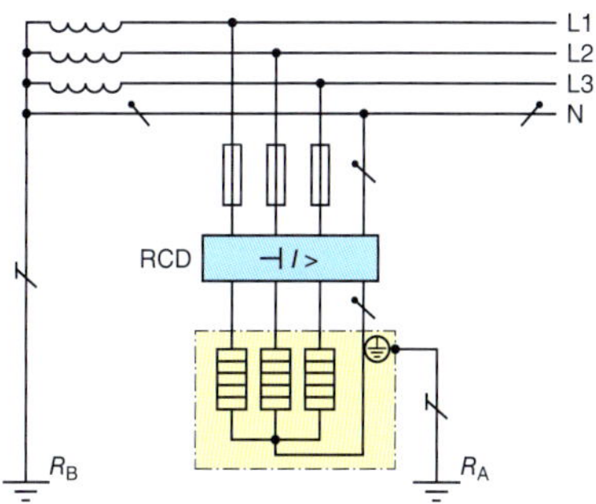

27. DIN VDE unterscheidet drei Schutzstufen: Basisschutz, Zusatzschutz und Fehlerschutz.

Unter welcher Voraussetzung kann Zusatzschutz erreicht werden?

28. In einem Motor tritt ein Körperschluss auf. Der Schutzleiter ist nicht ordnungsgemäß angeschlossen.

Beurteilen Sie die Situation.

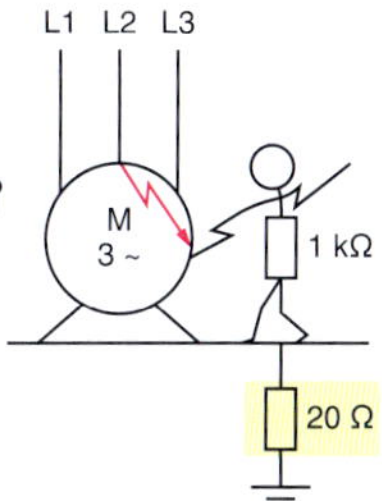

@ Interessante Links

• christiani-berufskolleg.de

Prüfung

29. Ein Mensch berührt den Außenleiter L1.

Bestimmen Sie den Strom über den 40-Ω-Widerstand.

30. Ein 230-V-Steckdosenstromkreis im TN-System wird mit einem B16-Leitungsschutzschalter abgesichert. Die Schleifenimpedanz beträgt $Z_S = 1{,}25\ \Omega$.

Wird die Abschaltbedingung eingehalten?

Aufgabensatz 3

1. Der Betrieb plant die Installation einer Solaranlage als Inselsystem.

Was bedeutet der Begriff Inselsystem?

2. Erläutern Sie den Begriff Kontaktverriegelung.

3. Was bedeutet die Bezeichnung H07RN-FG2.5?

4. $0A3E_H$.

Ermitteln Sie die zugehörige Dezimalzahl.

5. Ein Drehstrom-Heizgerät wird von Dreieck in Stern umgeschaltet.

Welchen Einfluss hat dies auf die Leistung?

6. Erläutern Sie die Begriffe Abnutzungsvorrat und vorbeugende Instandhaltung.

7. Wie viel Werte können mit 10 Bit erfasst werden?

8.

Erstellen Sie den Logikplan.

9. Nennen Sie drei Hardwarebaugruppen einer modular aufgebauten SPS.

@ Interessante Links

- christiani-berufskolleg.de

Prüfung

10. Ein Drehstrommotor hat zwei Ständerwicklungen.
Welchen Zweck hat das?

11. Nennen Sie drei Vorteile der SPS gegenüber der Schützsteuerung.

12. Mit welchem Sensor kann eine stufenlose Messung von Tankinhalten durchgeführt werden?

13. Vier gleiche Drehstrommotoren werden gemeinsam kompensiert (Gruppenkompensation). Ein Motor fällt aus (Motorschutz).
Welche Folge hat das?

14. Wovon ist die zulässige Stromdichte einer Leitung abhängig?

15. Welche elektrische Größe kann direkt mit dem Oszilloskop gemessen werden?

16. Beschreiben Sie den Unterschied zwischen Steuern und Regeln.

17. Worauf ist beim Motorschutz bei Stern-Dreieck-Anlassschaltungen zu achten?

18. Drehstrommotor: 22 kW, 960 $\frac{1}{\text{min}}$, $\cos\varphi = 0{,}85$.
Bestimmen Sie Drehmoment, Anzugsmoment und Kippmoment.

19. Einphasen-Wechselstrommotor: 230 V; 1,25 A; $\cos\varphi = 0{,}81$.
Bestimmen Sie die Leistungsaufnahme.

20. Ein 230-V-Steckdosenstromkreis ist durch einen B16-Leistungsschutzschalter geschützt. Die Schleifenimpedanz beträgt $Z_S = 3{,}4\ \Omega$.

a) Löst der LS-Schalter innerhalb von 400 ms sicher aus?
b) Welche Ursachen kann eine zu hohe Schleifenimpedanz haben?

21. Eine 230-V-Anlage hat einen Anschlusswert von 4 kW. Ihre Zuleitung ist mit zwei weiteren Leitungen in Rohr verlegt.
Die Umgebungstemperatur beträgt 25 °C.

a) Welcher Leitungsabschnitt (Cu) ist zu wählen?
b) Wählen Sie ein geeignetes Überstrom-Schutzorgan aus.
c) Welche Folge hätte die Wahl eines zu geringen Leitungsquerschnitts?

22. Welches Alleinstellungsmerkmal hat der ASI-Bus?

23. Dargestellt ist eine Prinzipschaltung zur Bestimmung der Schleifenimpedanz.

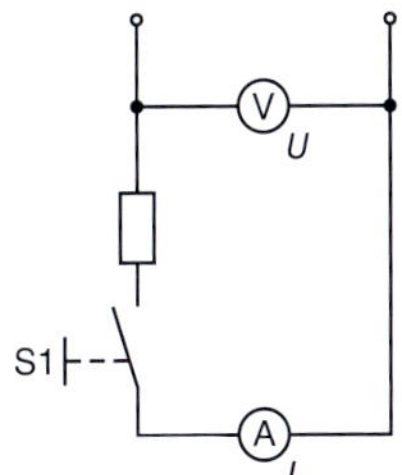

a) Zwischen welchen Leitern wird die Schleifenimpedanzmessung durchgeführt?
b) S1 offen: 235 V
S1 geschlossen: 221 V
Stromstärke: 52 A

Welchen Wert hat Z_S?

24. Welche Maßnahme kann elektrostatische Aufladungen verhindern?

@ Interessante Links
- christiani-berufskolleg.de

Prüfung

25. Bei der indirekten Widerstandsbestimmung wird die spannungsrichtige Schaltung eingesetzt. Was bedeutet das? Für welche Widerstände ist die Schaltung besonders geeignet?

26. Zur Spannungsversorgung des 24-V-Kreises wird ein Netzgerät eingesetzt.
Nennen Sie die wesentlichen Bestandteile eines solchen Netzgeräts.
Das Netzgerät hat einen integrierten Überlastschutz.
Was bedeutet das?

27. Beschreiben Sie die Wirkungsweise eines induktiven Näherungssensors.

28. Ein Drehstromtransformator hat die Schaltgruppe Dyn 5.
Was bedeutet das? Ist der Transformator für unsymmetrische Belastung geeignet?

29. Warum muss ein Gleichstrom-Reihenschlussmotor starr mit der Arbeitsmaschine gekuppelt sein?

30. Die Schleifenimpedanz beträgt 1,15 Ω.
Beurteilen Sie die Gefährdung für den Menschen.

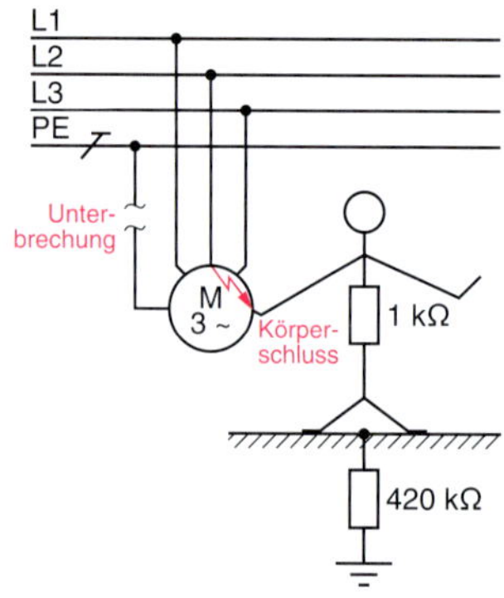

Aufgabensatz 4

1. Bürobeleuchtung:

Grundfläche des Büros	72 m²
Wartungswert	400 lx
Leuchtstofflampen	58 W/5400 lm
Leuchtenwirkungsgrad	0,74
Raumwirkungsgrad	0,86
Wartungsfaktor	0,7

Bestimmen Sie die notwendige Anzahl der Lampen.

2. Erklären Sie die Begriffe Leuchtdichte und Lichtausbeute.

3. Eine alte Beleuchtungsanlage besteht aus 240 Glühlampen je 100 W (Lichtstrom 1380 lm). Sie soll bei der Modernisierung durch Leuchtstofflampen 58 W/5400 lm zuzüglich 12 W für das Vorschaltgerät ersetzt werden.
Die Lichtanlage ist jährlich 1740 Stunden in Betrieb.

a) Wie viele Leuchtstofflampen sind zu installieren?
b) Welche Energiekosten fallen jährlich an, wenn 1 kWh 22 Cent kostet?
c) Berechnen Sie die jährliche prozentuale Energieeinsparung.

@ Interessante Links

- christiani-berufskolleg.de

Prüfung

4. Die Schleifenimpedanz an der Steckdose X1 beträgt 1,25 Ω.
Anschlussleitung der Lampe 3 × 1,5 mm^2 Cu.
Abschaltbedingung $I_A = 8 \cdot I_n$.

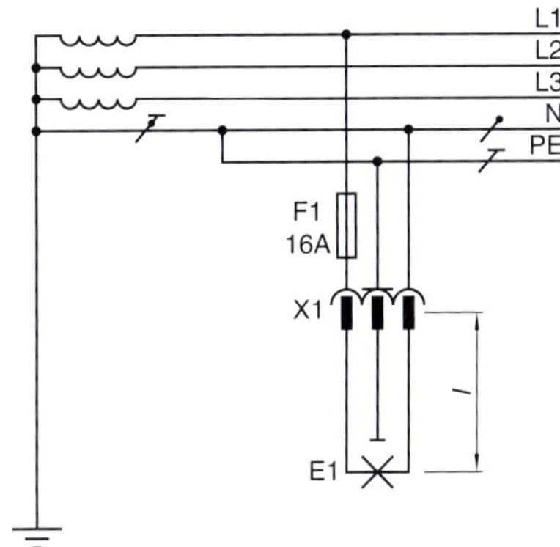

a) Ab welcher Leitungslänge l ist die Abschaltbedingung nicht mehr erfüllt?
b) Was ist dann zu tun?

5. In der Steuerungstechnik werden Schütze zum Teil durch elektronische Lastrelais ersetzt.
Welche Vor- und Nachteile haben elektronische Lastrelais gegenüber Schützen?

6. Welcher Fehler wurde beim Anschluss der Schütze Q1 und Q2 gemacht?

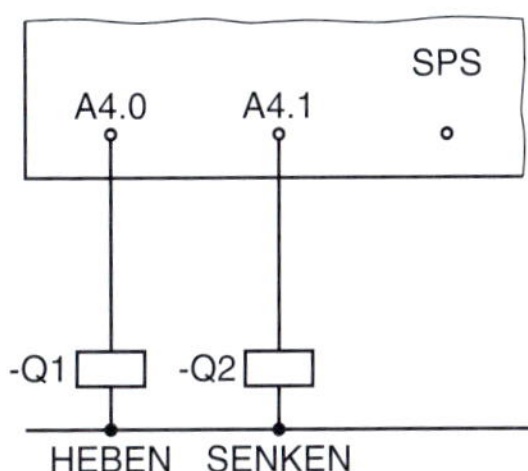

7. Eine elektrische Anlage hat einen Anschlusswert von 54 kVA. Der Leistungsfaktor beträgt $\cos \varphi = 0{,}9$. Die Zuleitung zur Anlage ist 45 m lang (Drehstromleitung), Spannung 400/230 V, 50 Hz.
Bestimmen Sie den erforderlichen Leitungsquerschnitt, wenn der Spannungsfall 3 % nicht überschreiten darf.

8. Erläutern Sie die Darstellung

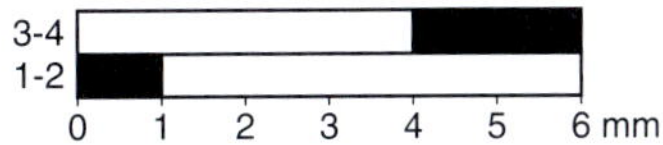

9. Ein Drehstrom-Käfigläufermotor wird unterhalb der Bemessungsdrehzahl betrieben.
Der Frequenzumrichter nimmt dann eine Spannungs-Frequenz-Anpassung vor.
Warum ist das notwendig?

10. Eine Arbeitsmaschine benötigt bei 1440 $\frac{1}{\text{min}}$ ein Drehmoment von 36 Nm.
Welche Bemessungsleistung muss der Drehstrommotor mit Käfigläufer haben?

11. Worin besteht der Unterschied zwischen passiven und aktiven Sensoren?
Geben Sie Beispiele für beide Varianten an.

@ Interessante Links
- christiani-berufskolleg.de

Prüfung

12. Die Leistung eines Heizgeräts wird durch eine Schwingungspaket-Steuerung verändert.

a) Wie wird der Mittelwert der Leistung dabei beeinflusst?
b) Welchen Vorteil hat diese Steuerung gegenüber der Phasenanschnittsteuerung?

13. Unterscheiden Sie zwischen Lastenheft und Pflichtenheft.

14. Ein Kollege hat einen elektrischen Schlag von 230 V erhalten. Er kann sich nicht mehr selbst von der Gefahrenstelle entfernen und ist auch nicht ansprechbar.

Welche Reihenfolge von Erste-Hilfe-Maßnahmen ist notwendig?

15. Eine Einphasenanlage (230 V, 50 Hz) hat bei einem Leistungsfaktor von $\cos \varphi_1 = 0{,}8$ eine Wirkleistung von 25 kW.
Der Leistungsfaktor soll auf $\cos \varphi_2 = 0{,}96$ verbessert werden.

Welche kapazitive Blindleistung muss dazu aufgewendet werden?
Wie groß ist die notwendige Kondensatorkapazität?

16. Ein Drehstromtransformator hat eine Bemessungsleistung von 500 kVA.
Die Bemessungs-Oberspannung beträgt 20 kV, die Bemessungs-Unterspannung 400 V.

Wie groß ist der unterspannungsseitige Bemessungsstrom?

17. Der Transformator nach Aufgabe 16 hat eine relative Kurzschlussspannung von $u_K = 7\ \%$.

Welcher Dauerkurzschlussstrom kann dann unterspannungsseitig fließen?

18. Unter welchen Voraussetzungen können Transformatoren parallel geschaltet werden?

19. Unterscheiden Sie zwischen Einzelkompensation, Gruppenkompensation und Zentralkompensation.

20. Auf dem Leistungsschild eines Motors steht u. a. die Angabe IP65.

Was bedeutet das?

21. Drehstrom-Asynchronmotor mit Käfigläufer: Bei 50 Hz beträgt die Drehzahl $1420\ \frac{1}{\text{min}}$.
Die Frequenz wird auf 20 Hz verringert.

Wie groß ist dann die Drehfelddrehzahl des Motors?

22. Das Kippmoment eines Asynchronmotors wird kurzzeitig überschritten.

Welche Folge hat das?

23. Welche Aufgabe haben die Bypassdioden von Solarzellen?

24. Was versteht man unter Selektivität von Schutzeinrichtungen?
Unter welcher Voraussetzung sind Schmelzsicherungen selektiv?

25. Unter welcher Voraussetzung spricht man von einem Streufeldtransformator?
Wie verhält sich die Ausgangsspannung bei zunehmender Belastung?
Sind diese Transformatoren kurzschlussfest?

26.

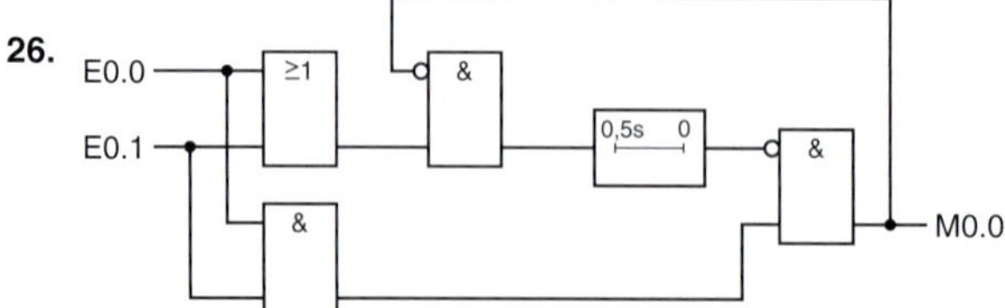

Beschreiben Sie die Funktion der Zweihandbedienung.

@ Interessante Links
• christiani-berufskolleg.de

Prüfung

27. Welche Anforderungen werden an eine Zweihandbedienung gestellt?

28. Auf dem Leistungsschild eines Drehstrommotors steht u. a. die Angabe 230 V Δ.
Wie kann der Motor am 400/230 V-Drehstromnetz betrieben werden?

29. Erläutern Sie die folgenden Begriffe der Regelungstechnik:
Regelgröße, Regeldifferenz, Führungsgröße, Störgröße, Regelstrecke, Stellgröße.

30. Sprungantwort einer Regelstrecke.

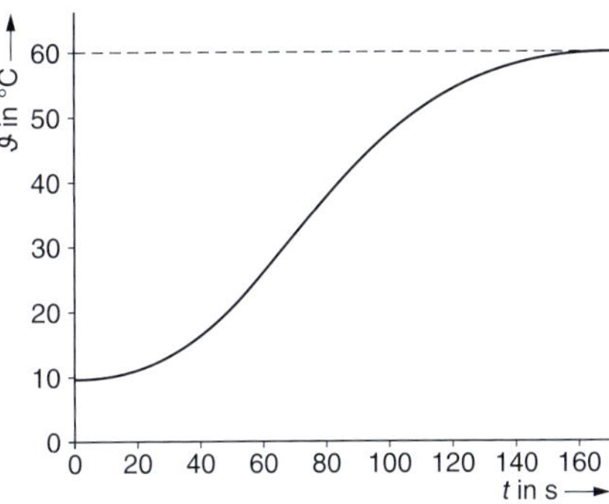

a) Um welche Regelstrecke handelt es sich?
b) Bestimmen Sie Verzugszeit und Ausgleichzeit aus der Sprungantwort.

Aufgabensatz 5

1. Drehstrommotor mit Käfigläufer:

$P_N = 45$ kW; $n_N = 1475 \frac{1}{\text{min}}$; $I_N = 80{,}5$ A; $I_A/I_N = 7{,}7$;
$M_N = 291$ Nm; $M_A/M_N = 2{,}3$; $\cos\varphi = 0{,}86$; $\eta = 0{,}93$

a) Bestimmen Sie das Anzugsmoment des Motors?

b) Welche jährlichen Energiekosten sind aufzuwenden, wenn der Motor 5 Tage pro Woche 8,5 Stunden in Betrieb ist und 1 kWh 22 Cent kostet?

c) Bestimmen Sie den Anzugsstrom des Motors.

d) Der Leistungsfaktor soll auf $\cos\varphi_2 = 0{,}97$ verbessert werden.
Die Spannung zwischen den Kondensatorplatten darf 350 V nicht überschreiten.
Berechnen Sie die Kondensatorkapazität.

2. 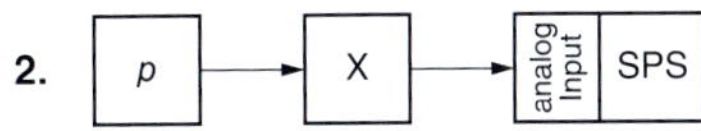

Wie bezeichnet man das mit X gekennzeichnete Element des Blockschaltbilds?
Welche Aufgabe hat dieses Element?

3. Was versteht man unter dem Begriff Auflösung bei analogen Baugruppen?
Wie viele unterschiedliche Werte sind bei 15-Bit-Auflösung im Nennbereich darstellbar?

4. Analoge Einheitssignale: 0 – 10 V, 0 – 20 mA, 4 – 20 mA.
Welches Einheitssignal ist drahtbruchsicher?

5. Welchen wesentlichen Vorteil haben P-Regeleinrichtungen?
Skizzieren Sie die Operationsverstärkerschaltung einer P-Regeleinrichtung.

@ Interessante Links

- christiani-berufskolleg.de

Prüfung

6. Wie wird die mit *X* gekennzeichnete Zeit bezeichnet?

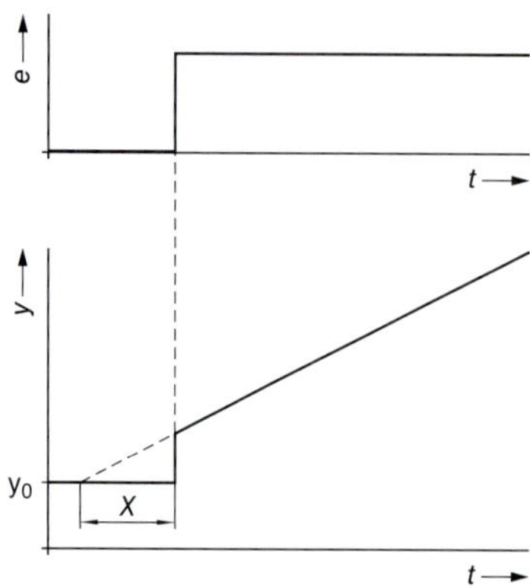

7. Erläutern Sie die Arbeitsweise eines Operationsverstärkers.
Was versteht man unter Offsetspannung?

8. Skizzieren Sie den zugehörigen Funktionsplan.

E0.0 E0.1 E0.2
F F
X10 CSDF AKTION_1 t=20s

9. Stellen Sie die Befehlswirkung in GRAFCET dar.

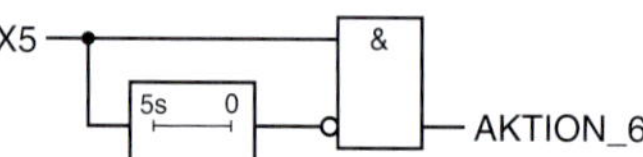

10.

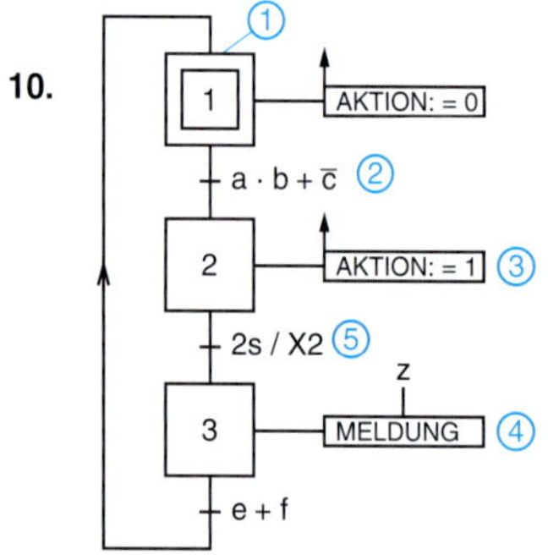

a) Welche Aufgabe hat der mit (1) dargestellte Schritt?
b) Wie nennt man den mit (2) bezeichneten Ausdruck?
c) Unter welcher Voraussetzung wird der Schritt 3 aktiv?
d) Um welchen Befehl handelt es sich bei (3)?
e) Um welchen Befehl handelt es sich bei (4)?
f) Erläutern Sie die Transition (5).

11. Erläutern Sie, wie die Thermografie in der Elektrotechnik zum vorbeugendenden Brandschutz eingesetzt werden kann.

12. Wozu können kapazitive Näherungssensoren eingesetzt werden?
Was versteht man unter Schaltabstand von Näherungssensoren?

@ Interessante Links
• christiani-berufskolleg.de

Prüfung

13. Was bedeutet Pt 1000?

Bei welcher Temperatur hat der Sensor den Widerstand 1000 Ω?
Handelt es sich um einen Heißleiter oder einen Kaltleiter?

14. Nennen Sie wesentliche Ziele des Qualitätsmanagements?

15. Zum Abbremsen des Motors wird die Frequenz von 50 Hz auf 30 Hz verringert.

Auf welche synchrone Drehzahl wird der Motor abgebremst?

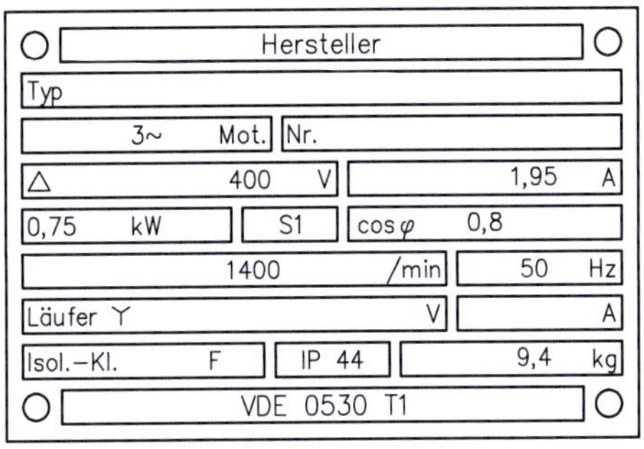

Hersteller		
Typ		
3~ Mot.	Nr.	
△ 400 V	1,95 A	
0,75 kW	S1	cos φ 0,8
1400 /min	50 Hz	
Läufer Y V	A	
Isol.-Kl. F	IP 44	9,4 kg
VDE 0530 T1		

16. Ein Motor hat die Betriebsart S2.

Was bedeutet das?

17. Angabe 0,6/1 kV bei einem Kabel.

Was bedeutet das?

18. In welche drei wesentlichen Bereiche gliedert sich die Instandhaltung einer Anlage?

19. Warum können Isolationswiderstandsmessungen nicht mit einem Multimeter durchgeführt werden.

20. Welche Bedeutung hat die Zykluszeit bei einer SPS?

21. SPS-Programme werden sequentiell, zyklisch nach dem Prinzip des Prozessabbilds bearbeitet.

Erläutern Sie diese Aussage.

22. Erläutern Sie den Motorvollschutz.

Unter welcher Bedingung ist ein Motorvollschutz notwendig?

23. Worin unterscheiden sich die beiden Netzwerke?

a)
M0.0
SR
E0.0 S
E0.1 ≥1 R Q A4.6
E0.2
E0.3

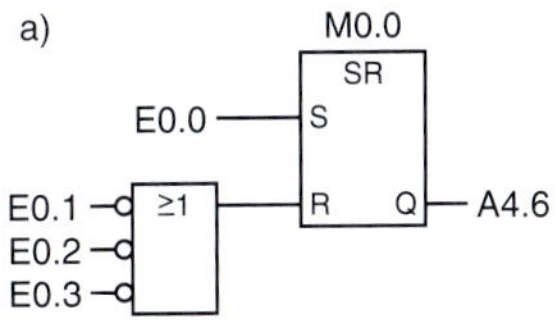

b)
M0.0
SR
E0.0 S
E0.1 R Q &
E0.2
E0.3 A4.6

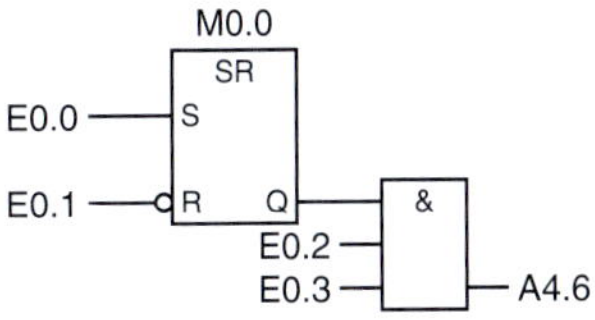

@ Interessante Links

• christiani-berufskolleg.de

Prüfung

24. Beurteilen Sie die Anweisungsliste.

```
U   E0.0
S   A4.0
U   E0.1
U   E0.2
=   A4.1
ON  E0.3
O   E0.4
=   A4.0
U   E0.5
R   A4.0
```

25. Nennen Sie die Funktionseinheiten eines Frequenzumrichters und beschreiben Sie deren Arbeitsweise.

26. Was versteht man unter dem stroboskopischen Effekt?
Wie kann der stroboskopische Effekt verhindert werden?

27. Ein Drehstrommotor 4 kW; 955 $\frac{1}{\text{min}}$; 9,3 A; $\cos\varphi = 0{,}74$; $\eta = 0{,}84$ wird mit drei Leitungsschutzschaltern B10A abgesichert.

a) Wie beurteilen Sie diese Maßnahme?
b) Welches Drehmoment gibt der Motor an der Welle ab?

28. Skizzieren Sie einen Regelkreis und tragen Sie die wichtigen Größen ein.

29. Wie arbeitet ein Zweipunktregler?
Für welche Aufgaben ist ein Zweipunktregler einsetzbar?
Was versteht man unter Hysterese?

30. Ein Akkumulator hat die Kapazität 65 Ah.

Erläutern Sie diese Angabe.

Aufgabensatz 6

1. Man unterscheidet zwischen Strahlennetz, Ringnetz und Maschennetz.

Erläutern Sie die Unterschiede.

2. Was bedeutet kontinuierlicher Verbesserungsprozess?

3. Welche EMV-Maßnahmen sind in Verbindung mit einem Frequenzumrichter sinnvoll?

4. Beschreiben Sie die Arbeitsweise der Schaltung.

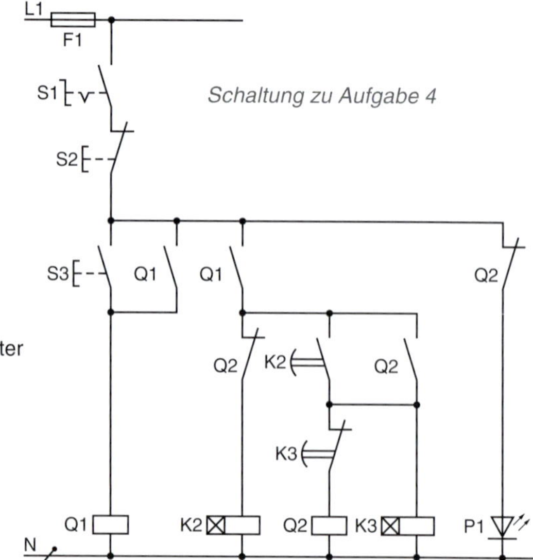

Schaltung zu Aufgabe 4

@ Interessante Links

• christiani-berufskolleg.de

Prüfung

5. Erstellen Sie für den Schaltplan nach Aufgabe 4:

a) Anweisungsliste
b) Funktionsplan
c) Kontaktplan

6.

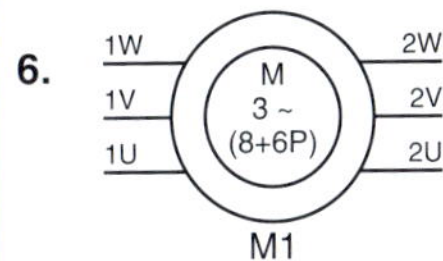

Um welchen Motor handelt es sich?
Welche Drehzahlen sind bei $f = 50$ Hz möglich?

7.

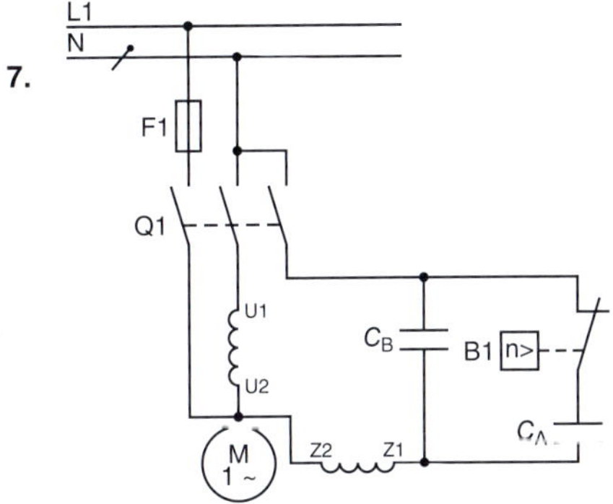

a) Um welchen Motor handelt es sich?
b) Welche Drehrichtung hat der Motor?
c) Welche Aufgabe haben die Kondensatoren C_A und C_B?
d) Warum muss der Kondensator C_B drehzahlabhängig abgeschaltet werden?
e) Wie kann die Drehrichtung des Motors geändert werden?
f) Welche Vorteile hat der Motor gegenüber einem Spaltpolmotor?

8. Was versteht man unter einem Lichttaster?
Nach welchen Gesichtspunkten wählen sie einen Reflexlichttaster aus?

9.

Hersteller		
Typ		
3~ Mot.	Nr.	
△ 400 V	1,95 A	
0,75 kW	S1	cos φ 0,8
1400 /min	50 Hz	
Läufer Y V	A	
Isol.-Kl. F	IP 44	9,4 kg
VDE 0530 T1		

a) Wie groß sind Schlupfdrehzahl und Schlupf des Motors?
b) Was bedeutet die Leistungsschildangabe S1?
c) Wie groß ist der Wirkungsgrad des Motors?
d) Auf welchen Wert ist der Motorschutzschalter einzustellen?
e) Bestimmen Sie die Frequenz des Läuferstroms bei Bemessungsdrehzahl.

@ Interessante Links

- christiani-berufskolleg.de

Prüfung

10.

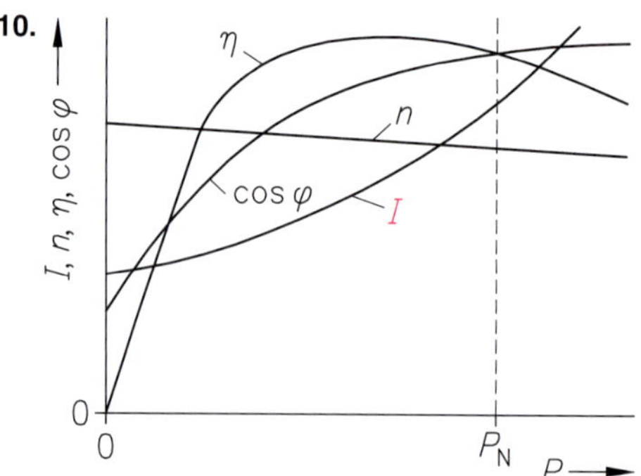

Betriebskennlinie eines Asynchronmotors mit Käfigläufer.
Welche Schlussfolgerung ziehen Sie aus der Kennline?

11.

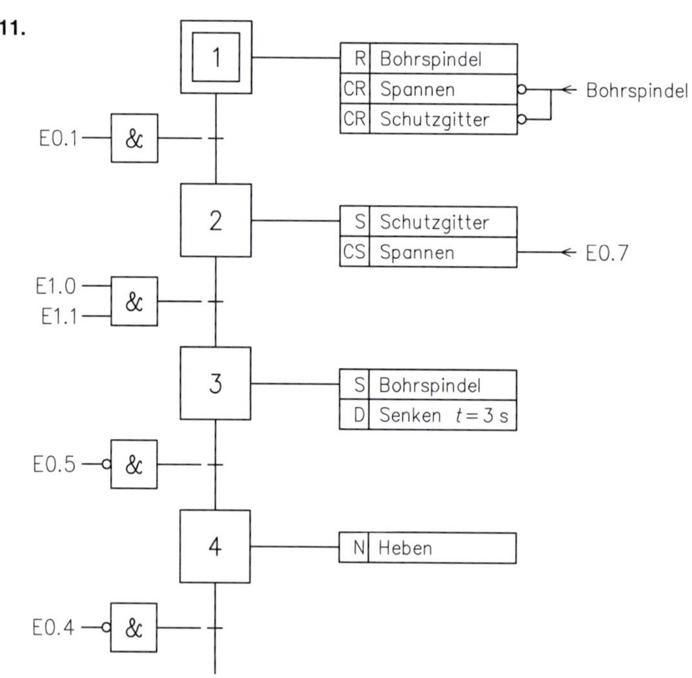

a) Erläutern Sie die Funktion der Ablaufkette.
b) Stellen Sie die Steuerung in GRAFCET dar.
c) Unter welchen Voraussetzungen kann der Schritt 3 gesetzt werden?

12. E1.2 E1.3 E1.4 E0.2 M0.1

Erläutern Sie die Darstellung.

@ Interessante Links

- christiani-berufskolleg.de

Prüfung

13. Spannungsversorgung eines Steuerstromkreises.

a) Welche Aufgabe hat F5?
b) Warum werden zwei Anschlüsse von F5 durchgeschliffen?
c) Worum handelt es sich beim Betriebsmittel T1?
d) Welche Aufgaben haben Steuertransformatoren?
e) Unter welchen Umständen darf auf einen Steuertransformator verzichtet werden?

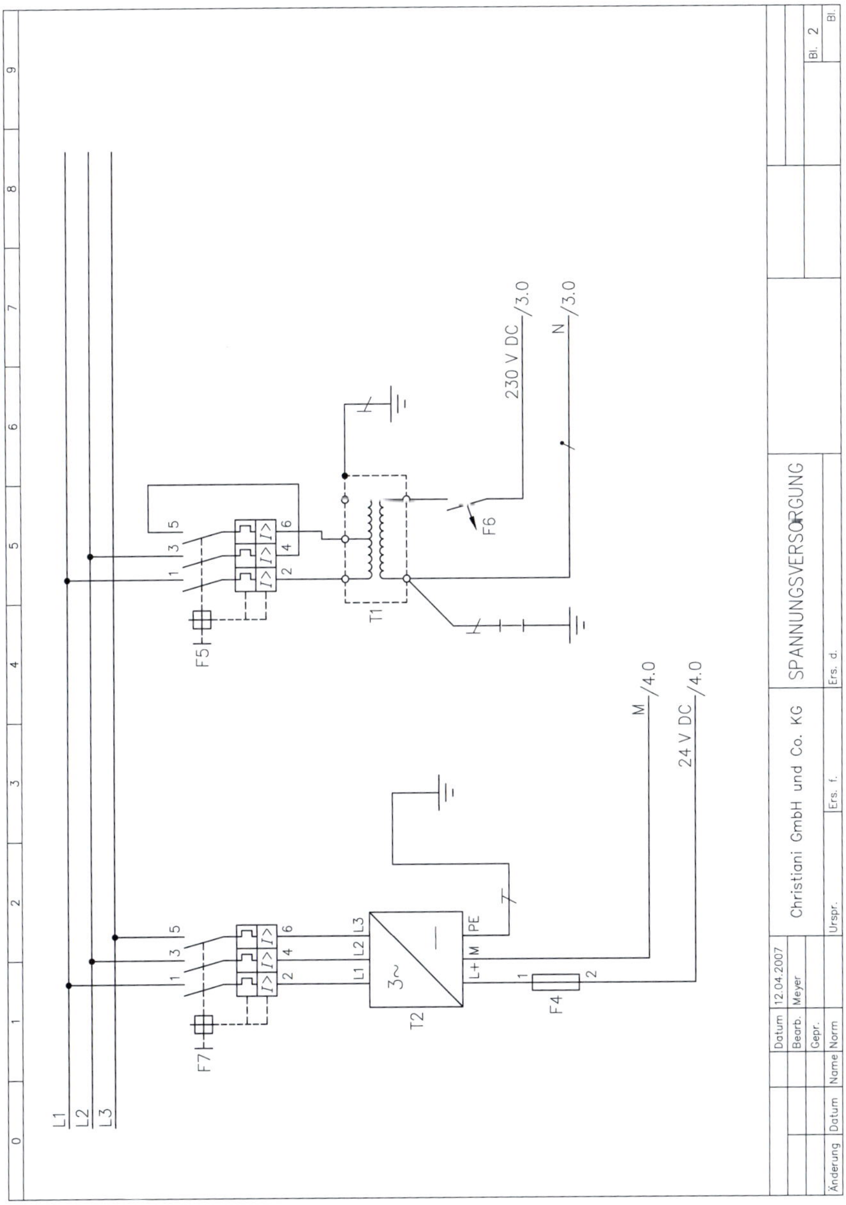

14. Ältere Not-Aus-Befehlsgeräte haben manchmal die Eigenschaft, zunächst den elektrischen Kontakt zu öffnen und danach mechanisch einzurasten.

Wie beurteilen Sie das?

15. Was versteht man laut DIN VDE 0100-600 unter Erproben?

@ Interessante Links

- christiani-berufskolleg.de

Prüfung

16. Auf einem Positionsschalter stehen folgende Symbole.

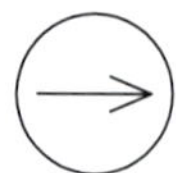

Was bedeutet das?

17. Frequenzumrichter können Überwachungs- und Sicherheitsfunktionen erfüllen.
Nennen Sie Beispiele hierfür?

18. Welche Anforderungen werden an Sicherheitstransformatoren gestellt?
Welche Bedeutung haben die dargestellten Symbole?

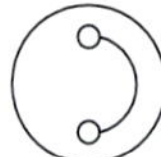

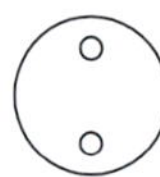

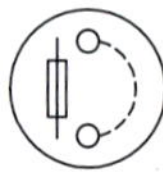

19. Transformatoranlage, dargestellt auf Seite 449.

a) Benennen Sie die Betriebsmittel Q1, Q2, T2, T3, Q3
b) Welche Schaltgruppe hat der Transformator?
c) Unterscheiden Sie zwischen Trenner, Lastschalter und Leistungsschalter.

20. Um welchen Transformator handelt es sich bei der Darstellung?
Darf der Transformator zur Erzeugung von SELV-Spannungen eingesetzt werden?

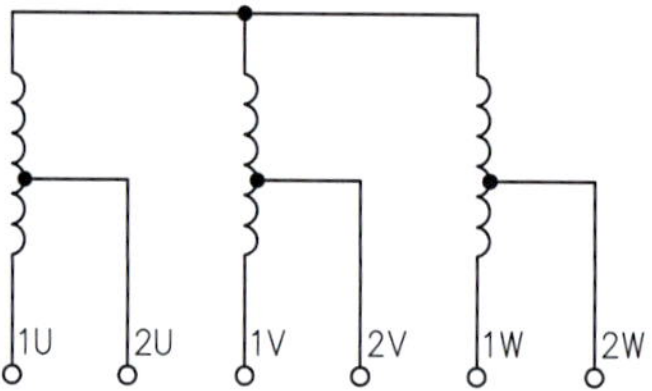

21. a) Nennen Sie die Aufgabe von Messwandlern.
b) Worum handelt es sich bei der Schaltung?

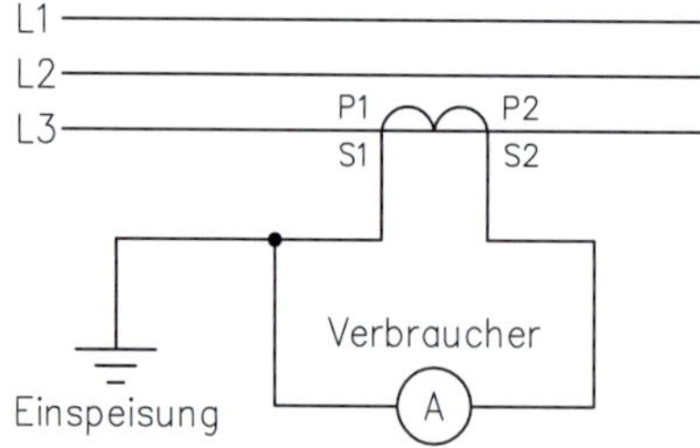

c) Warum muss eine Klemme der Ausgangswicklung geerdet werden?
d) Warum ist der Messkreis nicht abgesichert?

22. In Netzen mit Stromrichtern müssen Kompensationskondensatoren verdrosselt werden.
Was bedeutet das und welchen Zweck hat das?

23. Bezeichnung von Mittelspannungskabeln U_0/U = 6/10 kV, 12/20 kV, 18/30 kV:

- NA2XS2Y
- N2XSY

Um welche Kabel handelt es sich?
Für welche Zwecke sind sie geeignet?

@ Interessante Links

- christiani-berufskolleg.de

Prüfung

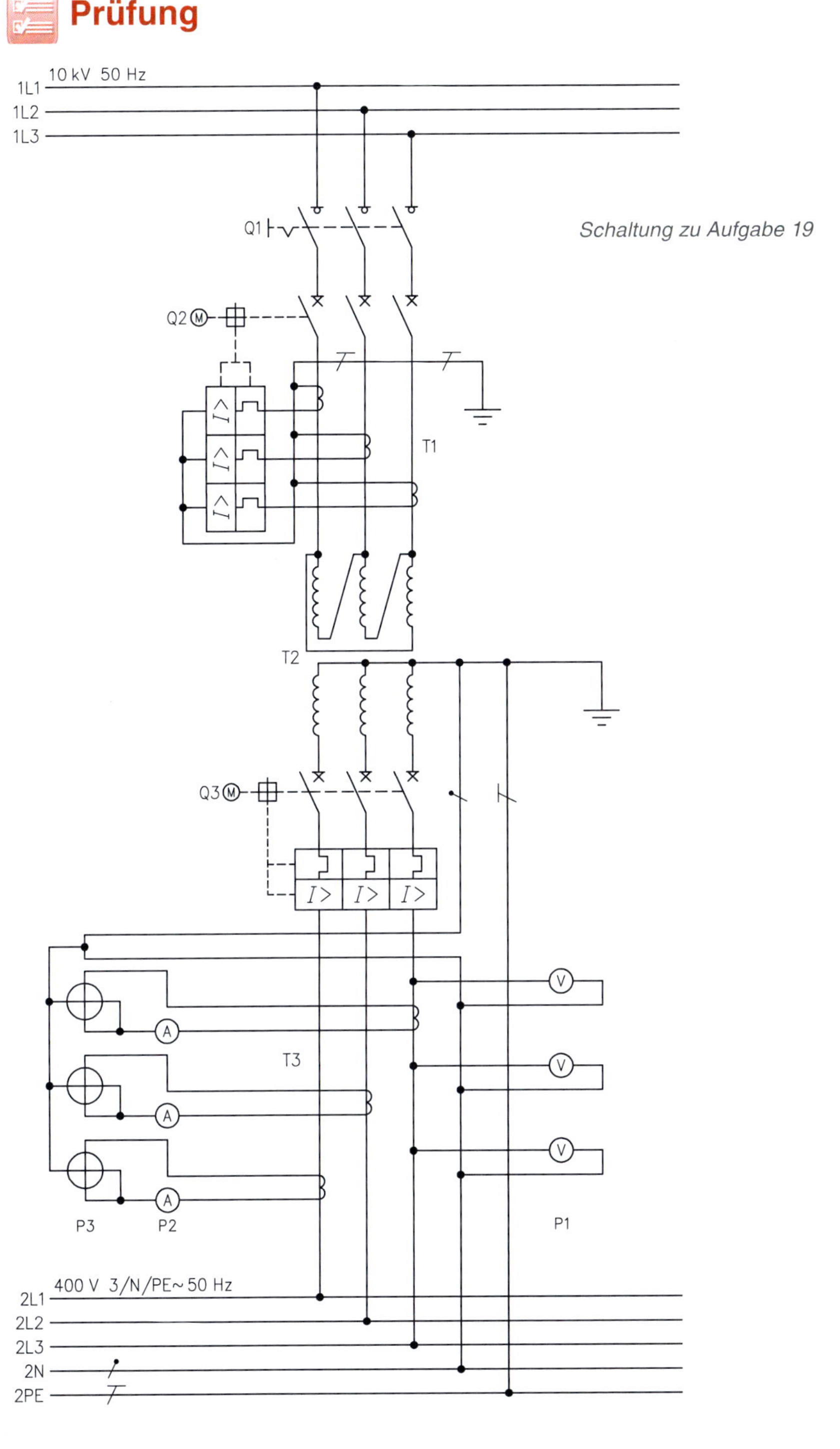

Schaltung zu Aufgabe 19

24. Welche Bedeutung hat das Beleuchtungsniveau auf die Qualität der Beleuchtungsanlage?

25. Welche Aufgabe haben Brandschutzschalter?

@ Interessante Links

- christiani-berufskolleg.de

Prüfung

26. Was zeigt die Darstellung?

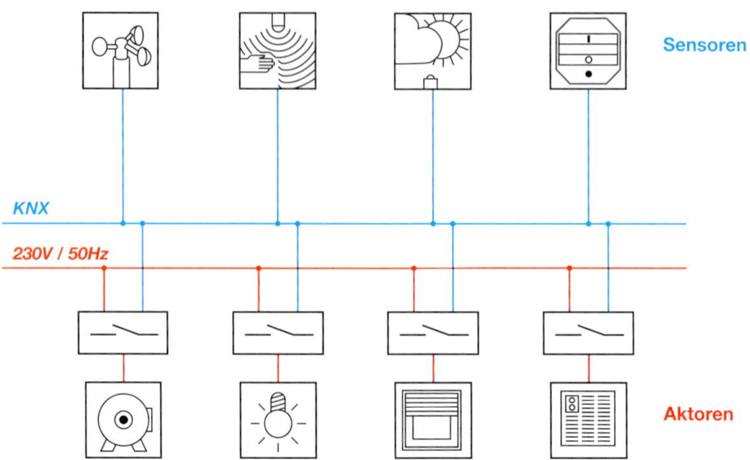

27. Nennen Sie drei Busstrukturen.

28. Welche Aufwendungen sind an feuergefährdete Betriebsstätten zu stellen?

29. Beschreiben Sie die Aussage der Kennlinie.

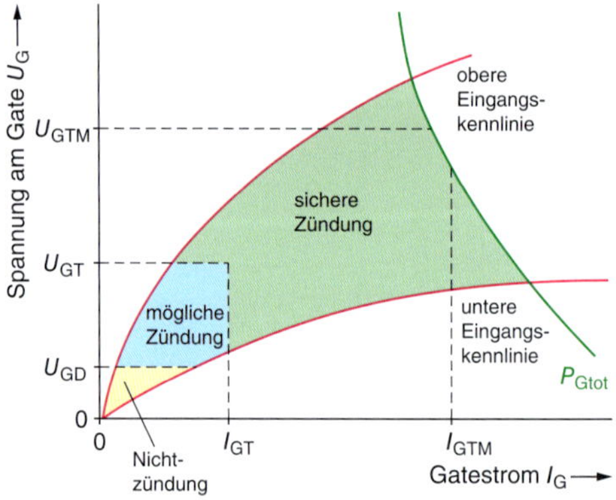

30. Um welche Schaltung handelt es sich?
Beschreiben Sie die Wirkungsweise der Schaltung.

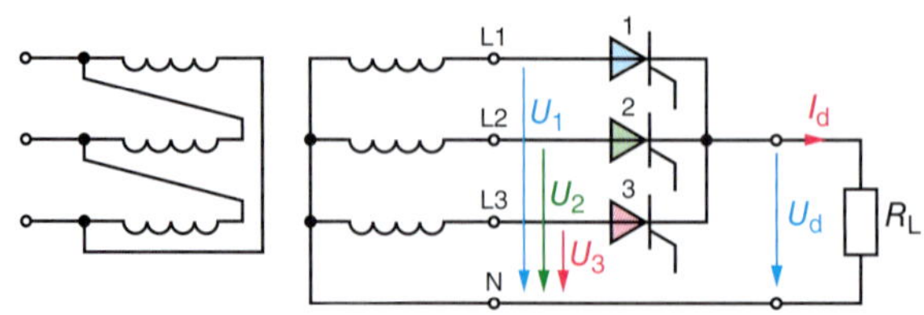

@ Interessante Links

• christiani-berufskolleg.de

Prüfung

Aufgabensatz 7

1. Welche Aufgabe haben Optokoppler?

Nennen Sie ein Anwendungsbeispiel für den Einsatz.

2. Beschreiben Sie die Arbeitsweise der dargestellten Zeitfunktion.

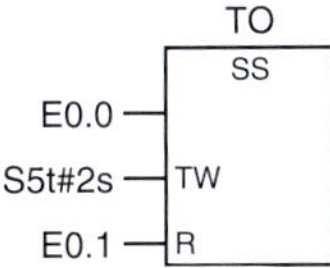

Stellen Sie das Signal-Zeit-Diagramm dar. Verwirklichen Sie die Zeitfunktion unter Verwendung der Zeitfunktion SE.

3. Um welche Steuerung handelt es sich?

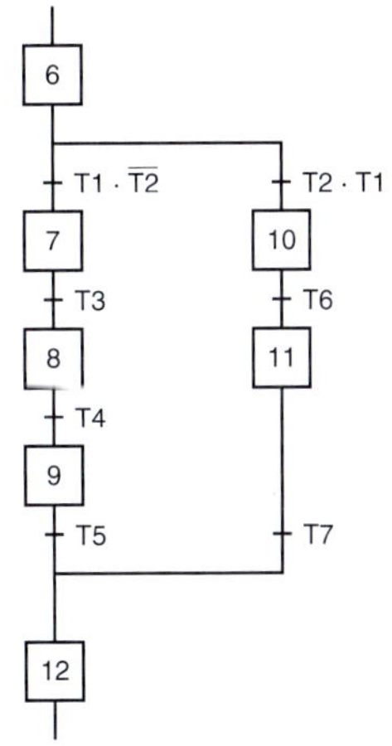

4. Erklären Sie folgende Begriffe:

a) Festwertregelung
b) Zeitplanregelung
c) Folgeregelung
d) Abtastregelung

5. Welche Logikfunktion wird mit der Schaltung nachgebildet?

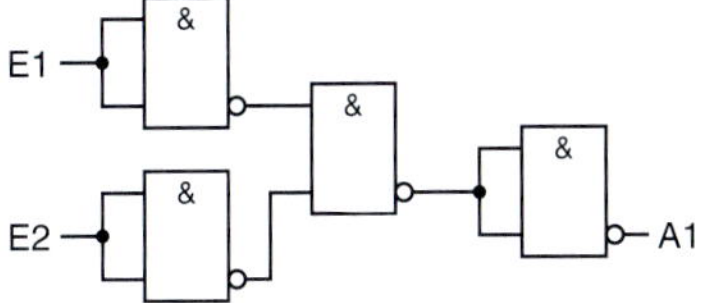

6. a) Um welches Netzsystem handelt es sich?
b) Der PEN-Leiter ist unterbrochen.
Welche Folge hat das für die Funktion der Anlage?
Welche Folge hat das bezüglich der Gefährdung bei direktem Berühren?
c) Welcher Mindestquerschnitt ist für PEN-Leiter vorgeschrieben.

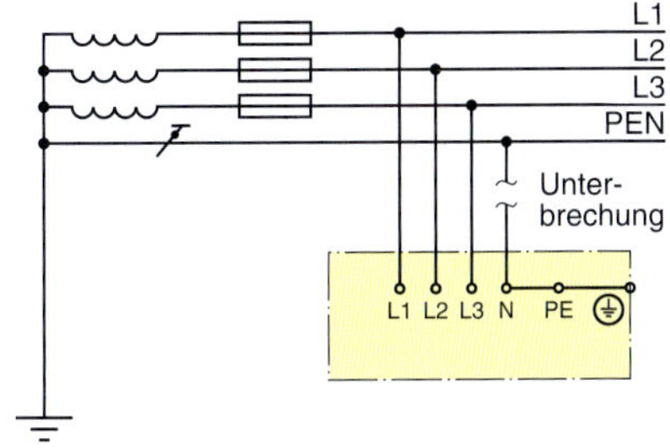

@ Interessante Links

- christiani-berufskolleg.de

Prüfung

7. Erläutern Sie den Begriff Echtzeitverhalten und seine Bedeutung in der industriellen Kommunikation.

8. Ihr Ausbilder erklärt Ihnen, dass die Fehlerursache in einer „kalten Lötstelle" zu suchen ist. Was versteht man darunter?

9. Skizzieren Sie das Prinzipschaltbild eines 4-poligen RCDs, benennen Sie die einzelnen Funktionselemente und beschreiben Sie die Wirkungsweise.

10. Zur Temperaturerfassung können verwendet werden: NTC, PTC, Bimetall, Thermoelement. Beschreiben Sie die wesentlichen Merkmale.

11. Was zeigt die Darstellung?

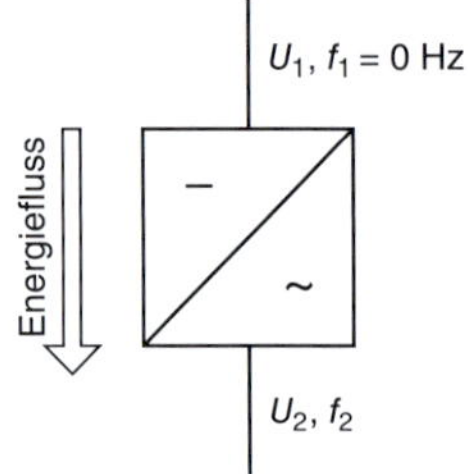

12. Welche Bedeutung haben die dargestellten Schilder?

13. Eine neu errichtete Anlage hat folgende Daten:
Spannung: 400 V/230 V/50 Hz
Nennleistung: 48 kW
Leistungsfaktor: $\cos \varphi = 0{,}82$
Wirkungsgrad: $\eta = 0{,}8$

a) Welche Stromstärke nimmt die Anlage auf?
b) Verlegeart B2, Umgebungstemperatur 25 °C. Bestimmen Sie den Leitungsquerschnitt.
c) Wählen Sie geeignete Überstrom-Schutzorgane aus.
d) Der Leistungsfaktor soll auf $\cos \varphi_2 = 0{,}94$ verbessert werden. Was ist zu tun? Dimensionieren Sie die notwendigen Betriebsmittel.

14. Beschreiben Sie den Begriff der Qualitätssicherung.

15. Bei einer Datenübertragung werden die einzelnen Informationsbits nacheinander übertragen. Wie nennt man diese Datenübertragung?

16. a) Beschreiben Sie die Funktion der Schaltung (Seite 453).
b) Entwickeln Sie den zugehörigen Funktionsplan.

@ Interessante Links
- christiani-berufskolleg.de

Prüfung

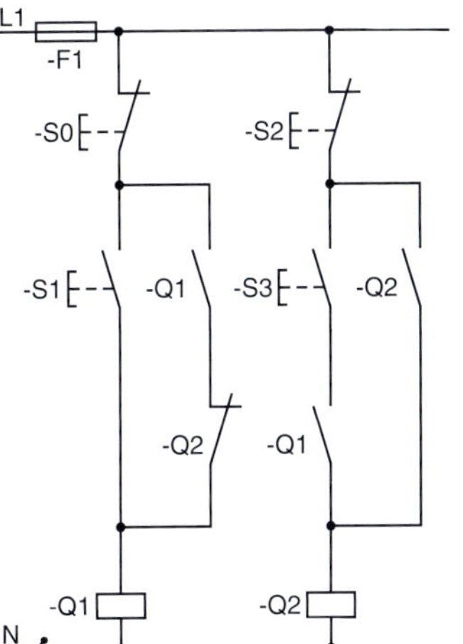

Schaltung zu Aufgabe 16

17. Was versteht man unter einer Netzwerktopologie? Nennen Sie drei Topologiearten.

18. Welche Aufgabe hat ein Browser?

19. Nennen Sie die wesentlichen Kennzeichen von Profibus-DP bezüglich Übertragungsgeschwindigkeit, Anzahl der Busteilnehmer je Segment ohne Repeater, Buszugriff und Übertragungsmedium.

20. Dargestellt ist das Blockschaltbild eines Regelkreises.

Tragen Sie die Bezeichnungen an den gekennzeichneten Stellen ein.

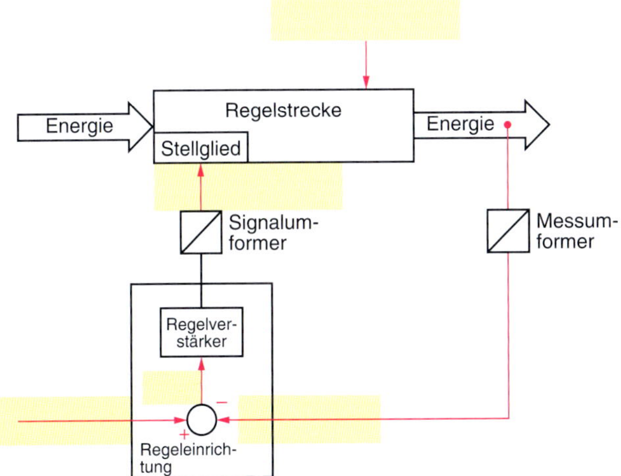

21. Erklären Sie folgende Begriffe: Regelstrecke mit Ausgleich, Regelstrecke ohne Ausgleich.

22. Wie kann das Störverhalten und Führungsverhalten eines Regelkreises ermittelt werden. Wodurch ist eine optimale Regelung gekennzeichnet?

23. Wodurch unterscheiden sich stetige und unstetige Regler?

24. Warum kommt es beim P-Regler zu einer bleibenden Regeldifferenz?

@ **Interessante Links**

- christiani-berufskolleg.de

Prüfung

25. $R_1 = 1\ \text{k}\Omega$; $R_2 = 4{,}7\ \text{k}\Omega$; $R_3 = 3{,}2\ \text{k}\Omega$; $R_4 = 1\ \text{k}\Omega$;

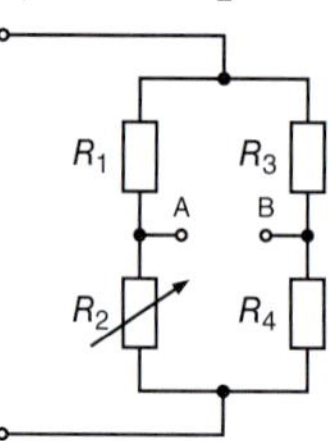

a) Welche Spannung kann zwischen den Punkten A und B gemessen werden?
b) Auf welchen Wert muss R_2 eingestellt werden, damit keine Spannung zwischen A und B auftritt?

26. Worauf ist beim Betrieb von ungeerdeten Steuerstromkreisen zu achten?

27. Unterscheiden Sie bei zusätzlichen Stromkreisen zwischen Redundanz und Diversität.

28. Beschreiben Sie die Funktion der dargestellten Sicherheitsschaltung.

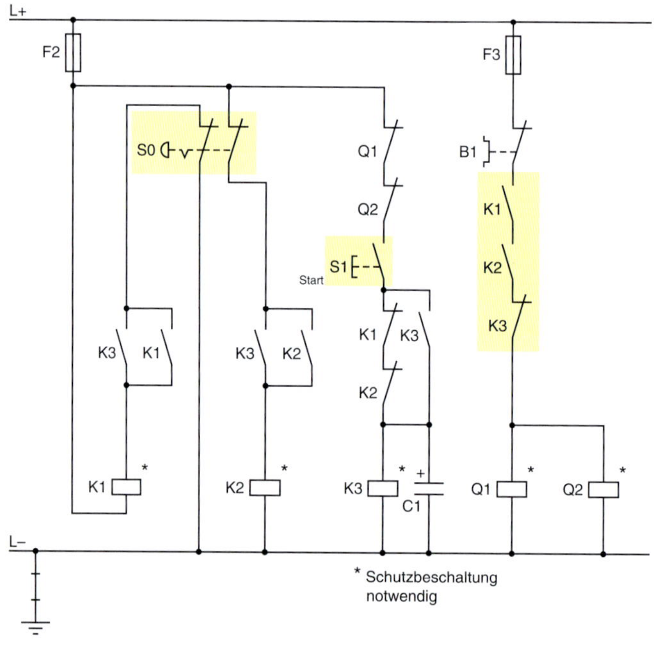

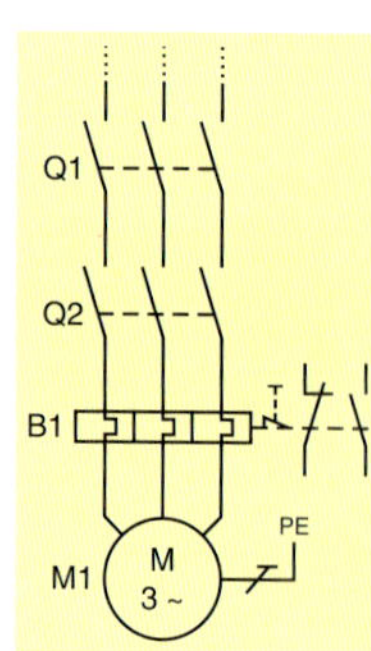

29. Welche Gefahr geht von einem Querschluss aus?
Wie kann ein Querschluss verhindert werden?

30. Sie sollen eine Füllstandsmessung in einem Silo mit Schüttgut realisieren.
Welche technischen Möglichkeiten bieten sich an?

@ Interessante Links

- christiani-berufskolleg.de

Prüfung

Aufgabensatz 8

1. Ein Transformator wird mit einem 45-kW-Drehstrommotor ($\eta = 0{,}93$; $\cos \varphi = 0{,}86$) und einer 76-kW-Drehstromheizung belastet.

Bestimmen Sie die Wirkleistungsabgabe des Trafos.

2. Worauf ist bei Anschluss eines Spannungswandlers zu achten?

3. Was versteht man unter einer frequenzproportionalen Spannungsanpassung bei einem Frequenzumrichter?

4. Erläutern Sie die Kennlinie (Frequenzumrichter).

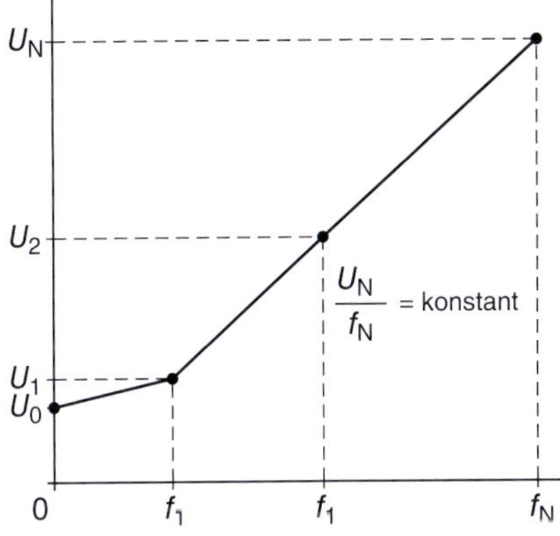

5. Was versteht man unter einer Tandemschaltung?
Kann sie zur Verhinderung des stroboskopischen Effekts eingesetzt werden?

6. Welche Aussage machen die dargestellten Symbole?

7. Wie groß ist die Nachstellzeit bei der dargestellten Sprungantwort?

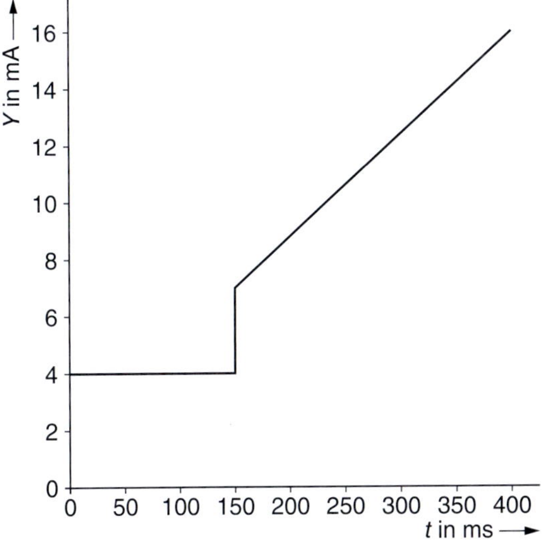

@ Interessante Links

- christiani-berufskolleg.de

Prüfung

8. Welcher Regler verursacht eine bleibende Regeldifferenz?

9. Ein Bussystem verwendet eine RJ45-Schnittstelle.
Um welches Bussystem handelt es sich?

10. Wer trägt letztlich die Verantwortung für die Arbeitssicherheit im Betrieb?

11. Aus welchen drei Elementen besteht ein KNX-Teilnehmer?

12. Was ist kennzeichnend für ein Feldbussystem?

13. Ein PT1000 wird von einem Strom 1 mA durchflossen, $\alpha = 3{,}85 \cdot 10^{-3}\,\frac{1}{K}$.
Welcher Spannungsfall tritt bei 50 °C am Sensor auf?

14. Darf ein Drehstrommotor kompensiert werden, wenn er über einen Frequenzumrichter mit Zwischenkreis betrieben wird?

15. Ein Transformator ist für die Primärspannungen U_1 = 230 V und 110 V durch Umschaltung einsetzbar. Die Sekundärspannung beträgt 27 V, die sekundäre Windungszahl 210 Windungen.
Welche primäre Windungszahl ist insgesamt notwendig, wenn der Wirkungsgrad zu 100 % angenommen wird?

16. Ein Transformator hat eine relative Kurzschlussspannung von 70 %.
Welche Aussage können Sie über das Betriebsverhalten des Transformators machen?

17. Beschreiben Sie die Arbeitsweise der Ablaufkette in GRAFCET.

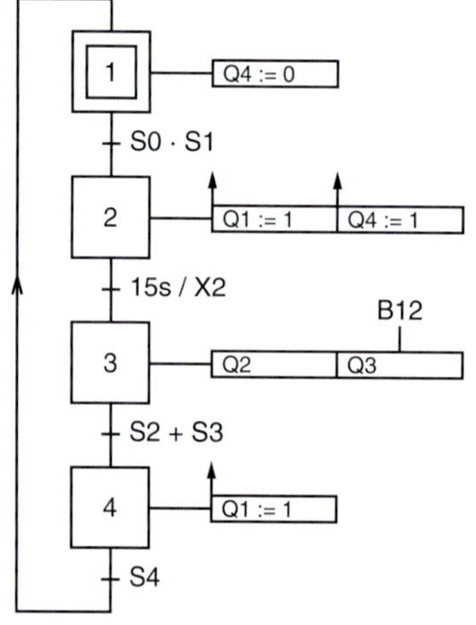

18. Ein Drehstrommotor nimmt im Bemessungsbetrieb die Wirkleistung 20,55 kW bei einem Leistungsfaktor von cos φ_1 = 0,84 auf. Durch die in Dreieck geschalteten Kondensatoren soll der Leistungsfaktor auf cos φ_2 = 0,96 verbessert werden.
Welche Blindleistung muss von den Kondensatoren insgesamt geliefert werden?

19. Vorn welchen Faktoren hängen die Folgen eines Personenschadens bei elektrischen Unfällen ab?

20. Ein Drehstrommotor 400 V, 15 kW, 1460 1/min, 29 A, cos φ = 0,84, Wirkungsgrad 90 % wird bei Umgebungstemperatur von 25 °C mit einer Leitung H07VV-U 5G in Rohr auf Wand angeschlossen. Die Leitungslänge beträgt 52 m.

@ Interessante Links
- christiani-berufskolleg.de

Prüfung

a) Bestimmen Sie den Mindestquerschnitt der Leitung.

b) Welche Strombelastbarkeit hat die Leitung?

c) Welcher Spannungsfall tritt bei Bemessungsleistung des Motors auf der Leitung auf? Welche Schlussfolgerung ziehen Sie daraus?

21. Erklären Sie die Begriffe Abnutzung und Zuverlässigkeit.

22. Beschreiben Sie die Vorgehensweise bei der Fehlersuche.

23. Welche Aussage macht die Darstellung?

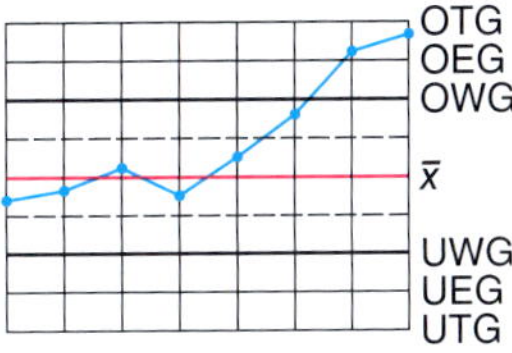

24. Welche Gefährdungen sind dargestellt? Wie kann Abhilfe geschaffen werden?

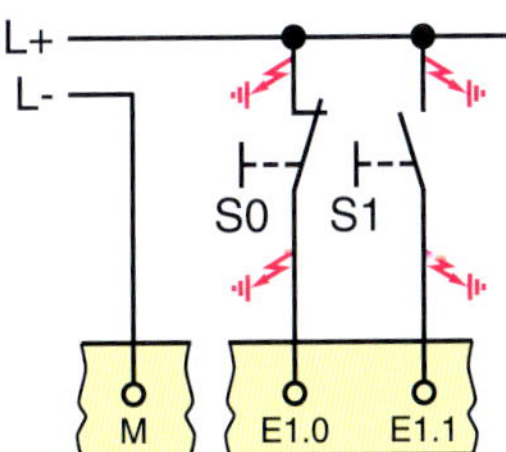

Ungeerdeter Betrieb

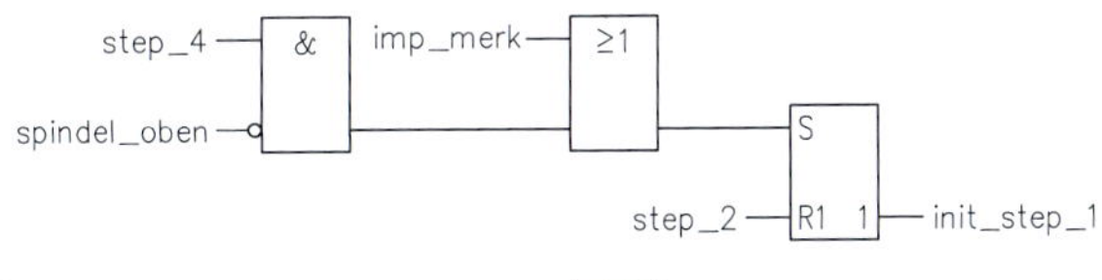

25. Beschreiben Sie den Begriff Performance Level (PL) sowie den Begriff Safety Integrity Level (SIL).

Wie erfolgt die Sicherheitsbeurteilung von Steuerungen?

26. Analogeingang 0 bis 20 mA, Auflösung 10 Bit.

Ermittel Sie die darstellbaren Zahlenwerte.

27. Dargestellt ist eine lineare Ablaufsteuerung mit SR-Speichern.

Stellen Sie die Steuerung in GRAFCET dar.

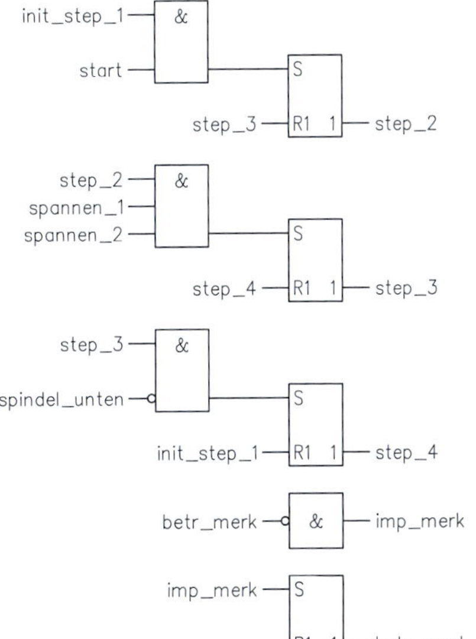

@ Interessante Links

• christiani-berufskolleg.de

Prüfung

28. Stellen Sie die Befehle in Makroform dar.

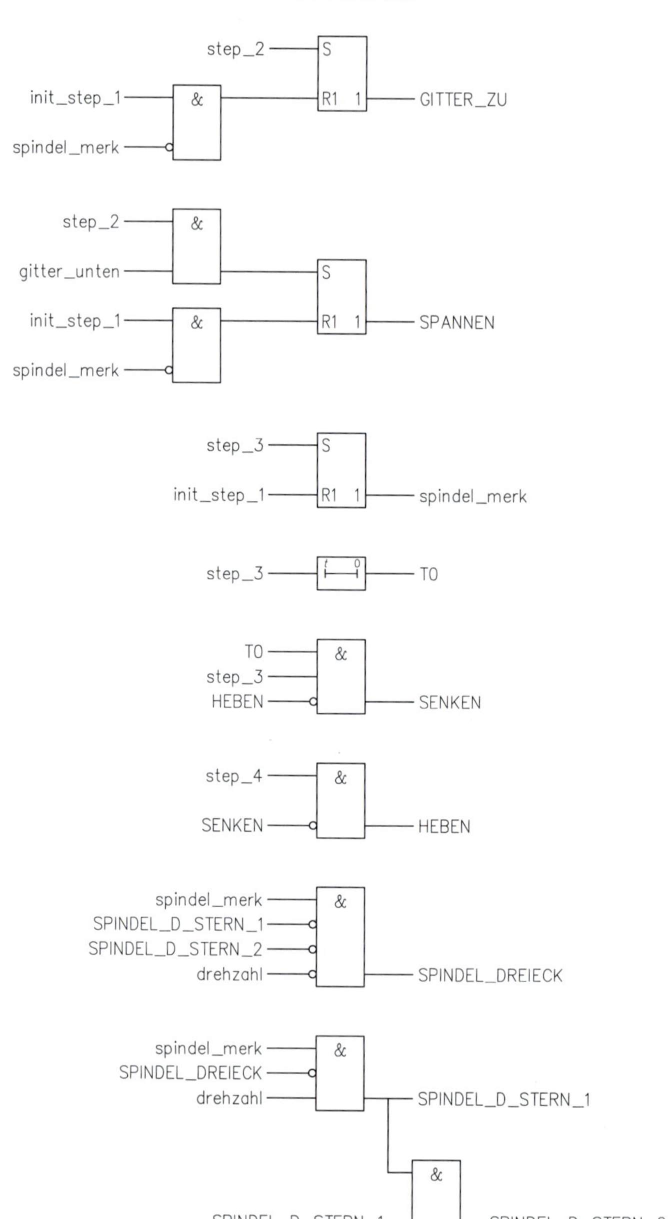

29. Die 15 Leuchtmelder einer Bedieneinheit haben bei 24 V jeweils die Leistung 2 W. Sie werden durch LED-Melder 24 V/0,26 W ersetzt.

Berechnen Sie die prozentuale Energieeinsparung.

30. Beschreiben Sie die Befehlswirkung. Skizzieren Sie den zugehörigen Funktionsplan.

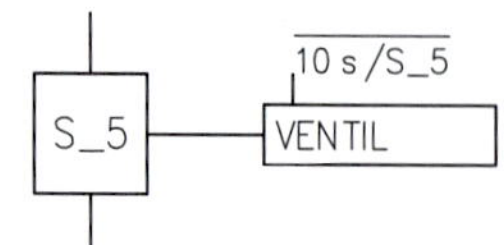

@ Interessante Links

- christiani-berufskolleg.de

Prüfung

Aufgabensatz 9

1. Eine Leuchte trägt die dargestellten Symbole. Welche Bedeutung haben die Symbole?

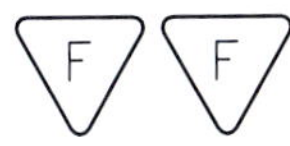

2. Welche Aufgabe haben unterbrechungsfreie Stromversorgungen?
Wie werden solche Stromversorgungen realisiert?

3. Zu welchem Betriebsmittel gehört die Kennline.
Welche Aussage macht die Kennlinie?

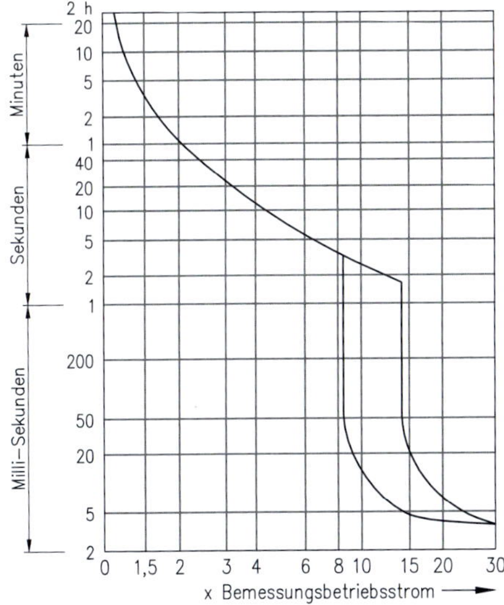

4. Mit dem Taster S1 soll das Hauptschütz Q1 abwechselnd ein- und ausgeschaltet werden.

Die dargestellte Schaltung ist unvollständig.

Vervollständigen Sie die Schaltung und entwickeln Sie den zugehörigen Funktionsplan.

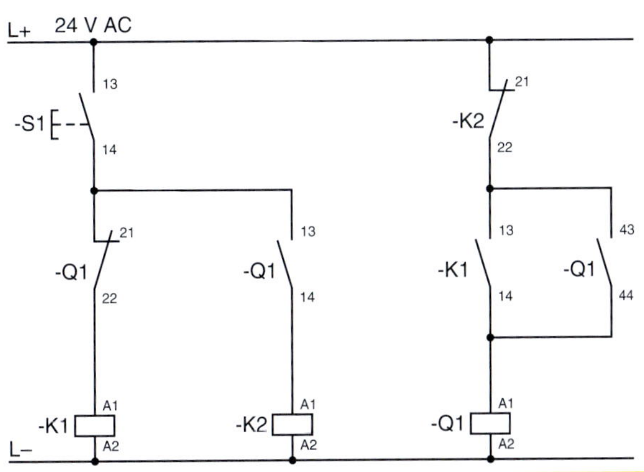

@ Interessante Links
- christiani-berufskolleg.de

Prüfung

5. Dargestellt ist das Signal-Zeit-Diagramm eines Multifunktionsrelais.
Welche Funktion ist hier dargestellt?

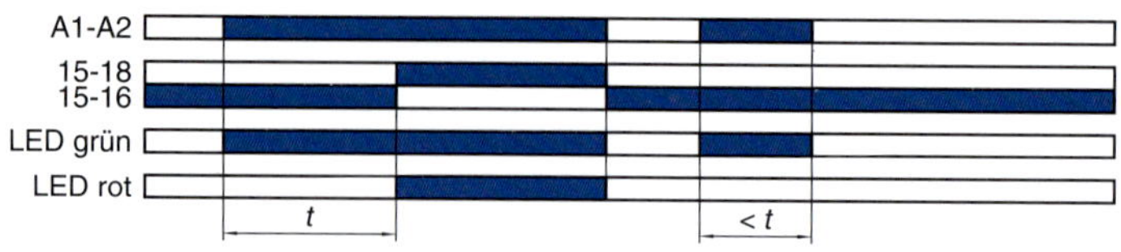

6. Beschreiben Sie die Funktion der Schaltung.

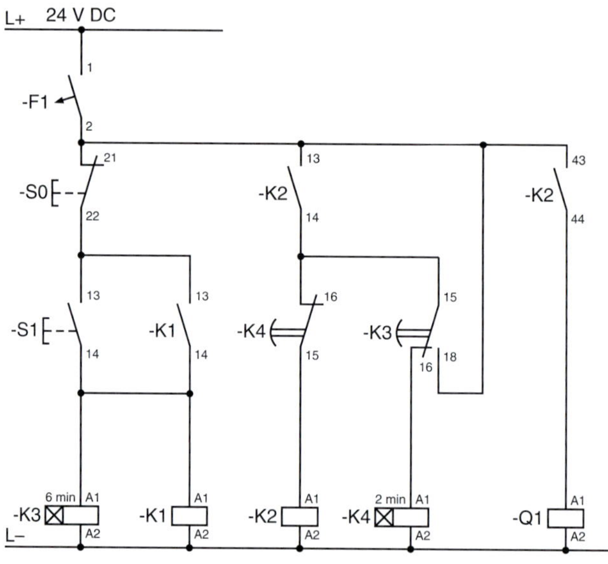

7. Im TN-System fordert VDE den zusätzlichen Schutz durch RCD mit $I_{\Delta n} \leq 30$ mA an Orten mit erhöhter Stromempfindlichkeit.

Welchen Einfluss hat der Widerstand R auf die Stromempfindlichkeit des Menschen mit dem Körperwiderstand $R_K = 1\ \Omega$?

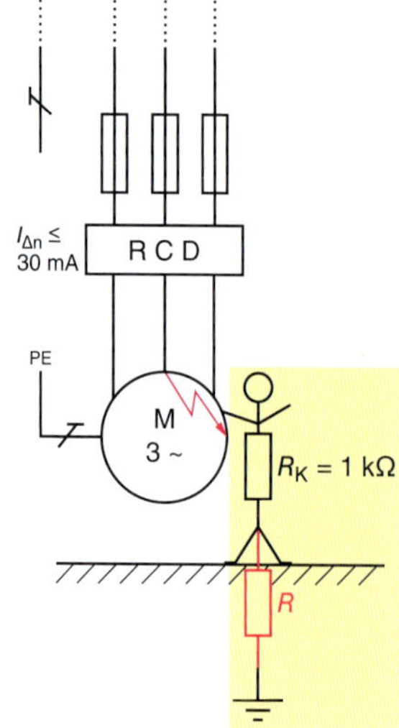

@ Interessante Links

- christiani-berufskolleg.de

Prüfung

8. Leistungsschild eines Drehstrommotors.

a) Ist der Motor für Stern-Dreieck-Anlauf geeignet?

b) Welche Wirkleistung entnimmt der Motor dem Netz?

c) Welche Blindleistung nimmt der Motor auf?

d) Welches Bemessungsmoment kann der Motor an der Welle abgeben?

e) Wie groß ist das Drehmoment des Motors bei Sternanlauf?

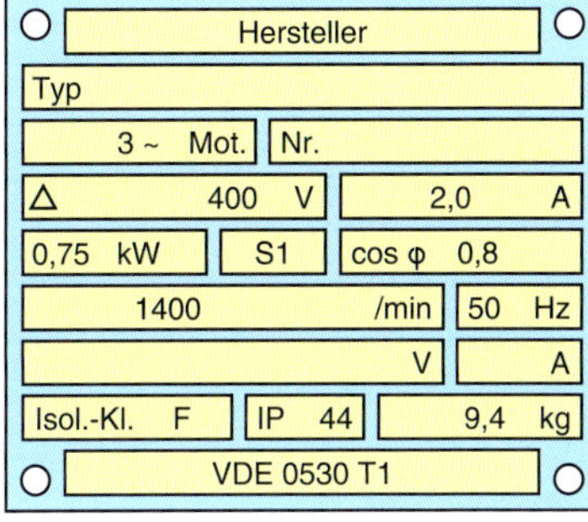

9. Leistungsschild eines Elektromotors.

a) Um welchen Motor handelt es sich?

b) Auf welchen Wert stellen Sie die Motorschutzeinrichtung ein?

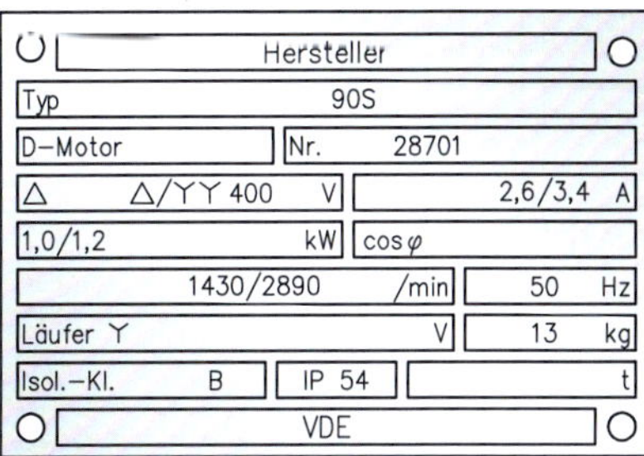

10. a) Um welche Schaltung handelt es sich?

b) Warum wird der Motorschutz „durchgeschliffen“?

c) Motorleistung 250 W: Wählen Sie C_A und C_B.

d) Warum wird C_A über Q2 geschaltet?

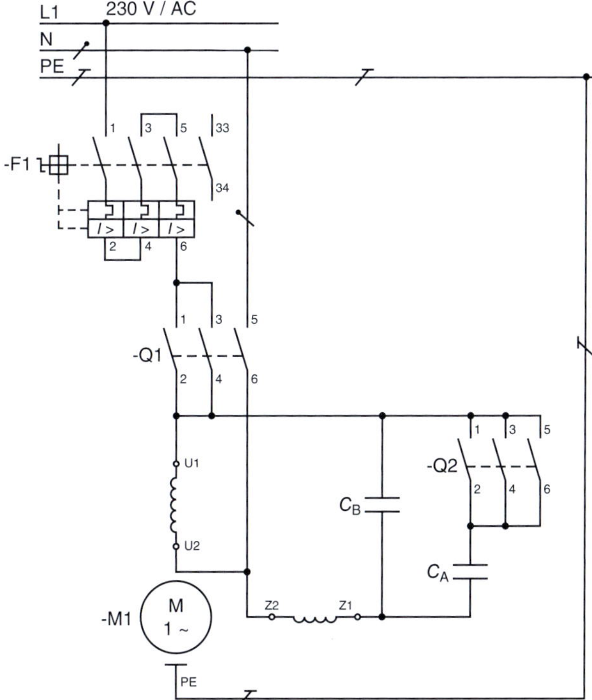

@ Interessante Links

• christiani-berufskolleg.de

Prüfung

11. Ein Kondensator wird in Dreieckschaltung an 400 V/50 Hz vom Strom 12,8 A durchflossen. Wir groß ist die Kondensatorkapazität?

12. Eine Sicherheitsbeleuchtungsanlage besteht aus 32 Glühlampen 24 V/10 W. Die Anlage soll mindestens 4 Stunden aus einem Akkumulator gespeist werden.

Welche Kapazität muss der Akkumulator mindestens haben?

13. Bezeichnen Sie die mit (1) bis (4) bezeichneten Fehlerarten.

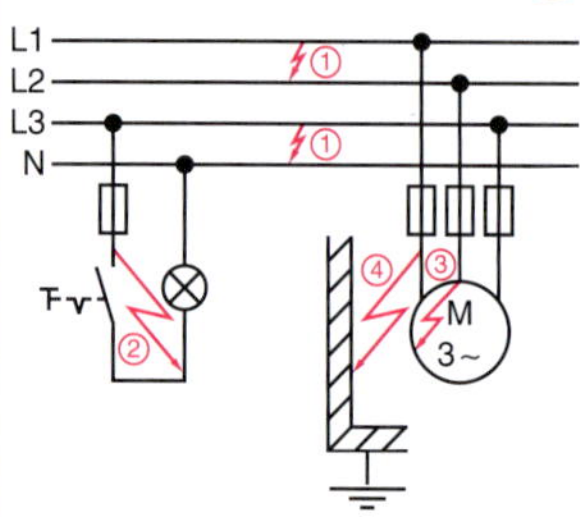

14. Erläutern Sie die Aussage der Kennlinie.

Ein Mensch ist 40 ms einem Strom von 30 mA ausgesetzt. Welche Wirkung hat das?

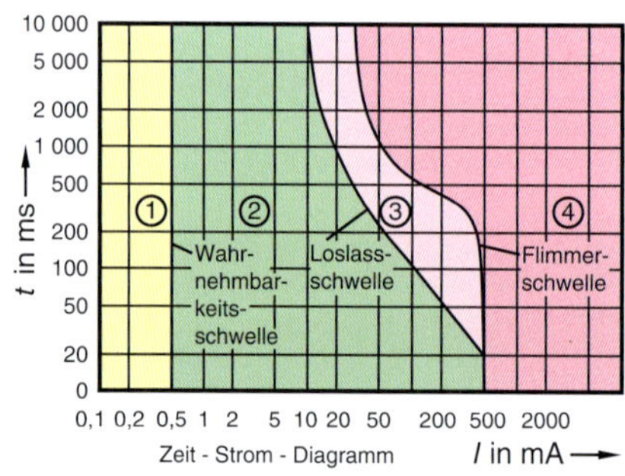

Zeit - Strom - Diagramm

15. Digitalanzeige 4 stellen (max. Anzeige 999.9 V).
Anzeigeumfang 9999 Digit, je 0,1 V.
Fehler ± 0,5 % ± 4 Digits.
Die Anzeige beträgt 400 V.

Zwischen welchen Werten liegt der tatsächliche Messwert?

16. Welches Betriebsmittel ist dargestellt?
Welche Bedeutung hat die Farbgebung rot-gelb?
Wie erfolgt die Beachtung der Sicherheitsregel „Gegen Wiedereinschalten sichern"?
Was wird durch dieses Betriebsmittel bewirkt?
Was sind ausgenommene Stromkreise? Wie sind sie zu kennzeichnen?

17. Angabe bei einem Gleichrichter: B80 C 1500/1000.

Was bedeutet die Angabe?

18. Welchen Vorteil hat ein Bus mit Lichtwellenleitern?

@ Interessante Links

- christiani-berufskolleg.de

Prüfung

19. Worauf achten Sie bei der Einstellung der Motorschutzeinrichtung?

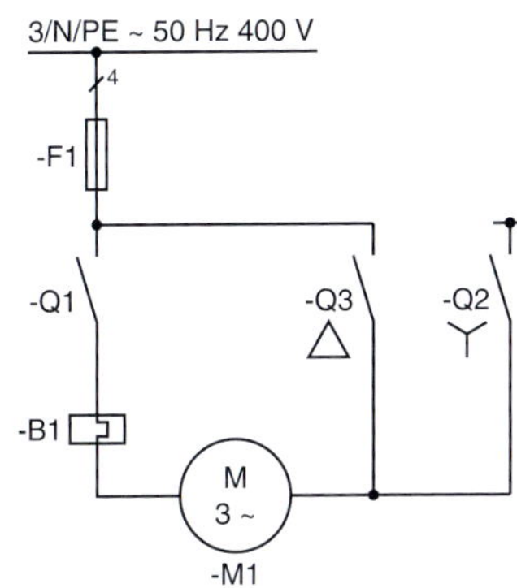

20. Die Stromschleife hat bei Körperschluss einen Widerstand von 1,6 Ω. Der Verbraucher ist mit Schmelzsicherungen 16 A gG abgesichert. Netz: 400 V/230 V/50 Hz.

a) Wie groß ist der Fehlerstrom?
b) Nach welcher Zeit spricht die Schmelzsicherung an?
c) Beurteilen Sie die Zeit.
d) Was ist zu tun, wenn die Zeit zu groß ist?

21. Welche Aufgabe hat die Schaltung?

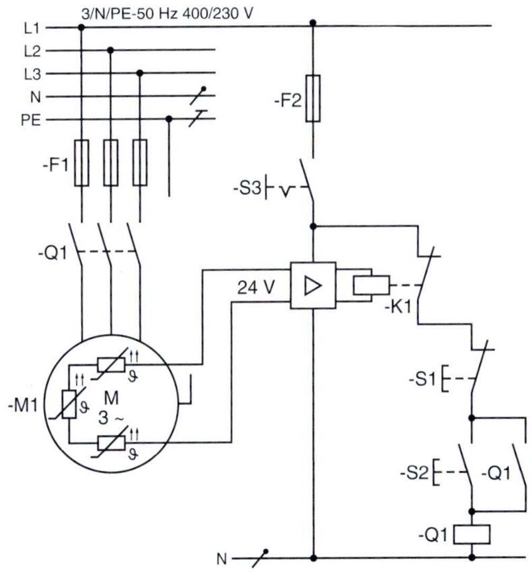

22. Bestimmen Sie aus der Kennlinie die Parameter des Sanftanlaufgeräts.

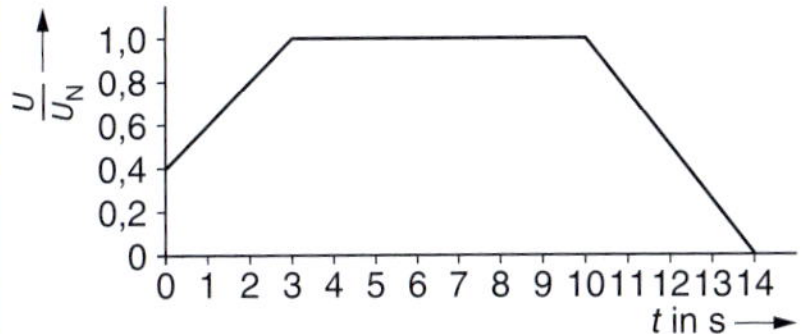

23. Beschreiben Sie Aufbau und Wirkungsweise eines Schaltnetzteils.
Worin besteht die Besonderheit von Schaltnetzteilen?

@ Interessante Links

• christiani-berufskolleg.de

Prüfung

24. Ein 250-kVA-Transformator hat im Leerlauf eine Leistungsaufnahme von 1900 V und im Kurzschlussversuch 2750 W.

Bestimmen Sie den Wirkungsgrad des Transformators bei voller Belastung und $\cos \varphi = 1$.

25. Eine Elektroheizung wird über eine Schwingungspaketsteuerung mit Nullspannungsschalter betrieben. Die installierte Heizleistung beträgt 2400 W.
t_{ein} ist 2/3 der Gesamtzeit T.

Bestimmen Sie die mittlere Leistung.

26. Der Proportionalbeiwert K_P wird bei einem P-Regler verringert.

Welche Folge hat das?

27. Anschluss eines Temperatursensors an ein digitales Steuergerät.

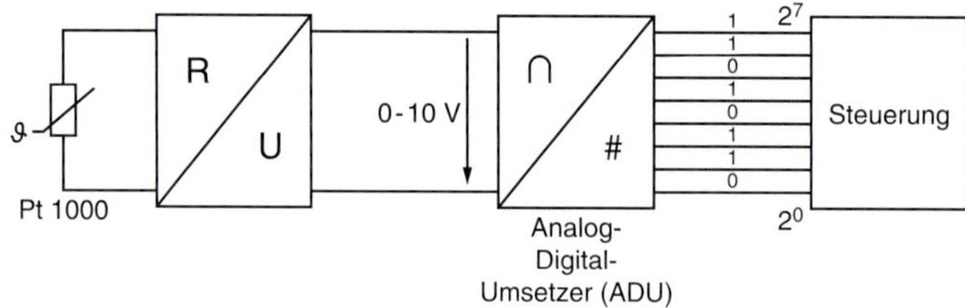

Welche Spannung liegt am Eingang des Analog-Digital-Umsetzers an?

28. Bei einer zweistufigen Elektroheizung für Drehstrom besteht jeder Strang aus zwei Widerständen. Die einzelnen Widerstandswerte sind gleich groß.

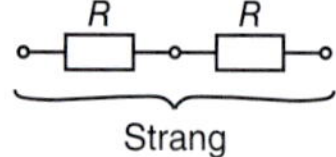

Entwickeln Sie die Schaltung.

29. Das dargestellte LC-Glied soll die Frequenz $f = 5$ kHz kurzschließen.

Wie groß muss dann C sein?

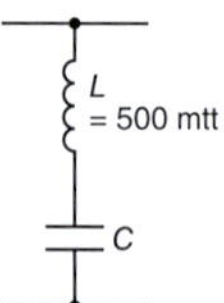

30. Durch einen Fehler wird der Neutralleiter an der gekennzeichneten Stelle unterbrochen.

Welche Folge hat das?

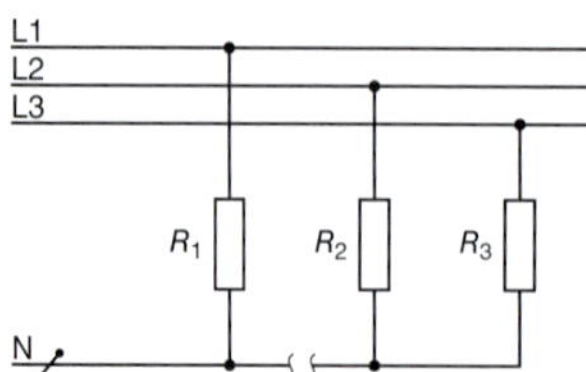

@ Interessante Links

• christiani-berufskolleg.de

Sachwortverzeichnis

F

G

L

M

N

T

X

Z